# 농업기계 기사

공학박사 조기현 저

 우리의 생명 산업인 농업을 지키자!

전문기술인의 길잡이

# 머리말

  농업의 기계화가 진전되는 과정에서 농기계의 보유대수는 해를 거듭 할수록 증가되었으나, 최근 UR, WTO체제 출범에 따른 '무한경쟁시대'를 맞이하여 국내 농업기계 산업의 구조 조정을 비롯한 많은 부분이 위축되어 가고 있는 지금 수많은 환경의 변화가 수험생들의 미래를 불투명하게 하고 있다.

  이 책은 99년부터 국가기술자격제도의 자격편제가 기능사, 산업기사, 기사로 변화되면서 응시과목이 변경되어 10년간 기출 자료와 강의 경험을 토대로 변화된 자격제도를 다각도에서 분석·파악하여 출제 가능한 핵심내용을 다듬고 기재하였다. 또한 3역학을 중심으로 각 편마다 출제 예상문제를 다루었으며 SI단위로 주요문제는 보충해설을 통한 이해를 바탕으로 자격증 시험에 접근을 시도하였다.

  본 교재의 주요내용은 다음과 같다.

| | |
|---|---|
| 1. 재료역학<br>2. 기계열역학<br>3. 기계유체역학 | 3역학을 중심으로 편집하였으며 주요사항과 세부항목을 상세히 기술하였다. 각 법칙의 풀이와 서술을 충분히 두어 이해를 도왔다. |
| 4. 농업기계학 | 각종 경운 작업기와 관계용 기계, 수확기계, 축산기계 등을 요약하였고 핵심사항을 중심으로 예상문제를 다루었다. |
| 5. 농업동력학 | 전동기, 내연기관, 트랙터 및 경운기의 원리와 구조에 대해 서술하였고 핵심이론소개와 예상문제에 역점을 두었다. |
| 6. 과년도 문제 | 최신 문제를 수록함으로써 출제경향과 문제경향을 쉽게 파악할 수 있게 하였다. |

  저자는 이 책자가 농업기계를 공부하는 수험생들의 자격취득을 향상시키고, 이용도를 높이는데 조금이나마 도움이 되기를 바란다.
  끝으로 이 책을 저술하는데 많은 도움을 준 여러 선생님 그리고 도서출판 동진의 김영철 사장님 및 편집진 여러분, 원고정리를 해준 제자들에게 고마움을 전하며, 인용한 많은 문헌과 서적 및 미흡한 점, 뜻하지 않은 오류 등은 따뜻한 인도를 바라며 보완할 것을 약속드리는바이다.

2021 년 6 월<br>저자 씀

## 한국 농업기계의 발전을 위하여!

# -농업기계 기사 검정지침-

## ❶ 응시자격

| 등급 | 자격기준 |
|---|---|
| 기 사 | 가. 산업기사의 자격을 취득하는 후 응시하고자 하는 종목이 속하는 동일 직무분야에서 1년이상 실무에 종사한 자<br>나. 기능사자격을 취득한 후 응시하고자 하는 종목이 속하는 동일 직무분야에서 3년 이상 실무에 종사한 자<br>다. 다른 종목의 기사의 자격을 취득한 자<br>라. 4년제대학 졸업자 또는 이와 동등이상의 학력이 있다고 인정되는 자 등 또는 그 졸업예정자<br>마. 전문대학 졸업자 또는 이와 동등이상의 학력이 있다고 인정되는 자등으로서 졸업후 응시하고자 하는 종목이 속하는 동일 직무분야에서 2년이상 실무에 종사한 자<br>바. 기술자격종목별로 산업기사의 수준에 해당하는 교육훈련을 실시하는 기관으로서 이수후 동일 직무분야에서 2년이상 실무에 종사한 자<br>사. 기술자격종목별로 기사의 수준에 해당하는 교육훈련을 실시하는 기관으로서 노동부령이 정하는 교육훈련기관의 기술훈련과정을 이수한 자 또는 그 이수 예정자<br>아. 응시하고자 하는 종목이 속하는 동일 직무분야에서 4년이상 실무에 종사한 자<br>자. 외국에서 동일한 등급 및 종목에 해당하는 자격을 취득한 자 |

## ❷ 시험과목 및 출제 문항 수 분석

| 시험과목 | 출제문항수 | 주요항목 | 세부항목 |
|---|---|---|---|
| 재료역학 | 20 | 1. 현장 직무수행에 필요한 전문적인 재료역학 지식에 관한 사항 | 1. 힘의 평형<br>2. 평형상태의 안전성<br>3. 평형체의 역학<br>4. 응력과 변형률(단축, 이축)<br>5. 힘과 모멘트<br>6. 비틀림<br>7. 굽힘<br>8. 처짐<br>  1) 정정보    2) 부정정보<br>9. 좌굴 |
| 기계<br>열역학 | 20 | 1. 열역학의 법칙 | 1. 열역학의 기본사항 및 법칙 |
| | | 2. 열과 에너지 | 1. 열과 일 및 동력 |
| | | 3. 엔트로피 | 1. 엔트로피 및 유용성 |
| | | 4. 물질의 성질 | 1. 물질의 성질 및 상태방정식 |
| | | 5. 노즐 | 1. 노즐 유동 |
| | | 6. 각종 사이클 | 1. 증기사이클   2. 가스사이클<br>3. 냉동사이클 |
| | | 7. 연소와 전열 | 1. 연소   2. 전열 |

| 시험과목 | 출제문항수 | 주요항목 | 세부항목 |
|---|---|---|---|
| 기 계<br>유체역학 | 20 | 1. 유체의 기본적 성질 | |
| | | 2. 유체 정역학 | |
| | | 3. 유체의 운동학 | 1. 운동방정식　　2. 운동량 법칙<br>3. 각 운동량 법칙 |
| | | 4. 에너지 방정식 | |
| | | 5. 차원해석과 상사법칙 | |
| | | 6. 이상 유체 유동 | 1. 이상 유체 유동의 기초<br>2. 포텐셜 유동　　3. 와류 운동 |
| | | 7. 실제 유체 유동 | 1. 경계층　　　　2. 박리와 후류<br>3. 양력과 항력　　4. 부차적 손실 |
| | | 8. 관내 유동 | 1. 원관내의 유동<br>2. 비원형 단면의 관내유동 |
| | | 9. 압축성 유동 | |
| | | 10. 유체계측 | |
| 농업기계학 | 20 | 1. 경운 및 정지기계 | 1. 경운 및 정지기본 이론<br>2. 플라우<br>3. 로타리 경운기<br>4. 정지기계 |
| | | 2. 시비, 파종 및 이식기 | 1. 시비용 기계　　2. 파종용 기계<br>3. 이식기 |
| | | 3. 육성 및 관리용 기계 | 1. 중경, 배토, 솎음기계<br>2. 관개용 기계<br>3. 병충해 방제기 |
| | | 4. 수확기계 | 1. 예취기　　　　2. 탈곡기<br>3. 콤바인　　　　4. 기타 수확기계 |
| | | 5. 농산물의 물리적 특성 | 1. 열특성　　　　2. 기계적 특성<br>3. 전기, 광학적 특성 |
| | | 6. 건조기 및 저장시설 | 1. 농산물의 건조이론<br>2. 건조방법과 건조기<br>3. 저장시설 |
| | | 7. 조제가공 및 취급 | 1. 선별기　　　　2. 도정기<br>3. 제분기　　　　4. 이송장치 |
| | | 8. 기타 농업기계 | 1. 축산 및 낙농기계<br>2. 시설원예용 기계<br>3. 운반기계<br>4. 기타 작업기계 |
| 농업동력학 | 20 | 1. 전동기 | 1. 전동기의 종류와 구조<br>2. 전동기의 기동법과 기능 |
| | | 2. 내연기관 | 1. 내연기관의 종류와 작동원리<br>2. 주요부의 구조와 기능<br>3. 연료와 연소<br>4. 윤활 및 냉각장치<br>5. 가솔린기관 및 디젤기관 |
| | | 3. 트랙터 및 동력경운기 | 1. 종류 및 용도<br>2. 주요부의 구조, 기능 및 작동원리<br>　1) 동력전달장치　2) 주행장치<br>　3) 조향장치　　　4) 제동장치<br>　5) 작업장치　　　6) 유압장치<br>　7) 전기장치<br>3. 성능 및 시험방법 |

### ❸ 수검절차

#### 1 원서교부
- ① 일   시 : 당해 연도 1월 5일부터 12월 30일까지
  - 평   일 : 09 : 00 ~ 19 : 00
  - 토요일 : 09 : 00 ~ 13 : 00
- ② 장   소 : 한국산업인력공단 지역본부 및 지방사무소

#### 2 원서접수
- ① 일   시 : 당해 연도 검정 시행 일정표 참조
  - 평   일 : 09 : 00 ~ 18 : 00  ※ 원서접수 기간 중에만 접수한다.
- ② 장   소 : 한국산업인력공단 지방사무소
- ※ 인터넷 접수만 실시 : http://www.hrdkorea.co.kr (2007년부터)

#### 3 제출서류
(1) 필기시험 원서접수 시 제출서류
  - ① 수검원서 1통, 반명함판 사진(3.5cm×4.5cm) 1매 부착 = 인터넷(온라인상에서)
  - ② 수수료
  - ③ 검정과목의 일부 또는 필기시험 전과목의 면제 해당자는 취득한 자격증 원본 제시
  - ④ 다른 법령에 의한 자격취득자중 필기시험 과목면제 해당자는 자격증 원본제시 및 검정과목 면제신청서와 자격증 사본제출

(2) 실기시험 원서접수 시 제출서류
  - ① 수검원서, 반명함판 사진(3.5cm×4.5cm) 2매 부착 = 인터넷(온라인상에서)
  - ② 수수료
  - ③ 산업기사 및 기사는 경력 증명서(공단양식 1부 : 근무부서, 근무기간직명, 담당업무가 구체적으로 명시된 것) 또는 학력증명서 1부 제출, 기능사는 경력, 학력 증명서 해당 없음

#### 4 필기시험 면제신청
(1) 필기시험 합격 후, 실기시험은 2년간 응시 가능
  - ① 1회차 응시 : 실기 수수료 납부
  - ② 2회차 이상 응시 : 필기시험 면제신청 및 실기 수수료 납부

(2) 필기면제 신청접수 : 필기시험 합격자 발표 후, 실기 접수 시 필기면제 신청서 제출
  - ① 수검원서 1통(반명함판 사진 2매 필요)
  - ② 수수료

#### 5 수검사항(시험장, 일시, 지참공구목록 등) 공고
  - ① 필기시험 : 지방사무소에 게시 공고 또는 원서접수 시 수검표에 기재교부
  - ② 실기시험 : 실기접수 전에 지방사무소 인터넷 게시 공고

※ 검정시행 3일 전까지 지방사무소에서 시험장소와 일시 및 지참공구 목록을 반드시 확인하여야 함

## 6 수검 시 지참물

(1) 필기시험
① 주민등록증 또는 면허증　② 계산기
③ 컴퓨터용 사인펜　　　　　④ 수검표
※ 수검표 분실 시는 수검장소 시험본부에서 가수검표를 발급받아 응시 가능
※ 1부 시험은 09 : 00시까지 입실, 2부 시험은 11 : 00시까지 입실하여야 함

(2) 실기시험(수검표, 신분증)
① 지참공구 휴대　② 볼펜
③ 계산기　　　　　④ 참고서적
⑤ 책받침

## 7 필기, 실기 합격자 발표 및 자동안내

① 수검원서를 접수한 지역본부 및 각 지방사무소 게시판에 게시 공고
② 합격자 자동안내 : 전국 어디서나 지역번호 없이 ARS 700 - 1900 또는 ARS 700 - 2009로 문의 가능하며 발표일 00시부터 4~7일간 합격여부 응답 ☞ (단, 공중전화 사용 불가)
③ 실기시험 안내 : 당회 실기시험 5일 전부터 시험 종료일까지
※ 기능사, 산업기사의 문제와 정답은 필기시험 다음날부터 10일간 인터넷에 공개됨
　(www.hrdkorea.or.kr)

## 8 최종 합격자 등록 및 자격수첩 발급

(1) 최종 합격자 발표(실기발표)
공고일 부터 60일 이내 원서를 접수한 지역본부 및 지방사무소에 등록 후, 자격수첩 수령
※ 60일 초과 시 취득자격 효력정지

(2) 지참물
반드시 본인이 등록 자격증 수령해야 함
① 주민등록증 또는 운전면허증
② 수검표(분실 시 수검번호 숙지)
③ 증명사진 2매
④ 수수료

## 9 수검원서 교부 및 접수장소(산업인력공단 지방사무소)

| 기관명 | | DDD | 전화번호 | 소재지 [우편번호] |
|---|---|---|---|---|
| 서울지역본부 | | 02 | 3274-9654(발급)<br>3274-9661~3(상시)<br>3274-9631~3(필기)<br>3274-9641~4(실기) | 서울 마포구 표석길 14<br>(공덕동 370-4) [121-757] |
| 지사 | 서울동부 | 02 | 461-8643(발급)<br>461-3283(필기)<br>461-3285(실기) | 서울 광진구 노유동 63-7<br>(지하철7호선 뚝섬유원지 인근) [143-845] |
| | 서울남부 | 02 | 876-8322(발급)<br>876-8323(필기)<br>876-8324(실기) | 서울시 관악구 관천로 113<br>(신림본동 1638-32 삼모빌딩 2층) [151-730] |
| | 강원 | 033 | 248-8500 | 강원도 춘천시 동내면 학곡리 101-24 [200-882] |
| | 강릉 | 033 | 644-8211~4 | 강원도 강릉시 사천면 방동리 649-2 [210-852] |
| 부산지역본부 | | 051 | 330-1910 | 부산시 북구 금곡동 1877 [616-740] |
| 지사 | 부산남부 | 051 | 620-1910, 1970 | 부산시 남구 용당동 546-2 [608-830] |
| | 울산 | 052 | 276-9031~3 | 울산광역시 남구 달동 572-4 [680-801] |
| | 경남 | 055 | 285-4001~3 | 경남 창원시 교육단지1길 69 (중앙동 105-1) [641-843] |
| 대구지역본부 | | 053 | 586-7601~4 | 대구시 달서구 갈산동 971-5 [704-901] |
| 지사 | 경북 | 054 | 855-2121~3 | 경북 안동시 서후면 명리406-1 [760-822] |
| | 포항 | 054 | 278-7702~4 | 경북 포항시 남구 대도동 120-2 [790-822] |
| 경인지역본부 | | 032 | 820-8600 | 인천시 남동구 번영로 129 (고잔동 625-1) [405-817] |
| 지사 | 경기 | 031 | 249-1201~3 | 경기도 수원시 권선구 탑동906-0 [441-440] |
| | 경기북부 | 031 | 853-4285 | 경기도 의정부시 신곡동 801-1 [480-070] |
| | 성남 | 031 | 750-6212, 4(필기)<br>750-6221~3(실기) | 경기 성남시 수정구 수진동 4554번지<br>(대한도시가스(주)건물 4~5층) [461-807] |
| 광주지역본부 | | 062 | 970-1700~5 | 광주광역시 북구 첨단 2길 54 (대촌동 958-18) [500-470] |
| 지사 | 전북 | 063 | 210-9200~3 | 전북 전주시 유상1길 65 [561-844] |
| | 전남 | 061 | 720-8500 | 전남 순천시 조례동 480번지 (평화로 67) [540-968] |
| | 목포 | 061 | 282-8671~4 | 전남 목포시 대양동 514-4 [530-410] |
| | 제주 | 064 | 723-0703 | 제주 제주시 동광로 113 (일도2동 361-22) [690-833] |
| 대전지역본부 | | 042 | 580-9100 | 대전광역시 중구 보리3길 72 (문화동 165) [301-748] |
| 지사 | 충북 | 043 | 279-9000 | 충북 청주시 흥덕구 신봉동 244-3 [361-839] |
| | 충남 | 041 | 620-7600 | 충남 천안시 신당동 434-2 [330-280] |

## ❺ 농업기계 기사 출제기준(실기)

| 시험과목 | 주요항목 | 세부항목 |
|---|---|---|
| 농업기계설계 | 1. 농업기계요소설계<br>(계산문제 10개) | 1. 기계설계 기초<br>　◦ 단위, 규격, 공차 끼워 맞춤 등<br>2. 직·간접 전동 요소 설계<br>　◦ 축, 축이음, 베어링, 기어, 마찰차, 벨트, 체인, 로프 등<br>3. 체결용 요소설계<br>　◦ 나사, 키, 코터, 핀, 리벳, 용접 등<br>4. 운동 조정 요소 설계<br>　◦ 브레이크, 스프링, 플라이휠 등 |
| | 2. 농작업 전문 지식<br>(계산문제 10개) | 1. 농작업기와 토양<br>2. 농작업 특성<br>3. 농업기계 안전장치<br>4. 농작업 체계에 대한 기초이론<br>5. 생산관리 및 공정관리 |
| | 3. 농업기계설계제도<br>(CAD)작업 | 1. CAD S/W를 이용한 도면작성<br>　◦ 산업규격 활용<br>　◦ 부품 공작도 작성(치수 및 형상공차 기호 등)<br>2. 자료의 출력 및 보관<br>　◦ 최종 도면의 출력　　◦ 자료의 보관<br>3. CAD 장비의 운영<br>　◦ S/W 프로그램의 설치　　◦ 출력장치의 운영 |

2차 실기는 100% 주관식이며, 모든 문제가 이론적 계산문제위주임(2002년까지 약 25명 자격소지)

- 농업기계 전반적 주요공식(필답 : 논술시험) : 70점
- CAD 작업(지정된 부품의 부분설계)　 : 30점

## ❻ 효과적인 실기 수검요령

### ① 수검 전 대비 요령

① 실기시험 장소(사전 예고학교)에 보유된 실기시험 대상 농기계의 모델을 파악한다.
② 자격종목 및 등급별 출제 예상문제(부록)의 각 기종별 출제문제를 분석한다.
③ ②에서 분석된 문제에 대하여 농업기계 실기 책이나 정비 지침서를 보고 수검을 대비한다.
④ 기종별 표준값, 사용 한계값, 수정값을 요약하여 암기하도록 한다.
⑤ 지참공구와 작업복(상, 하) 및 운동화를 준비한다. 깨끗한 것 보다는 약간 때가 묻은 것이 현재 농기계 정비사임을 간접적으로 표현하는 한 방법일 수도 있다.
⑥ 흑색볼펜, 계산기, 회로시험기를 지참한다. 토크 렌치는 고가품이므로 무리하여 구입하지 말고 수검 시 다른 수검자의 것을 빌리거나 시험위원에게 도움을 청한다.
⑦ 분해 부품을 정리할 정돈용 깔판 걸레를 미리 준비해 간다.

### ② 실전 수검 요령

① 수검 장소에는 최소한 30분 전에 도착하여 준비된 농기계와 준비상태를 파악한다.
② 시험위원의 요구사항을 정확히 청취하여 작업순서에 대한 계획을 세운 뒤 수검에 임한다.
③ 공구나 계기, 측정기구등은 원칙적으로 사용요령을 정확히 지킨다.
④ 시험위원의 질문이 있을 때는 잘 정리하여 성의 있게 응답한다. 때로는 유도 질문하는 경우도 있으므로 주의해서 답변해야 한다. 만일 질문에 답변할 수 없는 상황일 때는 죄송합니다, 좀 더 공부하겠습니다. 하는 식으로 답변하는 것도 좋은 방법이다.
⑤ 수검시간은 충분함으로 제한시간에 너무 얽매이지 말고 여유를 갖고 차분한 마음으로 수검에 임하는 것이 중요하다. 빠른 작업보다는 정확한 작업이 득점에 유리하다.
⑥ 분해되는 부품은 작업대 위에 나란히 보기 좋게 정돈한다. 작업대가 없을 경우에는 깨끗한 걸레를 바닥에 깔고 정돈한다.
⑦ 바닥에 기름 또는 물이 묻지 않도록 미리 걸레를 깔고 작업하고 혹 흐른 것은 깨끗하게 닦아내는 것이 정비사의 기본일 것이다.
⑧ 주어진 작업에 소요되는 공구를 미리 꺼내어 진열하고 수검에 임하면 공구통을 뒤지는 번거로움을 피할 수 있고 여유도 생기며 많은 경험이 있음을 시험위원에게 간접적으로 전달시킬 수 있는 이점이 있어 득점에 유리하다.
⑨ 분해되는 부품이나 공구를 기계 위에 놓아서는 안 되며 부품을 떨어뜨려 손상되게 해서도 안 된다.
⑩ 시험위원에게는 정중한 인사로 예의를 지키도록 한다. (예 : 수검 전에는 수고 하십시오. 수검 후에는 수고 하셨습니다.)
⑪ 실기시험은 이론에 입각한 수리(정비)의 원칙적인 것을 얼마나 알고 순서대로 안전하며 능숙하게 실천할 줄 아느냐를 검정하는 것이다. 또는 임의적으로 고장을 내놓고 원리 원칙적으로 점검, 정비할 줄 아느냐를 검정하는 것이므로 현장에서처럼 고장 난 농기계를 경험에 의한 수리방법으로 접근해서는 득점하기가 어렵다.
⑫ 분해·조립 시에는 장갑을 끼지 않는 것이 원칙이며 특히 작업안전에 유의해야 한다. 작업 중 손을 다치거나 부품을 망가트리면 감점된다.

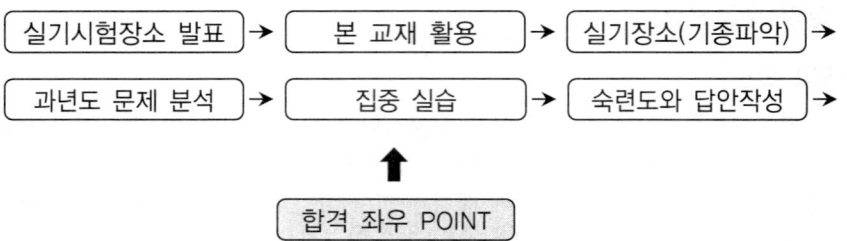

## ❼ 기사(CAD)

① CAD S/W를 이용한 도면작성
  - 산업규격 활용
  - 부품 공작도 작성(치수 및 형상공차 기호 등)
② 자료의 출력 및 보관
  - 최종 도면의 출력
  - 자료의 보관
③ CAD 장비의 운영
  - S/W 프로그램의 설치
  - 출력장치의 운영

## ❽ 인터넷을 이용한 출제기준 보기

한국산업인력공단 홈페이지 : http://www.hrdkorea.or.kr
홈페이지 ⇨ 종목별 수검안내의 기계분야, 자격등급 선택 후, 검색 ⇨ 농업기계 자격등급 열어보기

# 차 례
농업기계 기사

## 재료역학 — Chapter 제1편

### 제1장  하중의 정의 ·········································· 23
1. 하중응력 및 변형률 ·········································· 23
2. 후크의 법칙(Hook's law) ·································· 26
3. 프와송의 비($\mu$) ············································ 27
4. 단면적 변화율과 변화량 ···································· 28
5. 체적변화율과 변화량 ········································ 28
6. 체적탄성계수 : K ············································ 29
7. 정육면체의 체적 변화율 ···································· 29
8. 탄성계수 사이의 관계식 ···································· 30
9. 허용응력( )과 안전율( S ) ································· 31
10. 응력집중 ···················································· 32

### 제2장  정역학 ··············································· 33
1. 합성재료의 응력 ············································· 33
2. 자중을 고려한 응력 및 변형 ································ 34
3. 열응력($\sigma$) ················································ 36
4. 탄성에너지 ··················································· 36
5. 충격응력 ····················································· 38
6. 압력을 받는 원통 ············································ 39

### 제3장  조합응력 ············································· 42
1. 단순응력(1축응력) ··········································· 42
2. 2축응력 ······················································ 44
3. 조합응력 ····················································· 48

### 제4장  평면도형 ············································· 52
1. 단면 1차 모멘트와 도심 ···································· 52
2. 단면2차 모멘트(관성 모멘트) ······························ 55

3. 평행축 정리 ······································································ 56
  4. 극단면 2차 모멘트(극관성 모멘트) ·············································· 57
  5. 단면계수 : z ····································································· 57
  6. 극단면 계수 ······································································ 57

## 제5장 비틀림의 성질 ································································ 58
  1. 원형축의 비틀림 ·································································· 58
  2. 비틀림 응력과 토크의 관계 ······················································ 59
  3. 원형단면에서의 ($Z_p$) 값 ························································· 60
  4. 전달동력 ········································································· 61
  5. 축의 비틀림 강도 ································································ 62
  6. 바하의 축공식 ···································································· 62
  7. 비틀림에 의한 탄성에너지 (U) ··················································· 64
  8. 코일 스프링 ······································································ 64

## 제6장 보의 굽힘과 전단 ····························································· 69
  1. 보 ················································································ 69
  2. 보의 전단력과 굽힘모멘트 ······················································· 72

## 제7장 보 내부의 응력 ······························································· 80
  1. 보 속의 굽힘응력 ································································ 80
  2. 굽힘모멘트에 의한 수평전단응력 ················································ 82
  3. 재료의 조합응력 ·································································· 84

## 제8장 보의 처짐 ···································································· 87
  1. 처짐곡선의 미분방정식(탄성곡선의 미분방정식) ································· 87

## 제9장 부정정 보 ···································································· 91
  1. 부정정 보 ········································································ 91

## 제10장 기둥 ········································································· 93
  1. 편심하중을 받는 단주 ···························································· 93
  2. 장 주(기둥) ······································································ 94

## 부록 출제 예상문제 ································································· 98

## 기계 열역학

Chapter 제**2**편

**제1장  공업 열역학** ································································· **141**
    1. 계와 동작물질 ································································ 141
    2. 상태와 성질 ··································································· 142
    3. 단위(Unit) ····································································· 143
    4. 물질의 성질 ··································································· 145
    5. 동력(Power) ·································································· 148
    6. 열량(Q)과 비열(C) ························································ 149
    7. 열역학 제0법칙(열 평형의 법칙) ································· 150
    8. 열역학 제1법칙(에너지 보존의 법칙) ························· 151
    9. 열효율($\eta$) ······································································ 152

**제2장  일과 열** ··········································································· **153**
    1. 밀폐계에서의 일량 ························································ 153
    2. 열역학적 에너지 방정식 ·············································· 154
    3. 정적비열과 정압비열 ··················································· 156

**제3장  완전가스(이상기체)** ····················································· **158**
    1. 기본 상태량 ··································································· 158
    2. 완전가스의 상태방정식 ················································ 159
    3. 일반기체상수(일반가스상수) ······································ 160
    4. 완전가스에서 Cv와 Cp의 관계식 ······························ 160
    5. 완전가스의 상태변화 ··················································· 161
    6. 혼합가스 ········································································ 169

**제4장  열역학 제2법칙** ···························································· **170**
    1. 열역학 제2법칙 ····························································· 170
    2. 열효율과 성적계수(=성능계수) ·································· 171
    3. 카르노 사이클(Carnot Cycle) ··································· 172
    4. 엔트로피(entropy) : s ·················································· 173
    5. 이상기체의 엔트로피 ··················································· 176
    6. p-V 선도와 T-s 선도의 비교 ·································· 177
    7. 유효에너지와 무효에너지 ············································ 177

**제5장  기체의 압축** ································································· **179**

1. 내연기관의 성능분석 ················································ 179
2. 단열압축기의 효율 ·················································· 179

## 제6장 증기 ·································································· 181

1. 증기의 일반적인 성질 ·············································· 181
2. 증기선도 ······························································· 182
3. 습증기의 상태량 공식 ·············································· 182
4. 증기의 열적 상태량 ················································ 183
5. 증기표와 증기선도 ·················································· 184
6. 증기의 상태변화 ···················································· 185

## 제7장 증기원동소 사이클 ················································· 191

1. 랭킨(Rankine) 사이클 ·············································· 191
2. 재열 사이클(Reheat cycle) ······································· 193
3. 재생 사이클(Regenerative cycle) ······························· 194
4. 재열 – 재생 사이클 ················································ 195
5. 2유체 사이클(Binary cycle) ······································ 195
6. 실제 사이클 ··························································· 195

## 제8장 내연기관 사이클 ···················································· 197

1. 내연기관 사이클(밀폐계) ·········································· 197
2. 가스터어빈 사이클 ·················································· 201

## 제9장 냉동사이클 ··························································· 203

1. 역카르노 사이클 ···················································· 203
2. 역 브레이톤 사이클(=공기 냉동 사이클) ···················· 203
3. 증기압축 냉동 사이클 ·············································· 204
4. 냉동능력의 표시방법 ··············································· 205

## 제10장 가스 및 증기의 유동 ············································· 206

1. 유동의 일반식 ······················································· 206
2. 정체상태 ······························································· 207
3. 임계상태 ······························································· 207
4. 노즐 속의 마찰손실 ················································ 207

## 제11장 연소와 전열 ························································ 209

1. 연소(Combustion) ··················································· 209
2. 전열(heat transfer) ················································· 211

## 부록  출제 예상문제 ······················································· 212

# 기계 유체역학   Chapter 제 3 편

**제1장   유체의 성질 및 정의** ································· **251**

1. 유체(fluids)의 정의 ································· 251
2. Newton의 운동 법칙 ······························ 252
3. 물질의 성질 ·············································· 254
4. Newton의 점성법칙 ································ 255
5. 완전 Gas(이상기체) ································ 257
6. 체적탄성계수 ············································ 257
7. 음속(Sonic) : 전파속도 ·························· 258
8. 표면장력과 모세관 현상 ·························· 259

**제2장   유체의 정역학** ······································· **261**

1. 압력(pressure) ········································· 261
2. 유체의 정역학 ·········································· 261
3. 정지유체 ···················································· 263
4. 정지 유체 내의 압력 변화 ······················ 264
5. 액주계 ························································ 265
6. 평면에 작용하는 유체의 전압력(힘) ······ 268
7. 곡면에 작용하는 유체의 전압력 ············ 270
8. 부력(Buoyant force) ······························ 271
9. 부양체의 안정 ·········································· 272
10. 등가속도 운동을 받는 유체(상대평형) ··· 273

**제3장   유체 운동학** ········································· **277**

1. 유동의 상태 ·············································· 277
2. 유선의 방정식 ·········································· 278
3. 연속방정식 ················································ 279
4. 오일러의 운동방정식 ······························ 280
5. 베르누이 방정식 ······································ 282
6. 베르누이 방정식의 응용 ························ 283
7. 운동에너지의 수정계수 ·························· 285
8. 동력(Power) : 단위시간당 행한 일량 ··· 286

## 제4장　운동량 방정식 ········· 287

1. 운동량과 역적(충격력 : Impulse) ········· 287
2. 유체의 운동량 방정식 ········· 287
3. 유체가 곡관에 작용하는 힘 ········· 288
4. 날개(Vane) ········· 289
5. 프로펠러(Propeller) ········· 291
6. 분류 추진 ········· 293
7. 수력도약 ········· 294

## 제5장　실제 유체의 유동(점성유체) ········· 296

1. 층류와 난류 ········· 296
2. 수평원관에서의 층류운동 ········· 297
3. 난류유동(Turbulent flow) ········· 299
4. 유체 경계층 ········· 300
5. 물체주위의 유동 ········· 301

## 제6장　관속에서의 유체 유동 ········· 303

1. 원형관 속의 손실수두 ········· 303
2. 비 원형단면에서의 손실수두 ········· 304
3. 부차적 손실 ········· 305

## 제7장　차원해석과 상사법칙 ········· 308

1. 차원해석 ········· 308
2. 버킹함의 정리 ········· 308
3. 상사법칙 ········· 308

## 제8장　개수로 유동 ········· 311

1. 개수로 흐름의 특성 ········· 311
2. Chezy 방정식 ~ "등류"일 때 ········· 311
3. 최량 수력 수로 단면 ········· 313
4. 비에너지와 임계수심 ········· 314

## 제9장　압축성 유동 ········· 316

1. 마하수와 마하각 ········· 316
2. 축소-확대 노즐에서의 초음속, 아음속 흐름 ········· 316
3. 충격파 ········· 318
4. 정체상태 ········· 318

|  |  |  |
|---|---|---|
|  | 5. 임계상태 | 318 |
| 제10장 | **유체 계측** | **319** |
|  | 1. 비중량의 측정 | 319 |
|  | 2. 점성계수의 측정 | 319 |
|  | 3. 정압 측정 | 320 |
|  | 4. 유속(V) 측정 | 320 |
|  | 5. 유량측정 | 321 |
| 부록 | 출제 예상문제 | 322 |

# 농업기계학    Chapter 제4편

|  |  |  |
|---|---|---|
| 제1장 | **경운기계의 의의** | **381** |
|  | 1. 경운(tillage)의 의의 | 381 |
|  | 2. 경운작업의 분류 | 382 |
|  | 3. 경운정지 작업의 분류 | 383 |
|  | 4. 로터리 경운 작업기 | 388 |
|  | 5. 정지용 작업기 | 389 |
| 제2장 | **시비 · 파종 및 이식기** | **393** |
|  | 1. 시비기(tertilizing machinery) | 393 |
|  | 2. 파종기 | 394 |
|  | 3. 이식기(transplanter) | 397 |
|  | 4. 이앙기(rice transplanter) | 399 |
| 제3장 | **농용펌프** | **402** |
|  | 1. 양수기의 기본 원리와 분류 | 402 |
|  | 2. 양수기의 구조와 작동원리 | 403 |
|  | 3. 양수기의 성능 | 408 |
|  | 4. 양수기의 선정과 이용 계획 | 410 |
|  | 5. 스프링클러(sprinkler, 살수기) | 410 |

| 제4장 | **병해충 방제기계** ································································· **413** |
|---|---|
| | 1. 방제(pest)의 목적 및 방법 ··········································· 413 |
| | 2. 분무기(Sprayer) ························································· 414 |
| | 3. 동력살분무기(Mist and dust blower) ··························· 419 |
| | 4. 스피드 스프레이어(speed sprayer) ································ 422 |
| | 5. 토양 소독기(soil injector) ··········································· 423 |
| | 6. 연무기(fog machine) ··················································· 424 |
| | 7. 항공방제 ······································································ 425 |
| 제5장 | **수확·조제용 기계** ······················································· **427** |
| | 1. 수확작업 체계(harvest operation) ······························· 427 |
| | 2. 바인더(binder harvester) ············································ 428 |
| | 3. 농산 가공 기계 ···························································· 438 |
| | 4. 사료 조제기 ·································································· 454 |
| | 5. 기타 ············································································· 458 |
| 부록 | **출제 예상문제** ······························································ **462** |

# 농업 동력학     *Chapter* 제 **5** 편

| 제1장 | **전동기** ··············································································· **487** |
|---|---|
| | 1. 전동기(Electric motor) ················································ 487 |
| | 2. 3상 유도 전동기 ·························································· 488 |
| | 3. 단상 유도 전동기 ························································ 491 |
| 제2장 | **내연기관** ··········································································· **496** |
| | 1. 내연기관(internal combustion engine) ······················· 496 |
| | 2. 내연기관의 종류 ·························································· 496 |
| | 3. 내연기관의 작동 원리 ················································· 498 |
| | 4. 내연기관의 열역학적 고찰 ··········································· 509 |
| | 5. 연료와 연소 ································································· 515 |
| | 6. 윤활 및 냉각장치 ························································ 521 |

　　　　7. 냉각장치(cooling system) ·················································· 524
　　　　8. 가솔린기관과 디젤기관 ···················································· 528
　　　　9. 기관성능 및 효율(engine power & efficiency) ················· 537

**제3장　트랙터와 동력경운기** ································································ 543
　　　　1. 트랙터(tractor) ·································································· 543
　　　　2. 동력경운기(power tiller) ·················································· 564

**부록　출제 예상문제** ················································································ 571


# 과년도 문제

2006년 출제문제 ···················· 617
2008년 출제문제 ···················· 629
2010년 출제문제 ···················· 641
2012년 출제문제 ···················· 654
2017년 출제문제 ···················· 666
2020년 출제문제 ···················· 678

농업기계 기사

제1편

Chapter 1

# 재료역학

| 제1장 | 하중의 정의 |
| 제2장 | 정역학 |
| 제3장 | 조합응력 |
| 제4장 | 평면도형 |
| 제5장 | 비틀림의 성질 |
| 제6장 | 보의 굽힘과 전단 |
| 제7장 | 보 내부의 응력 |
| 제8장 | 보의 처짐 |
| 제9장 | 부정정 보 |
| 제10장 | 기둥 |

| 부록 | 출제예상문제 |

# 제1편

## 농업기계 기사

# 제1장 하중의 정의

## 1. 하중응력 및 변형률

### 1) 하중(시간적인 작용방식)의 종류

정하중(static load), 동하중(dynamic load)

① 정하중 : 정지상태에서 변하지 않는 하중

  ㉠ 수직하중(normal load)

  물체의 단면에 대해 수직으로 작용하는 하중

  a) 인장하중(tensile load) : ( $P_t$ ) : 물체를 잡아당길 때 생기는 힘.

  b) 압축하중(compressive load) : ( $P_c$ ) : 물체를 압축할 때 생기는 힘.

  ㉡ 전단하중(shearing load) : ( $P_s$ )

  물체의 단면에 대해 평행으로 작용하는 하중

② 동하중 : 시간에 따라 크기가 변하는 하중

  ㉠ 반복하중 : 일정한 하중이 주기적으로 반복하는 하중

  ㉡ 교번하중 : 하중의 크기와 방향이 변하는 하중으로 인장과 압축이 연속적으로 반복하는 하중

  ㉢ 충격하중 : 순간적으로 급격히 작용하는 하중

### 2) 응력

단위 면적당 내력의 크기

**참고**

$$\sigma = \frac{P}{A}(kg/cm^2) \qquad \therefore A \begin{cases} 원 : \frac{\pi d^2}{4} \\ 사각형 : 가로 \times 세로 \end{cases}$$

O 응력의 단위

  $kg/m^2$ , $kg/cm^2$ , $kg/mm^2$ , $N/m^2$ , Pa , psi (=pound per square inch : $lb/in^2$)

① 수직응력 (법선응력) : ( $\sigma$ ) : 물체의 단면에 대하여 수직하게 작용하는 응력

  ㉠ 인장응력 : $\sigma_t = \frac{P_t}{A}$     ㉡ 압축응력 : $\sigma_c = \frac{P_c}{A}$

   A : 단면적      Pt : 인장하중      Pc : 압축하중

② 전단응력 : ($\tau$) : 물체의 단면에 대하여 평행하게 작용하는 응력

$\tau = \dfrac{P_s}{A}$ (Ps : 전단하중, A : 단면적)

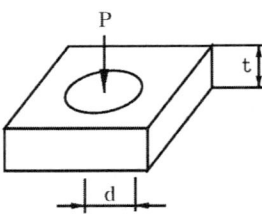

a) $\sigma = \dfrac{P}{A} = \dfrac{P}{\dfrac{\pi}{4}d^2}$    b) $\tau = \dfrac{P}{A} = \dfrac{P}{\pi dt}$

## 3) 변형률(변형도, Strain)

변형량과 원래의 치수와의 비율

㉠ 수직응력($\sigma$)에 의한 변형률 : 하중의 방향으로 길이가 변하는 것.

a) 종변형률(세로변형률) : $\varepsilon$

$\therefore \epsilon = \dfrac{\lambda}{\ell}$

$\lambda =$ 변형전 길이 − 변형후 길이
$\phantom{\lambda} = \ell' - \ell$

b) 횡변형률(가로변형률) : $\epsilon'$

$\therefore \epsilon' = \dfrac{\delta}{d}$

$\delta =$ 변형전 직경 − 변형후 직경
$\phantom{\delta} = d' - d$

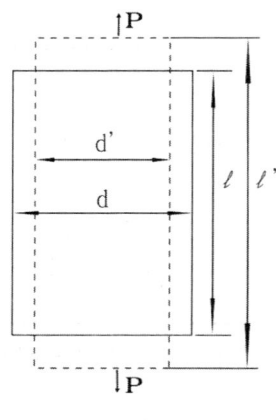
종변형률

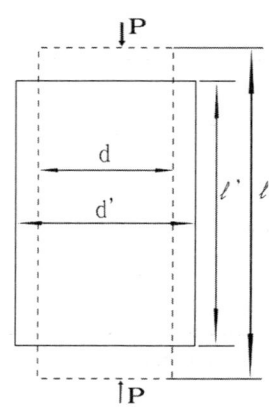
횡변형률

ⓒ 전단응력($\tau$)에 의한

변형률 : ($\gamma$) : 하중의 방향으로 미끄러지듯 변하는 것.

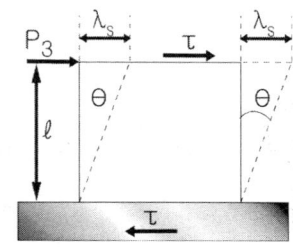

$\lambda_s$ : 전단 변형량

$$\tan\theta = \frac{\lambda_s}{\ell} \fallingdotseq \theta(\text{rad}) = \gamma$$

$$\therefore \gamma = \frac{\lambda_s}{\ell}$$

### 4) 응력 및 변형률 선도

① 비례한도 : 응력과 변형률이 직선으로 변하는 최고 응력
② 탄성한도 : 하중제거시 원형으로 되돌아가는 성질

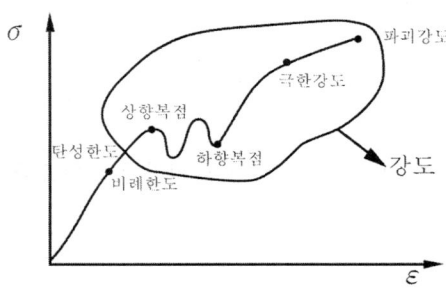

### 5) 평형방정식

$\Sigma Fx = 0$
$\Sigma Fy = 0$
$\Sigma M = 0$

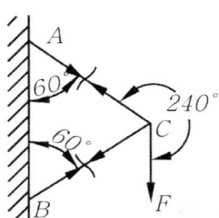

ⅰ) $\Sigma Fx = 0$ : $\underset{\leftarrow -}{\rightarrow +}$ , $- T_{AC}\cos 30° - T_{BC}\cos 30° = 0$

$\therefore - T_{AC} = T_{BC}$

ⅱ) $\Sigma Fy = 0$ : $\underset{\downarrow}{\uparrow} \overset{+}{\phantom{|}} \overset{-}{\phantom{|}}$ , $T_{AC}\sin 30° - T_{BC}\sin 30° - P = 0$

$T_{AC}\sin 30° - T_{BC}\sin 30° = P$

$\therefore T_{AC} = P$ (인장), $T_{BC} = -P = P$ (압축)

<별해> 라미의 정리

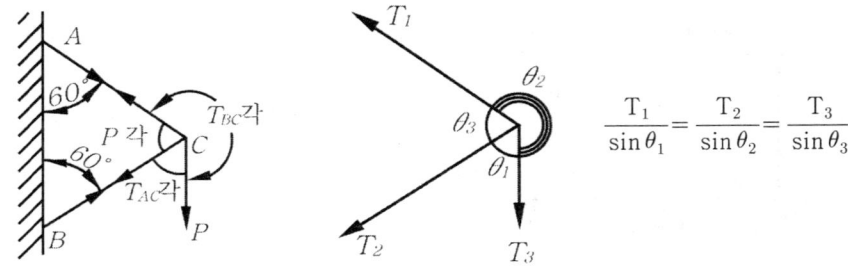

<조건> "하중 P가 작용할 때"

i) $\dfrac{T_{AC}}{\sin 60°} = \dfrac{P}{\sin 60°}$   $\therefore T_{AC} = P$ (인장)

ii) $\dfrac{T_{BC}}{\sin 240°} = \dfrac{P}{\sin 60°}$   $\therefore T_{BC} = -P = P$ (압축)

## 2. 후크의 법칙(Hook's law)

로버트 훅은 탄성한도 내에서 신장량은 힘과 길이에 비례하고 단면적에 반비례함을 증명.

1) 수직응력($\sigma$)

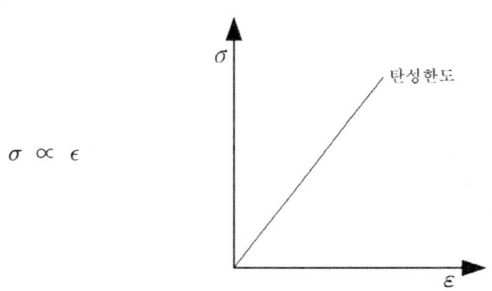

$\sigma \propto \epsilon$

비례상수 : E (종탄성계수, 세로탄성계수, Young계수)

$\therefore \sigma = E \cdot \varepsilon$  * (연강의 경우 $E = 2.1 \times 10^6 \,(\text{kg/cm}^2)$)

**참고**

$$\sigma = \dfrac{P}{A} = E\dfrac{\lambda}{\ell} \quad \therefore \lambda = \dfrac{P\ell}{AE}$$

## 2) 전단응력

$\tau \propto \gamma$

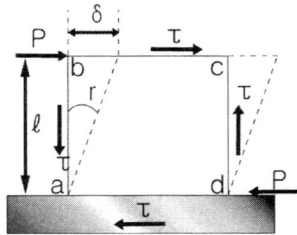

$\tau = G \cdot \gamma$

비례상수 : G (횡탄성계수, 전단 탄성 계수, 강성계수, 가로 탄성 계수)

**참고**

$$\tau = \frac{P_s}{A} = G\frac{\lambda_s}{\ell} \qquad \therefore \lambda_s = \frac{P_s \ell}{AG}$$

연강인 경우

$G = (0.8 \sim 0.84) \times 10^6 \, (\text{kg/cm}^2)$

## 3. 프와송의 비($\mu$)

가로변형률($\varepsilon'$)와 세로변형률($\varepsilon$)의 비

$$\therefore \mu = \frac{\varepsilon'}{\varepsilon} = \frac{1}{m} \leq 0.5$$

여기서, ($\varepsilon'$ : 횡변형률, $\varepsilon$ : 종변형률, m : 프와송의 수)

**참고**

$$\mu = \frac{\varepsilon'}{\varepsilon} = \frac{1}{m} = \frac{\frac{\delta}{d}}{\frac{\sigma}{E}} = \frac{E\delta}{d\sigma} = \frac{1}{m} \Rightarrow \delta = \frac{d\sigma}{mE}$$

$$\mu = \frac{\varepsilon'}{\varepsilon} = \frac{1}{m} \text{에서} = \frac{\frac{\delta}{d}}{\frac{\lambda}{\ell}} = \frac{\ell\delta}{d\lambda} = \frac{1}{m} \Rightarrow \delta = \frac{d\lambda}{m\ell}$$

만일 ▲ 인장인 경우 : $d - d' = \delta$  ▲ 압축인 경우 : $d' - d = \delta$

## 4. 단면적 변화율과 변화량

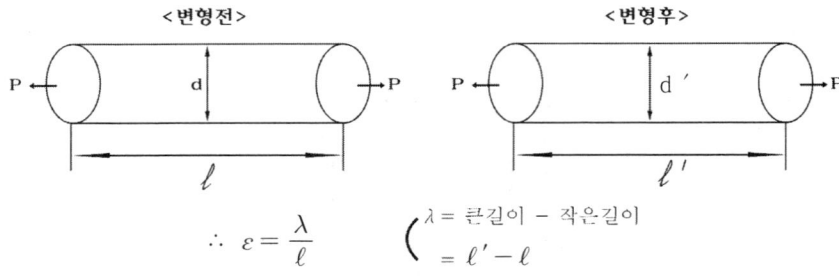

$$\therefore \varepsilon = \frac{\lambda}{\ell} \quad \left( \begin{array}{l} \lambda = \text{큰길이} - \text{작은길이} \\ = \ell' - \ell \end{array} \right.$$

단면적 변화량 $\triangle A = A - A'$   단면적 변화율 $\dfrac{\triangle A}{A} = \dfrac{A - A'}{A}$

여기에서,

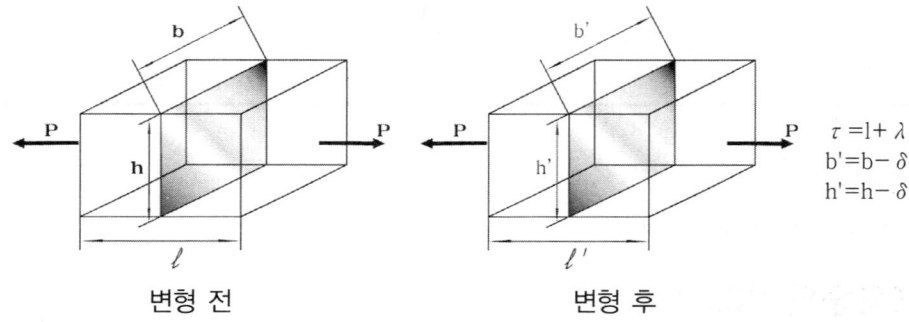

변형 전    변형 후

$\tau = 1 + \lambda$
$b' = b - \delta$
$h' = h - \delta$

<길이방향> $\ell' = \ell + \lambda = \ell + \varepsilon\ell = \ell(1+\varepsilon) \Rightarrow 1+\varepsilon$의 비율로 증가
<가로방향> $h' = h - \delta = h - h\varepsilon' = h(1-\varepsilon') = h(1-\mu\varepsilon) \Rightarrow 1-\mu\epsilon$의 비율로 감소
$\quad\quad\quad b' = b - \delta = b - b\varepsilon' = b(1-\varepsilon') = b(1-\mu\varepsilon)$
<단면적 변화> $(1-\mu\varepsilon)^2 : 1 = (1-2\mu\varepsilon+\mu^2\varepsilon^2) : 1 = (1-2\mu\varepsilon) : 1$

단면적 변화율   $\dfrac{\triangle A}{A} = 2\mu\varepsilon$

단면적의 변화량   $\triangle A = 2\mu\varepsilon \cdot A$

## 5. 체적변화율과 변화량

$$\varepsilon_V = \frac{\Delta V}{V}$$

체적의 변화 $\Rightarrow (1-\mu\varepsilon)^2(1+\varepsilon) : 1 = (1-2\mu\varepsilon+\mu^2\varepsilon^2)(1+\varepsilon) : 1$

$\qquad\qquad\qquad = (1+\varepsilon-2\mu\varepsilon-2\mu\varepsilon^2+\mu^2\varepsilon^2+\mu^2\varepsilon^3) : 1 = [1+\varepsilon(1-2\mu)] : 1$

$\therefore$ 체적 변화율 $\varepsilon_V = \dfrac{\Delta V}{V} = \varepsilon(1-2\mu)$

$\therefore$ 체적 변화량 $\Delta V = \varepsilon(1-2\mu)V = \varepsilon A\ell(1-2\mu) = \lambda A(1-2\mu)$

$\qquad\qquad\qquad = \dfrac{P\ell}{AE}A(1-2\mu) \qquad \leftarrow \varepsilon = \dfrac{\lambda}{\ell} \Rightarrow \lambda = \varepsilon\cdot\ell$

$\qquad\qquad\qquad = \dfrac{P\ell}{E}(1-2\mu)$

## 6. 체적탄성계수 : K

수직응력($\sigma$)과 체적변형률($\varepsilon_V$)과의 비

$\sigma \propto \varepsilon_V$ (같은 재료에서는 일정)

비례상수 : K(체적 탄성 계수)

$\therefore \sigma = K\cdot\varepsilon_V \qquad \therefore K = \dfrac{\sigma}{\varepsilon_V} = \dfrac{\dfrac{P}{A}}{\dfrac{\Delta V}{V}} = \dfrac{PV}{\Delta V\cdot A}(kg/cm^2)$

## 7. 정육면체의 체적 변화율

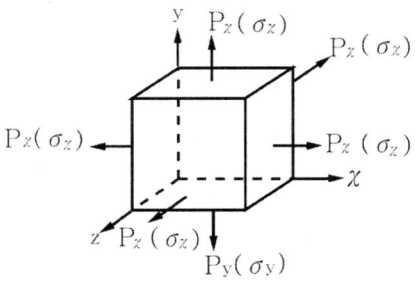

· 처음의 체적 : $V = \ell^3$
· 나중의 체적 : $V = (\ell \pm \lambda)^3 = \ell^3 \pm 3\ell^2\lambda + 3\ell\lambda^2 \pm \lambda^3$

· 체적 변형률 : $\epsilon_V = \dfrac{\Delta V}{V} = \dfrac{(\ell^3 \pm 3\ell^2\lambda + 3\ell\lambda^2 \pm \lambda^3) - \ell^3}{\ell^3}$

$$= \pm 3\left(\dfrac{\lambda}{\ell}\right) + 3\left(\dfrac{\lambda}{\ell}\right)^2 \pm \left(\dfrac{\lambda}{\ell}\right)^3 = \pm 3\epsilon + 3\epsilon^2 \pm \epsilon^3$$

$$\therefore \epsilon_V = \pm 3\epsilon$$

(체적 변화율은 직선변화율의 3배)

## 8. 탄성계수 사이의 관계식
▲ E·m·K의 관계

<x, y축 기준>　　　　　　　　　〈3축〉

$\mu = \dfrac{\epsilon'}{\epsilon} = \dfrac{1}{m} \Rightarrow \epsilon' = \dfrac{\epsilon}{m} = \dfrac{\sigma}{mE}$

ⅰ) x축 기준, $\epsilon_x = \dfrac{\sigma_x}{E} - \epsilon' = \dfrac{\sigma_x}{E} - \dfrac{\sigma_y}{mE}$

ⅱ) y축 기준, $\epsilon_y = \dfrac{\sigma_y}{E} - \epsilon' = \dfrac{\sigma_y}{E} - \dfrac{\sigma_x}{mE}$

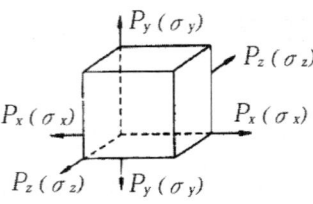

<x, y, z축 기준>

· $\epsilon_x = \dfrac{\sigma_x}{E} - \dfrac{\sigma_y}{mE} - \dfrac{\sigma_z}{mE}$

· $\epsilon_y = \dfrac{\sigma_y}{E} - \dfrac{\sigma_x}{mE} - \dfrac{\sigma_z}{mE}$

· $\epsilon_z = \dfrac{\sigma_z}{E} - \dfrac{\sigma_x}{mE} - \dfrac{\sigma_y}{mE}$

"경계조건" $(\sigma_x = \sigma_y = \sigma_x = \sigma,\ \epsilon_x = \epsilon_y = \epsilon_z = \epsilon)$

$\epsilon = \dfrac{\sigma}{E} - \dfrac{\sigma}{mE} - \dfrac{\sigma}{mE} = \dfrac{m\sigma - 2\sigma}{mE} = \dfrac{\sigma(m-2)}{mE}$ ····· ① 식　　① = ②식,

$K = \dfrac{\sigma}{\epsilon_V} = \dfrac{\sigma}{3\epsilon}$　　　$\therefore \epsilon = \dfrac{\sigma}{3K}$ ········· ② 식

$\dfrac{\sigma(m-2)}{mE} = \dfrac{\sigma}{3K}$　　$\therefore K = \dfrac{mE}{3(m-2)}$　　$\therefore E = \dfrac{3(m-E)}{m}k$

▲ $\therefore mE = 2G(m+1) = 3K(m-2)$ (꼭 외울것)

참고

두 힘의 합성

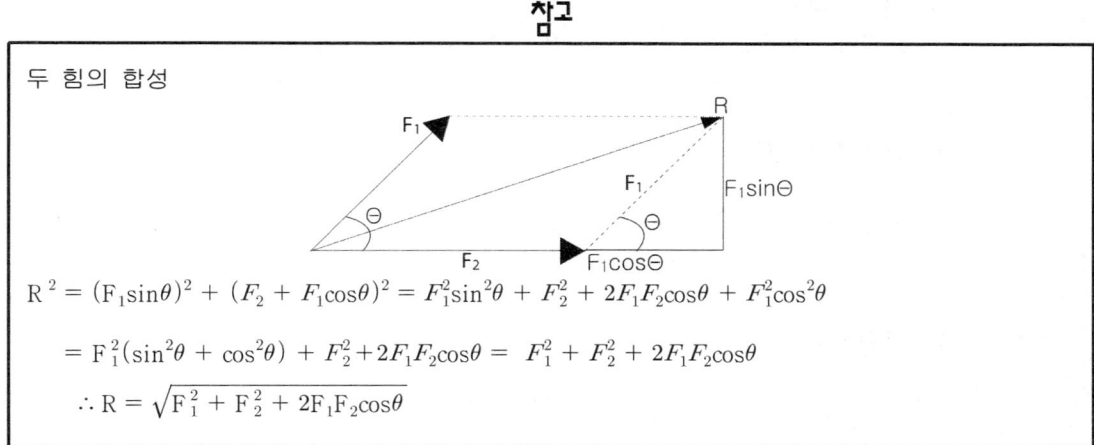

$$R^2 = (F_1\sin\theta)^2 + (F_2 + F_1\cos\theta)^2 = F_1^2\sin^2\theta + F_2^2 + 2F_1F_2\cos\theta + F_1^2\cos^2\theta$$
$$= F_1^2(\sin^2\theta + \cos^2\theta) + F_2^2 + 2F_1F_2\cos\theta = F_1^2 + F_2^2 + 2F_1F_2\cos\theta$$
$$\therefore R = \sqrt{F_1^2 + F_2^2 + 2F_1F_2\cos\theta}$$

## 9. 허용응력($\sigma_a$)과 안전율(S)

### 1) 허용응력

안전한 범위내에서 재료를 사용하는데 허용할 수 있는 최대응력

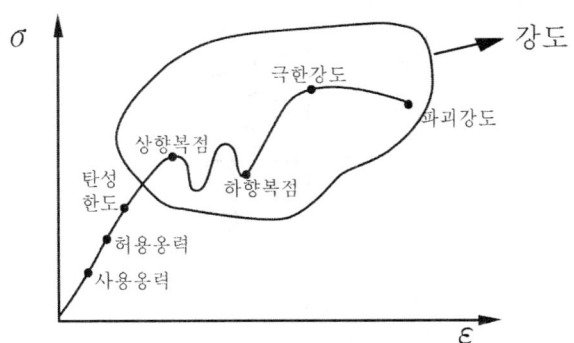

탄성한도 > 허용응력 ≥ 사용응력

### 2) 안전율(안전계수)

최대응력과 허용응력의 비

$$\therefore 안전율 = \frac{영구변형을 갖는 모든응력(항복점강도, 극한강도, 파괴강도)}{탄성한도 이내의 모든응력(비례한도, 사용응력, 허용응력)}$$

$$S = \frac{\sigma_u <극한강도>}{\sigma_a <허용응력>} \qquad \therefore \sigma_a = \frac{\sigma_u}{S}$$

## 10. 응력집중

단면적이 급변하는 부분에 국부적으로 큰응력이 일어나는 상태

### 1) 균일 단면보

$\sigma = \dfrac{P}{bt}$ (b : 폭, t : 두께, P : 하중)

### 2) 공칭응력

구멍부분을 제외한 전단면적에 작용하는 응력

공칭응력(평균응력) : $\sigma_n$ : $\sigma_n = \dfrac{P}{A} = \dfrac{P}{(b-d)t}$

∴ $\sigma_{max} = \alpha_K \sigma_n$ ($\alpha_K$ : 응력 집중 계수 = 형상계수)

∴ $\alpha_K = \dfrac{\sigma_{max}}{\sigma_n}$

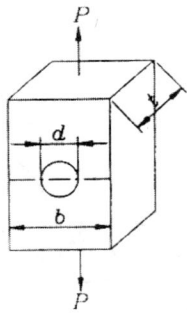

# 제2장  정역학

## 1. 합성재료의 응력

### 1) 직렬 조합

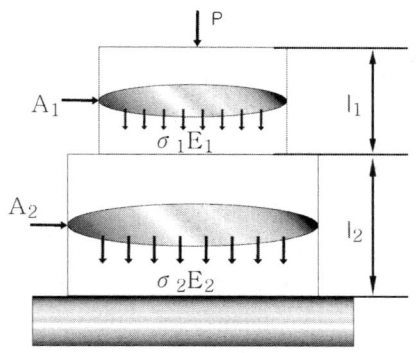

$$\sigma_1 = \frac{P}{A_1} \quad \sigma_2 = \frac{P}{A_2}$$

$$※\lambda_1 = \frac{P\ell_1}{A_1 E_1} = \frac{\sigma_1 \ell_1}{E_1}$$

$$\lambda_2 = \frac{P\ell_2}{A_2 E_2} = \frac{\sigma_2 \ell_2}{E_2}$$

$$\therefore \lambda = \lambda_1 + \lambda_2$$

### 2) 병렬 조합

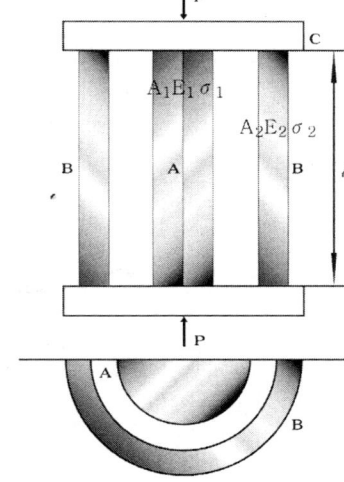

$\sigma_1, \sigma_2 = ? \quad P = \sigma_1 A_1 + \sigma_2 A_2 \quad \sim ①$

경계조건

▲동시에 압축이므로▲  $\epsilon_1 = \epsilon_2, \lambda_1 = \lambda_2$

또한, 후크의 법칙에서

$$\sigma = E \cdot \epsilon \Rightarrow \epsilon = \frac{\sigma}{E}$$

$$\epsilon_1 = \epsilon_2 = \frac{\sigma_1}{E_1} = \frac{\sigma_1}{E_2} \quad \sim ②$$

② 식에서 $\sigma_2 = \dfrac{E_2}{E_1}\sigma_1 \Rightarrow$ ①에 대입하면,

$$\therefore P = \sigma_1 A_1 + \dfrac{E_2}{E_1}\sigma_1 A_2 = \sigma_1(A_1 + \dfrac{E_2}{E_1}A_2) = \sigma_1\left[\dfrac{A_1 E_1 + A_2 E_2}{E_1}\right]$$

$$\therefore \sigma_1 = \dfrac{PE_1}{A_1 E_1 + A_2 E_2} \qquad \text{또한 } \sigma_2 = \dfrac{E_2}{E_1} \cdot \dfrac{PE_1}{A_1 E_1 + A_2 E_2} \text{에서}$$

$$\therefore \sigma_2 = \dfrac{PE_2}{A_1 E_1 + A_2 E_2}$$

- 변형률 : $\epsilon_1 = \epsilon_2 = \dfrac{\sigma_1}{E_1} = \dfrac{\sigma_2}{E_2} = \dfrac{1}{E_1} \cdot \dfrac{PE_1}{A_1 E_1 + A_2 E_2}$

  또한, $\therefore \epsilon = \dfrac{P}{A_1 E_1 + A_2 E_2}$

- 변형량 : $\lambda_1 = \lambda_2 = \epsilon_1 \ell = \epsilon_2 \ell = \dfrac{P\ell}{A_1 E_1 + A_2 E_2}$

## 2. 자중을 고려한 응력 및 변형

### 1) 균일단면봉

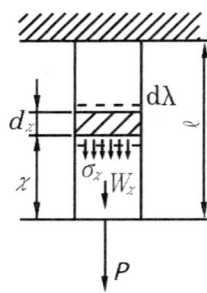

- $W_\chi$ : 임의의 $\chi$단면에서의 자중
- $W_\chi = \Upsilon V_\chi = \Upsilon A_\chi \text{(kg)}$

i) $\sigma_\chi = \dfrac{P + W_\chi}{A} = \dfrac{P + \gamma A_\chi}{A} = \dfrac{P}{A} + \dfrac{\gamma A_\chi}{A} = \dfrac{P}{A} + \gamma\chi$ "경계조건"

if) $\chi = 0$이면, $\sigma_{\chi=0} = \dfrac{P}{A} = \sigma_{\min}$

if) $\chi = \ell$이면, $\sigma_{\chi=\ell} = \dfrac{P}{A} + \Upsilon \cdot \ell = \sigma_{\max}$

ii) $d\lambda$ : 미소 길이 $d\chi$에서의 미소 늘음량

$\lambda = \dfrac{P\ell}{AE}$에서

· $d\lambda = \dfrac{P_\chi d\chi}{AE} = \dfrac{(P+W_\chi)d\chi}{AE} = \dfrac{Pd\chi}{AE} + \dfrac{W_\chi d\chi}{AE}$

$= \dfrac{Pd\chi}{AE} + \dfrac{\gamma A_\chi d\chi}{AE} = \dfrac{P \cdot d\chi}{AE} + \dfrac{\gamma\chi d\chi}{E}$

전길이에 대해 적분하면,

$\displaystyle\int_0^\ell d\lambda = \int_0^\ell \dfrac{P \cdot d\chi}{AE} + \int_0^\ell \dfrac{\gamma\chi d\chi}{E} \quad \lambda = \dfrac{P}{AE}[\chi]_0^\ell + \dfrac{\gamma}{E}[\dfrac{\chi^2}{2}]_0^\ell \quad \therefore \lambda = \dfrac{P\ell}{AE} + \dfrac{\gamma\ell^2}{2E}$

## 2) 균일강도의 봉

·정의 : 1. 모든 단면에 걸쳐서 자중을 고려해도 $\sigma$=const한 봉
        2. 단면적의 변화가 요구된다.

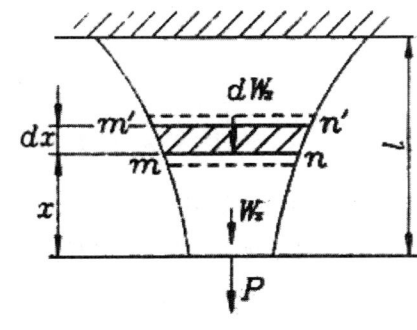

- mn단면에서의 평형조건
  : $\sigma \cdot A = P + W_\chi$
- m'n'단면에서의 평형조건
  : $\sigma(A+dA) = P + W_\chi + dW_\chi$
  $\sigma A + \sigma dA = \sigma A + dW_\chi$
  $\therefore \sigma dA = \gamma dV_\chi = \gamma A d\chi$

$\dfrac{dA}{A} = \dfrac{\gamma d\chi}{\sigma}, \quad \displaystyle\int \dfrac{dA}{A} = \int \dfrac{\gamma d\chi}{\sigma}, \quad \ell nA = \dfrac{\gamma}{\sigma}\chi + C$

"적분상수 C를 구하기 위한 경계조건"
만일 "x=0" 이면 $A \Rightarrow A_0$,, $\ell nA_0 = C$

$\therefore \ell nA = \dfrac{\gamma}{\sigma}\chi + \ell nA_0, \ell nA - \ell nA_0 = \dfrac{\gamma}{\sigma}\chi, \ell n\dfrac{A}{A_0} = \dfrac{\gamma\chi}{\sigma}, \dfrac{A}{A_0} = e^{\frac{\gamma \cdot \chi}{\sigma}}$

$A = A_0 \cdot e^{\frac{\gamma \cdot \chi}{\sigma}} = f(e^\chi) \quad \sigma$가 일정하므로 , $\lambda = \dfrac{P\ell}{AE} = \dfrac{\sigma\ell}{E}$

## 3. 열응력($\sigma$)
열로 인해 생기는 응력

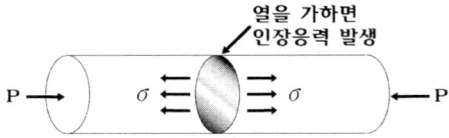

$\sigma \propto a(t_2 - t_1)$

(=) 비례상수 E : 종탄성 계수(= 세로 탄성 계수 = Youngr 계수)

$\therefore \sigma = E \cdot a(t_2 - t_1) = Ea\Delta t$

여기서, (a : 선팽창 계수, $t_1$ : 처음 온도, $t_2$ : 나중 온도)

① 열에 의한 변형률 : $\epsilon$  $\sigma = E \cdot \epsilon = E \cdot a(t_2 - t_1)$  $\therefore \epsilon = a(t_2 - t_1)$

② 열에 의한 변형량 : $\lambda$  $\epsilon = \dfrac{\lambda}{\ell}$ 에서 $\lambda = \epsilon \ell = a(t_2 - t_1)$

③ 열에 의한 힘 : P  $P = \sigma \cdot A = E \cdot a(t_2 - t_1) \cdot A$

## 4. 탄성에너지
균일 단면봉에 인장(압축)이 작용하면 봉이 변형하며 일을하게 됨.
이일은 정적인 에너지로서 변형에너지로 바뀌어 봉의 내부에 저장되는 에너지
58
Work = $F \cdot S$(kg·m)

### 참고

에너지(Energy)
i) 위치 에너지(Potential energy)      ii) 운동에너지(Kinetic energy)

$E_p = W \cdot Z$ (N·m)            $E_k = \dfrac{1}{2}mV^2$ (N·m)

1) 수직응력($\sigma$)에 의한 탄성에너지 : U

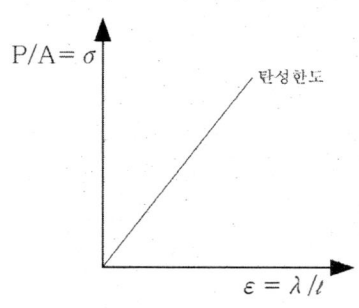 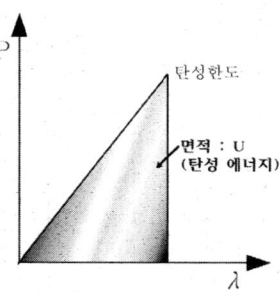

$$U = \frac{1}{2}P\lambda \ (kg \cdot cm) = \frac{1}{2}P \cdot \frac{P\ell}{AE} = \frac{P^2\ell}{2AE} = \frac{P^2A\ell}{2A^2E} = \frac{\sigma^2 A\ell}{2E}$$

▲ 최대 탄성에너지 (u) (= 단위 체적당 탄성에너지)

$$u = \frac{U}{V} \ (kg \cdot cm/cm^3) = \frac{1}{A\ell} \cdot \frac{\sigma^2 A\ell}{2E} = \frac{\sigma^2}{2E} = \frac{E^2\epsilon^2}{2E} = \frac{E \cdot \epsilon^2}{2}$$

2) 전단응력($\tau$)에 의한 탄성에너지 : U

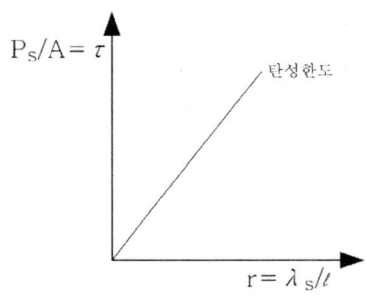 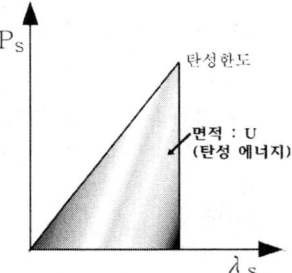

$$U = \frac{1}{2}P_s\lambda_s = \frac{1}{2}P_s \cdot \frac{P_s^2 A\ell}{AG} = \frac{\tau^2 A\ell}{2G}$$

▲ 최대 탄성 에너지(u) (= 단위체적당 탄성에너지)

$$u = \frac{U}{V} \ (kg \cdot cm/cm^3) = \frac{1}{A\ell} \cdot \frac{\tau^2 A\ell}{2G} = \frac{\tau^2}{2G} = \frac{G^2\gamma^2}{2G} = \frac{G \cdot \gamma^2}{2}$$

## 5. 충격응력

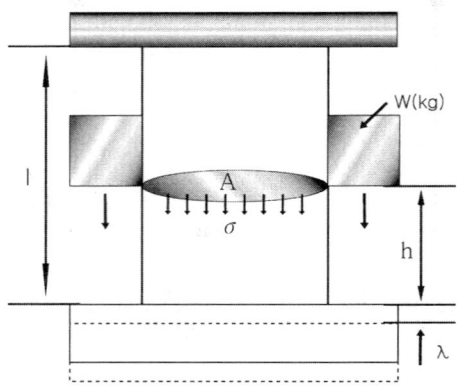

그러므로, ① 위치에너지 $E_p = W(h+\lambda)$ ············· ① 식

② 저장 가능한 탄성에너지 : $U = \dfrac{\sigma^2 A\ell}{2E}$ ······ ② 식

③ 정하중에 의한 응력 : $\sigma_0 = \dfrac{W}{A}$ ············ ③ 식

④ 정하중에 의한 늘음량 : $\lambda_0 = \dfrac{W\ell}{AE} = \dfrac{\sigma_0 \ell}{E}$ ···· ④ 식

①식 = ②식에서

$\dfrac{\sigma^2 A\ell}{2E} = W(h+\lambda), \quad \sigma^2 A\ell = 2EW(h+\lambda), \quad \sigma^2 = \dfrac{2EW(h+\lambda)}{A\ell} \quad \therefore \sigma = \sqrt{\dfrac{2EW(h+\lambda)}{A\ell}}$

if) $\lambda \fallingdotseq 0 \quad \sigma = \sqrt{\dfrac{2EWh}{A\ell}}$

다른 표현방법은

$\sigma^2 A\ell = 2EW(h+\lambda) = 2EWh + 2EW\lambda = 2EWh + 2W\sigma\ell$

$\sigma^2 A\ell - 2\sigma \cdot W\ell - 2EWh = 0, \quad A\ell\sigma^2 - 2W\ell\sigma - 2EWh = 0$

## 참고사항

- 근의 공식 : $a\chi^2 + b\chi + c = 0$의 꼴에서 (단, $a \neq 0$)

  i) $b$가 홀수 일 때, $\chi = \dfrac{-b \pm \sqrt{b^2 - 4ac}}{2a}$

  ii) $b$가 짝수 일 때, $\chi = \dfrac{-b' \pm \sqrt{b'^2 - ac}}{a}$ (단, $b' = \dfrac{b}{2}$)

$$\therefore \sigma = \frac{W\ell \pm \sqrt{(-W\ell)^2 + A\ell\, 2EWh}}{A\ell} \qquad \sigma = \frac{W\ell \pm W\ell\sqrt{1 + \dfrac{2EAh}{W\ell}}}{A\ell} = \frac{W}{A}\left(1 \pm \sqrt{1 + \dfrac{2h}{\lambda_0}}\right)$$

$$= \sigma_0\left(1 \pm \sqrt{1 + \dfrac{2h}{\lambda_0}}\right)$$ (단, 응력은 크게 가정되어야 하므로 $-$를 없앤다.)

$$\therefore \sigma = \sigma_0\left(1 + \sqrt{1 + \dfrac{2h}{\lambda_0}}\right) = \sigma_0 \times 충격계수 \quad 또한, \lambda = \dfrac{\sigma\ell}{E} = \dfrac{\ell}{E} \times \sigma_0\left(1 + \sqrt{1 + \dfrac{2h}{\lambda_0}}\right)$$

$$\therefore \lambda = \lambda_0\left(1 + \sqrt{1 + \dfrac{2h}{\lambda_0}}\right) = \lambda_0 \times 충격계수$$

▲ 중요

$$\sigma = \sigma_0 \times 충격계수 \Rightarrow 충격계수 = \left(1 + \sqrt{1 + \dfrac{2h}{\lambda_0}}\right)$$

$\lambda = \lambda_0 \times 충격계수$
만일 $h \fallingdotseq 0$ (갑작스런 충격) 이면 $[\sigma = 2\sigma_0, \quad \lambda = 2\lambda_0]$

## 6. 압력을 받는 원통

1) 내압을 받는 얇은 원통 : $\dfrac{t}{d} \leq \dfrac{1}{10}$

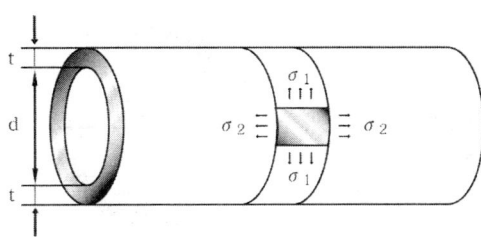 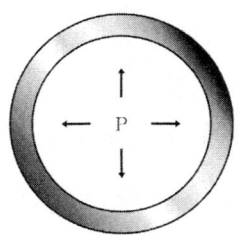

① 원주방향의 응력 : $\sigma_1$

$$\sum \uparrow \downarrow = 0 \quad \sigma_1 2t\ell = p \cdot d\ell \quad \therefore \sigma_1 = \frac{p \cdot d}{2t}$$

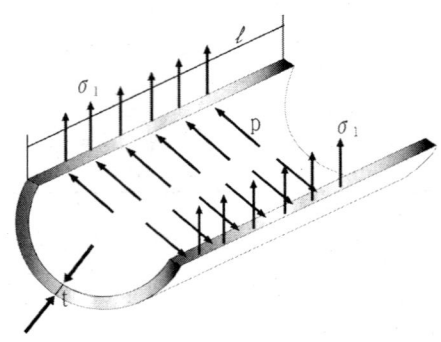

② 축방향(세로방향)의 응력 : $\sigma_2$

$$\sum \rightleftarrows = 0 \quad \sigma_2 \pi dt = p \cdot \frac{\pi}{4} d^2 \quad \therefore \sigma_2 = \frac{pd}{4t}$$

여기서, $\sigma_{max} = \sigma_1 = \dfrac{p \cdot d}{2t} \leqq \sigma_a \quad \therefore t \geqq \dfrac{p \cdot d}{2\sigma_a \cdot \eta} + C$

$\left( \eta : \text{이음효율}, \ C : \text{부식계수}, \ \sigma_a : \text{허용능력} \rightarrow \sigma_a = \dfrac{\sigma_u}{S} \right)$

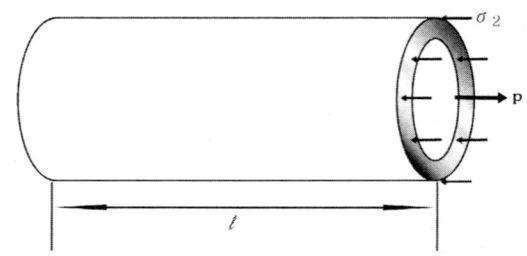

2) 내압을 받는 두꺼운 원통

두께 $\quad t = \Upsilon_2 \Upsilon_1 \qquad \dfrac{\Upsilon_2}{\Upsilon_1} = \sqrt{\dfrac{\sigma_a + p}{\sigma_a - p}}$

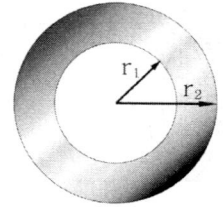

3) 얇은 회전체의 응력
예) Pulley, Rim, Fly wheel
여기서,

각속도　　　$\omega = \dfrac{2\pi N}{60}$ (rad/sec)

원주속도　　$v = \dfrac{\pi dN}{60} = \dfrac{2\pi \Upsilon N}{60} = \Upsilon \cdot \omega$ (m/s)

구심가속도　$a_n = \Upsilon \cdot \omega^2$ (m/s$^2$)

원심력　　　$F = ma_n = \dfrac{W}{g} \cdot \Upsilon \omega^2 = \dfrac{\Upsilon At}{g} \cdot \Upsilon \omega^2$

압력　　　　$P = \dfrac{F}{A} = \dfrac{\frac{\Upsilon At}{g} \cdot \Upsilon \omega^2}{A} = \dfrac{\Upsilon t \cdot \Upsilon \omega^2}{g}$

내압을 받는 얇은 원통이음과 동일하게 취급

$$\sigma_{\max} = \sigma_1 = \dfrac{P \cdot d}{2t} = \dfrac{P \cdot 2\Upsilon}{2t} = \dfrac{P \cdot \Upsilon}{t} = \dfrac{\frac{\Upsilon tr\omega^2}{g} \cdot r}{t}$$

$$= \dfrac{\Upsilon r^2 \cdot \omega^2}{g} = \dfrac{\Upsilon v^2}{g} \leqq \sigma_a \qquad \therefore \sigma_a = \dfrac{\Upsilon v^2}{g}$$

**참고**

1) $\sin(\alpha \pm \beta) = \sin \cdot \cos\beta \pm \cos\alpha \cdot \sin\beta$

　$\sin(\theta + \theta) = \sin 2\theta = \sin\theta \cdot \cos\theta + \cos\theta \cdot \sin\theta = 2\sin\theta \cdot \cos\theta$

　$\therefore \sin\theta \cdot \cos\theta = \dfrac{1}{2}\sin 2\theta$

2) $\sin(90°+\theta) = \cos\theta$ 　　　　　$\cos(90°+\theta) = -\sin\theta$

　$\sin(180°+2\theta) = -\sin 2\theta$ 　　$\cos(180°+2\theta) = -\cos 2\theta$

3) $\cos^2\theta + \sin^2\theta = 1,$ 　　　$\cos^2\theta - \sin^2\theta = \cos 2\theta$

　i) $+$ 일 때 : $2\cos^2\theta = 1 + \cos 2\theta$ 　$\therefore \cos^2\theta = \dfrac{1}{2}(1 + \cos 2\theta)$

　ii) $-$ 일 때 : $2\sin^2\theta = 1 - \cos 2\theta$ 　$\therefore \sin^2\theta = \dfrac{1}{2}(1 - \cos 2\theta)$

4) $\sin\theta = \dfrac{y}{\chi} \rightarrow y = x\sin\theta$

　$\cos\theta = \dfrac{z}{\chi} \rightarrow z = x\cos\theta$

# 제3장   조합응력

## 1. 단순응력(1축응력)

x축 방향의 하중이 1개 존재하는 응력으로 경사단면의 수직응력과 전단응력을 구하기 위함.

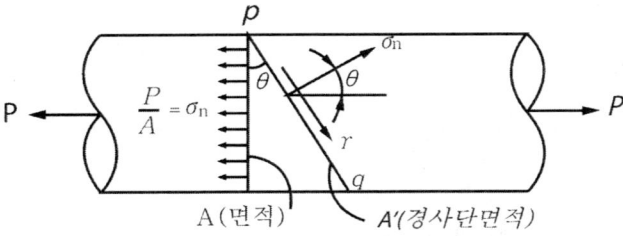

1) $\sigma_n$ : 임의의 경사각 $\theta$ 에서의 수직응력(법선응력)

$$\sigma_n A' = P\cos\theta \text{ 에서 } \sigma_n = \frac{P\cos\theta}{A'} = \frac{P\cos\theta}{\dfrac{A}{\cos\theta}} = \frac{P}{A}\cos^2\theta$$

$$\therefore \sigma_n = \sigma_\chi \cos^2\theta$$

2) $\tau$ : 임의의 경사각 $\theta$ 에서의 전단응력

$$\tau A' = P\sin\theta \text{ 에서 } \tau = \frac{P\sin\theta}{A'} = \frac{P\sin\theta}{\dfrac{A}{\cos\theta}} = \frac{P}{A} \cdot \frac{1}{2}\sin 2\theta$$

$$\therefore \tau = \frac{1}{2}\sigma_\chi \sin 2\theta$$

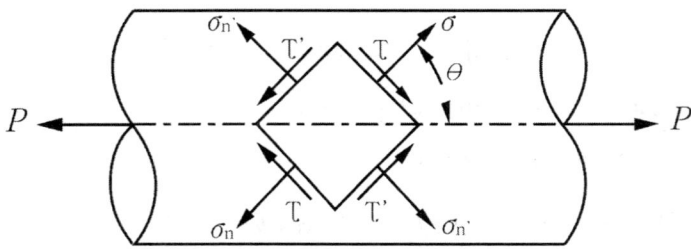

3) $\sigma_n'$ : 임의의 경사각 $\theta$ 에서의 공액법선응력

$\sigma_n = \sigma_\chi \cos^2\theta$ 에서 $\theta$ 대신 $(90°+\theta)$ 를 대입

$$\sigma_n' = \sigma_\chi \cos^2(90°+\theta) = \sigma_\chi [\cos(90°+\theta)]^2 = \sigma_\chi(-\sin\theta)^2 = \sigma_\chi \sin^2\theta$$

$$\therefore \sigma_n' = \sigma_\chi \sin^2\theta$$

4) $\tau'$ : 임의의 경사각 $\theta$ 에서의 공액전단응력

$\tau = \dfrac{1}{2}\sigma_\chi \sin 2\theta$ 에서 $\theta$ 대신 $(90°+\theta)$를 대입 $\tau' = \dfrac{1}{2}\sigma_\chi \sin 2(90°+\theta) = \dfrac{1}{2}\sigma_\chi \sin 2(180°+2\theta)$

$\therefore \tau' = -\dfrac{1}{2}\sigma_\chi \sin 2 = -\tau$

5) i) $\sigma_n + \sigma_n' = \sigma_\chi \cos^2\theta + \sigma_\chi \sin^2\theta = \sigma_\chi(\cos^2\theta + \sin^2\theta) = \sigma_\chi = \dfrac{P}{A}$

   ii) $\tau + \tau' = \dfrac{1}{2}\sigma_\chi \sin 2\theta - \dfrac{1}{2}\sigma_\chi \sin 2\theta = 0$

   $\therefore \tau = -\tau'$

6) $\theta$와 응력의 관계

   i) $\theta = 0°$ 이면

   a) $\sigma_n = \sigma_\chi \cos^2\theta = \sigma_\chi$      b) $\sigma_n' = \sigma_\chi \sin^2\theta = 0$

   c) $\tau = \dfrac{1}{2}\sigma_\chi \sin 2\theta = 0$      d) $\tau' = 0$

   ii) $\theta = 45°$ $\left(=\dfrac{\pi}{4}\right)$

   a) $\sigma_n = \sigma_\chi \cos^2\theta = \sigma_\chi \cos^2 45° = \dfrac{1}{2}\sigma_\chi$    b) $\sigma_{n'} = \sigma_\chi \sin^2\theta = \sigma_\chi \sin^2 45° = \dfrac{1}{2}\sigma_\chi$

   c) $\tau = \dfrac{1}{2}\sigma_\chi \sin 2\theta = \dfrac{1}{\sigma_\chi} sin 90° = \dfrac{1}{2}\sigma_\chi$    d) $\tau' = -\dfrac{1}{2}\sigma_\chi$

   $\therefore \sigma_n = \sigma_n' = \tau$

7) 단순응력의 모어원

   <증명>

   a) $\sigma_n = \overline{OB} = \overline{OC} + \overline{CB} = \dfrac{1}{2}\sigma_\chi + \dfrac{1}{2}\sigma_\chi \cdot \cos 2\theta$
   $= \dfrac{1}{2}\sigma_\chi(1+\cos 2\theta) = \sigma_\chi \cos^2\theta$

   b) $\sigma_{n'} = \overline{OD} = \overline{OC} - \overline{DC} = \dfrac{1}{2}\sigma_\chi - \dfrac{1}{2}\sigma_\chi \cdot \cos 2\theta$
   $= \dfrac{1}{2}\sigma_\chi(1-\cos 2\theta) = \sigma_\chi \cos^2\theta$

   c) $\tau = \overline{AB} = \dfrac{1}{2}\sigma_\chi \cdot \sin 2\theta$

   d) $\tau' = \overline{DE} = -\dfrac{1}{2}\sigma_\chi \cdot \sin 2\theta = -\tau$

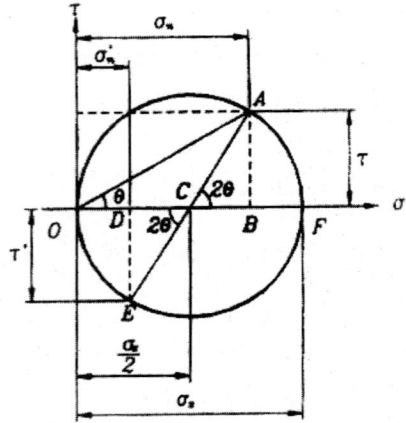

## 2. 2축응력

▲ 한 평면요소에 축방향의 하중이 x, y방향으로 2개 작용하는 응력

▲ $P_\chi \Rightarrow \sigma_\chi,\ \ P_y \Rightarrow \sigma_y$

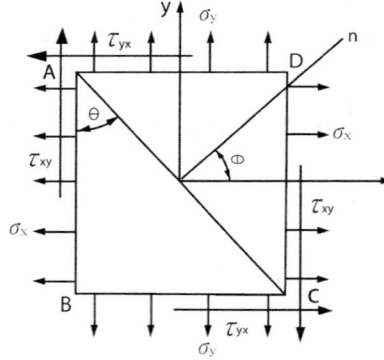

1) $\sigma_n = ?$

$$\sum_{-}^{+} \nearrow \swarrow = 0$$

$$\sigma_n A - \sigma_\chi A \cos^2\theta - \sigma_y A \sin^2\theta = 0$$

$$\sigma_n = \sigma_\chi \cos^2\theta + \sigma_y \sin^2\theta = \sigma_\chi \frac{1}{2}(1+\cos 2\theta) + \sigma_y \frac{1}{2}(1-\cos 2\theta)$$

정리하면, $\therefore \sigma_n = \frac{1}{2}(\sigma_\chi + \sigma_y) + \frac{1}{2}(\sigma_\chi - \sigma_y)\cos 2\theta$

2) $\sigma'_n = ?$

· $\sigma_n$에서 $\theta$ 대신 $(90°+\theta)$를 대입하면

$$\sigma'_n = \frac{1}{2}(\sigma_{\alpha\chi} + \sigma_y) + \frac{1}{2}(\sigma_\chi - \sigma_y)\cos 2(90°+\theta)$$

$$= \frac{1}{2}(\sigma_\chi + \sigma_y) + \frac{1}{2}(\sigma_\chi - \sigma_y)\cos 2(180°+2\theta)$$

$$\therefore \sigma'_n = \frac{1}{2}(\sigma_\chi + \sigma_y) - \frac{1}{2}(\sigma_\chi - \sigma_y)\cos 2\theta$$

3) $\tau = ?$

$$\sum_{-}^{+} \nearrow \swarrow = 0 \; : \; -\tau A + \sigma_\chi A \sin\theta \cdot \cos\theta - \sigma_y A \sin\theta \cdot \cos\theta = 0$$

$$\tau = \sigma_\chi \sin\theta \cdot \cos\theta - \sigma_y \sin\theta \cdot \cos\theta = (\sigma_\chi - \sigma_y)\sin\theta \cdot \cos\theta$$

$$\therefore \tau = \frac{1}{2}(\sigma_\chi - \sigma_y)\sin 2\theta$$

4) $\tau' = ?$

$\tau$에서 $\theta$ 대신 $(90°+\theta)$를 대입하면

$$\tau' = \frac{1}{2}(\sigma_\chi - \sigma_y)\sin 2(90°+\theta) = \frac{1}{2}(\sigma_\chi - \sigma_y)\sin(180°+2\theta)$$

$$= -\frac{1}{2}(\sigma_\chi - \sigma_y)\sin 2\theta = -\tau$$

$$\therefore \tau' = -\tau$$

5) i) $\sigma_n + \sigma_n' = \frac{1}{2}(\sigma_x + \sigma_y) + \frac{1}{2}(\sigma_x - \sigma_y)\cos 2\theta + \frac{1}{2}(\sigma_x + \sigma_y)$

$\qquad - \frac{1}{2}(\sigma_x - \sigma_y)\cos 2\theta = (\sigma_x + \sigma_y)$

ii) $\tau + \tau' = \frac{1}{2}(\sigma_x - \sigma_y)\sin 2\theta + (-)\frac{1}{2}(\sigma_x - \sigma_y)\sin 2\theta = 0$

6) $\theta$와 응력의 관계

　i) $\theta = 0°$일 때

　▲ a) $\sigma_n = \frac{1}{2}(\sigma_x + \sigma_y) + \frac{1}{2}(\sigma_x - \sigma_y)\cos 2\theta = \sigma_x = \sigma_{n\,max}$

　▲ b) $\sigma_n' = \frac{1}{2}(\sigma_x + \sigma_y) - \frac{1}{2}(\sigma_x - \sigma_y)\cos 2\theta = \sigma_x = \sigma_{n\,min}$

　▲ c) $\tau = \frac{1}{2}(\sigma_x - \sigma_y)\sin 2\theta = 0$

　▲ d) $\tau' = -\tau = 0$

주평면 : $\sigma_{n\,max}$, $\sigma_{n\,max}$은 존재하고, $\tau$의 값은 "0"인 면, 만일 $\sigma_x > \sigma_y$

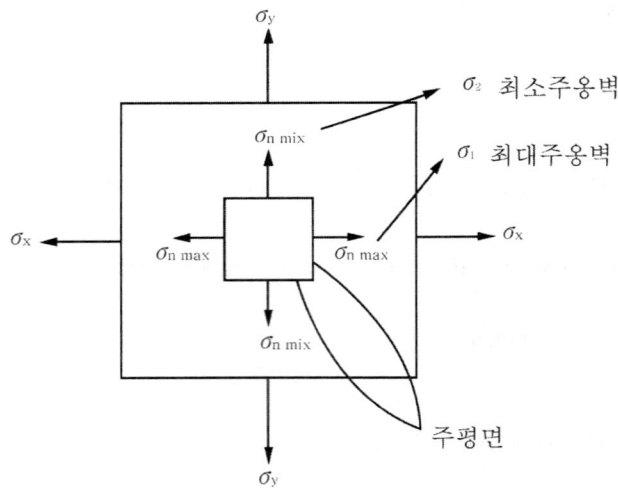

ii) $\theta = 45°\left(= \dfrac{\pi}{4}\right)$ 일 때

- a) $\sigma_n = \dfrac{1}{2}(\sigma_x + \sigma_y) + \dfrac{1}{2}(\sigma_x - \sigma_y)\cos2\theta = \dfrac{1}{2}(\sigma_x + \sigma_y)$

- b) $\sigma_n' = \dfrac{1}{2}(\sigma_x + \sigma_y) - \dfrac{1}{2}(\sigma_x - \sigma_y)\cos2\theta = \dfrac{1}{2}(\sigma_x + \sigma_y)$

- c) $\tau = \dfrac{1}{2}(\sigma_x - \sigma_y)\sin2\theta = \dfrac{1}{2}(\sigma_x - \sigma_y)$

- d) $\tau' = -\tau$

· 순수전단 : 법선응력 ($\sigma_n$, $\sigma_n'$)은 0이면서 $\tau_{max}$으로 존재하는 전단

<조건>

① $\sigma_x$, $\sigma_y$가 인장 및 압축을 동시에 유지하면서 $|\sigma_x| = |\sigma_y| = \tau_{max}$으로 존재해야 한다.

② $\theta = 45°$

$\sigma_n = \dfrac{1}{2}(\sigma_x + \sigma_y) + \dfrac{1}{2}(\sigma_x - \sigma_y)\cos2\theta - \tau_{xy}\sin2\theta$ 에서

7) 2축응력의 모어원 ($\sigma_x > 0$, $\sigma_y > 0 \Rightarrow \sigma_x > \sigma_y$)

<증명>

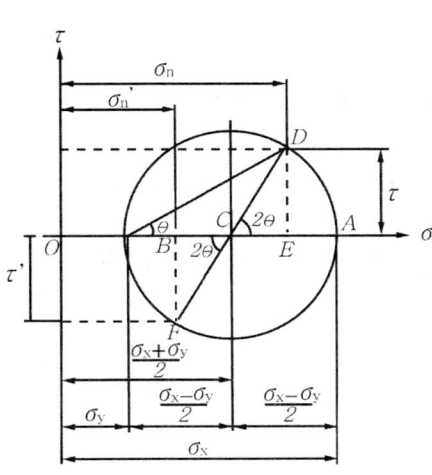

a) $\sigma_n = \overline{OE} = \overline{OC} + \overline{CE}$
$= \dfrac{\sigma_x + \sigma_y}{2} + \dfrac{\sigma_x - \sigma_y}{2}\cos2\theta$

b) $\sigma_n' = \overline{OB} = \overline{OC} - \overline{BC}$
$= \dfrac{\sigma_x + \sigma_y}{2} + \dfrac{\sigma_x - \sigma_y}{2}\cos2\theta$

c) $\tau = \overline{DE}$
$= \dfrac{\sigma_x - \sigma_y}{2}\sin2\theta$

d) $\tau' = \overline{BF}$
$= \dfrac{-(\sigma_x - \sigma_y)}{2}\sin2\theta$
$= -\tau$

## 3. 조합응력(평면응력 $\sigma_x$, $\sigma_y$, $\tau_{xy}$)

$|\tau_{xy}| = |\tau_{yx}|$

$\therefore \tau_{xy} = \tau_{yx}$

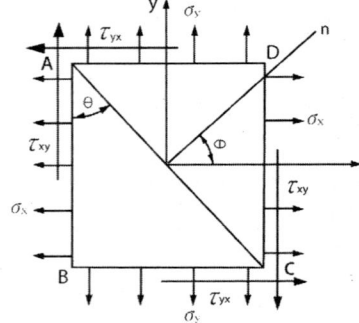

1) $\sigma_n = ?$

$\sum \overset{+}{\underset{-}{\nearrow\swarrow}} = 0$

$\sigma_n A - \sigma_x A\cos^2\theta - \sigma_y A\sin^2\theta + \tau_{xy} A\sin\theta \cdot \cos\theta + \tau_{xy} A\cos\theta \cdot \sin\theta = 0$

$\sigma_n = \sigma_x \cos^2\theta + \sigma_y \sin^2\theta - 2\tau_{xy}\sin\theta \cdot \cos\theta$

정리하면, $\therefore \sigma_n = \frac{1}{2}(\sigma_x + \sigma_y) + \frac{1}{2}(\sigma_x - \sigma_y)\cos 2\theta - \tau_{xy}\sin 2\theta$

2) $\sigma_n' = ?$

$\sigma_n$에서 $\theta$대신 $(90° + \theta)$를 대입하면,

$\sigma_n' = \frac{1}{2}(\sigma_x + \sigma_y) + \frac{1}{2}(\sigma_x - \sigma_y)\cos 2(90° + \theta) - \tau_{xy}\sin 2(90° + \theta)$

$= \frac{1}{2}(\sigma_x + \sigma_y) + \frac{1}{2}(\sigma_x - \sigma_y)\cos(180° + 2\theta) - \tau_{xy}\sin(180° + 2\theta)$

정리하면, $\therefore \sigma_n' = \frac{1}{2}(\sigma_x + \sigma_y) - \frac{1}{2}(sigm\chi_x - \sigma_y)\cos 2\theta + \tau_{xy}\sin 2\theta$

3) $\tau = ?$

$$\sum \nearrow\!\!\swarrow = 0$$

$-\tau A + \sigma_\chi A\cos\theta \cdot \sin\theta - \sigma_y A\sin\theta \cdot \cos\theta - \tau_{\chi y} A\sin^2\theta + \tau_{\chi y} A\cos^2\theta = 0$

$\therefore \tau = \sigma_\chi \cos\theta \cdot \sin\theta - \sigma_y \sin\theta \cdot \cos\theta + \tau_{\chi y}\cos^2\theta - \tau_{\chi y}\sin^2\theta$

$\quad = (\sigma_\chi - \sigma_y)\sin\theta \cdot \cos\theta + \tau_{\chi y}(\cos^2\theta - \sin^2\theta)$

정리하면, $\therefore \tau = \dfrac{1}{2}(\sigma_\chi - \sigma_y)\sin 2\theta + \tau_{\chi y}2\theta$

4) $\tau' = ?$

$\tau$에서 $\theta$대신 $(90° + \theta)$를 대입

$\tau' = \dfrac{1}{2}(\sigma_\chi - \sigma_y)\sin 2(90° + \theta) + \tau_{\chi y}\cos 2(90° + \theta)$

$\quad = \dfrac{1}{2}(\sigma_\chi - \sigma_y)\sin(180° + 2\theta) + \tau_{\chi y}\cos(180° + 2\theta)$

$\quad = -\dfrac{1}{2}(\sigma_\chi - \sigma_y)\sin 2\theta - \tau_{\chi y}\cos 2\theta = -\left[\dfrac{1}{2}(\sigma_\chi - \sigma_y)\sin 2\theta + \tau_{\chi y}\cos 2\theta\right]$

$\quad = -\tau \qquad \therefore \tau' = -\tau$

5) $\sigma_{n\,max}$ 의 위치(주평면의 위치) $= ?$

$\sigma_n = \dfrac{1}{2}(\sigma_\chi + \sigma_y) + \dfrac{1}{2}(\sigma_\chi - \sigma_y)\cos 2\theta - \tau_{\chi y}\sin 2\theta$ 에서

$\dfrac{d\sigma_n}{d\theta} = 0 : \dfrac{1}{2}(\sigma_\chi - \sigma_y)(-\sin 2\theta)2 - \tau_{\chi y}(\cos 2\theta)\cdot 2 = 0$

$\tau_{\chi y} \cdot \cos 2\theta = -(\sigma_\chi - \sigma_y)\sin 2\theta$

$\dfrac{\sin 2\theta}{\cos 2\theta} = \dfrac{2\tau_{\alpha\chi y}}{(\sigma_\chi - \sigma_y)} \qquad \therefore \tan 2\theta = -\dfrac{2\tau_{\chi y}}{(\sigma_\chi - \sigma_y)}$

## 참고

i) $\cos^2\theta + \sin^2\theta = 1$

$$1 + \tan^2\theta = \frac{1}{\tan^2\theta} \quad \therefore \cos^2\theta = \frac{1}{1+\tan^2\theta}$$

$$\cos^2 2\theta = \frac{1}{1+\tan^2\theta} \quad \therefore \cos 2\theta = \frac{1}{\sqrt{1+\tan^2 2\theta}} = \frac{1}{\sqrt{\frac{(\sigma_x-\sigma_y)^2}{4\tau_{xy}^2}+1}}$$

ii) $\cos^2\theta + \sin^2\theta = 1, \quad \cos^2 2\theta + 1 = \dfrac{1}{\sin^2\theta}$

$$\sin^2\theta = \frac{1}{\cot^2\theta + 1}, \quad \sin^2 2\theta = \frac{1}{\cot^2 2\theta + 1}$$

$$\sin 2\theta = \frac{1}{\sqrt{\dfrac{1}{\cot^2\theta+1}}} = \frac{1}{\sqrt{\dfrac{(\sigma_\chi-\sigma_y)^2}{4\tau_{\chi y}^2}+1}}$$

## 참고

결국,
- $\cos 2\theta \cdot \sin 2\theta$를 $\sigma_n$에 대입하면,

$$\therefore \sigma_{n\ max} = \frac{1}{2}(\sigma_\chi + \sigma_y) + \frac{1}{2}\sqrt{(\sigma_\chi + \sigma_y)^2 + 4\tau_{\chi y}^2} = \sigma_1 : \text{최대 주응력}$$

또한, $\cos 2\theta \cdot \sin 2\theta$를 $\sigma_n{}'$에 대입 정리하면,

$$\therefore \sigma_{n\ min} = \frac{1}{2}(\sigma_\chi + \sigma_y) - \frac{1}{2}\sqrt{(\sigma_\chi + \sigma_y)^2 + 4\tau_{\chi y}^2} = \sigma_2 : \text{최소 주응력}$$

6) $\tau_{max}$의 위치 = ?

$\tau = \dfrac{1}{2}(\sigma_\chi - \sigma_y)\sin 2\theta + \tau_{\chi y}\cos 2\theta$ 에서

$\dfrac{d\tau}{d\theta} = 0 \ : \ \dfrac{1}{2}(\sigma_\chi - \sigma_y)(\cos 2\theta)\cdot 2 + \tau_\chi y(-\sin 2\theta)\cdot = 0$

$(\sigma_\chi - \sigma_y)\cos 2\theta = 2\tau_\chi y \cdot \sin 2\theta = (\sigma_\chi - \sigma_y) = 2\tau_\chi y \cdot \tan 2\theta$

$\therefore \tan 2\theta = \dfrac{(\sigma_\chi - \sigma_y)}{2\tau_\chi y}$

또한, $\sigma_{n\max}$, $\sigma_{n\min}$ 에서와 마찬가지로 $\cos2\theta$, $\sin2\theta$ 의 값을 구하여 $\tau$를 대입하면

$$\therefore \tau_{\max} = \frac{1}{2}\sqrt{(\sigma_\chi - \sigma_y)^2 + 4\tau_{\chi y}^2}$$

7) 평면응력의 모어원 ($\sigma_\chi$, $\sigma_y$, $\tau_{\chi y}$)

① $\sigma_{n\max}$, $\sigma_{n\min}$, $\tau_{\chi y}$은 유도가 쉬우나

② $\sigma_n$, $\sigma'_n$, $\tau$, $\tau'$는 유도가 불가능

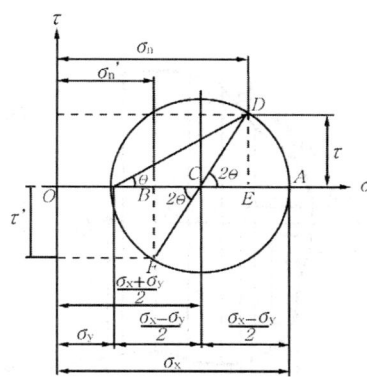

<증명>

우선, 원의 반경 : $GC^2 = \overline{CD}^2 + \overline{DG}^2 = \left(\dfrac{\sigma_\chi - \sigma_y}{2}\right)^2 + \tau_{\chi y}^2 = \dfrac{1}{4}(\sigma_\chi - \sigma_y)^2 + \tau_{\chi y}^2$

$$\therefore \overline{GC} = \frac{1}{2}\sqrt{(\sigma_\chi - \sigma_y)^2 + 4\tau_{\chi y}^2}$$

i) $\sigma_{n\max} = \overline{OB} = \overline{OC} + \overline{CB}$

$\qquad = \dfrac{1}{2}(\sigma_\chi + \sigma_y) + \dfrac{1}{2}\sqrt{(\sigma_\chi + \sigma_y)^2 + 4\tau_\chi y}$

ii) $\sigma_{n\min} = \overline{OA} = \overline{OC} - \overline{CA}$

$\qquad = \dfrac{1}{2}(\sigma_\chi + \sigma_y) - \dfrac{1}{2}\sqrt{(\sigma_\chi - \sigma_y)^2 + 4\tau_{\chi y}^2}$

iii) $\tau_{\max} = \dfrac{1}{2}\sqrt{(\sigma_\chi - \sigma_y)^2 + 4\tau_{\chi y}^2}$ (원의 반경)

# 제4장  평면도형

## 1. 단면 1차 모멘트와 도심

도형의 전면적을 적분한 양, 단면1차 모멘트가 0이 되는 점을 단면의 도심이라 함.

<목적 : "도심"을 구하기 위함>

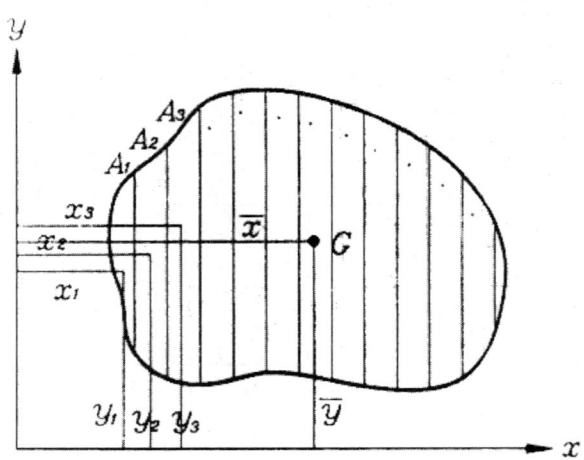

·단면 1차 모멘트 : Q = 팔길이×면적=cm³= $\int$ 팔길이 ×미소면적

$$Q_x = Y_1A_1 + Y_2A_2 + Y_3A_3 + \ldots = \int_A y\,dA = \bar{y}A$$

$$\therefore \bar{y} = \frac{y_1A_1 + y_2A_2 + y_3A_3 + \cdots}{A} = \frac{y_1A_1 + y_2A_2 + y_3A_3 + \cdots}{A_1 + A_2 + A_3 + \cdots}$$

$$Q_y = \chi_1A_1 + \chi_2A_2 + \chi_3A_3 + \cdots = \int_A \chi\,dA = \bar{\chi}A$$

$$\therefore \bar{\chi} = \frac{\chi_1A_1 + \chi_2A_2 + \chi_3A_3 + \cdots}{A} = \frac{\chi_1A_1 + \chi_2A_2 + \chi_3A_3 + \cdots}{A_1A_2A_3 + \cdots}$$

단, 축이 도심점을 통과하면 단면1차 모멘트($Q_x$, $Q_y$)는 항상 0이 된다.

①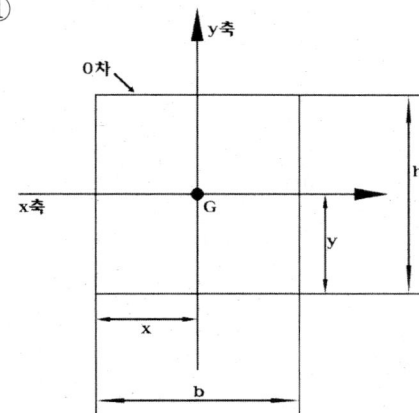

면적 $A = bh$

$\Rightarrow \bar{x} = \dfrac{b}{2},\ \bar{y} = \dfrac{h}{2}$

②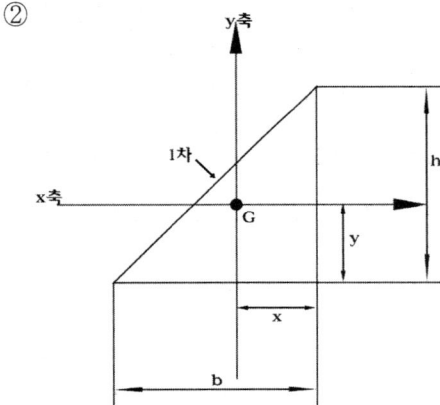

면적 : $A = \dfrac{bh}{2}$

$\Rightarrow \bar{x} = \dfrac{b}{3},\ \bar{y} = \dfrac{h}{3}$

③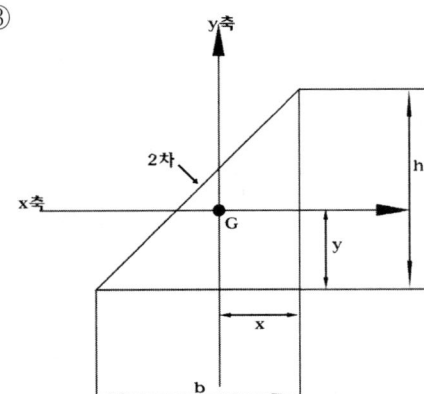

면적 : $A = \dfrac{bh}{3}$

$\Rightarrow \bar{x} = \dfrac{b}{4},\ \bar{y} = \dfrac{h}{4}$

④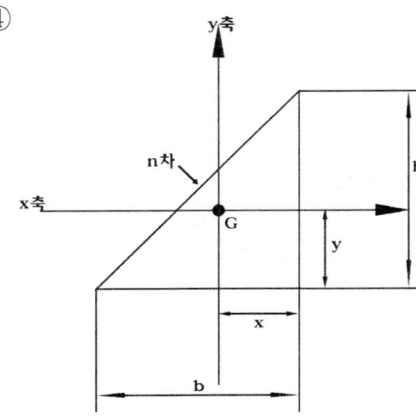

면적 : $A = \dfrac{bh}{n+1}$

$\Rightarrow \bar{x} = \dfrac{b}{n+1}, \; \bar{y} = \dfrac{h}{n+1}$

⑤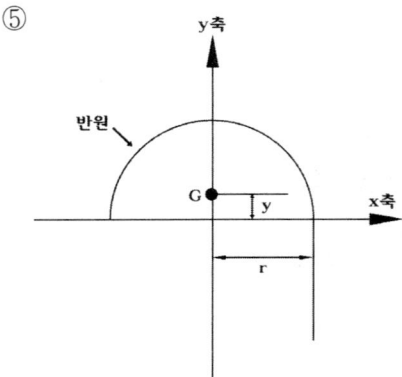

$\Rightarrow \bar{y} = \dfrac{4\gamma}{3\pi}$

⑥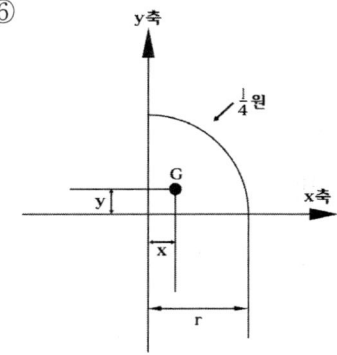

$\Rightarrow \bar{x} = \bar{y} = \dfrac{4\gamma}{3\pi}$

## 2. 단면2차 모멘트(관성 모멘트) : $I_x$ , $I_y$

평면도형의 미소면적에서 X·Y축 까지의 거리(x, y)의 자승을 곱한값

$$I_x = \int_A y^2 dA = AK_x^2 \, cm^4, \qquad I_x = \int_A x^2 dA = AK_y^2 \, cm^4$$

1) x축에 대한 회전반경($k_x$) : $K_x^2 = \dfrac{I_x}{A} \Rightarrow K_x = \sqrt{\dfrac{I_x}{A}}$

2) y축에 대한 회전반경($k_y$) : $K_y^2 = \dfrac{I_y}{A} \Rightarrow K_y = \sqrt{\dfrac{I_y}{A}}$

*도심축을 통과하는 단면 2차 모멘트가 의미상 중요
예) "구형단면(b×h)"일 때

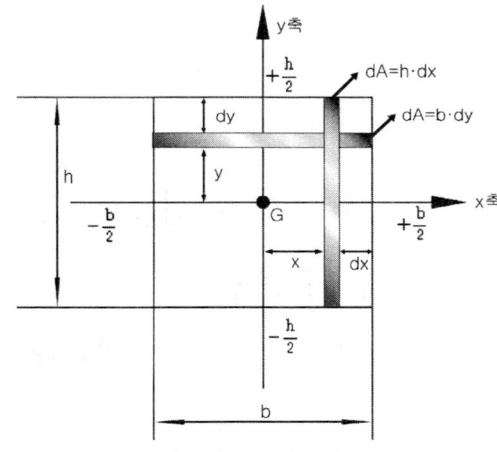

$$I_x = \int_{Ay^2} dA = \int_{-\frac{h}{2}}^{\frac{h}{2}} y^2 \, bdy$$

$$= 2\int_3^{\frac{h}{2}} y^2 \, bdy = 2b\left[\frac{y^3}{3}\right]$$

$$I_x = \frac{bh^3}{12} \qquad 결국 I_y = \frac{bh^3}{12}$$

예) "원형단면"인 경우

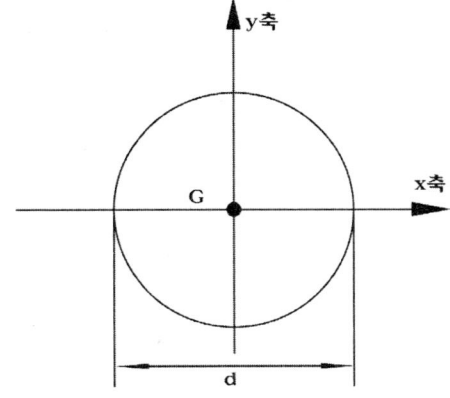

$$I_x = I_y = \frac{\pi d^4}{64}$$

ex) "삼각형단면"인 경우

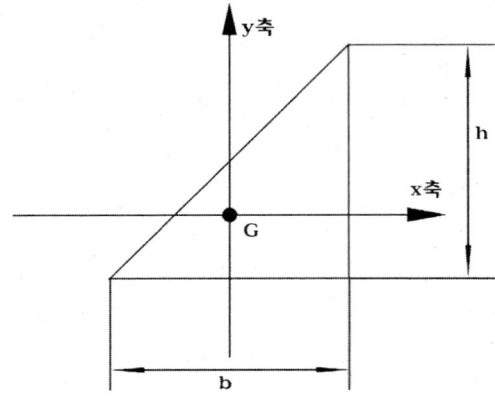

$I_x = \dfrac{bh^3}{36}$

$I_y = \dfrac{hb^3}{36}$

## 3. 평행축 정리

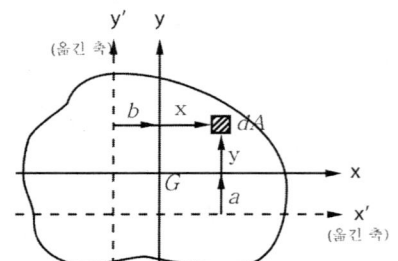

"도심축 값" $\Rightarrow I_x = \int_A y^2 dA$

$I_y = \int_A \chi^2 dA$

여기서, a , b : 축의 평행이동 거리

$I'_x = \int_A (y+a)^2 dA = \int_A (y^2 + 2ya + a^2) dA = \int_A y^2 dA + 2a\int_A y\, dA + \int_A a^2 dA$

(∵ 도심축을 통과하는 단면 2차 모멘트는 0이다)

∴ $I'_x = I_x + a^2 A$ 　　　　　　　　∴ $I'_y = I_y + b^2 A$

## 4. 극단면 2차 모멘트(극관성 모멘트) : $I_p(=J_p)$

극좌표로부터 z축을 중심으로 회전할 때 미소단면에 대한 단면2차 모멘트

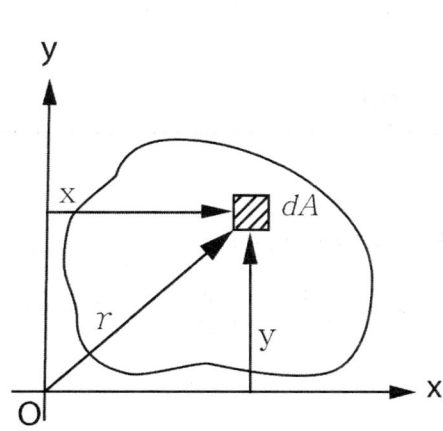

$$I_x = \int_A y^2 dA$$

$$I_y = \int_A x^2 dA$$

$$I_p = \int_A r^2 dA$$

$$= \int_A (x^2 + y^2) dA$$

$$= \int_A x^2 dA + \int_A y^2 dA$$

$$\therefore I_p = I_x + I_y$$

(극단면 2차모멘트는 x축과 y축의 단면 2차 모멘트의 합)

## 5. 단면계수 : z

$$\therefore Z = \frac{\text{단면 2차 모멘트}}{\text{최외각 거리}} = \frac{I}{e} \ (\text{cm}^3)$$

$$Z_1 = \frac{I_x}{e_1}$$

$$Z_2 = \frac{I_y}{e_2}$$

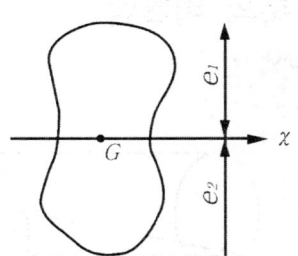

## 6. 극단면 계수 : $Z_p$

$$\therefore Z_p = \frac{\text{극단면 2차 모멘트}}{\text{최외각 거리}} = \frac{I_p}{e} \ (\text{cm}^3)$$

# 제5장  비틀림의 성질

정의 : 비틀림은 축이 회전하는 경우 축직경과 회전수에 의해 전달가능한 회전토크를 결정할 수 있으며 전달동력을 구할 수 있음.

### 참고

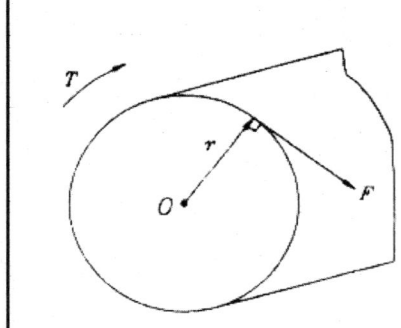

F : 접선력(=회전력)

모멘트 $\begin{cases} \text{비틀림 모멘트} \\ \text{굽힘 모멘트} \end{cases}$ : 회전하려는 에너지

$\therefore \ T = F \times r \ (N \cdot m)$

## 1. 원형축의 비틀림

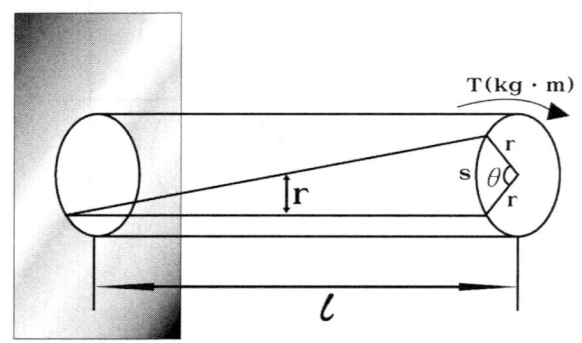

$\Upsilon$ : 전단각(rad)

$\theta$ : 비틀림각(rad)

$s = \Upsilon \cdot \theta$

그림에서, $\tan \Upsilon = \dfrac{s}{\ell} = \dfrac{\Upsilon \cdot \theta}{\ell} ≒ \Upsilon = \dfrac{\tau}{G}$  ($\therefore \tau = G\Upsilon$에서)

$\therefore \tau = \dfrac{G \Upsilon \theta}{\ell}$  : 비틀림 응력(전단응력의 일종)

다음을 관찰할 수 있다.

만일 $\Upsilon=0$ 이면 $\to \tau=0$

$\Upsilon$이 증가하면 $\tau$는 선형적인 증가

$\Upsilon=d/2$ 이면 $\to \tau = \dfrac{G(d/2)\theta}{\ell} = \tau_{max} \leq \tau_a$

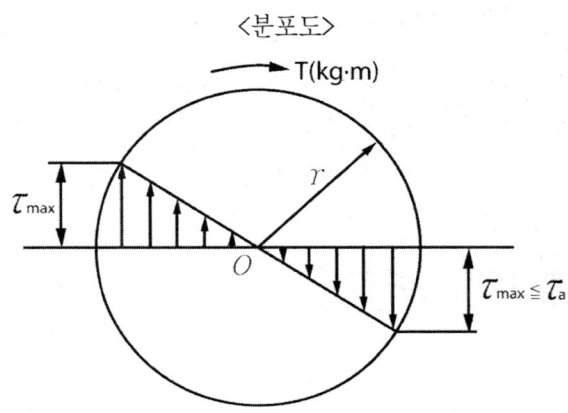

〈분포도〉

## 2. 비틀림 응력($\tau$)과 토오크(T)의 관계

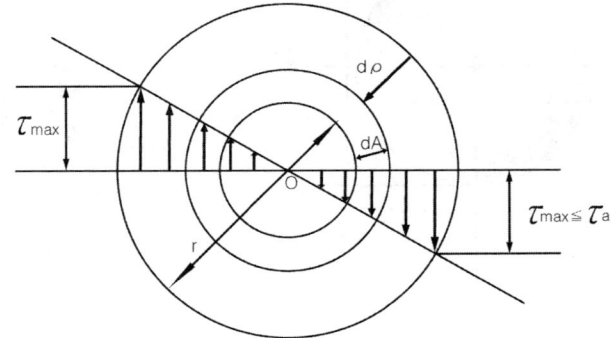

$\tau_\rho$ : 임의의 반경 $\rho$에서의 발생 전단 응력

dT : 미소 단면적 dA에서의 미소 토오크

토오크 (T) = 힘 × 거리 = 응력 × 면적 × 거리

$dT = \tau_\rho \cdot dA \cdot \rho$  $\qquad \int_A dT = \int_A \tau_\rho \cdot \rho \cdot dA \qquad T = \int_A \tau_\rho \cdot \rho \, dA$

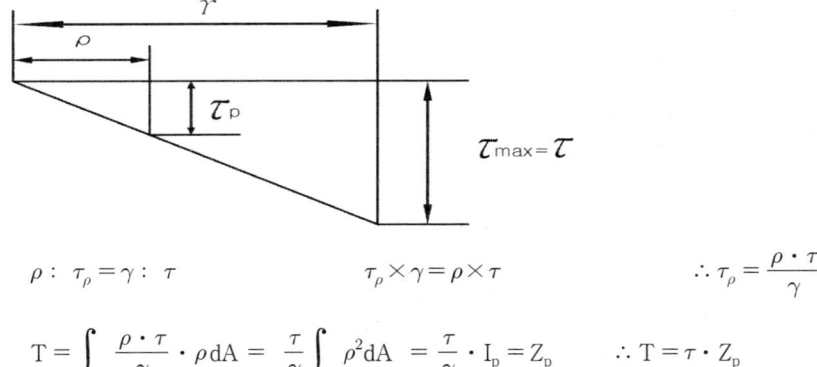

$$\rho : \tau_\rho = \gamma : \tau \qquad \tau_\rho \times \gamma = \rho \times \tau \qquad \therefore \tau_\rho = \frac{\rho \cdot \tau}{\gamma}$$

$$T = \int_A \frac{\rho \cdot \tau}{\gamma} \cdot \rho \, dA = \frac{\tau}{\gamma} \int_A \rho^2 dA = \frac{\tau}{\gamma} \cdot I_p = Z_p \qquad \therefore T = \tau \cdot Z_p$$

## 3. 원형단면에서의 (zp) 값

### 1) 중실원축

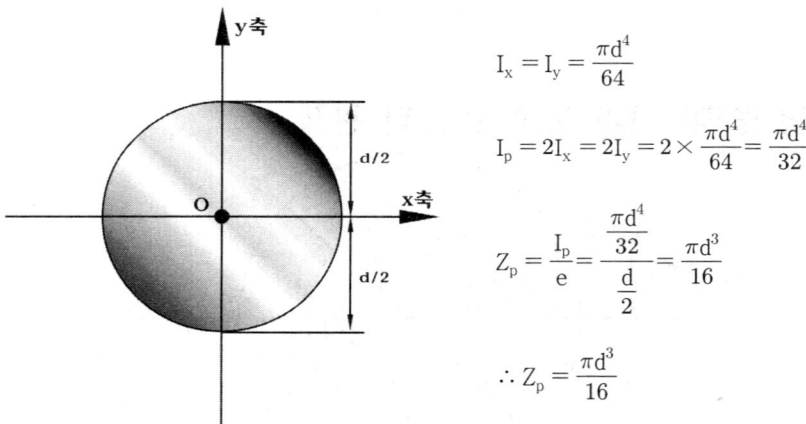

$$I_x = I_y = \frac{\pi d^4}{64}$$

$$I_p = 2I_x = 2I_y = 2 \times \frac{\pi d^4}{64} = \frac{\pi d^4}{32}$$

$$Z_p = \frac{I_p}{e} = \frac{\frac{\pi d^4}{32}}{\frac{d}{2}} = \frac{\pi d^3}{16}$$

$$\therefore Z_p = \frac{\pi d^3}{16}$$

## 2) 중공원축

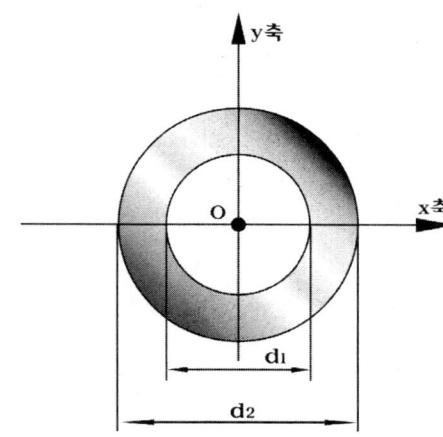

내외경비 : $x = \dfrac{d_1^4}{d_2}$

$I_x = I_y = \dfrac{\pi(d_2^4 - d_1^4)}{64}$

$I_p = 2I_x = 2I_y = 2 \times \dfrac{\pi(d_2^4 - d_1^4)}{64}$

$= \dfrac{\pi(d_2^4 - d_1^4)}{32}$

$= \dfrac{\pi d_2^4 [1 - (\dfrac{d_1^4}{d_2^4})]}{32} = \dfrac{\pi d_2^4 (1 - \chi^4)}{32}$

$Z_p = \dfrac{I_p}{e} = \dfrac{\dfrac{\pi d_2^4 (1-x^4)}{32}}{\dfrac{d_2}{2}} = \dfrac{\pi d_2^4 (1-x^4)}{16 d_2} = \dfrac{\pi d_2^3 (1-x^4)}{16} \quad \therefore Z_p = \dfrac{\pi d_2^3 (1-x^4)}{16}$

## 4. 전달동력

### 1) 일률(동력)

단위시간당 한 일의 양

$$\text{Power} = \dfrac{\text{Work}}{t} = \dfrac{F \times S}{t} = F \times V \, (N \cdot m/sec)$$

$1PS = 1HP = 75 kg \cdot m/sec$ $\qquad$ $1kW = 102 kg \cdot m/sec$

$1 kg \cdot m/sec = \dfrac{1}{75} PS$ $\qquad$ $1 kg \cdot m/sec = \dfrac{1}{102} KW$

$$\text{Power} = T \cdot w \quad (N \cdot m/sec) = T \cdot \dfrac{2\pi N}{60} \quad (N \cdot m/sec)$$

## 5. 축의 비틀림 강도

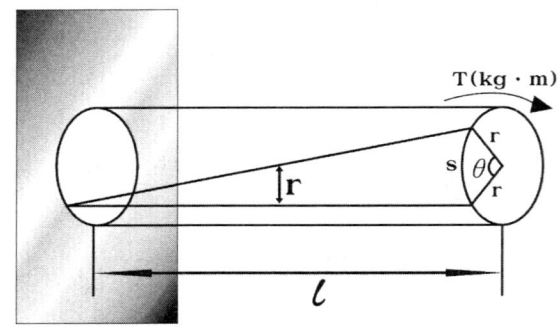

우선, $\tau = \dfrac{G\gamma\theta}{\ell}$ ~①  또한, $T = \tau \cdot Z_p \Rightarrow \tau = \dfrac{T}{Z_p}$ ~②

결국, ① = ② 식, $\dfrac{G\gamma\theta}{\ell} = \dfrac{T}{Z_p}$   ∴ $\theta = \dfrac{T \cdot \ell}{G\gamma Z_p}(\text{rad})$

비틀림 각  ∴ $\theta = \dfrac{T \cdot \ell}{G\, I_p}(\text{rad}) = \dfrac{180}{\pi} \times \dfrac{T \cdot \ell}{G\, I_p}(°)$

## 6. 바하의 축공식

<조건>
1. 축의 재질은 연강 :  $G = 0.83 \times 10^{11} \text{N/m}^2$
   $= 0.83 \times 10^5 \text{Mpa}$
   $= 83 \text{Gpa}$

2. 1m당 비틀림각은 $\dfrac{1}{4}°\ (= 0.25°)$ 이어야 한다.

## 1) 중실원축

a) "PS" 일 때 $\theta = \dfrac{180}{\pi} \times \dfrac{T \cdot \ell}{G \, I_p}(°)$   $\dfrac{1}{4}° = \dfrac{180}{\pi} \times \dfrac{71620\dfrac{H}{N} \times 100}{0.83 \times 10^6 \times \dfrac{\pi d^4}{32}}$

$\therefore d = 12\sqrt[4]{\dfrac{H}{N}}$ (cm)

b) "kW" 일 때 $\theta = \dfrac{180}{\pi} \times \dfrac{T \cdot \ell}{G \, I_p}(°)$   $\dfrac{1}{4}° = \dfrac{180}{\pi} \times \dfrac{97400\dfrac{H'}{N} \times 100}{0.83 \times 10^6 \times \dfrac{\pi d^4}{32}}$

$\therefore d = 13\sqrt[4]{\dfrac{H'}{N}}$ (cm)

## 2) 중공원축

$$\ell_p = 2\ell_\chi = 2\ell_y = 2 \times \dfrac{\pi(d_2^4 - d_1^4)}{64} = \dfrac{\pi d_2^4 \left[\ell - \left(\dfrac{d_1}{d_2}\right)^4\right]}{32} = \dfrac{\pi d_2^4[\ell - \chi^4]}{32}$$

a) "PS" 일 때

$\dfrac{1}{4}° = \dfrac{180}{\pi} \times \dfrac{71620\dfrac{H}{N} \times 100}{0.83 \times 10^6 \times \dfrac{\pi d_2^4(1-\chi^4)}{32}}$   $\therefore d = 12\sqrt[4]{\dfrac{H}{N(1-\chi^4)}}$ (cm)

b) "kW" 일 때

$\dfrac{1}{4}° = \dfrac{180}{\pi} \times \dfrac{97400\dfrac{H'}{N} \times 100}{0.83 \times 10^6 \times \dfrac{\pi d_2^4(1-\chi^4)}{32}}$   $\therefore 13\sqrt[4]{\dfrac{H'}{N(1-\chi^4)}}$ (cm)

## 7. 비틀림에 의한 탄성에너지(U)

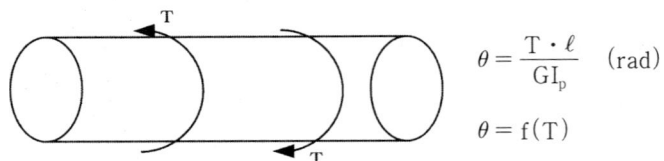

$\theta = \dfrac{T \cdot \ell}{GI_p}$  (rad)

$\theta = f(T)$

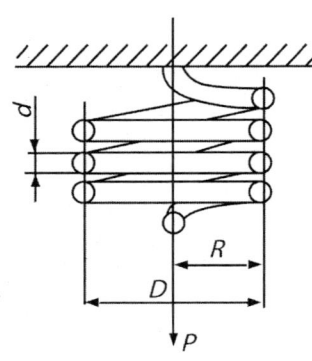

$U = \dfrac{1}{2} T \cdot \theta$  (N·cm)

$= \dfrac{1}{2} \times \cdot \dfrac{T\ell}{GI_p} = \dfrac{1}{2} \times \dfrac{T^2 \ell}{GI_p}$

$= \dfrac{1}{2} \times \dfrac{(\tau \cdot \dfrac{\pi d^3}{16})^2 \cdot \ell}{G \cdot \dfrac{\pi d^4}{32}} = \dfrac{1}{2} \times \dfrac{\tau^2}{2G} \cdot \dfrac{\pi d^2}{4} \ell$

$= \dfrac{1}{2} \cdot \dfrac{\tau^2}{2G} \cdot A \ell = \dfrac{\tau^2 A \ell}{4G}$  (N·cm)

u : 최대탄성에너지 (단위체적당 탄성에너지)

$u = \dfrac{U}{V} = \dfrac{\dfrac{\tau^2 A \ell}{4G}}{A\ell} = \dfrac{\tau^2}{4G}$  (N·cm/cm³)

## 8. 코일 스프링

▲ 원통형 코일 스프링

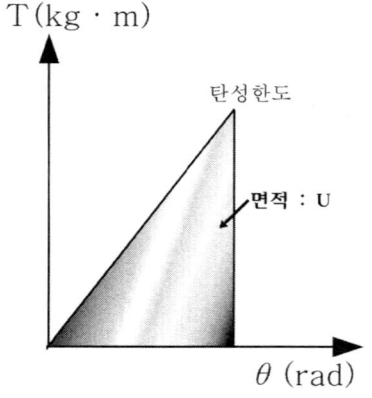

여기서
P : 스프링의 작용하중(kg)
d : 소선의 지름
R : 코일의 평균반경
D : 코일의 평균지름(=2R)

▲ 스프링 상수(K) : 단위 길이의 처짐에 대한 작용하중  ∴ $k = \dfrac{P}{\delta}$ (kg/cm)

### 참고

콤플라이언스(compliance) : 스프링상수의 역수(cm/kg)

## 1) 직렬연결

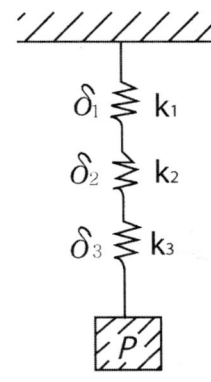

k : 전체의 스프링 상수(kg/cm)

$$k = \dfrac{P}{\delta} \Rightarrow \delta = \dfrac{P}{k}$$

$$\delta = \delta_1 + \delta_2 + \delta_3 = \dfrac{P}{k}$$

$$\dfrac{P}{k_1} + \dfrac{P}{k_2} + \dfrac{P}{k_3} = \dfrac{P}{k}$$

$$\therefore \dfrac{1}{k} = \dfrac{1}{k_1} + \dfrac{1}{k_2} + \dfrac{1}{k_3}$$

(직렬연결시 전체 스프링 상수는 작아짐)

## 2) 병렬연결

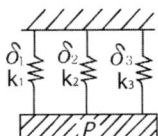

k : 전체의 스프링 상수(kg/cm)

$$k = \dfrac{P}{\delta} \Rightarrow \delta = \dfrac{P}{k}$$

$$\therefore \delta' = \delta_1 = \delta_2 = \delta_3$$

$$\dfrac{P}{k} = \dfrac{P}{k_1 + k_2 + k_3}$$

$$\dfrac{1}{k} = \dfrac{1}{k_1 + k_2 + k3}$$

$$\therefore k = k_1 + k_2 + k_3$$

(병렬연결시 전체 스프링 상수는 커짐)

<주의>

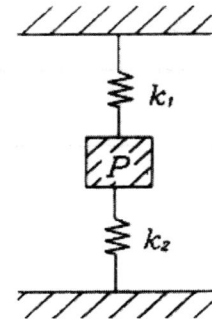

"병렬" 이므로   ∴ $k = k_1 + k_2$

1. 스프링에서의 발생응력(=전단응력)

1) 하중 P에 의한 전단응력 : $\tau_1$

$$\tau_1 = \frac{P}{A} = \frac{P}{\dfrac{\pi d^2}{4}} = \frac{4P}{\pi d^2}$$

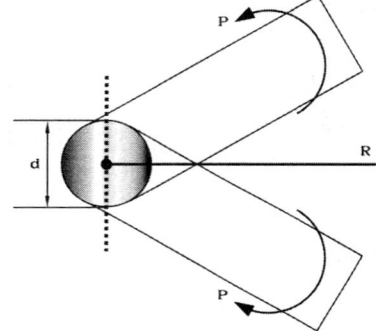

2) 비틀림에 의한 전단응력 : $\tau_2$

$$T = \tau_2 Z_p = \tau_2 \times \frac{\pi d^3}{16}$$

$$\tau_2 = \frac{16T}{\pi d_3} = \frac{16PR}{\pi d^3}$$

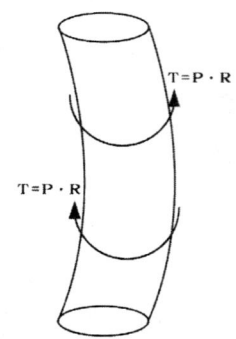

3) $\tau_{max} = \tau_1 + \tau_2 = \dfrac{4P}{\pi d^2} + \dfrac{16PR}{\pi d^3} = \dfrac{16PR}{\pi d^3}\left(\dfrac{d}{4R}+1\right)$

$\left(\dfrac{d}{4R}+1\right)$ : K : 와알(Kwale)의 응력수정 계수    $K = \dfrac{4C-1}{4C-4} + \dfrac{0.615}{C}$

(스프링 지수 $C = \dfrac{D}{d}$)    ∴ $\tau_{max} = \dfrac{16RPK}{\pi} = \dfrac{8PDK}{\pi d^3}$

2. 스프링의 처짐량

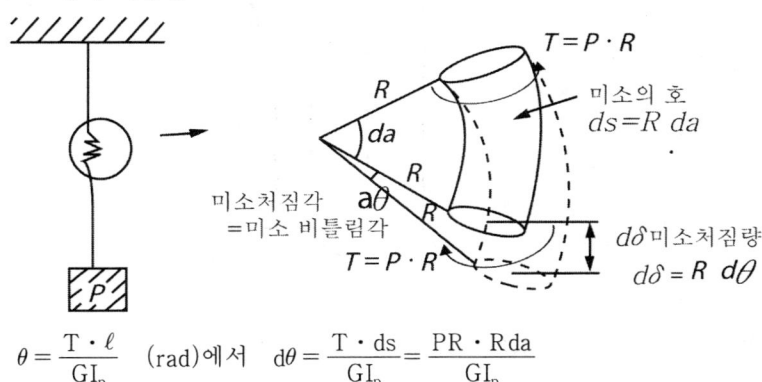

$\theta = \dfrac{T \cdot \ell}{GI_p}$ (rad)에서    $d\theta = \dfrac{T \cdot ds}{GI_p} = \dfrac{PR \cdot R da}{GI_p}$

∴ $d\delta = R \cdot d\theta = R \cdot \dfrac{PR^2 da}{GI_p} = \dfrac{PR^3 da}{GI_p}$

$\displaystyle\int_0^1 d\delta = \int_0^{2\chi n} \dfrac{PR^3 da}{GI_p}$

$\delta = \dfrac{PR^3}{GI_p}\displaystyle\int_0^{2\chi n} da = \dfrac{PR^3}{GI_p}[a]_0^{2\chi n} = \dfrac{PR^3 2\pi n}{G \times \dfrac{\pi d^4}{32}}$    ∴ $\dfrac{64_n PR^3}{Gd^4} = \dfrac{8_n PD^3}{Gd^4}$

단, n : 코일의 유효감긴수(권수)

3. 스프링의 체적($V$)과 길이($\ell$)

∴ $\ell = \pi D\, n$

∴ $V = A\ell = \dfrac{\pi d^2}{4} \times (\pi D\, n)$

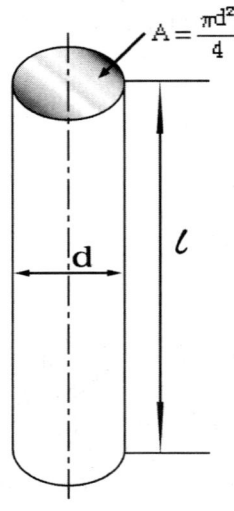

4. 스프링 내부의 저장 탄성에너지(U)

$k = \dfrac{P}{\delta}$ 에서 $P = k\delta \propto \delta$

∴ $U = \dfrac{1}{2}P\delta = \dfrac{1}{2}k\delta\delta = \dfrac{1}{2}k\delta^2$

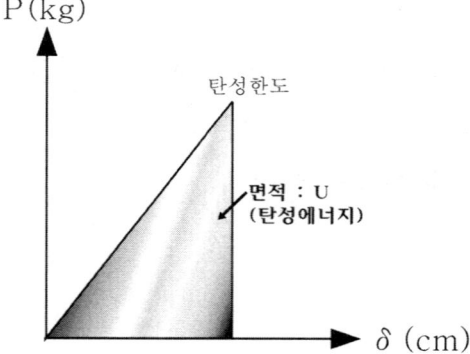

# 제6장  보의 굽힘과 전단

## 1. 보
⦿ 보 : 건축 또는 기계 구조물에서 기둥과 함께 하중을 지지하면서 평형을 유지하는 구조물
평형조건식 : $\sum Fx=0$ , $\sum Fy=0$ , $\sum M=0$

### 1) 보의 종류
(1) 정정보
평형방정식 만으로 모든 미지수의 해결이 가능

(2) 부정정보
평형방정식 만으로 모든 미지수의 해결이 불가능하므로 미지수의 수를 해결하기 위해 보의 처짐을 고려하면서 경계조건을 세워 미지수를 해결한다.

### 2) 정정보의 분류
(1) 단순보(받침보)

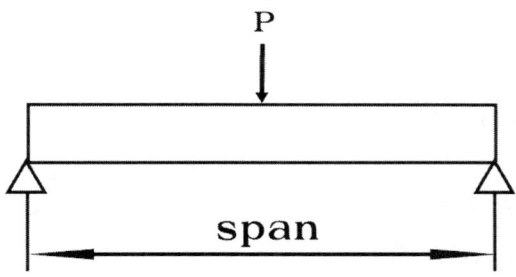

(2) 외팔보

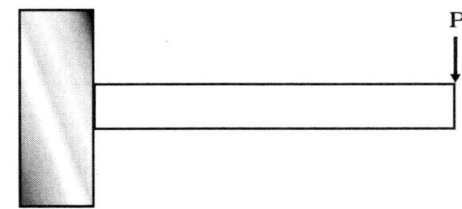

(3) 돌출보(내다지보)

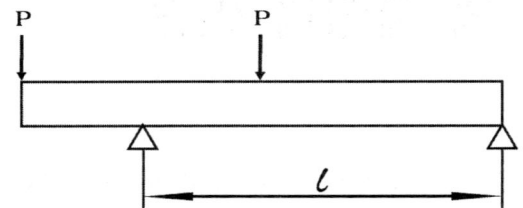

## 3) 지점

(1) 힌지지점

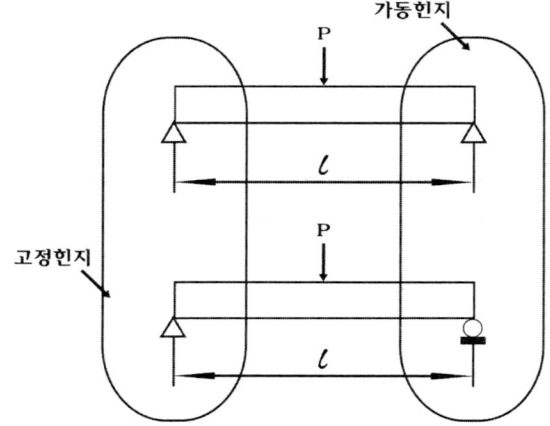

## 4) 보에 작용하는 하중

(1) 집중하중 : 하중이 한점에 집중하는 하중

(2) 분포하중 : 축방향으로 작용하는 하중 (kg/m)
   ① 균일 분포하중      ② 비균일 분포하중

## 5) 모멘트

회전하려고 하는 에너지 ① 굽힘 모멘트 ② 비틀림 모멘트

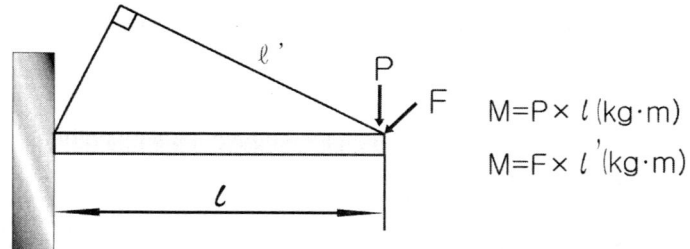

$M = P \times l \, (kg \cdot m)$

$M = F \times l' \, (kg \cdot m)$

▲ 모멘트의 특성

① 모멘트는 반드시 +, − 의 부호를 지닌다.
② 모멘트는 반드시 기준점을 가지고 회전한다.
③ 기준점의 위치가 바뀌면 부호도 바뀐다.
④ 기준점으로부터 "왼쪽모멘트 합=오른쪽 모멘트 합"이 항상 성립한다.

6) 모멘트의 부호

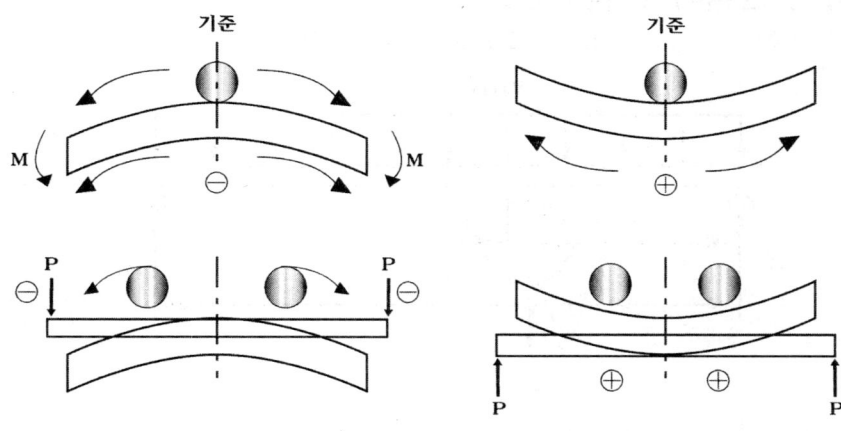

7) 반력

"집중하중"의 경우

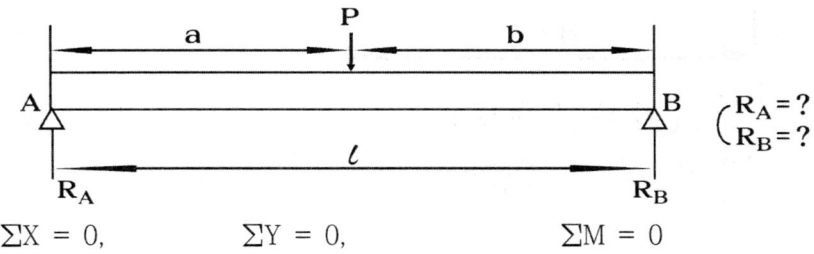

$\begin{pmatrix} R_A = ? \\ R_B = ? \end{pmatrix}$

$\Sigma X = 0, \qquad \Sigma Y = 0, \qquad \Sigma M = 0$

i) $\Sigma Y = 0 : \uparrow \downarrow$      RA+RB−P=0      ∴ RA+RB=P
            + −

ii) $\Sigma M=0$

  ① "A" 점 기준

    "왼쪽 M 합" = "오른쪽 M 합"

    $0 = -Pa + Rb\,\ell$      ∴ $RB = \dfrac{Pa}{\ell}$

  ② "B" 점 기준

    "왼쪽 M 합" = "오른쪽 M합"

    $-Pb + RA \cdot \ell = 0$      ∴ $RA = \dfrac{Pa}{\ell}$

## 2. 보의 전단력과 굽힘모멘트

▲ 분포하중(W), 전단력(F), 굽힘모멘트(M)의 관계식

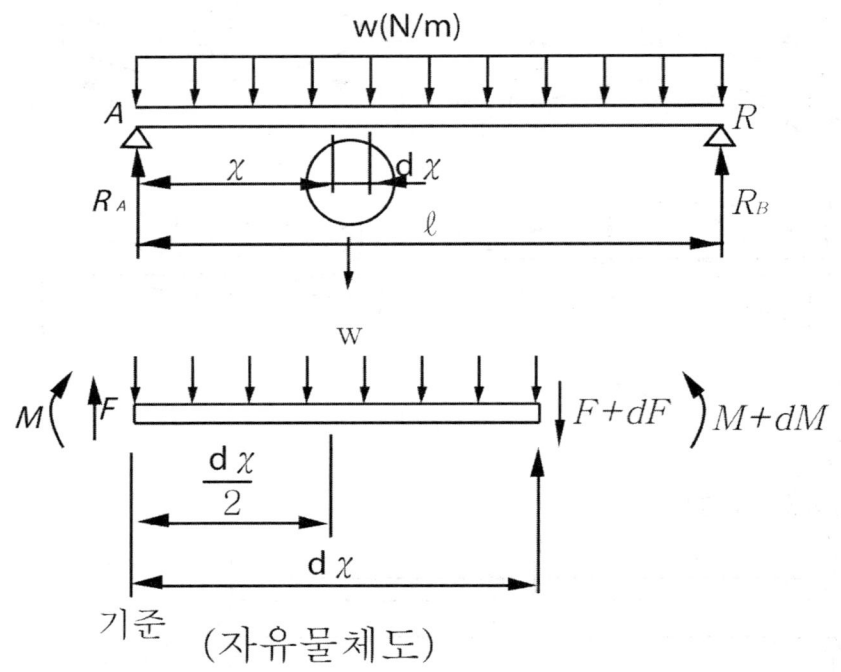

평형방정식 : $\Sigma X=0$ , $\Sigma Y=0$ , $\Sigma M=0$

i) $\sum Y=0$ : $+-$  $F-(F+dF)-W\cdot dx=0$

　　$\uparrow\downarrow$　　　　　　　　$W=-\dfrac{d_f}{d_x}$ ($W=\dfrac{d_f}{d_x}$ : 전단력선도의 기울기)

　　$F-\int W\cdot dx$

ii) $\sum M=0$

　　기준점에서 "왼쪽M합" = "오른쪽 M합"

　　$M=M+dM-(F+dF)dx-W\cdot d\chi\dfrac{d\chi}{2}$,　　　$0=dM-Fdx-dFdx-\dfrac{W\cdot dx\cdot dx}{2}$

　　$=dM-Fdx-Wdxdx-\dfrac{W\cdot dx\cdot dx}{2}$　　　$Fdx=dM$


　　$\therefore F=\dfrac{d_m}{d_x}$ (굽힘 모멘트 선도의 기울기)


1. 집중하중을 받는 단순보

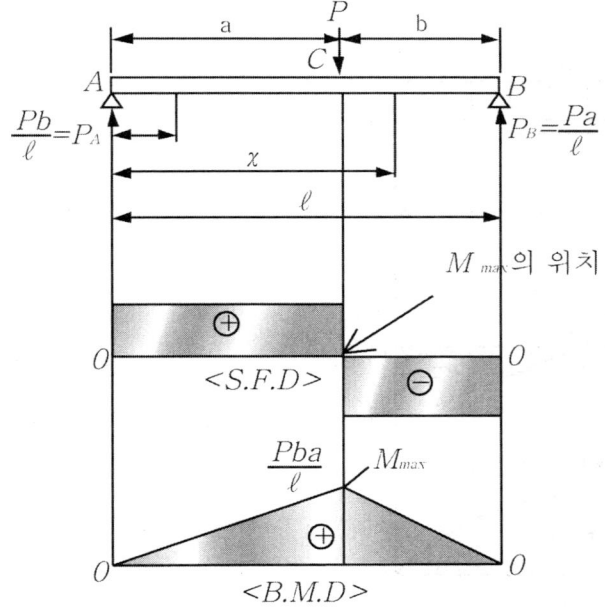

&lt;S.F.D&gt;

1) $\overline{AC}$ 구간 ($\xrightarrow{x}$)    $F\chi = R_A = \dfrac{Pb}{\ell}$

2) $\overline{CB}$ 구간 ($\xrightarrow{x}$)    $F\chi = R_A - P = \dfrac{Pb}{\ell} - P = \dfrac{Pb - P\ell}{\ell} = \dfrac{P(b-\ell)}{\ell} = -\dfrac{Pa}{\ell}$ (일정)

&lt;B.M.D&gt;

1) $\overline{AC}$ 구간 ($\xrightarrow{x}$)         $M\chi = R_A \cdot x = \dfrac{Pb}{\ell} \cdot x$    $\begin{cases} M_{\chi=0} = 0 \\ M_{\chi=a} = \dfrac{Pba}{\ell} \end{cases}$

2) $\overline{CB}$ 구간 ($\xrightarrow{x}$)    $M\chi = R_A \cdot x - P(x-a) = \dfrac{Pb}{\ell}x - Px + Pa$    $\begin{cases} M_{\chi=0} = \dfrac{Pba}{\ell} \\ M_{\chi=a} = 0 \end{cases}$

만일 중앙점($a = b = \dfrac{\ell}{2}$)이면   $M_{max} = \dfrac{P\ell}{4}$

## 2. 균일분포하중의 단순보

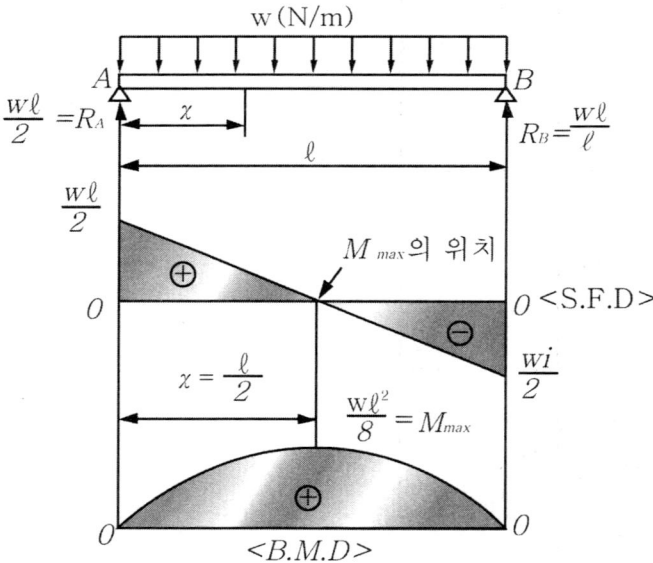

&lt;S.F.D&gt;

$F_x = R_A - W \cdot x = \dfrac{W\ell}{2} - W \cdot x$,    $F_{x=0} = \dfrac{W\ell}{2}$    $F_{x=\ell} = \dfrac{W\ell}{2} - W\ell = -\dfrac{W\ell}{2}$

## 제6장 보의 굽힘과 전단

또한, $F_x = 0$의 위치 → $M_{max}$의 위치

$$F_x = 0 \ : \ \frac{W\ell}{2} - W \cdot x = 0 \qquad \therefore \ x = \frac{\ell}{2}$$

<B.M.D>

$$M_x = R_A \cdot \omega x \cdot \frac{x}{2} = \frac{\omega \ell}{2} \cdot x - \frac{\omega x^2}{2} \qquad M_{x=0} = 0$$

$$M_x = \frac{\ell}{2} = \frac{Wx^2}{2} \cdot \frac{\ell}{2} - \frac{W}{2} = \left(\frac{\ell}{2}\right)^2 = \frac{W\ell^2}{8} = M_{max}$$

만일 중앙점 ($x = \frac{\ell}{2}$)이면 $M_{max} = \frac{W\ell^2}{8}$

### 3. 3각형 분포하중의 단순보

$$x \ : \ W_x = \ell \ : \ W \qquad W_x = \frac{W \cdot \ell}{\ell}$$

<S.F.D>

$$F_x = R_A - \frac{1}{2} x \cdot W_x = \frac{W\ell}{6} - \frac{x}{2} \cdot \frac{W_x}{\ell} = \frac{W\ell}{6} - \frac{Wx^2}{2\ell}$$

i) $F_{x=0} = \dfrac{W\ell}{6}$

ii) $F_{x=\ell} = \dfrac{W\ell}{6} - \dfrac{W\ell^2}{2\ell} = -\dfrac{W\ell}{3}$     $F_x = 0$인 위치 → Mmax 의 위치

$F_x = 0 : \dfrac{W\ell}{6} - \dfrac{W\ell^2}{2\ell} = 0$                    $\therefore x = \dfrac{\ell}{\sqrt{3}} = 0.557\,\ell$

<B.M.D>

$M_x = R_A \cdot x - \dfrac{1}{2} \cdot W_x \times \dfrac{x}{3}$

$= \dfrac{W\ell}{6} \cdot x - \dfrac{1}{2} x \cdot W_x \cdot \dfrac{x}{3} = \dfrac{W\ell x}{6} - \dfrac{x}{2} \cdot \dfrac{Wx}{\ell} \cdot \dfrac{x}{3} = \dfrac{W\ell}{6} - \dfrac{Wx^3}{6\ell}$

i) $M_{x=0} = 0$

ii) $M_{x=\frac{\ell}{\sqrt{3}}} = \dfrac{W\ell}{6}\left(\dfrac{\ell}{\sqrt{3}}\right) - \dfrac{W}{6\ell}\left(\dfrac{\ell}{\sqrt{3}}\right)^3 = \dfrac{W\ell^2}{9\sqrt{3}} = $ Mmax

iii) $M_{x=\ell} = 0$

4. 우력을 받는 단순보

"기준 B"                                "기준 A"
$R_A \times \ell - Pa = 0$              $0 = -R_A \times \ell + Pa = 0$
$R_A = \dfrac{P\alpha}{\ell}$           $R_A = \dfrac{P\alpha}{\ell}$

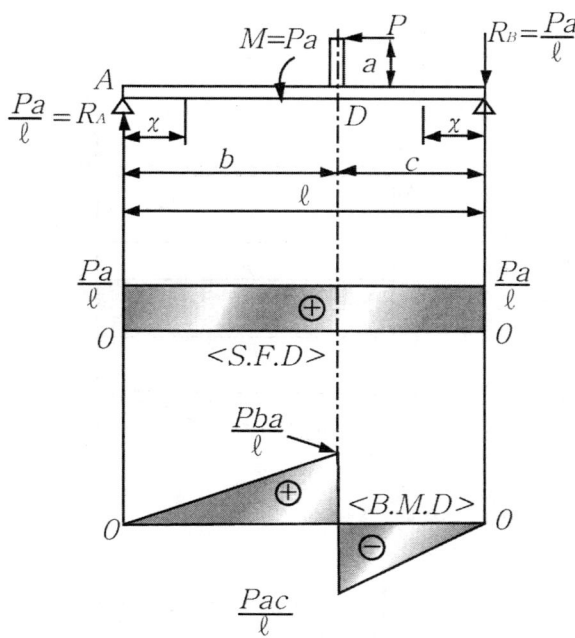

&lt;B.M.D&gt;

1) $\overline{AC}$ 구간($\underset{\to}{x}$)

$$M_x = R_A \cdot x = \frac{Pa}{\ell} = \cdot x$$

$$Mx =_0 = 0$$

2) $\overline{DB}$ 구간($\underset{\to}{x}$)

$$Mx = -R_B \cdot x = -\frac{Pa}{\ell} \cdot x$$

$$Mx = c = -\frac{Pac}{\ell}$$

## <외팔보>

### 1. 집중하중의 외팔보

<S.F.D>

$F_x = P$

<B.M.D>

$M_x = -Px$

$M_{x=0} = 0$

$M_{x=\ell} = -P\ell$

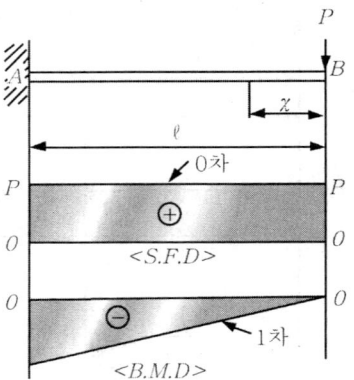

<S.F.D>

$F_x = -P$ 일정

<B.M.D>

$M_x = -P$ (일정)

$M_{x=0} = 0$

$M_{x=\ell} = -P\ell$

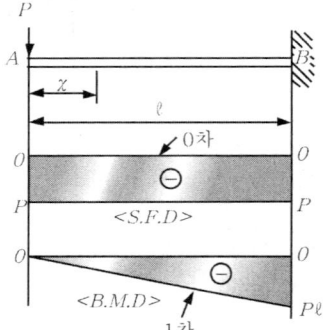

### 2. 균일 분포하중의 외팔보

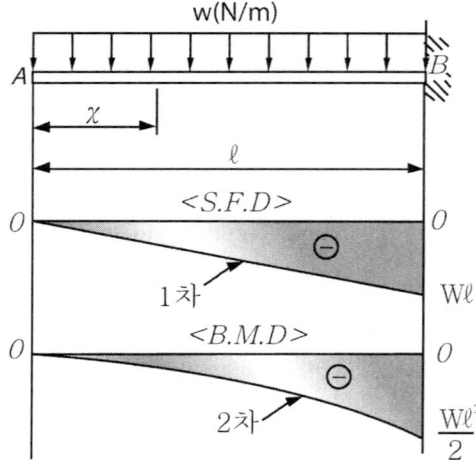

## 3. 3각형 분포하중의 외팔보

$x : \omega_x = \ell : \omega \qquad \omega_x = \dfrac{\omega \cdot \chi}{\ell}$

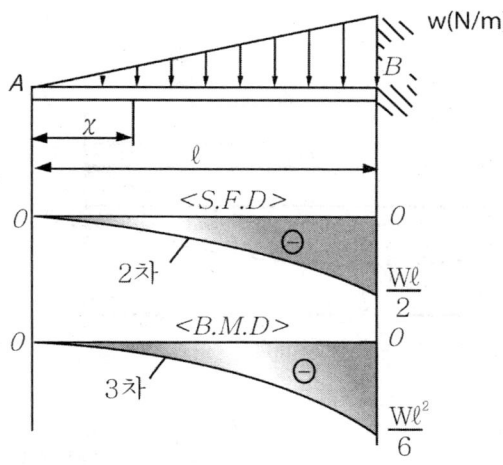

\<S.F.D\>

$Fx = -\dfrac{1}{2}\chi \cdot \omega_\chi = -\dfrac{1}{2}\chi \cdot \dfrac{\omega_\chi}{\ell} = -\dfrac{\omega\chi^2}{2\ell} \qquad \begin{cases} F_{x=0} = 0 \\ F_{x=\ell} = -\dfrac{\omega\chi^2}{2\ell} \end{cases}$

\<B.M.D\>

$M_x = -\dfrac{\omega\chi^2}{2\ell} \times \dfrac{\chi}{3} = -\dfrac{\omega\chi^3}{6\ell} \qquad \begin{cases} M_{\chi=0} = 0 \\ M_{x=\ell} = -\dfrac{w\ell^2}{6} \end{cases}$

## 4. 우력을 받는 외팔보

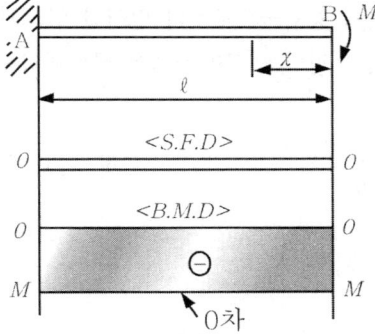

\<S.F.D\>

$F_x = 0$

\<B.M.D.\>

$M_x = -M \text{ (일정)}$

\<S.F.D\>

$F_x = -\omega\chi \qquad\qquad F_{x=0} = 0 \qquad\qquad F_{x=\ell} = -w\ell$

\<B.M.D.\>

$M_x = -wx \cdot \dfrac{x}{2} = -\dfrac{\omega\chi^2}{2} \qquad \begin{cases} M_{x=0} = C \\ M_{x=\ell} = -\dfrac{\omega\ell^2}{2} \end{cases}$

# 제7장  보 내부의 응력

## 1. 보 속의 굽힘응력

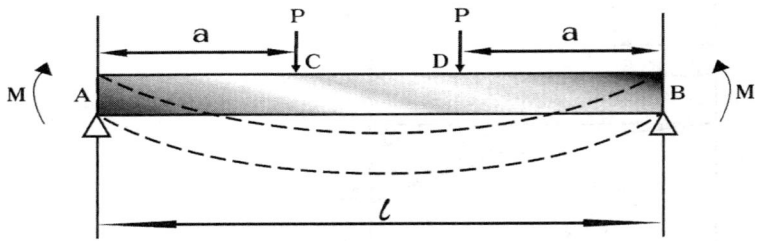

M : 굽힘 모멘트
↓
발생응력 $\sigma$ : 굽힘응력
　　　　$\tau$ : 전단응력

여기서, $\rho$ : 곡률반경
　　　$\dfrac{1}{\rho}$ : 곡률

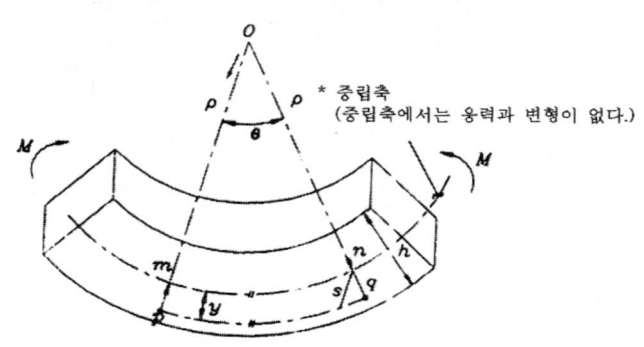

\* 중립축
(중립축에서는 응력과 변형이 없다.)

### 1) 굽힘에 의한 변형률 : $\varepsilon$

여기서, y : 중립축으로부터 떨어진 임의의 거리
　　　$\varepsilon$ : 임의의 거리 y에서 굽힘에의한 변형률

$\varepsilon = \dfrac{sq}{mn} \sim ①$  　　또한, 그림에서 $\rho : mn = y : sq$, $mny = \rho \cdot sq$

$\dfrac{sq}{mn} \sim ②$ 　　　①=② , $\epsilon = \dfrac{y}{\rho}$

만일 y=0 이면 → $\varepsilon = 0$ (중립축)

$y = \pm \dfrac{h}{2}$ 이면 → $\epsilon \dfrac{\pm \dfrac{h}{2}}{\rho}$

## 2) 굽힘응력($\sigma$)의 분포

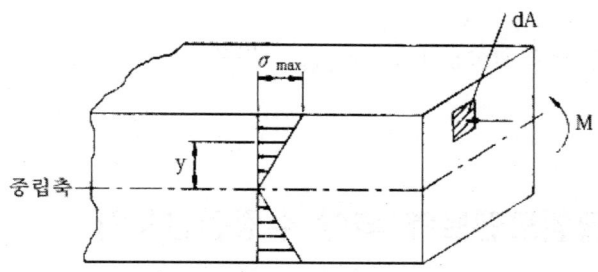

$\sigma = E \cdot \epsilon$ 에서 $\sigma = E\dfrac{y}{\rho}$

$\varepsilon = \dfrac{y}{\rho}$

만일 y=0 이면 → $\sigma = 0$

y가 증가하면 → $\sigma$는 선형적인 증가

$y = \pm \dfrac{h}{2}$ 이면 → $\sigma\max = E(\pm\dfrac{h}{2})/\rho$

## 3) $\sigma$와 M의 관계식

$\sigma_\chi = \dfrac{Ey}{\rho}$

미소 법선력 $\qquad dF = \sigma_\chi \cdot dA = E\dfrac{y}{\rho}dA$

미소 굽힘 모멘트 $\quad dM = dF \times y = E\dfrac{y}{\rho}dA \cdot y$

$\displaystyle\int_A dM = \int_A E \cdot \dfrac{y^2}{\rho}dA \qquad M = \dfrac{E}{\rho}\int_A y^2 dA \qquad M = \dfrac{EI}{\rho}$

$\therefore \dfrac{1}{\rho} = \dfrac{M}{EI}$ (여기서, EI : 굽힘 강성 계수)

또한, $\sigma = E \cdot \dfrac{y}{\rho} \qquad \dfrac{1}{\rho} = \dfrac{\sigma}{Ey} = \dfrac{M}{EI} \qquad M = \dfrac{\sigma \cdot I}{y}$

$\therefore M = \sigma \cdot Z$

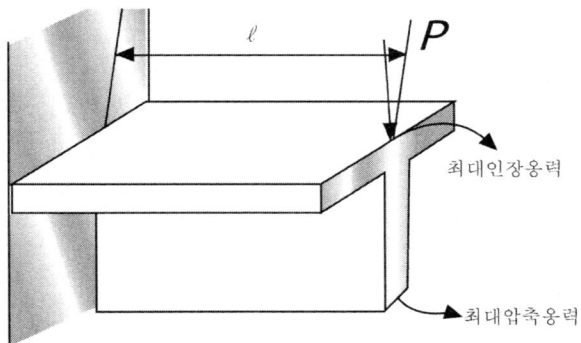

$M_{MAX} = P \cdot \ell$

1) 최대 인장응력 $\quad \sigma c_{max} = \dfrac{Mmax}{Z_1} = \dfrac{P\ell}{\dfrac{I}{y_1}}$

2) 최대 압축응력 $\quad \sigma c_{max} = \dfrac{Mmax}{Z_2} = \dfrac{P\ell}{\dfrac{I}{y_2}}$

## 2. 굽힘모멘트에 의한 수평전단응력

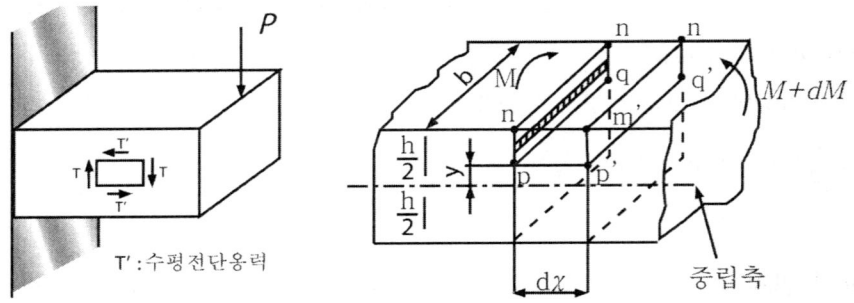

T' : 수평전단응력     중립축

여기서, $\tau$ : 중립축으로부터 $y_1$만큼 떨어진 위치에서 수평전단응력

$$\sigma_x = \dfrac{Ey}{\rho}$$

자유물체도에서 (mnpq, m', n', p', q')단면에서의 합성분=?
우선, mnpd 단면에서의 수직력(=법선력)=?

$dF = \sigma_x dA = \dfrac{Ey}{\rho}dA \qquad \int_{y_1}^{\frac{h}{2}} dF = \int_{y_1}^{\frac{h}{2}} = \dfrac{Ey}{\rho}dA, F = \int_{y_1}^{\frac{h}{2}} = \dfrac{Ey}{\rho}dA$

$\left[\dfrac{1}{\rho} = \dfrac{M}{EI} \Rightarrow \dfrac{E}{\rho} = \dfrac{M}{I}\right] \qquad F = \int_{y_1}^{\frac{h}{2}} = \dfrac{My}{I}dA(\rightarrow) \sim ①$

결국, m', n', p', q' 단면에서의 수직력=?

$F = \int_{y_1}^{\frac{h}{2}} \left(\dfrac{M+dM}{I}\right)dA(\leftarrow) \sim ②$

또한, $\tau$ 에 의한 힘
$F = \tau dA = \tau \ b \ dx(\rightarrow) \sim ③$

① ② ③의 힘의성분은 $\sum \pm = 0$

$$\int_{y_1}^{\frac{h}{2}} \frac{My}{I} dA - \int_{y_1}^{\frac{h}{2}} \left(\frac{M+dM}{I}\right) dA + \tau bdx = 0 \qquad \int_{y_1}^{\frac{h}{2}} \frac{My}{I} dA - \int_{y_1}^{\frac{h}{2}} \frac{dMy}{I} dA + \tau bdx = 0$$

$$\tau bdx = \int_{y_1}^{\frac{h}{2}} \frac{dMy}{I} dA \qquad \therefore \tau = \frac{1}{bdx} \int_{y_1}^{\frac{h}{2}} \frac{dMy}{I} dA$$

$$\tau = \frac{dM}{bdxI} y dA \qquad \therefore \tau = \frac{FQ}{bI} \text{<일반식>}$$

여기서, F : 전단력kg
 b : τ를 구하고자하는 그위치에서의 폭
 I : 단면전체의 단면2차 모멘트
  Q : τ를 구하고자 하는 그위치에 상단에 실린 단면 1차 모멘트(=Ay)

1. 구형단면 (b×h) 의 경우

$$\tau = \frac{F}{bI} \int_{y_1}^{\frac{h}{2}} y dA = \frac{F}{bI} \int_{y_1}^{\frac{h}{2}} y bdy = \frac{F}{I} \int_{y_1}^{\frac{h}{2}} y dy = \frac{F}{I} [y^2]_{y_1}^{\frac{h}{2}}$$

$$= \frac{F}{2} [y^2]_{y_1}^{\frac{h}{2}} = \frac{F}{2 \times \frac{bh^3}{12}} - [h^2]/4 - y2 = \frac{6F}{bh^3} [h^2]/4 - y2$$

만일 $y_1 = 0$ 이면 $\Rightarrow \tau\max = \frac{6F}{bh^3} \times \frac{h^2}{4} = \frac{3F}{2bh} = \frac{3}{2} \cdot \frac{F\max}{A} \rightarrow \therefore \tau\max = \frac{3}{2} \cdot \frac{F\max}{A}$

$y_1 = \pm \frac{h}{2}$ 이면 $\tau = 0$

2. 원형단면인 경우

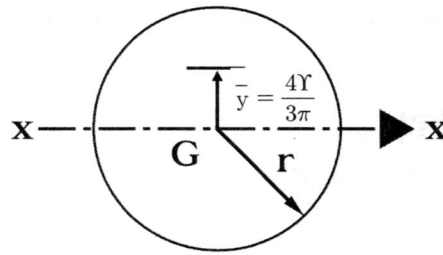

$\tau = \frac{FQ}{BI}$ 에서

▲ $Q = Ay = \frac{\pi r^2}{2} \times \frac{4r}{3\pi} = \frac{2r^2}{3}$  ▲ $b = 2r$  ▲ $I = \frac{\pi d^4}{64} = \frac{\pi r^4}{4}$

$$\therefore \tau = F \times \frac{\frac{2r^3}{3}}{2r} \times \frac{\pi r^4}{4}$$

$$\therefore \tau = \frac{4}{3} \cdot \frac{F\max}{A}$$

3. I형 단면인 경우

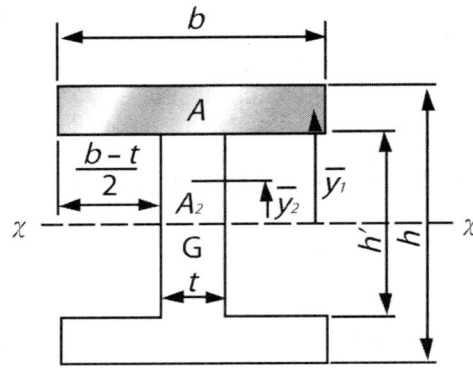

$\tau = \dfrac{FQ}{bI}$ 에서   여기서, b=t   $I = \square - \square \times 2 = \dfrac{bh^3}{12} - \dfrac{\frac{b-t}{2} \times h_1^3}{12} \times 2$

$Q = A_1 y + A_2 y$   $\tau \max = \dfrac{4}{3} \cdot \dfrac{Fmax}{A}$

## Key Point

$\tau = \dfrac{FQ}{bI}$ (일반식)

1. 구형단면 => $\tau \max = \dfrac{3}{2} \cdot \dfrac{Fmax}{A}$    2. 원형단면 => $\tau \max = \dfrac{4}{3} \cdot \dfrac{Fmax}{A}$

# 3. 재료의 조합응력

상당(등가) ▲ 상당 비틀림 모멘트 : $T_e = f(M \cdot T)$
▲ 상당 굽힘 모멘트 : $f_e = f(M \cdot T)$

응력 상태를 살펴보면  T => 비틀림 응력 : $\tau$
M => 굽힘응력 : $\sigma_b$

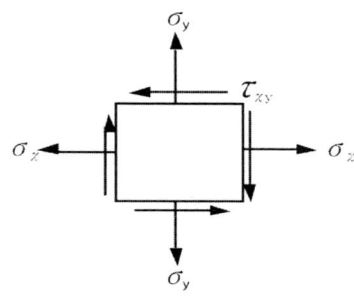

우선 $\sigma\max = \frac{1}{2}(\sigma_\chi + \sigma_y) + \sqrt{(\sigma_\chi - \sigma_y)^2 + 4\tau_{xy}^2}$

경계조건 ▲ $\sigma_\chi = \sigma_b$ (순수굽힘응력)

▲ $\sigma_y = 0$

▲ $\tau_{xy} = \tau$ (순수 비틀림 응력)

상당치 ⇓

$\sigma_e = \frac{1}{2}\sigma_b + \frac{1}{2}\sqrt{\sigma_b^2 + 4\tau^2}$ ~ 랭킨의 최대 주응력설

또한 $\tau\max = \frac{1}{2}\sqrt{\Upsilon_\chi - \Upsilon_y^2 + 4\tau^2 xy}$

경계조건 ▲ $\sigma_\chi = \sigma_b$ (순수굽힘응력)

▲ $\sigma_y = 0$

▲ $\tau_{xy} = \tau$ (순수 비틀림 응력)

상당치 ⇓

$\sigma_e = \frac{1}{2}\sqrt{\sigma_b^2 + 4 \cdot \tau^2}$ GUest 의 최대전단응력설

1. 상당 비틀림 모멘트 : $T_e$

$T_e = \tau_e Z_p \Rightarrow T_e = \tau_e \times Z_p = \frac{1}{2}\sqrt{\sigma_b^2 + 4 \cdot \tau^2} \times Z_p$

$M = \sigma_b Z \rightarrow \chi_b = \frac{M}{Z} = \frac{M}{\frac{\pi d^3}{32}} = \frac{32M}{\pi d^3}$

$T = \tau Z_p \rightarrow \tau = \frac{T}{Z_p} = \frac{T}{\frac{\pi d^3}{16}} = \frac{16T}{\pi d^3}$ $\quad Z_p = \frac{\pi d^3}{16}$

$T_e = \left[\frac{1}{2}\sqrt{(\frac{32M}{\pi d^3})^2 + 4(\frac{16T}{\pi d^3})^2}\right] \times \frac{\pi d^3}{16} = \frac{\pi d^3}{32}\sqrt{(\frac{32M}{\pi d^3})^2 + (\frac{32T}{\pi d^3})^2}$

$= \frac{\pi d^3}{32}\sqrt{(\frac{32M}{\pi d^3})^2 \times (M^2 + T^2)} = T_e = \sqrt{M^2 + T^2}$

2. 상당 굽힘 모멘트: $M_e$

$$M_e = \sigma_e \cdot Z$$

$$\rightarrow M_e = \sigma_e \cdot Z = \left[\frac{1}{2}\sigma_b + \frac{1}{2}\sqrt{\sigma_b^2 + 4\tau^2}\right] \times Z$$

$$= \left[\frac{1}{2} \times (\frac{32M}{\pi d^3}) + 4(\frac{16T}{\pi d^3})^2\right] \times \frac{\pi d^3}{32}$$

정리하면 $\therefore M_e = \frac{1}{2}(M + \sqrt{M^2 + T^2}) = \frac{1}{2}(M + T_e)$

3. 직경의 설계

① $T_e = \tau_e \cdot Z_p = \tau_a \dfrac{\pi d^3}{16}$ $\qquad \therefore d = 3\sqrt{\dfrac{16T_e}{\pi \tau_a}}$

$M_e = \sigma_e \cdot Z = \sigma_a \times \dfrac{\pi d^3}{32}$ $\qquad \therefore d = 3\sqrt{\dfrac{32M_e}{\pi \sigma_a}}$

만일 $\sigma_a \cdot \tau_a$가 동시에 주어지면 → 직경을 둘 다 구해 둘 중에서 항상 큰 값을 택한다.

# 제8장 보의 처짐

▲ 보의 처짐해석의 방법
  a) 미분방정식의 해법
  b) 면적모멘트법
  c) 탄성에너지법(카스틸리아노의 정리)

## 1. 처짐곡선의 미분방정식(탄성곡선의 미분방정식)

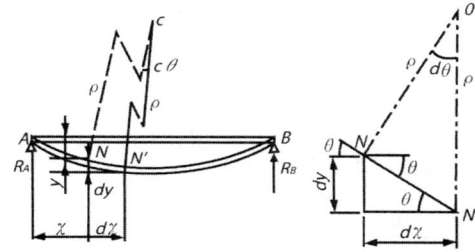

그림에서 $\tan\theta = \dfrac{dy}{dx} \fallingdotseq \theta$

또한, $ds = \rho \cdot d\theta \rightarrow \dfrac{1}{\rho} = \dfrac{d\theta}{ds} = \dfrac{M}{EI}$ ~ ①

그런데 $Y = \tan\theta = \dfrac{dy}{dx}$

i) $Y = \tan\theta$ 에서

  a) θ에 대해 미분하면 : $\dfrac{dY}{d\theta} = \sec^2\theta$

  b) 매개변수 s에 대해 미분하면 : $\dfrac{dY}{dS} = \dfrac{dY}{d\theta}, \quad \dfrac{d\theta}{dS} = \sec^2\theta \cdot \dfrac{d\theta}{dS}$ ~ ㉠

ii) $Y = \dfrac{dy}{dx}$ 에서 매개 변수 s에 대해 미분하면

$$\dfrac{dY}{dS} = d\dfrac{(\dfrac{dy}{dx})}{ds} = d\dfrac{(\dfrac{dy}{dx})}{dx} \times \dfrac{dx}{dS} = \dfrac{d^2y}{dx^2} \cdot \dfrac{dx}{dS}$$ ~ ㉡

㉠=㉡ : $\sec^2\theta \cdot \dfrac{d\theta}{dS} = \dfrac{d^2y}{dx^2} \cdot \dfrac{dx}{dS}$  $\therefore \dfrac{d\theta}{dS} = \dfrac{\dfrac{d^2y}{dx^2}}{\sec^2\theta} = \dfrac{dx}{dS}$

또한, $\cos^2\theta + \sin^2\theta = 1$ $\qquad 1+\tan^2\theta = \cos^2\theta = \sec^2\theta$

$\sec^2\theta = 1+\tan^2\theta = 1+\dfrac{dy}{dx}^2$ $\qquad ds^2 = dx^2+dy^2 = dx^2(1+(\dfrac{dy}{dx})^2)$

$ds = dx\sqrt{(1+\dfrac{dy}{dx})^2}$

$$\frac{d\theta}{ds} = \frac{\frac{d^2y}{dx^2}}{1+(\frac{dy}{dx})^2} \cdot \frac{1}{(1+(\frac{dy}{dx})^2)^{\frac{1}{2}}} = \frac{\frac{d^2y}{dx^2}}{(1+(\frac{dy}{dx})^2)^{\frac{3}{2}}} \quad \therefore \frac{d\theta}{ds} = \frac{d^2y}{dx^2} \sim ②$$

①=②식 : $\frac{\rho}{1} = \frac{d\theta}{ds} = \frac{M}{EI} = \frac{d^2y}{dx^2}$    $\therefore EI\frac{d^2y}{dx^2} = M$

### 참고

$EI \cdot \frac{d^2y}{dx^2} = M$     에서 양변을 미분하면

$EI \cdot \frac{d^3y}{dx^3} = \frac{dM}{dx} = F$     (전단력) 양변을 한번 더 미분하면

$EI \cdot \frac{d^4y}{dx^4} = \frac{d^2M}{dx^2} = \frac{dF}{dx} = w$     (분포하중)

반대로, $EI \cdot \frac{d^2y}{dx^2} = M$     에서 양분을 적분하면

$EI \cdot \frac{dy}{dx} = \int M dx = EI\theta$     한번 더 적분하면

$EI \cdot y = \int\int M dx \cdot M dx = EI\delta$

## 1) 외팔보

(1) 집중하중의 외팔보

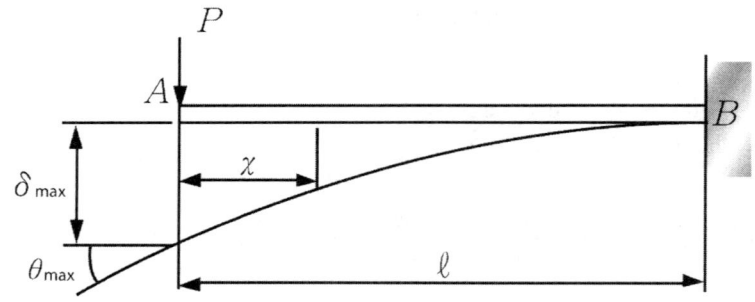

$Mx = -Px$

$EI\frac{d^2y}{dx^2} = Mx = -Px$  를 적분하면

$EI\frac{dy}{dx} = -\frac{Px^2}{2} + C_1 \sim ①$  한번더 적분하면

$$EIy = -\frac{Px^3}{6} + C_1 x + C_2 \sim ②$$

적분 상수 $C_1$, $C_2$를 구하기 위한 경계조건

i) $x = \ell$ 일 때 $\dfrac{dy}{dx} = \theta = 0$ → ①식에 대입

$$0 = -\frac{P\ell^2}{2} + C_1 \qquad \therefore C_1 = \frac{P\ell^2}{2}$$

ii) $x = \ell$ 일 때 $y = \delta = 0$ → ②식에 대입

$$0 = -\frac{P\ell^3}{6} + \frac{P\ell^3}{2} + C_2 \qquad \therefore C_2 = \frac{P\ell^3}{6} - \frac{P\ell^3}{2} = -\frac{P\ell^3}{3}$$

$C_1$, $C_2$를 ①, ②식에 대입하면

$$EI\frac{dy}{dx} = -\frac{Px^2}{2} + \frac{P\ell^2}{2} \qquad EIy = -\frac{Px^3}{6} + \frac{P\ell^3}{2} - \frac{P\ell^3}{3}$$

a) $x = 0$일 때 → $\theta_{max}$

$$\therefore EI\theta_{max} = \frac{P\ell^2}{2} \qquad \therefore \theta_{max} = \frac{P\ell^2}{2EI}$$

b) $x = 0$일 때 → $\delta_{max}$

$$\therefore EI\delta_{max} = -\frac{P\ell^3}{3} \qquad \therefore \delta_{max} = \frac{P\ell^3}{3EI}$$

(2) 균일분포하중의 외팔보

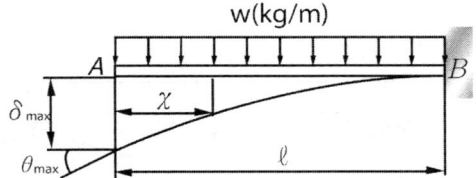

$$\theta_{max} = \frac{WL^3}{6EI}$$

$$\sigma_{max} = \frac{W\ell^4}{8EI}$$

(3) 우력을 받는 외팔보

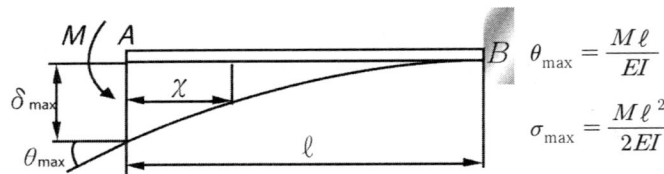

$\theta_{max} = \dfrac{M\ell}{EI}$

$\sigma_{max} = \dfrac{M\ell^2}{2EI}$

## 2) 단순보

(1) 균일분포하중의 단순보

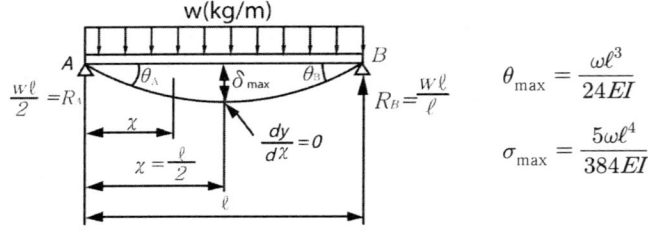

$\theta_{max} = \dfrac{\omega\ell^3}{24EI}$

$\sigma_{max} = \dfrac{5\omega\ell^4}{384EI}$

(2) 우력을 받는 단순보

$\theta_{max} = \dfrac{M\ell}{3EI}$

$\sigma_{max} = \dfrac{M\ell^3}{9\sqrt{3}\,EI}$

$\sigma = \dfrac{M\ell^2}{16EI}$

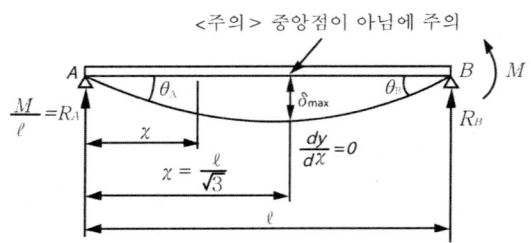

(3) 집중하중의 단순보

$\theta_{max} = \theta_A = \theta_B = \dfrac{P\ell^2}{16EI}$

$\sigma_{max} = y_{max} = \dfrac{P\ell^3}{48EI}$

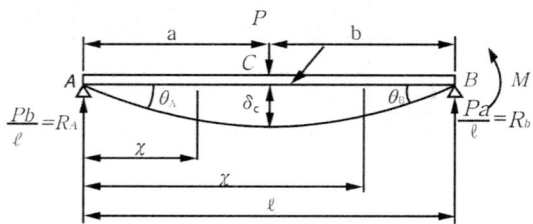

# 제9장  부정정 보

정의 : 평형방정식의 수 보다 미지수의 수가 많으므로 보의 처짐을 고려하여 경계조건을 세워 미지수를 구함.

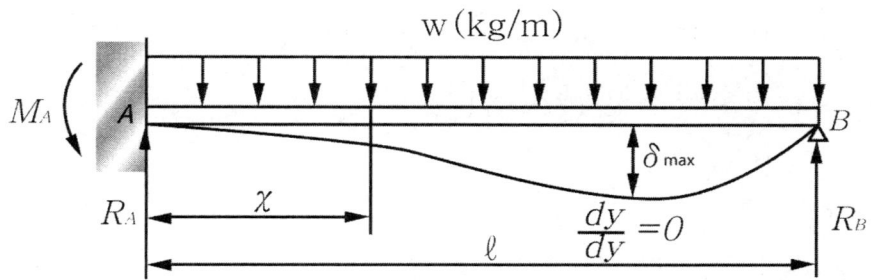

$\Sigma X = 0$, $\Sigma Y = 0$, $\Sigma M = 0$

우선 $\Sigma Y = 0$ : ↑ ↓
$\quad\quad\quad\quad\quad\quad + \;\;-$

$R_A + R_B - W\ell = 0$ $\quad\quad\quad\quad\quad\quad$ $R_A + R_B = W\ell$ ~~~~~~①

여기서, $\sum M_A = 0$

$\quad M_A = R_B \ell - w\ell \dfrac{1}{2}$ $\quad\quad\quad\quad$ $M_A = \dfrac{w\ell^2}{2} - R_B \ell$ ~~~②

그러므로 $M_x = -M_A + R_A X - \dfrac{wx^2}{2}$

$\quad\quad EI\dfrac{d^2y}{dx^2} = M_x = -M_A + R_A X - \dfrac{wx^2}{2}$ 을 적분하면

$\quad\quad EI\dfrac{dy}{dx} = -M_A X + \dfrac{Ra \cdot X^2}{2} - \dfrac{wX^3}{6} + C_1$ ~~~~~~③ 한번 더 적분하면

$\quad\quad EIy = -\dfrac{M_A X^2}{2} + \dfrac{Ra \cdot X^2}{6} - \dfrac{wX^4}{24} + C_1 + C_2$ ~~~~④

$C_1 C_2$를 구하기 위한 경계조건

i) $x=0$ 일 때   $\theta = \dfrac{dy}{dx} = 0 \to$ ③식에 대입   $C_1 = 0$

ii) $x=0$ 일 때 $y = \delta = 0$ $\quad\quad\quad\quad\quad\quad$ $C_2 = 0$

iii) $\chi = \ell$ 일 때 $y = \delta = 0$ $\quad\quad\quad\quad$ $0 = -\dfrac{Ma X^2}{2} + \dfrac{Ra \cdot \ell^3}{6} - \dfrac{w\ell^4}{24}$ ~~~⑤

①②⑤ 식을 연립하면

$$\therefore R_A = \frac{5w\ell}{8}, \quad R_B = \frac{3w\ell}{8}, \quad M_A = \frac{w\ell^2}{8}$$

또한, Fx=0의 위치에서 Mmax이 발생하므로

$$Fx = R_A - \omega \cdot \chi = 0 \qquad x = \frac{R_A}{w} = \frac{\ell}{w} \times \frac{5}{8}w\ell = \frac{5}{8}\ell \qquad \therefore x = \frac{5}{8}\ell$$

$$M_{max} = M_{x=\frac{5}{8}\ell} = \frac{w\ell^2}{8} + \frac{5w\ell}{8}(\frac{5}{8}\ell) - \frac{w}{2}(\frac{5}{8}\ell)^2 = \frac{9w\ell^2}{128}$$

판스프링

3각판 스프링 : $\sigma = \dfrac{6P\ell}{nbh^2}$ $\qquad\qquad \delta_{max} = \dfrac{6P\ell^3}{nbh^3 E}$

겹판스프링 : $\sigma = \dfrac{3P\ell}{2nbh^2}$ $\qquad\qquad \delta_{max} = \dfrac{3P\ell^3}{8nbh^3 E}$

# 제10장 기 둥

기둥의 정의 : 단주 ~ 이론식으로 해결가능(세장비가 30이하)
　　　　　　 장주 ~ 실험식을 적용(세장비가 160이상)

## 1. 편심하중을 받는 단주

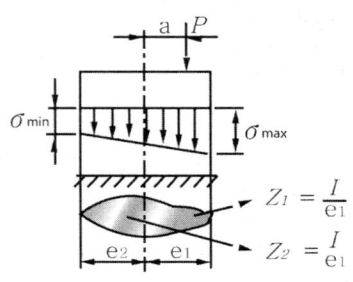
$Z_1 = \dfrac{I}{e_1}$
$Z_2 = \dfrac{I}{e_1}$

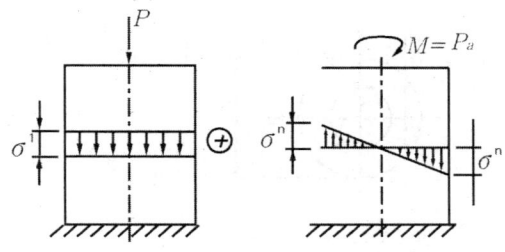

▲ 발생응력

① 하중 P에 의한 응력 : $\sigma' = \dfrac{P}{A}$

② 모멘트에 의한 응력 : $\sigma'' = \dfrac{M}{Z}$

i) $\sigma\;max = \sigma' + \sigma'' = \dfrac{P}{A} + \dfrac{M}{Z_1} = \dfrac{P}{A} + \dfrac{Pa}{\dfrac{I}{e_1}} = \dfrac{P}{A} + \dfrac{P_a e_1}{I}$

$= \dfrac{P}{A} = \dfrac{P_a}{A}(1 + \dfrac{e_1}{K^2})$

ii) $\sigma\;min = \sigma' - \sigma'' = \dfrac{P}{A} - \dfrac{M}{Z_2} = \dfrac{P}{A} - \dfrac{P \cdot a}{\dfrac{I}{e_2}} = \dfrac{P}{A} - \dfrac{P_a e_2}{I}$

$= \dfrac{P}{A} - \dfrac{P_a e_2}{AK^2} = \dfrac{P_a}{A}(1 + \dfrac{e_2}{K^2})$

## 참고

- 핵반경 : $\sigma_{min} = 0$으로 하는 편심거리
- 특 징 : 압축응력만 일어나고 인장응력은 일어나지 않는다.

$$\sigma_{min} = \frac{P}{A}\left(1 + \frac{ae_2}{K^2}\right) = 0$$

$$1 + \frac{ae_2}{K^2} = 0 \qquad 1 = \frac{ae_2}{K^2} \qquad \therefore a = \frac{K^2}{e_2}$$

1) "원형단면" 인 경우

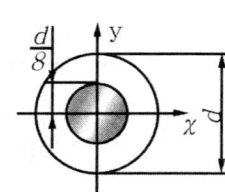

$$K = \sqrt{\frac{I}{A}} \rightarrow K^2 = \frac{I}{A} = \frac{\frac{\pi d^4}{64}}{\frac{\pi d^2}{4}} = \frac{d^2}{16}$$

$$\therefore a = \frac{K^2}{e^2} = \frac{\frac{d^2}{16}}{\frac{d}{2}} = \frac{d}{8}$$

2) "구형단면" 인 경우

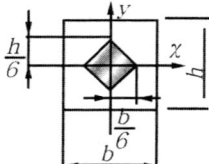

$$\therefore a = \frac{h}{6} \text{ 또는 } \frac{b}{6}$$

## 2. 장주(기둥)

1) 세장비 : $\lambda$

$$\lambda = \frac{\ell}{K}$$

여기서, $\ell$ : 기둥의 길이    $K$ : 최소회전반경(최소단면 2차 반지름)

$K : \sqrt{\frac{I}{A}}$    $I$ : 최소단면 2차 모멘트

$A$ : 단면적

(1) 원형단면인 경우

$$I_x = I_y = I = \frac{\pi d^2}{64} \qquad K_x = K_y \qquad \lambda = \frac{\ell}{K_x} = \frac{\ell}{K_y}$$

(2) 구형단면 $b \times h$인 경우

$$I_x = \frac{bh^3}{12} \qquad\qquad I_y = \frac{bh^3}{12}$$

$I_x > I_y$ 즉, $I_x > I_y$이면 $K_x > K_y$이므로 작은쪽을 선택.

$$\therefore \lambda = \frac{\ell}{K_y}$$

## 2) 오일러 공식

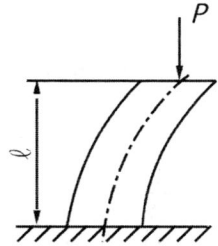

여기서, $P_B$ (=버클링하중=좌굴하중=임계하중) → 기둥이 부담 할 수 있는 기준하중

$$P = 안전하중(P = \frac{P_B}{S}) \qquad\qquad S = 안전율$$

$$P_B \propto \frac{EI}{\ell^2}$$

$n\pi^2$ : 비례상수

$$\therefore P_B = n\pi^2 \times \frac{EI}{\ell^2} \qquad\qquad 여기서, n : 단계수(기둥의 고정계수)$$

또한, 좌굴응력 $\sigma_B = \dfrac{P_B}{A} = n\pi^2 \cdot \dfrac{EK^2}{\ell^2} = n\pi^2 \cdot \dfrac{E}{\lambda^2} = \dfrac{n\pi^2 E}{(\dfrac{\ell}{k})^2}$

### 참고

▲ 기둥의 조건
① 단말계수(n)가 작을수록, 좌굴은 (일찍)일어나고
② 단말계수(n)가 클수록, 좌굴은 (늦게)일어나고
즉, 단말계수(n)가 클수록(강한) 일어난다

i) 일단고정 타단자유

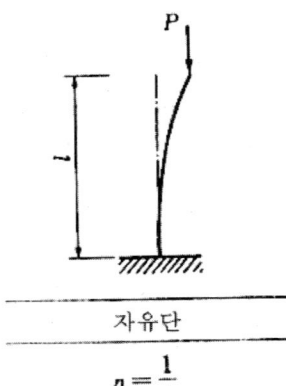

자유단

$n = \dfrac{1}{4}$

ii) 일단고정 타단회전(下)

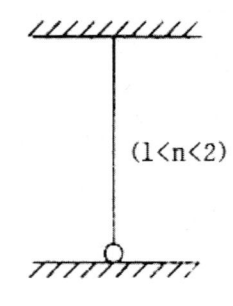

($1 < n < 2$)

iii) 양단회전

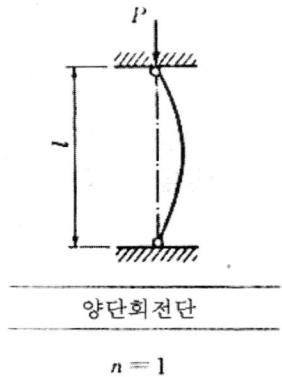

양단회전단

$n = 1$

iv) 일단고정 타단회전(上)

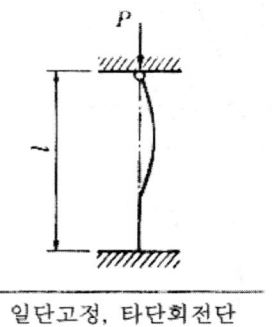

일단고정, 타단회전단

$n = 2$

V) 양단고정

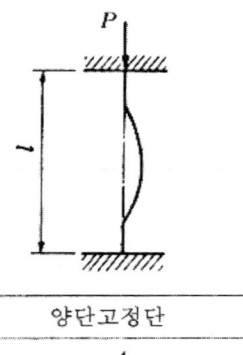

양단고정단

$n = 4$

- 등가길이 : $\ell_e = \dfrac{\ell}{\sqrt{n}}$  (유효길이=상당길이)
- 등가세장비 : $\lambda_e = \dfrac{\lambda}{\sqrt{n}}$  (유효세장비)

# 제1편 재료역학

1. 미소 입방체의 x방향에 $\sigma x$의 인장응력이 있고, z방향은 변형이 자유로우나 y방향은 구속되어 있어서 움직이지 못할 때 $\sigma x/\epsilon x$의 계산식으로 옳은 것은?

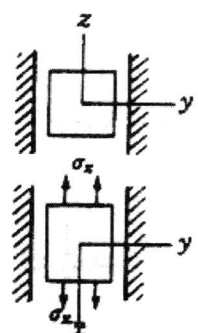

㉮ $\dfrac{\sigma x}{\epsilon x} = \dfrac{E}{1-\mu^2}$  ㉯ $\dfrac{\sigma x}{\epsilon x} = \dfrac{1-\mu^2}{E}$

㉰ $\dfrac{\sigma x}{\epsilon x} = \dfrac{\mu}{(1-\mu)E}$  ㉱ $\dfrac{\sigma x}{\epsilon x} = \dfrac{(1-\mu)E}{\mu}$

**P·O·I·N·T**

$\epsilon y = \dfrac{\sigma y}{E} - \dfrac{\sigma x}{mE} = \dfrac{\sigma y}{E} - \dfrac{\mu \sigma x}{E} = 0$

$\therefore \sigma y = \mu \sigma x$

$\epsilon x = \dfrac{\sigma x}{E} - \dfrac{\sigma y}{mE} = \dfrac{\sigma x}{E} - \dfrac{\mu \sigma y}{E}$

$= \dfrac{\sigma x}{E} - \dfrac{\mu \cdot \mu \sigma x}{E} = \dfrac{\sigma x}{E}(1-\mu^2)$

결국, $\dfrac{\sigma x}{\epsilon x} = \dfrac{E}{1-\mu^2}$

2. 3개의 힘 $F_1, F_2, F_3$이 평형을 이루고 있다. 이 때 $F_1$이 $50(2i+j-3k)$이고, $F_2$가 $30(i+2j+k)$라면 $F_3$은 얼마인가?

㉮ $10(7i-j-18k)$
㉯ $-10(13i+11j-12k)$
㉰ $10(13i-j+12k)$
㉱ $10(7i+11j+18k)$

3. 그림에서와 같은 형태로 분포 하중을 받고 있는 단순지지보가 있다. 지지점 A에서의 지지력 $R_A$는 얼마인가?

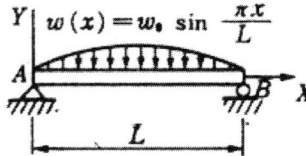

㉮ $\dfrac{2w_0 L}{\pi}$  ㉯ $\dfrac{w_0 L}{\pi}$

㉰ $\dfrac{w_0 L}{2\pi}$  ㉱ $\dfrac{w_0 L}{\pi}$

4. 그림과 같은 외팔보의 임의의 거리 c되는 점에 집중 하중 p가 작용할 때 최대 처짐량은 얼마인가?

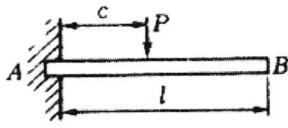

㉮ $\dfrac{Pc^2}{3EI}(3\ell-c)$  ㉯ $\dfrac{Pc^2}{6EI}(3\ell-c)$

㉰ $\dfrac{Pc^2}{3EI}\left(3\ell-\dfrac{c}{3}\right)$  ㉱ $\dfrac{Pc^2}{6EI}(\ell-3c)$

5. 2축 응력 $\sigma_x = 1000 N/m^2$, $\sigma_y = -500 N/m^2$이 작용하는 요소에서 경사각 $\phi = 30^0$에 발생하는 법선 응력은 얼마인가?

㉮ $500 N/m^2$  ㉯ $625 N/m^2$
㉰ $1000 N/m^2$  ㉱ $899.5 N/m^2$

정답 1.㉮ 2.㉯ 3.㉯ 4.㉯ 5.㉯

6. 다음 그림과 같은 양단고정보 A, B가 집중 하중 P=1400N이 작용할 때 B점의 반력$R_B$는 얼마인가?

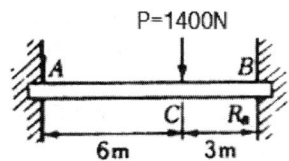

㉮ $R_B$ = 806N  ㉯ $R_B$ = 925N
㉰ $R_B$ = 1037N  ㉱ $R_B$ = 1108N

**P·O·I·N·T**

$$R_B = \frac{Pa^2(a+3b)}{6^3}$$
$$= \frac{1400 \times 6^2 \times (6+3\times 3)}{9^3} = 1037N$$

7. 다음과 같은 보에서 최대 굽힘 응력은 얼마인가?

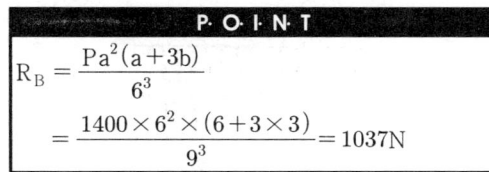

㉮ $\dfrac{p\ell}{2bh^2}$  ㉯ $\dfrac{4p\ell}{bh^2}$
㉰ $\dfrac{p\ell}{bh^2}$  ㉱ $\dfrac{2p\ell}{bh^2}$

**P·O·I·N·T**

$M = \sigma z$에서 $\sigma_{max} = \dfrac{M_{max}}{z}$

$$\frac{P \times \dfrac{\ell}{3}}{\dfrac{bh^2}{b}} = \frac{2p\ell}{bh^2}$$

8. 균일 분포 하중 w=20N/m이 작용하는 단순지지보의 최대 굽힘 응력은 얼마인가?(단, 길이는 2m이고 폭×높이(b×h)는 3cm×4cm 사각형 단면이다.)

㉮ 125N/cm²  ㉯ 250N/cm²
㉰ 149N/cm²  ㉱ 170N/cm²

9. 그림과 같은 I형 보의 단면 2차 반지름이 옳게 구해진 것은?

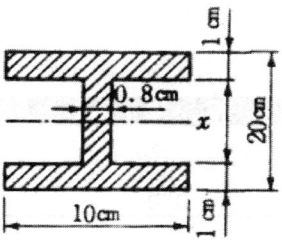

㉮ 0.799cm  ㉯ 799cm
㉰ 79.9cm  ㉱ 7.99cm

10. 길이 1.5m, 지름30mm의 원형 단면을 가진 일단고정 타단자유인 기둥의 좌굴 하중을 Euler의 공식으로 구하면 몇 N인가? (단, 탄성 계수E=205.8 Gpa이다)

㉮ 8960  ㉯ 8095
㉰ 7693  ㉱ 6831

11. 동일 평면내에 있는 몇 개의 외력이 물체에 작용하며 정지 상태를 유지하고 있다. 이때 다음중에서 평형 조건이 아닌 것은 어느 것인가?

㉮ $\sum x_i = 0$ (x방향의 힘의 총합은 0)
㉯ $\sum y_i = 0$ (y방향의 힘의 총합은 0)
㉰ $\sum z_i = 0$ (z방향의 힘의 총합은 0)
㉱ $\sum M_i = 0$ (임의의 점 주위에 대한 각 힘의 모멘트 총합은 0)

12. 지름 d인 원의 중심에 관한 극단면 2차 모멘트는?

㉮ $\pi d^3/64$  ㉯ $\pi d^3/32$
㉰ $\pi d^4/64$  ㉱ $\pi d^4/32$

**P·O·I·N·T**

$$I_p = 2I_x = 2I_y = 2 \times \frac{\pi d^4}{b4} = \frac{\pi d^4}{32}$$

13. 고무는 변형중에 체적 변화가 없는 재료이다. 이 재료의 포와송비는 어느 값에 가장 가까운가?
   - ㉮ 0
   - ㉯ 0.3
   - ㉰ 0.5
   - ㉱ 1.0

   **P·O·I·N·T**
   포와송비 $\mu = \dfrac{\epsilon'}{\epsilon} = \dfrac{1}{m} \leq 0.5$
   여기서 $\mu = 0.5$(고무)

14. 그림과 같은 외팔보의 자유단에서의 처짐 $\delta_A$는 얼마인가?

   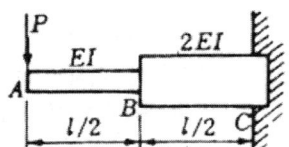

   - ㉮ $\dfrac{5p\ell^3}{16EI}$
   - ㉯ $\dfrac{7p\ell^3}{16EI}$
   - ㉰ $\dfrac{9p\ell^3}{16EI}$
   - ㉱ $\dfrac{3p\ell^3}{16EI}$

15. 다음 그림과 같이 B단이 고정된 원호형 외팔보 AB가 그 자유단 A에 연직 하중 P를 받고 있다. 이 보의 중심선은 반지름 R의 4분원호이다. 이 보의 굽힘 변형만을 고려하여 A점의 연직 처짐량 $\delta_v$를 구하시오.

   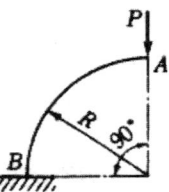

   - ㉮ $\dfrac{\pi PR^2}{2EI}$
   - ㉯ $\dfrac{\pi PR^3}{2EI}$
   - ㉰ $\dfrac{\pi PR^2}{4EI}$
   - ㉱ $\dfrac{\pi PR^3}{4EI}$

16. 그림과 같이 길이 $\ell=4m$의 단순보에 균일 분포 하중 w가 작용하고 있으며 보의 최대 굽힘 응력 $\sigma_{max}=85N/cm^2$일 때 최대 전단 응력은 얼마인가?(단, 보의 횡단면적 b×h = 8cm×12cm이다)

   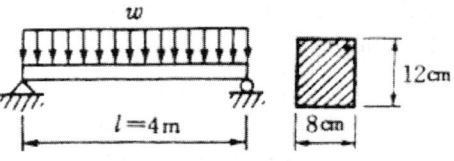

   - ㉮ $0.27N/cm^2$
   - ㉯ $1.76N/cm^2$
   - ㉰ $2.55N/cm^2$
   - ㉱ $3.54N/cm^2$

17. 그림과 같은 돌출보의 $R_A$는 얼마인가?

   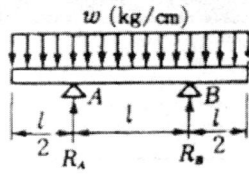

   - ㉮ $w\ell$
   - ㉯ $\dfrac{w\ell}{4}$
   - ㉰ $\dfrac{w\ell}{3}$
   - ㉱ $\dfrac{w\ell}{2}$

   **P·O·I·N·T**
   집중하중이므로 $P = 2w\ell$
   결국, $R_A = R_B = \dfrac{P}{2} = \dfrac{2w\ell}{2} = w\ell$

18. 수평과 60°의 각을 이루고 길이 5m의 막대의 위 끝에 100N의 물체를 달아매었을 때 막대의 아래 끝에 작용하는 힘의 모멘트를 구하시오.

   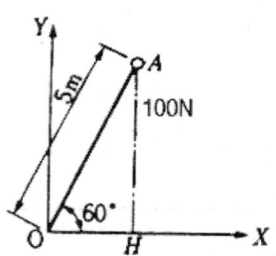

   - ㉮ 150 N·m
   - ㉯ 250 N·m
   - ㉰ 350 N·m
   - ㉱ 450 N·m

   **P·O·I·N·T**
   $M = F\ell' = F\ell\cos 60° = 100 \times 5 \times \cos 60°$

정답 13. ㉰  14. ㉱  15. ㉱  16. ㉰  17. ㉮  18. ㉯

19. 그림과 같이 재료에 전단 응력 $\tau$가 x, y방향으로 주어졌을 때, x축과 45° 방향에 수직인 단면 z-z'에 생기는 수직 응력 $\sigma_n$과 전단 응력 $\tau_n$은?

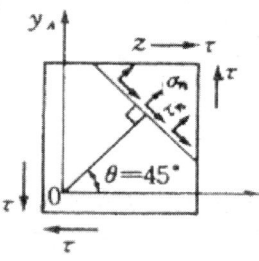

㉮ $\sigma_n = \tau, \tau_n = 0$  ㉯ $\sigma_n = 0, \tau_n = \tau$
㉰ $\sigma_n = 0, \tau_n = 0$  ㉱ $\sigma_n = \tau, \tau_n = \tau$

20. 원형축의 비틀림에 있어서 전단 탄성 계수 G, 극관성 모멘트 $I_P$, 비틀림 모멘트 T, 보의 길이 $\ell$, 전 비틀림각 $\phi$라 하면 $\phi$ rad는 어떻게 표시할 수 있는가?

㉮ $\phi = \dfrac{Gl}{TI_P}$  ㉯ $\phi = \dfrac{TI_P}{Gl}$
㉰ $\phi = \dfrac{GI_P}{TL}$  ㉱ $\phi = \dfrac{TL}{GI_P}$

**P·O·I·N·T**
비틀림값
$\theta = \dfrac{T \cdot \ell}{GI_P} \text{rad} = \dfrac{180}{\pi} \times \dfrac{T \cdot \ell}{GI_P} [°]$

21. 길이 $\ell = 2$m 인 원형 단면의 지름 d=10cm인 외팔보에 300N의 집중 하중이 작용할 때 보속에 저장되는 변형 에너지는 몇 N·cm인가? (단 E=0.9 $\times 10^5$ N/cm$^2$)

㉮ 2718  ㉯ 2728
㉰ 2738  ㉱ 2748

22. 단면적 A, 단면 2차 모멘트 I, 단면 2차 회전 반경 K, 길이 $\ell$인 장주의 세장비는?

㉮ K/$\ell$  ㉯ $\ell$/A
㉰ A/$\ell$  ㉱ $\ell$/K

**P·O·I·N·T**
세장비 : $\lambda = \dfrac{\ell}{k}$

23. 지름 D인 원형 단면도에 휨모멘트 M이 작용할 때 최대 휨 응력은?

㉮ $16M/\pi D^3$  ㉯ $6M/\pi D^3$
㉰ $32M/\pi D^3$  ㉱ $64M/\pi D^3$

**P·O·I·N·T**
$M = \sigma z$ 에서
$\sigma = \dfrac{M}{Z} = \dfrac{M}{\dfrac{\pi D^3}{32}} = \dfrac{32M}{\pi D^3}$

24. 그림과 같은 단순보의 1/2 길이에 균일 분포 하중이 작용할 때 이 보에 작용하는 최대 굽힘 모멘트의 크기는 얼마인가?

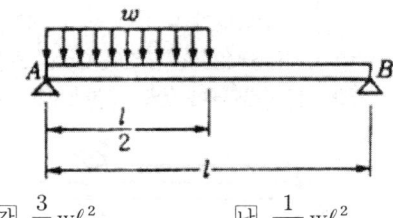

㉮ $\dfrac{3}{8} w\ell^2$  ㉯ $\dfrac{1}{16} w\ell^2$
㉰ $\dfrac{3}{32} w\ell^2$  ㉱ $\dfrac{9}{128} w\ell^2$

25. 그림과 같은 봉에 20℃의 온도 증가가 있을 때 변형률은?(단, 봉의 선팽창 계수는 0.00001℃$^{-1}$ 이고 봉의 단면적은 Acm$^2$이다.)

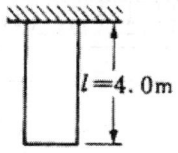

㉮ $\varepsilon$ = 0.0002  ㉯ $\varepsilon$ = 0.0001
㉰ $\varepsilon$ = 0.002   ㉱ $\varepsilon$ = 0.001

**P·O·I·N·T**
$\epsilon = \alpha(t_2 - t_1) = 0.00001 \times 20 = 0.0002$

정답 19. ㉯  20. ㉱  21. ㉮  22. ㉱  23. ㉰  24. ㉱  25. ㉮

26. 지름이 40mm인 원형 단면의 극단면 2차 모멘트 $I_p$의 값은 다음 중 어느 것에 가장 가까운가?
   - ㉮ 6.28 cm⁴
   - ㉯ 12.56 cm⁴
   - ㉰ 25.12 cm⁴
   - ㉱ 50.24 cm⁴

   | P·O·I·N·T |
   |---|
   | $I_p = \dfrac{\pi d^4}{32} = \dfrac{\pi \times 4^4}{32} = 25.12 \text{cm}^4$ |

27. 길이가 2m인 단순보의 중앙에 집중 하중을 작용시켜 최대 처짐을 0.2cm로 제한하려면 하중은 몇 N 이하여야 하는가? (단, 단면은 원형으로 지름 d=10cm이고, 재료는 E=196 Gpa이다.)
   - ㉮ 9271 N
   - ㉯ 17963 N
   - ㉰ 14573 N
   - ㉱ 11540 N

28. 그림과 같은 외팔보가 P=1000N, $\theta=30°$, 보의 단면 b×h=6×12cm, E=206 Gpa, 스팬 $\ell$=1m일때 자유단에서의 수직 방향 처짐 $\delta$는?

   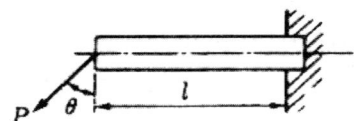

   - ㉮ 1.6mm
   - ㉯ 0.92mm
   - ㉰ 3.6mm
   - ㉱ 2.6mm

29. 옆의 그림과 같은 외팔보가 균일 분포 하중을 받고 있을 때 최대 처짐량 $\delta$는

   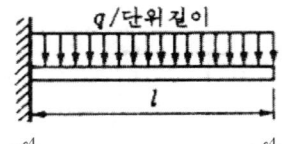

   - ㉮ $\delta = \dfrac{q\ell^4}{3EI}$
   - ㉯ $\delta = \dfrac{q\ell^4}{5EI}$
   - ㉰ $\delta = \dfrac{q\ell^4}{8EI}$
   - ㉱ $\delta = \dfrac{q\ell^4}{11EI}$

30. 외팔보에 그림과 같이 우력 모멘트 $M_0$=4000N·cm가 고정점 A에서 80cm인 지점에 작용할 경우 자유단 B점의 처짐량은 몇 cm인가?(단 재료의 세로 탄성계수 E=206 Gpa이고, 보의 단면은 한 변이 10cm인 정사각형이다.)

   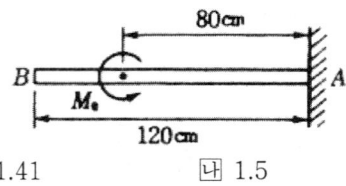

   - ㉮ 1.41
   - ㉯ 1.5
   - ㉰ 1.75
   - ㉱ 1.9

31. 다음 그림은 보가 하중을 받고 있는 상태도와 전단력 선도(빗금친 부분)이다. 전단력 선도에서 반력 $R_2$의 크기는?

   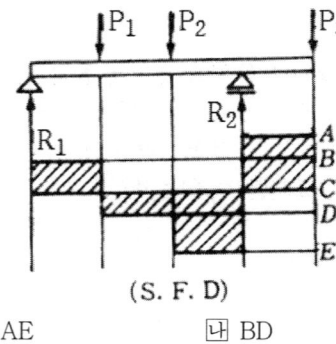

   - ㉮ AE
   - ㉯ BD
   - ㉰ DE
   - ㉱ AD

32. 지름 3cm, 길이 1m의 연강봉의 한 끝을 고정하고, 다른 한 끝에 3000 N·cm의 비틀림 모멘트를 작용시킬 때 이 봉의 바깥 주변에 발생하는 전단 응력은?
   - ㉮ 185 N/cm²
   - ㉯ 324 N/cm²
   - ㉰ 456 N/cm²
   - ㉱ 566 N/cm²

33. 다음 그림과 같이 균일 분포 하중을 받는 보에 대한 전단력 선도는? (단, 부호에 대한 규약은 그림 참조)

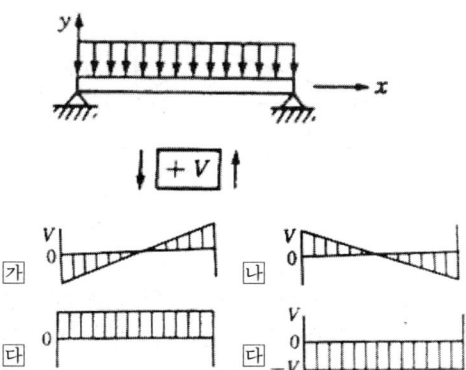

34. 그림에서의 판 AB가 기울어지지 않기 위해 스프링 상수 k는 얼마이어야 하는가?

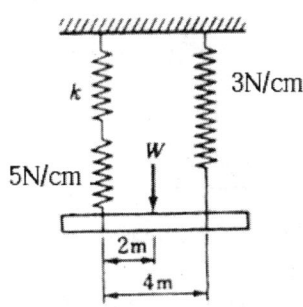

㉮ 2.5 N/cm    ㉯ 5.0 N/cm
㉰ 7.5 N/cm    ㉱ 10 N/cm

35. 그림과 같이 한변의 길이가 a인 정사각형 단면에서 도심을 지나는 세 개의 축에 대한 단면 2차 모멘트를 비교한 것으로 맞는 것은?

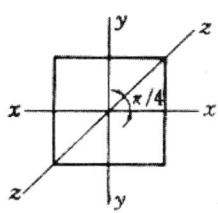

㉮ $I_x > I_y > I_z$    ㉯ $I_x = I_y = I_z$
㉰ $I_x < I_y < I_z$    ㉱ $I_x = I_y > I_z$

**POINT**
$$I_x = I_y = I_2 = \frac{a^4}{12}$$

36. 그림과 같은 원형 단면인 원주의 접선 x-x 축에 대한 단면 2차 모멘트는 어느 것인가?

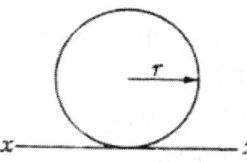

㉮ $I_x = \frac{5\pi\gamma^4}{4}$    ㉯ $I_x = \frac{\pi\gamma^4}{16}$

㉰ $I_x = \frac{\pi\gamma^4}{32}$    ㉱ $I_x = \frac{\pi\gamma^4}{4}$

**POINT**
$$I_x = I_G + a^2 A = \frac{\pi d^4}{64} + \left(\frac{d}{2}\right)^2 \times \frac{\pi d^2}{4}$$
$$= \frac{5\pi d^4}{64} = \frac{5\pi r^4}{4}$$

37. 곧은 봉에 축하중을 주었을 때 프와송비 (poisson's ratio)는 다음과 같이 정의된다. 옳은 것은?

㉮ $\dfrac{\text{축방향의 늘어난 양}}{\text{가로 방향의 수축량}}$

㉯ $\dfrac{\text{축방향의 스트레인(strain)}}{\text{가로 방향의 스트레인(strain)}}$

㉰ $\dfrac{\text{가로 방향의 수축량}}{\text{축방향의 늘어난 양}}$

㉱ $\dfrac{\text{가로 방향의 스트레인(strain)}}{\text{축방향의 스트레인(strain)}}$

**POINT**
프와송비 : $\mu = \dfrac{\epsilon'}{\epsilon} = \dfrac{1}{m}$

즉, $\mu = \dfrac{\text{가로 방향 변형률}(\epsilon')}{\text{세로(축) 방향 변형률}(\epsilon)}$

정답 33. ㉮ 34. ㉰ 35. ㉯ 36. ㉮ 37. ㉱

38. 탄성 에너지에 대한 설명을 옳은 것은?
  - ㉮ 응력에 반비례하고 탄성계수에 비례한다.
  - ㉯ 응력의 2승에 비례하고 탄성계수에 반비례한다.
  - ㉰ 응력에 비례하고 탄성계수의 2승에 비례한다.
  - ㉱ 응력의 2승에 반비례한다.

39. 주평면에 관한 다음 설명 중 옳은 것은 어느 것인가?
  - ㉮ 주평면에서는 전단 응력의 최대값은 주응력의 1/2과 같다.
  - ㉯ 주평면에서는 수직 응력은 작용하지 않고 최대 전단응력만 작용한다.
  - ㉰ 주평면은 반드시 한개의 평면만을 갖는다.
  - ㉱ 주평면에는 전단 응력이 작용하지 않고 주응력만이 작용한다.

40. 오일러 공식을 표시한 다음 식 중에서 옳은 것은?(단 $W_B$=좌굴 하중, n=단말 계수, k=회전반경, E=종탄성 계수, $\ell$=길이, I=단면 2차 모멘트이다.)
  - ㉮ $W_B = \dfrac{\eta \pi^2 E}{\ell^2}$
  - ㉯ $W_B = \dfrac{\eta \pi^2 \ell^2}{E}$
  - ㉰ $W_B = \dfrac{\eta \pi^2 E}{\ell^2}$
  - ㉱ $W_B = \dfrac{\eta \pi E \ell^2}{K}$

41. 2축 응력 상태에서 $\sigma_x = \sigma_y$일 때 전단 응력의 최대치는?
  - ㉮ $\sigma_x$
  - ㉯ $\sigma_x + \sigma_y$
  - ㉰ $\sigma_x - \sigma_y$
  - ㉱ $2(\sigma_x + \sigma_y)$

42. 그림과 같은 단순 지지보가 집중 하중 P를 받을 때 굽힘 모멘트 선도는 아래 그림과 같다. A, C점에서 처짐선상에 그은 접선이 만나는 각 $\theta$는?

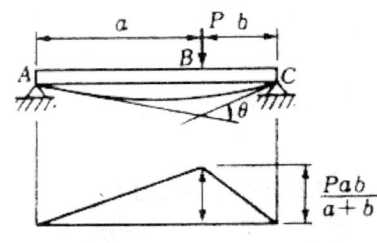

  - ㉮ $\theta = \dfrac{Pab}{2}$
  - ㉯ $\theta = \dfrac{Pab}{2EI}$
  - ㉰ $\theta = \dfrac{Pab}{4}$
  - ㉱ $\theta = \dfrac{Pab}{8EI}$

43. 그림의 크레인(crame)의 암(arm)선단 A점에 2000N의 하중을 작용시킬 때 암 AB의 압축력 F와 강선 AC의 장력 T는 얼마인가? (단 강선 AC는 수평에서 30°이고 암은 수평에서 60°의 경사를 유지한다.)

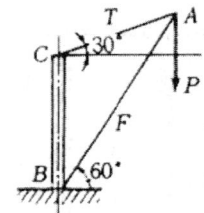

  - ㉮ F=3075N, P=2000N
  - ㉯ F=3075N, P=1000N
  - ㉰ F=3464N, P=1000N
  - ㉱ F=3464N, P=2000N

44. 대칭면내에서 굽힘 작용을 받는 보(beam)의 탄성선의 미분 방정식은?
  - ㉮ $\dfrac{d^2y}{dx^2} = \dfrac{I}{\sigma}$
  - ㉯ $\dfrac{d^2y}{dx^2} = \dfrac{I}{Z}$
  - ㉰ $\dfrac{d^2y}{dx^2} = -\dfrac{M}{EI}$
  - ㉱ $\dfrac{d^2y}{dx^2} = \dfrac{EI}{I}$

정답 38. ㉯ 39. ㉱ 40. ㉰ 41. ㉰ 42. ㉯ 43. ㉱ 44. ㉰

45. 균일 분포 하중 w=10N/mm가 전길이에 작용할 때 길이 50cm인 단순지지보에 생기는 최대 전단력은 얼마인가?
  ㉮ 1500N  ㉯ 2000N
  ㉰ 2500N  ㉱ 3000N

**POINT**
$W = w\ell = 10 \times 500 = 5000N$
$F_{max} = \dfrac{W}{2} = 2500N$

46. 그림과 같은 3각형의 도심의 좌표는?

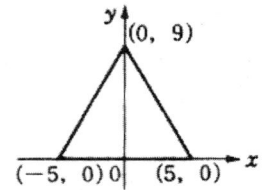

  ㉮ (0, 0)    ㉯ (0, 4.5)
  ㉰ (0, 3)    ㉱ (0, 6)

47. 단면 2차 모멘트가 251cm⁴인 I빔이 있다. 이 단면의 높이가 20cm라면, 굽힘 모멘트 M=251N·m를 받을 때 최대 굽힘 응력은 얼마인가?
  ㉮ 500N/m²    ㉯ 1000N/m²
  ㉰ 300N/m²    ㉱ 50N/m²

48. 동일한 동력, 축의 길이, 재료 및 회전수가 같은 지름 d인 실축의 비틀림각 $\theta_2$와의 $\theta_1/\theta_2$의 값은?
  ㉮ 19/15    ㉯ 15/19
  ㉰ 16/15    ㉱ 15/16

49. 동일 재료로 만든 높이가 폭의 3배인 장방형 단면의 보와 정방형 단면의 보가 있다. 굽힘 강도가 같을 때 이들 보의 중량비가 옳은 것은?
  ㉮ 1 : 0.693    ㉯ 1 : 1.442
  ㉰ 1 : 3         ㉱ 1 : 3.14

50. 그림과 같이 직경 2mm, 길이 $\ell$ =2m인 강선의 상단을 고정하고, 하단에 직경 $2\pi$㎜의 원통을 달고, 접선 방향으로 P=2N의 힘을 주어서 강선을 1rad 만큼 비틀었을 때 강선의 횡탄성 계수 (강성 계수)는 얼마가 되겠는가?

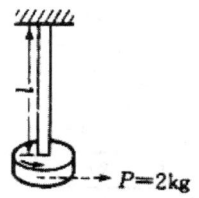

  ㉮ $16 \times 10^5 N/m^2$   ㉯ $16 \times 10^6 N/m^2$
  ㉰ $8 \times 10^5 N/m^2$    ㉱ $18 \times 10^6 N/m^2$

51. 그림과 같이 Al봉과 강봉을 겹쳐서 4각형 단면 기둥을 만들었다. 이 기둥이 압축 하중을 받을 대 각 재료에 균일하게 압축 응력이 걸리게 할 수 있는 하중의 작용점의 편심거리 e를 결정하시오.(단 강재의 탄성계수 $E_s$= 206 Gpa, Al의 탄성계수 $E_a$ =68.6 Gpa이다)

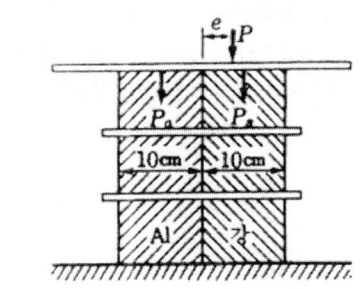

  ㉮ 50mm     ㉯ 75mm
  ㉰ 150mm    ㉱ 550mm

52. 단순지지보에서 하중이 작용할 때 지점에서 모멘트의 크기는 어떻게 되는가?
  ㉮ 경우에 따라 다르다.
  ㉯ 최대값이 된다.
  ㉰ 0이다.
  ㉱ 반력의 크기와 같다.

정답  45. ㉰  46. ㉰  47. ㉯  48. ㉱  49. ㉯  50. ㉰  51. ㉮  52. ㉰

53. 그림과 같이 4개의 도르래를 이용하여 무게 W인 물체를 평형 상태로 유지하려면 $T_9$은 얼마로 하여야 하겠는가?

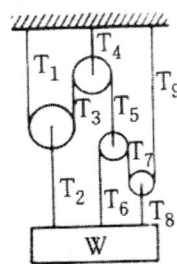

㉮ $\dfrac{W}{5}$ ㉯ $\dfrac{W}{6}$
㉰ $\dfrac{W}{7}$ ㉱ $\dfrac{W}{8}$

**POINT**
$T_9 = \dfrac{W}{6}$

54. 그림과 같이 직경 10cm인 원통에 로프가 $\dfrac{5}{4}$바퀴 감겨 있고, 한 쪽 끝에는 하중 1000N이 작용하고 있다. 로프와 원통 사이의 마찰 계수가 0.3이라면 평형을 유지하기 위한 최소 장력 T는 얼마인가?

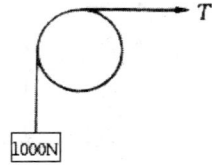

㉮ 약 10N ㉯ 약 50N
㉰ 약 95N ㉱ 약 1000N

55. 단면의 주축에 대한 설명 중 옳은 것은?
㉮ 주축에서는 단면 상승모멘트가 0이다.
㉯ 주축에서는 단면 2차모멘트가 0이다.
㉰ 주축에서는 단면 상승모멘트가 최소이다.
㉱ 주축에서는 단면 상승모멘트가 최대이다.

56. 좌굴 하중에 관한 다음 설명 중 옳은 것은?
㉮ 기둥이 길수록 커진다.
㉯ 기둥의 단면이 클수록 커진다.
㉰ 고정단일 때가 힌지일 때보다 적다.
㉱ 재질이 균일치 못할수록 커진다.

57. 양단 자유지지보의 중앙점에 집중 하중 P가 작용할 때의 굽힘 모멘트를 표시하는 것은? (단, $\ell$은 지지보의 두 지지점간의 길이이며, $M_{max}$은 최대 모멘트이다.)

㉮ $M_{max} = \dfrac{P\ell}{4}$ ㉯ $M_{max} = \dfrac{P\ell}{2}$
㉰ $M_{max} = \dfrac{P\ell}{8}$ ㉱ $M_{max} = \dfrac{P\ell}{6}$

58. 폭×높이=6×12인 구형 단면의 밑변(저변)에 대한 단면 2차 모멘트는 얼마인가? (단위 : cm)
㉮ 864 ㉯ 2592
㉰ 3456 ㉱ 4728

59. 균일 단면의 단순지지보 AB가 아래 그림과 같이 하중 P를 받을 때의 중앙에서의 굽힘 변형 에너지는? (단, I는 단면 2차 모멘트, E는 종탄성 계수이다.)

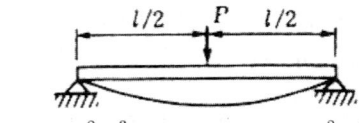

㉮ $U = \dfrac{P^2\ell^3}{96EI}$ ㉯ $U = \dfrac{P^2\ell^3}{80EI}$
㉰ $U = \dfrac{1}{2} \cdot \dfrac{P^2\ell^2}{EI}$ ㉱ $U = \dfrac{1}{4EI} \cdot P^2\ell^2$

60. 카스틸리아노(Castigliano)의 정리를 옳게 설명한 것은?
㉮ 변형 에너지는 주어진 힘에 비례한다.
㉯ 변위는 변형과는 무관하다.
㉰ 변형 에너지의 힘에 관한 도함수는 변위로 표시된다.
㉱ 변형 에너지의 모멘트에 관한 도함수는 변위로 표시된다.

정답 53. ㉯ 54. ㉰ 55. ㉮ 56. ㉯ 57. ㉮ 58. ㉰ 59. ㉮ 60. ㉰

61. 길이 2m의 강선이 인장되어 변형률이 0.0002일 때 신장 λ를 구하면?
   ㉮ 0.02mm    ㉯ 0.3mm
   ㉰ 0.1mm     ㉱ 0.4mm

   **POINT**
   $\epsilon = \dfrac{\lambda}{\ell}$ 에서
   $\lambda = \epsilon\,\ell = 0.0002 \times 2000 = 0.4\mathrm{mm}$

62. 지름 5mm인 강선을 지름 1m의 원통에 감 았을 때 강선에 생기는 최대 굽힘 응력이 생기는 위치와 그 크기를 옳게 나타낸 것은?(단 종탄성 계수 E= $2\times 10^6 \mathrm{N/m^2}$이다.)
   ㉮ 강선 표면 $100\mathrm{N/mm^2}$
   ㉯ 강선 단면 도심 $50\mathrm{N/mm^2}$
   ㉰ 강선 표면 $50\mathrm{N/mm^2}$
   ㉱ 강선 단면 도심 $100\mathrm{N/mm^2}$

63. 그림에서 강선 BC가 받는 힘은?

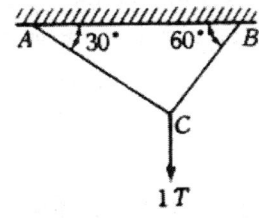

   ㉮ 0.866T    ㉯ 0.50T
   ㉰ 0.732T    ㉱ 0.468T

64. 길이 3m의 단순보의 중앙에 집중 하중이 작용할 때 그 최대 처짐을 $\dfrac{1}{4}$cm로 하려면 하중의 한도는 얼마로 하면 좋은가? (단, 보의 단면 b×h=6cm×8cm의 장방형이고, 세로 탄성 계수 E= $2\times 10^6 \mathrm{N/cm^2}$이다.)
   ㉮ 14.22N    ㉯ 약 228N
   ㉰ 56.88N    ㉱ 약 629N

65. 직경이 6cm이고 길이 1m당 1°의 비틀림각이 생기는 축이 매분 300회전할 때의 전달 동력은 얼마인가?(단, 가로 탄성 계수 G=78.4 Gpa이다.)
   ㉮ 38.1 KW    ㉯ 38.4 KW
   ㉰ 46.2 KW    ㉱ 54.6 KW

66. 보에서 전단력으로 인해 발생되는 최대 전단 응력은 단면 어느 곳에서 발생하는가?
   ㉮ 상하 표면과 중립축 사이의 중간점
   ㉯ 상하 표면
   ㉰ 상하 표면으로부터 $\dfrac{1}{3}$되는 지점
   ㉱ 중립축

67. b=200mm, h=150mm의 직사각형 단면을 가진 길이 2.5의 기둥에서 세장비의 값은 얼마 정도인가?
   ㉮ 45    ㉯ 58
   ㉰ 65    ㉱ 78

68. 지름이 6cm인 원형 단면의 중심에 대한 극관성 모멘트($I_P$)와 극단면 계수($Z_P$)는?
   ㉮ $I_P = 127\mathrm{cm}^4$, $Z_P = 852\mathrm{cm}^3$
   ㉯ $I_P = 127\mathrm{cm}^4$, $Z_P = 42.4\mathrm{cm}^3$
   ㉰ $I_P = 254\mathrm{cm}^4$, $Z_P = 852\mathrm{cm}^3$
   ㉱ $I_P = 254\mathrm{cm}^4$, $Z_P = 42.4\mathrm{cm}^3$

69. 인장 하중을 받는 봉에 $10\mathrm{N/m^2}$의 응력이 발생할 때 이 축에 30° 경사진 면의 수직 응력은?
   ㉮ $2.5\mathrm{N/m^2}$    ㉯ $7.5\mathrm{N/m^2}$
   ㉰ $3.5\mathrm{N/m^2}$    ㉱ $3.5\mathrm{N/m^2}$

정답  61.㉱  62.㉮  63.㉮  64.㉯  65.㉱  66.㉱  67.㉯  68.㉯  69.㉱

70. 그림과 같이 단순보에 삼각형 분포 하중이 작용할 경우 이 보에 작용하는 최대 전단 응력의 크기는 얼마인가? (단, 이 보의 단면은 직사각형이고, 폭 b와 높이 h의 비는 2:3이고, 폭 $b=\frac{1}{30}\ell$이다.)

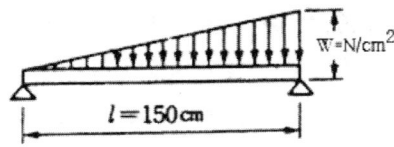

㉮ 26.7N/cm²   ㉯ 30N/cm²
㉰ 35.5N/cm²   ㉱ 40N/cm²

71. 일단고정 타단회전의 나무 기둥이 있다. 단면은 10cm×10cm의 정사각형, 길이 3m, 세로 탄성 계수 E=1.0×10N/cm², 안전 계수를 10으로 할 때 오일러의 식에 의한 최대 안전 압축 하중은?

㉮ 1827N   ㉯ 2450N
㉰ 2714N   ㉱ 3230N

72. 아래 그림과 같은 등본포 하중을 받는 외팔보의 최대 굽힘 모멘트는?

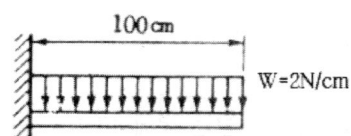

㉮ 1.000N·m   ㉯ 10.000N·m
㉰ 1.000N·cm   ㉱ 10.000N·cm

**P·O·I·N·T**
$M_{max} = 200 \times 50 = 10000$N·cm

73. 다음 그림에서 축의 직경 d=10cm, p=2600N, 거리 c=13.5cm일 때 이 축에 발생되는 최대 굽힘 응력은?

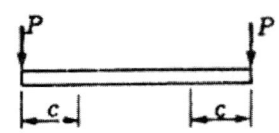

㉮ 3280N/cm²   ㉯ 3575N/cm²
㉰ 3880N/cm²   ㉱ 45180N/cm²

74. 지름이 d인 원형 단면의 원주에 접하는 축에 대한 단면 2차 모멘트는?

㉮ $\frac{\pi d^4}{64}$   ㉯ $\frac{5\pi d^4}{64}$
㉰ $\frac{\pi d^4}{32}$   ㉱ $\frac{5\pi d^4}{32}$

75. 단면적이 같은 원형 단면 보와 정방형 단면 보가 재질 및 주어진 조건이 같은 보에서는 어느 쪽이 효과적인가?

㉮ 원형 단면이 효과적이다.
㉯ 두 가지 형태는 서로 같다.
㉰ 정방형 단면이 효과적이다.
㉱ 서로 비교가 되지 않는다.

76. 탄성 한도 내에서 인장 하중을 받는 봉에 발생하는 응력이 2배 되면 단위 체적당에 저장되는 탄성 에너지는 몇 배가되는가?

㉮ 2      ㉯ 1/2
㉰ 4      ㉱ 1/4

77. 그림과 같은 요소에 평면 응력이 작용하고 있다. 서로 직교하는 응력들은 $\sigma_x$=700N/cm², $\sigma_y$=-200N/cm², $\sigma_{xy}$=-450N/cm², $\tau_{yx}$=450N/cm²이다. 이때 발생하는 최대 주응력은 얼마인가?

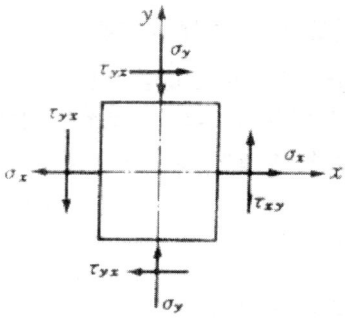

㉮ -386.4N/cm²   ㉯ 500.4N/cm²
㉰ -778.6N/cm²   ㉱ 886.4N/cm²

정답  70. ㉱  71. ㉮  72. ㉱  73. ㉯  74. ㉯  75. ㉰  76. ㉰  77. ㉱

78. 그림과 같이 균일 단면 봉 양단에 인장력 P, 중앙부에 압축력 Q가 작용할 때 이 봉에 발생하는 변화량 δ는 얼마인가? (단, 단면적 A=40㎟, E=2×10⁴N/㎟, P=1000N, Q=500N이다.)

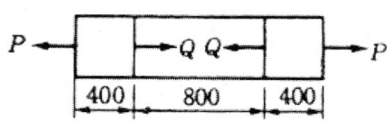

- ㉮ 2mm
- ㉯ 2.5mm
- ㉰ 0.5mm
- ㉱ 1.5mm

79. 그림과 같은 보의 중앙점의 굽힘 모멘트는 어느 것이 옳은가?

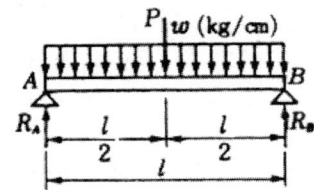

- ㉮ $\dfrac{P\ell}{4}+\dfrac{w\ell^2}{8}$
- ㉯ $\dfrac{P\ell}{4}+\dfrac{w\ell^2}{4}$
- ㉰ $\dfrac{P\ell}{8}+\dfrac{w\ell^2}{8}$
- ㉱ $\dfrac{P\ell}{8}+\dfrac{w\ell^2}{4}$

80. 그림과 같은 집중 하중을 받는 일단고정 일단지지보의 굽힘 모멘트 선도(B.M.D)의 모양은?

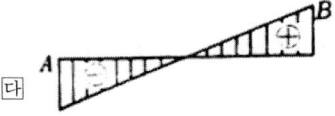

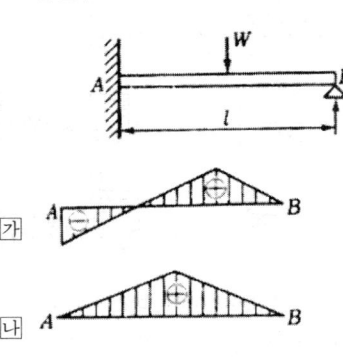

81. 다음 그림과 같은 단면의 x축에 대한 단면 2차 모멘트는 얼마인가?

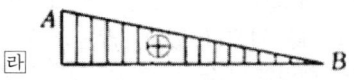

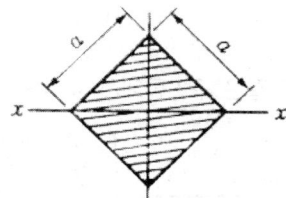

- ㉮ $\dfrac{a^4}{8}$
- ㉯ $\dfrac{a^4}{2}$
- ㉰ $\dfrac{a^4}{32}$
- ㉱ $\dfrac{a^4}{12}$

82. 그림과 같은 구조물의 수직 하중 100kg으로 인하여 AC=BC일 때 강선에 발생하는 힘은 얼마인가?

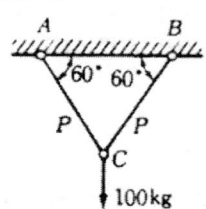

- ㉮ 50kg
- ㉯ 100kg
- ㉰ 57.7kg
- ㉱ 60kg

83. 20cm×20cm의 단면을 가지는 길이 6m의 기둥의 세장비(slenderness ratio)는?
- ㉮ 1.03
- ㉯ 0.95
- ㉰ 5.8
- ㉱ 103.9

84. 회전수 120rpm과 35KW를 전달할 수 있는 원형 단면 축의 길이가 2m이고, 지름이 6cm일 때 축단의 비틀림각 φ는 몇 rad 정도인가?
- ㉮ $\phi=0.078$
- ㉯ $\phi=0.055$
- ㉰ $\phi=0.036$
- ㉱ $\phi=0.019$

정답 78. ㉱ 79. ㉮ 80. ㉮ 81. ㉱ 82. ㉰ 83. ㉱ 84. ㉯

85. 단면 계수 100㎤인 4각형 단면의 고정보가 2m의 길이를 가지고 있다. 양단을 고정시켰을 때, 중앙에 최대 몇 N의 집중 하중을 받칠 수 있겠는가? (단, 재료의 허용 굽힘 응력은 800N/㎝²라 한다)
   - ㉮ 800N
   - ㉯ 1600N
   - ㉰ 2400N
   - ㉱ 3200N

86. 그림과 같은 구조물에서 A 점의 반력은?

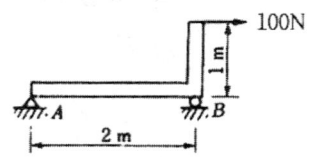

   - ㉮ 200N의 하향력
   - ㉯ 50N의 하향력
   - ㉰ 200N의 상향력
   - ㉱ 50N의 상향력

   **POINT**
   $R_A \times 2 = -100$
   $R_A = -50N = 50N(하향력)$

87. 굽힘 모멘트가 $M = ax^3 + bx^2 + c$인 곡선으로 표시될 때의 하중 분포는?
   - ㉮ $3(2ax + b)$
   - ㉯ $2(3ax + b)$
   - ㉰ $2(ax + b)$
   - ㉱ $2(a + bx)$

88. 그림과 같은 외팔보의 최대 처짐은?

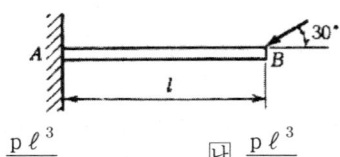

   - ㉮ $\dfrac{p\ell^3}{2EI}$
   - ㉯ $\dfrac{p\ell^3}{3EI}$
   - ㉰ $\dfrac{p\ell^3}{6EI}$
   - ㉱ $\dfrac{p\ell^3}{8EI}$

89. 그림과 같이 정삼각형 형태의 트러스가 길이 $\ell$인 두 개의 봉으로 조립되어 절점 A에서 수직하중 P를 받고 있다. 이 두 봉의 축강도 EA가 일정하다면 A점의 수직 변위는 $\delta v$는?

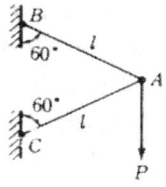

   - ㉮ $\delta v = \dfrac{p\ell}{2AE}$
   - ㉯ $\delta v = \dfrac{p\ell}{AE}$
   - ㉰ $\delta v = \dfrac{2p\ell}{AE}$
   - ㉱ $\delta v = \dfrac{3p\ell}{AE}$

90. 폭 b가 일정하고 길이가 L인 4각형 단면 외팔보의 자유단에 집중 하중 P가 작용하고 있다. 외팔보 내무의 굽힘 응력을 균일하게 유지하기 위한 보의 높이 H를 벽면으로부터의 거리 x에 대한 함수로 표시한 것은? (단, 여기서 C는 상수이다.)
   - ㉮ $h = C\sqrt{L-x}$
   - ㉯ $h = C(L-x)$
   - ㉰ $h = C(L-x)^2$
   - ㉱ $h = C(L-x)^3$

91. 포아송비가 0.3인 재료에서 종탄성 계수(E)에 대한 전단 탄성 계수(G)의 비는?
   - ㉮ 1/2.6
   - ㉯ 1/3.6
   - ㉰ 2.6
   - ㉱ 3.2

92. 다음 그림과 같은 구조물에서 BMD가 옳은 것은?

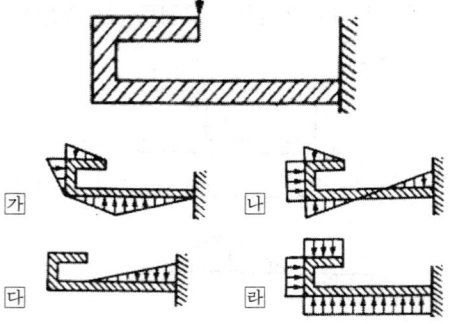

93. 직경 70mm인 원형 단면 봉에 200N/㎝²의 최대 응력이 생겼을 때의 비틀림 모멘트는?
   - ㉮ 약 25000N·cm
   - ㉯ 약 3500N·cm
   - ㉰ 약 45000N·cm
   - ㉱ 약 47120 N·cm

정답  85. ㉱  86. ㉯  87. ㉯  88. ㉮  89. ㉰  90. ㉮  91. ㉮  92. ㉮  93. ㉱

94. 그림의 얇은 용기가 균일 내압을 받고 있으며, 축방향의 응력을 $\sigma_x$, 원주 방향의 응력을 $\sigma_y$라고 할 때 $\sigma_x/\sigma_y$의 값으로 옳은 것은? (단, 용기 원통의 반지름은 r이다.)

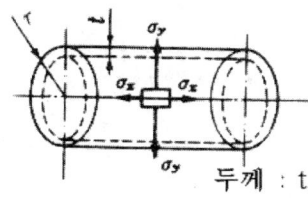

㉮ 1/2 ㉯ 2
㉰ 4 ㉱ 1/4

95. 탄성 한도내에서 탄성 계수 E인 균일 단면의 강봉이 인장 하중 P를 받아 인장 응력 $\sigma$가 발생하고 이때 신장율이 $\epsilon$이었다. 봉 내의 단위 체적당에 저축되는 탄성 에너지 u는 다음 중 어느 것인가?

㉮ $u = 2\sigma\epsilon$ ㉯ $u = \dfrac{1}{2}\sigma\epsilon$
㉰ $u = 2E\epsilon$ ㉱ $u = \dfrac{1}{2}E\epsilon$

**P·O·I·N·T**
$u = \dfrac{\sigma^2}{2E} = \dfrac{E^2\epsilon^2}{2E} = \dfrac{\sigma\epsilon}{2}$

96. 지점간의 거리가 각각 $\ell$인 3개 지점을 가지는 연속보에 등분포 하중 w가 작용 한다고 가정할 때 중간 지점의 반력은?

㉮ $w\ell$ ㉯ $5w\ell$
㉰ $\dfrac{1}{4}w\ell$ ㉱ $\dfrac{4}{5}w\ell$

97. 그림과 같이 W=100N이 하중이 지름 0.6m의 차륜에 작용할 때 높이 0.15m의 장애물을 넘어가기 위하여 필요한 수평방향의 최소 힘은 몇 N인가?

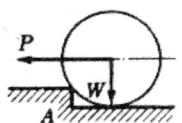

㉮ 155 ㉯ 165
㉰ 175 ㉱ 185

98. 그림과 같은 단순보가 등분포 하중을 받고 있을 때 굽힘 모멘트는 얼마인가?

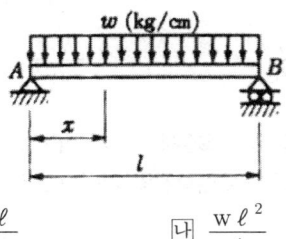

㉮ $\dfrac{w\ell}{4}$ ㉯ $\dfrac{w\ell^2}{4}$
㉰ $w\ell$ ㉱ $\dfrac{w\ell}{8}$

99. 길이 240cm, 단면이 폭×높이(b×h) = 12 × 15cm의 단순보가 wN/cm의 균일 분포 하중을 받고 있다. 이 보의 허용 굽힘 응력이 $\sigma_a = 48\text{N/cm}^2$이라 할 때 w는 몇 N/cm인가?

㉮ 3 ㉯ 2
㉰ 5 ㉱ 4

100. 그림과 같은 보의 단면 중 단면 2차 모멘트가 가장 큰 것은 어느 것인가?

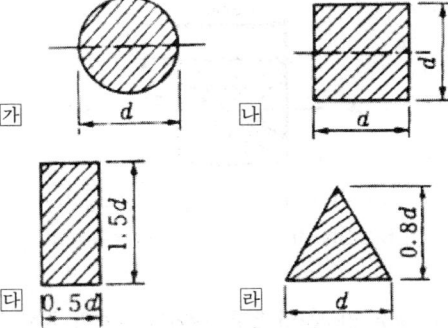

정답 94.㉮ 95.㉯ 96.㉱ 97.㉰ 98.㉱ 99.㉮ 100.㉰

101. 외팔부의 자유단에 집중 하중W가 작용할 때 자유단에서 $\ell/2$되는 곳의 처짐은? (단, E:종탄성 계수, I: 단면 2 차 모멘트)

㉮ $\dfrac{2W\ell^3}{3EI}$    ㉯ $\dfrac{5W\ell^3}{48EI}$

㉰ $\dfrac{12W\ell^3}{48EI}$    ㉱ $\dfrac{W\ell^3}{8EI}$

102. 그림과 같이 B점에 $M_0$가 작용할 때 최대 처짐이 생기는 C점까지의 거리 X는?

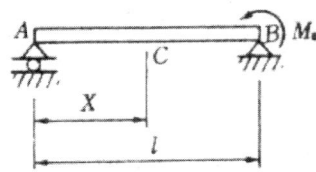

㉮ $X=\dfrac{\ell}{6\sqrt{3}}$    ㉯ $X=\dfrac{\ell}{2\sqrt{3}}$

㉰ $X=\dfrac{\ell}{\sqrt{3}}$    ㉱ $X=\dfrac{\ell^2}{\sqrt{3}}$

103. 6cm×6cm의 정사각형 단면을 갖는 재료의 양측변에 직경 4cm의 반원형 홈을 팠다. 이 재료의 허용 굽힘 응력을 $300\text{N/cm}^2$로 할때 이 보가 받을 수 있는 최대 굽힘 모멘트는 얼마인가?

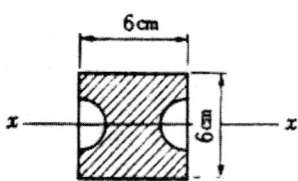

㉮ 9544N·cm    ㉯ 10800N·cm
㉰ 6359N·cm    ㉱ 8544N·cm

104. 2축 인장하의 얇은 판에서 그림과 같은 임의 경사 단면의 법선 응력 $\sigma_n$과 전단응력 $\tau$를 구하는 식으로 옳은 것은?

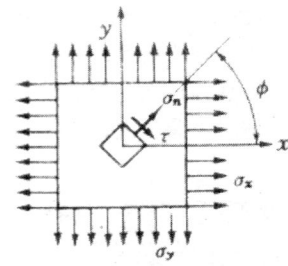

㉮ $\sigma_n = \dfrac{1}{2}(-\sigma_x - \sigma_y) - \dfrac{1}{2}(\sigma_x + \sigma_y)\cos 2\phi$

$\tau = \dfrac{1}{2}(\sigma_x + \sigma_y)\sin\phi$

㉯ $\sigma_n = \dfrac{1}{2}(\sigma_x + \sigma_y) - \dfrac{1}{2}(\sigma_x - \sigma_y)\cos 2\phi$

$\tau = \dfrac{1}{2}(\sigma_x + \sigma_y)\sin 2\phi$

㉰ $\sigma_n = \dfrac{1}{2}(\sigma_x + \sigma_y) + \dfrac{1}{2}(\sigma_x + \sigma_y)\cos 2\phi$

$\tau = \dfrac{1}{2}(-\sigma_x - \sigma_y)\sin\phi$

㉱ $\sigma_n = \dfrac{1}{2}(\sigma_x + \sigma_y) + \dfrac{1}{2}(\sigma_x - \sigma_y)\cos 2\phi$

$\tau = \dfrac{1}{2}(-\sigma_x - \sigma_y)\sin 2\phi$

105. 그림과 같이 놓인 막대를 구부릴 때 영이 되지 않는 응력 성분은?

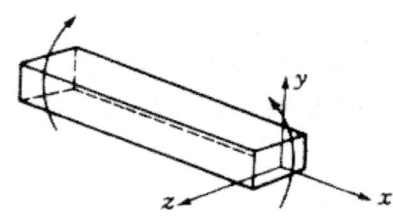

㉮ $\sigma_x$    ㉯ $\sigma_y$
㉰ $\tau_{xy}$    ㉱ $\tau_{xz}$

106. 500rpm에서 10kW를 전달하고 있는 축에 작용하는 비틀림 모멘트는 얼마인가?

㉮ 195 N·m    ㉯ 19.1 N·m
㉰ 19.5 N·m    ㉱ 191.1 N·m

정답 101. ㉯ 102. ㉰ 103. ㉮ 104. ㉱ 105. ㉮ 106. ㉱

107. 그림과 같이 한 변이 a인 정방형의 대각선에 관한 s관성 모멘트 $I^x$와 $x'-x'$축에 관한 관성 모멘트 $I_{x'}$는 얼마인가?

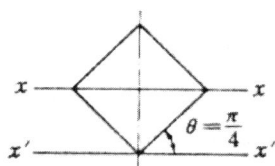

㉮ $I_x = \dfrac{a^4}{12}$, $I_{x'} = \dfrac{9a^4}{4}$  ㉯ $I_x = \dfrac{a^4}{4}$, $I_{x'} = \dfrac{7a^4}{4}$

㉰ $I_x = \dfrac{a^4}{12}$, $I_{x'} = \dfrac{5a^4}{12}$  ㉱ $I_x = \dfrac{a^4}{12}$, $I_{x'} = \dfrac{7a^4}{12}$

108. 그림과 같은 도심 x는 얼마인가?

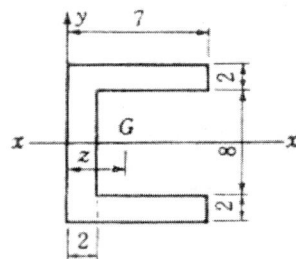

㉮ 1.5  ㉯ 2.6
㉰ 3.1  ㉱ 3.8

109. 그림과 같은 외팔보에 집중 하중 P=2KN이 작용하고 있을 때 고정단에서의 최대 굽힘 모멘트는?

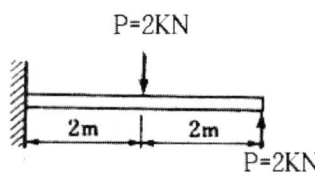

㉮ 10KN-m  ㉯ 8KN-m
㉰ 6KN-m  ㉱ 4KN-m

**POINT**
$M_{max} = 2 \times 4 - 2 \times 2 = 4$

110. 원형 단면의 지름이 20cm, 길이가 5m인 양단 힌지로 되어 있는 기둥의 세장비는 얼마인가?

㉮ 25  ㉯ 100
㉰ 255  ㉱ 378

111. 지름이 d인 반원의 도심을 통과하고 지름과 평행한 축에 대한 반원과 관성 모멘트는 얼마인가?

㉮ $\left(\dfrac{\pi}{144} - \dfrac{1}{128\pi}\right)d^2$  ㉯ $\left(\dfrac{\pi}{128} - \dfrac{1}{18\pi}\right)d^2$

㉰ $\left(\dfrac{\pi}{96} - \dfrac{1}{24\pi}\right)d^2$  ㉱ $\left(\dfrac{\pi}{18} - \dfrac{1}{18\pi}\right)d^2$

112. 직경 80cm의 원륜이 Nrpm으로 회전하고 있을 때 원심력으로 인하여 생기는 응력이 200 $N/cm^2$이라면 이 때의 회전수는 얼마인가?(단, 비중량은 $7.2 \times 10^{-3} N/cm^3$이다.)

㉮ 623rpm  ㉯ 1246rpm
㉰ 1869rpm  ㉱ 2492rpm

113. 내경 150mm, 두께 5mm, 연강제의 원통에 $15N/cm^2$의 가스가 들어 있을때 원주 방향 응력과 축방향 응력은?

㉮ $112N/cm^2$, $225N/cm^2$
㉯ $225N/cm^2$, $112.5N/cm^2$
㉰ $550N/cm^2$, $225N/cm^2$
㉱ $150N/cm^2$, $300N/cm^2$

114. Euler의 공식이 적용되는 긴 기둥에서 좌굴 응력의 설명으로 잘못된 것은?

㉮ 종탄성 계수에 비례한다.
㉯ 단면적에 반비례한다.
㉰ 세장비의 제곱에 반비례한다.
㉱ 최소 단면 2차 반지름의 제곱에 반비례한다.

115. 지름 18mm의 로프에 120N의 하중을 매달았을 때 허용 인장 응력에 달하였다. 이 로프의 극한 강도를 387N/cm²라 하면 안전율(S)은?
- ㉮ S=12
- ㉯ S=7.6
- ㉰ S=5
- ㉱ S=8.2

116. 폭이 2cm, 높이 10cm인 직사각형 단면의 외팔보가 길이 100cm이고, 자유단에 150N의 집중 하중을 받을 때 최대 굽힘 응력 $\sigma_{max}$는 얼마인가?
- ㉮ $\sigma_{max}$=45N/cm²
- ㉯ $\sigma_{max}$=2.25N/cm²
- ㉰ $\sigma_{max}$=22.5N/cm²
- ㉱ $\sigma_{max}$=12N/cm²

117. 그림과 같은 단붙임 원축에서 $d_1 : d_2 = 3 : 2$라 하면, $d_1$면에 생기는 응력 $\sigma_1$과 $d_2$면에 생기는 응력 $\sigma_2$의 비는 다음 중 어느 것인가?

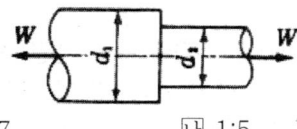

- ㉮ 2:7
- ㉯ 1:5
- ㉰ 3:8
- ㉱ 4:9

118. 길이 $\ell$=10m의 단순보에서 그림과 같은 우력이 작용할 때 이 보의 최대 굽힘 모멘트(N·m)는 얼마인가?

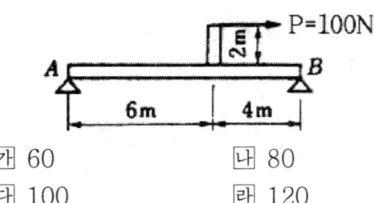

- ㉮ 60
- ㉯ 80
- ㉰ 100
- ㉱ 120

119. 그림과 같은 보에 있어서 C점의 전단 응력 크기는?

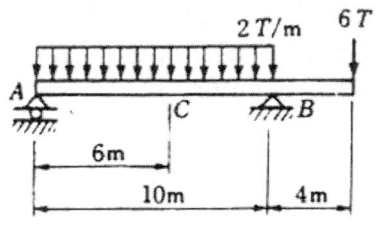

- ㉮ $S_c = -4.4T$
- ㉯ $S_c = -7.6T$
- ㉰ $S_c = -6.0T$
- ㉱ $S_c = -18.4T$

120. 그림과 같은 단순보에 삼각형 분포 하중이 작용할 경우 이 보에 작용하는 최대 전단 응력의 크기는 얼마인가? (단, 이 보의 단면은 직사각형이고, 폭(b)과 높이(h)의 비는 2 : 3이고, 폭 b=$\frac{1}{30}\ell$ 이다.)

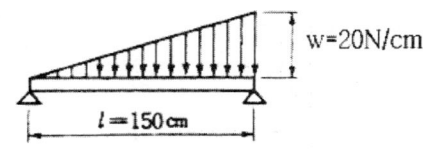

- ㉮ 17.5N/cm²
- ㉯ 30N/cm²
- ㉰ 35.5N/cm²
- ㉱ 40N/cm²

121. 일단고종 타단 힌지인 원형 단면(지름=3.2cm)장주에 압축력이 작용할 때 이 단면의 좌굴 응력값은 몇 N/cm²인가? (단, E=2.9×10⁶N/cm², 기둥의 길이 $\ell$=8m이다.)
- ㉮ 332.8
- ㉯ 210
- ㉰ 41.4
- ㉱ 21.3

정답 115. ㉱  116. ㉮  117. ㉱  118. ㉱  119. ㉮  120. ㉱  121. ㉰

122. 외팔보가 그림과 같이 하중 P를 받고 있다. 보의 허용 응력 $\sigma_w$이면 단면 계수 z는 얼마인가?

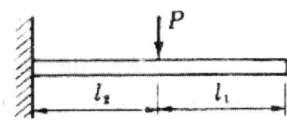

㉮ $Z = \dfrac{P\ell_1}{\sigma_w}$  ㉯ $Z = \dfrac{P\ell_2}{\sigma_w}$

㉰ $Z = \dfrac{2P\ell_2}{\sigma_w}$  ㉱ $Z = \dfrac{2P\ell_1}{\sigma_w}$

**P·O·I·N·T**

$M = \sigma wZ$에서 $Z = \dfrac{M}{\sigma w} = \dfrac{P\ell_2}{\sigma w}$

123. 그림과 같은 재질과 단면이 동일하고 길이가 다른 2개의 외팔보를 자유단에서의 처짐이 동일하게 하는 외력의 비 $P_1/P_2$는 어느 것이 옳은가?

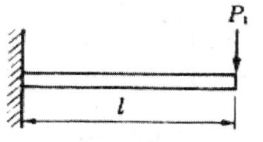

㉮ 0.54  ㉯ 0.437
㉰ 0.325  ㉱ 0.216

124. 단면 12cm², 길이 $\ell$=3m의 연강축이 양단에서 받쳐져 있을 때 자중에 의한 최대 굽힘 모멘트의 값은? (단, 연강의 비중량은 $7.7 \times 10^{-3}$N/cm³이다.)

㉮ 840 N·cm  ㉯ 1040N·cm
㉰ 1580N·cm  ㉱ 1850N·cm

125. 다음 그림과 같이 중앙 단면에 우력의 모멘트 $M_o$가 작용하는 단순보에서 최대 전단 응력은? (단, 보의 단면은 b×h의 직사각형이다.)

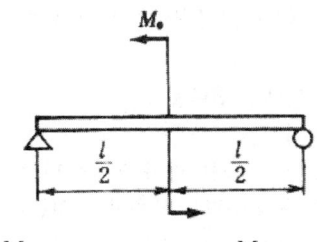

㉮ $\dfrac{M_0}{2bh\ell}$  ㉯ $\dfrac{M_0}{bh\ell}$

㉰ $\dfrac{3M_0}{2bh\ell}$  ㉱ $\dfrac{2M_0}{bh\ell}$

126. 다음과 같은 경사면에서 $W_1$, $W_2$의 중량비가 얼마일 때 상호 균형을 이루겠는가? (단, 사면의 마찰은 무시한다.)

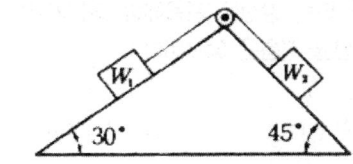

㉮ $\dfrac{W_1}{W_2} = \dfrac{1}{2}$  ㉯ $\dfrac{W_1}{W_2} = \dfrac{\sqrt{2}}{1}$

㉰ $\dfrac{W_1}{W_2} = \dfrac{1}{3}$  ㉱ $\dfrac{W_1}{W_2} = \dfrac{3}{1}$

127. 그림과 같이 양단이 고정된 기둥 길이 $\ell$=3m의 부재에 축압축력이 작용하고 있다면 이 기둥의 유효 세장비는?

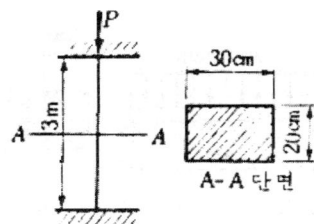

㉮ 78  ㉯ 52.0
㉰ 25.9  ㉱ 36.4

정답 122.㉯ 123.㉱ 124.㉯ 125.㉰ 126.㉯ 127.㉯

128. 주평면에 대한 설명 중 옳은 것은 어느 것인가?
   ㉮ 주평면에는 전단응력과 수직 응력의 합이 작용한다.
   ㉯ 주평면에는 최대의 수직 응력만 작용하고 최소의 수직 응력은 작용하지 않는다.
   ㉰ 주평면에는 전단 응력은 작용하지 않고 수직 응력만이 최대 및 최소로 작용한다.
   ㉱ 주평면에는 전단 응력만 작용하고 수직 응력은 작용하지 않는다.

129. 최대 하중 P=20N에 견딜 수 있는 코일 스프링을 만들려고 한다. 사용 재료의 허용 응력을 $3000 \text{N/cm}^2$이라 할 때 철사의 지름 d는 몇 mm가 되는 강선을 사용해야 되는가?(단, 스프링의 평균 지름은 5cm이다.)
   ㉮ 7.8mm   ㉯ 8.5mm
   ㉰ 4.4mm   ㉱ 10.2mm

130. 다음 재료들 중에서 탄성 계수가 가장 큰 재료는?
   ㉮ 알루미늄(Al)   ㉯ 강철(steel)
   ㉰ 아연(Zn)       ㉱ 주철(cast iron)

131. 그림과 같은 양단지지보에 균일 분포 하중 w=4N/cm를 받고 있을 때 최대 굽힘 응력은 얼마인가?

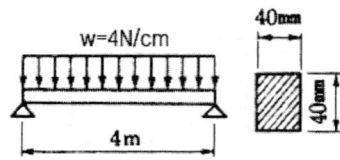

   ㉮ $2500 \text{N/cm}^2$   ㉯ $5000 \text{N/cm}^2$
   ㉰ $7500 \text{N/cm}^2$   ㉱ $10000 \text{N/cm}^2$

132. 단면 b×h=4cm×6cm인 직사각형 단면이고 스팬 2m의 단순보의 중앙에 하중이 작용할 때에 그 최대 처짐을 $\frac{1}{2}$cm로 제한하려면 하중은 몇 N으로 제한해야 되는가? (단, 종탄성 계수 $E = 2 \times 10^6 \text{N/cm}^2$이다.)
   ㉮ 168   ㉯ 306
   ㉰ 432   ㉱ 580

133. 그림과 같은 단순 지지보 AB위에 균일 분포 하중 w=200N/m가 작용하고 있을 때 A단에서 1m의 지점에서의 전단력은 다음중 어느 것인가?

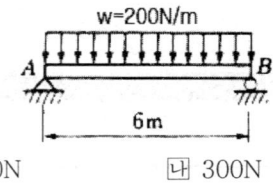

   ㉮ 200N   ㉯ 300N
   ㉰ 400N   ㉱ 500N

134. 그림과 같은 T형 단면의 x축으로부터 도심의 좌표 $y_G$는 얼마인가?

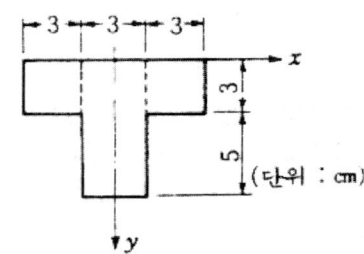

   ㉮ 5.2cm   ㉯ 4.6cm
   ㉰ 3.5cm   ㉱ 2.9cm

135. 단면적 A인 단면의 중립축에 대한 단면2차 모멘트를 $I_G$라 하고 중립축에서 Y거리만큼 떨어진 축에 대한 단면 2차 모멘트를 I라고 하면 다음 식중 맞는 것은?
   ㉮ $I = I_G + AY^2$   ㉯ $I = I_G - AY^2$
   ㉰ $I = AY^2 - I_G$   ㉱ $I = I_G - A^2Y$

136. 길이 $\ell$, 단면적 A인 균일 단면봉의 자중에 의한 전신장량 $\delta$는? (단, 단위 체적당의 무게를 $\gamma$, 세로 탄성계수를 E라 한다)

㉮ $\dfrac{r\ell^2}{3E}$  ㉯ $\dfrac{r\ell^2}{6E}$

㉰ $\dfrac{r\ell^2}{4E}$  ㉱ $\dfrac{r\ell^2}{2E}$

137. 내경 6m, 강판의 두께 12mm의 원통형 탱크에 5m 깊이로 물이 차 있다. 측면의 최하부에 생기는 원주 응력은 얼마인가?

㉮ $125N/cm^2$  ㉯ $145N/cm^2$
㉰ $85N/cm^2$   ㉱ $165N/cm^2$

138. 비틀림에서 출력, 회전수, 토크의 관계를 설명한 것이다. 옳은 것은?

㉮ 출력은 회전수와 토크에 비례한다.
㉯ 출력은 회전수의 제곱과 토크에 비례한다.
㉰ 출력은 회전수와 토크의 제곱에 비례한다.
㉱ 출력은 회전수에 비례하고, 토크에 반비례한다.

139. 단면의 주축에 관한 설명 중 옳은 것은?

㉮ 주축에서는 단면상승 모멘트가 0이다.
㉯ 주축에서는 단면상승 모멘트가 최대이다.
㉰ 주축에서는 단면상승 모멘트가 최소이다.
㉱ 주축에서는 단면2차 모멘트가 0이다.

140. 다음 그림과 같은 외팔보의 고정단의 굽힘 모멘트는 얼마인가?

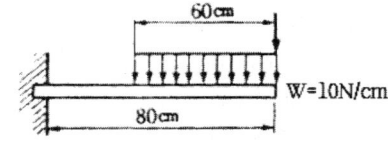

㉮ 20000N·cm  ㉯ 30000N·cm
㉰ 40000N·cm  ㉱ 60000N·cm

**P·O·I·N·T**
$M_{max} = -10 \times 60 \times 50 = -30000 kg \cdot cm$

141. 길이가 $\ell$인 장주의 재질과 단면적이 동일할 때 축압력이 그림과 같이 작용할 때 가장 먼저 좌굴이 일어나는 것은 어느 것인가?

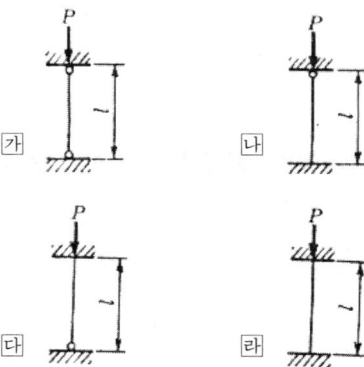

142. 지름 5cm인 단주의 단면의 핵심 반지름은 얼마인가?

㉮ 12.55mm  ㉯ 8.33mm
㉰ 6.25mm   ㉱ 16.66mm

143. 다음 설명 중 옳지 않은 것은?

㉮ 좌굴이 일어나는 경우는 기둥에 축방향의 압축력을 받을 때이다.
㉯ 단면 계수가 가장 큰 경우는 일단고정, 타단자유인 경우이다.
㉰ 기둥에서 좌굴응력은 세장비의 제곱에 반비례한다.
㉱ 연강에서 오일러 공식을 적용시킬 수 있는 세장비의 한계치는 102이다.

145. 그림과 같은 구조물에서 단면 m-n상에 발생하는 최대 굽힘 응력의 크기는 얼마인가?

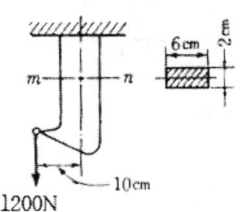

㉮ $100N/cm^2$   ㉯ $900N/cm^2$
㉰ $1000N/cm^2$  ㉱ $1100N/cm^2$

정답 136.㉱ 137.㉮ 138.㉮ 139.㉮ 140.㉯ 141.㉮ 142.㉰ 143.㉯ 145.㉱

146. 지름 5cm, 길이 1m인 기둥의 세장비는 얼마인가?
- 가 40
- 나 60
- 다 80
- 라 100

147. 반지름이 R인 원형 단면의 핵 반지름은 다음 중 어느 것인가?
- 가 $e = \dfrac{R}{4}$
- 나 $e = \dfrac{R}{6}$
- 다 $e = \dfrac{R}{8}$
- 라 $e = \dfrac{R}{8}$

148. 바깥지름 8cm, 안지름 6cm, 길이 4m의 연강제 원관 기둥의 세장비는 얼마인가?
- 가 140
- 나 160
- 다 210
- 라 250

149. 3cm×6cm인 직사각형 단면의 양단고정 기둥에서 오일러의 적용시킬 수 있는 최소 길이는 얼마인가?
- 가 172cm
- 나 173cm
- 다 174cm
- 라 175cm

150. 그림과 같은 양단회전단의 장주가 탄성 좌굴을 일으키는 한계 하중치 $P_{cr}$는? (단, 이 장주의 휨 강성은 EI이다.)

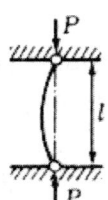

- 가 $P_{cr} = \dfrac{\pi^2 EI}{\ell^2}$
- 나 $P_{cr} = \dfrac{2\pi^2 EI}{\ell^2}$
- 다 $P_{cr} = \dfrac{2\pi^2 EI}{\ell}$
- 라 $P_{cr} = \dfrac{\pi^2 EI}{\ell}$

151. 지름이 D, 길이가 $\ell$인 원기둥의 세장비는 얼마인가?
- 가 $\dfrac{4\ell}{D}$
- 나 $\dfrac{8\ell}{D}$
- 다 $\dfrac{4D}{\ell}$
- 라 $\dfrac{8D}{\ell}$

152. 장주에 있어서 1단 고정, 타단활절일 때에 좌굴장은 얼마인가?(단, 기둥의 길이는 $\ell$이다.)
- 가 $\ell$
- 나 $0.5\ell$
- 다 $0.7\ell$
- 라 $2\ell$

153. 양단이 자유롭게 회전할 수 있는 길이 5m의 장주가 있다. 단면이 20cm×16cm의 직사각형인 목재라면 가할 수 있는 안전 하중은 얼마인가?(단, 오일러식이 성립될 수 있는 세장비의 값은 $\dfrac{\ell}{k} > 80$이고 영계수는 100,000N/cm²이다. 안전율은 10으로 한다.)
- 가 4.3 KN
- 나 2.7KN
- 다 3.0KN
- 라 3.5KN

154. 정사각형(10cm×10cm) 단면의 봉에 그림과 같이 하중이 작용할 때 봉에 발생되는 최대 인장응력은 얼마인가?

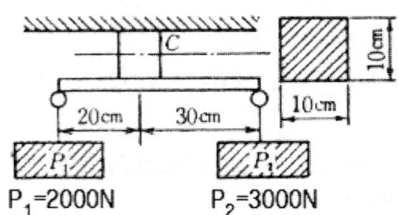

- 가 $\sigma_{max} = 80\text{N/cm}^2$
- 나 $\sigma_{max} = 250\text{N/cm}^2$
- 다 $\sigma_{max} = 300\text{N/cm}^2$
- 라 $\sigma_{max} = 350\text{N/cm}^2$

정답 146.다 147.가 148.나 149.가 150.가 151.가 152.라 153.나 154.라

155. 긴 기둥에서 단말 조건과 재료의 재질이 같다고 가정한다면 좌굴응력에 대한 다음 설명중 옳은 것은?
  - ㉮ 좌굴응력은 세장비에 반비례한다.
  - ㉯ 좌굴응력은 세장비에 정비례한다.
  - ㉰ 좌굴응력은 세장비의 제곱에 반비례한다.
  - ㉱ 좌굴응력은 세장비의 제곱에 정비례한다.

156. 양단에 힌지로 된 연강봉 원형단면의 지름 d=10cm가 축방향에 축압력을 받고 있을 때 이 기둥의 임계응력은 얼마인가? (단, $P_{cr}$은 임계하중이고 종탄성계수 $E = 2.1 \times 10^6 N/cm^2$이며, 오일러식을 적용한다.)

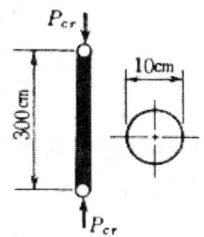

  - ㉮ $520.4 N/cm^2$
  - ㉯ $1439.3 N/cm^2$
  - ㉰ $2348.2 N/cm^2$
  - ㉱ $3257.1 N/cm^2$

157. 원형 단면과 정사각형 단면의 기둥이 동일한 세장비를 가질 때 양 기둥의 길이 비는 얼마인가?(단, 지름과 한변의 길이는 20cm)
  - ㉮ $\frac{\sqrt{3}}{2}$
  - ㉯ $\sqrt{5}$
  - ㉰ $\sqrt{3}$
  - ㉱ $\frac{\sqrt{5}}{2}$

158. 다음 설명 중 기둥에 관한 이론으로 틀린 것은?
  - ㉮ 오일러의 기둥공식 유도과정에서는 횡좌굴의 초기에 그 재료의 거동이 탄성적이라고 가정하므로 임계응력이 재료의 탄성한도보다 작은 경우에만 유효하다.
  - ㉯ 충분히 큰 세장비를 갖는 기둥에서는 평균 압축응력이 그 재료의 비례한도에 도달한 후에만 그 기둥의 좌굴이 일어난다.
  - ㉰ 순전한 탄성과 안전성만을 고려하기에는 그 세장비가 너무작고 재료의 강도만을 고려하기에는 그 세장비가 너무 큰 기둥들은 중간장주라 한다.
  - ㉱ 시컨트 공식에서 편심 하중을 받는 장주를 다룰 때 하중과 처짐은 비례하지 않으므로 중첩법을 적용할 수 없다.

159. $5cm \times 7.5cm$의 직사각형 단면을 갖는 양단 지지의 강재 기둥에 대해서 탄성오일러 좌굴식이 적용되는 최소 길이는 얼마인가? (단, 탄성계수 $E=21 \times 10^5 N/cm^2$이고, 비례한도 $2520 N/cm^2$이다.)
  - ㉮ 140.9cm
  - ㉯ 130.9cm
  - ㉰ 100.7cm
  - ㉱ 90.7cm

160. 길이 1m의 연강봉이 $10N/cm^2$의 인장 응력을 받고 있을 때 신장량은 다음 중 어느 것에 가장 가까운가?(단, 연강봉의 세로 탄성 계수 $E=2 \times 10^4 N/mm^2$)
  - ㉮ 0.025㎜
  - ㉯ 0.0005㎜
  - ㉰ 0.025cm
  - ㉱ 0.0005cm

**P·O·I·N·T**
신장량 $\delta = \frac{PL}{AE} = \frac{\sigma L}{E} = \frac{10 \times 100}{2 \times 10^6} cm$

161. 지름이 r인 원형 단면의 극단면 2차 모멘트는?
  - ㉮ $\frac{\pi r^4}{4}$
  - ㉯ $\frac{\pi r^4}{2}$
  - ㉰ $\frac{\pi r^4}{16}$
  - ㉱ $\frac{\pi r^4}{32}$

정답 155. ㉰  156. ㉯  157. ㉮  158. ㉯  159. ㉯  160. ㉱  161. ㉯

162. 그림에서 보여주는 구조물의 부재 A, B에 작용하는 힘은?

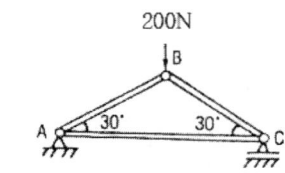

㉮ 115N  ㉯ 141.4N
㉰ 200N  ㉱ 283N

163. 그림과 같이 못뽑이의 손잡이에 P=20N을 가하였다면 못에 작용하는 힘 Q와 못뽑이의 볼트 A의 직경 d는 얼마인가? (단, 허용 전단 응력은 $\tau_a = 10 \mathrm{N/mm^2}$으로 한다)

㉮ Q = 40N, d = 0.15cm
㉯ Q = 50N, d = 0.26cm
㉰ Q = 60N, d = 0.36cm
㉱ Q = 80N, d = 0.3615cm

164. 지름 4cm의 둥근 강봉에 6000N의 인장 하중을 작용시키면 지름은 몇 cm 가늘어지는가?(단, $E = 2 \times 10^6 \mathrm{N/cm^2}$, 포와송비 $\frac{1}{m} = \frac{1}{3}$이라 한다.)

㉮ 0.000813  ㉯ 0.000318
㉰ 0.00596   ㉱ 0.000596

165. 최대 굽힘 모멘트 80000N·cm를 받는 원형 단면의 최대 굽힘 응력을 600N/cm²으로 하려면 지름을 몇 mm로 하여야 하는가?

㉮ 111mm  ㉯ 98mm
㉰ 120mm  ㉱ 125mm

166. 길이 L인 외팔보의 중앙과 자유단에 각각 힘 P가 작용하고 있다. 자유단에서의 기울기($\theta$)는 얼마인가?

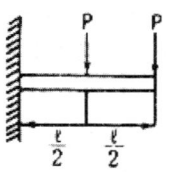

㉮ $\dfrac{PL^2}{3EI}$  ㉯ $\dfrac{PL^2}{2EI}$

㉰ $\dfrac{5PL^2}{8EI}$  ㉱ $\dfrac{3PL^2}{4EI}$

167. 길이가 $\ell$ 인 단순보의 전체 길이가 균일 분포 하중 W가 작용하고 있을 때 최대 처짐량은 다음 중 어느 것인가?

㉮ $\dfrac{5W\ell^4}{384EI}$  ㉯ $\dfrac{5W\ell^3}{384EI}$

㉰ $\dfrac{5W\ell^2}{384EI}$  ㉱ $\dfrac{5W\ell^4}{192EI}$

168. 길이가 4m인 기둥의 세장비는?(단, 폭(b)은 3cm, 높이(h)가 2cm이다)

㉮ 692.82  ㉯ 592.65
㉰ 492.75  ㉱ 382.65

169. 다음은 탄성을 설명하였다. 옳은 것은?
㉮ 물체의 변형을 표시하는 것
㉯ 물체에 가해진 외력이 제거되는 동시에 원형으로 되돌아 가려는 성질
㉰ 물체에 영구변형을 일으키려는 성질
㉱ 물체에 작용하는 외력의 크기

170. 다음 글 중 그 값이 항상 0인 것은?
㉮ 구형 단면의 회전 반지름
㉯ 원형 단면의 단면 계수
㉰ 도심축에 관한 단면 2차 모멘트
㉱ 도심축에 관한 단면 1차 모멘트

정답 162.㉱ 163.㉱ 164.㉯ 165.㉮ 166.㉰ 167.㉮ 168.㉮ 169.㉯ 170.㉱

171. 3각형 단면의 밑면과 높이가 b×h=20cm×30 cm 일 때 밑면에 평행하고 도심을 지나는 축에 대한 단면 2차 모멘트의 옳은 것은?
   ㉮ 22500cm⁴   ㉯ 45000cm⁴
   ㉰ 5000cm⁴    ㉱ 15000cm⁴

172. 보에서 원형과 정사각형의 단면적이 같을 때, 단면 계수의 비 $Z_1/Z_2$의 값은?(단, 여기에서 $Z_1$은 원형 단면 계수, $Z_2$는 정사각형의 단면 계수이다)
   ㉮ $Z_1/Z_2$ = 0.531
   ㉯ $Z_1/Z_2$ = 0.846
   ㉰ $Z_1/Z_2$ = 1.258
   ㉱ $Z_1/Z_2$ = 1.182

173. 길이 24m인 양단 고정보에 등분포 하중 g=3N/m 가 작용할 때 중앙의 굽힘 모멘트는?
   ㉮ 348 N·m   ㉯ 288 N·m
   ㉰ 72 N·m    ㉱ 528 N·m

174. 그림과 같이 지름 5mm의 강선을 495mm 지름의 원통에 밀착시켜 감았을 때, 강선에 발생하는 최대 굽힘 응력은 얼마나 되겠는가?(단, 강선의 종탄성 계수는 $2×10^6 N/cm^2$이다)

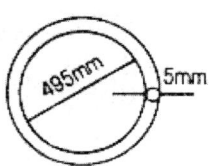

   ㉮ 0.01 N/cm²   ㉯ 200 N/cm²
   ㉰ 10000 N/cm²  ㉱ 20000 N/cm²

175. 그림과 같이 원형 단면보(지름 d)에 집중 하중 P와 토크 T가 자유단에 작용할 때 주 전단 응력(최대 전단 응력)의 올바른 식은?

   ㉮ $\tau_{max} = \dfrac{16}{\pi d^3}\sqrt{M^2+T^2}$

   ㉯ $\tau_{max} = \dfrac{8}{\pi d^3}\sqrt{M^2+T^2}$

   ㉰ $\tau_{max} = \dfrac{32}{\pi d^3}(M+\sqrt{M^2+T^2})$

   ㉱ $\tau_{max} = \dfrac{64}{\pi d^3}(M+\sqrt{M^2+T^2})$

176. 그림과 같이 집중 하중 P를 받는 외팔 보가 있다. 모멘트 선도가 그림과 같을 때, B점에서의 처짐은 어떻게 나타내는가?(단, E는 탄성계수, I는 단면 2차 모멘트이다)

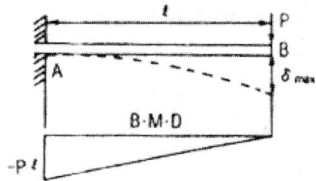

   ㉮ $\dfrac{2Pl^3}{3EI}$   ㉯ $\dfrac{2Pl^3}{EI}$

   ㉰ $-\dfrac{Pl^3}{6EI}$   ㉱ $-\dfrac{Pl^3}{3EI}$

177. 무게 20N인 원통에 모멘트를 작용시켜 경사 30°의 비탈면을 굴러서 올리려 한다. 원통과 경사면 사이의 마찰은 충분하다고 할 때 필요한 모멘트는 얼마인가?

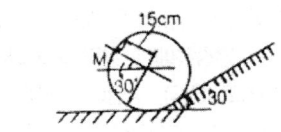

   ㉮ 200 N·cm   ㉯ 230 N·cm
   ㉰ 260 N·cm   ㉱ 267 N·cm

정답 171. ㉱  172. ㉯  173. ㉰  174. ㉱  175. ㉮  176. ㉱  177. ㉮

178. 그림과 같은 구조물의 C점에서 집중 하중 P=200 N 이 작용할 때 부재 a에 발생하는 힘은 몇 N인가?

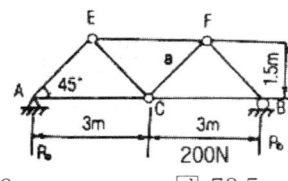

㉮ 120  ㉯ 70.5
㉰ 141.4  ㉱ 180

179. 2Hz로 돌고 있는 중실원형축이 150kW의 동력을 전달해야 된다고 한다. 허용 전단 응력이 40MPa일 때 요구되는 최소 직경은 몇 mm 인가?

㉮ 115  ㉯ 155
㉰ 210  ㉱ 265

180. 다음 그림과 같이 길이 10m 인 단순 보의 중앙에 200N-m의 우력이 작용할 때, B 지점의 반력은 몇 N 인가?

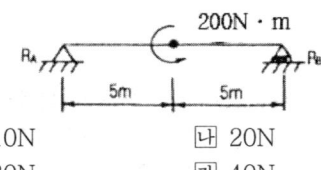

㉮ 10N  ㉯ 20N
㉰ 30N  ㉱ 40N

181. 그림과 같이 길이 3m의 강체봉 AB 가 그 양단에 연결된 두 연강봉에 매달려 자중하에서 수평상태를 유지하고 있다. A단에 연결된 봉은 ℓ=2m, A=10cm², $E_A=1.05×10^6 N/cm^2$이고, B단에 연결된 봉은 ℓ=3m, A=5cm², $E_B=2.1×10^6 N/cm^2$이다. 이 강체봉의 수평상태를 유지하면서 수직 하중 p를 걸수 있는 단면의 위치 x는 얼마인가?

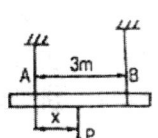

㉮ 1.2m  ㉯ 2.3m
㉰ 3.2m  ㉱ 5.2m

182. 프와송 수를 m, 종탄성 계수를 E라 할 때, 횡탄선 계수 G를 나타내는 식은 어느 것인가?

㉮ $\dfrac{m}{3(m-2)}E$  ㉯ $\dfrac{m}{3(m+2)}E$

㉰ $\dfrac{m}{2(m+1)}E$  ㉱ $\dfrac{m}{2(m-1)}E$

183. 아래와 같은 균일 재료로 된 비대칭형 단면에 축 하중 p를 주어 단면에 균일한 응력을 분포시키려면 힘의 작용점을 어느 곳에 주어야 하는가?

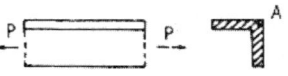

㉮ 단면의 도심  ㉯ 단면의 전단 중심
㉰ 단면의 모서리 A점  ㉱ 불가능

184. 그림과 같이 단면적 $A_1$, 세로 탄성 계수 $E_1$의 파이프 속에 단면적 $A_2$, 세로 탄성계수 $E_2$의 내실봉을 넣고, 완전 강체를 얹어 하중 P로 압축하였을 때 내실봉에 작용하는 압축력 $P_2$는? (단, P에 의한 두 봉의 변형은 같다고 가정한다)

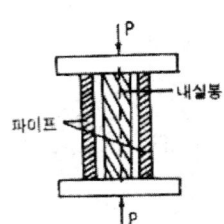

㉮ $P_1 = 1 + \dfrac{A_2E_2P}{A_1E_1}$

㉯ $P_2 = \dfrac{A_2E_2P}{A_1E_1 + A_2E_2}$

㉰ $P_2 = \dfrac{A_2E_2P}{A_1E_1 - A_2E_2}$

㉱ $P_2 = \dfrac{A_1E_1P}{A_1E_1 + A_2E_2}$

정답  178. ㉰  179. ㉮  180. ㉮  181. ㉮  182. ㉱  183. ㉮  184. ㉯

185. 중량이 각각 1000N이고, 크기가 같은 두 개의 실린더가 도면과 같이 한 상자 속에 있다. 마찰을 무시하면 A, B, C에 걸리는 반력은 얼마인가?

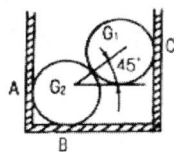

㉮ $F_A = 1000N, F_B = 2000N, F_C = 500N$
㉯ $F_A = 1000N, F_B = 2000N, F_C = 1000N$
㉰ $F_A = 500N, F_B = 2000N, F_C = 700N$
㉱ $F_A = 500N, F_B = 2000N, F_C = 500N$

186. 그림과 같이 지름 d의 원형 단면의 원목으로부터 최대 강도를 갖는 직사각형 단면의 나무를 잘라내려고 한다. 보의 치수를 비 b/h는 얼마인가?

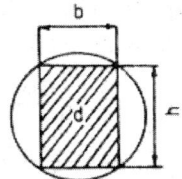

㉮ $b/h = \dfrac{1}{\sqrt{2}}$  ㉯ $b/h = \dfrac{1}{\sqrt{3}}$
㉰ $b/h = \dfrac{1}{2}$  ㉱ $b/h = \dfrac{1}{3}$

187. 굽힘 모멘트 M=2000N·m와 비틀림 모멘트 T=1800N·m를 받는 축의 최대 수직 응력은(단, 직경은 10cm이다)

㉮ 20.3mMPa  ㉯ 23.9mMPa
㉰ 25.1mMPa  ㉱ 26.8mMPa

188. 단면적 A의 중립축에 대한 이 단면의 2차 모멘트를 $I_G$, 중립축에서 거리만큼 떨어진 축에 대한 단면 2차 모멘트를 I라고 하면 다음 중 옳은 식은?

㉮ $I = I_G - Ay^2$  ㉯ $I_G = I + A^2y^2$
㉰ $I_G = I - Ay^2$  ㉱ $I = I_G + Ay^3$

189. 그림에서 p가 1200N, b=3cm, h=4cm, e=1cm라 할 때 최대 압축 압력은 얼마인가?

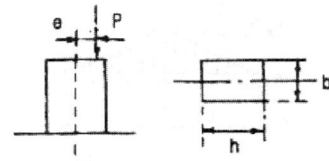

㉮ 250 N/cm²  ㉯ 200 N/cm²
㉰ 150 N/cm²  ㉱ 100 N/cm²

190. b=15cm, h=10cm, ℓ=3m 의 기둥이 일단 고정 타단 자유인 목재 기둥이 있다. 안전을 10으로 할 때 오일러 공식에 의한 하중은 얼마 정도인가?(단, E=90000 N/cm² 로 한다.)

㉮ 200 N  ㉯ 253 N
㉰ 352 N  ㉱ 308 N

191. 그림과 같이 단순보에 직선적으로 변화하는 분포 하중이 놓였을 때 최대 굽힘 모멘트의 위치가 옳은 것은?

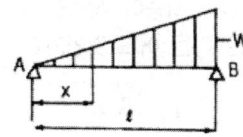

㉮ $\dfrac{\ell}{\sqrt{3}}$  ㉯ $\dfrac{\ell}{2}$
㉰ $\dfrac{\ell}{3}$  ㉱ $\dfrac{\ell}{4}$

192. 단면의 크기가 일정한 보에서는 다음 관계가 있다. 틀린 것은?

㉮ 굽힘 모멘트의 M이 클수록 곡률도 커진다.
㉯ 굽힘 모멘트 M이 작을수록 곡률 반지름은 커진다.
㉰ M이 0이면 곡률 반지름은 무한대가 된다.
㉱ 굽힘 모멘트 M과 곡률 반지름 $\rho$는 정비례한다.

193. 그림과 하중이 작용할 때 A, B 양단의 반력은?

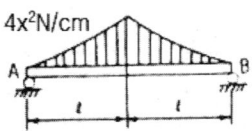

㉮ $R_A = R_B = \dfrac{4\ell^3}{3}$  ㉯ $R_A = R_B = \dfrac{2\ell^2}{3}$

㉰ $R_A = R_B = \dfrac{3\ell^3}{4}$  ㉱ $R_A = R_B = \dfrac{2\ell^3}{3}$

194. 그림의 보에서 $\theta_A$가 옳게 된 것은?

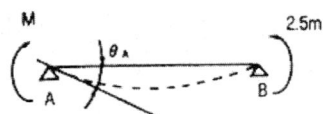

㉮ ML/3EI  ㉯ 2ML/5EI
㉰ ML/6EI  ㉱ 9ML/12EI

195. 그림과 같이 지름이 d인 원형 단면을 가진 단순보에 집중 하중이 작용할 때 생기는 최대 전단 응력은 다음 어느 것인가?

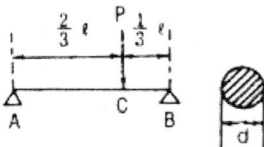

㉮ $\dfrac{4P}{3\pi d^2}$  ㉯ $\dfrac{8P}{3\pi d^2}$

㉰ $\dfrac{16P}{9\pi d^2}$  ㉱ $\dfrac{32P}{3\pi d^2}$

196. 그림과 같은 외팔 보의 자유단에 집중 하중 p와 굽힘 모멘트 Mo가 작용할 때 그 자유단의 처짐은 얼마인가?

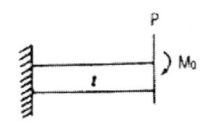

㉮ $\dfrac{Mo\,\ell^2}{EI} + \dfrac{p\ell^3}{2EI}$  ㉯ $\dfrac{Mo\,\ell^2}{2EI} + \dfrac{p\ell^3}{3EI}$

㉰ $\dfrac{Mo\,\ell}{3EI} + \dfrac{p\ell^2}{4EI}$  ㉱ $\dfrac{Mo\,\ell^2}{4EI} + \dfrac{p\ell^3}{5EI}$

197. 굽힘 강성 계수가 티인 단면이 균일하고 길이 $\ell$의 양단 단순지지보에 그림과 같이 하중 p가 중앙점에 작용하고 있다. 하중점 C에서의 굽힘 모멘트의 값은?

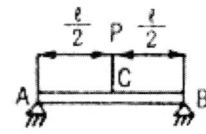

㉮ $\dfrac{p\ell}{2}$  ㉯ $\dfrac{p\ell^2}{2}$

㉰ $\dfrac{p\ell}{4}$  ㉱ $\dfrac{p\ell^2}{4}$

198. 보의 자중을 무시하였을 때 그림과 같은 보에서 발생하는 최대 굽힘 응력의 크기는?(단, C 및 D 단에서의 하중은 각각 120N, 단면의 폭 b=3cm, 높이 h=4cm이다)

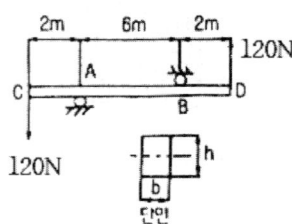

㉮ 20 N/mm²  ㉯ 30 N/mm²
㉰ 40 N/mm²  ㉱ 50 N/mm²

199. 허용 응력 σa=2000 N/cm² 인 재료로 된 균일 단면에 그림과 같이 집중 하중이 걸리고 있다. 굽힘 모멘트에 견디기 위한 최소 단면 계수는 몇 cm³인가?

㉮ 10cm³  ㉯ 20cm³
㉰ 30cm³  ㉱ 40cm³

정답 193. ㉮  194. ㉱  195. ㉱  196. ㉰  197. ㉰  198. ㉯  199. ㉯

200. 지름 d=2cm, 원형 단면의 길이 1m의 외팔 보 자유단에 집중 하중이 작용할 때 최대 저점량이 2cm가 되었다면 최대 굽힘 응력은 얼마인가?(단, 탄성계수 $E=2\times10^6 N/cm^2$이다)

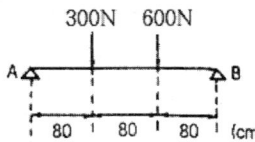

㉮ $1000\ N/cm^2$ ㉯ $1200\ N/cm^2$
㉰ $2000\ N/cm^2$ ㉱ $2200\ N/cm^2$

201. 그림과 같은 외팔보의 자유단에 100N-cm의 모멘트가 주어질 때 자유단에서의 처짐은?(단, 이 보의 굽힘 강성 계수는 $50\times10^6 N-cm^2$ 이다)

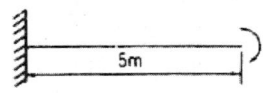

㉮ 2.5mm ㉯ 5mm
㉰ 25mm ㉱ 50mm

202. 다음의 보에서 최대 굽힘 모멘트가 일어나는 곳은 보의 좌측에서 어느 위치인가?

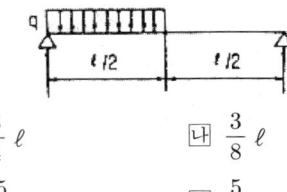

㉮ $\dfrac{3}{4}\ell$ ㉯ $\dfrac{3}{8}\ell$
㉰ $\dfrac{5}{12}\ell$ ㉱ $\dfrac{5}{8}\ell$

203. 길이 L의 곧은 막대기에서 굽힘 모멘트 M이 그림과 같이 작용하고 있다. 이 막대에 내포되는 탄성 에너지는 다음 어느 것인가?(단, 막대기의 강성 계수를 EI, 단면적을 A라 한다.)

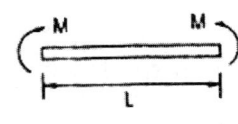

㉮ $\dfrac{M^2L}{2AE^2}$ ㉯ $\dfrac{L^3}{4EI}$
㉰ $\dfrac{M^2L}{2AE}$ ㉱ $\dfrac{M^2L}{2EI}$

204. 비중량 $\gamma=8N/cm^2$인 강봉이 그림과 같이 자중을 받으며 고정되어 있다. 이 재료의 인장 강도가 $40N/mm^2$라면 자중에 의한 최대 응력이 인장 강도와 같아 질 때의 길이는 얼마인가? (단, 자중 이외의 영향은 무시한다)

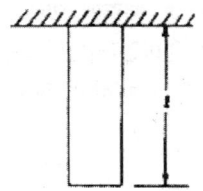

㉮ 8km ㉯ 4km
㉰ 5km ㉱ 50km

205. 지름 d인 원형 단면축이 비틀림 모멘트 t를 받고 있다. 단위 길이 당의 비틀림 각 $\theta$를 나타내는 식은 다음 중 어느 것인가?(단, 전단 탄성 계수는 G이다)

㉮ $\dfrac{T}{G}\times\dfrac{\pi d^4}{32}$ ㉯ $\dfrac{G}{T}\times\dfrac{\pi d^4}{32}$
㉰ $\dfrac{T}{G}\times\dfrac{32}{\pi d^4}$ ㉱ $\dfrac{G}{T}\times\dfrac{32}{\pi d^4}$

206. 단면의 크기가 일정한 보에서 다음과 같은 관계가 있다. 틀린 것은?

㉮ 굽힘 모멘트 M이 클수록 곡률도 커진다.
㉯ 굽힘 모멘트 M이 작을수록 곡률반경이 커진다.
㉰ 굽힘 모멘트 M이 0이면 곡률반경은 무한대가 된다.
㉱ 굽힘 모멘트 M과 곡률반경 R은 정비례한다.

정답 200. ㉯ 201. ㉮ 202. ㉮ 203. ㉱ 204. ㉰ 205. ㉰ 206. ㉯

207. 마그네슘 판의 두께 t=3mm를 사용하여 내압 P=20N/cm² 이 재료의 허용 인장력이 σw=900N/cm² 이라면 이 용기의 최대 안전 지름 d를 얼마로 하면 좋은가?
- ㉮ 108cm
- ㉯ 54cm
- ㉰ 13.5cm
- ㉱ 27cm

208. 비중량 γ=7.85N/cm²인 강선을 연직으로 매달려고 할 때, 자중에 의해서 견딜 수 있는 최대 길이는 얼마인가?(단, 강선의 허용 인장 응력 σw=120N/cm²라고 한다)
- ㉮ 152.9m
- ㉯ 228.8m
- ㉰ 305.8m
- ㉱ 382.3m

209. 8cm×12cm인 직사각형 단면의 기둥에서 최소 단면 2차 반지름은 얼마인가?
- ㉮ 2.0
- ㉯ 2.3
- ㉰ 2.5
- ㉱ 2.7

210. 길이 2m 이고, 폭 4cm×높이 6cm 치수의 사각형 단면을 가진 외팔 보에 등분포 하중 W가 작용하여 최대 굽힘 응력 500N/cm²이 생길 때 최대 전단 응력은?

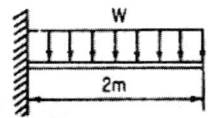

- ㉮ 5.5N/cm²
- ㉯ 7.5N/cm²
- ㉰ 9.5N/cm²
- ㉱ 12.5N/cm²

211. 단순보의 중앙에 집중 하중 P가 작용하고 있을 때 최대 처짐 δmax은?

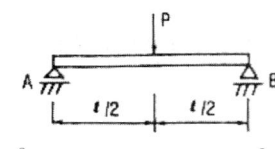

- ㉮ $\dfrac{Pl^3}{48EI}$
- ㉯ $\dfrac{Pl^3}{24EI}$
- ㉰ $\dfrac{5Pl^4}{38EI}$
- ㉱ $\dfrac{Pl^4}{30EI}$

212. 그림에서 표시한 단순지지 보에서의 최대 처짐량을 계산하는 공식은?

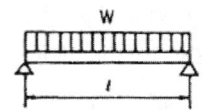

- ㉮ $\dfrac{Wl^3}{48EI}$
- ㉯ $\dfrac{Wl^3}{24EI}$
- ㉰ $\dfrac{5Wl^4}{253EI}$
- ㉱ $\dfrac{5Wl^3}{384EI}$

213. 그림과 같은 손집게에 P=20N가 작용할 때 연결부의 볼트 지름은 얼마인가?(단, τ=10 N/mm²이다)

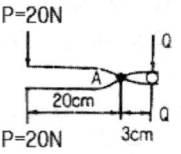

- ㉮ 1.5cm
- ㉯ 0.23cm
- ㉰ 0.44cm
- ㉱ 2.3cm

214. 그림과 같이 무게 W인 물체를 마찰 계수 μ인 표면 상에 P라는 힘으로 끌어당길 때 P가 최소가 되는 α°값은?

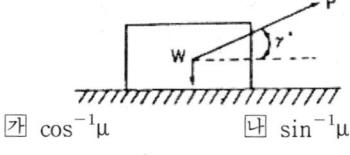

- ㉮ $\cos^{-1}\mu$
- ㉯ $\sin^{-1}\mu$
- ㉰ $\tan^{-1}\dfrac{1}{\sqrt{1+\mu^2}}$
- ㉱ $\tan^{-1}\mu$

215. 그림과 같이 외팔 보의 자유단으로부터 3각형 모양의 분포 하중이 직선적으로 작용하고 있는 경우, 전하중을 200N로 하면 최대 굽힘 모멘트의 값은 어느 것인가?

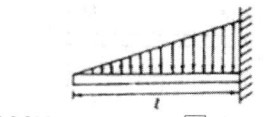

- ㉮ 6000N-cm
- ㉯ 8000N-cm
- ㉰ 12000N-cm
- ㉱ 16000N-cm

정답 207.㉱ 208.㉮ 209.㉯ 210.㉯ 211.㉮ 212.㉱ 213.㉰ 214.㉮ 215.㉯

216. 그림과 같은 길이 3m의 양단 고정 보가 그 중앙점에 집중 하중 1KN을 받는다면 중앙점의 굽힘 응력은 얼마인가?

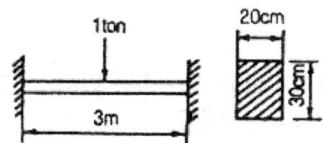

㉮ 15.2N/cm² ㉯ 12.5N/cm²
㉰ 13.5N/cm² ㉱ 15.5N/cm²

217. 그림과 같은 상태에서 외팔보의 최대 굽힘 응력은 얼마인가?

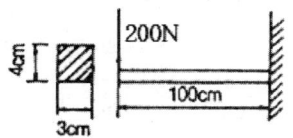

㉮ 1150N/mm² ㉯ 150N/mm²
㉰ 25N/mm² ㉱ 1250N/mm²

218. 그림에서 블록 A를 뽑아내는 데 필요한 힘 P는 몇 N 이상인가?(단, 블록과 접촉면과의 마찰계수 μ=0.4)

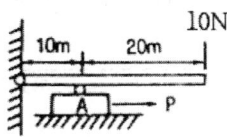

㉮ 4 ㉯ 8
㉰ 10 ㉱ 12

219. 취성 재료에 대한 다음 글 중 맞는 것은?
㉮ 신율은 크고, 변형도 크다.
㉯ 신율도 크고, 단면 수축률도 크다.
㉰ 신율은 작고, 단면 수축률도 작고, 변형도 작다.
㉱ 신율은 작고, 단면 수축률은 크고, 또 변형도 작다.

220. 1000N의 하중을 그림과 같이 A점에 만나는 3개의 끈으로 매달았다. 끈 AB와 AC에 작용하는 장력은?

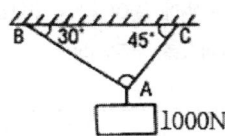

㉮ AB=707N, AC=500N
㉯ AB=732N, AC=896N
㉰ AB=1464N, AC=1195N
㉱ AB=2732N, AC=1931N

221. 그림과 같이 단수지지되고 중앙이 하중 P를 받는 사각형 단면보에서 최대굽힘응력과 최대 전단응력의 비 σmax/(τ×y) max 값을 구하라. (단, 보의 길이 L는 폭이 b, 높이 h)

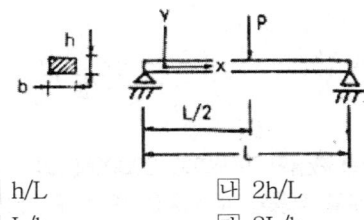

㉮ h/L ㉯ 2h/L
㉰ L/h ㉱ 2L/h

222. 길이 ℓ의 외팔보의 전 길이에 걸쳐서 w의 등분포 하중이 작용할 때 Mmax의 값은?

㉮ $\dfrac{W\ell^2}{8}$ ㉯ $\dfrac{W\ell^2}{4}$
㉰ $\dfrac{W\ell^2}{2}$ ㉱ $\dfrac{W\ell^2}{12}$

223. 오일러의 탄성 좌굴 하중식은 어느것인가?

㉮ $Ps = n\pi^2 \dfrac{EI}{\ell^2}$ ㉯ $Ps = n^2\pi^2 \dfrac{E}{(\ell/k)^2}$
㉰ $Ps = n^2\pi^2 \dfrac{EI}{(k/\ell)^2}$ ㉱ $Ps = n^2\pi^2 \dfrac{EA}{(k/\ell)^2}$

정답 216. ㉯ 217. ㉰ 218. ㉱ 219. ㉰ 220. ㉯ 221. ㉱ 222. ㉮ 223. ㉮

224. 그림과 같이 길이 $\ell$, 무게 W인 사슬이 마찰계수 0.2인 면위에 놓여 있다. 미끄러져 떨어지지 않을 x의 최대값을 구하시오.

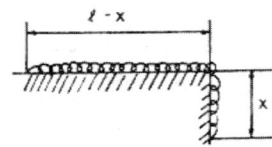

㉮ $\ell/4$  ㉯ $\ell/5$
㉰ $\ell/6$  ㉱ $\ell/8$

225. 길이가 $\ell$인 외팔보에 균일 분포 하중 W가 작용하고 있을 때 최대 처짐량은 다음 중 어느 것인가?

㉮ $\dfrac{w\ell^3}{6EI}$  ㉯ $\dfrac{w\ell^4}{8EI}$
㉰ $\dfrac{w\ell^4}{3EI}$  ㉱ $\dfrac{5w\ell^3}{384EI}$

226. 외경 8cm의 중공축에 20000N/cm의 비틀림 모먼트를 작용할 때 내경을 몇 cm로 하면 좋은가?(단, $\tau = 200$N/cm$^2$이다)

㉮ 2.1cm  ㉯ 1123N/cm$^2$
㉰ 3cm     ㉱ 3.8cm

227. 비중량 0.0078N/cm$^3$인 연강봉재 외팔보의 지름이 4cm, 길이 1.2m일 때 자유단이 150N의 하중이 작용하였다. 하중을 고려한 최대굽힘 응력은?

㉮ 744N/cm$^2$   ㉯ 1123N/cm$^2$
㉰ 1489N/cm$^2$  ㉱ 2977N/cm$^2$

228. 그림과 같이 힌지가 있는 연속보에 균일분포 하중 작용할 때 힌지에 걸리는 굽힘 모먼트의 값으로 옳은 것은?

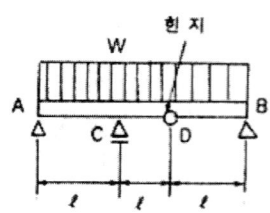

㉮ 0  ㉯ $\dfrac{w\ell^2}{2}$
㉰ $R_B\ell - \dfrac{w\ell^2}{2}$  ㉱ $R_B - \dfrac{w\ell}{2}$

229. 오른쪽 그림과 같은 단순보에서 최대전단 응력을 나타내는 식은?

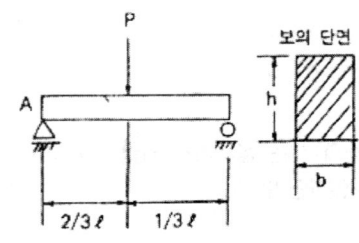

㉮ $\dfrac{8p}{0bh}$  ㉯ $\dfrac{p}{bh}$
㉰ $\dfrac{2p}{6bh}$  ㉱ $\dfrac{3p}{3bh}$

230. 길이가 $\ell$인 단순보 AB의 한단에 그림과 같이 우력 M이 작용할 때 A단위 처짐각 BA의 값은?(단, 탄성계수 E, 단면 2차 모먼트 I이다.)

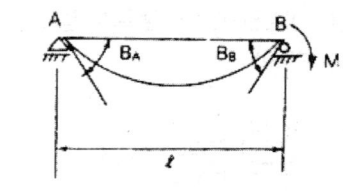

㉮ $\dfrac{M\ell}{8EI}$  ㉯ $\dfrac{M\ell}{6EI}$
㉰ $\dfrac{M\ell}{3EI}$  ㉱ $\dfrac{M\ell}{2EI}$

231. 두께 1.6mm의 강판에 한변이 60mm인 정삼각형 구멍을 펀칭하려고 한다. 이 강판의 전단 파괴 강도 $\tau_B = 28$N/cm$^2$일 때 필요한 압축량은 약 얼마 이상이면 되는가?

㉮ 6KN    ㉯ 8.1KN
㉰ 10.2KN ㉱ 12.1KN

정답 224. ㉰  225. ㉯  226. ㉮  227. ㉱  228. ㉮  229. ㉯  230. ㉯  231. ㉯

232. 사각형 단면에 그림과 같이 편심 축하중을 주었을 때 일어나는 최대응력의 값은?

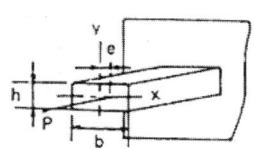

㉮ $\frac{P}{bh}(1+\frac{6e}{h})$  ㉯ $\frac{P}{bh}(1+\frac{e}{6h})$

㉰ $\frac{P}{bh}(1+\frac{e^2}{6h^2})$  ㉱ $\frac{P}{bh}(1+\frac{6e}{b})$

233. 다음 그림과 같이 단순보의 중앙 C점에 50(KN·m)의 유력이 작용하면 A점과 B점의 반형은 각각 몇 KN인가?

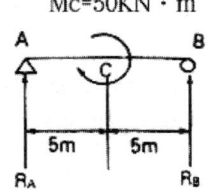

㉮ $R_B = R_A = 3$  ㉯ $R_A = -R_B = -3$
㉰ $R_B = R_A = 5$  ㉱ $R_A = -R_B = -5$

234. 다음과 같은 부재에서 C점의 굽힘 모멘트는?

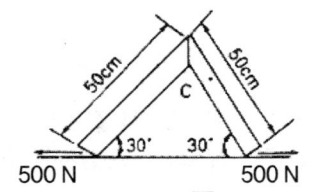

㉮ 12362 N·cm  ㉯ 12500 N·cm
㉰ 1386 N·cm   ㉱ 18932 N·cm

235. 그림과 같이 힘 P가 작용할 때 AC, BC에 작용하는 힘으로 옳은 것은?

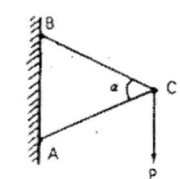

㉮ $AC = \frac{P}{\cos\alpha}$, $BC = P \tan\alpha$

㉯ $AC = \frac{P}{\sin\alpha}$, $BC = \frac{P}{\tan\alpha}$

㉰ $AC = P \cos\alpha$, $BC = P \sin\alpha$

㉱ $AC = P \sin\alpha$, $BC = P \cos\alpha$

236. 그림과 같이 3개의 도르레에 의해 하중 $W_1$, $W_2$, $W_3$가 평형을 유지하고 있다. 도르레의 마찰 및 자중을 무시한다면 $W_1$과 $W_2$의 관계는?

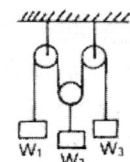

㉮ $W_1 = 1/2 W_2$
㉯ $W_1 = W_2$
㉰ $W_1 = 2W_2$
㉱ $W_3$를 모르므로 알 수 없다.

237. 무게 100KN인 물체가 두 개의 줄 AC, BC에 의해서 평형을 이루고 있다. 줄 BC에 걸리는 장력은 얼마인가?

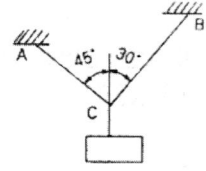

㉮ 51.8KN  ㉯ 62.5KN
㉰ 73.2KN  ㉱ 89.3KN

238. 그림과 같은 일단 고정 일단 롤러로 지지된 부정정보가 등분포 하중을 받고 있다. 롤러로 지지단 B점의 반력 Rb는?

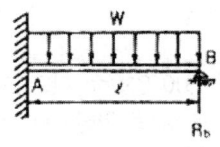

㉮ $\frac{1}{8}w\ell$  ㉯ $\frac{1}{3}w\ell$
㉰ $\frac{3}{8}w\ell$  ㉱ $\frac{5}{8}w\ell$

239. b×h=2cm×4cm의 직사각형단면을 가진 길이 1m 되는 외팔보의 자유단에 집중 하중을 작용시켰더니 5cm의 처짐이 생겼다. 이 보에 발생하는 최대 굽힘 응력은 얼마인가?(단, 탄성계수 $2.1 \times 10^6 \mathrm{N/cm^2}$이다)

㉮ $420 \mathrm{N/cm^2}$　　㉯ $530 \mathrm{N/cm^2}$
㉰ $630 \mathrm{N/cm^2}$　　㉱ $720 \mathrm{N/cm^2}$

240. 길이 $l$ 인 강제봉 AB를 2개의 연직강선에 의하여 수평하게 E, F에 매달았다. 이 봉의 B에 연직 하중 P를 가했을 때 강선 CE 와 DF에 가해지는 인장력 $S_1$과 $S_2$은 얼마인가?(단, 자중은 무시한다)

㉮ $S_1 = \dfrac{Pa\,l}{a+b}$, $S_2 = \dfrac{Pb\,l}{a+b}$

㉯ $S_1 = \dfrac{Pb\,l}{a+b}$, $S_2 = \dfrac{Pa\,l}{a+b}$

㉰ $S_1 = \dfrac{Pb\,l}{a^2+b^2}$, $S_2 = \dfrac{Pa\,l}{a^2+b^2}$

㉱ $S_1 = \dfrac{Pa\,l}{a^2+b^2}$, $S_2 = \dfrac{Pb\,l}{a^2+b^2}$

241. 다음 그림과 같은 단면의 치수에서 계수가 $Z_x$ 가 가장 적은 것은?

㉮ 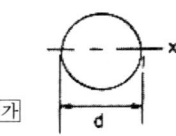　㉯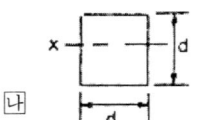
㉰ 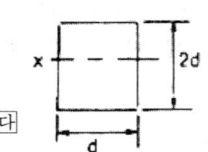　㉱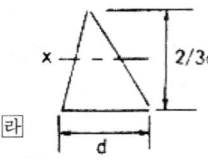

242. 비중량이 $0.0078 \mathrm{N/cm^3}$이고, 지름이 20cm의 둥근축이 스팬 6m로 양단지지 되고 있다. 자중에 의하여 생기는 최대 굽힘모멘트의 옳은 것은?

㉮ 1103N·m　　㉯ 11.03N·m
㉰ 22.06N·m　　㉱ 1.84N·m

243. 길이 115cm, 고정단의 나비 5cm인 3각판 스프링의 자유단에 10N의 집중하중이 작용하여 굽힘 응력이 $1000 \mathrm{N/cm^2}$의 크기로 균일하게 하려면 강판의 두께를 몇 mm로 해야 하는가?

㉮ 0.12　　㉯ 2.1
㉰ 4.3　　㉱ 10.2

244. 다음에서 응력의 단위가 아닌 것을 고르시오.

㉮ $\mathrm{N/cm^2}$　　㉯ $\mathrm{N/mm^2}$
㉰ N　　㉱ psi

245. 보의 처짐을 작게 하려면 같은 단면적의 단면의 모양을 어떻게 취하는 것이 좋은가?

㉮ 정사각형　　㉯ 높이가 긴 직사각형
㉰ 원형　　㉱ 정삼각형

246. 다음과 같이 스팬중앙에 힌지를 가진 보의 최대 굽힘 모멘트는 얼마인가?

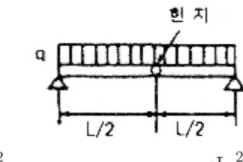

㉮ $\dfrac{qL^2}{8}$　　㉯ $\dfrac{qL^2}{12}$

㉰ $\dfrac{qL^4}{4}$　　㉱ $\dfrac{qL^2}{6}$

247. 그림과 같이 트러스에서 점 C의 수직변위는 얼마인가?(단, 재료의 종탄성계수 E=10,000 $\mathrm{N/cm^2}$)

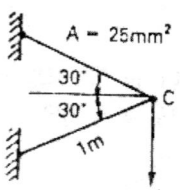

㉮ 0.8mm　　㉯ 1.6mm
㉰ 2.4mm　　㉱ 3.2mm

정답　239.㉰　240.㉱　241.㉱　242.㉮　243.㉰　244.㉰　245.㉯　246.㉮　247.㉮

248. 그림과 같은 힘계에서 무게 W의 추에 의하여 케이블 AC가 15N의 장력을 받고 있다. 케이블의 x, y 합성분은 얼마인가?

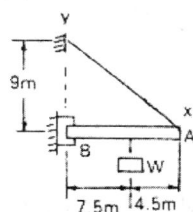

㉮ $T_x = 12N$,　$T_y = 9N$
㉯ $T_x = 9N$,　$T_y = 12N$
㉰ $T_x = -12N$,　$T_y = 9N$
㉱ $T_x = -9N$,　$T_y = 12N$

249. 그림과 같이 균일한 막대의 무게 w일 때 평형위치에서의 θ를 표시한 것 중 옳은 것은? (단, P=3/2w)

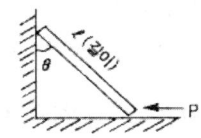

㉮ 약 25°　　㉯ 약 48°
㉰ 약 66°　　㉱ 약 72°

250. 다음과 같은 구조물에서 부재 AB의 내력을 구하시오.

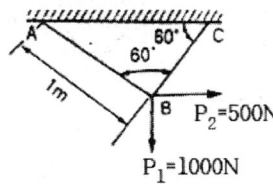

㉮ 857N　　　㉯ -935N
㉰ -133N　　㉱ 1077N

251. 그림과 같이 외팔보에 균일 분포 하중 w=10N/cm와 집중하중 P=100N이 작용할 때 최대 굽힘 모멘트는 다음 중 어느 것인가?

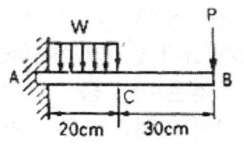

㉮ 70N·m　　㉯ 85N·m
㉰ 90N·m　　㉱ 100N·m

252. 그림과 같은 분포하중을 받는 단순보의 m-n 단면에 생기는 전단력의 크기는 얼마인가? (단, w=30N/m이다)

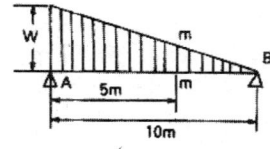

㉮ 25N　　　㉯ 22.5N
㉰ 16.7N　　㉱ 12.5N

253. 그림과 같은 평면 응력 상태에 있는 요소에서 $\sigma=1000N/cm^2$, $\tau=500N/cm^2$ 일 때 최대 전단 응력이 발생하는 면에서의 수직 응력의 크기는 얼마인가?

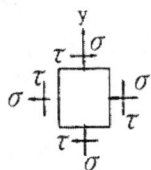

㉮ $1000N/cm^2$　　㉯ $500N/cm^2$
㉰ $250N/cm^2$　　㉱ $0N/cm^2$

254. 그림과 같은 단순보에서 최대처짐에 대한 설명 중 틀린 것은?

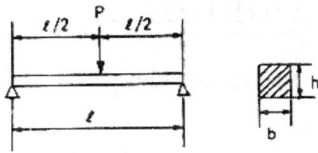

㉮ 하중(P)에 정비례한다.
㉯ 탄성계수(E)에 역비례한다.
㉰ 보의 단면 높이(h)에 자승에 역비례 한다.
㉱ 스팬(ℓ)의 3승에 정비례한다.

정답 248. ㉰　249. ㉱　250. ㉱　251. ㉮　252. ㉱　253. ㉱　254. ㉰

255. 그림과 같이 중앙에 집중하중 P N과 균일 분포 하중 W N/cm가 동시에 작용하는 양단지지보에서 최대 처짐은 다음 중 어느 것인가?(단, W$\ell$ =2P의 관계가 있고, EI는 보의 굽힘 강성계수이다)

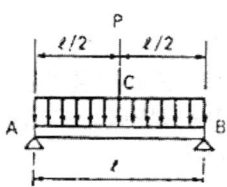

㉮ $\dfrac{3P\ell^3}{48EI}$　　㉯ $\dfrac{3P\ell^3}{64EI}$

㉰ $\dfrac{5P\ell^3}{192EI}$　　㉱ $\dfrac{13P\ell^3}{384EI}$

256. 그림과 같은 단순지지보가 균일 분포하중 W=400N/mm²를 받고 있을 때 최대 굽힘 응력은?

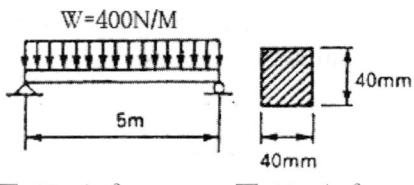

㉮ $25N/mm^2$　　㉯ $40N/mm^2$
㉰ $50N/mm^2$　　㉱ $75N/mm^2$

257. 원형단면의 단순보가 그림과 같은 등분포 하중을 받고 있다. 사용응력이 $800N/cm^2$일때의 안전지름은?

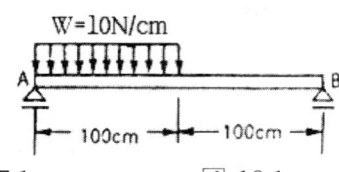

㉮ 7.1cm　　㉯ 10.1cm
㉰ 4.2cm　　㉱ 15.4cm

258. 그림과 같은 단면의 축이 전달 할 수 있는 토크의 비 $T_A/T_B$의 값은 얼마인가?(단, 재질은 서로 같다)

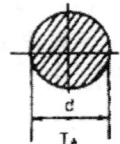 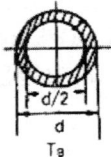

㉮ 15/16　　㉯ 9/16
㉰ 16/15　　㉱ 16/9

259. 미분방정식법으로 그림의 보의 상태의 처짐을 구할 때 적분상수를 결정하기 위한 초기조건으로 적합치 않은 것은?

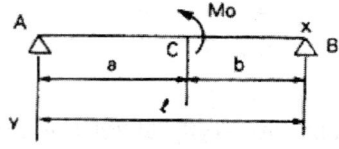

㉮ x=0에서 $\theta$A=0
㉯ x=a에서 $\theta$C(AC구간)= $\theta$C(BC구간)
㉰ x=$\ell$에서 YB=0
㉱ x=a에서 YA(AC구간)=YB(BC구간)

260. 그림과 같이 일단 고정하고, 타단 힌지로 된 길이 $\ell$ =2.5m인 주철제 기둥의 유효 세장비는 얼마가 옳은가?(단, 단일계수 n=2.04, w=3KN이며 하중이다)

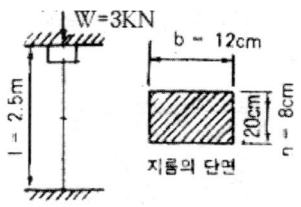

㉮ 50.5　　㉯ 75.8
㉰ 108.3　　㉱ 125.4

261. 지름이 8mm인 강선을 굽혀서 응력이 1000 N/cm²이 되도록 하자면 횡의 곡을 반지름은 얼마로 하여야 하는가?(단, $E=2.1\times10^6 N/cm^2$ 세르탄성계수이다)

㉮ 8.5m　　㉯ 8.4m
㉰ 6.8m　　㉱ 7.8m

정답 255. ㉯ 256. ㉱ 257. ㉮ 258. ㉰ 259. ㉮ 260. ㉰ 261. ㉯

262. 길이 2m인 직사각형 단면의 외팔보에 w의 균일 분포 하중이 작용할 때 최대 굽힘 응력이 450N/cm²이면 이 보의 최대 전단응력은 몇 N/cm²인가?(단, 폭×높이(b×h)=5cm×10cm이다)
㉮ 10.25N/cm²   ㉯ 11.25N/cm²
㉰ 12.25N/cm²   ㉱ 13.25N/cm²

263. 그림과 같은 길이 100cm의 외팔보에서 중앙에 100N의 집중하중이 작용할 때 자유단의 최대처짐 δ는 얼마인가?(단, 탄성계수 E=2.1×10⁶N/cm², 단면의 2차 모멘트 I=50 cm⁴이라 한다)

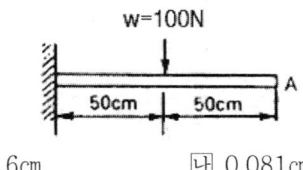

㉮ 0.6cm     ㉯ 0.081cm
㉰ 0.099cm   ㉱ 0.07cm

264. 강선을 자중하에서 연직 방향을 매달고자 한다. 이 강재의 비중량이 7.85×10⁻³N/cm³이고 응력이 σ1=2000N/cm²일 때 이와 같이 매달릴 수 있는 강선의 최대 길이는 얼마인가?
㉮ 25.5m     ㉯ 255.4m
㉰ 2548m     ㉱ 25480m

265. 그림과 같은 단순보의 지점반력(R_A, R_B)은 얼마인가?

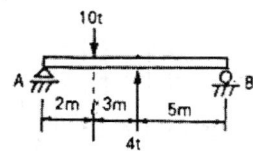

㉮ R_A = 3.2ton,  R_B = 2.8ton
㉯ R_A = 6ton,    R_B = 0
㉰ R_A = 4.4ton,  R_B = 1.6ton
㉱ R_A = 4ton,    R_B = 2ton

266. 카스틸리아노의 정리에 대한 설명 중 맞는 것은?

㉮ 변형에너지를 하중에 관해 편미분하면 변위를 나타낸다.
㉯ 변형에너지가 굽힘 모멘트의 함수로 표현되어야 한다.
㉰ 임의의 하중에 관한 변형에너지의 편도 함수는 굽힘 모멘트이다.
㉱ 임의의 하중에 관한 변형에너지의 편도 함수는 우력이다.

267. 회전수 n=250rpm과 p=30kW를 전달 할 수 있는 공장의 주축의 지름을 구하시오(단, τa=300N/cm²이다)
㉮ 9.83cm    ㉯ 7.83cm
㉰ 5.83cm    ㉱ 3.83cm

268. 그림과 같은 도형에서 밑변에서 도심까지의 거리 C는 얼마인가?

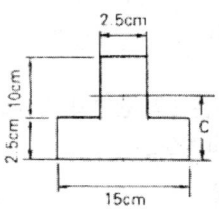

㉮ 49.875cm  ㉯ 5cm
㉰ 6.15cm    ㉱ 3.75cm

269. 그림과 같은 단면의 기둥이 있다. 길이가 1.5m일 때 세장비는 약 얼마인가?

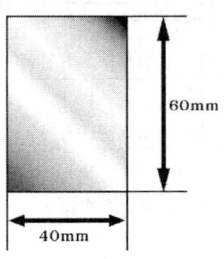

㉮ 140   ㉯ 120
㉰ 130   ㉱ 125

270. 그림과 같은 직사각형 단면의 외팔보에 생기는 최대 전단 응력은?

정답 262.㉯ 263.㉰ 264.㉰ 265.㉯ 266.㉮ 267.㉰ 268.㉱ 269.㉰ 270.㉰

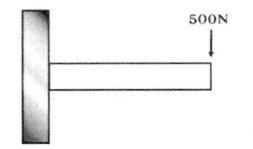

㉮ 약 26.3N/cm² ㉯ 약 28.3N/cm²
㉰ 약 31.3N/cm² ㉱ 약 34.3N/cm²

271. 다음 전단력 선도를 보고 하중 $P_1$, $P_2$, $P_3$의 크기를 구하면?(단, 전단력의 단위는 N이다)

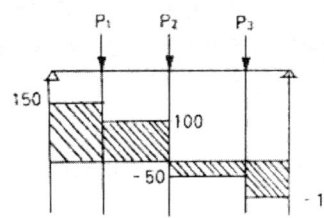

㉮ $P_1$=150N, $P_2$=100N, $P_3$=−50N
㉯ $P_1$=50N, $P_2$=150N, $P_3$=100N
㉰ $P_1$=100N, $P_2$=−50N, $P_3$=−150N
㉱ $P_1$=100N, $P_2$=50N, $P_3$=150N

272. 그림과 같은 L형 단면의 X, Y축에 대한 단면 상승 모멘트($I_{XY}$)는?

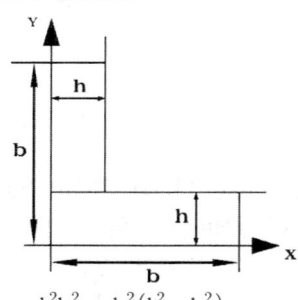

㉮ $I_{XY} = \dfrac{b^2h^2}{4} + \dfrac{h^2(b^2-h^2)}{4}$

㉯ $I_{XY} = \dfrac{b^2h^2}{4} - \dfrac{h^2(b^2-h^2)}{4}$

㉰ $I_{XY} = \dfrac{b^2h^2}{4} + \dfrac{b^2(b^2-h^2)}{4}$

㉱ $I_{XY} = \dfrac{b^2h^2}{4} - \dfrac{b^2(b^2-h^2)}{4}$

273. 연강의 탄성한도 2000N/cm², 탄성계수 2.1×10⁶N/cm² 이라 하면 단위 체적당의 탄성 에너지는 얼마인가?

㉮ 9.5N·cm/cm³ ㉯ 0.95N·cm/cm³
㉰ 1.05N·cm/cm³ ㉱ 10.5N·cm/cm³

274. 그림과 같은 프레임 ABC에 하중 F가 작용하고 있다. 부재 ABC와 AC가 받는 힘은?

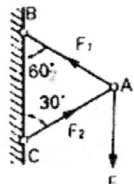

㉮ $F_1 = \dfrac{\sqrt{3}}{2}F$, $F_2 = \dfrac{1}{2}F$

㉯ $F_1 = \dfrac{1}{2}F$, $F_2 = \dfrac{\sqrt{3}}{2}F$

㉰ $F_1 = F$, $F_2 = \dfrac{\sqrt{3}}{2}F$

㉱ $F_1 = \dfrac{F}{\sqrt{2}}$, $F_2 = \dfrac{F}{\sqrt{2}}$

275. 평면의 응력 상태에 $\sigma_x$=1000N/cm², $\sigma_y$=500 N/cm²일 때 x방향과 y방향의 변형을 $\varepsilon_x$, $\varepsilon_y$는 얼마인가?(단, 세로 탄성계수 E=2.1×10⁶N/cm²이고, 포와송의 비 $\mu = \dfrac{1}{m}$=0.2 이다)

㉮ $\varepsilon_x$=548×10⁻⁶, $\varepsilon_y$=381×10⁻⁶
㉯ $\varepsilon_x$=458×10⁻⁶, $\varepsilon_y$=280×10⁻⁶
㉰ $\varepsilon_x$=284×10⁻⁶, $\varepsilon_y$=324×10⁻⁶
㉱ $\varepsilon_x$=524×10⁻⁶, $\varepsilon_y$=333×10⁻⁶

276. 그림과 같은 사다리꼴의 분포하중을 받는 단순보에서 점의 반력은?

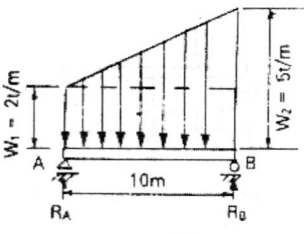

㉮ 10t ㉯ 20t
㉰ 30t ㉱ 40t

정답 271. ㉯ 272. ㉮ 273.  274. ㉯ 275. ㉱ 276. ㉯

277. 그림과 같이 삼각형 하중을 받는 외팔보의 자유단의 처짐은?(단, E는 재료의 세로 탄성계수, I는 단면 2차 모멘트이다)

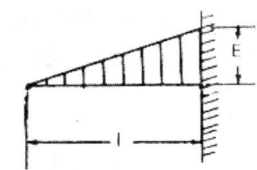

㉮ ωℓ4/30EI  ㉯ ωℓ4/15EI
㉰ ωℓ4/40EI  ㉱ ωℓ4/45EI

278. 그림은 S. F. D 이다. 틀린 설명은 어느 것인가?

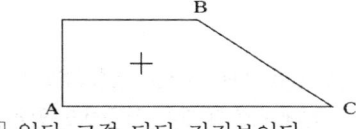

㉮ 일단 고정 다단 지지보이다.
㉯ A점이 고정단이다.
㉰ BC간은 등분포하중이 작용한다.
㉱ AB간은 하중이 없다.

279. 지름 d의 환봉에 인장력을 대하여 생기는 직경의 수축량을 표시하는 식은?(단, E는 종탄성계수, $\frac{1}{m}$ 은 포아송의 비, ε 은 세로변형률)

㉮ $\frac{E \cdot d}{\epsilon}$  ㉯ $\frac{\epsilon \cdot d}{m}$
㉰ $\frac{d \cdot E}{m}$  ㉱ $\frac{m \cdot d}{E}$

280. 다음과 같은 단면 중 단면계수가 가장 큰 것은?

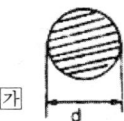 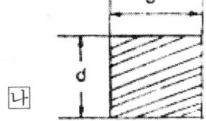

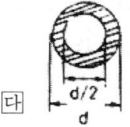 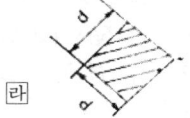

281. 탄성에너지 u에 대한 다음 글 중 옳은 것을 고르시오.

㉮ U가 클수록 강하다.
㉯ U가 작을수록 재료는 충격에 강하다.
㉰ U가 클수록 재료는 피로에 강하다.
㉱ U가 클수록 재료는 전성이 크다.

282. 그림과 같은 원형 단면의 외팔보 2개의 지름 비가 d1 : d2 = 5 : 6이고, 그 밖의 치수와 재료는 서로 같다. 이 두 보가 똑같은 집중하중 P를 받고 있을 때 이를 보 속에 저장되는 굽힘 전(전) 변형에너지의 비 $U_1/U_2$는 얼마가 옳은가?

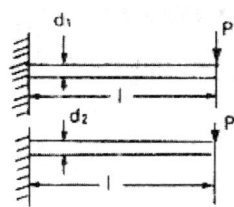

㉮ $U_1/U_2$ = 1.107  ㉯ $U_1/U_2$ = 0.482
㉰ $U_1/U_2$ = 1.735  ㉱ $U_1/U_2$ = 2.074

283. 그림과 같은 평면력계에서 어떤 점 A에 이와 등가한 한 개의 힘으로 대체하고자 한다. 옳게 선택한 것은?

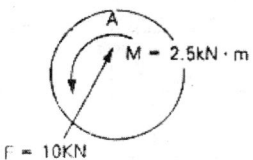

㉮ A로부터 우측 0.25m에 F와 같은 방향으로
㉯ A로부터 좌측 0.25m에 F와 같은 방향으로
㉰ A로부터 우측 0.25m에 F와 반대 방향으로
㉱ A로부터 좌측 0.25m에 F와 반대 방향으로

정답  277. ㉮  278. ㉮  279. ㉯  280. ㉱  281. ㉮  282. ㉯  283. ㉰

284. 그림과 같은 1단 고정보의 자유단에 집중하중 P가 작용하고 있다. 이 보의 단면은 균일하며 휨강성이 EI일 때 자유단의 탄성 처짐량은?

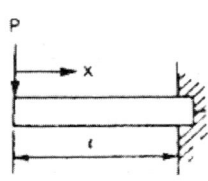

㉮ $\dfrac{P\ell^3}{EI}$ ㉯ $\dfrac{P\ell^3}{3EI}$

㉰ $\dfrac{P\ell^2}{EI}$ ㉱ $\dfrac{P\ell^2}{3EI}$

285. 다음 그림과 같은 보에서 반력 A를 구하시오.

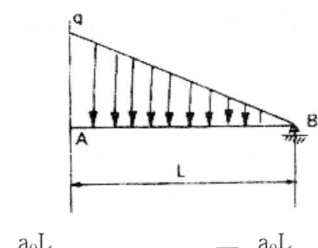

㉮ $\dfrac{a_0 L}{4}$ ㉯ $\dfrac{a_0 L}{6}$

㉰ $\dfrac{a_0 L}{8}$ ㉱ $\dfrac{a_0 L}{10}$

286. 그림과 같은 보에 하중 P가 작용하고 있다. 이 때 이 보에 발생하는 최대 굽힘 응력을 구하시오.

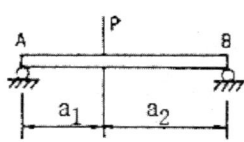 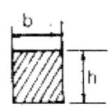

㉮ $\sigma_{max} = \dfrac{6a_1 a_2}{bh^2(a_1+a_2)} P$

㉯ $\sigma_{max} = \dfrac{6a_1 a_2}{bh^3(a_1+a_2)} P$

㉰ $\sigma_{max} = \dfrac{6a_1 a_2}{b^2 h(a_1+a_2)} P$

㉱ $\sigma_{max} = \dfrac{6a_1 a_2}{b^3 h(a_1+a_2)} P$

287. 그림과 같이 단순보에 직선적으로 변화하는 분포하중이 늘었을 때 최대 굽힘 모멘트의 위치가 옳은 것은?

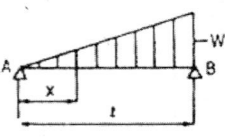

㉮ $\dfrac{\ell}{\sqrt{3}}$ ㉯ $\dfrac{\ell}{\sqrt{2}}$

㉰ $\dfrac{\ell}{2}$ ㉱ $\dfrac{\ell}{4}$

288. 그림과 같이 내다지보에 집중하중이 A점에 5KN과 C점에 6KN에 6이 작용하고 있을 때 B점의 반력은?

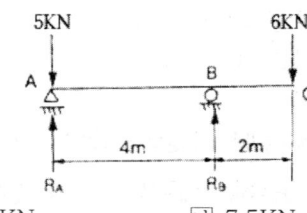

㉮ 9KN ㉯ 7.5KN
㉰ 6KN ㉱ 5KN

289. 오른쪽 그림과 같은 도형에서의 도심의 위치 yc는 얼마인가?

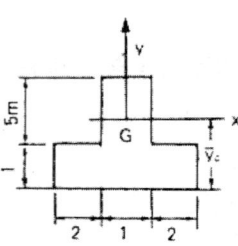

㉮ 1.25cm ㉯ 1.5cm
㉰ 2cm ㉱ 25cm

290. 그림과 같이 두 경사각선 AC와 BC가 수직 하중 W=1KN을 받고 있다. 각 선의 지름은 2 cm이며, θ=30°일 때 각 강선에 작용하는 응력은 얼마인가?

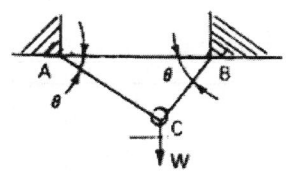

㉮ 183N/cm²  ㉯ 320N/cm²
㉰ 410N/cm²  ㉱ 530N/cm²

291. 그림과 같이 구형단면을 갖는 외팔보에 발생하는 최대 굽힘 응력 σb는 다음과 같다. 옳은 것은?

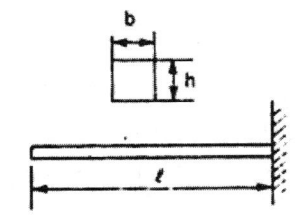

㉮ $\sigma_b = \dfrac{bh^2}{6P\ell}$  ㉯ $\sigma_b = \dfrac{6P\ell}{b^2h}$

㉰ $\sigma_b = \dfrac{6P\ell}{bh^2}$  ㉱ $\sigma_b = \dfrac{b^2h}{6P\ell}$

292. 외경 4cm, 내경 2cm의 중공 원형축에 100 N/cm²의 최대 전단 응력이 생기도록 하려면 비틀림 모멘트의 크기는?

㉮ 500N/cm²  ㉯ 2120N/cm²
㉰ 1350N/cm²  ㉱ 1180N/cm²

293. 4000N의 인장하중을 받는 지름 40mm의 알루미늄 봉의 단위 체적당의 탄성에너지는?(단, 알루미늄의 탄성계수는 0.72×10⁶N/cm²이다)

㉮ 1.702N-cm/cm³  ㉯ 0.8515N-cm/cm³
㉰ 0.1702N-cm/cm³  ㉱ 0.073N-cm/cm³

294. 그림과 같은 균일 분포하중을 받는 외팔보에서 자유단의 처짐이 δ=3cm이고, 경사각이 θA=0.02rad일 때 이 보의 길이는 얼마인가? (단, 탄성계수 E=2.1×10⁶N/cm²이다)

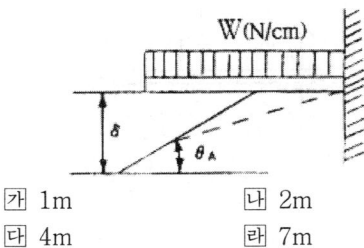

㉮ 1m  ㉯ 2m
㉰ 4m  ㉱ 7m

295. 그림과 같이 10×10cm의 단면적을 갖고 양단이 회전단으로 된 부재가 중심축 방향에 압축력 P가 작용하고 있을 때 창주의 길이가 2m이라면 세장비의 값은 얼마인가?

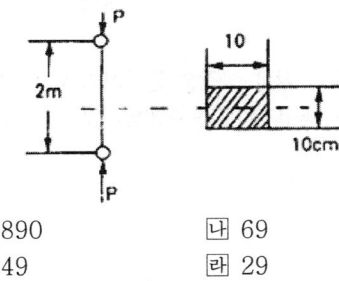

㉮ 890  ㉯ 69
㉰ 49   ㉱ 29

296. 굽힘 모멘트와 전단력과의 관계에 대한 다음 기술 중 옳은 것은?
㉮ 전단력이 영이되는 단면에서 최대굽힘 모멘트가 작용한다.
㉯ 전단력이 최대의 곳에서 굽힘 모멘트도 최대가 된다.
㉰ 굽힘 모멘트를 1차 적분하면 전단력이 된다.
㉱ 굽힘 모멘트 선도의 +, − 면적은 서로 같다.

정답 290. ㉯ 291. ㉰ 292. ㉱ 293. ㉱ 294. ㉱ 295. ㉯ 296. ㉮

297. 길이가 ℓ (m)인 양단 고정보가 그 중량은 집중하중 P(N)를 받고 있을 때 C점에서의 굽힘 모멘트 Mc(N·m)는 다음 중 어느 것인가?

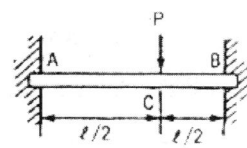

㉮ $\dfrac{Pℓ}{10}$  ㉯ $\dfrac{Pℓ}{8}$

㉰ $\dfrac{Pℓ}{6}$  ㉱ $\dfrac{Pℓ}{4}$

298. 지름 8cm의 원형 단면의 중량축에 대한 관성 모멘트는 얼마인가?

㉮ $48 cm^4$  ㉯ $96 cm^4$

㉰ $192 cm^4$  ㉱ $384 cm^4$

299. 그림과 같은 삼각형 단면적의 X-X축에 대한 관성모멘트(단면 2차 모멘트)는?

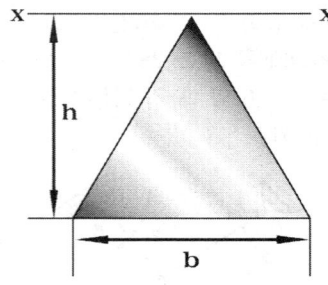

㉮ $\dfrac{1}{4}bh^3$  ㉯ $\dfrac{1}{8}bh^3$

㉰ $\dfrac{1}{12}bh^3$  ㉱ $\dfrac{1}{24}bh^3$

300. 지름 d인 원형 단면의 단면 계수 $\pi$ 와 중심축에 관한 관성 모멘트 I는 다음 중 어느 것인가?

㉮ $z = \dfrac{\pi d^4}{64}, \quad I = \dfrac{\pi d^3}{32}$

㉯ $z = \dfrac{\pi d^3}{6}, \quad I = \dfrac{\pi d^4}{12}$

㉰ $z = \dfrac{\pi d^3}{32}, \quad I = \dfrac{\pi d^4}{64}$

㉱ $z = \dfrac{\pi d^4}{32}, \quad I = \dfrac{\pi d^3}{64}$

정답  297. ㉯  298. ㉰  299. ㉮  300. ㉰

농업기계 기사

제 2 편

Chapter 2

# 기계 열역학

| 제1장 | 공업 열역학 |
| 제2장 | 일과 열 |
| 제3장 | 완전가스(이상기체) |
| 제4장 | 열역학 제2법칙 |
| 제5장 | 기체의 압축 |
| 제6장 | 증기 |
| 제7장 | 증기원동소 사이클 |
| 제8장 | 내연기관사이클 |
| 제9장 | 냉동사이클 |
| 제10장 | 가스 및 증기의 유동 |
| 제11장 | 연소와 전열 |

| 부록 | 출제예상문제 |

# 제2편

## 농업기계 기사

# 제1장 공업 열역학

열역학이란 물체에 열을 가하거나 또는 열을 방출시킬 때 일어나는 상호관계를 연구하는 학문

## 1. 계와 동작물질

### 1) 과정(Process)
계내의 동작유체가 항산태에서 다른상태로 옮겨지는 것을 상태변호라 하며 몇 개의 변화가 연속적인 것을 과정이라함

- 과정
  - 가역과정 : 과정을 여러번 진행해도 결과가 동일하며 자연계에 아무런 변화도 남기지 않는 것
  - 비 가역과정 : 자연계에 변화를 남기는 것

### 2) 계(System=cycle)
일정한 양 또는 공간의 한정된 영역

- 사이클
  - 가역사이클 : 사이클을 여러번 진행해도 결과가 동일하며 자연계에 아무런 변화도 남기지 않는 것
  - 비가역사이클 : 자연계에 변화를 남기는 것

① 밀폐계(closed system) : 계의 경계를 통하여 동작 물질이 통과하지 않는계(폐쇄계)
   예) 내연기관
② 개방계(open system) : 계의 경계를 통하여 열과 일이 이동할수 있으며 동시에 동작 물질이 경계를 통하여 영역으로 유입 또는 유출되는 경우의계(유동계)
   예) 펌프, 수차(=터어빈), 압축기, 풍차, 프로펠러, 화력발전
③ 고립계(isolated system = 절연계) : 대기와 열교환을 하지 않는 계
   예) 로켓트

3) 동작물질(Working substance) = 작업유체
계의 목적달성 및 작동을 위해 반드시 필요로 하는 물질
(특징) 상(prase)의 변화를 일으켜야 한다.
예) 냉동기의 냉매(프레온), 자동차의 연료 ......

## 2. 상태와 성질

상이란 완전히 성질이 같은 어떤양의 물질을 말하며 하나의 상에서 여러 가지 다른상태로 존재할 수 있다.

### 1) 상태량(=성질)

① 종량성 상태량 : 물체의 양에 따라 크기가 결정되는 상태
　(질량, 체적, 내부에너지, 엔탈피, 엔트로피)
② 강도성상태량 : 물체의 양에 무관한 상태량(압력, 온도, 비체적, 밀도)

**참고**

> 상태함수(점함수) : 어떤 양의 변화가 경로와는 관계없이 계의 상태에만 관계하는 양
> (예:압력, 온도, 밀도, 질량, 체적, 내부에너지, 엔탈피, 엔트로피 등)

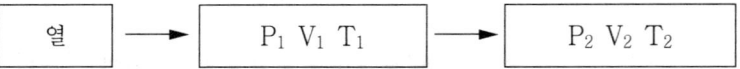

경로함수(도정함수) : 경로와 관계하며 상태가 변화할 때 그 변화량 변화 경로에 따라 변화하는
　　함수(예 : 일과열)

・비 내부에너지　　　　　　$(u) = \dfrac{U}{m}(SI) = \dfrac{U}{G}(관용단위)$

・비 엔탈피　　　　　　　　$(h) = \dfrac{H}{m}(SI) = \dfrac{H}{G}(관용단위)$

・비 엔트로피　　　　　　　$(s) = \dfrac{S}{m}(SI) = \dfrac{S}{G}(관용단위)$

・비체적　　　　　　　　　$(v) = \dfrac{V}{m}(SI) = \dfrac{V}{G}(관용단위)$

# 3. 단위(Unit)

물리량을 표시하는 매개체

## 1) 단위계

국제적으로 사용되는 공통단위계인 SI단위계는 중량(kg), 길이(m), 시간(sec)의 3종류를 기본으로 하는 단위계인 반면에 공학에서 사용되는 공학단위계는 중량(kgf), 길이(m), 시간(sec)를 기본으로 하는 단위계이다.

### 공학단위계와 SI단위계의 비교

| 양 | 공학단위계 | SI단위계 |
|---|---|---|
| 길이 | m, cm | m, cm |
| 시간 | sec | sec |
| 질량 | kgf·s²/m | kg |
| 중량(힘) | kgf | N |
| 체적, 비체적 | m³, m³/kgf | m³, m³/kg |
| 온도 | ℃, °k | ℃, °k |
| 입력, 응력 | kgf/cm² | N/m², Pa |
| 열량, 일량 | kcal, kgf·m | J |
| 동력 | HP, PS | W |
| 엔탈피, 비엔탈피, 내부에너지, 비내부에너지 | kcal, kcal/kgf | J, J/kg |
| 엔트로피, 비엔트로피 | kcal/°k, kcal/kgf°k | J/K, J/kg K |
| 비열 | kcal/kgf℃ | J/kg℃ |
| 기체상수 | kcal·m/kgf°k | J/kgK |

## 2) 속도

단위 시간당 이동한 거리(=변위)

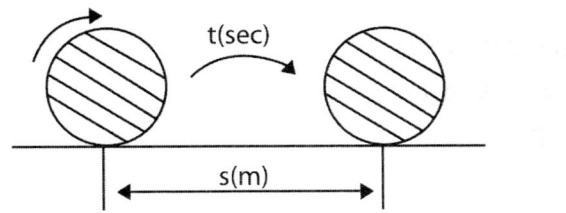

미분형 : $dv = \dfrac{ds}{dt}$

$v = \dfrac{s}{t} (m/s)$

## 3) 가속도(a)

단위 시간당 속도 변화

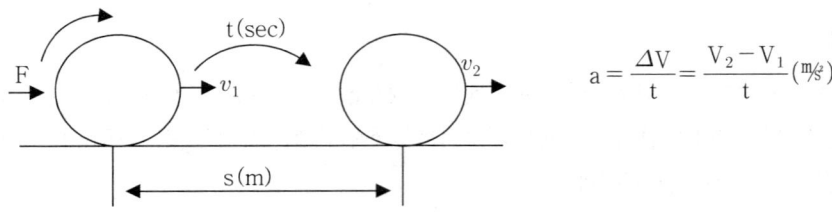

$$a = \frac{\Delta V}{t} = \frac{V_2 - V_1}{t} \, (m/s)$$

## 4) Newton의 운동 제2법칙

$$F \propto ma \qquad \vec{F} = m\vec{a}$$

<질량의 표현 방법>
① 절대단위의 질량 : m = kg
② 중력단위의 질량 : F = ma

$$m = \frac{F}{a} = \frac{kg_f}{m/s^2} = \frac{kg_f \cdot s^2}{m}$$

## 5) 힘의 단위

W=mg에서

· 1kgf = 1kg×9.8m/sec² = 9.8kg·m/sec²   ∴ 1kgf = 9.8N→1N = 1/9.8kgf
· 1N = 1kg·m/sec² = 1000g×100cm/sec² = 105g·m/sec² = 105dyne
· 1dyne = 1g·cm/sec²

▲ SI단위 : 힘의 단위를 N, dyne 으로 환산한 값
   예) 5kgf = 5×9.8N = 5×9.8×105 dyne
          <SI>            <SI>

암기해야할 SI단위 
$$\begin{cases} 1Pa = 1N/m^2 \\ 1KPa = 10^3 Pa = 10^3 N/m^2 \\ 1MPa = 10^6 Pa = 10^6 N/m^2 \\ 1GPa = 10^9 Pa = 10^9 N/m^2 \\ 1J = 1Nm \\ 1KJ = 10^3 J \\ 1MJ = 10^6 J \\ 1GJ = 10^9 J \\ 1bar = 10^5 \end{cases}$$

## 4. 물질의 성질

### 1) 비중량($\gamma$)

단위 체적당 무게 (중량 = 힘)로 정의하며 비체적의 공학단위와 역수이다.

$$\Upsilon = \frac{G}{V} = \frac{mg}{V} = \rho g \qquad \therefore \gamma = \rho \cdot g$$

예) $\gamma H_2 O = 9800 \, N/m^3$, $\qquad \gamma Hg = 13600 kgf/m^3$

### 2) 밀도($\rho$)(=비질량)

단위 체적당 질량으로 정의하며 SI단위의 질량m(k),공학단위 질량을

$M = \frac{G}{g}(\frac{kg_f \cdot s^2}{m^3})$, 체적 $V(m^3)$으로 한다.

$\rho = \frac{m}{V}$ (kg/m³)

ex) $\gamma H_2 O = 1000 kg/m^3$, $\quad \gamma Hg = 13600 kg / m^3$

▲ 밀도의 단위 : ① 절대단위의 밀도 : $\rho$ = kgmass/m³

② 중력단위의 밀도 : $\rho = \frac{kg_f \cdot s^2 / m}{m^3} = kg_f \cdot s^2/m^4$

## 3) 비체적($\nu$)

SI단위에서는 단위질량당 체적으로 정의되고 공학단위에서는 단위 중량당 체적으로 정의됨

① 절대단위의 밀도 : $\nu = \dfrac{V}{m} = \dfrac{1}{\rho}(m^3/kg)$

② 중력단위의 밀도 : $\nu = \dfrac{V}{G} = \dfrac{1}{\Upsilon}(m^3/kgf)$

## 4) 비중(S)

무차원수이며 물의 비중은 1이다

$$S = \dfrac{어떤물질의비중량(밀도)\Upsilon}{물의비중량(밀도)\Upsilon_{H_2O}} = \dfrac{\rho g}{\rho_{H_2O} \cdot g} = \dfrac{\rho}{\rho_{H_2O}}$$

$\gamma = \gamma_{H_2O} \times S = 1000S(kg_f/m^3) = 9800S(N/m^3)$

$\rho = \rho_{H_2O} \times S = 1000S(kg/m^3) = 102S(kg_f \cdot S^2/m^4)$

## 5) 압력(P)

단위 면적당 수직으로 작용하는 힘을 말하며 압력의 단위는 SI에서는 $1m^2$에 1N의 힘이 작용했을때의 압력의 단위로 하는 pa(pascal)이 사용되며 공학계의 압력은 $1cm^2$에 1kgf의 힘이 작용했을 때의 압력단위의 1at(공학기압)가 주로 사용된다.

$P = \dfrac{F}{A}(kg_f/m^2)$

▲ 단위 : $kgf/m^2$, $kgf/cm^2$, $kgf/mm^2$, bar, mmHg, Pa, $N/m^2$, mAq .....

① 대기압(P0) : 기압계로 측정한 압력
  ⅰ) 표준 대기압
      1atm = 760mmHg = 1.0332kgf/cm² = 10.332mAq = 1.01325bar
           = 1013.25mbar = 101325Pa
  ⅱ) 국소 대기압 ≒ 760mmHg : 표준 대기압을 제외한 모든값
② 게이지 압력(Pg)
    - 압력계로 측정한 압력
    - 대기압을 기준으로 그 이상의 압력
③ 진공압(Pg=부압=진공게이지압)

- 대기압을 기준으로하여 그 이하의 압력, 진공계로 측정한 압력
④ 진공도 : 진공압의 크기를 백분율(%)로 표시한 것
⑤ 절대압력(Pabs) : 완전 진공을 기준으로 하여 측정한 압력

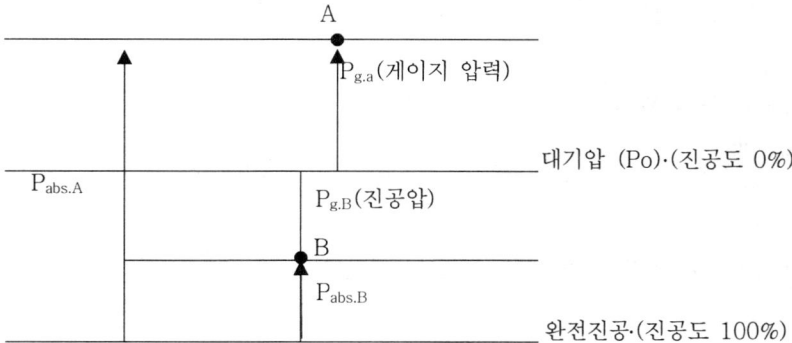

· $P_{abs \cdot A}$ = 대기압($p_0$) + 게이지압($p_{g,A}$)
· $P_{abs \cdot B}$ = 대기압($p_0$) − 게이지압($p_{g,B}$)

예제) 대기압이 750mmHg이고, 진공도가 30%일 때 절대압력은 몇 kgf/cm²인가?

sol)

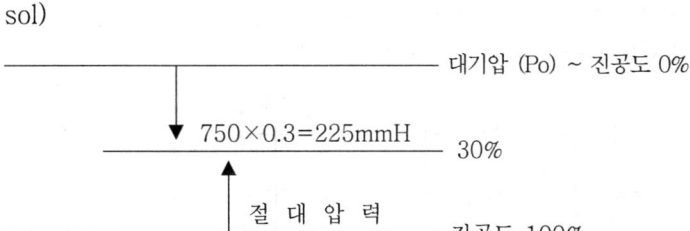

$P_{abs} = 750 - 225 = 525 \text{mmHg} = \dfrac{525}{760} \times 1.0332 \text{kg}_f/\text{cm}^2 = 0.7137 \text{kg}_f/\text{cm}^2$

### 참고

| 1atm = 1.0332kgf/cm² | 1ata = 1kgf/cm² |

## 6) 온도(Temperature)

① 섭씨(centigrade) 온도(℃)

  빙점 : 0℃  ⎫
           ⎬ 100등분
  비등점(=증발점) : 100℃ ⎭

② 화씨(fahrenheit) 온도(°F)
  빙점 : 32°F
  비등점 : 212°F  } 180등분

· 섭씨온도와 화씨온도의 관계

$$\frac{t_C - 0}{100} = \frac{t_F - 32}{180}$$ 에서   $\therefore t_C = \frac{5}{9}(t_F - 32)$   $\therefore t_F = \frac{9}{5}t_C + 32$

예제) 섭씨 온도와 화씨온도가 같게되는 온도는 몇도인가?

sol) t°C = t°F = t 라 놓고   $t_F = \frac{9}{5}t_C + 32 \rightarrow t - \frac{9}{5}t = 32$   $-\frac{4}{5}t = 32 \rightarrow \therefore t = -40°$

③ 절대온도(Absolute)

-273°C가 되면 물체의 분자 운동에너지가 정지하고 압력이 0이 된다. 이때의 온도는 열역학적으로 최저온도이고, 이 온도를 0k로 하여 측정한 온도를 절대온도라 한다.

㉮ 섭씨 절대온도(Kelvin 온도) :   $T = t_C + 273 \, [°k]$
㉯ 화씨 절대온도(Renkine 온도) :   $T = t_F + 460 \, [°R]$

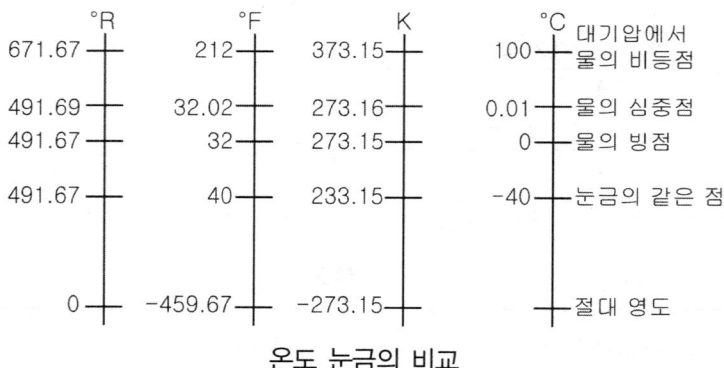

온도 눈금의 비교

## 5. 동력(Power)

공률이라고도 하며 단위시간에 한 일, 즉 일의 능률을 말함

$$Power = \frac{Work}{t} = \frac{F \cdot s}{t} (kgf \cdot m/s) = F \cdot V$$

1ps = 75kgf·m/s = 75×9.8Nm/s = 735.5w = 0.735kw = 632.3kcal/h
1kw = 860kcal/h = 1.36ps = 102kgf·m/s

**참고**

$$T = 716.2 \times \frac{H}{N}(kg \cdot m) = 71620 \times \frac{H}{N}(kg \cdot cm) = 716200 \times \frac{H}{N}(kg \cdot mm)$$

$$T = 974 \times \frac{H'}{N}(kg \cdot m) = 97400 \times \frac{H'}{N}(kg \cdot cm) = 974000 \times \frac{H'}{N}(kg \cdot mm)$$

단 $\begin{cases} T : \text{비틀림모멘트}(=\text{토오크}) \quad N : \text{회전수(rpm)} \\ H : \text{동력(PS)} \quad\quad\quad\quad\quad\quad H' : \text{동력(W)} \end{cases}$

## 6. 열량(Q)과 비열(C)

열이란 온도차 또는 온도구배에 의하여 경계를 통하여 전달되는 에너지의 한 형태로 열량의 단위에서는 SI단위에서는 J(줄)을 사용하고 공학단위에서는 kcal를 사용한다.

### 1) 열량(Q)

① 1Kcal : 순수한 물 1kg의 물의 온도를 14.5℃에서 15.5℃까지 상승시키는데 요하는 열량
② 1 B·t·u : 순수한 물 1 lb의 물의 온도를 1℉ 상승시키는데 요하는 열량 또는, 순수한 물 1 lb의 물의 온도를 32℉에서 212℉까지 상승시키는데 요하는 열량의 1/180의 값
③ 1 C·h·u : 순수한 물 1lb의 물의 온도를 1℃ 상승시키는데 요하는 열량 또는, 순수한 물 1 lb의 물의 온도를 1℃에서 100℃까지 상승시키는데 요하는 열량의 1/100의 값

  <열량환산>
  i) Kcal와 Btu의 관계
      1 Kcal → 1 kg          1℃
      1 Btu → 1 lb           1℉ $= 0.4536 \times \frac{5}{9}$℃ $= 0.252$ Kcal
      ∴ 1Btu = 0.252 Kcal

  ii) Kcal와 C·h·u의 관계
      1 Kcal → 1 kg          1℃
      1 C·h·u → 1 lb        1℃ $=0.4536 \times 1$℃ $= 0.4536$ Kcal
      ∴ 1 C·h·u = 0.4536 Kcal

## 2) 비열(C)

어떤 물질 1kg을 1℃ 높이는데 요하는 열량

단위 1 Kcal/kg℃, 1Btu/lb°F, 1 c·h·u/lb℃

가장많이 사용

<열량과 비열의 관계>

열 Q   ∴ $Q = GC\Delta t = GC(t_2-t_1)$ (KJ) → 미분형으로 $\delta Q = GCdt$

다시 적분 $\int_1^2 \delta Q = \int_1^2 GCdt$

$\downarrow$

$\boxed{\begin{array}{c} G\ (N) \\ C\ (kJ/N\cdot ℃) \\ t_1 \to t_2 \end{array}}$

∴ $_1Q_2 = Q_{12} = GC(t_2-t_1)$

$C_m$ : 평균비열 (mean specific heat)

미분형 : $\delta Q = GCdt$ 에서

$\int_1^2 \delta Q = \int_1^2 GCdt$       $_1Q_2 = Q_{12} = G\int_1^2 Cdt = GC_m(t_2-t_1)$

$C_m = \dfrac{1}{t_2-t_1}\int_{t_1}^{t_2} Cdt$

평균열량 $Q_m = GC_m\Delta t = GC_m(t_2-t_1)$

i ) $\delta Q = GCdt$ (Kcal)    $\delta q = \dfrac{\delta Q}{G} = \dfrac{GC\Delta t}{G} = Cdt$ (Kcal/kg)

ii) $Q = GCdt$ (Kcal)    $q = \dfrac{Q}{G} = \dfrac{GC\Delta t}{G} = C\Delta t$ (Kcal/kg)

## 7. 열역학 제0법칙(열 평형의 법칙)

두 물체의 중량을 각각 $G_1$, $G_2$ 비열을 $C_1$, $C_2$라 하고 온도 $t_1$, $t_2$ 인 물체를 혼합했을 때 화학적 변화와 열손실이 없을 때 $t_1 > t_2$라면 혼합후의 평형온도를 tm라고 하면 방출열량과 흡입열량은 같으므로 평형온도 tm은 다음과 같다.

$$t_m = \frac{G_1C_1t_1 + G_2C_2t_2}{G_1C_1 + G_2C_2}$$

$Q = GC\Delta t$ : 일반식

"온도계의 원리" 제공

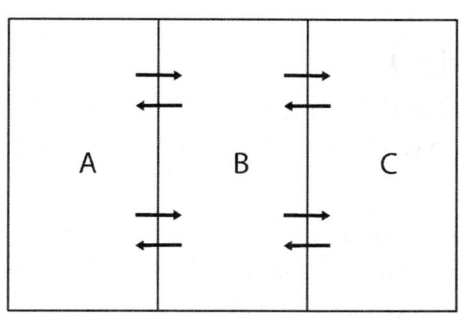

## 8. 열역학 제1법칙(에너지 보존의 법칙)

<Joule의 실험>

열역학 제1법칙은 열에너지와 일 사이의 관계를 나타낸 것으로 일종의 에너지 보존이며 다음과 같이 표현할 수 있다.

(1) 열과 일은 모두 에너지의 한 형태로서 열을 일로 또는 일은 열로 전환이 가능하며 열과 일 사이에는 일정한 비례관계가 성립한다.
(2) 에너지보존의 기본이 되는 법칙으로 열을 일로 또는 일은 열로 변환할 때 에너지 총량은 변하지 않고 일정하다.
(3) 에너지를 소비하지 않고 계속하여 일을 발생시키는 기계인 제1종 영구기관(第1種永久機關)을 만드는 것은 불가능하다.

이상과 같은 관계를 이용하여 열량을 Q(kcal), 일량을 W(kgf·m)라고 하면 열역학 제1법칙 식은 다음식으로 표시된다.

$Q = AW$ 또는 $W = JQ$ ················(2-1)

여기서 A : 일의 열당량(熱當量) [kcal/kgf·m]
J : 열의 일당량(일當量) [kgf·m/kcal]

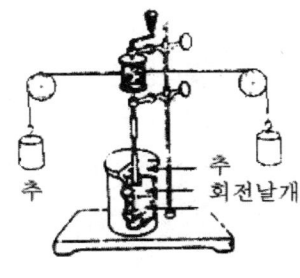

$$J = \frac{W}{Q} = \frac{9.8mh}{cMt}$$

주울의 실험

## 9. 열효율($\eta$)

열효율($\eta$)은 열기관에 공급된 열량 중 유용하게 사용되어진 일량(정미일량)의 비를 말한다. 열효율로써 열기관의 경제성 여부를 판단할 수 있다.

$$\eta = \frac{정미(正味)일량}{공급열량} = \frac{동력(kW 또는 PS)}{연료발열량(저위발열량 \times 연료소비량)}$$

$$\eta = \frac{632.3 \times PS}{H_L \times B} \quad (\because H_L : 저위발열량\ (Kcal/kgf),\ B : 연료소비량(kgf/h))$$

$$\eta = \frac{3600 \times KW}{H_L \times B} \quad (\because H_L : 저위발열량\ (KJ/kg),\ B : 연료소비량(kg/h))$$

여기서 H$\ell$은 저위발열량(kcal/kgf)으로서 발열량이란 연료 1kgf를 연소시킬 때 발생하는 열량이다. 내연기관에 사용되는 연료는 대부분 탄화수소로 되어 있다. 이 탄화수소중 수소가 연소하면 물이 생기는 데, 이 물이 액체상태로 존재할 때 측정된 열량을 고위발열량(高位發熱量 : Higher heating value, Hh)이라 하고 이 물이 기체상태로 측정된 열량을 저위발열량(低位發熱量 : Lower heating value, H$_L$)이라 한다.

# 제2장  일과 열

(열역학 제 1법칙) : 에너지 보존의 법칙을 열역학적 계의 사이클과 상태변화에 적용시 일과 열의 관계를 알수 있음.

**참고**

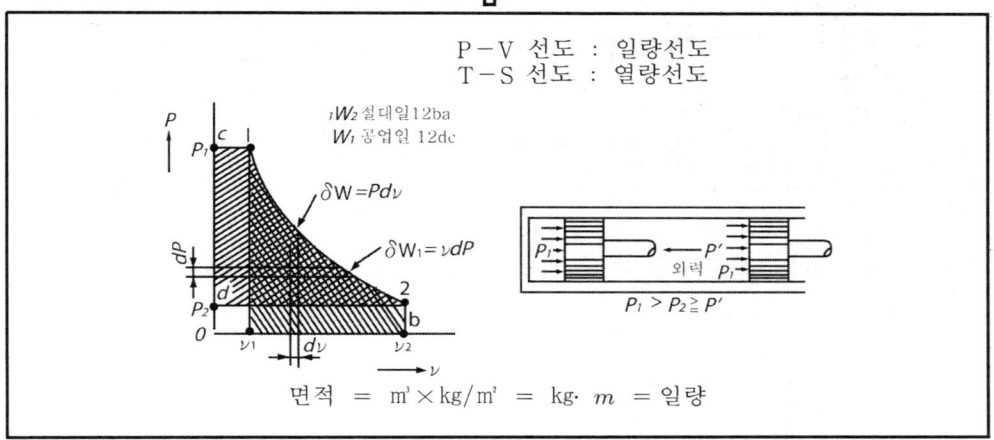

## 1. 밀폐계에서의 일량

일정량의 기체에 대하여 압력 P와 비체적 V를 직교좌표의 양축에 취하여 그 상태변화를 표시한 선도를 pv선도라 하며 그리고 역학적으로나 열적으로 평형상태를 유지하면서 이루어지는 변화를 가역변화라 한다.

여기서, P : 피스톤에 작용하는 순간압력($kg/m^2$)
A : 피스톤의 면적($m^2$)
$\delta W$ : 미소일량(밀폐계의 미소일)

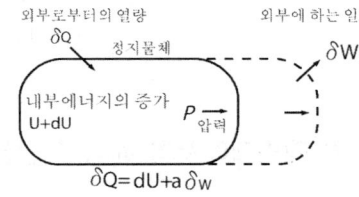

$$\delta W = p \cdot A \cdot dx = p \cdot dV \quad \therefore \int_1^2 dW = \int_1^2 p \cdot dV \quad \therefore {}_1W_2 = \int_1^2 p \cdot dV$$

= 밀폐계의 일(=절대일)(면적1, 2, $v_2$, $v_1$)

$${}_1w_2 = \int_1^2 p \cdot dv \qquad w_t = -\int_1^2 v dp$$

= 개방계의 일(=공업일)(면적1, 2, $p_2$, $p_1$)

## 2. 열역학적 에너지 방정식

### 1) 밀폐계에서의 에너지 방정식

예) 내연기관

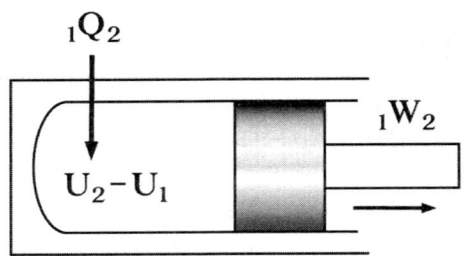

▲ 내부에너지(U : KJ)
물체가 지니고 있는 총에너지로부터 역학적인 에너지, 전기적인 에너지를 제외한 나머지의 에너지를 말한다. 즉, 분자간의 운동의 활발성을 측정하는 값이다.

결국, "에너지 보존의 법칙"에 의해

$_1Q_2 = U_2 - U_1 + {_1W_2} = \Delta U + A{_1W_2}$

$Q = \Delta U + A\delta W$

$\delta Q = \Delta U + ApdV$

∴ $\delta Q = dU + ApdV$ 열역학 제1법칙의 미분형 제1식(에너지식)으로 열역학상 중요한 기초식

$_1Q_2 = u_2 - u_1 + A_1w_2 (KJ)$

여기서 $_1Q_2$ : 외부로부터 주어진 열,     $_1W_2$ : 물체가 외부에 대하여 한일
$u_1$ : 최초 내부에너지,     $u_2$ : 최종의 내부에너지

### 2) 개방계에서의 에너지 방정식 : "정상류"일 때

예) 펌프, 수차(터어빈), 압축기, 프로펠라, 화력발전, ....

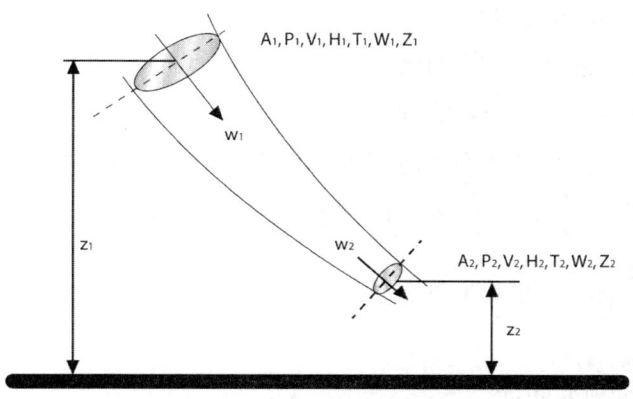

에너지 방정식(개방계, 유동과정)

임의의 유도계를 단위 시간당 통과하는 에너지(Kcal/sec)

ⅰ) 비내부에너지 : $u(KJ/kg)$ $\dot{G} \cdot u \ (kg/sec \times KJ/kg) = KJ/sec$

ⅱ) 운동에너지 : $E_K = \dfrac{1}{2}mW^2(kg \cdot m) = \dfrac{1}{2} \cdot \dfrac{\dot{G}}{g} = 2g\dot{G}W^2(KJ/sec)$

ⅲ) 유동에너지 : $pv$ 에너지

$\dot{G}pv(kg/m^2 \times m^3/kg \times kg/s) = kg \cdot m/sec$

$A\dot{G}pv \ (Kcal/sec)$

ⅳ) 위치에너지 : $E_p = \dot{G}Z(kg/sec \times m) = \dot{G}Z \ (KJ/sec)$

결국, "에너지 보존의 법칙"에 의해(유입 에너지(1단면) = 유출에너지(2단면))

$$_1Q_2 + \dot{G}u_1 + \dfrac{mW_1^2}{2g} + mp_1v_1 + \dot{G}Z_1 = W_t + \mu_2 + \dfrac{mW_2^2}{2g} + mp_2v_2 + mZ_2$$

$$\therefore {_1Q_2} = W_t + m(u_2 - u_1) + \dfrac{m}{2g}(W_2^2 - W_1^2) + m(p_2v_2 - p_1v_1) + m(Z_2 - Z_1)$$

$$= W_t + m[(u_2 + Ap_2v_2) - (u_1 + Ap_1v_1)] + \dfrac{m}{2g}(W_2^2 - W_1^2) + m(Z_2 - Z_1)$$

## 3) ▲엔탈피(H)

열량을 공급받는 동작유체에 있어서 유동에너지와 내부 에너지의 합

$\therefore H = U + ApV \ (KJ)$  ▲ 비 엔탈피 $h = \dfrac{H}{G}$

$\therefore h = u + Apv \ (KJ/kg)$  ①, ②단면에 적용

$\quad h_1 = u_1 + Ap_1v_1 \qquad\qquad h_2 = u_2 + Ap_2v_2$

$\therefore {_1Q_2} = AW_t + \dfrac{AG}{2g}(W_2^2 - W_1^2) + G(h_2 - h_1) + AG(Z_2 - Z_1) \ (KJ/hr)$

정상유동의 에너지 방정식

또한, $h = u + Apv$에서, 미분하면

$dh = du + Ad(pv) = du + A(vdp + pdv) = du + Avdp + Apdv = \delta q + Avdp$

$\therefore \delta q = dh - Avdp$ ~ 열역학 제1법칙의 미분형 제2식

다시 적분하면, $\int_1^2 \delta q = \int_1^2 dh - \int_1^2 Avdp \qquad {}_1Q_2 = h_2 - h_1 - A\int_1^2 vdp$

$\therefore w_t = -\int_1^2 vdp$ : 개방계의 일(공업일)

<밀폐계와 개방계의 비교>

1) 밀폐계의 일(절대일) : ${}_1w_2 = \int_1^2 pdv$

　　절대일 = 밀폐계의 일 = 팽창일 = 비유동일 = 가역일

2) 개방계의 일(공업일) : $w_t = -\int_1^2 vdp$

　　공업일 = 개방계의 일 = 압축일(소비일) = 유동일 = 가역일 = 정상류일

<P-v 선도상으로 표시하면>

$w_t = -\int_1^2 vdp = \int_1^2 vdp$ (p축으로 투영면적) 　　 ${}_1w_2 = \int_1^2 pdv$ ($V$축으로 투영면적)

# 3. 정적비열($C_v$)과 정압비열($C_p$)

## 1) 정적비열( $C_v$ )

일정한 체적($v = C$) 하에서 1kg의 가스의 온도를 1℃ 높이는데 요하는 열량

$$C_v = \left(\frac{\partial q}{\partial T}\right)_v = \left(\frac{du}{dT}\right)_v = T\left(\frac{\partial s}{\partial T}\right)_v$$

여기서,

$\delta q = du + Apdv \sim ①$   $= dh - Avdp \sim ②$

$v = C \rightarrow dv = 0$   $\therefore \delta q = du$

$\partial q = du$   또한, $ds = \dfrac{\delta q}{T} \rightarrow \delta q = Tds$

$\partial q = T\partial s$

$\therefore du = C_v dT$ (kcal/kg)   $dU = G \cdot C_v \cdot dT$ (kcal)

"공기인 경우" : $C_v = 0.171$ kcal/kg℃

## 2) 정압비열($C_p$)

일정한 압력(p = C) 하에서 1kg의 가스의 온도를 1℃ 높이는데 요하는 열량

$$C_p = \left(\dfrac{\partial q}{\partial T}\right)_p = \left(\dfrac{dh}{dT}\right)_p = T\left(\dfrac{\partial s}{\partial T}\right)_p$$

여기서,

$\delta q = du + pdv \sim ①$   $= dh - vdp \sim ②$

$p = C \rightarrow dp = 0$   $\therefore \delta q = dh$

$\partial q = dh$

$\therefore dh = C_p dT$ (kcal/kg)   $dH = GC_p dT$ (kcal)

"공기인 경우" : $C_p = 0.240$ kcal/kg℃

### 참고

① 줄의 법칙(Joule's law) : 완전 가스에서 내부에너지와 엔탈피는 온도만의 함수이다.

$du = C_v dT = f(T)$   $dh = C_p dT = f(T)$

② 비열비(k) : $C_p$와 $C_v$의 비

$\therefore k = \dfrac{C_p}{C_v}$   만일 공기인 경우 $k = \dfrac{C_p}{C_v} = \dfrac{0.240}{0.171} = 1.4$

$\therefore$ 비열비 k는 항상 1보다 크다. ($C_p > C_v$)

# 제3장 완전가스(이상기체)

- 정의 : 이상기체의 상태방정식($pv = RT$)을 만족시키는 가스를 말하며 분자가 차지하는 부피가 아주 작아 분자들 사이에 인력이 없는 상태에 놓아있는 기체, 낮은온도, 높은 압력하에서 쉽게 액체, 고체로 변화되지 않는 기체
- 참고 : 실제기체(증기)를 이상기체로 간주하려면 그 기체가 높은온도, 낮은 압력상태에 있으면 이 기체를 이상기체로 생각한다.

## 1. 기본 상태량($p, v, T$)

### 1) 보일의 법칙(등온법칙)

온도가 일정하게 유지될 때 기체의 비체적은 압력에 반비례한다.

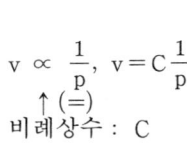

$$v \propto \frac{1}{p}, \quad v = C\frac{1}{p}$$

비례상수 : $C$

$$\therefore pv = C$$

$$p_1 v_1 = p_2 v_2 = C$$

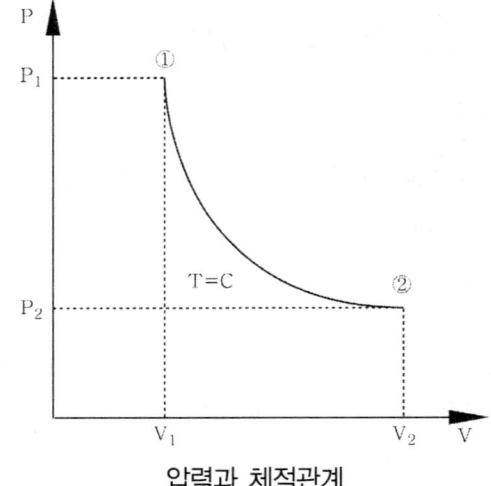

압력과 체적관계

### 2) 샤를의 법칙(정압법칙)

압력이 일정하게 유지될 때 기체의 비체적은 절대온도에 비례한다.

$v \propto T$
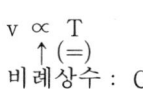
비례상수 : C

$v = CT, \quad \dfrac{v}{T} = C$

$\therefore \dfrac{v_1}{T_1} = \dfrac{v_2}{T_2} = C$

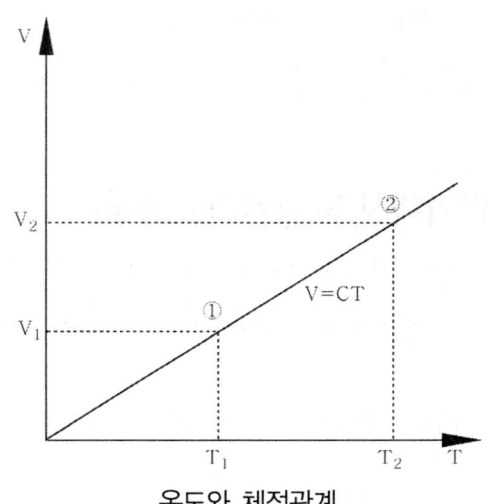

온도와 체적관계

### 3) 보일-샤를의 법칙

이상기체의 온도와 압력이 동시에 변할 때 비체적은 압력에 반비례하고 절대온도에 비례한다.

$v \propto \dfrac{1}{p}, \qquad v = C\dfrac{1}{p}, \qquad pv = CT, \qquad \dfrac{pv}{T} = C$

비례상수 : C $\qquad\qquad\qquad\qquad \therefore p_1\dfrac{v_1}{T_1} = p_2\dfrac{v_2}{T_2} = C$

## 2. 완전가스의 상태방정식

$\dfrac{pv}{T} = C$ 대신에 R을 대입시키면

$\dfrac{pv}{T} = R$

단, R : 기체상수(J/kg°K)
  "공기인 경우" R=29.27(J/kg°K)

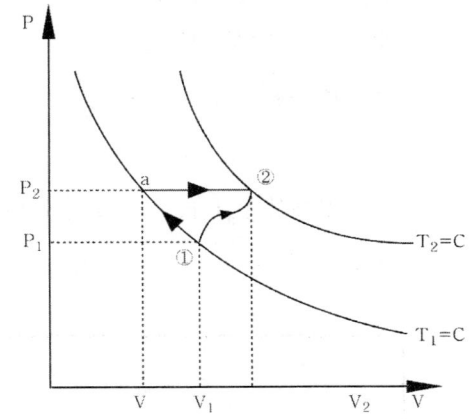

$$\therefore pV = mRT \rightarrow \text{이상기체의 상태방정식}$$

$$R = \frac{pV}{mT} = \frac{N/m^2 \cdot m^3}{kg \cdot {}^\circ K} /kg\,{}^\circ K = N \cdot m/kg\,{}^\circ K = J/kg\,{}^\circ K$$

## 3. 일반기체상수(일반가스상수) : $\overline{R}$

$$MR = \overline{R} = 848(N \cdot m/Kmole\,{}^\circ K) = 848.98 N \cdot M/Kmol{}^\circ K = 8.31\,KJ/Kmol{}^\circ K$$

$$R = \frac{\overline{R}}{M} = \frac{848}{m}(N \cdot m/Kmole\,{}^\circ K) = \frac{8310}{M}(J/Kmol\,{}^\circ K) \quad (M : 분자량)$$

예) "$CO_2$"(탄산가스)의 기체상수를 구하시오.

sol) $CO_2$의 분자량 = 12+16×2=44

$$\therefore R = \frac{848}{44} = 19.27\,((kgf \cdot m/kg\,{}_\circ K)$$

## 4. 완전가스에서 $C_v$와 $C_p$의 관계식

열역학 제1법칙의 미분형에서

$\delta q = du + Apdv \sim$ ①  $\qquad\qquad \delta q = dh - Avdp \sim$ ②

① = ② 하면

$du + pdv = dh - Avdp$  $\qquad\qquad C_v dT + pdv = C_p dT - Avdp$

$pdv + Avdp = C_p dT - C_v dT$  $\qquad (pdv + vdp) = dT(C_p - C_v)$

$d(pv) = (C_p - C_v)dT$  $\qquad\qquad R dT = (C_p - C_v)dT$

$C_p - C_v = R \sim$ ①  $\qquad\qquad k = \dfrac{C_p}{C_v} \sim$ ②

①, ②에서 $C_p = kC_v \rightarrow$ ①식에 대입

$kC_v - C_v = R$  $\qquad\qquad\qquad\qquad (k-1)C_v = R$

**참고**

$$C_p = kC_v = \frac{kR}{k-1},\quad C_v = \frac{R}{k-1}$$

## 5. 완전가스의 상태변화

### 1) 가역과정

정적과정 ($v=C$)   정압과정 ($p=C$)   등온과정 ($T=C$)

단열과정 ($pv^k=C$)   폴리트로픽 과정 ($pv^n=C$)

### 2) 비가역과정

교축과정 → 등엔탈피과정 ($h_1=h_2$)

비가역 단열과정

가스의 혼합

| 변화→ | 정적변화 | 정압변화 | 등온변화 |
|---|---|---|---|
| $p, v, T$ 관계 | $v=C, dv=0$ <br> $\dfrac{P_1}{T_1}=\dfrac{P_2}{T_2}$ | $P=C, dP=0$ <br> $\dfrac{v_1}{T_1}=\dfrac{v_2}{T_2}$ | $T=C, dT=0$ <br> $Pv=P_1v_1=P_2v_2$ |
| 외부에 하는일 (팽창) $_1w_2=\int Pdv$ | 0 | $P(v_2-v_1)$ <br> $=R(T_2-T_1)$ | $P_1v_1\ln\dfrac{v_2}{v_1}=P_1v_1\dfrac{P_1}{P_2}$ <br> $=RT\ln\dfrac{v_2}{v_1}=RT\ln\dfrac{P_1}{P_2}$ |
| 공업일(압축일) $w_t=-\int vdp$ | $v(P_1-P_2)$ <br> $=R(T_1-T_2)$ | 0 | $_1w_2$ |
| 내부에너지의 변화 $u_2-u_1$ | $C_v(T_2-T_1)$ <br> $=\dfrac{R}{k-1}(T_2-T_1)$ <br> $=k-1v(P_2-P_1)$ | $C_v(T_2-T_1)$ <br> $=k-1P(v_2-v_1)$ | 0 |
| 엔탈피의 변화 $h_2-h_1$ | $C_p(T_2-T_1)=\dfrac{k}{k-1}AR$ <br> $(T_2-T_1)=\dfrac{k}{k-1}v(P_2-P_1)$ <br> $=k(u_2-u_1)$ | $C_p(T_2-T_1)$ <br> $=\dfrac{k}{k-1}P(v_2-v_1)$ <br> $=k(u_2-u_1)$ | 0 |
| 외부에서 얻은열 $_1q_2$ | $u_2-u_1$ | $h_2-h_1$ | $_1w_2=w_t$ |
| $n$ | $\infty$ | 0 | 1 |
| 비열 $C$ | $C_v$ | $C_p$ | $\infty$ |
| 엔트로피의 변화 $S_2-S_1$ | $C_v\dfrac{T_2}{T_1}=C_v\ln\dfrac{P_2}{P_1}$ | $C_p\ln\dfrac{T_2}{T_1}=Cp\ln\dfrac{v_2}{v_1}$ | $AR\ln\dfrac{v_2}{v_1}$ |

| 변화→ | 단열변화 | 폴리트로픽 변화 |
|---|---|---|
| $p, v, T$ 관계 | $Pv^k = C$ <br> $\frac{T_2}{T_1} = (\frac{v_2}{v_1})^{k-1} = (\frac{P_2}{P_1})^{\frac{k-1}{k}}$ | $Pv^n = C$ <br> $\frac{T_2}{T_1} = (\frac{v_1}{v_2})^{n-1} = (\frac{P_2}{P_1})^{\frac{n-1}{n}}$ |
| 외부에 하는일 (팽창) <br> $_1w_2 = \int Pdv$ | $\frac{1}{k-1}(P_1v_1 - P_2v_2)$ <br> $= \frac{RT_1}{k-1}[1 - \frac{T_2}{T_1}]$ <br> $= \frac{RT_1}{k-1}[1 - (\frac{v_2}{v_1})^{k-1}]$ <br> $= \frac{RT_1}{k-1}[1 - (\frac{P_2}{P_1})^{\frac{k-1}{k}}]$ <br> $= \frac{R}{k-1}(T_1 - T_2) = C_v(T_1 - T_2)$ | $\frac{1}{n-1}(P_1v_1 - P_2v_2)$ <br> $= P_1v_1[1 - \frac{T_2}{T_1}]$ <br> $= \frac{R}{n-1}(T_1 - T_2)$ |
| 공업일(압축일) <br> $w_t = -\int vdp$ | $k_1w_2$ | $n_1w_2$ |
| 내부에너지의 변화 <br> $u_2 - u_1$ | $C_v(T_2 - T_1) = -w_2$ | $-\frac{(n-1)}{k-1}w_2$ |
| 엔탈피의 변화 <br> $h_2 - h_1$ | $C_p(T_2 - T_1) = -w_t$ <br> $= -k_1w_2$ <br> $= k(u_2 - u_1)$ | $-\frac{k}{k-1}(n-1)A_1w_2$ <br> $= k(u_2 - u_1)$ |
| 외부에서 얻은열 <br> $_1q_2$ | 0 | $C_n(T_2 - T_1)$ |
| $n$ | $k$ | $-\infty \sim +\infty$ |
| 비열 $C$ | 0 | $C_n = C_v\frac{n-k}{n-1}$ |
| 엔트로피의 변화 <br> $S_2 - S_1$ | 0 | $C_n \ln\frac{T_2}{T_1} = C_v(n-k)\ln\frac{v_1}{v_2}$ <br> $= C_v\ln\frac{n-k}{n}\ln\frac{P_2}{P_1}$ |

<1> 정적과정

$$v = C \rightarrow dv = 0 \qquad \frac{p}{T} = C \ : \ \frac{p_1}{T_1} = \frac{p_2}{T_2}$$

① 절대일 : $_1w_2 = \int_1^2 pdv \quad _1w_2 = 0$

② 공업일 : $w_t = -\int_1^2 vdp = -v\int_1^2 dp = -v(p_2 - p_1) = v(p_1 - p_2) = R(T_1 - T_2)$

③ 내부에너지 : $du = C_v dT$

$$\int_1^2 du = \int_1^2 C_v dT$$

$$\Delta u = u_2 - u_1 = C_v \int_1^2 dT = C_v(T_2 - T_1) = \frac{R}{k-1}(T_2 - T_1)$$

$$= \frac{1}{k-1}(p_2 v_2 - p_1 v_1) = \frac{v}{k-1}(p_2 - p_1)$$

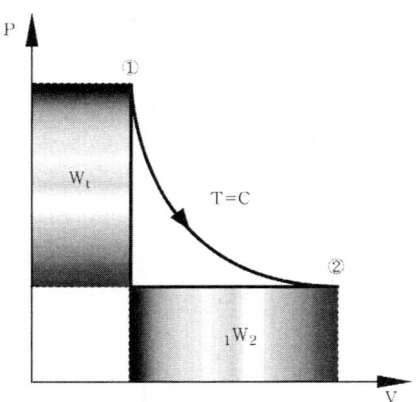 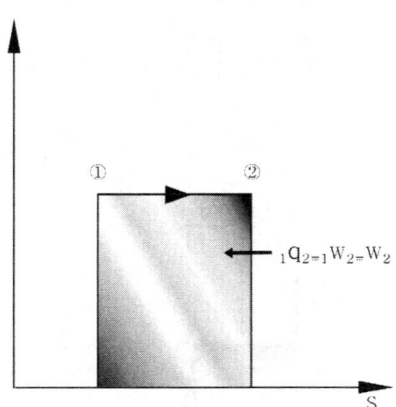

④ 엔탈피 : $dh = C_p dT$

$$\int_1^2 dh = \int_1^2 C_p dT$$

$$\Delta h = h_2 - h_1 = \int_1^2 C_p dT = C_p(T_2 - T_1) = \frac{kR}{k-1}(T_2 - T_1)$$

$$= \frac{k}{k-1}(p_2 v_2 - p_1 v_1) = \frac{kv}{k-1}(p_2 - p_1) = k\Delta u$$

⑤ 열량

$\delta q = du + pdv = du - vdp \qquad \delta q = du$

$\therefore {}_1 w_2 = u_2 - u_1 = \Delta u$

열량은 내부에너지의 변화와 같다.

<2> 정압과정

$p = C \quad \rightarrow \quad dp = 0 \qquad \qquad \frac{v}{T} = C \; : \; \frac{v_1}{T_1} = v_2 T_2$

① 절대일 : ${}_1 w_2 = \int_1^2 pdv = p \int_1^2 dv = p(v_2 - v_1) = R(T_2 - T_1)$

② 공업일 : $w_t = \int_1^2 vdp, \quad w_t = 0$

③ 내부에너지 : $du = C_v dT$

$$\int_1^2 du = \int_1^2 C_v dT, \quad \Delta u = u_2 - u_1 = C_v \int_1^2 dT$$

$$= C_v(T_2 - T_1) = \frac{R}{k-1}(T_2 - T_1) = \frac{1}{k-1}(p_2 v_2 - p_1 v_1)$$

$$= \frac{p}{k-1}(v_2 - v_1)$$

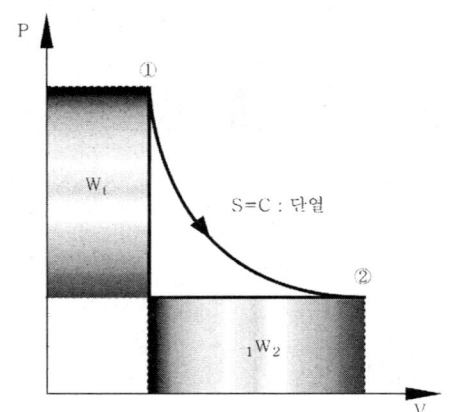
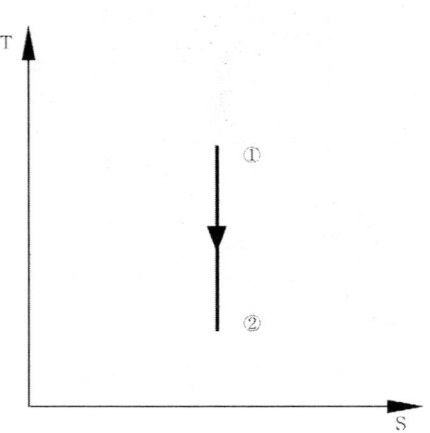

④ 엔탈피 : $dh = C_p dT$

$$\int_1^2 dh = \int_1^2 C_p dT, \quad \Delta h = h_2 - h_1 = C_p \int_1^2 dT = C_p(T_2 - T_1) = \frac{kR}{k-1}(T_2 - T_1)$$

$$= \frac{k}{k-1}(p_2 v_2 - p_1 v_1) = \frac{kp}{k-1}(v_2 - v_1) = k\Delta u$$

⑤ 열량

$\delta q = du + Apdv = dh - Avdp \qquad \delta q = dh$

$\therefore {}_1q_2 = \Delta h = h_2 - h_1$

열량은 엔탈피의 변화와 같다.

<3> 등온과정

$T = C \rightarrow dT = 0 \qquad\qquad pv = C \ : \ p_1 v_1 = p_2 v_2$

① 절대일 : $_1w_2 = \int_1^2 pdv \quad (p = \dfrac{RT}{v}) = \int_1^2 \dfrac{RT}{v}dv = RT\int_1^2 \dfrac{1}{v}dv = RT[\ln v]_1^2$

$\qquad = RT[\ln v_2 - \ln v_1] = RT\ln\dfrac{v_2}{v_1} = RT\ln\dfrac{p_1}{p_2}$

$\qquad = p_1v_1\ln\dfrac{v_2}{v_1} = p_1v_1\ln\dfrac{p_1}{p_2} = p_2v_2\ln\dfrac{v_2}{v_1} = p_2v_2\ln\dfrac{p_1}{p_2}$

### 참고

(1) $\int_1^2 \dfrac{1}{y} = [\ln y]_1^2 = \ln y_2 - \ln y_1 = \ln\dfrac{y_2}{y_1}$

(2) $p_1v_1 = p_2v_2 \rightarrow \dfrac{v_2}{v_1} = \dfrac{p_1}{p_2}$

② 공업일

$w_t = -\int_1^2 vdp \qquad\qquad pv = RT$
$\qquad\qquad\qquad\qquad\qquad v = \dfrac{RT}{p}$

$\quad = -\int_1^2 \dfrac{RT}{p}dp = -RT\int_1^2 \dfrac{1}{p}dp = -RT\ln\dfrac{p_2}{p_1}$

$\quad = RT\ln\dfrac{p_1}{p_2} = {_1w_2} \rightarrow$ 등온일 때 절대일과 공업일은 같다

③ 내부에너지 : $du = C_v dT$

$u_2 - u_1 = \Delta u = 0 \qquad\qquad \therefore u_2 = u_1$

내부에너지 변화가 없다.

④ 열량

$\delta q = du + Apdv = C_v dT + A_1w_2 = A_1w_2 = dh - Avdp = C_p dT + Aw_t$

$\therefore$ 열량 = 절대일 = 공업일

$({_1q_2}) = ({_1w_2}) = (w_t)$

<4> 단열과정 : $q = C \rightarrow \delta q = 0$

$pv^k = C \rightarrow pv^k = p_1v_1^k = p_2v_2^k \qquad\qquad Tv^{k-1} = C \rightarrow Tv^{k-1} = T_1v_1^{k-1} = T_2^{k-1}$

· 단열지수는 관계는 $\dfrac{T_2}{T_1} = (\dfrac{v_1}{v_2})^{k-1} = (\dfrac{p_2}{p_1})^{\frac{k-1}{k}}$

① 절대일 : $_1w_2 = \int_1^2 pdv$

$\delta q = du + pdv = du + A\delta w$ $\qquad \int_1^2 \delta q = \int_1^2 du + \int_1^2 \delta w$

$\therefore w_2 = -\Delta u = -C_v(T_2 - T_1) = C_v(T_1 - T_2)$

$\therefore {}_1w_2 = C_v(T_1 - T_2)$

② 공업일 : $w_t = -\int_1^2 vdp$

$\delta q = dh - vdp = dh + \delta w_t$ $\qquad \int_1^2 \delta q = \int_1^2 dh + \int_1^2 \delta w_t$

$\therefore Aw_t = -\Delta h = -C_p(T_2 - T_1) = C_p(T_1 - T_2)$ $\qquad \therefore w_t = C_p(T_1 - T_2)$

③ 내부에너지 : $du = C_v dT$

$\int_1^2 \delta u = \int_1^2 C_v dT$ $\qquad \therefore \Delta u = u_2 - u_1 = C_v \int_1^2 dT = C_v(T_2 - T_1)$

④ 엔탈피 : $dh = C_p dT$

$\int_1^2 du = \int_1^2 C_p dT$ $\qquad \therefore \Delta h = h_2 - h_1 = C_p \int_1^2 dT = C_p(T_2 - T_1)$

⑤ 열량 : $q = C \rightarrow \delta q = 0$

<5> 폴리트로픽 과정(Poly-tropic)

정의 : 정적, 정압, 등온 및 단열변화 실제기관에서 일어나는 상태변화를 정확하게 설명하기 어려워 실제의 가스변화를 고려한 변화를 폴리트로픽 변화라고 한다.($n$=폴리트로픽 지수)

$pv_n = C \rightarrow pv^n = p_1 v_1^n = p_2 v_2^n$ $\qquad Tv_{n-1} = C \rightarrow Tv^{n-1} = T_1 v_1^{n-1} = T_2 v_2^{n-1}$

폴리트로픽 지수 관계는 $\dfrac{T_2}{T_1} = (\dfrac{v_1}{v_2})^{n-1} = (\dfrac{p_2}{p_1})^{\frac{n-1}{n}}$

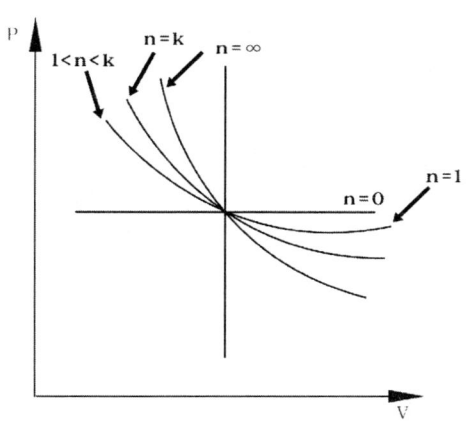
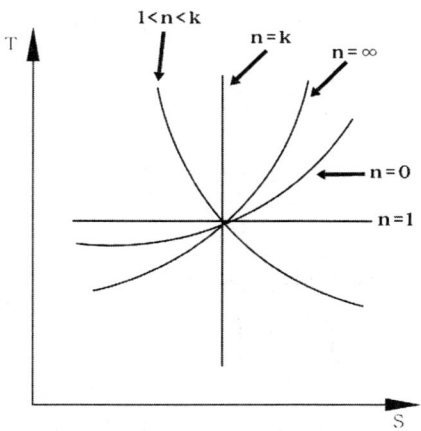

① 절대일 : $_1W_2 = \int_1^2 pdv$

$pv^n = p_1v_1^n \quad \therefore \quad p = \dfrac{p_1v_1^n}{v^n}$

$_1w_2 = \int_1^2 \dfrac{p_1v_1^n}{v^n}dv = p_1v_1^n\int_1^2 \dfrac{1}{v^n}dv = p_1v_1^n\int_1^2 v^{-n}dv = p_1v_1^n\left[\dfrac{v^{1-n}}{1-n}\right]_1^2$

$= p_1v_1^n\left[\dfrac{v_2^{1-n} - v_1^{1-n}}{1-n}\right] = p_1v_1^n\dfrac{v_1^{1-n} - v_2^{1-n}}{1-n} = \dfrac{p_1v_1 - p_2v_2}{n-1} = \dfrac{R(T_1 - T_2)}{n-1}$

② 공업일 : $w_t = -\int_1^2 vdp$

$pv^n = p_1v_1^n, \quad p^{\frac{1}{n}} \cdot v^{n\frac{1}{n}} = p_1^{\frac{1}{n}} \cdot v^{n\frac{1}{n}} \qquad v = \dfrac{p_1^{\frac{1}{n}} \cdot v_1}{p^{\frac{1}{n}}}$

$\therefore w_t = -\int_1^2 \dfrac{p_1^{\frac{1}{n}} \cdot v_1}{p^{\frac{1}{n}}}dp = -p_1^{\frac{1}{n}} \cdot v_1\int_1^2 \dfrac{1}{p^{\frac{1}{n}}}dp$

$= -p_1^{\frac{1}{n}} \cdot v_1\int_1^2 p^{-\frac{1}{n}} \cdot dp = -p_1^{\frac{1}{n}} \cdot v_1\left[\dfrac{p^{1-\frac{1}{n}}}{1-\frac{1}{n}}\right]_1^2$

$= -p_1^{\frac{1}{n}} \cdot v_1\left[\dfrac{p_2^{1-\frac{1}{n}} - p_1^{1-\frac{1}{n}}}{1-\frac{1}{n}}\right] = p_1^{\frac{1}{n}}v_1\dfrac{p_1^{1-\frac{1}{n}} - p_2^{1-\frac{1}{n}}}{\frac{n-1}{n}}$

$= \dfrac{p_1v_1 - p_2v_2}{\frac{n-1}{n}} =$

③ 내부에너지 : $du = C_v dT$

$$\int_1^2 du = \int_1^2 C_v dT$$

$$\Delta u = u_2 - u_1 = C_v \int_1^2 dT = C_v(T_2 - T_1) = \frac{R}{k-1}(T_2 - T_1)$$

④ 엔탈피 : $dh = C_p dT$

$$\int_1^2 dh = \int_1^2 C_p dT$$

$$\Delta h = h_2 - h_1 = C_p \int_1^2 dT = C_p(T_2 - T_1) = \frac{R}{k-1}(T_2 - T_1)$$

⑤ 열량

$\delta q = du + Apdv = du - Avdp$ 에서 $\delta q = du + Apdv$

$_1q_2 = -\frac{R(n-1)}{k-1} \quad _1w_2 = (1 - \frac{n-1}{k-1}) \quad _1w_2 = (\frac{k-1}{k-1} - \frac{n-1}{k-1}) \quad _1w_2$

$\therefore _1q_2 = C_n(T_2 - T_1)$ 여기서, $C_n$ : 폴리트로픽 비열 $(C_n = \frac{n-k}{n-1}C_v)$

### 참고

$$C_n = \frac{n-k}{n-1}C_v$$

1) n=0 이면 → $C_n = \frac{0-k}{0-1}C_v = kC_v = C_p$ (정압)

2) n=1 이면 → $C_n = \frac{1-k}{1-1}C_v = \infty$ (등온)

3) n=$k$ 이면 → $C_n = \frac{k-k}{k-1}C_v = 0$

4) n=∞이면 → $C_n = \frac{n-k}{n-1}C_v = \frac{1-\frac{k}{n}}{1-\frac{1}{n}}C_v = C_v$ (정적)

즉,

| 구 분 | n | $C_n$ |
|---|---|---|
| 정 압 | 0 | $C_v$ |
| 등 온 | 1 | k |
| 단 열 | k | 0 |
| 정 적 | ∞ | $C_v$ |

## 6. 혼합가스

### 1) 돌톤의 분압법칙

동일 용기내에 여러종류의 가스가 존재할 때, 그들의 성분가스는 용기전체에 확산되며 그 혼합가스의 압력($p$)은 성분가스의 분압의 합과 같다.

$$p = p_1 + p_2 + p_3 + \cdots + p_n = \sum_{i=1}^{n} p_i$$

$$\sum pV = \sum mRT, \ p\sum V = \sum mRT, \ \sum pV = p\sum V$$

$$p = \frac{\sum pV}{\sum V} = \frac{p_1 V_1 + p_2 V_2 + \cdots + p_n V_n}{V_1 + V_2 + \cdots + V_n}$$

### 2) 혼합가스의 비중량 : $\gamma (N/m^3)$

$$\gamma = \frac{G}{V}, \ G = \gamma V \quad 여기서, \ G = G_1 + G_2 + \cdots + G_n$$

$$\gamma V = \gamma_1 V_1 + \gamma_2 V_2 + \cdots + \gamma_n V_n$$

$$\therefore \gamma = \frac{\gamma_1 V_1 + \gamma_2 V_2 + \cdots + \gamma_n V_n}{V} = \frac{\gamma_1 V_1 + \gamma_2 V_2 + \cdots + \gamma_n V_n}{V_1 + V_2 + \cdots + V_n} (N/m^3)$$

### 3) 혼합가스의 비열 : $C(KJ/kg℃)$

$$GC = G_1 C_1 + G_2 C_2 + \cdots + G_n C_n$$

$$\therefore C = \frac{G_1 C_1 + G_2 C_2 + \cdots + G_n C_n}{G} = \frac{G_1 C_1 + G_2 C_2 + \cdots + G_n C_n}{G_1 + G_2 + \cdots + G_n} (KJ/kg℃)$$

### 4) 혼합가스의 기체상수 : $R(KJ/kg°K)$

$$GR = m_1 R_1 + m_2 R_2 + \cdots + m_n R_n$$

$$\therefore R = \frac{m_1 R_1 + m_2 R_2 + \cdots + m_n R_n}{G} = \frac{m_1 R_1 + m_2 R_2 + \cdots + m_n R_n}{m_1 + m_2 + \cdots + m_n}$$

# 제4장 열역학 제2법칙

## 1. 열역학 제2법칙

일과 열의 상호간 변화될 수 있는 법칙이 열역학 제1법칙이며, 방향성 또는 비가역성에 대한 실제적 경험을 고려한 법칙을 열역학 제2법칙이라 함.

> **참고**
> 
> ① 열역학 제0법칙 : 열평형의 법칙, $Q=GC\Delta T$ 온도계의 원리를 적용
> ② 열역학 제1법칙 : $Q \underset{\bigcirc}{\overset{\bigcirc}{\rightleftharpoons}} W$, 주울(J)의 실험, 가역법칙, 에너지 보존의 법칙을 적용
> ③ 열역학 제2법칙 : $Q \underset{\bigcirc}{\overset{\times}{\rightleftharpoons}} W$, 비가역법칙
> ④ 열역학 제3법칙 : 어떠한 이상적인 방법으로도 어떤계를 절대온도 0 °K(=-273℃) 에는 이르게 할 수 없다. "Nernst"

<열역학 제2법칙의 표현방법>

### 1) 클라우시우스의 표현

"열의 이동 방향성"을 밝힘 : 자연계에 아무런 변화도 남기지 않고 열은 저온체에서 고온체로 이동할 수 없다.

### 2) kelvin-plank의 표현

한 사이클 동안에 계가 열원으로부터 열을 공급받아 외부에 아무런 변화도 남기지 않고 계속적으로 열은 일로 전환할 수 없다. 즉, 열효율이 100%인 기관은 존재할 수 없다.

### 3) ostwold의 표현

제2종 영구기관은 에너지를 모두일로 바꿀수 있은 기관으로 제2종 영구기관은 존재할 수 없다.

## 참고

제1종 영구기관 : 입력보다 출력이 더 큰 기관 즉, 열효율이 100% 이상인 기관
→ 열역학 제1법칙에 위배
제2종 영구기관 : 입력과 출력이 같은 기관 즉, 열효율이 100%인 기관
→ 열역학 제2법칙에 위배

## 2. 열효율과 성적계수(=성능계수)

### 1) 열기관 (Heat engine)

고열원으로부터 열을 공급받아 기계적인 일로 전환하는 것이 목적

$Q_1$ = 공급열량 = 가열량 = 수열량
$Q_2$ = 방출열량
W = 유효열량 = 정미열량
∴ AW = $Q_1 - Q_2$

$$열효율(\eta) = \frac{실질적인\ 에너지}{투자한\ 에너지} = \frac{유효열량}{공급열량}$$

$$= \frac{W}{Q_1} = \frac{Q_1 - Q_2}{Q_1} = 1 - \frac{Q_2}{Q_1}$$

### 2) 냉동기관(Refrigerator)

저열원의 열을 빼앗는 것이 목적

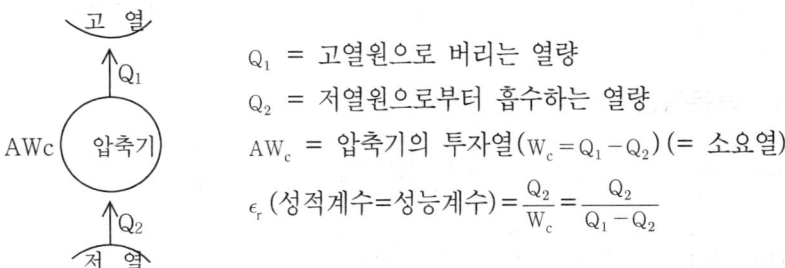

$Q_1$ = 고열원으로 버리는 열량
$Q_2$ = 저열원으로부터 흡수하는 열량
$AW_c$ = 압축기의 투자열($W_c = Q_1 - Q_2$) (= 소요열)

$$\epsilon_r\ (성적계수=성능계수) = \frac{Q_2}{W_c} = \frac{Q_2}{Q_1 - Q_2}$$

### 3) 열펌프(Heat pump)

고열원에 열을 공급해 주는 것이 목적 저열원

$$\epsilon_h = \frac{Q_1}{W_c} \leftarrow (AW_c = Q_1 - Q_2 \rightarrow Q_1 = W_c + Q_2)$$
$$= \frac{W_c + Q_2}{W_c} = 1 + \frac{Q_2}{W_c} = 1 + \epsilon_r$$

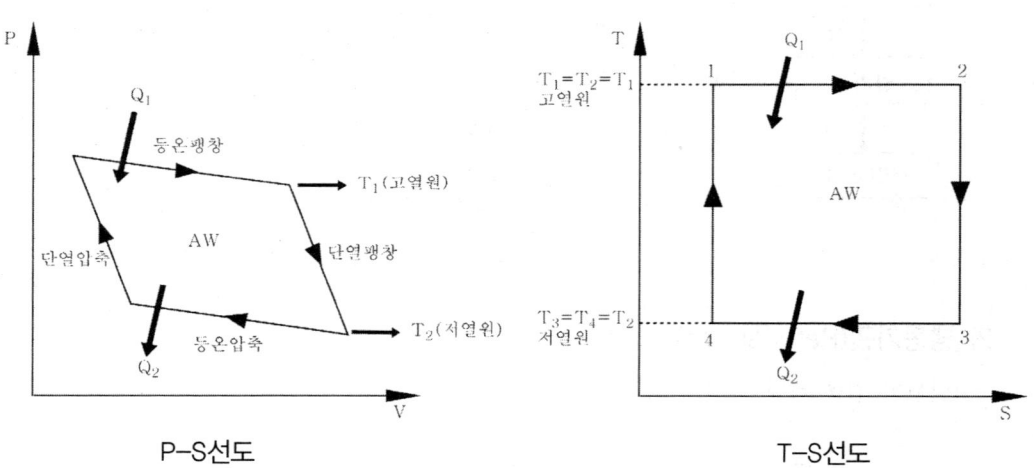

## 3. 카르노 사이클(Carnot Cycle)

프랑스의 물리학자 카르노에 의해 고안된 사이클로서 실현 가능한 열기관은 "정적가열→단열팽창" 인데 카르노라 주장한 사이클은 "등온팽창→단열팽창→등온압축→단열압축"을 요구하므로 실현성이 없다. 즉, 카르노 사이클은 "2개의 등온변화와 2개의 단열변화"로 이루어진 가역이상 열기관 사이클이다.

P-S선도                    T-S선도

### 1) 1 → 2 : 등온팽창

$$\delta q = du + pdv = dh - vdp \quad \therefore \delta q = pdv \text{식을 적분하면} \int_1^2 \delta q = \int_1^2 pdv$$

$$q_{12} = \int_1^2 pdv = A\int_1^2 \frac{RT}{v}dv = RT\int_1^2 \frac{1}{v}dv = RT\ln\frac{v_2}{v_1}$$

$$Q_1 = GRT\ln\frac{v_2}{v_1} \sim \text{①식}$$

## 2) 2 → 3 : 등온압축

$$\frac{T_3}{T_2}=(\frac{v_2}{v_3})^{k-1}, \quad \frac{T_{II}}{T_I}=(\frac{v_2}{v_3})^{k-1} \quad \sim ②식$$

## 3) 3 → 4 : 단열압축

$$-Q_2 = mRT_{II}\ln\frac{v_4}{v_3}, \quad Q_2 = mRT_{II}\ln\frac{v_3}{v_4}, \quad \sim ③식$$

## 4) 4 → 1 : 단열압축

$$\frac{T_1}{T_4}=(\frac{v_1}{v_4})^{k-1}, \quad \frac{T_4}{T_1}=(\frac{v_1}{v_4})^{k-1} \quad \therefore \frac{T_{II}}{T_I}=(\frac{v_1}{v_4})^{k-1} \sim ④식$$

$$(② = ④) \quad \frac{T_{II}}{T_I}=(\frac{v_2}{v_3})^{k-1}=(\frac{v_1}{v_4})^{k-1}$$

$$\therefore \frac{v_2}{v_3}=\frac{v_1}{v_4} \text{ or } \frac{v_2}{v_1}=\frac{v_3}{v_4} \quad \text{(카르노 사이클에서 마주보는 체적비는 같다.)}$$

$$\frac{Q_2}{Q_1}=\frac{mRT_{II}\ln\frac{v_3}{v_4}}{mRT_I\ln\frac{v_2}{v_1}}=\frac{T_{II}}{T_I}$$

$$\therefore 열효율(\eta_c) = \frac{실질적인것}{투자한것} = \frac{유효열량}{공급열량} = \frac{AW}{Q_1} = 1-\frac{Q_2}{Q_1} = 1-\frac{T_{II}}{T_I}$$

(카르노 사이클만 적용가능)

### 참고

▲ 열효율($\eta_c$)을 높이려면?
① 고열원의 온도는 높을수록
② 저열원의 온도는 낮을수록
③ 동작물질의 밀도는 작을수록 증가한다.(마찰이 덜 생기므로)

# 4. 엔트로피(entropy) : s

·정의 : 자연계에 존재하는 모든 물질은 방향성을 가지며, 진행하다보면 반드시 열의 이동이 생긴다. 그 열의 이동은 열량의 공급 및 방출에 의해 생기지만, 한편으로는 마찰(=비가역)에 기인한다. 결국, 과정 간에 있어서 열량의 효용가치를 나타내는 열적 상태량을 말하며 어느

가스가 절대온도 $T(K)$에서 미소열량을 받았을 때 $\delta s = \dfrac{\delta Q}{T}$로 정의되는 일종의 상태량(s)를 엔트로피라 한다.

## 1) 클라우시우스의 적분값
① 가역 사이클인 경우

<일반식의 유도>

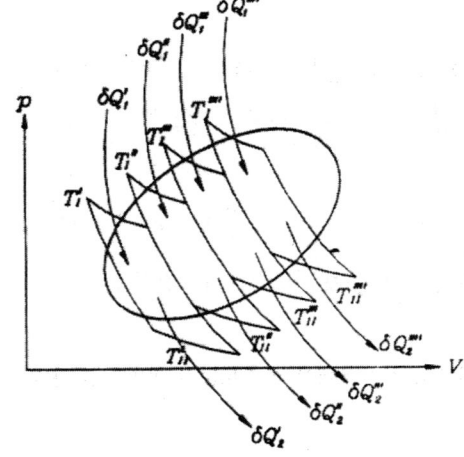

우선 카르노 사이클에서

$$\eta_c = 1 - \dfrac{Q_2}{Q_1} = 1 - \dfrac{T_{\mathrm{II}}}{T_{\mathrm{I}}}$$

$$\dfrac{Q_2}{Q_1} = \dfrac{T_{\mathrm{II}}}{T_{\mathrm{I}}}$$

$$\therefore \dfrac{Q_1}{T_{\mathrm{I}}} - \dfrac{Q_2}{T_{\mathrm{II}}} = 0$$

(가열량(+) 방열량(−)이므로)

$$\dfrac{Q_1}{T_{\mathrm{I}}} = \dfrac{-Q_2}{T_{\mathrm{II}}}, \qquad \therefore \dfrac{Q_1}{T_{\mathrm{I}}} + \dfrac{Q_2}{T_{\mathrm{II}}} = 0, \qquad \sum \dfrac{Q}{T} = 0$$

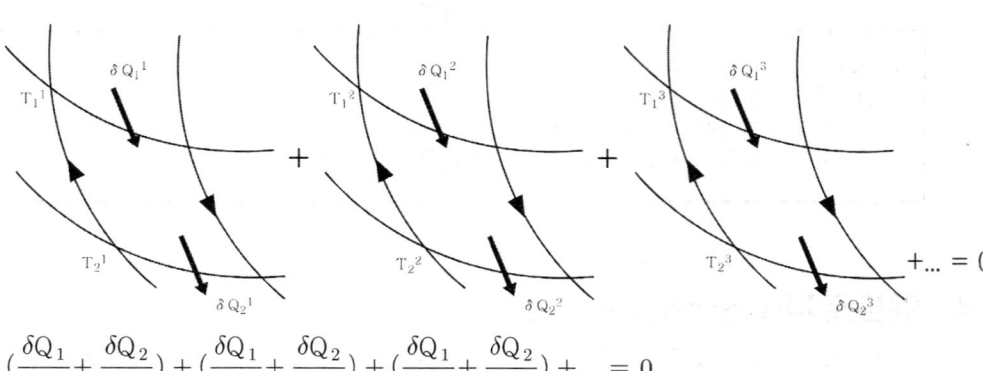

$$\left(\dfrac{\delta Q_1}{T_1} + \dfrac{\delta Q_2}{T_n}\right) + \left(\dfrac{\delta Q_1}{T_1} + \dfrac{\delta Q_2}{T_n}\right) + \left(\dfrac{\delta Q_1}{T_1} + \dfrac{\delta Q_2}{T_n}\right) + \cdots = 0$$

$$\therefore \sum \dfrac{\delta Q}{T} = 0$$

결국, 전(全) 사이클에 대한 폐적분 ($\oint$)으로 표시하면,

$\oint \dfrac{\delta Q}{T} = 0$ (가역사이클인 경우 클라우시우스의 폐적분값은 0이다.)

② 비 가역사이클인 경우

$\oint \dfrac{\delta Q}{T} < 0$ (비 가역사이클인 경우 클라우시우스의 폐적분값은 0보다 작다)

## 2) 엔트로피 증가의 원리

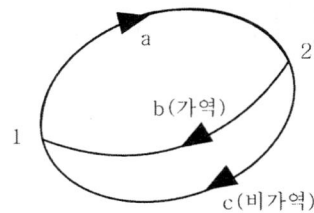

i) "가역 사이클"인 경우

"$\oint \dfrac{\delta Q}{T} = 0$"에서

$\therefore \int_{1(a)}^{2} \dfrac{\delta Q}{T} = -\int_{2(b)}^{1} \dfrac{\delta Q}{T} = \int_{1(b)}^{2} \dfrac{\delta Q}{T}$,

(가역 사이클의 경우 적분의 경로와 무관하다.)

$\therefore dS = \dfrac{\delta Q}{T}$ (Kcal/°K)

$\oint \dfrac{\delta Q}{T} = \int_{1(a)}^{2} \dfrac{\delta Q}{T} + \int_{2(b)}^{1} = 0$

$\therefore \int_{1(a)}^{2} \dfrac{\delta Q}{T} = \int_{1(b)}^{2} \dfrac{\delta Q}{T} = \int_{1}^{2} \dfrac{\delta Q}{T}$

$\therefore ds = \dfrac{\delta q}{T}$ (Kcal/kg°K)

ii) "비가역 사이클"인 경우

$\therefore$ "$\oint \dfrac{\delta Q}{T} < 0$"에서

$\oint \dfrac{\delta Q}{T} = \int_{1(a)}^{2} \dfrac{\delta Q}{T} + \int_{2(c)}^{1} \dfrac{\delta Q}{T} < 0$

$-\int_{2(b)}^{1} \dfrac{\delta Q}{T} + \int_{2(c)}^{1} \dfrac{\delta Q}{T} < 0$

$-[s]_{2(b)}^{1} + [s]_{2(c)}^{1} < 0$

$s_{2(b)} - s_{2(c)} < 0$

$-\int_{2(b)}^{1} ds + \int_{2(c)}^{1} ds < 0$

$-(s_1 - s_{2(b)}) + (s_1 - s_{2(c)}) < 0$

$\therefore s_{2(b)} < s_{2(c)}$

**참고**

엔트로피는 감소하는 일이 없으며, 가역이면 불변이고, 비가역이면 증가한다. 그러므로. 자연계에 존재하는 모든 상태는 비가역이므로 엔트로피는 항상 증가한다.

## 5. 이상기체의 엔트로피

<함수관계>

### 1) T와 v의 함수

$$\delta q = du + pdv = dh - vdp \qquad Tds = C_v dT + pdv \qquad ds = C_v \frac{dT}{T} + \frac{p}{T} dv$$

$$\blacktriangle (Pv = RT) \rightarrow \frac{p}{T} = \frac{R}{v} \qquad ds = C_v \frac{dT}{T} + A\frac{R}{v} dv$$

$$\int_1^2 ds = C_v \int_1^2 \frac{dT}{T} + R\int_1^2 \frac{1}{v} dv \qquad \therefore \Delta s = s_2 - s_1 = C_v \ln\frac{T_2}{T_1} + R\ln\frac{v_2}{v_1}$$

### 2) p와 T의 함수

$$\delta q = du + pdv = dh - vdp \qquad Tds = C_p dT - vdp \qquad ds = C_p \frac{dT}{T} - \frac{v}{T} dp$$

$$\blacktriangle (pv = RT) \rightarrow \frac{v}{T} = \frac{R}{p} \qquad ds = C_p \frac{dT}{T} - A\frac{R}{p} dp$$

$$\int_1^2 ds = C_p \int_1^2 \frac{dT}{T} - R\int_1^2 \frac{dp}{p} \qquad \therefore \Delta s = s_2 - s_1 = C_p \ln\frac{T_2}{T_1} - R\ln\frac{p_2}{p_1}$$

### 3) p와 v의 함수

$$\Delta s = C_p \ln\frac{T_2}{T_1} - R\ln\frac{p_2}{p_1} = C_p \ln\frac{T_2}{T_1} - (C_p - C_v)\ln\frac{p_2}{p_1}$$

$$= C_p \ln\frac{T_2}{T_1} - C_p \ln\frac{p_2}{p_1} + C_v \ln\frac{p_2}{p_1} = C_p \ln\frac{T_2}{T_1} \cdot \frac{p_1}{p_2} + C_v \ln\frac{p_2}{p_1}$$

$$p_1 v_1 = R_1 T_1 \rightarrow \frac{p_1}{T_1} = \frac{R_1}{v_1} \qquad\qquad p_2 v_2 = R_2 T_2 \rightarrow \frac{p_2}{T_2} = \frac{R_2}{v_2}$$

$$\Delta s = C_p \ln\frac{R}{v_1} \cdot \frac{v_2}{R} + C_v \ln\frac{p_2}{p_1} \qquad\qquad \therefore \Delta s = C_p \ln\frac{v_2}{v_1} + C_v \ln\frac{p_2}{p_1}$$

$$\boxed{\Delta s = C_v \ln\frac{T_2}{T_1} + R\ln\frac{v_2}{v_1} = C_p \ln\frac{T_2}{T_1} - R\ln\frac{p_2}{p_1} = C_p \ln\frac{v_2}{v_1} + C_v \ln\frac{p_2}{p_1}}$$

a) 정적변화 (v=C)

$$\Delta s = C_v \ln\frac{T_2}{T_1} = C_v \ln\frac{p_2}{p_1} = C_p \ln\frac{T_2}{T_1} - R\ln\frac{p_2}{p_1}$$

b) 정압변화 (p=C)

$$\Delta s = C_v \ln \frac{T_2}{T_1} + AR \ln \frac{v_2}{v_1} = C_p \ln \frac{T_2}{T_1} = C_p \ln \frac{v_2}{v_1}$$

c) 등온변화 (T=C)

$$\Delta s = R \ln \frac{v_2}{v_1} = -R \ln \frac{p_2}{p_1} = C_p \ln \frac{v_2}{v_1} + C_v \ln \frac{p_2}{p_1}$$

d) 단열변화 : q=C, $\delta q=0$

$$ds = \frac{\delta q}{T} \qquad\qquad \Delta s = 0$$

$$s_2 - s_1 = 0 \qquad\qquad \therefore s_2 = s_1 \text{ (등엔트로피 변화)}$$

e) 폴리트로픽 변화 : $q_{12} = C_n(T_2 - T_1)$

$$\delta q = C_n dT \qquad\qquad ds = \frac{\delta q}{T} = \frac{C_n dT}{T}$$

$$\int_1^2 ds = C_n \int_1^2 \frac{dT}{T}$$

$$\Delta s = s_2 - s_1 = C_n \int_1^2 \frac{dT}{T} = C_n \ln \frac{T_2}{T_1} = \frac{n-k}{n-1} C_v \ln \frac{T_2}{T_1}$$

## 6. p-V 선도와 T-s 선도의 비교

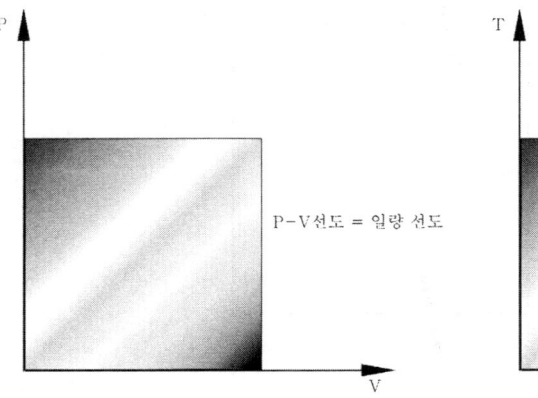
P-V선도 = 일량 선도

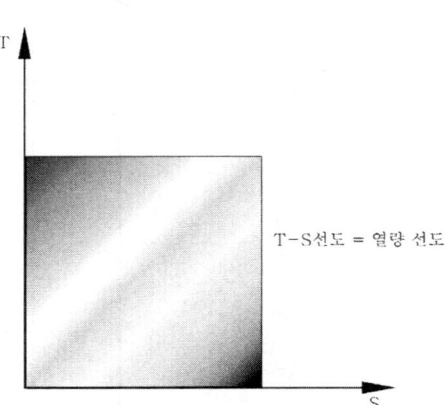
T-S선도 = 열량 선도

## 7. 유효에너지($Q_a$)와 무효에너지($Q_2$)

1. 가열량(수열량, 공급열량)

   $Q_1 = T_I \Delta s$ = 면적 1.2.3.5.6.4.1.

2. 방출량 = $Q_2 = T_{II} \Delta s$ = 면적 3.5.6.4.3

3. 유효열량 : $Q_a = AW_{\neq t}$

$$Q_a = Q_1 - Q_2 = T_I \Delta s - T_{II} \Delta s = (T_I - T_{II})\Delta s = \text{면적 } 1.2.3.4.1$$

$$\eta_c = \frac{\text{실질적인것}}{\text{투자한것}} = \frac{\text{유효열량}}{\text{공급열량}} = \frac{Q_a}{Q_1} = \frac{(T_I - T_{II})\Delta s}{T_I \Delta s} = \frac{T_I - T_{II}}{T_I} = 1 - \frac{T_{II}}{T_I}$$

### 1) 유효에너지($Q_a$)

고열량 $Q_1$을 공급받아 저열량 $Q_2$를 방출하면서 유효하게 일을 생산하는 에너지

$$Q_a = (T_I - T_{II})\Delta s = (T_I - T_{II})\frac{Q_1}{T_I} = \eta_c \cdot Q_1$$

### 2) 무효에너지($Q_2$)

계에 가해지거나 방출된 열량중에서 외부적 가역기관에 의해서 변화될 수 없는 부분, 즉, 이용할 수 없는 에너지

$$Q_2 = T_{II} \Delta s$$

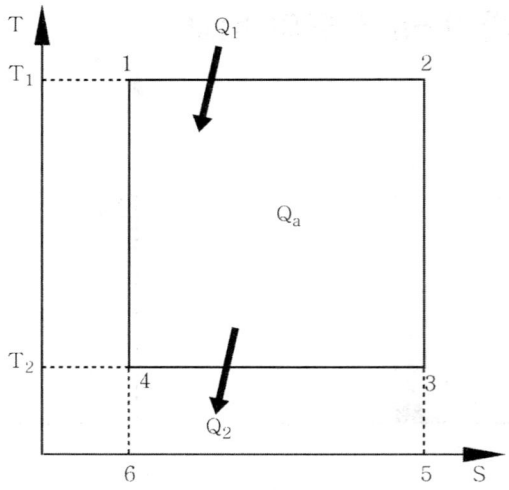

# 제5장  기체의 압축

## 1. 내연기관의 성능분석

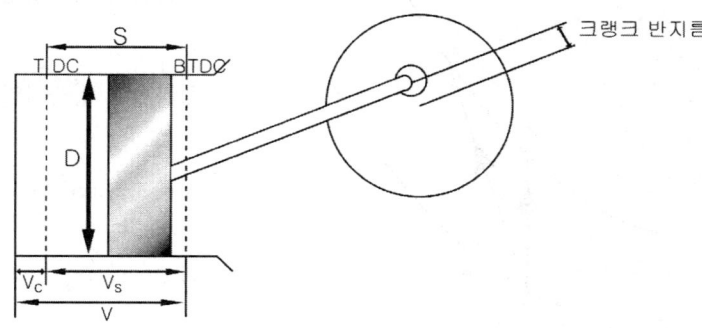

여기서,
- a) TDC (Top Dead Center) : 상사점
- b) BDC (Bottom Dead Center) : 하사점
- c) S (Stroke) : 행정 상사점과 하사점과의 거리
- d) $V_c$ : 간극체적(=극간체적=연소실체적)압축후의 체적
- e) $V_s$ : 행정체적
- f) V ( $=V_c+V_s$) 실린더 체적 ~ 압축전 체적
- g) D : 실린더 안지름(Bore)

**1) 행정체적** : $V_s = A \cdot S = \dfrac{\pi D^2}{4} \cdot S (cm^3)$

**2) 총행정 체적** : $V_t = V_s \cdot Z = \dfrac{\pi D^2}{4} \cdot S \cdot Z (cm^3)$

**3) 압축비** : $\epsilon = \dfrac{V}{V_c} = \dfrac{V_c + V_s}{V_c} = 1 + \dfrac{V_s}{V_c}$

**4) 통극체적비(=극간비)** : $\lambda = \dfrac{V_c}{V_s}$

## 2. 단열압축기의 효율

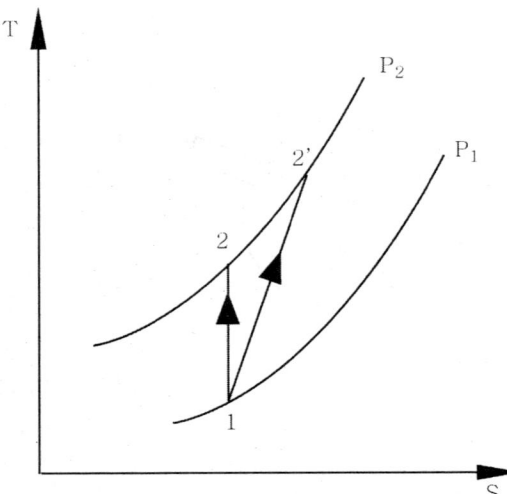

이론적인 압축기열 : $AW_c$ (1→2)

실질적인 압축기열 : $AW_c'$ (1→2')

$\delta q = du + Apdv = dh - Avdp = dh + A\delta W_c$

$\therefore AW_c = -(h_2 - h_1) = h_1 - h_2$

▲ 단열압축기의 효율

$$n_c = \frac{\text{이론적인 압축기 열}}{\text{실질적인 압축기 열}} = \frac{AW_c}{AW_c'} = \frac{h_1 - h_2}{h_1 - h_{2'}} = \frac{h_2 - h_1}{h_{2'} - h_1}$$

$$= \frac{C_p(T_2 - T_1)}{C_p(T_{2'} - T_1)} = \frac{T_2 - T_1}{T_{2'} - T_1}$$

# 제6장 증기

정의 : 액화가 비교적 쉬운상태를 증기라 하고 액화하기 어려운 상태는 기체라 하며 증기는 매우 복잡한 성질을 가지므로 수표나 선도를 활용 함.

**참고**

▲ 특징
1) 압력 및 온도변화에 따라 상의 변화를 쉽게 가져온다.
2) 에너지를 저장, 운반하므로 동작유체로 사용
3) 액체, 고체, 기체의 3상이 서로 평형을 유지하면서 공존하는 점을 3중점이라 함.
4) 임의의 압력하에서 증발을 시작하는 점을 비등점이라 함.

## 1. 증기의 일반적인 성질

### 1) 정압하에서의 증발

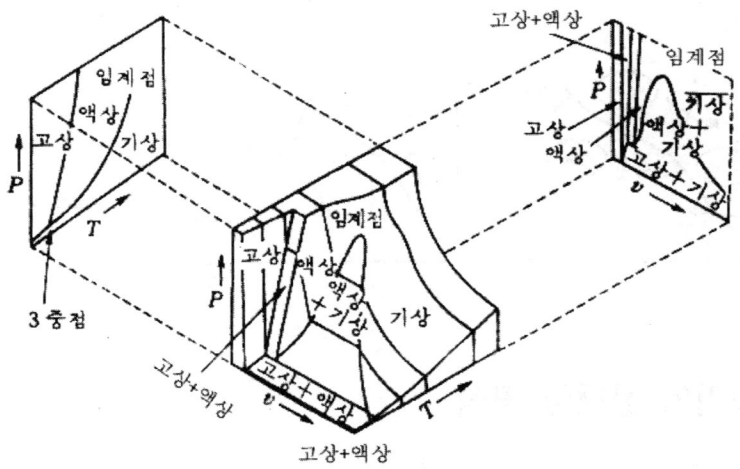

### 2) 용어

a) 압축수(=불포화액) : 포화상태에 도달하지 못한 상태 즉, 상은 액체이다.
b) 포화수(=포화액) : 임의의 압력하에서 비등점온도를 갖는 액체로 압축액을 계속가열시 온도상승이 멈추고 증발이 일어나기 시작하는 상태
c) 습증기(=습포화증기) : "포화수 + 건포화 증기(액체와 기체가 공존하는 상태)"
e) 감열(현열) : 액체열($q_1$), 과열의 열($q_2$)

f) 건도(건조도(x)) : 습증기 구역하에서 건포화 증기의 함유량을 백분율로 나타낸 것
g) 습도(1-x) : 습증기 구역하에서 포화수의 함유량을 백분율로 나타낸 것
h) 잠열(=증발열(r)) : 임의의 압력하에서 1kg의 액체를 1kg의 건포화증기까지 가열하는데 요하는 열량
　i) 과열증기 : 건포화 증기를 계속 가열시 증기의 온도는 포화온도보다 높게되고 체적도 증가하는 상태

## 2. 증기선도

1) p-v 선도　　　　　　　　　2) T-선도

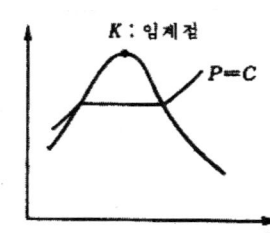
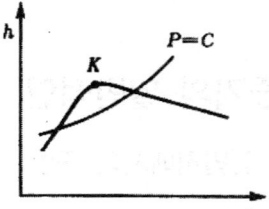

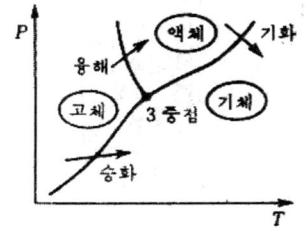
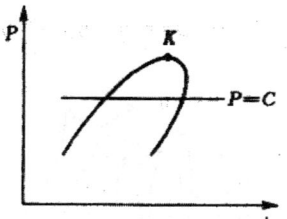

## 3. 습증기의 상태량 공식

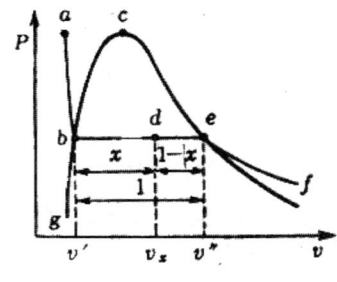
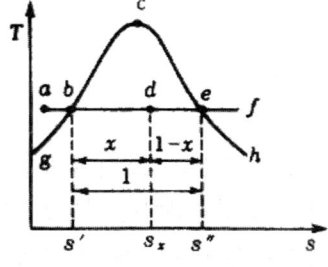

습증기의 상태점 표시점

　비내부에너지 $u_x$
　비체적 $v_x$
　비엔트로피 $s_x$
　비엔탈피 $h_x$

$$u_x = u''x + u'(1-x) = u''x + u' - u'x = u' + x(u'' - u')$$

여기서, $\begin{cases} u_0, v_0, s_0, h_0 \ : \ 압축수의 상태량 \\ u', v', s', h' \ : \ 포화수의 상태량 \\ u'', v'', s'', h'' \ : \ 건포화 증기의 상태량 \\ u, v, s, h \ : \ 과열증기의 상태량 \\ u_x, v_x, s_x, h_x \ : \ 임의의 건도 x 인 경우의 습증기의 상태량 \end{cases}$  결국, $\begin{cases} u_x = u' + x(v'' - v') \\ v_x = v' + x(v'' - v') \\ s_x = s' + x(s'' - s') \\ h_x = h' + x(h'' - h') \end{cases}$

## 4. 증기의 열적 상태량

### 1) 포화수의 열적상태량

- 액체열(q1) : 임의의 압력하에서 0℃의 압축수를 포화온도($t_s, T_s$)까지 가열하는데 요하는 열량

$$\delta q = C \cdot dt (Kcal/kg) \qquad \int_0^{t_s} \delta q = \int_0^{t_s} C \cdot dt$$

$$\therefore q_l = \int_0^{t_s} C \cdot dt = h' - h_0 = [(u' + Apv') - (u_0 + Apv_0)] = (u' - u_0) + Ap(v' - v_0)$$

- 포화수의 엔트로피

$$ds = \frac{\delta q}{T} = \frac{CdT}{T} \int_{273}^{T_s} ds = \int_{273}^{T_s} \frac{C}{T} dt \rightarrow \Delta s = s' - s_0 = C \ln \frac{T_s}{273}$$

### 2) 건포화 증기의 열적상태량

- 증발열(잠열) : $r$

$$\delta q = du + pdv = dh - vdp \qquad \blacktriangle 전열량 \lambda = 액체열 + 증발열 = q_l + r$$

$$r = h'' + h' = (u'' + pv'') - (u'' - u') + p(v'' - v') = \rho(내부증발열) + \phi(외부증발열)$$

### 3) 과열증기의 열적상태량

$q_s$ : 과열의 열

$$\delta q = du + pdv = dh - vdp \qquad \delta q = dh = C_p dT$$

$$\int_{T_s}^{T} \delta q = \int_{T_s}^{T} \delta h = \int_{T_s}^{T} C_p dT \qquad \therefore q_s = h - h'' = C_p dT = C_{pm}(T - T_s)$$

여기서 과열도 $= T - T_s$

▲ 과열증기의 엔트로피

$$ds = \frac{\delta q}{T} = \frac{C_p dT}{T}$$

$$\Delta s = s - s'' = C_{pm} \ln \frac{T}{T_s}$$

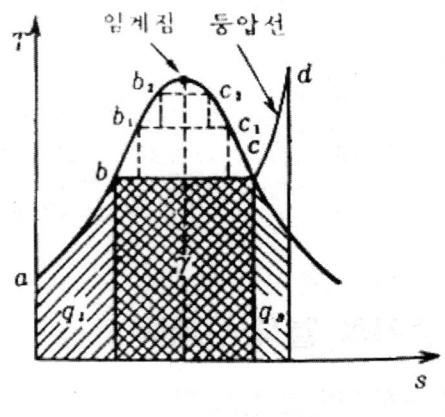

$q_1, \gamma, q_s$ 의 표시

## 5. 증기표와 증기선도

### 1) 증기표

a) 압력기준 포화 증기표
b) 온도기준 포화 증기표
c) 과열증기표 { SI단위 과열 증기표
              절대단위 과열 증기표

### 2) 증기선도

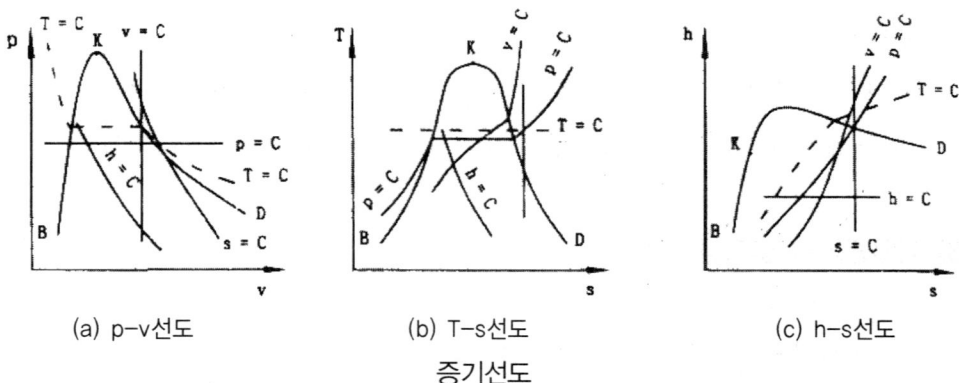

(a) p-v선도  (b) T-s선도  (c) h-s선도

증기선도

c) h-s 선도 (=몰리에선도 = 증기선도)      d) p-h 선도 : 냉동기
   〈특징〉 포화수의 엔탈피는 잘 알 수 없다.

## 6. 증기의 상태변화

1) 정적과정 : v = C → dv = 0

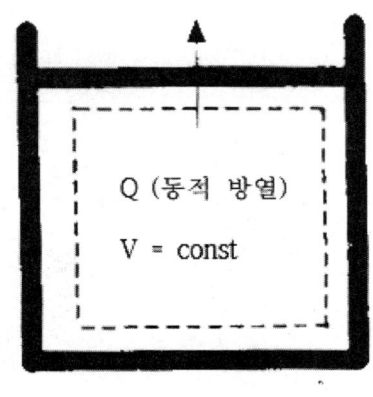

시스템

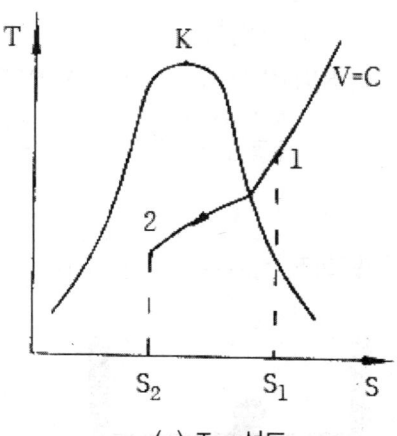

(a) T-s선도

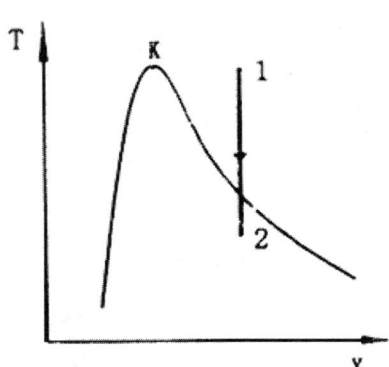

(b) T-v선도

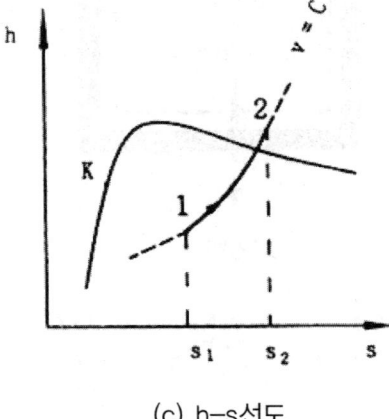

(c) h-s선도

a) 절대일 : $_1W_2 = \int_1^2 pdv, \quad \therefore {_1w_2} = 0$

b) 공업일 : $w_t = -\int_1^2 vdp = -v(p_2 - p_1) = v(p_1 - p_2) = R(T_1 - T_2)$

c) 열 량 : $\delta q = du + pdv = dh - vdp$

$\quad _1q_2 = u_2 - u_1$

여기서, $U_2 = U_2 + X_2(U_2'' - U_2')$

$U_1 = U_1 + X_1(U_1'' - U_1')$

d) 상태 변화후 건도(+건조도) : $x_2 = ?$

$V_1 = V_2 = C$

$V_1 = V_1 + X_1(V_1'' - V_1')$ $\qquad V_2 = V_2 + X_2(V_2'' - V_2')$

$V_1 + X_1(V_1'' - V_1') = V_2 + X_2(V_2'' - V_2')$

$\therefore x_2 = (\dfrac{V_1' - V_2'}{V_2'' - V_1'}) + x_1(\dfrac{V_1'' - V_1'}{V_2'' - V_2'})$

## 2) 정압과정 : p = C → dp = 0

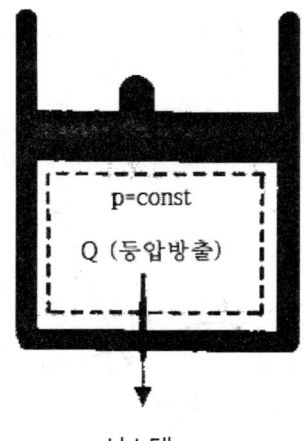

시스템

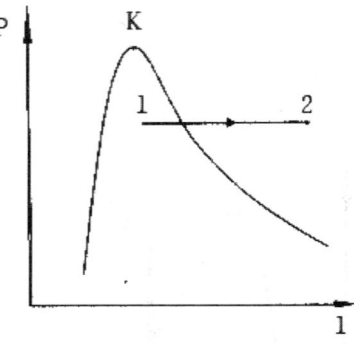

(a) p-v선도

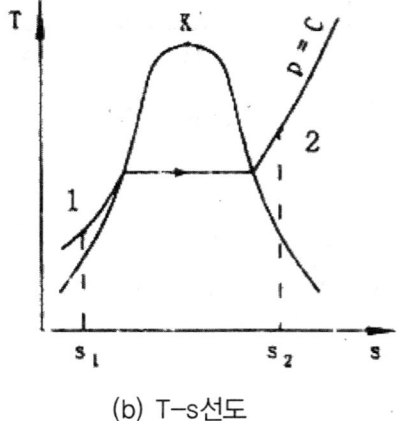

(b) T-s선도

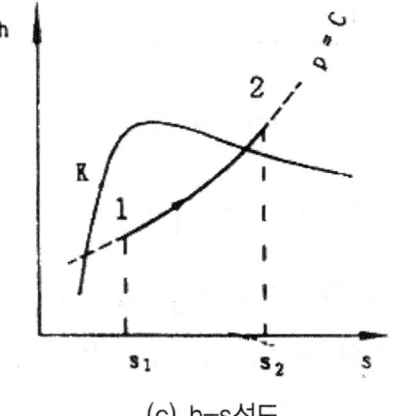

(c) h-s선도

a) 절대일 : $_1W_2 = \int_1^2 pdv = p(v_2 - v_1) = R(T_2 - T_1)$

$V_2 = V_2 + X_2(V_2'' - V_2')$   $V_1 = V_1 + X_1(V_1'' - V_1')$

b) 공업일 : $w_t = -\int_1^2 vdp,$   $\therefore w_t = 0$

c) 열  량 : $\delta q = du + Apdv = dh - Avdp$   $\delta q = dh \to {_1q_2} = h_2 - h_1$

여기서, $h_2 = h_2' + x_2(h_2'' - h_2') = h' + x_2 r$

$h_1 = h_1' + x_1(h_1'' - h_1') = h' + x_1 r$

$\therefore {_1q_2} = h_2 - h_1 = (h' + x_2 r) - (h' + x_1 r) = (x_2 - x_1)r$

## 3) 등온과정 : T = C → dT = 0

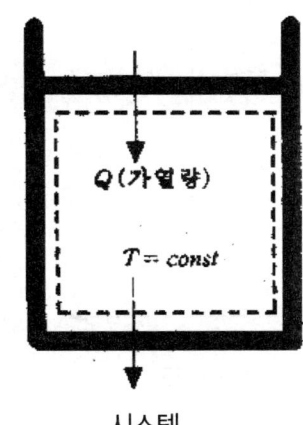

시스템

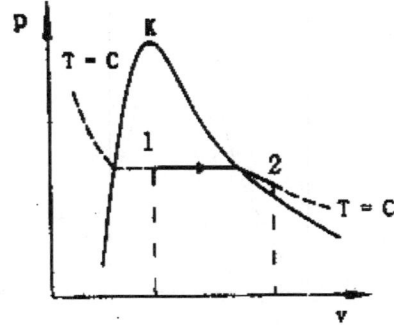

(a) p–v선도

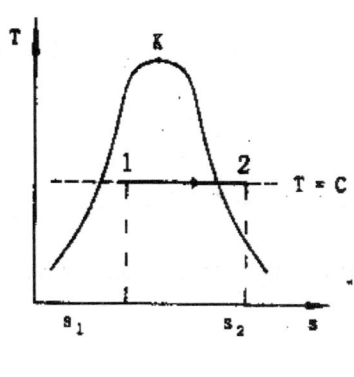

(b) T–s선도

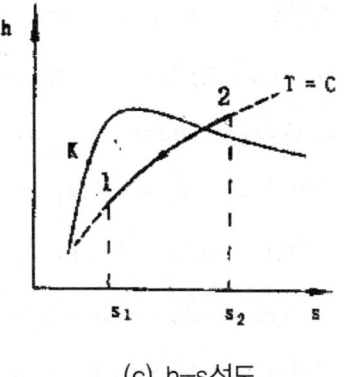

(c) h–s선도

▲ 습증기구역에서는 정압과 등온이 일치하므로, 모든 상태는 습증기구역에서 정압변화와 같다.

4) 단일과정 : q = C → δq = 0

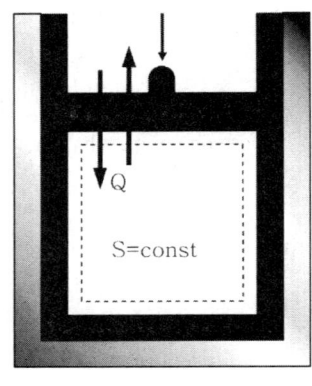
시스템

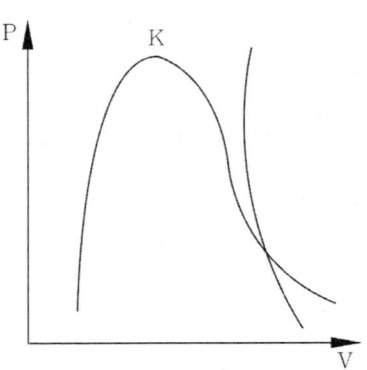
(a) p-v선도

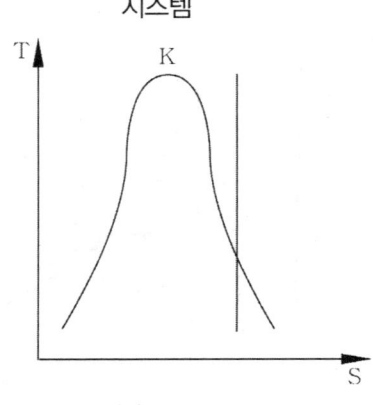
(b) T-s선도

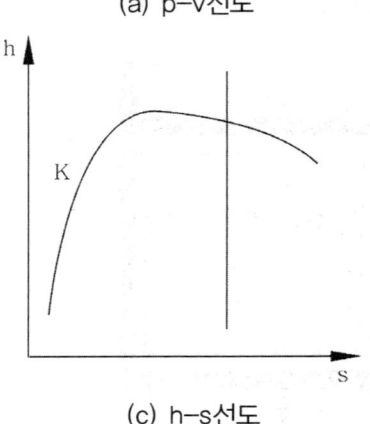
(c) h-s선도

a) 절대일 : $_1w_2 = \int_1^2 pdv$

$\delta q = du + Apdv = dh - Avdp = du + A\,_1w_2$

$\therefore A\,_1w_2 = -du = -(u_2 - u_1) = u_1 - u_2$

여기서, $u_1 = u_1' + x_1(u_1'' - u_1')$,   $u_2 = u_2' + x_2(u_2'' - u_2')$

b) 공업일 : $w_t = -\int_1^2 vdp$,   $\delta q = du + Apdv = dh - Avdp = du + Aw_t$

$\therefore Aw_t = -dh = -(h_2 - h_1) = h_1 - h_2$

여기서, $h_1 = h_1 + x_1(h_1'' - h_1')$   $h_2 = h_2 + x_2(h_2'' - h_2')$

c) 열량 : q = C → δq = 0

$ds = \dfrac{\delta q}{T}, \Delta s = s_2 - s_1 = 0, \therefore s_1 = s_2 (등엔트로피)$

d) 상태변화후의 건도

$s_1 = s_2$, 여기서, $s_1 = s_1' + x_1(s_1'' - s_1')$

$s_2 = s_2' + x_2(s_2'' - s_2')$   $s_1' + x_1(s_1'' - s_1') = s_2' + x_2(s_2'' - s_2')$

$\therefore x_2 = \left(\dfrac{s_1' - s_2'}{s_2'' - s_2'}\right) + x_1\left(\dfrac{s_1'' - s_1'}{s_2'' - s_2'}\right)$

## 5) 교축과정 : 등엔탈피 변화, 비가역 정상류 과정

유체가 밸브, 콕, 작은 구멍 등 좁은 통로를 흐를 때, 마찰이나 난류등으로 압력이 급격히 저하하는 현상

$_1Q_2 = 0$, $W_t = 0$

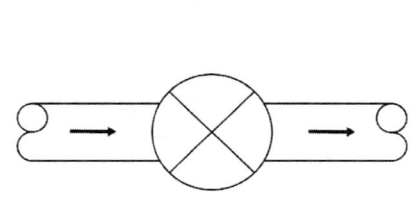

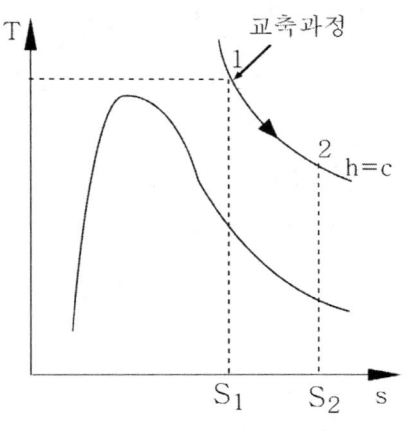

시스템            (a) T-s선도

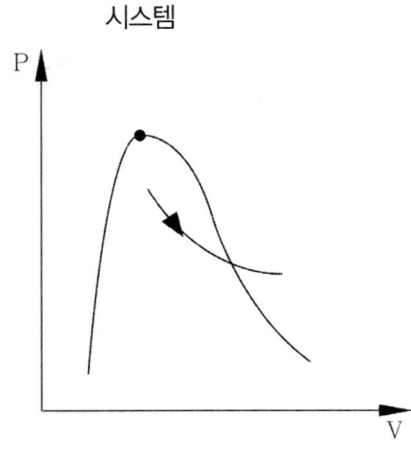

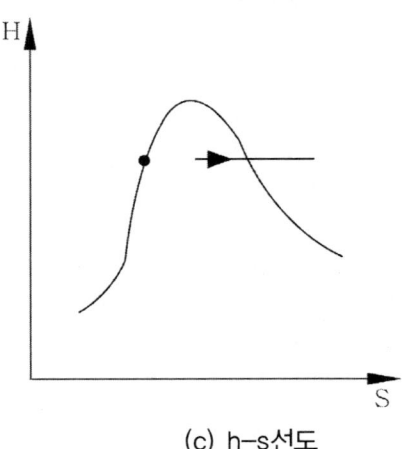

(b) p-v선도            (c) h-s선도

정상유동의 에너지 방정식

$$_1Q_2 = W_t + \frac{m(w_2^2 - w_1^2)}{2g} + m(h_2 - h_1) + m(Z_2 - Z_1)$$

$G(h_2 - h_1) = 0,$  $\quad \therefore \begin{cases} h_1 = h_2 : \text{등엔탈피변화} \\ p_1 > p_2 \end{cases}$

▲ 교축열량계

등엔탈피 변화 $(h_1 = h_2)$를 이용하여, 증기의 건도를 측정 $(h_1 = h_2)$ 이므로

여기서, $\begin{cases} h_1 = h_1' + x_1(h_1'' - h_1') = h_1' + x_1 r = h_2 \rightarrow x_1 = \dfrac{h_2 - h_1'}{r_1} \\ h_2 = h_2' + x_2(h_2'' - h_2') = h_2' + x_1 r = h_1 \rightarrow x_2 = \dfrac{h_1 - h_2'}{r_2} \end{cases}$

# 제7장 증기원동소 사이클

증기동력사이클은 증기원동소내에서 작동유체가 열을 받으면 상변화가 발생하여 유체가 팽창하면서 그 팽창력을 이용하여 동력을 구동하고 유효한 일을 발생시키는 사이클.

증기동력사이클의 종류로는
   1) 랭킨 사이클                   2) 재열 사이클
   3) 재생 사이클                  4) 재열 - 재생 사이클
   5) 2유체 사이클                6) 실제 사이클

증기원동소의 일반적인 구조는
   1) 보일러 : 정압가열
   2) 터어빈 : 단열팽창
   3) 복수기(=응축기=열교환기=Condenser) : 정압방열
   4) 급수펌프(feed pump) : 단열압축

## 1. 랭킨(Rankine) 사이클

정의 : 증기 원동소의 이상사이클로서 2개의 정압변화, 2개의 단열변화로서 급수펌프, 증기보일러, 과열기, 증기터빈, 복수기 또는 응축기 등으로 구성되어 있다.

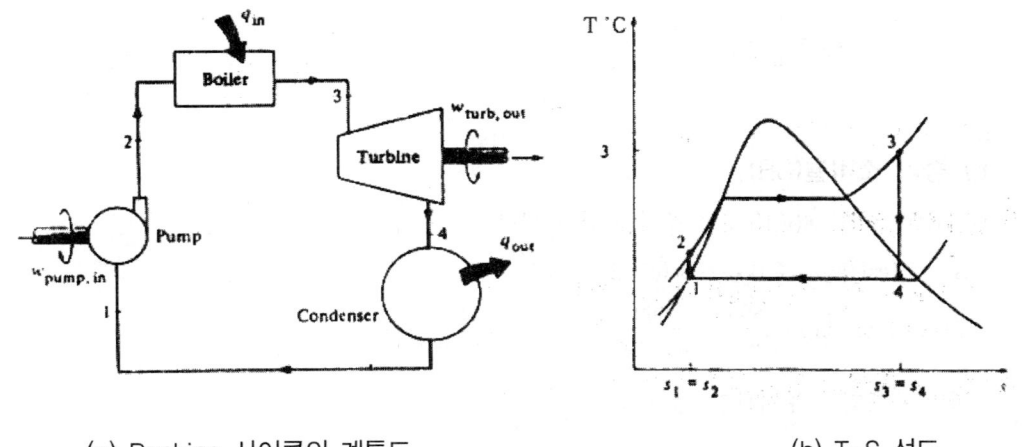

(a) Rankine 사이클의 계통도                  (b) T-S 선도

P : feed pump(급수펌프)                   G : generator(발전기)

B : Boiler(보일러)  C : condensor(복수기)
S : super heater(과열기)  T : turbine(터빈)

### 1) 가열량 : $q_1$

$\delta q = du + pdv = dh - vdp$ "정압가열" 이므로 $\therefore q_1 = h_2 - h_1$

### 2) 방열량 : $q_2$

$\therefore q_2 = h_3 - h_4$

### 3) 터어빈 열량 : $Aw_T$

$\delta q = du + pdv = dh - vdp = dh + \delta w_T$ "단열팽창" 이므로 $\therefore Aw_T = h_2 - h_3$

### 4) 펌프열량 : $Aw_p$

"단열압축" 이므로 $w_p = h_1 - h_4$

### 5) 열효율 :

$$\eta_R = \frac{w_{et}}{q_1} = \frac{w_T - w_p}{q_1} = \frac{(h_2 - h_3) - (h_1 - h_4)}{(h_2 - h_1)} = \frac{T - P}{B}$$

만일 펌프일은 터어빈일에 비해 아주 미소하므로 펌프일을 무시하면($h_1 ≒ h_4$)

$$\eta_R = \frac{h_2 - h_3}{h_2 - h_1} = \frac{h_2 - h_3}{h_2 - h_4}$$

### 6) 증기 소비율(SR)

1KW·h 즉, 860Kcal의 증기를 얻기 위한 소비량(kg)

$Aw_{et}(Kcal/kg) \times G(kg) = 860 Kcal$

$$G(kg) = SR(kg) = \frac{860}{w_{et}} = \frac{860}{w_T - w_p} = \frac{860}{(h_2 - h_3) - (h_1 - h_4)}$$

만일 펌프일을 무시하면 $SR(kg) = \dfrac{860}{(h_2 - h_3)}$

### 7) 열소비율(HR)

$$\therefore \text{HR} = \frac{632.3}{\eta_{th}}(\text{Kcal/PSh}) = \frac{860}{\eta_{th}}(\text{Kcal/KWh})$$

### 8) 랭킨 사이클의 열효율을 높이려면?

ⅰ) 보일러의 압력은 높고, 복수기의 압력은 낮아야 한다.
ⅱ) 터이빈 입구에서 초압, 초온이 높아야 한다.
ⅲ) 터어빈 출구에서는 압력만 낮아야 한다.

이유) 터어빈 출구에서 온도가 낮으면 터어빈의 날개(깃)를 부식시키므로

## 2. 재열 사이클(Reheat cycle)

랭킨 사이클의 열효율은 증기의 초압이나 초온을 높이고, 또한 배가압도 낮게 함으로써 향상시킬 수 있으나 재료의 강도상 초온은 제한을 받으며 배기압도 냉각 수온에 의해서 제한을 받으므로 초압을 높이는 방법밖에는 없다. 그러나, 초압을 높이면 높일수록 팽창후의 증기의 건도가 낮아지지 않도록 고안된 사이클이 재열 사이클이다. 결국, 궁극적인 목적은 열을 다시 가열하여 즉, 재열기를 이용하여 열효율을 증가시키는데 있다.

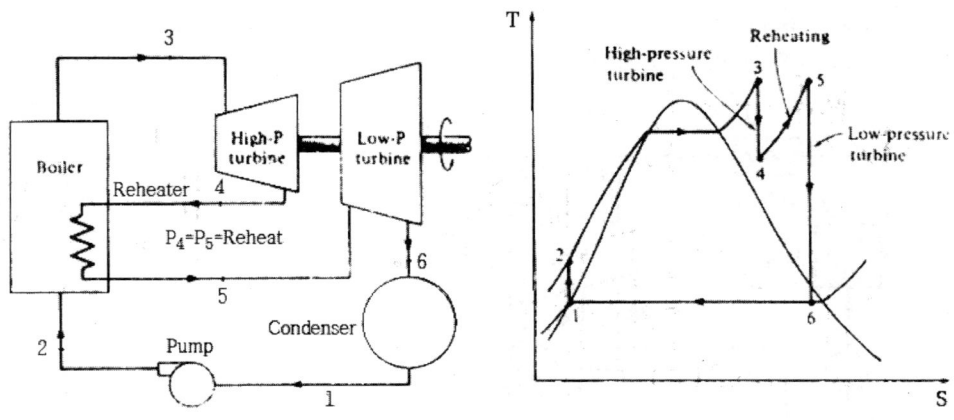

(a) 재열사이클의 계통도        (b) T-s선도

재열사이클

1) 가열량 : $q_1$        $q_1 = (h_2 - h_1) + (h_4 - h_3)$

2) 방열량 : $q_2$  $\qquad q_2 = h_5 - h_6$

3) 터어빈의 열량 : $w_T$  $\qquad w_T = (h_2 - h_3) + (h_4 - h_5)$

4) 펌프열량 : $w_p$  $\qquad w_p \equiv h_1 - h_6$

5) 열효율 : $\eta_{Ret} = \dfrac{w_{et}}{q_1} = \dfrac{w_T - w_p}{q_1} = \dfrac{[(h_2 - h_3) + (h_4 - h_5)] - (h_1 - h_6)}{(h_2 - h_1) + (h_4 - h_3)}$

만일 펌프일을 무시하면, ($h_1 \fallingdotseq h_6$)

$$\eta_{Ret} = \frac{(h_2 - h_3) + (h_4 - h_5)}{(h_2 - h_1) + (h_4 - h_3)} = \frac{(h_2 - h_3) + (h_4 - h_5)}{(h_2 - h_6) + (h_4 - h_3)}$$

6) 개선율 $= \dfrac{\eta_{Ret} - \eta_R}{\eta_R} \times 100(\%)$

## 3. 재생 사이클(Regenerative cycle)

증기원동소에서는 가스 터빈의 경우와 달라서 터빈에서 나오는 증기의 온도가 낮으므로 팽창 도중의 증기를 일부 추출해서 급수의 가열에 이용함으로써 복수기에서 방출되는 열량의 감소량만큼 열효율이 개선된다. 즉, 급수가열기를 이용하여 공급열량을 될 수 있는 한 적게 함으로써 열효율을 개선하고자 고안된 사이클을 말한다. 결국, 궁극적인 목적은 추기를 이용하여 열효율을 증가시키는데 있다.

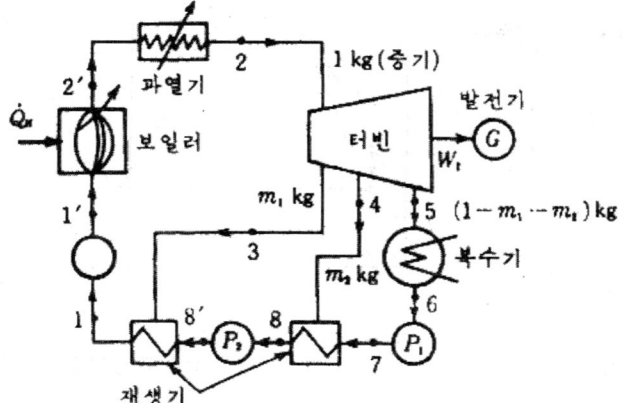

여기서, $\begin{cases} H_1 &: \text{저온급수가열} \\ H_2 &: \text{고온급수가열기} \\ m_1, m_2 &: \text{추기량(kg)} \end{cases}$

## 4. 재열 – 재생 사이클
- 열효율을 열역학적으로 증가시키는데 목적이 있다.
- 실제에 있어서 생기는 내부손실을 적게하고 효율비를 높이는데 목적이 있다.

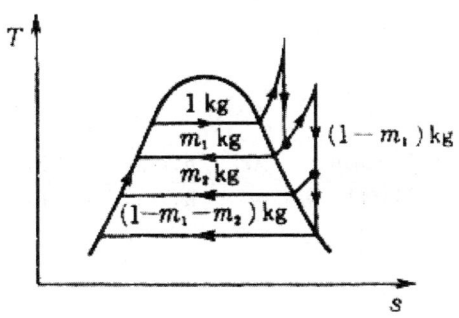

재생재열 사이클의 T-s선도

## 5. 2유체 사이클(Binary cycle)

물을 동작유체로 할 경우 온도범위가 500℃내외이므로, 온도범위가 큰 사이클을 작동시키려면 2가지의 동작유체가 요구된다. 동작유체로는 물과 수은(Hg)이나 물과 냉매가 있지만 그 중에서도 물과 수온이 널리 이용된다. 특히, 수은은 고온에서 포화압력이 낮은 이유로 널리 이용된다.

## 6. 실제 사이클

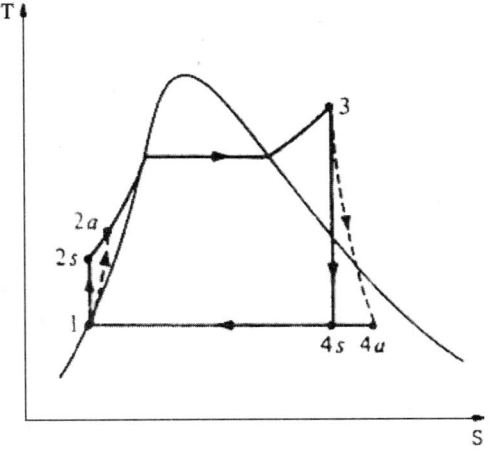

실제 Rankine Cycle

1) 펌프손실

$$\text{펌프효율}\, \eta_p = \frac{\text{이론적인펌프열}}{\text{손실적인펌프열}} = \frac{w_p}{w_p'} = \frac{h_1 - h_4}{h_1' - h_4} = \frac{C_p(T_1 - T_4)}{C_p(T_1' - T_4)} = \frac{T_1 - T_4}{T_1' - T_4}$$

2) 터어빈 손실

$$\text{터어빈 효율}\, \eta_p = \frac{\text{실질적인 터어빈 열}}{\text{이론적인 터어빈 열}} = \frac{w_T'}{w_T} = \frac{h_2 - h_3'}{h_2 - h_3} = \frac{C_p(T_2 - T_3')}{C_p(T_2 - T_3)} = \frac{T_2 - T_3'}{T_2 - T_3}$$

# 제8장 내연기관 사이클

## 1. 내연기관 사이클(밀폐계)

정의 : 작동유체의 단일상(가스)으로만 이루어진 사이클로 기관(실린더)내에서 연료를 연소시켜 동력을 얻는 기관

▲ 표준 사이클
1) 오토 사이클 = 정적 사이클 = 가솔린 기관 = 전기 점화 기관 = 불꽃점화기관
2) 디젤 사이클 = 정압 사이클 = 저속 디젤 기관= 압축 착화 기관 = 합성사이클
3) 사바테 사이클 = 복합 사이클 = 정적, 정압 사이클 = 고속 디젤 기관

### 1 오토 사이클(otto cycle)

2개의 정적과 2개의 단열로 이루어진 4행정 가솔린 기관의 기본 사이클

▲ 압축비 $\epsilon = \dfrac{v}{v_c} = \dfrac{v_1}{v_2} = \dfrac{v_1}{v_3} = \dfrac{v_4}{v_2} = \dfrac{v_4}{v_3}$

여기서, $\begin{cases} v_2 = v_c \ (간극체적 = 연소실체적) \\ v_1 - v_2 = v_s \ (행정체적) = A \cdot s = \dfrac{\pi \times d^2}{4} \cdot s \\ v_1 = v \ (실린더체적) \end{cases}$

1) 가열량 : $q_1$

   $\delta q = du + pdv = dh - vdp$   "정적가열"이므로 $q_1 = C_v(T_3 - T_2)$

2) 방열량 : $q_2$

   "정적방열" 이므로 $\delta q = du + pdv = dh - vdp$   ∴ $q_2 = C_v(T_4 - T_1)$

3) 열효율 $\eta_0 = 1 - \dfrac{q_2}{q_1} = 1 - \dfrac{C_v(T_4 - T_1)}{C_v(T_3 - T_2)} = 1 - \dfrac{(T_4 - T_1)}{(T_3 - T_2)}$

   i) 1→2과정 : 단열압축

   $$\dfrac{T_2}{T_1} = \left(\dfrac{v_1}{v_2}\right)^{\kappa-1} = \left(\dfrac{P_2}{P_1}\right)^{\frac{\kappa-1}{\kappa}} \qquad \therefore \dfrac{T_2}{T_1} = \epsilon^{\kappa-1} \qquad \therefore T_2 = T_1 \cdot \epsilon^{K-1}$$

   ii) 3→4과정 : 단열팽창

   $$\dfrac{T_3}{T_4} = \left(\dfrac{v_4}{v_3}\right)^{\kappa-1} \qquad \therefore T_3 = T_4 \times \left(\dfrac{v_4}{v_3}\right)^{\kappa-1} = T_4 \cdot \epsilon^{\kappa-1}$$

   결국, $\therefore \eta_0 = 1 - \dfrac{T_4 - T_1}{T_3 - T_2} = 1 - \left(\dfrac{1}{\epsilon}\right)^{K-1} = f(\epsilon)$

   → 압축비($\varepsilon$)가 클수록 효율은 좋아진다.

4) 평균 유효 압력(Pm)

   유효일 : $w = (v_1 - v_2)p_m$

   $p_m = \dfrac{w}{v_1 - v_2} = \dfrac{\eta q_1}{(v_1 - v_2)}$, 여기서, $\left(\eta = \dfrac{w}{v_1 - v_2} \rightarrow w = \eta q_1\right)$

**참고**

1사이클 : 단열압축 →정적가열 →단열팽창 →정적방열

## ② 디젤 사이클(Diesel cycle)

2개의 단열과 1개정압, 1개의 정적으로 이루어진 사이클

압축비 $\left(\epsilon = \dfrac{v_1}{v_2} = \dfrac{v_4}{v_2}\right)$

1) 가열량 : $q_1$ ~ **정압가열**

   $q_1 = C_p(T_3 - T_2)$

2) 방열량 : $q_2$ ~ **정적방열**

   $q_2 = C_v(T_4 - T_1)$

3) 열효율 : $\eta_d = 1 - \dfrac{q_2}{q_1} = 1 - \dfrac{C_v(T_4-T_1)}{C_p(T_3-T_2)} = 1 - \dfrac{C_v(T_4-T_1) \times \dfrac{1}{C_v}}{C_p(T_3-T_2) \times \dfrac{1}{C_v}} = 1 - \dfrac{T_4-T_1}{\kappa(T_3-T_2)}$

ⅰ) 1→2과정 : 단열압축

$\dfrac{T_2}{T_1} = (\dfrac{v_1}{v_2})^{\kappa-1} = (\dfrac{P_2}{P_1})^{\frac{\kappa-1}{\kappa}}$  ∴ $T_2 = T_1\left(\dfrac{v_1}{v_2}\right)^{K-1} = T\epsilon^{\kappa-1}$

ⅱ) 2→3과정 : 정압가열

$\dfrac{v_2}{T_2} = \dfrac{v_3}{T_3} \to T_3 = \dfrac{v_1}{v_2}T_2 = \sigma T_2 = \sigma \cdot T_1\epsilon^{K-1}$

여기서, $\sigma = \dfrac{v_3}{v_2}$ : 단절비(=체절비)

ⅲ) 3→4 과정 : 단열팽창

$\dfrac{T_4}{T_3} = \left(\dfrac{v_3}{v_4}\right)^{\chi-1} = \left(\dfrac{p_4}{p_3}\right)^{\frac{\chi-1}{\chi}}$

$\dfrac{T_4}{T_3} = \left(\dfrac{v_2}{v_4} \times \dfrac{v_3}{v_2}\right)^{\chi-1} = \left(\dfrac{1}{\epsilon} \cdot \sigma\right)^{\chi-1}$

∴ $T_4 = T_3 \dfrac{1}{\epsilon^{\chi-1}} \cdot \sigma^{k-1} = T_1\epsilon^{\chi-1} \cdot \sigma\left(\dfrac{1}{\epsilon^{\chi-1}} \cdot \sigma^{\chi-1}\right)$

∴ $T_4 = T_1\sigma^\chi$   $\eta_d = 1 - \dfrac{(T_4-T_1)}{\chi(T_3-T_2)} = 1 - \dfrac{T_1\sigma^\chi - T_1}{\kappa[T_1\epsilon^{\chi-1}\sigma - T_1\epsilon^{\chi-1}]}$

결국, $\eta_d = 1 - (\dfrac{1}{\epsilon})^{\chi-1} \cdot \dfrac{\sigma^\chi - 1}{\chi(\sigma-1)} = f(\epsilon, \sigma)$

→ 열효율을 높이려면 $\sigma$는 적을수록 $\epsilon$은 클수록 좋다.

### 참고

1사이클 : 단열압축 →정적가열 →단열팽창 →정적방열

## ③ 사바테 사이클(Sabathe cycle)

고속디젤 기관의 기본사이클

$\begin{cases} \text{압축비} \quad \epsilon = \dfrac{v_1}{v_2} = \dfrac{v_4}{v_2} = \dfrac{v_1}{v_2{'}} = \dfrac{v_4}{v_2{'}} \\ \\ \text{체절비(단절비)} \quad \sigma = \dfrac{v_3}{v_2{'}} = \dfrac{v_3}{v_2} \end{cases}$

1) 가열량 : q1 (정적가열+정압가열)

$$q_1 = q_1' + q_1'' = C_v(T_2' - T_2) + C_p(T_3 - T_2')$$

2) 방열량 : q2 (정적방열)

$$q_2 = C_v(T_4 - T_1)$$

3) 열효율 : 
$$\eta_s = 1 - \frac{q_2}{q_1} = 1 - \frac{C_v(T_4 - T_1)}{C_v(T_2' - T_2) + C_p(T_3 - T_2')}$$

$$= 1 - \frac{C_v(T_4 - T_1) \times \frac{1}{C_v}}{[C_v(T_2' - T_2) + C_p(T_3 - T_2')] \times \frac{1}{C_v}}$$

$$= 1 - \frac{(T_4 - T_1)}{(T_2' - T_2) + \chi(T_3 - T_2')}$$

i) 1→2과정 : 단열압축

$$\frac{T_2}{T_1} = \left(\frac{v_1}{v_2}\right)^{\chi-1} = \left(\frac{P_2}{P_1}\right)^{\frac{\chi-1}{\chi}} \qquad T_2 = T_1\left(\frac{v_1}{v_2}\right)^{\chi-1} = T_1 \epsilon^{\chi-1}$$

ii) 2→2' 과정 : 정적가열

$$\frac{p_2}{T_2} = \frac{p_2'}{T_2'} \qquad \therefore T_2' = T_2 \cdot \frac{q_2'}{p_2}$$

$$\therefore T_2' = T_1 \cdot \epsilon^{\chi-1} \cdot \rho \qquad 여기서, \rho = \frac{p_2'}{p_2} = \frac{p_3}{p_2} : 압력상승비, 폭발비$$

iii) 2'→3 과정 : 정압가열

$$\frac{v_2'}{T_2'} = \frac{v_3}{T_3} \rightarrow T_3 = \frac{v_1}{v_2'}T_2' = T_1 \cdot \epsilon^{\kappa-1} \cdot \rho\sigma$$

iv) 3→4 과정 : 단열팽창

$$\frac{T_4}{T_3} = \left(\frac{v_3}{v_4}\right)^{\chi-1}$$

$$\therefore T_4 = T_3\left(\frac{v_3}{v_4}\right)^{\chi-1} = T_3\left(\frac{v_2'}{v_4} \times \frac{v_3}{v_2'}\right)^{\chi-1}$$

$$= T_3 \cdot \left(\frac{1}{\epsilon} \cdot \sigma\right)^{\chi-1} = T_1\epsilon^{\kappa-1}\rho \cdot \sigma\left(\frac{1}{\epsilon} \cdot \sigma\right)^{\chi-1} \qquad T_1\epsilon^{\kappa-1}\rho \cdot \sigma\frac{1}{\epsilon^{\kappa-1}} \cdot \sigma^{\chi-1}$$

$$\therefore T_4 = T_1 \cdot \rho \cdot \sigma^\chi$$

결국, $\eta_s = 1 - \dfrac{(T_4 - T_1)}{(T_2' - T_2) + \chi(T_3 - T_2')}$

$$= 1 - \frac{T_1 \cdot \rho\sigma^\chi - T_1}{[T_1\epsilon^{\chi-1}\rho - T_1\epsilon^{\chi-1}) + \chi(T_1\epsilon^{\chi-1}\rho\sigma - T_1\epsilon^{\chi-1}\cdot\rho)]}$$

$$= 1 - \left(\frac{1}{\epsilon}\right)^{\chi-1} \cdot \frac{\rho\sigma^\chi - 1}{(\rho-1) + \chi\rho(\sigma-1)} = f(\epsilon,\ \sigma, \rho)$$

### 참고

▲ 내연기관 사이클의 열효율 비교

　압축비 : εd > εs > εo

1) 가열량 및 압축비가 일정할 일정할 경우 : ηd > ηs > ηo
2) 가열량 및 최고 압력이 일정할 경우 : ηd < ηs < ηo

1사이클 : 단열압축 →정적가열 →정압가열 →정적방열

## 2. 가스터어빈 사이클

"연료+공기를 동작유체로 하여 연소시키므로써 분사추진력을 얻는 기관

1. 브레이톤 사이클(Brayton cycle)

　　가스터빈의 이상사이클로서 2개의 정압과 2개의 단열과정으로 이루어진 사이클
　① 가스터어빈의 이상사이클 = 주울사이클 =정압(=등압) 연소 사이클
　　　　　　　　　　　　　 = 공기 냉동사이클의 역사이클
　② 2개의 정압변화와 2개의 단열변화로 이루어진 사이클

　　　1) 가열량 : $q_1 \to q_1 = C_p dT = C_p(T_3 - T_2)$
　　　2) 방열량 : $q_2 \to q_2 = C_p dT = C_p(T_4 - T_1)$
　　　3) 열효율 : $\eta_B = 1 - \frac{q_2}{q_1} = 1 - \frac{C_p(T_4-T_1)}{C_p(T_3-T_2)} = 1 - \frac{T_4 - T_1}{(T_3 - T_2)}$

　　　　ⅰ) 1→2과정 : 단열압축

$$\frac{T_2}{T_1} = \left(\frac{v_1}{v_2}\right)^{\chi-1} = \left(\frac{p_2}{p_1}\right)^{\frac{\chi-1}{\kappa}},$$

$$\therefore\ T_2 = T_1\left(\frac{p_1}{p_2}\right)^{\frac{\chi-1}{\chi}} = T_1 \gamma^{\frac{\chi-1}{\chi}}$$

　　　　　여기서, $\Upsilon = \frac{p_3}{p_4} = \frac{p_2}{p_1}$ : 압력비

　　　　ⅱ) 3→4 과정 : 단열팽창

$$\frac{T_4}{T_3} = \left(\frac{v_3}{v_4}\right)^{\chi-1} = \left(\frac{p_4}{p_3}\right)^{\frac{\chi-1}{\chi}},$$

$$T_3 = T_4\left(\frac{p_3}{p_4}\right)^{\frac{\chi-1}{\chi}} = T_4 \cdot \Upsilon^{\frac{\chi-1}{\chi}}$$

$$\eta_B = 1 - \frac{T_4 - T_1}{(T_3 - T_2)} = 1 - \frac{T_4 - T_1}{T_4\Upsilon^{\frac{\chi-1}{\chi}} - T_1\gamma^{\frac{\chi-1}{\chi}}}$$

$$= 1 - \frac{(T_4 - T_1)}{\gamma^{\frac{\chi-1}{\chi}}(T_4 - T_1)} \quad 결국, \therefore \eta_B = 1 - \left(\frac{1}{\gamma}\right)^{\frac{\kappa-1}{\kappa}} = f(\gamma)$$

열효율을 높이려면 $\gamma$(압력비)가 클수록 좋다.

### 참고

1사이클 : 단열압축 →정압가열 →단열팽창 →정압배기

2. 에릭슨 사이클(Ericsson cycle)
    2개의 정압과정과 2개의 등온으로 구성

3. 스터링 사이클(String cycle)
    2개의 등온과 2개의 정적과정으로 구성

4. 아트킨슨 사이클(Atkison cycle)
    2개의 단열과 1개 정압, 1개 정적과정으로 구성

5. 르누아 사이클(Lenoir cycle)

# 제9장  냉동사이클

정의 : 작동유체인 냉매를 순환시켜 열을 저온에서 고온으로 운반하는 작용을 반복하는 열역학적 사이클

· 냉동기의 성적계수  $\epsilon_R = \dfrac{Q_2}{W_c} = \dfrac{Q_2}{Q_1 - Q_2}$

· 열펌프의 성적계수  $\epsilon_h = \dfrac{Q_1}{W_c} = \dfrac{Q_2}{Q_1 - Q_2}$  $\therefore \epsilon_h = 1 + \epsilon_h$

여기서, $\begin{cases} Q_1 : 고열원으로 버리는 열량 \\ Q_2 : 저열원으로부터 흡수하는 열량 \\ W_c : 압축기의 소요열 \ (W_c = Q_1 - Q_2) \end{cases}$

· 카르노 사이클 : 가역 이상 열기관 사이클
· 랭킨 사이클 : 증기 원동소의 이상 사이클
· 브레이톤 사이클 : 가스터어빈의 이상 사이클
· 역 카르노 사이클 : 가역 이상 냉동기 사이클

## 1. 역카르노 사이클

정의 : 두온도 영역에서 작동되는 사이클로 2개의 등온과 2개의 단열로 이루어진 사이클

· 냉동기의 성능계수 : $\epsilon R$

$$\epsilon_R = \frac{Q_2}{W_c} = \frac{Q_2}{Q_1 - Q_2} = \frac{T_{II}}{T_I - T_{II}} = \frac{증발기\ 온도}{응축기\ 온도 - 증발기\ 온도}$$

· 열펌프의 성적계수 : $\epsilon h$

$$\epsilon_h = \frac{Q_1}{W_c} = \frac{Q_1}{Q_1 - Q_2} = \frac{T_{II}}{T_I - T_{II}}$$

## 2. 역 브레이톤 사이클(=공기 냉동 사이클)

정의 : 가스터빈을 역으로 작동하여 2개의 정압과 2개의 단열로 이루어진 사이클

① 냉동효과 (q2) : 저열원으로 흡수하는 열량
"정압흡열" 이므로 ∴ $q_2 = C_p(T_3 - T_2)$

② 성적계수 ($\varepsilon B$)

$$\therefore \epsilon_B = \frac{q_2}{W_c} = \frac{q_2}{q_1 - q_2} = \frac{T_2}{T_1 - T_2}$$

## 3. 증기압축 냉동 사이클

정의 : 작업유체가 액상과 기상의 상변화에 의해 압축일을 하여 저온을 얻는 목적

냉매를 순환시켜 증발을 이용한 냉동기관
·열의 출입량과 비교 : 증발기 < 응축기
·증발기의 온도가 높을수록 성적계수는 증가하고 증발기의 온도가 낮을수록 성적계수는 감소한다.

### 1) 냉동효과 : q2

$$q_2 = h_2 - h_1 = h_2 - h_4$$

### 2) 압축기의 소요열 : AWc

$$AW_c = h_3 - h_2$$

### 3) 성적계수

냉동기 : $\epsilon_R = \dfrac{q_2}{W_c} = \dfrac{h_2 - h_1}{h_3 - h_2} = \dfrac{h_2 - h_4}{h_3 - h_2}$

열펌프 : $\epsilon_h = \dfrac{q_1}{W_c} = \dfrac{h_3 - h_4}{h_3 - h_2} = \dfrac{h_3 - h_1}{h_3 - h_2}$

**참고**

| 증발기(정압흡인) → 압축기(단열압축) → 응축기(정압방열) → 팽창밸브(교축교정) |

## 4. 냉동능력의 표시방법

1. 얼음의 융해열(=융해잠열) (0℃물→0℃얼음) = 333.86 kJ/kg ≒80kcal/kg = 335.2KJ/kg

2. 냉동톤(RT) : 0℃의 물 1 ton(=1000kg)을 24hr동안 0℃의 얼음으로 냉동시킬 수 있는 능력

$$1RT = \frac{1000kg}{24hr} \times 79.68 Kcal/kg = 3320 Kcal/hr = 13910.8 KJ/hr$$

**참고**

> 1냉동톤 : 0℃의 물 1ton을 하루동안 0℃의 얼음으로 바꾸는데 필요한 냉동능력 3320(kcal/h)

3. 냉동능력 : 1시간 동안에 냉동기가 흡수하는 열량

# 제10장 가스 및 증기의 유동

## 1. 유동의 일반식

"정상유동의 에너지 방정식"에서

$1Q2 = W_t = m(w_2^2 - w_1^2) + m(h_2 - h_1) + m(z_2 - z_1)$

i) 단열유동이므로, $1Q2 = 0$

ii) "노즐인 경우 $\begin{cases} Z_1 = Z_2 \\ w_1 \ll w_2 \rightarrow w_1 \fallingdotseq 0 \\ W_t \fallingdotseq 0 \end{cases}$

$0 = \dfrac{mw_2^2}{2g} + m(h_2 - h_1)$      $\dfrac{mw_2^2}{2} = h_1 - h_2 = Had$(단열 열낙차)

$\therefore w_2 = \sqrt{2(h_2 - h_1)}$

여기서, $h_1 - h_2$ : 단열열낙차

또한, 다른식의 표현은 $\dfrac{mw_2^2}{2} = h_1 - h_2 = C_{p(T_1}- T_2) = \dfrac{kR}{\kappa - 1}(T_1 - T_2)$

$= \dfrac{\chi AR}{\kappa - 1}T_1\left[\left(\dfrac{T_2}{T_1}\right)\right] = \dfrac{\chi AR}{\kappa - 1}T_1\left[1 - \left(\dfrac{p_2}{p_1}\right)^{\frac{\chi - 1}{\chi}}\right]$

$\therefore w_2 = \sqrt{2g \cdot \dfrac{\chi}{\kappa - 1}RT_1\left[1 - \left(\dfrac{p_2}{p_1}\right)^{\frac{\chi - 1}{\chi}}\right]}$

$= \sqrt{2g \cdot \dfrac{\chi}{\chi - 1}p_1v_1\left[1 - \left(\dfrac{p_2}{p_1}\right)^{\frac{\chi - 1}{\chi}}\right]}$

## 참고

$$\eta = \varphi^2 = \frac{Had'}{Had}$$

η: 노즐효율 　　　　　　　　　φ: 속도계수
Had : 마찰무시 열낙차　　　　 Had' : 마찰고려 열낙차

## 2. 정체상태

1) 정체온도(T0) : $T_0 = T(1 + \frac{k-1}{2}M^2)$

2) 정체밀도(ρ0) : $\rho_0 = (1 + \frac{k-1}{2}M^2)^{\frac{1}{k-1}}$

3) 정체압력(P0) : $P_0 = (1 + \frac{k-1}{2}M^2)^{\frac{k}{k-1}}$

## 3. 임계상태

1) 임계온도(Tc) : $T_c = T_o \left(\frac{2}{k+1}\right)$

2) 임계밀도(ρc) : $\rho_c = \rho \left(\frac{2}{k+1}\right)^{\frac{1}{k-1}}$

3) 임계압력(Pc) : $P_c = P_o \left(\frac{2}{k+1}\right)^{\frac{1}{k-1}}$

## 참고

▲ 최대속도(=임계속도=한계속도)

$$w_{MAX} = w_c = \sqrt{\kappa g R T_c} = \sqrt{\kappa g p_c v_c} \rightarrow w \propto T^{\frac{1}{2}}$$

▲ 비열비 : κ
① 공기인 경우 : k=1.4
② 과열증기의 경우 : k=1.3
③ 건포화증기의 경우 : k=1.135

## 4. 노즐 속의 마찰손실

1) 노즐의 효율 : $\eta$

$$\eta = \frac{\text{실제단열낙차}}{\text{이론단열낙차}} = \frac{h_A - h_C}{h_A - h_B} = \frac{h_A - h_D}{h_A - h_B}$$

2) 노즐의 손실계수 : S

$$S = \frac{h_D - h_B}{(h_A - h_B)} = \frac{(h_A - h_B) - (h_A - h_D)}{h_A - h_B} = 1 - \frac{h_A - h_D}{h_A - h_B} = 1 - \eta$$

3) 노즐의 속도계수 : $\Phi$

$$\Phi = \frac{\text{실제출구속도}(w_2')}{\text{이론출구속도}(w_2)} = \sqrt{\frac{h_A - h_D}{h_A - h_B}} = \sqrt{\eta} = \sqrt{1 - S}$$

# 제11장  연소와 전열

## 1. 연소(Combustion)

연소란 물질이 산소와 화합하여 산화가 급격하게 일어나서 열과 빛을 내는 현상

### 1) 물질 1kg이 완전연소할 때의 반응식

① 탄소

$$C + O_2 \rightarrow CO_2 + 97200 \text{Kcal/Kmol}$$

여기서, $\begin{cases} \text{반응물 : C, } O_2 \\ \text{생성물 : } CO_2 \end{cases}$

1kmol + 1kmol → 1kmol

$12\text{kg}_f + 32\text{kg}_f = 44\text{kg}_f + $ 연소열$(97.200\text{kcal/kmol})$

| 반응식 | C | + | $O_2$ | → | $CO_2$ | + 97200 Kcal/Kmol |
|---|---|---|---|---|---|---|
| 중량비 | 12kg | | 32kg | | 44kg | |
| 몰수비 | 1 Kmol | | 1 Kmol | | 1 Kmol | |
| 체적비 | 22.4N·m³ | | 22.4N·m³ | | 22.4N·m³ | |
| 탄소 1kg당 중량비 | 1 kg | | $\frac{32}{12} = 2.667$kg | | $\frac{44}{12} = 3.667$kg | |
| 탄소 1kg 체적비 | 1 kg | | $\frac{22.4}{12} = 1.86$N·m³ | | $\frac{22.4}{12} = 1.86$N·m³ | |

이론 공기량("산소"의 경우) $\begin{cases} \cdot \text{ 중량비 (23.3\%)} : \dfrac{2.667 \text{ kg}}{0.232} = 11.49\text{kg} \\ \cdot \text{ 체적비 (21\%)} : \dfrac{1.867 \text{ kg}}{0.21} = 8.89\text{kg} \end{cases}$

② 수소

$$H_2 + \frac{1}{2}O_2 \rightarrow H_2O + 57600 \text{ kcal/kmol}$$

③ 황

$$S + O_2 \rightarrow SO_2 + 8000\text{kcal/kmol}$$

## 2) 알칸( $C_nH_{2n+2}$ )족의 완전 연소

- $n=1$(메탄) : $CH_4 + 2O_2 \rightarrow CO_2 + 2H_2O$
- $n=2$(에탄) : $C_2H_6 + 3.5O_2 \rightarrow 2CO_2 + 3H_2O$
- $n=3$(프로판) : $C_3H_8 + 5O_2 \rightarrow 3CO_2 + 4H_2O$
- $n=4$(부탄) : $C_4H_{10} + 6.5O_2 \rightarrow 4CO_2 + 5H_2O$
- $n=5$(펜탄) : $C_5H_{12} + 8O_2 \rightarrow 5CO_2 + 6H_2O$
- $n=6$(헥탄) : $C_6H_{14} + 9.5O_2 \rightarrow 6CO_2 + 7H_2O$
- $n=7$(헵탄) : $C_7H_{16} + 11O_2 \rightarrow 7CO_2 + 8H_2O$
- $n=8$(옥탄) : $C_8H_{18} + 12.5O_2 \rightarrow 8CO_2 + 9H_2O$
- $n=9$(노난) : $C_9H_{20} + 14O_2 \rightarrow 9CO_2 + 10H_2O$
- $n=10$(헥탄) : $C_{10}H_{22} + 15.5O_2 \rightarrow 10CO_2 + 11H_2O$

"미정계수법" 
- i ) 먼저 C의 수를 맞추고, H의 수를 맞춘다.
- ii) 거꾸로 O의 수를 맞춘다.

## 3) 발열량

연료의 단위량이 완전 연소시 발생하는 열량

- 고위발열량($H_h$) : 연소가스중 수분이 물의 형태로 존재하고 있을 경우 발열량
- 저위발열량($H_\ell$) : 연소가스중 수분이 증기의 형태로 존재하고 있을 경우 발열량

## 4) 화학반응의 평형상수(K)

- 온도상승
  - 흡열반응 ~ 증가
  - 발열반응 ~ 감소
- 온도하강
  - 흡열반응 ~ 감소
  - 발열반응 ~ 증가

### 참고

가솔린 기관 저위발열량 10500 kcal/kg

## 2. 전열(heat transfer)
열이 고체나 유체내에서 한쪽에서 다른쪽으로 이동하는 현상

· 열전달량 $Q = -k\dfrac{dt}{dx}(KJ/h)$

여기서, 
- (−)의 의미 : 열이 이동할 때 온도가 감소하는 방향으로 흐른다는 의미
- k : 열전도율
- A : 전열면적
- dT : 온도의 변화량
- dx : 전열면의 두께
- $\dfrac{dT}{dx}$ : 온도구배

> **참고**
> ① 열전달 : 전도, 대류, 복사(진공에서는 전도와 대류가 일어나지 않음.)
> ② 열관류 : 열전도와 열전달을 합성한 것.

# 제2편 기계열역학

1. 그림과 같이 상태 1,2 사이에서 1→A→2→B→1과 같은 사이클을 이루고 있을 때 열역학 제1법칙에 알맞는 표현은?(단, 여기서 dq는 계에서 전달되는 열량, dw는 계에서 전달되는 일, du와 Δu는 계의 내부 에너지 증가이다)

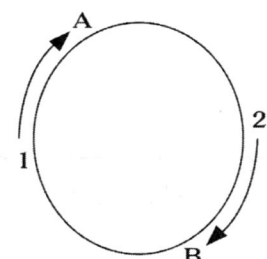

   ㋐ du=dq−dw  ㋑ ⊿u=Q−W
   ㋓ $\oint dq = \oint dw$  ㋔ $\oint du = 0$

2. 옥탄의 완전 연소 방정식은 다음과 같다. $C_8H_{18}+12.5O_2 \rightarrow 8CO_2+9H_2O$, 옥탄 1kg을 완전 연소시키는데 필요한 산소량은 몇 kg인가?
   ㋐ 400  ㋑ 114
   ㋓ 4.68  ㋔ 3.51

3. 실린더와 피스톤 사이에 이상기체가 들어 있는 계가 있다. 이 계에서 같은 체적 만큼 압축할 때 소모되는 일을 정압과정($W_P$), 등온과정($W_T$) 및 가역단열과정($W_S$)에서의 크기를 비교한 것으로 옳은 것은?
   ㋐ WP>WT>WS  ㋑ WS>WT>WP
   ㋓ WS>WP>WR  ㋔ WT>WS>WP

4. 카르노 사이클의 고열원의 온도 T1=1000°K, 저열원의 온도 295°K이다. 공급열량은 Q1=5KJ/cycle이다. 사이클 일(KJ/cycle)은 다음 중 어느 것인가?
   ㋐ 1.885  ㋑ 2.353
   ㋓ 3.056  ㋔ 3.525

   **P·O·I·N·T**
   $$Q_1\left(1-\frac{T_2}{T_1}\right) = 5 \times \left(1-\frac{295}{1000}\right) = 3.525$$

5. 노즐의 최소 단면적을 Fc, 일계압력을 Pc, 비체적을 Vc, 비열비를 k라 할 때 최대 유량 Gc를 구하는 식은?
   ㋐ $G_c = F_c\sqrt{\dfrac{kP_c}{2gV_c}}$  ㋑ $G_c = F_c\sqrt{gk\dfrac{P_c}{V_c}}$
   ㋓ $G_c = F_c\sqrt{\dfrac{kP_c}{k-1\,V_c}}$  ㋔ $G_c = F_c\sqrt{2gk\dfrac{P_c}{V_c}}$

6. 계가 한 상태에서 다른 상태로 변할 때 엔트로피는?
   ㋐ 증가하거나 불변이다.
   ㋑ 항상 증가한다.
   ㋓ 감소하거나 불변이다.
   ㋔ 증가, 감소 할 수도 있으며, 불변 일 경우도 있다.

7. 완전 기체의 엔탈피 h와 엔트로피 S사이에 성립하는 관계식은?(단, T=절대온도, V=비체적, P는 압력, A는 일의 열당량이다.)
   ㋐ T·ds = dh + A·v·dp
   ㋑ T·ds = dh − A·v·dp
   ㋓ T·ds = dh + A·p·dv
   ㋔ T·ds = dh − A·p·dv

정답  1. ㋓  2. ㋔  3. ㋑  4. ㋔  5. ㋑  6. ㋐  7. ㋑

8. 랭킨 사이클의 각 과정에 관한 다음 사항 중 부적당한 것은?
   ㉮ 터빈에서 가역 단열 팽창 과정
   ㉯ 응축기에서 등온 방열 과정
   ㉰ 펌프에서 단열 압축 과정
   ㉱ 보일러에서 등압 가열 과정

9. $4N/cm^2$, 240℃의 과열 증기에서 $4N/cm^2$의 포화수를 혼합하여 건포화 증기로 만들려고 한다. 과열증기 1N당 몇 N의 포화수가 필요한가?(단, 과열 증기의 $h_1$=703.2KJ/kg, 포화수의 $h'_2$=143.6KJ/kg, $h''_2$=510.0KJ/kg이며, 혼합은 단열과정에서 이루어진다)
   ㉮ 1.514      ㉯ 192
   ㉰ 0.296      ㉱ 0.527

   **P·O·I·N·T**
   $703 + 143.6G = 510(1+G)$  ∴ $G = 0.527$

10. 카르노사이클로 작동되는 기관이 300℃에서 200KJ의 열을 받아 들이고 25℃에서 방출한다면 일은 몇 KJ 정도인가?
    ㉮ 123      ㉯ 0.45
    ㉰ 172      ㉱ 96

    **P·O·I·N·T**
    $200 \times (1 - \frac{298}{573}) = 96KJ$

11. 1kg의 공기를 압력 $P_1$=1N/$cm^2$, 온도 $t_1$=20℃의 상태로부터 $P_2$=2N/$cm^2$, 온도 $t_2$=100℃의 상태로 변화하였다면 체적은 몇 배로 되는가?
    ㉮ 0.64      ㉯ 1.57
    ㉰ 3.64      ㉱ 4.57

12. 포화증기를 일정한 체적하에서 압력을 높이면?
    ㉮ 포화열이 된다.    ㉯ 압축액이 된다.
    ㉰ 습증기가 된다.    ㉱ 과열증기가 된다.

13. 다음 중 아황산 가스와 접촉하면 백색 연기를 내는 냉매는?
    ㉮ 클로로메틸 가스    ㉯ 프레온-12가스
    ㉰ 암모니아 가스      ㉱ 공기

14. 등엔트로피 과정은 다음 중 어느 것인가?
    ㉮ 단열가역 과정
    ㉯ Polytrope 과정
    ㉰ Joule-Thomson 과정
    ㉱ 단열과정

15. 다음 무차원 변수들 중 힘의 비로 되어 있지 않은 것은?
    ㉮ 레이놀즈수      ㉯ 프르드수
    ㉰ 웨버수          ㉱ 플란틀수

16. 공기 5kg이 온도 $t_1$=20℃, $P_1$=7N/$cm^2$의 상태로 봉입된 후 $t_2$=10℃, $P_2$=4N/$cm^2$로 변화하였다면 몇 kg의 공기가 누출되었는가? (공기의 기체 상수는 29.27 KJ/kg°k이다.)
    ㉮ 2.760      ㉯ 2.042
    ㉰ 2.240      ㉱ 2.142

    **P·O·I·N·T**
    $V_1 = \frac{5 \times 29.27 \times 293}{7 \times 10^4} = 0.612 m^3$
    $m_2 = \frac{4 \times 10^4 \times 0.612}{29.27 \times 283} = 2.96$
    $5 - 2.96 = 2.04 kg$

17. 20℃의 물 $2m^3$ 중에 100℃의 건포화 증기를 도입하고 그 온도가 40℃가 되었다. 물 속에 도입된 증기량을 구하면 몇 kg인가? (단, 증발열은 539KJ/kg이다.)
    ㉮ 66.8      ㉯ 74.2
    ㉰ 84.6      ㉱ 92.4

    **P·O·I·N·T**
    $2000 \times (40-20) = 539m + m(100-40)$
    ∴ $m = 66.8$

정답  8. ㉯  9. ㉱  10. ㉱  11. ㉮  12. ㉱  13. ㉰  14. ㉮  15. ㉱  16. ㉯  17. ㉮

18. 5ton의 얼음을 만드는데 160kWh를 소비하는 냉동장치에서 공급되는 물의 온도가 20℃이고, 0℃ 얼음을 얻는다면 성적계수는 얼마인가?
   ㉮ 3.63　　㉯ 4.62
   ㉰ 5.25　　㉱ 6.47

**P·O·I·N·T**

$Q_1 = mc(t_2 - t_1) = 5000 \cdot 4.19 \cdot 20 = 419000 KJ$

$Q_2 = 5000 \cdot 335 \cdot 2 = 1676000 KJ$

$\therefore \dfrac{(419000 + 1676000)}{160 \cdot 3600} = 3.63$

19. 열역학적 성질을 X라 할 때 다음에서 올바르게 나타낸 식은?
   ㉮ $\int_1^2 dx = 0$　　㉯ $\int_1^2 dx > 0$
   ㉰ $\oint dx = 0$　　㉱ $\oint dx < 0$

20. 축소-확대 노즐의 목에서의 유체속도는?
   ㉮ 항상 음속보다 크다.
   ㉯ 항상 음속보다 작다.
   ㉰ 항상 음속이다.
   ㉱ 음속보다 적거나 음속도 될 수 있다.

21. 이상기체의 엔탈피가 변하지 않는 과정은?
   ㉮ 가역 단열 과정　　㉯ 비가역 단열 과정
   ㉰ 교축 과정　　㉱ 등온 과정

22. εr을 냉동기의 동작계수, εh를 열펌프의 동작 계수라 할 때 다음 식 중 옳은 것은?
   ㉮ $εr + εh = 1$　　㉯ $εr + εh = 0$
   ㉰ $εr - εh = 1$　　㉱ $εh - εr = 1$

23. 이상기체의 압력(P), 체적(V)의 관계식 $PV^n$ = 일정에서 단열과정을 표시하는 n의 값은 다음 중 어느 것인가?(단, Cp는 정압비열, Cv는 정적비열이다)
   ㉮ 0
   ㉯ 1
   ㉰ 정압비열과 정적비열의 비(Cp/Cv)
   ㉱ 무한대

24. 탄소 1kg을 완전 연소시키는데 필요한 공기량은 얼마나 되는가?
   ㉮ $\dfrac{22.4}{0.21} \cdot C\ Nm^3$
   ㉯ $\dfrac{0.24}{0.21 \times 4} \cdot C\ Nm^3$
   ㉰ $\dfrac{22.4}{0.21 \times 12} \cdot C\ Nm^3$
   ㉱ $\dfrac{22.4}{0.21 \times 24} \cdot C\ Nm^3$

25. 다음 중 확대 디퓨저에 관하여 옳은 것은?
   ㉮ 노즐의 단면 및 엔탈피 압력은 감소하고 유속은 증가한다.
   ㉯ 노즐의 단면 및 엔탈피 압력은 증가하고 유속은 감소한다.
   ㉰ 노즐의 단면 및 유속은 증가하고 엔탈피 및 압력은 감소한다.
   ㉱ 노즐의 단면 및 유속은 감소하고 엔탈피 및 압력은 증가한다.

26. 고립계에서 엔탈피는 항상 증가하거나 불변이다. 이 사실에서 엔트로피가 증가한다는 것은 논리적으로 어떤 현상이 일어나게 되는 것인가?
   ㉮ 계가 열적으로 역학적으로 불안정하게 된다.
   ㉯ 계가 열적으로 평형상태가 되나 역학적으로 불안하게 된다.
   ㉰ 계가 역학적으로 평형상태가 되나 열적으로는 불안정하게 된다.
   ㉱ 계가 열적으로 역학적으로 평형상태에 가까워진다.

정답 18. ㉮　19. ㉰　20. ㉱　21. ㉰　22. ㉱　23. ㉰　24. ㉰　25. ㉯　26. ㉰

27. 1kg의 완전가스가 압력 0.7N/cm², 체적 2.5 m³의 상태에서 압력 10N/cm², 체적 0.2 m³의 상태로 변했다. 만약 내부 에너지의 변화가 없다면 엔탈피 증가는 몇 KJ/kg인가?
   - ㉮ 1986
   - ㉯ 2200
   - ㉰ 2500
   - ㉱ 2767

   **P·O·I·N·T**
   $(10 \times 0.2 - 0.7 \times 2.5) \times 10^4 = 2500 KJ$

28. 유효에너지와 무효에너지에 관한 다음 사항 중 틀린 것은?(단, Q=열량, T=온도이다)
   - ㉮ $\frac{Q}{T}$이 클수록 무효에너지는 유효에너지로 전환된다.
   - ㉯ $\frac{Q}{T}$이 클수록 무효에너지는 작게된다.
   - ㉰ $\frac{Q}{T}$이 작을수록 무효에너지는 작게된다.
   - ㉱ $\frac{Q}{T}$이 작을수록 유효에너지는 작게된다.

29. 축소-확대 노즐내를 포화증기가 가역 단열과정으로 흐른다. 유동 중 엔탈피 감소는 118KJ/kg이고, 입구에서의 속도는 무시할 정도로 적다면 출구는?
   - ㉮ 693m/sec
   - ㉯ 703m/sec
   - ㉰ 894m/sec
   - ㉱ 994m/sec

   **P·O·I·N·T**
   $91.5 \times \sqrt{118} = 994$

30. 공기 1kg의 체적 0.85m³로부터 압력 5atm, 온도 300℃로 변화하였다. 체적의 변화는?
   - ㉮ 0.356m³증가
   - ㉯ 0.335m³감소
   - ㉰ 0.515m³감소
   - ㉱ 0.565m³증가

   **P·O·I·N·T**
   $V_2 = \frac{GRT}{P}$

31. 엔탈피 30KJ/kg인 물을 보일러에서 가열하여 엔탈피 703KJ/kg인 증기 G=10ton/h를 만들고 이것을 증기터빈에 송압하였더니 출구 엔탈피가 615KJ/kg이었다. 이 경우 보일러의 가열량을 구하면 그 값은?(단, 보일러에서 정압가열이며 터빈에서는 단열팽창이다)
   - ㉮ 6.73 × 10⁶KJ/h
   - ㉯ 7.73 × 10⁴KJ/h
   - ㉰ 8.8 × 10⁵KJ/h
   - ㉱ 5.85 × 10⁶KJ/h

32. Q=열량, P=압력, V=비체적, U=내부에너지, A=일의 열당량 일 때 열역학 제1법칙은?
   - ㉮ $\delta Q = \delta U + AP\delta v$
   - ㉯ $\delta Q = \delta U - A\delta p$
   - ㉰ $\delta Q = \delta U - AP\delta v$
   - ㉱ $\delta Q = \delta U + APv$

33. 어느 노즐에서 단열 열낙차는 93KJ/kg이고, 노즐 속도 계수는 0.943이다. 실제의 열낙차는 몇 KJ/kg인가?
   - ㉮ 82.7
   - ㉯ 80.4
   - ㉰ 79.9
   - ㉱ 78.8

   **P·O·I·N·T**
   $(0.943)^2 \times 93 = 82.7 KJ/kg$

34. 대기압이 753mmHg일 때 진공도 90%의 절대 압력은 얼마인가?
   - ㉮ 1.03kg/cm² abs
   - ㉯ 0.503kg/cm² abs
   - ㉰ 2.02kg/cm² abs
   - ㉱ 0.102kg/cm² abs

   **P·O·I·N·T**
   $753 - 753 \times 0.9 = 75.3 mmHg$
   $\therefore \frac{75.3}{760} \times 1.0332 = 1.02 kg/cm^2$

35. 과열과 과냉이 없는 증기압축 냉동사이클

정답  27. ㉰  28. ㉰  29. ㉱  30. ㉰  31. ㉮  32. ㉮  33. ㉮  34. ㉱  35. ㉱

에서 응축온도가 일정하다면 증발온도가 높아질수록 성능계수는 어떻게 되는가?
㉮ 응축온도는 성능계수와 무관하다.
㉯ 응축온도가 일정하므로 성능계수도 일정하다.
㉰ 감소
㉱ 증가

36. 동작계수(Cop)가 0.5인 냉동기로서 7200 KJ/h 로 냉동하여 이에 필요한 동력은?
㉮ 1.0kW
㉯ 2.5kW
㉰ 3.3kW
㉱ 4.0kW

**P·O·I·N·T**

$$\frac{7200}{0.5 \times 3600} = 4\text{kW}$$

37. 이상적인 냉동 사이클에서 응축온도가 40℃, 증발기 온도가 -10℃이면 성적계수는 얼마인가?
㉮ 4.26
㉯ 5.26
㉰ 2.65
㉱ 6.52

**P·O·I·N·T**

$$\text{Cop} = \frac{263}{313 - 263} = 5.26$$

38. 29℃와 227℃사이에서 작동하는 카르노사이클의 열효율은?
㉮ 60.4%
㉯ 39.6%
㉰ 0.604%
㉱ 0.396%

**P·O·I·N·T**

$$1 - \frac{T_2}{T_1}$$

39. 디젤 사이클의 이론적 해석에서 공기가 열을 공급받는 과정은 다음중 어떤 과정으로 해석 하겠는가?(단, q는 공급된 열량, h는 엔탈피, U는 내부에너지이다)
㉮ 정적 과정, q=⊿U
㉯ 등엔트로피 과정, q=⊿U
㉰ 등온 과정, q=⊿h
㉱ 정압 과정, q=⊿h

40. 가솔린 기관의 압축비 ε=7, 폭발압력비α=3 일 때 평균 유효 압력은 몇 N/cm²인가? (단, 공기의 비열비 k=1.4, 흡입공기의 압력은 1N/cm²이다)
㉮ 7.76
㉯ 6.87
㉰ 6.24
㉱ 5.87

**P·O·I·N·T**

$$P_m = \frac{(\alpha - 1) \cdot (\epsilon^k - \epsilon)}{(k-1) \cdot (\epsilon - 1)}$$

41. 발열량 10500kcal/kg인 경유를 사용하여 연료 소비율 185g/ps-H로 운전하는 디젤기관의 열효율은?
㉮ 30.8%
㉯ 69.2%
㉰ 32.5%
㉱ 67.5%

**P·O·I·N·T**

$$\frac{632.3}{0.185 \times 10500} \times 100 = 32.5\%$$

42. 다음은 냉매로서 갖추어야 할 구비조건이다. 이중 부적당한 것은?
㉮ 증발온도에서 높은 잠열을 가져야 한다.
㉯ 열전도율이 커야 한다.
㉰ 작동온도에서 포화압력이 높아야 한다.
㉱ 불활성이고 안전하며 내가연성이어야 한다.

43. 랭킨 사이클의 각 점의 증기 엔탈피는 다음과 같다.(보일러 입구=69.4KJ/kg, 보일러 출구=830.6KJ/kg, 복수기 입구=626.4KJ/kg, 복수기 출구=68.4KJ/kg)이 사이클의 효율은?(단, 펌프일은 무시한다)
㉮ 27.85%
㉯ 29.85%
㉰ 26.79%
㉱ 28.82%

**P·O·I·N·T**

$$\frac{(830.6 - 624.4) - (69.4 - 68.4)}{830.6 - 69.4} = 0.267$$

정답 36. ㉱ 37. ㉯ 38. ㉯ 39. ㉱ 40. ㉯ 41. ㉰ 42. ㉰ 43. ㉰ 44. ㉱

44. 다음은 디젤 사이클에 대한 설명이다. 틀린 것은?
   ㉮ 일정한 압력하에서 열이 공급된다.
   ㉯ 일정한 체적하에서 열이 방출된다.
   ㉰ 저, 중속 디젤기관의 표준이론 사이클이다.
   ㉱ 사이클의 이론 열효율은 cut-off-ratio만의 함수이다.

45. 다음의 기본 랭킨 사이클에서 2→2'→3'의 상태 변화는?

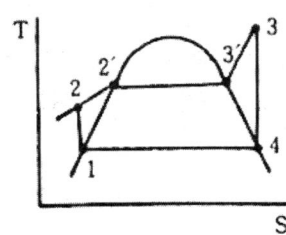

   ㉮ 단열 압축    ㉯ 등압냉각
   ㉰ 단열팽창    ㉱ 등압가열

46. 압력이 2.93N/cm²일 때 1m³의 공기 중량이 2kg이었다. 이 때의 온도는?(단, 기체상수 R=29.3KJ/kg°k 이다)
   ㉮ 500℃    ㉯ 40℃
   ㉰ 770℃    ㉱ 227℃

**POINT**
$PV = GRT$

47. 두께 12㎜, 열전도율 43KJ/mh℃ 인 강판의 두면의 온도가 각각 250℃, 50℃일 때 전열면 1m²당 1시간에 전달되는 열량은?
   ㉮ 1125000KJ    ㉯ 860000KJ
   ㉰ 925000KJ    ㉱ 1265000KJ

**POINT**
$Q = \propto A(t_2 - t_1)$

48. 압력 10ata, 건도 0.9의 습증기 100kg의 총 열량은 몇 KJ인가?(단, 10ata의 포화 증기의 엔탈피는 662.9KJ/kg, 포화수의 엔탈피는 181.25KJ/kg으로 한다)
   ㉮ 61473.5    ㉯ 55894.5
   ㉰ 229415    ㉱ 33491.5

**POINT**
$h_2 = h' + x(h'' - h')$
$= 181.25 + 0.9(662.9 - 181.25) = 614.735$
$\therefore Q = Gh_2 = 100 \times 614.735 = 61473.5$

49. 유속 250m/sec로 유동하는 공기의 온도가 15℃라고 하면 마하수는 얼마인가?
   ㉮ 0.435    ㉯ 0.520
   ㉰ 0.620    ㉱ 0.735

**POINT**
$M = \dfrac{W}{C}$

50. 아래 그림은 노즐 유동률 h-s 선도로 나타낸 것인데 1→2는 가역 단열 팽창이고 1→2는 비가역 팽창이다. 다음 중 노즐 효율을 옳게 나타낸 것은?(단, h=엔탈피, s=엔트로피, ηn=노즐효율이다)

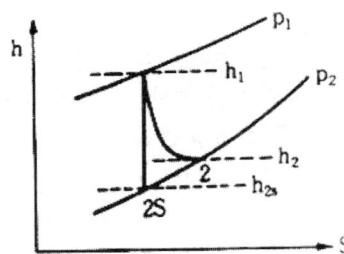

   ㉮ $\eta_n = \dfrac{h_1 - h_{2s}}{h_1 - h_2}$    ㉯ $\eta_n = \dfrac{h_1 - h_{2s}}{h_2 - h_2}$
   ㉰ $\eta_n = \dfrac{h_1 - h_2}{h_1 - h_{2s}}$    ㉱ $\eta_n = \dfrac{h_1 - h_2}{h_2 - h_{2s}}$

51. 질소 7.7kg과 산소 2.3kg으로 된 혼합가스의 평균 기체상수의 값은?(단, 질소와 산소의 기체상수는 각각 30.26KJ/kg°k와 26.49KJ/kg°k이다)
   ㉮ 28.8KJ/kg°k    ㉯ 29.4KJ/kg°k
   ㉰ 26.4KJ/kg°k    ㉱ 27.8KJ/kg°k

**POINT**
$R = \dfrac{(7.7 \times 30.26) + (2.3 \times 26.48)}{7.7 + 2.3}$
$= 29.4 N\cdot m/kg°k$

정답 45. ㉱ 46. ㉱ 47. ㉯ 48. ㉮ 49. ㉱ 50. ㉰ 51. ㉯

52. 기체가 1.2N/㎠ gauge 일정압력에 8m³에서 4m³까지 마찰없이 압축되면서 동시에 80KJ의 열을 외부에 방출하였다면 내부에너지(KJ)의 변화는 얼마인가?
   ㉮ -32   ㉯ -84.8
   ㉰ 32    ㉱ 84.8

   **POINT**
   Q = Δu + p·v
   ∴ $-80 + \frac{(1.2 \times 4) \times 10^4}{1000} = -32$

53. 완전가스가 $P_1V_1$에서 폴리트로프 변화에 의하여 $P_2V_2$로 되었을 경우 폴리트로프의 변화지수 n을 구하면?
   ㉮ $n = \frac{\log P_2 - \log P_1}{\log V_2 - \log V_1}$   ㉯ $n = \frac{\log P_1 - \log P_2}{\log V_1 - \log V_2}$
   ㉰ $n = \frac{\log P_2 - \log P_1}{\log V_1 - \log V_2}$   ㉱ $n = \frac{\log V_1 - \log V_2}{\log P_1 - \log P_2}$

54. 온도 $T_1$의 고열원으로부터 온도 $T_2$의 저열원으로 열량 Q를 전하여 질 때 이 두 열원 사이레 엔트로피의 변화는?
   ㉮ $Q\frac{(T_1-T_2)}{T_1T_2}$   ㉯ $\frac{Q}{T_1} - \frac{Q}{T_2}$
   ㉰ $Q\frac{(T_1+T_2)}{T_1T_2}$   ㉱ $\frac{T_1-T_2}{Q \cdot T_1T_2}$

55. 분자량이 44인 완전기체의 절대 압력이 2N/㎠, 온도가 100℃일 때 m³/kg 계산한 비체적은?
   ㉮ 0.359 m³/kg   ㉯ 15.813 m³/kg
   ㉰ 8.418 m³/kg   ㉱ 0.273 m³/kg

   **POINT**
   pv=RT
   $v = \frac{\frac{8310}{44} \cdot 373}{2 \cdot 10^4} = 3.52$ m³/kg

56. 카르노 사이클 기관에서 사이클당 0.585KJ의 일을 얻기 위해 필요로 하는 열량이 1㎉, 저열원의 온도가 15℃라 하면 고열원의 온도는?
   ㉮ 421.8℃   ㉯ 594.8℃
   ㉰ 694.8℃   ㉱ 721.8℃

   **POINT**
   $\frac{250}{427} = \frac{T_1 - 2aa}{T_1}$   ∴ $T_1 = 421.8$℃

57. 온도 $T_2$인 저온체에서 열량 $Q_A$를 흡수해 온도 $T_1$인 고온체로 $Q_R$을 방출할 때 냉동기의 성적계수는?
   ㉮ $\frac{Q_A - Q_R}{Q_A}$   ㉯ $\frac{T_2 - T_1}{T_1}$
   ㉰ $\frac{T_2}{T_1 - T_2}$   ㉱ $\frac{Q_A}{Q_A - Q_R}$

58. 공기 8kg이 정압하에 15℃에서 55℃까지 온도가 상승하였다면 이 사이의 내부 에너지 증가는 얼마인가?(단, 공기의 가스상수 및 정압비열은 각각 29.27KJ/kg, 0.24KJ/kg℃이다)
   ㉮ 210.3KJ   ㉯ 280.3KJ
   ㉰ 250.3KJ   ㉱ 230.3KJ

59. 공기 10kg이 압력 일정하에서 체적이 2배로 될 때 까지 된다. 공기에 가해진 열량이 500KJ라면 엔트로피의 변화는?(단, 공기의 정압비열 Cp=0.241KJ/kg℃이다)
   ㉮ 0.73KJ/kg°k   ㉯ 6.93KJ/kg°k
   ㉰ 7.3KJ/kg°k    ㉱ 69.3KJ/kg°k

   **POINT**
   $S_2 - S_1 = GCp \cdot \ln\frac{V_2}{V_1}$

정답 52. ㉮  53. ㉰  54. ㉮  55. ㉮  56. ㉮  57. ㉰  58. ㉱  59. ㉯

60. 공기를 동작유체로 하는 어느 오토 사이클 기관은 압축비가 8, 사이클 중의 최저 온도가 40℃, 최고온도 1800℃이다. 흡입행정 마지막의 압력이 1.0331.67N/㎠, k=1.4 일 경우 최고 압력은?
  ㉮ 18.9N/㎠  ㉯ 54.3N/㎠
  ㉰ 62.2N/㎠  ㉱ 72.8N/㎠

**P·O·I·N·T**
$P_2 = P_1(\epsilon)^k$

61. 고정탄소와 휘발분과의 비를 무엇이라고 하는가?
  ㉮ 연소비   ㉯ 연료비
  ㉰ 혼합비   ㉱ 증발비

62. 노즐속을 증기가 가역 단열 과정으로 흐르는 동안 엔탈피는 감소량이 144KJ/kg이었다. 만약 처음 노즐 입구의 속도를 무시하면 출구의 분출 속도는 얼마인가?
  ㉮ 546m/sec   ㉯ 895m/sec
  ㉰ 915m/sec   ㉱ 536m/sec

**P·O·I·N·T**
$w_2 = \sqrt{2(h_1 - h_2)}$

63. 노즐에서 열이 흘러갈 때 출구속도는 $W_2$는 다음의 어느 식으로 표시되겠는가?(단, $h_1$, $h_2$는 임의의 두 곳의 엔탈피이다)
  ㉮ $W_2 = \sqrt{2(h_2 - h_1)}$
  ㉯ $W_2 = 2h_2 - h_1$
  ㉰ $W_2 = 2(h_1 - h_2)$
  ㉱ $W_2 = 2\sqrt{(h_1 - h_2)}$

64. CO를 공기중에서 연소할 때 과잉 공기량이 많으면 생성되는 가스량은 다음과 같은 상태가 된다. 옳은 것은?
  ㉮ CO양은 증가한다.
  ㉯ $CO_2$의 양은 증가한다.
  ㉰ CO와 $CO_2$가 다 같이 증가한다.
  ㉱ CO와 $CO_2$가 다 같이 감소한다.

65. 증기 터빈의 입구 증기가 과열증기이고 터빈 출구의 증기는 습증기이며, 터빈에서 단열 팽창할 때 터빈의 단열 효율이 커지면 어떻게 변화하겠는가?
  ㉮ 터빈 출구의 온도가 올라간다.
  ㉯ 터빈 출구의 온도가 떨어진다.
  ㉰ 터빈 출구의 습증기의 건조도가 감소한다.
  ㉱ 터빈 출구의 습증기의 건조도가 증가한다.

66. 증기 원동소의 랭킨 사이클에서 단열 팽창이 이루어지는 곳은?
  ㉮ 터빈     ㉯ 보일러
  ㉰ 복수기   ㉱ 급수펌프

67. 건조도 X가 0으로 되면 다음 어느 것으로 표시하게 되는가?
  ㉮ 건포화증기   ㉯ 습포화증기
  ㉰ 포화수       ㉱ 과열증기

68. $0.01m^3$의 물에 비열 $0.145KJ/kg℃$인 520℃의 쇠 2kg을 넣었더니 잠시후 그 평형 온도가 20℃로 되었다면 이 때 물의 상승 온도는?
  ㉮ 5.50℃   ㉯ 4.72℃
  ㉰ 14.5℃   ㉱ 21.3℃

**P·O·I·N·T**
$0.01 \times 1000 \times t = 2 \times 0.145 \times (520 - 20)$
∴ $t = 14.5℃$

69. 냉동기의 성적계수를 바르게 표시한 것은?(단, $Q_2$=냉동효과, $Q_1$=응축기에서의 발열량, W=압축기의 소요일이다)
  ㉮ $\dfrac{Q_1}{W}$   ㉯ $\dfrac{Q_2}{W}$
  ㉰ $\dfrac{Q_1 - Q_2}{Q_1}$   ㉱ $\dfrac{AW}{Q_2}$

정답  60. ㉮  61. ㉱  62. ㉱  63. ㉱  64. ㉯  65. ㉰  66. ㉮  67. ㉰  68. ㉰  69. ㉯

70. 평탄한 고속도로에서 72km/h 로 달리는 총 질량 10ton인 트럭의 운동에너지는 얼마인가?(단, 공기의 저항은 무시한다)
   ㉮ 102041J  ㉯ 162231J
   ㉰ 204082J  ㉱ 324462J

   **POINT**
   $$E = \frac{GV^2}{2g}$$

71. 이상기체의 가역 과정에 있어서 공업일(Wt)과 절대일($_1W_2$)의 관계를 잘못 표현한 것은?(단, k:비열비, n:폴리트로프 지수이다)
   ㉮ 등온 과정 : Wt = $_1W_2$
   ㉯ 가역 단열 과정 : Wt = $K_1W_2$
   ㉰ 정적 과정 : Wt = $_1W_2$ = 0
   ㉱ 폴리트로프 과정 : Wt = $n_1W_2$

72. 공기가 일정한 압력하에서 비체적(V)이 0.2 $m^3/kg$에서 0.7 $m^3/kg$으로 증가하였다면 엔트로피의 변화는 얼마인가?(단, 공기의 정압비열 Cp=1.0KJ/kg℃이다)
   ㉮ 1.1126  ㉯ 1.1081
   ㉰ 1.2154  ㉱ 1.2527

   **POINT**
   $$1 \ln \frac{0.7}{0.2}$$

73. 온도 30℃, 기압 760mmHg의 사상에서 건공기가 급격히 올라 높이 2000m, 기압 0.7kg/$m^2$의 고공으로 상승할 때 공기의 온도는 약 몇 도가 되는가?(단, 비열비 k=1.4이다)
   ㉮ $t_2$=-1.95℃  ㉯ $t_2$=-10.21℃
   ㉰ $t_2$=20.15℃  ㉱ $t_2$=30.15℃

   **POINT**
   $$T_2 = T_1 \left(\frac{P_1}{P_2}\right)^{\frac{k-1}{k}}$$

74. 0℃의 물 1000kg을 24시간 동안에 0℃의 얼음으로 냉각하는 냉동능력은 몇 KJ/h인가?
   ㉮ 10000.0  ㉯ 14910.8
   ㉰ 15920.7  ㉱ 13910.8

75. 온도 200℃, 압력 5kg/$cm^2$, 비체적 0.3$m^3$/kg의 산소가 같은 압력에서 비체적이 0.2 $m^3$/kg으로 되었을 때 온도는?
   ㉮ 42℃  ㉯ 133℃
   ㉰ 315℃  ㉱ 72℃

   **POINT**
   $$T_2 = \frac{427 \times 0.2}{0.3} = 315.3°k = 42.3℃$$

76. 다음 사이클 중에서 열동력 사이클이 아닌 것은 어느 것인가?
   ㉮ 카르노 사이클  ㉯ 랭킨 사이클
   ㉰ 오토 사이클  ㉱ 역 카르노 사이클

77. 피스톤(Piston)을 갖는 실린더내에 0.8kg의 기체가 들어 있다. 이 기체에 5KJ의 열을 가하여 5.97KJ의 일을 시켰다. 이 기체의 내부 에너지 증가는 몇 kcal인가?
   ㉮ -0.971  ㉯ -1.421
   ㉰ 2.842  ㉱ 4.242

   **POINT**
   5-5.97

78. 단열 변화를 나타내는 공식은?(단, p : 압력, V : 비체적, k : 비열비, C : 정수)
   ㉮ $PV^{k-1}$ = C  ㉯ $PV^k$ = C
   ㉰ PV = C  ㉱ $PV^{k+1}$ = C

정답 70. ㉰  71. ㉰  72. ㉱  73. ㉮  74. ㉱  75. ㉮  76. ㉱  77. ㉮  78. ㉯

79. 400℃인 철판을 10℃의 물에 넣어 40℃까지 냉각하고자 한다. 열교환 중 손실은 없고 물이 증발하지 않는다고 하면 1kg의 철판에 대하여 몇 kg의 물이 필요한가?(단, 철과 물의 비열은 각각 0.120KJ/kg°K, 1.0KJ/kg°K이다)

㉮ 1.44kg　　㉯ 1.65kg
㉰ 1.88kg　　㉱ 2.21kg

**POINT**
$1 \times 0.12 \times (400-40) = G \times 1 \times (40-10)$
∴ $m = 1.44 kg$

80. 어느 물체의 비열 C가 온도 t의 함수로서 다음식으로 표시된다. 압력 1atm 하에서 0℃로부터 10℃까지 가열할 때 평균비열 Cm은 얼마인가?(C = 1 + 0.1t + 0.06t² KJ/kg℃)

㉮ 2.7KJ/kg°K　　㉯ 3.5KJ/kg°K
㉰ 6.4KJ/kg°K　　㉱ 9.2KJ/kg°K

**POINT**
$$C_m = \frac{1}{t_2 - t_1} \int_{t_2}^{t_1} C \, dt$$
$$= \frac{1}{10-0} \int_0^{10} (1 + 0.1t + 0.06t^2) dt$$
$$= \frac{1}{10} \left[ t + \frac{0.5t^2}{2} + \frac{0.06t^3}{3} \right]_0^{10} = 3.5$$

81. 기체 초기압력은 2N/cm², 체적은 0.1m³이다. PV^{1.3}=일정한 과정으로 체적이 0.3m³로 변했을 때 N·m로 계산한 일은 다음 수치 중 어느 것에 가장 가까운가?

㉮ 102.5 N·m　　㉯ 1755.6 N·m
㉰ 1886.7 N·m　　㉱ 1850.2 N·m

**POINT**
$P_2 = P_1 (\frac{V_1}{V_2})^{1.3} = 2 \times (\frac{0.1}{0.3})^{1.3} = 0.479$
$W_{12} = \frac{1}{n-1} (P_1 V_1 - P_2 V_2)$
$= \frac{1}{0.3} (2 \times 10^4 \times 0.1 - 0.476 \times 10^4 \times 0.3)$
$= 1867.7$

82. 어느 가열기에 매분 60℃의 물 200kg과 100℃의 포화증기가 공급되어 90℃의 물이 되어 가열기를 나간다. 매분 공급되어야 할 포화증기의 양은 다음 중 어느 것에 가장 가까운가?(단, 물의 비열은 1KJ/kg℃ 이고, 100℃에서의 증발열은 539KJ/kg이다)

㉮ 2.5kg　　㉯ 10.9kg
㉰ 28.2kg　　㉱ 66.6kg

**POINT**
$200 \times (90-60) = 539G + G(100-60)$
∴ $G = 10.9 kg$

83. Carnot cycle의 T-S선도의 모양에 근사한 값은?

㉮ 형태이다.
㉯ 형태이다.
㉰ 형태이다.
㉱ 형태이다.

84. 온도 200, 압력 5N/cm², 비체적 6m³/kg의 산소가 정압하에서 비체적이 0.4m³/kg으로 되었다면 변화 후의 온도는?

㉮ 42℃　　㉯ 55℃
㉰ 60℃　　㉱ 65℃

**POINT**
$T_2 = T_1 (\frac{V_2}{V_1}) = 473 (\frac{4}{6})$
$= 315.3°k = 42.3℃$

85. 다음 중 경로 함수(path function)인 것은?

㉮ 엔탈피　　㉯ 열
㉰ 압력　　㉱ 엔트로피

정답 79. ㉮ 80. ㉯ 81. ㉰ 82. ㉯ 83. ㉱ 84. ㉮ 85. ㉯

86. 다음 기관에 관한 설명중 틀린 것은?
   ㉮ 제1종 영구기관은 열을 받지 않고 계속적으로 영구운동을 하는 기관이다.
   ㉯ 제1종 영구기관은 열을 버리지 않고 계속적으로 영구운동을 하는 기관이다.
   ㉰ 제1종 영구기관의 존재를 부정하는 법칙이 열역학 제1법칙이다.
   ㉱ 제2종 영구기관의 존재를 부정하는 법칙이 열역학 제2법칙이다.

87. 다음 그림은 증기 원동소의 재열 사이클(reheat cycle)을 나타낸 h-s선도이다. 사이클의 각 점에서 엔탈피(KJ/kg)가 다음과 같을 경우 이론 열효율은?(단, 펌프일은 무시한다. $h_1$=32.6, $h_2$=37.2, $h_5$=806.5, $h_6$=678.3, $h_7$=848.2, $h_8$=540.2)

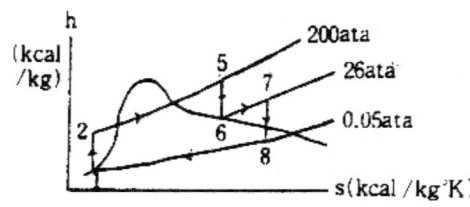

   ㉮ 45.7%     ㉯ 46.2%
   ㉰ 46.9%     ㉱ 48.9%

   **POINT**
   $$\frac{(806.5-678.3)+(848.2-540.2)}{(806.2-32.6)+(848.2-673.2)} \times 100 = 46.2\%$$

88. 아래에서 완전가스의 상태식을 적용하였을 때 가장 좋은 상태는?
   ㉮ 100℃의 포화 수증기
   ㉯ 5기압, 200℃의 과열 수증기
   ㉰ 임계상태의 포화수증기
   ㉱ 1기압 200℃, 상대 습도 70%의 습공기 중의 수증기

89. 어떤 증기 터빈이 매시간 4000kg의 수증기를 공급받아 650kW의 기계적인 일을 발생한다. 터빈 입구와 출구에서 증기의 엔탈피가 700KJ/kg, 520KJ/kg이고, 유속은 입구에서 80m/sec 출구에서 10m/sec라 할 때 터빈에서의 시간당 열손실은?
   ㉮ 약 527350KJ/hr    ㉯ 약 161700KJ/hr
   ㉰ 약 232600KJ/hr    ㉱ 약 725300KJ/hr

   **POINT**
   $$650+4000(520-700)+\frac{4000 \cdot (10^2-2^2)}{2}$$
   $$= -527350KJ/h$$

90. 다음 중 스터링 사이클(Stirling Cycle)의 과정을 올바르게 나타낸 것은?
   ㉮ 등온압축-정적가열-등온팽창-정적냉각
   ㉯ 등온압축-등압가열-등온팽창-등압냉각
   ㉰ 단열압축-등온가열-단열팽창-등온냉각
   ㉱ 단열압축-등압가열-단열팽창-등압냉각

91. 액체를 가열하여 액체가 포화온도에서 모두 증기로 된 상태의 증기는?
   ㉮ 습포화증기     ㉯ 건포화증기
   ㉰ 과열증기       ㉱ 과포화증기

92. 다음 사항 중 틀린 것은?
   ㉮ 냉동 사이클의 경우 저온 열원으로부터 흡수한 열량이 클수록 경제성이 높다고 할 수 있다.
   ㉯ 1냉동톤은 0℃의 물 1000kg을 1시간에 0℃의 얼음으로 만드는 냉동 능력을 말한다.
   ㉰ 냉매에 관한 증기 선도는 압력-엔탈피 선도를 이용하면 편리하다.
   ㉱ 냉동 사이클은 등엔트로피 과정을 포함한다.

정답 86. ㉯  87. ㉯  88. ㉯  89. ㉮  90. ㉮  91. ㉯  92. ㉯

93. 노즐목(Nozzle throat convergent divergent nozzle)에서의 유체압력 Pt의 초압 P₁(노즐 입구에서의 유체압력)에 대한 비 Pt/P₁는 어떤값을 갖는가?(단, 유동은 가역 단열팽창이며,  는 단열지수)

㉮ $\frac{P_t}{P_1} = (\frac{2}{K+1})^{\frac{1}{K-1}}$  ㉯ $\frac{P_t}{P_1} = (\frac{1}{K+1})^{\frac{K}{K-1}}$
㉰ $\frac{P_t}{P_1} = (\frac{2}{K+1})^{\frac{K}{K-1}}$  ㉱ $\frac{P_t}{P_1} = (\frac{2}{K-1})^{\frac{1}{K-1}}$

94. 이상기체를 동작물질로 하는 카르노 사이클의 P-V 선도는 다음 그림과 같다. 이 그림에서 열을 공급 받는 과정은?

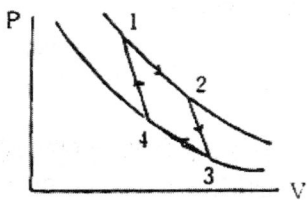

㉮ 1-2    ㉯ 2-3
㉰ 3-4    ㉱ 4-1

95. 2kg의 산소를 327℃에서 $PV^n=C$에 따라 80000KJ의 일을 하였다. 변화 후의 온도는?(단, R=26.49KJ/kg°K이다)

㉮ 20℃    ㉯ 25℃
㉰ 30℃    ㉱ 35℃

**P·O·I·N·T**

$W_2 = \frac{1}{n-1} m \cdot R(T_1 - T_2)$

$\therefore T_2 = T_1 - \frac{W_{12}(n-1)}{m \cdot R}$

$= 273 + 327 - \frac{8000 \cdot (1.2-1)}{2 \times 26.49} = 297.9°K = 25℃$

96. 다음 사항 중 틀린 것은?
㉮ 이상 기체의 정압비열은 온도만의 함수이다.
㉯ 일량은 항상 ∫pdv의 값으로 주어진다.
㉰ 가역단열 과정은 등엔트로피 과정이다.
㉱ 단열과정에서 일량의 출입은 있을 수 있다.

97. 공기 5kg이 정압하에서 처음 온도 t₁으로부터 나중온도 t₂=2t₁로 될 때까지 가역된 공기에 가열되는 열량이 300KJ이라고 할 때 엔트로피의 증가량은?(Cp=1.008KJ/kg°k)
㉮ 3.465KJ/°k    ㉯ 3.523KJ/°k
㉰ 3.617KJ/°k    ㉱ 3.874KJ/°k

98. 유속 250m/sec로 유동하는 공기의 온도가 15℃라고 하면 마하수는 얼마인가?
㉮ 0.735    ㉯ 0.812
㉰ 0.985    ㉱ 1.009

**P·O·I·N·T**

$M = \frac{W}{C}$

99. 어느 냉매액을 팽창 밸브를 통과하여 분출시킬 경우 r축 후의 상태가 아닌 것은?
㉮ 온도가 강하한다.
㉯ 엔트로피가 감소한다.
㉰ 엔탈피가 일정불변이다.
㉱ 압력은 강하한다.

100. 10kg의 증기가 50℃, 압력 0.38ata, 체적 7.5 m³일 때 내부 에너지는 1600KJ이다. 이와 같은 상태의 증기가 가지고 있는 엔탈피는 몇 KJ 인가?
㉮ 1606.6    ㉯ 1974.8
㉰ 1793.9    ㉱ 1879.3

**P·O·I·N·T**

$1600 + \frac{0.38 \times 10^4 \times 7.5 \times 9.8}{1000} = 1879.3$

101. 냉동 사이클의 성능을 나타내는 용어는?
㉮ 냉돈톤    ㉯ 냉동계수
㉰ 성능계수    ㉱ 냉동효율

정답  93. ㉰  94. ㉮  95. ㉯  96. ㉯  97. ㉮  98. ㉮  99. ㉯  100. ㉱  101. ㉰

102. 이상적인 냉동 사이클의 기본 사이클인 것은?
   ㉮ 카르노 사이클   ㉯ 브레이톤 사이클
   ㉰ 랭킨 사이클     ㉱ 역카르노 사이클

103. 압축비를 $\varepsilon$, 체적비를 $\gamma$ 라 할 때 디젤 사이클의 열효율은?
   ㉮ $\gamma$ 와 $\varepsilon$ 가 클수록 효율이 좋다.
   ㉯ $\gamma$ 가 크고 $\varepsilon$ 가 작을수록 효율이 좋다.
   ㉰ $\gamma$ 와 $\varepsilon$ 가 작을수록 효율이 좋다.
   ㉱ $\gamma$ 가 작고 $\varepsilon$ 가 클수록 효율이 좋다.

104. 카르노사이클의 열기관이 500°C인 열원으로부터 500KJ를 받고, 25°C에서 열을 방출한다. 이 사이클의 일과 효율을 계산하면 그 값은 각각 얼마정도나 되겠는가?
   ㉮ W=207.2 KJ, $\eta$ th=0.5748
   ㉯ W=307.2 KJ, $\eta$ th=0.6143
   ㉰ W=250.3 KJ, $\eta$ th=0.8316
   ㉱ W=401.5 KJ, $\eta$ th=0.6517

**POINT**
$$n_1 = 1 - \frac{T_2}{T_1}, \quad W = Q\eta_1$$

105. 작업유체를 단열압축하여 고온, 고압으로 하면 점화하지 않아도 분사된 연료는 착화되며 일정한 압력하에서 연소하는 사이클은 다음 중 어느 것인가?
   ㉮ Diesel cycle   ㉯ otto cycle
   ㉰ Sabathe cycle  ㉱ Brayton cycle

106. 일산화 탄소(CO)를 공기 중에서 연소할 때 과잉공기의 양이 많을수록 평형연소 생성물 중에서 어떤 현상이 일어나게 되는가?
   ㉮ 일산화탄소 양이 감소한다.
   ㉯ 이산화탄소의 양이 감소한다.
   ㉰ 일산화탄소와 이산화탄소의 양이 증가한다.
   ㉱ 이산화탄소의 양은 감소하고, 일산화탄소의 양은 증가한다.

107. 수직으로 세워진 노즐에서 30°C의 물이 15m/sec의 속도로 15°C의 공기중에 뿜어 올려진다면 물은 얼마나 올라가겠는가?(단, 외부와의 마찰에 의한 에너지 손실은 없다)
   ㉮ 약 5.8m   ㉯ 약 0.8m
   ㉰ 약 0.4m   ㉱ 약 11.5m

**POINT**
$$h = \frac{V^2}{2g}$$

108. 탄소 1kg이 완전 연소될 때 생성되는 이산화탄소의 양은 몇 kg 정도인가?
   ㉮ 2.36kg   ㉯ 2.86kg
   ㉰ 3.667kg  ㉱ 4.667kg

109. 다음 그림은 노즐에서의 상태변화를 엔탈피-엔트로피 선도로 v시한 것이다. 이 그림에서 노즐 입구의 압력이 $P_1$, 출구의 압력이 $P_3$일 때 이 노즐의 효율은?

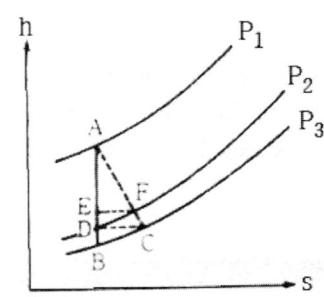

   ㉮ $\dfrac{h_A - h_E}{H_A - h_D}$   ㉯ $\dfrac{h_A - h_D}{H_A - h_B}$
   ㉰ $\dfrac{h_E - h_D}{H_E - h_B}$   ㉱ $\dfrac{h_A - h_E}{H_A - h_B}$

정답 102.㉱ 103.㉱ 104.㉯ 105.㉮ 106.㉮ 107.㉱ 108.㉰ 109.㉯

110. 500ℓ의 탱크에 20kg/cm²의 수증기 5.2kg이 들어 있다면 이 수증기의 건도는 얼마인가?(단, 20kg/cm²에서 포화액과 포화증기의 비체적은 각각 V'=0.0011749m³/kg, V''=0.1015m³/kg이다.)

㋑ 약 98%  ㋒ 약 95%
㋓ 약 92%  ㋔ 약 90%

**P·O·I·N·T**

$V = \dfrac{V_o}{G}, \quad x = \dfrac{V - V'}{V'' - V'}$

111. 화학 반응의 평형상수는 온도에 따라 어떻게 변화하겠는가?

㋑ 온도가 상승하면 발열반응에서는 평형상수가 증가한다.
㋒ 온도가 상승하면 발열반응에서는 평형상수가 감소한다.
㋓ 온도가 상승하면 평형상수는 일정하게 된다.
㋔ 온도가 상승하면 흡열반응에서는 평상상수가 감소한다.

112. 비열 0.3KJ/kg℃인 고체 10kg이 20℃로부터 85℃까지 가열될 때 고체의 엔트로피 증가량은 얼마정도인가?

㋑ 0.21KJ/°K  ㋒ 0.48KJ/°K
㋓ 0.60KJ/°K  ㋔ 6.01KJ/°K

**P·O·I·N·T**

$mC_v \cdot \ln \dfrac{T_2}{T_1}$

113. 1kg의 공기를 7N/cm², 300℃ 상태로부터 1.5N/cm², 0.56m³의 상태로 변화하였다. 변화 후의 온도는 몇 ℃인가?

㋑ 14  ㋒ 16
㋓ 75  ㋔ 287

114. 200kg의 물을 15℃에서 100℃까지 가열하는 데 필요한 열량은 몇 KJ인가?

㋑ 714  ㋒ 7140
㋓ 71400  ㋔ 17000

**P·O·I·N·T**

$20 \times 4.2 \times (100 - 15) = 7140$

115. 0.08m³의 물에 700℃의 철괴 3kg을 투입하였더니 그 공통온도가 18℃로 되었다면 이 때의 물의 상승온도는 얼마이겠는가?(단, 철의 비열은 0.145KJ/kg℃이고, 물의 용기와 열교환은 무시한다)

㋑ 약 3.7℃  ㋒ 약 4.8℃
㋓ 약 6.9℃  ㋔ 약 10.2℃

**P·O·I·N·T**

$0.68 \times 1000 \times t = 3 \times 0.145 \times (700 - 18)$
$\therefore \Delta T = 3.7℃$

116. 공기 10kg을 정압하에서 10℃에서 210℃까지 가열할 때 내부에너지의 변화는?(단, 공기의 Cv는 1.008KJ/kg℃, K는 1.4이다)

㋑ 1424.6KJ  ㋒ 1843.6KJ
㋓ 2262.6KJ  ㋔ 2482.4KJ

117. 다음 그림과 같이 1에서 2까지 팽창할 경우 어느 과정에서 절대일이 가장 크겠는가?

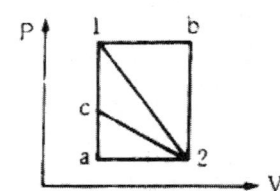

㋑ 1→a→2  ㋒ 1→2
㋓ 1→b→2  ㋔ 1→c→2

118. 열역학 제 1법칙은?

㋑ 열 평형에 관한 법칙이다.
㋒ 엔트로피를 설명하는 법칙이다.
㋓ 에너지 보존의 법칙을 설명한 것이다.
㋔ 이상 기체에만 적용되는 법칙이다.

정답 110. ㋒ 111. ㋒ 112. ㋓ 113. ㋑ 114. ㋒ 115. ㋑ 116. ㋑ 117. ㋓ 118. ㋓

119. 그림과 같이 상태 1,2 사이에서 1→A→2→B→1과 같은 사이클을 할 때 열역학 제 1법칙의 표현은?(단, dQ : 계로 전달되는 열량, dW : 계에서 전달되는 일, dU : 계의 내부 에너지 변화)

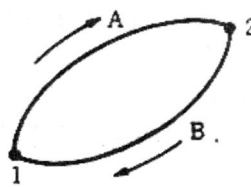

㉮ dQ = dU + dW    ㉯ △U = Q − W
㉰ ∮dQ = ∮dW     ㉱ ∮dU = 0

120. 체적 400ℓ 의 탱크안에 습포화증기 64kg이 들어있다. 온도가 350℃일 때 포화수 및 포화증기의 비체적이 V'=0.0017468m³/kg, V''=0.008811m³/kg이라면 건조도는 얼마인가?

㉮ 52%    ㉯ 61%
㉰ 64%    ㉱ 69%

**POINT**

$V = \dfrac{V_0}{G}, \; x = \dfrac{V-V'}{V''-V'}$

121. 음속으로부터 초음속으로 속도를 변화시킬 수 있는 노즐은?

㉮ 축소노즐      ㉯ 축소-확대노즐
㉰ 확대노즐      ㉱ 일정 단면적 노즐

122. 어느 가스 탱크에 10℃, 5bar의 공기 10kg이 채워져 있다. 온도가 37℃로 상승한 경우 탱크 체적의 변화가 없다면 공기의 압력증가는 얼마인가?

㉮ 0.39bar    ㉯ 0.48bar
㉰ 1.39bar    ㉱ 1.48bar

**POINT**

$P_3 = P_2 - P_1, \; P_2 = P_1 \dfrac{T_2}{T_1}$

123. 산소 3kg과 질소 2kg이 혼합되어 체적 2m³의 용기내에 온도가 80℃의 상태로 있을 때 이 용기내의 압력은 얼마인가?(단, 산소와 질소는 완전 기체로 취급하고 산소와 질소의 기체상수는 각각 26.5KJ/kg°K, 30KJ/kg°K이다)

㉮ 0.56kg/cm²    ㉯ 1.12kg/cm²
㉰ 1.24kg/cm²    ㉱ 2.47kg/cm²

**POINT**

$R = \dfrac{m_0 R_0 + m_N R_N}{m_0 + m_N}$

124. 질량 W=100kg인 물체에 α=2.5m/sec²의 가속도를 주기 위한 힘 F를 구하면 몇 kgf인가?

㉮ 10.2    ㉯ 20.4
㉰ 25.5    ㉱ 40.8

**POINT**

$\dfrac{100 \times 2.5}{9.8} = 25.5 \text{kgf}$

125. 기체가 1.5N/cm² gauge 일정압력하에서 8m³에서 4m³까지 마찰없이 압축되면서 동시에 80.3KJ의 열을 외부에 방출하였다면 이 때의 내부 에너지 변화는 얼마나 되겠는가?

㉮ 336KJ    ㉯ 343KJ
㉰ 380KJ    ㉱ 365KJ

**POINT**

$\dfrac{(1.5 \times 10^4 + 100 \times 10^3)}{10^3} - 80.3 = 380 \text{KJ}$

126. 10mol 의 탄소(C)를 완전 연소시키는데 필요한 최소 산소량은 몇 mol인가?

㉮ 5     ㉯ 10
㉰ 20    ㉱ 40

정답  119. ㉰  120. ㉰  121. ㉯  122. ㉯  123. ㉱  124. ㉰  125. ㉰  126. ㉯

127. 분자량이 29이고 정압비열이 105J/kg°K인 기체 상수는 다음 중 얼마인가?(단, 일반 기체상수는 8314.3J/Kmol°K이다)
    ㉮ 976J/kg°K  ㉯ 287J/kg°K
    ㉰ 34.7J/kg°K  ㉱ 29.3J/kg°K

**P·O·I·N·T**
$R = \dfrac{8314.8}{M} J/kg·k$

128. $CO_2$의 정압비열 Cp가 0.844KJ/kg℃ 일 때 정적비열 Cv의 값은?(단, $CO_2$를 이상기체라고 간주한다)
    ㉮ 0.655KJ/kg℃  ㉯ 0.141KJ/kg℃
    ㉰ 0.101KJ/kg℃  ㉱ 0.256KJ/kg℃

**P·O·I·N·T**
$C_v = C_p - R, \quad R = \dfrac{84R}{m} = \dfrac{8314.8}{m} J/kg°k$

129. 랭킨 사이클의 각 점에서의 증기 엔탈피가 다음과 같다고 할 때 열효율은 얼마 정도인가?(단, 보일러 입구 69.4KJ/kg, 보일러 출구 830.6KJ/kg, 복수기 입구 626.4KJ/kg, 복수기 출구 68.6KJ/kg 이다)
    ㉮ 26.6%  ㉯ 27.9%
    ㉰ 29.2%  ㉱ 30.4%

130. 어느 엘리베이터의 정원은 8명이다. 1인당 중량을 62kg, 운전 속도를 100m/min라고 할 때 필요한 동력은 몇 KW인가?(단, 엘리베이터의 자중은 무시한다)
    ㉮ 8.10  ㉯ 9.45
    ㉰ 9.87  ㉱ 11.02

**P·O·I·N·T**
$\dfrac{62 \times 8 \times 100 \times 9.8}{60 \times 1000} = 8.10 kW$

131. 브레이톤 사이클(Brayton Cycle)은 다음 무슨 사이클에 가장 적합한가?
    ㉮ 정적연소사이클  ㉯ 정압연소사이클
    ㉰ 등온연소사이클  ㉱ 합성연소사이클

132. 다음 중 열역학 제1법칙과 관계가 가장 먼것은?
    ㉮ 밀폐계가 임의의 사이클을 이룰 때 열전달의 총화는 이루어진 일의 총화와 같다.
    ㉯ 일은 본질적으로 일과 동일한 에너지의 일종으로서 열을 일로 변환할 수 있고 또한 그 역도 가능하다.
    ㉰ 어떤계가 임의의 사이클을 격는 동안 그 사이클에 따라 일을 적분한 것에 비례한다.
    ㉱ 두 물체가 제3의 매체와 온도의 동등성을 가질 때는 두 물체도 역시 서로 온도의 동등성을 갖는다.

133. 증기 압력 냉동기에서 냉매가 순환되는 경로를 올바르게 나타낸 항은?
    ㉮ 증발기-팽창밸브-응축기-압축기
    ㉯ 증발기-압축기-응축기-팽창밸브
    ㉰ 압축기-팽창밸브-응축기-증발기
    ㉱ 응축기-증발기-압축기-팽창밸브

134. 시속 30km로 주행하는 중량 3060N의 자동차가 브레이크를 밟고서 8.8m에서 정지하였다. 이때 베어링 마찰 등을 무시하고 브레이크만으로 정지하였다고 하면 브레이크 장치에서 발생한 열량은 몇 KJ인가?(단, 타이어와 노면 사이의 마찰계수는 0.4이다)
    ㉮ 12.7KJ  ㉯ 31.4KJ
    ㉰ 10.8KJ  ㉱ 15.7KJ

**P·O·I·N·T**
$\dfrac{0.4 \times 3060 \times 8.8}{1000} = 10.8 KJ$

135. 완전가스가 등압변화하여 $T_1, V_1$에서 $T_2, V_2$로 되었을 때 내부 에너지의 변화는 다음중 어느 것인가?

정답 127. ㉯ 128. ㉮ 129. ㉮ 130. ㉱ 131. ㉯ 132. ㉱ 133. ㉯ 134. ㉰ 135. ㉰

㉮ $\int_{T_1}^{T_2} TdT$   ㉯ $\int_{T_1}^{T_2} C_P dT$

㉰ $\int_{T_1}^{T_2} C_V dT$   ㉱ $\int_{T_1}^{T_2} pdv$

136. 다음 그림은 브레이톤 사이클의 역인 공기 표준 냉동 사이클의 가장 간단한 형태를 나타낸 것이다. 그림에서 냉동효과는 무엇으로 표시되는가?

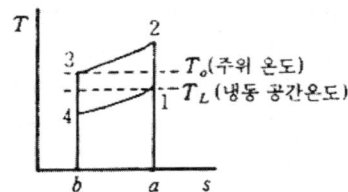

㉮ 면적 a123ba로 표시된다.
㉯ 면적 41ab 4로 표시된다.
㉰ 면적 12341로 표시된다.
㉱ (면적 12341) + (면적 41ab 4)로 표시된다.

137. 일과 일 사이의 에너지 불멸의 원리를 표현하고 있는 것은 다음 중 어느 것인가?

㉮ 보일-샤를의 법칙  ㉯ 열역학 제3법칙
㉰ 열역학 제2법칙    ㉱ 열역학 제1법칙

138. $C_p$=0.44KJ/kg°K, $C_v$=0.33KJ/kg°K의 이상 기체가 단열된 실린더내에서 팽창한다. 처음의 압력 $P_1$=10bar, 체적 $V_1$=0.111㎥이었다면 이 기체의 중량 G=0.5kg, 가스상수 R=47KJ/kg°K라 할 때 (1)용적이 0.3㎥로 될 때까지 행하여진 일량과 (2) 내부에너지의 감소는 얼마정도나 되겠는가?

㉮ (1) 93940 KJ  (2) 73840 KJ
㉯ (1) 83840 KJ  (2) 83840 KJ
㉰ (1) 93940 KJ  (2) 93940 KJ
㉱ (1) 73840 KJ  (2) 73840 KJ

**P·O·I·N·T**

$k = \dfrac{C_P}{C_V}, P_2 = P_1(\dfrac{V_1}{V_2})^k,$

$W = \dfrac{1}{k-1}(P_1V_1 - P_2V_2), du = W$

139. 어느 노즐에서 단열 열낙차는 93 KJ/kg이고 노즐의 속도계수는 0.943이다. 실제 열낙차는 몇 KJ/kg인가?

㉮ 82.7   ㉯ 80.4
㉰ 79.9   ㉱ 78.8

140. 다음은 건도가 X인 습증기의 비체적을 표시하는 식이다. 어느 것이 옳은가?(단, V"=건포화증기의 비체적, V'=포화액의 비체적이다)

㉮ $V_x = V'' + X(V''-V')$
㉯ $V_x = V' + X(V''-V')$
㉰ $V_x = V' + X(V'-V'')$
㉱ $V_x = V'' + X(V'-V'')$

141. 냉매로서 갖추어야 할 요구조건으로 적합하지 않은 것은?

㉮ 불활성이고 안정하며 비가연성이어야 한다.
㉯ 비체적이 커야 한다.
㉰ 증발온도에서 높은 잠열을 가져야 한다.
㉱ 열 전도율이 커야 한다.

142. 증기 냉동기에서 냉매가 순환되는 경로를 올바르게 나타낸 것은?

㉮ 증발기-압축기-응축기-수액기-팽창밸브
㉯ 증발기-응축기-수액기-팽창밸브-압축기
㉰ 압축기-수액기-응축기-증발기-팽창밸브
㉱ 압축기-증발기-팽창밸브-수액기-응축기

143. 체적 400ℓ 의 탱크안에 습포화증기 64kg이 들어 있다. 온도가 350℃일 경우 포화수 및 포화증기의 비체적이 $V_1$=0.0017468㎥/kg, $V_2$=0.008811㎥/kg이라면 건조도는 몇%인가?

㉮ 52   ㉯ 61
㉰ 64   ㉱ 69

**P·O·I·N·T**

$x = \dfrac{V - V'}{V'' - V'}, \quad V = \dfrac{V_0}{G}$

정답  136. ㉯  137. ㉱  138. ㉰  139. ㉮  140. ㉯  141. ㉯  142. ㉮  143. ㉰

144. 혼합기체에 관한 달톤(Dalton)의 법칙을 가장 올바르게 설명한 것은?
   ㉮ 혼합기체의 온도는 일정하다.
   ㉯ 혼합기체의 체적은 각 성분의 체적의 합과 같다.
   ㉰ 혼합기체의 압력은 각 성분의 분압의 합과 같다.
   ㉱ 혼합기체의 비중량은 각 성분의 비중량과 그 분압을 곱하여 합한 것과 같다.

145. 디젤 사이클(Diesel Cycle)에 있어서 열효율이 60%, 체절비 3, 단열지수 1.4일 때 압축비는 얼마인가?
   ㉮ 1.61  ㉯ 17.32
   ㉰ 15.11  ㉱ 19.24

**POINT**
$$\epsilon = \left[\frac{\sigma^k - 1}{(1-nd)\cdot k(\sigma-1)}\right]^{\frac{1}{k-1}}$$

146. 증기터빈에서의 상태 변화로서 가장 이상적인 것은?
   ㉮ 폴리트로프 변화(n=1.3)
   ㉯ 폴리트로프 변화(n=1.5)
   ㉰ 가역 단열 과정
   ㉱ 비가역 단열 과정

147. 다음 연료 속에 들어 있는 성분을 표시한 것 중 연소에서 발열성에 속하는 것은 어느 것인가?
   ㉮ 산소    ㉯ 질소
   ㉰ 회분    ㉱ 수소

148. 10 Kmol의 탄소를 완전 연소 시키는데 필요한 최소 산소는 몇 Kmol인가?
   ㉮ 4    ㉯ 15
   ㉰ 10   ㉱ 20

149. 축소 확대 노즐에서 임계압력이란?
   ㉮ 노즐목에서의 압력이다.
   ㉯ 노즐에서 유량이 최대가 되는 노즐 출구의 압력이다.
   ㉰ 노즐의 유량이 최소가 되는 노즐 입구의 압력이다.
   ㉱ 노즐의 유량이 최대가 되는 노즐목의 압력이다.

150. 다음 사항 중 틀린 것은?
   ㉮ 흐름이 음속이상이 될 때는 임계상태 이후의 축소 노즐의 압력 분포나 유량은 배압의 영향을 받지 않는다.
   ㉯ 노즐에서 부족팽창을 하면 출구에는 수축류가 생긴다.
   ㉰ 단열된 노즐을 유체가 유동할 때 노즐내에서는 마찰손실이 생기며 마찰열은 유체에 재차 회수된다.
   ㉱ 단열된 정상유로에서 압축성 유체의 운동에너지의 상승량은 도중의 비체적의 변화과정에 관계없이 엔탈피의 강하량과 같다.

151. 용기내에서 액체를 넣고 가열할 때 상태변화의 순서로 맞는 것은?
   ㉮ 압축액-포화액-습증기-포화증기-과열증기
   ㉯ 압축액-포화액-습증기-과열증기-포화증기
   ㉰ 압축액-습증기-건포화증기-과열증기
   ㉱ 압축액-습증기-과열증기-포화증기

152. 내부에너지가 40KJ, 절대압력이 20bar(20×10⁵N/m²), 체적이 0.1m³, 절대온도가 300°K인 계의 엔탈피는?
   ㉮ 60KJ    ㉯ 240KJ
   ㉰ 60KJ    ㉱ 80KJ

**POINT**
H = u + PV

정답  144.㉰  145.㉱  146.㉰  147.㉱  148.㉰  149.㉱  150.㉰  151.㉮  152.㉮

153. 질량 5kg, 온도 500°C인 철을 온도 15°C인 물 속에 넣었더니 물의 온도가 23.5°C로 되었다. 열 손실이 없다면 수량은 몇 kg인가?(단, 철의 비열은 0.113Kcal/kg°C이다)
㉮ 11.7   ㉯ 21.7
㉰ 31.7   ㉱ 41.7

**POINT**
$5 \times 0.113 \times (500 - 23.5)$
$= m \times 1 \times (23.5 - 15) \therefore m = 31.7$

154. 5kg의 산소가 정압하에서 체적이 $0.2m^3$에서 $0.6m^3$으로 증가하였다. O는 완전가스로 보고 정압비열 Cp=0.22KJ/kg로하여 엔트로피의 변화를 구하였을 때 그 값은?
㉮ 0.435KJ/kg   ㉯ 0.435KJ/kg
㉰ 0.435KJ/kg   ㉱ 0.643KJ/kg

**POINT**
$d_s = G \cdot C_p \cdot \ln \dfrac{V_2}{V_1}$

155. 물 2ℓ를 1kW의 전열기로 20°C에서 100°C까지 가열하는데 필요한 시간은?(단, 전열기 출력의 50%만 유용하게 사용되고, 물의 증발은 없다고 본다)
㉮ 22.3분   ㉯ 27.5분
㉰ 30.36분   ㉱ 42.7분

156. 피스톤이 끼워진 실린더내에 들어 있는 기체를 계로 생각하여 계에 열이 전달되는 동안 Pv1.3=C로서 그 과정 중의 압력과 체적의 관계가 유지 될 경우 기체의 최초압력 및 체적이 200Kpa 및 $0.04m^3$였다면 체적이 $0.1m^3$로 되었을 때 계가 한일은?
㉮ 6.41KJ   ㉯ 10.56KJ
㉰ 4.35KJ   ㉱ 12.37KJ

**POINT**
$U = \dfrac{1}{n-1}(P_1V_1 - P_2V_1) \cdot P_2 = P_1 \left(\dfrac{V_1}{V_2}\right)^n$

157. 초압이 150bar이고 복수기 압력이 0.12bar인 증기 원동소의 펌프일은 몇 N·m인가?(단, 물의 비체적은 $0.001m^3$/N이다)
㉮ 2.34   ㉯ 23.4
㉰ 3.51   ㉱ 35.1

**POINT**
$W = VCP_2 - P_1$

158. 폴리트로프 과정을 표시하는 식 $PV^n = C$에서 $n \to \infty$는 어떤 과정이 되는가?(단, p:압력, V:체적)
㉮ 정압 과정   ㉯ 단열 과정
㉰ 정적 과정   ㉱ 등온 과정

159. 완전 가스의 정압 비열 Cp, 정적 비열 Cv와의 관계는 다음에서 어느 것이 옳은가?(단, R=가스상수, A=일의 열당량이다)
㉮ Cp−Cv=AR   ㉯ Cp/Cv=AR
㉰ Cp+Cv=AR   ㉱ Cv/Cp=AR

160. 증기 원동소 사이클에서 열효율이 28%이고 터빈 열이 120KJ/kg이라고 할 때 1kWh의 열을 얻기 위한 열소율은 얼마인가?
㉮ 9800KJ/kW·h   ㉯ 10767KJ/kW·h
㉰ 15789KJ/kW·h   ㉱ 12857KJ/kW·h

**POINT**
$\dfrac{3600}{0.28} = 12857KJ$

161. 공기 1kg이 표준 대기압하에서 18°C로부터 60°C로 가열되는 동안 체적이 $0.824m^3$으로부터 $0.943m^3$이 되었다면 이 과정 중 엔트로피 변화량은?(단, 공기의 정적비열은 0.722, 기체 상수는 0.286KJ/kg°K)
㉮ 1.667KJ/kg°K   ㉯ 1.026KJ/kg°K
㉰ 1.48KJ/kg°K   ㉱ 1.24KJ/kg°K

## P·O·I·N·T

$$S = C_p \ln \frac{T_2}{T_1} + R \ln \frac{V_2}{V_1}$$

162. 일반 기체 상수의 값은?
 - ㉮ 848 KJ/kg·mol·°K
 - ㉯ 1545 KJ/kg·mol·°K
 - ㉰ 8.40 KJ/kg·mol·°K
 - ㉱ 1540 KJ/kg·mol·°K

163. 750KJ/kg의 엔탈피를 가진 과열 증기가 노즐 입구에서 극히 저속상태로 들어와 가역 단열적으로 출구를 나갈 때 증기 엔탈피는 700KJ/kg이다. 이 증기의 속도는 얼마인가?
 - ㉮ 40m/sec
 - ㉯ 20m/sec
 - ㉰ 30m/sec
 - ㉱ 10m/sec

## P·O·I·N·T

$$= \sqrt{2(h_1 - h_2)}$$

164. 어느 석탄의 성분이 중량비로 탄소가 50%, 수소 5%, 산소 15%, 유황 1%, 질소 2%, 수분 12%, 회분 15%이면 이 석탄의 저 발열량은?
 - ㉮ 12921.2 KJ/kg
 - ㉯ 20618.8 KJ/kg
 - ㉰ 19350.9 KJ/kg
 - ㉱ 19957.9 KJ/kg

165. 다음 설명 중 맞는 것은?
 - ㉮ 열량은 항상 $\sqrt{Td_s}$의 적분치로 주어진다.
 - ㉯ 식 $\alpha h - Tds + Vnip$는 가역과정의 경우에만 적용된다.
 - ㉰ 임계점에서 포화액의 비내부 에너지와 포화공기의 비 내부에너지의 값은 같다.
 - ㉱ $PV^K$=일정(K=비열비)의 식은 모든 단열과정에 적용할 수 있다.

166. 100kW의 디젤기관에 있어서 마찰 손실이 그 출력의 15%이라면 이 마찰손실에 의해 발생하는 열량은?
 - ㉮ 약 126.32 Kcal/min
 - ㉯ 약 142.02 Kcal/min
 - ㉰ 약 214.3 Kcal/min
 - ㉱ 약 169.48 Kcal/min

## P·O·I·N·T

$$= \frac{100 \times 0.15 \times 60}{4.2} = 214.28$$

167. 이론 증기 압축 냉동 사이클에서 등 엔트로피 과정은 다음의 어느 곳에서 이루어지는가?
 - ㉮ 증발기
 - ㉯ 응축기
 - ㉰ 압축기
 - ㉱ 팽창밸브

168. 랭킨 사이클의 각 점에서의 증기의 엔탈피가 다음과 같을 때 효율은?(단, 보일러 입구:80 KK/kg, 터빈출구:630 KJ/kg, 보일러 출구:830 KJ/kg, 펌프 입구:79 KJ/kg 이다)
 - ㉮ 24.6%
 - ㉯ 26.5%
 - ㉰ 28.4%
 - ㉱ 30.8%

169. 다음은 오토 사이클의 효율식이다. 맞는 것을 고르시오(단, $\varepsilon$ 은 압축비, K는 비열비이다)
 - ㉮ $\eta_o = 1 - (\frac{1}{\epsilon})^{\frac{k}{k-1}}$
 - ㉯ $\eta_o = 1 - (\frac{1}{\epsilon})^{\frac{k}{1-k}}$
 - ㉰ $\eta_o = 1 - (\frac{1}{\epsilon})^{\frac{1}{k-1}}$
 - ㉱ $\eta_o = 1 - (\frac{1}{\epsilon})^{k-1}$

170. 이상기체에서 정적비열(Cv)과 정압비열(Cp)과의 관계는? (단, R=기체상수)
 - ㉮ $\frac{C_P}{C_V} = R$
 - ㉯ $\frac{C_V}{C_P} = R$
 - ㉰ $C_P - C_V = AR$
 - ㉱ $C_V - C_P = AR$

171. 노즐 속을 이상기체가 가역단열정상유동할 때 다음의 마하수 M 중에서 단면이 확대되는 곳은?
 - ㉮ M=0
 - ㉯ M〈1
 - ㉰ M=1
 - ㉱ M〉1

정답 162.㉮ 163.㉱ 164.㉯ 165.㉱ 166.㉰ 167.㉰ 168.㉯ 169.㉱ 170.㉰

172. 다음 그림은 임의의 냉동 사이클이다. Q1의 냉매가 고열원에 방출하는 열량 Q2가 냉매가 흡수하는 열량이라고 할 때 성적계수 Cp는? (단, W는 공급에너지이다)

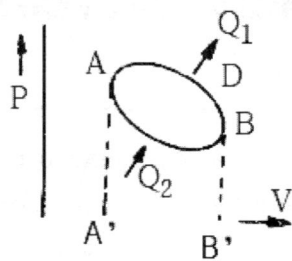

㉮ $C_P = \dfrac{Q_1 - Q_2}{Q_1}$   ㉯ $C_P = \dfrac{AW}{Q_2}$

㉰ $C_P = Q_2 AW$   ㉱ $C_P = \dfrac{Q_2}{Q_1 - Q_2}$

173. 순수한 물질로 된 밀폐기가 가역 단열과정 동안 수행한 일의 양은?
 ㉮ 엔트로피의 변화량과 같다.
 ㉯ 내부에너지의 변화량과 같다.
 ㉰ 정압과정에서 이루어진 일의 양과 같다.
 ㉱ 가역 단열 과정에서 일의 수행은 있을 수 없다.

174. 엔탈피 h₁=800KJ/kg, W₁=100m/sec인 증기가 8kg/sec로 유출된다. 발생일량이 80000KJ/sec라면 위치에너지를 무시할 때의 열손실은?
 ㉮ 265.5 KJ/sec   ㉯ -265.5 KJ/sec
 ㉰ -273.5 KJ/sec   ㉱ 273.5 KJ/sec

175. 포화온도 이하에서의 유체는?
 ㉮ 과열증기   ㉯ 포화액체
 ㉰ 압축액   ㉱ 습증기

176. 이상기체의 엔탈피가 변하지 않는 과정은?
 ㉮ 가역단열과정   ㉯ 비가역단열과정
 ㉰ 교축과정   ㉱ 등온과정

177. 랭킨 사이클에서 보일러 압력과 온도가 일정할 때 복수기 압력이 높을수록 열효율은 다음 중 어느 것인가?
 ㉮ 감소한다.   ㉯ 증가하고 감소도 한다.
 ㉰ 불변이다.   ㉱ 증가한다.

178. 카르노 사이클에 대한 설명중 틀린 것은?
 ㉮ 열효율은 압축비의 함수로 구성된다.
 ㉯ 2개의 등온변화와 2개의 단열변화과정으로 구성된다.
 ㉰ 사이클 중 열효율이 가장 좋다.
 ㉱ 열효율은 열량의 함수를 온도의 함수로 치환할 수 있다.

179. 카르노사이클의 원리를 요약한 다음 사항 중 가장 관계가 적은 것은?

㉮ 같은 두 열원에서 작동하는 비계의 사이클의 열효율은 같다.
㉯ 카르노 사이클은 열기관의 이상 사이클로서 최고의 열효율을 갖는다.
㉰ 카르노 사이클의 열효율은 동작물질에 관계 없다.
㉱ 역 카르노 사이클은 냉동기의 이상적 사이클 이다.

180. Rankine Cycle로 가동하는 증기 원동소에서 재가열 과정을 채택하는 제일 큰 목적은 아래 어느 것인가?

㉮ Cycle의 열효율을 높인다.
㉯ 증기터빈 저압단에서의 증기의 건도를 높인다.
㉰ Condensor에서의 열방출량을 감소시킨다.
㉱ 급수펌프의 열효율을 높인다.

181. 압력 20ata, 온도 400℃인 증기를 배기압 0.5ata까지 단열팽창 시킬 때 랭킨 사이클의 열효율을 구하시오.(단, 펌프일은 무시하고 h-s선도에서 $h_1$=776Kcal/kg, $h_2$=594Kcal/kg, 또 압력(0.5ata)기준 증기표에서 $h_3$=81Kcal/kg이다. 여기서 첨자 1은 터빈 입구, 2는 터빈 출구, 3은 펌프에서의 상태를 뜻한다)

㉮ 26.2%  ㉯ 43.2%
㉰ 58.2%  ㉱ 72.2%

**POINT**

$$\frac{776-594}{776-81} \times 100 = 26.2\%$$

182. 이상적 냉동 사이클에서 응축기 온도가 40℃, 증발기 온도가 -10℃이면 성적계수는 얼마인가?

㉮ 5.26  ㉯ 4.26
㉰ 2.65  ㉱ 6.52

**POINT**

$$C_{op} = \frac{T_2}{T_1 - T_2}$$

183. 절대온도 $T_1$ 및 $T_2$인 두 물체가 있다. $T_1$에서 $T_2$에 Q의 열이 전달 될 때 이 두 개의 물체가 이루는 체적의 엔트로피의 변화는?

㉮ $\dfrac{Q}{T_1} - \dfrac{Q}{T_2}$  ㉯ $\dfrac{Q(T_1+T_2)}{T_1 \cdot T_2}$

㉰ $\dfrac{Q(T_1-T_2)}{T_1 \cdot T_2}$  ㉱ $\dfrac{T_1-T_2}{Q(T_1 \cdot T_2)}$

184. 3Kmol의 탄소(C)를 완전 연소 시키는데 필요한 최소 산소량은 몇 Kmol인가?

㉮ 1  ㉯ 2
㉰ 3  ㉱ 4

185. 다음 사항 중 틀린 것은?

㉮ 3중점의 압력이 대기압보다 높은 물질을 승화 물질이라고 한다.
㉯ 임계점 이상에서는 액체와 증기가 평형을 이룰 수 없다.
㉰ 물질의 상태는 항상 2개의 성질만 있으면 정의 될 수 있다.
㉱ 물질의 혼합과정은 비가역 과정이다.

186. 실린더 안에 0.8kg의 기체를 넣고 이것을 압축하기 위해서는 1300kgJ의 일이 필요하며 또 이때 실린더를 냉각하기 위해서 -2.4 KJ의 열을 빼앗아야 한다면 이 기체의 내부에너지 변화량은?

㉮ 0.88 KJ/kg 증가  ㉯ 1.1 KJ/kg 증가
㉰ 0.88 KJ/kg 감소  ㉱ 1.1 KJ/kg 감소

**POINT**

$-2.4KJ = \Delta u - 1.3$
$\therefore \Delta u = -1.1KJ/kg$

187. 엔트로피의 단위로 가장 알맞는 것은?

㉮ KJ/kg·m  ㉯ KJ/kg
㉰ KJ/kg°K  ㉱ KJ/kmol

정답 179. ㉮ 180. ㉮ 181. ㉮ 182. ㉮ 183. ㉰ 184. ㉰ 185. ㉮ 186. ㉱ 187. ㉰

188. 기체의 초기압력은 2bar, 체적은 $0.1m^3$이다. PV=일정의 과정으로 체적이 $0.3m^3$로 변했을 때의 KJ로 계산한 일량에 가장 가까운 것은?
  - ㉮ 2200 KJ
  - ㉯ 954 KJ
  - ㉰ 2.2 KJ
  - ㉱ 40 KJ

**POINT**
$W = P(V_2 - V_1)$

189. 1PS-H의 열의 일당량은 다음 중 어느 것인가?
  - ㉮ 860 Kcal
  - ㉯ 632.3 Kcal
  - ㉰ 427 Kcal
  - ㉱ 102 Kcal

190. 물의 상태 변화를 표시하는 다음의 각종 선도에서 상태변화가 1→2가 등온변화를 나타내는 것은?

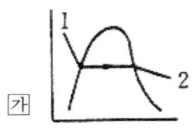 ㉮  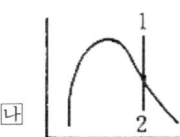 ㉯

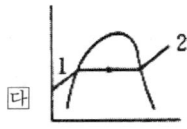 ㉰  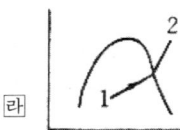 ㉱

191. 열역학에서 유용일은?
  - ㉮ 계가 한 일 중에서 대기에 대해서 한 일을 제외한 일량으로 정의된다.
  - ㉯ 계가 한 일 중에서 마찰일을 제외한 일로 정의된다.
  - ㉰ 전력으로 바꿀 수 있는 일량으로 정의된다.
  - ㉱ 사이클 간에 계가 한 일로 정의된다.

192. 완전 기체의 엔탈피 h의 엔트로피 s사이에 성립하는 관계식은?(단, T는 절대온도, V는 비체적, p는 압력, A는 일의 열당량이다.)
  - ㉮ $T \cdot ds = dh + A \cdot V \cdot dp$
  - ㉯ $T \cdot ds = dh - A \cdot V \cdot dp$
  - ㉰ $T \cdot ds = dh + A \cdot p \cdot dv$
  - ㉱ $T \cdot ds = dh - A \cdot p \cdot dv$

193. 두께 10mm, 열전도율 45KJ/mh℃인 강판의 두면이 각각 300℃, 50℃일 때 전열면 $1m^2$당 1시간에 전달되는 열량은?
  - ㉮ 1125000 KJ
  - ㉯ 142500 KJ
  - ㉰ 925000 KJ
  - ㉱ 1625000 KJ

**POINT**
$Q = \alpha A(t_2 - t_1)$

194. 압력 $8kg/cm^2$, 온도 400℃인 상태의 공기가 노즐내에서 $1kg/cm^2$까지 등엔트로피 팽창한다면 출구의 속도는 얼마인가?(단, 노즐계수가 0.90이라고 한다)
  - ㉮ 689
  - ㉯ 699
  - ㉰ 700
  - ㉱ 732

**POINT**
$T_2 = T_1(\frac{P_2}{P_1})^{\frac{k-1}{k}}$,
$V_2 = Cn\sqrt{2Cp(T_2-T_1)} = Cn\sqrt{2Cp(T_2-T_1)}$

195. 노즐의 최소 단면적을 Fc, 임계압력을 Pc, 비체적을 V, 비열비를 k라고 할 때 최대유량 Gc를 구하는 식은?
  - ㉮ $m_C = Fc\sqrt{\frac{K}{2} \cdot \frac{Pc}{Vc}}$
  - ㉯ $m_C = Fc\sqrt{k\frac{Pc}{Vc}}$
  - ㉰ $m_C = Fc\sqrt{\frac{k}{k-1} \cdot \frac{Pc}{Vc}}$
  - ㉱ $m_C = Fc\sqrt{2k\frac{Pc}{Vc}}$

정답 188.㉱ 189.㉯ 190.㉮ 191.㉮ 192.㉯ 193.㉮ 194.㉰ 195.㉯

196. 옥탄의 완전연소 방정식은 다음과 같다. $C_8H_{18} + 12.5O_2 \rightarrow 8CO_2 + 9H_2O$, 옥탄 1kg을 완전 연소시키는데 필요한 산소량은 몇 kg인가?
   ㉮ 400
   ㉯ 114
   ㉰ 4.68
   ㉱ 3.51

197. 보일러 입구의 압력이 150 bar이고 복수기의 압력이 0.12bar일 때 펌프일은?(단, 물의 비체적은 $0.001m^3/kg$이다)
   ㉮ 35.1 KJ/kg
   ㉯ 14.99 KJ/kg
   ㉰ 23.4 KJ/kg
   ㉱ 2.34 KJ/kg

   **POINT**
   $$W = V(P_1 - P_2)$$

198. 카르노 사이클로 작동하는 열기관에서 사이클마다 250N·m의 일을 얻기 위해서는 사이클마다 열공급량이 1 KJ, 저압원의 온도가 15℃일 때 고압원의 온도는 몇 ℃가 되어야 하는가?
   ㉮ 694.8
   ㉯ 421.8
   ㉰ 582.7
   ㉱ 111.0

   **POINT**
   $$\frac{W}{Q} = \frac{T_1 - T_2}{T_1}$$

199. 디젤기관의 압축비가 16일 때 압축전의 공기 온도가 90℃라면 압축 후의 공기 온도는 얼마인가?
   ㉮ 787 ℃
   ㉯ 797 ℃
   ㉰ 807℃
   ㉱ 827℃

   **POINT**
   $$T_2 = T_1(\epsilon)^{k-1}$$

200. 동작계수가 0.8인 냉동기로서 7200KJ/h로 하려면 이 때 필요한 동력은?
   ㉮ 약 0.9 KW
   ㉯ 약 1.6 KW
   ㉰ 약 2.5 KW
   ㉱ 약 5.7 KW

201. 실제 기체가 이상 기체의 상태방정식을 가장 근사하게 만족시키는 경우는?
   ㉮ 압력과 온도가 높을 때
   ㉯ 압력은 낮고 온도가 높을 때
   ㉰ 압력이 높고 온도가 낮을 때
   ㉱ 압력과 온도가 낮을 때

202. 대기 1kg의 성분을 산소 (R=0.259KJ/kg°K) 0.232 kg, 질소(R=0.296KJ/kg°K) 0.768kg이라고 가정할 때 이 대기의 기체 상수(KJ/kg°K)는?
   ㉮ 0.273
   ㉯ 0.287
   ㉰ 1.535
   ㉱ 1.723

   **POINT**
   $$R = \frac{G_o R_o + G_N R_N}{G_o + G_N}$$

203. 압력이 2bar, 온도가 20℃의 공기를 압력이 20bar로 될 때까지 가역단열 압축을 했을 때 온도는 다음 수치 중 어느 것에 가까운가?
   ㉮ 273.5℃
   ㉯ 225.7℃
   ㉰ 292.5℃
   ㉱ 358.2℃

   **POINT**
   $$T_2 = T_1 \left(\frac{P_2}{P_1}\right)^{\frac{k-1}{k}}$$

204. 유체가 노즐내를 흐를 때 임계압력 $P_2$을 옳게 나타낸 것은?($P_1$=노즐입구압력, k=비열비이다)
   ㉮ $P_2 = P_1 \left(\frac{2}{k+1}\right)^{\frac{k-1}{k}}$
   ㉯ $P_2 = P_1 \left(\frac{k+1}{2}\right)^{\frac{k+1}{k}}$
   ㉰ $P_2 = P_1 \left(\frac{2}{k+1}\right)^{\frac{k}{k-1}}$
   ㉱ $P_2 = P_1 \left(\frac{2}{k+1}\right)^{\frac{k}{k+1}}$

정답 196.㉱ 197.㉯ 198.㉯ 199.㉱ 200.㉰ 201.㉯ 202.㉯ 203.㉰ 204.㉰

205. 노즐로 유체가 25m/sec의 속도로 들어가서 400m/sec의 속도로 분출된다. 열손실이 없다고 할 때 엔탈피 변화는 몇 KJ/kg로 되는가?
   - ㉮ 79.69 감소
   - ㉯ 39.84 감소
   - ㉰ 79.69 증가
   - ㉱ 39.186 증가

   **POINT**
   $$\Delta h = \frac{V_2^2 - V_1^2}{2}$$

206. 4bar, 24℃의 과열 증기에 4bar의 포화수를 혼합하여 건포화 증기로 만들려고 한다. 과열증기 1kg 당 몇 kg의 포화수가 필요한가?(단, 과열증기의 $h_1$=703.2 KJ/kg, 포화수 $h_2$=143.6 KJ/kg, $h_2''$=510 KJ/kg 이며 혼합은 단열과정에서 이루어진다.)
   - ㉮ 1.514
   - ㉯ 192
   - ㉰ 0.296
   - ㉱ 0.527

   **POINT**
   $703 + 143.6m = 510(1+m) \quad m = 0.527 kg$

207. 정압비열과 정적비열의 비가 1.4인 이상기체의 정압비열을 기체 상수 R의 단위로 나타낼 때 옳은 것은?
   - ㉮ $\frac{2}{7}R$
   - ㉯ $R$
   - ㉰ $\frac{2}{5}R$
   - ㉱ $\frac{7}{2}R$

208. 아래 그림은 브레이톤 사이클을 P-V 선도로 표시한 그림이다. 이 사이클의 이론 열효율은? (단, Cp=1.0164 KJ/kg℃, Cv=0.7182 KJ/kg℃)

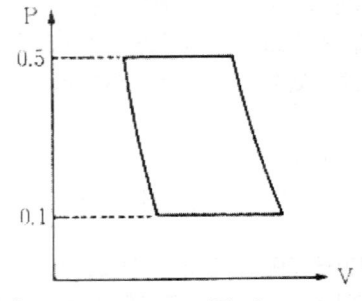

   - ㉮ 약 42.3%
   - ㉯ 약 40.4%
   - ㉰ 약 37.6%
   - ㉱ 약 33.2%

   **POINT**
   $$n + h = 1 - \left(\frac{1}{r}\right)^{\frac{k-1}{k}}, \quad r = \frac{P_2}{P_1}$$

209. 상온에서의 비열(Cp/Cv)를 1.4로 보아서는 안 될 가스는 다음 중 어느 것인가?
   - ㉮ He
   - ㉯ CO
   - ㉰ $N_2$
   - ㉱ $O_2$

210. 분자량 28.5, 완전가스의 압력 2bar, 온도 100℃에 있어서 비용적 v의 값은?
   - ㉮ $0.33 m^3$
   - ㉯ $0.18 m^3$
   - ㉰ $0.66 m^3$
   - ㉱ $0.55 m^3$

   **POINT**
   $Pv = RT, \quad R = \frac{8.314}{28.5}$
   $v = \frac{8.314}{28.5} \times \frac{373}{200}$

211. 용적 $2.8 m^3$의 탱크 속에 압력 $10 kg/cm^2$의 습증기가 들어 있는데 건도가 0.6이라면 증기량은?(단, $10 kg/cm^2$의 포화증기의 비체적은 $0.1981 m^3/kg$, 포화액의 비체적은 $0.00113 m^3/kg$이다)
   - ㉮ 25.5kg
   - ㉯ 23.5kg
   - ㉰ 21.8kg
   - ㉱ 19.8kg

   **POINT**
   $m = \frac{V}{V_0}, \quad V_0 = V' + x(V'' - V')$

정답 205. ㉮  206. ㉱  207. ㉰  208. ㉯  209. ㉮  210. ㉱  211. ㉯

212. 초압, 초온, 압축비, 가열량을 일정하게 하였을 경우 열효율의 크기는 다음 중 어느 것이 옳은가?
   ㉮ 오토사이클〉사바테사이클〉디젤사이클
   ㉯ 디젤사이클〉사바테사이클〉오토사이클
   ㉰ 디젤사이클〉오토사이클〉사바테사이클
   ㉱ 오토사이클〉디젤사이클〉사바테사이클

213. 다음 중 아황산 가스와 접촉하면 백색 연기를 내는 냉매는?
   ㉮ 클로로메틸가스    ㉯ 프레온-12가스
   ㉰ 암모니아가스      ㉱ 공기

214. 온도가 -23℃인 대기중으로 열을 뽑아내는 가역 냉동기가 있다. 이 냉동기의 성능계수는? (단, 응축기의 온도는 27℃이다)
   ㉮ 3      ㉯ 4
   ㉰ 5      ㉱ 6

   **POINT**
   $$Cop = \frac{T_2}{T_1 - T_2}$$

215. 20℃의 공기(가스상수 R=0.287KJ/kg°K, 정압비열 Cp=1.012 KJ/kg°K)3kg이 압력 1bar에서 등온팽창하여 부피가 2배로 되었다. 이때 공급된 열량은 얼마인가?
   ㉮ 70.62 KJ/kg      ㉯ 41.63 KJ/kg
   ㉰ 407.52 KJ/kg     ㉱ 635.5 KJ/kg

216. 유효에너지와 무효에너지에 대한 다음 사항 중 옳은 것은?(단, Q는 열량, T는 온도이다)
   ㉮ $\frac{Q_1}{T_1}$이 클수록 무효에너지는 유효에너지로 전환된다.
   ㉯ $\frac{Q_1}{T_1}$이 클수록 무효에너지는 적게된다.
   ㉰ $\frac{Q_1}{T_1}$이 적을수록 무효에너지는 적게된다.
   ㉱ $\frac{Q_1}{T_1}$이 적을수록 유효에너지는 적게된다.

217. 질량 150kg의 물을 18℃에서 100℃로 가열하는데 필요한 열량은?
   ㉮ 12300 KJ    ㉯ 12500 KJ
   ㉰ 24000 KJ    ㉱ 50000 KJ

   **POINT**
   $150 \times (100 - 18)$

218. 완전가스를 단열 변화시키면 엔트로피는 어떻게 되는가?
   ㉮ 반드시 커진다.    ㉯ 반드시 감소한다.
   ㉰ 일정하다.         ㉱ 커지거나 일정하다.

219. "혼합가스의 압력은 각 기체가 단독으로 확대 할 때의 분압의 합은 같다." 라는 법칙은 다음 어느 법칙에 맞는가?
   ㉮ 보일 샤를의 법칙   ㉯ 열역학 제 1법칙
   ㉰ 열역학 제2 법칙    ㉱ 달톤의 법칙

220. 보일러의 압력계가 12ata를 나타내고 그때의 대기압이 740mmHg이었다. 보일러의 절대압력을 구하시오.
   ㉮ 12.97     ㉯ 13.01
   ㉰ 10.99     ㉱ 11.54

   **POINT**
   $$12 + \frac{740}{760} \times 1.033 = 13.01$$

221. 탄소 2kg이 완전 연소할 때 생성되는 $CO_2$ 가스의 양은 얼마정도가 되겠는가?
   ㉮ 2.75kg    ㉯ 3.667kg
   ㉰ 5.33kg    ㉱ 7.333kg

222. 대기의 온도가 낮아져서 습증기가 노점 온도에 이를때 까지이면 어떤 현상이 일어나는가?
  ㉮ 수분의 부분압이 낮아진다.
  ㉯ 절대습도가 낮아진다.
  ㉰ 절대습도가 높아진다.
  ㉱ 상대습도가 높아진다.

223. 바다의 물이 가지고 있는 무한히 많은 열량을 이용해서 추진하는 선박을 만들었다면 이 열기관은?
  ㉮ 제 1종 영구기관
  ㉯ 제2종 영구기관
  ㉰ 내연기관과 같은 열기관
  ㉱ 열역학 제2법칙에 따르는 열기관

224. 20℃의 물 1kg과 60℃의 물 1kg을 대기압 상태에서 혼합하였더니 열손실이 없었으므로 40℃의 물 2kg이 되었다. 이때 이과정에 따른 엔트로피의 변화량은 어떻게 되겠는가?
  ㉮ 양(+)이다.    ㉯ 음(−)이다.
  ㉰ 0이다.       ㉱ 경우마다 다르다.

225. 어느 이상기체 1kg을 일정체적하에서 20℃로부터 100℃까지 가열하는데 200KJ의 열이 전달되었다면 이 기체의 분자량은 2로 하였을 때의 정압비열(KJ/kg℃)은?
  ㉮ 약 1.51    ㉯ 약 1.98
  ㉰ 약 2.51    ㉱ 약 6.657

**POINT**
$C_v = \dfrac{Q}{T_2 - T_1} = 2.5$

$C_p - C_v = R, \quad R = \dfrac{8.314}{m} = 4.157$

$C_p = R + C_v = 6.657 \text{KJ/kg}°\text{k}$

226. 효율이 85%인 터빈에 들어갈 때의 증기 엔탈피가 749KJ/kg이고 가역 단열과정에 의해 팽창할 경우에 출구에서의 엔트로피가 500KJ/kg이 된다고 한다. 이 터빈의 실제일은 몇 KJ/kg인가?
  ㉮ 346    ㉯ 294
  ㉰ 212    ㉱ 200

**POINT**
$(749 - 500) \times 0.85 = 211.65$

227. 열역학 제2법칙으로부터 정의되는 상태량(성질)은?
  ㉮ 내부에너지    ㉯ 열과 일
  ㉰ 엔트로피      ㉱ 저장에너지

**POINT**
$W_t = mRT \dfrac{P_1}{P_2}$

228. 공기 1kg을 10bar, 250℃의 상태로부터 압력 2bar까지 등온변화한 경우 외부에 대하여 한 일량은 몇 KJ인가?
  ㉮ 157    ㉯ 241
  ㉰ 313    ㉱ 465

229. 열역학 제1법칙의 식은 다음에서 어느 것이 가장 옳은가?(단, Q:상태1에서 상태2사이에 외부로부터 가한 열량, u:내부에너지, p:압력, v:비체적, A:일의 열당량)
  ㉮ dQ=du+Ap·dv    ㉯ dQ=du−Ap·dp
  ㉰ dQ=du−Ap·dv    ㉱ dQ=du+Apv

230. 기체 1kg이 가역 등온과정에 따라 $P_1$=2N/cm², $V_1$=0.1m³로부터 $V_2$=0.3m³로 변화하였을 때 N·m로 계산한 일은 약 얼마인가?(단, n=1.3이다)
  ㉮ 212    ㉯ 1867.7
  ㉰ 954    ㉱ 2200

**POINT**
$W = \dfrac{1}{n-1}(P_1V_1 - P_2V_2)$,
$P_2 = P_1 \left(\dfrac{V_1}{V_2}\right)^{1.3}$

231. 사이클의 내부에너지의 변화량 △E를 맞게 나타낸 것은?
   ㉮ △E=0   ㉯ △E>0
   ㉰ △<0    ㉱ △≥0

232. 다음 중 이상 기체의 교축과정에 대한 사항으로 틀린 것은?
   ㉮ 엔탈피 변화가 없다.
   ㉯ 온도 변화가 없다.
   ㉰ 엔트로피 변화가 없다.
   ㉱ 비가역 단열과정이다.

233. 계기압력 7bar인 공기가 대기압력까지 축소 확대 노즐에서 가역 단열 팽창한다면 노즐목에서의 공기 압력은?
   ㉮ 약 1.72bar   ㉯ 약 2.72bar
   ㉰ 약 3.72bar   ㉱ 약 4.72bar

**P·O·I·N·T**
$P_t = P_1 \times (\frac{2}{k+1})^{\frac{k}{k-1}}$

234. 증기터빈에서 터빈효율이 커지면 어떻게 되겠는가?
   ㉮ 터빈 출구에서 엔트로피가 증가한다.
   ㉯ 터빈출구에서 엔탈피가 증가한다.
   ㉰ 터빈출구에서 건조도가 작아진다.
   ㉱ 터빈출구에서 온도가 상승한다.

235. 카르노 사이클 A는 0℃와 100℃ 사이에서 작동되며 카르노 사이클 B는 100℃와 200℃ 사이에서 작동된다. 사이클 B의 효율은 사이클 A의 효율보다 어떠한가?
   ㉮ 높다.   ㉯ 낮다.
   ㉰ 같다.   ㉱ 빅할 수 없다.

236. 공기 냉동기에서 압축기입구 -5℃, 출구 105℃, 팽창기 입구 10℃, 출구 -70℃이면 공기 1kg당 냉동 효과는?

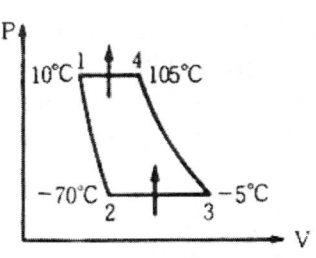

   ㉮ 15.6kcal   ㉯ 25.7kcal
   ㉰ 42.2kcal   ㉱ 52.3kcal

**P·O·I·N·T**
$Q_2 = C_p(T_3 - T_2)$

237. 아래 사이클 중에서 열효율이 압축비만에 의해서 결정되는 사이클은?(단, 비열비는 일정)
   ㉮ 오토 사이클   ㉯ 디젤 사이클
   ㉰ 브레이톤 사이클   ㉱ 스털링 사이클

238. 어떤 냉동기의 능력이 80 냉동톤으로써 5℃와 15℃ 사이에서 작동된다고 하면 이 냉동기의 성적계수는 얼마인가?
   ㉮ 12.2   ㉯ 13.4
   ㉰ 14.8   ㉱ 15.3

**P·O·I·N·T**
$Cop = \dfrac{T_2}{T_1 - T_2}$

239. 다음 사항 중 틀린 것은?
   ㉮ 단열된 정상유로에서 압축성 유체의 운동에너지의 상승량은 도중의 비체적의 변화과정에 관계없이 엔탈피의 강하량과 같다.
   ㉯ 교축현상을 동반하는 해석을 할 때는 온도 엔트로피 선도가 이용된다.
   ㉰ 흐름이 음속이상 될 때에는 임계상태 이후의 축소 노즐의 압력 분포나 유량은 배압의 영향을 받지 않게 된다.
   ㉱ 단열된 노즐을 유체가 유동할 대 노즐 내에서의 마찰손실이 생기며 마찰역은 유체에 재차 회수된다.

240. 이상적인 랭킨 사이클에서 동작 유체가 보일러로부터 열을 공급받는 과정은 다음중 어떤 과정으로 해석 하겠는가?(단, q는 계가 받는 열량, h는 엔탈피, u는 내부에너지, w는 축압이다.)
  ㉮ 정상유동, 정압과정 q=△h
  ㉯ 정상유동, 등엔트로피과정 q=△u
  ㉰ 비유동, 정적과정 q=△u
  ㉱ 비유동, 단열과정 w=△h

241. 응축온도 30℃, 증발온도 -10℃인 냉동 사이클의 성적계수의 값을 응축온도 30℃, 증발온도 -20℃인 B 냉동 사이클의 성적계수의 값에 비교하면?
  ㉮ 크다.    ㉯ 작다.
  ㉰ 같다.    ㉱ 비교할 수 없다.

242. 정상 유동상태의 경우 펌프가 하는 일을 표시하는 것은? (단, P는 압력, V는 체적을 표시한다)
  ㉮ ∫pdp    ㉯ ∫vdp
  ㉰ ∫pdv    ㉱ ∫vdv

243. 어떤 이상 기체가 압력 3bar, 비체적 0.6bar인 상태의 등온하에서 압력이 9kg/cm²인 상태로 변화하였다면 비체적은 얼마로 변화 되겠는가?
  ㉮ 약 0.2m³/kg    ㉯ 약 0.3m³/kg
  ㉰ 약 0.4m³/kg    ㉱ 약 0.5m³/kg

244. 비가역과정에서 계에 관한 사항 중 올바른 것은?
  ㉮ 계의 유용도는 변하지 않는다.
  ㉯ 계의 유용도는 감소한다.
  ㉰ 계의 유용도는 증가한다.
  ㉱ 비가역성은 감소한다.

245. 카르노 사이클로 작동되는 열기관이 동작 유체로 공기를 사용해서 고열원의 온도 750℃, 저열원의 온도 15℃일 때 사이클당 수열량이 8KJ이라면 정미일은 얼마인가?
  ㉮ 1.43KJ    ㉯ 5.75KJ
  ㉰ 3.05KJ    ㉱ 3.52KJ

**POINT**
$$8 \times (1 - \frac{288}{1023}) = 5747 KJ$$

246. 점함수란 무엇을 말하는가?
  ㉮ 일과 같은 것을 말한다.
  ㉯ 열과 같은 것을 말한다.
  ㉰ 계의 성질을 말한다.
  ㉱ 상태변화의 경로에 관계되는 것을 말한다.

247. 다음 중 열역학 제3법칙과 가장 관계 깊은 사항은?
  ㉮ 0°K에서의 엔트로피는 "0"이다.
  ㉯ 273°K에서의 엔트로피는 "0"이다.
  ㉰ 엔트로피는 그 변화량만이 문제이므로 절대치는 없다.
  ㉱ 0°K에 근접하면 엔트로피는 "0"에 근접한다.

248. 다음 사항 중 틀린 것은?
  ㉮ 보일(Boyle)의 법칙을 P-V선도에 그리면 직각 쌍곡선을 나타내며, 샬(charles)의 법칙을 V-T선도에 그리면 원점을 지나는 직선이 된다.
  ㉯ 일반 가스에 대한 측정 결과에 의하면 표준상태(℃, 760mmHg)에서 1kmol의 가스는 거의 22.41ℓ의 용적을 갖는다.
  ㉰ 완전가스는 <가스의 종류에 관계없이 1kmol의 가스는 동일한 분자수를 가지며, 표준상태에서는 엄밀하게 22.41m³의 용적을 갖는다>로 정의한다.
  ㉱ 완전가스의 주울-톰슨의 실험에서는 온도변화가 생긴다.

정답 240.㉮ 241.㉮ 242.㉯ 243.㉮ 244.㉯ 245.㉯ 246.㉰ 247.㉯ 248.㉱

249. $CO_2$ 가스를 kg·m/kg°K로 계산한 가스 정수 R의 값은?
- ㉮ 29.27
- ㉯ 19.2
- ㉰ 30.2
- ㉱ 15.3

250. 시속 30km로 주행하고 있는 중량 3060N의 자동차가 브레이크를 밟았더니 8.8m에서 정지했다. 베어링 마찰을 무시하고 브레이크에 의해서 제동된 것으로 보았을 때 브레이크로부터 발생한 열량은? (단, 차륜과 도로면의 마찰 계수는 0.4로 한다)
- ㉮ 약 15.4KJ
- ㉯ 약 36.7KJ
- ㉰ 약 42.8KJ
- ㉱ 약 10.84KJ

**P·O·I·N·T**
$$\frac{3060}{2 \times 9.8} \times \left(\frac{30}{3.6}\right)^2 = -10835J$$

251. 30℃인 공기의 음속은 얼마인가? (단, 비열비 K=1.4, 기체상수 R=0.287KJ/kg°K이다)
- ㉮ 348.8m/sec
- ㉯ 352.2m/sec
- ㉰ 466.6m/sec
- ㉱ 493.3m/sec

**P·O·I·N·T**
$$\sqrt{9.8 \times 1.4 \times 29.27 \times 303} = 348.4 m/sec$$

252. 노즐(nozzle)로 유체가 25m/sec의 속도로 들어가서 400m/sec의 속도로 분출된다. 열손실이 없다고 할 때 엔탈피 변화는 몇KJ/kg로 되는가?
- ㉮ 79.688 감소
- ㉯ 39.186 감소
- ㉰ 19.043 증가
- ㉱ 39.189 증가

**P·O·I·N·T**
$$\frac{G(V_2^2 - V_1^2)}{2}$$

253. 수직으로 세워진 노즐에서 30℃의 물이 15m/sec의 속도로 15℃의 공기중에 뿜어 올려 진다면 물은 얼마나 올라가겠는가?(단, 외부와의 마찰에 의한 에너지 손실은 없다.)
- ㉮ 약 5.8m
- ㉯ 약 0.8m
- ㉰ 약 0.4m
- ㉱ 약 11.5m

**P·O·I·N·T**
$$\frac{V^2}{2g} = h$$

254. 다음 사항 중 그 내용이 틀린 것은?
- ㉮ 연료의 연소생성물 H2O가 증발의 잠열을 방출하여 전부 물(액체)이 될 때 발열량을 고발열량이라고 한다.
- ㉯ 실제 연소에서 실제로 사용된 공기량과 이론 공기량의 비를 공기비(공기과잉률)라고 한다.
- ㉰ 공기비($\mu$)가 $\mu$>1일 때는 공기 중의 잉여 산소는 연소가스 성분으로서 남는다.
- ㉱ 공기비($\mu$)가 $\mu$<1일때는 연료의 일부 또는 그 분해 생성물은 연소가스 성분이 될 수 없다.

255. 실제가스 터빈 사이클에서 최고 온도가 630℃이고 터빈 효율이 80%이다. 손실없이 단열 팽창 되었을 때의 온도가 290℃라면 실제 터빈 출구에서의 온도는?
- ㉮ 348℃
- ㉯ 358℃
- ㉰ 368℃
- ㉱ 378℃

**P·O·I·N·T**
$$903 - 0.8 \times (903 - 563) = 631°k = 358°C$$

256. 압축비 $\varepsilon$=16, 체절비 $\sigma$=2.0, 압력비 $\rho$=1.5인 복합사이클의 열효율은?
- ㉮ $\eta$ths≒32.4%
- ㉯ $\eta$ths≒50.4%
- ㉰ $\eta$ths≒62.5%
- ㉱ $\eta$ths≒78.3%

정답  249. ㉯  250. ㉱  251. ㉮  252. ㉮  253. ㉱  254. ㉮  255. ㉯  256. ㉰

257. 그림은 랭킨사이클의 온도-엔트로피(T-S)선도이다. 각 점의 엔탈피가 $h_1=45.4$, $h_2=46$, $h_3=216$, $h_4=669$, $h_5=776$, $h_6=580$일 때 이 사이클의 열효율은 다음 중 어느 것에 가장 가까운가?

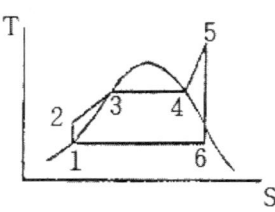

㉮ 27%   ㉯ 35%
㉰ 43%   ㉱ 52%

**POINT**
$$\frac{(h_5-h_6)-(h_2-h_1)}{(h_5-h_2)}$$

258. 습증기의 건도가 X라면 이 증기의 엔트로피는 S는 어떻게 표시되겠는가?(단, S", S'는 각각 포화증기, 포화액체의 엔트로피이다.)

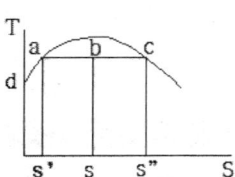

㉮ S=S"+X(S"−S')   ㉯ S=S'+X(S"−S')
㉰ S=S'+X(S'−S")   ㉱ S=S"+X(S'−S")

259. 다음은 증기 사이클의 P-V선도이다. 이는 어떤 종류의 사이클인가?

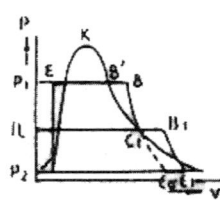

㉮ 재생사이클   ㉯ 재생재열사이클
㉰ 제열 사이클   ㉱ 급수가열 사이클

260. 어떤냉장고에서 80kg/hr의 Freon-12가 17KJ/kg의 엔탈피로 증발기에 들어가 36KJ/kg이 되어 나온다면 이 냉장고의 용량은 얼마인가?

㉮ 1220kcal/hr   ㉯ 1800kcal/BTU
㉰ 0.109 냉동톤   ㉱ 0.62 냉동톤

**POINT**
$$80 \times (36-17) = 1520, \therefore \frac{1520}{3320} = 0.45g$$

261. 15℃의 물 10kg 속에 600℃로 가열된 강괴 1kg을 투입하였을 경우 투입 후 물의 온도는 몇 도(℃)인가? (단, 열의 외부 손실은 없다고 가정하고 강괴의 비열은 C=0.133kcal/kg℃이다)

㉮ 18.76℃   ㉯ 22.67℃
㉰ 26.87℃   ㉱ 32.42℃

**POINT**
$$1 \times 0.133 \times (600-t) = 10 \times (t-15) = 2687℃$$

262. 공기 5kg을 압력 1bar, 체적 4.5m³인 상태에서 압력 2bar, 온도 200℃의 상태로 변화시켰다. 체적의 변화는 얼마인가?(단, 공기의 가스 상수 R=0.287KJ/kg°K이다)

㉮ $-0.8m^3$   ㉯ $-1.04m^3$
㉰ $-2.1m^3$   ㉱ $7.96m^3$

263. 열역학 제1법칙에 어긋나는 상항은?

㉮ 수열량에서 외부에 한일을 빼면 내부에너지의 증가량이 된다.
㉯ 열은 고온체에서 저온체로 흐른다.
㉰ 계가 한 유효일은 계가 받은 유효열량과 같다.
㉱ 에너지 보존의 법칙이다.

264. 수증기의 임계 압력은?

㉮ 1   ㉯ 427
㉰ 225.5   ㉱ 538.8

정답 257. ㉮  258. ㉯  259. ㉰  260. ㉰  261. ㉰  262. ㉰  263. ㉯  264. ㉰

265. 이상 기체에서 엔트로피가 변하지 않는 과정은?
   - ㉮ 가역단열과정
   - ㉯ 등온과정
   - ㉰ 정압과정
   - ㉱ 정적과정

266. 증기 원동기 사이클에 근사한 사이클은?
   - ㉮ Otto 사이클
   - ㉯ Diesel 사이클
   - ㉰ Rankine 사이클
   - ㉱ Brayton 사이클

267. 초기 상태가 100℃, 1기압인 이상기체가 일정한 체적의 탱크에 들어 있다. 이 탱크에 열을 가해 온도가 200℃로 되었을 때 탱크 내의 이상기체의 압력은 얼마가 되겠는가?
   - ㉮ 2기압
   - ㉯ 0.5기압
   - ㉰ 1.27기압
   - ㉱ 0.79기압

268. 온도 28℃일 때 체적 100ℓ의 실린더 내에 있는 산소 R=26.49kg·m/℃의 무게는? (단, 실린더 내부 압력은 94ata이다)
   - ㉮ 10.68kg
   - ㉯ 11.79kg
   - ㉰ 24.35kg
   - ㉱ 37.01kg

**P·O·I·N·T**

$PV = GRT$

269. 노즐의 최소 단면적을 ac라 할 때 그곳을 통과하는 최대유량 Gc는 한계압력을 Pc, 한계압력에 있어서는 비용적을 Vc라 할 때 다음과 같이 표시된다. 옳은 것은?
   - ㉮ $G_c = a_c \sqrt{gk \dfrac{V_c}{P_c}}$
   - ㉯ $G_c = a_c \sqrt{g \dfrac{P_c}{V_c}}$
   - ㉰ $G_c = a_c y \sqrt{\dfrac{P_c}{V_c}}$
   - ㉱ $G_c = a_c \sqrt{gk \dfrac{P_c}{V_c}}$

270. 임계 압력이 0℃에서 760mmHg인 공기의 임계속도는?
   - ㉮ 631m/s
   - ㉯ 531m/s
   - ㉰ 431m/s
   - ㉱ 331m/s

**P·O·I·N·T**

$9.8 \times 1.4 \times 20.27 \times 273 = 331 \text{m/sec}$

271. 공기1kg가 압력 0.4N/cm², 체적 5m³의 상태에서 압력 8N/cm², 체적 0.5m³의 상태로 변화하였다. 이 때 내부 에너지가 30KJ 증가 하였다고 하면 엔탈피의 증가는 몇 KJ인가?
   - ㉮ 45.6
   - ㉯ 50
   - ㉰ 76.8
   - ㉱ 92.3

**P·O·I·N·T**

$h_2 - h_1 = (u_2 - u_1) + A(P_2V_2 - P_1V_1),$
$30 + (8 \times 0.5 - 0.4 \times 5) \times 10^4 = 50 KJ$

272. 발열량 44000KJ/kg의 중유를 사용하여 연료 소비를 190g/kw·h로 운전하는 디젤 엔진의 열효율은 몇 %인가?
   - ㉮ 32%
   - ㉯ 35%
   - ㉰ 28%
   - ㉱ 43%

**P·O·I·N·T**

$\dfrac{3600}{0.19 \times 44000} \times 100 \fallingdotseq 43\%$

273. 터보 압축기가 공기를 단열압축한다. 입구와 출구의 압력 및 온도가 각각 P₁=1.0kg/cm², P₂=5kg/cm², t₁=30℃, t₂=250℃이라면 공기유량이 500kg/h일 때 필요한 동력은? (단, Cp=1.0KJ/kg℃, k=1.4이다)
   - ㉮ 약 21.8kW
   - ㉯ 약 39.6kW
   - ㉰ 약 43.6kW
   - ㉱ 약 48.6kW

274. 압축비가 클 경우 중간 냉각을 하므로서 압축끝의 과열도를 낮추는 동시에 소요동력을 절약할 수 있는 냉동 사이클은 어느 것인가?
   - ㉮ 다효압축냉동사이클
   - ㉯ 과냉압축냉동사이클
   - ㉰ 과열압축냉동사이클
   - ㉱ 다단압축냉동사이클

정답 265.㉮ 266.㉯ 267.㉰ 268.㉯ 269.㉱ 270.㉱ 271.㉯ 272.㉮ 273.㉮ 274.㉱

275. 어느 4사이클 기관의 도시 평균 유효압력 7N/cm² 로 매분 회전수 4500rpm 행정체적 1200cc라면 도시출력은 얼마인가?
   ㉮ 2.8kW   ㉯ 3.2kW
   ㉰ 3.8kW   ㉱ 4.2kW

**POINT**
$$\frac{7 \times 1200 \times 4500 \times \frac{1}{2}}{60 \times 100 \times 1000} = 3.15\text{kW}$$

276. 고온 500℃, 저온 20℃의 온도 범위에서 작용하는 카르노사이클의 열효율은 얼마인가?
   ㉮ 68.5%   ㉯ 62.1%
   ㉰ 64.6%   ㉱ 66.6%

**POINT**
$$n = 1 - \frac{T_1}{T_2}$$

277. 8℃의 완전가스를 단열압축하여 그 체적을 1/5로 하였을 때 가스의 온도는 몇 ℃로 되는가?(단, 이 가스의 비열비 k=1.4로 한다)
   ㉮ 78.15℃   ㉯ 154.62℃
   ㉰ 261.92℃   ㉱ 301.42℃

278. 3ata, 15℃인 50kg의 공기를 일정압력하에서 가역적으로 120℃까지 가열할 때 이루어진 일을 구하면?(단, 공기의 기체상수 R=0.287KJ/kg°k이다)
   ㉮ 1506KJ   ㉯ 1606KJ
   ㉰ 1776KJ   ㉱ 1807KJ

279. 매분당 24750kg·m의 일을 하는 기관의 동력은 몇 마력인가?
   ㉮ 4.5IP   ㉯ 5.4IP
   ㉰ 6.5IP   ㉱ 7.4IP

**POINT**
$$\frac{24750}{4500} = 5.5\text{HP}$$

280. 랭킨사이클에서 열효율을 증가시키려면?
   ㉮ 초압, 초온을 높게 할수록 커진다.
   ㉯ 초압, 초온을 낮게 할수록 커진다.
   ㉰ 초압은 높게, 초온은 낮게 할수록 커진다.
   ㉱ 보일러 발생 증기의 초압을 낮게 할수록 커진다.

281. 어느 가스 1kg이 압력 1N/cm², 온도 30℃의 상태에서 체적 0.8m²를 점유한다. 이 가스의 가스 상수는 몇 J/kg°k인가?
   ㉮ 26.4   ㉯ 30.3
   ㉰ 40.3   ㉱ 56.4

**POINT**
$$PV = mRT \therefore R = \frac{1 \times 10^4 \times 0.8}{273 + 30} = 26.4$$

282. 산소의 정압 비열 Cp와 정적 비율 Cv를 구하시오(단, 산소는 2원자이므로 k=1.4이고 산소의 기체 상수는 R=0.26KJ/kg°k이다)
   ㉮ Cp=0.91KJ/kg°k,   Cv=0.649KJ/kg°k
   ㉯ Cp=0.512KJ/kg°k,   Cv=0.455KJ/kg°k
   ㉰ Cp=0.736KJ/kg°k,   Cv=0.217KJ/kg°k
   ㉱ Cp=0.914KJ/kg°k,   Cv=0.726KJ/kg°k

**POINT**
$$C_V = \frac{R}{k-1} = \frac{0.26}{0.4} = 0.65,$$
$$C_P = k \times C_V = 0.65 \times 1.4 = 0.91$$

283. 어떤기체가 5kcal의 열을 받고 75kg·m의 일을 하였다. 이때의 내부에너지의 변화량은 얼마인가?(단, 1kcal=427kgf·m이다)
   ㉮ 3.24kcal   ㉯ 4.82kcal
   ㉰ 5.17kcal   ㉱ 6.14kcal

**POINT**
$$du = 5 - \frac{75}{427} = 4.82$$

284. 가스를 가역 단열 압축하는 경우 엔트로피는?
   ㉮ 증가한다.
   ㉯ 일정하다.
   ㉰ 감소한다.
   ㉱ 증가할 소도 있고 감소할 수도 있다.

정답 275. ㉯  276. ㉯  277. ㉯  278. ㉮  279. ㉯  280. ㉮  281. ㉮  282. ㉮  283. ㉯

285. 어떤 가스 3kg을 온도 30℃에서 100℃까지 정적 가열하는데 63KJ의 열량이 필요하다. 이 가스의 폴리트로프 비열을 구하면?(n=1.25, k=1.4일 때)

㉮ -0.1KJ/kg℃  ㉯ 0.075KJ/kg℃
㉰ 0.15KJ/kg℃  ㉱ -0.4KJ/kg℃

**P·O·I·N·T**
$$C_n = \frac{n-k}{n-1}C_V$$
$$= (1.25 - \frac{1.4}{0.4}) \times 0.3 = -0.1$$

286. 공기표준 브레이턴 사이클에서 최저 압력이 1.2ata이고 최고 압력이 4.5ata이며 최고 온도가 700℃라고 하면 이론 열효율은?(단, k=1.4 라고 한다)

㉮ 31.5%  ㉯ 33.5%
㉰ 35.5%  ㉱ 37.5%

**P·O·I·N·T**
$$\eta_b = 1 - (\frac{1}{2})^{\frac{k-1}{k}}, \; r = \frac{P_2}{P_1},$$
$$1 - (\frac{1.2}{4.5})^{\frac{0.4}{0.4}} = 0.315 = 31.5\%$$

287. 복합사이클의 이론 열효율은 어떠할 때 디젤 사이클의 이론 열효율과 일치되는가?(단, ε:압축비, ρ:압력비, σ:연료단절비, κ:비열비이다)

㉮ ρ=1  ㉯ κ=1
㉰ ε=1  ㉱ σ=1

288. 이상 냉동 사이클에서 응축기 온도가 35℃, 증발기 온도 -5℃이면 동작 계수는 얼마 정도인가?

㉮ 7.0  ㉯ 6.7
㉰ 0.92  ㉱ 0.84

**P·O·I·N·T**
$$Cop = \frac{T_2}{T_1 - T_2}$$

289. 한 공학자가 가정용 냉장고를 이용하여 겨울에 난방을 할 수 있다고 주장하였다면 이 주장은 이론적으로 열역학 법칙과 어떠한 관계를 갖겠는가?

㉮ 열역학 제1법칙에 위배된다.
㉯ 열역학 제2법칙에 위배된다.
㉰ 열역학 제1,2법칙에 위배된다.
㉱ 열역학 제1,2법칙에 위배되지 않는다.

290. 다음과 같은 조성의 고체연료의 저위 발열량은?(단, C=73%, H=4.5%, O=8%, S=2%, W=4%)

㉮ 약 4,538kcal/kg  ㉯ 약 7,153kcal/kg
㉰ 약 5,369kcal/kg  ㉱ 약 6,954kcal/kg

**P·O·I·N·T**
$$H_r = 8100C + 29000(h - \frac{0}{8}) + 2500S - 600W$$

291. 다음 사이클 중에서 동작 유체 단위 질량당의 팽창일에 비하여 압축일이 가장 적게 소요되는 사이클은?

㉮ 브레이턴 사이클  ㉯ 오토 사이클
㉰ 랭킨 사이클  ㉱ 디젤 사이클

292. 이상 기체의 등온과정에서 압력이 증가하면 엔탈피는?

㉮ 증가 또는 감소  ㉯ 증가
㉰ 불변  ㉱ 감소

정답 284.㉯ 285.㉮ 286.㉮ 287.㉮ 288.㉯ 289.㉯ 290.㉱ 291.㉰ 292.㉰

293. 체적 0.1m², 압력2N/cm²의 이상 기체인 공기가 체적 0.25m²까지 등압 팽창 할 때 수행한 일은?
㉮ 1086N·m  ㉯ 1602N·m
㉰ 3000N·m  ㉱ 1833N·m

**POINT**
$W = p\Delta V = 2 \times 10^4 \times (0.25 - 0.1) = 3000$

294. 몰리에르(moiler)선도는 종축과 횡축에 무엇을 표시한 선도인가?
㉮ 엔탈피–엔트로피 선도
㉯ 압력–비체적 선도
㉰ 체적–엔트로피 선도
㉱ 온도–엔탈피 선도

295. 포화 증기를 단열 압축하면 어떻게 되는가?
㉮ 압력이 높아지고 습도가 증가한다.
㉯ 온도는 변하지 않는다.
㉰ 온도가 낮아지며 습증기가 된다.
㉱ 온도가 높아지며 과열 증기가 된다.

296. 디젤 기관의 압축비가 16일 때 압축전의 공기 온도가 90℃라면 압축 후의 공기의 온도는 얼마인가?
㉮ 787℃  ㉯ 797%
㉰ 807%  ㉱ 827℃

297. 압력 12bar인 건포화증기가 노즐로부터 3bar로 분출된다. k=1.135일 경우 임계압력 Pc는 몇 bar인가?
㉮ 1.23  ㉯ 4.87
㉰ 5.78  ㉱ 6.93

**POINT**
$P_c = P_1 \times (\dfrac{2}{k+1})^{\frac{k}{k-1}}$
$= 12 \times (\dfrac{2}{1.135+1})^{\frac{1.135}{0.135}} = 693$

298. 공기를 동일 압력까지 압축시 비가역 단열 압축 후의 온도는 단열 압축 후의 온도에 비해 어떠한가?
㉮ 높다.  ㉯ 낮다.
㉰ 동일  ㉱ 경우에 따라 다르다.

299. 30℃인 공기의 음속은 얼마인가?(단, 비열비 k=1.4, 기체상수 R=0.287KJ/kg°k이다.)
㉮ 348.8m/s  ㉯ 352.2m/s
㉰ 466.6m/s  ㉱ 493.3m/s

**POINT**
$V = \sqrt{kRT}$

300. 실제 가스터빈 사이클에서 최고온도가 630℃이고 터빈효율이 80%이다. 손실없이 단열 팽창되었을 경우의 온도가 290℃라면 실제 터빈출구에서의 온도는?
㉮ 348℃  ㉯ 358℃
㉰ 368℃  ㉱ 378℃

**POINT**
$903 - \{0.8 \times (903 - 563)\} = 631°k = 358℃$

301. 실린더 내에 밀폐된 기체를 피스톤으로 압축하였더니 4KJ의 열량이 방출되고 압축일량이 6090N·m로 되었다면 기체의 내부에너지의 증가는?
㉮ 1.08 kcal  ㉯ 2.09 kcal
㉰ 3.21 kcal  ㉱ 4.05 kcal

정답 293.㉰ 294.㉮ 295.㉱ 296.㉱ 297.㉱ 298.㉮ 299.㉮ 300.㉯ 301.㉯

302. 30W의 전등 2 등을 매일 7시간 사용할 경우 1개월(30일)간에 사용하는 열량은?
   - ㋐ 45360KJ
   - ㋑ 13806KJ
   - ㋒ 14543KJ
   - ㋓ 16368KJ

**POINT**
$0.03 \times 7 \times 3600 \times 30 \times 2 = 45360$

303. 어느 완전가스가 초압 $P_1=15N/cm^2$에서의 체적이 $V_1=0.1m^3$이었다. 압축비 3의 상태로 정온팽창할 경우 가스가 외부에 한 일량은 몇 N·m 인가?
   - ㋐ 2.34 × 10⁴
   - ㋑ 2.34 × 10³
   - ㋒ 1.65 × 10⁴
   - ㋓ 1.65 × 10³

**POINT**
$(15 \times 10^4 \times 0.1)\ln 3 = 1.65 \times 10^4$

304. 폴리트로프 변화의 상태식 $PV^n=C$에서 지수 n가 무한대(∞)로 되면 다음 중 어느 변화가 되는가?
   - ㋐ 정압변화
   - ㋑ 정온변화
   - ㋒ 정적변화
   - ㋓ 단열변화

305. 다음 중 틀린 설명은 어느 것인가?
   - ㋐ 기체의 비열은 온도 압력의 함수이다.
   - ㋑ 정압비열이 정적비열보다 크다.
   - ㋒ 정압비열과 정적비열의 비를 비열비라고 한다.
   - ㋓ 비열비 값은 기체의 분자수에 따라 달라진다.

306. Carnot Cycle은 다음 어느 과정으로 형성되는가?
   - ㋐ 등온과정 2개, 등적과정 2개
   - ㋑ 단열과정 2개, 등압과정 2개
   - ㋒ 등온과정 2개, 단열과정 2개
   - ㋓ 등온과정 2개, 등압과정 2개

307. 디젤 사이클은 다음 중 어느 사이클에 속하는가?
   - ㋐ 정압 사이클
   - ㋑ 정압, 정적 사이클
   - ㋒ 복합 사이클
   - ㋓ 등온 연소 사이클

308. C 및 $O_2$의 원자량이 각각 12와 16일 때 $CO_2$, 정적비열 $C_v$은?(단, $CO_2$의 비열비 k=1.3 이다)
   - ㋐ 0.1068 KJ/kg℃
   - ㋑ 0.1367 KJ/kg℃
   - ㋒ 0.6295 KJ/kg℃
   - ㋓ 0.2020 KJ/kg℃

**POINT**
$C_V = \dfrac{R}{k-1} = \dfrac{0.1888}{0.3} = 0.6295$

309. 표준 대기압에서 10℃, $1.5m^3$인 산소가 100℃ 10ata로 변하면 체적은 몇 배로 되는가?
   - ㋐ 0.001
   - ㋑ 0.016
   - ㋒ 0.106
   - ㋓ 0.136

**POINT**
$V_1 = \dfrac{26.49 \times 283}{1.0332 \times 10^4} = 0.7256,$
$V_2 = \dfrac{26.49 \times 373}{10 \times 10^4} = 0.0988,$
$\dfrac{V_2}{V_1} = \dfrac{0.0988}{0.7256} = 0.136$

정답 302. ㋐ 303. ㋒ 304. ㋒ 305. ㋓ 306. ㋒ 307. ㋐ 308. ㋒ 309. ㋓

310. 압력 24ata, 온도 45℃인 과열 증기를 1.6ata까지 단열적으로 분출시킬 경우 출구의 속도가 1085m/sec였다. 속도계수를 구하시오. (단, $h_1$=3370.8KJ, $h_2$=2325KJ이다)
   가 0.4362   나 0.7502
   다 1.3297   라 1.8743

**POINT**
$V_2 = 1.414\sqrt{1045.8} = 1446\,\text{m/s}$
계수 $= \dfrac{1085}{1146} = 0.75$

311. 공기냉동 사이클은 어느 열기관의 사이클의 역 사이클인가?
   가 오토 사이클   나 디젤사이클
   다 사바테 사이클   라 브레이톤 사이클

정답  310. 나   311. 라

농업기계 기사

# Chapter 3

## 기계유체역학

| | |
|---|---|
| 제1장 | 유체의 성질 및 정의 |
| 제2장 | 유체의 정역학 |
| 제3장 | 유체운동학 |
| 제4장 | 운동량 방정식 |
| 제5장 | 실제유체의 유동 |
| 제6장 | 관속에서의 유체유동 |
| 제7장 | 차원해석과 상사법칙 |
| 제8장 | 개수로 유동 |
| 제9장 | 압축성 유동 |
| 제10장 | 유체계측 |
| 부록 | 출제예상문제 |

제3편

# 제3편

## 농업기계 기사

# 제1장  유체의 성질 및 정의

## 1. 유체(fluids)의 정의

액체와 기체를 합쳐서 유체라고 하며 아무리 작은 전단력이 작용해도 쉽게 미끄러지면서 모양이 변하는 물질이다.

**참고**

> 마찰에 의해 전단응력이 존재하는 물질(즉, 아무리 미소한 전단응력이라도 인정)

[유체의 분류]

### 1) 압축성 유무

(1) 압축성 유체

압력 변화에 대해 변수($\gamma, \rho, V$)의 변화를 무시할 수 없는 유체(밀도가 변하는 유체)

$$\therefore \frac{dV}{dp} \neq 0, \quad \frac{d\rho}{dp} \neq 0, \quad \frac{d\gamma}{dp} \neq 0$$

예) ① 기체 ② 음속보다 빠른 비행기 주위의 공기유동 ③ 충격파

(2) 비압축성 유체

압력 변화에 대해 변수($\gamma, \rho, V$)의 변화를 무시할 수 있는 유체(밀도가 일정한 유체)

$$\therefore \frac{dV}{dp} = 0, \quad \frac{d\rho}{dp} = 0, \quad \frac{d\gamma}{dp} = 0$$

예) ① 액체 ② 물체(건물, 자동차 등) 주위의 기류 ③ 저속 비행하는 항공기 주위의 기류

### 2) 점성유무

(1) 점성 유체

마찰이 존재하는 유체

(2) 비점성 유체

마찰을 무시할 수 있는 유체

### 3) 마찰유무

(1) 이상유체

마찰이 없고 즉, 비점성유체이며 비압축성인 유체(PV=PT 만족하는 기체)

(2) 실체유체(점성유체)

▲ 연속체(continuum)로서의 유체 : 문제의 대표길이 ($\ell$)가 특성치(=분자평균자유행로: $\lambda$ ) 보다 훨씬 큰 것.   ∴ $\ell \gg \lambda$

## 2. Newton의 운동 법칙

제1법칙 : 관성의 법칙
제2법칙 : 힘과 가속도의 법칙
제3법칙 : 작용과 반작용 법칙

### 1) 물리량

단위를 한 개라도 보유한 모든 값

| 단위계 | 길이 | 힘 | 시간 |
|---|---|---|---|
| M·K·S 단위계 | m | kg | sec |
| C·G·S 단위계 | cm | g | sec |
| F·P·S 단위계 | ft | lb | sec |
| S·I 단위계 | 국제 표준 단위계 | | |

1 inch = 2.54 cm → 1 cm = (1 /2.54) inch

1 ft = 12 inch = 12×2.54 cm = 30.48 cm → 1 cm = 1 / 30.48 ft

  예) 키 170 cm = 170/30.48 ≒ 5.577 ft

1 lb = 0.4536 kg → 1 kg = (1/0.4536) lb

  예) 몸무게 70 kg → 70/0.4536 ≒ 154.32 kg

### 2) 비(ratio)

· $\frac{B}{A}$ = (B 와 A의 비 = A에 대한 B의 비 = A 당 B)

3) 속도( V ) : 단위 시간당 이동한 거리(변위)

$$\therefore V = \frac{S}{t} \ (m/sec) \quad \text{미분형은} \ dV = \frac{dS}{dt} \quad F = m \cdot a \ : \ \neq \text{wton의 운동방정식 (제2법칙)}$$

▲ 질량의 표현방법
 ① 절대단위 질량 : $m = kg$
 ② 중력단위 질량 : $m = kg_f \cdot sec^2/m$

(이유) $W = m \cdot g$ 에서

$$1kg_f = 1kg \times 9.8m/sec^2 \quad \therefore 1kg = \frac{1}{9.8}kg_f \ sec^2/m \rightarrow 1kg_f \cdot sec^2/m = 9.8kg$$

예) $10kg = \frac{10}{9.8}kg_f \ sec^2/m \qquad 3kg_f \cdot sec^2/m = 3 \times 9.8kg$

4) 힘의 단위

$W = m \cdot g$ 에서

㉠ $1kg_f = 1kg \times 9.8m/sec^2 = 9.8kg \cdot m/sec^2 = 9.8N$

 $\therefore 1kg_f = 9.8N$ 즉, $1N = 1/9.8 kg_f$

㉡ $1N = 1kg \cdot m/sec^2 = 1000g \times 100cm/sec^2 = 10^5 g \cdot cm/s^2 = 10^5 dyne$

 $\therefore 1dyne = 1g \cdot cm/sec^2 = 1/10^5 N$

▲ S·I 단위란 : 힘의 단위를 Newton, dyne으로 표시한 값

예) $50kg_f = 50 \times 9.8N = 50 \times 9.8 \times 10^5 dyne$

▲ $1Pa = 1N/m^2$
 $1KPa = 10^3 Pa = 10^3 N/m^2 \qquad 1 \ bar = 10^5 Pa$
 $1MPa = 10^6 Pa = 10^6 N/m^2 \qquad 1 \ J = 1 \ N \cdot m$
 $1GPa = 10^9 Pa$

5) 일(work) = energy = moment

$\therefore Work = F \cdot S(kg_f \cdot m, \ N \cdot m = J \ )$

6) 동력(power) : 단위 시간당 행한 일량

$$\text{Power} = \frac{F \cdot S}{t} (kg_f \cdot m/sec) \Rightarrow 힘 \times 속도 = 일/시간$$

$$1PS = 75 kg_f \cdot m/sec = 75 \times 9.8 N \cdot m/sec = 75 \times 9.8 J/sec$$

$$1kW = 102 kg_f \cdot m/sec = 102 \times 9.8 N \cdot m/sec = 1000 J/sec = 1 KJ/sec$$

7) 차원계

㉠ MLT 차원계 : 질량(M), 길이(L), 시간(T)
㉡ FLT 차원계 : 힘(F), 길이(L), 시간(T)

$F = m \cdot a \rightarrow kg_f = kg \cdot m/sec^2$  $\therefore [F] = [M \cdot L \cdot T^{-2}]$

예) 표면장력$[MT^{-2}][FLT^{-1}]$  절대점성계수$[ML^{-1}T^{-1}][FL^{-2}T]$

## 3. 물질의 성질

### 1) 비중량($\gamma$)

단위 체적당 무게(=중량 =힘)

$$\therefore \gamma = \frac{W}{V}(kg_f/m^3) = \frac{m \cdot g}{V} = \rho \cdot g (비중량과 밀도사이 관계)$$

예) $\rho_{H_2O} = 1000 kg_f/m^3 = 9800 N/m^3$  $\rho_{Hg} = 13600 kg_f/m^3 = 13600 \times 9.8 N/m^3$

### 2) 밀도(비질량 : $\rho$)

단위 체적당 질량

$$\therefore \rho = \frac{m}{V}(kg/m^3)$$

예) $\rho_{H_2O} = 1000 kg/m^3 = \frac{1000}{9.8} kg_f \cdot s^2/m^4 = 102 kg_f \cdot s^2/m^4 = 1000 N \cdot s^2/m^4$

$\rho_{Hg} = 13600 kg/m^3 = \frac{13600}{9.8} kg_f \cdot s^2/m^4$

<밀도의 단위표현 방법>
㉠ 절대단위의 밀도($\rho$) : $\rho = kg/m^3$

ⓒ 중력단위의 밀도($\rho$) : $\rho = \dfrac{kg_f}{\dfrac{m}{s^2} \cdot m^3} = kg_f \cdot s^2/m^4$

### 3) 비체적( V )

단위 질량당 유체가 갖는 체적(SI), 또는 단위 중량당 유체가 갖는 체적

ⓐ 단위 질량당 체적 : $v = \dfrac{V}{m} = \dfrac{1}{\rho}(m^3/kg)$

ⓑ 단위 중량당 체적 : $v = \dfrac{V}{W} = \dfrac{1}{\rho}(m^3/kg_f)$

### 4) 비중(S) : 무차원수

같은 체적을 갖는 물의 질량에 대한 그 물질의 질량 또는 같은 체적을 갖는 물의 무게에 대한 그 물질의 무게의 비

$\therefore S = \dfrac{\text{어떤 물질의 비중량}(\gamma)}{\text{물의 비중량 } (\gamma_{H_2O} = 1000 kg_f/m^3)} = \dfrac{\Upsilon}{\Upsilon_{H_2O}} = \dfrac{\rho g}{\rho_{H_2O} g} = \dfrac{\rho}{\rho_{H_2O}}$

예) S ≒ 0.8 인 물질의 비중량($\gamma$ )은?

$\Upsilon = \Upsilon_{H_2O} \times S = 1000 \times 0.8 = 800 kg_f/m^3$

## 4. Newton의 점성법칙

두 평판 사이에 유체가 있을 때 이동평판을 이동시키는 힘(F)은 면적과 속도가 클수록 크고 h가 작을수록 크다.

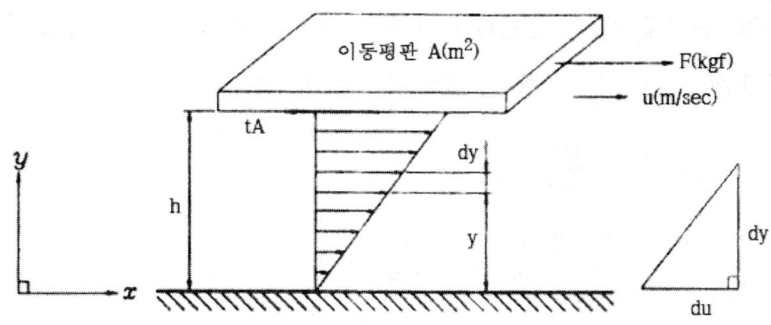

여기서, $\begin{cases} F &: \text{평판에 작용하는 힘}(kg_f) \\ \tau &: \text{전단응력}(kg_f/m^2) \\ A &: \text{평판의 단면적}(m^2) \\ h &: \text{평판과 평판사이의 수직거리}(m) \\ u &: \text{평판의 이동속도}(m/s) \end{cases}$

$F \propto \dfrac{uA}{h}$, 여기서, 비례상수 $\rightarrow \mu$(점성계수)  $\quad \therefore F = \mu \cdot \dfrac{uA}{h}(kg_f)$

만일 미분형으로 나타내면

$\quad \therefore F = \mu \cdot \dfrac{du}{dy}$   여기서, $\dfrac{du}{dy}$ : 전단변형률 = 각변형률 = 속도구배

▲ 점성계수($\mu$)의 차원(점도)

$\tau = \mu \cdot \dfrac{u}{h}$ 에서  $\mu = \dfrac{\tau \cdot h}{u} = \dfrac{kg_f/m^2 \times m}{m/s} = kg_f \cdot s/m^2$

$\qquad\qquad\qquad\qquad = [FTL^{-2}] = [MLT^{-2}TL^{-2}] = [ML^{-1}T^{-1}]$

▲ 점성계수의 단위

$1kg_f \cdot s/m^2,\ 1N \cdot s/m^2,\ 1dyne \cdot s/m^2$

▲ 1 poise = 1dyne $\cdot s/cm^2$

$\qquad = 1g \cdot cm/sec^2 \cdot s/cm^2 = 1g/m \cdot sec = \dfrac{1}{10^5} N \cdot s \times 10^4/m^2$

$\qquad = \dfrac{1}{N} \cdot s/m^2 = \dfrac{1}{98} kg_f \cdot s/m^2 = 100\ \text{centipoise} = 100\ cp$

▲ 점성계수는 온도에 따라 크게 변하며, 액체는 온도 증가시 감소, 기체는 온도 상승시 증가

▲ 동점성계수($\nu$) : $\nu = \dfrac{\mu}{\rho}$ : 절대 점성계수를 밀도로 나눈 값

〈차원〉$\nu = \dfrac{\mu}{\rho} = \dfrac{kg_f \cdot s/m^2}{kg_f \cdot s^2/m^4} = m^2/sec = [L^2 T^{-1}]$

▲ 1 Stokes = 1 $cm^2/sec$ = 100 Centi Stokes = 100Cts

Newton 유체와 비뉴우톤 유체의 비교
1) 뉴우톤 유체
　i) $\mu =$ const
　ii) $\tau =$ f (du/dy)
　iii) 선형적인 증가

2) 비뉴우톤 유체
　i) $\mu \neq$ const
　ii) $\tau =$ f ($\mu$,du/dy)
　iii) 비선형적인 증가

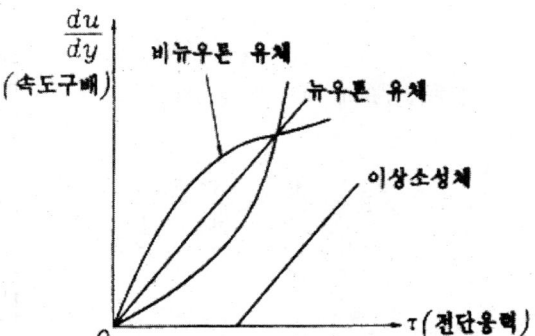

▲ 응집력과 부착력
1) 응집력 : 분자끼리의 결합력, 비중이 큰 경우, 같은 분자끼리 작용하는 분자력
2) 부착력 : 물체와의 접촉력, 비중이 가벼운 경우, 다른 분자끼리 작용하는 분자력

▲ 온도가 증가하면 ?
액체의 점성은 감소하고, 기체의 점성은 증가한다.

## 5. 완전 Gas(이상기체)

$$Pv = RT \text{에서} \begin{cases} \dfrac{P}{\rho} = RT \rightarrow \rho = \dfrac{P}{RT}(kg/m^3) = \dfrac{P}{9.8RT}(kg_f \cdot s^2/m^4) \\ \dfrac{P}{\Upsilon} = RT \rightarrow \Upsilon = \dfrac{P}{RT}(kg/m^3) \end{cases}$$

결국, $\Upsilon = \rho g$ 에서 $\rho = \dfrac{\Upsilon}{g}(kg_f \cdot s^2/m^4)$

여기서, $\begin{cases} R : \text{기체상수}(kg_f \cdot m/kg°K) \ (R = 848/M, \ M : \text{분자량}) \\ \text{공기인 경우} : R = 29.27 kg_f \cdot m/kg°K \end{cases}$

## 6. 체적탄성계수 : K $(kg_f/cm^2)$

체적변화율에 대한 압력의 비

$$\therefore K = \frac{dP}{-\dfrac{dv}{v}} = \frac{dP}{\dfrac{d\rho}{\rho}} = \frac{dP}{\dfrac{d\gamma}{\gamma}}$$

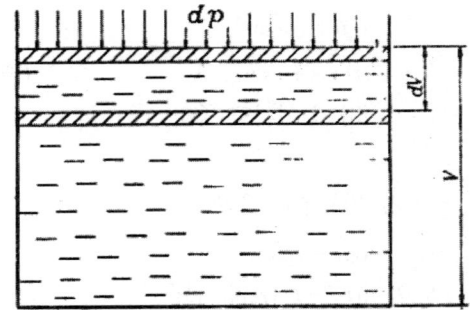

여기서, 체적의 감소율$(-\dfrac{dV}{V})$ = 밀도의 증가율 $(\dfrac{d\rho}{\rho})$ = 비중량의 증가율 $(\dfrac{d\gamma}{\gamma})$

▲ 압축률($\beta$) : 체적탄성계수의 역수  $\therefore \beta = \dfrac{1}{K}(cm^2/kg_f)$

## 7. 음속(Sonic) : 전파속도

액체속에서의 음속 : 등온변화, 단열변화
공기중(대기중)에서의 음속 : 등온변화, 단열변화

음속을 구하는 일반식

$$a = \sqrt{\frac{dP}{d\rho}} = \sqrt{\frac{kg_f/m^2}{kg_f \cdot s^2/m^4}} = \sqrt{\frac{m^2}{s^2}} = m/sec \text{ (속도의 단위임)} \quad \text{또한}, \gamma = \rho \cdot g \rightarrow \rho = \frac{\gamma}{g}$$

양변을 $\gamma$ 로 미분하면 $\dfrac{d\rho}{d\gamma} = \dfrac{1}{\rho} \rightarrow d\rho = \dfrac{d\gamma}{g}$    $\therefore a = \sqrt{\dfrac{dP}{d\rho}} = \sqrt{\dfrac{dP}{(\dfrac{d\gamma}{g})}} = \sqrt{\dfrac{g \cdot dP}{d\gamma}}$

i) 액체속에서의 음속 : 등온변화(T = const)

$$a = \sqrt{\frac{dP}{d\rho}} = \sqrt{\frac{g \cdot dP}{d\gamma}} = \sqrt{\frac{g \cdot K}{d\gamma}} = \sqrt{\frac{K}{\rho}} = \sqrt{\frac{1}{\beta \cdot \rho}} \quad \text{단}, K = \frac{dP}{(\dfrac{d\gamma}{\gamma})} = \frac{\gamma \cdot dP}{d\gamma} \text{에서}$$

$\therefore \dfrac{dP}{d\gamma} = \dfrac{K}{\gamma}$    결국, K = P

ii) 공기 중에서의 음속 : 단열변화

$Pv^k = C$, (여기서, $k$ : 비열비($=1.4$) ~ "공기"인 경우

$P \cdot (\frac{1}{\gamma})^k = C$, $P \cdot \frac{1}{\gamma^k} = C$, $P = C\gamma^k$ 양변을 $\gamma$로 미분하면

$\frac{dP}{d\gamma} = Ck\gamma^{k-1} = Ck\gamma^k \cdot \frac{1}{\gamma} = \frac{kP}{\gamma}$   ∴ $a = \sqrt{\frac{dp}{d\rho}} = \sqrt{\frac{g \cdot dp}{d\gamma}} = \sqrt{\frac{gkp}{\gamma}} = \sqrt{\frac{kP}{\rho}} = \sqrt{\frac{K}{\rho}}$

결국, $K = k \cdot P$   또한, $Pv = RT \rightarrow P \cdot \frac{1}{\gamma} = RT$를 대입하면

∴ $a = \sqrt{k\,gRT}$ ······ R : $kg_f \cdot m/kg \cdot °$        $K = \sqrt{kRT}$ ······ R : $N \cdot m/kg \cdot °K$

## 8. 표면장력과 모세관 현상

### 1) 표면장력( $\sigma$ )

장력을 가지는 성질이 있어 표면적을 최소화하려는 액체는 분자간의 인력에 의해 응집력을 가지고 있으며, 단위길이당 작용하는 힘($kg_f/m$) = $[FL^{-1}]$

예) 물방울, 비누방울, 비누풍선

$P = $ 내압($kg_f/cm^2$)

$\sum \overset{+}{\underset{-}{\rightleftarrows}} = 0 \rightarrow P \cdot \frac{\pi}{4}d^2 - \sigma \cdot \pi d = 0$

∴ $\sigma = \frac{Pd}{4}$ ($kg_f/m$)

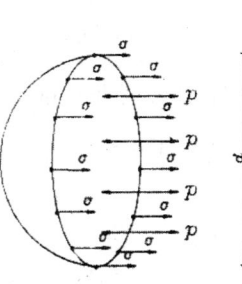
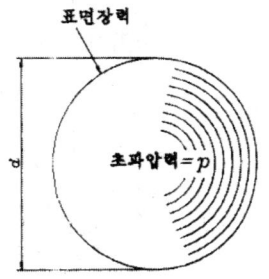

**참고**

자유표면 에너지 : 자유표면적을 최소화하는데 필요한 힘.

## 2) 모세관 현상

액체속에 세워진 관속의 액체가 액체 표면보다 올라가거나 내려가는 현상으로 액체표면과 자유표면 사이의 높이차이를 말함.

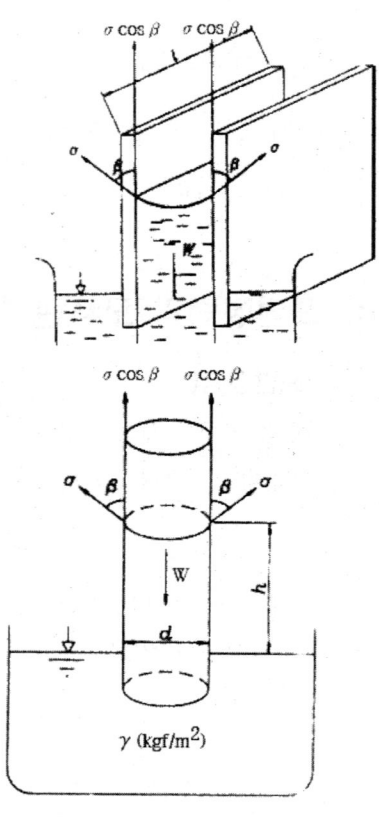

i) 평판인 경우

$$\sum_{\pm}^{\uparrow\downarrow} = 0 \rightarrow \begin{pmatrix} \sigma\cos\beta \cdot 2l\,(\uparrow) \\ W = \gamma V = \gamma Ah = \gamma\, b\ell h\,(\downarrow) \end{pmatrix}$$

$\rightarrow \sigma\cos\beta\, 2\ell - \gamma b\ell h = 0$

$\therefore h = \dfrac{2\sigma\cos\beta}{\gamma b}$

ii) 원관인 경우

여기서, $\begin{cases} h : \text{모세관 현상에 의한 액면상승높이} \\ \beta : \text{액면 접촉각,} \\ \sigma : \text{표면장력}(kg_f/m) \\ \gamma : \text{액체의비중량}(kg_f/m^3) \\ W : \text{액체의 자중} \end{cases}$

$\sum_{\pm}^{\uparrow\downarrow} = 0 \rightarrow$

$\begin{cases} \sigma\cos\beta \cdot \pi d\,(\uparrow) \\ W = \gamma V = \gamma Ah = \gamma \cdot \dfrac{\pi d^2}{4} \cdot h\,(\downarrow) \end{cases}$

$\sigma\cos\beta \cdot \pi d - \gamma \cdot \dfrac{\pi d^2}{4} \cdot h = 0 \qquad \therefore h = \dfrac{4\sigma\cos\beta}{\gamma d}$

# 제2장  유체의 정역학

## 1. 압력(pressure)

단위 면적당 수직으로 작용하는 힘

$$\therefore \frac{P=F}{A}(kg_f/m^2) \rightarrow F=PA(kg_f)$$

단위) $N/m^2$, $Pa$, $mmHg$, $mAq$, $kg_f/cm^2$, $kg_f/cm^2$, $bar$

> **참고**
>
> 파스칼의 정리 : 정지상태의 유체내부에 작용하는 압력은 작용하는 방향에 관계없이 일정하다.

## 2. 압력의 구분

### 1) 대기압($P_0$)

기압계로 측정한 압력
예) 수은 기압계(토리첼리), 아네로이드 기압계

i) 표준대기압($P_0$)

$1atm = 760mmHg = 1.0332 kg_f/cm^2 = 10.332 mAq$

$= 1.01325 bar = 1013.25\ mbar = 101325\ Pa$

ii) 국소대기압($P_0$) : 표준대기압을 제외한 모든 임의의 압력

### 2) 게이지 압력($P_g$)

압력계로 측정한 압력

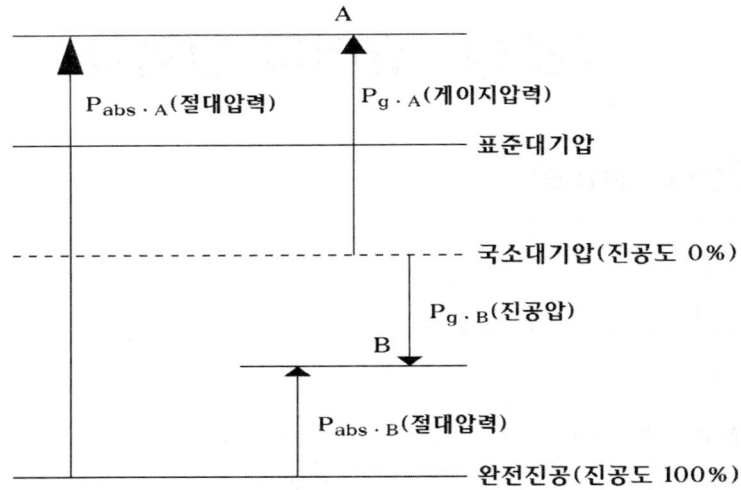

예) 브르돈 압력계
대기압을 기준으로 해서 측정한 그 이상의 압력(즉, 대기압은 게이지압으로 0이다.)

### 3) 진공압(진공게이지압, 부압(-))

대기압을 기준으로해서 그 이하의 압력 즉, 진공계로 측정한 압력

### 4) 진공도

진공압의 크기를 백분율 (%)로 표시한 것

### 5) 절대압력($P_{abs}$)

완전진공을 기준으로 해서 측정한 압력

▲ 절대압력의 측정방법
  A점인 경우 : $P_{abs \cdot A}$ = 대기압($P_0$) + 게이지압력($P_{g \cdot A}$)
  B점인 경우 : $P_{abs \cdot B}$ = 대기압($P_0$) − 진공압($P_{g \cdot B}$)

## 3. 정지유체

<기본성질>
① 정지유체 내의 임의의 한 점에 작용하는 압력의 크기는 모든 방향에서 동일하다.
② 정지유체 내의 압력은 모든 면에 항상 수직하게 작용한다.
③ 밀폐된 용기내의 유체에 가한 압력의 크기는 모든 방향에서 같은 크기(=세기)로 전달된다.
　　→파스칼(Pascal)의 원리
④ 동일 수평선상에 있는 두점의 압력의 크기는 항상 같다.

①,②의 증명

i) 우선, $\sum \rightleftarrows = 0$

$(\cos\theta = \dfrac{dy}{ds} \rightarrow dy = ds \cdot \cos\theta,$

$\sin\theta = \dfrac{dx}{ds} \rightarrow dx = ds \cdot \sin\theta)$

$P_x \cdot b \cdot dy - P_s \cdot b \cdot ds \cdot \cos\theta = 0$

$P_x \cdot d_s \cdot \cos\theta - P_s \cdot ds \cdot \cos\theta = 0$

$P_x ds \ \cos\theta = P_s ds \ \cos\theta$

$\therefore P_x = P_s$

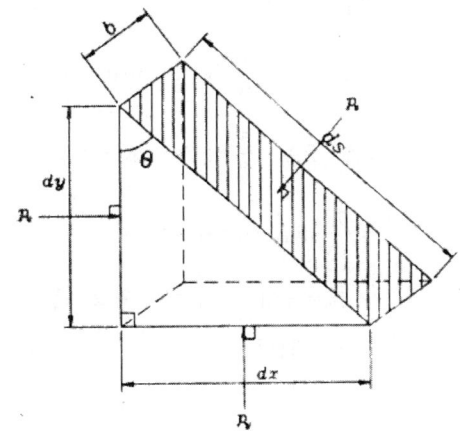

ii) 또한, $\sum \updownarrow = 0$

$P_y \cdot b \cdot dy - P_s \cdot b \cdot ds \cdot \sin\theta = 0$

$P_y \cdot ds \cdot \sin\theta - P_s \cdot ds \cdot \sin\theta = 0$

$\therefore P_y = P_s$

결국 $P_x = P_y = P_s$

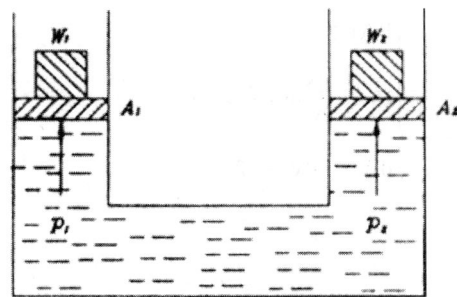

③의 증명<파스칼의 원리>

$\therefore P_1 = P_2 \ : \ \dfrac{F_1(=W_1)}{A_1} = \dfrac{F_2(=W_2)}{A_2}$

## 4. 정지 유체 내의 압력 변화
일반식의 유도

### 1) 자유물체도에서의 힘의 성분은

$$\begin{cases} PA(\uparrow) \\ (P + \frac{\partial P}{\partial y}dy) \cdot A(\downarrow) \\ dW(\text{미소자중}) = \gamma dV = \gamma A dy(\downarrow) \end{cases}$$

$\sum_{\pm}^{\uparrow \downarrow} = 0$

$PA - (P + \frac{\partial P}{\partial y}dy)A - \gamma A dy = 0$

$PA - PA - \frac{\partial P}{\partial y}dyA - \gamma A dy = 0$

$-\frac{\partial P}{\partial y}dyA - \gamma A dy = 0$

$\therefore dp = -\gamma dy \Rightarrow$ 압력은 위로 갈수록 감소함을 알 수 있다.

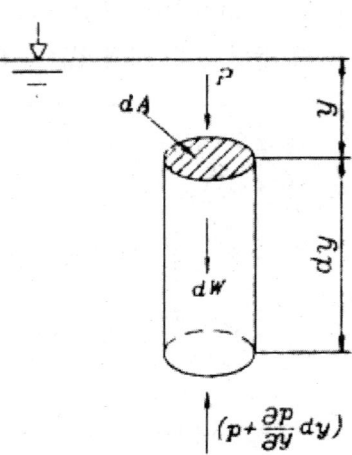

### 2) 자유물체도에서의 힘의 성분은

$$\begin{cases} PA(\downarrow) \\ (P + \frac{\partial P}{\partial y}dy) \cdot A(\uparrow) \\ dW = \gamma dV = \gamma A dy(\downarrow) \end{cases}$$

$$\sum \updownarrow = 0$$

$$-PA + (P + \frac{\partial P}{\partial y}dy)A - \gamma A dy = 0$$

$$-PA + PA + \frac{\partial P}{\partial y}dyA - \gamma A dy = 0$$

$$\frac{\partial P}{\partial y}dyA - \gamma A dy = 0$$

∴ dp = −γdy ⇒ 압력은 위로 갈수록 증가함을 알 수 있다.

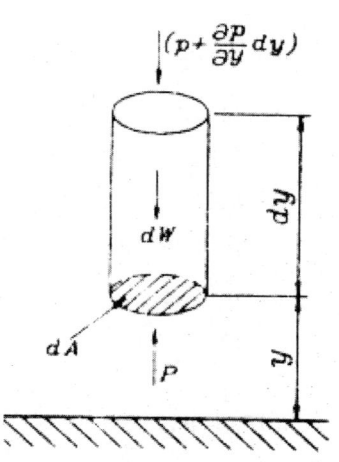

### 3) 액체 속의 압력변화

dP = γ dy 에서 양변을 적분하면 (단, γ = const; 비압축성)

$$\int dP = \int \gamma dy, \quad P = \gamma y + C$$

경계조건 y = 0 이면, P ⇒ $P_0$ (대기압)

$P_{0=C}$  ∴ P = $P_0$ + γ · y

y 대신 h 를 대입하면

∴ P = $P_0$ + γ · h

P : 절대압력, $P_0$ : 대기압, γh : 게이지압력

## 5. 액주계

### 1) 간단한 액주계

i) $P_A = \gamma h$
  〈참조〉
   $P_A - \gamma h = 0$
   $P_A = \gamma h$

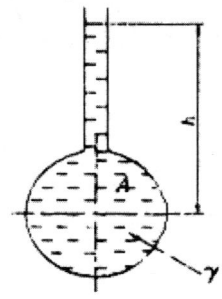

ii) $P_C = P_D$

$P_C = P_A + \gamma_1 h_1$, $P_D = 0$

$\rightarrow P_A = -\gamma h = \gamma h (진공)$

<참조>

$P_A + \gamma h = 0$

$P_A = -\gamma h = \gamma h (진공)$

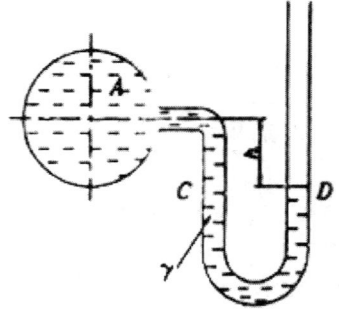

iii) $P_C = P_D$

$P_C = P_A + \gamma_1 h_1$

$P_D = \gamma_2 h_2$

$\therefore P_A + \gamma_1 h_1 = \gamma_2 h_2 (진공)$

$P_A = \gamma_2 h_2 - \gamma_1 h_1 (진공)$

<참조>

$P_A + \gamma_1 h_1 - \gamma_2 h_2 = 0$

$P_A = \gamma_2 h_2 - \gamma_1 h_1$

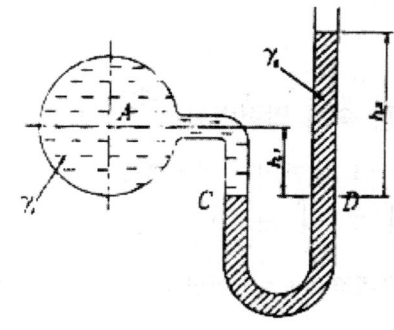

### 2) 시차액주계 : 두 점간의 압력차를 비교 측정

i) U 자관의 액주계

$P_C = P_D$

$P_C = P_A + \Upsilon_1 h_1$

$P_D = P_B + \Upsilon_2 h_2 + \Upsilon_3 h_3$

$\therefore P_A + \Upsilon_1 h_1 = P_B + \Upsilon_2 h_2 + \Upsilon_3 h_3$

$P_A - P_B = \Upsilon_2 h_2 + \Upsilon_3 h_3 - \Upsilon_1 h_1$

<참조>

$P_A + \Upsilon_1 h_1 - \Upsilon_2 h_2 - \Upsilon_3 h_3 = P_B$

$P_A - P_B = \Upsilon_2 h_2 + \Upsilon_3 h_3 - \Upsilon_1 h_1$

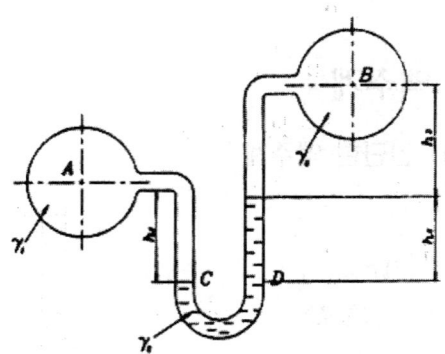

ii) 축소관의 액주계

$P_A - P_B = ?$

$P_C = P_D$

$P_C = P_A + \gamma(k+h)$

$P_D = P_B + \gamma_0 h + \gamma k$

$\therefore P_A + \gamma(k+h) = P_B + \gamma_0 h + \gamma k$

$P_A + \gamma k + \gamma h = P_B + \gamma_0 h + \gamma k$

$\therefore P_A - P_B = (\gamma_0 - \gamma)h$

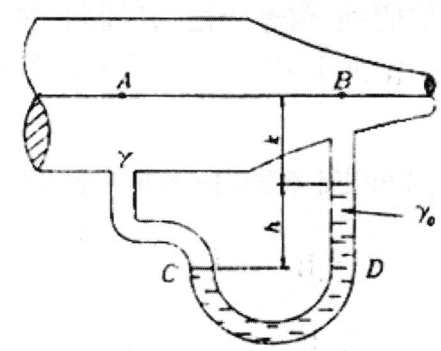

<참조>

$P_A + \gamma(h+k) - \gamma_0 h - \gamma k = P_B$

$\therefore P_A - P_B = \gamma_0 h + \gamma k - \gamma(h+k)$

$= \gamma_0 h + \gamma k - \gamma h - \gamma k$

$= (\gamma_0 - \gamma)h$

iii) 역 U 자관의 액주계

$P_C = P_D$

$P_A = P_C + \gamma_1 h_1$

$\therefore P_C = P_A - \gamma_1 h_1$

$P_B = P_D + \gamma_2 h_2 + \gamma_3 h_3$

$\therefore P_D = P_B - \gamma_2 h_2 - \gamma_3 h_3$

$P_A - \gamma_1 h_1 = P_B - \gamma_2 h_2 - \gamma_3 h_3$

$\therefore P_A - P_B = \gamma_1 h_1 - \gamma_2 h_2 - \gamma_3 h_3$

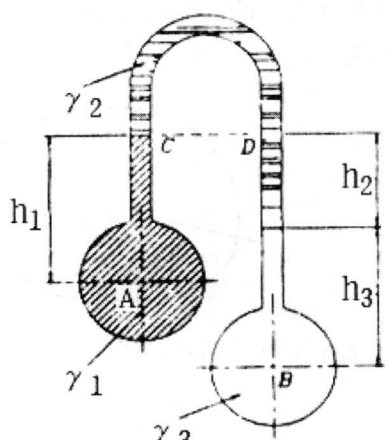

<참조>

$P_A - \gamma_1 h_1 + \gamma_2 h_2 + \gamma_3 h_3 = P_B$

$\therefore P_A - P_B = \gamma_1 h_1 - \gamma_2 h_2 - \gamma_3 h_3$

## 6. 평면에 작용하는 유체의 전압력(힘)

목적 : 유체 중에 잠겨있는 물체의 전압력( F )과 작용점 위치( $y_F$ )를 구한다.

### 1) 수평면에 작용하는 유체의 전압력

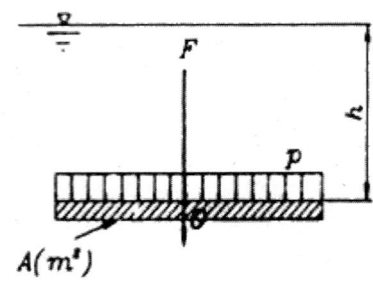

우선, 전압력 : $F = P \cdot A (kg_f) = \gamma h A$   또한,

작용점의 위치($y_F$)는 P = const 하므로 도심점에서 작용

: 수평면일 때 도심점에 전압력 작용

▲ 바리그논의 정리(Varignon's theory) : 분력에 대한 모멘트의 합은 결국, 합력에 의한 모멘트와 같다.

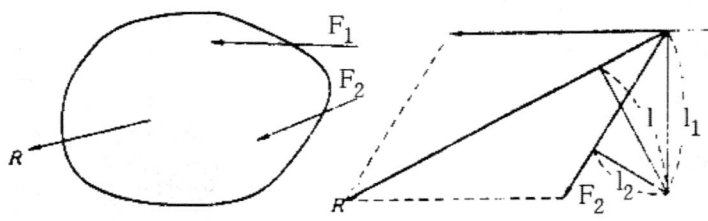

$\therefore F_1 \ell_1 + F_2 \ell_2 = R \ell$

## 2) 경사면에 작용하는 유체의 전압력

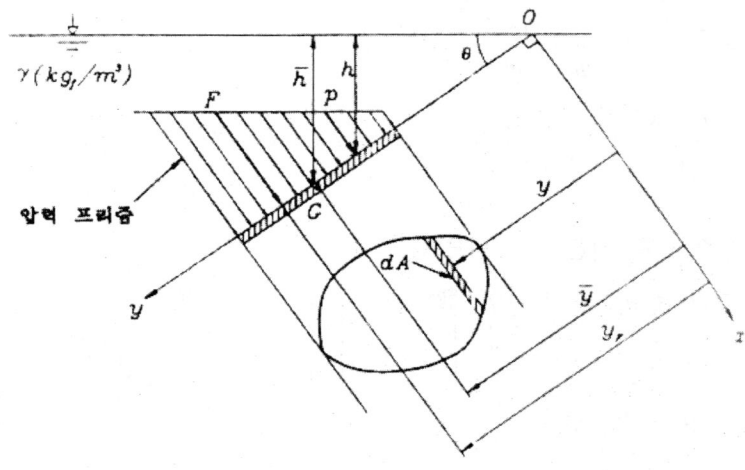

여기서, $\begin{cases} P = \gamma h \\ \overline{h} = \overline{y} \cdot \sin\theta \\ h = y \cdot \sin\theta \end{cases}$

i) 전압력 F = ?

dF : 미소 단면적(dA)에서의 미소 전압력

$dF = P \cdot dA = \gamma h \cdot dA = \gamma \cdot y \cdot \sin\theta \cdot dA$

$\int_A dF = \int_A \gamma y \cdot \sin\theta \cdot dA$

$\therefore F = \gamma \cdot \sin\theta \int_A y \cdot dA = \gamma \cdot \sin\theta \cdot A\overline{y}$

ii) 작용점의 위치 $y_F = ?$

dM : 미소 전압력(dF)에서의 미소 모멘트

$dM = dF \times y$ : 분력에 의한 모멘트

바리그논의 정리에 의해 $\int_A dF \times y = F \times y_F$

$$y_F = \frac{\int_A dF \cdot y}{F} = \frac{\int_A \Upsilon \cdot y\sin\theta \cdot dA \times y}{\gamma \bar{h} A} = \frac{\Upsilon \cdot \sin\theta \int_A y^2 dA}{\Upsilon \bar{h} A}$$

$$= \frac{\sin\theta \cdot I_x}{\bar{h} \cdot A} = \frac{\sin\theta \cdot I_x}{\bar{y} \cdot \sin\theta \cdot A} = \frac{I_x}{\bar{y} \cdot A} \text{(여기서, } : I_x = I_G + A\bar{y}^{-2} \text{ 평행축 정리)}$$

$$= \frac{I_G + A\bar{y}^{-1}}{\bar{y} \cdot A} = \frac{I_G}{\bar{y} \cdot A} + \bar{y} \qquad \text{결국, } \therefore y_F = \bar{y} + \frac{I_G}{A\bar{y}}$$

▲ 도심축을 통과하는 단면2차모멘트 ( $I_G$ )

i) 구형단면(b×h)인 경우

$I_G = \dfrac{bh^3}{12}$

ii) 원형 단면인 경우

$I_G = \dfrac{\pi d^4}{64}$

iii) 삼각형 단면일 경우

$I_G = \dfrac{bh^3}{36}$

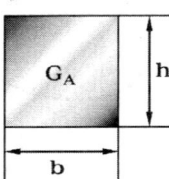
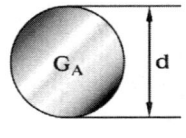
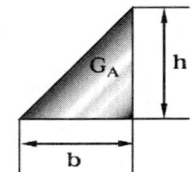

$I_G = \dfrac{bh^3}{12}$　　$I_G = \dfrac{\pi d^2}{64}$　　$I_G = \dfrac{bh^3}{36}$

## 7. 곡면에 작용하는 유체의 전압력

**1) 수평성분** : $F_x = F_H$

곡면을x방향으로 투영시킨 다음 투영면의 도심점 압력과 곡면의x방향 투영면적과의 상승적(=곱)을 말한다.

$F_x = F_H = \Upsilon \bar{h} A$

　　$= 1000 \times (3+1) \times (2 \times 5)$

　　$= 4000 kg_f$

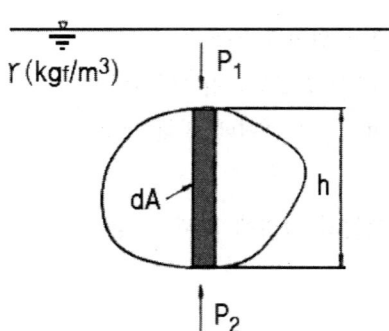

## 2) 연직성분(=수직성분) : $F_y = F_V$
곡면의 연직상방향에 실린 액체의 가상 무게와 같다.

$$F_y = F_V = W_{ABCD} + W_{CDE} = \Upsilon V_{ABCD} + \Upsilon V_{CDE}$$

$$= (1000 \times 2 \times 5 \times 3) + (1000 \times \frac{\pi \times 2^2}{4} \times 5) = 45707.96 kg_f$$

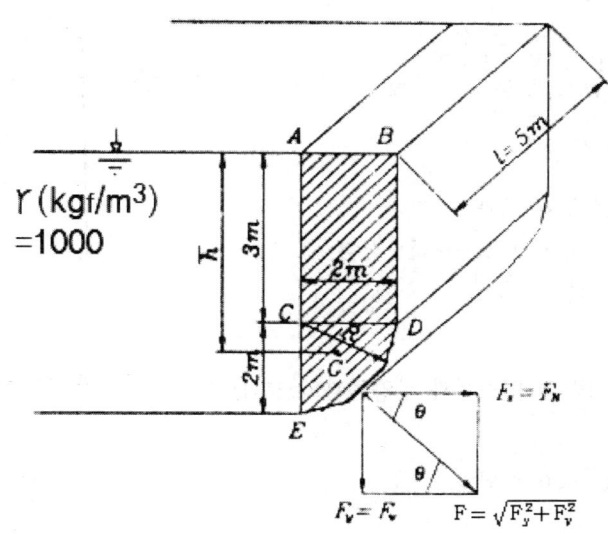

# 8. 부력(Buoyant force)
정지 유체 중에서 잠겨 있거나 떠 있는 물체가 유체로부터 받는 연직상방향의 힘을 말한다.

$dF_B$ : 미소부력    $dF_B = P_2 dA = (P_2 - P_1)dA = \Upsilon h \cdot dA = \Upsilon dV$

$$\int_V dF_B = \int_V \gamma dV \qquad F_B = \Upsilon V (kg_f)$$

여기서, $\gamma$ : 액체의 비중량 $(kg_f/m^3)$, V : 물체의 잠긴체적
- ▲ 아르키메데스(Archimedes)의 부력의 원리
  - i) 떠운 경우
    - ∴ 부력(FB) = 공기 중에서의 물체의 무게

  - ii) 완전히 잠긴 경우

∴ 공기 중에서의 물체의 무게 = 부력(FB) + 액체 중에서의 물체의 무게

## 9. 부양체의 안정

<조건> 아르키메데스의 첫 번째 원리를 만족해야 한다.

(띄운 경우)

여기서, $\begin{cases} C : \text{무게중심점} \\ B : \text{부력중심점} \\ W : \text{부양체의 무게} \\ F_B : \text{부력} \end{cases}$

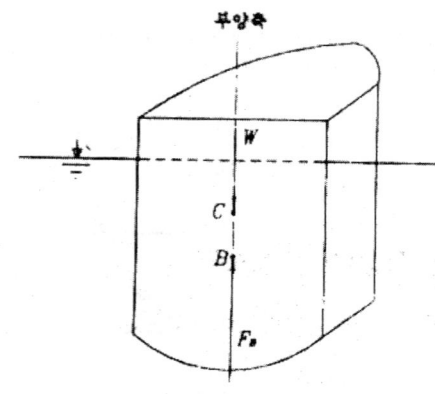

① ∴ $\overline{MC} > 0$ : 안정

여기서, $\begin{cases} C : \text{이동한부력중심점} \\ B : \text{경심} \\ W : \text{경심고(=경심높이)} \end{cases}$

( M : B' 의 연직선과 부양축과의 교점)

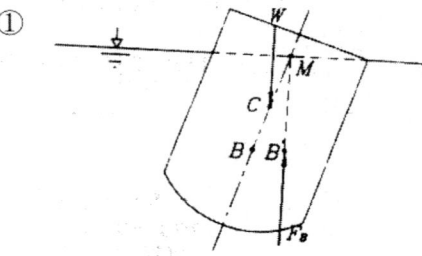

② ∴ $\overline{MC} < 0$ : 안정

③ ∴ $\overline{MC} = 0$ : 중립(neutral)

▲ 부양체의 안정여부를 구하는 판별식

∴ $\overline{MC} = \dfrac{I}{V} - \overline{CB}$

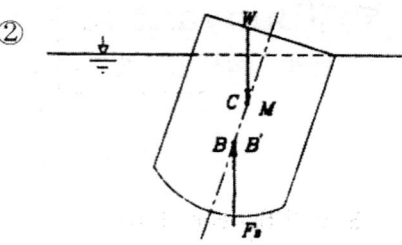

여기서, $\overline{MC}$ : 경고심(경심 높이),
 I : 부양체의 단면 2차 모멘트,
 V : 잠긴 부분의 체적

▲ 복원 Moment (Restoring Mo') : $M_R$

$x = \overline{MC} \cdot \sin\theta$

∴ $M_R = W \cdot x$

  $\fallingdotseq W \cdot \overline{MC} \cdot \theta$

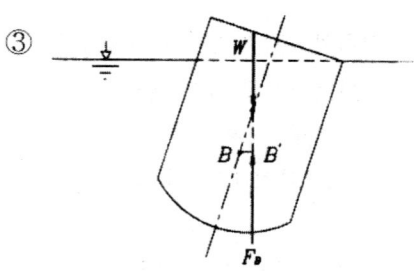

## 10. 등가속도 운동을 받는 유체(상대평형)
가속이 존재할 때 압력변화를 관찰

### 1) 수평등가속도 운동($a_x$) 을 받는 유체
자유물체도에서 x방향의 힘의 성분은

$P_1 dA(\rightarrow)$, $P_2 dA(\leftarrow)$  $\qquad$ $F = ma$ 에서 $\sum x = dma_x$

$P_1 dA - P_2 dA = \dfrac{dW}{g} \cdot a_x$ $\qquad$ $P_1 dA - P_2 dA = \dfrac{\Upsilon dAl}{g} \cdot a_x$

$P_1 - P_2 = \dfrac{\Upsilon \cdot l}{g} \cdot a_x$ $\qquad$ $\Upsilon h_1 - \Upsilon h_2 = \dfrac{\Upsilon l}{g} \cdot a_x$

$\dfrac{h_1 - h_2}{l} = \dfrac{a_x}{g}$ $\qquad\qquad\qquad$ $\therefore \tan\theta = \dfrac{a_x}{g}$

(▲ 적용할때는 항상 중앙점을 생각할것)

만일 $a_x = 9.8 m/sec^2$ 이면 $\tan\theta = \dfrac{9.8}{9.8} = 1$, $\quad \therefore \theta = \tan^{-1} 1 = 45°$

예) $a_x = 5.65 m/sec^2$ 이면, $\theta = ?$

$\tan\theta = \dfrac{a_x}{g} = \dfrac{5.65}{9.8}$ $\qquad \therefore \theta = \tan^{-1}\left(\dfrac{5.65}{9.8}\right) = 30°$

## 2) 연직방향 등가속도($a_y$) 운동을 받는 유체

자유 물체도에서 y방향의 힘의 성분은

$P_1 dA(\downarrow)$, $P_2 dA(\uparrow)$, $dW(\text{미소자중}) = \gamma \cdot dA \cdot h(\downarrow)$

$\sum Y = dm \, a_y$

$-P_1 dA + P_2 dA - \gamma dA \cdot h = \dfrac{dW}{g} \cdot a_y$

$-P_1 dA + P_2 dA - \gamma dA \cdot h = \dfrac{\gamma dAh}{g} \cdot a_y$

$P_2 - P_1 = \gamma \, h + \dfrac{\gamma l}{g} \cdot a_y$

$\therefore P_2 - P_1 = \gamma \, h + (1 + \dfrac{a_y}{g})$

(▲ $P_1$ : 문제를 풀 때는 대부분 대기압으로 간주)

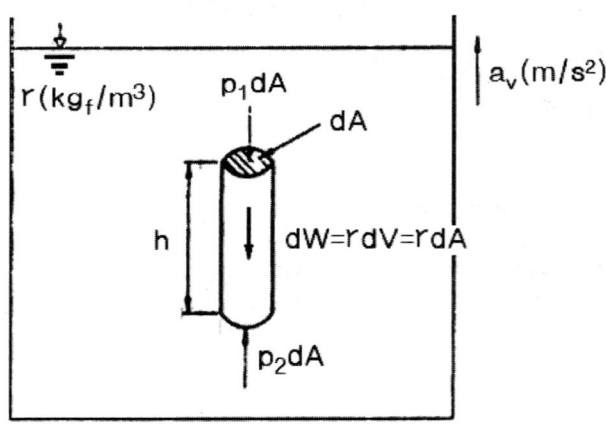

만일 $a_y = 0$ 이면, $P_2 - P_1 = \Upsilon h$

만일자유낙하시,

자유낙하이므로 $a_y = -g = -9.8 m/s$

$P_2 - P_1 = \Upsilon h(1 + \dfrac{-9.8}{9.8}) = 0$ 이다.

## 3) 등속회전운동을 받는 유체

반경방향의 힘의 성분은

$$PdA(\rightarrow), \quad (P+\frac{\partial P}{\partial r}\cdot dr)\cdot dA(\leftarrow)$$

$$\sum F = dm \cdot a_n \quad [a_n : \text{구심가속도} = r\cdot w^2]$$

$$P\cdot dA - (P+\frac{\partial P}{\partial r}dr)\cdot dA = \frac{dW}{g}\cdot r\, w^2$$

$$P\cdot dA - P\cdot dA - \frac{\partial P}{\partial r}dr\cdot dA = \frac{\gamma\cdot dA\cdot dr}{g}\cdot r\, w^2$$

$$-dP = \frac{\gamma\cdot dr}{g}\cdot r\, w^2$$

⇒ 구심가속도는 원의 중심을 향하므로 (−)는 삭제하고, 적분하면,

$$\int dP = \int \frac{\gamma\cdot dr\cdot r\, w^2}{g}$$

$$P = \gamma\,\frac{w^2}{g}\int r\cdot dr = \frac{\gamma\, w^2}{g}\cdot \frac{r^2}{2}+C$$

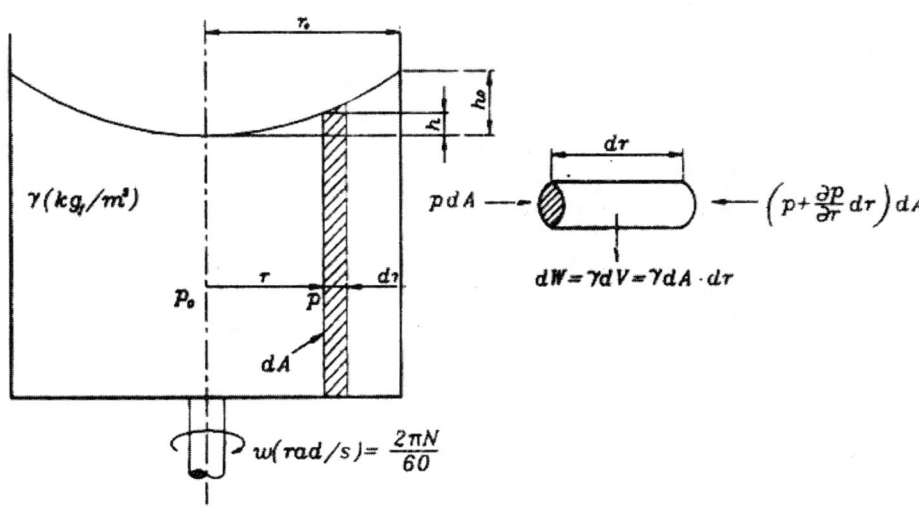

적분상수 C를 구하는 경계조건
r = 0이면, P → $P_0$  따라서, C = $P_0$

$$\therefore P = P_0 + \frac{\Upsilon \cdot r^2 w^2}{2g}$$

여기서, h : 임의의 반경에서의 액면상승높이

$$P = P_0 + \Upsilon h = P_0 + \frac{\Upsilon \cdot r^2 w^2}{2g}$$

$$(v = 2gh, h = \frac{v^2}{2g} = \frac{r^2 w^2}{2g})$$

$$\therefore h = \frac{r^2 w^2}{2g} \rightarrow w = \frac{1}{r}\sqrt{2gh}$$

만일 r = $r_0$이면, h → $h_0$

$$\therefore h_0 = \frac{r_0^2 w^2}{2g}$$

# 제3장 유체운동학

▲ 유선(stream line) : 임의의 유동장 내에서 유체입자가 곡선을 따라 움직일 때 곡선이 갖는 접선과 유체 입자가 갖는 속도벡터의 방향이 일치하도록 운동해석 할 때 이러한 곡선을 유선이라 한다.
◎ 유선관 (=유관 : stream tube) : 유선으로 둘러싸인 유체의 관
◎ 유적선(Path line) : 주어진 시간 공간에 유체입자가 유선을 따라 진행한 경로
◎ 유맥선(steak line) : 공간 내의 임의의 한 점에 작용하는 유체입자들의 순간궤적
  ⇒ 유선, 유적선, 유맥선은 일반적으로 일치하지 않으나 "정상유동"에서는 일치한다.

## 1. 유동의 상태

### 1) 정상류(steady flow)

유동장 내의 임의의 한 점에 작용하는 유체입자들의 특성(=변수)이 시간에 관계없이 항상 일정한 흐름.

변수 : P(압력),  V(속도),  T(온도),  $\rho$(밀도)

$$\therefore \frac{\partial P}{\partial t} \neq 0, \quad \frac{\partial V}{\partial t} \neq 0, \quad \frac{\partial T}{\partial t} \neq 0, \quad \frac{\partial \rho}{\partial t} \neq 0$$

### 2) 비정상류(unsteady flow)

유동장 내의 임의의 한 점에 있어서 흐름의 특성(변수)이 시간에 따라 변화하는 흐름

$$\therefore \frac{\partial P}{\partial t} \uparrow \neq 0, \; \frac{\partial V}{\partial t} \uparrow \neq 0, \; \frac{\partial T}{\partial t} \uparrow \neq 0, \; \frac{\partial \rho}{\partial t} = 0$$

### 3) 등류( = 등속류 = 균속도 유동 ; uniform flow)

유동상태에서 거리에 따라서 속도의 변화가 없는 흐름

$$\therefore \frac{\partial V}{\partial s} = 0$$

### 4) 비등류 (= 비등속류 = 비균속도유동)

거리에 따라 속도의 변화가 있는 흐름

$$\therefore \frac{\partial V}{\partial s} \neq 0$$

5) 1차원 유동 : 유선의 진행방향이 한쪽방향인 흐름

6) 2차원 유동 : 유선의 진행방향이 양쪽 방향인 흐름

7) 3차원 유동 : 공간 내의 유동

## 2. 유선의 방정식

▲ Vector : 크기와 방향이 존재

단위벡터(Unit Vector) = 기준벡터    여기서, $\begin{cases} i : x \text{ 축 방향의 단위벡터} \\ j : y \text{ 축 방향의 단위벡터} \\ k : z \text{ 축 방향의 단위벡터} \end{cases}$

### 1) 벡터의 내적(scalar : 적)

$\vec{a} \cdot \vec{b} = |\vec{a}| \cdot |\vec{b}| \cos\theta$

만일 "단위벡터" 이면

i) $\theta = 0°$ 일때 $\begin{cases} i \cdot i = 1 \\ j \cdot j = 1 \\ k \cdot k = 1 \end{cases}$     ii) $\theta = 90°$ 일때 $\begin{cases} i \cdot i = 0 \\ j \cdot j = 0 \\ k \cdot k = 0 \end{cases}$

### 2) 벡터의 외적(=평행사변형의 넓이) → 오른나사의 원리

$\vec{a} \cdot \vec{b} = |\vec{a}| \cdot |\vec{b}| \sin\theta = |4| \, |3| \sin 30° = 6$

만일 단위벡터 이면,

i) $\theta = 0°$ 일 때 $\begin{cases} i \cdot i = 0 \\ j \cdot j = 0 \\ k \cdot k = 0 \end{cases}$     ii) $\theta = 90°$ 일 때 $\begin{cases} i \cdot j = k \\ j \cdot k = i \\ k \cdot i = j \end{cases}$ $\begin{cases} j \cdot i = -k \\ k \cdot j = -i \\ i \cdot k = -j \end{cases}$

▲ 결국,

여기서, V : 절대속도(=속도벡터)

$V = ui + vj + wk$        $ds = dxi + dyi + dzk$        $\therefore V \times ds = 0$ ~ 유선의 방정식

또한,

$$V \times ds = \begin{bmatrix} i & j & k \\ u & v & w \\ dx & dy & dz \end{bmatrix} = +i(v \cdot dz - w \cdot dy) - j(u \cdot dz - w \cdot dx) + k(u \cdot dy - v \cdot dx) = 0$$

$v\, dz - w\, dy = 0 \;\rightarrow\; v\, dz = w\, dy \;\rightarrow\; \dfrac{dy}{v} = \dfrac{dz}{w}$

$u\, dz - w\, dx = 0 \;\rightarrow\; u\, dz = w\, dx \;\rightarrow\; \dfrac{dx}{u} = \dfrac{dz}{w}$

$u\, dy - v\, dx = 0 \;\rightarrow\; u\, dy = v\, dx \;\rightarrow\; \dfrac{dx}{u} = \dfrac{dy}{v}$

$\therefore \dfrac{dx}{u} = \dfrac{dy}{v} = \dfrac{dZ}{w}$ ~ 유선의 방정식

만약, 2차원 유동이면 $\dfrac{dx}{u} = \dfrac{dy}{v}$

## 3. 연속방정식

흐르는 유체에 질량보존의 법칙을 적용하여 얻는 방정식

### 1) 1차원 연속 방정식

i) 질량유량(m) : 단위 시간당 통과하는 유체의 질량 ( kg/sec )

$\dot{M} = \rho(kg/m^3) \times A(m^2) \times V(m/sec) = kg/sec \qquad \therefore M = \rho A V (kg/sec) = \rho Q$

①,② 단면에 적용하면 $\rho_1 A_1 V_1 = \rho_2 A_2 V_2 = C$

ii) 중량유량($\dot{G}$) : 단위 시간당 통과하는 유체의 중량 ($kg_f$/sec )

$\dot{G} = \Upsilon(kg/m^3) \times A(m^2) \times V(m/sec) = kg/sec \quad \therefore \dot{G} = \Upsilon A V(kg/sec) = \gamma Q$

①,② 단면에 적용하면 $\Upsilon_1 A_1 V_1 = \Upsilon_2 A_2 V_2 = C$

iii) 체적유량($\dot{Q}$) : 단위시간당 통과하는 유체의 체적 ($m^3$/sec)

$\rho_1 A_1 V_1 = \rho_2 A_2 V_2 = C$, $\Upsilon_1 A_1 V_1 = \Upsilon_2 A_2 V_2 = C$ 에서

경계조건

만일 "비압축성"이면  $\rho_1 = \rho_2 = C$, $\Upsilon_1 = \Upsilon_2 = C$

$$\therefore A_1V_1 = A_2V_2 (m^2 \times m/sec = m^3/sec) \qquad \therefore Q = AV(m^3/sec)$$

①,② 단면에 적용하면 $A_1V_1 = A_2V_2 = C$

또한, 1차원 연속방정식의 미분형은 $\dot{M} = \rho AV = C$ 에서 양변을 미분하면

$$\therefore d(\rho AV) = 0 \qquad AVd\rho + \rho VdA + \rho AdV = 0$$

양변을 $\rho AV$ 로 나누면 $\Rightarrow \therefore \dfrac{d\rho}{\rho} + \dfrac{dA}{A} + \dfrac{dV}{V} = 0$

## 2) 3차원 연속방정식

질량보존의 법칙을 적용하면

출구에서의 질량 증가율 = 관제역 $dx, dy, dz$ 에서의 단위 시간당 질량 감소율

$$\dfrac{\partial(\rho\, udx \cdot dy \cdot dz)}{\partial x} + \dfrac{\partial(\rho\, vdx \cdot dy \cdot dz)}{\partial y} + \dfrac{\partial(\rho\, wdx \cdot dy \cdot dz)}{\partial z}$$

$$= -\dfrac{\partial(\rho\, dx \cdot dy \cdot dz)}{\partial t} = \dfrac{\partial(\rho u)}{\partial x} + \dfrac{\partial(\rho v)}{\partial y} + \dfrac{\partial(\rho w)}{\partial z} = -\dfrac{\partial \rho}{\partial t}$$

<참고> ∇(del) : 구배연산자

$$\nabla = \dfrac{\partial}{\partial x}i + \dfrac{\partial}{\partial y}j + \dfrac{\partial}{\partial z}k = \text{Gradiant}$$

$$\nabla \cdot V = \left(\dfrac{\partial}{\partial x}i + \dfrac{\partial}{\partial y}j + \dfrac{\partial}{\partial z}k\right) \cdot (ui + vj + wk) = \dfrac{\partial u}{\partial x} + \dfrac{\partial v}{\partial y} + \dfrac{\partial w}{\partial z}$$

$$= \text{divergence} V (= \text{div} \cdot V)$$

$$\nabla \cdot (\rho V) = \dfrac{\partial(\rho u)}{\partial x} + \dfrac{\partial(\rho v)}{\partial y} + \dfrac{\partial(\rho w)}{\partial z} \qquad \therefore \nabla \cdot (\rho V) = -\dfrac{\partial \rho}{\partial t}$$

만일 비압축성이면 $\rho = C$ ; $\nabla \cdot (\rho V) = 0$

$\therefore \nabla \cdot V = 0$ 즉, $\dfrac{\partial u}{\partial x} + \dfrac{\partial v}{\partial y} + \dfrac{\partial w}{\partial z} = 0$  3차원, 정상류, 비압축성 유동의 연속방정식

만일 2차원 유동이면 $\therefore \dfrac{\partial u}{\partial x} + \dfrac{\partial v}{\partial y} = 0$ → 2차원 연속방정식

## 4. 오일러의 운동방정식

유체입자가 유선을 따라 움직일 때 Newton의 운동 제2법칙을 적용하여 얻는 미분방정식

Newton의 운동 제2법칙을 적용하면,

$\sum F_s = dm \cdot a_s$  여기서, $m = \dfrac{dW}{g} = \dfrac{\gamma \, dA \, ds}{g} = \dfrac{\rho \, g \cdot dA \, ds}{g} = \rho \cdot dA \, ds$

$$a_s = \dfrac{dV}{dt}$$

$\therefore P \cdot dA - (P + \dfrac{\partial P}{\partial s}ds)dA - \gamma \cdot dA \cdot ds \cdot \cos\theta = \rho \cdot dA \cdot ds \cdot \dfrac{dV}{dt}$

$P \cdot dA - P \cdot dA - \dfrac{\partial P}{\partial s}ds \cdot dA - \gamma \, dA \cdot ds \cdot \cos\theta = \rho \cdot dA \cdot ds \dfrac{dV}{dt}$

$\therefore -\dfrac{\partial P}{\partial s}ds \cdot dA - \rho g \cdot dA \cdot ds \cos\theta = \rho dA \cdot ds \dfrac{dV}{dt}$

양변을 $\rho \cdot dA \cdot ds$ 로 나누면, $-\dfrac{\partial P}{\rho \partial s} - g\cos\theta = \dfrac{dV}{dt}$

### 참고

| $V = f(s, t)$ | $dV = \dfrac{\partial V}{\partial s}ds + \dfrac{\partial V}{\partial t}dt$ |
|---|---|
| 양변을 $dt$로 나누면, | $\dfrac{dV}{dt} = \dfrac{\partial V}{\partial s} \cdot \dfrac{ds}{dt} + \dfrac{\partial V}{\partial t} = \dfrac{\partial V}{\partial s}V + \dfrac{\partial V}{\partial t}$ |

$\therefore -\dfrac{\partial P}{\rho \partial s} - g\cos\theta = \dfrac{\partial V}{\partial s}V + \dfrac{\partial V}{\partial t}$

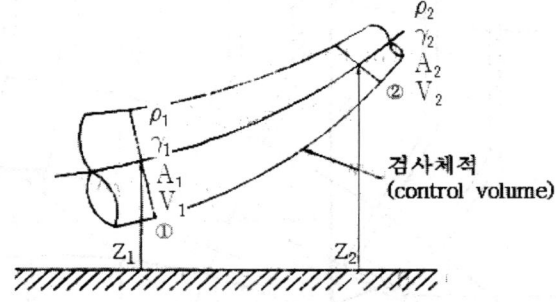

만일 정상류이면 ; $\dfrac{\partial V}{\partial t} = 0$

$$-\dfrac{\partial P}{\rho \partial s} - g\dfrac{dZ}{ds} = \dfrac{\partial V}{\partial s}V$$

양변을 ds로 곱하면, $-\dfrac{dP}{\rho} - gdZ = V\ dV$ $\quad\therefore \dfrac{dP}{\rho} + gdZ + V\ dV = 0$

양변을 g로 나누면, $\dfrac{dP}{\rho} + gdZ + V\ dV = 0$ $\quad\therefore \dfrac{dP}{\gamma} + \dfrac{V\ dV}{g} + dZ = 0$

▲ 오일러의 운동방정식의 가정
1) 유체입자는 유선을 따라 움직인다.
2) 마찰이 없다.(= 비점성 유체)
3) 정상류

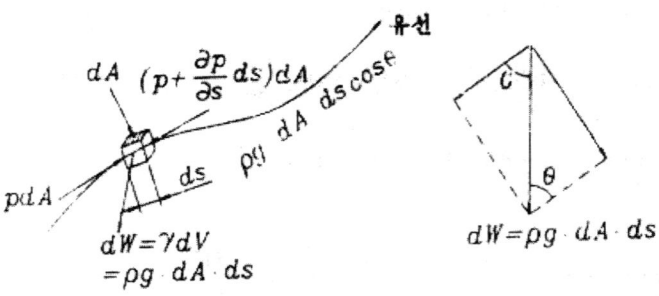

## 5. 베르누이 방정식

오일러의 운동방정식을 유선 전체에 대해 적분한 값이다.

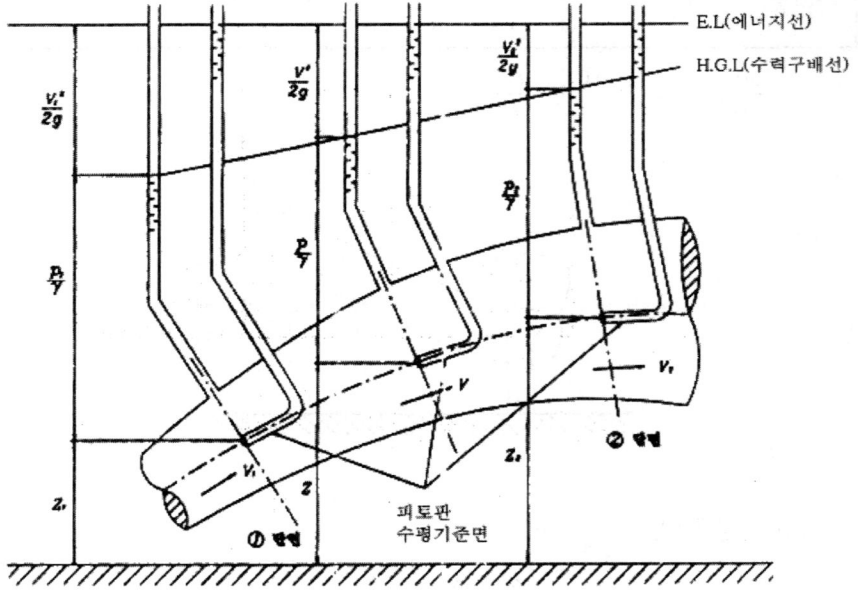

$\dfrac{dP}{\gamma} + \dfrac{V\,dV}{g} + dZ = 0$ 에서 양변을 적분하면

$$\int \dfrac{dP}{\gamma} + \int \dfrac{V\,dV}{g} + \int dZ = C \qquad \int \dfrac{dP}{\gamma} + \dfrac{V^2}{2g} + Z = C$$

만일 비압축성이면 ⇒ $\gamma$ (=constant)

$$\therefore \dfrac{P}{\gamma} + \dfrac{V^2}{2g} + Z = C = H \quad \sim \text{베르누이 방정식}$$

여기서, $\dfrac{P}{\gamma}$ : 압력수두(m), $\dfrac{V^2}{2g}$ : 속도수두(m), $Z$ : 위치수두(m), $H$ : 전수두(m)

- ▲ 에너지선(E·L)은 수력구배선(H·G·L)보다 속도구배($\dfrac{V^2}{2g}$)만큼 위에 있다.
- ▲ 베르누이 방정식의 정의 : 모든 단면에서 압력수두, 속도수두, 위치수두의 합은 항상 일정하다.

① ~ ② 단면에서 일반식을 적용하면 $\dfrac{P_1}{\gamma} + \dfrac{V_1^2}{2g} + Z_1 = \dfrac{P_2}{\gamma} + \dfrac{V_2^2}{2g} + Z_2$

만일 마찰에 의한 손실수두($H_l$)를 고려하면,

$$\dfrac{P_1}{\gamma} + \dfrac{V_1^2}{2g} + Z_1 = \dfrac{P_2}{\gamma} + \dfrac{V_2^2}{2g} + Z_2 + H_l \; : \text{수정 베르누이 방정식}$$

## 6. 베르누이 방정식의 응용

### 1) 토리첼리(Torricelli)의 정리

①~②단면에 베르누이 방정식을 적용하면

$$\frac{P_1}{\gamma}+\frac{V_1^2}{2g}+Z_1=\frac{P_2}{\gamma}+\frac{V_2^2}{2g}+Z_2$$

$P_1 = P_2 = P_0(대기압) = 0$

$$\frac{V_1^2}{2g}+Z_1=\frac{V_2^2}{2g}+Z_2$$

$A \gg A_2, V_1 \ll V_2$

$$\frac{V_2^2}{2g}=Z_1-Z_2=h \qquad V_2^2=2gh$$

$$\therefore V_2 = V = \sqrt{2gh}$$

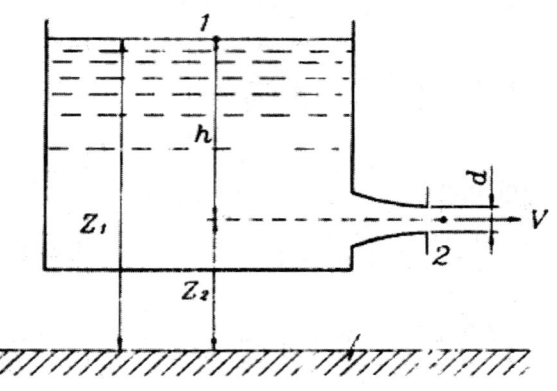

### 2) 벤츄리관(Venturi tube) : 유량을 측정

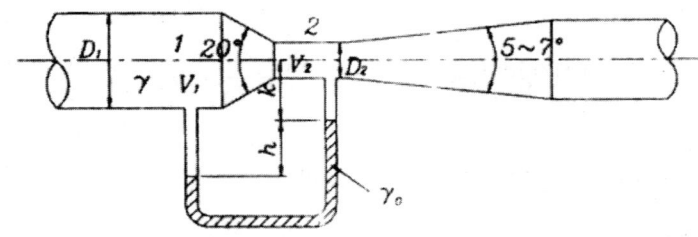

①~②단면에 베르누이 방정식을 적용하면

$$\frac{P_1}{\Upsilon}+\frac{V_1^2}{2g}+Z_1=\frac{P_2}{\Upsilon}+\frac{V_2^2}{2g}+Z_2 \qquad (Z_1=Z_2)$$

$$\frac{P_1}{\Upsilon}+\frac{V_1^2}{2g}=\frac{P_2}{\Upsilon}+\frac{V_2^2}{2g}$$

$$\frac{P_1-P_2}{\Upsilon}=\frac{V_2^2-V_1^2}{2g}=\frac{V_2^2}{2g}(1-(\frac{V^2}{V^2}))$$

연속방정식 $Q = AV$ 에서 ; $A_1V_1 = A_2V_2$, $\frac{V_1}{V_2}=\frac{A_2}{A_1}$ $\qquad \frac{P_1-P_2}{\Upsilon}=\frac{V_2^2}{2g}(1-(\frac{V^2}{V^2}))$

$$\therefore V_2 = \frac{1}{\sqrt{1-(\frac{A_2}{A_1})^2}}\sqrt{\frac{2g}{\Upsilon}(P_1-P_2)}$$

여기서, $P_1 - \frac{P_2}{\Upsilon}=\frac{(\Upsilon_0-\Upsilon)h}{\Upsilon}=(\frac{\Upsilon_0}{\Upsilon}-1)h=(\frac{S_0}{S}-1)$

또한, $\dfrac{A_2}{A_1} = \dfrac{\dfrac{\pi}{4}D_2^2}{\dfrac{\pi}{4}D_1^2} = (\dfrac{D_2}{D_1})^2$

$$\therefore V_2 = \dfrac{1}{\sqrt{1-(\dfrac{D_2}{D_1})^4}}\sqrt{2g(\dfrac{\Upsilon_0}{\Upsilon}-1)h} = \dfrac{1}{\sqrt{1-(\dfrac{D_2}{D_1})^4}}\sqrt{2g(\dfrac{S_0}{S}-1)h}$$

유량 $Q = A_1V_1 = A_2V_2 = \dfrac{A_2}{\sqrt{1-(\dfrac{D_2}{D_1})^4}}\sqrt{2g(\dfrac{\Upsilon_0}{\Upsilon}-1)h}$

### 3) 피토우관(Pitot tube) : 유속을 측정

①~②단면에 베르누이 방정식을 적용하면

$$\dfrac{P_1}{\gamma} + \dfrac{V_1^2}{2g} + Z_1 = \dfrac{P_2}{\gamma} + \dfrac{V_2^2}{2g} + Z_2$$

$(Z_1 = Z_2)$, $V_2 = V_s = 0$

$\dfrac{P_1}{\gamma} + \dfrac{V_1^2}{2g} = \dfrac{P_2}{\gamma}$  $\dfrac{P_1}{\gamma} + \dfrac{V_1^2}{2g} = \dfrac{P_s}{\gamma}$

양변을 $\gamma$를 곱하면, $\therefore P_1 + \dfrac{\gamma V_1^2}{2g} = P_s$

여기서, $P_1$ : 정압,  $\dfrac{\gamma V_1^2}{2g}$ : 동압  $P_s$ : 정체점압력(= 전압 = 총압)

또한, 유속 $V = ?$, $P_1 = \gamma h$, $P_s = \gamma(h+\Delta h)$ → $\gamma h + \dfrac{\gamma V_1^2}{2g} = \gamma(h+\Delta h)$

$\Upsilon h + \dfrac{\Upsilon V^2}{2g} = \Upsilon h + \Upsilon \Delta h$    $\therefore V = \sqrt{2g\Delta h}$

## 7. 운동에너지의 수정계수

### 1) 운동에너지 수정계수(보정계수)    $\therefore \alpha = \dfrac{1}{A}\int_A (\dfrac{v}{V})^3 \cdot dA$

2) 운동량 수정계수(보정계수) ∴ $\beta = \frac{1}{A}\int_A (\frac{v}{V})^2 \cdot dA$

여기서, V : 관내의 평균속도 (m/sec), v : 임의의 반경 r에서의 속도 (m/sec)

## 8. 동력(Power) : 단위시간당 행한 일량

$$\text{Power} = \frac{\text{Work}}{t} = \frac{F \times S}{t} (kg_f \cdot m/sec)$$

▲ 유체기계 : 펌프(Pump), 수차(Turbine)

### 1) 펌프(Pump) : 유체에 기계적인 에너지를 공급해 주는 기구

∴ 동력 $P = \Upsilon QH (kg_f \cdot m/sec) = \frac{\Upsilon QH}{75}(PS) = \frac{\gamma \Upsilon QH}{102}(kW)$

만일 펌프의 효율($\eta$)이 주어지면 ∴ $P = \frac{\Upsilon QH}{75\eta}(PS) = \frac{\Upsilon QH}{102\eta}(kW)$

### 2) 수차(Turbine) : 유체로부터 기계적인 일을 얻어내는 기구

∴ 동력 $P = \gamma QH (kg_f \cdot m/sec) = \frac{\gamma QH}{75}(PS) = \frac{\gamma QH}{102}(kW)$

만일 터어빈의 효율($\eta$)이 주어지면 ∴ $P = \frac{\gamma QH\eta}{75\eta}(PS) = \frac{\gamma QH\eta}{102}(kW)$

---

▲ 에너지 방정식

1) 펌프의 경우

∴ $\frac{P_1}{\Upsilon} + \frac{V_1^2}{2g} + Z_1 + H_P = \frac{P_2}{\Upsilon} + \frac{V_2^2}{2g} + Z_2 + H_l$

2) 수차의 경우

∴ $\frac{P_1}{\Upsilon} + \frac{V_1^2}{2g} + Z_1 = \frac{P_2}{\Upsilon} + \frac{V_2^2}{2g} + Z_2 + H_T + H_l$

# 제4장 운동량 방정식

## 1. 운동량과 역적(충격력 : Impulse)

- ▲ 운동량 : m V(kg·m/sec = $[MLT^{-1}]$)
- ▲ 운동량 변화량 : $\Delta mV = m(V_2 - V_1)$

또한, Newton의 운동 제2법칙 $F = ma = m\dfrac{dV}{dt} \rightarrow Fdt = mdV$

여기서, $\begin{cases} Fdt \ : \ 역적(力積) = 충격력(\text{Impulse}) = kg_f \cdot \sec = [F\ T] \\ mdV \ : \ 운동량의\ 변화 = kg \cdot m/\sec = [MLT^{-1}] \end{cases}$

$\displaystyle\int_0^t Fdt = \int_1^2 mdV \qquad Ft = m(V_{2-V_1}) \qquad \therefore\ F = \dfrac{m(V_2 - V_1)}{t} \ : \ 물체에\ 가한\ 힘\ (= 외력)$

## 2. 유체의 운동량 방정식

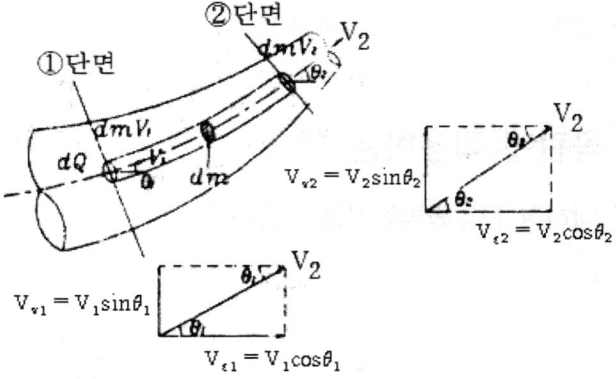

> 참고
>
> $\begin{cases} 절대속도\ :\ 운동하는\ 대상을\ 제3자가\ 관측한\ 속도 \\ 상대속도\ :\ 비교속도 \end{cases}$

여기서, $\begin{cases} V_1, V_2 : \text{①,②단면에서의 절대속도} \\ V_{x1}, V_{y1} : \text{①단면에서의 x,y 방향의 절대속도 성분} \\ V_{x2}, V_{y2} : \text{②단면에서의 x,y 방향의 절대속도 성분} \end{cases}$

미소유관을 생각해보면

$F = ma = m\dfrac{dV}{dt}$ 에서   $[\dot{M} = \rho\ AV = \rho\ Q,\ d\dot{M} = \dfrac{dm}{dt} = \rho\ dQ]$

$\therefore\ dF = \rho\ dQ\ dV \rightarrow \int_1^2 df = \int_1^2 \rho\ dQ\ dV \qquad \therefore\ F = \rho\ dQ(V_2 - V_1)$

전체의 유관에 대해서 살펴보면,

$\sum F = \rho\ Q(V_2 - V_1)$

결국, X방향의 힘성분

$\therefore \sum F_x = \rho\ Q(V_{x2} - V_{x1}) = \rho Q(V_2\cos\theta_2 - V_1\cos\theta_1) = ma_x$

Y방향의 힘성분

$\therefore \sum F_y = \rho\ Q(V_{y2} - V_{y1}) = \rho Q(V_2\sin\theta_2 - V_1\sin\theta_1) = ma_y$

## 3. 유체가 곡관에 작용하는 힘

1) X방향에 대하여 운동량방정식을 적용하면

$\sum \overrightarrow{\underset{-}{+}} = ma_x$

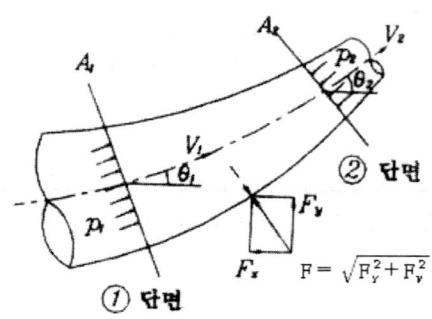

$$P_1A_1\cos\theta_1 - P_2A_2\cos\theta_2 - F_x = ma_x = \rho\ Q(V_{x2} - V_{x1})$$

$$F_x = P_1A_1\cos\theta_1 - P_2A_2\cos\theta_2 - \rho\ Q(V_{x2} - V_{x1})$$

$$\therefore\ F_x = P_1A_1\cos\theta_1 - P_2A_2\cos\theta_2 + \rho\ Q(V_{x1} - V_{x2})$$

$$= P_1A_1\cos\theta_1 - P_2A_2\cos\theta_2 + \rho\ Q(V_1\cos\theta_1 - V_2\cos\theta_2)$$

## 2) Y방향에 대하여 운동량방정식을 적용하면

$$\sum \updownarrow_\pm = ma_y$$

$$P_1A_1\sin\theta_1 - P_2A_2\sin\theta_2 - F_y = ma_y = \rho\ Q(V_{y2} - V_{y1})$$

$$-F_y = P_1A_1\sin\theta_1 - P_2A_2\sin\theta_2 - \rho\ Q(V_{y2} - V_{y1})$$

$$\therefore\ -F_y = P_1A_1\sin\theta_1 - P_2A_2\sin\theta_2 + \rho\ Q(V_{y1} - V_{y2})$$

$$= P_1A_1\sin\theta_1 - P_2A_2\sin\theta_2 + \rho\ Q(V_1\sin\theta_1 - V_2\sin\theta_2)$$

# 4. 날개(Vane)

· 날개 : 단일날개(단일고정날개, 단일가동날개), 연속날개

## 1) 단일고정날개

① 단면 : $V_{x1} = V_1\cos\theta_1 = V$      $V_{y1} = V_1\sin\theta_1 = 0$

② 단면 : $V_{x2} = V_2\cos\theta_2 = V\cos\theta$      $V_{y2} = V_2\sin\theta_2 = V\sin\theta$

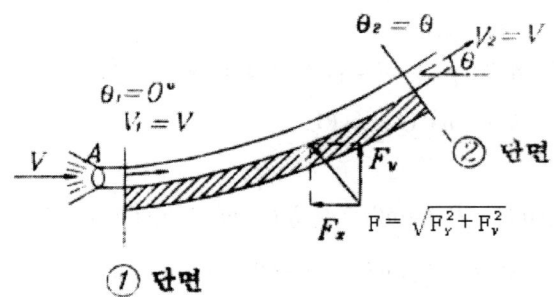

i) $F_x = P_1A_1\cos\theta_1 - P_2A_2\cos\theta_2 + \rho\ Q(V_1\cos\theta_1 - V_2\cos\theta_2)$

$= \rho\ Q(V_1\cos\theta_1 - V_2\cos\theta_2) = \rho\ Q(V - V\cos\theta) = \rho\ QV(1-\cos\theta)$

여기서, 유량 $Q = AV$ (분류의 단면적 × 절대속도)

$\therefore F_x = \rho AVV(1-\cos\theta) = \rho AV^2(1-\cos\theta)$

ii) $-F_y = P_1A_1\sin\theta_1 - P_2A_2\sin\theta_2 + \rho\ Q(V_1\sin\theta_1 - V_2\sin\theta_2)$

$= \rho\ Q(V_1\sin\theta_1 - V_2\sin\theta_2) = \rho\ Q(0 - V\sin\theta) = -\rho\ QV\sin\theta$

$\therefore F_y = \rho\ Q(V\sin\theta) = \rho\ AV^2\sin\theta$

## 2) 단일가동날개

① 단면 : $V_{x1} = V_1\cos\theta_1 = (V-u)$  $\quad V_{y1} = V_1\sin\theta_1 = 0$

② 단면 : $V_{x2} = V_2\cos\theta_2 = (V-u)\cos\theta$  $\quad V_{y2} = V_2\sin\theta_2 = (V-u)\sin\theta$

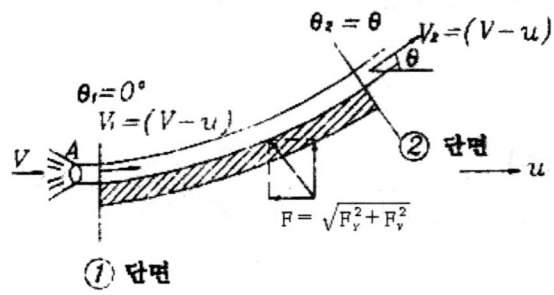

i) $F_x = P_1A_1\cos\theta_1 - P_2A_2\cos\theta_2 + \rho\ Q(V_1\cos\theta_1 - V_2\cos\theta_2)$

$= \rho\ Q(V_1\cos\theta_1 - V_2\cos\theta_2) = \rho\ Q((V-u) - (V-u)\cos\theta)$

$= \rho\ Q(V-u)(1-\cos\theta)$

여기서, 유량 $Q = A(V-u)$ (분류의 단면적 × 상대속도)

$\therefore F_x = \rho A(V-u)^2(1-\cos\theta)$

ii) $-F_y = P_1A_1\sin\theta_1 - P_2A_2\sin\theta_2 + \rho\ Q(V_1\sin\theta_1 - V_2\sin\theta_2)$

$= \rho\ Q(V_1\sin\theta_1 - V_2\sin\theta_2) = \rho\ Q(0 - (V-u)\sin\theta)$

$= -\rho\ Q(V-u)\sin\theta$

$\therefore F_y = \rho\ Q((V-u)\sin\theta) = \rho\ A(V-u)^2\sin\theta$

▲ 깃 출구에서의 절대속도 성분은, $V_{y2} = (V-u)\cos\theta + u$    $V_{y2} = (V-u)\sin\theta$
▲ 평판의 작용하는 힘 : 정지평판의 경우, 이동평판의 경우

1) 고정평판의 경우

① 단면 : $V_{x1} = V_1\cos\theta_1 = V$

② 단면 : $V_{x2} = V_2\cos\theta_2 = 0$

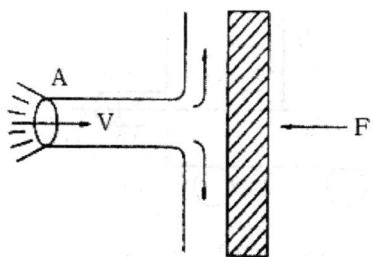

$$F_x = P_1A_1\cos\theta_1 - P_2A_2\cos\theta_2 + \rho\, Q(V_1\cos\theta_1 - V_2\cos\theta_2)$$
$$= \rho\, Q(V_1\cos\theta_1 - V_2\cos\theta_2) = \rho\, Q(V-0) = \rho\, QV = \rho\, AV^2$$

2) 이동평판의 경우

① 단면 : $V_{x1} = V_1\cos\theta_1 = V - u$

② 단면 : $V_{x2} = V_2\cos\theta_2 = 0$

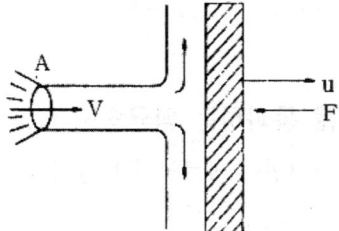

$$F_x = P_1A_1\cos\theta_1 - P_2A_2\cos\theta_2 + \rho\, Q(V_1\cos\theta_1 - V_2\cos\theta_2)$$
$$= \rho\, Q((V-u)-0) = \rho\, Q(V-u) = \rho\, A(V-u)^2$$

## 5. 프로펠러(Propeller)

유체에 기계적인 일을 공급해 주는 기구 즉, 유입된 유체를 가속시켜서 추진력(=추력)을 얻는 기구

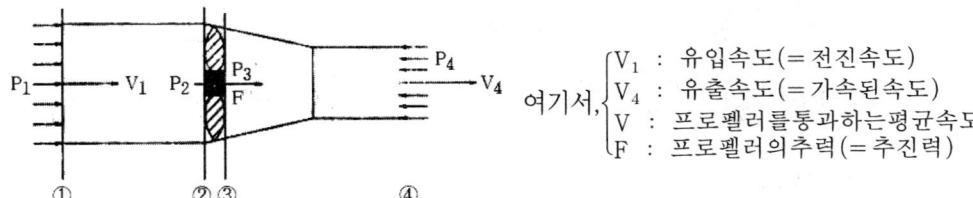

여기서, $\begin{cases} V_1 : \text{유입속도}(=\text{전진속도}) \\ V_4 : \text{유출속도}(=\text{가속된속도}) \\ V\ : \text{프로펠러를통과하는평균속도} \\ F\ : \text{프로펠러의추력}(=\text{추진력}) \end{cases}$

1) 프로펠러의 추력(=추진력) : F = ?

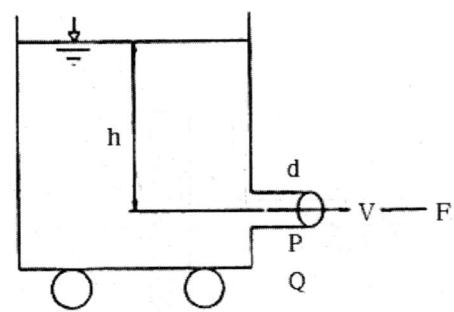

D : 프로펠러의 지름 (평균직경),

A : 프로펠러의 면적 $= \dfrac{\pi D^2}{4}$

$$F = P_1 A_1 \cos\theta_1 - P_2 A_2 \cos\theta_2 + \rho Q(V_1 \cos\theta_1 - V_2 \cos\theta_2)$$

$$= P_1 A_1 - P_2 A_2 + \rho Q(V_1 - V_2)$$

$$\therefore P_1 A_1 - P_2 A_2 = \rho Q(V_2 - V_1) \rightarrow (P_3 - P_2)A = \rho Q(V_4 - V_1) = F$$

결국, 추력 $F = (P_3 - P_2)A = \rho Q(V_4 - V_1)$

또한, $(P_3 - P_2)A = \rho Q(V_4 - V_1)$ $\qquad (P_3 - P_2)A = \rho AV(V_4 - V_1)$

$\therefore (P_3 - P_2) = \rho V(V_4 - V_1)$ ~ ① 식

2) 프로펠러를 통과하는 평균속도 ( V ) = ?

우선 ① ~ ② 단면에 베르누이 방정식을 적용하면

$$\dfrac{P_1}{\gamma} + \dfrac{V_1^2}{2g} + Z_1 = \dfrac{P_2}{\gamma} + \dfrac{V_2^2}{2g} + Z_2 \qquad \dfrac{P_1}{\gamma} + \dfrac{V_1^2}{2g} = \dfrac{P_2}{\gamma} + \dfrac{V_2^2}{2g}$$

$$P_1 + \dfrac{\gamma \cdot V_1^2}{2g} = P_2 + \dfrac{\gamma \cdot V_2^2}{2g} \qquad P_1 = P_2 + \dfrac{\gamma \cdot V_1^2}{2g} - \dfrac{\gamma \cdot V_2^2}{2g}$$

$$\therefore P_1 = P_2 + \dfrac{\rho \cdot V_2^2}{2} - \dfrac{\gamma \cdot V_1^2}{2g} \quad \sim \text{② 식} \qquad P_3 + \dfrac{\gamma \cdot V_3^2}{2g} = P_4 + \dfrac{\gamma \cdot V_4^2}{2g}$$

$$P_4 = P_3 + \dfrac{\gamma \cdot V_3^2}{2g} - \gamma \cdot V_4$$

$$P_2 + \dfrac{\gamma \cdot V_2^2}{2g} - \dfrac{\gamma \cdot V_1^2}{2g} = P_3 + \dfrac{\rho V_3^2}{2} - \dfrac{\rho V_4^2}{2}$$

$$\therefore P_3 - P_2 = \dfrac{\rho V_4^2}{2} - \dfrac{\rho V_1^2}{2} = \dfrac{\rho(V_4^2 - V_1^2)}{2} = \dfrac{\rho(V_4 - V_1)(V_4 + V_1)}{2} = \rho V(V_4 - V_1)$$

$$\therefore v = \dfrac{1}{2}(V_4 + V_1)$$

### 3) 프로펠러의 효율($\eta$) = ?

$$효율(\eta) = \frac{출력}{입력} = \frac{\text{Output power}}{\text{Input power}} = \frac{P_o}{P_i}$$

i) 입력(Input power) $P_i$ = ? : $V_1$의 유속으로 유입하여 $V_4$로 가속된 동력

운동에너지 : $E_k = \frac{1}{2}mV^2(kg_f \cdot m)$ Power $= \frac{E_k}{t} = \frac{1}{2}mV^2\frac{1}{t}(kg_f m/sec) = \frac{1}{2}\rho QV^2$

$\left[ \dot{M}(질량유량) = \frac{m}{t} = \rho AV = \rho Q(kr/sec) \right]$

결국, $P_i = \frac{1}{2}\rho QV_4^2 - \frac{1}{2}\rho QV_1^2 = \frac{1}{2}\rho Q(V_4^2 - V_1^2) = \frac{1}{2}\rho Q(V_4 + V_1)(V_4 - V_1)$
$= \rho QV(V_4 - V_1)$

ii) 출력(Output power) : $P_o$ = ? ; 프로펠러로부터 얻어내는 동력(=이론 소요동력)

$P_o = F \cdot V_1 = \rho Q(V_4 - V_1)V_1$ $\quad \therefore 효율\ \eta = \frac{P_o}{P_i} = \frac{\rho Q(V_4 - V_1)V_1}{\rho QV(V_4 - V_1)} = \frac{V_1}{V}$

## 6. 분류 추진

### 1) 탱크에 달려 있는 노즐에 의한 추진

$F_x = P_1A_1\cos\theta_1 - P_2A_2\cos\theta_2 + \rho Q(V_1\cos\theta_1 - V_2\cos\theta_2) = \rho Q(V_1\cos\theta_1 - V_2\cos\theta_2)$

① 단면 : $V_{x1} = V_1\cos\theta_1 = 0$

② 단면 : $V_{x2} = V_2\cos\theta_2 = V$

$\therefore F_x = \rho Q(0 - V) = -\rho QV \quad (- : 방향)$

$\therefore F_x = \rho QV = \rho AV^2 = \rho A(\sqrt{2gh})^2 = \rho A2gh = 2\Upsilon Ah$

### 2) Jet 추진

정지상태에 있는 공기가 $V_1$으로 엔진속에 들어와 연료와 함께 연소된 후 연소가스가 훨씬 큰 속도 $V_2$로 유출하여 가속을 얻는 장치

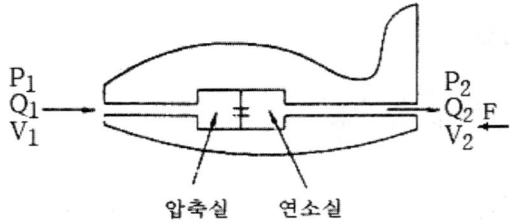

● 추력 : $F = \rho_2 Q_2 V_2 - \rho_1 Q_1 V_1 = \dot{m}_2 V_2 - \dot{m}_2 V_1 (N) = \dfrac{\dot{G}_2}{g} V_2 - \dfrac{\dot{G}_1}{g} V_1 (kg_f)$

3) 로케트(Rocket) 추진

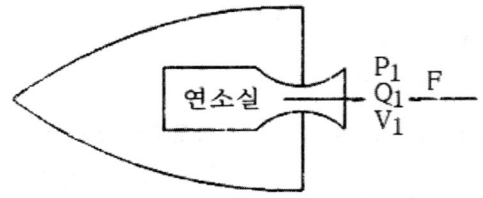

● 추력 : $F = \rho Q V = \dot{m} V (N) = \dfrac{\dot{G}}{g} V (kg_f)$

## 7. 수력도약

갑자기 유속이 느려지면서 수심이 깊어지는 현상

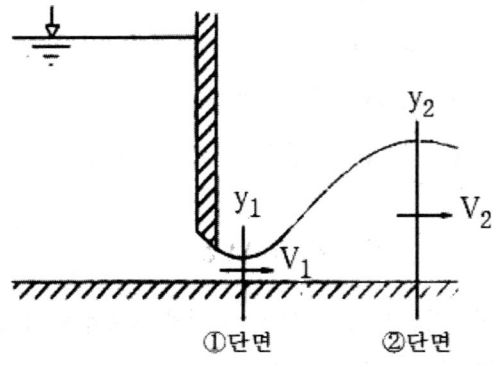

여기서, $y_1$ : 수력도약 전의 수심(m) , $y_2$ : 수력도약 후의 수심(m)

## 1) 수력도약 후의 수심 $(y_2) = ?$

연속 방정식, 베르누이 방정식, 운동량 방정식을 적용하면, $\therefore y_2 = \dfrac{y_1}{2}\left(-1 + \sqrt{1 + \dfrac{8V_1^2}{gy_1}}\right)$

<조건> $\begin{cases} \text{i) } \dfrac{v_1^2}{gy_1} = 1 \text{ 이면} \to y_1 = y_2 \ : \ 등류(=균속도유동;\ \text{Uniform flow}) \Rightarrow Fr = 1 \\ \text{ii) } \dfrac{v_1^2}{gy_1} < 1 \text{ 이면} \to y_1 = y_2 \ : \ 사류(\text{Rapid flow}) \Rightarrow Fr > 1 \\ \text{iii) } \dfrac{v_1^2}{gy_1} > 1 \text{ 이면} \to y_1 = y_2 \ : \ 상류(\text{tranquil flow}) \Rightarrow Fr < 1 \end{cases}$

iii)의 조건을 만족할 때 수력도약이 일어난다.

## 2) 수력도약으로 인한 손실수두 : $H_l = ? \quad \therefore H_l = \dfrac{(y_2 - y_1)^3}{4y_1 y_2}$

# 제5장  실제유체의 유동(점성유체)

[목적] : 유동중에 마찰을 고려하여 특히, 압력손실과 흐름(층류, 난류)의 문제해석이 목적

## 1. 층류와 난류

1) 층류(Laminar flow)
   - a) $\mu = \text{constant}$
   - b) $\tau = \mu \cdot \dfrac{du}{dy} \rightarrow \tau = f\left(\dfrac{du}{dy}\right)$
   - c) Newton 유체
   - d) 유체입자들이 질서정연하게 미끄러지면서 흐르는 유동상태

2) 난류(Turbulent flow)
   - a) $\mu \neq \text{constant}$
   - b) $\tau = \eta \cdot \dfrac{du}{dy} \rightarrow \tau = f\left(\eta, \dfrac{du}{dy}\right)$
     ($\eta$ : 와점성계수로 난류의 정도, 유체의 밀도에 따라 변한다)
   - c) 비 Newton 유체
   - d) 유체입자들이 무질서하게 난동을 부리며 흐르는 유동상태

▲ 레이놀드수(Reynolds number) : $R_e$
  · 하임계 레이놀드수 : 난류에서 층류로 바뀌는 임계값 ($R_e = 2100$)
  · 상임계 레이놀드수 : 층류에서 난류로 바뀌는 임계값 ($R_e = 4000$)

$$\therefore R_e = \frac{Vd}{\nu} = \frac{\rho Vd}{\mu} = \frac{\text{관성력}}{\text{점성력}}$$

여기서, $\nu$ : 동점성계수,      $\mu$ : 점성계수,
        V : 관의 평균속도 (m/sec),      d : 관의 직경(m)

만일 
- $R_e < (2100 \sim 2320)$ : 층류
- $R_e > 4000$ : 난류
- $(2100 \sim 2320) < R_e < 4000$ : 천이구역

만일 평판이면 $R_e = \dfrac{Vl}{\nu}$

　여기서, $l$ : 평판의 길이

## 2. 수평원관에서의 층류운동

　여기서, $r$ : 관중심으로부터 잰 임의의 반경(m), $\tau$ : 임의의 반경 $r$ 에서의 전단응력

·자유물체도에서 힘의 성분은

$[P \cdot \pi r^2 \;(\rightarrow)\; (P+dP)\,\pi\, r^2\;(\leftarrow)\; \tau \cdot 2\pi r \cdot dl\;(\leftarrow)\;]$

$\therefore P \cdot \pi r^2 - (P+dP)\pi r^2 - \tau \cdot 2\pi r \cdot dl = 0 \quad P \cdot \pi r^2 - P \cdot \pi r^2 - \pi r^2 \cdot dP - \tau \cdot 2\pi r \cdot dl = 0$

$-dP \cdot \pi r^2 - \tau \cdot 2\pi r dl = 0 \qquad \therefore \tau = -\dfrac{dP \cdot r}{2 dl} \quad \sim \; ① \text{식}$

　일반식 : $\tau_0 = \dfrac{\Delta P r_0}{2l} = \dfrac{\Delta(\frac{d}{2})}{2l} = \dfrac{\Delta P \cdot d}{4l}$ : 수평원관에서 층류유동 전단응력

i) $\tau$ 의 분포 = ?

　만일 1) $r = 0$ 이면 → $\tau = 0$

　　2) $r$ 이 증가하면 $\tau$ 는 선형적인 변화

　　3) $r = \dfrac{d}{2} = r_0$ 이면 → $\tau_{max} = \dfrac{\Delta P r_0}{2l} = \dfrac{\Delta P r_0}{4l}$

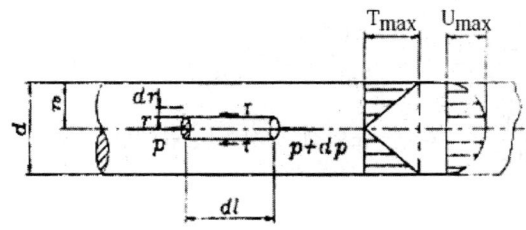

ii) 속도분포= ?

　층류유동이므로, Newton유체 $\left(\tau = \mu \cdot \dfrac{du}{dy}\right)$ 이므로 $\tau = \mu \cdot \dfrac{du}{dr}$

　그런데, $dr(+)$ 이면 $du(-)$ : $r$ 이 증가할수록 속도 $(u)$는 감소 $\tau = -\mu \cdot \dfrac{du}{dr} \quad \sim \; ② \text{식}$

　① = ② : $-\dfrac{dP \cdot r}{2\mu dl} = -\mu \cdot \dfrac{du}{dr} \quad \therefore du = \dfrac{dP \cdot r \cdot dr}{2\mu dl}$

$$\int du = \int \frac{dP \cdot r \cdot dr}{2\mu dl} \qquad u = \frac{dP}{2\mu dl}\int r \cdot dr = \frac{dP}{2\mu dl}\left(\frac{r^2}{2}\right)+C \qquad u = \frac{dP \cdot r^2}{4\mu dl}+C$$

· C를 구하는 경계조건 : $r = r_0$ 이면 $u = 0$

$$0 = \frac{dp \cdot r_0^2}{4\mu dl}+C \qquad \therefore C = -\frac{dp \cdot r_0^2}{4\mu dl}$$

$$u = \frac{dp \cdot r^2}{4\mu dl} - \frac{dp \cdot r_0^2}{4\mu dl} = -\frac{dp}{4\mu dl}(r_0^2 - r^2) \quad : \text{층류유동에서의 속도}$$

$$: r = 0 \text{ 이면 } u_{max} = -\frac{dP \cdot r_0^2}{4\mu dl} \qquad \cdot \frac{u}{u_{max}} = \frac{-\frac{dP}{4\mu dl}(r_0^2 - r^2)}{\frac{dP \cdot r_0^2}{4\mu dl}} = \frac{r_0^2 - r^2}{r_0^2} = 1 - \left(\frac{r}{r_0}\right)^2$$

iii) 유량의 관계식

연속방정식 $Q = A \cdot V$ 에서

$$dQ = u \cdot dA = \frac{dP}{4\mu dl}(r_0^2 - r^2)2\pi r \cdot dr$$

$$\int_0^{r_0} dQ = \int_0^{r_0} \frac{dP}{4\mu dl}(r_0^2 - r^2)2\pi r \cdot dr$$

$$Q = \int_0^{r_0} \frac{dP \; r_0^2 \; 2\pi r \cdot dr}{4\mu dl} - \int_0^{r_0} \frac{dP \; r^2 \; 2\pi r \cdot dr}{4\mu dl}$$

적분하여 정리하면

$$Q = \frac{dP\pi r_0^4}{8\mu dl} = \frac{\Delta \cdot \pi r_0^4}{8\mu l} = \frac{\Delta \cdot \pi \left(\frac{d}{2}\right)^4}{8\mu l} = \frac{\Delta P \cdot \pi d^4}{128\mu l}$$

$$\therefore Q = \frac{\Delta P \cdot \pi d^4}{128\mu l} \sim \text{하겐-포아젤 방정식(층류에만 사용)}$$

iv) 평균속도(v)와 최대속도($u_{max}$)의 관계식

$$Q = A \cdot V = \frac{dP \cdot \pi r_0^4}{8\mu dl}$$

$$\pi r_0^2 V = \frac{dP \cdot \pi r_0^4}{8\mu dl}$$

$$V = \frac{dP \cdot r_0^2}{8\mu dl} \quad \text{또한 } u_{max} = \frac{dP \cdot r_0^2}{4\mu dl}$$

결국, $V = \frac{u_{max}}{2} \quad \rightarrow \quad u_{max} = 2V$

또한, 
- a) 손실압력 : $\Delta P_l = \gamma h_l$
- b) 손실동력 : $P_L = \gamma Q h_l$

# 3. 난류유동(Turbulent flow)

## 1) 난류의 전단응력

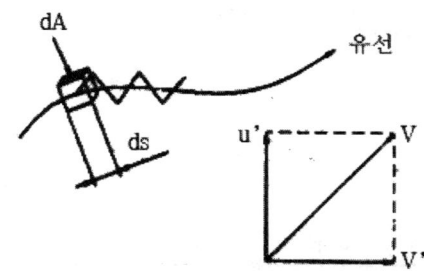

u' : 유체입자의 진행방향에 수직방향 난동속도,   V' : 유체입자의 진행방향에 대한 난동속도

우선, $Q = AV$ 에서 $dQ = u' \cdot dA$

또한, $F = \rho QV$ 에서 $dF = \rho \cdot dQV' = \rho u' \cdot dA \cdot V'$ : 유동방향의 마찰력

그러므로, 발생전단응력 $\tau = \dfrac{dF}{dA} = \dfrac{\rho u' \cdot dAV'}{dA} = \rho \overline{u'V'}$

∴ $\tau = -\rho \overline{u'V'}$ : 레이놀드 응력

## 2) 프란틀(Prandtl)의 혼합거리 : $\ell$

유체입자가 운동량에 변화 없이 유동의 진행방향과 수직한 거리. 즉, 관벽에서는 0이다.

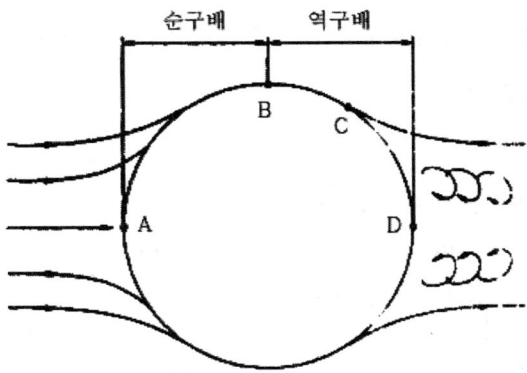

y : 관 벽으로부터 잰 임의의 거리

$\ell \propto y$ : 비례상수로 k (난동상수 = 난류상수) : 프란틀의 혼합거리($\ell$)는 관벽으로부터 잰 임의의 거리( y )에 비례한다.

∴ $\ell = ky$ (Prandtl의 혼합거리)

▲ $\tau$의 표현?

$\tau = \rho \overline{u'V'}$ 에서 $(u' = \ell \frac{du}{dy}, \ V' = \ell \frac{du}{dy}) = \rho \cdot \ell \frac{du}{dy} \cdot \ell \frac{du}{dy} = \rho \ell^2 (\frac{du}{dy})^2$

결국, $\tau = \rho \overline{u'V'} = \rho \ell^2 (\frac{du}{dy})^2 = \eta \cdot \frac{du}{dy}$       ∴ $\eta = \rho \ \ell^2 \frac{du}{dy}$

## 4. 유체 경계층

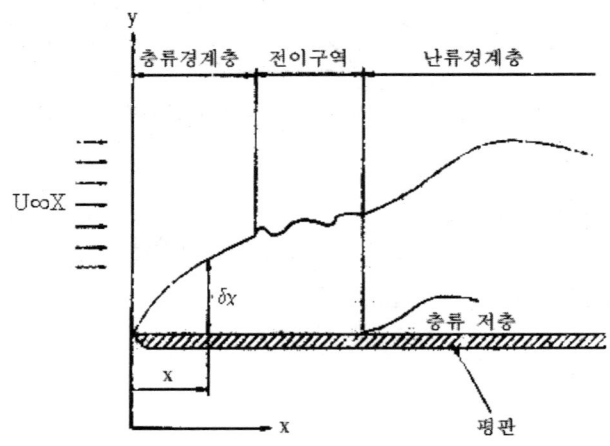

여기서, x : 평판 선단으로부터 떨어진 임의의 거리(m)

$\delta_x$ : 자유흐름속도($u_\infty$)의 99%인 지점에서 잰 수직두께(= 경계층두께) 즉, $\frac{u}{u_\infty} = 0.99$

$Re_x$ : 평판 선단으로부터 x 만큼 떨어진 위치에서의 레이놀즈 수

∴ $Re_x = \frac{u_\infty x}{\nu}$

● 평판의 임계레이놀즈 수 : $Re = 5 \times 10^5$
   층류 : $Re < 5 \times 10^5$    난류 : $Re > 5 \times 10^5$

● 경계층두께($\delta$) $\begin{cases} \text{①"층류"인 경우} : \frac{\delta}{x} = \frac{5}{Re_x^{\frac{1}{2}}} \\ \text{②"난류"인 경우} : \frac{\delta}{x} = \frac{0.376}{Re_x^{\frac{1}{5}}} \end{cases}$

## 5. 물체주위의 유동

### 1) 박리(Separation)

i) 유선을 따라 움직이는데 유체입자가 속도가 감소하고, 압력이 증가하면 유선을 이탈하는 이때 이탈하는 점을 박리점이라 하고, 이러한 현상을 박리라 한다.

ii) 박리는 압력항력과 밀접한 관계가 있으며 역압력구배에 의해 생긴다.

### 2) 항력과 양력

항력(Drag) : 유동속도의 방향과 수평방향의 힘의 성분
양력(Lift) : 유동속도의 방향과 수직방향의 힘의 성분

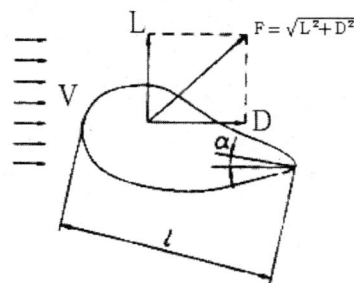

여기서, L : 양력(Lift), D : 항력(Drag), $\alpha$ : 앙각(°), l : 현장(현의 길이)

i) 항력(Drag) : D

$$D \propto \frac{\gamma \cdot V^2}{2g} \cdot A \rightarrow 비례상수 : C_D (항력계수)$$

$$D = C_D \frac{\gamma V^2}{2g} \cdot A = C_D \frac{\rho V^2}{2} \cdot A$$

ii) 양력(Lift) : L

$$L \propto \frac{\gamma V^2}{2g} \cdot A \rightarrow 비례상수 : C_D (양력계수)$$

$$\therefore L = C_L \frac{\gamma V^2}{2g} \cdot A = C_L \frac{\rho V^2}{2} \cdot A$$

iii) 스토크스의 법칙(Stokes law) : 점성계수를 측정하기 위해 구를 액체속에서 항력 실험한 것

&lt;조건&gt; $Re \leq 1$   $\therefore$ 항력 $D = 3\pi \mu Vd$

여기서, V : 구의 낙하속도 , d : 구의 지름

- ▲ 동력 $P = D \cdot V \ (kg_f \cdot m/sec) = \dfrac{D \cdot V}{75} ( PS ) = \dfrac{D \cdot V}{102} (kW)$

# 제6장 관속에서의 유체유동

## 1. 원형관 속의 손실수두

### 1) 손실수두

자유물체도에서 힘의 성분은 $[P_1A\ (\rightarrow)\quad P_2A\ (\leftarrow)\quad \tau_0\cdot \pi d\cdot l\ (\leftarrow)]$

$\sum \overset{+}{\underset{-}{\rightleftarrows}} = 0$

$P_1 A - P_2 A - \tau_0 \cdot \pi\, d \cdot l = 0$

$\therefore \tau_0 = \dfrac{(P_1-P_2)A}{\pi d \cdot l} = \dfrac{(P_1-P_2)}{\pi d \cdot l} \times \dfrac{\pi d^2}{4} = \dfrac{(P_1-P_2)d}{4l} = \dfrac{\Delta P \cdot d}{4l}\quad \sim\quad ①$

또한, $\tau_0$ 는 동압($\dfrac{\gamma V^2}{2g}$)에 비례한다.

$\therefore \tau_0 \propto \dfrac{\gamma V^2}{2g} \rightarrow \tau_0 = C_f \dfrac{\gamma V^2}{2g} \quad \sim \quad ②$

① = ②식, $\dfrac{\Delta P \cdot d}{4l} = C_f \dfrac{\gamma V^2}{2g}$

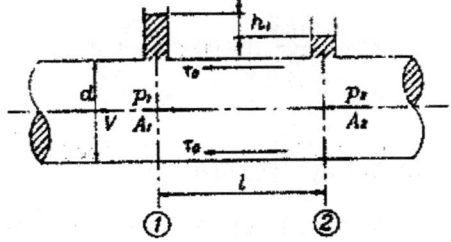

$\Delta P = 4C_f \cdot \dfrac{1}{d} \cdot \dfrac{\gamma V^2}{2g} = f \cdot \dfrac{1}{d} \cdot \dfrac{\gamma V^2}{2g} = \gamma h_l$

$\therefore$ 손실수두 $h_l = f \cdot \dfrac{1}{d} \cdot \dfrac{V^2}{2g}$ : Darcy-Weisbach equation (층류, 난류 모두 사용가능)

### 2) 관마찰계수 : f

층류인 경우 : 이론식, "난류" 인 경우 : 실험식, Moody 선도

i) 함수관계

$f = F\left(Re, \dfrac{e}{d}\right)$ ~ 관마찰 계수($f$)는 레이놀즈수($Re$), 상대조도($\dfrac{e}{d}$)의 함수이다.

> **참고**
> 조도(=거칠기=Roughness)
> - 상대조도($\frac{e}{d}$) : 모래알의 직경(e)과 관의 직경(d)의 비
> - 절대조도(e) : 모래알 조도실험시 사용되는 모래알의 평균직경

ii) 층류인 경우

$$\Delta P = f \cdot \frac{l}{d} \cdot \frac{\gamma V^2}{2g} \sim ①식 \qquad Q = \frac{\Delta P \cdot \pi d^4}{128\mu l} \to \Delta P = \frac{128\mu l \cdot Q}{\pi d^4} \sim ②식$$

① = ② 식

$$f \cdot \frac{l}{d} \cdot \frac{\gamma V^2}{2g} = \frac{128\mu l \cdot Q}{\pi d^4}$$

정리하면, ∴ $f = \frac{64}{Re}$ : 층류에만 사용가능 ▲ 단, $Re = \frac{Vd}{\nu} = \frac{\rho Vd}{\mu}$

iii) 난류인 경우
   a) 실험식 : 브라시우스(blausius)의 실험식

$$f = \frac{0.3164}{Re^{\frac{1}{4}}} \quad (3000 < Re < 10^5)$$

   b) Moody 선도 이용

     무디선도는 레이놀즈수($Re$), 상대조도($\frac{e}{d}$), 관마찰계수($f$)의 함수이다.

## 2. 비 원형단면에서의 손실수두

◉ 수력반경(Hydraulic Radius) : $R_h$

$$\therefore R_h = \frac{유동단면적}{접수길이} = \frac{A}{P} = \frac{\frac{\pi d^2}{4}}{\pi d} = \frac{d}{4} \to d = 4R_h$$

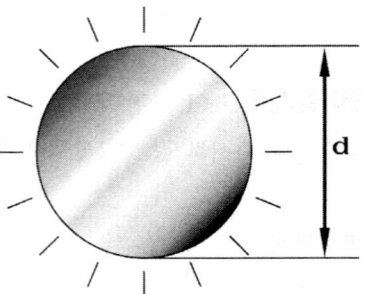

i) 손실수두 : 
$\begin{cases} a)\ h_l = f \cdot \dfrac{l}{d} \cdot \dfrac{v^2}{2g} \sim 원형단면 \\ b)\ h_l = f \cdot \dfrac{l}{4R_h} \cdot \dfrac{V^2}{2g} \sim 비원형단면 \end{cases}$

ii) 레이놀드수(Re) : $\begin{cases} \text{a) 원형} \sim Re = V\dfrac{d}{\nu} \\ \text{b) 비원형} \sim Re = \dfrac{V \cdot 4R_h}{\nu} \end{cases}$

iii) 상대조도($\dfrac{e}{d}$) : $\begin{cases} \text{a) 원형} \sim \dfrac{e}{d} \\ \text{b) 비원형} \sim \dfrac{e}{4R_h} \end{cases}$

## 3. 부차적 손실

▲ 부차적손실    단면적의 변화에 의한 손실 — 돌연확대관, 돌연축소관,
　　　　　　　　　　　　　　　　　　점차확대관, 점차축소관
　　　　　　관부속품에 의한 손실 — 밸브, 엘보우, 콕

### 1) 돌연확대관에서의 손실

우선, 1~2 단면에 베르누이방정식을 적용하면

$$\dfrac{P_1}{\gamma} + \dfrac{V_1^2}{2g} + Z_1 = \dfrac{P_2}{\gamma} + \dfrac{V_2^2}{2g} + Z_2$$

$$\dfrac{V_1^2 - V_2^2}{2g} = \dfrac{P_2 - P_1}{\gamma} + H_l \quad \sim \quad ①$$

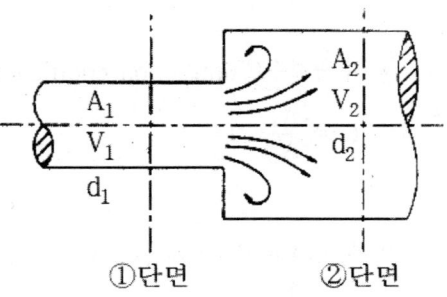

①단면　　②단면

또한, 1~2 단면에 운동량방정식을 적용하면

$$F_x = P_1 A_1 \cos\theta_1 - P_2 A_2 \cos\theta_2 + \rho Q(V_1 \cos\theta_1 - V_2 \cos\theta_2)$$

$$0 = P_1 A_1 - P_2 A_2 + \rho Q(V_1 - V_2)$$

$$\therefore P_1 A_1 - P_2 A_2 = \rho Q(V_1 - V_2)$$

만일 검사체적이면 ($A_1 = A_2 = A$)

$(P_2 - P_1)A_2 = \rho Q(V_1 - V_2)$　　　　　$(P_2 - P_1)A_2 = \rho A_2 V_2(V_1 - V_2)$

$P_2 - P_1 = \rho V_2(V_1 - V_2) \rightarrow$ ①식에 대입

$\therefore \dfrac{V_1^2 - V_2^2}{2g} = \dfrac{\rho V_2(V_1 - V_2)}{\rho g} + H_\ell$　　$\dfrac{V_1^2 - V_2^2}{2g} = \dfrac{2V_1 V_2}{2g} - \dfrac{2V_2^2}{2g} + H_\ell$

$$\therefore H_\ell = \frac{V_1^2}{2g} - \frac{V_2^2}{2g} - \frac{2V_1V_2}{2g} + \frac{2V_2^2}{2g} = \frac{V_1^2}{2g} - \frac{2V_1V_2}{2g} + \frac{2V_2^2}{2g} = \frac{V_1^2 - 2V_1V_2 + 2V_2^2}{2g}$$

$$\therefore H_\ell = \frac{(V_1 - V_2)^2}{2g} \quad \sim \text{이론식}$$

또한, 연속방정식에서 $Q = A_1V_1 = A_2V_2$

$$\therefore V_2 = \frac{A_1}{A_2}V_1 \qquad \therefore H_\ell = \frac{\left(V_1 - (\frac{A_1}{A_2}V_1)\right)^2}{2g} = \frac{V_1^2}{2g}\left(1 - (\frac{A_1}{A_2})\right)^2 = \frac{V_1^2}{2g}\left(1 - (\frac{d_1}{d_2})^2\right)^2$$

▲ $\left(1 - (\frac{d_1}{d_2})^2\right)^2$ : 확대손실수두($K$)

$$\therefore H_\ell = K \cdot \frac{V_1^2}{2g} \quad \sim \text{경험식} \qquad \text{돌연확대관에서의 손실수두 } K = 1$$

2) 돌연축소관에서와 같은 방법으로 1~2단면에 베르누이방정식, 운동량방정식을 적용하면

$$H_\ell = \frac{(V_0 - V_2)^2}{2g}$$

▲ 수축계수(Contraction coefficient) : $C_c$

$$C_c = \frac{A_0}{A_2} \leq 1$$

또한, 연속방정식에서 $Q = A_0V_0 = A_2V_2$ ($V_0 = \frac{A_2}{A_0}V_2 = \frac{V_2}{C_c}$)

$$\therefore H_\ell = \frac{\left((\frac{v_2}{C_c}) - V_2\right)^2}{2g} = \frac{V_2^2}{2g}\left(\frac{1}{C_c} - 1\right)^2 \qquad ▲ \left(\frac{1}{C_c} - 1\right)^2 : \text{축소손실계수}(K)$$

$$\therefore H_\ell = K \cdot \frac{V_2^2}{2g} \quad \sim \text{경험식(돌연축소관의 손실계수 } K = 0.5)$$

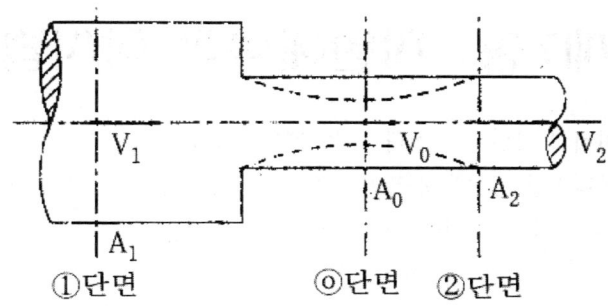

①단면　　　　　⓪단면　②단면

**참고**

점차확대관(원추확대관)에서 손실이 생기는 각 $\begin{cases} \cdot \text{ 최소 : } 5 \sim 7° \\ \cdot \text{ 최대 : } 62 \sim 65° \end{cases}$

▲ 관의 상당길이 : $\ell_e$

임의의 부차적 손실수두($H_\ell = K \dfrac{V^2}{2g}$)와 관마찰에 의한 손실수두($H_\ell \dfrac{\ell}{d} \dfrac{V^2}{2g}$)를 같게 했을때 의 관의 길이

$$H_\ell = K \cdot \dfrac{V^2}{2g} = f \cdot \dfrac{\ell_e}{d} \cdot \dfrac{V^2}{2g}$$

$$\therefore \ell_e = \dfrac{K \cdot d}{f}$$

# 제7장 차원해석과 상사법칙

[목적] 1) 미지의 차원을 구한다. : 동차성의 원리를 적용
        2) 물리적인 공식을 유도가능 : 실험치가 요구됨 (동차성의 원리를 적용)
        3) 무차원수를 구하여 상사실험에 이용

## 1. 차원해석

▲ 차원계 [M] [L] [T] 차원계 ~ 기본차원계
       [F] [L] [T] 차원계

▲ $F = [MLT^{-2}]$

---

멱-적 방법

예) $S = f(W, G, T) \Rightarrow S = kW^a G^b T^c$    $[L] = [MLT^{-2}]^a [LT^{-2}]^b [T]^c$

여기서, S : 자유낙하거리(m) = $[L]$      M : $0 = a$
          W : 물체의 무게 $(kg_f) = [MLT^{-2}]$    L : $1 = a + b \Rightarrow b = 1$
          G : 중력가속도 $(m/sec^2) = [LT^{-2}]$    T : $0 = -2a - b + c \Rightarrow c = 2$
          T : 시간(sec) = $[T]$

$\therefore S = k \, W^0 G^1 T^2 = k \, G \, T^2$

---

## 2. 버킹함의 $\pi$정리

물리량의 수(n)가 있을 때 그 물리량으로부터 얻을 수 있는 무차원의 개수를 정의한 것.
여기서 n : 물리량의 수, m : 기본차원의 개수 (M·L·T)
∴ 얻을 수 있는 무차원 수 = n - m

## 3. 상사법칙

1) 기하학적 상사

원형과 모형사이에 길이, 폭, 높이, 면적 … 등을 상사시킨다.

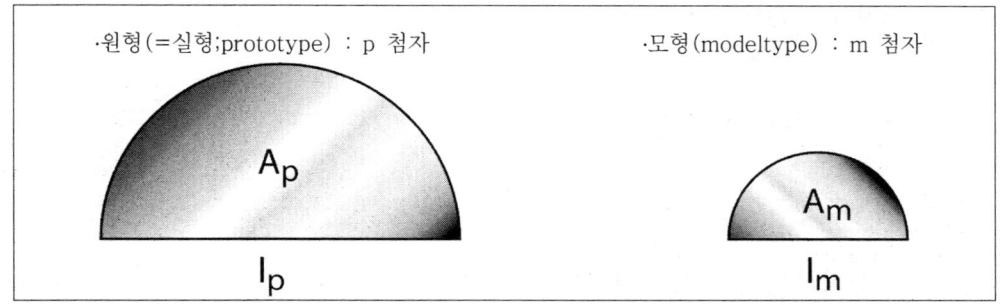

길이의 비 $\ell_r = \dfrac{\ell_m}{\ell_p}$ , 면적의 비 $\dfrac{A_m}{A_p} = \dfrac{\ell_m^2}{\ell_p^2} = \ell_r^2$

## 2) 운동학적 상사

원형과 모형사이에 속도, 가속도, 유량 ··· 등을 상사시킨다.

$V_r = \dfrac{V_m}{V_p} = \dfrac{\ell_m / t_m}{\ell_p / t_p} = \dfrac{\ell_m \, t_p}{\ell_p \, t_m} = \dfrac{\ell_r}{t_r}$ , $\dfrac{a_m}{a_p} = a_r$ , $\dfrac{Q_m}{Q_p} = Q_r$

## 3) 역학적 상사

<관계하는 힘>

a) 관성력(가속에 의한 힘) : $F_I$

$F_I = ma = \rho \, \ell^3 \cdot \dfrac{V}{t} = \rho V^2 \cdot \ell^2 \, (kg_f)$

b) 중력에 의한 힘 : $F_g$

$F_g = mg = \rho \ell^3 \cdot g \, (kg_f)$

c) 탄성력 : $F_E$

$F_E = K\ell^2 \, (kg_f)$ ($K$ : 탄성계수 $kg_f/m^2$)

d) 압축력(압축에 의한 힘) : $F_p$

$F_p = P \cdot A = P\ell^2 \, (kg_f)$

e) 점성력 : $F_v$

$F_v = \tau \cdot A = \mu \cdot \dfrac{u}{h} A = \mu \dfrac{V}{\ell} \ell^2 = \mu V \ell \, (kg_f)$

f) 표면장력에 의한 힘 : $F_T$

$F_T = \sigma \cdot \ell \, (kg_f)$ ($\sigma$ : 표면장력 $kg_f/m$)

"무차원 수"

a) $\dfrac{관성력}{점성력} = \dfrac{\rho V^2 \ell}{\mu V \ell} = \dfrac{\rho V \ell}{\mu} = \dfrac{\rho V d}{\mu} = \dfrac{V d}{\nu} = Re$ : 레이놀드수

$(Re)_m = (Re)_p$ 즉, $\left(\dfrac{Vd}{\nu}\right)_m = \left(\dfrac{Vd}{\nu}\right)_p$

b) $\dfrac{관성력}{중력} = \dfrac{\rho V^2 \ell}{\rho \ell^3 g} = \dfrac{V^2}{g\ell} = \dfrac{V}{\sqrt{g\ell}} = Fr$ : 프루우드수

$(Fr)_m = (Fr)_p \rightarrow (\dfrac{V}{\sqrt{g\ell}})_m = (\dfrac{V}{\sqrt{g\ell}})_p$

c) $\dfrac{관성력}{탄성력} = \dfrac{\rho \ell^2 V^2}{K\ell^2} = \dfrac{\rho V^2}{K} = C$ : 코시수

d) $\dfrac{압축력}{관성력} = \dfrac{P\ell^2}{\rho \ell^2 V^2} = \dfrac{P}{\rho V^2} = E_u$ : 오일러수

e) $\dfrac{정압}{동압} = \dfrac{\Delta P}{\rho V^2/2} = C_p$ : 압력계수

f) $\dfrac{속도}{음속} = \dfrac{V}{a} = M$ : 마하수

또한, $\dfrac{관성력}{탄성력} = \dfrac{\rho V^2 \ell^2}{K\ell^2} = \dfrac{\rho V^2}{K} = \dfrac{V^2}{(\dfrac{k}{\rho})} = \dfrac{V}{\sqrt{\dfrac{K}{\rho}}} = \dfrac{V}{a}$

g) $\dfrac{관성력}{표면장력} = \dfrac{\rho V^2 \ell^2}{\sigma \ell} = \dfrac{\rho V^2 \ell}{\sigma} = W_e$ : 웨버수

### 참고

① 원관유동, 잠수함 ~ 레이놀즈수
② 선박(배), 강에서의 모형실험, 댐공사, 수력도약, 개수로 ~ 프루우드수
③ 유체기계(펌프, 송풍기) ~ 레이놀즈수, 마하수

# 제8장  개수로 유동

## 1. 개수로 흐름의 특성

대기와 접하여 흐르는 유로 (하천, 하수구, 강물 …, )

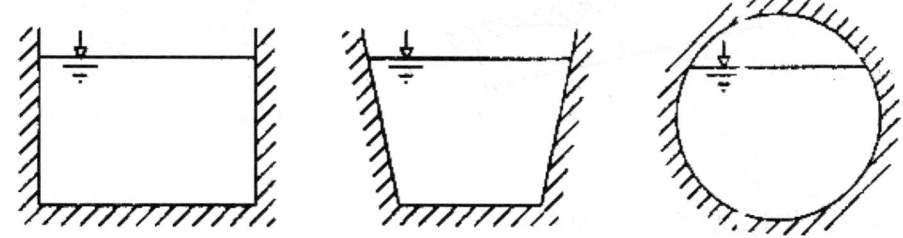

- ▲ 개수로에서의 임계레이놀즈수 : $Re = 500$
  
  만일 층류 : $Re < 500$,  난류 : $Re > 500$

- ▲ 개수로 흐름의 특징
  ① 개수로의 자유표면은 수력구배선과 일치한다.
  ② 유체의 자유표면은 대기와 접해있다.
  ③ 에너지선 (E.L.)은 유체의 자유표면보다 속도수두 만큼 위에 있다.
  ④ 손실수두 ($H_\ell$)는 수평면과 에너지선의 차이이다.

## 2. Chezy 방정식 ~ "등류" 일 때

여기서,  P : 접수길이, $\tau_0$ : 벽면에서의 전단응력

"조건" : $A_1 = A_2$    $P_1 = P_2$

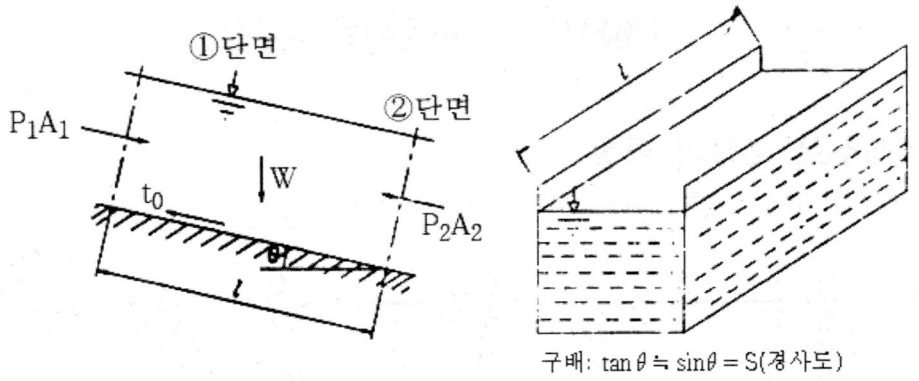

구배: $\tan\theta \fallingdotseq \sin\theta = S$(경사도)

▲ 자유물체도에서의 힘의 성분은

$[P_1A_1 (\searrow)\ P_2A_2 (\nwarrow)\ \tau_0 P\ell (\nwarrow)\ \gamma A\ell\sin\theta(\searrow)] \Rightarrow \sum\pm = 0$

구배 : $\tan\theta \fallingdotseq \sin\theta = S$(경사도)

$-P_1A_1 + P_2A_2 + \tau_0 PA - \gamma A\ell\sin\theta = 0 \qquad \tau_0 P\ell = \gamma A\ell\sin\theta$

$\tau_0 = \dfrac{\gamma A}{P} = \gamma R_h S \quad \sim\ ①\ 식$

또한, $\tau_0$ 는 동압 ($\dfrac{\gamma V^2}{2g}$) 에 비례한다. $\therefore\ \tau_0 \propto \dfrac{\gamma V^2}{2g}$ (=) 비례상수 : $C_f$ (마찰응력 계수)

$\therefore\ \tau_0 = C_f \dfrac{\gamma V^2}{2g} \quad \sim\ ②\ 식$

$\therefore ① = ②\ 식 \qquad\qquad \gamma R_h S = C_f \dfrac{\gamma V^2}{2g}$

$\therefore V^2 = \dfrac{2g}{C_f} R_h \cdot S \qquad\qquad V = \sqrt{\dfrac{2g}{C_f}} \times \sqrt{R_h \cdot S}$

단, $\sqrt{\dfrac{2g}{C_f}} : c -$ chazy $\qquad\qquad \therefore V = c\sqrt{R_h \cdot S} \quad \sim$ chazy equation

또한, 개수로에서 통과하는 유량 : Q

$Q = AV = Ac\sqrt{R_h \cdot s}$

여기서, $c = \dfrac{1}{n} R_n^{\frac{1}{6}} \to$ chazy maining의 식(실험식)

$\therefore Q = A \cdot \dfrac{1}{n} R_h^{\frac{1}{6}} \cdot S^{\frac{1}{2}} = \dfrac{A}{n} R_h^{\frac{2}{3}} \cdot S^{\frac{1}{2}}$ (n : 조도계수)

## 3. 최량 수력 수로 단면

정의 : 동일한 유량을 통과시키는 것을 조건으로 하여 접수길이를 최소로 유지시키는 것

"일반식의 유도"

$$Q = \frac{A}{n} \cdot R_h^{\frac{2}{3}} \cdot S^{\frac{1}{2}} \rightarrow Q \cdot n = AR_h^{\frac{2}{3}} \cdot S^{\frac{1}{2}}$$

$$\frac{Q_n}{S^{\frac{1}{2}}} = A \cdot R_h^{\frac{2}{3}} = A\left(\frac{A}{P}\right)^{\frac{2}{3}} = \frac{A \cdot A^{\frac{2}{3}}}{P^{\frac{2}{3}}} = \frac{A^{\frac{5}{3}}}{P^{\frac{2}{3}}} = C$$

$$\therefore A^{\frac{5}{3}} = C_p^{\frac{2}{3}} \rightarrow A = CP^{\frac{2}{5}}$$

### 1) 구형단면[ b×h ] 의 경우

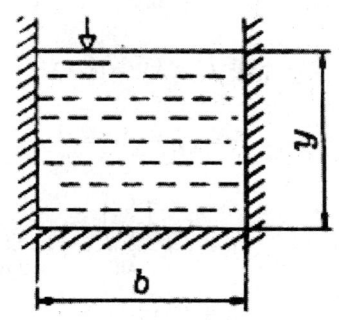

$$A = b \cdot y, \quad P = b + 2y \rightarrow b = P - 2y$$

$$A = (P - 2y)y = py - 2y^2 = CP^{\frac{2}{5}}$$

양변을 미분하면, $\frac{dP}{dy} = 0$ : $y\frac{dP}{dy} + P - 4y = \frac{2}{5}CP^{\frac{2}{5}-1}\frac{dP}{dy}$

$\therefore P - 4y = 0 \quad P = 4y = b + 2y \rightarrow y = \frac{b}{2}$ : 구형단면에서는 깊이(y)에 비해 폭(b)이 2배가 될 때 최량수력수로 단면임을 알 수 있다.

### 2) "사다리꼴" 단면

$\therefore \theta = 60°$ : 정육면체의 절반형상

접수길이 : $P = 2\sqrt{3}\, y$ : 사다리꼴 단면의 최소 접수길이

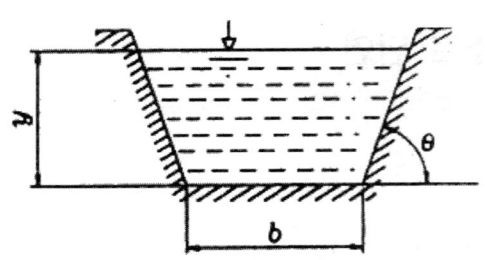

## 4. 비에너지와 임계수심

1) 비에너지(E) : 수로 바닥면에서 E, L 까지의 깊이

$$\therefore E = y + \frac{V^2}{2g}(m)$$

다른식의 표현은 $E = y + \frac{V^2}{2g}$ 인데

유량 $Q = AV = by \cdot V$     단위폭당 유량 : $q = \frac{Q}{b} = \frac{byV}{b} = yV$

$$\therefore q = gV \rightarrow V = \frac{q}{g}$$

$$\therefore E = y + \frac{\left(\frac{g^2}{y^2}\right)}{2g} = y + \frac{q^2}{2gy^2}$$

$$\therefore E = f(y)$$

→ 여기서 $q = $ constant

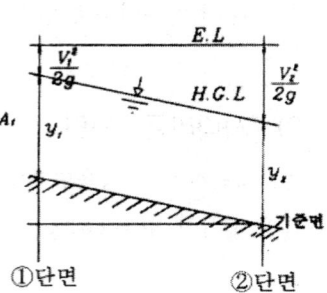

$$\begin{cases} y > y_c : \text{상류(tranquil flow)} = \text{아임계흐름} : Fr < 1 \\ y_c = y : \text{등류(임계흐름)} : Fr = 1 \\ y < y_c : \text{사류(rapid flow)} = \text{초임계흐름} : Fr > 1 \end{cases}$$

2) 임계깊이 ($y_c$)

&lt;조건&gt; i) 비에너지를 최고로 하는 깊이
ii) 등류를 만족시키는 흐름

$$E = y + \frac{q^2}{2gy^2} = y + \frac{q^2 \cdot y^{-2}}{2g}$$

$$\frac{de}{dy} = 0 : \quad \frac{dE}{dy} = 1 + \frac{q^2}{2g}(-2y^{-3}) = 1 - \frac{q^2 y_c^{-3}}{q} = 0$$

$$1 = \frac{q^2}{gy_c^3} \qquad \therefore y_c^3 = \frac{Q^2}{g} \qquad \therefore y_c = \left(\frac{q^2}{g}\right)^{\frac{1}{3}}$$

### 3) 최소 비에너지($E_{min}$)

$E = y + \dfrac{q^2}{2gy^2}$ 에서 y대신 임계깊이 ($y_c$)를 넣으면

$$E_{min} = y_c + \frac{q^2}{2gy^2} = \left(\frac{q^2}{g}\right)^{\frac{1}{3}} + \frac{q^2}{2g\left(\left(\frac{q^2}{g}\right)^{\frac{1}{3}}\right)^2}$$

정리하면, $E_{min} = \left(\dfrac{q^2}{g}\right)^{\frac{1}{3}} \cdot \dfrac{3}{2} \quad \rightarrow \quad \therefore E_{min} = \dfrac{3}{2} y_c$

### 4) 임계속도 ($V_c$)

$y_c = \left(\dfrac{q^2}{g}\right)^{\frac{1}{3}}$ 에서 $y_c^3 = \left(\dfrac{q}{g}\right)^2$ $\qquad \therefore q^2 = gy_c^3 = y_c^2 \cdot V_c^2$

단위 폭당 유량 $q = y_c V_c$ $\qquad$ 여기서, $V_c^2 = gy_c$

$\therefore V_c = \sqrt{gy_c}$

# 제9장 압축성 유동

## 1. 마하수와 마하각

### 1) 마하수(Mach number) : M

$$\therefore M = \frac{V}{a}$$

여기서, a : 음속(= 340 m/sec),   V : 유속(m/sec)

  M=1 : 음속, M<1 : 아음속흐름, M>1 : 초음속흐름

단, 음속 $a = \sqrt{kgRT}$ ...... R : $kg_f \cdot m/kg\,°K$

  $= \sqrt{kRT}$ ...... R : $N \cdot m/kg\,°K$

### 2) 마하각(Mach angle) : μ

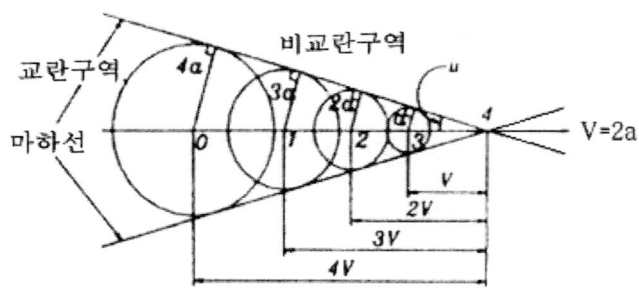

$$\sin \mu = \frac{a}{V} \quad \rightarrow \quad \therefore \mu = \sin^{-1}\frac{a}{V}$$

## 2. 축소-확대 노즐에서의 초음속, 아음속 흐름

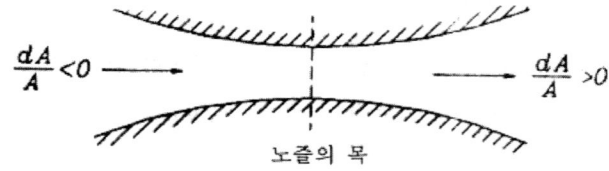

<일반식 유도>
오일러 방정식에서,

$$\frac{dp}{\rho}+VdV+gdZ=0 \quad (Z=0) \qquad \therefore \frac{dp}{\rho}+VdV=0 \quad \sim \text{①식}$$

또한, 연속방정식의 미분형에서

$$M=\rho AV=c \text{ 에서 } d(\rho AV)=0 \qquad \therefore \frac{d\rho}{\rho}+\frac{dA}{A}+\frac{dV}{V}=0 \quad \sim \text{②식}$$

음속을 구하는 일반식은 $\qquad a=\sqrt{\dfrac{dp}{d\rho}} \quad \sim \text{③식}$

①, ②, ③ 식을 연립하면,

$$\therefore \frac{dA}{A}=\frac{dV}{V}(M^2-1)$$

ⅰ) "아음속 ( M < 1 ) 흐름"인 경우

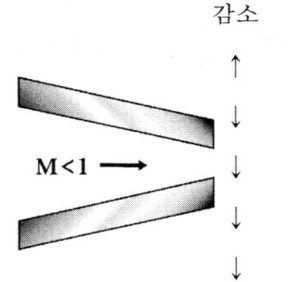

| 감소 | | A (면적) | | 증가 |
| ↑ | | V (속도) | | ↓ |
| ↓ | | M (마하수) | | ↓ |
| ↓ | | P (압력) | | ↑ |
| ↓ | | ρ (밀도) | | ↑ |
| ↓ | | T (온도) | | ↑ |

ⅱ) "초음속 ( M > 1 )흐름"인 경우

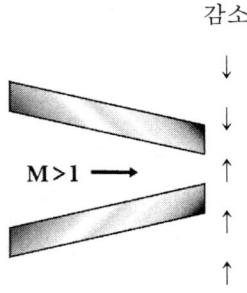
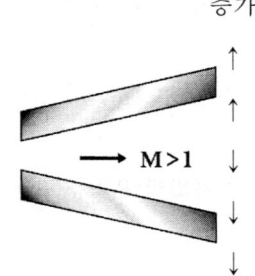

| 감소 | | A (면적) | | 증가 |
| ↓ | | V (속도) | | ↑ |
| ↓ | | M (마하수) | | ↑ |
| ↑ | | P (압력) | | ↓ |
| ↑ | | ρ (밀도) | | ↓ |
| ↑ | | T (온도) | | ↓ |

▲ 축소노즐에서는 아음속 흐름을 음속 이상의 빠른 흐름으로 가속시킬 수 없다. 즉, 아음속 흐름을 초음속 흐름으로 가속시키기 위해서는 반드시 축소확대 노즐을 사용해야 한다. 결국, 축소, 확대노즐에서 축소부분은 아음속만, 확대부분에서는 초음속이 가능하며 노즐의 목에서는 음속 또는아음속이 가능하다.

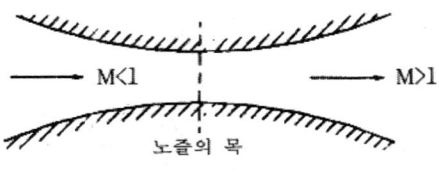

축소 — 확대 노즐

## 3. 충격파

초음속 흐름이 갑자기 아음속흐름으로 변하게 되는 경우 이때 발생되는 불연속면을 충격파라 한다.

<종류> 수직충격파(normal shock) ~ 충격파가 흐름에 대해 수직하게 작용하는 경우
경사충격파(oblique shock) ~ 충격파가 흐름에 대해 경사지게 작용하는 경우

<영향> 1) 밀도와 비중량이, 압력 증가
2) 온도상승
3) 마찰열이 발생(= 비가역 현상) 즉, 엔트로피가 증가

## 4. 정체상태

1) 정체온도($T_0$) : $\dfrac{T_0}{T} = (1 + \dfrac{k-1}{2}M^2)$

2) 정체밀도($\rho_0$) : $\dfrac{\rho_0}{\rho} = (1 + \dfrac{k-1}{2}M^2)^{\frac{1}{k-1}}$

3) 정체압력($P_0$) : $\dfrac{P_0}{P} = (1 + \dfrac{k-1}{2}M^2)^{\frac{k}{k-1}}$

## 5. 임계상태

1) 임계온도($T_c$) : $\dfrac{T_c}{T_0} = (\dfrac{2}{k+1})$

2) 임계밀도($\rho_c$) : $\dfrac{\rho_c}{\rho_0} = (\dfrac{2}{k+1})^{\frac{1}{k-1}}$

3) 임계압력($P_c$) : $\dfrac{P_c}{P_0} = (\dfrac{2}{k+1})^{\frac{k}{k-1}}$

# 제10장 유체 계측

## 1. 비중량($\gamma$)의 측정

1) 비중병을 이용

( $W_1$ : 용기의 무게, $W_2$ : (용기+액체)의 무게 )

∴ 액체의 무게 : $\gamma V = W_2 - W_1$   ∴ $\gamma = \dfrac{W_2 - W_1}{V}$

2) 아르키메데스의 원리를 이용한다.
3) 비중계를 이용한다.
4) U자관의 이용한다.

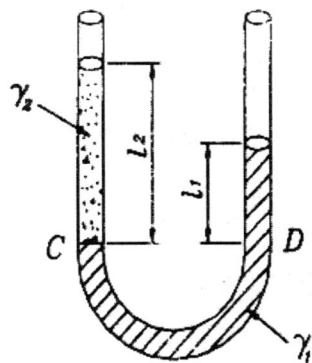

$P_c = P_D$ (동일 수평선상이므로)

$\gamma_1\, l_1 = \gamma_2\, l_2$,  $\rho_1\, l_1 = \rho_2\, l_2$,  $S_1\, l_1 = S_2\, l_2$

## 2. 점성계수($\mu$)의 측정

▲ 종류
1) 낙구식 점도계 : "Stokes 법칙" 이용
2) Macmichael 점도계
3) Stomer 점도계
4) Ostwald 점도계
5) Say bolt 점도계

2), 3) 은 Newton의 점성법칙 이용, 4), 5)는 하겐-포아젤 방정식 이용

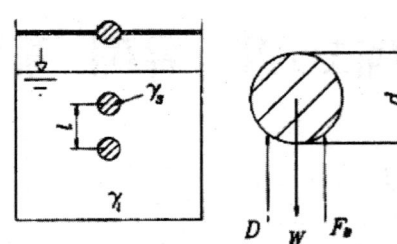

$$V = \frac{1}{T} \text{ (m/sec)}, \quad V : \text{낙하속도}$$

**낙구식 점도계**

평형 방정식에서 $\sum \underset{\pm}{\uparrow\downarrow} = 0$ ;     $F_B + D - W = 0$

$\gamma_l V + 3\pi\mu Vd - \gamma_s V = 0$     $\gamma_l \dfrac{\pi d^3}{6} + 3\pi\mu Vd - \gamma_s \dfrac{\pi d^3}{6} = 0$

$3\pi\mu Vd = \gamma_s \dfrac{\pi d^3}{6} - \gamma_l \cdot \dfrac{\pi d^3}{6} = \dfrac{\pi d^3}{6}(\gamma_s - \gamma_l)$     $\therefore \mu = \dfrac{d^2(\gamma_s - \gamma_l)}{18V}$

여기서, $\gamma_l$ : 액체의 비중량,   $\gamma_s$ : 구의 비중량

## 3. 정압 측정
  1) 정압관          2) 피에조미터

## 4. 유속(V) 측정
  1) 피토우트관          2) 피토우트 정압관          3) 시차 액주계
  4) 열선 속도계 : 매우 빠른 기체의 유속 측정

  ① 시차액주계, 피토우트 정압관에서     $V = \sqrt{2gR\left(\dfrac{S_0}{S} - 1\right)}$

  만일 속도계수($C_v$)가 주어지면     $V = C_v\sqrt{2gR\left(\dfrac{S_0}{S} - 1\right)}$

  ② 피토우트관에서
  $V = \sqrt{2g\Delta h}$

  만일 속도계수($C_v$)가 주어지면     $V = C_v\sqrt{2g\Delta h}$

  또한, 서로 다른 액체일 때     $V = \sqrt{2gR\left(\dfrac{S_0}{S} - 1\right)}$

  만일 속도계수($C_v$)가 주어지면     $V = C_v\sqrt{2gR\left(\dfrac{S_0}{S} - 1\right)}$

## 5. 유량측정

1) 벤튜리미터      2) 노즐   ┐ 공통점 : 단면적이 축소한다.
3) 오리피스        4) 로타미터 ┘
5) 위어(Weir) : 목적 : 개수로의 유량을 측정

▲ 위어의 종류

① 예봉위어
② 사각위어    ~ 대유량 측정 : $Q = KLH^{\frac{3}{2}}$
③ 광봉위어

④ 삼각위어(= V놋치위어) ~ 소유량 측정 : $Q = KH^{\frac{5}{2}}$

# 제3편　기계유체역학

1. 정지유체에 있어서 비중량을 $\gamma$, 밀도를 $\rho$라고 할 때 압력변화 dp와 dy와의 관계는?
   - ㉮ dp = -ddy
   - ㉯ dy = dp
   - ㉰ dp = -$\gamma$dy
   - ㉱ dp = -$\rho$dy

   **POINT**
   $\gamma$는 압력 P의 함수 ∴ $dy = -\dfrac{\alpha P}{\gamma}$

2. 피에조미터(piezometer) 구멍은 무엇을 측정하기 위한 것인가?
   - ㉮ 정압
   - ㉯ 동압
   - ㉰ 속도
   - ㉱ 밀도

   **POINT**
   피에조 미터 : 대기압 보다 높은 압력 측정

3. 다음 설명 중에서 옳은 것은?
   - ㉮ 국지대기압은 언제나 표준대기압을 표시한다.
   - ㉯ 국지대기압은 언제나 표준대기압보다 높다.
   - ㉰ 기압계의 읽음은 표준대기압보다 낮다.
   - ㉱ 압력계의 읽음은 국지대기압과의 차를 가리킨다.

4. 유체 속에 잠겨있는 판면의 압력 중심은?
   - ㉮ 판면체의 위의 원심과 같다.
   - ㉯ 압력 프리즘(prism)의 원심과 같다.
   - ㉰ 판면체의 크기와는 관계가 없다.
   - ㉱ 판면의 원심보다 항상 위에 있다.

5. 피스톤 $A_2$의 반지름이 $A_1$의 반지름의 2배일 때 피스톤 $A_1$과 $A_2$에 작용하는 압력을 각각 $p_1$, $p_2$라 하면 $p_1$과 $p_2$사이의 관계는?

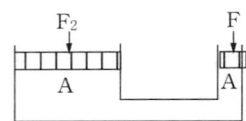

   - ㉮ $p_1 = p_2$
   - ㉯ $p_2 = 2p_1$
   - ㉰ $p_1 = 2p_2$
   - ㉱ $p_2 = 4p_1$

6. 피스톤 $A_2$의 반지름이 $A_1$의 반지름의 2배일 때 힘 $F_1$과 $F_2$ 사이의 관계는?
   - ㉮ $F_1 = F_2$
   - ㉯ $F_2 = 2F_1$
   - ㉰ $F_2 = 4F_1$
   - ㉱ $F_1 = 4F_2$

   **POINT**
   파스칼의 원리(Pascal's Principle)에 의하여 피스톤 $A_1$, $A_2$의 반지름을 각각 $r_1$, $r_2$
   $\dfrac{F_1}{\pi r^2} = \dfrac{F_2}{\pi r^2}$　$\dfrac{F_1}{F_2} = (\dfrac{r_1}{r_2})^2 = (\dfrac{1}{2})^2 = \dfrac{1}{4}$

7. 유체 속에 잠겨있는 경사진 평판의 한쪽면에 작용하는 전압력의 크기는?
   - ㉮ 경사각에 비례한다.
   - ㉯ 경사각에 반비례한다.
   - ㉰ 도심점의 압력과 면적을 곱한 값과 같다.
   - ㉱ 작용점의 압력과 면적을 곱한 값과 같다.

   **POINT**
   경사진 평판의 한쪽면에 전압력의 크기는 도심점의 압력과 면적을 곱한 값과 같다.

8. 유체에 잠겨있는 곡면에 작용하는 전압력의 수평성분은?
   - ㉮ 전압력의 수평성분 방향에 수직인 연직면에 투영한 투영면의 압력 중심의 압력과 투영면을 곱한 값과 같다.
   - ㉯ 전압력의 수평성분 방향에 수직인 연직면에 투영한 투영면 도심의 압력과 곡면의 면적을 곱한 값과 같다.

---

정답　1. ㉰　2. ㉮　3. ㉱　4. ㉱　5. ㉮　6. ㉰　7. ㉰　8. ㉱

㉓ 수평면에 투영한 투영면에 작용하는 전압력과 같다.
㉣ 전압력의 수평성분 방향에 수직인 연직면에 투영한 투영면의 도심의 압력과 투영면의 면적을 곱한 값과 같다.

9. 액체 속에 잠겨있는 곡면에 작용하는 수직 분력은?
㉮ 곡면의 수직투영면에 작용하는 힘과 같다.
㉯ 곡면 수직방향에 실려있는 액체의 무게와 같다.
㉰ 중심에서의 압력과 면적의 곱과 같다.
㉱ 곡면에 의해서 배제된 액체의 무게와 같다.

10. 다음 중 부력의 작용선은?
㉮ 유체에 잠겨진 물체의 중심을 통과한다.
㉯ 떠 있는 물체의 중심을 통과한다.
㉰ 잠겨진 물체에 의해 배제된 유체의 중심을 통과한다.
㉱ 잠겨진 물체의 상방에 있는 액체의 중심을 통과한다.

11. 유체 속에 잠겨진 물체에 작용하는 부력은?
㉮ 물체의 중력과 같다.
㉯ 물체의 중력보다 크다.
㉰ 그 물체에 의해서 배제된 액체의 무게와 같다.
㉱ 유체의 비중량과는 관계없다.

12. 경심(metacenter)의 높이는?
㉮ 부심과 메타센터 사이의 거리
㉯ 부심에서 부양축에 내린 수선
㉰ 중심과 부심 사이의 거리
㉱ 중심과 메타센터 사이의 거리

13. 다음 중 부양체에 대한 설명으로 맞는것은?
㉮ 원심이 부양체와 일치할 때만 안정하다.
㉯ 부양체의 중심이 부심보다 아래에 있을 때만 안정하다.
㉰ 부양체의 중심이 부심과 일치할 때만 안정하다.
㉱ 원심이 부양체의 중심보다 아래에 있지 않을 때만 안정하다.

14. 유체 속에 잠겨진 경사평면에 작용하는 힘의 작용점은?
㉮ 면의 중심에 있다.
㉯ 면의 중심보다 위에 있다.
㉰ 면의 중심과는 관계없다.
㉱ 면의 중심보다 밑에 있다.

15. 부양체는 다음 중 어느 경우에 안정한가?
㉮ 경심의 높이가 0일 때
㉯ $\overline{AB} - \frac{1}{V}$이 0이고, C가 B위에 있을때
㉰ $\frac{1}{V}$이 0일 때
㉱ 경심이 중심보다 위에 있을 때

16. 복원 모멘트(moment)에 대한 설명이다. 틀린 것은?
㉮ 복원 모멘트가 작용하는 부양체는 안정하다.
㉯ 복원 모멘트는 원심고와 부력의 크기를 곱한 값이다.
㉰ 복원 모멘트의 크기는 부력의 물체 중심에 대한 모멘트이다.
㉱ 중심평형이 되어있는 물체는 복원 모멘트가 작용하지 않는다.

17. 액체가 강체(rigid body)처럼 일정 각 속도로 수직축 주위를 회전 운동할 때 유체내에서의 압력은?
㉮ 반지름의 제곱에 반비례해서 감소한다.
㉯ 반지름에 정비례해서 증가한다.
㉰ 연직 거리의 제곱에 반비례해서 변한다.
㉱ 반지름의 제곱에 비례해서 변한다.

18. 자유 낙하를 하고 있는 유체에서 내부 압력은?
㉮ 모든 점에서 같다.
㉯ 모든 점에서 다르다.

정답 9. ㉯ 10. ㉰ 11. ㉰ 12. ㉱ 13. ㉱ 14. ㉱ 15. ㉱ 16. ㉯ 17. ㉱ 18. ㉮

㉰ 아래 방향으로 갈수록 커진다.
㉱ 아래 방향으로 갈수록 작아진다.

**POINT**

$P_2 A - \gamma hA = \dfrac{\gamma h A a_y}{g}$

$P_2 - P_1 = \gamma h \left(1 + \dfrac{a_y}{g}\right)$

자유낙하 할 때는 $a_y = -g$가 되므로 $P_2 - P_1 = 0$
자유낙하하는 액체의 내부에서의 모든점에서는 압력변화는 없다.

19. 그림과 같은 용기가 가속도 $a_x$로 직선 운동을 할때 액체 표면경사 각도 θ는?

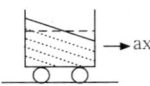

㉮ $\tan^{-1}\dfrac{\alpha \chi}{g}$    ㉯ $\sin^{-1}\dfrac{\alpha \chi}{g}$

㉰ $\cos^{-1}\dfrac{\alpha \chi}{g}$    ㉱ $\cot^{-1}\dfrac{\alpha \chi}{g}$

**POINT**

∴ $\tan\theta = \dfrac{ax}{g}$

20. 다음 환산법에서 맞지 않는 것은?
   ㉮ 1bar=1.02kg/cm² =750.5 mmHg
   ㉯ 1atm=1013.25mb(millibar) =760mmHg
   ㉰ 1at = 10.0mAq = 735.5mmHg
   ㉱ 1Pa = 0.102kg/m³ = 75mmHg

**POINT**

$P_a = 0.102 kg/m^2 = 1.02 \times 10^{-5} kg/cm^2$
$= 75 \times 10^{-4} mmHg$

21. 압력이 $p(N/m^2)$일 때 비중이 S인 액체의 수두(head)는 몇mm인가?
   ㉮ $\dfrac{P}{S}$    ㉯ $\dfrac{P}{1000S}$
   ㉰ Sp    ㉱ 1000Sp

**POINT**

$h = \dfrac{P}{r} = \dfrac{P}{1000S}(m)$
$= \dfrac{P}{1000S} \times 1000 = \dfrac{P}{S}(mm)$

22. 비중이 S인 액체의 수면으로부터 $\chi$(m) 깊이에 잇는점의 압력은 수은주로 몇mm인가? (단, 수은주 비중은 13.6이다.)
   ㉮ $13.6S\chi$    ㉯ $13600S\chi$
   ㉰ $\dfrac{1000S\chi}{13.6}$    ㉱ $\dfrac{S\chi}{13.6}$

23. 비중 S인 액체의 표면으로부터 $\chi$(m) 깊이에 있는 점의 압력은 수주(metres of water) 몇m 인가?
   ㉮ $\chi$    ㉯ $\dfrac{\chi}{S}$
   ㉰ $S\chi$    ㉱ $1000S\chi$

**POINT**

압력 $P = 9800 S x (kg/m^2)$
$h = \dfrac{P}{r_w} = \dfrac{9800 S x}{9800} = S x (m)$

24. 폭 × 높이 = a ×b인 직사각형 수문의 도심이 수면에서 h의 깊이에 있을 때 압력중심의 위치는 수면아래 어디에 있는가?
   ㉮ $\dfrac{2}{3}h$    ㉯ $\dfrac{1}{3}h$
   ㉰ $h + \dfrac{bh^2}{12}$    ㉱ $h + \dfrac{b^2}{12h}$

25. 기압계의 압력이 750mmHg를 가리키고 있다. 이때 계기압력이 3bar일 때 절대압력은 수주로 몇 m인가?
   ㉮ 40.8    ㉯ 36.7
   ㉰ 4.17    ㉱ 3.67

**POINT**

$P_a = 3 + \dfrac{750}{750.5} ≒ 4 bar$
$h = \dfrac{P}{r} = \dfrac{4 \times 10^5 N/m^2}{9800 N/m^3} = 40.8 m$

정답   19. ㉮   20. ㉱   21. ㉮   22. ㉰   23. ㉰   24. ㉱   25. ㉱

26. 다음 그림에서 압력 중심은 자유표면 아래 어디에 있는가?

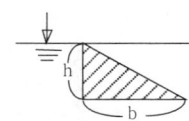

㉮ $\frac{h}{2}$  ㉯ $\frac{3}{4}h$

㉰ $\frac{2}{3}h$  ㉱ $\frac{h}{4}$

27. 다음 액주계에서 $\gamma$, $\gamma_1$이 비중량을 표시할 때 압력 $P_x$는?

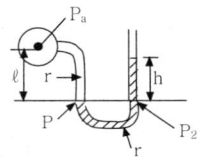

㉮ $P_x = \gamma_1 h + \gamma_1$  ㉯ $P_x = \gamma_1 h - \gamma_1$

㉰ $P_x = \gamma_1 \ell + \gamma h$  ㉱ $P_x = \gamma_1 \ell + \gamma h$

28. 국소대기압이 710mmHg일 때 0.1bar의 진공과 같은 압력은 몇 bar abs인가?(단, 수은의 비중은 13.6이다.)

㉮ 1.0656  ㉯ 0.9656
㉰ 0.71    ㉱ 0.8462

**POINT**

$P_{atm} = 710 mmHg = 9800 \times 13.6 \times 0.71$
$= 0.946 bar$

※ 절대압력 $P_{abs}$
  $0.946 - 0.1 bar = 0.846 bar\ abs$

29. 2m*2m*2m의 입방체 그릇 안에 비중이 0.8인 기름이 차 있다. 위 뚜껑이 열렸다고 가정하면 밑면에서의 압력은 몇 bar인가?

㉮ 2000bar  ㉯ 0.16bar
㉰ 0.64bar  ㉱ 1600bar

**POINT**

$F = r \cdot h \cdot A = 9800 \times 0.8 \times 2^3 = 62720N$
$P = \frac{F}{A} = \frac{62720}{4} = 15680 N/m^2 = 0.157 bar$

30. 표준 대기압이 아닌 것은?

㉮ $101325 N/m^2$  ㉯ $1.01325 bar$
㉰ $14.7 kg/cm^2$  ㉱ $760 mmHg$

**POINT**

14.7Psi = 표준 대기압

31. 높이 10m 되는 기름통에 비중이 0.9인 액체가 가득 차 있을 때 밑바닥에서의 압력은 얼마인가?

㉮ 1bar    ㉯ 0.9bar
㉰ 1.9bar  ㉱ 1.933bar

**POINT**

$P = r_{oil} \times H = 0.9 \times 9800 \times 10$
$= 0.882 \times 10^5 pa = 0.882 bar$

32. U자관에서 어떤 액체 25cm의 높이와 수은 3.3cm높이가 평행을 이루고 있다. 이 액체의 비중은? (단, 수은의 비중은 13.6이다.)

㉮ 1.8    ㉯ 1.52
㉰ 2.067  ㉱ 15.2

**POINT**

$P_A = P_B$ 이므로
$9800 \times S \times 0.25$
$= 9800 \times 13.6 \times 0.033$
$\therefore S = 18$

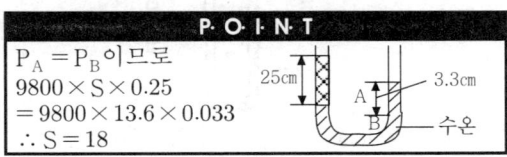

33. 밑면 2m×m인 탱크에 비중이 0.8인 기름과 물이 그림과 같이 들어 있다. AB면에 작용하는 압력은 몇 kPa인가?[SI 단위]

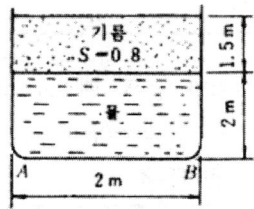

정답  26. ㉯  27. ㉯  28. ㉱  29. ㉯  30. ㉰  31. ㉯  32. ㉮  33. ㉰

㉮ 34.3  ㉯ 343
㉰ 31.36  ㉱ 313.6

34. U자관에 수은과 물 기름을 넣었더니 그림과 같이 되었다. 이때 기름의 밀도는 몇 kg·sec²/m⁴인가?

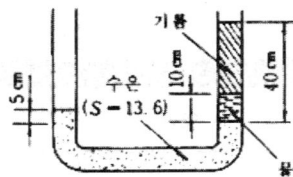

㉮ 102  ㉯ 1567
㉰ 167.36  ㉱ 197.2

**POINT**

동일수평에서 9800×13.6×0.05
= 9800×0.1+9800×S×0.3
S = 1.934
∴ P = $\frac{1.934}{9.8}$ × 1000 = 197.2

35. 피에조미터 M점의 압력은 얼마인가?(단, 대기압 = 750mmHg 상태이며, H₁ = 2m이다.)

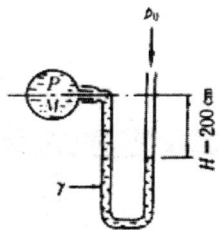

㉮ 0.189bar  ㉯ 0.981bar
㉰ 0.804bar  ㉱ 0.198bar

**POINT**

$P_m = P_0 - rH = \frac{750}{750} \times 1 - \frac{9800 \times 2}{10^5}$
= 0.804 bar

36. 다음 그림과 같은 액주계에서 S₁=1.6, S₂=13.6, h₁=100mm, h₂=200mm일 때 A점의 압력은?

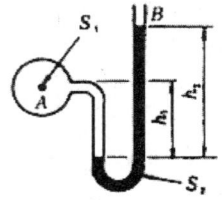

㉮ 0.251 kpa  ㉯ 0.288 kpa
㉰ 0.256 kpa abs  ㉱ 0.288 kpa abs

**POINT**

$P_A = (9800 \times 13.6 \times 0.2) - (9800 \times 1.6 \times 0.1)$
= 0.251×10⁵ N/m² ≒ 0.251 bar

37. 다음 그림에서 액주계에 비중 0.8인 기름이 있다. 만일 h=500mm라 할 때 A점의 압력은?

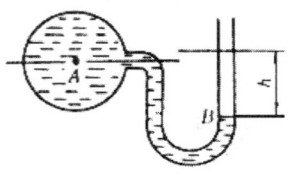

㉮ 0.4m 수주 abs  ㉯ 0.4 수주
㉰ 0.4m 수주 진공  ㉱ 0.625m수주 진공

**POINT**

$P_A = -1000 \times 0.8 \times 0.5 = -400 \text{kg/m}^2$
$h = \frac{P}{\gamma} = -\frac{4000}{1000} = -0.4 \text{mAq}$

38. 저수지에 높이가 20m만큼 물이 채워져 있고, 그 위에 다시 높이 10m만큼 비중 0.9인 기름이 들어있을 경우, 밑면의 압력은 얼마인가?(단, 대기압은 760mmHg이다.)

㉮ 2.9bar  ㉯ 3.855bar
㉰ 3.322bar  ㉱ 1.322bar

**POINT**

$P_a$ = 대기압 + $P_g$
= $\frac{760}{750} \times 10^5 + (9800 \times 20 + 9800 \times 0.9 \times 10)$
= 3.855×10⁵ N/m² = 3.855 bar

정답 34. ㉱  35. ㉰  36. ㉮  37. ㉰  38. ㉯

39. 다음 그림과 같은 역U자관 마노미터에서 A, B에는 물이 들어 있고, 액주계 속에는 비중이 0.9인 기름이 들어 있다. $h_1=0.27m$, $h_2=0.35m$, $h_3=0.8m$일때 $P_A-P_B$는 몇 $N/m^2$인가?(단, 물의 비중량은 $9800N/m^3$이다.)

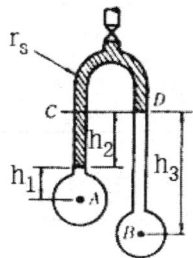

㉮ -172  ㉯ -215
㉰ -312  ㉱ -417

**POINT**
C와 D점의 압력은 같으므로
$P_A - \gamma w h_1 - \gamma o h_2 = P_B - \gamma w h_3$
$\therefore P_A - P_B = \gamma w h_1 + \gamma o h_2 - \gamma w h_3$
$= \gamma w(h_1 - h_3) + \gamma o h_2$
$= 9800(0.27 - 0.8) + 0.9 \times 9800 \times 0.35$
$= 215 \times 9.8 = 2107 N/m^2$

40. 그림과 같이 비중이 0.8인 기름이 흐르고 있는 U자관을 설치했을 때 H는 얼마인가?(단, $p=4.9N/cm^2$이고, 대기압은 735.5mmHg이다)

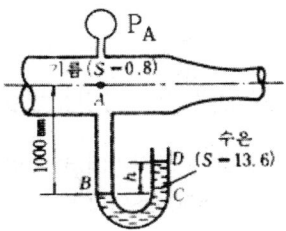

㉮ 0.426m  ㉯ 0.368m
㉰ 1.103m  ㉱ 1.16m

**POINT**
$P_A + r \cdot H = r_{Hg} \cdot h$
$4.9N/cm^2 \times 10^4 + 0.8 \times 9800 \times 1$
$= 13.6 \times 9800 \times h$
$\therefore h = 0.426m$

41. 그림의 수직관 속에서 비중이 0.9인 기름이 흐르고 있을 때 수직관의 압력 $P_x$는 얼마인가?

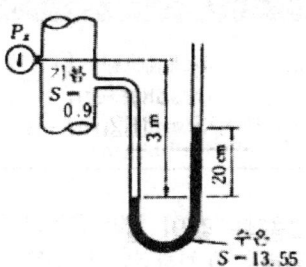

㉮ 1.272bar  ㉯ 0.272bar
㉰ 0.2bar    ㉱ 0.0019bar

**POINT**
$P_x + r_3(3) = rHg \cdot 0.2$
$P_x = 13.6 \times 9800 \times 0.2 - 0.9 \times 9800 \times 3$
$= 196 N/m^2 = 1.96 \times 10^3 bar$

42. 깊이를 알 수 없는 곳에서 생긴 지름 1cm인 기포가 수면에 떠올랐을 때 지름이 2cm로 팽창했다면 이 기포가 생긴 수심은?(단, 기포내의 공기는 등온변화이고, 대기압은 1.01bar이다.)

㉮ 88.24  ㉯ 72.1
㉰ 20.6   ㉱ 10.3

**POINT**
$8P_a = P_a + rH$
$h = \dfrac{7P_a}{r} = \dfrac{7 \times 1.01 \times 10^5}{9800} = 72.14$

43. 그림에서 A점의 계기압력은 몇 mmHg인가? (단, 기름의 비중은 0.8이고, 대기압력은 750mmHg)

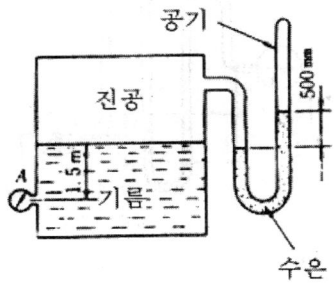

정답 39. ㉯  40. ㉮  41. ㉱  42. ㉯  43. ㉰

㉮ 588mmHg  ㉯ 600mmHg
㉰ 162mmHg  ㉱ 90mmHg

**POINT**
$P_{abs} = 공기압력 + 기름압력$
$13.6 \times 9800 \times 0.5 + 9800 \times 0.8 \times 1.5$
$= 78400 \text{kg/m}^2 = 0.784 \text{bar}$
$= 0.784 \times 750 = 588 \text{mmHg}$
$P_{gauge} = 750 - 588 = 162 \text{mmHg}$

44. 다음 그림과 같이 물이 흐르고 있는 관에 시차액계를 설치하였더니 수은의 높이 h가 80cm이었다. 이때 A,B 두 점의 압력차는 몇 $N/m^2$인가?

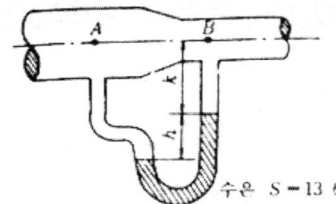

㉮ 9260    ㉯ 9840
㉰ 98784   ㉱ 12420

**POINT**
물의 비중량 r 수은의 비중량 $r_s$ 라고 하면
$P_A + r(k+h) = P_B + rk + r_s \cdot h$
$\therefore P_A - P_B = h(r_s - r)$
$= 0.8 \times 9800(13.6 - 1) = 98784 \text{N/m}^2$

45. 다음 그림과 같이 용기 A와 B에 각각 280kPa, 140kPa인 물이 들어 있다. 그러나 같은 상태에서 평형을 유지한다면 수은주의 높이 h는 몇 m인가? (단, 수은의 비중은 13.6이다)

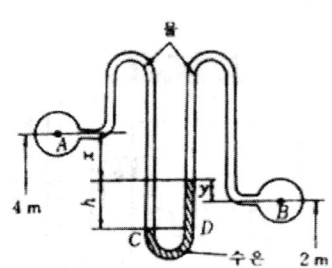

㉮ 0.52   ㉯ 0.84
㉰ 1.29   ㉱ 1.76

**POINT**
C점과 D점의 압력이 같으므로
물의 비중량은 $\gamma_w$  수은의 비중량은 $\gamma_s$
$P_A + \gamma_w(x+y) = P_B - \gamma wy - \gamma sh$
$\therefore P_A - P_B = \gamma sh - \gamma wy - 5w(x+h)$
$= \gamma(\gamma_s - \gamma_w) - \gamma_w(y+x) = 280 - 140$
$= h(13.6 \times 9.8 - 9.8) - 9.8(y+x)$
$\therefore \gamma = \dfrac{140 + 9.8(x+y)}{13.6 \times 9.8 - 9.8}$
$= \dfrac{140 - 9.8(4-2)}{13.6 \times 9.8 - 9.8} \fallingdotseq 1.2927$

46. 비중이 0.9인 글리세린이 담긴 용기에 경사 압력계를 30°각도로 설치하였을 때 압력차는 얼마인가? (단, $\dfrac{a}{A}=0.01$이며, $\ell=25\text{cm}$이다.)

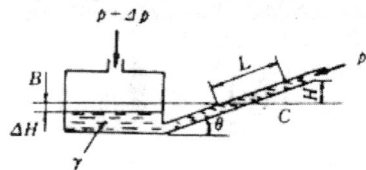

㉮ 0.0112bar   ㉯ 0.115bar
㉰ 1.15bar     ㉱ 11.5bar

**POINT**
$\Delta H = \dfrac{a}{A}l$
$P + \Delta P = P + r(H + \Delta H)$
$H = l\sin\alpha, \Delta H = \dfrac{a}{A}l$ 이므로
$\Delta P = rl(\sin\alpha + \dfrac{a}{A})$
$= 0.9 \times 9800 \times 0.25(0.5+0.01) = 1124.5 \text{N/m}^2$

47. 그림과 같이 벤투리관에서 압력차는 얼마인가? (단, h=500mm이다.)

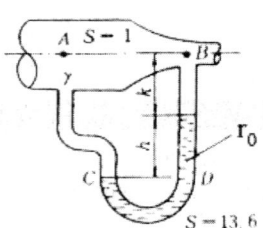

㉮ 0.62bar   ㉯ 0.68bar
㉰ 0.73bar   ㉱ 0.5bar

**P·O·I·N·T**
$$\triangle P = P_A - P_B = (r_{Hg} - r_{H_2O})H$$
$$= 9800(13.6-1)0.5$$
$$= 61740 \text{N/m}^2 = 0.62 \text{bar}$$

48. 그림과 같은 폭이 50cm인 물탱크가 있다. 탱크 밑면 AB에 작용하는 힘은 몇 kg인가?

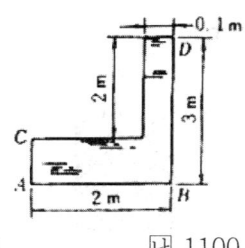

㉮ 1000 ㉯ 1100
㉰ 2000 ㉱ 3000

**P·O·I·N·T**
$F_{AB} = 1000 \times 3 \times 2 \times 0.5 = 3000 \text{kg}$

49. 그림과 같이 밑면이 2m×2m인 탱크에 비중이 0.8인 기름과 물이 들어있다. AB면에 작용하는 압력은 몇 bar인가?

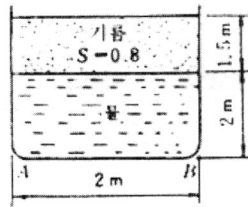

㉮ 0.35 ㉯ 3.5
㉰ 0.31 ㉱ 3.2

**P·O·I·N·T**
$P = 9800 \times 0.8 \times 4 = 31360 \text{N/m}^2 = 0.3136 \text{bar}$

50. 4m×4m×4m의 입방체 용기 안에 비중이 0.8인 기름이 가득차 있다. 위의 뚜껑이 열렸다고 가정하면 밑면에서의 압력은 몇 $\text{kg/cm}^2$인가?(단, 물의 비중량은 1000 $\text{kg/m}^3$이다.)

㉮ 1600 ㉯ 0.32
㉰ 2000 ㉱ 0.2

51. 다음 그림과 같은 사각형 단면의 탱크가 물 위에 있다. 수면과 유면과의 차 h는 얼마인가? (단, 공기의 압력은 0.1bar, 기름의 비중은 0.85이다.)

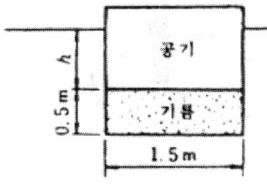

㉮ 0.945m ㉯ 1.93m
㉰ 0.66m ㉱ 1.66m

**P·O·I·N·T**
$9800 \times (h + 0.5)$
$= 0.1 \times 10^5 + 9800 \times 0.85 \times 0.5$
$\therefore h = 0.945$

52. 그림에서 평판이 물에 의해서 작용되는 힘은 얼마인가?

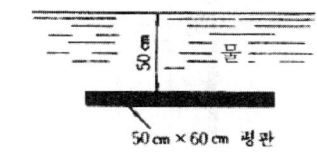

㉮ 150kg ㉯ 200kg
㉰ 300kg ㉱ 1500kg

**P·O·I·N·T**
$F = \gamma hA = 1000 \times 0.5 \times 0.5 \times 0.6 = 150 \text{kg}$

53. 단면적의 원판이 액체 속에 잠겨 있다. 원판의 중심이 수면으로부터 10m깊이에 위치한다면, 원판 한면에 작용하는 힘은? (단, $\gamma (\text{kg}_f/\text{m}^3)$은 액체의 비중량이다.)

㉮ 10 $\gamma$보다 작다.
㉯ 원판이 향하는 방향에 따라 다르다.
㉰ 액체의 비중량 $\gamma$에 압력중심까지의 깊이를 곱한 값이다.
㉱ 10 $\gamma$

**P·O·I·N·T**
$F = \gamma h_c A = 1000 \times 2.5 \times 3 \times 2$
$= 15000 \text{kg} = 1.5$

54. 그림과 같이 2m×3m인 평판이 물속 1m 깊

이에 연직하게 잠겨 있다. 이 평판의 한쪽면에 작용하는 유체압력의 합력은 몇 KN인가?

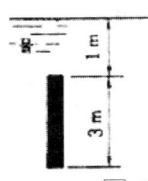

㉮ 58.8  ㉯ 88.2
㉰ 117.6  ㉱ 147

55. 비중 0.8, 점성계수 μ=9×10⁻⁵kgf·s/m²인 유체가 안지름 25mm인 원관속을 3m/s로 흐를 때 이 흐름은?
㉮ 압축성 흐름  ㉯ 난류
㉰ 층류  ㉱ 구분할 수 없다.

56. 그림에서 수직평판의 한쪽면에 작용되는 힘은 얼마인가?

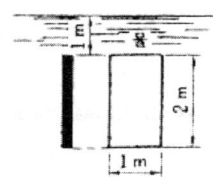

㉮ 3.13kg  ㉯ 3.92kN
㉰ 15.68kL  ㉱ 156.8kN

57. 50cm×70cm의 평판이 수면에서 깊이 40cm되는 곳에 수평으로 놓여 있을 때 평판에 작용하는 전압력은 몇 kg인가?
㉮ 140kg  ㉯ 400kg
㉰ 0.14kg  ㉱ 14kg

58. 그림과 같은 삼각형 ABC의 한쪽면에 작용하는 힘은?

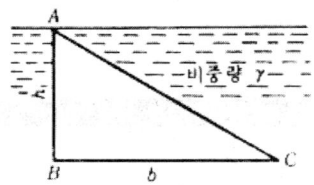

㉮ $\dfrac{rbh^2}{2}$  ㉯ $\dfrac{rbh^2}{3}$

㉰ $\dfrac{2rbh^2}{3}$  ㉱ $\dfrac{rbh^2}{4}$

59. 그림과 같이 폭이 2m이고, 높이가 4m인 수문의 상단이 수면하 3cm에 놓여 있다. 이 수문에 작용되는 힘과 작용점은 얼마인가?

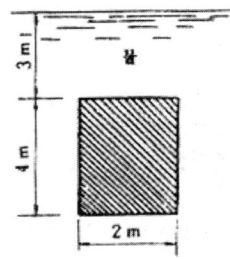

㉮ $4\times 10^4$kg, 수면하
  5.27m ($3.92\times 10^5$N, 5.27m)
㉯ $2\times 10^4$kg, 수면하
  5.27m ($1.96\times 10^5$N, 5.27m)
㉰ $3\times 10^4$kg, 수면하
  5m ($2.94\times 10^5$N, 5m)
㉱ $4\times 10^4$kg, 수면하
  5m ($3.92\times 10^5$N, 5m)

60. 그림과 같은 수문이 수압을 받아서 넘어지지 않게 하는 최소 y의 값은 얼마인가?

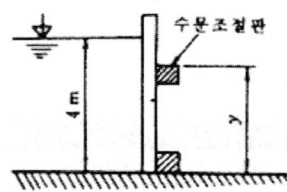

㉮ 2.667m  ㉯ 2m
㉰ 1.333m  ㉱ 1.532m

61. 그림과 같은 50cm×3m의 수문 평판 AB를 30°로 기울여 놓았다. A점에서 힌지(hinge)로 연결되어 있으며 이 문을 열기 위한 힘 F(수문에 수직)는 몇 KN인가?

정답  54. ㉱  55. ㉯  56. ㉯  57. ㉮  58. ㉯  59. ㉮  60. ㉰  61. ㉯

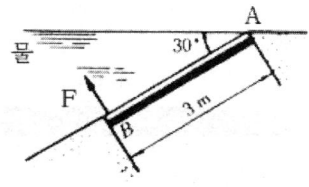

㉮ 11.03  ㉯ 7.35
㉰ 2.20   ㉱ 1.09

62. 그림에서 $5 \times 8m$인 사각형평판이 수평면과 45° 기울어져 물에 잠겨 있다. 한쪽면에 작용하는 전압력의 작용점 $y_p$는 얼마인가?

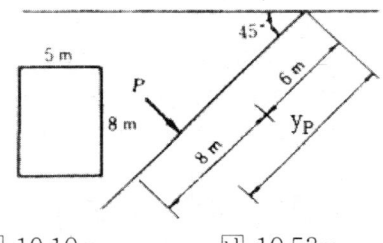

㉮ 10.10m  ㉯ 10.53m
㉰ 10.96m  ㉱ 11.50m

63. 그림과 같이 자동으로 열리는 수문이 있다. 수심 H가 몇 m이면 저절로 열리겠는가?

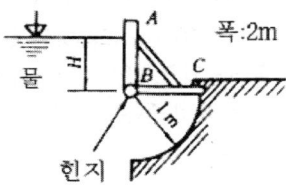

㉮ 1.414m  ㉯ 1.612m
㉰ 1.732m  ㉱ 3.451m

64. 그림에서 구형평판 $4 \times 8m$가 수평면과 60°로 기울어지게 놓여졌다. 면에 작용하는 전압력의 크기, 방향, 작용점은 얼마인가?

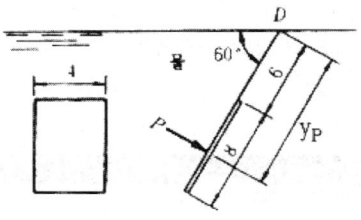

㉮ F=3040.5KN  $y_F$=11.50m
㉯ F=1170.3KN  $y_F$=10.96m
㉰ F=2715.9KN  $y_F$=10.534m
㉱ F=3524.9KN  $y_F$=10.10m

65. 다음 그림과 같이 물 속 10m 깊이에 있는 4분원통면 AB가 받는 힘의 크기는 몇 KN인가? (단, 4분원통의 길이는 5m이다.)

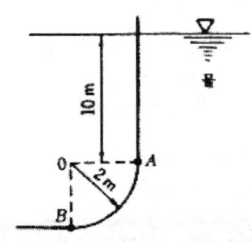

㉮ 1172.5   ㉯ 1564.6
㉰ 2198.3   ㉱ 2680.9

66. 그림과 같이 반지름 1m, 폭 2m인 4분 원통 수문 AB에 작용하는 힘의 수평분력은 몇 KN인가?

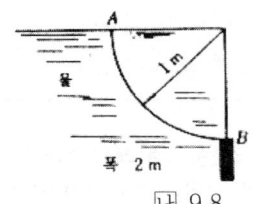

㉮ 4.9    ㉯ 9.8
㉰ 15.4   ㉱ 19.6

**P·O·I·N·T**
$P = rhA = 9800 \times 0.5 \times 2 = 9800N = 9.8KN$

정답  62. ㉯  63. ㉰  64. ㉰  65. ㉯  66. ㉯

67. 비중이 0.8인 판자를 물에 띄우면 전체의 몇%가 물 속에 가라앉는가?
   ㉮ 20%   ㉯ 40%
   ㉰ 60%   ㉱ 80%

   **P·O·I·N·T**
   판자의 무게 = 부력이므로
   $1000 \times 0.8 \times V = 1000 V_1$
   $\therefore \dfrac{V}{V_1} = 0.8$

68. 직사각형 평판이 그림과 같이 물 속에 수직으로 놓여 있다. 이때 압력중심의 x, y 좌표는?

   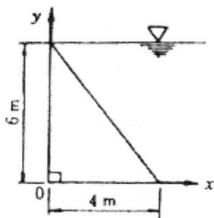

   ㉮ $\chi = 1.5m, y = 1.5m$   ㉯ $\chi = 2m, y = 1.5m$
   ㉰ $\chi = 2m, y = 2m$   ㉱ $\chi = 1.5m, y = 2m$

   **P·O·I·N·T**
   $y_p = \dfrac{IG}{ycA} + yc$
   $= \dfrac{\dfrac{4 \times 6^3}{36}}{4 \times \dfrac{1}{2} \times 4 \times 6} + 4 = 45$
   $\therefore y = 6 - y_p = 6 - 4.5 = 1.5m$
   또는 $6 : 2 = y_p : x$ 이므로
   $V = \dfrac{2yP}{6} = \dfrac{2 \times 4.5}{6} = 1.5m$

69. 그림과 같은 수무에서 작용하는 전압력과 작용점의 위치는 각각 얼마인가?

   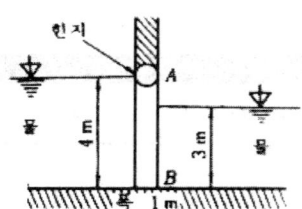

   ㉮ 78.4KN, 수면하 2.667m

㉯ 34.3KN, 힌지 밑 2.238m
㉰ 44.1KN, 수면하 2m
㉱ 122.5KN, 힌지 밑 3.5m

   **P·O·I·N·T**
   $F_1 = rH_1A_1 = 9800 \times 2 \times 4 = 78.4 KN$
   $yp_1 = 4 \times \dfrac{2}{3} = \dfrac{8}{3} m$
   $F_2 = rH_2A_2 = 9800 \times 1.5 \times 3 = 44.1 KN$
   $yp_2 = 1 + 3 \times \dfrac{2}{3} = 3m$
   힌지 A점의 모멘트
   $y_p = \dfrac{209.1 - 132.3}{34.3} = 2.239m$

70. 다음그림은 어떤 물체를 물, 수온, 알콜 속에 넣었을 때 떠 있는 모양을 나타낸 것이다. 이 중 부력이 큰 것은?

   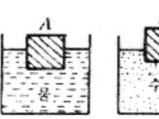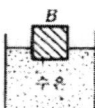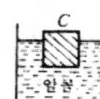

   ㉮ A   ㉯ B
   ㉰ C   ㉱ 부력은 같다.

71. 바다에 떠 있는 빙산이 해상에 나타난 부분의 부피를 1000 $m^3$라 하면 빙산의 전부피는 얼마인가? (단, 바닷물의 비중은 1.026, 얼음의 비중은 0.917이다.)
   ㉮ $9.41 \times 10^4 m^4$   ㉯ $3.17 \times 10^4 m^4$
   ㉰ $2.67 \times 10^4 m^4$   ㉱ $8.5 \times 10^4 m^4$

   **P·O·I·N·T**
   전부피를 V라 하면
   $9800 \times 0.979 \times V$
   $= (V - 1000) \times 9800 \times 1.026$
   $\therefore V = 94128 m^3$

72. 비중이 0.25인 물체를 물 위에 띄웠을 때 물 밖으로 나오는 부피는 전체부피의 얼마에 해당되는가?
   ㉮ $\dfrac{1}{4}$   ㉯ $\dfrac{1}{2}$
   ㉰ $\dfrac{3}{4}$   ㉱ $\dfrac{1}{3}$

정답  67. ㉱  68. ㉮  69. ㉯  70. ㉱  71. ㉮  72. ㉰

> **POINT**
> $1000 \times V \times 0.25 = 1000 \times 1 \times V(1-x)$
> $x = 0.75 = \dfrac{3}{4}$

73. 어떤 돌이 공기중에서 무게는 40KN이고, 물 속에서 무게는 23KN이다. 이때 돌의 체적과 비중은 얼마인가?

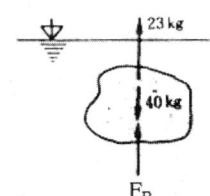

㉮ $V=0.01m^3$, $s=4$
㉯ $V=0.063m^3$, $s=6.34$
㉰ $V=0.03m^3$, $s=1.333$
㉱ $V=1.73m^3$, $s=2.353$

> **POINT**
> 자유물체도에서 $23 + F_B = 40$
> $\therefore F_B = 9800 \times V = 17KN$
> $\therefore V = 1.73m^3$
>
> 돌의 비중량
> $r = \dfrac{w}{v} = \dfrac{40KN}{1.73} = 23.12 KN/m^3$
> $\therefore S = \dfrac{r}{r_w} = \dfrac{23.12}{9.8} = 2.359$

74. 수은면에 쇠덩어리가 떠 있다. 이 쇠덩어리가 보이지 않을 때까지 물을 부었을 때 쇠덩어리의 수은 속에 있는 부분과 물 속에 있는 부분의 부피의 비는 얼마인가? (단, 쇠의 비중은 7.8, 수은의 비중은 13.6이다.)

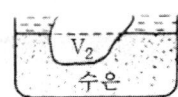

㉮ $\dfrac{34}{29}$  ㉯ $\dfrac{78}{136}$
㉰ $\dfrac{5}{7}$  ㉱ $\dfrac{4}{3}$

> **POINT**
> 쇠의 무게 = 물에 의한 부력 + 수은에 의한 부력
> $7.8(V_1 + V_2) = V_1 + 13.6V_2$
> $\therefore 6.8V_1 = 5.8V_2$
> $\therefore \dfrac{V_2}{V_1} = \dfrac{6.8}{5.8} = \dfrac{34}{29}$
> 여기서, $V_1$ : 쇠덩어리의 물에 있는 부피
> $V_2$ : 쇠덩어리의 수은에 있는 부피

75. 밑면이 1m×1m, 높이가 0.5인 나무 토막 위에 1.96KN의 추를 올려놓고 물에 띄었다. 나무의 비중을 0.5라고 할 때 물속에 잠긴 부분의 부피는 몇 $m^3$인가?

㉮ 0.5   ㉯ 0.45
㉰ 0.25  ㉱ 0.05

> **POINT**
> $W + 1.90KN = r \cdot V$
> $9800 \times 0.5 \times 1 \times 1 \times 0.5 + 1960 = 9800 \cdot V$
> $V = 0.45m^3$

76. 물을 담은 용기가 연직 상방향으로 4.5 m/sec²의 가속도로 움직일 때 수심 1.2m에 있어서의 압력은 얼마인가?

㉮ 2.84bar   ㉯ 1.245bar
㉰ 0.914bar  ㉱ 0.171bar

> **POINT**
> $P(1 + \dfrac{ay}{9.8}) = 9800 \times 1.2(1 + \dfrac{4.5}{9.81})$
> $= 17160 N/m^2 = 0.1716 bar$

77. 그림과 같이 무게가 30g인 비중계를 비중이 S인 액체에 띄웠더니 4℃의 순수한 물에 띄웠을 때보다 20mm 더 가라앉았다. 이 액체의 비중은 얼마인가? (단, d=10mm이다.)

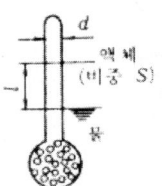

㉮ 0.85  ㉯ 0.95
㉰ 1    ㉱ 1.5

정답 73. ㉱ 74. ㉮ 75. ㉯ 76. ㉱ 77. ㉯

> **P·O·I·N·T**
>
> $F_B = W, V = rW_2O \times V$
> $S(V + \frac{\pi}{4}d^2 \times 1) = W = ra_2O \times V$
> $\therefore S = \dfrac{V}{(V + \frac{\pi}{4}d^2 \times 1)} \cdot \dfrac{30}{\frac{30 + 3.14}{4}(11^2 \times 2)}$

**78.** 액체가 연직축을 중심으로 일정한 가속도로 운동을 하고 있다. 회전축상의 한점에서 압력과 반지름이 1m, 높이가 이 점보다 1m 높은 위치에 있는 점 B의 압력이 같을 때 회전속도는 몇 rad/sec인가?

㉮ $2g$ ㉯ $\sqrt{g}$
㉰ $\sqrt{2g}$ ㉱ $g$

> **P·O·I·N·T**
>
> $y - y_0 = \dfrac{r^2 y^2}{29}$
> $W^2 = \dfrac{29(y - y^2)}{r^2}$
> $\dfrac{1}{r}\sqrt{29(y - y_0)} = \dfrac{1}{1}\sqrt{2 \times 9 \times 1} = \sqrt{29}$

**79.** 지름이 1.2m, 깊이 2m의 원통 용기에 액체가 가득 차 있다. 수평방향으로 등가속도 운동을 할 때 물의 1/3이 넘쳐 흘렀다면 가속도는 얼마인가?

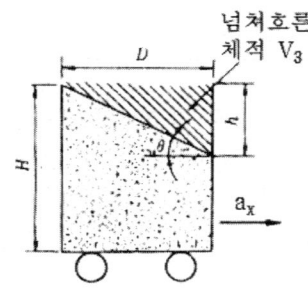

㉮ $3.26 \text{m/sec}^2$ ㉯ $10.9 \text{m/sec}^2$
㉰ $6.76 \text{m/sec}^2$ ㉱ $9.8 \text{m/sec}^2$

> **P·O·I·N·T**
>
> $V_s = \dfrac{1}{3}, V_o = \dfrac{1}{2} \cdot \dfrac{\pi D^2}{4}$
> $h = \dfrac{1}{3}\dfrac{\pi D^2}{4}u, h = \dfrac{2}{3}, n = \dfrac{2}{3} \cdot 2 = \dfrac{4}{3}M$
> $\therefore \tan\theta = \dfrac{h}{P} = \dfrac{\frac{4}{3}}{1.2} = \dfrac{10}{9}$
> $\dfrac{ax}{9} = \tan\theta = \dfrac{10}{9} \therefore \dfrac{10}{9}9 = 10.9 m/\sec^2$

**80.** 공학 단위계에서는 힘(무게)의 단위는 kgf, 길이의 단위는 m, 시간의 단위는 s를 사용한다. 이때 질량 m의 단위는 다음 중 어느 것을 사용하여야 하는가?

㉮ N ㉯ slug
㉰ $kg \cdot s^2/m$ ㉱ $kgf \cdot m/s^2$

**81.** 다음은 점성계수의 단위이다. 틀린 것은?

㉮ poise ㉯ stokes
㉰ cP ㉱ $dyne \cdot s/cm^2$

**82.** 다음 비중이 0.88인 알코올의 밀도는 몇 $kgf \cdot s^2/m^4$인가?

㉮ 79.8 ㉯ 89.7
㉰ 98.7 ㉱ 88

> **P·O·I·N·T**
>
> $P = \dfrac{r}{g} = \dfrac{1000S}{g} = \dfrac{1000 \times 0.88}{9.8}$
> $= 89.7 kg_f s^2/m^4$

**83.** 어떤 유체의 밀도가 $1358.57 N \cdot S^2/m^4$일 때 비중은?

㉮ 1.06 ㉯ 1.16
㉰ 1.26 ㉱ 1.36

> **P·O·I·N·T**
>
> $P = \dfrac{9800 N/m^3 \times 0.88}{9.8 m/s^2}$
> $= 880 N \cdot S^2/m^4$
> $S = \dfrac{1358.57 \times 9.8}{9800} = 1.36$

정답 78. ㉰ 79. ㉯ 80. ㉰ 81. ㉯ 82. ㉯ 83. ㉱

84. 체적이 3m³이고, 무게가 24000N인 기름의 비중은 얼마인가?
   ㉮ 0.672  ㉯ 0.816
   ㉰ 0.927  ㉱ 0.714

   **POINT**
   $S = \dfrac{r}{9800} = \dfrac{8000}{98000} = 0.816$

85. 비중량이 1.22kgf/m³이고 동점성 계수가 0.1501 x 10⁻⁴m²/s인 건조한 공기의 점성 계수는 몇 poise인가?
   ㉮ $1.87 \times 10^{-3}$  ㉯ $1.87 \times 10^{-4}$
   ㉰ $1.87 \times 10^{-5}$  ㉱ $1.87 \times 10^{-2}$

   **POINT**
   $V = \dfrac{\mu}{\rho} \quad \therefore \mu = V \cdot \rho = V \cdot \dfrac{r}{g}$
   $= 0.1501 \times 10^{-4} \times \dfrac{1.2^2}{9.8}$
   $= 1.87 \times 10^{-5}$ Poise

86. 온도가 20℃, 압력이 760mmHg인 공기의 밀도는 몇 kg/m³인가? (단, 공기의 기체상수는 287J/kg°K이다.)
   ㉮ 0.312  ㉯ 0.213
   ㉰ 1.2    ㉱ 0.123

   **POINT**
   $\dfrac{1}{v} = r = \dfrac{P}{RT} = \dfrac{1.0113\,\text{bar} \times 10^5}{287 \times 293}$
   $= 1.20\,\text{kg/m}^3$

87. 뉴턴의 점성법칙으로 맞는 것은 다음식 중 어느 것인가?
   ㉮ $\rho v = $ const  ㉯ $F = madu$
   ㉰ $F = Ap$         ㉱ $\tau = \mu \dfrac{---}{dy}$

88. 다음 SI 단위계에서 기본 단위가 아닌 것은?
   ㉮ kg  ㉯ m
   ㉰ N   ㉱ s

89. 비중이 0.8인 어떤 기름의 비체적은?
   ㉮ 125m³/kg           ㉯ $1.25 \times 10^{-3}$ kg/m³
   ㉰ 800kg/m³           ㉱ $1.25 \times 10^{-3}$ m³/kg

   **POINT**
   $r = 1000 \times s = 800\,\text{kg/m}^3$
   $V_s = \dfrac{1}{800} = 1.25 \times 10^3\,\text{m}^3/\text{kg}$

90. 온도가 100℃이고, 압력이 1.0332kgf/cm²abs인 산소의 비중은 얼마인가?
   ㉮ $1.045 \times 10^{-3}$  ㉯ $1.045 \times 10^{-2}$
   ㉰ $1.045 \times 10^{-1}$  ㉱ $1.045 \times 10^{-4}$

   **POINT**
   분자량 $M_{O_2} = 32$
   $\therefore R = \dfrac{8310}{32} = 259.17\,\text{J/kg°k}$
   $Pv = RT \quad \therefore P = \dfrac{1}{V} = \dfrac{P}{RT}$
   $r = P \cdot g = \dfrac{1.0332 \times 9.8 \times 10^4}{259.7 \times 373} \times 9.8 = 10.24\,\text{N/m}^3$
   $S = \dfrac{10.24}{9800} = 1.045 \times 10^{-3}$

91. 체적이 4m³인 기름의 무게가 28000N이었다. 이 기름의 비중은 얼마인가?
   ㉮ 0.615  ㉯ 0.714
   ㉰ 0.815  ㉱ 1.0

92. 15℃인 공기의 밀도는 얼마인가? (단, 공기의 기체상수 R=286.8J/kg°K이며 대기압은 760mmHg이다.)
   ㉮ 0.005  ㉯ 0.025
   ㉰ 0.125  ㉱ 1.006

93. 어떤 완전기체의 압력이 2kg/cm² (19.6N/cm²)이고, 온도는 45℃, 비체적이 0.481m³/kgf 이다. 이 기체의 기체상수는 얼마인가?
   ㉮ 3.025kgf·m/kg
   ㉯ 30.25m/k (296.5j/kg·K)
   ㉰ 0.00303m/K
   ㉱ $2.80 \times 104$ m/K

정답  84. ㉯  85. ㉰  86. ㉰  87. ㉱  88. ㉰  89. ㉱  90. ㉮  91. ㉯  92. ㉰  93. ㉯

94. 무게가 3200kgf(SI 단위 : 31360N)인 기름의 체적이 48m³이다. 이 기름의 비중은 얼마인가?
   ㉮ 666.67   ㉯ 6.07
   ㉰ 0.667   ㉱ 1.50

95. 무게가 4000kgf이고, 체적이 8m³인 유체의 비중은?
   ㉮ 2   ㉯ 1.5
   ㉰ 1   ㉱ 0.5

96. 질량 2kg을 스프링 저울에 달았더니 188.2N의 무게를 가리켰다. 이지방의 중력 가속도는 얼마인가?
   ㉮ $9.8 m/s^2$   ㉯ $96.04 m/s^2$
   ㉰ $980 m/s^2$   ㉱ $78 m/s^2$

97. 질량이 20kg인 물체의 무게를 저울로 달아보니 19kgf이었다. 이 곳의 중력 가속도는 얼마인가?
   ㉮ $9.8 m/s^2$   ㉯ $7.72 m/s^2$
   ㉰ $9.31 m/s^2$   ㉱ $3.62 m/s^2$

98. 비중량이 $850 N/m^3$인 기름 18ℓ의 중량은?
   ㉮ 0.85N   ㉯ 15.3N
   ㉰ 18N   ㉱ 850N

99. 다음 중 동력의 차원은?
   ㉮ $[ML^{-2}T^{-3}]$   ㉯ $[ML^{-1}T^{-2}]$
   ㉰ $[MLT^{-2}]$   ㉱ $[ML^2T^{-3}]$

100. 물의 체적을 2% 감소시키려면 얼마의 압력을 가하여야 하는가? (단, 물의 체적 탄성계수는 $2 \times 10^4 kgf/cm^2$이다.)
   ㉮ $600 kgf/cm^2$   ㉯ $400 kgf/cm^2$
   ㉰ $200 kgf/cm^2$   ㉱ 0

101. 등온하에서 압력이 $10 kgf/cm^2$ abs인 공기의 체적 탄성계수는?
   ㉮ $14 kgf/cm^2$ abs
   ㉯ $14 kgf/cm^2$ gage
   ㉰ $10 kgf/cm^2$ abs
   ㉱ $10 kgf/cm^2$ gage

102. 온도 20℃, 절대압력 $2 kgf/cm^2$의 질소 15m³를 등온적으로 2m³로 압축할 때 압력은 얼마나 되는가?
   ㉮ $2 kgf/cm^2$   ㉯ $15 kgf/cm^2$
   ㉰ $20 kgf/cm^2$   ㉱ $150 kgf/cm^2$

**POINT**
등온 변화이므로 T = C
$P_1 V_1 = P_2 V_2, \ 2 \times 15 = P_2 \times 2$
$\therefore P_2 = 15 kg_f/cm^2$

103. 온도가 4.5℃인 $CO_2$가스 2.3kg이 체적이 0.283m³인 용기에 가득차 있다. 가스의 압력은 얼마인가?
   ㉮ 8.13bar   ㉯ 8.13bar
   ㉰ 4.35bar   ㉱ 4.26bar

**POINT**
$Pv = M \cdot R \cdot T$
$P = \dfrac{M \cdot R \cdot T}{V} = \dfrac{2.3 \times 188.9 \times (273+4.5)}{0.283 \times 10^5}$
$= 4.26 \, bar$
$\therefore R = \dfrac{8310.4}{44} = 188.9 (J/kg°K)$

정답 94.㉰ 95.㉱ 96.㉯ 97.㉰ 98.㉯ 99.㉱ 100.㉯ 101.㉰ 102.㉯ 103.㉱

104. 점성계수의 단위 poise와 관계없는 것은 어느 것인가?
   ㉮ dyne's/cm²
   ㉯ ---kgf 's/m²
   ㉰ gf/cm's
   ㉱ gf 's/cm

105. 그림과 같이 평행한 두 평판 사이에 점성계수가 13.15poise인 기름이 들어 있다. 아래쪽 평판을 고정시키고 위쪽 평판을 4m/s로 움직일 때 속도분포는 그림과 같이 직선이다. 이때 두 평판 사이에서 발생하는 전단응력은 몇 $N/m^2$인가?

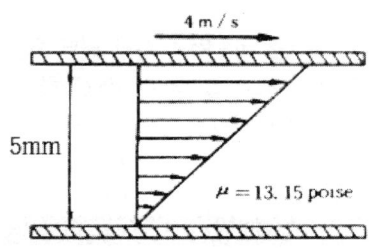

   ㉮ 92.36
   ㉯ 107.35
   ㉰ 113.64
   ㉱ gf/cm

**P·O·I·N·T**
$$\frac{du}{dy} = \frac{4}{0.005} = 800$$
$$\tau = \mu \cdot \frac{du}{dy} = 13.15 \times 800 \times \frac{1}{10}$$
$$= 1052 N/m^2$$
$$\therefore 1 Poise = \frac{1}{10} N \cdot S/m^2$$

106. 어떤 기계유의 점성계수가 $14.7 \times 10^{-2}$ $N \cdot S/m^2$, 비중량은 $8330 N/m^3$이면 동점성계수는 몇 stokes인가?
   ㉮ 5.6
   ㉯ 1.73
   ㉰ 0.57
   ㉱ 0.176

**P·O·I·N·T**
$$V = \frac{\mu}{\rho} = \frac{g \cdot \mu}{r} = \frac{9.81 \times 14.7 \times 10^{-2}}{8330}$$
$$= 1.73 \times 10^{-4} m^2/s = 1.73 cm^2/s$$
$$= 1.73 stokes$$

107. 어떤 기름의 동점성 계수가 1.5stokes이고, 비중량이 $0.00085 kgf/cm^3$ (SI단위 0.00833N/cm³) 이다. 점성계수 u는?
   ㉮ $1.30 \times 10-6 kgf \cdot s/cm^2$
     $(1.27 \times 10-5 N.s/m^2)$
   ㉯ $0.0130 kgf \cdot s/cm^2 (0.127 N.s/m^2)$
   ㉰ $1.30 \times 10-5 kgf \cdot s/cm^2$
     $(1.27 \times 10-4 N \cdot s/m^2)$
   ㉱ $0.0130 kgf \cdot s/m^2 (0.128 N \cdot s/m^2)$

**P·O·I·N·T**
$1 stokes = 1 cm^2/s, 1.5 stokes = 1.5 cm^2/s$
$$\mu = \rho V = \frac{\gamma V}{g}$$
$$= \frac{0.00085 kg_f cm^3 \times 1.5 cm^2/s}{980} cm/s^2$$
$$= 1.30 \times 10^{-6} kg_f \cdot m/sec^2$$
$$= 1.30 \times 10^{-10} kg_f \cdot s/m^2$$

108. 어떤 액체의 동점성계수와 밀도가 각각 5.6 x 10-4m²/s와 $192.1 N \cdot S/m^4$이다. 이 액체의 점성계수는 몇 $N \cdot S/m^2$인가?
   ㉮ 0.0109
   ㉯ $2.9 \times 10^{-5}$
   ㉰ $2.79 \times 10^{-4}$
   ㉱ 0.107

**P·O·I·N·T**
$$V = \frac{\mu}{\rho}$$
$$\mu = \rho \times V = 5.6 \times 10^{-4} \times 192.1$$
$$\fallingdotseq 0.107 N \cdot S/m^2$$

109. 그림과 같이 0.1m인 틈 속에 두께를 무시해도 좋을 정도의 얇은 판이 있다. 이 판 위에는 점성계수가 u인 유체가 있고, 아래쪽에는 점성계수가 2u인 유체가 있을 때 이 판을 수평으로 0.5m/s의 속도로 움직이는 데 40N의 힘이 필요하다면, 단위면적당 점성계수는 몇 $N's/m^2$인가?

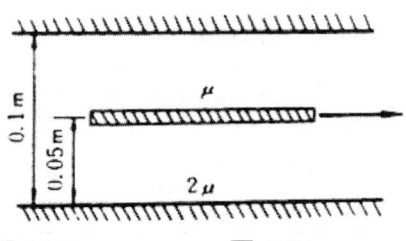

   ㉮ 0.75
   ㉯ 0.94
   ㉰ 1.33
   ㉱ 1.31

**P·O·I·N·T**

$$\tau = \frac{F}{A} = \mu \cdot \frac{du}{dy}$$

$$F = A\left(\mu \cdot \frac{du}{dy} + 2\mu \frac{du}{dy}\right) = A \cdot 3\mu \cdot \frac{du}{dy}$$

$$\therefore \mu = \frac{1}{3} \cdot \frac{F}{A} \frac{dy}{du} = \frac{1}{3} \times \frac{40}{1} \times \frac{0.05}{0.5}$$

$$\approx 1.33 \text{N} \cdot \text{s/m}^2$$

110. 점성계수가 5centipoise인 유체의 동점성계수는 몇 $m^2/s$인가? (단, 이 유체의 밀도는 902 $N \cdot S^2/m^4$이다.

㉮ $4.72 \times 10^{-5}$  ㉯ $5.55 \times 10^{-6}$
㉰ $6.79 \times 10^{-7}$  ㉱ $7.36 \times 10^{-8}$

**P·O·I·N·T**

$$\therefore 점성계수\ \mu = 5\text{centipoise} = 0.05\text{Poise}$$
$$\approx \frac{0.05}{10} \text{N} \cdot \text{S/m}^2$$

$$\therefore 동점성계수\ V = \frac{\mu}{\rho}$$
$$= \frac{0.05}{10 \times 902}$$
$$\approx 5.55 \times 10^{-6} \text{m}^2/\text{sec}$$

111. 안지름 1mm의 유리관을 알코올 속에 세웠더니 알코올이 10.5mm 올라갔다. 알코올의 비중을 0.81, 유리와의 접촉각을 0°로 할 때 알코올의 표면장력은 몇 dyne/cm 인가? (단, SI 단위로 한다.)

㉮ 10.3  ㉯ 15.7
㉰ 2.08  ㉱ 32.1

**P·O·I·N·T**

$$h = \frac{4\sigma\cos\beta}{r\alpha} \text{에서 } B = 0°$$
$$\alpha = 1\text{mm} = 10^3\text{m}$$
$$h = 10.5\text{mm} = 10.5 \times 10^{-3}\text{m}$$
$$r = rwS = 9800 \times 0.81 = 7938\text{N/m}^3\text{이므로}$$
$$\therefore \sigma = \frac{\gamma h \alpha}{4\cos\beta} = \frac{7938 \times 10.5 \times 10^{-3} \times 10^{-3}}{4}$$
$$= 0.0208\text{N/m} = 0.0208 \times \frac{10^5}{10^2}\text{dyne/cm}$$
$$= 20.8 \text{dyne/cm}$$

112. 물의 표면장력 $\sigma$ 가 $7.5 \times 10^{-3}$kgf/m($7.35 \times 10^{-2}$N/m)일 때 지름이 3mm인 물방울 내부의 초과압력은?

㉮ 0.001 kgf/cm²(98Pa)
㉯ 10 kgf/cm²(9.8 x 10⁵Pa)
㉰ 0.1 kgf/cm²(9800Pa)
㉱ 100 kgf/cn²(98Pa)

**P·O·I·N·T**

$$P = \frac{4\sigma}{\alpha} = \frac{4 \times 7.5 \times 10^{-3}}{3 \times 10^{-3}}$$
$$= 10\text{kg}_f/\text{m}^2 = 0.001\text{kg/cm}^2$$

[SI] $$P = \frac{4\sigma}{\alpha} = \frac{4 \times 7.35 \times 10^{-2}}{3 \times 10^{-3}}$$
$$= 9.8\text{N/m}^2 = 98\text{Pa}$$

113. 지름 5cm인 비눗방울 속의 내부 초과압력이 $1.8 \times 10^{-5}$N/cm²일 때 이 비눗방울의 표면장력은 몇 N/cm인가?

㉮ $1.8 \times 10^{-4}$  ㉯ $2.2 \times 10^{-4}$
㉰ $3.2 \times 10^{-5}$  ㉱ $4.8 \times 10^{-5}$

**P·O·I·N·T**

표면장력 $\sigma = \frac{PD}{4}$ 이므로

$$\sigma = \frac{1.8 \times 10^{-5} \times 5}{4} = 2.25 \times 10^{-5}\text{kg}_f/\text{cm}$$
$$\approx 2.2 \times 10^{-4}$$

114. U자관에 물이 채워져 있다. 여기에 기름을 넣었더니 기름 25cm와 물기둥 15cm가 평형을 이루었다면 이 기름의 비중은 얼마인가?

㉮ 0.6  ㉯ 1.67
㉰ 0.06  ㉱ 0.16

**P·O·I·N·T**

물의 비중은 1이다.

$$\therefore S_0 = S_w \times \frac{h_w}{h_0} = 1 \times \frac{15}{25} = 0.6$$

115. 직경이 큰 U자관에 수은과 어떤 액체를 넣었더니 수은과 그 액체의 면이 각각 5cm, 50cm이었다. 이 액체의 비중은?

㉮ 1.04  ㉯ 1.36
㉰ 1.53  ㉱ 1.81

정답  110. ㉯  111. ㉰  112. ㉮  113. ㉯  114. ㉮  115. ㉯

**P·O·I·N·T**

$S \times 9800 \times 0.5 = 13.6 \times 9800 \times 0.05$

$\therefore S = 13.6 \times \dfrac{0.05}{0.5} = 1.36$

---

**116.** 어떤 추의 무게가 대기중에서 3.92N, 어떤 액체 속에서 2.94N, 추의 체적이 130cm³이면 이 액체의 비중은?

㉮ 0.769   ㉯ 0.981
㉰ 1.043   ㉱ 1.123

**P·O·I·N·T**

$2.94N = 3.92N - 130 \times 10^{-6} \times r$

$r = \dfrac{3.92 - 2.94}{130 \times 10^{-6}} = 7538.5 N/m^3$

$\therefore S = \dfrac{7538.5}{9800} = 0.769$

---

**117.** 물이 들어 있는 U자관 속에 기름을 넣었더니 기름 25cm와 물 18cm의 액주가 평형을 이루었다면 이 기름의 비중은 얼마인가?

㉮ 0.52   ㉯ 0.82
㉰ 1.2    ㉱ 0.72

**P·O·I·N·T**

$S_0 = S_w \times \dfrac{h_w}{h_0} = 1 \times \dfrac{18}{25} = 0.72$

---

**118.** 무게가 20g인 용기 속에 20cc의 액체를 채운 후의 무게는 40g이었다. 이 액체의 비중은?

㉮ 0.7   ㉯ 0.9
㉰ 1.0   ㉱ 1.2

**P·O·I·N·T**

$\gamma = \dfrac{W_2 - W_1}{V} = \dfrac{40 - 20}{20} = 1 g/cc$

$= 1000 kg/m^3$

$\therefore S = \dfrac{\gamma}{\gamma_w} = \dfrac{1000}{1000} = 1$

---

**119.** 질량 0.5kg의 비중병이 있다. 황산 100cm²를 비중병에 넣고 달았더니 0.625kg을 가리켰다. 황산의 밀도는 몇 $kg \cdot s^2/m^4$인가?

㉮ 1000   ㉯ 1250
㉰ 1530   ㉱ 2270

**P·O·I·N·T**

황산의 밀도

$P = \dfrac{m_2 - m_1}{V} = \dfrac{0.625 - 0.5}{100 \times 10^{-6}} = 1250 kg/m^3$

---

**120.** 다음 점도계 중 뉴턴의 점성법칙을 이용한 것은?

㉮ 낙구식 점도계   ㉯ 오스트발트 점도계
㉰ 세이볼트 점도계   ㉱ 스토머 점도계

**P·O·I·N·T**

· 스토크스법칙을 기초로 한 점도계 : 낙구식 점도계
· 하겐-푸아죄유의 법칙을 기초로 한 점도계 :
  오스트발트 점도계, 세이볼트 점도계
· 뉴턴의 점성법칙을 기초로 한 점도계 :
  맥미첼 점도계, 스토머 점도계

---

**121.** 다음 계측기에서 점성계수를 측정하는 것이 아닌 것은?

㉮ 세이볼트   ㉯ 오스트발트
㉰ 스토머    ㉱ 하이드로미터

**P·O·I·N·T**

부력에 의한 평형으로 액체의 밀도를 계측하는 기구이다.

---

**122.** 다음 점도계 중에서 스토크스법칙을 이용한 것은?

㉮ 세이볼트 점도계   ㉯ 낙구식 점도계
㉰ 스토머 점도계    ㉱ 오스트발트 점도계

**P·O·I·N·T**

① 스토크로스 법칙 : 낙구식 점도계
② 하겐-푸아죄유의 법칙 :
   오스트발트 점도계, 세이볼트 점도계
③ 뉴턴의 점성법칙 : 스토머 점도계, 맥미첼 점도계

---

**123.** 지름이 15mm, 비중이 7.8인 강구가 비중이 0.8인 기름 속에서 5m/s로 낙하하였다면 이 기름의 점성계수는 얼마인가?

㉮ 0.0175 m²/s   ㉯ 0.0875 m²/s
㉰ 0.167 m²/s    ㉱ 41.167 m²/s

---

정답  116. ㉮  117. ㉱  118. ㉰  119. ㉯  120. ㉱  121. ㉱  122. ㉯  123. ㉮

### POINT

$$\mu = \frac{D^2(\gamma_s - \gamma)}{18V}$$
$$= \frac{(0.015)^2 \times (7.8 - 0.8) \times 1000}{18 \times 5}$$
$$= 0.0175 \, \text{m}^2/\text{s}$$

**124.** 다음 계측기에서 속도를 측정하는 것이 아닌 것은?

㉮ 피토 정압관  ㉯ 벤투리관
㉰ 웨스트펄베랜스  ㉱ 피토관

### POINT
벤투리관은 유량을 측정하는 계기이다.

**125.** 피토관을 흐르는 물 속에 넣었을 때 물 위로 높이가 120mm였다면 이 물의 속도는 얼마인가?

㉮ 53 m/s  ㉯ 1.53 m/s
㉰ 2.35 m/s  ㉱ 4.85 m/s

### POINT
$$V = \sqrt{2gh}$$
$$= \sqrt{2 \times 9.81 \times 0.12} = 1.53 \, \text{m/s}$$

**126.** 다음 계측기에서 유량을 측정하는 것이 아닌 것은?

㉮ 오리피스  ㉯ 위어
㉰ 노즐  ㉱ 피에조미터

### POINT
압력을 측정할 수 있는 액주계로서 유리관을 용기 또는 관에 연결시켜 액체의 상승 높이를 측정하여 대기와의 차로압력을 나타낸다.

**127.** 물 속에 피토관을 설치하였더니 전압이 12 mAq, 정압이 6 mAq이었다. 이때 유속은 몇 m/s인가?

㉮ 8.5  ㉯ 9.6
㉰ 10.8  ㉱ 11.4

### POINT
$$\frac{p_t}{\gamma} = \frac{p_s}{\gamma} + \frac{V^2}{2g}$$
$$\frac{V^2}{2g} = \frac{p_t}{\gamma} - \frac{p_s}{\gamma} = 12 - 6 = 6 \, \text{mAq}$$
$$\therefore V = \sqrt{2 \times 9.8 \times 6} \fallingdotseq 10.8 \, \text{m/s}$$

**128.** 다음 그림과 같이 피토-정압관을 설치하였을 때 속도수두 $\frac{V^2}{2g}$ 는?

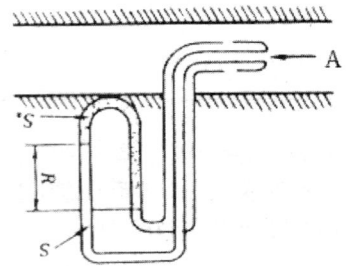

㉮ R  ㉯ $SS_0 R$
㉰ $R(\frac{S_0}{S} - 1)$  ㉱ $R(\frac{S_0}{S})$

### POINT
$$\text{유속} \quad V = \sqrt{2gR\left(\frac{S_0}{S} - 1\right)}$$
$$\therefore \text{속도수두} \frac{V^2}{2g} = R\left(\frac{S_0}{S} - 1\right)$$

**129.** 다음 그림과 같은 벤투리관에 물이 흐르고 있다. 단면 1과 단면 2의 단면적비가 2이고, 압력 수두차가 $\Delta h$일 때 단면 2에서의 속도는 얼마인가? (단, 모든 손실은 무시한다.)

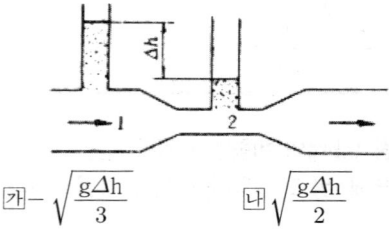

㉮ $\sqrt{\frac{g\Delta h}{3}}$  ㉯ $\sqrt{\frac{g\Delta h}{2}}$

정답  130. ㉯  131. ㉰  132. ㉯  133. ㉮

㉯ $2\sqrt{\dfrac{2g\varDelta h}{3}}$  ㉰ $\sqrt{g\varDelta h}$

### POINT
손실이 없는 벤투리관에서 $C_V = 1$ 이므로

$V_2 = \dfrac{Q}{A_2} = \dfrac{1}{\sqrt{1-\left(\dfrac{1}{2}\right)^2}} \sqrt{2g\left(\dfrac{p_1-p_2}{\gamma}\right)}$

여기서, $\dfrac{A_2}{A_1} = \dfrac{1}{2}$, $\dfrac{p_1-p_2}{\gamma} \varDelta h$ 이므로

$V_2 = \dfrac{1}{\sqrt{1-\left(\dfrac{1}{2}\right)^2}} \sqrt{2g\varDelta h} = 2\sqrt{\dfrac{2g\varDelta h}{3}}$

**130.** 지름이 15cm인 관에 질소가 흐르고 있다. 피토 정압관에 의한 마노미터는 4cmHg의 시차를 나타낼 때 질소의 온도가 27℃이면 중심선에서의 유속은 얼마인가?

㉮ 105.6m/s  ㉯ 96.6m/s
㉰ 85.6m/s  ㉱ 76.5m/s

### POINT
표에서 20℃의 질소의 비중량을
$\gamma = 1.1421\text{kg/m}^3$ 따라서 $S = 0.0011421$

$\therefore V = \sqrt{2gR'\left(\dfrac{S_0}{S}-1\right)}$
$= \sqrt{2\times 9.8\times 0.04\times\dfrac{13.6}{0.0011421}-1}$
$= 96.6\text{m/s}$

**131.** 그림에서 관내에 공기가 흐르고 있을 때 $p = 1.013\text{kg/cm.abs}(0.993\text{bar·abs})$, $t = 20℃$, $R' = 2.8\text{cmAq}$이면 공기의 속도는 얼마인가?

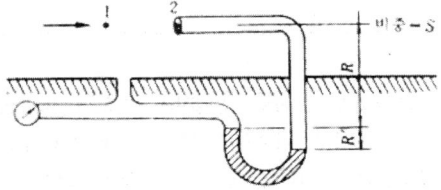

㉮ 27.5m/s  ㉯ 19.5m/s
㉰ 17.40m/s  ㉱ 15.6

### POINT
$\gamma_{air} = \dfrac{p}{RT} = \dfrac{1.013\times 10^4}{29.27(273+20)} = 1.181\text{kg/m}^3$

$V = \sqrt{2gR'\left(\dfrac{S_0}{S}-1\right)}$
$= \sqrt{2\times 9.8\times 0.028\left(\dfrac{1}{0.001181}-1\right)}$
$= 17.40\text{m/s}$

[SI 단위]
$\rho_{air} = \dfrac{p}{RT} = \dfrac{0.993\times 10^5}{287\times(273+20)}$
$= 1.181\text{kg/m}^3$, $V = 17.40\text{m/s}$

**132.** 지름이 75mm이고 속도계수 $C_V$가 0.96인 노즐이 지름 400mm관에 부착되어 물이 분출되고 있다. 이 400mm 관의 수두가 6m일 때 노즐 출구에서의 유속은?

㉮ 10.84m/s  ㉯ 10.41m/s
㉰ 10.62m/s  ㉱ 10.20m/s

### POINT
$V = C_V\sqrt{2gh}$ 에서
$V = 0.96\times\sqrt{2\times 9.81\times 6} = 10.41\text{m/s}$

**133.** 수면하 2.5m인 곳에 오리피스를 통하여 매분 1000ℓ의 물을 유출시키려면 필요한 지름은 얼마인가?

㉮ 5mm  ㉯ 23mm
㉰ 125mm  ㉱ 300mm

### POINT
$Q = C_d \cdot A\sqrt{2gH}$

$A = \dfrac{Q}{C_d\sqrt{2gH}} = \dfrac{\dfrac{1}{60}}{0.6\sqrt{2\times 9.81\times 2.5}}$

$d = \left(\dfrac{1}{\dfrac{\pi}{4}\times 0.6\times 60\times 7}\right)^{\dfrac{1}{2}} = 0.005\text{m} = \text{mm}$

**134.** 수두 0.5mm에서 물을 매분 1.2m³로 유출시

정답 130. ㉯ 131. ㉰ 132. ㉯ 133. ㉮

키는 데 필요한 구멍의 지름은 얼마인가?(단, 유량계수는 0.60이다.)

㉮ 110mm  ㉯ 112mm
㉰ 114mm  ㉱ 116mm

**P·O·I·N·T**

$Q = C_d A \sqrt{2gH}$ 에서

$A = \dfrac{Q}{C_d \sqrt{2gH}}$

$d^2 = \dfrac{\frac{1.2}{60}}{0.6 \times 0.785 \times \sqrt{2 \times 9.8 \times 0.5}}$

$\therefore d = \sqrt{\dfrac{1.2}{60 \times 0.6 \times 0.785 \times 3.13}}$

$= 0.116 \mathrm{m} = 116 \mathrm{mm}$

**135.** 개수로의 유량측정에 이용되는 것은?

㉮ 위어  ㉯ 벤투리미터
㉰ 오리피스  ㉱ 피토관

**136.** 열선풍속계는 무엇을 측정하는데 사용되는가?

㉮ 유동하고 있는 기체흐름에 있어서의 기체의 압력
㉯ 유동하고 있는 액체흐름에 있어서의 기체의 압력
㉰ 유동하고 있는 기체의 속도
㉱ 유동하고 있는 기체에 대하여 정체점 온도

**P·O·I·N·T**

열선풍 속도계는 백금선을 센서로 하여 기체 흐름 속에 노출시킴으로써 그 냉각효과를 이용하여 유속의 변화를 측정한다.

**137.** 유속계수가 0.97인 피토관에서 정압수두가 5m, 정체 압력수두가 7m이었다. 이때 유속은 얼마인가?

㉮ 5.4 m/s  ㉯ 6.1 m/s
㉰ 7.8 m/s  ㉱ 8.5 m/s

**P·O·I·N·T**

$V = C_v \cdot \sqrt{2g\Delta h}$
$= 0.97 \times \sqrt{2 \times 9.8 \times (7-5)} \fallingdotseq 6.1 \mathrm{m/s}$

**138.** 수두가 1.5m이고 지름이 8cm인 수조 오리피스에서 물이 유출될 때 $C_c = 0.95$, $C_v = 0.64$였다면 유량은 얼마인가?(단, 수위는 일정하게 유지된다.)

㉮ 0.0125  ㉯ 0.0166
㉰ 0.0275  ㉱ 0.0485

**P·O·I·N·T**

$Q = C_v C_c A \sqrt{2gH}$
$= 0.95 \times 0.64 \times \dfrac{\pi}{4} \times (0.08)^2 \times$
$\sqrt{2 \times 9.81 \times 1.5} = 0.01666 \mathrm{m^3/s}$

**139.** 다음 그림에서 유속 V는 몇 m/s인가?

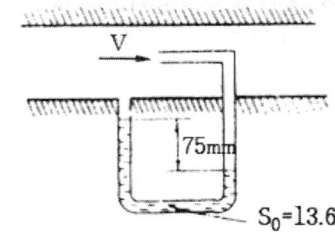

㉮ 4.3  ㉯ 2.2
㉰ 7.8  ㉱ 3.7

**P·O·I·N·T**

$V = \sqrt{\dfrac{2gH\left(S_0 - 1\right)}{S}}$

$= \sqrt{2 \times 9.8 \times 0.075 \times \left(\dfrac{13.6}{1} - 1\right)}$

$= 4.3 \mathrm{m/s}$

**140.** 풍동에서 유속을 측정하기 위하여 피토관을 설치하였더니 액주계의 읽음이 8cmAq이었다. 절대압력이 1.02kg/cm²이고, 온도가 25℃인 공기의 유속은 몇 m/s인가/

㉮ 36.6  ㉯ 29.4

㉹ 21.3   ㉻ 18.8

**POINT**

$\gamma_{air} = \dfrac{p}{RT} = \dfrac{1.02 \times 10^4}{29.27 \times (273+25)}$
$= 1.169 kg/m^3$

$S_{air} = \dfrac{\gamma_{air}}{\gamma_w} = \dfrac{1.169}{1000} = 1.169 \times 10^{-3}$

$V = \sqrt{\dfrac{2gHleft(S_0}{S-1}\right)}$
$= \sqrt{2 \times 9.8 \times 0.08 \left(\dfrac{1}{1.169 \times 10^{-3}} - 1\right)}$
$\fallingdotseq 36.6 m/s$

**141.** 유동하는 기체의 속도를 측정할 수 있는 것은?

㉹ 열선 풍속계   ㉺ 새도 그래프
㉻ 간섭계   ㉼ 슐리렌 방법

**POINT**

열선 풍속계는 가는 금속선(백금선)을 가열해서 기체 유동속에 놓으면 기체의 유동속도에 따라 금속선의 전기저항이 변화하는 것을 이용해서 기체속도를 추정한다. N/R그래프, 간섭계, 슐리렌 방법은 빛을 이용해서 밀도 변화를 측정

**142.** 슐리렌 방법은 다음 중 무엇을 측정하는 데 사용되는가?

㉹ 기체흐름에 대한 정압변화
㉺ 기체흐름에 대한 압력변화
㉻ 기체흐름에 대한 밀도변화
㉼ 기체흐름에 대한 속도변화

**143.** 위어판의 높이가 70cm, 폭이 2m인 사각 위어의 수두가 40cm일 때 유량은 몇 m³/s인가? (단, 유량계수는 115.5이다.)

㉹ 0.85   ㉺ 0.97
㉻ 1.31   ㉼ 1.79

**POINT**

$Q = kbH^{\frac{3}{2}}$
$= 115.5 \times 2 \times 0.4^{\frac{3}{2}}$
$\fallingdotseq 58.44 m^3/min = 0.97 m^3/s$

**144.** 공학단위계에서 힘(무게)의 단위는 kgf, 길이의 단위는 m, 시간의 단위는 s를 사용한다. 지구중력 가속도를 g·m/s²라 할 때 질량 m의 무게는 W=mg식으로 계산한다. 이때 질량 m의 단위는 다음 중 어느 것을 사용하여야 하는가?(단, kg은 kgmass의 약자로서 kg의 질량을 의미한다.)

㉹ kgf·s²/m   ㉺ kgf·s²/m
㉻ kgf·s²/m   ㉼ kgf·s²/m

**POINT**

$kg_f = kg m/s^2 \quad \therefore \quad kg = kg_f s^2/m$

**145.** 다음 중 무차원인 것은 어느 것인가?

㉹ 절대 점성계수   ㉺ 체적 탄성계수
㉻ 밀도   ㉼ 비중

**146.** 중력 단위계에서 질량의 차원으로 맞는 것은?

㉹ $FL^2T^2$   ㉺ $FLT^2$
㉻ $FL^{-1}T^{-1}$   ㉼ $FL^{-1}T^2$

**POINT**

$F = ma, \quad m = \dfrac{F}{a} = \dfrac{F}{LT^{-2}} = FL^{-1}T^2$

**147.** 다음 중 차원이 틀린 것은?

㉹ $[\mu] = [ML^{-1}T^{-1}]$
㉺ $[P] = [ML^{-1}T^{-2}]$
㉻ $[F] = [MLT^{-2}]$
㉼ $[\gamma] = [ML^{-2}T^{-2}]$

**POINT**

$\gamma kg/m^3 = \dfrac{[MLT^{-2}]}{L^3} = ML^{-2}T^{-2}$

**148.** 실제 혹은 이상 유체의 흐름에 의해서 충족되어야 할 사항이 아닌것은?

㉹ 뉴턴의 운동 제2법칙
㉻ 연속 방정식
㉼ 속도는 경계벽에서 0이다

정답 140. ㉹ 141. ㉹ 142. ㉻ 143. ㉺ 144. ㉻ 145. ㉼ 146. ㉼ 147. ㉼

㉣ 뉴톤의 점성 법칙

**149.** 다음의 관계가 틀린 것은?
㉮ $\in = 105 \text{dyne}$
㉯ $193 = 75 \text{kg}_f \text{m/s} = 735 \text{W}$
㉰ $1\text{J} = 0.102 \text{kg}_f \cdot \text{m}$
㉱ $1\text{dyne} = 1\text{gr} \times \text{cm/s}^2$

**150.** 모세관 현상으로 올라가는 액주의 높이는?

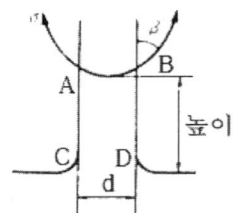

㉮ $4\sigma \cdot \cos\beta / \gamma d$
㉯ $\dfrac{26\cos\beta}{\gamma d}$
㉰ $\dfrac{4\alpha\cos\beta}{\gamma \sigma}$
㉱ $\dfrac{2d\cos\beta}{\gamma \sigma}$

**151.** 유체의 압축율에 대한 차원으로 맞는 것은?
㉮ $[M^{-1}T^2]$
㉯ $[M^{-1}LT^2]$
㉰ $[ML^{-1}T^2]$
㉱ $[L^{-1}T^{-1}]$

**152.** 다음 식 중 음속의 식이 아닌 것은?
㉮ $\sqrt{\dfrac{E}{\rho}}$
㉯ $\sqrt{\dfrac{k\rho}{\rho}}$
㉰ $\sqrt{RgRT}$
㉱ $\dfrac{\frac{dp}{dV}}{V}$

**153.** 다음 중 비점성 유체란?
㉮ 유체유동시 마찰저항이 존재하지 않는 유체를 말한다.
㉯ 유체유동시 마찰 저항이 존재하는 유체이다.
㉰ 실제 유체를 말한다.
㉱ 전단 응력이 존재하는 유체 흐름을 말한다.

**154.** 등온기체에 대한 체적탄성계수 E는 다음 중 어느 식인가?(여기서, P는 절대압력, Vs는 비체적이다.)
㉮ $E = p$
㉯ $E = PVs$
㉰ $E = \dfrac{P}{Us}$
㉱ $E = \dfrac{dp}{dus}$

**155.** 점성계수의 단위로 poise를 사용하는데, 다음 중 poise의 단위로 옳은 것은?
㉮ $\text{dyne/cm} \cdot \text{s}$
㉯ $\neq \text{wton} \cdot \text{s/m}^2$
㉰ $\text{dyne} \cdot \text{s/cm}^2$
㉱ $\text{cm}^2/\text{s}$

**156.** 동점성계수의 단위로 stokes를 사용하는데 다음중 stokes는 어느 것인가?
㉮ $\text{ft}^2/\text{s}$
㉯ $\text{m}^2/\text{s}$
㉰ $\text{cm}^2/\text{s}$
㉱ $\text{m}^2/\text{hr}$

정답  148. ㉱  149. ㉱  150. ㉮  151. ㉯  152. ㉱  153. ㉮  154. ㉮  155. ㉰  156. ㉰

157. 다음 중 동점성 계수의 차원은 어느 것인가?
   ㉮ $[L^2T^{-1}]$   ㉯ $[L^{-2}T^{-1}]$
   ㉰ $[L^{-2}T]$   ㉱ $[LT^{-2}]$

158. 다음 중 점성계수의 단위가 아닌 것은?
   ㉮ $kgf \cdot s/m^2$   ㉯ $kgf/m \cdot s$
   ㉰ $dyne \cdot s/m$   ㉱ $kgf \cdot m/s^2$

159. 다음 그림 중에서 Newton의 점성법칙을 바르게 나타낸 것은?(단, $\mu$ 는 점성계수, du/dy는 속도구배이다.)

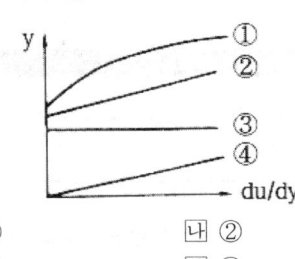

   ㉮ ①   ㉯ ②
   ㉰ ③   ㉱ ④

> **POINT**
> 뉴턴의 점성법칙 $\tau = \mu \dfrac{du}{dy}$ 에서 $\mu$는 비례상수 이므로 속도 구배와 관계없이 일정해야 한다.

160. 모세관현상으로 인한 액체의 상승높이에 관계 없는 것은?
   ㉮ 관의 길이   ㉯ 관의 직경
   ㉰ 관의 종류   ㉱ 액체의 종류

> **POINT**
> $h = \dfrac{4\sigma \cos\theta}{rD}$ 에서 상승높이 h는 관의 직경 D에 반비례하며 접촉각, $\theta$는 관의 종류 액체의 종류 등과 관계된다.

161. 다음 중 Newton 유체란?
   ㉮ 비 압축성 유체로서 속도 구배가 항상 일정한 유체
   ㉯ 유체 유동시에 전단응력과 속도구배의 관계가 원점을 통과하는 직선적인 관계를 갖는 유체
   ㉰ 유체가 정지 상태에서 항복 응력을 갖는 유체
   ㉱ 전단 응력이 속도 구배에 관계없이 항상 일정한 유체

162. 모세관의 직경비가 1:2:3인 3개의 모세관 속을 올라가는 물의 높이의 비는?
   ㉮ $1:2:3$   ㉯ $3:2:1$
   ㉰ $2:3:6$   ㉱ $6:3:2$

> **POINT**
> $h = \dfrac{4\sigma\cos\theta}{rD}$ 모세관의 직경에 반비례한다.
> 따라서 상승높이의 비는 다음과 같다.
> $1 : \dfrac{1}{2} : \dfrac{1}{3} = 6 : 3 : 2$

163. 지름이 d이고 내압이 p(계기압력)인 비눗방울의 표면장력은 얼마인가?
   ㉮ $pd/s$   ㉯ $\dfrac{4p}{\pi d}$
   ㉰ $\dfrac{\pi d}{4p}$   ㉱ $\dfrac{pd}{2}$

164. 표면장력의 차원은 다음 중 어느 것인가?
   ㉮ $F$   ㉯ $FL^{-1}$
   ㉰ $FL^{-2}$   ㉱ $FL^{-3}$

165. 다음 중 모세관 속의 액체가 상승하는 경우는?
   ㉮ 부착력이 응집력보다 크다.
   ㉯ 모세관 속의 액체 표면은 위로 볼록하다.
   ㉰ 다른 조건이 모두 같다면 모세관의 직경이 클수록 상승높이가 크다.
   ㉱ 부착력과 응집력의 크기에는 관계없고 위로 오목한 표면을 갖는다.

> **POINT**
> 응집력 > 부착력 : 하강
> 응집력 < 부착력 : 상승

정답 157. ㉮ 158. ㉱ 159. ㉰ 160. ㉮ 161. ㉯ 162. ㉱ 163. ㉮ 164. ㉯ 165. ㉮

**166.** 700kPa, 90℃의 $CO_2$(이산화탄소)의 비중량은 다음 중 어느 것인가?

㉮ $100\text{kg}/\text{m}^3$  ㉯ $100\text{N}/\text{m}^3$
㉰ $1008\text{kg}/\text{m}^3$  ㉱ $1008\text{N}/\text{m}^3$

**167.** 무게와 체적이 각각 4000kgf과 $8\text{m}^3$인 유체의 비중은 얼마인가?

㉮ 8.6  ㉯ 0.5
㉰ 1.16  ㉱ 11.6

**POINT**
$$비중량 = \frac{39200\text{N}}{8\text{m}^3} = 4900\text{N}/\text{m}^3$$
$$비중 = \frac{4900}{9800} = 0.5$$

**168.** 밀도가 $98\text{N}\cdot\text{S}^2/\text{m}^2$인 유체의 비중량은 얼마인가?

㉮ $980\text{N}/\text{m}^3$  ㉯ $0.023\text{N}/\text{m}^3$
㉰ $960.4\text{N}/\text{m}^3$  ㉱ $82.91\text{N}/\text{m}^3$

**POINT**
$r = pg = 98\text{N}\cdot\text{S}^2/\text{m}^4 \times 9.8 = 960.4\text{N}/\text{m}^3$

**169.** 어떤 액체가 0.01㎤의 체적을 갖는 강체의 실린더 속에서 69kgf/㎠의 압력을 받고 있다. 그런데 압력이 138kgf/㎠로 증가되었을 때 액체의 체적은 0.0099㎤로 증가되었을 때 액체의 체적 탄성계수는 얼마인가?

㉮ $690\text{kgf}/\text{cm}^2$  ㉯ $960\text{kgf}/\text{m}^2$
㉰ $9600\text{kgf}/\text{m}^2$  ㉱ $6900\text{kgf}/\text{m}^2$

**POINT**
$$E = \frac{dp}{\frac{dV}{V}} = -\frac{P_2 - P_1}{\frac{V_2 - V_1}{V_1}}$$
$$= -\frac{0.01(138-69)}{0.0099-0.01} = 6900\text{kgf}/\text{cm}^2$$

**170.** 질량 1kg인 물체를 저울에 달았더니 무게가 10kgf이었다. 이 지점의 중력가속도는 얼마인가?

㉮ 98  ㉯ 105
㉰ 130  ㉱ 142

**POINT**
무게 $10\text{kgf} = 10 \times 9.8\text{kg}\cdot\text{m}/\text{sec}^2$
$= m\cdot g = 98$
$\therefore g = \dfrac{98}{1\text{kg}} = 98\text{m}/\text{sec}^2$

**171.** 10kg의 질량체를 중력가속도 $g=3\text{m}/\text{s}^2$인 유량에서 용수철 저울로 달았다. 무게는 몇 N인가?

㉮ 10N  ㉯ 30N
㉰ 32.67N  ㉱ 30N

**POINT**
$W = mg = 10 \times 3 = 30\text{kg}\cdot\text{m}/\text{s}^2 = 30\text{N}$

**172.** 압력이 200kPa에서 밀도가 $1.1\text{kg}/\text{m}^2$인 메탄가스($CH_4$)의 온도는 다음 중 어느 것인가?

㉮ 288k  ㉯ 35.7k
㉰ 350k  ㉱ 29.4k

**POINT**
$1\text{kPa} = 1000\text{N}/\text{m}^2$
$$T = \frac{P}{eR} = \frac{200 \times 10^3}{1.1 \times \frac{8314.3}{16}} = 349.9$$

**173.** 체적이 $5\text{m}^3$인 어떤 기름의 무게가 5000kgf이었다. 이 기름의 밀도는 몇 $\text{N}\cdot\text{S}^2/\text{m}^4$인가?

㉮ 78  ㉯ 86
㉰ 94  ㉱ 1000

**POINT**
$$비중량 = \frac{5000 \times 9.8}{5} = 9800\text{N}/\text{m}^3$$
$$\therefore P(밀도) = \frac{r}{g} = \frac{9800}{9.8} = 1000\text{N}\cdot\text{S}^2/\text{m}^4$$

정답 166. ㉯  167. ㉯  168. ㉰  169. ㉱  170. ㉮  171. ㉯  172. ㉰  173. ㉱

174. 압력이 3kgf/cm² abs, 온도 50°C인 기체의 분자량은 얼마인가?
   - 가 8
   - 나 14
   - 다 21
   - 라 36

**POINT**

상태방정식 $PVs = RT$에서
$$R = \frac{p}{rT} = \frac{3 \times 10^4}{2.25 \times (273+50)}$$
$$\approx 41.25 \text{kgf} \cdot \text{m/kg} \cdot \text{k}$$
$$\therefore M = \frac{848}{R} = \frac{848}{41.28} \approx 21$$

175. 50°C, 압력 98N/cm² abs인 공기에서 밀도는 몇 N·s²/m⁴인가? (단, 공기를 이상기체로 가정하고 기체상수 R=287N·m/kg°K이다.)
   - 가 10.57
   - 나 5.32
   - 다 9.2
   - 라 8.8

**POINT**

$PV = mRT$, $\frac{V}{m} = V = \frac{RT}{P}$

$$p = \frac{1}{V} = \frac{P}{RT} = \frac{98 \times 10^4 \text{N/m}^2}{287(\text{N} \cdot \text{m/kg°K}) \times 323°\text{K}}$$
$$= 10.57 \text{kg/m}^3 = 10.57 \text{N} \cdot \text{S/m}^4$$

176. 표준기압 4°C인 순수한 물의 밀도는 얼마인가?
   - 가 $102 \text{kgfs}^2/\text{m}^4 (1000 \text{kg/m}^3)$
   - 나 $102 \text{kgfs}^2/\text{m}^3 (1000 \text{N} \cdot \text{s}^2/\text{m}^3)$
   - 다 $1000 \text{kgf/m}^3 (9800 \text{N/m}^3)$
   - 라 $10^{-3} \text{kgf/m}^3 (9.8 \times 10^{-3} \text{N/m}^3)$

**POINT**

[SI단위]
$$\rho = \frac{r}{g} = \frac{1000}{9.81} = 102 \text{kgf} \cdot \text{s}^2/\text{m}^4$$
$$\rho = \frac{r}{g} = \frac{9800}{9.81} = 1000 \text{kg/m}^3$$

177. 온도 10°C의 암모니아 가스 (NH₃) 질량 2kg이 체적 0.5m³ 인 용기에 가득차 있다. 가스의 압력(N/cm²)은 얼마인가?
   - 가 $5.65 \times 10^4$
   - 나 4.35
   - 다 55.33
   - 라 $4.35 \times 10^4$

**POINT**

$PV = m \cdot R \cdot T$ ($m$ = 질량)
$$P = \frac{mRT}{V} = \frac{2 \times 488.8 \times 283}{0.5}$$
$$= 553348.8 \text{N/m}^2 = 55.33 \text{N/cm}^2$$
$$\therefore R = \frac{8310}{17} = 488.8 (\text{J/kg°K})$$

178. 대기중의 온도가 20°C일 때 대기 중의 음속은 얼마인가? (단, 공기를 완전가스로 취급하여 $\kappa$ =1.4, R=287(J/kg°K)이다.)
   - 가 433m/s
   - 나 343m/s
   - 다 1344m/s
   - 라 1433m/s

**POINT**

$$C = \sqrt{kRT}$$
$$= \sqrt{1.4 \times 287 \times 293} = 343 \text{m/s}$$

179. 어떤 액체에 7kgf/cm²(68.6 N/cm²)의 압력을 가하였더니 체적이 0.035% 감축되었다. 이 액체의 체적 탄성계수는 얼마인가?
   - 가 $2 \times 10^8 \text{kgf/m}^2 (1.96 \times 10^5 \text{Pa})$
   - 나 $2 \times 10^3 \text{kgf/m}^2 (1.96 \times 10^9 \text{Pa})$
   - 다 $2 \times 10^6 \text{kgf/m}^2 (1.96 \times \text{Pa})$
   - 라 $2 \times 10^9 \text{kgf/m}^2 (1.96 \times 10^7 \text{Pa})$

**POINT**

$$E = \frac{7 \times 10^4}{0.035 \times 10^{-2}} = 2 \times 10^8 \text{kgf/m}^2$$

180. 어떤 뉴턴 유체에서 40dyne/cm²인 전단응력이 작용하여 1 rad/s의 각 변형률을 얻었다. 이때 유체의 점성계수는 몇 centipoise인가?
   - 가 4
   - 나 40
   - 다 400
   - 라 4000

**POINT**

1Poise = 100centipoise

181. 동점성계수와 비중이 각각 0.002m²/s 와 1.2인 액체의 점성계수 $\mu$ 는 몇 N·s²/m²인가?

정답 174. 다  175. 가  176. 가  177. 다  178. 나  179. 가  180. 라

㉮ 1.002　　㉯ 0.12
㉰ 0.274　　㉱ 2.4

**P·O·I·N·T**

$$\rho = \frac{\text{비중량} \times \text{비중}}{g} = \frac{9800 \times 1.2}{9.8}$$
$$= 1200 N \cdot s^2/m^4$$
$$\therefore \mu = \rho V = 1200 \times 0.002$$
$$= 2.4 N \cdot s^2/m^2$$

**182.** 동점성계수와 비중이 각각 0.0019m²/s 와 1.2인 액체의 점성계수 $\mu$ 는 몇 kgf·s²/m²인가?

㉮ $0.274 \text{kgf} \cdot s/cm^2 (2.69 N \cdot s/cm^2)$
㉯ $0.233 \text{kgf} \cdot s^2/m^2 (2.28 N \cdot s/m^2)$
㉰ $0.194 \text{kgf}/m^2 (1.9 N/m^2)$
㉱ $1.9 \text{kgf} \cdot s/m^2 (18.6 N \cdot s/m^2)$

**P·O·I·N·T**

$\mu = rV = 1.2 \times 1000 \times 0.0019$
$= 0.233 \text{kgf} \cdot s/m^2$
[SI단위]
$\mu = rV = 1.2 \times 1000 \times 0.0019$
$= 2.28 N \cdot s/m^2$

**183.** 어떤 기름의 동점성계수가 2 stokes이고, 비중량이 0.0008kgf/cm²이다. 이때 점성계수는 몇 poise인가? (단, SI 단위)

㉮ 1　　㉯ 1.3
㉰ 1.6　　㉱ 2

**P·O·I·N·T**

$$\mu = \frac{rV}{g} = \frac{0.0008 \text{kgf}/cm^3 \times 2 cm^2/s}{980 cm/s^2}$$
$$= 1.63 \times 10^{-6} \text{kgf} \cdot s/cm^2$$
$$= 1.6 \times 10^{-5} N \cdot s/cm^2$$
$$= 1.6 \text{dyne} \cdot s/cm^2 = 1.6 Poise$$

**184.** $\mu$ =0.060 poise, 비중=0.06인 유체의 $\nu$ 는 stokes 단위로 얼마인가?

㉮ 2.78　　㉯ 1.0
㉰ 0.60　　㉱ 0.36

**P·O·I·N·T**

$$\mu = \frac{\mu}{P} = \frac{\mu}{1000 S} = \frac{0.60 \times 10^{-1}}{1000 \times 0.60}$$
$$= 1 \times 10^{-4} m^4/s$$
$$\therefore 1 \times 10^{-4} \times 10^4 cm^2/s$$
$$= 1 \text{stokes}$$

**185.** 간격이 3mm인 평행한 두 평판 사이에 점성계수가 15.14 poise인 피마자 기름이 차 있다. 한쪽 판이 다른 판에 대해서 6m/s의 속도로 미끄러질 때 면적 1m²당 받는 힘은 얼마인가?

㉮ $3027 N/m^2$　　㉯ $274.2 N/m^2$
㉰ $369.2 N/m^2$　　㉱ $1524.5 N/m^2$

**P·O·I·N·T**

$$\tau = \mu \frac{V}{h} = 15.14 \times \frac{1}{10} \cdot \frac{6}{0.003}$$
$$= 3027.2 N/m^2$$

**186.** 점성계수가 1009.2N·s/m², 동점성계수는가 1.010m²/s인 유체의 비중은 얼마인가?

㉮ 0.91　　㉯ 1
㉰ 1.21　　㉱ 4

**P·O·I·N·T**

비중 $S = \dfrac{r}{rw}$　$\therefore r = rw \times s$

$p = \dfrac{9800 \cdot s}{9.8} = 1000 \cdot S$

$v = \dfrac{u}{p} = \dfrac{u}{1000 \cdot s}$ 에서

$s = \dfrac{u}{1000 \cdot v} = 0.999 \fallingdotseq 1$

**187.** 지름 1mm, 온도 20℃의 유리관 속을 상승하는 물의 모세관의 상승 높이는 얼마인가? (단, $\sigma$ =7.27 x $10^{-2}$N/m, $\beta$ =0°이다.)

㉮ 7.42mm　　㉯ 7.42cm
㉰ 29.68mm　　㉱ 29.68cm

정답　181. ㉱　182. ㉯　183. ㉰　184. ㉯　185. ㉮　186. ㉯　187. ㉰

**P·O·I·N·T**

$$h = \frac{4\sigma\cos\beta}{rd}$$
$$= \frac{4 \times 7.27 \times 10^{-2} \times \cos 0°}{9800 \times 1 \times 10^{-3}}$$
$$= 29.68 \times 10^{-3} \text{m} = 29.68 \text{mm}$$

188. 지름이 50mm인 비눗방울의 내부 초과압력이 20N/m²일 때 표면장력 σ는?

㉮ 0.25N/m  ㉯ 0.5N/m
㉰ 0.75N/m  ㉱ 1N/m

**P·O·I·N·T**

$$\sigma = \frac{PD}{4} = \frac{20 \times 0.05}{4} = 0.25 \text{N/m}$$

189. 물방울이 20℃인 대기 중에 있을 때 물방울의 내부압력이 외부압력보다 0.098N/cm² 만큼 높아졌다면 물방울의 지름은?(단, σ=0.725N/m)

㉮ 1.96mm  ㉯ 2.96mm
㉰ 3.96mm  ㉱ 4.96mm

**P·O·I·N·T**

$$D = \frac{4 \times 6}{P} = \frac{4 \times 0.725}{0.098 \times 10^4}$$
$$= 0.00296 \text{m} = 2.96 \text{mm}$$

190. 그림과 같이 지름 D인 모세관을 물속에 α 만큼 기울여서 세웠을 때 상승높이 H는 몇 mm인가? (단, D=5mm, θ=10°, α=15°, 표면장력은 8.23×10⁻²N/m이다.)

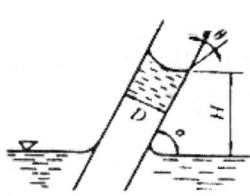

㉮ 5.4  ㉯ 6.6
㉰ 7.8  ㉱ 9.0

**P·O·I·N·T**

모세관이 기울어졌더라도 액체의 상승높이 H는 마찬가지이다.

$$H = \frac{4\sigma\cos\theta}{rD}$$
$$= \frac{4 \times 8.23 \times 10^{-2} \times \cos 10°}{9800 \times 5 \times 10^{-3}}$$
$$\fallingdotseq 6.6 \times 10^{-3} \text{m} = 6.6 \text{mm}$$

191. 5cm 지름인 비누풍선 속의 내부 초과압력은 2.04×10⁻⁴N/cm²이다. 이 비누막의 표면장력은 얼마인가?

㉮ 0.6×10⁻⁵ N/m  ㉯ 2.6×10⁻⁵ N/m
㉰ 0.6×10⁻³ N/m  ㉱ 2.6×10⁻² N/m

**P·O·I·N·T**

$$\sigma = \frac{PD}{4} = \frac{2.04 \times 10^{-4} \times 5}{4}$$
$$= 2.55 \times 10^{-4} \text{N/cm} = 2.55 \times 10^{-2} \text{N/m}$$

192. 비중이 0.8인 액체에 지름이 3mm인 유리관을 세웠을 때 모세관 현상에 의해 올라간 높이는 얼마인가? (단, 액체의 표면장력 σ = 2.9×10⁻²N/m, 접촉각 β=10° 이다)

㉮ 2.84×10⁻³m  ㉯ 4.84×10⁻³m
㉰ 8.48×10⁻³m  ㉱ 8.48×10⁻³m

**P·O·I·N·T**

$$h = \frac{4\sigma\cos\beta}{rd}$$
$$= \frac{4 \times 2.9 \times 10^{-2} \times \cos 10°}{0.8 \times 9800 \times 0.003}$$
$$= 4.84 \times 10^{-3} \text{m}$$

193. 그림과 같이 폭 0.06m의 틈 속 가운데 매우 넓고 얇은 판이 있다. 이 얇은 판위에는 점성계수가 μ인 유체가 있고, 아랫면에는 점성계수가 2μ인 유체가 있다. 이 얇은 판이 0.3m/s의 속도로 움직일 때 1m²당 필요한 힘이 30N이다. 이때 점성계수 μ은 몇 N·s/m²인가? (단, SI 단위)

정답  188. ㉮  189. ㉯  190. ㉯  191. ㉱  192. ㉯  193. ㉮

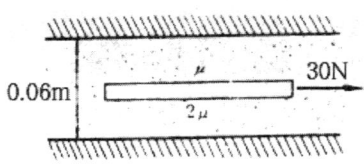

㉮ 1 ㉯ 0.33
㉰ 0.5 ㉱ 0.8

**P·O·I·N·T**

윗면이 받는 전단 응력
$\tau_\mu = \mu \dfrac{0.3}{0.03} = 10\mu$

아랫면이 받는 전단 응력
$\tau_{2\mu} = 2\mu \dfrac{0.3}{0.03} = 20\mu$
$F = (\tau_\mu + \tau_{2\mu}) \cdot 1$ 에서
$30 = 10\mu + 20\mu = 30\mu$
$\mu = 1\text{N} \cdot \text{S}/\text{m}^2$

194. 절대압력이 29.4N/cm²이고, 온도가 33°C인 공기의 밀도는 몇 kg/m³인가?(단, 공기의 기체상수는 273J/kg°K이다.)

㉮ 3.52 ㉯ 4.36
㉰ 5.78 ㉱ 6.34

**P·O·I·N·T**

$PV = mRT$ 에서
$\dfrac{V}{m} = $ 비체적 $= \dfrac{RT}{P}$
밀도 $= \dfrac{P}{RT} = \dfrac{29.4 \times 10^4}{273 \times 306} = 3.52 \,(\text{kg}/\text{m}^3)$

195. 액체에 대한 설명이다. 틀린 것은?

㉮ 자유표면을 이룬다.
㉯ 주로 비압축성 유체이다.
㉰ 응집력이 기체보다 작다.
㉱ 자유도가 기체보다 작다.

**P·O·I·N·T**

액체의 응집력은 기체보다 크다.

196. 다음은 유체의 압축률에 관한 설명이다. 틀린 것은?

㉮ 압축률은 단위 압력 변화에 대한 체적의 변형도이다.
㉯ 압축률은 체적 탄성계수의 역수이다.
㉰ 체적 탄성계수가 클수록 액체는 압축하기 힘들다.
㉱ 유체의 체적의 감소는 유체의 밀도의 감소와 같다.

**P·O·I·N·T**

$-\dfrac{dV}{V} = \dfrac{d\rho}{\rho}$

197. 체적 탄성계수와 관계 있는 것은?

㉮ 온도와 무관하다.
㉯ 압력이 증가하면 증가한다.
㉰ 압력과 점성에 영향을 받지 않는다.
㉱ $\dfrac{1}{\rho}$ 의 차원을 갖고 있다.

**P·O·I·N·T**

$E = -\dfrac{vdp}{dv}$ 이므로
압력증가시 체적 탄성 계수 증가

198. 분자 사이의 자유도가 큰 것부터 나열한 것은 다음 것은 어느 것인가?

㉮ 고체 – 액체 – 기체
㉯ 액체 – 기체 – 기체
㉰ 기체 – 액체 – 고체
㉱ 액체 – 고체 – 기체

199. 층류구역과 난류구역의 중간 천이구역에서의 관마찰계수 f 는 ?

㉮ 레이놀즈수 $R_e$ 와 상대조도 $\dfrac{e}{d}$ 와의 함수이다.
㉯ 마하수와 코우시수와의 함수가 된다.
㉰ 상대조도와 오일러수의 함수가 된다.
㉱ 언제나 레이놀즈수만의 함수가 된다.

정답 194. ㉮ 195. ㉰ 196. ㉱ 197. ㉯ 198. ㉰ 199. ㉮

200. Nikuradse가 원관에 대해 조도실험을 한결과 얻은 그래프에서 천이영역이란?
   - ㉮ 상대조도가 변하는 영역
   - ㉯ 층류에서 난류로 변하는 영역
   - ㉰ 상대조도는 변하지 않고 $R_e$수가 큰 영역
   - ㉱ 수력학적으로 매끈한 원관에서 거친관으로 관마찰계수가 변하는 영역

   **P·O·I·N·T**
   수력학적으로 매끈한 관에서 거친관으로 관 마찰계수가 변하는 영역이 천이 영역이다.

201. 어떤유체가 매끈한 관에서 난류유동을 할 때 관마찰계수와 관계없는 것은?
   - ㉮ 유속
   - ㉯ 관의 직경
   - ㉰ 점성계수
   - ㉱ 관의 조도

   **P·O·I·N·T**
   매끈한 관 속의 난류에 대한 관 마찰계수는 레이놀즈수만의 함수이므로 점성계수, 유체의 밀도, 유속, 관의 직경에 관계된다.

202. 수평 원통관 속에서 일차원 층류흐름 일 때 압력 손실은?(단, $\mu$는 점성계수, L은 관의 길이, Q는 유량, D는 관의 직경이다.)
   - ㉮ $\dfrac{\pi D^4 Q}{128 \mu L}$
   - ㉯ $\dfrac{\pi D^4 L}{128 \mu Q}$
   - ㉰ $\dfrac{128 \mu L Q}{\pi D^4}$
   - ㉱ $\dfrac{128 \mu L}{\pi D^4 Q}$

   **P·O·I·N·T**
   Hagen-Poiseuille방정식
   압력손실 → $\Delta P = \dfrac{128 \mu L Q}{\pi D^4}$

203. 유동단면 10cm×10cm인 매끈한 관 속에 어떤 액체($\nu = 10^{-5} m^2/S$)가 가득차 흐른다. 이 액체의 평균속도가 2 m/s라면 이때 10m당 손실수두는 몇 m인가?(단 관 마찰 계수는 블라우시스의 공식을 이용한다.)
   - ㉮ 0.542
   - ㉯ 1.327
   - ㉰ 0.316
   - ㉱ 2.73

   **P·O·I·N·T**
   ·수력반경
   $R_h = \dfrac{10 \times 10}{10 \times 2 + 10 \times 2} = 2.5cm = 0.025m$
   ·레이놀즈수
   $R_e = \dfrac{V(4R_h)}{v} = \dfrac{2 \times (4 \times 0.025)}{10^{-5}}$
   ·블라우시스 공식에서 마찰계수 f를 구하면
   $f = 0.3164 R^{-\frac{1}{4}}$
   $= 0.3164(20000)^{-\frac{1}{4}} = 0.0266$
   따라서 다른 시방정식을 이용하면
   $h_l = f \dfrac{L}{4R_h} \cdot \dfrac{V^2}{2g}$
   $= 0.0266 \times \dfrac{10}{4 \times 0.025} \times \dfrac{2^2}{2 \times 9.8}$
   $= 0.542m$

204. 내경 20mm인 원관 속을 평균 유속 0.4m/s로 흐르고 있을 때 관의 길이m에 대한 손실수두는 몇 m 인가?( 단, 마찰 계수는 0.013이다.)
   - ㉮ 0.265
   - ㉯ 2.65
   - ㉰ 0.432
   - ㉱ 4.32

   **P·O·I·N·T**
   다른 시방정식(Darcy equation)에 의하면
   $h_l = \lambda \dfrac{L}{D} \cdot \dfrac{V^2}{2g}$
   $= 0.013 \times \dfrac{50}{0.02} \times \dfrac{(0.4)^2}{2 \times 9.8}$
   $= ≒ 0.265m$

205. 지름 5cm인 매끈한 관에 동점성 계수가 $1.57 \times 10^{-5} m^2/s$인 공기가 0.5m/s의 속도로 흐른다. 관의 길이100m에 대한 손실수두는 몇 m 인가?
   - ㉮ 1.024m
   - ㉯ 1.572m
   - ㉰ 3.540m
   - ㉱ 2.641m

정답 200. ㉱ 201. ㉱ 202. ㉰ 203. ㉮ 204. ㉮ 205. ㉮

**POINT**

$R_e = \dfrac{Vd}{\nu} = \dfrac{0.5 \times 0.05}{1.57 \times 10^{-5}} = 1592 < 2320$

$\lambda = \dfrac{64}{R_e} = \dfrac{64}{1592} = 0.0402$

$h_l = \lambda \dfrac{l}{d} \cdot \dfrac{V^2}{2g}$

$\quad = 0.0402 \times \dfrac{100}{0.05} \times \dfrac{(0.5)^2}{2 \times 9.81}$

$\quad = 1.024 \text{m}$

**206** 레이놀즈수가 1800인 유체가 매끈한 원 관속을 흐를 때 관 마찰계수는?

㉮ 0.0134  ㉯ 0.0211
㉰ 0.0356  ㉱ 0.0423

**POINT**

$\lambda = \dfrac{64}{R_e} = \dfrac{64}{1800} \fallingdotseq 0.0356$

**207** 레이놀즈수가 1500일 때 관 마찰계수 f 는 얼마가 되겠는가?

㉮ 0.064  ㉯ 0.0427
㉰ 0.0625  ㉱ 0.0847

**POINT**

$f = \dfrac{64}{R_e} = \dfrac{64}{1500} = 0.0427$

**208.** 동점성계수가 $1.15 \times 10^{-6}$ m$^2$/s인 물이 내경 25cm인 주철관 속을 평균유속 1.5m/s로 흐를 때 관마찰계수는 얼마인가?(단, Moody 선도를 써서 구한다.)

㉮ 0.0187  ㉯ 0.0235
㉰ 0.0326  ㉱ 0.0432

**POINT**

$R_e = \dfrac{1.5 \times 0.25}{1.15 \times 10^{-6}} \fallingdotseq 326087$ 내경 25cm인

주철관의 상대조도 $\dfrac{e}{D} = 0.0008$이다.

따라서 Moody선도에서 $R_e = 326087$와

$\dfrac{e}{D} = 0.0008$의 교점에서 관 마찰계수 $\lambda$ 를 읽으면 $\lambda = 0.0187$이다.

**209.** 반지름 15cm, 길이 1000m의 원 관속에 물이 매초 50ℓ 의 율로 흐르고 있다. 관 마찰계수가 0.020일 때 마찰손실수두는 얼마인가?

㉮ 54.5 m  ㉯ 48.5 m
㉰ 86.9 m  ㉱ 38.6 m

**POINT**

$V = \dfrac{Q}{A} = \dfrac{0.050}{\dfrac{\pi \times 0.15^2}{4}} = 2.83 \text{m/s}$

$h_l = f \cdot \dfrac{l}{d} \cdot \dfrac{V^2}{2g}$

$\quad = 0.020 \times \dfrac{1000}{0.15} \times \dfrac{2.83^2}{2 \times 9.81}$

$\quad = 54.5 \text{m}$

**210.** 다음 수경반지름에 대한 설명으로 옳은 것은?

㉮ 접수길이(Wetted perimeter)를 면적으로 나눈 것
㉯ 면적을 접수길이의 제곱으로 나눈 것
㉰ 면적의 제곱근
㉱ 면적을 접수길이로 나눈 것

**211.** 다음 그림과 같이 지름 30cm인 파이프에서 0.4 m³/s의 물이 흐르고 있다. 1에서 압력계가 900kpa 를 가리키고 있을 때 압력 $p_2$는 약 몇 kpa 인가?(단, 관마찰계수 f는 0.02로 가정한다.)

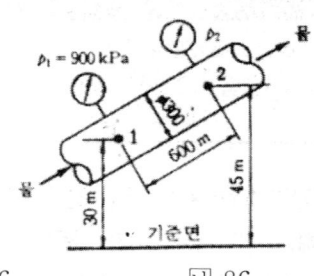

㉮ 36  ㉯ 86
㉰ 112  ㉱ 276

정답 206. ㉰  207. ㉯  208. ㉮  209. ㉮  210. ㉱  211. ㉰

**P·O·I·N·T**

평균유속 V는

$$V = \frac{Q}{A} = \frac{0.4}{\frac{\pi}{4}(0.3)^2} = 5.66 \text{m/s}$$

손실수두 $h_l$은

$$h_l = f \cdot \frac{L}{d} \cdot \frac{V^2}{2g}$$
$$= 0.02 \frac{600}{0.3} \cdot \frac{5.66^2}{2 \times 9.8}$$
$$= 65.38 \text{m}$$

1과 2에 베르누이 방정식을 적용하면,

$$\frac{p_1}{\gamma} + \frac{V_1^2}{2g} + z_1 = \frac{p_2}{\gamma} + \frac{V_2^2}{2g} + z_2 + h_l$$

여기서
$p_1 = 900000 \text{Pa}$, 이므로
$V_1 = V_2 = V$,
$Z_1 = 30 \text{m}$
$Z_2 = 45 \text{m}, h_l = 65.38 \text{m}$

$$\therefore \frac{900000}{9800} + \frac{5.66^2}{5 \times 9.8} + 30$$
$$= \frac{p_2}{9800} + \frac{5.66^2}{2 \times 9.8} + 45 + 65.38$$
$$\therefore p_2 = 112276 \text{Pa} = 112.276 \text{kPa}$$

**212.** 유동단면의 폭이 3m, 깊이가 1.5m인 개수로에서 수력반경은 몇 m 인가?

㉮ 0.42 ㉯ 0.75
㉰ 1.33 ㉱ 1.48

**P·O·I·N·T**

$$R_h = \frac{A}{P} = \frac{3 \times 1.5}{1.5 \times 2 + 3} = \frac{4.5}{6} = 0.75 \text{m}$$

**213.** 점성계수 0.95 Pa·S, 비중 0.95인 기름을 매분 100ℓ 씩 내경 100mm원관을 통하여 30km 떨어진 곳으로 수송할 때 필요한 동력은 몇 kW인가?

㉮ 25.6 ㉯ 33.2
㉰ 46.5 ㉱ 51.8

**P·O·I·N·T**

$$V = \frac{4Q}{\pi D^2} = \frac{4 \times 100 \times 10^{-3}}{\pi \times 0.1^2} \times 60$$
$$= 0.212 \text{m/s}$$
$$R_e = \frac{\rho V D}{\mu} \quad : 층류$$
$$= \frac{9800 \times 0.95 \times 0.212 \times 0.1}{0.98 \times 9.8}$$
$$\fallingdotseq 20.55 < 2100$$

따라서 관마찰계수는

$$\lambda = \frac{64}{R_e} = \frac{64}{20.55} \fallingdotseq 3.114$$

압력손실은

$$\Delta p = \gamma \cdot \lambda \frac{L}{D} \cdot \frac{V^2}{2g}$$
$$= 9800 \times 0.95 \times 3.114$$
$$\times \frac{30 \times 10^3}{0.1} \times \frac{(0.212)^2}{2 \times 9.8}$$
$$\fallingdotseq 19943675 \text{Pa}$$

소요동력은

$$L = \Delta p \cdot Q = \frac{19943675 \times 100 \times 10^{-3}}{60}$$
$$\fallingdotseq 33239 \text{W} \fallingdotseq 33.2 \text{kW}$$

**214.** 수력반경 $R_h(m)$, 관 마찰계수 $\lambda$, 길이 100m인 덕트 속의 유속이 5m/s 일 때 손실수두는 몇 m인가?

㉮ $25.3 \frac{\lambda}{R_h}$ ㉯ $31.9 \frac{\lambda}{R_h}$
㉰ $45.3 \frac{\lambda}{R_h}$ ㉱ $53.6 \frac{\lambda}{R_h}$

**P·O·I·N·T**

비원형관인 경우 손실수두($h_l$) 는

$$h_l = \lambda \frac{L}{4R_h} \cdot \frac{V^2}{2g}$$
$$= \lambda \frac{100}{4R_h} \times \frac{5^2}{2 \times 9.8} \fallingdotseq 31.9 \frac{\lambda}{R_h}$$

**215.** 안지름이 70mm의 곧은 관속에 풍속 30m/s 의 공기를 보내고 있다. 이때 관의 길이 1m 사이에서 정압차가 16mmAq를 나타냈을 때 관의 마찰계수는 얼마인가?(단, 공기의 비중량은

정답 212. ㉯ 213. ㉯ 214. ㉯ 215. ㉰

1.22kg/m² (11956 N/m²)가 된다.)

㉮ 0.04 ㉯ 0.03
㉰ 0.02 ㉱ 0.01

**POINT**

다른식의 방정식으로부터 곧은 관에 대한 손실은
$$h_l = f \frac{l}{d} \cdot \frac{V^2}{2g}$$

그런데 수평한 관에서의 압력손실과 손실수두와의 관계는 $\Delta p = \gamma h_l$이 되므로
$$\Delta p = f \cdot \frac{l}{d} \cdot \frac{\gamma V^2}{2g}$$

여기에서 $\Delta p = 16\,mmAq = 16 kg/m^2$,
$d = 0.07\,m$, $\ell = 1m$, $\gamma = 1.22 kg/m^3$, $V = 30 m/s$
$$\therefore f = \frac{16 \times 0.07 \times 2 \times 9.81}{1 \times 1.22 \times 30^2} = 0.02$$

[SI단위]
$$f = \frac{\Delta p d(2g)}{l \gamma V^2} = \frac{16 \times 9.8 \times 0.07 \times 2 \times 9.81}{1 \times 11.956 \times 30^2}$$
$$= 0.02$$

**216.** 지름이 30cm인 주철관이 300m 거리에 있는 두 저수지에 연결되어 있고, 두 저수지의 표고차가 15m이다. 물의 온도가 20℃일 때 이관을 통해서 흐를수 있는 유량은 얼마인가?

㉮ 0.562㎥/s ㉯ 0.261㎥/s
㉰ 0.489㎥/s ㉱ 0.159㎥/s

**POINT**

20℃의 물에 대하여 표로부터
$v = 1.006 \times 10^{-6} m^2/s$이므로
$$R_e = \frac{Vd}{v} = \frac{V \times 0.3}{1.006 \times 10^{-6}} = 298200V$$

전수두 H가 15m이므로
$$15 = (0.5 + f \frac{300}{0.3} + 1) \frac{V^2}{2g}$$

**POINT**

$f = 0.03$으로 가정하면 $V = 3.055 m/s$
$R_e = 298200 \times V = 911000$
$$\frac{\epsilon}{d} = \frac{0.00026}{0.3} = 0.00086$$
무디선도로부터 $f = 0.02$를 얻게되어 가정은 약간 어긋났다.
$f = 0.02$로 가정한다. 그러면 $V = 3.7 m/s$
$R_e = 298200 \times V = 1100000$  $\frac{\epsilon}{d} = 0.00086$
무디선도로부터 $f ≒ 0.02$를 얻으므로 가정이 옳았다. 따라서 3.7 m/s
$$\therefore Q = AV = \frac{\pi \times 0.3^2}{4} \times 3.7 = 0.261 m^3/s$$

**217.** 점성계수 $0.625 \times 10^{-2} P$, 비중 0.85인 기름이 내경 100mm인 곧은 강관속을 50ℓ/S로 흐르고 있다. 관 길이 100m에 대한 압력 손실은 몇 kpa인가?

㉮ 19.7 ㉯ 196.7
㉰ 28.5 ㉱ 284.5

**POINT**

평균 유속
$$V = \frac{4Q}{\pi D^2} = \frac{4 \times 50 \times 10^{-3}}{\pi \times (0.1)^2} ≒ 6.37 m/s$$

점성계수
$$\mu = 0.625 \times 10^{-2} p$$
$$= \frac{0.625 \times 10^{-2} \times 9.8}{98}$$
$$= 0.625 \times 10^{-3} Pa \cdot s$$
$$\therefore Re = \frac{\rho VD}{\mu} = \frac{0.85 \times 9800 \times 6.37 \times 0.1}{0.625 \times 10^{-3} \times 9.8}$$
$$= 866320 > 2100 : 난류$$

직경 100mm인 상업용 강관의 상대조도 $\frac{e}{D}$는 0.00043이므로 Moody선도에서 관마찰계수를 구하면 $\lambda = 0.0165$이다.

따라서 압력손실은
$$\Delta p = \gamma h_l = \gamma \cdot \lambda \frac{L}{D} \cdot \frac{V^2}{2g}$$
$$= 9800 \times 0.85 \times 0.0165$$
$$\times \frac{100}{0.1} \times \frac{6.37^2}{2 \times 9.8}$$
$$≒ 284546 Pa ≒ 284.5 kPa$$

218. 40℃인 물이 레이놀즈수 80000으로 지름 75mm인 관속을 흐르고 있다. 조도가 0.15mm인 상업용관 이라면 관의 길이 300m에 대해서 예상되는 손실수두는 얼마인가?(단 물 40℃에서 동점성 계수 r 은 $0.658 \times 10^{-6} m^2/sec$)

㉮ 2.55m  ㉯ 1.55m
㉰ 1.75m  ㉱ 2.25m

**POINT**

$Re = 80000$과 $\dfrac{e}{D} = \dfrac{0.15}{75} = 0.002$에서
$f=0.0255$ 그리고, 평균유속 V 는
$80000 = \dfrac{V \times 0.075}{0.658 \times 10^{-6}}$  ∴ $V = 0.7 m/s$

손실수두 $h_l$은
∴ $h_l = 0.0255 \times \dfrac{300}{0.075} \times \dfrac{(0.7)^2}{2 \times 9.8} = 2.55m$

219. 23℃의 물이 지름이 25cm인 리벳한 관에 흐르고 있다. 이관의 표면조도가 $\varepsilon = 0.004$이고, 손실수두가 400m의 길이에 6m였다. 유량은 얼마인가?

㉮ $8.96 \times 10^{-2} m^3/s$
㉯ $6.47 \times 10^{-2} m^3/s$
㉰ $3.58 \times 10^{-2} m^3/s$
㉱ $9.44 \times 10^{-2} m^3/s$

**POINT**

상대조도를 계산하면
$\dfrac{\varepsilon}{d} = \dfrac{0.004}{0.25} = 0.016$ 여기에서 Q와 $f$가 다같이 미지수이므로 시행착오법을 써야 한다.
먼저 $f=0.04$로 가정한다.
$h_l = f \dfrac{l}{d} \cdot \dfrac{V^2}{2g}$ 에서
$\sigma = 0.06 \times \dfrac{400}{0.25} \times \dfrac{V^2}{2 \times 9.8}$
∴ $V = 1.36 M/S$

20℃물에 대하여 표로부터
$\mu = 1.0 \times 10^{-6} m^2/s$ 이므로
$Re = \dfrac{0.25 \times 1.36}{1.0 \times 10^{-6}} = 3.4 \times 10^5$

**POINT**

$Re = 3.4 \times 10^5, \dfrac{\varepsilon}{d} = 0.016$의 무디선도에서
$f=0.0422$로 가정한다.

$h_l = \dfrac{l}{d} \cdot \dfrac{V^2}{2g}$ 에서
$\sigma = 0.0422 \times \dfrac{40}{0.25} \times \dfrac{V^2}{2 \times 9.8}$
∴ $V = 1.32 m/s$

$Re = \dfrac{0.25 \times 1.32}{1.0 \times 10^{-6}} = 3.3 \times 10^5$

$Re = 3.3 \times 10^5, \dfrac{\varepsilon}{d} = 0.016$ 으로부터

무디선도를 읽으면 $f=0.0422$이므로 두 번째의 가정은 옳았다. ∴ $V = 1.32 m/s$
$Q = AV = \dfrac{\pi}{4}(0.25)^2 \times 1.32 = 6.47 \times 10^{-2} m^3/s$

220. 절대압력 100KPa, 온도 15℃인 공기(점성계수 $\mu = 17.95 \times 10^{-6} kg/m \cdot s$)가 평균 속도 2m/s로 길이가 500m이고, 단면이 600mm×400mm인 매끈한 사각형 관 속에서 유동할 때 레이놀즈수는 ? (단, 공기의 기체상수 R=287N·M/kg·k)[SI단위]

㉮ 29213  ㉯ 64713
㉰ 71623  ㉱ 51623

**POINT**

공기의 밀도
$\rho = \dfrac{1}{v_s} = \dfrac{p}{RT}$
$= \dfrac{100 \times 10^3}{287 \times (273+15)} = 1.21 kg/m^3$

수력 반지름
$R_h = \dfrac{600 \times 400}{600 \times 2 + 400 \times 2} = 120mm = 0.12m$

레이놀즈수
∴ $Re = \dfrac{\rho V (4R_h)}{\mu}$
$= \dfrac{1.21 \times 2 \times (4 \times 0.12)}{17.95 \times 10^{-6}} = 64713$

정답  218. ㉮  219. ㉯  220. ㉯

**221.** 함석으로된 60×30cm의 사각형 단면을 가진 관을 통하여 280 m³/min의 공기를 송출시키려고 한다. 60m의 길이에 대하여 발생되는 손실은 얼마인가?(단, 공기의 온도는 20℃이고, 표준 기압하에 있다.)

- ㉮ 0.105mAq
- ㉯ 0.287mAq
- ㉰ 0.534mAq
- ㉱ 0.916mAq

**P·O·I·N·T**

$R_h = \dfrac{0.6 \times 0.3}{1.8} = 0.1m$

$\dfrac{e}{d} = \dfrac{e}{4R_h} = \dfrac{0.000152}{4 \times 0.1} = 0.00038$

$V = \dfrac{280}{0.6 \times 0.3 \times 60} = 25.9 m/s$

$Re = \dfrac{(4R_h)V}{v} = \dfrac{4 \times 0.1 \times 25.9}{0.156 \times 10^{-4}} = 66400$

$f = 0.017$

$\therefore h_l = f \dfrac{l}{4R_h} \cdot \dfrac{V^2}{2g}$

$= \dfrac{0.017 \times 60 \times (25.9)^2}{4 \times 0.1 \times 2 \times 9.8} = 87.27m$

$\gamma = \dfrac{p}{RT} = \dfrac{10332}{29.27 \times 293} = 1.2 kg/m^3$

$\dfrac{87.27 \times 1.2}{10^3} = 0.105 mAq$

**222.** 부차적 손실이 생기는 이유가 아닌 것은?

- ㉮ 유체의 속도 변화
- ㉯ 유체 유동의 방향
- ㉰ 유동 단면의 장애물
- ㉱ 관의 거칠기

**P·O·I·N·T**

관로에서 마찰손실이 생기게 되므로 $(h_l = f \dfrac{l}{d} \cdot \dfrac{V^2}{2g})$ 즉 관로 손실이라 한다.

**223.** 다음 중 부차적 손실이 생기는 이유는?

- ㉮ 위치 변화
- ㉯ 압력 변화
- ㉰ 속도 변화
- ㉱ 점성변화

**P·O·I·N·T**

부차적 손실은 일반적으로 속도의 변화(크기와 방향)때문에 생기는데 이것을 속도 변화또는 형상변화에 의한 손실이라고 한다. 또 속도의 변화가 클때에는 충돌 손실이라고도 하며 관로 도중에 놓인 장애물의 뒷면에는 와류가 생기는데 이로 인해 생기는 손실을 와류 손실이라고 한다.

**224.** 관로에서 부차적 손실을 $h_l = k \dfrac{V^2}{2g}$으로 나타낼 때 k와 관계없는 것은?

- ㉮ 상대조도
- ㉯ 장애물의 형상
- ㉰ 레이놀즈수
- ㉱ 마찰응력

**P·O·I·N·T**

손실계수 k는 일반적으로 Re수, 장애물의 형상 $\dfrac{y}{D}$ (D는 관의 직경, y는 장애물의 크기) 상대조도와 함수관계가 있다. 난류 형성 하는 관로의 손실계수 K는 거의 장애물의 형상 $\dfrac{y}{D}$ 만에의해 정해진다.

**225.** 돌연 축소관에서 수축부의 속도를 Vc직경이 큰 관에서 속도를 $V_1$, 직경이 작은 관에서의 속도를 $V_2$라고 할때 손실수두는?

- ㉮ $\dfrac{V_C^2 - V_2^2}{2g}$
- ㉯ $\dfrac{(V_C - V_2)^2}{2g}$
- ㉰ $\dfrac{V_c^2 - V_1^2}{2g}$
- ㉱ $\dfrac{(V_C - V_1)}{2g}$

**P·O·I·N·T**

손실수두는 $h_l = \dfrac{(V_C - V_2)^2}{2g}$

**226.** 다음 부차적인 손실수두의 관계를 표시 한것 중 틀린 것은?

- ㉮ 점차 확대관의 손실수두 $= \zeta \dfrac{(V_1 - V_2)^2}{2g}$
- ㉯ 급격한 확대관의 손실수두 $= \dfrac{V_1^2}{2g}[1 - (\dfrac{D_1}{D_2})^2]$
- ㉰ 급격한 관의 손실수두 $= (\dfrac{1}{C_C} - 1)^2 \dfrac{V_2^2}{2g}$
- ㉱ 밸브 및 콕의 손실수두 $= \zeta = (\dfrac{V^2}{2g})$

정답 221. ㉮  222. ㉱  223. ㉰  224. ㉱  225. ㉯  226. ㉯

> **P·O·I·N·T**
> 급격 확대관에서 손실수두
> $(1-\frac{A_1}{A_2})^2 \frac{V_1^2}{2g} = \zeta \frac{V_1^2}{2g}$

**227.** Borda-Carnot의 손실수두는?

㉮ $\zeta \frac{(V_1-V_2)^2}{2g}$   ㉯ $\zeta \frac{V_1^2-V_2^2}{g}$

㉰ $\zeta \frac{(V_2-V_1)^2}{2g} \tau$   ㉱ $\zeta \frac{V_2^2-V_1^2}{g}$

> **P·O·I·N·T**
> 손실수두는 실제에 있어서 는 수정하여
> $h_1 = \zeta \frac{(V_1-V_2)^2}{2g}$ 이며,
>
> 이것은 $k\frac{V_1^2}{2g}$ 의 꼴로 나타내면
> $h_1 = \zeta(1-\frac{A_1}{A_2})^2 \frac{V_1^2}{2g}$ 이다.
>
> 즉 $k = \zeta(1-\frac{A_1}{A_2})^2$ 이 된다.
> 여기서, $\zeta$ 는 1에 가까운 값이되고 이돌연 확대관에서의손실을 Borda-Carnot의 수두손실이라고 한다.

**228.** 안지름이 각각 300mm와 450mm의 원관이 직접 연결되어 있다. 지름 300mm관에서 450mm관의 방향으로 매초 230ℓ 의물이흐르고 있다.돌연 확대부분에서의 손실은 얼마인가?

㉮ 0.167m   ㉯ 0.269m
㉰ 0.359m   ㉱ 1.68m

> **P·O·I·N·T**
> $h_{le} = \zeta \frac{V_1^2}{2g}$
> $\zeta = [1-(\frac{D_1}{D_2})^2]^2 = [1-(\frac{300}{450})^2]^2$
> $= 0.3086$
> $V_1 = \frac{0.230}{\frac{\pi \times (0.3)^2}{4}} = 3.255 m/s$
> $\therefore h_1 = 0.3086 \times \frac{(3.255)^2}{2 \times 9.81} = 0.167m$

**229.** 지름이 150mm인 원관과 지름이 400mm인 원관이 직접 연결되어 있을 때 ,작은 관에서 큰 관쪽으로 매초 300ℓ 의 물을 보낸다. 연결부의 손실수두는 몇 mAq인가?

㉮ 12.87m   ㉯ 18.16m
㉰ 16.18m   ㉱ 11.68m

> **P·O·I·N·T**
> $h_1 = [1-(\frac{A_1}{A_2})]^2 \frac{V_1^2}{2g}$ 에서
> $\frac{A_1}{A_2} = (\frac{150}{400})^2 = 0.11$
> $V_1 = \frac{Q}{\frac{\pi d_1^2}{4}} = \frac{4 \times 0.3}{\pi(0.15)^2} = 17m/s$
> $\therefore hr = (1-0.11)^2 \frac{17^2}{2 \times 9.8} = 11.68m$

**230.** 안지름이 450mm인 원관이 안지름이 300mm인 원관에 직접 연결되어 있다. 이러한 큰 관에서 작은 관으로 물이 매초 230ℓ 의 율로 흐르고 있다면 축소부분에서의 손실수두는 얼마인가?

㉮ 0.159m   ㉯ 0.148m
㉰ 0.459m   ㉱ 0.259m

> **P·O·I·N·T**
> 돌연 축소부분에서의 손실은
> $H_{LC} = K_C \frac{V_2^2}{2g}$ 여기에서
> $\frac{A_2}{A_1} = (\frac{300}{450})^2 = 0.444$ 일 때
> 표로부터 $K_C = 0.273$
> $V_2 = \frac{Q}{A} = \frac{0.230}{\frac{\pi \times 0.3^2}{4}} = 3.255 M/S$
> $\therefore H_{LC} = 0.273 \times \frac{(3.255)^2}{2 \times 9.8} = 0.148M$

**231.** 단면적이 5m²인 관에 단면적 3m²인 관이 연결되어 있다. 수축계수가 0.55이면 축류의 단면적은 ?

㉮ 10.5m²   ㉯ 1.65m²
㉰ 16.5m²   ㉱ 6.50m²

정답   227. ㉮   228. ㉮   229. ㉱   230. ㉯   231. ㉯

## P·O·I·N·T

$$C_C = \frac{A_0}{A_2}$$

$$\therefore A_0 = C_C \cdot A_2 = 0.55 \times 3 = 1.65 m^2$$

**232.** 그림과 같은 수평관에서 압력계의 읽음이 5KG/cm²(4.9bar)이다. 관의 안지름은 60mm이고 관의 끝에달린 노즐의 지름은 20mm이다. 노즐의 분출속도는 얼마인가?(단 노즐에서의 손실은 무시할 수 있고 관 마찰계수는 0.025이다.)

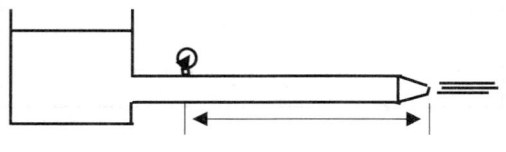

압력계          노즐

㉮ 25.5m/s     ㉯ 30.6m/s
㉰ 16.4m/s     ㉱ 15.4m/s

## P·O·I·N·T

압력계와 노즐지점에 대하여 베르누이 방정식을 적용한다.

$$\frac{p_1}{\gamma} + \frac{V^2}{2g} = \frac{p_2}{\gamma} + \frac{V_2^2}{2g} + h_1$$

여기에서 $p_2 = 0, \frac{V_1}{V_2} = (\frac{d_2}{d_1})^2$

$$\therefore V_1 = V_2 (\frac{20}{60})^2 = \frac{V^2}{9}$$

$$h_1 = f \frac{l}{d} \cdot \frac{V_1^2}{2g} = f \frac{l}{d} \cdot \frac{V_2^2}{2g} \cdot \frac{1}{81}$$

$$\therefore \frac{5 \times 10^4}{10^3} + \frac{V_2^2}{2 \times 9.8 \times 81}$$

$$= 0 + \frac{V_2^2}{2 \times 9.8} + 0.025 \times \frac{100}{0.06}$$

$$\times \frac{V_2^2}{2 \times 9.8} \times \frac{1}{81} 50 + 0.00063 V_2^2$$

$$= 0 + 0.051 V_2^2 + 0.0263 V_2^2$$

## P·O·I·N·T

$$\therefore V_2^2 = 652 \quad \therefore V_2 = 25.5 m/s$$

[SI단위]

$$\frac{4.9 \times 10^5}{9800} + \frac{V_2^2}{2 \times 9.8 \times 81}$$

$$= 0 + \frac{V_2^2}{2 \times 9.8} + 0.025 + \frac{100}{0.06}$$

$$\times \frac{V_2^2}{2 \times 9.8} \times \frac{1}{81}$$

**233.** 단면적이 4m²인 관에 단면적이 1.5m²인 관이 연결되어 있다. 수축계수가 0.68 이면 수축부의 단면적은 몇 m² 인가?

㉮ 0.83          ㉯ 1.02
㉰ 2.13          ㉱ 3.26

## P·O·I·N·T

수축계수

$$C_C = \frac{A_C}{A_2}$$

$$\therefore A_C = C_C \cdot A_2 = 0.68 \times 1.5$$
$$= 1.02 m^2$$

**234.** 그림과 같이 전유량이 0.4m³/S 일 때 지름이 200mm인 관로에서 유량은 얼마인가?(단, 두관에서의 관마찰계수 f=0.019이다.)

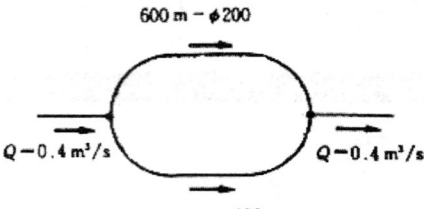

㉮ 0.15m³/S     ㉯ 0.23m³/S
㉰ 0.35m³/S     ㉱ 0.38m³/S

정답 232. ㉮   233. ㉯   234. ㉱   235. ㉯

**POINT**

$$\frac{Q_2}{Q_1} = (\frac{D_2}{D_1})^{2.5}(\frac{l_1}{l_2})^{0.5}$$

$$\frac{Q_2}{Q_1} = (\frac{200}{600})^{2.5}(\frac{400}{600})^{0.5} = 0.0524$$

$Q_1 + Q_2 = 0.4$이므로

$Q_1 = \frac{0.4}{1+0.0524} = 0.38 \text{m}^3/\text{S}$

**235.** 정압비열이 0.4kcal/kg·K, 비열비가 1.33인 기체의 기체상수는 몇 kcal/kg·K 인가?

㉮ 0.075   ㉯ 0.099
㉰ 0.132   ㉱ 0.183

**POINT**

$C_p = \frac{k}{k-1}R$

$\therefore R = \frac{k-1}{k}C_p = \frac{1.33-1}{1.33} \times 0.4 = 0.099$

**236.** 공기 중에서 음파의 전파과정을 등엔트로피 과정으로 볼 때 음속 C는?

㉮ $C = \sqrt{kRT}$   ㉯ $C = \sqrt{\frac{k}{p}}$

㉰ $C = \sqrt{\frac{d\rho}{dp}}$   ㉱ $C = \sqrt{\frac{\rho}{kp}}$

**POINT**

등엔트로피 과정에 대하여 $\frac{p}{\gamma^k} = C$ 미분을 하면

$\frac{dp}{d\rho} = \frac{kp}{\rho}$ 그런데, $C = \sqrt{\frac{dp}{d\rho}} = \sqrt{\frac{E}{\rho}}$ 인

관계를 이용하면 $C = \sqrt{\frac{kp}{\rho}}$ 가 된다.

완전기체에 대하여 $p = \gamma RT$ 가 되므로,
$C = \sqrt{kgRT}$

(SI단위) ⇒ 완전기체에 대하여 $p = \rho RT$ 가 되어
$C = \sqrt{kRT}$

**237.** 이산화탄소가 흐르고 있다. 이때 동일선상의 두 점에서 측정한 속도와 온도가 각각 60m/s, 40℃와 120m/s, 35℃이었다. 이 흐름이 단열 과정이 아닐 때 두 점 사이에서의 열 이동량은 얼마인가?

㉮ 1.0kcal/kg(4.19kJ/N)
㉯ 0.0991.0kcal/kg(4.19kJ/N)
㉰ 0.25kcal/kg(1.045kJ/N)
㉱ 0.1831.0kcal/kg(4.19kJ/N)

**POINT**

축일이 없고 위치에너지를 무시하는 경우의 정상유 에너지방정식은

$q = \Delta h + \frac{V_2^2 - V_1^2}{2g}$
$= 0.208 \times (35-40) + \frac{120^2 - 60^2}{2 \times 9.8 \times 427}$
$= 0.25 \text{kcal/kg}$

(SI단위)

$q = \Delta h + \frac{V_2^2 - V_1^2}{2}$
$= 871 \times (35-40) + \frac{120^2 - 60^2}{2}$
$= 1.045 \text{kJ/N}$

**238.** 다음 중 등엔트로피 유동이란?

㉮ 가역 등온유동   ㉯ 마찰이 없는 단열유동
㉰ 가역 무마찰유동   ㉱ 수축-확대유동

**239.** -20℃인 추운 겨울에 대기중에서의 음파의 전파속도는?

㉮ 340m/s   ㉯ 319m/s
㉰ 400m/s   ㉱ 100m/s

**POINT**

$C = \sqrt{kgRT}$
$= \sqrt{1.4 \times 9.8 \times 29.27 \times (273-20)}$
$= 319 \text{m/s}$

(SI단위)

$C = \sqrt{kRT}$
$= \sqrt{1.4 \times 278 \times (273-20)}$
$= 319 \text{m/s}$

정답 236. ㉮  237. ㉰  238. ㉯  239. ㉯  240. ㉰

240. 30°C의 공기 중에서의 음속은?

㉮ 340m/s  ㉯ 440m/s
㉰ 349m/s  ㉱ 124m/s

**POINT**

$C = \sqrt{kgRT}$
$= \sqrt{1.4 \times 9.8 \times 29.27 \times (273+30)}$
$= 349 \text{m/s}$

(SI단위)
$C = \sqrt{kRT}$
$= \sqrt{1.4 \times 287 \times (273+30)}$
$= 349 \text{m/s}$

241. 30°C인 공기 속을 어떤 물체가 960m/s로 날 때 마하각은?

㉮ 30°  ㉯ 21.3°
㉰ 15.6°  ㉱ 40.2°

**POINT**

음속
$C = \sqrt{1.4 \times 287 \times 303} = 349 \text{m/s}$

마하각
$\mu = \sin^{-1}\dfrac{C}{V} = \sin^{-1}\dfrac{349}{960} = 21.3°$

242. 상온의 물속에서 압력파의 전파속도는 몇 m/s인가?

㉮ 1211  ㉯ 1386
㉰ 1451  ㉱ 1561

**POINT**

압력파의 전파속도는 음속과 같다.
체적 탄성계수
$E = \dfrac{1}{\beta} = \dfrac{1}{5.1 \times 10^{-5}} \fallingdotseq 1.96 \times 10^4$
$\text{kg/cm}^2 = 1.96 \times 10^8 \text{kg/m}^2$
$\therefore a = \sqrt{\dfrac{E}{\rho}} = \sqrt{\dfrac{1.96 \times 10^8}{102}} \fallingdotseq 1386 \text{m/s}$

243. 20°C인 공기 속을 1000m/s로 움직이는 물체가 있을 때 마하각은?

㉮ 19.3°  ㉯ 20.1°
㉰ 23.5°  ㉱ 26.4°

**POINT**

음속
$a = \sqrt{kRT}$
$= \sqrt{1.4 \times 287 \times (273+20)}$
$= 343 \text{m/s}$

**POINT**

마하각
$a = \sin^{-1}\dfrac{a}{V} = \sin^{-1}\dfrac{343}{1000} \fallingdotseq 20.1°$

244. 15°C 사염화탄소의 체적 탄성계수가 1.22 × $10^4 \text{kg/cm}^2$(1.099 × $10^4$bar)이고, 밀도가 163.3 $\text{kg} \cdot \text{s}^2/\text{m}^4$(1600kg)이다. 사염화탄소에서의 음속 C는 얼마인가?

㉮ 400m/s  ㉯ 628m/s
㉰ 829m/s  ㉱ 495m/s

**POINT**

$C = \sqrt{\dfrac{E}{\rho}} = \sqrt{\dfrac{11.22 \times 10^7}{163.3}} = 829 \text{m/s}$

(SI단위)
$C = \sqrt{\dfrac{E}{\rho}} = \sqrt{\dfrac{1.099 \times 10^4 \times 10^5}{1600}}$
$= 829 \text{m/s}$

245. 축소 확대 노즐에서 축소 부분의 유속은?

㉮ 아음속만 가능하다.
㉯ 초음속만 가능하다.
㉰ 음속과 초음속이 가능하다.
㉱ 음속과 초음속이 가능하다.

**POINT**

축소 부분에서 $\dfrac{dA}{A} < 0, M < 1$ 이므로 아음속만 가능하다.

246. 축소 확대 노즐의 노즐목에서의 유속이 음속일 경우 출구에서의 유속은?

㉮ 노즐 출구 밖의 압력에 따라 아음속 또는 초음속이 된다.
㉯ 항상 초음속이다.
㉰ 항상 아음속이다.

정답  241. ㉯  242. ㉯  243. ㉯  244. ㉰  245. ㉮  246. ㉮

㉣ 음속이 그대로 유지된다.

**P·O·I·N·T**
노즐 밖의 압력조건에 따라 결정된다.

**247.** 완전기체의 내부에너지는?
㉮ 압력만의 함수이다.
㉯ 온도만의 함수이다.
㉰ 마찰 때문에 항상 증가한다.
㉱ 항상 일정하다.

**P·O·I·N·T**
$du = wdT$ 이므로
내부에너지는 온도만의 함수이다.

**248.** 어떤 기체에서 충격파 전의 음속이 420m/s 속도가 850m/s이었다. 충격파 뒤의 음속이 550m/s일 때 충격파 뒤의 속도는 몇 m/s 인가?(단, 이 기체의 비열비는 $r = 1.45$이다.)
㉮ 435   ㉯ 412
㉰ 364   ㉱ 319

**P·O·I·N·T**
$$M_1 = \frac{V_1}{a_1} = \frac{850}{420} \fallingdotseq 2.02$$
$$M_2^2 = \frac{2+(k-1)\ M_1^2}{2k\ M_1^2-(k-1)}$$
$$= \frac{2+(1.45-1)\times 2.02^2}{2\times 1.45\times 2.02^2-(1.45-1)}$$
$$\fallingdotseq 0.337$$
$$\therefore M_2 \fallingdotseq 0.58$$
$$\therefore V_2 = a_2 M_2 = 550 \times 0.58 = 319 \text{m/s}$$

**249.** 공기유동에 있어서 수직충격파 직전의 마하수가 3.5라고 하면 충격파 후의 마하수는 얼마인가?
㉮ 0.3106   ㉯ 0.4511
㉰ 0.5111   ㉱ 0.6945

**P·O·I·N·T**
$$M_2^2 = \frac{2+(k-1)\ M_1^2}{2\ k_1\ M_1^2-(k-1)}$$
$$= \frac{2+(1.4-1)\ 3.5^2}{2\times 1.4\times 3.5^2-(1.4-1)}$$
$$\fallingdotseq 0.2035$$
$$\therefore M_2 = 0.4511$$

**250.** 단열흐름에서의 축소 확대 노즐에서 수직충격파가 발생되었을 때 그 전후에 대하여 다음 어느 것을 만족시키는가?
㉮ 연속방정식, 에너지방정식, 상태방정식, 등엔트로피 관계
㉯ 에너지방정식, 모멘트방정식, 상태방정식, 등엔트로피
㉰ 연속방정식, 에너지방정식, 모멘트방정식, 상태방정식
㉱ 상태방정식, 등엔트로피 관계, 모멘트방정식, 질량보존의 방정식

**P·O·I·N·T**
충격파 전후에 대하여 적용시킬 수 있는 방정식은 연속방정식, 에너지방정식, 모멘트방정식, 상태방정식 등이다.

**251.** 폭 4m, 깊이 1m인 구형의 개수로에 물이 흐르고 있다. 이 개수로의 수력 반지름은 몇 m 인가?(단 이 개수로의 경사도는 0.0004이다.)
㉮ 0.0133   ㉯ 0.67
㉰ 0.783    ㉱ 1

**P·O·I·N·T**
수력 반지름 $Rh$는 $Rh = A/P = 4\times 1/4+2\times 1 = 0.67$m

**252.** 폭이 0.5m인 직사각형 수로의 수심이 0.4m 일 때 수력반경은?
㉮ 0.154m   ㉯ 0.122m
㉰ 0.101m   ㉱ 0.094m

**P·O·I·N·T**
$Rh = A/P = 0.5\times 0.4/0.5+2\times 0.4 = 0.154$m

**253.** 다음 그림과 같은 삼각형 수로에 물이 등류

상태로 흐르고 있다. 이 수로의 경사도가 1/200일 때 접수길이에 작용하는 전단응력은 몇 $N/m^2$ 인가?(단, 물의 비중량은 $\gamma$ =9800$N/m^3$이다.)[SI단위]

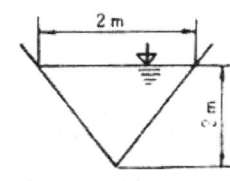

㉮ 21.9  ㉯ 10.6
㉰ 31.3  ㉱ 16.7

**P·O·I·N·T**
단면적 A와 접수길이 P는
A=1/2(2x2)=2㎡, P=2√(1²+2²)=2√5 m

수력반경 Rh=a/p=2/2√5=0.0447m
∴ 전단응력 τ0=γRhS=9800x0.447x1/200=21.9N/㎡

**254.** 폭이 3m, 깊이가 1m인 사각형 수로에 물이 등류상태로 흐르고 있다. 마찰계수가 n=0.014 일 때 셰지상수는 몇 $m^{\frac{1}{2}}/s$ 인가?

㉮ 31.1  ㉯ 65.6
㉰ 24.8  ㉱ 48.7

**P·O·I·N·T**
수력반경 Rh=A/P=3x1/3+2x1=0.6m

∴ 셰지상수
C=1/nRh=1/0.014x(0.6)=65.6m½/s

**255.** 폭이 5m, 수심이 1m, 수로의 경사도가 0.0002인 사각형 석조 수로에서의 유량은 얼마인가?(단, 수로 마찰계수 n=0.0192이다.)

㉮ 3.62m³/s  ㉯ 2.63m³/s
㉰ 2.32m³/s  ㉱ 1.87m³/s

**P·O·I·N·T**
Rh=A/P=5x1/5+(2x1)=0.5m
∴ Q=1/0.0192x(5)x(0.5)⅔x(0.0002)½=2.32㎡/s

**256.** 콘크리트로 만들어진 사각형 수로에서 물이 등속으로 흐르고 있다. 이 수심은 2.5m, 수로폭이 5m, 수로의 경사고가 0.001, 수로마찰계수 n=0.01일 때 이 수로의 유량은 얼마인가?

㉮ 1.5625m³/s  ㉯ 15m³/s
㉰ 45.86m³/s   ㉱ 145m³/s

**P·O·I·N·T**
Rh=12.5/10=1.25m
∴ Q=1/nxAxRh⅔xS½
=100x12.5x(1.25)⅔x(0.001)½=45.86㎡/s

**257.** 반경 2m인 반원형 개수로가 경사 0.002로 설치되었다. n=0.015 라면 수로에 물이 꽉차 흐를 때의 유량은 몇 m³/s 인가?

㉮ 29.7  ㉯ 88.5
㉰ 63.2  ㉱ 31.2

**P·O·I·N·T**
수력반경 Rh=A/P= =2m
∴ Q=1/0.015(π2²/2)(2)⅔x(0.002)½=29.7㎥/s

**258.** 수력학 실험실에 설치된 개수로 실험장치 단면은 직사각형이며 그 폭은 4m이고, 수심 2m 와 경사도는 0.0004로 유량이 14.56 m²/s가 됨을 측정하였다. 이때 수로 표면의 조도 마찰계수 n값은 얼마인가?

㉮ 0.013  ㉯ 0.011
㉰ 0.019  ㉱ 0.02

**P·O·I·N·T**
수력반경 Rh=A/P=4x2/4+(2x2)=1m
14.56=1/n(4x2)x(1)⅔x(0.004)½, ∴n=0.011

**259.** 다음그림의 개수로는 대패질이 안된 나무로 만들어졌다. 이 개수로의 경사도가 0.00009 일 때 유량의 Q는 몇 m³/s인가? (단, 조도계수 n은 0.013)

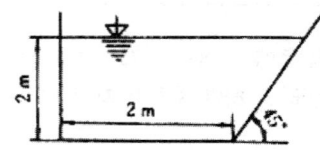

㉮ 0.72   ㉯ 5.72
㉰ 18.93  ㉱ 12.7

**POINT**

단면적 A 와 접수 길이 P는
A=2×2+1/2(2×2tan45°)=6㎡
P=2+2+2/cos45°=6.828m가 된다.

수력 반지름 Rh=A/P=6/6.828=0.8787m
∴ Q=1/0.013×6×(0.8787)^(2/3)×(0.0009)^(1/2)=12.7㎥/s

**260.** 콘크리트로 사다리꼴 수로의 밑바닥의 폭이 3m, 수심이 2m, 측면경사각이 60°일 때 유량은 얼마인가?(단, 수로 마찰계수 n=0.01, 수로 경사도 S=0.001이다.)

㉮ 9.87m³/s    ㉯ 22.6m³/s
㉰ 27.8m³/s    ㉱ 114.75m³/s

**POINT**

$$R_n = \frac{A}{P} = \frac{6+2.31}{7.62} = 1.09m$$

$$\therefore Q = \frac{1}{n} \times A \times R_n^{\frac{2}{3}} \times S^{\frac{1}{2}}$$

$$= \frac{1}{0.01} \times 8.31(1.09)^{\frac{2}{3}} \times (0.001)^{\frac{1}{2}}$$

$$= 27.8 m^3/s$$

**261.** 흙으로 된 사다리꼴 수로의 바닥 폭이 3m, 측면경사가 1/2, 경사도가 0.0001, 깊이 가 2m 일 때 이 수로에서의 유량은 얼마인가?

㉮ 10.36 m³/s    ㉯ 8.85 m³/s
㉰ 6.22 m³/s    ㉱ 4.88 m³/s

**POINT**

$$P = 3 + 2 \times 2\sqrt{5} = 11.94m$$

$$A = \frac{1}{2}(11+3) \times 2 = 14m^2$$

$$R_h = \frac{A}{P} = \frac{14}{11.94} = 1.17m$$

표로부터 흙에 대한 n = 0.025

$$Q = \frac{1}{n} A R_n^{\frac{2}{3}} \text{ 대입}$$

$$\therefore Q = \frac{1}{0.025} \times 14 \times (1.17)^{\frac{2}{3}} (0.0001)^{\frac{1}{2}}$$

$$= 6.22 m^3/s$$

**262.** 사각형의 수로가 경사도 0.001에 하여 45m³/s 의 유량으로 흘려 보내려고 한다. 이 수로가 경제적 단면이 되려면 단면의 치수는 얼마로 해야 하는가?(단 n=0.035이다)

㉮ b=7.94m, y=3.97m
㉯ b=3.34m, y=1.67m
㉰ b=10.22m, y=5.11m
㉱ b=74.77m, y=2.41m

**POINT**

$y = \frac{b}{2}$ 이므로 셰지-맨닝식에서

$$Q = \frac{1}{n} A R h^{\frac{2}{3}} S^{\frac{1}{2}}$$

$$= \frac{1}{0.035}(2y^2)\left(\frac{y}{2}\right)^{\frac{2}{3}}(0.001)^{\frac{1}{2}}$$

$$\therefore y = 3.97m \quad b = 2y = 7.94m$$

**263.** 135m³/s 의 물을 0.0004의 경사를 갖는 지형에서 배수시키는 수로를 설계하려고 한다. 수로바닥을 벽돌로 할 때 경제적인 사다리꼴 단면을 설계하면 한 변의 길이는?(단, 조도계수 n=0.016이다.)

㉮ 3.56m    ㉯ 5.69m
㉰ 6.47m    ㉱ 4.46m

**POINT**

경제적인 사다리꼴 수로 단면에서는

$$P = 2\sqrt{3}y, \quad b = 2\frac{\sqrt{3}}{3}y, \quad A = \sqrt{3}y^2$$

$$Rh = \frac{A}{P} = \frac{\sqrt{3}y^2}{2\sqrt{3}y} = \frac{y}{2}$$

$$135 = \frac{1}{0.016}\sqrt{3}y^2\left(\frac{y}{2}\right)^{\frac{2}{3}}(0.0004)^{\frac{1}{2}}$$

$$y^{\frac{8}{3}} = 98.98, \quad y = 5.6m$$

$$\therefore b = 2\frac{\sqrt{3}}{3}y = 6.47m$$

**264.** 폭 4m, 수심 1m인 사각형수로에서 물이 12m³/s의 유량으로 흐를 때 비 에너지는?

㉮ 1 m    ㉯ 1.21m
㉰ 1.46m    ㉱ 2.67m

**265.** 단위 폭당의 유량이 2.1m³/m 일 때 임계깊이 yc 는?

㉮ 0.766 m    ㉯ 7.66m

㉰ 0.448m  ㉱ 4.48m

**P·O·I·N·T**

$y_c = 3\sqrt{\dfrac{q^2}{g}} = 3\sqrt{\dfrac{(2.1)^2}{9.8}} = 0.766m$

266. 사각형 수로에서 단위 폭당 유량이 0.486 m³/s 일 때 임계깊이 yc 와 임계속도 Vc는?

㉮ yc=0.11m, Vc=1.038m/s
㉯ yc=0.73m, Vc=2.675m/s
㉰ yc=0.29m, Vc=1.686m/s
㉱ yc=0.43m, Vc=4.214m/s

**P·O·I·N·T**

$y_c = (\dfrac{q^2}{g})^{\frac{1}{3}} = (\dfrac{0.486^2}{9.8})^{\frac{1}{3}} = 0.29m$
$V_c = \sqrt{gy_c} = \sqrt{9.8 \times 0.29} = 1.686m/s$

267. 바닥 폭이 3m 이고, 측면 경사가 1/2인 사다리꼴 수로에서의 깊이가 1.0m, 유량이 7m³/s 일 때의 흐름의 비 에너지는 얼마인가?

㉮ 2.0m  ㉯ 1.5m
㉰ 1.3m  ㉱ 1.1m

**P·O·I·N·T**

$E = y + \dfrac{1}{2g}(\dfrac{Q}{A})^2$
$= 1.0 + \dfrac{1}{2 \times 9.8} \times (\dfrac{7}{5})^2 = 1.1m$

268. 직사각형 개수로 유동에서 단위 폭당의 유량이 3m³/s 일 때 임계깊이는 몇 m인가?(단, 등류 이다)

㉮ 0.685 m  ㉯ 0.762m
㉰ 0.854m  ㉱ 0.972m

**P·O·I·N·T**

$y_c = (\dfrac{q^2}{g})^{\frac{1}{3}} = (\dfrac{3^2}{9.8})^{\frac{1}{3}} ≒ 0.972m$

269. 단위 폭당의 유량이 1.4m³/s 일 때 임계깊이 yc는?

㉮ 0.584m  ㉯ 5.84m
㉰ 0.448m  ㉱ 4.48m

**P·O·I·N·T**

$y_c = 3\sqrt{\dfrac{q^2}{g}} = \sqrt{(\dfrac{1.4^2}{9.8})} = 0.584m$

270. 바닥폭이 6m이고, 측면경사가 1/2인 가다리꼴 수로에서의 깊이가 1.0m 유량이 11m³/s 일 때의 흐름의 비에너지는 얼마인가?

㉮ 2.56m  ㉯ 1.5m
㉰ 1.056m  ㉱ 1.0965m

**P·O·I·N·T**

$E = y + \dfrac{1}{2g}(\dfrac{Q}{A})^2$
$= 10 + (\dfrac{1}{2 \times 9.8}) \times (\dfrac{11}{8})^2$
$= 1.0965m$

271. 다음 그림과 같은 사다리꼴 단면의 개수로에 물이 20m³/s로 흐를 때 비 에너지는?

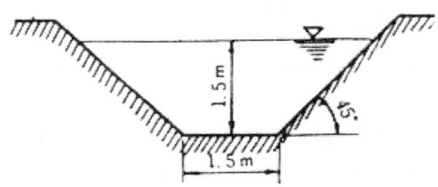

㉮ 3.05m  ㉯ 2.92m
㉰ 2.49m  ㉱ 1.84m

**P·O·I·N·T**

단면적
$A = 1.5^2 + 1.5^2 = 4.5m^2$
$V = \dfrac{Q}{A} = \dfrac{20}{4.5} ≒ 4.4m/s$

비에너지
$E = y + \dfrac{V^2}{2g} = 1.5 + \dfrac{4.4^2}{2 \times 9.8} ≒ 2.49m$

272. 사각형수로에 19.6m³/s 의 물이 흐르고 있으며, 이때 수심이 1.5m 이다. 이 개수로의 유동상태는?

㉮ 초임계 흐름  ㉯ 아임계 흐름
㉰ 층류  ㉱ 아임계 변류

273. 다음 중에서 정상유동이 일어나는 경우는?

㉮ 유동상태가 모든 점에서 시간에 따라 변화하지 않을 때
㉯ 모든 순간에 유동상태가 이웃하는 점들과 같을 때
㉰ 유동상태가 시간에 따라 점차적으로 변화할 때
㉱ ρV/ρt가 일정할 때

**274.** 한 유체입자가 유동장을 운동할 때 그 입자의 운동궤적은?
㉮ 유선     ㉯ 유적선
㉰ 유맥선   ㉱ 유관

> **POINT**
> ・유  선 : 속도벡터 방향과 일치하도록 그린 연속적인 선
> ・유맥선 : 유동장 내의 어느점을 통과하는 모든 유체가 어느 순간에 점유하는 위치를 나타낸 선
> ・유  관 : 유동장 속에서 폐곡을 통과하는 유선들에 의해 형성되는 공간 정상류인 경우 유선, 유맥선, 유적선을 일치한다.

**275.** 다음 중 정상류란?
㉮ 모든 점에서의 흐름의 특성이 시간에 따라 변하지 않는 흐름이다.
㉯ 모든 점에서의 흐름의 특성이 시간에 따라 변하는 흐름이다.
㉰ 모든 점에서의 흐름의 특성이 동일한 흐름이다.
㉱ 흐름의 특성이 일정한 대로 방향에 따라 변화되는 흐름이다.

**276.** $\frac{\partial q}{\partial s}$ = 0인 흐름은? (단, 여기서 q는 속도벡터이다.)
㉮ 정상류       ㉯ 비정상류
㉰ 균속도 유동  ㉱ 비균속도 유동

> **POINT**
> 정상류란 어느 한범을 관찰 할때 그 점에서의 유동특성이 시간에 관계없이 일정하게 유지되는 흐름을 말한다.

**277.** 다음 설명 중 틀린 것은?
㉮ 뉴턴의 점성 유체를 완전 유체라고 한다.
㉯ 이상유체란 점성이 없고 비압축성인 유체이다.
㉰ 연속방정식은 실제 유체나 이상유체에 적용된다.
㉱ 정상 유동의 유동특성이 시간에 따라 변하지 않는다.

**278.** 유선에 관한 설명으로 옳은 것은?
㉮ 균속도 흐름에 대해서만 정의된다.
㉯ 모든 점에서의 속도 벡터에 수직하게 그려진 선이다.
㉰ 항상 입자의 경로이다.
㉱ 정상류의 공간에서는 고정되어 있다.

**279.** 다음 중 유선의 방정식은?
㉮ $\frac{d\rho}{\rho} + \frac{dA}{A} + \frac{dv}{v} = 0$
㉯ $\frac{dx}{u} = \frac{dy}{v} = \frac{dz}{w}$
㉰ $d(\rho AV) = 0$
㉱ $\sigma\frac{V}{\sigma}t = 0, \quad \frac{\sigma u}{\sigma s} = 0$

**280.** 다음 중 유선에 관한 설명으로 옳은 것은?
㉮ 모든 점에서 속도 벡터의 방향·접선방향이 일치하는 연속적인 선이다.
㉯ 정상 유동에서 유체중에 유체 입자가 흘러간 선이다.
㉰ 한 개의 유체 입자가 시간이 경과됨에 따라 이동한 유적선이다.
㉱ 유동하고 있는 유체중에서 직각방향의 속도 성분을 가지고 있는 선이다.

**281.** 다음 사항 중 유맥선이란?
㉮ 모든 유체 입자에 순간 궤적이다.
㉯ 속도 벡터의 방향과 일치하도록 그려진 선이다.
㉰ 유체 입자가 일정한 기관 내에 움직인 경로이다.

정답  274. ㉯  275. ㉮  276. ㉰  277. ㉮  278. ㉱  279. ㉯  280. ㉮  281. ㉮

㉣ 뉴턴의 점성법칙에 따라 그려진 선이다.

**282. 다음 사항 중 유관이란?**
㉮ 한 개의 유선으로 이루어지는 관을 말한다.
㉯ 어떤 폐곡선을 통과하는 여러 개의 유선으로 이루어지는 유관을 말한다.
㉰ 개방된 곡선을 통과하는 유선으로 이루어지는 평면을 말한다.
㉱ 임의의 여러 유선으로 이루어지는 유동체를 말한다.

**283. 다음 사항 중 유적선(pathline)이란?**
㉮ 한 유체입자가 공간을 운동할 때 그 입자의 운동 궤적
㉯ 속도 벡터 방향과 일치하도록 그려진 연속선
㉰ 층류에서만 정의되는 선
㉱ 유체 입자의 순간 궤적

**284. 일차원 유동에서 연속 방정식을 바르게 나타낸 것은 다음 중 어느 것인가?**(단, $\rho$ : 밀도, A : 단면적, $\gamma$ : 비중량, V : 속도, p : 압력, Q : 유량)
㉮ $Q = A\rho V$
㉯ $\rho_1 A_1 = \rho_2 A_2$
㉰ $\gamma_1 A_1 V_1 = \gamma_2 A_2 V_2$
㉱ $\rho_1 A_1 V_1 = \rho_2 A_2 V_2$

**285. 다음 식 중에서 연속방정식이 아닌 것은?**
㉮ $d(\rho AV) = 0$
㉯ $\dfrac{dA}{A} + \dfrac{d\rho}{\rho} + \dfrac{dV}{V} = 0$
㉰ $\dfrac{dx}{u} = \dfrac{dy}{v} = \dfrac{dz}{w}$
㉱ $\rho_1 A_1 V_1 = \rho_2 A_2 V_2$

**286. 다음 중 연속 방정식이란?**
㉮ 유체의 모든 입자에 뉴턴의 관성법칙을 적용시킨 방정식이다.
㉯ 에너지와 일 사이의 관계를 나타낸 방정식이다.
㉰ 유체를 연속체라 가정하고 탄성역학의 훅의 법칙을 적용한 방정식이다.
㉱ 질량보존의 법칙을 유체유동에 적용한 방정식이다.

**287. 다음 중 중량유량의 단위는?**
㉮ kg·s/m(N·s/m)
㉯ $m^3/min$
㉰ kgf/s(N/S)
㉱ kg·m/s(W)

POINT

$G = \gamma VA = (\dfrac{kg}{m^3}) \times (\dfrac{m}{s}) \times (m^2)$
$= kg/s$

[SI단위]
$G = \gamma VA = (\dfrac{N}{m^3}) \times (\dfrac{m}{s}) \times (m^2) = N/S$

**288. 베르누이 방정식에서 각 항의 단위는?**
㉮ kg·m/s(W)
㉯ kg(N)
㉰ $kg·m/m^3(N·m/m^3)$
㉱ kg·m/kg(N·m/N)

POINT

베르누이 방정식의 각 항 즉, $\dfrac{V^2}{2g}, \dfrac{P}{\gamma}, Z$는 모두 m의 단위를 가지고 있어서 수두라는 이름이 붙여져 있다. 그러나 이것은 단위 무게당 에너지 kg·m/kg (N·m/N)이 약분되어 m의 단위를 나타나는 것이다.

**289. 베르누이 방정식이 아닌 것은?**
㉮ $\dfrac{P_1}{\gamma} + \dfrac{V_1^2}{2g} + Z_1 = \dfrac{P_2}{\gamma} + \dfrac{V_2^2}{2g} + Z_2$
㉯ $\dfrac{P}{\gamma} + \dfrac{V^2}{2g} + Z = C$
㉰ $\dfrac{dA}{A} + \dfrac{d\rho}{\rho} + \dfrac{dV}{V} = 0$
㉱ $\dfrac{dP}{\gamma} + d(\dfrac{V^2}{2g}) + dz = 0$

정답 282. ㉯  283. ㉮  284. ㉰  285. ㉰  286. ㉱  287. ㉰  288. ㉱  289. ㉰

290. $\int \dfrac{dP}{r} + \dfrac{V^2}{2g} + z = \text{const}$인 베르누이 방정식은 다음과 같은 가정하에서 성립된다. 다음 가정 중 틀리는 것은?

㉮ 비정상 유체이다.
㉯ 유체의 흐름 상태가 정상류이다.
㉰ 동일 유선에 따라 흐르는 유체이다.
㉱ 유체가 비압축성이다.

**P·O·I·N·T**
비 압축성 유체에 대한 베르누이 방정식은
$\dfrac{P}{\gamma} + \dfrac{V^2}{2g} + z = \text{const}$로 된다.

291. 다음 베르누이 방정식 $\dfrac{P}{r} + \dfrac{V^2}{2g} + z = \text{const}$를 유도하는데 필요한 가정이 아닌 것은?

㉮ 비점성 유체      ㉯ 정상류
㉰ 압축성 유체      ㉱ 동일 유선상의 액체

**P·O·I·N·T**
베르누이 방정식은 Euler의 운동 방정식을 적분한 방정식으로 적분과정에서 압축성 유체인 경우와 비압축성 유체인 경우는 서로 다른 결과를 얻는다. 즉, 압축성 유체는 밀도 P가 압력 $\rho$의 함수이므로 $\int \dfrac{dp}{\rho} \neq \dfrac{P}{\rho}$이다. 따라서 압축성 유체의 경우는 $\int \dfrac{dp}{\gamma} + \dfrac{V^2}{2g} + z = \text{const}$가 된다.

292. Euler의 방정식은 유체운동에 대하여 어떠한 관계를 표시하는가?

㉮ 유선상의 한점에 있어서 어떤 순간에 여기를 통과하는 유체입자의 속도와 그것에 미치는 힘의 관계를 표시한다.
㉯ 유체가 가지는 에너지와 이것이 일치하는 일과의 관계를 표시한다.
㉰ 유선에 따라 유체의 질량이 어떻게 변화하는가를 표시한다.
㉱ 유체 입자의 운동 경로와 힘의 관계를 나타낸다.

293. 방정식 $gz + \dfrac{V^2}{2} + \int \dfrac{dp}{\rho} = $일정을 유도하는데 필요한 가정은?

㉮ 정상, 마찰이 없고 비압축성 유선에 따라
㉯ 균일, 마찰이 없고 유선에 따라 $\rho$는 P의 함수
㉰ 정상, 균일, 비압축성, 유선에 따라
㉱ 정상, 마찰이 없고, $\rho$는 p의 함수, 유선에 따라

294. 다음 중 베르누이 방정식이란?

㉮ 같은 유체상이 아니더라도 언제나 임의의 점에 대하여 작용한다.
㉯ 주로 비정상 상태의 흐름에 대하여 적용된다.
㉰ 유체의 마찰효과와 전혀 관계가 없다.
㉱ 압력수두, 속도수두, 위치수두의 합이 일정하다.

**P·O·I·N·T**
베르누이 방정식은 $\dfrac{P}{\gamma} + \dfrac{V^2}{2g} + z = H$이다.

295. 그림과 같이 피토관을 설치하였다. 피토관을 따라 올라간 높이가 $\Delta h$라면 점 1에서 $V_1$은?

㉮ $V_1 = \sqrt{2\rho \Delta h}$      ㉯ $V_1 = \sqrt{2g\Delta h}$
㉰ $V_1 = \sqrt{\rho \Delta h}$      ㉱ $V_1 = \sqrt{\rho g \Delta h}$

296. 에너지선 E.L에 관해 옳게 설명한 것은?

㉮ 수력구배선 보다 아래에 있다.
㉯ 수력구배선보다 속도수두만큼 위에 있다.
㉰ 언제나 수평선이 되어야 한다.
㉱ 속도수두와 위치수두의 합이다.

297. 수력구배선 H.G.L에 관해 옳게 설명한 것은?

㉮ 에너지선 E, L보다 위에 있어야 한다.
㉯ 항상 수평이 된다.
㉰ 위치수두와 속도수두의 합을 나타내며 주로 에너지선보다 아래에 위치한다.
㉱ 위치수두와 압력수두의 합을 나타내며 주로 에너지선보다 아래에 위치한다.

298. 유체가 V(m/sec)로 흐르고 있을 때 질량 1kg이 가지는 운동에너지는?

㉮ $\dfrac{PV^2}{2}$   ㉯ $\dfrac{mV^2}{2}$

㉰ $\dfrac{V^2}{2}$   ㉱ $\dfrac{V^2}{2g}$

299. 압력 p(kg/m²)의 유체가 유동할 때 1kg의 중량이 할 수 있는 일은?

㉮ p   ㉯ $\dfrac{p}{\gamma}$

㉰ $\dfrac{gp}{\rho}$   ㉱ $\dfrac{p}{\rho}$

300. 유체가 V(m/sec)의 속도로 유동할 때 이 유체 1kg의 중량이 할 수 있는 운동에너지는?

㉮ $\dfrac{V^2}{2g}$   ㉯ $\dfrac{mV^2}{2}$

㉰ $\dfrac{\rho V^2}{2}$   ㉱ $\dfrac{V^2}{2}$

301. 다음 그림 중에서 옳게 그려진 것은?

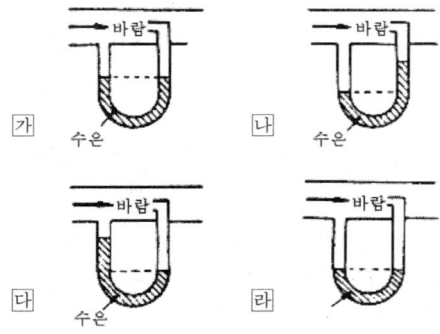

302. 다음 그림은 관내를 흐르는 정상류 그림이다. 옳은 것은?

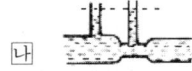

303. 물이 안지름 600mm의 파이프를 통하여 3m/s의 속도로 흐를 때 유량은 몇 m³/s인가?

㉮ 0.85   ㉯ 8.5
㉰ 5.7   ㉱ 2.8

304. 어떤 관속을 흐르는 물의 평균속도가 14m/s이다. 속도수두는?

㉮ 100m   ㉯ 10m
㉰ 1m   ㉱ 5m

305. 오리피스의 수두는 5m이고, 실제 물의 유속이 9m/s이면 손실수두는?

㉮ 약 1m   ㉯ 약 2m
㉰ 약 3m   ㉱ 약 4m

**POINT**

$\dfrac{P}{\gamma} + \dfrac{V^2}{2g} + z + H_L = 5 - \dfrac{9^2}{2g}$
$= 5 - 4.1 = 0.9\text{m}$

306. 다음 그림과 같이 직경 20cm인 물탱크에서 직경 2cm인 관을 통하여 평균속도 2m/s로 흘러 나간다. 이때 탱크의 수면이 강하하는 속도는?

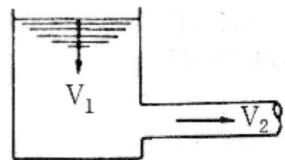

㉮ 1cm/s   ㉯ 2cm/s
㉰ 3cm/s   ㉱ 4cm/s

**POINT**

탱크, 관 사이의 연속 방정식
$A_1 V_1 = A_2 V_2$
$\therefore V_1 = \dfrac{A_2}{A_1} V_2 = \left(\dfrac{d_2}{d_1}\right)^2 \cdot V_2$
$= \left(\dfrac{2}{20}\right)^2 \times 200 = 2\text{cm/s}$

정답 ㉱ 298. ㉰ 299. ㉯ 300. ㉮ 301. ㉰ 302. ㉰ 303. ㉮ 304. ㉯ 305. ㉮ 306. ㉯

307. 유동하는 물의 동압이 13.5kg/m² 이었다면 물의 유속은 몇 m/s인가? (단, 물의 밀도는 102kg·s²/m⁴이다)

㉮ 2.34  ㉯ 1.68
㉰ 0.94  ㉱ 0.51

**P·O·I·N·T**

$\frac{\rho V^2}{2} = 13.5 \text{kg/m}^2$

$V = \sqrt{\frac{2 \times 13.5}{\rho}} = \sqrt{\frac{2 \times 13.5}{102}} ≒ 0.51 \text{m/s}$

308. 어떤 기체가 1kg/s의 속도로 파이프속을 등온적으로 흐르고 있다. 한 단면의 직경은 40cm이고, 압력은 294 Pa 이다. R=196J/kg°K, t=27℃일 때의 속도는 얼마인가?

㉮ 672  ㉯ 56
㉰ 1592  ㉱ 987

**P·O·I·N·T**

$P = \frac{1}{V_s} = \frac{P}{RT}$

$= \frac{294 \text{Pa}}{196 \times (273+27)} = 5 \times 10^{-3}$

$\therefore m = \rho A V \quad V = \frac{m}{\rho A}$

$\therefore V = \frac{1}{5 \times 10^{-3} \times \frac{\pi (0.4^2)}{4}} = 1592 \text{m/s}$

$\frac{1}{5 \times 10^{-2} \times \frac{\pi (0.4)^2}{4}} = 1592 \text{m/s}$

309. 다음 중에서 2차원 비압축성 유동의 연속방정식을 만족하지 않는 속도 벡터는?

㉮ $q = (2x^2 + y^2)i + (-4xy)j$
㉯ $q = (4xy + y^2)i + (6xy + 3x)i$
㉰ $q = (4xy + y^2)i + (6xy + 3x)j$
㉱ $q = (x - 2g)ti - (2x + y)tj$

**P·O·I·N·T**

㉮. $q = \frac{\sigma}{\sigma x}(2x^2 + y^2) + \frac{\sigma}{\sigma y}(-4xy)$
$= 4x - 4x = 0 \quad \therefore 만족$

310. 물이 흐르는 파이프 안에 A점은 직경이 1m, 압력은 1kg/cm², 속도 1m/sec이다. A점보다 2m위에 있는 B점은 직경 0.5m, 압력 0.2kg/cm²이다. 이때 물은 어느 방향으로 흐르는가?

㉮ A에서 B로 흐른다.
㉯ B에서 A로 흐른다.
㉰ 흐르지 않는다.
㉱ 주어진 데이터로 알수 없다.

**P·O·I·N·T**

연속 방정식
$Q = A_A V_A = A_B V_B$

$V_B = \frac{A_A}{A_B} V_A = \frac{\frac{\pi(1)^2}{4}}{\frac{\pi(0.5)^2}{\pi}} \times 1 = 4 \text{m/s}$

311. 다음 그림은 원관 주위에 흐르는 2차원 유동을 표시한 것이다. 원관으로부터 멀리 떨어진 상류에서(A점 부근) 서로 이웃하는 유선이 50mm 떨어져 있다고 가정하고, 이 두 유선이 원관 주위의 점(B점)에서 25mm로 좁아졌다고 한다. A점에서 평균속력이 50m/s라면 B점에서의 속력은 몇 m/s인가? (단, 유체는 비압축성이다.)

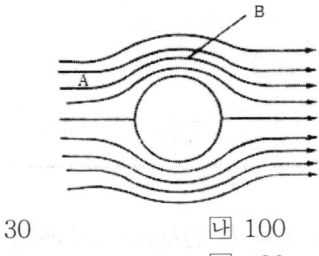

㉮ 30   ㉯ 100
㉰ 15   ㉱ 120

#### POINT

$A_A V_A = A_B V_B$

$V_B = \dfrac{A_A}{A_B} V_A = \dfrac{50}{25} \times 50 = 100 \text{m/s}$

A점 전수두 :

$\dfrac{P_A}{\rho} + \dfrac{V_A^2}{2g} = \dfrac{1 \times 10^4}{1000} + \dfrac{1^2}{2 \times 9.8}$
$= 10.051 \text{m}$

B점 전수두 :

$\dfrac{P_B}{\rho} + \dfrac{V_B^2}{2g} + z_B$
$= \dfrac{0.2 \times 10^4}{1000} + \dfrac{4^2}{2 \times 9.8} + 2$
$= 10.051 \text{m}$

A점 전수두 > B점의 전수두 → 유동 A→B로

---

**312.** 유속 4.9m/s로 흐르는 물 속에 피토관을 유동의 방향으로 세웠을 때 그 수주의 높이는?

㉮ 30  ㉯ 100
㉰ 15  ㉱ 120

#### POINT

$V = \sqrt{2g \Delta h}$ 에서
$\Delta h = \dfrac{V^2}{2g} = \dfrac{4.9^2}{2 \times 9.8} = 1.225 \text{m}$

---

**313.** 40kg/s(392N/s)의 물이 20cm의 관속에 흐르고 있다. 평균속도는?

㉮ 12.7m/s  ㉯ 1.27m/s
㉰ 0.127m/s  ㉱ 3.18m/s

#### POINT

$W = rAV$

$\therefore V = \dfrac{W}{Ar} = \dfrac{40}{x \times 0.1^2 \times 1000}$
$= 1.27 \text{m/s}$

**SI 단위**

$V = \dfrac{W}{Ar} = \dfrac{392}{x \times 0.1^2 \times 9800} = 1.27 \text{m/s}$

---

**314.** 유체가 가득 찬 안지름이 150mm의 실린더 속에 바깥지름이 130mm인 피스톤이 0.03m/s의 속도로 삽입되고 있다. 피스톤과 실린더 사이의 틈으로 역류하여 올라가는 유체의 속도는?

㉮ 0.04m/s  ㉯ 0.09m/s
㉰ 0.12m/s  ㉱ 3.18m/s

#### POINT

$Q = A_1 V_1 = A_2 V_2$

$0.03 \times \dfrac{\pi}{4} \times 0.13^2 = \dfrac{\pi}{4}(0.15^2 - 0.13^2) V_2$

$\therefore V_2 = 0.09 \text{m/s}$

---

**315.** 다음 그림과 같이 1000kg/s의 물이 관 속에 흐르고 있다. 단면 1과 단면 2에서 평균속도는 각각 몇 m/s인가?

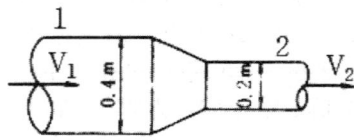

㉮ $V_1 = 3.26 \text{m/s}, V_2 = 13.04 \text{m/s}$
㉯ $V_1 = 5.8 \text{m/s}, V_2 = 23.2 \text{m/s}$
㉰ $V_1 = 7.96 \text{m/s}, V_2 = 31.84 \text{m/s}$
㉱ $V_1 = 10 \text{m/s}, V_2 = 40 \text{m/s}$

#### POINT

$G = rAV$

$V_1 = \dfrac{\dot{G}}{rA_1} = \dfrac{1000}{1000 \times \dfrac{x(0.4)^2}{4}} = 7.96 \text{m/s}$

$V_2 = \dfrac{\dot{G}}{rA_2} = \dfrac{1000}{1000 \times \dfrac{x(0.2)^2}{4}} = 31.84 \text{m/s}$

---

**316.** 안지름이 100mm인 파이프에 비중 0.8인 기름이 평균속도 4m/s로 흐를 때 질량유량은 몇 kg·s/m인가?(단, 물의 비중량은 1000kg/m³으로 한다.)

㉮ 25.1  ㉯ 44.8
㉰ 3.2  ㉱ 2.56

#### POINT

질량유량

$m = \rho AV = 102 \times 0.8 \times \dfrac{\pi}{4} \times 0.1^2 \times 4$
$= 256 \text{kg} \cdot \text{s/m}$

---

정답 312. ㉮  313. ㉯  314. ㉯  315. ㉰  316. ㉱

317. 유체가 흐르는 어떤 관의 단면에 설치된 압력계의 읽음이 $39.2\text{N/cm}^2$를 가리키고 있다. 이 단면의 압력수두는 얼마인가?

㉮ 4m  ㉯ 40m
㉰ 400m  ㉱ 4000m

**P·O·I·N·T**

$$h = \frac{P}{r} = \frac{39.2 \times 10^4}{9800} = 40\text{m}$$

318. 비중량이 $9.8\text{N/m}^3$인 유체가 지름 20cm인 관 속을 61.54N/s로 흐른다. 이때 평균유속은 몇 m/s인가?

㉮ 1  ㉯ 20
㉰ 200m  ㉱ 400

**P·O·I·N·T**

중량유량 $G = rAV$

$$V = \frac{G}{rA} = \frac{61.54}{9.8 \times \frac{\pi}{4} \times 0.2^2} = 200\text{m/s}$$

319. 다음 그림과 같은 유리관의 A, B 부분의 지름이 각각 30cm, 15cm이다. 이 관에 물을 흐르게 했더니 A에 세운 관에는 물이 60cm, B에 세운 관에는 물이 30cm 올라갔다. A,B 부분에서의 물의 속도는 각각 얼마인가?

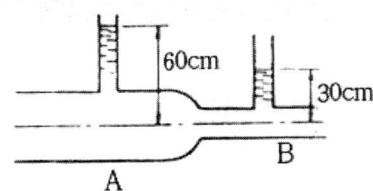

㉮ $V_A = 3.76\text{m/s}$, $V_B = 15.04\text{m/s}$
㉯ $V_A = 2.78\text{m/s}$, $V_B = 11.2\text{m/s}$
㉰ $V_A = 0.482\text{m/s}$, $V_B = 1.928\text{m/s}$
㉱ $V_A = 0.626\text{m/s}$, $V_B = 2.504\text{m/s}$

**P·O·I·N·T**

$Q = A_a V_a = A_b V_b$

$$V_a = \frac{A_b}{A_a} \times V_b = \frac{\frac{\pi}{4}(0.15)^2}{\frac{\pi}{4}(0.3)^2} \times V_b = \frac{1}{4} V_b$$

$$\therefore \frac{P_a}{p} + \frac{V_a^2}{2} + gz_a = \frac{P_b}{p} + \frac{V_b^2}{2} + gz_b$$

$P_a = p_a \cdot g \cdot h = 9800 \times 0.6 = 5880\text{N/m}^2$
$P_b = p_b \cdot g \cdot h = 9800 \times 0.3 = 2940\text{N/m}^2$
$\therefore Z_a - Z_b = 0$

$$\frac{5880}{1000} + \frac{V_a^2}{2} = \frac{2940}{1000} + \frac{16V_a^2}{2}$$

$\therefore V_a = 0.626\text{m/s}$  $V_b = 2.504\text{m/s}$

320. 그림과 같은 관에 물이 10ℓ/s로 흐르고 있다. 이때 A와 B점의 압력차는 몇 $\text{kg/m}^2$인가? (단, 모든 손실은 무시한다.)

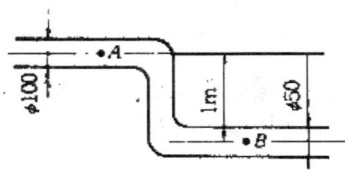

㉮ 242.15  ㉯ 42.37
㉰ 363.16  ㉱ 56.68

321. 2차원 흐름 속의 한 점 A에서 유선이 1cm 떨어져 있고, 평균유속은 10m/s, 다른점 B에서는 유선이 5cm 떨어져 있을 때 B에서의 평균유속은 몇 m/s인가?

㉮ 1  ㉯ 2
㉰ 0.4  ㉱ 50

**P·O·I·N·T**

$V_A S_A = V_B S_B$ 에서

$$V_B = \frac{S_A V_A}{SB} = \frac{1}{t} \times 10 = 2\text{m/s}$$

정답 317. ㉯  318. ㉰  319. ㉱  320. ㉮  321. ㉯

322. 다음 그림에서 관을 통해 분출되는 유속은 몇 m/s인가?

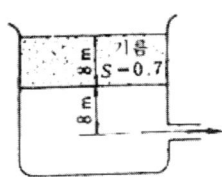

㉮ 16.33  ㉯ 15.21
㉰ 14.94  ㉱ 13.77

**POINT**
$\mu = \rho AV = 1000 SAV$
$= 1000 \times 0.86 \times \dfrac{\pi}{4} \times 0.2^2 \times 2$
$= 54.035 \text{kg/s}$

323. 2차원 흐름 속의 한 점 A에 있어서 유선의 간격은 4cm이고, 평균유속은 12cm/s이다. 다른 한 점 B에 있어서의 유선간격이 2cm일 때 단면 B의 평균유속은 얼마인가?

㉮ 6cm/s  ㉯ 12cm/s
㉰ 24cm/s  ㉱ 48cm/s

**POINT**
$V_B = \dfrac{SA}{SB} V_A = \dfrac{4}{2} \times 12 = 24$

324. 다음 그림에서 H = 6m, h = 5.75m이다. 이 때 손실수두는 몇 m인가?

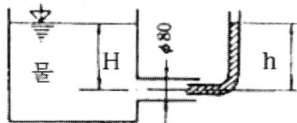

㉮ 1m  ㉯ 0.75m
㉰ 0.5m  ㉱ 0.25m

**POINT**
$h_r = H - h = 6 - 5.75 = 0.25$

325. 안지름 20cm의 파이프에 비중이 0.86인 기름이 V = 2m/s²로 흐른다. 이때 질량 유동률은 몇 kg/s인가?

㉮ 30  ㉯ 54
㉰ 63  ㉱ 27

326. 그림과 같은 관내를 비압축성 유체가 흐르고 있다. 관 A의 지름은 d이고, 관 B의 지름은 $\dfrac{1}{2}$d이다. 관 A에서의 유체의 흐름의 속도를 V라 하면 관 B에서의 유체의 유속은?

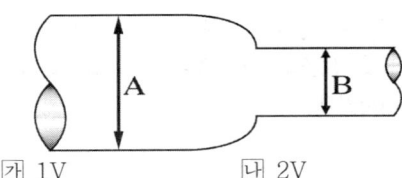

㉮ 1V  ㉯ 2V
㉰ 3V  ㉱ 4V

**POINT**
연속방정식 $A_1 V_1 = A_2 V_2$에서
$d^2 V_A = (\dfrac{d}{2})^2 V_B \quad \therefore \ V_B = 4 V_A$

327. 지름 30cm의 관 내를 물이 평균속도 2m/s로 흐르고 압력을 1.5kg/cm²이었다. 이 물이 가지고 있는 동력은 몇 kW인가?

㉮ 10  ㉯ 21
㉰ 15  ㉱ 25

**POINT**
$\dfrac{P}{r} + \dfrac{V^2}{2g} = H$ 에서
$H = \dfrac{1.5 \times 10^4}{1000 \text{x}} + \dfrac{(2)^2}{2(9.81)}$
$= 15 + 0.2 = 15.20 \text{m}$
$Q = AV = \dfrac{\pi}{4} D^2 V = \dfrac{\pi}{4}(0.3)^2(2)$
$= 0.1413 \text{m}^3/\text{s}$
$L = \dfrac{rQH}{102} = \dfrac{1000 \times 0.1413 \times 15.2}{102}$
$= 21 \text{kW}$

정답 322. ㉮  323. ㉰  324. ㉱  325. ㉯  326. ㉱  327. ㉯

328. 다음 그림과 같이 수평관 목부분 ①의 내경 $d_1=10cm$, ②의 내경 $d_2=30cm$로서 유량 $2.1m^2/min$일 때 ①에 연결되어 있는 유리관으로 올라가는 수주의 높이는 몇 m인가?

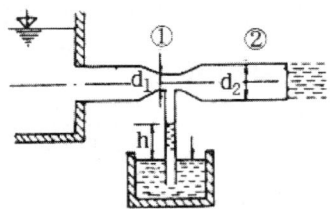

㉮ 1  ㉯ 2.8
㉰ 1.7  ㉱ 3.5

**POINT**

$V_2 = \dfrac{Q_r}{A_r} = \dfrac{0.035}{\dfrac{\pi}{4}(0.3)^2} = 0.495 m/s$

$\dfrac{P_2 - P_1}{r} = \dfrac{V_1^2 V_2^2}{2g} = \dfrac{4.16^2 - 0.495^2}{2 \times 9.8} = 1$

유량 $Q = \dfrac{2.1}{60} = 0.03 m^3/s$

$V_1 = \dfrac{Q_1}{A_1} = \dfrac{0.035}{\dfrac{\pi}{4}(0.1)^2} = 4.46 m/s$

①과 ②에 베르누이 방정식을 적용하면

$\dfrac{P_1}{r} + \dfrac{V_1^2}{2g} = \dfrac{P_2}{r} + \dfrac{V_2^2}{2g}$

329. 물 제트가 수직하 방향으로 떨어지고 있다. 표고 12m 지점에서의 제트지름은 5cm, 속도는 24m/s였다. 표고 4.5m 지점에서의 물속도는 얼마인가?

㉮ 18.8m/s  ㉯ 26.89m/s
㉰ 35.6m/s  ㉱ 30m/s

**POINT**

표고 12m 지점과 4.5m 지점에 대하여 베르누이 방정식을 대입하면 $P_1$과 $P_2$가 대기압이 되므로

$\dfrac{V_2^2}{2g} = \dfrac{(24)^2}{2g} + 7.5$

따라서 $V_2 = \sqrt{24^2 + 2 \times 9.8 \times 7.5} = 26.89 m/s$

330. 그림에서와 같이 양쪽의 수위가 다른 저수지를 벽으로 차단하고 있다. 이 벽의 오리피스를 통하여 ①에서 ②로 물이 흐르고 있을 때 유출속도 $V_2$는 얼마인가?

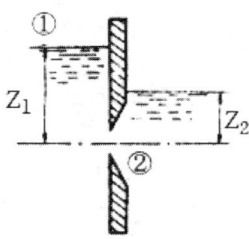

㉮ $V_2 = \sqrt{2q(Z_1)\,25}$
㉯ $V_2 = \sqrt{2q(Z_2)\,25}$
㉰ $V_2 = \sqrt{2g(Z_2 - Z_1)}$
㉱ $V_2 = \sqrt{2g(Z_1 - Z_2)}$

**POINT**

①, ②에 대하여 베르누이 방정식을 적용하면

$\dfrac{V_1^2}{2g} + \dfrac{P_1}{r} + z_1 = \dfrac{V_2^2}{2g} + \dfrac{P_0^2}{r} + z_2$ 에서

$V_1 = 0$, $P_1 = 0$, $z_1 = 0$, $\dfrac{P_2}{r} = z_2$를 각각 대입시키면

$0 + 0 + z_1 = \dfrac{V_2^2}{2g} + z_2 + 0$

$\therefore V_2 = \sqrt{2g(z_1 - z_2)}$

331. 다음 그림과 같은 관로에 물이 흐르고 있다. 만일 관로에서의 모든 손실을 $\dfrac{KV_2^2}{2g}$로 대표할 수 있을 때, 펌프로부터 물에 준 에너지를 계산하기 위하여 다음과 같이 에너지 방정식을 세웠다. 맞는 것은 어느 것인가? (단, 내부 에너지의 변화는 무시한다.)

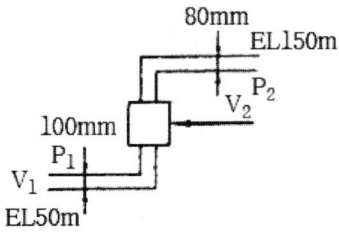

정답  328. ㉮  329. ㉯  330. ㉱  331. ㉱

가  $\dfrac{p_1}{r} + \dfrac{V_1^2}{2g} + 50 + K\dfrac{V_2^2}{2g}$

$= E_p + \dfrac{p_2}{r} + \dfrac{V_2^2}{2g} + 100$

나  $\dfrac{p_1}{r} + \dfrac{V_2^2}{2g} + 50 + E_p + \dfrac{p_2}{r}$

$+ \dfrac{V_2^2}{2g} + 150 + K\dfrac{V_2^2}{2g}$

다  $\dfrac{p_1}{r} + \dfrac{V_1^2}{2g} + 50 + Z_p$

$= \dfrac{p_2}{r} + \dfrac{V_2^2}{2g} + 150 + K\dfrac{V_2^2}{2g}$

라  $\dfrac{p_1}{r} + \dfrac{V_1^2}{2g} + 50 + E_p - K\dfrac{V_2^2}{2g}$

$= \dfrac{p_2}{r} + \dfrac{V_2^2}{2g} + 150$

### P·O·I·N·T

토리첼리 공식에서 유속 V는
$V = \sqrt{2g(h-y)}$

여기서 자유낙하 높이 $y = \dfrac{1}{2}gt^2$, $x = V_t$ 이므로

$\dfrac{x}{t}\sqrt{2g(h-y)}$ 에서

$x = \sqrt{\dfrac{2y}{g}}\sqrt{2g(h-y)} = 2\sqrt{y(h-y)}$

위식을 y에 관해서 미분하면

$\dfrac{dx}{dy} = \dfrac{h-2y}{\sqrt{y(h-y)}}$

x가 최대가 되기 위해서는 $\dfrac{dx}{dy} = 0$ 이어야 하므로

$h = 2y$  ∴ $y = \dfrac{h}{2}$

**332.** 수면의 높이가 지면에서 h인 물통벽에 구멍을 뚫고 물을 지면에 분출시킬 때 구멍을 어디에 뚫어야 가장 멀리 떨어지는가?

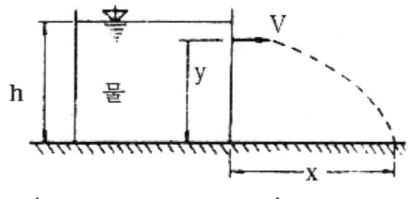

가  $\dfrac{h}{3}$  나  $\dfrac{h}{2}$

다  $\dfrac{h}{4}$  라  $\dfrac{h}{5}$

**333.** 그림과 같이 축소된 통로에 물이 흐르고 있다. 두 압력계의 읽음이 같게 되는 지름은 얼마인가?

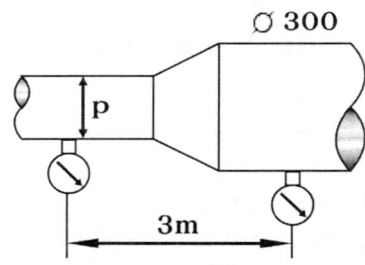

가 55.54cm  나 5.56cm
다 23.55cm  라 13.55m

### P·O·I·N·T

두점에 대해서 베르누이 방정식을 적용시키면

$\dfrac{\sigma^2}{2g} + \dfrac{P_1}{r} + 3 = \dfrac{V_2^2}{2g} + \dfrac{P_2}{2r} + \sigma$

문제에서 $\dfrac{P_1}{r} = \dfrac{P_2}{r}$ 의 조건이므로

연속 방정식으로부터

$Q = A_2 V_2 = \dfrac{\pi}{4} \times 0.3^2 \times 6 = \dfrac{\pi}{4}d^2\sqrt{94.8}$

∴ $d^2 = \dfrac{6 \times 0.09}{\sqrt{94.8}} = 0.0555$ ∴ $d = 23.55$cm

정답  332. 나  333. 다

334. 다음 그림과 같이 매우 넓은 저수지 사이를 Φ300의 관으로 연결하여 놓았다. 이계의 동력은 얼마인가?

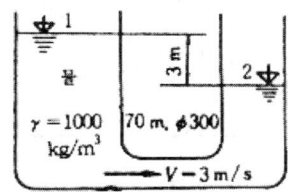

㉮ 1.16kW  ㉯ 33.9kW
㉰ 6.23kW  ㉱ 0kW

**P·O·I·N·T**

1과 2의 베르누이 방정식을 적용하면
$\frac{P_1}{r} + \frac{V_1^2}{2g} + z = \frac{P_2}{r} + \frac{V_2^2}{2g} + z^2 + hr$
여기서 $P_1 = P_2$, $V_1 = V_2$, $Z_1 - Z_2 = 3m$
∴ $h_L = 3m$
따라서 손실동력 $P_L$은
$P_L = \frac{9800 \times \frac{\pi(0.3)^2}{4} \times 3 \times 3}{1000} = 6.23kW$

335. 그림과 같은 터빈에 0.23m³/s로 물이 흐르고 있고, A와 B에서 압력은 각각 19.6N/cm²와 -1.96N/cm²일 때 물로부터 터빈이 얻는 동력은 몇 KW인가?

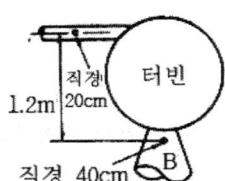

㉮ 25.76  ㉯ 73.2
㉰ 58     ㉱ 83

**P·O·I·N·T**

유속 $V_A$와 $V_B$는
$V_A = \frac{0.23}{\frac{\pi}{4} \times 0.2^2} = 7.32 m/s$

$V_B = \frac{0.23}{\frac{\pi}{4} \times 0.4^2} = 1.83 m/s$

터빈내 전달된 수두를 Hi라 하고, A와 함께 B에 베르누이 방정식을 적용하면
$\frac{P_A}{r} + \frac{VA^2}{2g} + z_A$
$= \frac{P_B}{r} + \frac{P_B}{2g} + \frac{V_B^2}{2g} + z^B$
$+ Hi \frac{2 \times 10^4}{1000} + \frac{7.32^2}{2 \times 9.8} + 1.2$
$\therefore \frac{19.6 \times 10^4}{9800} + \frac{7.32^2}{2 \times 9.8} + 1.2$
$= \frac{-0.2 \times 10^4}{9800} + \frac{1.83^2}{2 \times 9.8} + Z_b$
$Z_b = Hi = 2577m$
∴ 동력[kW] $= \frac{r \cdot Q \cdot Hi}{1000} = 58.1$

336. 다음 그림과 같은 터빈에서 유량이 0.6m³/s일 때 터빈이 얻은 동력은 75kW이었다. 만일 터빈을 없애면 유량은 얼마로 되는가? [SI 단위]

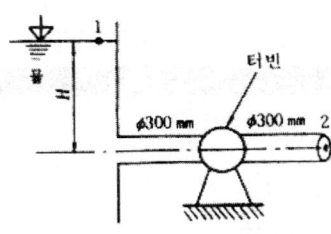

㉮ 8.49   ㉯ 12.75
㉰ 16.43  ㉱ 1.268

정답  334. ㉰  335. ㉰  336. ㉱

**P·O·I·N·T**

터빈이 있을 때 유속 Vt는

$$V_t = \frac{Q}{A} = \frac{0.6}{\frac{\pi}{4} \times 0.3^2} = 8.49 \text{m/s}$$

물이 터빈에 준수두 Hi 는 $P = \frac{rQHi}{1000}$ 에서

$$75 = \frac{9800 \times 0.6 \times Hi}{1000}$$

∴ Hi = 12.75    1과 2에 베르누이 방정식은

$$0 + 0 + H = 0 + \frac{V_t^2}{2g} + 0 + H_T$$

H = 16.43m
$V = \sqrt{2gH} = \sqrt{2 \times 9.8 \times 16.43} = 17.9 \text{m/s}$
$Q = AV = 1.268 \text{m}^3/\text{s}$

337. 그림과 같은 사이펀에서 물이 흐르고 있을 때 1과 3점 사이의 손실수두 HL는 얼마인가? (단, 사이펀에서 유량은 42m³/min 이다.)

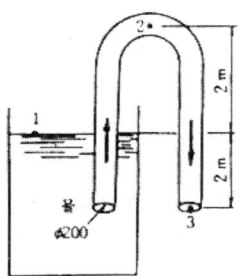

㉮ 1.747m    ㉯ 2.253m
㉰ 1.4301m   ㉱ 2.569m

**P·O·I·N·T**

$$z_1 = \frac{V_3^2}{2g} + H_L$$

$$V_3 = \frac{Q}{A} = \frac{Q}{\frac{\pi}{4}D^2}$$

$$= \frac{4.2}{\frac{\pi}{4} \times (0.2)^2 \times 60} = 2.23 \text{m/s}$$

$$H_L = z_1 - \frac{V_3^2}{2g} = 2 - \frac{2.23^2}{2 \times 9.8} = 1.747 \text{m}$$

338. 송출구의 지름 200mm인 펌프의 양수량이 3.6m³/min일 때 유속은 몇 m/s인가?

㉮ 3.78    ㉯ 2.11
㉰ 1.35    ㉱ 1.91

**P·O·I·N·T**

유량

$$Q = 3.6 \text{m}^3/\text{min} = \frac{3.6}{60} \text{m}^3/\text{s} = 0.06 \text{m}^3/\text{s}$$

$$\therefore V = \frac{Q}{A} = \frac{0.06}{\frac{\pi}{4}(0.2)^2} = 1.91 \text{m/s}$$

339. 다음 그림과 같은 관에 40ℓ/s의 물이 흐르고 있다. 1에 있는 압력계가 78.4kPa를 가리키고 있을 때 2의 압력계는 얼마의 압력을 가리키는가? (단, 1과 2사이의 손실은 무시한다.)[SI 단위]

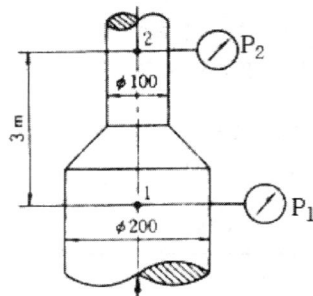

㉮ 36.8kPa    ㉯ 12.74kPa
㉰ 50.96kPa   ㉱ 82.04kPa

**P·O·I·N·T**

연속방정식에서 $V_1$, $V_2$ 는

$$V_1 = \frac{0.04}{\frac{\pi}{4}(0.2)^2} = 1.274 \text{m/s}$$

$$V_2 = 4V_1 = 5.0996 \text{m/s}$$

1과 2에 베르누이 방정식을 적용하면

$$\frac{P_1}{r} + \frac{V_1^2}{2g} + z_1 = \frac{P_2}{r} + \frac{V_2^2}{2g} + z_2$$

여기서
$P_1 = 78.4 \text{kPa} = 78400 \text{N/m}^2$,
$V_1 = 1.274 \text{m/s}$, $V_2 = 5.096 \text{m/s}$
$z_2 - z_1 = 3\text{m}$ 이므로

$$\frac{78400}{9800} + \frac{1.274^2}{2 \times 9.8} + 0$$

$$= \frac{P_2}{9800} + \frac{5.096^2}{2 \times 9.8} + 3$$

$$\therefore P_2 = 36800 \text{N/m}^2 = 36.8 \text{kPa}$$

정답  337. ㉮  338. ㉱  339. ㉮

**340.** 그림과 같은 사이펀을 통해 흐를 수 있는 유량은 몇 $m^3/s$인가? (단, 손실은 무시한다.)

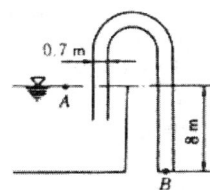

㉮ 3.269  ㉯ 3.611
㉰ 4.235  ㉱ 4.816

**P·O·I·N·T**

$\dfrac{P_A}{r}+\dfrac{VA^2}{2g}+Z_A=\dfrac{P_b}{r}+\dfrac{V_B^2}{2g}+Z_B$

$P_A=P_B, Z_B=0, V_A=0$

$Z_A=\dfrac{V_B^2}{2g}$

$\therefore V_B=\sqrt{2gZA}=\sqrt{2\times9.8\times8}$
$\quad \fallingdotseq 12.52 m/s$

$\therefore Q=A_BV_B=\dfrac{\pi}{4}\times0.7^2\times12.52$
$\quad \fallingdotseq 4.816 m^3/s$

**341.** 유동하고 있는 물의 동압이 $14.7kg/m^2$였다면 이 물의 유속은 얼마인가? (단, $\rho$는 $102kg\cdot s^2/m$이다.)

㉮ 2.88m/s  ㉯ 1.69m/s
㉰ 1.44m/s  ㉱ 53.7m/s

**P·O·I·N·T**

$\dfrac{\rho\gamma^2}{2}=14.7kg/m^2$

$V=\sqrt{\dfrac{2\times14.7}{\rho}}=2.88m/s$

**342.** 다음 그림과 같은 사이펀(siphon)에서 흐를 수 있는 유량은 약 몇 ℓ/min인가? (단, 관로 손실은 무시한다.) [SI 단위]

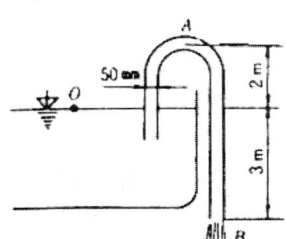

㉮ 300    ㉯ 900
㉰ 1500   ㉱ 1800

**P·O·I·N·T**

$\dfrac{P_0}{r}+\dfrac{V_0^2}{2g}+Z_0=\dfrac{P_B}{r}+\dfrac{V_B^2}{2g}+Z_B$

$\rightarrow P_0=P_B=0, V_0=0, Z_0-Z_B=3m$

$V_B=\sqrt{2g(Z_0-Z_B)}$
$\quad=\sqrt{2\times9.8\times3}=7.668 m/s$

$Q=AV=\dfrac{\pi(0.05)^2}{4}\times7.668$

$\quad \fallingdotseq 0.015 m^3/s=1.5 \ell/s=900 \ell/min$

**343.** 그림과 같은 벤투리관에서 목에서의 지름이 100mm이고, 출구의 지름이 300mm인 관에서 비중이 0.8인 기름이 흐르고 있을 때 목에서 수은주는 200mmHg 진공이었다. 이 때 목과 출구의 속도는 각각 몇 m/s인가? (단, 공기의 저항은 무시한다.)

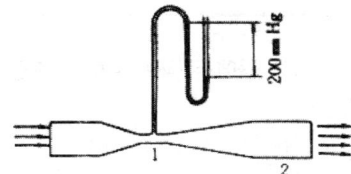

㉮ 9.8, 8.25  ㉯ 8.2, 0.91
㉰ 7.6, 5.32  ㉱ 6.1, 0.78

**P·O·I·N·T**

$\dfrac{P_1}{r}+\dfrac{V_1^2}{2g}=\dfrac{P_2}{r}+\dfrac{V_2^2}{2g}$

$\dfrac{P_2-P_1}{r}=\dfrac{V_1^2-V_2^2}{2g}=\dfrac{(1-\dfrac{A_1}{A_2})^2V_1^2}{2g}$

$V_1=\sqrt{\dfrac{2g(\dfrac{P_1}{r})}{1-(\dfrac{A_1}{A_2})^2}}=\sqrt{\dfrac{2\times9.81\times\dfrac{2720}{800}}{1-(\dfrac{100}{300})^4}}$

$\quad=\sqrt{\dfrac{66.7}{0.987}}=8.2 m/s$

$V_2=(\dfrac{A_1}{A_2})\times V_1=(\dfrac{1}{3})^2\times8.2=0.91 m/s$

정답  340.㉱  341.㉮  342.㉯  343.㉯

344. 다음 그림과 같이 설치한 피토-정압관에서 R´=1cm일 때 유속은 몇 m/s인가?(단, 속도계수 $C_v$=1.12이다.)

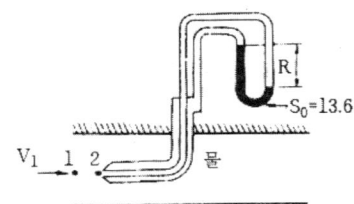

㉮ 0.32  ㉯ 1.27
㉰ 1.76  ㉱ 4.32

**POINT**

$$V_1 = C_v \sqrt{2gR'\left(\frac{S_0}{S}-1\right)}$$

$$= 1.12\sqrt{2\times 9.8 \times 0.01 \times \left(\frac{13.6}{1}-1\right)}$$

$$= 1.76\text{m/s}$$

345. 다음 위어 중에서 작은 유량의 측정에 적합한 것은?
㉮ 광봉 위어  ㉯ 예봉 위어
㉰ 사각 위어  ㉱ 삼각 위어

346. 절대압력 100kpa, 온도 15℃, 동점성 계수 $015\times 10^{-4}\text{m}^2/\text{s}$인 공기를 평균유속 2m/s로 가로 200mm, 세로 300mm인 직사각형 도관을 통하여 수평거리 1500m로 수송할 때 압력강하는 몇 pa인가? (단, 도관의 벽면은 매끈하다.)

㉮ 135  ㉯ 216
㉰ 348  ㉱ 425

**POINT**

타원이나 도관과 같은 비원형관로에 대한 관마찰계수는 흐름이 난류이고, 단면의 가로, 세로의 비가 극히 작거나 큰 범위(실제로는 1:3과3:1사이의 범위)일 때는 원관위 관마찰계수와 일치하며 그밖의 경우는 원관의 관마찰계수 보다 조금 큰 값을 갖는다.

**POINT**

수력반경은
$$R_h = \frac{A}{P} = \frac{0.2\times 0.3}{2\times 0.2 + 2\times 0.3} = 0.06\text{m}$$

$$Re = \frac{4R_h V}{\nu} = \frac{4\times 0.06 \times 2}{0.15\times 10^{-4}} = 32000$$

따라서 흐름은 난류이다.

도관의 가로와 세로의 비는
$$\frac{b}{a} = \frac{300}{200} = \frac{3}{2} \text{ 즉, } \frac{1}{3} < \frac{b}{a} < 3 \text{의 범위내에}$$
있으므로 원관의 관마찰계수를 적용할수 있다.

따라서 무디선도를 이용하면
Re = 32000에서
$$\lambda = \frac{gp}{RT} = \frac{100\times 10^3 \times 9.8}{287\times(273+15)}$$
$$≒ 11.86\text{N/m}^3$$

$$\therefore \Delta p = \gamma \cdot \lambda \frac{L}{4R_h} \cdot \frac{V^2}{2g}$$

$$= 11.86\times 0.023 \times \frac{1500}{4\times 0.06} \times \frac{2^2}{2\times 9.8} ≒ 348\text{pa}$$

347. 다음 그림과 같이 매우 넓은 저수지 사이를 Φ300mm의 관으로 연결하여 놓았다. 이 계의 비가역량(손실에너지)은 얼마인가?

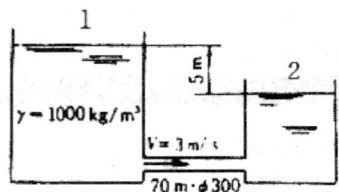

㉮ 1.16kW  ㉯ 10.4kW
㉰ 14kW    ㉱ 0kW

**POINT**

베르누이 방정식 적용

$$\frac{V_1^2}{2g} + \frac{P_1}{r} + z_1 = \frac{V_2^2}{2g} + \frac{P_2}{r} + z_2 + h_1$$

$P_1 = P_2 = 0$ 대기압 $\frac{Vc_2}{2g} = 0$이므로

$h_1 = z_1 - z_2 = 5\text{m}$

유량 $Q = 3\times \frac{\pi}{4} \times 0.3^2 = 0.212$

손실동력 $= \frac{rQh}{1000} = \frac{9800\times 0.212 \times 5}{1000}$
$= 10.4\text{kW}$

정답  344. ㉰  345. ㉱  346. ㉰  347. ㉯

농업기계 기사

# Chapter 4

# 농업기계학

| 제1장 | 경운기계의 의의 |
| 제2장 | 시비, 파종 및 이식기 |
| 제3장 | 농용펌프 |
| 제4장 | 병해충 방제기계 |
| 제5장 | 수확 조제용 기계 |

| 부록 | 출제예상문제 |

# 제4편

## 농업기계 기사

# 제1장 경운기계의 의의

## 1. 경운(tillage)의 의의

경운 정지 작업은 토양의 구조를 부드럽게 바꾸어 파종과 이식을 순조롭게 하고, 발아 및 뿌리의 영양 흡수를 양호하게 하기 위한 토양 환경 조성 작업이다.

### (1) 경운정지의 목적

① 알맞은 토양구조 마련
② 잡초제거 및 솎아내기로 작물 생육을 촉진
③ 작물의 잔류물을 매몰
④ 작물의 재식, 관개, 배수 및 수확 작업 등에 알맞은 토양 표면을 조성
⑤ 토양침식 방지 및 미생물의 활동을 촉진
⑥ 농약 및 거름의 효과를 균일하게 하고 증대시킴

### (2) 최소경운(minimum tillage)의 정의

무경운 또는 최소의 에너지와 적은 비용으로 경운 하는 것을 최소경운이라 한다. 벼를 이앙하기 위해서는 과거는 쟁기작업과 써레 작업을 반드시 거쳐야 되나, 요즘은 두 작업을 로타리 경운 하나만으로 이루어지는 형태이다.

예) 경운 + 정지 ⇒ 로타리 작업, 이앙기 + 시비기, 콤바인 + 파종기 등.

### (3) 토양의 구조와 분류

#### 1) 구조

토양에 수분이 함유된 정도는 일반적으로 함수비로 나타낸다.

$$W = \frac{W_w}{W_s} \times 100\%$$

W : 함수비.    WW : 토양수분의 무게.    WS : 토양입자의 무게

함수비가 높으면 액체의 성질을 나타내고, 점차 함수비가 감소하면 소성체의 성질을 나타내며, 함수비가 더욱 감소하면 고체의 성질을 나타내게 된다.

### 2) 토양의 분류

| 입자지름(mm) | | 0.002 | 0.02 | | 0.2 | | 2.0 | | |
|---|---|---|---|---|---|---|---|---|---|
| 분류 | 국제토양학회법 | 점토 | 미 사 (가루모래) | 고운 모래 | | 거친 모래 | | 자갈 | |
| | 미국 농무성법 (USDA) | 점토 | 미 사 (가루모래) | 매우 고운 모래 | 고운 모래 | 보통 모래 | 거친 모래 | 매우 거친 모래 | 자갈 |
| 입자지름(mm) | | 0.002 | 0.05 | 0.10 | 0.25 | 0.5 | 1.00 | 2.0 | |

## 2. 경운작업의 분류

### (1) 경운 방법에 의한 분류

| 전 동 방 식 | 운동 방식 | 대표적 작업기계 |
|---|---|---|
| 견인식 : 트랙터의 3점 링크 장착 | 직 진 식<br>자유회전식 | 몰드보드 플라우, 쟁기<br>원판 플라우 |
| 구동식 : P.T.O축에 연결 | 회 전 식<br>진 동 식 | 로터리, 로터 베이터<br>진동식 심토 파쇄기 |

### (2) 작업 목적에 의한 분류

#### 1) 쟁기 작업(경기작업, 1차경)

플라우 또는 쟁기를 사용하여 굳어진 흙을 절삭, 반전 및 파괴하여 큰 덩어리로 파쇄하는 작업이다.

#### 2) 쇄토 작업(2차경)

로터리 경운 작업기, 써레, 해로우 등이 쓰이며, 1차경(primary tillage)으로 경운된 흙을 다시 작은 덩어리로 파쇄하는 작업을 2차경(secondary tillage)이라 한다.

#### 3) 구동 경운 작업

로터리 경운 작업기를 이용하여 1차경과 2차경을 동시에 실시하는 것과 거의 비슷한 효과를 얻는 작업이다.

### 4) 평탄 작업

배토판이나 디스크 해로우(disk harrow) 등을 사용하여 고르지 못한 지표면을 평탄하게 고르는 작업이다.

### 5) 심토 파쇄 작업

굳어진 땅속의 토양에 진동을 주어 심토를 파쇄하는 작업이다(끌, 쟁기, 심토 파쇄기를 이용하여 45~75mm까지 파쇄한다).

### 6) 두둑 및 고랑 만들기 작업

두둑을 만드는데 사용되는 기계를 리스터(lister), 고랑을 만드는 데 사용되는 기계를 트랜처(trencher)라 한다.

## 3. 경운정지 작업의 분류

### (1) 플라우의 종류와 분류

| 분류 방법 | 플라우의 종류 |
|---|---|
| 이체의 형태 | 몰드보드 플라우(moldboard plow)<br>디스크 플라우(disk plow), 치즐 플라우(chiesel plow)<br>로터리 플라우(rotary plow), 쟁기 |
| 견 인 방 법 | 견인형 플라우(trailed plow)<br>장착형 플라우(mounted plow)<br>반장착형 플라우(semi-mounted plow) |
| 이 체 수 | 1련 플라우(single plow), 다련 플라우(gang plow) |
| 이체의 반전 여부 | 단용 플라우(common plow)<br>양용 플라우(reversible plow) |

### 1) 몰드보드 플라우

반전된 흙으로 말미암아 생긴 골의 깊이를 경심, 나비를 경폭이라 한다.

① 보습(share) : 흙을 수평으로 잘라 몰드보드로 밀어 올리는 역할을 한다.
② 몰드보드(moldboard) : 흙의 변형과 반전에 기여하는 이체부이며 반전, 파쇄, 던져짐 등의 기능을 수행한다.
③ 바닥쇠(land side) : 역구의 흙바닥과 역벽에 따라 흙과 접촉하는 부분이다. 플라우의 경심과

진행 방향을 안정하게 유지시켜 주는 작용을 흡인(section)이라 하며, 수직흡인은 날 끝을 흙 속에 잘 진입하게 하고 경심을 안정시켜 주며, 수평흡인은 플라우의 진행방향을 일정하게 유지시킨다.

### 참고

플라우의 3지점 : 보습날개, 보습끝, 뒤축

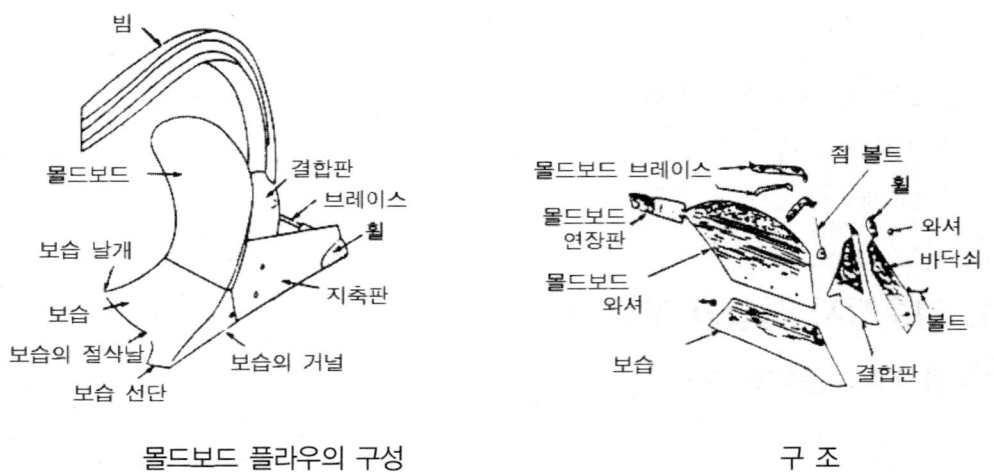

몰드보드 플라우의 구성 / 구 조

④ 콜터(coulter) : 플라우의 앞쪽에 설치하는 것으로서, 흙을 미리 수직으로 절단하여 보습의 절삭 작용을 도와주고, 역조와 역벽을 가지런히 해주는 플라우의 보조 장치이다. 콜터와 지측판의 간극은 10~20mm이다.

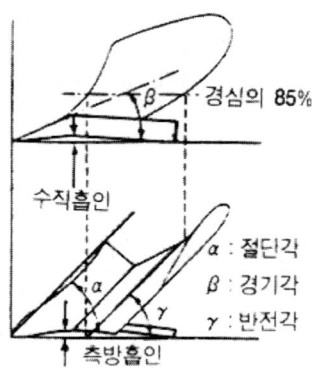

플라우의 형상각과 흡인

## 참고

반전각 ɣ : 수평면이 경심의 85%에 상당하는 몰드보드의 표면을 자르는 선과 쟁기의 진행방향이 이루는 각을 반전각이라 한다.
절단각 α : 플라우의 진행방향과 보습이 이루는 각을 절단각 이라함.
경기각 β : 수평면에 대한 보습표면의 경사도를 경기각 이라함.

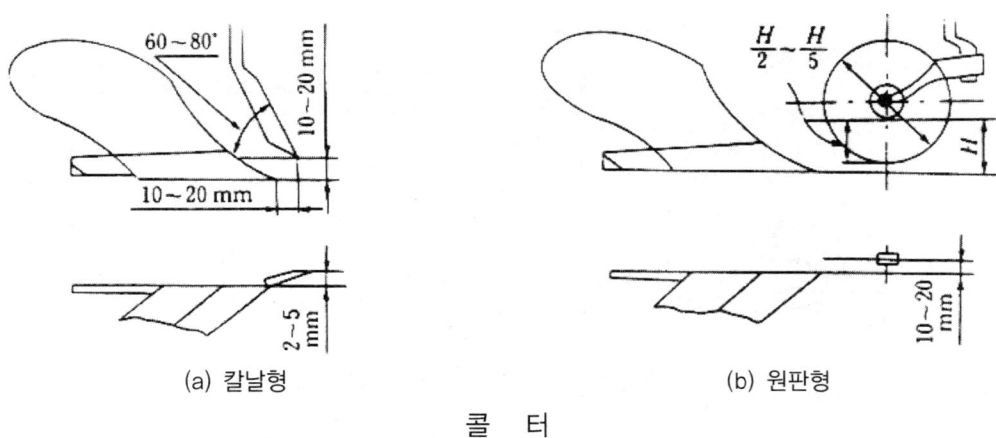

(a) 칼날형  (b) 원판형

콜 터

⑤ 앞쟁기(jointer) : 보통 이체와 콜터 사이에 설치되는 작은 플라우로서 그 형태는 이체와 거의 비슷하다. 이체의 작용에 앞서 표토를 얕게 갈아 잡초나 표면 피복물을 역구 속으로 반전시켜, 그 뒤의 본 이체가 만드는 역조가 잡초 등을 완전히 매몰시키도록 하는 것이다.

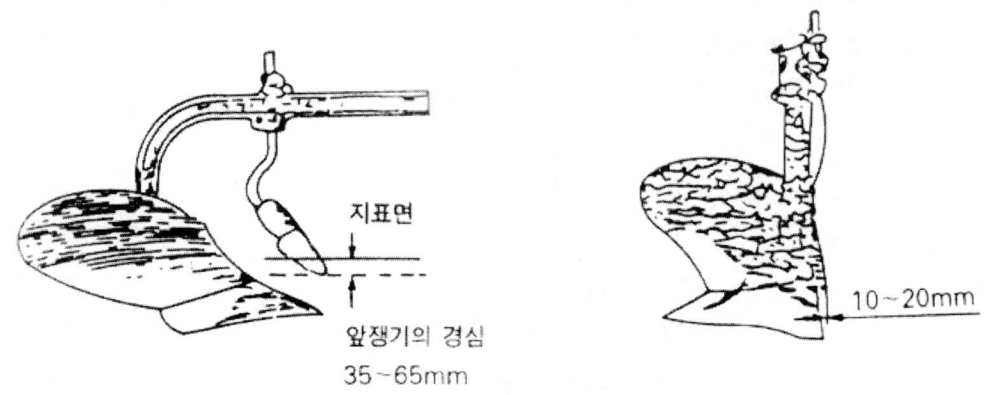

앞 쟁기의 구조와 설치 위치

### 2) 원반 플라우(disk plow)

접시모양의 오목한 구면의 일부 또는 평평한 원판으로 경운 작업을 하는 작업기이다.

원판축이 진행 방향과 이루는 각을 원판각, 원판이 연직 방향과 이루는 각을 경사각이라 하며, 원판각은 역토의 폭과 원판의 회전 속도에 영향을 끼치는데, 원판각이 클수록 경폭이 커지는 반면 원판의 회전 속도는 감소한다. 그리고 자체 중량에 따라 경심이 결정된다.

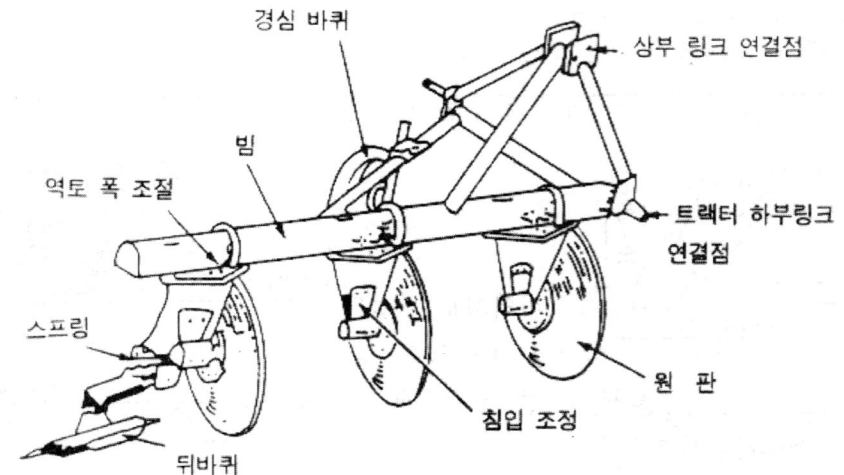

트랙터 장착용 3련 디스크 플라우

① 원판 플라우의 특징
　㉮ 마르고 단단한 땅에 적당하며 쇄토작용이 크다.
　㉯ 개간지와 같이 나무 뿌리가 남아 있는 경지에 사용하며 소요동력이 적게 든다.
　㉰ 원판의 각도를 적절히 조절함으로써 여러 가지 토양 조건에서도 작업이 가능하다.
　㉱ 날 부분이 길어 연마작용과 자전에 의한 마찰 마모가 작다.
　㉲ 자전 때문에 흙이 잘 붙지 않는다.
　㉳ 반전이 불가능하여 초지에 사용하기 어렵다.

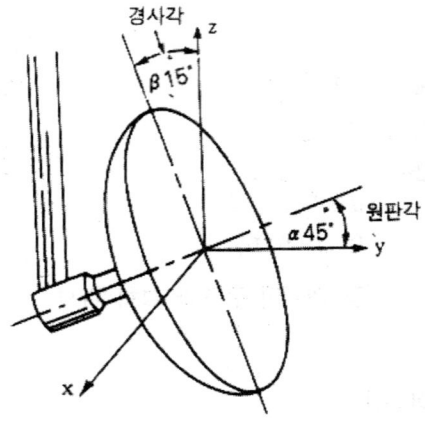

디스크 플라우의 원판각과 경사각

### 3) 심토 플라우와 심토 파쇄기

플라우에 의해 경운된 토층 이하를 심토라 한다.

① 심토 플라우(subsoil plow) : 보통 플라우의 이체에 심토를 파괴시킬 수 있는 경운날을 붙인 것이며 심토와 작토를 혼합하지 않고 심토를 부드럽게 하는데 사용한다.
② 심토 파쇄기(subsoiler) : 심토층에 만들어진 경반을 파쇄하는 플라우 이체는 심토 파쇄날만 갖추고 있다.

### (2) 동양 쟁기

쟁기의 주요부인 이체는 보습, 볏, 바닥쇠로 구성되어 있다. 보습은 흙을 절삭한 다음 볏으로 올려 보내는 부분으로, 기본형태는 삼각형이다. 볏은 옆으로 반전, 파쇄하는 부분이며, 바닥쇠는 이체의 밑 부분으로서, 쟁기를 받쳐서 안정을 유지하게 한다. 바닥쇠는 쉽게 마멸되므로 교환할 수 있도록 되어 있다. 빔은 흙에 대한 일정한 작용 각도를 유지하면서 쟁기를 견인하는 부분으로서 여기에는 경심과 경폭 조절 장치가 있다. 그리고 k는 비저항으로 아래식과 같다.

$$K = \frac{R}{a} = \frac{R}{\omega d} \ (kg/cm^2)$$

R : 견인 저항(kg)　　　　　　K : 비저항(kg/cm$^2$)
a : 역토 단면적(cm$^2$)　　　　d : 경심 (cm)
$\omega$ : 경폭(cm)

### (3) 플라우 장착 방법

① 견인식 : 트랙터의 견인봉에 의하여 견인한다.
② 반장착식 : 작업기 무게의 일부는 3점 연결 장치의 하부 링크에 연결, 나머지 무게는 작업기의 바퀴로 지탱한다.
③ 3점 링크 히치식 : 트랙터의 3점 연결 장치에 장착식 플라우를 연결하는 3점 링크 히치식은 기타 연결 방법에 비하여 다음과 같은 이점이 있다.
㉮ 작업기의 길이가 짧아 선회 반지름이 작으므로 미경지가 작다.
㉯ 견인식 플라우와 같은 바퀴나 프레임이 필요 없으므로 구조가 간단하고 값이 싸다.
㉰ 장착식은 플라우의 무게 또는 견인 저항의 일부를 트랙터의 중량 전이로 이용함으로써 견인력을 증가시킨다.

㉣ 플라우는 유압 제어가 간단하고 운반 선회가 쉽다.

### (4) 플라우 경운법

#### 1) 왕복 경운

왕복경법에는 순차경법, 안쪽 젖힘 경법(내반경법), 바깥쪽 젖힘 경법(외반경법)이 있다. 안쪽 젖힘 경법은 역조가 서로 안쪽으로 반전이 되도록 안쪽에서 바깥쪽으로 쟁기질을 하는 방법으로 한 구획의 중앙에 두둑이 생기게 되고, 그 양 끝에는 고랑이 생긴다. 바깥쪽 젖힘 경법은 역조가 바깥쪽으로 반전되도록 작업을 하는 방법이며 중앙에 고랑, 양끝에는 두둑이 생긴다.

#### 2) 회경법(연속경법)

플라우를 이용하여 작업하는 동안에 이체를 들어올리는 일이 없이 계속해서 돌아가며 작업을 하는 경법이다.

## 4. 로터리 경운 작업기

### (1) 로터리 경운의 특성

회전 구동력을 얻어서 경운 작업을 수행하는 작업기를 구동형 경운기라 한다. 로터리 경운 작업기는 동력 경운기 또는 트랙터 기관의 구동력에 의하여 회전하며, 수평으로 된 로터리 축에 경운날을 장착하여 경운 한다.

### (2) 로터리 경운 작업기의 구조

#### 1) 동력 전달

트랙터나 동력경운기의 PTO축에서 취출된 동력은 체인이나 기어를 통해서 전달된다. 경운축의 구동방법에는 중앙 구동식, 측방 구동식, 분할 구동식이 있다.

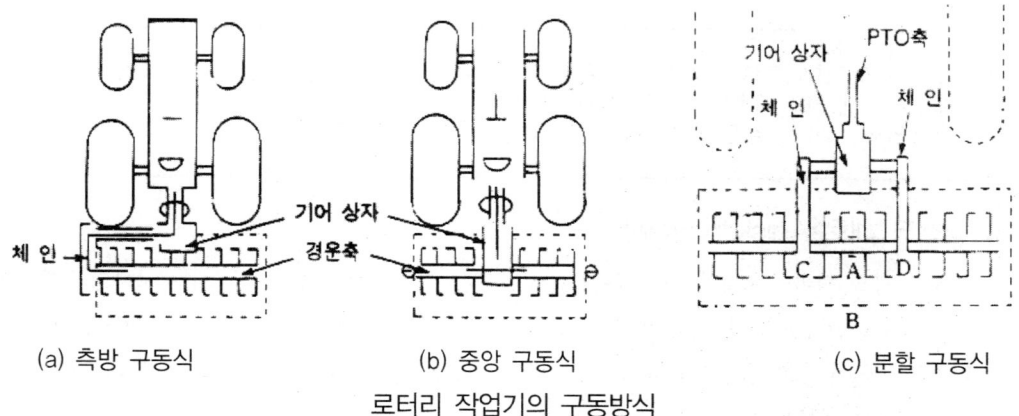

(a) 측방 구동식　　　(b) 중앙 구동식　　　(c) 분할 구동식
로터리 작업기의 구동방식

### 2) 로터리 경운날

경운날에는 크게 작두형, L자형, 보통형으로 나뉜다. 작두형 날은 동력 경운기의 로터리 날로 널리 이용되고, L자형 날은 대형 4륜 트랙터용 로터 베이터에, 보통형 날은 마르고 단단한 흙을 경운 하는데 적합하다.

### (3) 로터리 경운 작업 방법

① 연접 경법 : 포장의 한쪽 끝에서 차례로 경운 하여 나가는 방법이다.
② 건너뛰기 경법 : 약간 좁은 미경지를 남기고 한 두둑 건너뛰어 경운 하고 나중에 미경지 부분을 경운 하는 방법이다.
③ 회경법 : 농경지의 중앙에서 바깥쪽으로 차례로 맴돌면서 경운 하는 방법이다.

**참고**

로터리의 크기는 드라이브 길이로 표시한다.

## 5. 정지용 작업기

정지작업은 1차경이 실시된 다음에 시행하며 큰 흙덩어리를 더욱 미세하게 파쇄하는 작업으로, 압쇄작용, 타격작용, 절단작용 또는 복합 작용에 의하여 이루어진다. 절단 쇄토는 보통 얇은 칼날로 흙덩어리를 자르는 것으로 회전 해로우나, 디스크 해로우는 칼날의 절단 작용이 매우 강한 쇄토기이다. 충격에 의한 쇄토는 작업부가 고속으로 회전하여 흙을 타격하여 파쇄하는 구동식 쇄토기가 있다.

> **참고**
> 
> 쇄토 작업기의 종류 : 스파이크 해로우, 원반 해로우, 오프셋 디스크 해로우, 스프링 해로우, 애크미 해로우, 동력 답용 해로우, 보통써레, 바퀴날형 회전 쇄토기 등이 있다.(압쇄, 타격, 절단 3가지 중요한 작용이다.)

## (1) 디스크 해로우(disk harrow)

접시 모양의 원판을 1개의 축에 5~10 장씩 붙이고, 이 축을 2개 또는 4개씩 하나의 묶음으로 연결하여 견인하도록 만든 트랙터 부착용 쇄토기의 한 종류이다. 원판의 지름은 30~45cm이다. 디스크 해로우에는 원형원반과 화형원반이 있으며 화형원반은 섬유물의 절단력이 강하므로 나무 뿌리가 엉킨 토질에 쓰기에 적합하다.

## (2) 스파이크 투스 해로우(spike-tooth harrow)

뿔처럼 생긴 긴 이를 4~6cm 간격으로 크로스바에 수직으로 고정시켜서 사용하는 쇄토기이다.

## (3) 스프링 투스 해로우(spring-tooth harrow)

흙과 접촉하여 작업하는 치간 스프링 강을 사용해서 활 모양으로 구부려 크로스바에 연결하는 쇄토기이다. 자갈이나 뿌리가 많은 경지, 또는 굳은 흙의 쇄토 작업에 알맞으며, 유럽에서는 전작용으로 많이 쓰이고 있다.

## (4) 구동식 쇄토기

기관의 구동력을 쇄토 작업에 직접 이용하는 기계이다. 바퀴 대신에 구동식 쇄토 작업기인 로터를 차축에 장착하여 주행과 동시에 작업이 이루어지게 되어 있다.

## (5) 균평기(진압기)

1, 2차경이 끝난 다음 토양의 지표면을 평평하게 만들기 위해서 흙덩어리를 이동시키는 데 사용되는 작업기이다. 진압기의 장점으로는 흙덩이를 잘게 부수고 평탄하게 하며, 흙의 틈새를 메우고 바람에 의한 흙의 침식을 막고, 작물의 뿌리를 강화하며, 경토의 동결을 방지한다. 또한 녹비와 퇴비의 부패를 촉진시키며 수분을 오래 유지시킨다.

> 참고
>
> 진압기의 종류 : 원통형, 컬티패커, 성형 롤러, 소맥답용 롤러가 있다.

(a) 원통형 진압기

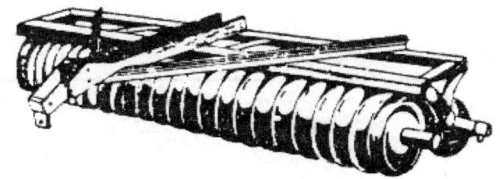
(b) 컬티패커

진압 롤러의 종류

### (6) 관리 작업용 기계

#### 1) 제초기

스티리지 호우(steerage hoe), 위드 멜쳐(weeder mulcher)가 대표적인 작업기이다.

#### 2) 중경 제초기

컬티베이터(cultivator), 로터리 호우(rotary hoe), 답용중경 제초기가 있다.

① 컬티베이터 : 넓은 의미로 흙을 일구고 부드럽게 하는 기계의 총칭이며 구조는 기체, 생크, 칼날지지 비임 및 칼날로 이루어진다. 경심의 조절은 기체 프레임에 결합시키는 생크의 높이를 조절한다. 운행법에는 여러 가지가 있지만 한쪽 끝에서부터 작업을 시작하는 것이 보통이다
② 스티리지 호우 : 이랑 사이의 제초작업을 주로 할 수 있는 기계이다. 구조상으로는 컬티베이터와 거의 같지만, 칼날은 스위퍼형과 호우형을 사용한다. 스티리지 호우의 주요 구조는 보조자 좌석, 조작레버, 스위프형날, 호우형날, 호엽날이 있다. 호엽날은 어린 작물을 보호하기 위하여 사용한다.
③ 배토기, 작휴기 : 이들은 병용하여 쓰는 경우가 많다.

> **참고**
>
> $$쇄토율 = \frac{입경\, 2cm\, 이하\, 쇄토의\, 중량(kg)}{총\, 쇄토\, 중량(kg)} \times 100(\%)$$

> **참고**
>
> 비토크  $K_T = \dfrac{T}{bH}$
>
> 여기서,  $K_T$ : 비토크(kgf·m/m²)
>  T : 실측 평균 경운토크(kgf·m)
>  b : 경폭(cm)
>  H : 경심(cm)

# 제2장 시비·파종 및 이식기

## 1. 시비기(tertilizing machinery)

### (1) 시비 작업
작물의 성장에 필요한 거름을 지표면에 살포하거나 또는 토양 속에 주입하는 작업이다.

### (2) 시비기의 종류

#### 1) 퇴비 살포기(manure spreader)
퇴비를 적재하여 포장까지 운반하여 살포하는 기계로써 용량은 ton으로 표시하며, 트랙터의 PTO로 구동한다.

#### 2) 분말 시비기(lime Shower)
석회, 토양 개량제 등을 살포하는 분말 시비기로 배출장치는 지지 차륜의 회전력을 이용하여 구동한다.

#### 3) 입상 거름 살포기(브로드 캐스터 : broadcaster)
거름통 하부에 설치된 고속 원판을 이용하여 거름통에서 배출된 입상 거름을 원심력에 의해 비산시켜 살포하는 시비기이며 고속 원판은 대개 PTO로 구동하며 살포량은 거름 배출구의 개폐 정도로 조절되며, 스피니어의 회전속도에 의해 결정된다.

**참고**

> 브로드 캐스터는 시비 또는 보리, 맥류 파종기로도 사용됨

#### 4) 액비 살포기(urine spreader)
분뇨 등의 액체 상태의 거름을 살포하는 기계로 액비 시비기는 견인형으로 제작되며, 펌프는 PTO 동력을 이용한다.

## 2. 파종기

### (1) 파종 작업과 파종기

파종방법에는 목초, 잔디 등의 종자를 지표면에 널리 흩어 뿌리는 흩어 뿌림, 맥류, 채소 등의 종자를 일정 간격의 줄에 따라 연속하여 뿌리는 줄뿌림, 옥수수, 두류 등의 종자를 1개 또는 여러 개씩 일정한 간격으로 파종하는 점뿌림 등이 있다.

### (2) 산파기(broadcasting)

산파기는 종자가 작고 가벼운 목초와 같은 종자를 흩어 뿌리는 기계로서 기본원리는 회전하는 회전 원판에 종자를 낙하시켜 회전 원판의 원심력을 이용하여 종자를 멀리 비산시킨다. 산파기에는 고랑을 만드는 장치와 흙을 덮는 장치가 없다.

### (3) 조파기(drilling)

옥수수, 보리, 밀, 콩, 목초 등의 파종에 널리 사용되는 기계이다. 종자 배출 장치는 종자 상자에서 일정한 양의 종자를 배출해 주는 장치이며 종자관은 배출장치에서 나온 종자를 흩트리지 않고 파종 위치로 유도하는 관으로 신축성 있게 구부릴 수가 있어 파종 위치를 조절할 수가 있다. 구절기는 파종에 적합한 깊이의 고랑을 만들어 주는 장치로 종자관 바로 앞에 설치하고, 복토 진압장치는 파종된 종자를 흙으로 덮고 가볍게 눌러주는 복토 장치가 있다.

> **참고**
>
> 구절기의 종류 : 쇼벨형, 슈우형, 디스크형이 있다.

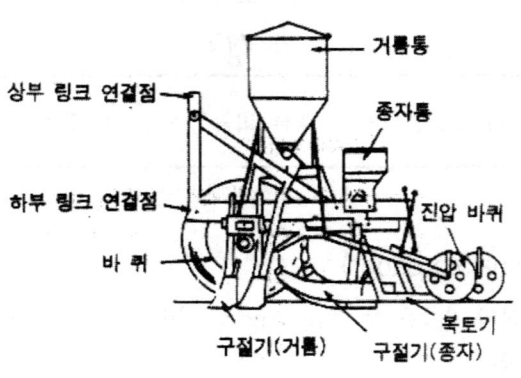

조파기의 구조

## 참고

파종기(구절기) 순서 : 종자(호퍼) → 종자 배출장치 → 구절기 → 복토장치 → 진압장치

### 1) 종자 배출방법

① 유동적 배출법 : 구멍이 뚫린 용기에 종자를 담고 회전시킴으로서 자연적으로 유출되게 하는 방법으로 인력 파종기에 이용되는 방법이다.

② 기계적 배출법 : 종자의 배출부에 회전기구를 부착하여 배출하는 장치로서, 종자의 일정량을 기계적, 강제적으로 연속 배출하므로 배출량의 조절이 자유롭고 정확하여 많이 이용하고 있는 방법이다.

## 참고

기계적 배출방법 : 홈 로울러식, 구멍 로울러식, 경사원판식, 캡식, 벨트식, 진공 이음식 등이 있다.

### 2) 종자관 및 구절기

배출부에서 나온 종자를 지면까지 유도시키는 관을 도종관이라고 하며, 철선이 들어있는 비닐 혹은 P.V.C관이 이용된다. 구절기는 종자를 심을 때 먼저 골을 파는 역할을 하며 쇼벨형, 디스크형, 슈형으로 나눌 수 있다. 쇼벨형은 돌 등이 많은 곳과 단단한 포장에 적합하며, 지표면에 풀이나 짚이 있는 곳에는 감기지 않는 디스크형이 적당하다.

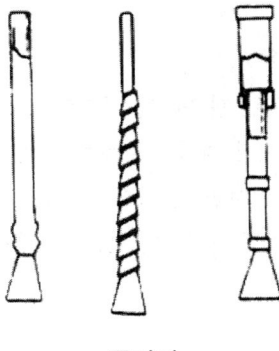

종자관

### 3) 복토기 및 진압기

파종이 끝난 후 종자에 복토하기 위하여 복토기가 필요하다. 복토기는 체인 및 짧은 봉 또는 작은 스크레이퍼가 이용되고 있다. 진압기는 복토한 흙을 약간 눌러주기 위하여 철제 혹은 고무로 피복한 진압륜을 이용한다.

### (4) 점파기(planting or dibbling)

두류, 목화, 감자 및 야채와 같이 일반적으로 맥류보다 큰 종자를 1개 또는 2~3개씩 일정한 간격으로 파종하는 기계이다.

> **참고**
>
> 컷오프(Cut off) : 홈 위에 있는 여분의 종자를 제거한다.
> 녹 아웃(knock out) : 홈 속의 종자를 종자관으로 떨어뜨리는 역할을 한다.
> 공기압 파종기 : 송풍기의 흡입압력으로 종자를 떨어뜨린다.

### (5) 벼 직파기

벼의 직파 재배법은 모를 길러 이앙 하지 않고 직접 볍씨를 본답에 파종하여 재배하는 방식으로서, 육묘와 이앙 작업이 생략되기 때문에 쌀의 생산 노동력을 절감 할 수 있는 재배법이다. 건답 직파는 논에 물을 대지 않고 경운 쇄토한 후 직파하는 방식이고 담수 표면 직파는 담수 상태에서 볍씨를 논 표면에 파종하는 방식이고, 담수 토중 직파는 볍씨를 토중에 파종하는 방식으로 무논 골 뿌림은 논갈이와 논 고르기 후에 물을 넣고 써레질한 논 표면을 굳혀서 직파기로 고랑을 내고 이 고랑에 볍씨를 파종하는 방식이다.

### (6) 감자 파종기(potato planter)

씨감자를 1개씩 일정한 간격으로 파종하는 일종의 점파기이다. 씨감자는 보통 발아된 것을 파종하기 때문에 종자 배출 장치가 씨감자에 상처를 내지 않도록 하여야 한다. 감자 파종기의 종류에는 엘리베이터식, 회전 종자판식, 피커 휠식(전 자동식 피커휠식)이 있다. 특히 다른 종자에 비해 씨감자는 크고 모양도 다양하여 전용점파기가 이용되며 시비도 동시에 이루어지고 있다.

### (7) 파종기의 유지, 관리

① 종자통 내의 종자를 깨끗이 제거한다.

② 거름통 내의 거름을 제거하고, 특히 응고된 거름은 솔 등으로 문질러 깨끗이 제거한다.
③ 기체에 붙어 있는 흙, 오물 등을 물로 깨끗이 씻어 낸다.
④ 그리스 및 오일 주유부에 주유한다.
⑤ 금속 부분은 오일 또는 방부제를 칠하여 녹을 방지한다.
⑥ 고무 바퀴가 달린 파종기는 타이어가 땅에 닿지 않도록 들어 올려 보관하거나, 그대로 보관할 때에는 타이어에 압력이 걸리지 않도록 한다.
⑦ 연결 체인은 가능하면 떼어놓고 보관한다.
⑧ 커버를 덮어 보관한다.

## 3. 이식기(transplanter)

### (1) 이식 작업

작물이 육묘 단계에 있을 때 다른 곳으로 옮겨 심는 작업을 말하며, 넓은 의미로는 벼의 이식 작업과 채소 등과 같은 밭작물의 이식작업을 모두 의미하지만 좁은 의미로는 밭작물의 이식만을 뜻하고, 벼의 이식 작업은 보통 이앙 작업이라 한다.

### (2) 이식모의 종류와 육묘 방법

#### 1) 줄 모

줄 모는 육묘 상자에 칸막이 판을 설치하고, 밑바닥에 보강재로서 우레탄 줄을 넣어 그 위에 흙을 넣고 파종한다.

#### 2) 매트 모

육묘 상자에서 흩어 뿌림 또는 줄뿌림하여 생육한 모로 오늘날 수도 이앙기에서 가장 많이 사용한다.

#### 3) 종이 포트 모

종이 포트를 줄지어 세우고, 육묘 단계에서부터 상토부가 한 포기의 블록을 형성하여 만드는 모이다.

### 4) 조파 모

격자형의 모상자에 상토를 넣고 파종, 복토를 하여 육묘한 것으로서 이식할 때에는 모를 틀에서 밀어내어 이식한다. 벼, 담배, 야채 등에 이용된다.

이식모의 종류

## (3) 이식기 이용

이식기는 심는 골이 깊어야 하기 때문에, 파종기의 구절기, 복토기 및 진압 장치보다는 대형이어야 하며, 이식을 주로 하는 배추, 양배추, 상추, 토마토, 가지, 양파, 담배 등이 있다.

> **참고**
>
> 전작용 이식기의 종류 : 홀더식, 디스크식, 호퍼식

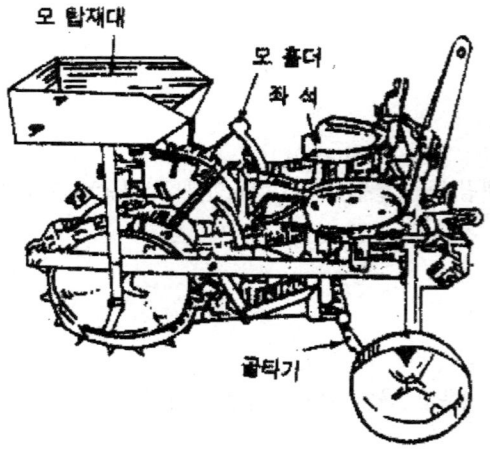

이식기의 구조

## 4. 이앙기(rice transplanter)

### (1) 이앙기의 종류

#### 1) 산파 이앙기(매트 모용)

기관부는 4조식(2.5~4PS)과 6조식 이앙기(6~7PS)이 있으며 시동방식은 주로 리코일(recoil) 시동식이다. 변속부는 보행형 이앙기의 경우 전진 2단 후진 1단 혹은 전진 4단 후진 1단의 변속 장치로 되어 있으며 작업속도는 0.3~0.7m/s정도이다.

승용 이앙기의 경우는 작업 속도가 최대 1.2m/s정도이다. 주행부는 쇠바퀴로 되어 있다. 플로트는 쇠바퀴가 빠지더라도 기체가 지면에서 어느 정도 이상으로 침하 할 수 없도록 받쳐 주는 역할을 하며 기체의 침하 정도를 감지하여 유압 장치를 통해 바퀴의 깊이를 조절하여 모가 일정한 깊이로 심어지게 한다. 이앙기에서 모의 분리와 심는 일을 동시에 수행하는 장치를 식부 장치라 한다. 봉날식의 식부 장치는 분리침이 모를 모판에서 분리하여 지면 가까운 곳까지 운반하면 식입 포크가 모를 심는다.

모 탑재대의 모판은 이앙 작업이 진행됨에 따라 가로 방향으로 왕복 운동을 반복하며, 모를 항상 일정한 자리에서 식부날이 분모 하도록 한다. 이 장치를 모의 이송장치라 한다.

#### 2) 조파 이앙기(띠모용)

① 구조와 기능은 산파이앙기와 비슷하나 식부 장치가 약간 틀릴 뿐이다.
② 식부장치의 작동 : 상자와 함께 올려진 모는 압출암에 의해 아래로 배출된 다음 식부침(식부조)에 의하여 심어진다.

### (2) 이앙기의 구조

#### 1) 구 조

① 동력 전달 장치 : 엔진 → 기어 케이스 → 바퀴 → 모이송 장치 → 식부 장치 → 모탑재판
② 주행 장치 : 철바퀴, 고무 바퀴
③ 식부 암 장치의 종류 : 절단식, 젓가락식, 봉날식, 판날식, 종이 포트식, 형틀보식 등이 있다.

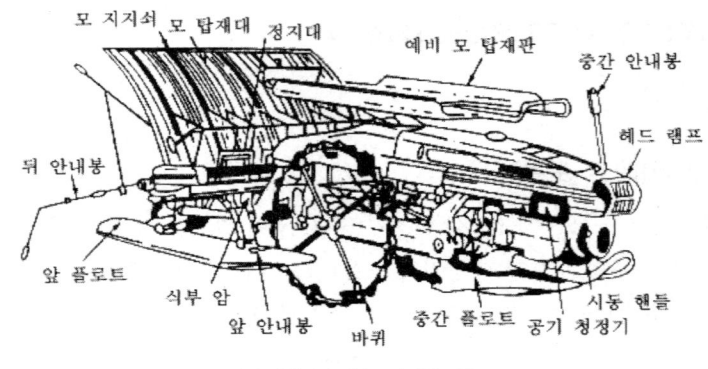

- 보 행 이 앙 기 구 조 -

## 2) 주요 기능

① 조속 레버 : 엔진의 회전수를 높이고 낮추고 하는 역할
② 주 클러치 레버 : 동력을 전달하여 주는 역할(1개)
③ 조향 클러치 : 방향 조절 장치(2개)
④ 변속레버 : 주행 속도 조절
⑤ 식부 클러치 : 모를 심는 장치에 동력을 끊어주는 장치 (1개)
⑥ 유압레버 : 기계를 일정하게 수평으로 주행하도록 하는 장치(스윙장치 부착)
⑦ 모 탑재판 : 모를 올려놓는 판
⑧ 식부암 : 모를 심는 부분으로 분리점이 부착되어 있으며 구조는 여러 가지가 있다.
⑨ 주간 레버 : 기어 박스 우측면에 있는 레버로 레버를 당기거나 밀거나 함으로써 3종의 주간을 선택할 수 있다.
⑩ 부판(float) : 모를 심기 위하여 논 표면을 정지하여 주고, 심은 깊이를 일정하게 하며, 기계의 중량을 받쳐 주는 장치

### 참고

이앙기에서는 조간 거리는 조정이 안됨

## 3) 작업 능률

① 이식 조간 거리는 고정으로 30cm, 이식 주간 거리가 12~18cm로 조절되며 포기 수는 평당 60~90주를 심을 수 있다.
② 일정하게 심어지므로 수확량을 증가시킬 수 있다.
③ 하루에 이앙기 1대가 300평 이상 모내기를 할 수 있다.

④ 2조용 이앙기는 시간당 작업 능률이 6 ~ 8 a/hr 정도이고, 4조용 이앙기는 시간당 작업 능률이 20a/hr 정도이다.

### 4) 결주 방지책
① 육모의 수분상태
② 식부장치의 타이밍
③ 포장조건 등
④ 종이송. 횡이송 장치

# 제3장 농용펌프

## 1. 양수기의 기본 원리와 분류

관개는 작물의 생육에 필요한 수분을 인위적으로 공급해 주는 것으로 토양 보존, 저습지의 개량, 간척지의 염분제거, 못자리의 온도조절, 동해나 서리 피해의 방지 등에 이용되기도 한다.

### (1) 양수기의 원리

유리관 속의 수은주는 수은 표면에서부터 76cm까지 올라가고 물은 수면에서 10.336m만큼 올라가게 될 것이다. 수은의 비중은 물의 비중보다 13.6배가 크므로 이론상으로는 최대 약 10m 까지 흡입할 수 있으나 실제 최대 흡입고는 약 6m이다.

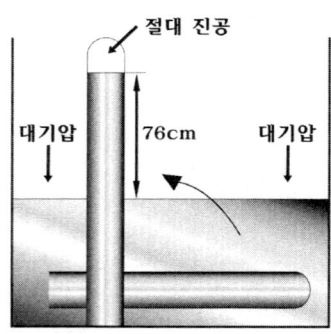

▲ 토리체리 이론
수은 비중 : 13.6, 물 비중 : 1.0
결국 1/13.6=10.336m 만큼 올라간다.

진공관에서 수은의 빨아올림 현상

### (2) 양수기의 분류

#### 1) 비용적형 펌프

① 원심펌프 : 볼류트 펌프, 터빈 펌프
② 프로펠러 펌프 : 축류 펌프, 사류 펌프
③ 점성 펌프 : 캐스케이드 펌프(와류펌프)

2) 용적형 펌프
① 왕복 펌프 : 피스톤 펌프, 플런저 펌프, 다이어프램 펌프
② 회전 펌프 : 기어 펌프, 롤러 펌프, 변형 날개 펌프

## 2. 양수기의 구조와 작동원리

### (1) 양수 장치

1) 흡입관

수면에서 펌프까지 연결된 관을 말한다.
① 풋트 밸브 : 운전을 시작할 때 흡입관의 끝을 막아서 흡입관에 들어온 물이 역류하는 것을 방지한다.
② 여과기(스트레이너) : 불순물이 양수기의 케이싱으로 들어가는 것을 방지한다.

③ 프라이밍 작업이란 : 물을 미리 채워서 진공 시키는 작업을 말한다.

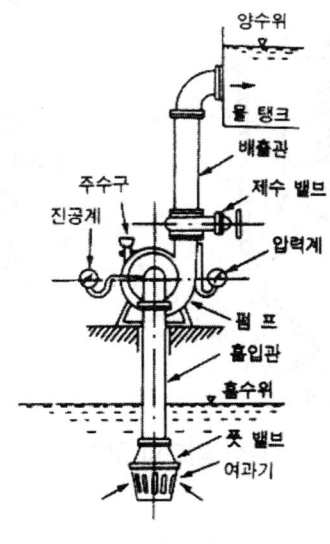

양수 장치의 구성

## (2) 원심 펌프

### 1) 구 성

원심 펌프는 보통 6~8개의 깃이 달린 임펠러와 이것을 둘러싸고 있는 케이싱으로 구성되어 있다(임펠러 : 회전하면서 그것에 달린 깃에 의하여 물을 강제로 회전시켜서 임펠러의 깃에 걸린 물은 회전력과 원심력에 의하여 케이싱 쪽으로 밀려 나간다).

### 2) 종 류

원심 펌프는 축 추력이 한쪽에서만 발생하며 양수량이 많은 펌프에 이용된다.

① 터빈 펌프 : 안내 날개가 있음, 높은 양정의 양수 작업
② 벌류터 펌프 : 안내 날개가 없음
③ 공동현상(캐비테이션 현상) : 흡입저항이 크면, 케이싱 내의 압력은 감소되어 물이 증발하여 기포가 발생한다.

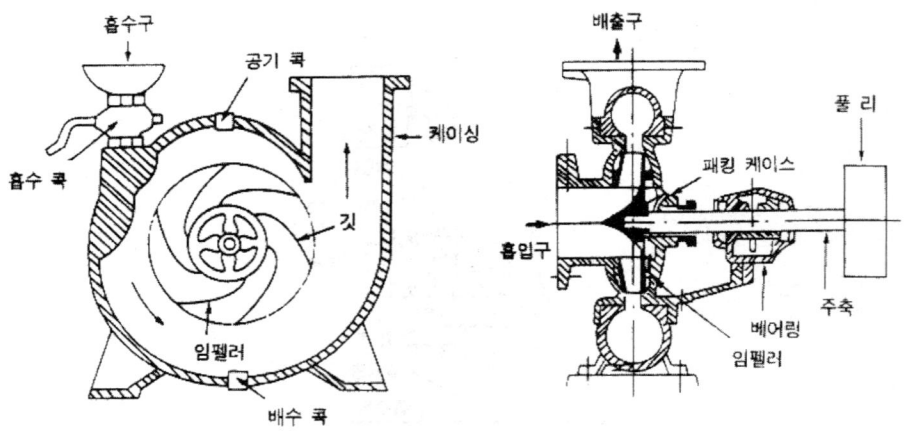

원심 펌프의 구조

## (3) 축류 펌프(프로펠러 펌프)

원통에 가까운 통 속에서 프로펠러 모양의 임펠러가 회전하며 4m이하의 저 양정으로 양수량이 많은 경우에 적합하다.

## (4) 사류 펌프

볼류트 펌프와 축류 펌프의 장점을 취하여 설계한 것으로서 축류 펌프가 도달할 수 없는 높은 양정에 사용할 수 있으며 양정이 3~15m의 저 양정이면서도 많은 양수량이 필요할 때 적합하다.

## (5) 버티컬 펌프

종형 원심 펌프의 일종으로 긴 철재 원통의 밑에 세로축의 임펠러를 부착한 것으로 임펠러 부분의 원통이 물에 잠기게 하여 운전한다.

## (6) 자흡식 펌프

자흡식 펌프는 풋 밸브가 필요하지 않으며 프라이밍(priming)을 한 번만 하는 편리한 펌프로서 자주 시동, 정지하는 곳에 편리하여 소방용이나 살수용으로 널리 사용되며 구조적 특징은 흡입구가 임펠러 구동축보다 위쪽에 설치되어 있다. 그러나 효율이 낮아 150mm이하의 소형에 이용된다.

**참고**

| 프라이밍 : 운전 전에 케이싱과 흡입관에 물을 채워주는 작업이다. |
| --- |

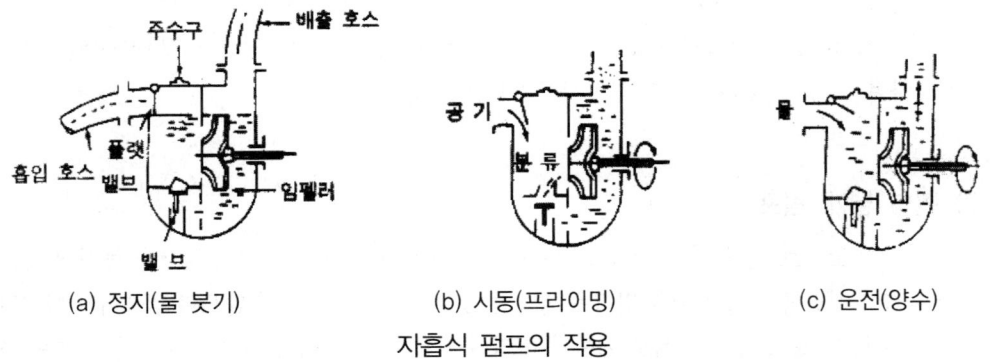

(a) 정지(물 붓기)　　(b) 시동(프라이밍)　　(c) 운전(양수)

자흡식 펌프의 작용

## (7) 회전 펌프의 종류

흡입구와 배출구를 가진 밀폐된 케이싱 속에서 회전자를 돌려 케이싱과 회전자 사이에 갇힌 액체를 밖으로 밀어내어 양수 작업을 하는 펌프로 저속 운전으로 높은 배출 압력과 양정을 얻을 수 있어 점성이 높은 액체의 양수에 쓰이며, 스프링 쿨러, 방제기, 착유기 등 고압이 필요한 경우에 이용된다.

## 1) 기어 펌프

기어를 2개 맞물려서 돌리면 케이싱과 기어사이에 액체를 배출구 쪽으로 나가게 되어있는 펌프로 양수용보다는 농기계의 윤활에 많이 이용된다.

> **참고**
>
> 펌프 설치시 흡수구 길이가 짧은 것이 효율이 높다.

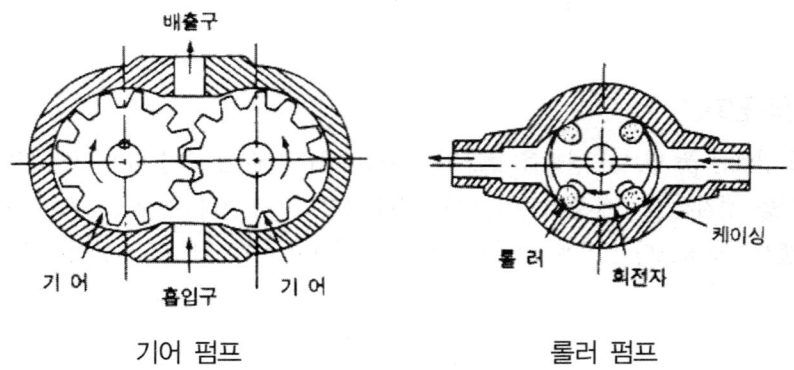

기어 펌프 / 롤러 펌프

## 2) 롤러 펌프

특수 주철제의 원형 케이싱 속에 편심 회전자가 있는 구조로 배출량은 회전 속도에 비례하며 롤러는 케이싱과 접촉하지만 물이 윤활유 역할을 하므로 마멸이 적고 오랫동안 높은 성능을 유지하여 농업용으로는 살수기나 분무기용으로 많이 이용된다.

## 3) 변형 날개 펌프

특수 합성 고무로 된 임펠러 날개의 변형을 이용하여 흡수 작용과 송액 작용을 동시에 하도록 한 용적형 회전 펌프로서 배출 압력은 일정한 값 이상으로 올라가지 않으며 임펠러가 마멸되면 쉽게 바꿀 수 있고 송액 자체로 케이싱 속의 윤활을 하게 되어 농업용 살수기나 낙농용 우유 펌프로 이용된다.

> **참고**
>
> 양수기의 베어링부 발열 온도는 약 60℃가 적당하고, 그랜드부는 약 40℃이다.

## (8) 왕복 펌프의 종류

피스톤이나 플런저가 왕복 운동을 할 때마다 일정량의 액체를 밀폐된 곳으로 빨아들인 다음 밀어 올리는 펌프이다.(용량은 A로 타나내며 결국 $\ell/min$ 로 표시된다.)

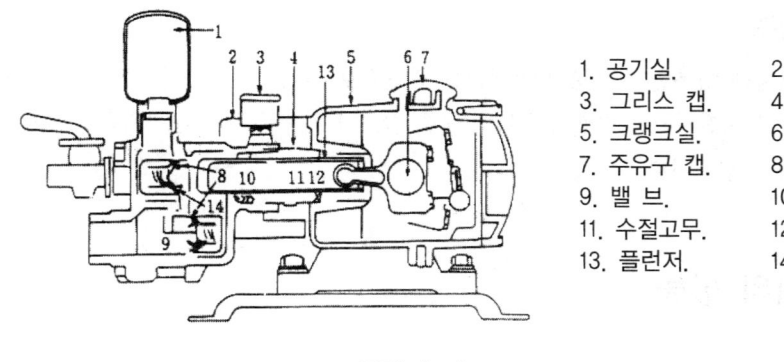

1. 공기실.
2. 플런저 커버
3. 그리스 캡.
4. 그랜드
5. 크랭크실.
6. 크랭크축
7. 주유구 캡.
8. 밸브시트
9. 밸브.
10. V패킹
11. 수절고무.
12. 오일 실
13. 플런저.
14. 밸브 스프링

플런저 펌프

### 1) 플런저 펌프

플런저 펌프는 피스톤 펌프보다 고압의 양수에 적합하며, 플런저 펌프를 응용한 동력 분무기용도 있다.

**참고**

> 동력 분무기 밸브에 오물이 끼이면 흡·토출관의 진동이 발생됨.

### 2) 다이어프램 펌프

모래가 많이 섞인 물이나 진흙탕 물을 양수할 수 있으며 특수 약의 액체를 이송하는데 사용되며 특징으로는 누액을 완전히 막을 수 있으므로 패킹이나 실링이 필요 없다.

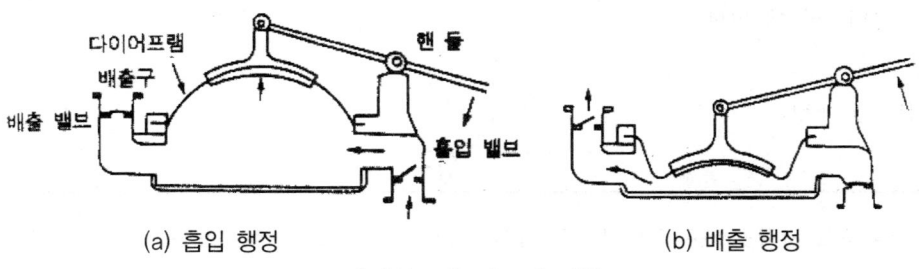

다이어프램 펌프의 작용

### 3) 피스톤 펌프

실린더 내에 피스톤을 왕복시켜 두 밸브의 작용에 의하여 양수되는 펌프이다.

### (9) 점성 펌프

액체의 점성을 이용한 펌프로서 임펠러는 원판으로 되어 있고, 주위에는 다수의 홈이 있으며 고속으로 회전시키면 임펠러의 홈이 물을 끌고가 배출구 쪽으로 압력을 발생시켜서 액체를 송출하는 펌프이다.

## 3. 양수기의 성능

### (1) 양 정

양정이란 어느 높이까지 양수할 수 있는가를 나타내는 양수기의 능력을 말한다.

① 실양정($h_a$) : 흡수면과 양수면 사이의 수직 거리
② 흡입 실양정($h_{as}$) : 흡수면에서 펌프 중심까지의 수직 거리
③ 배출 실양정($h_{ad}$) : 펌프 중심에서 양수면 사이의 수직 거리

$$h_a = h_{as} + h_{ad}$$

④ 전양정(H) : 실양정에 손실수두를 더한 값(전양정=실양정+흡입쪽 손실 수두+배출쪽 손실 수두)
⑤ 손실 수두(hL) : 양수 과정에서 여러 가지 에너지 손실을 말하며 즉 흡입관과 배수관의 내면과 물 사이의 마찰 스트레이너와 관 곡부에서 나타나는 저항 손실, 물 입자 사이의 상대 운동에 의한 손실

$$H = h_a + hL$$

**참고**

> 양수량의 갑작스러운 저하원인은 그랜드 씰의 기밀 불량으로 발생됨.

## (2) 양수량

펌프가 단위 시간당 퍼 올린 액체의 부피이다. (m³/min)

$$Q = A \cdot V \ [m^3/min]$$

Q : 양수량($m^3$/min).
A : 배출관 단면적($m^2$).
V : 관내 평균 유속(m/min)

## (3) 효 율

양수기의 효율이란 회전축에 주어진 동력이 여러 가지 원인에 의한 손실 정도를 말한다.

$$\eta = \eta m \times \eta h \times \eta v$$

$\eta$ (전 효율, 펌프 효율)
$\eta h$(수력효율) : 물의 유동에 의한 손실 수두의 정도
$\eta m$(기계효율) : 베어링이나 다른 운동 부분의 마찰에 의한 손실의 정도
$\eta v$(부피 또는 체적효율) : 누수의 정도를 나타내는 부피 효율

## (4) 소요 동력

이론상으로 필요한 동력 W(수 마력 ps)

$$W = \frac{1000QH}{75 \times 60} = 0.222QH$$

실제로 누수와 기계적인 손실 때문에 펌프를 회전하는 데 필요한 동력 S (축 마력 ps)는 W보다 크므로 S에 대한 W의 비가 이미 정의한 펌프의 전 효율이다.

$$S = \frac{W}{\eta} = \frac{1000QH}{75 \times 60 \times \eta} = \frac{0.222QH}{\eta} [PS]$$

여기서, Q : 유량($m^3$/min),
H : 양정(m),
$\eta$ : 효율(n)

## 4. 양수기의 선정과 이용 계획

### (1) 양수량의 결정

관개에 필요한 양수량은 용수량에 의해서 결정되며, 면적 A(ha)에 필요한 양수량 Q(m3/min)는

$$Q = \frac{1000dA}{1000 \times 24 \times 60}(1+f)\frac{24}{T} = \frac{dA(1+f)}{6T}$$

d : 1일에 보급을 필요로 하는 수심(감수심, mm)
f : 수로 손실계수(0.2~0.3)
T : 1일 운전시간

실제로 펌프를 선정할 때에는 계산된 양수량보다 여유 있게 용량이 다소 큰 펌프를 선택하는 것이 안전하다.

### (2) 양정의 결정

손실수두는 관내의 유속, 관내벽의 상태, 관의 지름 등에 의해 변하며 일반적으로 배관 전체 길이의 10분의 1을 취한다.

### (3) 원동기의 선정

원동기의 선정(크기)은 양수량(Q), 전양정(H), 펌프의 효율($\eta$)등을 고려하여 선정한다.

$$원동기용량 = \frac{축마력 \times (1+d)}{\eta_t}$$

d : 원동기 여유율(전동기 10%, 엔진 20~25%)
$\eta_t$ : 동력전달효율(직결 100%, V벨트 95%)

## 5. 스프링클러(sprinkler, 살수기)

물을 양수기로 양수하고 그것을 가압하여 관로를 통하여 송수하며 자동적으로 분사관을 회전시켜 살수하는 장치이다.

## (1) 살수 관개의 종류

| 이 동 식 | 정 치 식 |
|---|---|
| • 모든 시설을 간편하게 운반 이동하여 관개 작업을 할 수 있다.<br>• 지형에 맞추어 배관할 수 있다.<br>• 수원만 있으면 어디서나 관개할 수 있다. | • 모든 시설이 한 장소에 고정되어 한 수원을 이용하여 그 지역만을 작업할 수 있다.<br>• 온실, 화원, 정원수나 묘포와 같은 경우에 사용한다.<br>• 시설이 고정되어 있어 경비가 많이 든다. |

## (2) 살수 장치의 구성

살수 장치는 펌프 및 원동기, 배관, 스프링클러로 구성되어 있다.

① 펌 프 : 고속 회전의 원심펌프를 사용한다.
② 송수관 : 수원에서 살수관으로 물을 압송하는 간선이다.
③ 살수관 : 스프링클러로 물을 압송하기 위한 지선으로서 살수관의 지름은 보통 38~75mm, 1개의 길이는 4m 또는 6m 이다(압력은 1.2kg/cm2정도이다).
④ 수직관 : 살수관에서의 물을 스프링클러로 인도하는 지름 25mm의 직립관으로 보통 1m 정도이다.

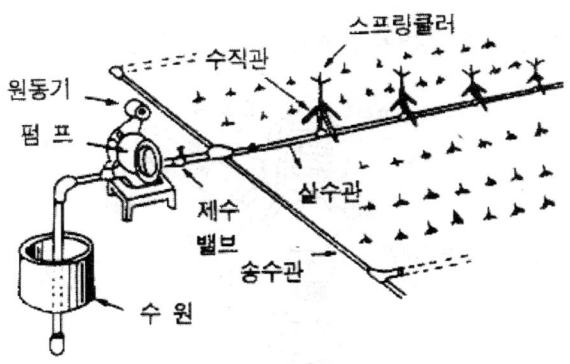

살수장치의 구성

## (3) 스프링클러의 구조와 작동 원리

회전식 스프링클러는 분사관 끝에서 압력수가 분사되면 물은 반동 암의 반동판에 부딪히고 반동판이 밀려 나갔다가 스프링의 작용으로 되돌아오면서 분사관을 때려 분사관 전체가 조금씩 회전 작용을 되풀이하면서 분사관은 매분 1~2회의 저속으로 회전하면서, 분사관을 중심으로 둥글게 물을 뿌린다.

## (4) 스프링클러의 취급법

### 1) 노즐의 제원

| 구 분 | 작동수압(kgf/cm², kpa) | 노즐의 구경(mm) | 살수구경(m) | 살수용량(L/min) |
|---|---|---|---|---|
| 저압식 | 0.21~1.05(21~103) | 4.37~7.14 | 5.5~14 | 5.49~28.70 |
| 중압식 | 1.75~4.2(172~412) | 4.0×2.4~6.4×3.2 | 25~33 | 18~67 |
| 고압식 | 3.5~7.0(343~686) | 7.53×6.35~13.49×79.4 | 43~61 | 154~394 |
| 저각도식 | 0.8~3.5(78~343) | 2.78~5.56 | 11.7~20.7 | 4.66~35.50 |
| 광역3공식 | 5.6~8.4(54.9~82.3) | 11.1×3.97~14.29×6.35 | 81~126 | 746~2,310 |

### 2) 살수관개의 특징

① 필요할때 필요한 만큼을 균등하게 관개한다.
② 용수량이 20~30% 절약된다.
③ 지표를 굳게 하지 않는다.
④ 강우와 같은 양상으로 땅에 침투한다.
⑤ 적당한 장치를 추가하면 비료나 농약을 녹여 물속에 섞이게 하여 효과적으로 시비나 방제가 가능하다.
⑥ 강우와 같이 잎에 묻은 흙먼지를 씻어 버릴 수 있다.

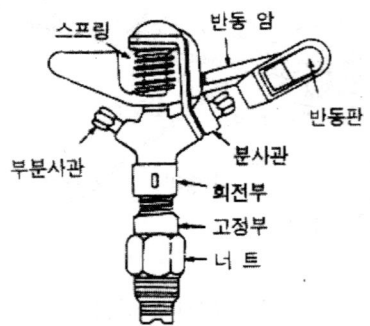

회전식 스프링클러

### 3) 스프링클러 사용시 유의점

① 안개와 같은 모양으로 넓은 지역에 살포한다.
② 노즐의 허용 수압으로 살포한다.
③ 노즐의 회전 속도를 조절하면서 살포한다.
④ 살수의 분포 상태를 잘 파악한다.

# 제4장 병해충 방제기계

## 1. 방제(pest)의 목적 및 방법

방제란 병해충과 잡초로부터 농작물을 보호하여 작물이 받는 피해를 줄이고 수량을 증대시키는 것이다.

### (1) 방제 방법

#### 1) 병해충 방제 방법

① 경종 관리에 의한 방법 : 토양 관계의 농기계 또는 관배수, 관리용 기계로 이용한 방제법(제초, 중경, 윤작, 객토, 시비)
② 포살법 : 망, 덫, 올가미 등을 이용한 방제법
③ 기피, 몰이법 : 해충을 몰아 내는 방법을 이용한 방제법(기피제, 폭음제, 발연제)
④ 유치법 : 유아등과 해충의 습성을 이용한 방제법(시각, 청각, 후각, 미각)
⑤ 작물 및 병해충의 생리 형태적인 방법 : 내병성·내충성 품종의 개량, 접목, 시비, 영양, 생물간의 경쟁(천적)등을 이용한 방제법
⑥ 약제 사용법 : 살포, 혼합, 주입 등으로 우리 나라에서 가장 널리 이용되며 병해충을 효율적이고 능률적으로 방제할 수 있으며, 방제 효과를 판단하기가 쉽고 경제적으로도 실용성이 높다.

### (2) 약제 살포의 조건

도달성, 피복 면적비, 균일성과 집중성, 노력의 절감과 살포 능력, 부착률이 중요하다.

### (3) 약제 살포 입자의 특성

노즐에서 미립화된 입자가 분사되어 대기 중을 날아다니면서 확산된 다음 대상 작물에 도달하여 부착하는 원리를 이용한다.(살포 입자의 크기는 마이크론($\mu$m), 분무립의 평균입경은 VMD로 표시한다.)

> **참고**
> 
> Volume Mean Diameter는 체적 평균경으로 즉, 평균 체적을 가진 입자의 직경을 말한다.(모든 입자의 체적의 산술평균과 같은 체적을 가지는 입자의 직경)
> 
> 용적중위 입경이란(Volume medium diameter) 입자수, 표면적, 계적입경, 용적을 같은 양으로 양분하는 입경이다.

### 1) 약제 살포 입자의 특성

① 미립화 : 분출되는 액제의 표면에 파동을 일으키게 하고, 공기와의 상대 속도로 인하여 액제가 미립화된다.
② 비행 확산 : 공중을 날아다니는 입자는 공기 저항과 중력, 풍속 등의 영향을 받아 속도가 떨어지면서 농작물에 부착한다.
③ 부 착 : 작물에 도달된 입자는 작물과 충돌하면서 운동 에너지의 약 80%를 잃게 되고 나머지가 부착된다.

## (4) 방제기의 종류

### 1) 살포 원리에 의한 분류

① 펌프에 의한 것 : 여러 가지분무기, 토양소독기
② 송풍기에 의한 것 : 미스트기, 동력 살 분무기, 살분기, 스피드 스프레이어

### 2) 작업 방법에 의한 분류

① 지상으로부터 지표에 약제를 살포하는 방법 : 분무기, 살분기
② 지면에서 토양 속으로 약제를 주입하는 방법 : 토양 소독기
③ 공중으로부터 약제를 살포하는 방법 : 항공 방제

## (5) 농약의 분류

사용 목적과 작용에 따라 살균제, 살충제, 제초제로 분류된다.

# 2. 분무기(Sprayer)

분무기란 액제 농약을 펌프로 가압 시킨 다음 이것을 분구(노즐)로 보내어 작은 구멍으로부터

분출시킴으로써 미세한 입자로 만들어 살포하는 기계이다.

## (1) 인력 분무기

사용 동력에 따라 인력 분무기, 동력 분무기로 나눈다.

### 1) 인력 분무기의 종류

① 배부식 지렛대 분무기 : 살포하는 동안 계속하여 지렛대를 움직여 압력을 가하는 것
② 배부식 자동 분무기 : 살포하기 전에 펌프로 압축 공기를 채워서 살포 중에는 펌프를 움직이지 않고 살포하는 것
③ 지렛대식 분무기 : 약액 탱크가 부착되어 있지 않으므로 별도의 약액 탱크를 준비하여 일정한 장소에 두고 조작하는 인력 분무기로 공기실이 있는 펌프를 지렛대로 직접 움직이는 것

(a) 배부식 자동 분무기    (b) 배부식 지렛대 분무기   (c) 어깨걸이 분무기    (d) 지렛대 분무기

인력 분무기의 종류

### 2) 인력분무기의 구조와 작용

① 펌프 : 피스톤 펌프, 플런저 펌프, 공기 펌프가 사용된다.
② 약액 탱크 : 두께가 0.6~1.0mm의 황동판 및 스테인리스 판을 사용한다.
③ 분무관 : 한쪽에는 노즐, 다른 한쪽에는 호스와 연결되어 있다.
④ 호스 : 호스는 고무에 면포나 면사 등을 입혀 고압에 견딜 수 있도록 만든다.

**참고**

인력분무기는 압력 조절기가 없다.

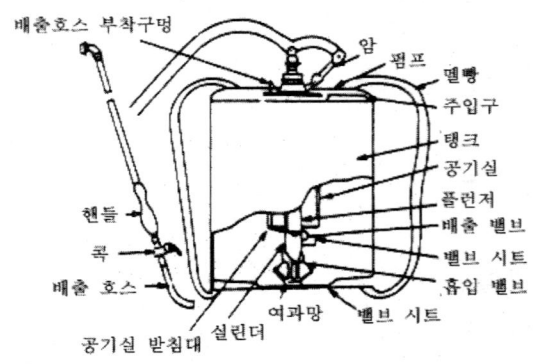

배부식 지렛대 분무기의 구조

## (2) 동력 분무기(Power sprayer)

### 1) 동력 분무기의 종류

① 정치식 동력 분무기 : 주로 경사지 과수원의 방제에 사용되는 것으로서, 물탱크와 약액 탱크 이외에 과수원 전체에 걸쳐 배관 시설
② 이동식 동력 분무기 : 우리 나라에서 가장 많이 사용되는 형식으로 분무기 본체와 약액통이 차대에 고정되어 있고 인력으로 주행시키면서 살포
③ 주행식 동력 분무기 : 하나의 동력으로 주행과 살포를 동시에 하는 자주식과 각각 별개로 작동되는 견인식

### 2) 동력 분무기의 구조와 작동원리

작동원리는 플런저가 전진하면 흡입 밸브가 닫히고, 이 때의 압력에 의하여 배출 밸브가 열려 약액이 배출관을 통하여 노즐로 나간다. 이때, 약액의 일부는 공기실로 들어가고 나머지는 압력조절 장치의 조압 볼 밸브를 위로 밀어 올리면서 여수관을 통하여 약액 탱크로 되돌아온다.

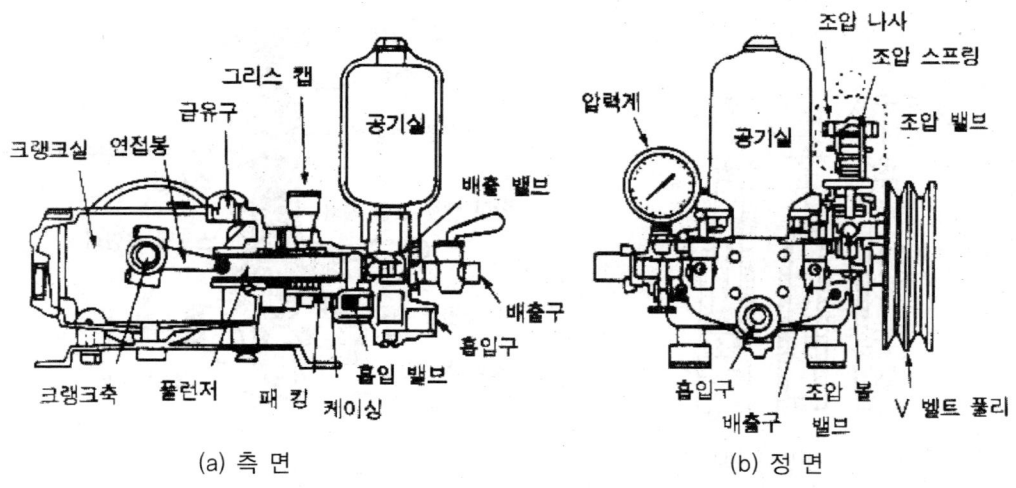

(a) 측 면    (b) 정 면

동력 분무기의 구조와 작동 원리

① 펌프와 실린더 : 실린더와 플런저는 황동 주물로 제작, 약액이 새는 것을 방지하기 위하여 가죽이나 인조 고무로 만든 V패킹과 윤활 작용을 돕기 위해 그리스 링을 부착한다. 분무압력을 충분히 높이고 약액의 배출 상태를 균일하게 하기 위하여 3개의 플런저를 흔히 사용한다.

$$\eta_p = \frac{Q}{Q_0} \times 100, \qquad Q_p = \frac{\pi}{4} D^2 \times S \times R \times Z \times \eta_v \times 10^{-6}$$

Qp : 토출량(1/min). D : 피스톤 직경(mm).    R : 회전수(rpm)
$\eta$ : 체적 효율.              Z : 실린더 수              L : 행정(mm)

② 공기실 : 왕복 펌프를 사용하는 동력 분무기에서 맥동을 방지하여 배출량을 일정하게 유지하며 공기를 모으고 약액의 압력을 조절한다.
③ 압력 조절 장치 : 약액의 압력이 일정한 값보다 클 경우 조압 볼 밸브가 위로 밀어 올려지면서 약액의 일부가 여수량(10~30%)으로 배출됨으로써 압력이 일정하게 유지된다.
④ 흡토출 밸브 : 고압에 견딜 수 있는 스테인리스강 제품의 판 압력조절장치 밸브를 사용한다.
⑤ 호 스 : 관의 누유가 없어야 하며 내외층은 고무판이나 폴리에틸렌으로, 중간층은 실로 만들어진 것을 사용한다.

**참고**

압력계 바늘이 심하게 떠는 이유는 밸브에 오물이 끼워져 있기 때문이다.

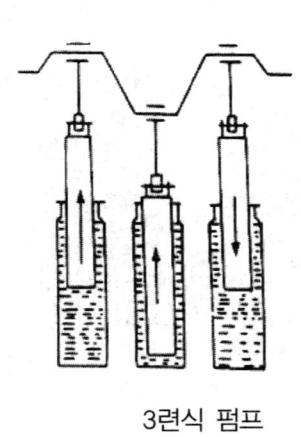
3련식 펌프

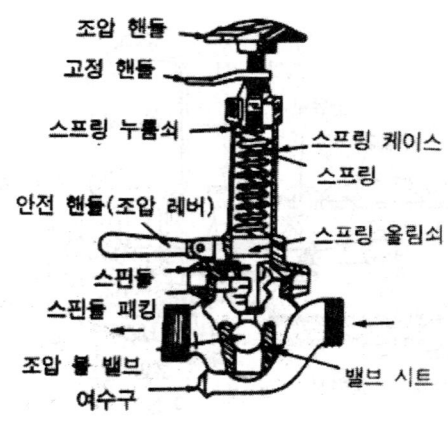
압력 조절 장치

> **참고**
>
> 플런저 상단부에 기공이 생기면, 크랭크실 내 오일에 물이 침입된다.

ⓖ 노 즐 : 압력을 받고 있는 약액을 대기 중으로 분사시켜 작은 입자로 만드는 장치로 황동 또는 황동에 니켈을 도금한 재료를 많이 사용한다.

㉮ 노즐의 일반적인 작용원리 : 호스를 통하여 노즐로 들어간 약액은 중자에 있는 나선형 구멍을 통하여 고속으로 와류실로 들어가 소용돌이를 일으키며 형성된 와류는 노즐 구멍을 통과할 때 미세한 입자로 분산되면서 밖으로 분출된다(입자크기는 80~90 $\mu$ 정도).

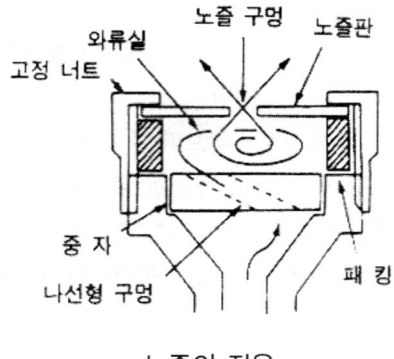
노즐의 작용

㉯ 노즐의 종류
㉠ 철포형 : 분무 각도와 거리를 핸들로 조절할 수 있는 노즐로, 약액을 멀리 분무하거나 가깝게

부채꼴 모양으로 분무할 수 있어서 과수나 수목의 방제에 적합하다.(도달거리는 10m이다.)
ⓒ 논두렁 살포 분무관 : 노즐로부터 가까운 거리에서 먼 거리까지 비교적 균일하게 살포하므로 논두렁에서도 능률적으로 작업할 수 있다.

$$V = \frac{1000q}{60WQ}$$

V : 작업 속도(m/s)  q : 노즐의 분출량( 1/min)
W : 유효 살포폭(m)  Q : 적정 살포량( 1/10a)
10a = 1000m²

⑦ 동력분무기 사용 상용압력은 보통 20~30kg/cm²이고, 펌프의 배출량은 15~70 1/min이다.

## 3. 동력살분무기(Mist and dust blower)

### (1) 특 징

동력 살 분무기란 고속기류를 이용하여 액제와 분제를 다 같이 살포할 수 있는 분무 및 살분 겸용기로 엔진은 2행정 가솔린 기관이며, 윤활 방식은 혼합식이고, 피스톤 핀 고정방식은 반 부동식이다.

**참고**

무화성능이 좋고, 노동력 절감, 작업능률이 비교적 크다.

### (2) 구조와 작용

#### 1) 작동 원리

송액 펌프 또는 중력에 의하여 분두까지 거리는 4m이며 도달된 약액이 송풍기의 강한 바람과 함께 미스트 발생 장치에서 미립화 되어 살포된다.

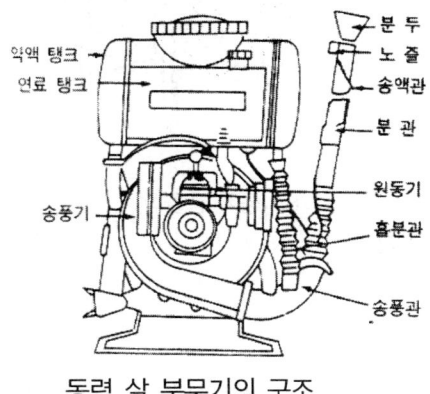

동력 살 분무기의 구조

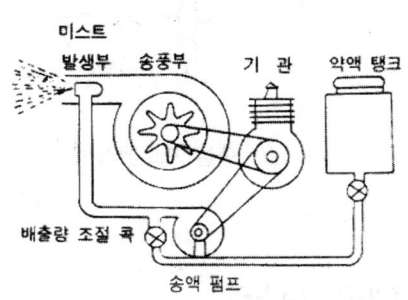

동력 살 분무기의 작동 원리

## 2) 구조와 작용

주요 3대부는 팬(blower), 기관, 약액통이 있다.

① 송액 펌프 : 필요한 양의 약액을 가압 무화하여 송출(0.2~0.9kg/cm$^2$)
② 송풍기 : 고속기류를 발생하는 장치
③ 미스트 발생 장치 : 성질이 다른 액제를 아주 미세하고 크기가 고른 미스트 입자를 만드는 장치
  ㉮ 충돌판식 : 약액 탱크로부터 송액관을 통하여 흘러 내려온 약액이 충돌판에 충돌하여 확산되고 빠른 바람의 힘으로 다시 부서져서 미세한 입자로 분사시키는 것(40~70m/s)
  ㉯ 소용돌이 꼴 노즐 충돌망식 : 소용돌이 노즐에서 무기 분사된 입자를 전면 충돌망에 충돌시 더욱 미립화하여 바람의 힘으로 분사시키는 것
  ㉰ 충돌 프로펠러식 : 노즐에서 나온 약액을 송풍기의 바람에 의해서 회전하는 프로펠러에 충돌시켜 안개 모양으로 만들어 분사시키는 것
  ㉱ 공기 충돌식 : 노즐을 송풍 방향과 역방향으로 달고, 약액을 분사시켜 마주 불어오는 바람에 충돌시켜 미립화하여 분사시키는 것

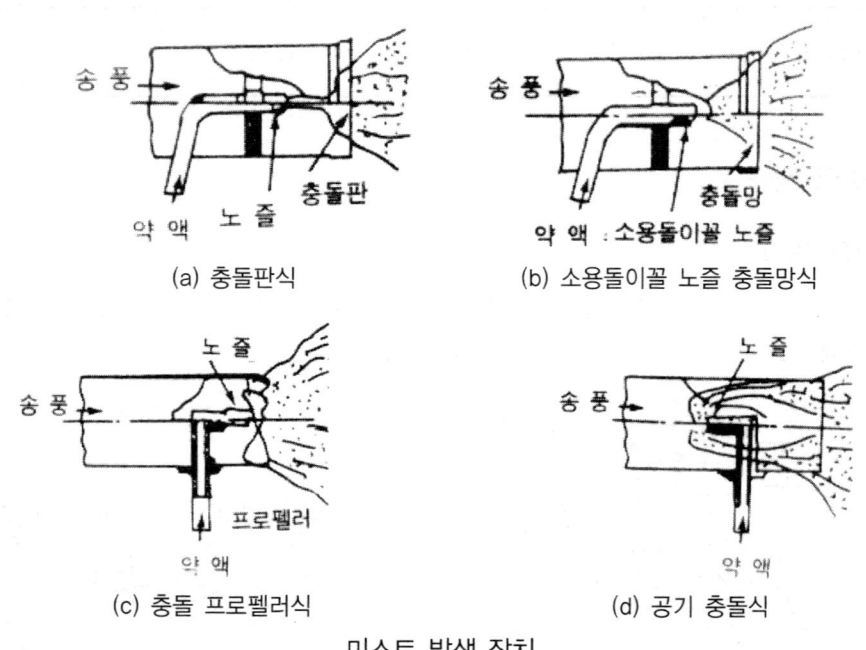

미스트 발생 장치

## (3) 파이프 더스터

한 쪽을 동력 살 분무기에 연결하고, 다른 한 쪽은 사람이 잡아서 양끝에서 상하로 약간 흔들면서

작업한다.

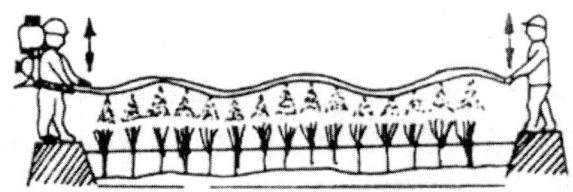

파이프 더스터의 살포 작업

## (4) 살포 방법

### 1) 살포 방법

① 전진법 : 분관을 좌우로 흔들면서 전진 살포
② 후진법 : 후진하면서 분관을 좌우로 움직이며 살포 인체에 특히 위험한 약제를 뿌릴 때 사용
③ 횡보법 : 역으로 가면서 분관을 좌우로 움직이며 살포

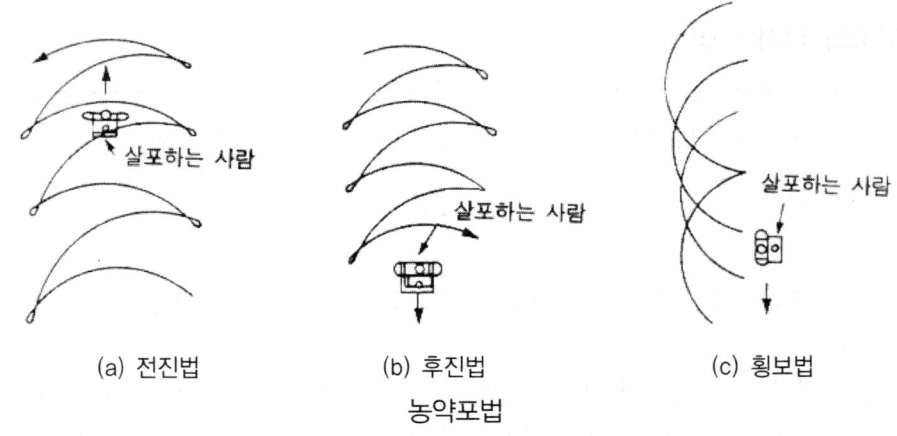

(a) 전진법    (b) 후진법    (c) 횡보법

농약포법

> **참고**
>
> 분구 높이 : 작물의 최상단으로부터 30cm정도로 하여 살포하는 것이 좋다.
>
> 작업성능 $A(a/hr) = \dfrac{살포\ 너비(m) \times 살포\ 속도(V_1) \times 살포\ 시간(hr)}{60}$
>
> 약액의 토분량 $q_s = \dfrac{6}{100}QWV$
>
> qs : 약제의 토분량(kgf/min),　Q : 10a당 약제 살포량(kgf/10a)
> W : 살포폭(m),　　　　　　　V : 살포 속도(m/s)

## 4. 스피드 스프레이어(speed sprayer)

### (1) 특징과 종류

미스트기에 비하여 송액 펌프의 압력이 높고 송풍기의 풍량이 크며, 10개 내지 수십 개의 노즐을 배치하여 노즐에서 나오는 약액 입자를 송풍 공기에 의하여 더욱 미세하게 만들어 작물 사이를 전진하면서 연속 살포하는 기계로 과수원과 같은 큰 면적의 방제 작업에 널리 이용되며 SS기라 부른다.

#### 1) 스피드 스프레이어 종류
① 트레일러형 : 트랙터로 견인하는 형식이며 스피드 스프레이어의 주요부 전체를 고무 타이어의 2륜차 위에 장비한 것
② 탑재형 : 트랙터의 뒤쪽에 3점 링크 장치에 탑재하고 트랙터의 PTO를 이용하여 구동하는 것
③ 자주형 : 1대의 기관으로 스스로 주행하면서 살포 작업을 하는 자주식 작업기

### (2) 구조와 작업 방법

살포 원리는 약액 탱크로부터 펌프에 의하여 배출된 약액과 송풍기에서 발생한 강한 바람이 분두에서 서로 작용하여 미립화되면서 원형 또는 부채꼴로 분사된다.

#### 1) 구 조
① 기 관 : 트레일러형 이외의 것은 모두 트랙터의 PTO를 이용하며 견인형은 20~50ps의 기관을 탑재
② 송액 장치 : 약액을 약액 탱크로부터 노즐까지 보내는 장치로 압력은 4~9 kg/㎠정도
③ 분 두 : 분두(노즐)의 모양을 도달성을 최대로 하기 위한 것과 확산성을 최대로 하기 위한 것이 있는데 전자는 사과 과수용에 후자는 포도 과수용에 사용(노즐압력은 15~20kg/cm$^2$)
④ 송풍 장치 : 대형은 많은 풍량을 요구하기 때문에 축류식이 사용되며 소형은 대개 원심식을 사용
⑤ 살포장치 : 각도는 45~180°

#### 2) 작업 방법
과수를 대상으로 하는 스피드 스프레이어의 살포작업방법은 수목사이를 주행하면서 살포한다.

살포량 Q($\ell$/10a) = qt, 살포면적 A = $\frac{WVt}{60}$, 단위 면적당 살포량 V = $\frac{D}{T}$

q : 노즐 배출량( 1/min),    t : 살포 시간(hr),    W : 살포 폭,    V : 살포 속도(km/hr)

D = $\frac{1000m^2(10a)}{1회\ 유효\ 살포폭(m)}$ : 10a 당 주행거리(km)

T = $\frac{10a\ 당\ 살포량(l)}{노즐의\ 매분\ 토출량(l)} \times \frac{1}{60}$ : 10a 당 살포시간(hr)

## 5. 토양 소독기(soil injector)

토양 소독기는 토양 속에 약액을 주입하여 토양 속의 병·해충을 방제하는 기계이다.

### (1) 종 류

토양 소독기는 크게 인력 토양 소독기와 동력 토양 소독기로 분류한다. 동력용은 견인식과 트랙터 탑재식으로 나누는데, 주입날의 구조에 따라 플라우식과 주입날식으로 나누기도 한다.

### (2) 구 조

#### 1) 인력 토양 소독기

플런저형 인력 토양 소독기의 구조를 나타낸 것으로서 핸들, 펌프, 약액 탱크, 배출 밸브, 주입관과 노즐, 주입 깊이를 결정하는 원판 등으로 구성되어 있다.

#### 2) 동력 토양 소독기

주입날식 동력 토양 소독기는 약액 탱크, 송액 펌프, 배출 조절 장치, 오리피스 또는 노즐, 주입날, 롤러 등으로 구성되어 있다.

### (3) 사용 방법

토양 소독기의 사용 방법은 약액의 종류에 따라 다르므로, 약액에 표시된 방법에 따라 배출량 등을 고려하여 사용해야 한다. 약액을 주입할 경우에는 작업 전에 미리 경운 작업을 실시하여 다른 작물의 뿌리 등을 제거하고, 흙덩이를 잘게 부순 다음 주입하면 효과적이다.

## 6. 연무기(fog machine)

약재를 연무상의 입자를 만들어 공중에 멀리 확산시켜 살포하는 방제기이다. 온실 내에서 주로 사용하는 상온용과 위생용으로 사용되는 고온용이 있다.

### (1) 연무 살포의 특징

① 살포 입자의 지름이 극히 작아서 공기의 흐름을 타고 확산되므로 그 효과가 구석까지 미치게 된다.
② 농도가 높은 약제를 사용하고 호스가 필요 없다.
③ 온실 내의 방제용으로 사용되는 상온용 연무기는 무인 방제가 가능하다.

### (2) 상온 연무기

① 상온에서 기계적으로 약제를 연무한다.
② 약액 탱크, 송풍기를 갖춘 풍동이 있으며, 풍동 중심에는 압축기에서 나오는 압축공기를 이용하여 약제를 미세 입자로 만드는 유기 분사 노즐이 있다.
③ 무인 살포 작업이 가능하다.

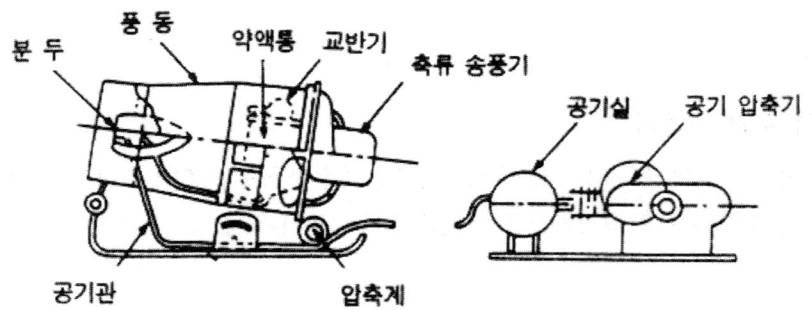

송풍기가 있는 상온 연무기의 구조

### (3) 고온 연무기

① 연료 탱크와 연소부, 약액 조절 및 분사 계통, 전원부로 구성되어 있다.
② 축전지나 교류 전기를 사용하며 점화 플러그의 작동과 공기 펌프의 구동에 사용된다.
③ 흡입된 공기는 약액통의 가압과 연료의 유기 분사에 이용된다.

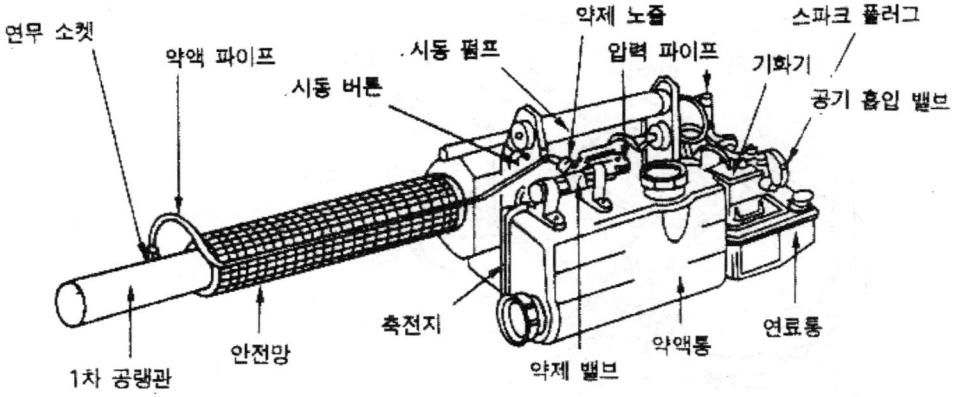

고온 연무기의 구조

## 7. 항공방제

① 지상 방제가 불가능한 산림이나 넓은 지역에 동일한 약제를 살포하는 경우, 또는 악천후로 방제 시기를 놓친 경우 방제 작업을 신속히 하기 위해 사용한다.
② 방제에 사용되는 항공기는 160~230km/h의 속도로 비행하면서 약제를 살포하므로 작업 능률이 뛰어나다.
③ 살포량은 1~60kg/ha의 범위를 가진다.
④ 항공 방제는 약제 살포뿐만 아니라 파종이나 분제 살포에도 사용된다 분제 살포 장치로는 벤투리 관을 이용하는 고속 기류식 살포기(ramair spreader), 원심 살포기, 컨베이어 벨트(conveyer belt) 살포기 등이 있다.
⑤ 비행기는 날개형 비행기와 헬리콥터가 이용되며, 최근에는 소형 무인 헬리콥터를 이용해 방제 작업을 하기도 한다.

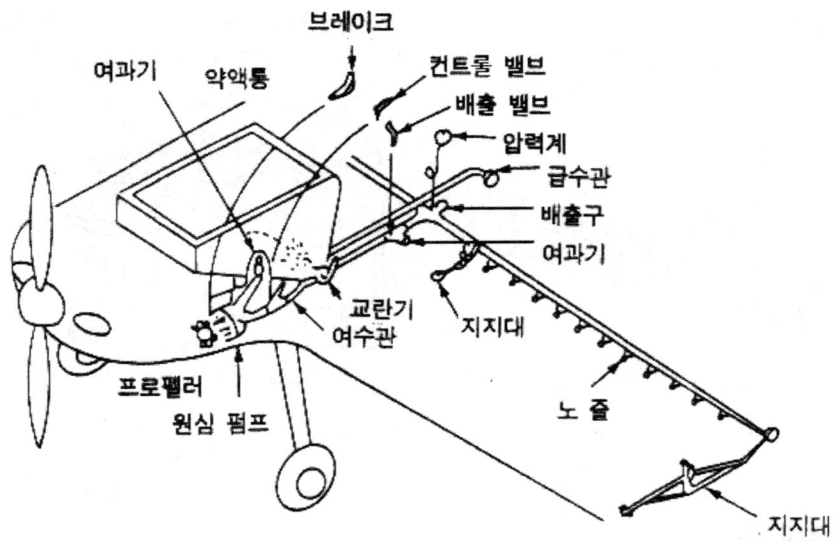

날개형 비행기에 장착되는 분무기의 구성

# 제5장 수확 조제용 기계

## 1. 수확작업 체계(harvest operation)

### (1) 수확작업 체계

수확 작업이란 작물을 베는 작업에서 탈곡과 조제까지 일련의 작업 과정을 말하며 이에 투입되는 노동력의 비율은 전체 농작업의 약 35% 정도이다.

#### 1) 건탈곡 체계
① 관행의 수확 체계이다.
② 벼의 함수율이 20~24% 정도일 때 낫이나 예취기로 베어 묶음을 한다.
③ 포장에서 함수율이 15~18%까지 건조시킨다.
④ 탈곡 작업을 끝내고 함수율이 14% 이하가 될 때까지 자연 건조시킨다.
⑤ 작업기간이 2~4주 정도로 노동력이 많이 소요된다.

#### 2) 생탈곡 체계
① 벼의 함수율이 20~24% 정도일 때 낫이나 예취기로 베어 묶은 직후나 1~2일 사이에 탈곡기로 탈곡하는 작업 체계이다.
② 콤바인으로 예취와 탈곡 및 선별을 동시에 실시하는 작업 체계이다.
③ 예취와 동시에 탈곡으로 노동력이 적게 소요된다.
④ 수확 직후의 곡물의 수분이 20% 이상 함유하고 있어 수확용 기계화 건조 시설이 필요하다.

## 2. 바인더(binder harvester)

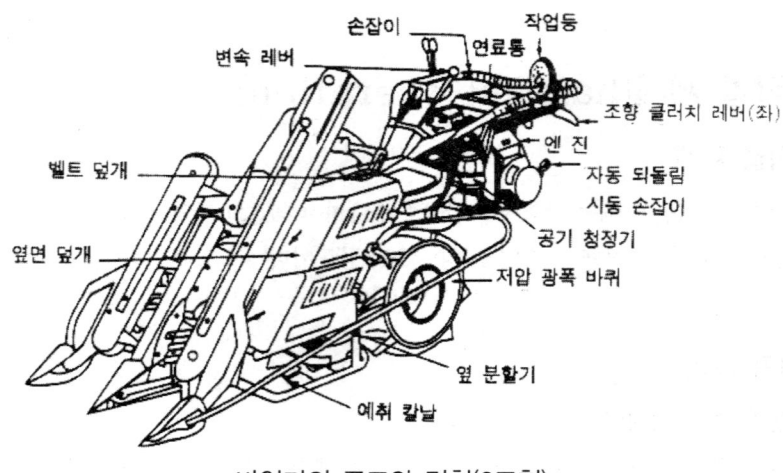

바인더의 구조와 명칭(2조형)

### (1) 구조와 기능

#### 1) 기관

상용 출력 2~4PS, 단기통 4행정 공랭식 가솔린 기관, 점화 장치는 무접점 전자 제어식, 시동장치는 리코일식이다.

#### 2) 주행부

저압 광폭 타이어, 타이어는 표준형과 습답용 6각 타이어, 표준 공기압은 $0.2~0.3 kgf/cm^2$ 이다. 특히 저압타이어는 완충작용이 크고, 주행저항이 적다.

#### 3) 전 처리부

걷어올림 장치는 체인에 플라스틱 돌기를 붙인 것으로 쓰러졌거나 흩어진 작물을 가지런히 일으켜 세워 예취부로 인도해 줌과 동시에 예취날이 작물을 예취할 때까지 작물을 지지해주는 역할을 한다. 그리고 디바이더는 예취할 작물을 분리시켜 주며, 넘어진 작물을 일으켜 세우는 기능을 한다(전처리부 3대 요소 : 디바이더, 픽업체인, 러그).

#### 4) 예취부

전처리부로부터 보내 온 작물의 줄기 밑 부분을 지면에서 약 4~6cm 높이로 절단해 주는 곳으로

2줄 배기용 바인더에는 왕복날형을 사용한다. 예취부에서 왕복형날의 절단부는 다음과 같다.

① 절단날 : 현재 많이 사용하는 톱니형은 제작비는 비싸지만 절단면이 깨끗하고 계속 사용하여도 자체 연마 기능이 있어 수시로 연마하지 않아도 성능을 유지한다(날폭 50mm).
② 고정날 : 구동날의 절단 작용을 보조하는 역할을 한다.
③ 미끄럼판 : 구동날과 고정날 사이에서 마찰 저항을 감소시킨다.
④ 칼 날 누르개 : 구동날을 눌러줌으로 구동날과 고정날 사이의 간격을 적절히 유지해준다.
⑤ 조정시임 : 벼나 맥류의 수확시 칼날의 간격을 0.3~0.7mm 정도로 조절하여 사용한다.

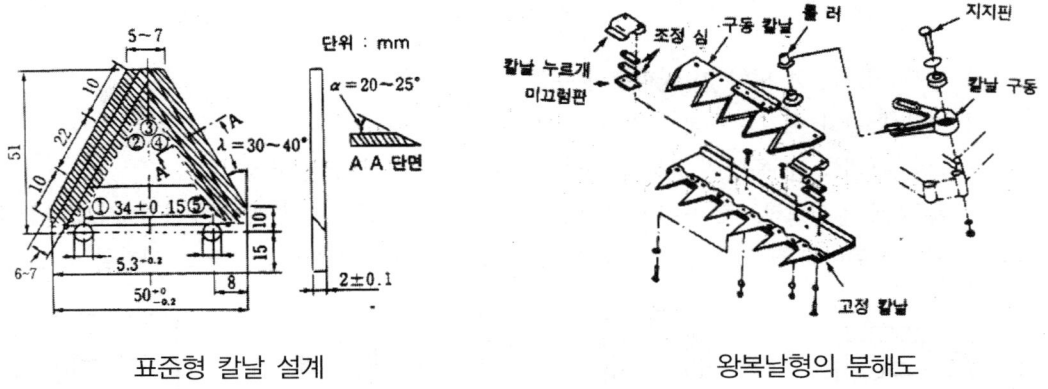

표준형 칼날 설계  　　　　　　　　　　왕복날형의 분해도

⑥ 반송부 : 예취부에서 베어 낸 작물을 결속부까지 가지런히 운반해 주는 장치이다.
⑦ 결속부 : 반송부에서 이송되어온 작물을 일정한 크기의 단으로 묶어 기체 밖으로 방출한다.
㉮ 다발의 크기 : 클러치 도어의 T형 돌기에 뚫려 있는 구멍의 위치로 조정하고, 다발의 지름은 8~12cm가 되도록 3~4단계로 조정한다. 벼의 경우에는 다발의 지름이 10~12cm 정도 되도록 조정한다(주유는 금물).
㉯ 결속 끈의 재료 : 천연섬유(노끈)와 합성섬유이며, 굵기의 단위는 데니어로 나타낸다.

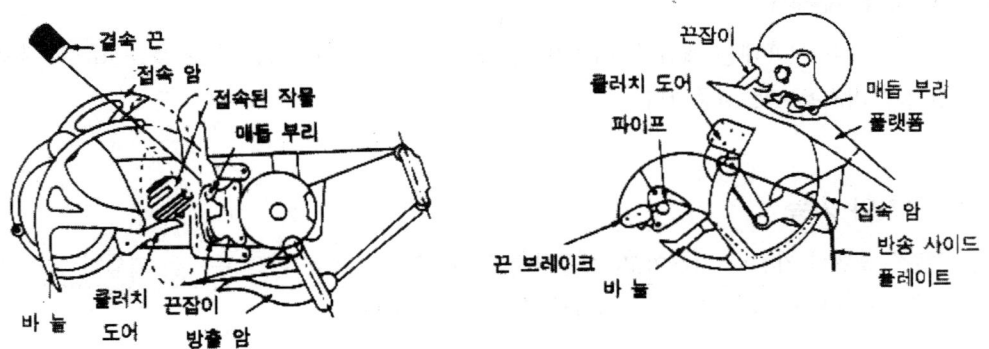

매듭형 결속 장치

## (2) 작업 방법과 관리

### 1) 작업 조건

바인더로 작업이 가능한 조건으로 작물의 키는 60~120cm, 도복각은 85°이하, 포장의 경사도는 10°이하, 습지에서 빠지는 정도가 6cm 이하일 때가 가장 좋다.

### 2) 작업 방법

① 왼쪽으로 돌면서 마주 베기 : 표준 작업법으로 포장의 배수 상태가 좋고 도복각이 45°이하일 때
② 왕복 베기 : 한 변이 긴 장방형의 포장
③ 가운데 갈라 베기 : 도복이 심한 곳이나 넓은 포장
④ 한쪽 베기 : 한 쪽으로 심하게 쓰러졌거나 불규칙하게 생긴 포장
⑤ 예취방향 : 원칙적으로 마주 베기, 도복각이 5°이하일 때 뒤따라 베기, 도복각이 60°이상일 때에는 뒤따라 베기와 옆 베기가 있고, 입모각은 20°까지 쓰러진 작물을 예취할 수 있다.

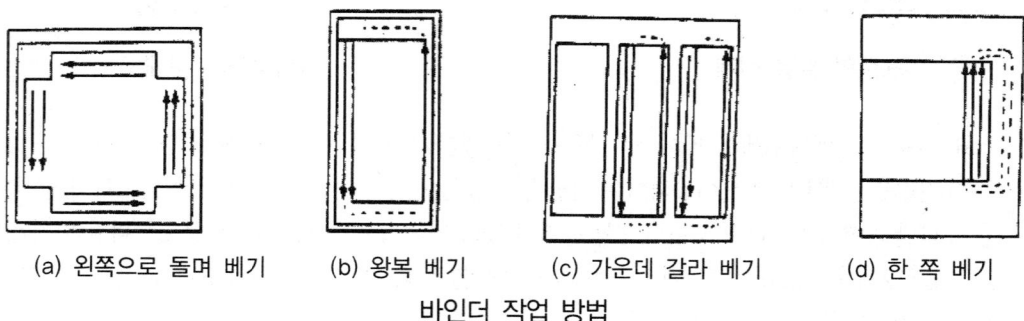

(a) 왼쪽으로 돌며 베기    (b) 왕복 베기    (c) 가운데 갈라 베기    (d) 한 쪽 베기

바인더 작업 방법

## (3) 휴대형 예취기

예불형 예취기(휴대용 예취기, 예초기)는 곡물의 수확 작업보다는 주로 풀을 베거나 수목의 잔가지 치기용으로 사용한다.

### 1) 구조와 기능

2행정 공랭식 가솔린 기관이고, 시동장치는 리코일형이다. 기관의 동력은 원심식 클러치 → 휨축 → 나선형 베벨 기어 → 회전날 순으로 전달된다.

## 2) 예취날의 선택

합성 섬유날과 2도날은 키가 작으면서 연한 풀에 3도날과 4도날은, 다 자란 잔디나 비교적 키가 작은 풀에, 8도 날은 억센 풀을 벨 때 사용하며, 톱날형은 지름이 2cm이하인 나무를 벨 때 사용한다.

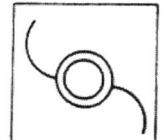     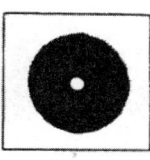

(a) 합성 섬유날　(b) 2도날　(c) 3도날　(d) 4도날　(e) 8도날　(f) 톱니날

예취날의 종류

## 3) 작업 방법

① 연료와 엔진오일을 20~25:1의 비율로 혼합하여 사용한다.
② 작업 방법 : 예취날은 왼쪽으로 회전하므로 작업 방향은 오른쪽에서 왼쪽으로 베어 나가는 것이 효과적이다.

## (4) 콤바인(combine)

콤바인은 벼, 보리, 밀 등의 작물을 예취에서부터 탈곡과 선별에 이르기까지 일련의 작업 과정을 동시에 수행하는 종합적인 수확 기계로 탈곡된 곡립은 자루에 담든지 곡립 탱크에 일시적으로 저장하고, 짚은 필요에 따라 집속이나 결속의 과정을 거쳐 배출하든지 잘게 절단하여 포장에 살포한다.

**참고**

> 5대 분류 : 예취부, 반송부, 탈곡부, 선별부, 정선부이고 송풍부로는 플로어 장치가 있다.

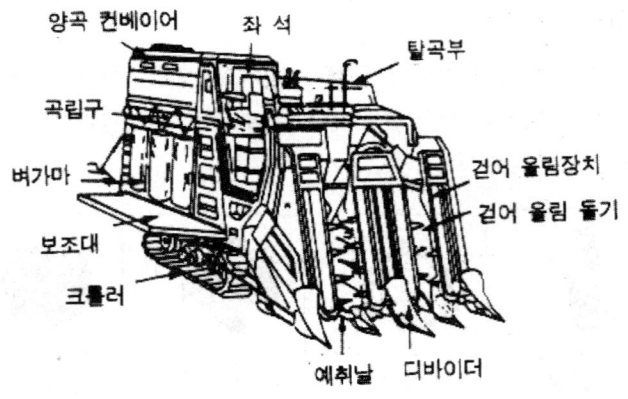

자탈형 콤바인의 구조

## 1) 자탈형 콤바인(head feeding combine)

탈곡방식은 이삭 공급식이고, 이송방식은 축류식이다.

① 구조와 작용
㉮ 동 력 : 한 부분은 변속 장치를 거쳐 주행부와 전처리부 및 예취부를 구동하고, 다른 한 부분은 반송부, 탈곡부, 선별부, 곡립 이송부 및 짚 처리 부등으로 구동한다.
㉯ 주행부
㉠ 주행장치 : 무한 궤도가 장착된 장궤형이다.
㉡ 궤 도 : 중앙부를 위로 들어 올렸을 때 20~30mm의 늘어남이 있거나 또는 25kgf의 하중을 걸었을 때 15~25mm의 처짐이 있다.
㉢ 유동 바퀴의 지름은 160~300mm이고 궤도의 긴장도는 장력 조정 볼트로 조정한다.
㉰ 전 처리부 및 예취부 : 도로를 주행할 때 전 처리부와 예취부를 보호하면서 안전성을 확보하기 위하여 유압 승강 장치가 부착된 점이 바인더와 차이점이다.

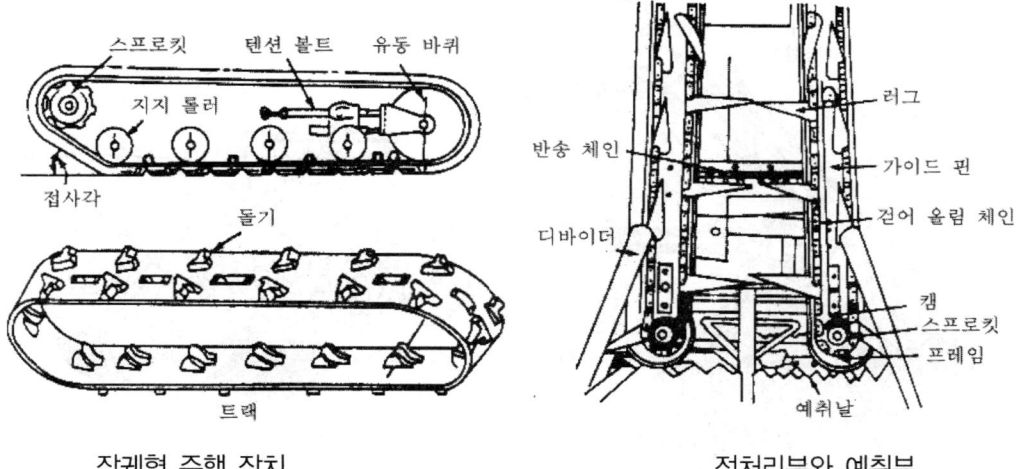

장궤형 주행 장치　　　　　　　　　전처리부와 예취부

㉔ 반송부
㉠ 예취부에서 베어낸 작물을 탈곡부까지 운반하여 주는 장치이다.
㉡ 집속 장치 : 예취부에서 예취한 작물을 반송 체인까지 가지런히 이송시켜 주는 장치이다.
㉢ 반송 장치 : 집속 장치로부터 이송되어 온 작물을 탈곡부의 공급 체인까지 운반하여 주는 장치로 상부반송체인(작물의 줄기 위 부분)과 하부 반송 체인(줄기의 아래 부분)이 있다.

공급깊이의 조절은 이삭부의 공급깊이가 탈곡부의 성능과 탈곡작업 정도에 미치는 영향이 매우 크므로 조절은 수동으로 조정하든지, 또는 유압에 의하여 자동으로 조절한다.

### 참고

많이 쓰러진 작물을 세우는 장치로는 쾌속 디바이더(오케이 디바이더)가 있다.
탈곡치의 종류는 : 정치, 보치, 병치가 있다.

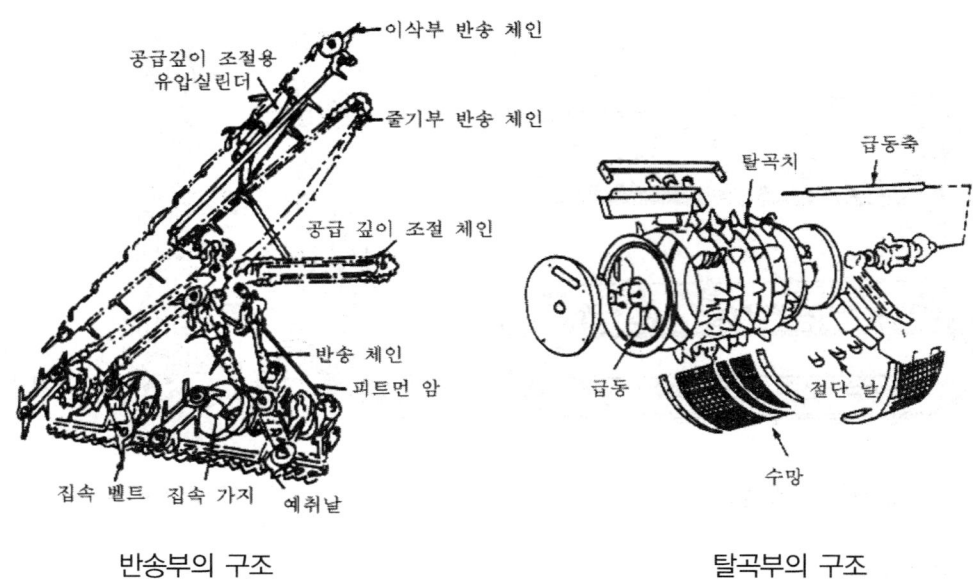

반송부의 구조　　　　　　　탈곡부의 구조

㈐ 탈곡부 및 선별부
 ㉠ 이삭 부분은 탈곡통 길이의 1/3부분을 통과하기 이전에 90%이상이 탈립 된다.
 ㉡ 탈곡통의 회전수는 440~520rpm 이다.
 ㉢ 곡립과 검불의 비중 차이가 적어 비중 선별만으로는 충분한 선별이 불가능하므로 선별 능력을 좀더 높이기 위하여 흡인 팬을 이용한 공기 선별 방식과 진동체에 의한 요동 선별 방식을 함께 이용한다.
 ㉣ 급치의 선단과 수망의 간극은 6~8mm이다.(탈곡부의 구성은 급치, 수망, 급동)

### 참고

급동 회전수는 $N = S/(\pi \times D)$, 급동 원주속도는 $S = \pi D N$
　　$S$ : 원주 속도(m/sec), $N$ : 급동 회전수(rpm), $D$ : 급동 지름(mm)

㈑ 곡립 이송부 : 풍구의 바람에 의해 정선되어 1번 구에 모여진 곡립은 스크루 컨베이어에 의하여 수평방향으로 이송되면, 이와 연속되어 있는 스로어 또는 스크루 컨베이어에 의하여 다시 수직으로 이송되어 자루에 담기든지 곡물 탱크에 잠시 저장된다.
㈒ 볏짚 처리부
 ㉠ 세단형 : 짚을 잘게 절단한 다음 살포하는 형식, 접속형은 짚을 한 묶음씩 모아서 방출
 ㉡ 결속형 : 결속 장치를 이용하여 볏짚을 일정한 크기의 다발로 묶어 방출

㉥ 자동 제어 및 경보장치
㉠ 자동 조향 장치(ACD) : 콤바인의 진행 방향을 자동으로 제어하는 장치이다.
㉡ 예취부(높이) 자동 제어 장치 : 지표면이 고르지 못한 포장에서도 예취 높이를 일정하게 유지시키기 위한 것이다.
㉢ 공급 깊이 자동 제어 장치 : 탈곡통에 공급되는 작물의 공급 깊이를 항상 최적의 상태(최소 40cm 이상)로 유지시키기 위한 것이다.(피드백, 피드 포워드 방식)
㉣ 주행 속도 제어 장치 : 주행 속도를 자동으로 조절해 줌으로써 탈곡실에 공급되는 작물의 양을 일정하게 유지시켜 준다.(급동의 부하에 따른 제어)
㉤ 선별부 자동 제어 장치 : 선별부에 공급되는 탈곡물의 양에 따라서 풍구의 회전수나 흡기구의 크기, 또는 검불체의 경사도 등을 자동으로 조절한다(1번 구 : 정맥입자, 2번 구 : 쭉정이, 3번 구 : 지푸라기).
㉥ 경보 장치 : 작업 중에 감지기로 알아낸 기체의 이상이나 불량한 작업 상태 등을 운전자에게 알리기 위하여 경보음을 올리게 하거나 경고등을 점등시키며, 경우에 따라 기관도 정지한다.
㉦ 미 예취부 감지기 : 미 예취부 발생시 주원센서에 의해서 미 예취부 감지→ 경보
② 작업 방법
㉮ 작업 전 준비사항
㉠ 무한 궤도 : 6cm 이상 빠지면 작업을 하기 어려우므로 작업 전 물 빼기
㉡ 예취 높이 : 최대한 낮게 조절
㉢ 탈곡통의 회전수 : 벼 450~550rpm으로, 보리 500~550rpm으로 조절
㉯ 작업 중 주의 사항 : 작물길이는 보통 60~120cm 정도로서, 도복각에 대한 적응성은 벼의 경우 85°까지, 보리의 경우에는 40°까지 작업 가능하다.
㉰ 작업 방법과 작업 능률 : 도복각이 45°이하일 때에는 마주 베기, 도복각이 45°이상일 때 따라 베기를 한다.

**참고**

콤바인은 결속기가 없다.

## 2) 보통형 콤바인

주로 밭작물의 수확에 사용되는데, 대형의 수확용 기계로 탈곡방식은 예취된 작물 전체를 탈곡부에 공급하는 투입식이다.

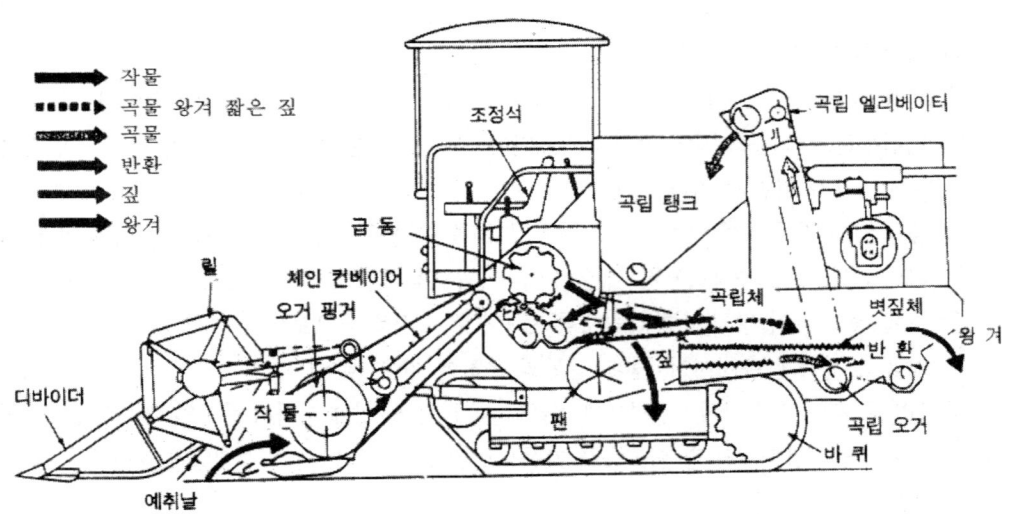

보통형 콤바인의 구조

① 주행부 : 변속장치는 무단 변속 방법이다.
② 전 처리부
㉮ 분할기 : 예취할 작물과 다음 행정에 베어 낼 작물을 구분해 줌으로써 예취 폭을 결정해 주는 역할
㉯ 릴 : 예취부 위에서 주행속도보다 1.3~1.6배정도 빠르게 회전하면서 쓰러진 작물은 일으켜 세우고, 정상 상태인 작물은 이삭의 바로 아랫부분을 가볍게 눌러 예취부로 유도해 주는 한편 예취부에서 벤 작물은 공급부 쪽으로 쓰러뜨려 공급이 원활해지도록 해 주는 역할
㉰ 예취부 : 예취날은 76mm 표준형 왕복날이고 예취폭은 2~8m이다.
㉱ 공급부 : 오거는 베어진 작물을 가운데로 모으는 역할을 하며, 반송 체인은 모아진 작물을 탈곡부까지 운송한다.
③ 작업 성능 : 보리의 수확시 작업 속도를 0.7~1.2m/s로 하면 예취 폭 1m당 15~25a/h정도 수확된다.
㉮ 탈곡 작업기의 풀리 직경 구하기

$$작업기\ 풀리\ 직경 = 엔진\ 풀리\ 직경 \times \frac{엔진\ 회전수}{작업기\ 회전수}$$

$$엔진\ 풀리\ 직경 = 작업기\ 풀리\ 직경 \times \frac{작업기\ 회전수}{엔진\ 회전수}$$

## (5) 지하부 수확기

지하부 수확기란 작물의 뿌리나 땅속줄기를 수확하는 기계를 말한다.

1) 서류 수확기

① 엘리베이터의 굴착기 : 굴취날로 파 올린 서류와 흙의 혼합물이 엘리베이터에 실려 이송되며 흙은 엘리베이터의 진동과 마찰에 의하여 제거되고, 서류만 기계의 후방에 일렬로 방출된다.
② 감자 수확기 : 엘리베이터형 굴취기에 경엽 분리 장치, 자갈의 분리 장치, 선별 장치 및 적재용 탱크 등을 부가로 설치하여 한번에 굴취에서 선별 적재까지 작업할 수 있는 지하부 수확기이다.
③ 양파 수확기 : 굴착 작업부터 토핑, 선별, 적재까지 할 수 있는 기계이다.
㉮ 굴취 토핑 굴취기 : 수확된 양파를 즉시 토핑하고, 토핑된 양파의 건조를 위하여 포장에 한 줄로 늘어놓는 형식의 기계이다.
㉯ 픽업형 수확기 : 굴 취기로 캐낸 양파를 잎과 줄기가 붙어 있는 상태 그대로 포장에서 건조시킨 다음 건조된 양파를 집어 올려 토핑을 하는 형식의 기계이다.

(6) 과일 수확기

1) 범용 작업대

유압으로 작동하는 승강기를 운반용 차량 위에 설치하고, 수확 작업을 하는 장소까지 이동한 다음 승강기에 사람을 태우고 작업에 필요한 높이로 조정하면서 작업할 수 있도록 제작된 작업용 승강기이다.

2) 수확 작업대

작업대 위에서 수확 작업을 하는 사람이 과일을 따서 뒤쪽으로 가볍게 던지면 과일은 완충 커튼이나 감속 밴드에 의하여 운반용 벨트 위에 올려지고 포장용 장치에 의하여 자동적으로 상자에 담기도록 한 장비이다.

3) 진동 수확기

미국이나 유럽 등지에서 주로 매실, 사과, 오렌지 등의 수확에 많이 사용한다.

## 3. 농산 가공 기계

### (1) 건조기

#### 1) 건조와 함수율
벼의 기계 수확은 벼의 함수율이 높을 때 수확을 하여야 손실이 적다.

#### 2) 함수율(Moisture content) 표시법
① 함수율 : 농산물 중에 포함되어 있는 수분의 정도로 일반적으로 함수율이라 하면 습량 기준 함수율을 뜻한다.
㉮ 습량 기준 함수율(Wb) : 농산물에 포함되어 있는 수분을 농산물의 총 무게로 나눈 값

$$Mw = Wm / Wt \times 100 = Wm / (Wm + Wd) \times 100(\%)$$

Mw : 습량 기준 함수율 (%, wb)           Wt : 시료의 총 무게 (g)
Wm : 시료 내에 포함된 수분의 무게 (g)   Wd : 완전히 마른 후 시료의 무게 (g)

㉯ 건량 기준 함수율(db) : 완전히 마른 농산물의 무게에 대한 수분 무게의 백분율

$$Md = Wm / (100 - Wd) \times 100(\%)$$

Md : 건량 기준 함수율 (%, db)

#### 3) 함수율 측정법
① 직접적인 방법 : 연구실에서 매우 정확한 함수율이 필요할 때 사용하는 방법이다.(공기오븐법)
② 간접적인 방법 : 함수율 측정기를 이용한 측정방법이다.(전기저항법, 유전법, 습도측정법)

#### 4) 평형 함수율(EMC)
농산물을 일정한 온도와 습도를 가진 공기 중에 오랫동안 놓아두면 결국은 일정한 함수율에 도달하게 되며 공기의 조건과 평형 상태일 때의 함수율이다.

$$1 - rh = e^{-CTMe^n}$$

rh : 평형상대습도(소수로 표시함),    e : 자연대수의 밑(2.7183)    C : 상수
T : 절대온도(K=℃+273°),    Me : 건량기준함수율(%, db)    n : 상수

### 5) 노천 건조 이유

우리나라 10월의 평균 온도가 15℃이고 상대 습도가 70%일 때의 벼의 평형 함수율이 14~15%이기 때문이다.

### 6) 건조 원리

① 건조 특성 곡선은 예열 기간, 항률 건조기간, 감률 건조기간 구역으로 나눈다.
㉮ 예열기간 : 곡물의 온도가 습구 온도에 접근할 때까지 상승하는 기간
㉯ 항률 건조기간 : 수분을 포함하고 있는 곡물이 표면의 수분이 증발하면서 건조되는 기간
㉰ 감률 건조기간 : 실제로 거의 모든 곡물의 내부가 건조되는 과정
② 임계 함수율 – 항률 건조와 감률 건조의 경계에 상당하는 함수율

> **참고**
>
> 곡물의 함수율 측정에서 간접적인 방법으로는 전기 저항법, 유전법, 습도 측정법 3가지가 있다.

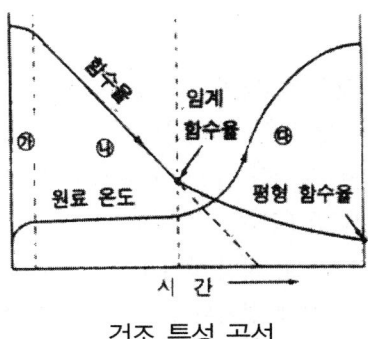

건조 특성 곡선

### 7) 건조 속도

① 단위 시간당 함수율의 감소량 (%/h)
② 단위 시간당 제거되는 수분의 양 (kg/h)
③ 건조물에 의한 분류 : 곡물 건조기, 목초 건조기, 골풀 건조기, 제충국 건조기, 차 건조기, 연소 건조기 등

### 8) 건조 요인

농산물 건조 3대 요인은 온도와 습도 및 바람(풍량)으로 건조속도가 너무 빠르면 동할이 생겨 도정할 때 싸라기가 발생하고 맛이 떨어진다.

## (2) 태양열 건조기

태양열 집열기와 같은 일사량을 효과적으로 이용하기 위한 시설물을 사용하여 곡물을 건조시키는 방법이다.

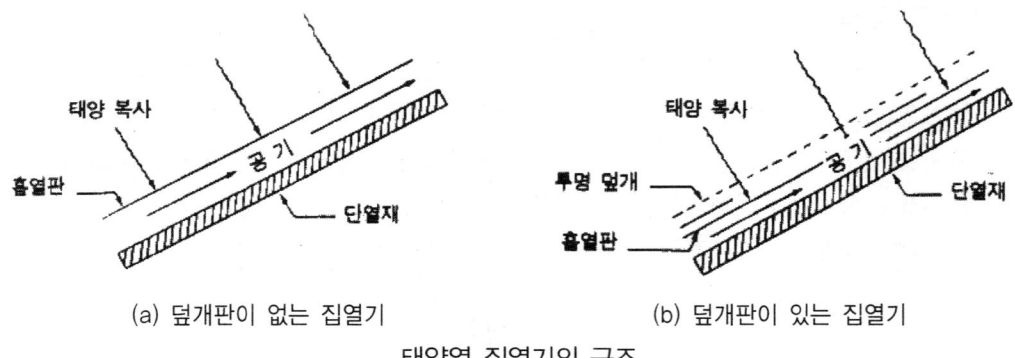

(a) 덮개판이 없는 집열기  (b) 덮개판이 있는 집열기

**태양열 집열기의 구조**

## (3) 열풍 건조기

### 1) 순환식 건조기

① 구 성 : 건조실, 템퍼링 탱크, 곡물 순환용 승강기와 스크루 컨베이어, 가열기 및 송풍기
② 건조과정 : 건조 – 순환(냉각) – 템퍼링
㉮ 건 조 : 투입된 곡물이 얇은 두께의 건조실 내에서 수직 아래 방향으로 흐르게 되면 열풍이 수평방향으로 통과하면서 건조한다.
㉯ 순 환 : 건조실을 통과한 곡물이 버킷 엘리베이터를 통해 상부의 템퍼링 탱크로 이동하는 동안 버킷 엘리베이터의 상부에 설치된 송풍기에 의해 검불, 먼지 등이 제거되는 동시에 냉각된다.
㉰ 템퍼링 : 일정 시간 건조된 곡물이 템퍼링 탱크에 머무르게 되면 곡립의 내부 수분이 표면으로 확산되어 곡립 내부의 수분 차이가 줄어들게 되는 과정이다.

**참고**

> 공기를 가장 많이 필요로 하는 방식은 강제 통풍식이다.

③ 순환식 건조기의 건조 속도 : 0.7~1.1(%, wb/h) 범위

## (4) 횡류 연속식 건조기

곡물을 횡류 연속식 건조기에 연속적으로 투입하여 일시 건조된 곡물을 템퍼링 빈으로 이송하여 일정 시간 템퍼링이 이루어진 후 다시 건조기를 통과하면서 건조가 이루어지는 다회 통과식 건조방법이다(횡류 연속식 건조기 건조 속도 - 8% wb/h).

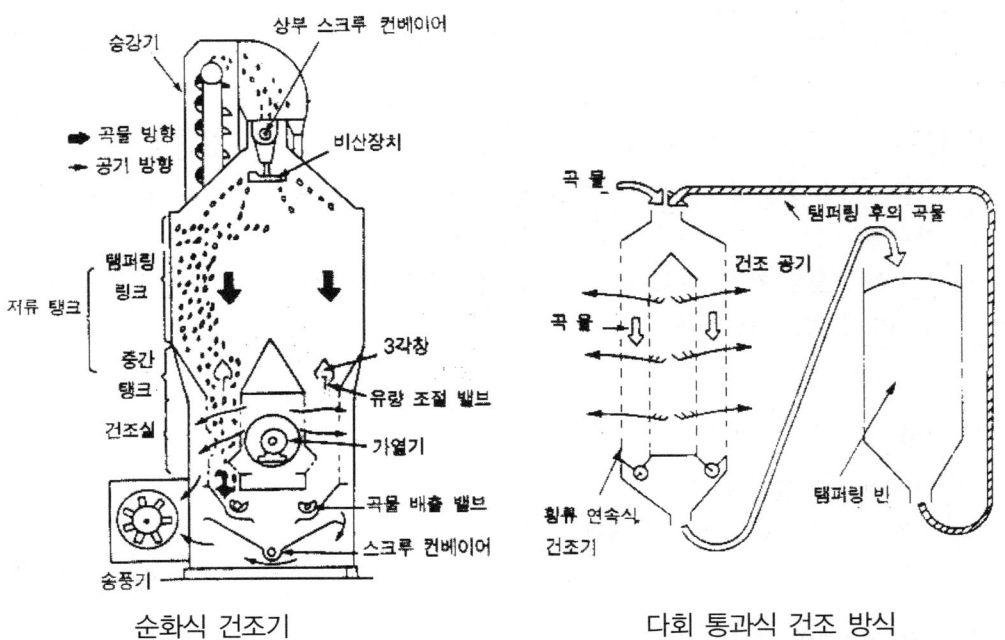

순환식 건조기　　　　　　　　다회 통과식 건조 방식

## (5) 분무 건조기

고온의 건조 공기에 고수분의 액상 식품을 분무하여 건조시키는 방법으로서 액상 식품의 건조에 가장 널리 쓰이는 건조 방법이다.

### 1) 장점

① 건조기에서 배출되는 최종 분말 제품의 즉시 포장이 가능하므로 제품 생산 능률이 높다
② 열에 민감한 식품을 열 손실 없이 고온의 건조 공기로 건조시킨다.

### 2) 단점
① 에너지가 많이 소요된다.
② 액상의 미립화가 가능한 식품만 건조한다.

## (6) 동결 건조기

식품을 동결시키고 온도와 압력이 낮은 삼중점(0.01℃, 0.6133kpa) 이하에서 동결 상태의 얼음을 승화시켜 건조 제품을 얻는 방법이다.

### 1) 장점
① 식품을 높은 온도에 노출시키지 않고 이루어지므로 식품의 구조 변화가 거의 없어 품질이 양호하다.
② 다공성 구조로 건조되므로 재 흡수성과 복원성이 뛰어나다.
③ 상온에서 보관 가능하다.

### 2) 단점
① 건조 비용이 많이 든다.
② 건조 속도가 느리고 부피가 크며 부서지기 쉽다.

### 3) 동결 건조기의 구성 요소
① 가열판 : 승화열을 공급
② 응축기 : 건조 중에 생성된 수증기를 얼음으로 응축
③ 진공실 및 진공 펌프

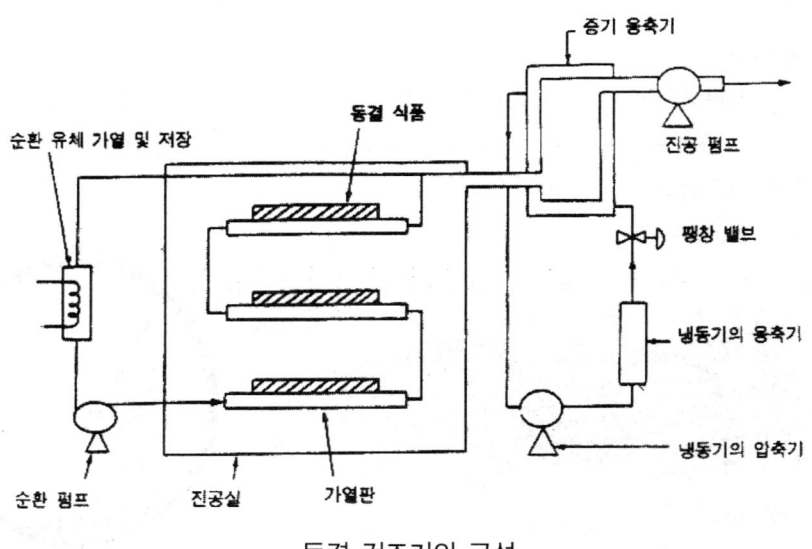

동결 건조기의 구성

## (7) 선별기(Separator)

### 1) 선별 원리

농산물을 크기, 무게, 모양, 색깔 등의 물리적 성질을 이용하여 분류하는 작업으로 농산물의 기계적 선별의 주요 인자로는 입자의 크기와 무게, 비중, 형상, 표면의 성질, 색깔, 자성 등이다.

### 2) 선별기의 종류와 구조

① 체 선별기 : 몇 개의 규격이 서로 다른 체망을 조합하여 크기에 따라 이물질을 제거하고 효율을 높이기 위하여 바람을 이용한 비중 선별을 동시에 하는 것으로 왕복운동 및 상하 진동 회전운동에 의하여 선별 작업을 한다.

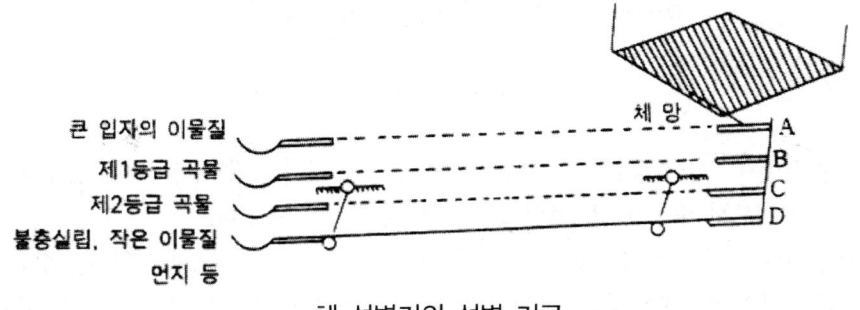

체 선별기의 선별 기구

② 홈 선별기
㉮ 원통형 선별기 : 일정한 크기의 홈이 패어진 원통 내에 곡물을 넣고 회전시키면 길이가 긴 곡립은 낮은 위치에서 떨어져 나오고 길이가 짧은 곡립은 상당한 높이에까지 이르러서야 밖으로 방출된다.

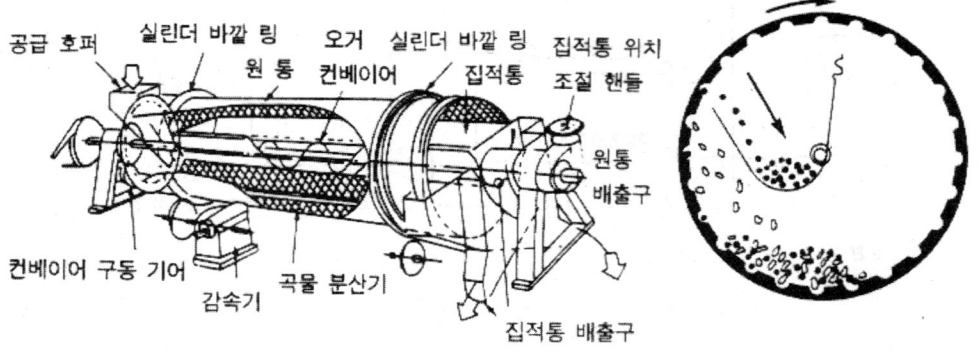

원통형 선별기

㉯ 원판형 선별기 : 원판의 회전 방향을 따라서 열려 있는 일정한 크기의 홈을 파 놓은 것으로서 홈에 알맞은 크기의 곡립만을 퍼 올린 다음 원판의 회전에 따라서 운반되어 온 곡립을 일정한 위치에서 방출하는 방식으로 주로 밀, 보리, 귀리 등 맥류의 정선에 사용된다.

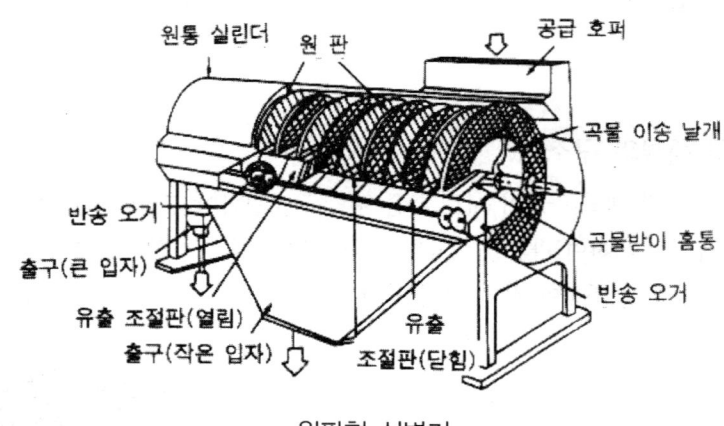

원판형 선별기

③ 중량 선별기 : 선별 대상물을 추 무게 또는 스프링 장력 등과 비교하여 무게에 따라 분류해 내는 기계로서 주로 달걀, 과일 등의 선별에 많이 이용된다.
④ 공기 선별기 : 곡물은 일정한 속도를 가지고 있는 공기의 흐름 속에 투입되면 형상과 무게에 따라 공기의 흐름에 떠밀리어 일종의 포물선을 그리면서 지표면으로 떨어진다. 이때, 비중이

큰 것은 가깝게 떨어지고 비중이 작은 것은 멀리 떨어지는 성질을 이용해서 선별한다.
⑤ 마찰 선별기 : 마찰 계수가 서로 다른 물질을 분리시키는 것으로 물질 표면의 성상과 비중의 차이를 이용한 선별기이다.
⑥ 특수 선별기
㉮ 자력 선별기 : 곡물 중에 섞여 있는 쇳조각을 자력을 이용하여 제거하는 것이다.
㉯ 광학 선별기 : 고속으로 발사되는 광선의 반사광 또는 투과 광선을 이용하여 과일 또는 곡물의 표면 색깔에 의한 선별, 형상에 의한 크기 선별, 곡물의 쇄립 선별, 과일의 손상 선별 등에 이용된다.

**참고**

청과류의 선별에 사용되지 않는 방법은 : 자력선별

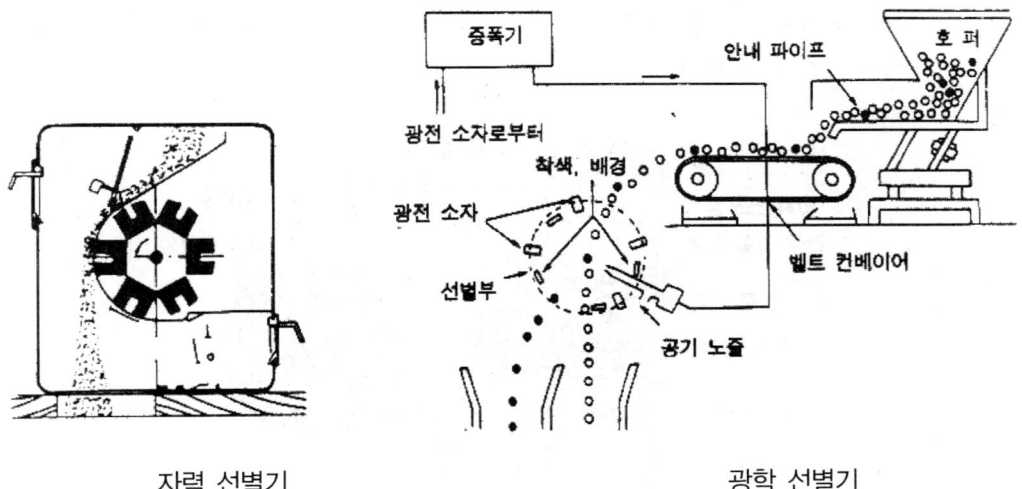

자력 선별기　　　　　　　　　　광학 선별기

## (8) 도정 기계

### 1) 벼 도정기

벼의 낱알로부터 외영과 내영 및 겨층을 제거하여 백미를 생산하는 작업이다.

### 2) 벼 도정 방법

① 기계 도정법 : 기계적인 힘을 이용하여 벼의 겨층을 제거하는 방법이다.
② 화학 도정법 : 탄화수소 용액과 같은 화학 약품을 사용하여 겨층을 연약하게 한 다음 기계적인

방법으로 겨층을 제거하는 방법이다.
③ 파보일링 도정법 : 벼를 침전 증기 처리하여 건조 냉각시킨 후 기계적인 방법으로 도정하는 방법이다.

### 3) 벼 도정 작업 체계
정선 작업 → 탈부 과정 → 현미 분리 과정 → 정백 과정 → 등급 과정 → 계량 및 포장 과정

### 4) 현미기(rice husker)
벼로부터 왕겨 부분을 제거하는 것이며 절구식, 충격식, 고무 롤러식이 있다.
① 고무 롤러 현미기 : 두 롤러의 회전 방향은 서로 반대이며 고정 롤러의 회전 속도는 유동 롤러보다 빠르기 때문에 고무 롤러에 의해서 압축력을 받는 동시에 두 롤러의 회전 차에 의하여 형성되는 전단력을 받게 되어 벼 껍질이 벗겨진다. 고무 롤러의 적정 간격은 벼 두께의 1/2 정도이다.

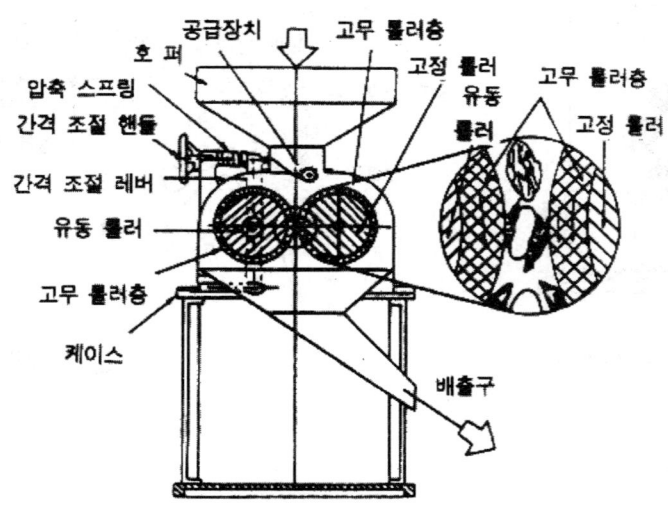

고무 롤러 현미기의 구조

② 현미기의 작업 성능 : 현미기의 탈부 성능을 평가하기 위해 탈부율, 완전 현미 수율을 사용한다.

$$탈부율 = \frac{벼무게 - 탈부되지 않은 벼의 무게}{벼무게} \times 100(\%)$$

$$\text{완전 현미 수율} = \frac{\text{완전한 현미 무게}}{\text{생산된 현미 무게}} \times 100(\%)$$

$$\text{탈부성능} = \text{탈부율} \times \text{완전 현미 수율}$$

### 5) 현미 분리기(rice partment)

현미 분리기는 탈부 과정에서 생산되는 현미와 탈부되지 않은 벼의 혼합물로부터 현미와 벼를 분리시키는 기계이다.

> **참고**
>
> 체의 크기는 그물코의 크기로 표시한다(30mm 사이의 코 수).
> 그 물체의 유효치수를 호칭번호로 표시할 때 길이 25.4mm내에 들어있는 체눈의 수를 의미한다.

### 6) 정미기(rice whitening machine)

현미의 겨층(과피, 종피 및 호분층)을 제거하는 것이다.

① 마찰 작용 : 곡립이 서로 접촉, 마찰력에 의하여 현미의 바깥 층이 일그러지면서 제거되는 것이다.
② 찰리 작용 : 마찰에 의한 전단력에 의해 겨층이 녹말 층으로부터 분리되어 작은 조각 상태로 떨어지는 것이다.
③ 절삭 또는 연삭 작용 : 금강석 표면과 같이 예리하고 모난 부분으로 고립의 표면을 긁어내는 것이다.
㉮ 정백 성능 : 성능을 평가하기 위해서 정백수율(또는 현백률), 완전 수율, 정백 능률

$$\text{정백 수율} = \frac{\text{생산된 백미 무게}}{\text{투입된 현미 무게}} \times 100(\%)$$

$$\text{완전미 수율} = \frac{\text{생산된 백미 중의 완전미 무게}}{\text{투입된 현미 무게}} \times 100(\%)$$

$$\text{정백 능률} = \frac{\text{단위 시간당 생산된 백미 무게}(kg/h)}{\text{단위 시간당 동력 소모량}(kW/h)} (kg/kW)$$

㉯ 분 도 : 정백을 완료한 후에 정백의 정도를 표시하며 품종에서 쌀겨의 구성비가 현미를 기준으로 하여 8%라면 현미 100kg 중에 포함되어 있는 쌀겨의 무게는 8kg이며, 정백 후에 7.2kg의 순수한 쌀겨가 생산되었다면 정백도는 9분도가 된다.

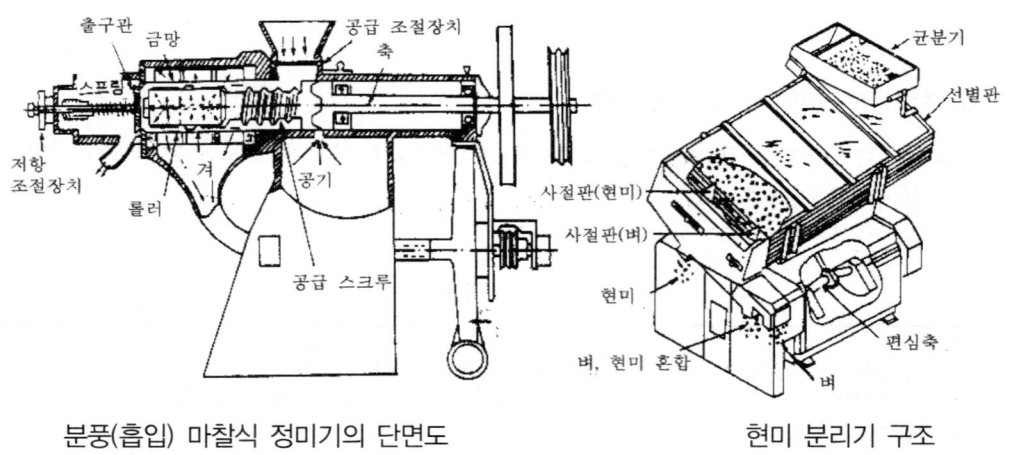

분풍(흡입) 마찰식 정미기의 단면도      현미 분리기 구조

### 7) 연마기

백미의 품위를 높이기 위하여 정백 후에 백미의 표면에 부착된 미세한 분말 성분을 제거하여 표면의 광택을 증가시켜 미관을 좋게 하고 상품 가치를 높이기 위해 사용되는 기계이다.

### 8) 정맥기

보리의 겨층 조직은 현미에 비해 매우 단단하므로 마찰식 도정법으로는 정맥이 곤란하므로 연삭식 도정법이 널리 이용된다.

## (9) 반송 기계

반송이란 재료를 수평, 경사 또는 수직 방향으로 이동시키는 것이다.

**참고**

소맥 제분 공정은 석발기 → 연미기 → 연삭기 → 포장

### 1) 중력식 이송 장치

운반되는 물질의 자체 하중을 이용하여 경사면을 미끄러지게 함으로써 원료나 제품을 높은

곳에서 낮은 곳으로 이송할 때 사용된다.
① 정지 마찰각 : 어떤 물체를 평면 위에 올려놓고 이 평면의 한쪽을 위로 천천히 들어올리면서 경사지게 하면 어느 순간 물체가 움직이기 시작할 때의 경사면의 각도
② 정지 마찰 계수 : 정지 마찰각에 $\tan\theta$를 취한 값으로 곡물의 함수율이 증가함에 따라 증가

## 2) 벨트 컨베이어(Belt conveyor)

원통형 롤러 위에 놓인 벨트 위에 재료를 적재하여 벨트를 끌어당김으로써 재료를 연속적으로 이송하는 장치인데 재료의 수평 또는 경사 이동이 가능하다.
① 장 점 : 표면 마찰 계수가 높은 물질을 이송하는 데 적합
② 단 점 : 재료를 수직이동 시키는 능력이 제한됨

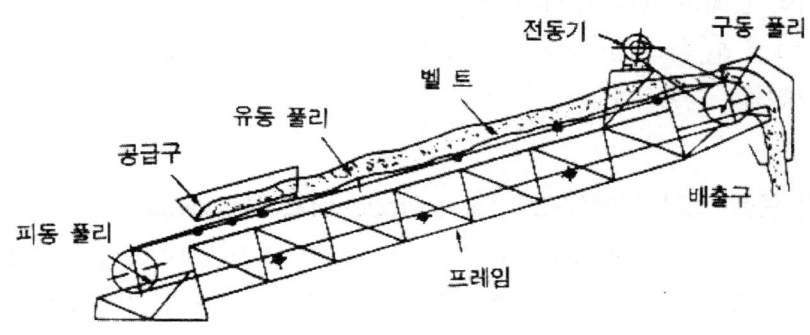

벨트 컨베이어의 구조

## 3) 스크루 컨베이어(screw conveyor)

스크루의 회전을 이용하여 재료를 이송시키는 장치이다.
① 장 점 : 점성이 큰 재료나 분말을 이송하는데 사용되며 재료의 혼합에 이용된다.
② 단 점 : 스크루의 길이에 제한을 받으며 마찰 계수가 큰 재료에는 부적합하다.

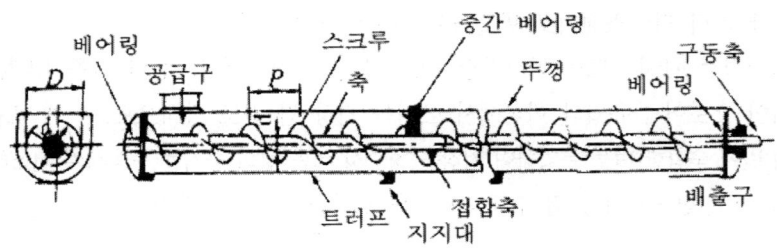

스크루 컨베이어의 구조

### 4) 버킷 엘리베이터(Bucket elevator)

버킷을 사용하여 곡물 등의 재료를 수직 또는 경사진 곳으로 이송하는데 쓰이는 반송 기계이다.
① 장 점 : 수직 방향으로 재료를 운반하는데 좋은 기구이며 유지 관리비가 비교적 싸다.
② 단 점 : 설치비가 비싸며, 배출 장치의 설계가 정밀하지 못할 경우에는 반송되는 재료가 위쪽 배출부에서 아래쪽으로 다시 떨어질 염려가 있다.

**참고**

> 콤바인 탈곡부의 2번 구에 많이 이용된다.

### 5) 공기식 컨베이어(Air conveyor)

입자 형태의 재료를 관내의 고속 기류에 투입시켜 공기의 유동 에너지와 재료의 부력을 이용하여 이송시키는 장치이다.

## (10) 미곡 종합 처리 시설(RPC : Rice Processing Complex)

곡물 종합 처리 시설이란 수확된 곡물을 산물 상태로 다루어 원료 반입, 선별 및 계량, 품질 검사, 건조, 저장, 도정 및 제품 출하, 부산물 처리 등의 작업을 자동화 시설로 일괄 처리하는 시설이다.

### 1) 종류와 특성

① 라이스 센터 : 벼를 농가별로 또는 수집 단위별로 1개소에 집결시켜 건조, 현미 가공, 선별, 포장 등 일련의 작업을 계속적으로 처리하는 것이다.
  반입 → 정선 → 건조 → 냉각 → 현미 가공 → 계량 → 저온창고
② 컨트리 엘리베이터 : 라이스 센터보다는 대형으로서 벼의 건조와 저장을 모두 수행하며 필요에 따라 라이스센터로 반출하여 현미로 가공한다.
  반입→정선→1차 건조→임시저장→마무리건조→장기저장→현미 가공처리장 운반
③ 드라이 스토어 : 유럽과 미국에서 쓰이는 저장 겸 건조 방식으로 수 개 또는 수십 개의 철제 빈에 수확한 벼를 투입하여 저장을 하면서 적은 양의 공기를 통풍시켜 건조하는 방식이다.
  반입 → 정선 → 저장 겸 건조 → 마무리 화력 건조 → 반출

### (11) 축산기계

사료의 종류에는 농후사료와 조사료가 있는데, 농후 사료는 곡물을 주원료로 하여 이것을 가공하여 만든 것으로 값은 비싸지만 가축이 소화시켜 이용할 수 있는 영양소는 풍부하며 조사료는 목초나 엔실리지용 사료 작물과 같이 초본 식물의 잎이나 줄기를 주원료로 한 사료인데 이는 영양소가 부족한 대신 값이 싸고 쉽게 구할 수 있으며 특히 젖소와 같은 되새김 동물의 생리 작용에 매우 중요한 역할을 하기 때문에 반드시 필요한 사료이다.

#### 1) 목초의 수확 체계

목초를 장기간 저장하기 위해서는 함수율이 18% 이하일 때 사용한다.

① 자연 건조법
㉮ 모 어 : 예취하고
㉯ 헤이 컨디셔너 : 압쇄하여 초지에 얇게 펴 말리며 헤어 컨디셔와 모어를 결합 것이다.
㉰ 헤이 테더 : 목초를 뒤집어 넓게 펴 말려 주고
㉱ 헤이 레이크 : 한쪽으로 걷어 모으는 집초 전용 기계이다.
㉲ 헤이 베일러 : 건초를 압축 성형한 베일로 만들어 운반 저장하는 과정의 체계이다(빅 베일러, 콘택트 베일러).
② 인공 건조법(열풍 건조)
㉮ 모 어 : 예취하고
㉯ 포리지 하베스터 : 예취된 목초를 수분함량이 40%가 될 때까지 건조 후 절단
㉰ 건 조 : 절단 후 고온에서 단시간 건조하거나 열풍으로 건조시켜 헤이 큐브나 헤이 웨이퍼 등으로 만들어 저장하는 체계이다.

#### 2) 엔실리지 수확 체계

① 모 어 : 예취하고
② 포리지 하베스터 : 잘게 절단
③ 사일로 : 채워 넣은 후 이를 밀봉하여 발효시키는 과정이다.

#### 3) 헤이 리지 수확 체계

① 모 어 : 예취하고
② 헤이 컨디셔너 : 압쇄하고

③ 헤이 테더 : 뒤집어 주면서
④ 포리지 하베스터 : 함수율이 40~60% 정도 될 때 잘게 절단하여
⑤ 사일로 : 발효시키는 과정이다.

**참고**

> 사이버 딜리버리 레이크 : 직원통형, 경사원통형, 바퀴 회전형이 있다.

### 4) 모어

① 왕복식 모어(커터바 모어)

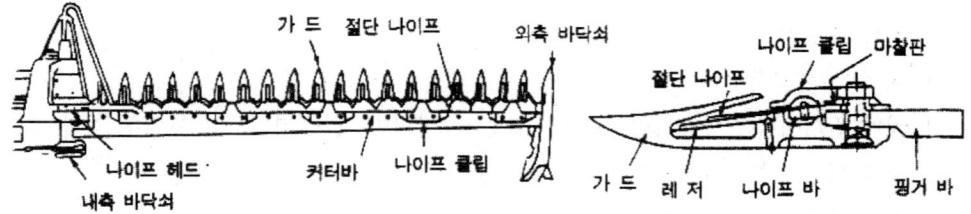

왕복식 모어의 예취부

㉮ 예취부의 구성 : 커터 바, 예취날, 마찰판, 나이프 클립, 가드, 바닥쇠 및 분초판이고 예취 높이는 바퀴로 정정한다.
㉯ 예취부의 구동 : 트랙터의 동력이 PTO축을 통하여 크랭크 휠의 회전 운동과 피트먼의 왕복 운동으로 바뀌면서 피트만의 한쪽 끝과 연결된 나이프 바를 작동시킨다.
㉰ 작업 속도 : 왕복식 모어는 크랭크 휠의 회전 운동이 피트만의 왕복운동으로 전환되는 과정에서 발생되는 진동 때문에 작업 속도가 1.9m/s 이하로 제한된다.
② 로터리 모어 : 구조가 간단하고 취급과 조작이 용이하며 작업 속도가 3~4m/s 정도로 왕복식에 비하여 매우 빠르고 쓰러진 목초의 수확도 가능하다.
③ 프레일 모어 : 구조가 간단하여 취급하기 용이할 뿐 아니라 목초가 잘게 절단되므로 건조를 촉진시킬 수 있고 산야초의 예취 작업이나 과수원의 제초 작업 등 다목적으로 사용된다.

## (12) 헤이 컨디셔너(hay conditioner or hay crusher)

함수량이 20% 이하가 될 때까지 건조시킬 때 예취된 목초를 압쇄 처리를 하게 되면 건조기간을 1~2일 정도 단축되고 목초의 품질을 유지할 수 있다
① 헤이 컨디셔너 : 예취된 목초를 압쇄 처리하는 기계이다.

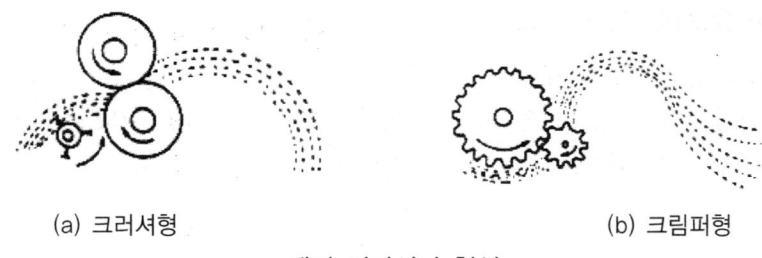

(a) 크러셔형　　　　　　　　　(b) 크림퍼형

헤이 컨디셔너 형식

## (13) 헤이테더, 헤이레이크

### 1) 헤이 테더(hay tedder)

헤이 컨디셔너로 압쇄되어 윈드로어에 의하여 초지에 얇게 펴져있는 목초를 뒤집고 헤쳐 주는 기계이다.

### 2) 헤이 레이크(hay rake)

건조된 목초를 걷어 모으는 기계이다.

## (14) 헤이 베일러(hay baler)

헤이 레이크로 수확된 건초를 압축 처리하여 베일로 만드는 기계이다.
① 플런저 베일러 : 건초를 직육면체로 압축하여 묶어 주는 베일러
② 라운드 베일러 : 원통형으로 묶어주는 베일러

## (15) 포리지 하베스터

엔실리지의 원료가 되는 사료 작물을 예취하여 잘게 절단한 다음 풍력이나 컨베이어를 이용하여 운반용 차량에 실을 수 있도록 한 수확기이다.

포리지 하베스터의 작용과 예취부

### 1) 모어 바형(사료 작물 수확기)

사료 작물의 절단 작업 이외에 기계의 앞부분에 모어를 부착하면 목초나 사료 작물의 예취 수확 작업도 할 수 있고 픽업 장치를 부착하면 초지에 널려 있는 건초를 걷어 모을 수 있는 집초 작업이 가능하다.

### 2) 프레일러형(초퍼)

초지에 서 있는 상태 그대로의 목초를 예취와 동시에 이를 잘게 절단하여 반송 작업까지 일시에 할 수 있는 수확기이다.

## (16) 목초 운반 기계

건초의 거두기, 쌓기, 운반, 저장에 사용하는 헤이 포크를 트랙터에 장치한 헤이 스위프가 사용된다. 이 작업 과정을 기계화 한 것이 로드웨곤이 있다.

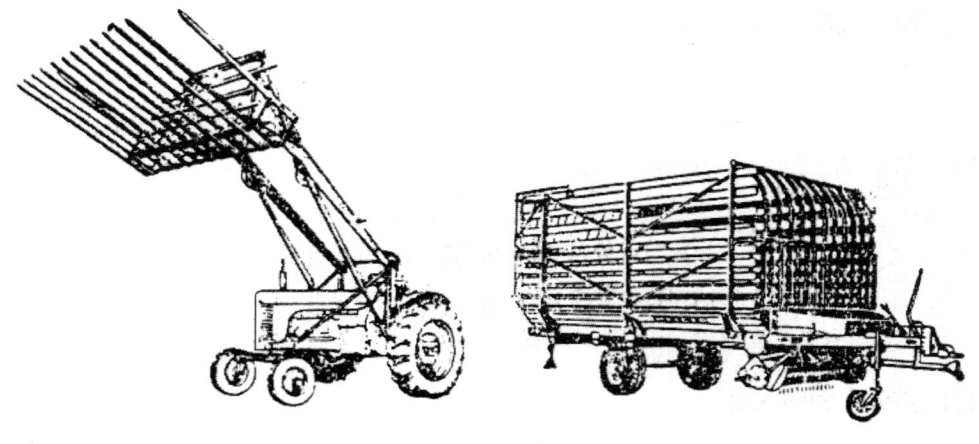

헤이 스위프와 로드 웨곤

# 4. 사료 조제기

옥수수, 밀, 보리와 같은 곡류, 목초, 감자와 같은 작물을 분해 또는 가늘게 절단하고 배합하여 사료를 조제하는 기계이다.

### 1) 사료를 조제 가공함으로써 얻을 수 있는 이점

① 사료의 기호성을 향상

② 사료의 소화율을 향상
③ 사료의 취급, 저장, 배합 및 급여를 용이

## (1) 사료 절단기(forage cutter)

옥수수나 목초 등을 엔실리지용, 또는 그 밖의 사료용으로 잘게 자르는 기계이다.

### 1) 실린더형 절단기

나선형의 칼날이 회전하도록 된 것으로, 고정날에 의해서 원료가 절단된다. 절단길이의 조정은 기어의 교환에 의하여 10~150mm로 일정하게 조절할 수 있다. 특징은 다음과 같다.

① 짚과 목초를 절단하는 것이 목적이다.
② 불어 올리는 장치가 불필요하다.
③ 원료를 공급하는 베드가 비교적 짧다.
④ 공급 깊이를 일정하게 한다.

### 2) 플라이휠형 절단기(휠 커터)

풀, 볏짚, 보릿짚, 고구마 덩굴, 퇴비 등을 절단하는 기계이다. 특징은 다음과 같다.

① 옥수수 같은 것을 주로 절단한다.
② 플라이휠형 절단기 자체가 불어 올리는 작업이 가능하다.
③ 컨베이어가 부착되어 있다.

**참고**

원동기 풀리 직경구하는 공식 :

원동기 풀리 직경 = 절단기 주축 풀리 직경 × 절단기 회전수

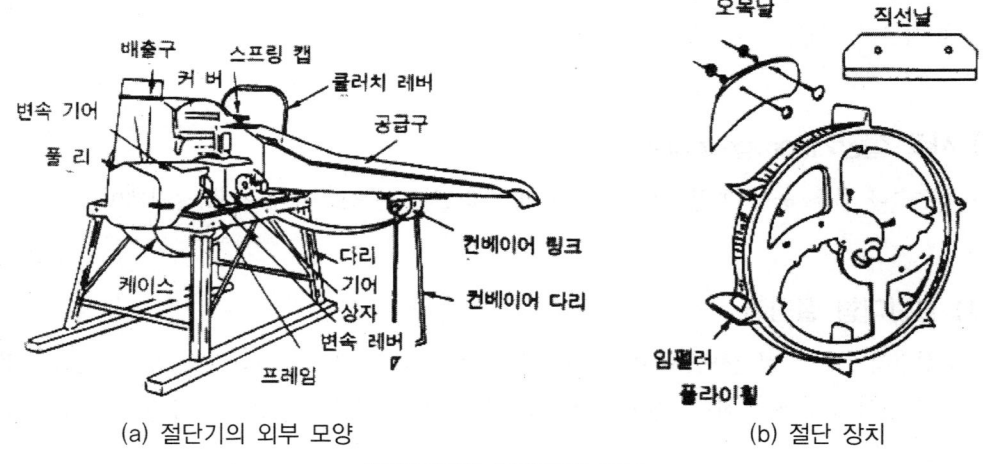

플라이휠형 절단기의 구조

## (2) 사료 분쇄기

### 1) 피드 그라인더(feed grinder)

로울러 분쇄기는 옥수수, 귀리, 콩, 맥류 등과 같은 곡류를 분쇄하는 기계이다.

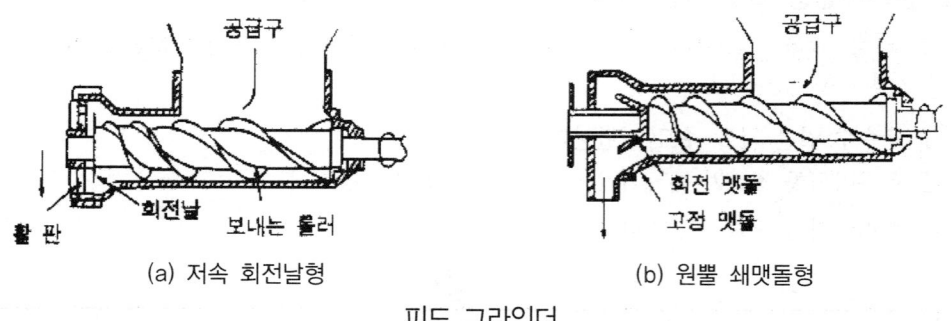

피드 그라인더

### 2) 초퍼(chopper)

뿌리 채소류, 고구마 덩굴, 생목초 등과 같은 수분이 많은 사료를 짧게 절단하고 양돈, 양계용의 자급 사료의 조제에 사용된다.

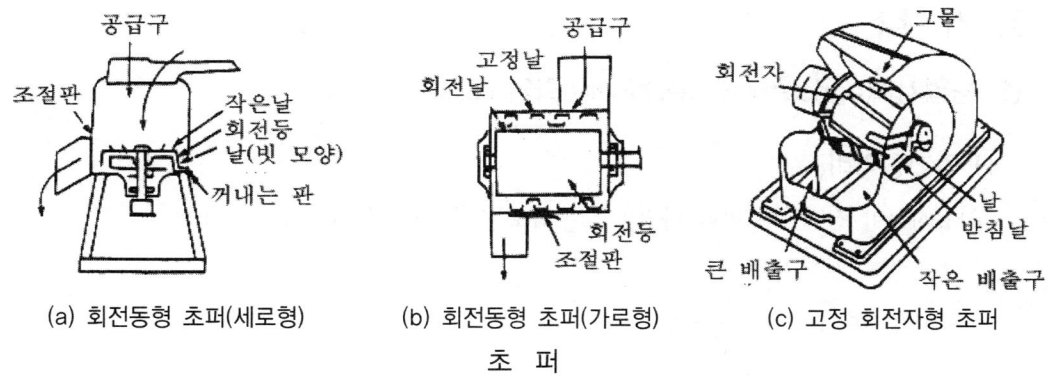

(a) 회전동형 초퍼(세로형)   (b) 회전동형 초퍼(가로형)   (c) 고정 회전자형 초퍼

초 퍼

## 3) 해머 밀(hammer mill)

해머가 체망으로 둘러싸인 케이싱 속에서 회전하면서 물체를 망치로 두드리듯이 충격을 가하여 파쇄하는 기계이다.

## 4) 사료 혼합기

원료가 공급구로 공급되면 오거에 의해서 상부로 이송되며, 이송된 원료는 분산 날개에 의하여 혼합 탱크 안에서 고르게 분산된다.

## 5) 사료 성형기

각종 사료를 적당히 배합한 다음 적당한 크기의 펠릿 형태로 만드는 기계이며, 농후 사료 펠릿용에는 다이 롤러식이 가장 널리 이용되며 다이 롤러식은 두 개의 압축 롤러를 사용하여 원통형의 성형실로 재료를 밀어 넣어 펠릿을 만든다.

## 6) 기타 사료 조제기

① 헤이 큐버 : 절단한 풋베기 목초를 급속 전조 하여 압축 성형하는 장치이다.
② 쵸퍼 밀 : 주로 즙이 많은 사료, 고기찌꺼기 등의 분쇄, 혼합에 사용한다.
③ 콘 셀러 : 옥수수의 탈립에 쓰인다.
④ 루트 커터 : 뿌리, 고구마 등의 절단에 사용한다.
⑤ 사료 배합기 : 수종의 사료를 혼합하는 기계로서 교반형과 절낙형이 있으며, 사료의 성분상으로 완전한 배합사료라 할 수 있는 컴플리트 피이딩을 위한 배합기이다.

## 5. 기 타

### (1) 농업기계(agricultural machinery)화의 조건

#### 1) 감가상각비

사용시간이 경과함에 따라 마멸과 노후화로 기계 가치가 하락되는 비용

$$감가 상각비(D) = \frac{P-S}{L}$$

P : 구입가격,   S : 폐기가격,   L : 내구연한

#### 2) 농업기계화의 이용

$$이론 작업량(C_t) = \frac{W \times V}{10} \text{ (ha/hr)}$$

W : 이론 작업폭(m), V : 이론 작업속도(km/hr)

$$부담 면적(A) = \frac{1}{10}\epsilon_f \epsilon_u \epsilon_d S W u D \text{ (ha)}$$

S : 전진 속도(km/hr),   W : 공칭 작업폭(m)
u : 하루 작업시간(ha),   D : 작업적기 중의 작업일수
$\epsilon_f$ : 작업효율(소수),   $\epsilon_u$ : 실직업률(소수),   $\epsilon_d$ : 작업가능일수(소수)

$$연간 이자(투자에 대한 이자) T = \frac{P+S}{2} \times 0.08$$

P : 구입 가격,   S : 폐기 가격

## (2) 운반기계

트레일러, 농용웨건, 하역용 차량, 모노레일 및 케이블 등이 있다.

### 1) 운반 기계의 선택사항

① 운반거리
② 운반장소
③ 도로의 종류 및 노면 상태
④ 운반물의 양, 종류, 성질 등
⑤ 요구되는 운반 능률, 이용도, 취급작업과 관련성

### 2) 트레일러

적재 중량이 1~3톤인 1축 2륜형, 덤프 트레일러가 많이 사용되고, 운반작업이 종류에 따라서 2축 4륜형 트레일러도 사용된다. 작동 방법으로는 유압 실린더를 이용하는 유압식 펌프와 중력을 이용하는 중력식 펌프가 있고, 2톤 이상의 트레일러에는 유압식이 이용된다. 펌프각은 약 50°이다.

### 3) 농용웨건

사료 작물의 운반, 하강작업, 퇴비의 운반, 살포작업 등이 가능하며, 운반작업은 주로 트랙터에 의해 견인된다. 그리고 웨건의 뒤쪽에 퇴비 살포용 어태치먼트를 장착하면 비터로서 퇴비를 확산살포하는 퇴비 살포기가 된다. 픽업 웨건은 위드로 상태의 목초를 자동적으로 걷어올리고, 절단적재하며 하차작업도 할 수 있는 왜건을 말하며, 포리지 웨건은 잘게 썬 재료를 전용으로 운반하는 웨건을 말한다.

### 4) 하역용 차량

운반할 물질을 버켓이나 포크에 의하여 운반 차량에 쌓아 올리는 기계이다. 포크리프트는 기체 앞쪽에 승강용 마스트와 한 쌍의 적재용 포크를 구비하고 유압 실린더에 의하여 화물을 상·하하는 선회성이 좋은 하역용 차량이며, 전부 장착용 로더는 트랙터 유압장치의 유압을 이용하여 제어 밸브를 이용하여 버킷의 위치를 제어하며, 작업의 다용성을 위하여 퇴비 포크, 목초 포크 등을 장착할 수 있다. 전부 로더에 대한 작업 범위에 치수 표기법은 ASAE에 규정되어 있다.

# 제4편 농업기계학

1. 경운기 로터리에 배토기를 장착할 때 알맞은 날의 배열은?
   - ㉮ 내외향경법
   - ㉯ 두둑 만들기
   - ㉰ 골파기
   - ㉱ 연속 배열법

2. 쟁기에 바닥쇠가 없는 것의 특징은?
   - ㉮ 점토질에서는 경반이 딱딱해질 우려가 있다.
   - ㉯ 마찰저항이 없다.
   - ㉰ 방향전환이 많다.
   - ㉱ 심경에 대한 노력을 절감할 수 있다.

3. 쟁기의 구조 중에서 흙덩어리를 올리면서 반전하고 파쇄하는 부분은?
   - ㉮ 바닥쇠
   - ㉯ 볏
   - ㉰ 이체
   - ㉱ 브레이스

   **POINT**
   볏: 역토를 파쇄, 반전시켜 측방으로 방출하는 기능을 하는데 용도에 따라 볏의 길이와 곡률의 정도가 다르다.

4. 쟁기의 소요 견인력을 결정하는 요소는 다음 중 어느 것이냐?
   - ㉮ 토양의 비저항×경폭×경심
   - ㉯ 경폭×경심
   - ㉰ 토양의 비저항×경심
   - ㉱ 흙의 성질×마력×경심×경폭

5. 우리 나라에서 제작되고 있는 경운 쇄토기 중 현재 쓰이고 있는 쇄토기는?
   - ㉮ 크랭크식
   - ㉯ 스크루식
   - ㉰ 로터리식
   - ㉱ 해로식

6. 서양 쟁기에서 쟁기 자체의 중량에 따라 경심이 결정되고 토양의 상태에 따라 경심이 다소 달라지는 플라우는?
   - ㉮ 보텀 플라우
   - ㉯ 특수 플라우
   - ㉰ 원판 플라우
   - ㉱ 심토 플라우

7. 경운기의 쟁기 사용 기본 경법 중 해당되지 않는 것은?
   - ㉮ 평면경법
   - ㉯ 휴림경법
   - ㉰ 일층경법
   - ㉱ 경심경법

8. 경운 정지 작업의 조건이 아닌 것은?
   - ㉮ 수분을 유지해야 한다.
   - ㉯ 통기성이 좋아야 한다.
   - ㉰ 경반이 없도록 해야 한다.
   - ㉱ 트랙터의 주행 저항이 없도록 한다.

9. 경운기용 로터리 날은 어떤 형상인가?
   - ㉮ 꽃잎형 로터리
   - ㉯ 드럼형 로터리
   - ㉰ 날형 로터리
   - ㉱ 작두형 로터리

10. 다음 중 경운 정지의 목적에 가장 적절한 것은?
    - ㉮ 작물 생육에 알맞은 환경 조건을 준다.
    - ㉯ 종자를 파종한다.
    - ㉰ 방제를 한다.
    - ㉱ 관개하는 작업이다.

11. 경운기용 로터리에서 특수날을 사용할 때 주의 사항 중 틀린 것은?
    - ㉮ 퇴비의 짚이 감기는 것을 방지한다.
    - ㉯ 동력이 적게 든다.
    - ㉰ 동력이 많이 든다.
    - ㉱ 마멸이 심한 것이 결점이다.

정답 1. ㉰ 2. ㉱ 3. ㉯ 4. ㉮ 5. ㉰ 6. ㉰ 7. ㉱ 8. ㉱ 9. ㉱ 10. ㉮ 11. ㉯

12. 로터리 경운시 주의 사항 중 틀린 것은?
   ㉮ 습한 땅에 쇠바퀴를 사용한다.
   ㉯ 풀이나 짚이 감기므로 토양 조건에 알맞은 날을 사용한다.
   ㉰ 경심 조절은 미륜의 핸들을 조작하여 상하 조절하고 일정한 깊이를 유지한다.
   ㉱ 견인 작업을 할 때 부하가 커지면 바퀴가 슬립하여 기체나 기관에 무리를 가하는 일이 비교적 많다.

13. 경운기의 경운 장치에서 다음과 같은 3종류가 맞는 것은?
   ㉮ 로터리형, 스크루형, 크랭크형
   ㉯ 크랭크형, 쟁기형, 로터리형
   ㉰ 스크루형, 크랭크형, 컬티베이터형
   ㉱ 로터리형, 쟁기형, 컬티베이터형

14. 경운기로 쟁기 기본 작업 방법은 어떤 것이 있는가?
   ㉮ 왕복경법, 내반경법, 외반경법, 회경법
   ㉯ 평반경법, 내반경법, 외반경법, 회경법
   ㉰ 왕복경법, 회행경법, 내반경법
   ㉱ 평반경법, 내반경법, 회행경법

15. 8마력용 동력 경운기의 표준 경심 경운폭은?
   ㉮ 쟁기 10cm, 로터리 30cm
   ㉯ 쟁기 15cm, 로터리 60cm
   ㉰ 쟁기 30cm, 로터리 70cm
   ㉱ 쟁기 40cm, 로터리 80cm

16. 로터리 경운법 중 차륜폭이 로터리 날보다 넓을 때에는 어떤 것이 좋은가?
   ㉮ 한 줄 건너 떼기 경운법
   ㉯ 회경법
   ㉰ 연접 왕복 경운법
   ㉱ 절충 경운법

17. 동력경운기용 로터리 날에 대한 설명 중 틀린 것은?
   ㉮ 보통날을 사용하면 풀, 짚, 퇴비 같은 것이 감긴다.
   ㉯ 보통날의 회전이 너무 빠르면 흙 알갱이가 가늘어지고 고착 상태가 되어 건조한 땅에서는 작업하기 곤란하다.
   ㉰ 보통날은 물이 괴어 있는 논에 사용하면 잘 반전되지 않고 경운 후 곧 흙 알갱이가 침전되어 경운 효과가 없다.
   ㉱ 특수날은 퇴비, 짚이 감기는 것을 방지하며 동력이 적게 들고 마멸이 잘 되지 않는다

18. 동력분무기의 구성 장치 중 다음 중 맞는 것은?
   ㉮ 흡입 토출, 밸브, 공기실, 압력계
   ㉯ 가압 펌프, 공기실, 압력계
   ㉰ 가압 토출, 밸브, 공기실, 압력계
   ㉱ 흡입 토출, 밸브, 압력계

19. 흙덩어리를 부수는 쇄토 작업기가 아닌 것은?
   ㉮ 지그재그 해로우
   ㉯ 디스크 해로우
   ㉰ 로터리 해로우
   ㉱ 스파이크 투스 해로우

20. 트랙터의 작업기 중 경운 정지용 기계에 해당하는 것은?
   ㉮ 디스크 해로우   ㉯ 산파기
   ㉰ 컬티 베이터    ㉱ 모어

21. 트랙터용 경운 작업기 몰드보드 플라우의 3대 구성요소가 아닌 것은?
   ㉮ 바닥쇠    ㉯ 보습
   ㉰ 몰드보드  ㉱ 콜터

**POINT**
콜터 : 플라우의 약간 앞쪽에 장착되어 역토와 미경지의 경계를 미리 수직으로 절단하여 보습의 절삭작용을 도와주고 역조와 역벽을 가지런히 해주는 플라우의 보조장치이다.

정답  12. ㉱  13. ㉮  14. ㉮  15. ㉯  16. ㉮  17. ㉰  18. ㉮  19. ㉰  20. ㉮  21. ㉱

22. 트랙터의 플라우 부분에서 쟁기의 볏과 같은 역할을 하는 부분은?
    ㉮ 몰드보드  ㉯ 콜터
    ㉰ 셰어  ㉱ 랜드사이드

    **POINT**
    몰드보드(mould board) : 쉐어로 일군 역토를 곡면에 따라 들어올리고 2차 전단을 주면서 오른쪽으로 뒤집어 흙을 반전시키는 부분이다.

23. 다음 토양 중 보습의 마모에 가장 큰 영향을 주는 것은?
    ㉮ 점토  ㉯ 황토
    ㉰ 식토  ㉱ 사토

24. 몰드보드와 비교하여 원판 플라우의 장점으로 맞는 것은?
    ㉮ 파쇄 작용이 약하다.
    ㉯ 견인저항이 적다.
    ㉰ 흙의 반전이 양호하다.
    ㉱ 심경에 적합하다.

25. 플라우에서 지측판의 역할은 어떤 것인가?
    ㉮ 지축판이 반전한다.
    ㉯ 플라우를 안정하게 지지한다.
    ㉰ 흙을 자른다.
    ㉱ 기체를 안정시킨다

    **POINT**
    지측판(land side) : 역토의 반전에 따른 측방력과 플라우의 하방 수직력을 지지하여 플라우가 경심과 진행 방향을 유지하고 안정하게 하는 기능을 한다.

26. 트랙터의 쟁기 작업 중 경사지나 얕은 작업일 때 경심은 어떻게 조정하는가?
    ㉮ 끝을 작업자가 편리한 대로한다.
    ㉯ 끝을 그대로 둔다.
    ㉰ 끝을 낮춘다.
    ㉱ 끝을 높인다

27. 쟁기에서 가장 마모가 심한 부품은?
    ㉮ 볏  ㉯ 보습
    ㉰ 바닥쇠  ㉱ 술바닥

28. 토양의 상태에 따라 경심이 다소 달라지는 플라우는?
    ㉮ 특수 플라우  ㉯ 심토 플라우
    ㉰ 보텀 플라우  ㉱ 원판 플라우

    **POINT**
    원판 플라우(disk plow) : 토양을 경기 및 파쇄하는 경운 작업기이지만 보습이나 바닥쇠가 없어 접시 모양의 오목형 구면의 일부로 된 원판으로 작업한다.

29. 원판 플라우의 원판각과 경사각은?
    ㉮ 원판각 25°, 경사각 25°
    ㉯ 원판각 35°, 경사각 25°
    ㉰ 원판각 40°, 경사각 20°
    ㉱ 원판각 45°, 경사각 15°

30. 쟁기에서 리스터 란?
    ㉮ 흙을 세립화 한다.
    ㉯ 고랑을 만든다.
    ㉰ 이랑(두둑)을 만든다.
    ㉱ 흙 표면을 평평하게 한다.

31. 쟁기로 경운 작업을 할 때 포장의 양끝에서 순차적으로 작업하는 경운법은?
    ㉮ 편반 경법  ㉯ 내반 경법
    ㉰ 외반 경법  ㉱ 회행 경법

정답  22. ㉮  23. ㉱  24. ㉯  25. ㉯  26. ㉰  27. ㉰  28. ㉱  29. ㉱  30. ㉰  31. ㉮

> **POINT**
> 다른 경법보다 역토가 한쪽으로만 넘어가 공기와 접촉하는 면적이 커 중화가 촉진되고, 경지가 펑펑하게 경운 된다.

32. 경운 작업기의 종류에 속하지 않는 것은?
    ㉮ 쟁기   ㉯ 쇄토기
    ㉰ 배토기   ㉱ 두둑 성형기

33. 경운, 쇄토 및 정지 작업을 동시에 하는 작업기는?
    ㉮ 로터리   ㉯ 플라우
    ㉰ 쟁기   ㉱ 원판 해로우

34. 쇄토기의 작용부가 고정된 것이 아닌 것은?
    ㉮ 체인 해로우   ㉯ 원판 해로우
    ㉰ 레버 해로우   ㉱ 투스 해로우

35. 진압기를 사용할 때 원주가 너무 크면 나쁘다 그 대책은?
    ㉮ 지름을 조정한다.
    ㉯ 길이를 조정한다.
    ㉰ 컬티베이터를 부착한다.
    ㉱ 중량을 조정한다.

36. 진압기의 종류에서 원통면이 기어처럼 되어 있으며, 륜이 무겁고, 지면이 단단한 곳에 많이 이용되는 진압기는?
    ㉮ 륜형 진압기   ㉯ 컬티베이터
    ㉰ 이빨형 진압기   ㉱ 오목형 진압기

> **POINT**
> 진압기는 경운 정지한 후 너무 부드러워진 토양을 진압하거나 쇄토 작업 후 남은 흙덩이를 압쇄하면서 균형화하는 작업기이다.

37. 파종용 기계에서 주요 장치에서 브러시 기어로 종자를 올려 홈의 측면 구멍으로부터 배출되는 것은?
    ㉮ 급낭식   ㉯ 압축식
    ㉰ 격납식   ㉱ 소출식

38. 파종용 주요 장치에서 둘레에 구멍이 많은 원판을 수평으로 회전시켜 낙하하는 구멍이 일치될 때 파종되도록 하는 것은?
    ㉮ 격납식   ㉯ 흡상식
    ㉰ 압출식   ㉱ 소출식

39. 마늘 파종기는 어떤 파종기 인가?
    ㉮ 조파식   ㉯ 산파식
    ㉰ 점파식   ㉱ 압입식

40. 점파기에서 파종 장치에 해당되는 것은?
    ㉮ 격낭식   ㉯ 급상식
    ㉰ 소출식   ㉱ 압출식

> **POINT**
> 점파기는 다소 넓은 간격이 필요한 콩류, 옥수수, 목화, 감자, 야채 등의 일반적인 맥류보다 큰 종자의 파종에 이용된다.

41. 다음 내용 중 시비기가 갖추어야 할 조건으로 부적당한 것은?
    ㉮ 사용 후 손질이 간편하여야 한다.
    ㉯ 시비량이 조절되어야 한다.
    ㉰ 기계부분에 부식이 되지 말아야 한다.
    ㉱ 작업시의 지형 조건에는 탱크비의 분량이 무관하다.

42. 이앙 작업의 기계화 중 틀린 설명은 어느 것인가?
    ㉮ 이앙 작업의 소요 노동력은 노동 피크에 나타난다.
    ㉯ 이앙 작업의 모찌기 및 이앙 작업 소요 시간은 대체로 220평/h이다.
    ㉰ 기계 이앙 작업의 모찌기 및 이앙 작업 소요 시간은 관행 육묘 소요 노동 시간보다 짧다.
    ㉱ 이앙기 2조의 작업 능률은 이앙기 4조의 작업 능률의 1/2보다 크다.

정답 32. ㉱  33. ㉮  34. ㉯  35. ㉱  36. ㉰  37. ㉯  38. ㉮  39. ㉰  40. ㉮  41. ㉱  42. ㉱

43. 이앙기에는 보통 4개의 클러치가 있다. 두 개의 사이드 클러치이외에 다른 두 가지의 클러치는?
　㉮ 주행 클러치와 식부날 속도 클러치
　㉯ 주행 클러치와 주간 간격 조정 클러치
　㉰ 주행 클러치와 주 클러치
　㉱ 주행 클러치와 식부 클러치

44. 이앙기 작업능률은(2조식)?
　㉮ 1~2 a/hr　　㉯ 3~4 a/hr
　㉰ 6~8 a/hr　　㉱ 8~10 a/hr

45. 현재 우리나라에서 가장 많이 사용하는 수도이앙기 형식은?
　㉮ 줄모 이앙기　　㉯ 산파모 이앙기
　㉰ 띠모 이앙기　　㉱ 포트모 이앙기

46. 무 논에서 이앙시, 경지를 평편하게 고르는 역할을 하는 것은?
　㉮ 플로트판　　㉯ 크랭크
　㉰ 식부장치　　㉱ 포커

47. 다음 중 조파기의 주요부분이 아닌 것은?
　㉮ 복토진압장치　　㉯ 구절장치
　㉰ 결속장치　　㉱ 종자상자

**POINT**
조파기는 일정한 깊이와 간격으로 곡류, 맥류 및 야채류를 파종하는 기계이다.

48. 다음 중 시비기를 장착하여, 파종과 시비작업을 동시에 할 수 있는 것은?
　㉮ 산파기　　㉯ 점파기
　㉰ 혼파기　　㉱ 조파기

49. 이앙기에서 심어지는 모의 개수를 조절하는 방법 중 옳은 것은?
　㉮ 횡이송 속도와 탑재판 높낮이
　㉯ 횡이송 속도와 주간조절
　㉰ 주간조절과 탑재판 높낮이
　㉱ 플로트 높이와 탑재판 높낮이

50. 조파 이앙기의 식부 본 수를 조절하는데 관계되는 것은?
　㉮ 플로트　　㉯ 컨베이어
　㉰ 변환편　　㉱ 변환 기어

51. 컬티베이터의 날에 속하지 않는 것은?
　㉮ 배토날　　㉯ 중경날
　㉰ 작두형날　　㉱ 제초날

52. 컬티베이터의 주요 부품이 아닌 것은?
　㉮ 멀처　　㉯ 플로트
　㉰ 제초날　　㉱ 셔블

53. 농업용 펌프에서 볼류트 펌프의 특징 중 맞는 것은?
　㉮ 양수량이 많다.
　㉯ 안내 날개가 있다.
　㉰ 일반 구조가 복잡하다.
　㉱ 안내날개가 없다.

54. 일반적으로 구조가 간단하고 효율이 높아 많이 쓰이는 펌프는?
　㉮ 원심 펌프　　㉯ 회전 펌프
　㉰ 사류 펌프　　㉱ 축류 펌프

정답　43.㉱　44.㉰　45.㉯　46.㉮　47.㉰　48.㉱　49.㉮　50.㉰　51.㉰　52.㉯　53.㉱　54.㉮

55. 양수 효율이 좀 떨어지나 푸트 밸브가 필요 없이 케이싱 내에 물을 부어 프라이밍하는 펌프는?
    ㉮ 볼 펌프  ㉯ 터빈 펌프
    ㉰ 원심 펌프  ㉱ 버티컬 펌프

56. 양수기 종류 중 시동할 때 동력이 적게 소비하는 펌프는?
    ㉮ 원심 펌프  ㉯ 수격 펌프
    ㉰ 사류 펌프  ㉱ 축류 펌프

57. 봇물을 막아 3m의 낙차를 만들고 유량을 측정하여 보니 0.5m³/sec이었다. 수 동력은 얼마인가?
    ㉮ 14.7kW  ㉯ 0.2kW
    ㉰ 200kW  ㉱ 40kW

    **POINT**
    수 동력 Wps = r · Q · h = 9800×0.5×3
    = 14700W = 14.7kW

58. 원심 펌프의 특징은?
    ㉮ 토출량 조절이 어렵다.
    ㉯ 효율이 크다.
    ㉰ 설계가 간단하다.
    ㉱ 고속 회전이 적당하다.

59. 다음 중 저양정용으로 가장 양수량이 많은 펌프는?
    ㉮ 축류 펌프  ㉯ 사류 펌프
    ㉰ 원심 펌프  ㉱ 수격 펌프

    **POINT**
    양정이 낮은순서 : 축류 > 사류 > 원심
    양수량 적은순서 : 원신 > 사류 > 축류

60. 저양정 4m 이하의 양수기는?
    ㉮ 보어 홀 펌프  ㉯ 프로펠러 펌프
    ㉰ 터빈 펌프  ㉱ 볼류트 펌프

61. 원심 펌프의 설치 위치 내용에 부적합한 것은?
    ㉮ 수원에 가까운 곳에 설치한다.
    ㉯ 유지 관리에 편리한 곳에 설치한다.
    ㉰ 흡수면상으로부터 소형은 6m 내외에 설치한다.
    ㉱ 흡수면상으로부터 대형은 높게 설치한다.

62. 플런저 펌프가 피스톤 펌프보다 좋은 점은?
    ㉮ 고양정에 이동이 가능하다.
    ㉯ 피스톤과 실린더의 간격을 작게 한다.
    ㉰ 누수를 막기 위한 마찰이 적다.
    ㉱ 복동식으로 하기 쉽다.

63. 다단 펌프의 특징은?
    ㉮ 흡입량이 많다.  ㉯ 흡입고가 높다.
    ㉰ 양정이 높아진다.  ㉱ 토출량이 많다.

64. 소형 원심 펌프에서 끌어올릴 수 있는 수면의 높이는?
    ㉮ 2.0~2.5m  ㉯ 1.5~2.0m
    ㉰ 1.0~1.5m  ㉱ 0.1m

65. 양수기의 진공계의 계기가 8mmHg일 때 흡입 양정은?
    ㉮ 10.8m  ㉯ 108.8m
    ㉰ 20.8m  ㉱ 208.8m

    **POINT**
    8m×13.6 = 108.8m

66. 양수기 종류 중 회전 운동에 의한 펌프는?
    ㉮ 원심펌프  ㉯ 기포펌프
    ㉰ 수격 펌프  ㉱ 왕복펌프

정답  55.㉱ 56.㉰ 57.㉮ 58.㉱ 59.㉮ 60.㉯ 61.㉱ 62.㉮ 63.㉰ 64.㉱ 65.㉯ 66.㉮

67. 농업용에 많이 사용되는 펌프 종류는?
   ㉮ 왕복펌프　　㉯ 체인펌프
   ㉰ 원심펌프　　㉱ 수격 펌프

68. 왕복펌프의 이론 토출량 공식은?
   ㉮ $Q = \pi A^2 /4$
   ㉯ $Q = \pi D^2 /4$
   ㉰ $Q = \pi D/4 \times L \times n$
   ㉱ $Q = \pi D^2 /4 \times L \times n$

   **P·O·I·N·T**
   P : 직경(mm), L : 양정(m), n : 회전수(rpm)

69. 원심펌프의 특징 중 틀린 것은?
   ㉮ 형태가 작고 구조가 간단하다.
   ㉯ 취급이 용이하고 설치 면적이 많다.
   ㉰ 전동기에 직결 운전할 수 있다.
   ㉱ 많은 밸브가 필요 없다.

70. 양수기 구조 중 가장 많이 사용되고 임펠러의 회전에 대한 원심력으로 물에다 압력 에너지를 주는 것은?
   ㉮ 사류 펌프　　㉯ 자동흡수 펌프
   ㉰ 원심 펌프　　㉱ 축류 펌프

71. 저양정에 사용되고, 외관이 축류 펌프와 비슷하지만, 임펠러가 들어 있는 부분의 케이싱이 볼록한 것은?
   ㉮ 원심 펌프　　㉯ 수격 펌프
   ㉰ 축류 펌프　　㉱ 사류 펌프

72. 대용량이며 저양정 펌프에 이용된다. 원심 펌프에 비하여 같은 용량에서는 모양이 적고 가격이 싸고 공사비가 싼 것은?
   ㉮ 사류 펌프　　㉯ 축류 펌프
   ㉰ 자동흡수 펌프　　㉱ 원심 펌프

73. 원심 펌프의 임펠러 케이싱 사이에 안내 날개가 설치되어 있는 것은?
   ㉮ 볼류트 펌프　　㉯ 다단펌프
   ㉰ 터빈 펌프　　㉱ 버티컬 펌프

74. 양수량의 단위는?
   ㉮ ℓ/min　　㉯ m2/min
   ㉰ m/min　　㉱ kg/min

75. 효율에서 펌프로 실제 운전하는데 필요한 동력은?
   ㉮ 양수량이라 한다.
   ㉯ 이용마력이라 한다.
   ㉰ 효율이라 한다.
   ㉱ 축마력이라 한다.

76. 펌프 효율은?
   ㉮ $\eta$ = 축 동력/(수 동력)2
   ㉯ $\eta$ = 축 동력/수 동력
   ㉰ $\eta$ = 효율/양수량
   ㉱ $\eta$ = 양수량/효율

정답　67. ㉰　68. ㉱　69. ㉯　70. ㉮　71. ㉱　72. ㉯　73. ㉰　74. ㉮　75. ㉱　76. ㉯

77. 원심 펌프의 일반적인 흡입 양정의 높이는?
    ㉮ 3m         ㉯ 5m
    ㉰ 6m         ㉱ 7m

78. 펌프 운전을 할 때 주의 사항 중 틀린 것은?
    ㉮ 베어링의 윤활유가 검은 색인지 확인한다.
    ㉯ 베어링 온도가 60℃ 이상 되어서는 안 된다
    ㉰ 압력, 양수량, 양정을 점검한다
    ㉱ 다른 물질이 올라와도 상관없다

79. 살수기 중 스프링클러란?
    ㉮ 수압에 의하여 분사관이 자동적으로 회전하면서 살수되는 장치이다.
    ㉯ 송풍기 없이 살포되는 것이다.
    ㉰ 송풍기의 강한 바람을 이용하여 미립화시켜 안개 모양으로 살포하는 것이다.
    ㉱ 흡수면에서 토출 수면까지 물을 퍼 올리는 것이다.

**POINT**
스프링클러는 물을 가압하여 파이프에 송수한 다음 노즐에 뿌리는 것이다.

80. 스프링클러의 다음 노즐 가운데 내구성이 있으며, 가장 많이 쓰이는 것은?
    ㉮ 회전식 노즐
    ㉯ 완만 선회식 노즐
    ㉰ 고정식 노즐
    ㉱ 유공 파이프식 노즐

81. 스프링클러에서 적용 수압이 4.2~7.0kg/cm²인 것은?
    ㉮ 저압형 노즐       ㉯ 보통압 노즐
    ㉰ 고압형 노즐       ㉱ 중간압형 노즐

82. 자흡식 펌프의 운전법이다. 틀린 것은?
    ㉮ 흡입구와 흡입간을 정밀하게 조립하고 극소량의 공기 유입이 없게 해야 한다.
    ㉯ 급수공을 열고 급수를 충분히 한다.
    ㉰ 펌프의 밸브가 정확한 위치에 있고, 펌프를 수평으로 고정시켜 원동기와 연결한다.
    ㉱ 토출구와 토출관의 연결방법은 중요하지 않다.

83. 원심 펌프의 장점이 아닌 것은?
    ㉮ 양수량 조절이 편리하다.
    ㉯ 기계의 설치장소가 작게 소요된다.
    ㉰ 기계의 성능 및 펌프의 효율이 양호하다.
    ㉱ 회전수의 변화가 양수량에 미치는 영향이 적다.

84. 펌프의 크기는 무엇으로 표시하는가?
    ㉮ 흡입관의 안지름
    ㉯ 흡입관의 바깥지름
    ㉰ 토출관의 안지름
    ㉱ 토출관의 바깥지름

85. 양수기에는 어떤 종류의 윤활제가 주로 이용되는가?
    ㉮ 점도가 낮은 윤활유
    ㉯ 기어 오일
    ㉰ 그리스
    ㉱ 폐유

86. 양수기의 양수 방식에 따른 분류에서 회전운동에 의한 양수기가 아닌 것은?
    ㉮ 원심펌프       ㉯ 수격 펌프
    ㉰ 사류 펌프      ㉱ 축류 펌프

87. 스프링클러에 일반적으로 사용되는 펌프는?
    ㉮ 원심 펌프       ㉯ 수직 펌프

정답  77.㉰ 78.㉱ 79.㉮ 80.㉯ 81.㉰ 82.㉱ 83.㉱ 84.㉰ 85.㉰ 86.㉯ 87.㉮

㉰ 사류 펌프  ㉱ 축류 펌프

88. 다음 동력분무기 가운데 액용을 사용하지 않는 것은?
 ㉮ 분무기  ㉯ 미스트기
 ㉰ 연무기  ㉱ 살분기

89. 다음 내용 중 동력분무기의 공기실 기능이 아닌 것은?
 ㉮ 기계 사용 연한을 향상시킨다.
 ㉯ 압력을 일정하게 유지한다.
 ㉰ 송수 상태를 균일화하게 한다.
 ㉱ 소액량의 맥동을 양호하게 한다.

90. 동력 분무기에 관한 설명 중 부적당한 것은?
 ㉮ 공기실은 분수 상태를 균일하게 하여야 한다.
 ㉯ 압력 조절 장치는 과도한 승압을 방지하고 기계의 내구성을 높인다.
 ㉰ 밸브는 보통 볼 밸브를 쓰며, 값이 비싸다.
 ㉱ 압력 조절 장치는 여수량을 조절한다.

91. 농약 살포 기구가 갖추어야 할 살포 입자의 구비 조건이 아닌 것은?
 ㉮ 도달성  ㉯ 비산성
 ㉰ 균일성  ㉱ 집중성

92. 수도작 병충해 방제에 적당한 노즐은?
 ㉮ 고리형 노즐
 ㉯ 수평식 노즐(스피드 노즐)
 ㉰ 2 두형 노즐
 ㉱ 볼트형 노즐

93. 분무기 노즐의 거리 중 부적당한 것은?
 ㉮ 조절식은 중. 원거리용에 적당하다.
 ㉯ 고정식은 원거리용에 적당하다.
 ㉰ 고정식에는 캡형과 원뿔형이 있다.
 ㉱ 중자와 노즐의 거리가 몇 번 확산된다.

94. 다음 노즐의 종류 중 분무의 도달 거리를 조절할 수 있는 노즐은?
 ㉮ 원판형 노즐  ㉯ 캡형 노즐
 ㉰ 철포형 노즐  ㉱ 환산형 노즐

95. 동력분무기 취급시 상용 압력은 보통 몇 kg/cm²인가?
 ㉮ 21~35kg/cm²
 ㉯ 26~30kg/cm²
 ㉰ 31~35kg/cm²
 ㉱ 36~40kg/cm²

96. 동력분무기의 압력이 떨어지는 원인 중 부적당한 것은?
 ㉮ 피스톤의 파손
 ㉯ 연료의 부족
 ㉰ 밸브의 고장
 ㉱ 흡입 호스가 샐 때

97. 동력 분무기의 여수관에서 거품이 나올 경우 그 원인은?
 ㉮ 호스가 너무 가늘 때
 ㉯ V 패킹이 마멸되어 공기를 흡입할 때
 ㉰ 흡입 호스의 패킹이 끊어졌을 때
 ㉱ 스트레이너 주위에 오물이 붙어 있을 때

98. 동력 분무기로서 관수 작업을 할 경우 회전수는 얼마이냐?
 ㉮ 1000rpm  ㉯ 1100rpm
 ㉰ 1200rpm  ㉱ 1250rpm

정답  88.㉱ 89.㉯ 90.㉰ 91.㉱ 92.㉯ 93.㉯ 94.㉰ 95.㉮ 96.㉯ 97.㉰ 98.㉱

99. 미스트기의 주요 부분이 아닌 것은?
   - ㉮ 송풍 부분
   - ㉯ 양수 부분
   - ㉰ 원동기 부분
   - ㉱ 미스트 발생 부분

100. 미스트기의 작업 방법이 아닌 것은?
   - ㉮ 대각선법
   - ㉯ 전진법
   - ㉰ 후진법
   - ㉱ 횡보법

101. 다음 미스트기에 대한 설명 중 부적당한 내용은?
   - ㉮ 연료는 가솔린과 모빌유를 섞어 쓰며, 비율은 10 : 1로 한다.
   - ㉯ 작업 방법은 전, 후진법 및 횡보법이 있다.
   - ㉰ 단속기 포인트 간격은 0.3~0.4mm이다.
   - ㉱ 공기와 연료의 혼합비는 15 : 1로 한다.

102. 미스트기의 특징이 아닌 것은?
   - ㉮ 안개나 연기 모양으로 살포
   - ㉯ 액체의 압력 이용
   - ㉰ 쉽게 넓게 살포
   - ㉱ 시간과 살포 노력 절감

103. 미스트기의 윤활 방법은?
   - ㉮ 자연 순환식
   - ㉯ 비산식
   - ㉰ 혼합식
   - ㉱ 압송식

104. 미스트기의 미스터의 발생 장치가 아닌 것은?
   - ㉮ 충돌판식
   - ㉯ 공기 분사식
   - ㉰ 충돌 프로펠러식
   - ㉱ 임펠러식

105. 다음 기구 중 약액과 분제를 겸할 수 있는 것은?
   - ㉮ 동력살 분무기
   - ㉯ 살분기
   - ㉰ 동력 분무기
   - ㉱ 토양 소독기

106. 방제기구 중 공기실이 없는 것은?
   - ㉮ 동력 분무기
   - ㉯ 고성능 분무기
   - ㉰ 지렛대식 분무기
   - ㉱ 동력 살 분무기

107. 인력 분무기에서 등에 지고 걸어가면서 가압하여 살포하는 것은?
   - ㉮ 어깨걸이형
   - ㉯ 배부 반자동형
   - ㉰ 지렛대형
   - ㉱ 보통형

108. 다음 노즐 중 과수원에서 사용할 수 있는 것은?
   - ㉮ 원판형
   - ㉯ 직선 다두 노즐
   - ㉰ 철포형
   - ㉱ 휴반 노즐

정답  99.㉯ 100.㉮ 101.㉮ 102.㉰ 103.㉰ 104.㉱ 105.㉯ 106.㉱ 107.㉯ 108.㉰

109. 플런저식 동력 고압 분무기에 설치된 공기실의 설치 이유는?
   ㉮ 약액의 분사 압력을 한층 강하게 한다.
   ㉯ 약액의 맥동적인 분무 상태를 완화한다.
   ㉰ 약액의 분사를 제한하여 약액을 절약한다.
   ㉱ 약액의 되돌림 량을 조절하기 위하여

110. 동력 살 분무기에 사용하는 연료를 가솔린만 사용하면 어떻게 되는가?
   ㉮ 회전이 높아진다.
   ㉯ 소음기에 검은 연기가 난다.
   ㉰ 윤활성이 없어 피스톤과 실린더가 눌어붙고 베어링이 탄다.
   ㉱ 정상 운전이 된다.

111. 동력 살 분무기의 적당한 사용법이 아닌 것은?
   ㉮ 살포법은 전진법, 후진법, 횡보법이 있다.
   ㉯ 분무기보다 10~15배 농후한 약액을 사용한다.
   ㉰ 연료와 윤활유의 혼합비는 15~25 : 1이다.
   ㉱ 액제와 분제의 겸용살포로 사용할 수 있다.

112. 동력 살 분무기의 구성요소가 아닌 것은?
   ㉮ 압력조절장치    ㉯ 송풍기
   ㉰ 노즐            ㉱ 약액 탱크

   **POINT**
   압력조절장치는 동력 분무기에 설치되어 있다.

113. 과수원에서의 병해충 방제기구로 많이 쓰이고 있는 기종은?
   ㉮ 동력분무기      ㉯ 파이프 더스터
   ㉰ 미스터기        ㉱ 스피드 스프레이어

114. 경운 정지의 목적이 아닌 것은?
   ㉮ 알맞은 토양구조 마련
   ㉯ 잡초를 제거 및 솎아내기로 생육을 억제
   ㉰ 토양침식방식 및 미생물의 활동을 촉진
   ㉱ 토양 생산성의 향상

115. 경운 정지작업의 종류가 아닌 것은?
   ㉮ 쇄토작업        ㉯ 평탄작업
   ㉰ 두둑 및 도랑작업 ㉱ 탈곡작업

116. 쟁기의 3대 요소가 아닌 것은?
   ㉮ 보습            ㉯ 볏
   ㉰ 바닥쇠          ㉱ 몰드볼드

117. 플라우 중 이체의 구조에 따른 종류?
   ㉮ 몰드볼드 플라우
   ㉯ 로터리 플라우
   ㉰ 반장착형 플라우
   ㉱ 디스크 플라우

118. 쟁기에서 볏의 기능은?
   ㉮ 오른쪽으로 뒤집어 흙을 반전한다.
   ㉯ 쟁기 자체의 안정을 유지
   ㉰ 경폭의 조정
   ㉱ 흙의 절삭

정답  109.㉯  110.㉰  111.㉯  112.㉮  113.㉱  114.㉱  115.㉱  116.㉱  117.㉰  118.㉮

119. 지측판의 역할은?
   ㉮ 흙속을 파고들어 수평 절단한다.
   ㉯ 절삭작용
   ㉰ 플라우 자체의 안정을 유지
   ㉱ 흙의 반전 작용

120. 플라우에서 석션(흡인)의 기능은?
   ㉮ 흙속으로 침입해 들어가는 힘을 준다.
   ㉯ 절삭된 흙을 반전한다.
   ㉰ 흙을 파쇄한다.
   ㉱ 수직으로 절단한다.

   **POINT**
   지측판의 아래와 측면에는 틈새가 있다. 이것을 흡인이라 한다.

121. 플라우의 3지점이 아닌 것은?
   ㉮ 뒤축          ㉯ 보습끝
   ㉰ 보습날개      ㉱ 볏

122. 측방석션(수평석션)의 기능은?
   ㉮ 흙과 마찰을 감소시킨다.
   ㉯ 플라우의 진행방향을 일정하게 유지
   ㉰ 절삭에 필요한 힘을 준다.
   ㉱ 경폭의 조정

   **POINT**
   측방석션 : 지측판 옆에 있는 4~12mm 정도의 틈새로서 플라우의 진행 방향을 일정하게 유지하며 경폭 유지를 위해 필요하다.

123. 콜터에 대한 설명으로 옳은 것은?
   ㉮ 흙을 미리 수직으로 절단
   ㉯ 흙을 오른쪽으로 반전
   ㉰ 흙을 미리 수평 절단
   ㉱ 일정한 경심 유지

124. 원판 플라우의 특징이 아닌 것은?
   ㉮ 구조가 복잡하다.

㉯ 자전 때문에 흙이 잘 붙지 않는다.
㉰ 포장, 건조, 뿌리가 적은 땅에 좋다.
㉱ 원판의 각도를 적절히 조절하므로 써 여러 가지 토양 조전에서도 작업이 가능

125. 동력 경운기로 쟁기 작업시 후진할 때의 주의사항에 틀린 것은?
   ㉮ 조속기를 서서히 낮추어야 한다.
   ㉯ 쟁기를 약간 들어주어야 한다.
   ㉰ 기체가 앞으로 기울어지게 한다.
   ㉱ 쟁기에 다리를 다치지 않도록 주의해야 한다.

126. 플라우의 비저항 식은?
   ㉮ $K = R/d = R/w \times a(kg/cm^2)$
      R: 견인저항   a: 역토 단면적$(cm^2)$
      d: 경심   w: 경폭
   ㉯ $K = R/a = w/R \times d(kg/cm^2)$
      R: 견인저항   a: 역토 단면적$(cm^2)$
      d: 경심   w: 경폭
   ㉰ $K = R/a = R/w \times d(kg/cm^2)$
      R: 견인저항   a: 역토 단면적$(cm^2)$
      d: 경심   w: 경폭
   ㉱ $K = R/a = w/R \times d(kg/cm^2)$
      R: 견인저항   a: 역토 단면적$(cm^2)$
      d: 경심   w: 경폭

127. 쟁기의 보습과 바닥쇠가 차지하는 견인저항은?
   ㉮ 75%          ㉯ 80%
   ㉰ 70%          ㉱ 65%

128. 정지용 쇄토기계가 아닌것은?
   ㉮ 스파이크 해로우
   ㉯ 원판 해로우
   ㉰ 오프셋 디스크 해로우
   ㉱ 원통형 롤러

정답 119. ㉰  120. ㉮  121. ㉱  122. ㉯  123. ㉮  124. ㉰  125. ㉯  126. ㉰  127. ㉮  128. ㉱

**129. 진압기의 역할이 아닌 것은?**
㉮ 흙을 잘게 부수고 평탄하게 한다.
㉯ 흙의 침식을 방지한다.
㉰ 경토의 동결 방지
㉱ 녹비와 퇴비의 부패를 억제시킨다.

**130. 진압기의 종류가 아닌 것은?**
㉮ 원통형 롤러
㉯ 켈티패키 롤러
㉰ 심토 롤러
㉱ 원판 해로우

**131. 중경 제초기가 아닌 것은?**
㉮ 컬티베이터
㉯ 로터리 호우
㉰ 모어 컨디셔너
㉱ 답용 중경제초기

**POINT**
컬티베이터는 넓은 의미로 흙을 일구고 부드럽게 하는 기계의 총칭이다.

**132. 종자를 일정한 간격을 두고 연속적으로 파종하는 기계는?**
㉮ 이파기    ㉯ 산파기
㉰ 조파기    ㉱ 점파기

**133. 종자 배출방법이 아닌 것은?**
㉮ 유동적 배출법
㉯ 경사 홈 로울식
㉰ 기계적 배출법
㉱ 구멍 롤러식 배출법

**134. 종자관이란?**
㉮ 종자를 저장하는 관
㉯ 종자에 흙을 덮어주는 기관
㉰ 배출부에서 나온 종자를 지면까지 유도시키는 관
㉱ 종자를 눌러주는 관

**135. 구절기란?**
㉮ 종자에 비료를 뿌려 주는 역할
㉯ 종자를 가볍게 눌러주는 역할
㉰ 종자를 심을 때 먼저 골을 파는 역할
㉱ 종자를 흙으로 덮어주는 역할

**POINT**
구절기 : 종자를 심을 때 먼저 골을 파는 역할을 하며, 쇼벨형, 디스크형, 슈형이 있다.

**136. 육묘 일수가 30일 일 때의 중묘의 초장은 몇 cm인가?**
㉮ 3~4cm    ㉯ 5~7cm
㉰ 8~10cm   ㉱ 10~20cm

**137. 점파기의 종류?**
㉮ 반자동식       ㉯ 전 자동식
㉰ 전자(피커힐식)  ㉱ 진공식

**138. 이앙기에서 조절이 되지 않는 것은?**
㉮ 조간 조절    ㉯ 주간 조절
㉰ 식부 조절    ㉱ 주 클러치 조절

**139. 이앙기에서 식부 본수 조절 중 맞는 것은?**
㉮ 바퀴 크기로 조절
㉯ 횡이송, 종이송으로 조절

정답 129.㉱ 130.㉱ 131.㉰ 132.㉱ 133.㉯ 134.㉰ 135.㉰ 136.㉱ 137.㉱ 138.㉮ 139.㉯

㉰ 식부 클러치 간극 조절
㉱ 플로트의 높이로 조절

㉮ 45 : 1  ㉯ 25 : 1
㉰ 15 : 1  ㉱ 35 : 1

**140. 전작용 이식기의 종류가 아닌 것은?**
㉮ 호퍼식 이식기  ㉯ 디스크식 이식기
㉰ 롤러식 이식기  ㉱ 홀더식 이식시

**146. 미스트기 피스톤 고정방식은?**
㉮ 부동식  ㉯ 반부동식
㉰ 요동식  ㉱ 전부동식

**141. 다음 중 미립화 약제 분포입자의 특성이 아닌 것은?**
㉮ 미립화  ㉯ 산성화
㉰ 부착  ㉱ 비행확산

**147. 동력 살 분무기의 작업 성능은?**
㉮ 살포너비 × 살포속도 × 살포시간/60
㉯ 살포너비 × 살포속도 × 살포시간/360
㉰ 살포너비 × 살포속도 × 60/살포시간
㉱ 살포너비 × 살포시간 × 60/살포속도

**142. 인력분무기의 종류가 아닌 것은?**
㉮ 배낭자동형  ㉯ 어깨걸이형
㉰ 자동형  ㉱ 배낭형

**148. 작업기 풀리 구하는 공식이 맞는것은?**
㉮ 작업기 풀리 직경 = 엔진 풀리 직경 × 엔진 회전수/작업기 회전수
㉯ 작업기 풀리 직경 = 작업기 회전수/엔진 회전수×엔진 풀리 직경
㉰ 작업기 풀리 직경 = 작업기 회전수/풀리 직경×엔진 회전수
㉱ 작업기 풀리 직경 = 엔진 풀리 직경/엔진 회전수×작업기 회전수

**143. 동력 살 분무기의 약액 도달거리는?**
㉮ 4m  ㉯ 5m
㉰ 3m  ㉱ 6m

**144. 동력 살 분무기의 3대 구성부분이 맞는것은?**
㉮ 팬, 엔진, 약액통
㉯ 압력조절장치, 공기실, 펌프
㉰ 약액통, 노즐, 압력 조절장치
㉱ 노즐, 공기실, 엔진

**149. 엔진 풀리 직경 구하는 공식이 맞는 것은?**
㉮ 엔진 풀리 직경= 작업기 풀리 직경×작업기 회전수/엔진회전수
㉯ 엔진 풀리 직경= 작업기 풀리/작업기회전수×엔진 회전수
㉰ 엔진 풀리 직경= 작업기 풀리 직경×작업기 회전수×엔진 회전수
㉱ 엔진 풀리 직경= 작업기 풀리 직경×엔진

**145. 미스트기의 엔진 혼합비는?**

정답 140.㉰ 141.㉯ 142.㉰ 143.㉮ 144.㉰ 145.㉯ 146.㉯ 147.㉮ 148.㉮ 149.㉮

회전수/작업기 회전수

150. 푸트 밸브기능은 어느 것인가?
㉮ 역류방지
㉯ 물을 흡입한다.
㉰ 물을 분사한다.
㉱ 오물을 제거한다.

**POINT**
운전 중에 물을 흡입할 때에는 열려 있고, 운전이 정지되면 닫혀서 펌프 내의 물의 역류를 방지한다.

151. 프라이밍에 대한 설명 중 옳은 것은?
㉮ 오물을 걸러 주는 것.
㉯ 물의 역류를 방지하는 것.
㉰ 펌프 내에 물을 채우는 것.
㉱ 펌프 내의 물을 빼는 것.

**POINT**
보통 원심 펌프에서는 운전 전에 물을 펌프 속에 가득 채워 진공을 만들어야 한다. 이것을 프라이밍이라 한다.

152. 공동현상(케비테이션)이란?
㉮ 효율이 증가한다.
㉯ 양수량이 증가된다.
㉰ 기포가 발생하여 충격음과 진동이 발생한다.
㉱ 축류 펌프에서 많이 발생한다.

153. 스프링클러 구조는?
㉮ 살수기, 펌프, 배관
㉯ 살수기, 배관, 펌프, 원동기
㉰ 살수기, 노즐, 원동기
㉱ 살수기, 배관, 물탱크.

154. 스프링클러의 압력은?
㉮ 저압(0.5 ~ 1.0kg/cm$^2$), 중압(3.0 ~ 4.0kg/cm$^2$), 고압(4.2 ~ 8.0kg/cm$^2$), 보통압(1.0 ~ 2.0kg/cm$^2$)
㉯ 저압(0.6 ~ 1.0kg/cm$^2$), 중압(3.0 ~ 4.5kg/cm$^2$), 고압(5.0 ~ 6.0kg/cm$^2$), 보통압(1.0 ~ 2.0kg/cm$^2$)
㉰ 저압(0.4 ~ 1.0kg/cm$^2$), 중압(3.0 ~ 4.0kg/cm$^2$), 고압(4.2 ~ 7.0kg/cm$^2$), 보통압(1.0 ~ 2.0kg/cm$^2$)
㉱ 저압(0.4 ~ 1.5kg/cm$^2$), 중압(2.0 ~ 4.0kg/cm$^2$), 고압(4.2 ~ 7.0kg/cm$^2$), 보통압(2.0 ~ 3.0kg/cm$^2$)

155. 전처리부에서 디바이더의 기능은?
㉮ 넘어진 작물을 일으켜 세운다.
㉯ 작물을 벤다.
㉰ 작물을 운반한다.
㉱ 볏짚을 처리한다.

**POINT**
디바이더 : 예취할 작물을 분리시켜 주며 넘어진 작물을 일으켜 세우도록 기체 앞쪽으로 돌출 되어 있다.

156. 전처리부의 구성?
㉮ 디바이더, 픽업체인, 러그
㉯ 급통, 디바이더, 러그
㉰ 픽업체인, 러그, 리일
㉱ 리일, 급통, 러그

157. 전처리부의 구조 특징?
㉮ 주물 재질의 부품이 많다.
㉯ 주행 속도와 러그의 속도는 같다.
㉰ 윤활유 주입개소가 없다.
㉱ 러그는 철판으로 만들어진다.

158. 예취부의 예도와 수도의 간격?
㉮ 벼, 보리 (0.4~0.8mm)

정답 150. ㉮ 151. ㉰ 152. ㉰ 153. ㉯ 154. ㉰ 155. ㉮ 156. ㉮ 157. ㉯

㉯ 벼, 보리 (0.3~0.7mm)
㉰ 벼, 보리 (0.5~0.9mm)
㉱ 벼, 보리 (0.3~1.0mm)

**P O I N T**
목초 수확에 쓰이는 모어는 0.2~0.4mm이다.

**159. 결속이 않되는 3가지원인?**
㉮ 도어의 압력은 20~30kg/cm² 이 적당하다.
㉯ 빌과 홀더의 압력은 동일하다.
㉰ 윤활유를 주입하여야 한다.
㉱ 일반 공업용 실을 사용한다.

**160. 바인더에서 끈의 굵기 단위?**
㉮ 데시벨        ㉯ 파운드
㉰ 데니어        ㉱ 칸델라

**161. 콤바인의 주요부가 아닌것은?**
㉮ 예취부        ㉯ 반송부
㉰ 결속부        ㉱ 선별부

**162. 급동과 선별체 간극?**
㉮ 5~10mm       ㉯ 3~7mm
㉰ 5~8mm        ㉱ 4~7mm

**163. 다음 중 정치의 기능은?**
㉮ 타격, 마찰 작용을 하지 않는다.
㉯ 주철로 만들어진다.
㉰ 작물의 불순물을 탈곡한다.
㉱ 헝클어진 작물을 정리한다.

**164. 드로우 엘리베이터의 기능은?**
㉮ 곡물을 퍼 올린다.
㉯ 수분을 제거한다.
㉰ 검불을 제거한다.
㉱ 정곡립만 탈곡통에 보낸다.

**165. 급속 건조가 작물에 미치는 영향 인자?**
㉮ 곡물이 파쇄된다.
㉯ 수분을 제거한다.
㉰ 검불을 제거한다.
㉱ 정곡립만 탈곡 등에 보낸다.

**166. 곡물 저장시 저장고 설계의 3요소가 아닌 것은?**
㉮ 밀도          ㉯ 온도
㉰ 공극률        ㉱ 비중

**167. 도정기계에서 현미기란?**
㉮ 벼를 정미하는 기계이다.
㉯ 연마석이 필요하다.
㉰ 수분이 많은 곡물도 처리된다.
㉱ 벼를 충격으로 현미 하는 기계이다.

**P O I N T**
현미기 : 벼의 껍질을 제거하는 기계이며, 현재 주로 고무 롤러식 현미기를 사용한다.

**168. 현미부의 형식은?**
㉮ 절구식, 충격식, 고무 롤러식

정답  158. ㉯  159. ㉱  160. ㉰  161. ㉰  162. ㉰  163. ㉱  164. ㉮  165. ㉮  166. ㉯  167. ㉱

내 고무 롤러식, 무풍구식
대 절구식, 반자동식
래 충격식, 풍구식

가 롤러　　　　　　　내 실린더
대 망　　　　　　　　래 금강석 롤러

**169.** 현미기의 접촉길이란?
가 곡물의 길이, 폭, 두께에 따라 다르다.
내 곡물의 길이 따라 다르다.
대 곡물의 두께에 따라 다르다.
래 곡물의 폭에 따라 다르다.

**174.** 헤이 모어의 예취 높이조정은 무엇으로 하는가?
가 바퀴　　　　　　　내 유압 실린더
대 3점 링크　　　　　래 광센서의 위치

**175.** 모어 컨디셔란 무엇인가?
가 목초를 압쇄하는 기계이다.
내 목초를 반전하는 기계이다.
대 목초를 모으는 기계이다.
래 목초를 꾸려서 묶는 기계이다.

**170.** 현미기에서 롤러와 곡물과의 틈새 간극은 얼마인가?
가 곡물의 1/3 정도
내 곡물의 1/2 정도
대 곡물의 3/4 정도
래 곡물의 3/5 정도

**P·O·I·N·T**
모어와 헤이 컨디셔너를 복합한 것으로 견인형과 자주형이 있다.

**176.** 헤이 베일러란?
가 한쪽으로 모으는 기계
내 쌓기, 운반, 저장에 사용하는 기계
대 목초를 압축하고 꾸려서 묶는 기계
래 풀을 수확하고 세단, 운반차 위에 퍼 올리는 수확기

**171.** 그물코의 크기가 맞는 것은?
가 20mm 사이의 코수
내 30mm 사이의 코수
대 40mm 사이의 코수
래 50mm 사이의 코수

**P·O·I·N·T**
헤이 베일러 : 초지에 널려 있는 잡초를 걷어 올려 압축하여 묶는 기계로서 압축된 건초를 베일이라 한다.

**172.** 도정 기계에서 현미와 벼를 분리해 주는 선별기계는 무엇인가?
가 정미기　　　　　　내 탈곡기
대 현미기　　　　　　래 현미 분리기

**177.** 목초 운반기계의 종류가 아닌 것은?
가 로드 웨건　　　　　내 헤이 포크
대 헤이스위프　　　　래 빅 베일러

**173.** 제분기에서 보리나 밀을 정맥 하는 주요 장치인 것은?

**178.** 사료 분쇄기의 종류가 아닌 것은?
가 해머밀

정답 168. 가 169. 가 170. 내 171. 내 172. 래 173. 래 174. 가 175. 가 176. 대 177. 래

㉯ 피드그라인더
㉰ 초퍼밀
㉱ 버킷형 밀커

㉮ 족답 탈곡기  ㉯ 자동 탈곡기
㉰ 콤바인  ㉱ 바인더

### 179. 헤이 큐버란?
㉮ 세단한 풋베기 목초를 급속 건조하여 압축 성형하는 장치
㉯ 옥수수의 탈립에 쓰인다
㉰ 뿌리, 고구마 등의 세단에 사용하는 기계
㉱ 수종의 사료를 배합하는 기계

### 184. 수확용 기계가 아닌 것은?
㉮ 바인더  ㉯ 콤바인
㉰ 드레사  ㉱ 플로어

### 185. 바인더는 어느 형태의 수확기계에 속하는가?
㉮ 예도형  ㉯ 집속형
㉰ 결속형  ㉱ 탈곡형

### 180. 동력 예취기에는 모어, 리퍼, 바인더, 콤바인 등이 있다. 예취와 탈곡을 겸하고 사용되는 기계는?
㉮ 모어  ㉯ 리퍼
㉰ 바인더  ㉱ 콤바인

### 186. 우리 나라에서 사용되는 콤바인은 어느 종류인가?
㉮ 보통형  ㉯ 입모 탈곡형
㉰ 이삭 콤바인  ㉱ 자탈형

**P·O·I·N·T**
보통형 콤바인은 구미에서 주로 전작용 수확기이다.

### 181. 수평 또는 높은 곳으로 곡물을 이동 또는 운반하는데 쓰이는 것은?
㉮ 버킷 엘리베이터
㉯ 슬랫 컨베이어
㉰ 스크루 컨베이어
㉱ 공기 컨베이어

### 187. 콤바인의 ACD 센서란 무엇인가?
㉮ 공급깊이 제어장치
㉯ 주행속도 감지장치
㉰ 자동방향 제어장치
㉱ 예취 높이 감지장치

### 182. 다음 중 인력 예취기는 어느 것인가?
㉮ 리퍼  ㉯ 사이드
㉰ 모어  ㉱ 바인더

### 188. 콤바인의 주요 부분이 아닌 것은?
㉮ 픽업장치  ㉯ 예취부

### 183. 맥류의 예취, 탈곡 및 선별도 하고 작업 능률이 높은 탈곡기는?

정답  178.㉱  179.㉮  180.㉱  181.㉰  182.㉯  183.㉰  184.㉱  185.㉰  186.㉱  187.㉰

때 탈곡부  래 주행부

189. 콤바인에서 검불이나 미탈곡물 등이 모아지는 곳은?
   개 1번 구   내 2번 구
   때 3번 구   래 드로어

190. 바인더에서 노터빌의 유격이 너무 크면?
   개 노끈이 끊어진다.
   내 끈의 결속이 되지 않는다.
   때 볏단이 커진다.
   래 볏단이 작아진다.

191. 콤바인의 예취 칼날과 받침날의 간격을 몇 mm가 되도록 조정하여야 가장 좋은가?
   개 0.5~0.9mm   내 0.5~0.7mm
   때 0.5~1.0mm   래 0.1~0.5mm

192. 바인더에서 매듭 끈이 풀어지는 원인은?
   개 매듭기 스프링이 너무 약하다.
   내 매듭기 스프링이 너무 강하다.
   때 끈 브레이크 스프링이 너무 강하다.
   래 매듭기와 끈 안내와의 틈새가 너무 작다.

193. 콤바인에서 많이 사용하는 무단 변속장치란?
   개 H.S.T
   내 펠콘 풀리
   때 토크 컨버터
   래 유체 클러치식 장동 변속기

194. 콤바인 작업 중 경보음이 발생하는 상황이 아닌 것은?
   개 탈곡부가 과부하 상태이다.
   내 급실이나 나선 컨베이어 등이 막혀있다.
   때 짚 반송 체인이나 짚 절단부가 막혀있다.
   래 미탈곡 이삭이 나온다.

195. 바인더의 예취부에서 미끄럼 판이 하는 역할이 아닌 것은?
   개 예취날이 잘 미끄러지게 도와준다.
   내 예취날이 앞뒤로 끄덕거리지 않게 한다.
   때 예취 칼날에 이물질이 끼이지 않게 한다.
   래 인기러그를 일으켜 세움 속도가 빠르게 한다.

196. 콤바인의 탈곡깊이 자동제어장치를 수동으로 선택해야 할 경우가 아닌 것은?
   개 포장의 크기가 너무 큰 경우
   내 예취 작업을 시작할 때
   때 작물보다 긴 잡초가 많을 때
   래 작물의 길이가 일정하지 않을 때

197. 급치의 마모가 어느 상태이면 교환해야 하는가?
   개 외경 기준 1mm 이상
   내 외경 기준 3~5mm 이상
   때 외경 기준 2~3mm 이상
   래 내경 기준 1mm 이상

198. HST 변속장치를 콤바인에서 사용하는 이유는?
   개 값이 비교적 싸기 때문

정답  188. 개  189. 때  190. 내  191. 래  192. 개  193. 개  194. 래  195. 래  196. 개  197. 때

㉯ 큰 힘을 낼 수 있기 때문
㉰ 작업 중 정지하지 않고도 변속이 용이하기 때문에
㉱ 엔진의 윤활유 압력으로 회전력을 얻을 수 있기 때문

199. 건물량 기준 함수율을 구하는 공식은?

㉮ $M = \dfrac{W_m - W_d}{W_d} \times 100(\%)$

㉯ $n = \dfrac{100 - m}{m} \times 100(\%)$

㉰ $M = \dfrac{W_d \times 100}{W_m} \times 100(\%)$

㉱ $n = \dfrac{100m}{100 - m} \times 100(\%)$

200. 바인더의 고정날과 예취날의 간격은 무엇으로 조절하는가?
㉮ 조임 나사로 한다.
㉯ 너트로 조인다.
㉰ 조절판으로 한다.
㉱ 리벳으로 조인다.

201. 콤바인에 대한 설명 중 틀린 것은?
㉮ 작업 형식별로 입모형 콤바인, 이삭형 콤바인, 자탈형 콤바인 등이 있다
㉯ 보통형 콤바인은 예취부, 반송부, 탈곡부, 선별부, 정선부로 되어 있다
㉰ 자탈형 콤바인의 주요 구조는 전처리부, 예취부, 결속부, 반송부, 탈곡부, 주행부, 엔진부 등으로 되어 있다
㉱ 보통형 콤바인에서 선별은 진동체와 바람에 의해서 선별한다

**POINT**
결속부는 바인더만에 있는 장치이다.

202. 바인더의 결속부 클러치 도어에는 압력이 얼마일 때 결속작업이 행하여지는가?
㉮ 20~30kg  ㉯ 5~15kg
㉰ 50~70kg  ㉱ 1~10kg

203. 콤바인 방향 제어장치의 솔레노이드 밸브에 관한 설명이다 틀린 것은?
㉮ 솔레노이드가 2개이다.
㉯ 가동 철심에 의해 스풀을 움직인다.
㉰ 수동으로는 작동 시킬 수 없다.
㉱ 우선 회쪽 코드는 흑색, 좌선 회쪽 코드는 백색으로 되어 있다.

204. 콤바인에서 초음파 센서는 어느 장치에 이용되는가?
㉮ 예취 높이 감지
㉯ 방향 감지
㉰ 짚 배출 속도 감지
㉱ 곡물 호퍼 충진량 감지

205. 콤바인 짚 배출 센서의 기능은?
㉮ 짚이 막히면 전기 신호를 보내 경보를 발하게 한다.
㉯ 짚 속에 이삭이 있으면 급통 회전수를 높이게 한다.
㉰ 짚이 절단되지 않고 방출되면 경보음이 울리게 한다.
㉱ 짚이 막히면 모든 기능을 강화시킨다.

206. 콤바인의 2번 구 센서는 다음 중 어떤 장치로 되어 있는가?
   ㉮ 리밋 스위치
   ㉯ 트랜지스터
   ㉰ 로터리 자석과 납 스위치
   ㉱ 솔레노이드 밸브

207. 콤바인의 탈곡 깊이 자동제어 장치가 작동하지 않을 때 원인이라고 볼 수 없는 것은?
   ㉮ 센서의 불량
   ㉯ 센서에 먼지나 지푸라기 등이 많이 붙어 있을 때
   ㉰ 퓨즈의 단선
   ㉱ 이슬에 젖은 작물 예취시

208. 콤바인의 방향센서는 어느 부위에 설치되어 있는가?
   ㉮ 분초간 뒤
   ㉯ 조향 레버 앞과 뒤
   ㉰ 예취 칼날 앞
   ㉱ 크롤러 내

209. 콤바인의 배진량 조절을 어떻게 하나?
   ㉮ 마이티 스티어링으로 조절
   ㉯ 탈곡실 내의 처리 조절판의 나비너트 또는 탈곡실 커버 위의 레버로 조절
   ㉰ 탈곡 클러치로 조절
   ㉱ 작물의 이송 속도를 조절

210. 콤바인의 급실 내의 칼날이 하는 역할은?
   ㉮ 예취날의 기능을 도와 미예취 작물이 남지 않도록 한다.
   ㉯ 탈립이 끝난 짚을 잘라서 뿌려준다.
   ㉰ 탈곡통 내의 막힘을 방지한다.
   ㉱ 급치의 일종으로 최종 탈립작업을 한다.

211. 도복된 작물을 베고자 할 때 콤바인의 예취 높이 조절 볼트를 어떻게 조절하는 것이 좋은가?
   ㉮ 조절할 필요가 없다.
   ㉯ 예취 높이를 낮춘다.
   ㉰ 조절 볼트를 자유롭게 풀어놓는다.
   ㉱ 예취 높이를 약간 높인다.

212. 콤바인 예취 칼날의 연마에 있어 맞는것은?
   ㉮ 칼날 연마시 경사각은 20°를 유지한다.
   ㉯ 연마 후 조립시에는 두 칼날 사이에 윤활유가 묻지 않도록 닦아낸다.
   ㉰ 톱니형 칼날은 숫돌로 연마하는 것이 좋다.
   ㉱ 연마 작업은 가급적 기체에 부착된 상태에서 하는 것이 좋다.

213. 콤바인의 올 마이티 스티어링이란?
   ㉮ 좌우의 선회를 레버 하나로 조작하는 파워 스티어링의 일종
   ㉯ 브레이크 페달을 가볍게 밟아도 제동력이 강한 유압 브레이크의 일종
   ㉰ 예취부의 상하 조작을 레버 하나로 할 수 있는 장치
   ㉱ 좌우 선회와 예취부의 상하 조작을 하나로 할 수 있는 유압조정장치

214. 탈곡기에서 완전 탈곡이 안되는 원인은?
   ㉮ 급동 회전수가 빠르다.
   ㉯ 급동 회전이 느리다.
   ㉰ 배진 조절판이 높게 조정되었다.
   ㉱ 벼의 공급이 너무 많다.

정답 206. ㉰ 207. ㉱ 208. ㉮ 209. ㉯ 210. ㉰ 211. ㉯ 212. ㉮ 213. ㉱ 214. ㉯

215. 바인더로 운전할 때 주의사항으로 틀린 것은?
    ㉮ 경사지를 내려갈 때는 후진으로 한다.
    ㉯ 도복된 작물을 예취할 때에는 디바이더의 앞 끝을 내려서 예취한다.
    ㉰ 50cm이하의 단간종에서만 바인더를 사용하는 것이 좋다.
    ㉱ 조작하기 불편한 곳에서는 속도를 늦추어 작업한다.

216. 콤바인에서 탈곡부의 주요요소가 아닌 것은?
    ㉮ 급치        ㉯ 급동
    ㉰ 수망        ㉱ 공급레일

217. 리퍼나 콤바인에는 없고 바인더에만 있는 주요부분은?
    ㉮ 주행장치    ㉯ 예취장치
    ㉰ 결속장치    ㉱ 동력 전달장치

218. 콤바인으로 곡물을 예취할 때 인접된 곡간을 분할하여 차륜에 밟히지 않도록 하는 역할을 하는 부품 이름은?
    ㉮ 디바이더    ㉯ 부초간
    ㉰ 픽업장치    ㉱ 래크

**POINT**
픽업장치 : 도복된 작물을 사람의 왼손과 같은 역할을 하여 쓸어진 작물을 가지런히 하면서 지지하여 주는 것이다.

219. 콤바인 작업에서 손상립이 생기는 원인이 아닌 것은?
    ㉮ 예취날과 고정칼날의 유격이 너무 작다.
    ㉯ 급동의 회전속도가 너무 빠르다.
    ㉰ 양곡치 날개의 끝과 케이스의 간격이 너무 좁다.
    ㉱ 급치와 수망의 간격이 너무 좁다.

220. 이앙 작업 중 식부장치가 멈추고 소리가 나면?
    ㉮ 식부조의 마모가 심하다.
    ㉯ 엔진이 멈췄다.
    ㉰ 식부조에 이물질이 끼어 과부하가 걸린다.
    ㉱ 유압장치에 이상이 있다.

221. 이앙기의 자동 플로트가 작동하지 않으면?
    ㉮ 엔진이 멈추게 된다.
    ㉯ 좌, 우로 미끄러진다.
    ㉰ 식부 깊이가 일정하지 않는다.
    ㉱ 전진을 멈추게 된다.

222. 이앙기의 모 운반 벨트는?
    ㉮ 산파모 이앙기에 부착되어 있다.
    ㉯ 조파모 이앙기에 부착되어 있다.
    ㉰ 승용 이앙기에만 설치되어 있다.
    ㉱ 산파, 조파모용에 부착되어 있다.

223. 조파모용 이앙기의 장기 보관시 유의사항 중 맞는 것은?
    ㉮ 알맞은 습기가 있는 곳에 보관한다.
    ㉯ 가급적 각부분이 햇빛을 많이 받을 수 있도록 한다.
    ㉰ 모운반 벨트가 햇빛에 노출되지 않게 보관한다.
    ㉱ 통풍이 안되는 곳에 보관한다.

정답  215. ㉰  216. ㉱  217. ㉰  218. ㉮  219. ㉮  220. ㉰  221. ㉰  222. ㉯  223. ㉰

224. 이앙기의 기체를 상승시켜도 자연 하강되는 고장 원인이 되는 것은?
㉮ 릴리프 밸브와 사이트 사이에 이물질 부착
㉯ 유압 벨트의 긴장도 부족
㉰ 엔진 회전수 과소
㉱ 유압 펌프의 송출 압력 부족

225. 이앙 작업시 표준 식부 깊이는 얼마인가?
㉮ 0~1cm   ㉯ 1~2cm
㉰ 2~3cm   ㉱ 4cm 이하

226. 조파 이앙기의 압축판이 하는 역할은?
㉮ 지면을 편평하게 눌러 준다.
㉯ 모가 뜨지 않게 약간 눌러 준다.
㉰ 육모상자에서 밀려나오는 모를 눕혀준다.
㉱ 육모 상자에서 모를 밀어낸다.

227. 승용 이앙기의 토인은 어느 범위가 알 맞는가?
㉮ 2~5cm정도   ㉯ 0~15cm 정도
㉰ 20cm 이상   ㉱ 25~30cm 정도

228. 동력 이앙 작업시 표면 정지를 하며 기체의 중량을 받쳐주는 역할을 하는 것은?
㉮ 유압레버      ㉯ 플로트
㉰ 묘탑재판      ㉱ 식부침 클러치

229. 이앙 작업에서 뜬 모가 발생하는 원인이 아닌 것은?
㉮ 식부조부 마모 또는 취부 불량
㉯ 이앙 깊이 조정 불량
㉰ 흙이 너무 부드럽거나 단단하다.
㉱ 물이 너무 적다.

230. 파종기의 파종 방법이다 틀린 것은?
㉮ 종자가 잘 선별되어야 한다.
㉯ 복토 상태가 적당한지 확인한다.
㉰ 파종기의 각부를 점검하고 작업방법에 따라 알맞게 조절한다.
㉱ 휴립 로터리 파종시 복토의 6~7cm 정도가 좋다.

231. 이앙기에서 스윙 장치란 무엇을 말하는가?
㉮ 차륜상하 위치 조정 레버 조합
㉯ 좌우 차륜이 독립 현가 작용을 할 수 있는 장치
㉰ 플로트 부착 장치
㉱ 이앙기에서 사용하는 도그 클러치의 일종

232. 기계 이앙기 유압장치는 어느 위치에 놓는가?
㉮ 완전히 내린다.
㉯ 1/2쯤 내린다.
㉰ 1/2 이상 올린다.
㉱ 완전히 올린다.

233. 이앙기에 설치되어 있는 클러치는?
㉮ 조향 클러치, 주행 클러치, 식부 클러치
㉯ 주 클러치, 조향 클러치
㉰ 조향 클러치, 식부 클러치
㉱ 주행 클러치, 식부 클러치, 주 클러치

정답  224. ㉮  225. ㉰  226. ㉱  227. ㉯  228. ㉯  229. ㉱  230. ㉱  231. ㉯  232. ㉯  233. ㉮

**234.** 이앙기로 모내기 작업하기 전에 논의 준비 사항 중 틀린 것은?
㉮ 논갈이의 깊이는 15~18cm로 간다.
㉯ 비료를 점층 시비한 다음
㉰ 물의 깊이는 10~20cm로 맞춘다.
㉱ 써레질은 모래땅일 경우는 모내기 당일이나 1일전에 보통 논은 1~2일전에 써레질한다.

**235.** 이앙기의 바퀴가 지나간 자국을 없애주고 제초제의 효력을 높여주는 것은?
㉮ 정지판
㉯ 가늠자 조작 레버
㉰ 유압레버
㉱ 모 멈추게

**236.** 이앙기에서 주유할 부분이 아닌 것은?
㉮ 식부 깊이 레버 연결부
㉯ 엔진 드레인콕 플러그
㉰ 주행 클러치 와이어
㉱ 조향 클러치 와이어

**237.** 심은 모가 흩어지는 이유가 아닌 것은?
㉮ 분리침의 간격이 너무 넓다.
㉯ 모판이 말라 있다.
㉰ 논이 너무 단단하다.
㉱ 논이 너무 부드럽다.

**238.** 현미기의 탈부 방식에 의한 분류 중 고무 롤러형 마찰식의 종류가 아닌 것은?
㉮ 단통 롤러형
㉯ 하통 롤러형
㉰ 복통 롤러형
㉱ 3통 롤러형

**239.** 트레셔는 무슨 기계인가?
㉮ 맥류 탈곡 조제기
㉯ 사료 분쇄기
㉰ 사료 절단기
㉱ 곡물 건조기

**240.** 목초용 기계가 아닌 것은?
㉮ 모어
㉯ 에이 테더
㉰ 포리지 하베스터
㉱ 피드 그라인더

> **POINT**
> 피드 그라인더는 사료용 곡물을 분쇄하는 기계이다.

정답  234. ㉰  235. ㉮  236. ㉯  237. ㉯  238. ㉱  239. ㉮  240. ㉱

# 제5편

**농업기계 기사**

농업기계 기사

# 제5편

## Chapter 5

# 농업동력학

| 제1장 | 전동기 |
| 제2장 | 내연기관 |
| 제3장 | 트랙터와 동력경운기 |

| 부록 | 출제예상문제 |

# 제5편

## 농업기계 기사

# 제1장 전동기

## 1. 전동기(Electric motor)

전동기는 전기에너지를 기계적 에너지로 바꾸어 사용하는 동력원으로서, 엘리베이터, 펌프, 송풍기, 압축기, 컨베이어, 크레인, 압연기, 유리온실 및 미곡종합처리장 등에 널리 사용되고 있다.

### (1) 전동기의 장단점

| 장 점 | 단 점 |
|---|---|
| ① 효율이 좋다. | ① 배전 설비가 있어야 사용할 수 있다. |
| ② 한냉시 시동성이 좋다 | ② 정전일 때는 사용할 수 없다. |
| ③ 운전이 조용하고 소음과 진동이 적다. | ③ 전기 사용을 잘못하면 감전, 누전 등의 사고 위험이 있다. |
| ④ 운전 중 연기나 유해 배기가스가 없다. | ④ 이동형으로는 전기시설을 따로 해야 한다. |
| ⑤ 운전조작이 간단하고, 취급에 숙련을 요하지 않는다. | |
| ⑥ 자동제어를 간단히 할 수 있다. | |
| ⑦ 원격조절이 쉽다. | |
| ⑧ 출력에 비하여 소형 경량이다. | |

### (2) 전동기의 분류

전동기를 사용하는 전원, 작동원리, 구조 등에 따라 분류하면 아래의 내용과 같다. 이밖에도, 보호 방식에 따라 방진형, 방수형, 수중형 등으로 나누어진다. 방진형은 먼지가 많은 곳에 사용할 수 있으며, 방수형은 물이 새어 들어가지 않게 한 것이고, 수중형은 물 속에서 전동기를 사용할 수 있다.

전동기는 외형의 구조에 따라 개방형, 밀폐형, 반 밀폐형으로 분류된다.

개방형은 구조가 간단, 가격이 저렴, 통풍과 방열이 양호. 반 밀폐형은 개방형에 비하여 통기공이 작고, 밀폐형은 완전히 폐쇄한 것이다.

| 전 동 기 구 분 | 교류 전동기 | 3상 유도전동기 : 농형, 코일형 |
|---|---|---|
| | | 단상유도전동기 : 분상기동형, 콘덴서기동형, 반발기동형, 세이딩코일형 |
| | 직류 전동기 | 직권형, 분권형, 복권형 |

전동기의 종류별 특징

| 종 류 | 출 력(PS) | 사 용 전 압 | 기동전류(%) | 기동 토크 | 가 격 | 구 조 |
|---|---|---|---|---|---|---|
| 분상 기동형 | 1/2 이하 | 110/220V단상 | 600~800 | 약하다 | 싸다 | 간단 |
| 콘덴서기동형 | 1 이하 | 110/220V단상 | 300~600 | 약간 세다 | 중 | 간단 |
| 반발기동형 | 1 이하 | 110/220V단상 | 150~300 | 세다 | 비싸다 | 복잡 |
| 콘덴서운전형 | 1 이하 | 110/220V단상 | 300~400 | 세다 | 중 | 약간 복잡 |
| 세이딩 코일형 | 1/10 이하 | 110V단상 | 400~500 | 약하다 | 싸다 | 간단 |
| 3상농형 | 1/3 이상 | 220V-380V 3상 | 200~400 | 약간 세다 | 싸다 | 간단 |
| 3상 권선형 | 3 이상 | 220V-380V 3상 | 100~200 | 세다 | 비싸다 | 복잡 |

## 2. 3상 유도 전동기

3상 교류 전원에 의해 운전되며, 단상 교류 전원에 의해 운전되는 단상 유도 전동기에 비해 비교적 큰 출력이 요구되는 곳에 사용된다. 3상 유도 전동기는 3개의 전선을 통하여 각 전선 사이에 120°의 위상차를 가진 교류 전력을 공급받는다.

### (1) 회전원리

전동기는 전류의 자기 유도작용을 이용하여 회전 또는 교번 하는 자기장을 만들고 자기장과 회전자 사이에 전자기력의 유도작용에 의하여 회전자를 돌게 하고 이때 발생하는 회전력을 이용하는 원동기이며, 3상 유도전동기는 입력전류의 위상차가 120°의 각을 가진 3상이기 때문에 회전자장을 바로 만들 수 있는 장점이 있다

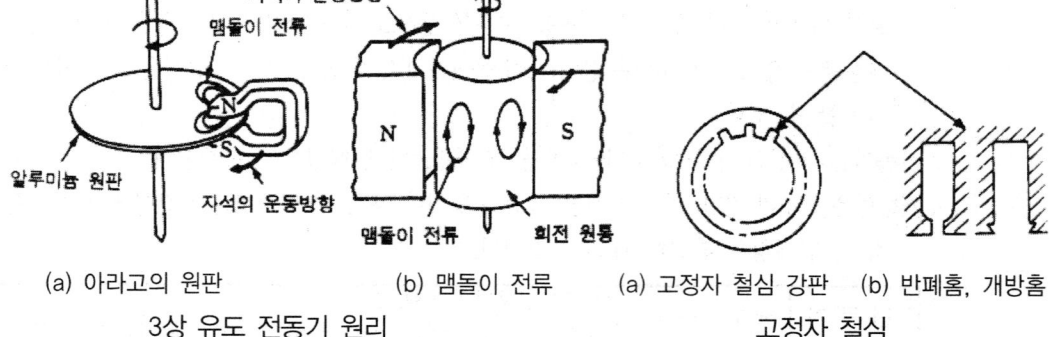

(a) 아라고의 원판　　(b) 맴돌이 전류　　(a) 고정자 철심 강판　(b) 반폐홈, 개방홈
3상 유도 전동기 원리　　　　　　　　　　고정자 철심

### (2) 구조와 작용

3상 유도전동기는 고정자, 회전자, 정류자 그외 프레임 및 엔드 브래킷 등으로 구성되어 있다. 농형과 코일형의 구조상 큰 차이점은 농형 회전자는 코일이 권선 되어 있지 않지만 코일형

회전자에는 3상의 코일이 권선 되어 있다는 점이다.

## 1) 고정자(stator)

고정자는 고정자 철심과 고정자 코일로 이루어졌다. 고정자 철심은 0.35 ~ 0.5mm의 얇은 강판의 양면에 절연 도료를 칠한 후 여러 장을 겹쳐서 성층한 것으로, 안쪽의 고정자 홈에는 3조의 코일을 전기 각으로 120°가 되게 권선 하고 3상 교류를 흐르게 하여 회전 자기장을 발생시킨다.

**참고**

> 고정자는 자석의 역할을 하며, 자속이 통하기 쉬운 철심과 전자석을 만들기 위한 고정 권선으로 되어있다.

## 2) 회전자(rotor)

회전자는 고정자와 같이 얇은 강판을 여러 장 겹쳐서 원통형의 철심을 만들고, 그 바깥 둘레에 농형 전동기는 농형 도체를 끼웠으며, 코일형 전동기는 3조의 코일을 권선 하고, 각 코일의 한쪽 끝은 서로 접속하였으며, 다른 한쪽 끝은 슬립링과 브러시 기구를 통해 외부의 기동 저항기 등에 접속시켜 기동 때 회로 저항을 조절할 수 있게 되어 있다. 또한, 회전자에는 냉각 팬을 구비하여 과도한 온도 상승을 방지하여 주고 있다.

**참고**

> 3상유도 전동기(3대) 주요부는 고정자(고정자 철심), 회전자, 정류자 이다.

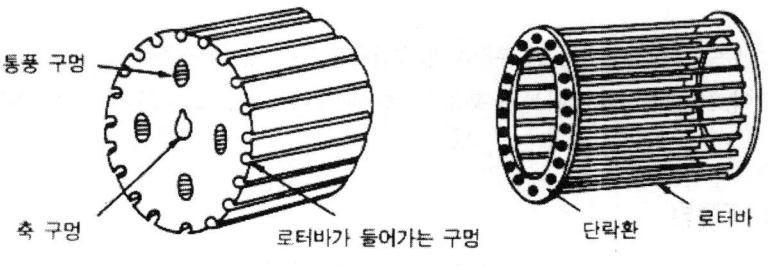

농형 회전자의 철심과 도체

## (3) 성능 및 특성

### 1) 동기 속도

유도 전동기의 고정자 권선에 3상 교류를 흐르게 하면 일정 속도의 회전 자기장을 형성하는데, 이 자기장의 회전 속도를 전동기의 동기속도라 한다.

$$N_s = \frac{120 \times f}{p}$$

$N_s$ : 동기 속도(rpm)    f : 전원의 주파수(Hz)    p : 고정자의 극수

고정자의 극수는 고정자 권선을 어떻게 배치하느냐에 따라 2의 배수가 된다.
우리 나라의 전원은 60Hz이므로 2극 전동기의 동기속도는 3600rpm이며, 4극 전동기는 1800rpm이 된다.

### 2) 슬립률

유도 전동기의 회전 속도는 무부하일 때 동기속도와 거의 같다. 그러나 부하가 걸리면 회전 속도는 약간 감소한다. 이 경우의 동기속도와 회전자의 실제 속도의 차를 슬립률이라 하며 동기속도를 먼저 구하고 다음 식과 같이 정의된다.

$$S = \frac{N_s - N}{N_s} \times 100\%$$

S : 슬립률(%).    N : 부하일 때의 회전 속도, 즉 실제 회전 속도(rpm)

출력이 작은 소형 전동기의 전 부하시의 슬립률은 5~10%이며, 중형 및 대형의 전동기는 3~5% 정도이고, 대형전동기에서는 부하의 변동에 따른 회전 속도의 변화가 매우 적은 편이다.

### 3) 속도 조절법

$$\text{유도 전동기의 속도}(N) = N_s \frac{100-s}{100} = 120 \frac{f}{p} \times \frac{100-s}{100}$$

속도를 바꾸려면 슬립률 s나 극수p, 또는 주파수 f를 바꾸면 될 것이다. 그러므로 유도 전동기의 속도 제어법에는 다음과 같은 것이 있다.

① 슬립률을 바꾸는 방법 : 1차 전압 제어, 2차 저항 제어
② 극수를 바꾸는 방법
③ 주파수를 바꾸는 방법 : 전원의 주파수를 바꾸면 전동기의 속도가 바뀐다. 이 방법은 비용이 많이 들므로 특수한 경우에만 적용하지만, 광범위한 속도 제어가 가능하고, 속도제어의 전 영역에서 효율이 좋다.

**참고**

> 회전방향 바꾸기 : 3상 유도 전동기의 3단자 중 어느 2개의 단자를 서로 바꾸어 접속하면 회전 자기장의 방향이 바뀌어 전동기의 회전을 바꿀 수 있다.

### 4) 토크 특성

전동기의 토크, 즉 회전력은 회전 속도에 따라 변한다. 그 변화 상태는 전동기의 종류에 따라 다르다. 일반적으로 유도 전동기의 기동 토크는 그림과 같이 비교적 작으며, 회전 속도가 증가함에 따라 토크는 증가하고, 최대토크에 도달한 후 급격히 감소하여 동기 속도에서 0이 된다.

만약, 최대 토크보다 더 큰 토크가 전동기 측에 가해지면 전동기는 정지하게 되며(s=100%), 이때 고정자 권선에 흐르는 전류가 대단히 커지게 된다. 이와 같이 과부하로 인한 정지 상태가 계속되면 냉각 팬도 돌지 않으며, 강한 전류에 의해 발생한 열로 고정자 코일이 타서 고장이 난다. 그러므로 유도 전동기에는 이러한 상태를 예방하기 위하여 안전장치가 필요하다.

## 3. 단상 유도 전동기

### (1) 회전 원리

3상 유도 전동기는 3쌍의 교류를 흐르게 하여 회전자계를 만들었으나 단상 유도 전동기는 고정자 권선이 2쌍이므로 교류전류의 위상이 + 방향일 때의 자계와 − 방향일 때의 자계가 자극을 바꾸어 가며 180°위상차로 반복되어 나타날 뿐 회전자장은 생기지 않는다.

### (2) 구조와 특성

단상 유도 전동기는 3상 유도 전동기와 같이 고정자, 회전자 베어링, 냉각팬 등으로 구성되어 있다.

## 1) 분상 기동형 유도 전동기

기동 권선을 주권선에 90°의 각도를 이루게 설치하여 둘의 위상차로 회전자를 회전시킨다. 회전방향을 바꾸려면 주권선이나 기동 권선의 어느 한 권선의 단자접속을 반대로 하면 된다

## 2) 콘덴서 기동형 유도 전동기

기동 권선과 직렬로 콘덴서를 설치하여 회전자를 회전시킨다. 기동전류가 작으며 회전방향을 바꾸는 방법은 분상 기동형과 동일하다. 그 종류로는 콘덴서 기동형, 콘덴서 운전형, 콘덴서 기동 운전형이 있다.

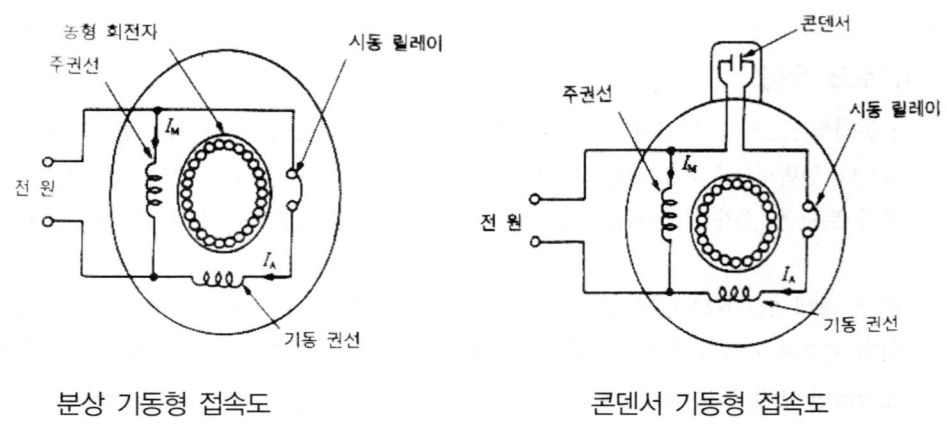

분상 기동형 접속도 　　　　　콘덴서 기동형 접속도

## 3) 콘덴서 운전형 유도 전동기

운전 중에도 콘덴서를 항상 접속시켜 기동 권선과 주권선 사이에 위상차를 발생시켜 회전 자기장을 형성하는 전동기를 콘덴서 운전형 전동기라 하며, 기동 토크는 작으나 소음과 진동이 작고, 역률과 효율도 다른 전동기보다 높아, 가정용으로 많이 사용한다.

## 4) 콘덴서 기동 운전형 유도 전동기

시동시에는 콘덴서 기동형으로 동작하고, 운전 중에는 콘덴서 운전형으로 동작하게 하여 사용한다.

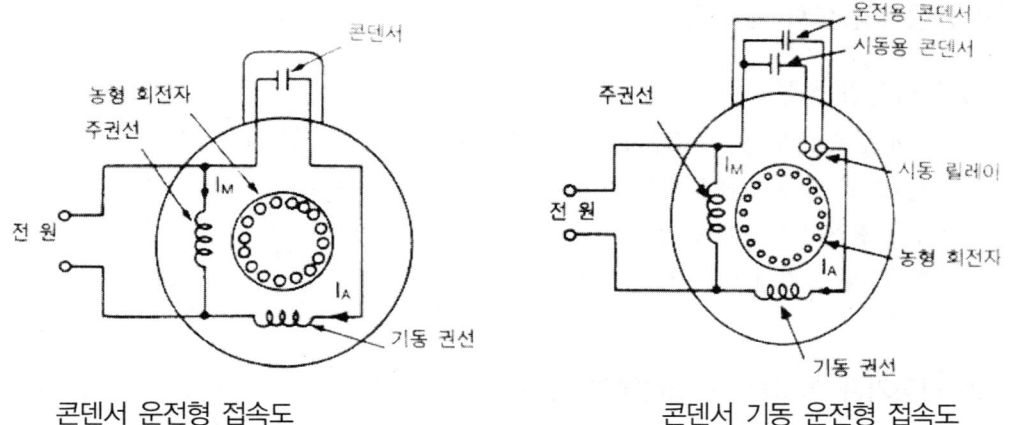

콘덴서 운전형 접속도          콘덴서 기동 운전형 접속도

### 5) 반발 기동형 단상 유도 전동기

반발 기동형 단상 유도 전동기의 구조는 고정자 권선(S), 권선형의 회전자(R) 및 정류자(C)와 정류자에 접촉하는 탄소 브러시($B_1$, B2) 및 자동 개폐 스위치로 구성되어 있다.

권선형 회전자의 권선의 끝은 정류자에 접속되며 정류자는 브러시를 통하여 외부와 단락 된다. 고정자 권선에 단상 교류를 통하면 회전자 권선에 전류가 유도되고 이 유도 전류에 의하여 고정자 자계와 서로 반발하는 자계가 형성된다. 이 반발력에 의하여 회전자가 회전하기 시작하고, 회전 속도가 정격 속도의 70~80%에 도달하면 원심력에 의해 작동하는 정류자 단락 장치에 의해 회전자 권선은 자동적으로 단락 되어 분상 기동형과 마찬가지로 회전자에 생기는 유도 전류로 인하여 계속 회전하게 된다.

반발 회전형 전동기는 기동 토크가 매우 크며, 기동 전류는 비교적 작다. 그러나 같은 크기의 분상 기동형 전동기에 비하여 치수가 크고 무게가 무거우며 가격이 비싸다. 따라서, 농업용의 양수 작업과 같은 기동 토크가 큰 작업 등에만 사용한다.

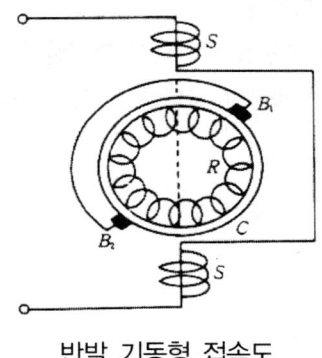

반발 기동형 접속도

## (3) 전동기의 설치 및 운전

### 1) 전동기의 선정
① 기계의 속도 및 토크 특성에 맞는 기종(정속도, 정출력, 정토크, 저감도 토크)
② 전동기의 사용 조건에 맞는 기종(정격, 통풍 및 냉각 등)
③ 주위 환경에 맞는 기종(온도, 습도, 먼지, 옥내외 사용 등)
④ 경제적인 조건에 맞는 기종(가격, 유지비 등)

### 2) 전동기를 설치할 때 고려해야 할 사항
① 건조하고 통풍이 잘 되는 장소에 설치한다.
② 온도가 높고 습도가 높은 장소를 피한다.
③ 먼지가 많은 장소를 피한다.
④ 청소하기 편리한 장소가 좋다.
⑤ 대형 전동기는 콘크리트로 기초를 튼튼히 한다.
⑥ 1kW 내외의 소형 전동기는 나무틀로 고정시켜도 좋다.
⑦ 전동기축과 작업기축이 일직선 또는 평형이 되도록 한다.
⑧ 전동기를 직접 작업기에 설치할 때에는 감전 등의 안전 사고에 주의한다.

### 3) 전동기를 운전할 때의 유의 사항
① 전동기를 기동할 때에는 될 수 있는 대로 무부하 상태로, 스위치는 천천히 그리고 확실히 넣어야 한다.
② 처음 기동할 때에는 회전 방향에 주의한다.
③ 장시간의 심한 과부하 운전은 대단히 위험하다.
④ 전동기의 베어링 발열부 온도는 40℃~50℃ 이하가 되도록 냉각에 주의한다.
⑤ 베어링 부분의 과열에 주의한다.
⑥ 진동이 심할 때에는 즉시 운전을 중지하고 점검한다.
⑦ 전동기의 전압이 저하되면 과부하 상태가 되고, 심하면 권선이 타버리므로 주의한다.
⑧ 정격의 퓨즈를 사용한다.

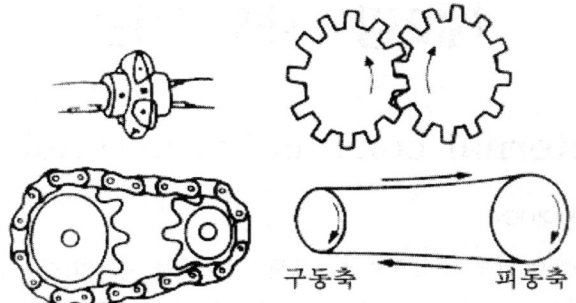

전동기의 동력전달 종류

# 제2장  내연기관

## 1. 내연기관(internal combustion engine)

### (1) 열기관(heat engine)

내연기관을 움직이게 하는 동력으로 물, 석탄, 석유류를 이용하여 회전 운동과 직선 운동을 하게 하며 기계적인 에너지를 생성하는 기관이다. 대부분 내연기관은 열 에너지를 기계적인 운동으로 변환시켜 동력을 얻을 수 있게한 기관으로 열 기관이라 하고 다시 내연기관과 외연 기관으로 분류한다. 또한 오늘날 대부분의 농업기계는 내연기관이 많이 사용된다.

① 내연기관 : 기관 내부에서 연료를 연소시켜 동력을 공급(농용 기관, 자동차, 버스 등)
② 외연 기관 : 기관 외부에서 연료를 연소시켜 동력을 공급(보일러, 증기기관, 증기 터빈 등)

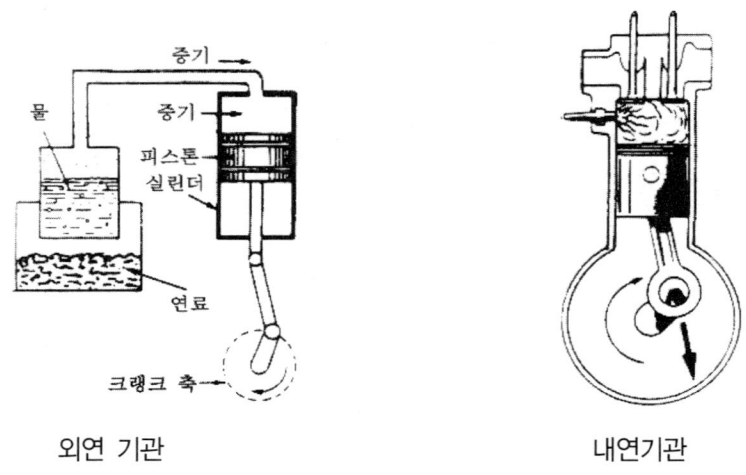

외연 기관                    내연기관

## 2. 내연기관의 종류

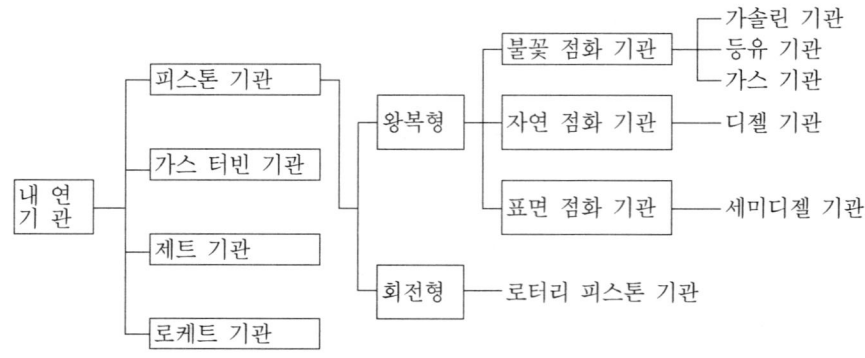

## (1) 열의 공급방법

### 1) 가솔린 기관

정적 사이클 기관(constant volume cycle engine) 또는 오토 사이클 기관 일정한 체적하에서 연소가 일어난다.

### 2) 저속 디젤 기관

정압 사이클 기관(constant pressure cycle engine) 또는 디젤 기관 일정한 압력하에서 연소가 일어난다.

### 3) 고속 디젤 기관

합성 사이클 기관(combination volume cycle engine) 또는 복합 사이클 기관 정적과 정압하에서 연소가 일어난다.

## (2) 연료의 종류

① 가솔린 기관(gasoline engine) : 가솔린 기관, 항공기(불꽃 점화)
② 가스 기관(gas engine) : LPG 기관(불꽃 점화)
③ 석유 기관(kerosene engine) : 석유 기관(불꽃 점화)
④ 중유 기관(heavy oil engine) : 선박용, 산업용(압축 점화)

## (3) 기관의 작동방식

### 1) 2사이클 기관

기관이 1사이클을 완료하는 사이에 크랭크축이 1회전, 즉 피스톤이 2행정을 한다(예취기, 미스터기 엔진 등).

### 2) 4사이클 기관

기관이 1사이클을 완료하는 사이에 크랭크축이 2회전, 즉 피스톤이 4행정을 한다(경운기, 트랙터, 관리기 엔진 등 대부분의 농업용 엔진).

## (4) 연료의 점화방식

① 불꽃 점화 기관(spark ignition engine) : 기화기, 단속기, 점화플러그
② 압축 착화 기관(compression ignition engine) : 필터, 펌프, 노즐, 연소실
③ 소구 점화 기관(semi diesel engine) : 세미 디젤 기관, 표면 점화기관

### (5) 가스의 작동방식

① 단동 기관(single-acting engine)
② 복동 기관(double-acting engine)

### (6) 그 밖의 분류

① 실린더 수에 따라 : 단기통, 다기통
② 냉각방식에 따라 : 공랭식, 수랭식
③ 용도에 따라 : 농업용, 산업용, 자동차용, 선박용, 항공기용, 발전용 기관
④ 실린더 배치에 따라 : 횡형, 수평형, 종형, 직렬형, V형, 성형

**참고**

로우터리 기관의 특징
① 토오크 변동이 적다.              ② 소음이 적고, 고속회전에 적합
③ 기관 중량이 적고, 마력당의 중량이 적다.  ④ 기계적 손실이 적다.1

### (7) 가스 터어빈의 구성

압축기, 연소기, 터어빈(브레이톤 사이클)

## 3. 내연기관의 작동 원리

### (1) 기본 용어의 정의

① 상사점(top dead center, TDC) : 피스톤이 실린더 최상단에 위치하는 점
② 하사점(bottom dead center, BDC) : 피스톤이 실린더 최하단에 위치하는 점
③ 행 정(stroke, S) : 상사점과 하사점 사이의 피스톤 작동거리, 즉 피스톤이 이동한 거리
④ 연소실체적(간극 체적, $V_c$) : 피스톤이 상사점에 있을 때, 피스톤과 실린더 사이의 체적
⑤ 행정체적(배기량, $V_s$) : 피스톤의 1행정으로써 배제되는 실린더 용적

배기량 : $V_s = \dfrac{\pi D^2}{4 \times 1000} L$  ∴ $V_s = (\epsilon - 1)$  $V_c = (\epsilon - 1) \times V_c$

총 배기량 : $V_s = \dfrac{\pi D^2}{4 \times 1000} L \times N$

$\dfrac{\pi D^2}{4}$ : 실린더 단면적(cm²),   D : 내경(mm),   L : 행정(mm)
N : 실린더 수,   Vc : 연소실 체적(cc),   Vs : 배기량(체적 ; cc)

⑥ 실린더 체적 : 행정 체적 + 연소실 체적
⑦ 압축비 : 실린더 체적 ÷ 행정 체적

압축비$(\epsilon) = \dfrac{V_S + V_C}{V_C} = 1 + \dfrac{V_S}{V_C}$

압축비 ε는 가솔린 기관이 5~8 : 1, 디젤 기관이 15~23 : 1, 석유 기관이 4~4.5 : 1이다.
⑧ 크랭크 각 : 크랭크 암이 회전한 각도, 피스톤이 상사점에 있을 때 0°이고 하사점에 있을 때 180°이다.
⑨ 피스톤 평균 속도
$V = \dfrac{2 \cdot L \cdot N}{60} (m/s)$

L : 행 정(mm),   N : 회전수(rpm)

### 참고

크랭크 핀의 위상각 = $\dfrac{720°}{\text{기통수}}$
4기통 : 180°   6기통 : 120°   8기통 : 90°

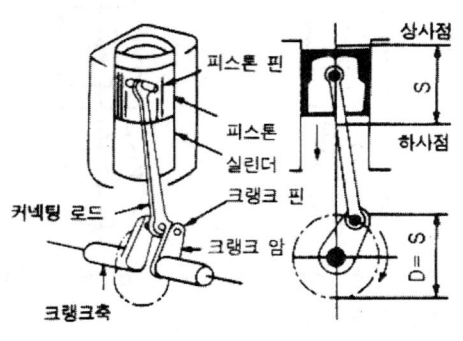
(a) 상사점

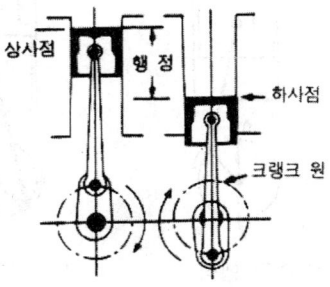
(b) 하사점

왕복 피스톤 기관의 구조와 운동

## (2) 4행정 불꽃점화 기관의 작동원리

### 1) 흡기 행정

피스톤이 상사점에서 하사점까지 이동하는 사이에 흡기밸브가 열리면서 연료와 공기의 혼합기체가 실린더 내로 흡기되는 과정이며 흡기밸브는 하사점이 지날 때까지 열려있다.

### 2) 압축 행정

피스톤이 하사점을 지나 계속 상승하면 흡기밸브는 닫힌 상태가 되며, 밀폐된 실린더 내부에 흡기되어 있는 혼합가스는 압축된다. 4행정 불꽃 점화기관은 압축비가 5~11kg/cm², 압축온도는 250~350℃이다.

### 3) 팽창 행정

연료가 지닌 화학적 에너지가 연소되어 기계적 에너지로 변환되어 동력을 발생하는 행정이기 때문에 동력 행정 또는 폭발행정이라고 한다.

### 4) 배기 행정

팽창 행정 말기에 밸브 장치에 의해 배기밸브가 열리면 연소된 배기가스는 자체의 압력으로 배기 되기 시작하고, 이후 피스톤이 상승하면서 배기가스를 몰아 내며 상사점에 이른 후에도 배기 가스의 유출관성에 의해 배기밸브가 닫힐 때까지 배기 작용이 계속 이루어진다.

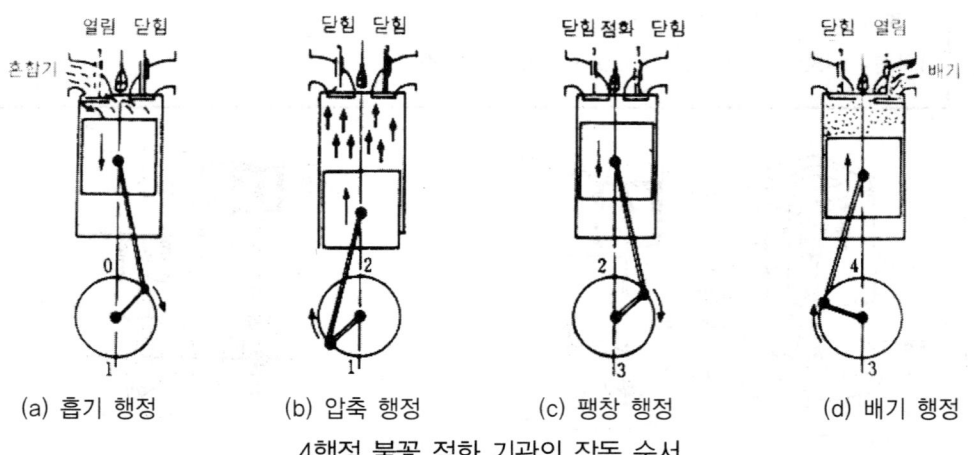

4행정 불꽃 점화 기관의 작동 순서

## (3) 4행정 압축착화 기관의 작동원리

4행정 압축 점화 기관의 기본 작동 원리는 4행정 불꽃 점화 기관의 작동 원리와 비슷한 점이 많으나, 연료의 공급 방식 및 연소 원리 등은 크게 다르다. 다음은 4행정 불꽃 점화 기관과의 작동 원리상의 큰 차이점이다.

### 1) 흡기 행정

압축 점화 기관은 가솔린 기관과는 달리 흡기 행정 때 공기만 실린더 안으로 흡기한다.

### 2) 압축 행정

불꽃 점화 기관은 혼합가스를 압축하지만, 압축 점화 기관은 흡기 행정 때 공기만 흡기했기 때문에 압축행정을 통하여 흡기된 공기를 압축한다. 4행정 압축 점화 기관은 압축비가 15~23으로 커서 압축 압력은 30~55kgf/cm$^2$, 압축 온도는 500~650℃에 이른다.

### 3) 팽창 행정

압축 행정 말기에 압축된 공기 중에 별도의 연료공급 장치를 통하여 기종에 따라 120~200kgf/cm$^2$의 압력으로 연료를 분사하면, 연료와 공기가 혼합 무화되면서 자연 발화가 되어 연소가 진행된다.

### 4) 배기 행정

불꽃 점화 기관과 같이 동력을 발생하고 난 배기 가스를 기관의 외부로 배출시키는 행정으로, 불꽃 점화 기관에 비해 압축비가 크기 때문에 배기 가스의 배출 작용이 양호하며, 잔류 가스가 적은 편이다.

## (4) 2행정 불꽃점화 기관의 작동원리

2행정 불꽃 점화 기관을 4행정 불꽃 점화 기관과 비교할 때 기본적인 차이점 중의 하나는 흡기구, 배기구, 이외에 소기구가 있으며, 흡기구가 실린더에 위치한 기종은 별도의 밸브기구가 없이 피스톤의 승강으로 피스톤이 이들 구멍을 개폐하며, 흡기구가 크랭크 실에 위치하고 있는 기종은 흡기구에 역류방지용 밸브가 설치되었으며, 크랭크실의 가압, 부압 상태에 따라 밸브가 개폐된다.

### 1) 하강 행정의 초기

상사점 부근에서 이미 실린더 안으로 흡기된 혼합 가스가 전기 장치에 의한 점화 불꽃에 의해 인화, 연소되어 팽창 압력으로 피스톤을 밀어내는 동력 행정이 이루어지면서 크랭크실 안으로 흡기된 혼합 가스는 점차 압축된다.

### 2) 하강 행정의 후기

피스톤이 계속 하강하면, 피스톤에 의해 막혀 있던 배기구가 열리면서 자체의 폭발 압력으로 배기 작용이 이루어진다. 이후 피스톤이 더욱 하강하여 소기구가 열리면 밀폐된 크랭크 실에서 피스톤의 하강으로 예압된 혼합 가스가 소기구를 통하여 실린더 안으로 유입된다. 이때, 유입되는 혼합 가스는 실린더 안에 남아 있는 혼합 가스를 밖으로 밀어내는 역할도 하는데, 이러한 행정을 소기행정이라 한다.

### 3) 상승 행정의 초기

피스톤이 상승하면서 소기구와 배기구를 차례로 닫을 때까지 배기 가스는 계속 배출된다.

### 4) 상승 행정의 후기

피스톤이 계속 상승하여 소기구와 배기구를 닫으면 실린더 내부는 밀폐되어 실제적인 압축행정이 이루어지며, 반면에 밀폐된 크랭크 실 내부는 진공이 형성된다. 따라서, 흡기구가 크랭크 실에 위치한 기종은 역류 방지 밸브인 리드 밸브가 열리면서 혼합 가스가 흡기되며, 흡기구가 실린더에 위치한 기종은 피스톤이 상승하여 피스톤의 하단부가 흡기구를 지나 흡기구가 실린더에 위치한 기종은 피스톤이 상승하여 피스톤의 하단부가 흡기구를 지나 흡기구를 개방하면 크랭크 실로 혼합 가스가 진공에 의해 흡기된다. 위와 같이, 피스톤이 하강할 때에는 동력 행정, 배기 행정, 소기 작용이 이루어지며, 피스톤이 상승 할 때에는 소기 작용 및 배기 작용, 압축 행정 및 크랭크 실로의 흡기 작용이 이루어진다.

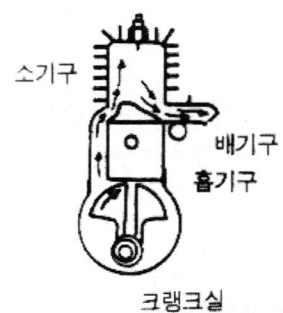  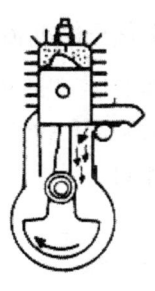 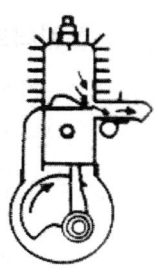

(a) 상승 행정(배기, 소기)    (b) 상승 행정 (압축, 크랭크실 흡기)    (c) 하강 행정 (크랭크실 흡기, 팽창)    (d) 하강 행정 (배기, 크랭크실 압축)

2행정 불꽃 점화 기관의 작동 순서

### 5) 2행정 사이클 기관의 소기 및 용어

① 소 기(scavenging) : 연소가스를 방출하고 혼합 가스를 실린더 내에 채우는 현상을 말한다.
② 소기 기간 : 하사점을 중심으로 120~150°정도에서 행한다.
③ 흡기 효율

$$\eta_{tr} = \frac{G_f}{G_e} = \frac{V_f}{V_e} = \frac{\text{실제로 흡기한 양}}{\text{펌프가 공급한 양}}$$

$G_e, V_e$ : 소기 펌프에 의해서 공급된 신기의 중량과 체적
$G_f, V_f$ : 흡기한 신기의 중량과 체적

④ 소기효율

$$\eta_s = \frac{G_f}{G_g} = \frac{V_f}{V_g} = \frac{\text{실린더 속의 흡기한 신기의 양}}{\text{실린더 내의 잔류가스와 신기와의 합}}$$

$G_g, V_g$ : 실린더 내 잔류 가스와 신기와의 합의 중량과 체적

## (5) 내연기관의 주요 구조와 작용

### 1) 실린더와 실린더 헤드(cylinder & cylinder head)

연료를 연소시켜 열에너지를 얻고 이 열에너지를 피스톤에 의해 기계적 에너지로 바꾸는 일종의 원통이다. Ni, Cr등의 고급 주철로 만든다. 실린더 헤드는 연소실을 형성하며, 재질은 주철이나, 알루미늄을 사용한다.

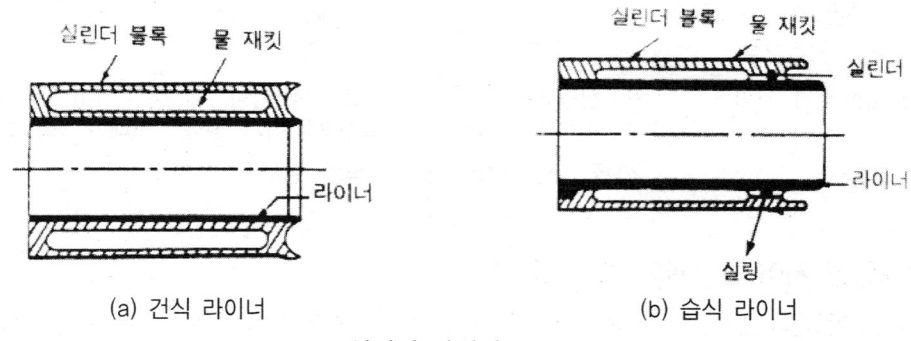

(a) 건식 라이너  (b) 습식 라이너

실린더 라이너 종류

### 2) 피스톤(piston)

가능한 가볍고, 헤드부분이 얇으며, 열전도율이 좋고 열팽창률이 적어야 한다. 그리고 직접분사식 기관에는 바울인 피스톤이 사용된다.

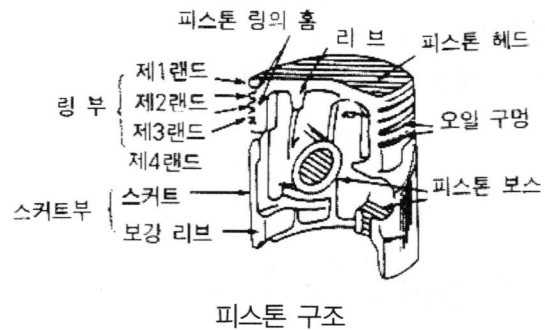

피스톤 구조

### 3) 피스톤 링(piston ring)

피스톤 링은 내마모성, 내부식성, 내열성, 높은 강도와 탄성이 요구된다.
① 압축링 : 기밀을 유지하고 피스톤의 열을 실린더 벽에 전달하는 역할을 한다.
② 오일링 : 윤활유를 적절히 분포시키고 여분의 윤활유를 긁어내어 연소실 내의 윤활유 연소와 이로써 생기는 탄소의 퇴적을 방지한다.

### 4) 피스톤 핀(piston pin)

피스톤과 커넥팅 로드의 소단부를 연결하는 핀이다.
① 피스톤 연결방법
㉮ 고정식 : 피스톤 핀을 피스톤에 고정시키는 것.
㉯ 반 부동식 : 피스톤 핀을 커넥팅 로드에 고정시키는 것.
㉰ 전 부동식 : 피스톤 핀을 어느 부분에도 고정시키지 않고 핀의 양쪽 끝은 스냅 링으로 단지 핀의 이탈을 방지하는 것으로 고속기관에 많이 사용된다.

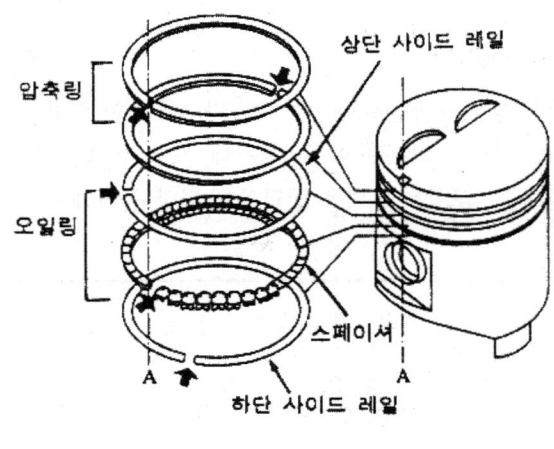

피스톤 링 구성

### 5) 커넥팅 로드(connecting rod)

피스톤 핀과 크랭크축을 연결하며 피스톤에 가해진 힘을 크랭크축에 전달하는 역할을 한다. 커넥팅 로드는 피스톤 핀에 연결되는 소단부와 크랭크 핀에 연결되는 대단부로 구성되며, 압축, 인장, 굽힘 등의 반복 하중에 견딜 수 있도록 I형 또는 H형의 모양으로 단조하여 만든다. 그러나 소형 가솔린 기관에서는 알루미늄 합금의 다이캐스팅으로 만들기도 한다.
커넥팅 로드 소단부의 중심과 대단부의 중심과의 거리를 커넥팅 로드 길이라 하며 피스톤 행정의 1.5~2.3배이다.

**참고**

커넥팅 로드 길이 산출공식
$$\ell = x \times \frac{L}{2}$$
$\ell$ : 커넥팅 로드의 길이
L : 피스톤의 행정
x : 크랭크 축 회전 반지름에 대한 배수

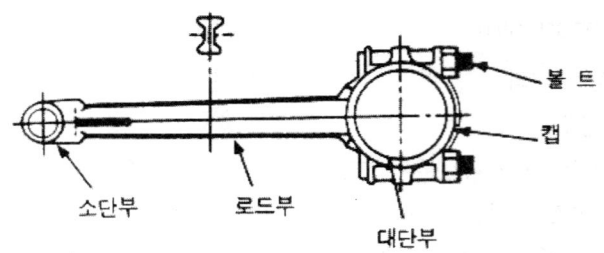

커넥팅 로드의 구조

## 6) 크랭크축(crank shaft)

크랭크축은 피스톤의 왕복 운동을 회전운동으로 바꾸어 주는 역할을 한다. 크랭크축은 크랭크 암, 크랭크 저널, 크랭크 핀으로 이루어지는데, 축의 끝에는 회전을 원활하게 하기 위한 플라이휠이, 다른 쪽 끝에는 동력을 전달하기 위한 풀리가 부착된다.

**참고**

```
4기통 점화순서 : 우 : 1, 3, 4, 2 또는 좌 : 1, 2, 4, 3
6기통 점화순서 : 우수식 : 1, 5, 3, 6, 2, 4
                좌수식 : 1, 4, 2, 6, 3, 5
8기통 점화순서 : 우 : 1, 6, 2, 5, 8, 3, 7, 4    좌 : 1, 5, 2, 6, 8, 4, 7, 3
```

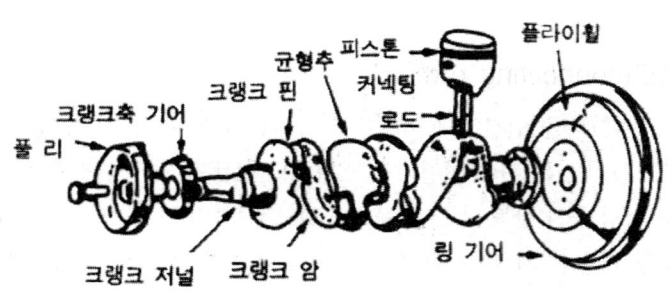

4기통 기관의 크랭크축 구조

## 7) 플라이휠(flywheel)

플라이휠은 주철 또는 주강으로 만들어진 무거운 바퀴 형태의 것으로, 팽창 행정일 때 에너지를 저장하였다가 흡기, 압축, 배기 행정일 때 필요한 에너지를 공급함으로써 토크 변동을 줄이고 원활한 회전을 가능하게 한다. 일반적으로 실린더의 수가 적을수록 그리고 회전 속도가 낮을수록 큰 플라이휠을 부착한다.

## 8) 밸브(valve)

밸브의 구조는 헤드와 스템으로 이루어지며, 흡배기공과 밀착되는 밸브 헤드의 측방 경사 부분을 밸브 면이라 하고, 이와 맞닿는 부분을 밸브 시트라 한다.

밸브면은 30°, 45°, 60°의 접촉각을 가지도록 정밀 가공되어 밀착성을 높이고 있으며 45°를 가장 많이 사용되고 있다. 밸브가 기울어지는 것을 방지하기 위하여 밸브 스템을 밸브 가이드로 잡아주고 있다. 특히 배기 밸브는 고온인 배기 가스가 빠른 속도로 지나가므로 내열성이 좋은 재료를 사용한다. 흡기밸브는 흡기의 효율을 높이기 위하여 배기 밸브보다 지름이 큰 것을 사용한다.

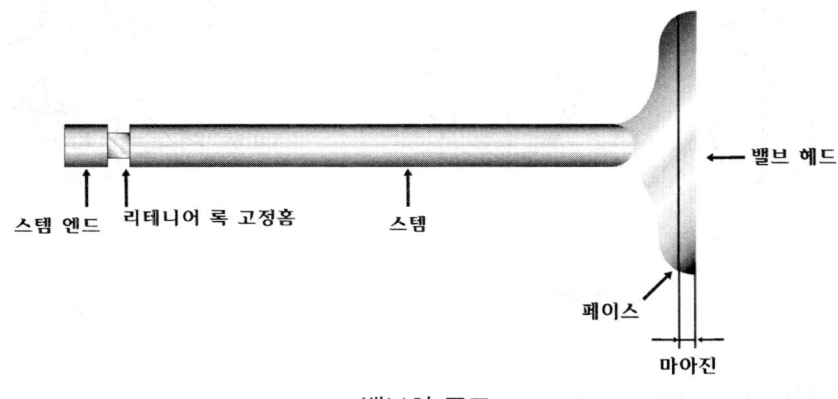

밸브의 구조

### 참고

> 밸브 재료의 구비조건 : 비중이 적고 경량일 것,
> 강도가 크고 충격에 강할 것.
> 내열성 및 내마모성이 양호할 것.
> 열전도가 좋고 열팽창이 적을 것.

① 밸브의 구동 방식
㉮ 사이드 밸브 기관(side valve engine) : 밸브 기구가 실린더 블록에 설치
㉯ 오버 헤드 밸브 기관(over head valve engine) : 밸브 기구가 실린더 헤드에 설치
㉰ 오버 헤드 캠축 기관(over head camshaft valve engine) : 이 형식은 오버 헤드 밸브 기구의 캠축을 실린더 헤드 위에 설치하고 캠이 직접 로커 암을 움직이게 되어 있다.

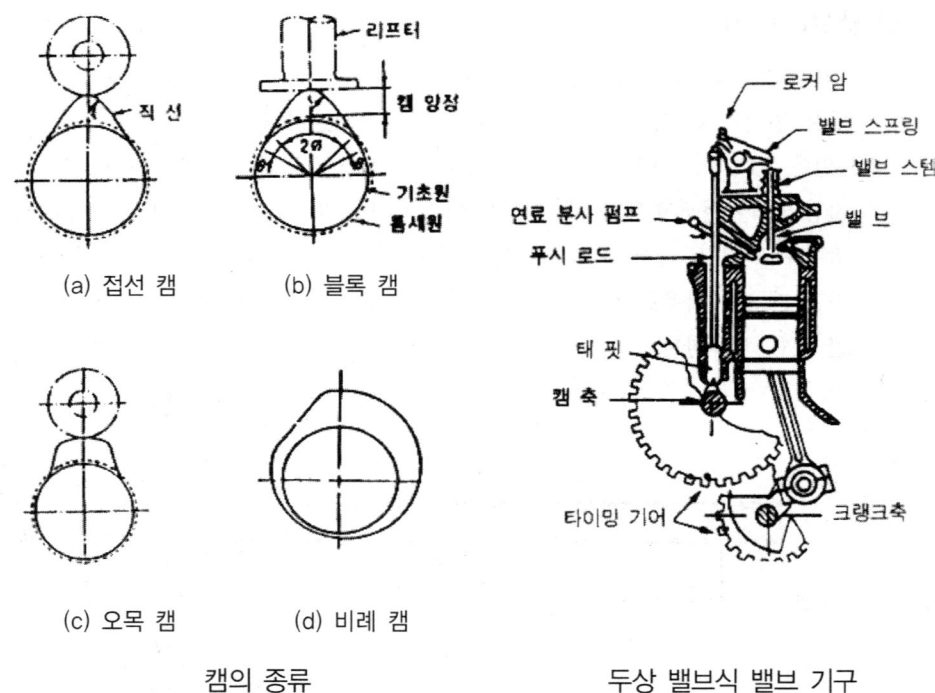

캠의 종류                    두상 밸브식 밸브 기구

### 9) 타이밍 기어(timing gear)

캠축을 구동하고 밸브의 개폐시기를 맞추기 위해 사용되는 캠축과 크랭크축의 기어를 말하며, 일반적으로 정비를 용이하게 하기 위해 두 기어의 일치 위치를 표시해 주고 있다.

### 10) 조속기(governor)

조속기는 부하변동에 관계없이 기관의 회전속도를 일정한 범위로 유지시키는 역할을 한다. 조속기의 종류에는 기계식, 공기식, 유압식 등이 있으며, 최근에는 전자식 점화장치에 부속된 회로와 제어장치에 의해 혼합기 양 또는 연료 분사량을 제어하는 전자식도 실용화되고 있다.

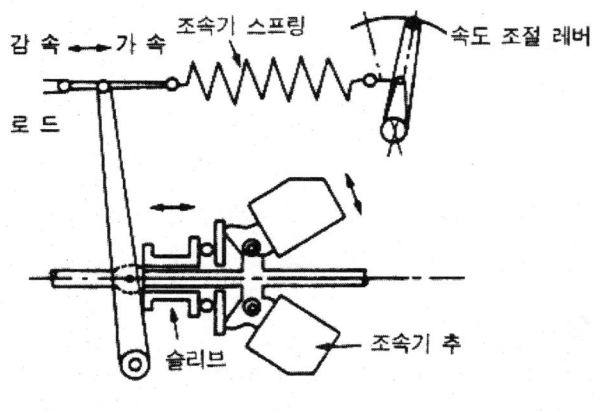

조속기의 구조

농업용 내연기관의 대부분은 그림과 같은 기계식 원심식 조속기가 채용되고 있다. 이것은 회전속도에 의해 변화하는 조속기 추의 원심력으로 불꽃 점화 기관에서는 기화기의 스로틀 밸브를 제어하거나 압축점화기관에서는 연료분사펌프의 연료 분사량을 제어하는 조속기이다.

### 참고

> 헌팅(hunting) : 엔진의 회전속도에 대한 조속기의 부적절할 때 회전이 파상적으로 변동하는 현상

## 4. 내연기관의 열역학적 고찰

### (1) 기초 사항

내연기관의 실제 사이클은 작업유체의 상태변화가 복잡하므로 이론공기 사이클을 적용하여 각 사이클 효율을 구한다.

#### 1) 열평형(heat balance)

열역학 제1법칙에 따르면 연료의 발열량에 해당되는 에너지는 소멸되는 것이 아니라 변화되기 때문에 연료의 완전연소에 의한 발열량을 100%라 할 때 에너지가 어떤 형태로 변환되는가를 나타낸 것을 열평형이라한다.

#### 2) 열역학 제1법칙(에너지 보존 법칙)

열은 에너지의 한 형태로서 열은 일량으로 또는 일은 열로 변화시킬 수 있으며 일량과 열량의

비는 일정하다.

$$Q = A \cdot W, \quad W = J \cdot Q$$

Q : 열량(kcal), W : 일량(kgf-m)
A : 일의 열당량(1/427 kcal/kgf-m), J : 열의 일당량(427 kgf-m/kcal)

### 3) 완전가스의 상태

최초의 압력, 체적, 온도가 각각 $P_1(kg/cm^2)$, $V1(m^3)$, $T_1(°K)$ 이고, 가스 정수 R(kg-m/kg-°K)의 완전 가스가 상태 변화 후 $P2(kg/cm^2)$, $V_2(m^3)$, $T_2(°K)$일 때, 다음과 같은 법칙이 성립한다.

① 보일(Boyle)의 법칙($T_1 = T_2$일 때) : 온도가 일정할 때 압력과 체적의 변화는 반비례한다.

$$P_1 V_1 = P_2 V_2 = 일정$$

② 샤를(charle)의 법칙($P_1 = P_2$일 때) : 압력이 일정할 때 온도와 체적의 변화는 비례한다.

$$\frac{T_1}{T_2} = \frac{V_1}{V_2} = 일정$$

③ 보일-샤를(Boyle-charle)의 법칙 : 압력과 온도와 체적이 각각 변화할 때에는 다음 식이 성립한다.

$$\frac{P_1 V_1}{T_1} = \frac{P_2 V_2}{T_2} = GR 에서 \ PV = \boxed{GRT}$$

R : 가스 정수(kg-m/kg-℃), G : 가스의 중량(kg)

### 4) 열역학 제 2법칙

열은 그 스스로 저온 물체로부터 고온 물체로 이동할 수 없다.(제2종 영구기관)

## (2) 이론적 열효율

### 1) 오토 사이클(Otto cycle) 또는 정적 사이클(예 ; 가솔린 기관)

오토 싸이클은 2개의 정적과정 + 2개의 단열과정으로 구성되어 있다.

0 → 1 : 흡기 과정
1 → 2 : 단열 압축
2 → 3 : 정적 연소(폭발)
3 → 4 : 단열 팽창
4 → 1 : 정적 방열
1 → 0 : 배기 과정

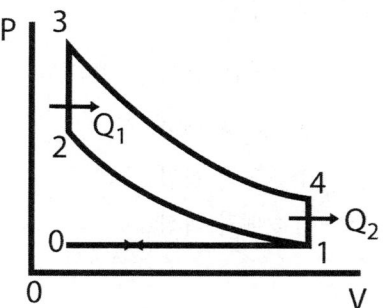

① 가열량과 방열량

가열량 : $Q_1 = GC_v(T_3-T_2)$,       방열량 : $Q_2 = GC_v(T_4-T_1)$

② 이론 열효율

$$\eta_{tho} = \frac{Q_1-Q_2}{Q_1} = 1-(\frac{T_4-T_1}{T_3-T_2}) = 1-(\frac{1}{\varepsilon})^{k-1}$$

여기서, $\varepsilon = \frac{V_1}{V_2}$ : 압축비, $k = \frac{C_p}{C_v}$ : 비열비(1.4), Cp : 정압비열, Cv : 정적비열

**참고**

오토 사이클의 이론 열효율은 압축비에만 의해서 정해지며, 압축비가 클수록 열효율이 증가된다.

③ 평균 유효 압력(Pm)

$$P_m = P_1\frac{(\rho-1) - (\epsilon^k-\epsilon)}{V_1(k-1)(\epsilon-1)}$$

## 2) 디젤 사이클 또는 정압 사이클(예 ; 저속 디젤 기관)

디젤 사이클도 2개의 단열과정 + 1개의 정압 과정 + 1개의 정적과정으로 구성되어 있다.

0 → 1 : 흡기 과정
1 → 2 : 단열 압축
2 → 3 : 정압 연소
3 → 4 : 단열 팽창
4 → 1 : 정적 방열
1 → 0 : 배기 과정

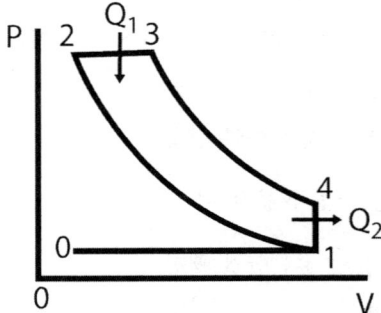

### ① 가열량과 방열량

가열량 : $Q_1 = GC_v(T_3 - T_2)$,
방열량 : $Q_2 = GC_v(T_4 - T_1)$

### ② 이론 열효율

$$\eta_{thd} = \frac{Q_1 - Q_2}{Q_1} = 1 - \frac{C_v(T_4 - T_1)}{C_p(T_3 - T_2)} = 1 - (\frac{1}{\epsilon})^{k-1} \times \frac{\sigma^k - 1}{k(\sigma - 1)}$$

여기서, $\sigma = \dfrac{V_3}{V_2}$     $\varepsilon$ : 체절비,
$\sigma$ : 압축비,     k : 비열비

**참고**

디젤 사이클의 열효율은 압축비가 크고, 단절비가 작을수록 증가한다.

③ 평균 유효 압력(Pm)

$$P_m = P_1 \frac{\epsilon^k k(\sigma-1) - \epsilon(\sigma^k-1)}{(k-1)(\epsilon-1)}$$

## 3) 사바테 사이클 및 복합사이클(예; 고속 디젤 기관)

2개의 단열과정 + 2개의 정적과정 + 1개의 정압 과정

    $0 \to 1$ : 흡기 과정
    $1 \to 2$ : 단열 압축
    $2 \to 3'$ : 정적 가열
    $3' \to 3$ : 정압 가열
    $3 \to 4$ : 단열 팽창
    $4 \to 1$ : 정적 방열
    $1 \to 0$ : 배기 과정

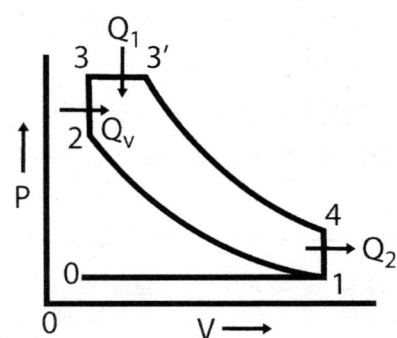

① 가열량과 방열량

가열량 : $Q_1 = Q_v + Q_p = G[C_v(T'_3 - T_2) + C_p(T_3 - T'_3)]$

발열량 : $Q_2 = G C_v(T_4 - T_1)$

② 이론 열효율

$$\eta_{ths} = \frac{Q_1 - Q_2}{Q_1} = 1 - \frac{1}{\epsilon^{k-1}} \times \frac{\rho\sigma^k - 1}{(\rho-1) + k\rho(\sigma-1)}$$

여기서, $\rho = \dfrac{P_3}{P_2}$ : 압력상승비(폭발비),    $\epsilon$ : 압축비,

        $\sigma$ : 체절비,               k : 비열비

### 참고

폭발비가 1일 때 디젤사이클, 단절비가 1일 때 오토 사이클의 열효율식이 된다.
압축비와 폭발비가 클수록 단절비가 1에 접근할수록 열효율이 증가한다.

③ 평균 유효 압력(Pm)

$$P_m = P_1 \frac{\epsilon^k(\rho-1) + \epsilon^k k\rho(\sigma-1) - \epsilon(\sigma\rho^k-1)}{(k-1)(\epsilon-1)}$$

### (3) 열효율과 압축비와의 관계

3기본 사이클은 압축비를 높이면 열효율이 증가하나, 다음과 같은 관계로 제한된다.
① 오토 사이클은 공급열량에 관계없이 압축비만의 증가만으로 열효율이 증가하나 실제적으로는 노킹 현상으로 제한된다.
② 디젤 사이클은 열효율이 공급열량에 관계된다.
③ 사바테 사이클도 열효율이 공급열량에 관계된다.

**참고**

> 공급 열량 및 압축비가 일정할 때의 열효율은 $\eta_{tho} > \eta_{ths} > \eta_{thd}$ 의 순이다.
> 공급 열량 및 최대압력이 일정할 때 열효율은 $\eta_{thd} > \eta_{ths} > \eta_{tho}$ 의 순이다.
> 기관 수명 및 최고압력을 억제할 때 : $\eta_{ths} > \eta_{thd} > \eta_{tho}$ 의 순이다.

### (4) 연료 공기 사이클

#### 1) 연료 공기 사이클에 대한 가정

① 압축과 팽창은 마찰이 없는 단열 변화이다.
② 연료는 완전 증발하고 공기와 완전히 혼합된다.
③ 연소는 상사점에서 순간적으로 이루어진다.
④ 가스와 실린더 벽 사이의 열 교환이 없다.

#### 2) 실제 사이클이 연료·공기 사이클보다 얻는 일이 적은 이유

① 연소시의 시간적 지연
② 불완전 연소
③ 실린더 벽으로의 열 손실
④ 가스 교환 손실
⑤ 유동 손실
⑥ 작동 가스의 누설

## 5. 연료와 연소

연료란 가연성 물질을 말하는 것으로, 여기에는 고체연료, 액체연료, 기체연료가 있으며 내연기관의 연료는 주로 액체연료를 사용하지만 액화한 기체연료도 사용된다. 연료의 대부분은 탄화수소로 되어 있으며, 탄화수소 연료는 석탄에서 나오는 액화 가솔린과 액화 경유, 그리고 식물계 연료인 알코올도 있지만 천연가스, 가솔린, 경유 등과 같은 석유계 연료가 주종을 이룬다.

### (1) 연료의 분류

#### 1) 상태에 의한 분류

① 고체연료 : 석탄, 목탄 등의 biomass연료, 폐기물 연료(RDF, 폐 타이어)
② 액체연료 : 석유계로서 천연에 존재하며, 정제, 증류하여 가솔린, 등유, 경유, 중유
㉮ 석탄계 연료 : (벤젠, 석탄, 액화에 의한)가솔린, 등유, 경유, 중유 등
㉯ 석유계 연료 : 가솔린, 등유, 경유, 중유 등
㉰ 식물성 원료 : 콩기름, 에틸, 메틸 알코올 등
㉱ 혈암(oil shale) 원료 : 세헤일(shale)유
③ 기체 연료 : 석유계 연료, 식물성 연료(LPG, LNG)
  (연료 : 연료의 주성분은 C와 H이며 N과 S는 미량이다.)

#### 2) 탄화수소에 의한 분류

① 지방족 : 쇄상 결합을 하고 있으며 비교적 연소하기 쉽다.
㉮ 파라핀계($C_nH_{2n+2}$) : 포화 쇄상 결합을 하고 있으며 이중 탄소원자가 1열로 결합된 것을 정파라핀, 측상 결합한 것을 이소 파라핀이라 한다.

프로판 $C_3H_8$

이소부탄 $C_4H_{10}$

탄화수소 분류

㉯ 올레핀계($C_nH_{2n}$) : 불포화 쇄상 결합을 하고, 탄소 원자가 직선으로 결합하고 있으며, 수소

원자 2개가 부족하여 2중 결합을 1개 갖는다.
② 나프텐족 : 포화 환상 결합을 하고, 연소하기가 힘들며 탄소 원자가 단결합에 의해서 다른 2개의 탄소 원자와 환상으로 결합한 것이다(사이클로 헥산).
③ 방향족 : 불포화 환상 결합을 하고 있으며 6개의 탄소 원자가 하나씩 걸러서 2중 결합과 단결합으로 환상으로 결합한 것이다(벤젠, 톨루엔).

## (2) 가솔린 기관의 연료

### 1) 휘발성(volatility)
연료의 기화성을 나타낸다. 혼합기의 생성이 쉽고, 완전 증기화하여 시동 및 가속에 편리하다.

### 2) 옥탄가(octane number)
연료의 내폭성을 나타내는 기준이며 옥탄가가 높으면 내폭성이 커서 노크현상을 줄일 수 있다. (즉, 연료의 knock가 일어나기 어려운 정도를 수치로 나타낸 값)

$$옥탄가(ON) = \frac{이소옥탄(C_8H_{18})}{이소옥탄(C_8H_{18}) + 노오말헵탄 \Rightarrow (n-헵탄 \text{ or } 正헵탄)(C_7H_{16})} \times 100(\%)$$

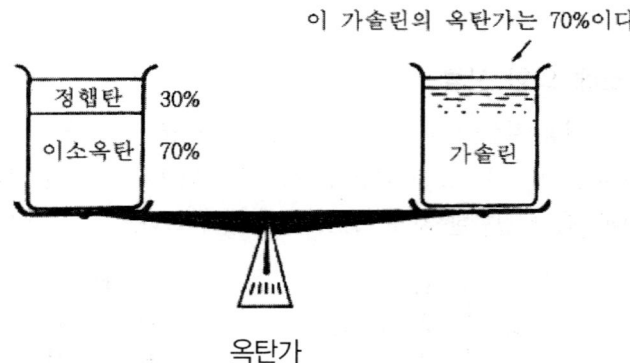

옥탄가

### 3) 퍼포먼 수(performance number)
동일한 운전 조건에서 시험 연료로 운전한 경우와 이소 옥탄으로 운전한 경우의 노크의 한계에 있어서 도시 마력의 비를 백분율로 표시한 것을 말한다.

### 4) 옥탄가(ON)와 퍼포먼 수(PN)와의 관계

$$ON = 128 - \frac{2800}{PN}$$

$$PN = \frac{2800}{128 - ON}$$

> **참고**
>
> 옥탄가를 측정할수 있는 엔진 : CFR기관(압축비를 조절할 수 있음)
> 가솔린 기관의 표준 옥탄가 : 80%
> 내폭성 향상제 : 4에틸납
>
> $$공기\ 과잉률(\lambda) = \frac{실제\ 흡입된\ 공기량}{이론적\ 공기량} = \frac{실제의\ 공연비}{이론적\ 공연비}$$

## (3) 내연기관 연료의 구비조건

| 구 분 | 구 비 조 건 |
|---|---|
| 공통사항 | • 발열량이 많을 것<br>• 부식성이 없을 것(내부식성)<br>• 불순물(유황. 회분. 납 등)이 적을 것<br>• 노크가 일어나지 않을 것(내폭성, 반 노크성)<br>• 취급에 안전할 것(안전성)<br>• 경제적일 것(경제성) |
| 가솔린기관의 연료 | • 기화성이 좋을 것<br>• 연소성이 좋을 것<br>• 착화온도가 높을 것(착화성) |
| 디젤기관의 연료 | • 점도가 적당할 것(점성)<br>• 착화온도가 낮을 것<br>• 기화성이 적을 것<br>• 내한성이 있을 것 |

## (4) 디젤기관의 연료

### 1) 점도(viscosity)

액체가 유동할 때 분자 사이의 마찰에 의하여 유동을 방해하는 힘이 생기는데 이 성질을 말한다. 연료를 직접 실린더 속으로 분사시키므로 매우 중요하다.(cSt로 표시)

## 2) 세탄가(cetane value)

디젤 연료의 착화성, 즉 디젤노크에 저항하는 성질을 나타낸 것이며 높은 세탄가가 착화지연을 짧게 한다.

$$세탄가(CN) = \frac{세탄(C_{16}H_{34})}{세탄(C_{16}H_{34}) + \alpha-메틸\ 나프탈린((C_{11}H_{10})} \times 100(\%)$$

## 3) 아닐린점(aniline point)

연료와 동량의 순수한 아닐린(C6H7N)과의 혼합액을 가열하여 완전히 용해하는 최저 온도를 말한다.

## 4) 디젤 지수(Diesel index : D.I)

디젤 지수는 아닐린점을 사용하여 산출한다.

$$DI = \frac{아닐린점(°F) \times 비중API60(°F)}{100}$$

> **참고**
>
> API 비중 : 미국 석유 협회(American Petroleum Institute)의 제정에 의한 60°F를 표준으로 하는 비중이다.
>
> $$API\ 비중 = \frac{141.5}{131.5 + API도}$$
>
> 착화성의 양, 부를 결정하는 척도에는 세탄가, 아닐린점 및 디젤 지수 등이 있다.

## (5) 연 소(combustion)

가연물이 공기 또는 산소와의 반응에 의해 열과 빛을 동시에 내며 급격히 산화 반응하는 현상 (연소의 3요소 : 가연물, 산소, 점화원)

### 1) 전기점화 기관의 연소

① 노크현상(knock) : 미연소부분의 가스가 전기점화장치에서 부터의 화염이 도달하기 전에 착화되어 급격한 연소를 이룸으로써 충격적인 압력파를 발생시켜 금속성의 소리를 내는

현상이다.

점화지연 기간을 길게 하고, 화염전파 속도를 빨리 하여 정상적인 연소 전에 미연소 가스가 미리 연소되는 것을 막아야 노크가 일어나지 않는다.

② 조기점화(preignition) : 조기점화는 점화 플러그의 불꽃이 있기 전에 연소실 주위에 퇴적된 카본이나 과열된 부분이 불씨가 되어 착화하는 이상연소 현상이다. 이 현상은 점화가 너무 일찍 일어난 것이기 때문에, 노크와 같은 결과를 초래한다. 특히 노크가 일어나면 기관이 과열되기 때문에 조기점화가 일어나기 쉽고, 반대로 조기점화가 일어나도 노크가 발생되기 쉽다.

그러나 노크를 수반하지 않으면서 불규칙한 폭음을 내는 조기점화 현상을 와일드 핑(wild ping)이라 한다. 조기 점화는 점화 플러그에 의하여 점화되는 것이 아니기 때문에 점화장치의 전기 흐름을 차단하여도 운전이 계속되는 경우가 있다. 이를 런 온(run on)현상이라 한다. 이와 반대로, 전기는 계속 공급하는데도 점화장치의 이상이 있거나 혼합비가 너무 높아서 매 사이클마다 점화되지 못하고 기관이 연기를 내 뿜으면서 회전이 불 균일해지는 현상을 실화라고 한다. 실화가 일어나면 불완전 연소가 되어 연소실 주위에 그을음이 달라붙어 조기점화의 원인이 된다.

③ 포스트 이그니션(post ignition) : 점화 플러그에 의해서 점화된 후에 점화시기를 훨씬 지나서 점화되는 현상으로 약한 방전 에너지, 자연 발화 온도가 높은 연료, 착화 지연 기간이 긴 연료, 부적당한 혼합비일 때 발생한다.

## 2) 디젤 기관의 연소

① 착화지연(ignition delay) : 연료가 분사된 후 즉시 착화되지 않고 어느 정도의 압력이 오른 후 착화되는 현상

② 디젤노크(knock) : 디젤노크는 연소 초기에 연료 분사량이 많거나 실린더 온도가 낮고, 압축비가 낮을 때 자연발화가 속히 일어나지 못하고 있다가, 갑자기 일시에 연소가 일어나서 실린더 압력이 급상승하고 압력파가 발생하면서 진동과 소음을 수반하는 현상을 말한다. 디젤 노크는 주로 연소 후기에 발생되는 전기점화 기관의 노크와는 달리 연소 초기에 발생되며, 연료의 점화 지연 기간이 길기 때문에 일어난다. 디젤 노크는 연소 초기에 발생되므로 가솔린 기관처럼 기관 손상과 같은 심한 피해는 발생하지 않으며, 오히려 출력이 증가한다. 그러나 진동이 심하고 연료소비가 증가되므로 노크를 방지하여야 한다.

디젤 노크는 발생원인에서 전기점화 기관의 노크와 정반대의 개념을 가지기 때문에, 노크 방지법도 서로 상반된다.

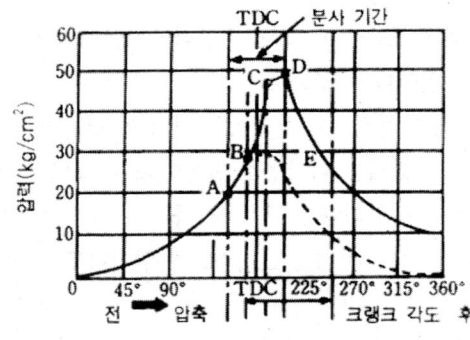

A→B : 착화 지연 기관
B→C : 급격 연소 기간
C→D : 제어 연소 기간
D→E : 후 연소 기간

압축 점화기관의 연소 과정

디젤 노크와 가솔린 노크의 방지책 비교

| 기관<br>내용 | 디젤 기관 | 가솔린 기관 |
|---|---|---|
| 연료의 착화온도 | 낮춘다. | 높인다. |
| 착화지연기간 | 짧게 한다. | 길게 한다. |
| 압축비 | 높인다. | 낮춘다. |
| 흡기의 온도 | 높인다. | 낮춘다 |
| 실린더 벽 온도 | 높인다. | 낮춘다. |
| 냉각수 온도 | 높인다. | 낮춘다. |
| 화염전파거리 | 길게 한다. | 짧게 한다. |
| 엔진회전수 | 낮춘다 | 높인다. |
| 회전속도 | 낮춘다. | 높인다. |
| 실린더 용적 | 크게 한다. | 작게 한다. |
| 세탄가(연료) | 높인다. | − |
| 옥탄가(연료) | − | 높인다. |
| 흡기압력 | 높인다. | − |

## (6) 과 급(super charging)

### 1) 과급기(출력 증대 목적)

보다 많은 연료를 연소시키기 위하여 피스톤의 펌프 작용에 의한 공기량 이상으로 가압한 공기, 즉 밀도를 높인 공기를 공급할 필요가 있다. 이 밀도를 높인 공기를 공급하는 것을 과급이라 한다.

### 2) 기관의 출력 증대에 미치는 요인

평균유효압력, 흡기공기량, 기통수, 회전수 등이 영향을 미친다.

$$IHP = \frac{P_{mi}AlZn}{9000} \quad \therefore \text{흡입 공기량 } G = \frac{1}{2}V_S Z_n \gamma_a \times \frac{1}{100^3}$$

Pmi : 평균 유효 압력.    AlZ : 흡기 공기량.    n : 기관 회전수

### 3) 과급기 구동 방법
① 크랭크축으로부터 기어 또는 체인으로 구동하는 것(roots blower)
② 배기 가스 터빈으로서 구동하는 것(배기 터빈 과급기)
③ 독립된 전동기로 구동하는 것(원심식 회전 펌프)

### 4) 배기 터빈 과급기
실린더에서 방출되는 배기 가스의 에너지에 의해서 구동되는 회전 날개와 동일축의 송풍기 날개를 달아 이 날개에 의해 가압 공기를 실린더에 보낸다.

## 6. 윤활 및 냉각장치

### (1) 윤 활(lubrication)
베어링과 같이 2개의 개체간에 상대운동이 있을 경우 그 접촉면에 유막을 만들어 마찰을 줄임으로써 마모. 발열을 적게 하는 것을 말하며 그 장치를 윤활 장치라 한다.

### 1) 윤활 이론
포이즈루의(poiseuille) 법칙은 점성 마찰에서 마찰력은 전단 되는 유막 면적 A와 두 표면 사이의 상대속도 u에 비례하고 유막의 두께 h에 반비례한다.

$$F = \frac{\mu A u}{h}$$

$\mu$ : 점성 계수(비례 상수),    F : 마찰력,    A : 전단 면적
u : 속도    h : 유막의 두께    w : 수직하중

## 2) 윤활유의 역할

① 마찰의 감소 및 마멸 방지
② 기밀작용
③ 냉각작용
④ 세척작용
⑤ 방청작용
⑥ 응력분산작용

## 3) 윤활유의 구비 조건

① 열전도가 좋고, 내하중성이 클 것.
② 양호한 유성을 가질 것.
③ 금속의 부식이 적을 것.
④ 적당한 점성을 가질 것.
⑤ 카본의 생성이 적을 것.
⑥ 온도 변화에 따른 점도 변화가 작을 것.
⑦ 열이나 산에 대하여 강할 것.

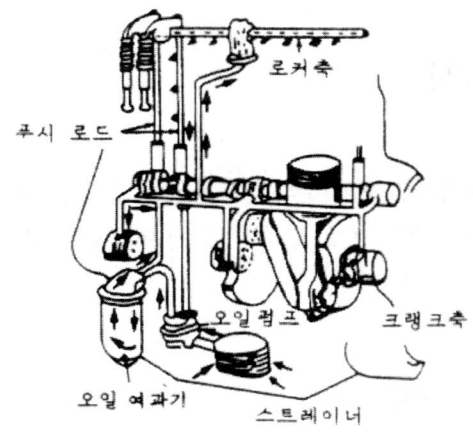

압송식 윤활 장치구조

## 4) 윤활유의 첨가제

① 산화방지제
② 유동점 강하제
③ 부식 및 산화방지제
④ 점도지수 향상제
⑤ 청정 분산제
⑥ 긁힘 및 마모 방지제
⑦ 기포 파괴제

5) 윤활유 여과 방식
　① 전류식　　　　　② 분류식　　　　　③ 자력식

6) 오일색깔 점검
　① 검은색 : 심한오염
　② 붉은색 : 가솔린 혼입
　③ 우유색 : 냉각수 혼입
　④ 회　색 : 4에틸납의 혼입

## (2) 윤활유의 성질

1) 점도(viscosity)

윤활유의 끈끈한 정도를 나타내는 것으로 가장 기본적인 성질이며, 온도에 절대적인 영향을 받는다.
　① 점도가 낮으면 하중이 증대하고 압출 되어 유막이 파괴되기 쉽다.
　② 점도가 크면 내부 마찰이 커서 동력 손실이 증대된다.

2) 점도 지수(viscosity index)

점도가 온도에 따라 변화하는 정도를 나타내는 지수.

3) 유동점(pour point)

낮은 온도에서 유동을 방지하는 결정체를 만들려고 하는 경향이 있는데 이때의 온도를 유동점이라 한다.

　유동점 = 응고점 + 5°F

4) 산화 안정성 및 탄화항력

사용 도중 산화가 되지 않고, 탄화되지도 말아야 한다.

### 5) 인화점(flashing point)

가연성 증기에 화염을 가까이 할 때 순간적으로 불이 붙게되며 이 불꽃을 끌어당기는 최저온도를 말한다.

### 6) 유 성(oilness)

금속면에 점착(粘着)하는 힘을 말한다.

## (3) 내연기관의 윤활방식

### 1) 비산식

크랭크 실 내에 일정량의 윤활유를 채워놓고 커넥팅 로드에 붙인 기름치개로 튀겨서 급유하는 방법이다.

### 2) 압송식

윤활유 공급 펌프에 의해 압송 공급하는 방법이다.

### 3) 비산 압송 조합식

기관의 중요부는 압송으로 그 밖의 부분은 비산식으로 급유하는 방법이다.

# 7. 냉각장치(cooling system)

기관이 팽창 행정을 하는 동안 연소가스의 순간 최고 온도는 1500~2500℃에 도달하며, 이로 인하여 기관의 각부가 과열될 수 있어 이를 냉각시킬 수 있는 냉각 장치를 필요로 한다.

## (1) 냉각 방식의 분류

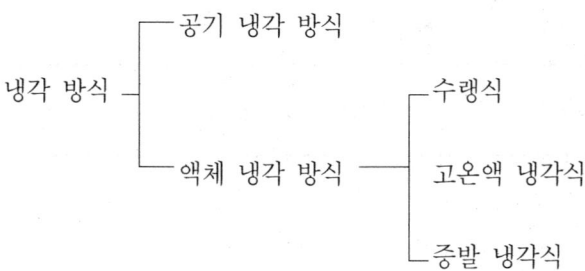

## (2) 공랭식 기관(air cooling type)

실린더와 실린더 헤드부에 공기와의 접촉 면적을 크게 하기 위해 냉각 핀을 두고 여기에 자연의 바람을 통풍시키거나 냉각 팬을 회전시켜 발생한 강제통풍으로 냉각시키는 냉각방식으로 구조가 간단하고 경량화가 요구되는 소형의 가솔린기관과 고속디젤기관에 적합하다.

## (3) 수랭식 기관(water cooling type)

수랭식은 실린더와 실린더 헤드 주위에 물이 통과하는 통로인 워터 재킷을 설치하여 냉각하는 방법으로, 냉각이 균일하고 냉각효과가 높아 체적효율과 열효율이 높다. 그리고 실린더 온도가 낮으므로 윤활유 소비가 적고 카본 생성이 적으며, 소음도 경감된다. 그러나 구조가 복잡하고, 냉각수 관리에 주의를 요한다.

### 1) 증발 냉각식

저속. 횡형 등유기관에서 사용하던 형식으로, 워터펌프나 수온 조절기 등이 없이 냉각수가 온도차에 의하여 대류 하면서 자연 순환하는 방법이다. 따라서 기관의 상부에 냉각수 통을 설치하고 냉각수 온도가 100℃이상이 되면 증발하도록 호퍼를 열어두고, 수시로 냉각수를 보충하여야 한다.

증발 냉각식은 호퍼식이라고도 하며, 정치식 저속 등유 기관에서만 사용이 가능하기 때문에 지금은 거의 사용되지 않고 있다.

### 2) 증기 환류식

워터 재킷에서 기화된 수증기를 응축기(condenser)에서 응축시켜 다시 냉각수로 환류시켜 냉각하는 방식으로, 소형 단기통 기관에서 많이 사용된다. 응축기는 방열기(radiator)와 같은 구조이지만 내부에 수증기가 통과되는 점이 다르며 수증기의 응축은 냉각 팬으로 송풍한다. 보통 콘덴서식이라고 부른다.

**참고**

> 물 순환순서 : 물 재킷 → 정온기 → 방열기 → 물펌프 → 물재킷

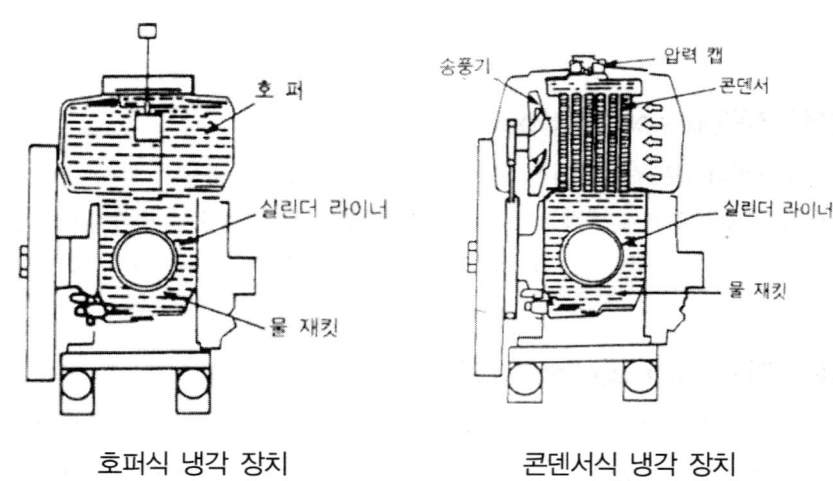

호퍼식 냉각 장치    콘덴서식 냉각 장치

### 3) 강제 순환식

라디에이터(radiator)식이라 부르며, 냉각이 확실하며 다기통 기관에서 사용되는 방식이다. 워터 재킷의 냉각수를 워터펌프로 강제 순환하여 방열기에서 냉각시키는 방법으로, 워터펌프. 정온기. 방열기로 구성된다.

① 워터 펌프(water pump) : 방열기와 워터 재킷 사이에 설치되어 방열기에서 냉각된 냉각수를 워터 재킷으로 공급해주는 펌프이다. 일반적으로 원심 펌프를 사용하며, 냉각 팬과 동일 축에 연결되어 작동된다.
② 수온 조절기(thermostat) : 냉각수의 온도를 기관의 온도조건에 적합한 80~85℃로 일정하게 유지시키는 장치이다. 냉각수의 온도를 감지하여 일정 온도 이상이 되면 냉각수 통로의 밸브를 열어 냉각수를 순환시키거나, 냉각 팬을 작동시키는 방법을 사용한다. 냉각수 밸브를 개폐하는 방식은 냉각수가 순환되지 않아도 워터 펌프와 냉각 팬이 공회전 해야하므로, 최근에는 냉각수 밸브가 없이 냉각 팬의 구동 동력을 차단하는 방법을 일반적으로 사용한다.
③ 방열기(radiator) : 엔진에서 뜨거워진 냉각수를 방열판에 통과시켜 공기와 접촉하게 함으로써

냉각시키며, 라디에이터 코어 막힘률은 20%이하이다.
㉮ 구비 조건
㉠ 단위 면적당 방열량이 클 것.
㉡ 공기의 흐름 저항이 적을 것.
㉢ 냉각수의 흐름 저항이 적을 것.
㉣ 가볍고 적으며 견고해야 한다.

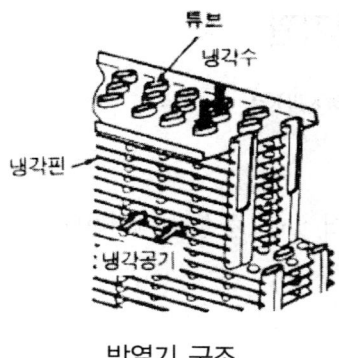

방열기 구조

### (4) 부동액(anti-freezing liquid)

냉각수의 응고점을 낮추어 엔진의 동파를 방지하기 위하여 사용하며 부동액에는 메탄올, 에탄올, 글리세린, 에틸렌글리콜 등이 있으며, 주로 에틸렌글리콜을 사용한다. 부동액은 물과의 혼합비율에 따라 빙점이 변화되므로 기온이 낮으면 부동액의 혼합비율을 높여야 한다.

### (5) 냉각에 관계되는 계산식

① 방열량(kcal/h)

$$Q = KA_s(T_g - T_c)$$

As : 전열면적(m²)실린더의 적당한 표준 면적.　　K : 열 통과율(kcal/m2h℃)
Q : 방열량(kcal/h)　　　　　　　　　　Tg : 가스의 절대온도(C°).
TC(℃) : 냉각수의 절대온도

② 벽 내부의 열전도에 의한 방열량

$$Q = \lambda A_w = \frac{(T_{w1} - T_{w2})}{\delta}$$

Aw : 실린더의 벽으로부터 냉각 유체로의 전열 면적(m²).   λ : 벽의 열전도율(Kcal/mh℃)
δ : 벽두께.                                  $Tw_1$ ,$Tw_2$ : 실린더 벽 내. 외의 온도

## 8. 가솔린기관과 디젤기관

### (1) 가솔린 기관(gasoline engine)

#### 1) 연료 여과기
연료 속의 먼지 및 응축되어 있는 물 등을 제거한다.(여과성능은 0.05mm 이상)

#### 2) 연료 공급 펌프
연료를 공급하는 방법에 따라 자연 흡상식, 중력식, 펌프식이 있다.(2~3kg/m2의 송출압력)

#### 3) 기화기(carburetor)
연료와 공기를 알맞은 비율로 혼합한다. 기화기의 원리는 베르누이 정리를 응용한 것으로 벤투리관의 압력이 낮은 부분에 연료관을 연결하면 진공에 의하여 연료가 분출되는 현상을 이용하였다.
① 초크 밸브(choke valve) : 에어 혼에 들어오는 공기량을 조절하는 밸브
② 스로틀 밸브(throttle valve) : 실린더 내로 들어가는 혼합기의 양을 조절.
③ 뜨개실 : 연료의 유면을 항상 일정하게 유지하는 곳
④ 제 트 : 연료의 량을 계량하는 곳
⑤ 벤투리관 : 유속을 빠르게 하여 뜨개실 내의 연료를 유출하는 곳
⑥ 가속 펌프 및 가속 노즐 : 급하게 기관을 가속할 때 즉, 교축(스로틀)밸브를 급하게 여는 경우 공기의 양은 증가하나 연료의 양이 이에 따르지 못하므로 이를 보상하기 위하여 연료를 압축하는 펌프와 노즐을 말한다.

#### 참고

연료가 넘치는 이유 : 뜨개 파손과 니이들 밸브 기밀 불량 때문이다.
가솔린 연료 공급순서 : 연료탱크 →연료여과기 →연료펌프 →기화기 →흡기다기관

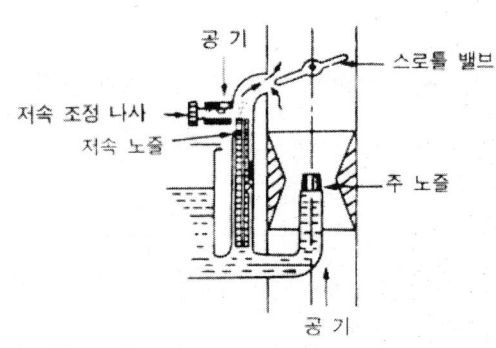 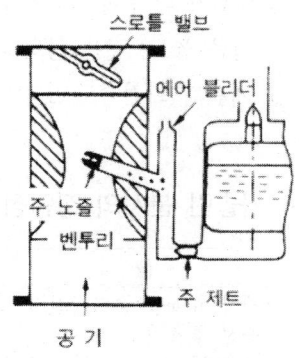

기화기의 저속 장치          기화기의 에어 블리더

### 4) 기화기의 이론(베르누이 정리)

① 벤투리를 통과하는 공기의 속도(m/sec)

$$V_2 = \sqrt{\frac{2g(P_1 - P_2)}{r_a}}$$

$r_a$ : 공기의 비중량(kg/m$^3$)
$V_2$ : 목부의 공기 유속(m/sec)
$P_1 - P_2$ : 기화기 입구 및 벤투리부에 있어서 공기의 압력차(kg/m$^2$)

② 벤투리부를 지나는 공기의 유량 Ga(kg/sec)

$$G_a = C_a A_a \sqrt{2 g r_a (P_1 - P_2)}$$

Ga : 공기의 중량 유량(kg/sec).
Ca : 벤투리부의 유량 계수(0.8~0.9)

### 5) 기화기의 구비 조건

① 시동 및 가속에 대한 적응성이 클 것.
② 동결되는 경우가 없을 것.
③ 흡기 저항이 작을 것.
④ 조정 및 조절이 쉽고 작동이 정확할 것.

⑤ 연료가 잘 무화되어 기류 중에 부유하거나 또는 기화해서 균일한 혼합기로 되어 각 실린더에 같은 농도, 같은 양의 혼합기가 분배될 것.
⑥ 기관의 회전속도 또는 출력, 공기량 등의 변화에 대하여 혼합비가 일정하게 유지될 것.

### 6) 가솔린 분사의 장단점

| 장 점 | 단 점 |
|---|---|
| • 체적 효율을 증가시킨다.<br>• 충전 효율이 증가된다.<br>• 압축비를 높일 수 있고 평균유효 압력, 효율이 증가한다.<br>• 저질 연료 사용이 가능하다.<br>• 혼합비의 조정이 확실하다.<br>• 배기 공해 대책으로서 유리하다.<br>• 혼합기의 균일한 분배가 가능<br>• 플로트에 의해 장해가 제거된다.<br>• 소기에 의한 연료 손실이 없다. | • 기화기에 비하여 값이 비싸다.<br>• 고온 시동이 곤란하다.<br>• 먼지와 이물로 고장이 많으며 연료 필터의 청소 문제가 생긴다.<br>• 연료관 내에 기포가 발생하면 제거하기가 힘들고 분사 계통이 부식될 염려가 많다.<br>• 고도에 의한 대기압력 보정장치 또는 온도 보정장치를 갖추지 않으면 고지에서의 혼합비 제어는 보통의 기화기보다 뒤떨어진다. |

### 7) 기관이 필요로 하는 혼합비

| 운 전 조 건 | 혼합비(연료/공기) | 혼합비(공기/연료) |
|---|---|---|
| 실화한계(희박) | 4.5% | 12 : 1 |
| 규칙적인 점화 가능 하한 | 5.4% | 18.5 : 1 |
| 경제 혼합비 | 5.9% | 17~18 : 1 |
| 이론 혼합비 | 6.7% | 15 : 1 |
| 최대 출력 혼합비 | 8.0% | 12.5 : 1 |
| 규칙적인 점화가능 상한 | 12.6% | 7.9 : 1 |
| 불규칙적인 점화상태 | 13.2% | 7.6 : 1 |
| 실화한계(농후) | 15.3% | 6.5 : 1 |

> **참고**
>
> 공기비$(m) = \dfrac{A}{A^o}$
> 연료를 완전 연소하려면 이론 공기량보다 공기량이 많이 필요하며, 실제 공기량을 이론공기량으로 나눈값

## (2) 전기 점화장치

축전지 점화장치와 마그넷 점화장치가 있으며 농업용으로는 마그넷 점화장치가 사용된다.(관리

기, 공랭식엔진), 최근 무접점방식인 C.D.I 방식도 있다.

### 1) 점화 방식
① 마그넷 점화 장치 : 마그넷트는 영구 자석을 계자로 하는 특수 교류 발전기이다.(석유경운기 엔진)
② 축전지식 점화장치 : 전원은 축전지에서 공급되며 낮은 축전지 전압(6~24V)의 전기를 점화 코일에서 15000~20000V로 승압시켜 이것을 배전기에서 각 실린더에 설치된 점화 플러그에 공급하여 스파크를 일으켜 점화하는 형식이다.

### 2) 점화장치의 구성
① 점화 코일(spark coil) : 1차 코일의 전원을 단속할 때 2차 코일에 고전압이 유기 되도록 한 것으로 유도 코일이라고도 한다.

② 배전기(distributor) : 점화 코일에 유도된 고압의 전류를 기관의 점화 순서에 따라 각 실린더의 점화 플러그에 분배하는 기구로서 그 내부는 단속기, 축전기, 점화 진각장치 등이 있다.
㉮ 단속기 : 점화 코일의 1차 전류를 단속하는 스위치이다.
㉯ 축전기 : 단속기 접점과 병렬로 연결된다.
 ㉠ 역 할 : 접점 사이에 발생되는 불꽃을 흡수하여 접점이 소손되는 것을 방지하고, 1차 전류의 차단 시간을 단축하여 2차 전압을 높인다.
 ㉡ 종 류 : 종이 콘덴서, 운모 콘덴서
 ㉢ 정전용량 : 0.20~0.25$\mu$F
 ㉣ 절연저항 : 85℃를 1시간 지속 후 절연저항이 1000M$\Omega$이하일 것.
㉰ 단속기 캠 : 단속기 축에 설치되며 실린더 수만큼의 캠을 갖는다.

③ 점화 진각장치 : 캠과 단속기 암의 상대 위치를 바꾸어서 점화 시기를 조절하는 장치이다.
㉮ 원심식 진각장치 : 기관의 회전수에 따라 원심력에 의해서 원심추의 작동으로 캠이 회전하여 접점의 위치를 바꾸는 형식으로 주로 고속으로 작동된다.
㉯ 진공식 진각장치 : 흡기관 내의 진공을 이용하여 단속기의 설치판을 회전시켜 점화 시기를 바꾸는 장치로 주로 경 부하시에 사용된다.

④ 점화 플러그(spark plug) : 스파크를 일으키는 전극으로 고압의 2차 회로에 연결되는 중앙 전극과 기관 몸체에 접지 되는 접지 전극으로 구성된다.

㉮ 점화 플러그의 열값 : 절연체의 아래 부분의 끝에서 아래 시일까지의 길이에 따라 정해지며 기관의 연소실 형식, 흡기·배기 밸브의 위치, 압축비, 회전속도 등에 따라 달라진다.
  ㉠ 열형(hot type) : 냉각 효과가 적은 형으로 저압축비, 저속회전의 기관에 사용된다.
  ㉡ 냉형(cold type) : 냉각 효과가 큰 형으로 고압축비, 고속회전의 기관에 사용된다.
㉯ 불꽃 간극(spark gap)
  ㉠ 축전지 점화의 경우 : 0.7~0.8(mm) =6V 전원, 0.9~1.0(mm) = 12V 전원
  ㉡ 마그넷 점화의 경우 : 0.4~0.5mm
  ㉢ 과급 또는 고압축비 기관 : 0.3~0.4mm
㉰ 점화 플러그의 외경 : 10, 12, 14, 18mm의 것이 있다.
㉱ 자기 청정 온도(self cleaning temperature) : 500~800℃

### 3) 마그넷토(magneto)

① 발전자 회전형 : 영구자석을 고정시켜 놓고 발전자를 회전시키는 형
② 자강 회전형 : 발전자를 고정시키고 영구자석을 회전시키는 형
③ 플라이휠형 마그넷 : 플라이휠에 영구자석을 고정하여 회전할 때 고정된 발전자의 1차 코일에 유도전류를 일으키고 이를 단속기와 콘덴서에 의해 2차 코일에 고압전류를 발생시킨다.

**참고**

점화시기에 미치는 인자 : 회전속도, 기관의 부하, 옥탄가

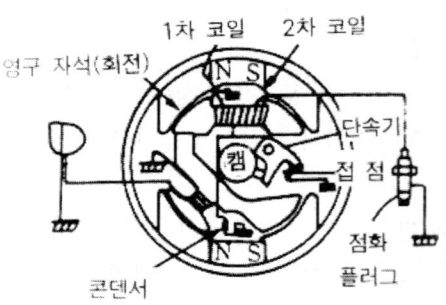

플라이휠 마그넷 점화장치

## (3) 디젤기관(disel engine)

공기만을 흡기, 압축하여 500~550℃의 열이 발생되어, 이때 연료를 분사하여 자기 착화 연소시켜 주는 기관이다.

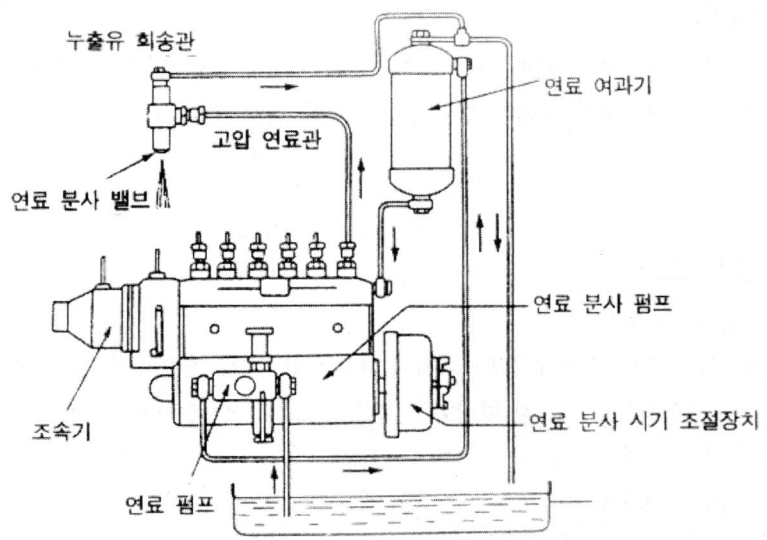

디젤 기관의 연료공급 계통의 구성 실례

## 1) 연료 분사 펌프

연료를 실린더 내의 공기압보다 더 높은 압력으로 압송하는 장치이다.

① 데켈형(deckel type) : 연료의 분사량은 레귤레이터의 스핀들 끝에 있는 니들 밸브에 의하여 플런저에서 압송한 연료를 되돌려 보내는 양을 가감함으로써 제어된다(국제 경운기).
② 보시형(bosch type) : 연료의 분사량은 랙과 피니언에 의해 파여진 나선형 홈과 연료 누출공의 위치에 따라 제어된다(대동 경운기, 트랙터, 자동차).

## 2) 연료분사 노즐

연료를 미세한 입자로 실린더 내에 주입시킨다.

① 단공 노즐 : 연소실 내 분산 상태가 불량 → 예연소실
② 다공 노즐 : 무화, 분산이 좋으나 노즐 구멍이 작아 막히는 결점이 있다.→직접분사식
③ 핀틀 노즐 : 니들 밸브 끝이 노즐밖에 까지 나와 있어 원추상의 분무가 이루어지므로 저압에서도 분무의 입자경이 작다. → 예연소실
④ 교축 노즐 : 일종의 핀틀 노즐로 밸브 끝이 2단으로 되어 있어 분사초기에 분무량을 적게 하여 노크를 방지하는데 효과적이다. → 대형 기관

## 3) 연료 여과기

디젤기관에서는 고압분사 펌프, 연료량의 조절장치 및 노즐이 매우 정밀하게 만들어져 있기 때문에 매우 청결하게 여과된 연료를 사용해야 한다. 따라서 2~3중의 여과 엘리먼트를 사용한다.

## 4) 연료 분사 요건

① 무화(atomization)

무화란 연료의 입자가 안개처럼 미세하게 퍼지는 것을 말하며 입자가 작을수록 기화나 연소가 급격하게 진행되므로 가능한 미세화 하여야 하나 너무 미세하면 관통도가 나빠지는 경향이 있다(입자의 직경은 : 2~50$\mu$).

② 관통력(penetration)

연료의 입자가 정지되어 있으면 입자 자신의 연소 가스로 그 주위가 포위되어 연소를 계속할 수 없게 된다. 그렇기 때문에 연료 입자는 연소를 완료할 때까지 공기 속을 진행할 수 있는 힘이 있어야 한다. 그 정도를 관통도 또는 도달 거리로서 표시한다.

③ 분포(distribution)

연소실 내로 분무의 분포가 균일하게 이루어져야 한다. 미립화된 연료가 균일하게 분포되면 공기와의 접촉 면적이 증가된다.

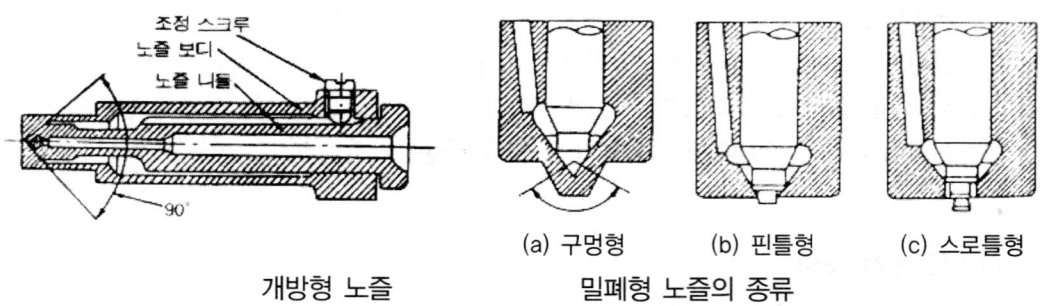

개방형 노즐    (a) 구멍형  (b) 핀틀형  (c) 스로틀형
           밀폐형 노즐의 종류

## 5) 연료 분사 노즐

① 개방형

　장 점

㉮ 노즐 스프링, 니들 밸브 등 운동 부분이 전혀 없기 때문에 이들에 의한 고장이 없다.
㉯ 분사 파이프 내에 공기가 머물지 않는다.
㉰ 구조가 간단하여 제작비가 싸다.

　단 점

㉮ 니들 밸브가 없기 때문에 분사압력을 자유로이 조정할 수 없다.
㉯ 분사 종료 후 실린더 내의 압력이 낮아졌을 때 분사 파이프나 노즐 내의 연소실에 흘러 들어가 후적을 만들기 쉽다.
㉰ 분사 시작 또는 분사 끝 등 분사 압력이 낮을 때의 무화가 조금 좋지 않다.

② 폐지형
구멍형(hole type), 핀틀형(pintle type), 스로틀형(throttle type)이 있다.

### 6) 디젤 기관의 연소실

디젤기관의 연소실에는 단실식과 복실식이 있다.

① 단실식 : 연소실에 연료를 직접 분사하는 방식(예 : 직접분사식)
② 복실식 : 주연소실 위에 부연소실을 두어 연료를 부연소실에 분사하는 방식(예 : 예연소실식, 와류실식)

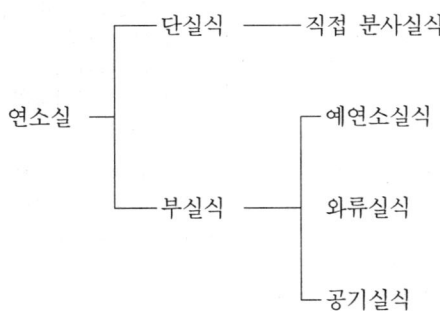

(a) 직접 분사식

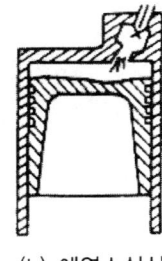
(b) 예연소실식

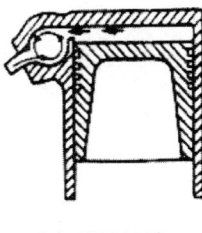
(c) 와류실식

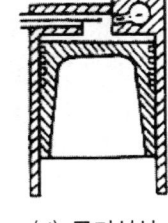
(d) 공기실식

연소실의 종류

디젤기관의 장, 단점

| 장　　　점 | 단　　　점 |
|---|---|
| • 연료 소비율이 적고 열효율이 높다<br>• 연료의 인화점이 높아 화재의 위험성이 작다.<br>• 전기 점화장치가 없어 고장률이 적다.<br>• 2사이클이 비교적 유리하다.<br>• 경부하 때의 효율이 그다지 나쁘지 않다. | • 회전수를 그다지 높일 수 없다.<br>• 저속에서는 진동이 크다.<br>• 시동이 비교적 곤란하다.<br>• 마력당 무게가 크다.<br>• 연료공급장치의 정밀한 조정이 필요 |

### 연소실의 형식별 특징

| 연소실의종류 | 특　　　징 | |
|---|---|---|
| 직접분사식 | • 실린더헤드와 피스톤헤드 사이에 연소실을 형성하는 기관<br>• 연료는 직접 주연소실에 분사된다<br>• 연료분사압력은 200~500kg/cm²정도이다<br>• 압축비는 13~16:1 정도이다<br>• 예열 플러그가 불필요하다. | • 구조가 간단하다<br>• 연료 소비율이 작다<br>• 시동이 쉽다<br>• 폭발압력이 높다<br>• 노크발생이 쉽다<br>• 열효율이 가장 높다<br>• 연소실의 면적이 가장 작다 |
| 예연소실식 | • 고속기관에 많이 사용한다<br>• 압축비는 15~22:1이다<br>• 예열 플러그가 필요하다<br>• 예연소실에 연료를 분사하여 초기 연소를 일어나게 한 뒤 대부분은 주연소실에서 완전 연소시키는 방식이다 | • 주연소실의 폭발압력이 낮다<br>• 연료 분사압력이 낮다<br>• 저질연료를 쓸 수 있다<br>• 열효율이 낮다<br>• 시동이 곤란하다<br>• 노크가 잘 일어나지 않는다<br>• 연료 소비율이 크다 |
| 와류실식 | • 대부분의 연료는 와류실내에서 연소된다<br>• 소형기관에 쓰인다<br>• 압축비는 19~21정도이다<br>• 분사압력은 80~150kg/cm²이다<br>• 와류실 체적은 전체 연소실의 약60~70%이다 | • 고속회전이 가능하다<br>• 연료 소비율이 크다<br>• 시동이 곤란하다 |
| 공기실식 | • 공기실의 부피는 연소실 체적의 약30~70%이다<br>• 연료를 주연소실에 분사하고 공기실로부터 공기에 의하여 완전 연소시키는 방식 | • 운전이 정숙하다<br>• 열효율이 낮다<br>• 고속회전이 부적당하다 |

7) 가솔린 기관과 디젤 기관의 비교

| 항 목 | 디 젤 기 관 | 가 솔 린 기 관 |
|---|---|---|
| 흡 입 기 체 | 공 기 | 연료와 공기(혼합가스) |
| 압 축 비 | 15~23 | 5~8 |
| 압 축 압 력 | 35~45kg/cm$^2$ | 5~10kg/cm$^2$ |
| 압 축 온 도 | 약 500~600℃ | 약 260℃ |
| 팽 창 압 력 | 45~60kg/cm$^2$ | 17~35kg/cm$^2$ |
| 주 요 구 조 차 이 | 연료분사펌프와 분사밸브가 필요하며 고온 고압에 견딜 수 있게 튼튼하게 만든다. | 기화기 전기점화 장치가 필요하며 구조가 간단하다. |
| 조 속 기 작 용 | 연료 공급량을 조절 | 혼합 가스의 흡기량을 조절 |
| 연 료 소 비 량 | 경유. 중유를 사용하며 소비량이 적다 | 가솔린을 사용하며 소비량이 많다. |
| 열 효 율 | 28~35%로 높다. | 10~20%로 낮다 |

## 9. 기관성능 및 효율(engine power & efficiency)

### (1) 기관의 성능

실린더 내에서의 압력의 변화, 엔진의 회전속도, 출력, 연료 소비율 등 엔진의 능률에 관계되는 것을 엔진의 성능이라고 한다.

- ▲ 출력(power)
  1PS= 75kg·m/s= 0.745kW    1kW= 102kg·m/s

- ▲ 경제성능(economic proformance)
  연료소비량(시중) : (km/$l$) 단위시간당 소비량($\frac{g}{PS·hr}$)을 말함.
  연료소비율(이론) : (g/PS·h) 단위시간, 단위출력당 소비량을 말함.

- ▲ 효율($n$)

㉮ 이론 열효율 : $\eta_{th} = \dfrac{W_{th}}{Q_1}$

㉯ 도시 열효율 : $\eta_i = \dfrac{W_\eta}{Q_1}$

㉰ 제동 열효율 : $\eta_b = \dfrac{W_b}{Q_1}$

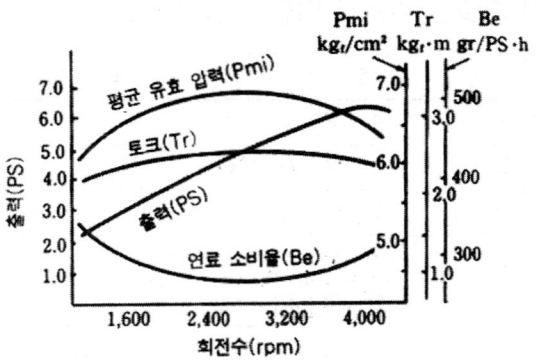

내연기관의 성능 곡선

## (2) 실제 열효율($n_e$)

제동 마력과 연료 소비량과의 중량으로 환산한 비율이다.

$$\eta_e = \dfrac{\text{일로 변환한 열 에너지}}{\text{기관에 공급한 열 에너지}} \times 100(\%)$$

크랭크 축이 한일, 즉 제동마력으로 변화된 열량과 총 공급된 열량과의 비

## (3) 제동 열효율($n_b$)

$\eta_b = \dfrac{632.5 \times PS}{f_b \times H_L} \times 100(\%)$,    $f_b$ : 연료소비율(kgf/ps·h), $H_L$ : 저위발열량(Kcal/kgf)

$\eta_b = \dfrac{3600 \times KW}{f_b \times H_L} \times 100(\%)$    C∵ $f_b$ : 연료소비율(kg/kw·h), $H_L$ : 저위발열량(KJ/kg)

$\eta_b = \eta_m \times \eta_i = \eta_m \times \eta_d \times \eta_{th}$    ($\eta_i = \eta_d \times \eta_{th}$)

$\eta m$ : 기계 효율,    $\eta i$ : 도시 효율

## (4) 체적 효율(흡기 효율, 용적 효율 : $n_v$)

$\eta_v = \dfrac{\text{실제 운전 중 흡기된 공기량(중량)}}{\text{행정 용적(중량)}} \times 100\% = \dfrac{\text{흡기량}}{\text{실린더 배기량}} \times 100\%$

## (5) 축 토크(회전력 : T)

엔진의 토크(회전력)는 크랭크축 암에 작용되는 수직력을 P(kg), 크랭크축 암의 길이를 L(m)라

하면 T= P×L(kg-m)이다. 엔진의 회전속도가 N(rpm)이고 이때의 출력이 BHP1, 회전력이 T(kg·m)이면 다음과 같다.

$$T = \frac{716 \times BHP}{N} (kg-m), \quad T = \frac{60 \times 제동출력(W)}{2\pi \cdot N}$$

## (6) 제동 마력(축마력, 정미마력 : BHP), 제동 출력

축 마력, 정미 마력이라고도 하며 기관의 지시 마력으로부터 마찰 마력을 뺀 기관마력, 즉 크랭크축으로부터 실제 동력으로 얻을 수 있는 마력을 제동 마력이라고 한다. 제동 마력은 동력계(다이나모메터)에 의해 측정된다.

$$BHP = \frac{2\pi T \times N}{75 \times 60} = \frac{T \times N}{716} \quad 또는 \quad BHP = \frac{P_{mb} \times A \times L \times N \times Z}{9000(4행정), 4500(2행정)}$$

T : 토크(kg-m),      N : 크랭크 회전수(rpm),      A : 실린더 단면적($cm^2$),
L : 행정(mm)      N : 회전수(rpm),      Z : 실린더수,
Pmb : 평균 유효 압력($kg/cm^2$)

$$제동출력 = \frac{2\pi \cdot T \cdot N}{60} \quad\quad T : 엔진회전력(N \cdot m), \; N : rpm$$

**참고**

| 제동 마력 = 기계 효율(%) × 지시 마력(np) |

## (7) 제동 연료 소비량과 소비율(SFC)

연료 소비량이란, 단위마력당 단위시간당의 연료의 소비량이며 cc나 ℓ로서 나타낸다.
연료 소비율이란, 1PS의 동력으로 1시간 동안에 운전하는데 소요되는 연료량을 무게로 표시 (g/PS·hr)

$$연료\;소비량 = f_e = \frac{632.5 \times BHP}{H_L \times \eta_b} = (\ell/h)$$

BHP : 제동 마력(ps).      $\eta_b$ : 제동 열효율

$$연료\;소비율 = f_b = \frac{소비량}{마력 \times 소비시간} = g/PS \cdot hr$$

### (8) 지시 마력(도시마력 : IHP)

실린더 내에서의 연소 압력으로부터 직접 측정한 마력이다.

지시 마력= 제동 마력 + 마찰 마력

4사이클 기관의 $\text{IHP} = \dfrac{P \cdot L \cdot A \cdot N \cdot R}{2 \times 75 \times 60}$

2사이클 기관의 $\text{IHP} = \dfrac{P \cdot L \cdot A \cdot N \cdot R}{75 \times 60}$

P : 지시평균 유효압력($kg/cm^2$),  A : 실린더 면적($cm^2$)
L : 행정(m)  R : 크랭크축 회전수(rpm).
N : 실린더 수

지시출력(동력)(도시출력 : W),  지시출력(동력)=제동출력(동력)+마찰동력

4사이클 지시출력 $= \dfrac{P \cdot L \cdot A \cdot N \cdot R}{2 \times 60}$

P : 평균유효압력($N/m^2$)  A : 실린더 단면적($m^2$)  L : 행정
R : rpm  N : 실린더 수

### (9) 마찰 마력(손실 마력 : FHP)

기계부분의 마찰에 의하여 손실되는 동력과 새로운 가스를 흡기하고 배출하는 데에서 오는 동력손실을 말한다.

마찰 마력 = 지시 마력 − 제동 마력

$\text{FHP}(마찰 마력) = \dfrac{P \times V}{75}$

P : 마찰력(kg),  V : 속도(m/sec)

마찰손실 동력(W) = P × V  P : 마찰력(N), V : 피스톤 속도(m/sec)

### (10) 연료 마력(PHP)

$\text{PHP} = \dfrac{60 \times C \times W}{632.5 \times t} = \dfrac{C \cdot W}{10.5t}$

C: 연료의 저위 발열량(kcal/kg),  W : 연료의 중량(kg),  t : 측정에 요한 시간

### (11) 크랭크축 회전각(점화 시기)

• 1분간 크랭크축의 회전속도 = 회전 속도 × 360°

- 1초간 크랭크축의 회전 각도 = $\dfrac{1분간 크랭크축의 회전 각도}{60}$

- 회전각(진각도) : 연소 지연시간동안의 크랭크축의 회전각(진각도) = $\dfrac{R}{60} \times 360 \times T$

회전각(진각도) $\dfrac{R}{60} \times 360$ : 1초간 크랭크축 회전각도

R : 엔진 회전수,   T : 점화지연 시간(착화지연시간)

## (12) SAE마력(PS)

SAE마력은 피스톤-속도=5m/sec, 지시평균 유효압력=6.33kg/cm, 기계효율=0.75로 하고 계산한 일종의 지시마력이다.

- 실린더 내경이 mm인 경우   SAE HP = $\dfrac{M^2 \times N}{1613}$

$M_2$ : 실린더 내경(mm)   N : 실린더 수

- 실린더 내경이 inch인 경우   SAE HP = $\dfrac{D^2 \times N}{2.5}$

$D_2$ : 실린더 내경(inch)
(피스톤 평균속도 100ft/m, 평균유효압력 90PSI, 기계효율 75%로 하고 계산한 마력)

## (13) 조속기 속도 변동률(%)

순간 속도 변동률 = $\dfrac{무부하로 했을 때 최고 회전수 - 무부하시 회전수}{무부하시 회전수} \times 100(\%)$

안정 속도 변동률 = $\dfrac{무부하시 안정된 속도 - 무부하시 회전수}{무부하시 회전수} \times 100(\%)$

### (14) 분사량 불균율(%)

$$(+)불균율 = \frac{최대\ 분사량 - 평균\ 분사량}{평균\ 분사량} \times 100(\%)$$

$$(-)불균율 = \frac{평균\ 분사량 - 최소\ 분사량}{평균\ 분사량} \times 100(\%)$$

### (15) 4행정 사이클 기관의 제동평균유효압력(BMEP)

$$P_{mb} = \frac{900 \times BHP}{V_s \cdot N \cdot Z} = kg/cm^2$$

VS : 행정 체적(ℓ)   Z : 실린더 수   N : 기관의 회전수(rpm)

### (16) 피스톤 링의 마찰력(kg)

$$P = P_r \times N \times Z (kg)$$

P : 총 마찰력(kg)   　　　Pr : 링 1개당 마찰력(kg)
N : 실린더당 링 수   　　　Z : 실린더 수

### (17) 밸브의 유효 직경(d)

$$d = D\sqrt{\frac{S}{V}}$$

V : 밸브 통과속도(m/s),   　D : 실린더 내경,   S : 피스톤 평균속도(m/s)

# 제3장  트랙터와 동력경운기

## 1. 트랙터(tractor)

자동차는 운송을 목적으로 하는데 비해 트랙터는 견인력과 구동력으로서 포장에서 로터리, 쟁기작업 등을 수행하므로 농업기계 중 가장 많이 사용하는 위치에 있다.

### (1) 트랙터의 종류

#### 1) 형태에 의한 분류

① 보행형 트랙터 : 동력 경운기를 말하며 보행하면서 농작업을 수행한다.
② 승용 트랙터 : 4륜 트랙터로 운전자가 탑승하여 농작업을 수행한다.

#### 2) 사용 목적에 의한 분류

① 범용형 트랙터 : 경운 작업, 파종, 중경제초, 수확작업 등 국내에 보급된 트랙터의 대부분이다.
② 표준형 트랙터 : 중작업용으로 설계된 출력이 큰 트랙터이다.
③ 과수원용 트랙터 : 기체와 좌석 등을 낮추어 설계된 과수원 전용 트랙터이다.
④ 정원용 트랙터 : 정원 관리용으로 최저 지상고가 낮은 소형 트랙터이다.

#### 3) 주행장치에 의한 분류

① 차륜형 트랙터 : 주행장치가 바퀴로 된 트랙터로 주행시는 고무바퀴를, 무논에서는 철차륜을 덧붙여서 사용한다. 농업용으로 가장 많이 쓰인다.
② 장궤형 트랙터 : 습지 등에서 견인성, 주행성이 뛰어나나 구조가 복잡하고 고가이며 토목용에 주로 사용된다(불도저).
③ 반장궤형 : 차륜형과 장궤형의 중간형의 것으로 전·후륜 사이에 보조차륜을 설치하여 이것과 후륜에 궤도를 씌운 형이다.

**참고**

> 4륜 구동 트랙터는 2륜 구동 트랙터 보다 견인력이 약 30% 증가한다.

## 차륜형 트랙터의 장단점

| 장점 | 단점 |
|---|---|
| •운전이 경쾌하다 | •접지압이 크다 |
| •제작가격이 싸다. | •견인력이 작다 |
| •지상고가 높다. | •선회반경이 크다. |
| •고속도 운전이 가능하다. | •연약지 운전이 불가능하다. |

## 궤도형 트랙터의 장단점

| 장점 | 단점 |
|---|---|
| •접지압이 작다. | •지상고가 낮다. |
| •견인력이 크다. | •고속도 운전이 곤란하다. |
| •연약지 작업이 가능하다. | •제작가격이 고가이다. |
| •선회반경이 작다. | •운전이 경쾌하지 못하다. |

### (2) 주요부의 작동원리

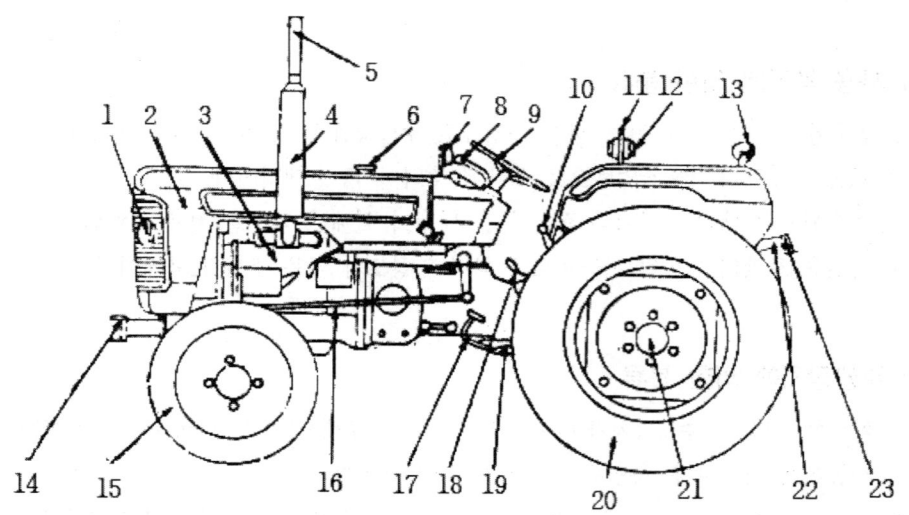

1. 헤드 램프,  2. 본 네트,  3. 엔진,  4. 머플러,  5. 연장 파이프,
6. 연료 탱크 캡,  7. 백미러,  8. 스로틀 레버,  9. 조향 핸들,  10. 주변속 레버,
11. 손잡이,  12. 방향등,  13. 작업등,  14. 전부 힛치,  15. 전륜,
16. 드래그 링크,  17. 클러치 페달,  18. 부변속 레버,  19. 승강계단,  20. 후륜,
21. 차륜축  22. 리프트 암,  23. 리프트 브래킷 호크

범용 트랙터의 구조

### 1) 기관(engine)

우리 나라에 보급된 트랙터는 모두 디젤 기관으로 2~8기통이며 트랙터의 크기는 기관의 출력은 (마력)으로 표시한다.

## 2) 동력전달장치(power train)

기관에서 발생하는 동력을 구동 바퀴나 동력 취출축(PTO축)에 전달하기 위한 장치로 승용(바퀴형)트랙터의 일반적인 동력전달 계통은 다음과 같다.

```
기관 → 메인 클러치 → 클러치축 → 변속장치 → 베벨 기어 → 차동 기어 → 감속 기어 →
구동축 → 뒷바퀴
                    └→ 경운 클러치 → 구동장치 → 경운 장치
```

### 참고

장궤형 트랙터의 동력전달 계통
기관 → 메인 클러치 → 클러치축 → 변속장치 → 베벨 기어 → 중간축 → 조향 클러치 →
최종 감속기어 → 구동륜
트랙가이드 : 궤도형 트랙터에서 돌이나 나무뿌리 등이 트랙에 끼어서 트랙이 이탈되는 것을 방지하는 장치이다.

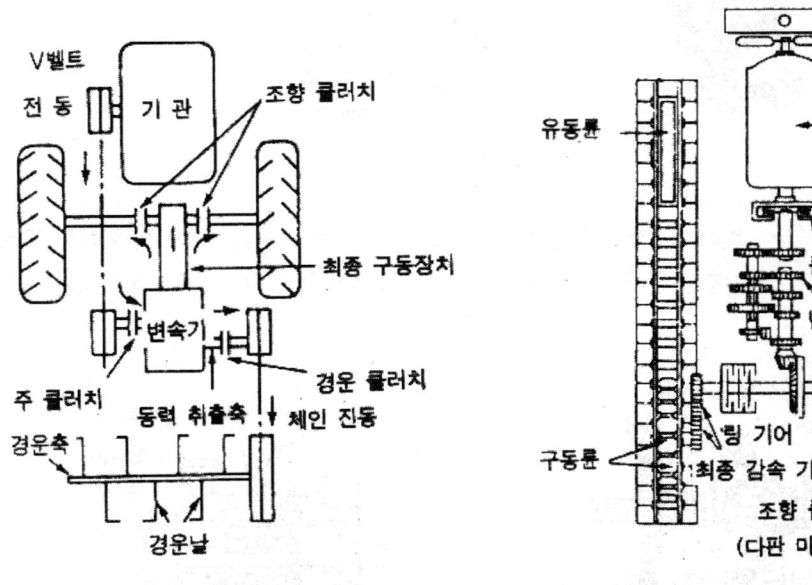

보행용 트랙터 동력 전달    궤도형 트랙터의 동력전달 계통

① 클러치(단판클러치, 다판 클러치, 원판클러치, 유체클러치)
㉮ 엔진과 변속기 사이에 설치되어 엔진의 회전력을 단속한다.
㉯ 필요성

㉠ 엔진을 시동할 때 엔진을 무부하 상태에 두기 위해서
㉡ 변속기 조작을 위한 엔진 회전력의 일시 차단을 위해서이다.
㉢ 기관을 정지시키지 않으면서 기체의 진행을 정지시킬 때이다.
㉣ 클러치 페달의 자유 유격은 릴리스 베어링이 릴리스 레버에 닿을 때까지 움직인 거리로 페달 간격으로는 보통 25~30mm 정도이다.(클러치 페이싱이 마모되면 자유간극은 작아진다.)
㉤ 승용 트랙터의 주 클러치는 건식 단판 클러치가 주로 이용되고 있다.
② 변속기(transmission) : 기관의 동력을 트랙터의 주행상태에 알맞게 그 회전력과 속도로 바꾸어 준다. 변속기는 기관의 출력을 트랙터의 주행상태에 알맞게 그 회전력과 속도로 바꾸기 위해서 중립(기관을 무부하 상태에 있게 한다.), 후진을 위해서 필요하다.
③ 트랙터 변속기의 종류
㉮ 미끄럼 물림식 기어 변속기 : 변속기 부축에서 고정되어 있는 기어에 주축의 스플라인에서 미끄러질 수 있는 기어를 축 방향으로 움직여 물리게 해서 여러 가지 속도비를 얻는 방식이다.

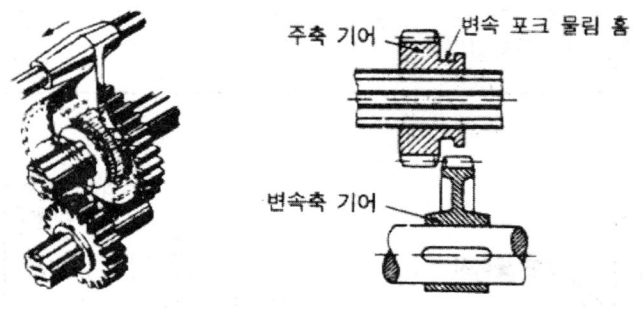

미끄럼 기어식

㉯ 상시 물림식 기어 변속기 : 각 변속 단계의 기어는 항상 물려 있으나 주축상의 기어는 주축에 연결되어 있지 않고 필요에 따라 주축에서 움직이는 맞물림 클러치를 사용하여 주축과 연결한다.

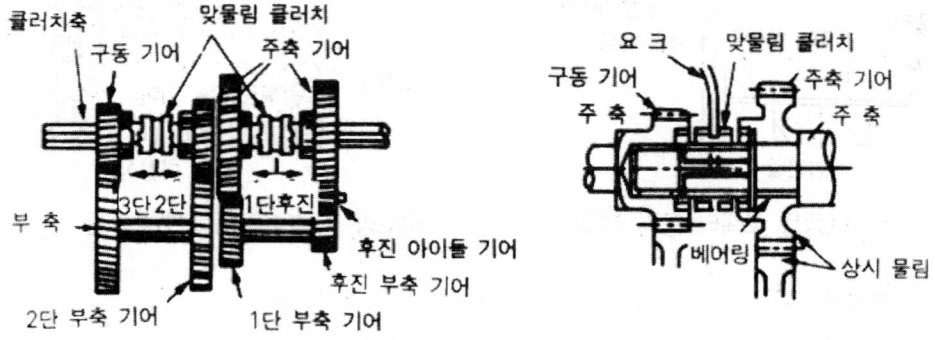

상시 물림식 기어식 변속기

㉓ 동기 맞물림식 기어 변속기 : 최근 국내 트랙터는 기어가 서로 물릴 때 원추형 마찰 클러치에 의해서 상호 회전 속도를 일치시킨 후 기어를 맞물리게 하는 동기 장치를 설치한 변속장치이다.(주행 중 변속가능)

### 참고

변속비 : 엔진의 회전수와 추진축의 회전수의 비를 변속비라고 한다.

$$\text{변속비} = \frac{\text{기관의 회전속도}}{\text{추진축의 회전속도}} = \frac{Z_2 \times Z_4}{Z_1 \times Z_3}$$

$Z_1$ : 입출력 기어수
$Z_3$ : 출력측과 물리는 기어수
$Z_2$ : 입·출력과 물리는 기어수
$Z_4$ : 출력측 기어수

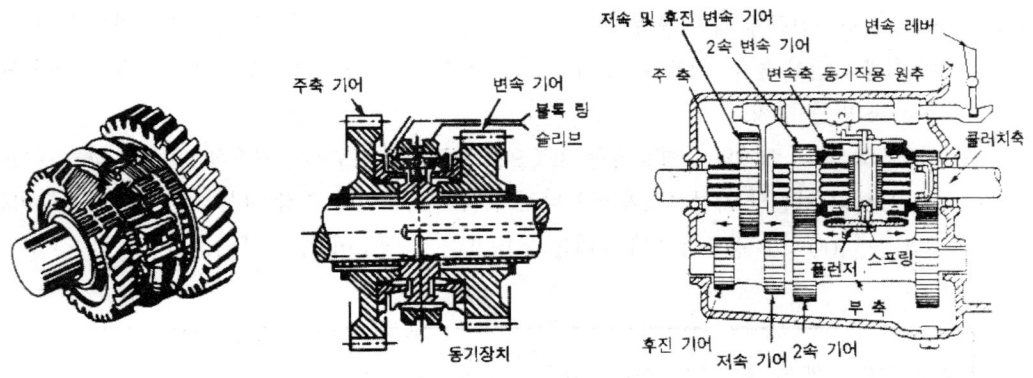

동기 물림 기어식 변속기

④ 차동장치 : 선회시 바깥쪽의 차륜을 안쪽의 차륜보다 빠르게 회전시켜 주는 장치로 선회를 원활하게 하고, 바퀴축의 비틀림을 방지하는 역할을 한다.

### 참고

$N = \dfrac{L+R}{2}$  $N$ : 링기어의회전수 $L$ : 좌측바퀴의회전수 $R$ : 우측바퀴의회전수

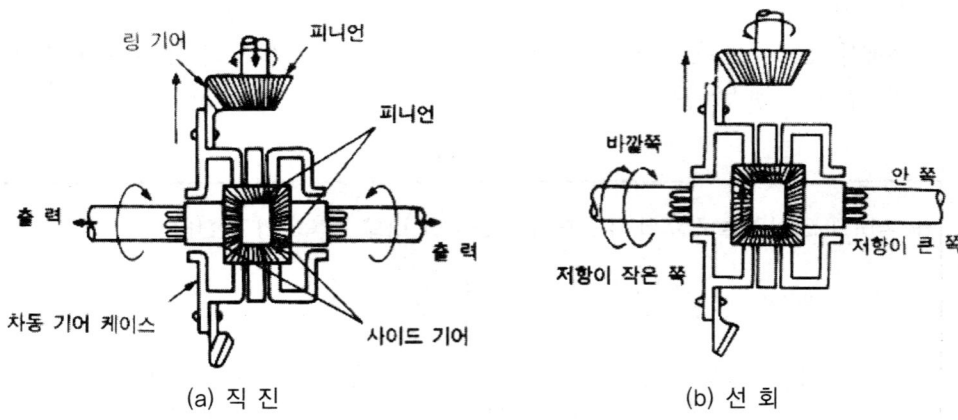

|   (a) 직 진   　　　(b) 선 회  
차동 장치의 작동

⑤ 차동 잠금 장치(디퍼렌셜록) ; 진흙탕에 한쪽 바퀴가 빠졌을 때 빠진 쪽 바퀴에 슬립이 일어나 공회전하게 되면, 좌우 바퀴의 저항 차이에 의하여 다른 쪽 바퀴가 정지하게 되므로 더 이상 작업이 불가능하게 된다. 차동 잠금 장치는 이를 방지하기 위해 차동 작동이 일어나지 못하게 만든 장치.

⑥ 최종감속장치 : 기관의 동력을 구동 차축으로 전달하는 경로에서 최종적으로 감속하는 장치이다. 트랙터 기관의 회전속도와 구동바퀴의 회전 속도비를 총감속비라 하며 보통 저속비는 300 ~ 400 : 1 정도이고 고속비는 20~30 : 1 정도이다.

**참고**

총감속비 : 엔진 출력축의 회전수와 구동륜의 회전수의 비
① 종감속비(r · f) = $\dfrac{\text{링기어의 수}}{\text{구동 피니언의 잇수}}$
② 총감속비(F · f) = 변속비 × 종감속비
③ 바퀴의 회전수 = $\dfrac{\text{엔진의 회전수}}{\text{총감속비}}$

3) 주행장치(wheel system)
① 차 륜
㉮ 공기 타이어 : 앞바퀴에 비하여 완충작용이 크고 견인성능이 뛰어나며 구름저항이 적다. 타이어의 크기는 타이어의 폭(인치), 림 직경(인치), 타이어 코드층(ply)수로써 표시. 공기압이 높으면 견인력이 감소하고 타이어가 마모되며, 공기압이 낮으면 내구성이 떨어진다(앞바퀴 1.4~2.52kg/cm$^2$, 뒷바퀴 0.84~1.4kg/cm$^2$).

공기 타이어의 장단점

| 장 점 | 단 점 |
| --- | --- |
| •고속으로 주행이 가능하다. | •펑크의 염려가 있다. |
| •조정하기 쉽다. | •가격이 비싸다. |
| •구름 저항이 적다. | •연약한 지반에서는 슬립이 많다. |
| •연료소비량이 적다. | •트레드가 마멸되기 쉽다. |
| •동일 부하에서는 소요마력이 적다. | •이랑이 있는 경지에서는 주행이 곤란 |

㉯ 철차륜 및 보조장치 : 보통 공기 타이어의 측면에 부착하여 써레질이나 쇄토용으로 사용한다.
㉰ 반 궤도장치 : 접지압이 감소되어 물 논 등에서 작업하기가 좋다.

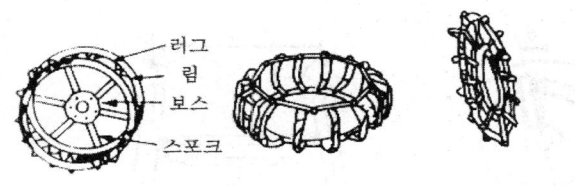

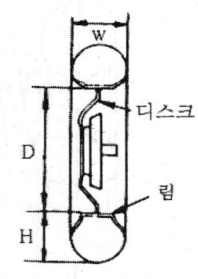

(a) 쇠바퀴  (b) 타이어 거들  (c) 스트레이크  (d) 플로트 쇠바퀴
쇠바퀴와 보조 구조                              타이어의 규격

### 참고

타이어에 물과 염화칼슘을 혼합해서 넣는 이유 : 견인력을 증대시키기 위하여
① 타이어 공기압 조정        ② 부가 웨이트 부착
③ 차륜 보조장치 이용         ④ 타이어내 물과 염화칼슘 주입
⑤ 4륜 구동

② 앞바퀴의 정렬
㉮ 앞바퀴 정렬의 필요성
㉠ 조향휠의 복원성을 준다.
㉡ 조향휠의 조작을 확실하게 하고 안정성을 준다.
㉢ 타이어 마멸을 감소할 수 있다.
㉣ 조향휠의 조작력이 적고 쉽게 할 수 있다.
㉯ 캠버각 : 앞바퀴를 정면에서 보았을 때 위쪽이 밖으로 벌어진 각도를 말한다(2~5°). 앞차축의 처짐을 적게 할 수 있다.(바퀴의 위쪽이 안쪽으로 기울어지는 것 방지)
㉠ 볼록 노면에 대하여 앞바퀴를 직각으로 둘 수 있다.
㉡ 조향휠의 조향 조작이 가볍다.

ⓒ 스위블 반지름을 작게 할 수 있다.
㉣ 킹핀각 : 앞바퀴를 지탱하는 킹 핀이 정면에서 볼 때, 밑으로 벌어진 각(5~11°)으로 주행시 저항에 의한 킹 핀의 회전 모멘트를 감소시켜 핸들 조작이 가볍고, 핸들 복원력을 증대한다.
㉤ 캐스터 각 : 킹핀을 옆에서 보았을 때, 밑이 앞으로 내민 각으로(2~3°) 바퀴에 전달되는 수직하중을 캐스터 각만큼 수평분력으로 작용하게 하므로써 바퀴가 항상 앞으로 나가려는 성질을 가지게 하여 특히 직진성을 좋게한다.

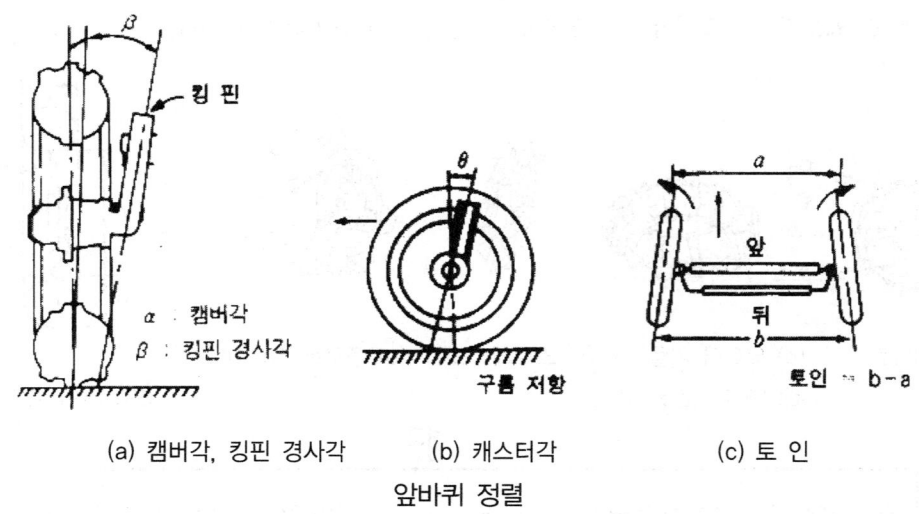

(a) 캠버각, 킹핀 경사각　(b) 캐스터각　(c) 토 인
앞바퀴 정렬

㉥ 토 인 : 앞바퀴를 위에서 보면, 앞이 뒤보다 좁게 되어 있다. 타이어 중심선을 기준으로 하여 앞과 뒤의 차륜폭의 차이로 나타내며, 보통 2~8mm로 한다. 토인은 캠버각 때문에 바퀴가 옆으로 벌어지려는 경향을 방지하여 직진성을 좋게 한다.

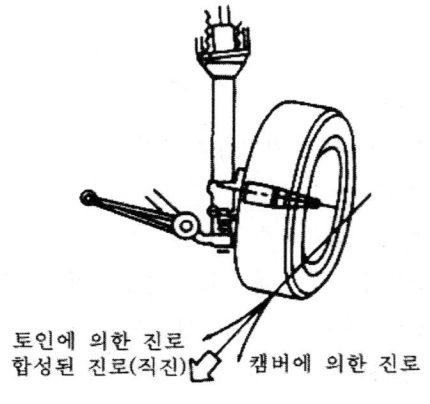

타이어의 경로

> **참고**
>
> 주행장치가 수행 할 수 있는 기능
> ·차체의 하중을 지지한다.
> ·불규칙한 노면에서 유발되는 진동을 완화한다.
> ·조향할 때 차체의 안정을 기할 수 있어야 한다.
> ·구동과 제동할 때 충분한 추진력을 낼 수 있어야 한다.

### 4) 조향장치(steering system)

트랙터의 진행 방향을 임의로 바꾸기 위한 것으로 핸들을 돌리면 웜 기어와 섹터 기어, 피트먼 암, 드래그 링크, 조향 암, 너클 암, 타이로드를 거쳐 좌우 바퀴를 동시에 같은 방향으로 틀어지게 한다. 유압을 이용한 동력 조향 장치는, 그림과 같이 보통 조향장치 중간에 유압을 이용한 동력기구를 설치하여 핸들 조작력을 줄이고 신속한 조향을 할 수 있다.

> **참고**
>
> 조향 전달 순서
> 조향 핸들 → 조향 기어 → 피트먼 암 → 조향 암 → 너클 암 → 바퀴

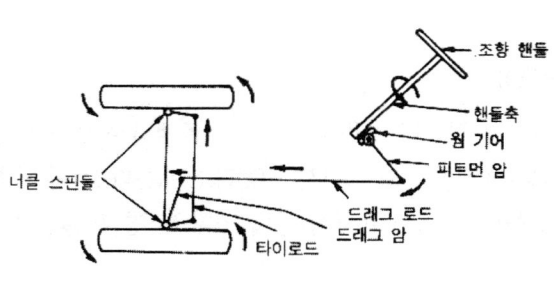

조향 장치(바퀴형)

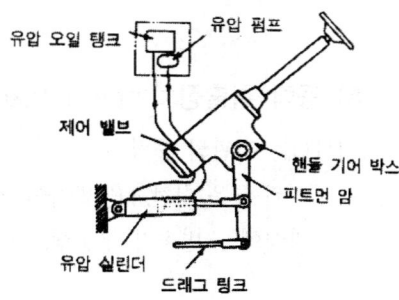

유압식 동력 조향 장치

> **참고**
>
> 조향기어비 = $\dfrac{\text{조향핸들의 회전각}}{\text{피트먼 암의 회전각}}$

## 5) 제동장치(brake system)

주행 중 트랙터의 진행 속도를 줄이거나 정지시키고 선회를 용이하게 하기 위한 장치가 제동장치이다. 트랙터에 사용되는 제동장치 형식은 그 구조에 따라 외부 수축식, 내부 확장식, 원판 마찰식 등이 있으며, 일반적으로 이물질이 들어가지 않도록 완전 밀폐되어 있다.

> **참고**
>
> 유압식 브레이크 : 파스칼의 원리
> 파스칼의 원리 : 밀폐된 용기에 액체를 넣고 외부에서 압력을 가하면 동일한 압력이 각부에 전달된다.
> 습식 브레이크(원판 브레이크) : 밀폐식이며, 큰 제동력을 얻을 수 있고, 열 발생이 적다.

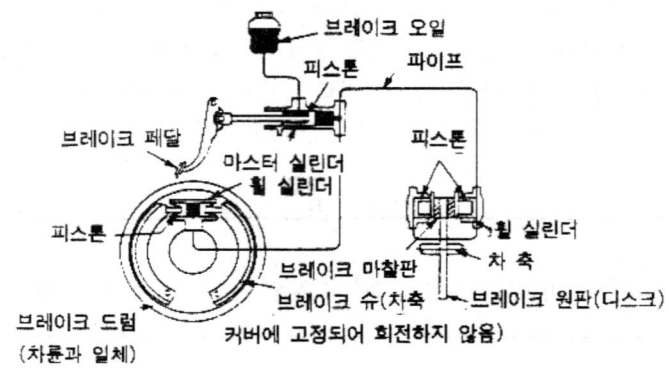

유압식 브레이크

## 6) 동력 취출장치(power take off, PTO)

PTO는 기관의 동력을 회전형 작업기를 구동시키는데 사용할 목적으로 트랙터 후부에 돌출시켜 놓은 회전축을 말하여 Power Take-Off의 약자를 따서 PTO라고 부른다. 동력 취출 방식에는 변속기 구동형, 상시회전형, 독립형, 속도 비례형 등이 있다.(축경 1 ⅜인치)

① 변속기 구동형 PTO : 변속기의 부축을 경유하여 동력이 전달되는 간단한 구조이나 주 클러치를 끊으면 PTO축도 멈추기 때문에 불편하다.
② 상시 회전형 PTO 또는 라이브 PTO : 주행속도에 관계없이 독자적인 PTO회전속도를 얻을 수 있고 동력은 주 클러치나 2단 클러치로 단속한다.
③ 독립형 PTO : 주 클러치 앞에서 동력을 취출하며 PTO클러치를 가지고 있다. 굴착. 굴취. 로터리 경운 등 큰 회전력을 요하는 작업기의 구동에 적합하다.
④ 속도 비례형 PTO : 주행속도에 비례하는 PTO회전속도를 얻을 수 있다. 파종. 이식 등의

작업기 구동에 적합하다.

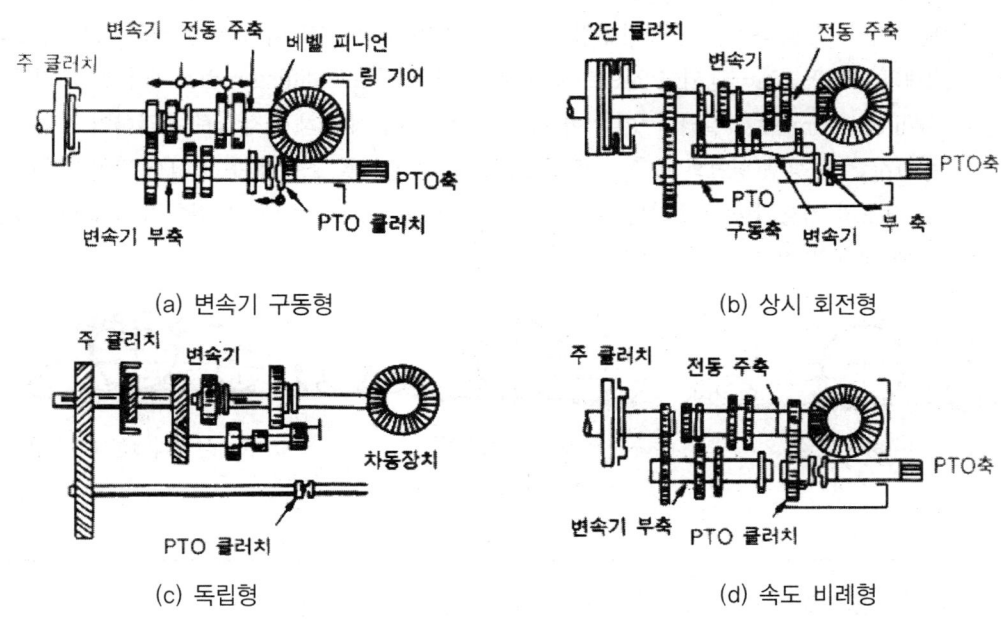

(a) 변속기 구동형
(b) 상시 회전형
(c) 독립형
(d) 속도 비례형

동력 취출축의 동력 전달 기구

PTO는 작업기의 형식이나 종류에 관계없이 어떤 트랙터에나 사용할 수 있도록 국제 규격화되어 있다. 현재 정해진 규격은 540rpm형과 1000rpm형 두 가지가 있으나, 최근에는 다양한 회전수 선택이 가능하도록 540~1000rpm을 4등분하여 4단 속도변화가 가능한 PTO가 많다. PTO축과 작업기의 연결은 유니버설 조인트로 한다.

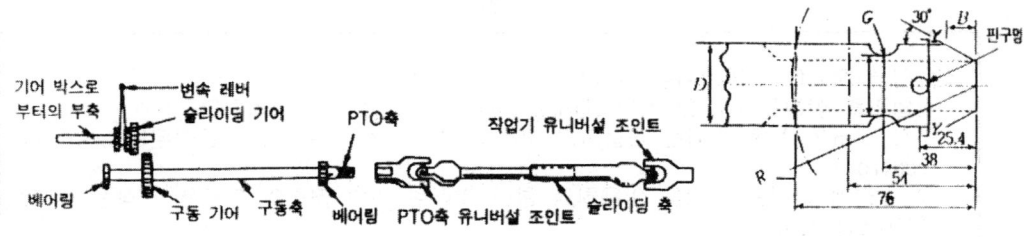

PTO축의 규격과 유니버설 조인트

### 7) 작업기 연결장치

① 견인식(trail type) : 차륜 등이 부착되어 있어 주행할 수 있는 작업기를 견인봉으로 견인하는 것으로 고정식, 수평 요동식, 링크식이 있다.

② 반 장착식(semi-mounted type) : 트랙터가 전 중량을 지지할 수 없는 큰 작업기에서

작업기의 일부 중량을 트랙터가 지지하고 나머지는 작업기의 차륜으로 지지하는 형태
③ 장착식(direct mounted type) : 선회 및 운전시에 작업기의 전 중량을 트랙터가 지지하는 방식이다. 가장 대표적인 것이 3점 링크 히치이다. 3점 링크 히치는 한 개의 상부 링크와 2개의 하부링크로 구성되어 있으며, 하부링크는 리프팅 로드(lifting rod)로 좌우 모두 리프팅 암(lifting arm)에 연결되어 있다. 이 리프팅 암을 유압에 의해서 상하로 조작하여 작업기를 승강시킨다. 상부 링크와 우측 리프팅 로드는 각각 길이를 조절할 수 있어서 작업기의 전후 및 좌우의 기울기를 조절한다. 체크 체인(check chain)과 스테이빌라이저(stabilizer)는 하부 링크의 좌우 진동을 막고 안정을 유지시킨다.

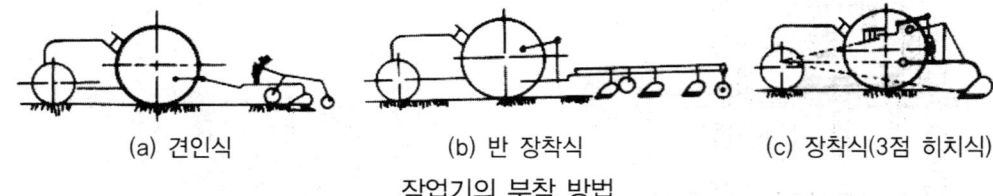

(a) 견인식　　　　　　(b) 반 장착식　　　　　　(c) 장착식(3점 히치식)

작업기의 부착 방법

### 참고

수평 안정장치 : 체크체인, 스테이빌라이저, 유압실린더가 있다.
장착식의 특징
·전장이 짧아 선회반경이 작다.
·작업기 중량의 일부 또는 견인저항 일부가 트랙터 중량에 부가됨으로써 견인력이 증가
·구조가 간단해서 값이 싸다.
·작업기의 운반, 선회가 용이.
·작업기의 유압제어가 용이.

### 참고

3점 링크 히치에 유압장치를 사용함으로써 인한 장점
·작업기의 상하조작이 한 개의 레버에 의해 간단히 조작이 가능하다.
·조작 레버의 작동 후에는 작업기의 상하조작을 일정한 위치에서 조정된다(position control).
·각 링크에 걸리는 저항을 이용하여 항상 일정한 견인 저항이 되도록 조작할 수 있다(draft control).
·작업기에 급격한 하중이 걸리면 상부 링크에 유압식 안전장치를 설치하여 유압에 의해서 클러치를 끊고 주행을 정지시킬 수 있다.

## 8) 유압장치

트랙터에서 유압은 작업기의 승강. 조작. 자동제어, 유압 클러치. 변속기. 핸들 조작, 유압 구동 등에 다양하게 이용된다. 유압펌프로 유압을 발생시켜 필요한 부분에 압력으로 전달하며,

이용하는 힘의 크기는 유압이 작용하는 단면적으로 결정된다. 즉, 단면적이 크면 큰 힘이 발생되고, 작으면 작은 힘이 나온다. 작동원리는 파스칼의 원리가 적용된다.

① 유압장치의 구성 : 유압 장치는 유압펌프, 제어밸브, 유압 실린더로 구성된다. 유압 펌프는 기어 펌프가 많이 사용되나 롤러 펌프, 베인 펌프, 플런저 펌프도 사용된다.
제어밸브는 유압의 흐름 방향을 바꾸는 방향제어 밸브, 유량을 조절하는 유량제어 밸브, 그리고 유압을 제어하는 유압제어 밸브가 있다. 방향제어 밸브에는 스풀밸브가, 압력 제어 밸브에는 릴리프 밸브가 대표적이다.
② 유압제어 장치 : 트랙터의 유압제어에는 위치 제어, 견인력 제어, 혼합 제어 등이 있다.
㉮ 위치 제어(position control) : 유압 조정 레버의 위치에 따라 작업기의 위치가 항상 일정한 곳에 있게 하는 기구이다. 평탄한 포장에서는 경심을 일정하게 유지할 수 있으나 굴곡이 심한 포장은 경심이 변한다.
㉯ 견인력 제어(draft control) : 작업 중 작업기에 걸리는 저항의 변화를 상부링크의 압축력으로 감지해서, 유압제어 밸브가 자동적으로 작동되어 작업기를 상승 또는 하강시켜 견인 저항을 일정하게 유지시키는 기구이다. 견인 저항의 크기는 유압 조정 레버의 위치에 따라 결정된다.
㉰ 혼합 제어 : 위치제어와 견인력 제어를 혼합한 것으로 견인 저항이 적을 때에는 위치 제어에 의해 경심이 일정하게 유지되고, 견인 저항이 클 때에는 견인력 제어에 의해 작업기가 상승해서 경심을 작게 한다.

### 참고

릴리프 밸브 기능 : 유압회로내 최고 압력을 제한하는 밸브
체크 밸브 기능 : 유체를 한 방향으로만 흐르게 하는 밸브

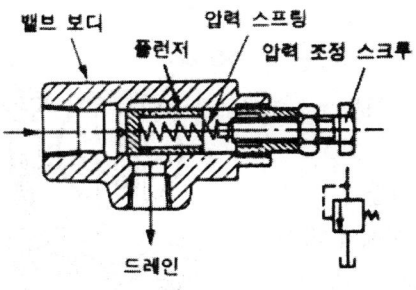

릴리프 밸브

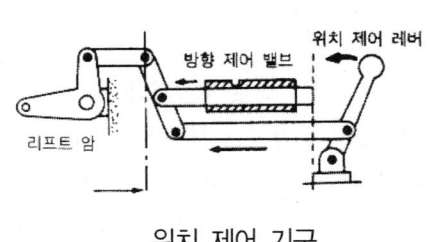
위치 제어 기구

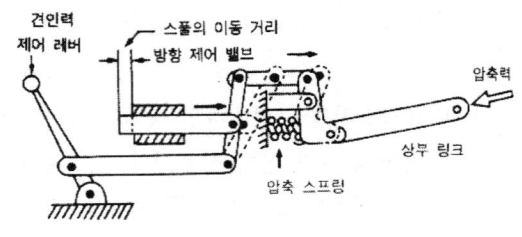
견인력 제어 기구

### 9) 전기장치

디젤기관 트랙터의 전기 회로는 축전지를 중심으로 발전기, 레귤레이터 등의 충전 회로와 시동전동기, 예열장치, 조명, 경보기, 계기류 등의 방전 회로로 구분된다.

① 축전지
㉮ 양극판과 음극판, 황산 등으로 구성되어 있다.
㉯ 1개의 셀에서 발생되는 전압은 2~2.2V이다. 농용으로 현재 널리 사용되고 있는 12V 축전지는 직렬로 연결된 6개의 셀로 이루어져 있다.
㉰ 비중의 측정법 : 배터리 비중계를 똑바로 세워서 투명한 유리관 속에 전해액을 빨아올려 그 속에 뜬 플로트 액면의 상단을 읽는다. 비중은 전해액 온도가 1℃ 상승할 때마다 0.0007만큼 증가하므로, 다음 공식에 따라 기준은 온도(25℃)에서의 비중으로 환산할 필요가 있다.

**참고**

> 축전지에서 1셀당 2.2V일 때 셀이 6개이면 12V이다.

$$S_{25} = S_t + 0.0007(t-25)$$

$S_{25}$ : 25℃ 환산 비중
$S_t$ : 측정할 때의 전해액 비중
$t$ : 측정할 때의 전해액 온도(℃)

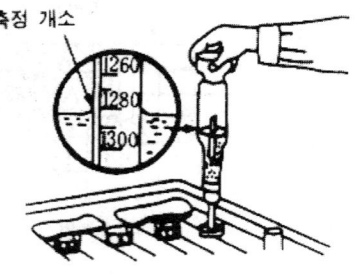
비중의 측정법

㉣ 축전지의 용량 : 축전지 용량은 완전 충전 상태에서 최종 전압 상태가 될 때까지 규정 전류를 연속 방전시켰을 때(20시간 방전율)의 시간과 전류와의 곱으로 표시하고 암페어시(AH)로 나타낸다. 예를 들면 60AH의 축전지는 3A(암페어)의 전류로 20시간의 방전이 가능한 것을 나타낸다.(축전지는 3A × 20H = 60AH의 용량이 있다.)

㉤ 충전상태와 비중과의 관계

| 충 방전상태 | 20℃일 때의 비중 | 전 압(V) |
|---|---|---|
| 완전 충전 | 1.260~1.280 | 2.20 |
| 3/4충전(1/4방전) | 1.230~1.260 | 2.10 |
| 1/2충전(1/2방전) | 1.200~1.230 | 2.00 |
| 1/4충전(3/4방전) | 1.170~1.200 | 1.85 |
| 완전방전 | 1.140~1.170 | 1.75 |

② 시동회로 및 시동전동기

㉮ TM위치 → 축전지 → 솔레노이드(전동기 스위치) → 시동 전동기 → 피니언 → 플라이휠의 링 기어 순으로 시동이 된다.

㉯ 축전지의 소모를 막기 위해 시동 후 곧 시동 스위치가 꺼지도록 된다.

**참고**

트랙터의 시동 전동기 형식은 직류직권식이다.

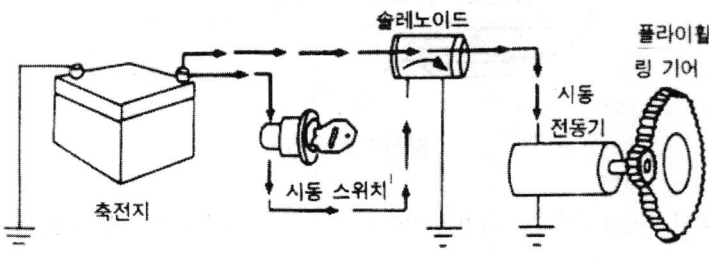

트랙터의 시동 회로

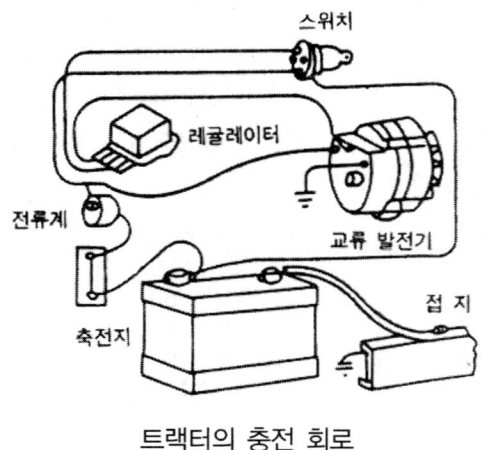

트랙터의 충전 회로

③ 발전기 : 발전기는 엔진 회전력으로 구동되어 교류 전기를 발생하여, 충전 회로를 통해 전기를 축전지에 충전하거나 운전 중 필요한 전력을 공급한다.

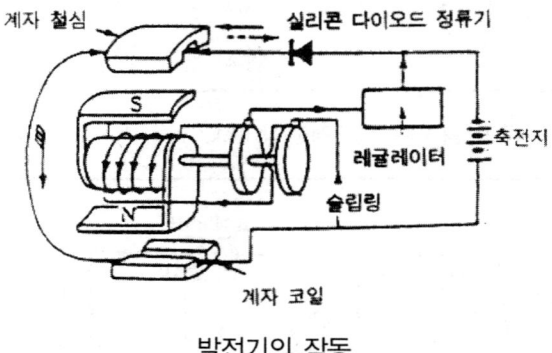

발전기의 작동

④ 레귤레이터 : 레귤레이터는 회전속도에 따라 발전기 전압의 변화에 관계없이 축전기에 공급되는 전압을 축전지의 1.1배 정도로 유지시켜준다.(전압, 전류, 역류 방지 기능)
⑤ 조명회로 및 기타 전기 회로 : 트랙터 기관이 일정속도 이상으로 기동되면 발전기로부터 전기를 얻고, 낮은 속도에서는 축전지로부터 전기를 얻도록 배선되어 있다.

## (3) 트랙터의 성능 및 시험

### 1) 효 율

기관의 출력 $P_1$, 구동 차축 동력 $P_2$, 견인동력 $P_3$의 순으로 동력이 변화한다.

- 기계 효율($\eta_m$)  $\eta_m = \dfrac{P_2}{P_1} \times 100\%$

- 견인효율($\eta_t$) $\eta_t = \dfrac{P_3}{P_2} \times 100\%$

- 총효율($\eta$) $\eta = \dfrac{P_3}{P_1} = \dfrac{P_2}{P_1} \times \dfrac{P_3}{P_2} = <\eta_m \times \eta_t>$

## 2) 견인력과 견인동력

① 견인력(F) : 트랙터와 작업기 사이에 견인력계를 설치하여 그 장력을 측정한다.

$$F = \dfrac{60 \times N \times r \cdot \eta_m}{n \, \pi D} \quad \text{또는} \quad F = \dfrac{3600 \times N \times r \cdot \eta_m}{1000 V}$$

F: 견인력(N),      N: 기관 출력(W),
N: 기관 회전수(rpm),      r: 총감속비,
$\eta_m$: 동력 전달 효율,      D: 구동륜 유효직경(m),
V: 주행 속도(km/h)

② 견인출력

$D_{hp} = P \times V$ (W)      P: 견인력(N)      V: 주행속도(m/sec)

### 참고

최대 견인 동력은 적절한 슬립률( 경지에서는 대개 16%)에서 나타난다.

③ 슬립률(진행 저하율)

$$S = \dfrac{L - L'}{L} \times 100\%$$

L : 무부하시 바퀴 1회전의 진행거리(m)
L' : 부하시 바퀴 1회전의 진행거리(m)

④ 성능시험
㉮ PTO 성능시험 : 동력 측정계로 최대출력, 연료소비율 등을 조사한다.
㉯ 견인 성능 시험 : 견인력, 슬립률, 주행속도, 연료 소비율 등을 측정한다.
㉰ 기 타 : 진동, 소음, 브레이크 성능시험 등을 한다.

⑤ PTO 출력

$P = \eta_p \times N$

$\eta p$ : 엔진으로부터 PTO축까지의 기계효율.    N : 엔진 출력(ps)

### 3) 주행 저항

① 구름 저항(rolling resistance) : 트랙터의 바퀴와 토양 사이에서 견인력의 크기를 나타낼 수 있다. 굴림 저항은 지반 반력의 수평성분을 말한다.

전진력 P = F − R

F : 지반 전단 반력의 수평성분    R : 구름 저항

㉮ 전단 저항

$F = A \cdot C + W \times \tan \emptyset$

A : 전단면적($cm^2$).    W : 수직하중(kg)
C : 토양의 점착응력(kg).    $\emptyset$ : 토양의 내부 마찰각(°)

㉯ 구름 저항 : 트랙터의 동하중과 속도에 따라 달라진다.

$Rr = C_1 W + C_2 W \cdot V (kg)$

Rr : 구름 저항(kg).    W : 트랙터 자중(kg)
V : 주행 속도(m/sec).    $C_1, C_2$ : 계수

**참고**

연약한 토양에서는 타이어의 공기압을 줄여 접지압력을 작게 하는 것이 좋으며, 단단한 토양이나 지반에서는 타이어 공기압이 적은 경우에 구름 저항이 증가한다.

② 등판 저항 : 트랙터가 경사면을 향하여 올라가는 경우에 트랙터 자중의 분력은 진행의 반대방향으로 작용한다. 이 때 등판저항은 다음과 같다.

$$Re = W \sin \alpha \text{ (kg)}$$

Re : 등판 저항(kg).  W : 트랙터 자중(kg).  $\alpha$ : 등판각(°)

### 4) 접지압

여러 가지 물체가 지상에 놓여 있을 때는 그 접지면에서 물체의 전 중량이 지지되는 단위 접지 면적에 걸리는 중량을 접지압이라 한다. 트랙터의 접지압은 트랙터의 형식에 따라 달라지며 차륜트랙터의 경우에는 일반적으로 자중의 약40%가 앞 차륜축 상에 나머지 60%가 후 차륜축상에 걸리도록 만들어져 있다.

① 차륜 트랙터의 경우 접지압

$$P = \frac{W}{A}$$

P : 접지압(kg)
W : 트랙터 자체 중량(kg)
A : 차륜의 접지면적의 합계($cm^2$)

② 궤도 트랙터의 경우 접지압

$$P = \frac{W}{2\ell b}$$

P : 접지압(kg).  W : 트랙터 자체 중량(kg)
$\ell$ : 크롤러의 접지 길이(cm).  b : 크롤러의 폭(cm)

## (4) 안전 및 인체공학적 설계

### 1) 안전수칙

① 밀폐된 창고에서는 시동을 걸지 않을 것
② 엔진 가동 중에는 절대로 운전석에서 내리지 말 것.
③ 트랙터를 타고 내릴 때 주의하고 발판을 사용할 것.
④ 운전자 이외에는 타지 말 것.

⑤ 경사지에는 급속 회전을 피하고 충분히 감속할 것.
⑥ 도로상을 운전할 대에는 좌우 브레이크를 반드시 연결할 것.
⑦ 구동형 작업기의 조정이나 정비 등을 할 때에는 시동을 끄고 할 것.
⑧ PTO 사용시는 PTO보호 커버를 붙여야 하며, 사용치 않을 때는 축의 캡을 씌울 것.
⑨ PTO 구동 작업기가 장착되었을 때는 PTO축이 완전히 정지한 후 차에서 내려올 것.
⑩ 작업복을 꼭 착용할 것.
⑪ 경사지에서 주차시킬 때에는 주차 브레이크를 작동시키고 받침목을 사용할 것.
⑫ 항상 트랙터 바퀴의 공기압을 점검할 것.
⑬ 좌석은 자기에 맞게 조절해서 사용할 것.
⑭ 시동은 반드시 트랙터 좌석에 앉아서 해야 할 것이며, 옆에 서서 걸지 않아야 한다.
⑮ 시동은 제작회사에서 정하는 순서대로 할 것.
⑯ 트랙터를 내릴 때에는 시동을 정지시키고 주차 브레이크를 작동시켜 놓을 것.
⑰ 경사지를 내려갈 때는 기어를 빼지 말 것.
⑱ 연료의 공급은 기관을 정지하고 할 것.
⑲ 벨트를 걸거나 벗길 때는 벨트 풀리를 정지시키고 할 것.
⑳ 견인은 반드시 규정된 장치에 의하여 행할 것.
㉑ 경고등에 늘 주의하고 경고등 고장시는 반드시 그 원인을 규명 정비 할 것.
㉒ 차동 고정 장치 페달을 밟은 후는 핸들을 돌리지 말 것.

### 2) 인체공학적 설계

최근의 트랙터 설계에서는 운전자의 안전과 편의를 위한 설계에 보다 많은 관심이 집중되고 있다.

① 트랙터의 작업환경 : 트랙터는 지형과 기상 조건의 변화가 심한 야외의 포장에서 사용되므로, 운전자는 직접적으로 외기의 온도, 습도, 바람, 먼지, 복사열, 기계의 진동과 소음, 배기가스, 비료, 농약 등 각종 작업환경에 노출된다.
② 트랙터의 안전장치 : 트랙터에는 유해한 작업환경으로부터 운전자를 보호하기 위한 장치뿐만 아니라, 사고로부터 운전자를 보호할 수 있는 안전장치가 필요하다.
  트랙터의 사고는 일반적으로 가파르고 미끄러운 경사지에서 작업할 때, 장애물이 크고 많은 지형에서 작업할 때, 작업기의 연결이나 부가하중이 균형을 이루지 못할 때, 과속운전을 하거나 급선회할 때 일어난다. 사고로부터 운전자를 보호하기 위한 트랙터의 안전장치에는 다음과 같은 것이 있다.
  ㉮ 전도방지장치(rollover protective structure : ROPS) : 트랙터가 전도될 때 받는 충격력을

흡수하여, 전도에 따른 연속적인 구름을 방지함으로써 운전자가 받는 충격을 완화하고, 트랙터에 압사되는 피해를 방지하기 위한 안전장치이다.

㈏ 안전좌석 벨트 : 안전좌석 벨트는 충돌 사고나 전도사고에서 운전자가 운전석으로부터 떨어지는 것을 방지하기 위하여 사용된다. 특히 전도방지장치가 설치된 트랙터에는 반드시 안전좌석 벨트를 설치하여야 한다.

㈐ 트랙터 안전 캡(cab) : 캡은 전도방지장치의 기능뿐만 아니라, 온도변화, 먼지, 해충, 비료, 농약 등 유해한 작업 환경으로부터 운전자를 보호할 수 있는 가장 우수한 안전 장치이다.

㈑ 안전표지 : 트랙터는 고속으로 주행하는 차량과 비교하여, 일반도로에서는 저속차량으로 구별된다. 미국 국립안전위원회에서는 최대 속도가 40km/h 이하인 모든 차량으로 구별하여 그림과 같은 안전표지를 차량의 후미에 부착하도록 권장하고 있다. 미국 농공학회에서는 농업기계의 안전운전을 위하여 경고 표지를 필요한 곳에 부착하도록 하고 있다.

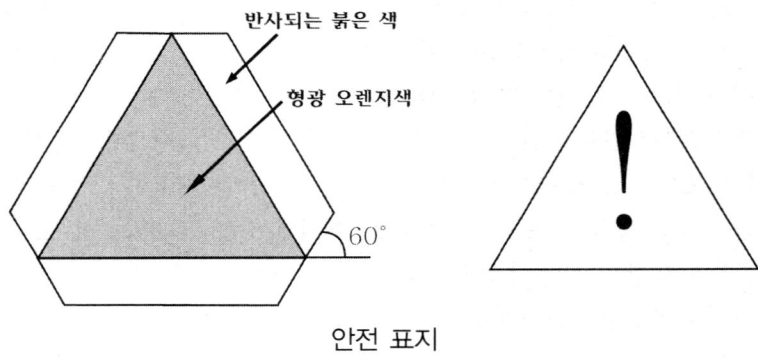

안전 표지

③ 진동 노출 한계

㈎ 진동의 영향 : 진동은 심리적, 정신적으로 불안감을 느끼게 할뿐만 아니라, 신경계를 자극하여 시각 및 지각 기능을 약화시키며 레이노드 현상이나, 척추이상, 위장장애 등 인체에 현저한 악영향을 초래하는 것으로 알려지고 있다. 진동은 또한 인간의 작업능력을 떨어지게 한다.

㈏ 진동의 표시 : 진동은 진동수와 진동의 크기, 즉 진폭으로써 표시된다. 진동수는 Hz단위로써 나타내며, 진동의 크기는 일반적으로 가속도의 RMS(root mean square) 혹은 PSD (power spectral density)의 값으로써 나타낸다.

㈐ 트랙터의 진동과 안전설계 : 트랙터의 운전자는 수직 및 수평 진동뿐만 아니라 회전 운동에 의한 롤링(rolling), 피칭(pitching), 요잉(yawing) 등의 진동을 받게 된다. 이러한 진동은 트랙터의 기관, 변속기 등 트랙터 자체에서 발생되는 진동과 불 균일한 노면에서 트랙터로 전달되는 진동 등이 복합적으로 구성된 것이다.

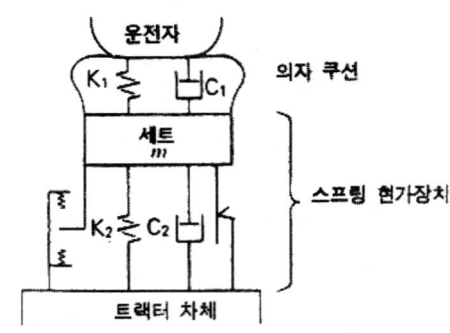

트랙터 좌석의 스프링 현가 장치

④ 소음 노출 한계
  ㉮ 소음의 영향 : 심한 소음은 청각신경을 둔화시키며, 청력 손실의 원인이 된다. 소음은 신경계를 자극하여, 동공의 확대, 혈압 및 혈당의 상승, 심장의 고동을 증가시키며, 주의력의 산만, 오류의 증가, 반응시간의 지연 등으로 인간의 작업능률을 저하시킨다. 이러한 소음의 영향으로부터 인체를 보호하기 위해서는 적극적인 방음대책이 요구된다.
  ㉯ 소음의 표시 : 소음의 크기는 일반적으로 기준압력에 대한 소리의 압력수준이나, 기준동력에 대한 소리의 동력수준으로서 나타내며, 데시벨(decibel, dB)로써 표시한다.
  ㉰ 소음의 노출 한계 : 인간이 감지할 수 있는 가장 낮은 음, 즉 최소 가청음의 주파수 대역은 20~20000Hz이다. 소음의 노출 한계는 개인에 따라 차이가 있을 수 있으나 일반적으로 1일 연속 작업 시간을 8시간으로 하면 노출 한계는 90dB(A)로 알려져 있다.
⑤ 작업공간 및 계기판 배열 : 운전자의 작업공간은 운전자가 시계를 차단하지 않고 각종 계기를 조작하고 운전하는 데 필요한 충분한 공간이 되어야 한다. 또한, 작업공간은 트랙터의 전방, 좌우 측면 및 후방을 쉽게 관찰할 수 있는 곳에 설치하여야 한다.

## 2. 동력경운기(power tiller)

동력 경운기는 승용 트랙터와 마찬가지로 주행하면서 경운, 쇄토, 파종, 운반 등의 농작업을 수행한다. 승용 트랙터와 다른 점은 주행 장치가 2개의 바퀴만으로 구성되어 있어 운반 작업을 제외한 농작업에서는 운전자가 보행하면서 작업한다. 따라서 이것을 보행형 트랙터라고도 하며, 차체의 모든 중량을 견인력 발생에 사용할 수 있는 장점이 있다.

## (1) 동력경운기의 종류

### 1) 견인형

쟁기작업, 쇄토, 중경, 배토, 시비, 운반 등의 견인 작업을 목적으로 사용된다(2~5PS).

### 2) 구동형

본체와 작업기가 결합되어 있는 것으로 탑재 엔진에서 나오는 힘의 일부는 차륜에 전달되어 차체가 이동하며 일부는 작업기에 전달되어 작업이 이루어지는 형이다. 경운부의 형식에는 로터리형, 크랭크형, 스크루형 등 3종이 있으며 가장 많이 사용되고 있는 것은 로터리형이다.

### 3) 견인구동 겸용형

구동형과 견인형의 작업기를 모두 사용할 수 있는 형식으로, 우리나라에 보급되고 있는 동력경운기는 여기에 속한다.

## (2) 동력경운기의 구조와 작용

### 1) 기 관(engine)

동력경운기에 사용되는 기관은 대부분 단기통 디젤 4행정 기관으로서, 정격출력 6~10PS의 기관이 많이 사용된다.

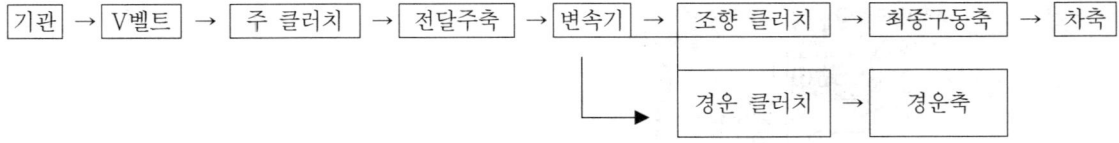

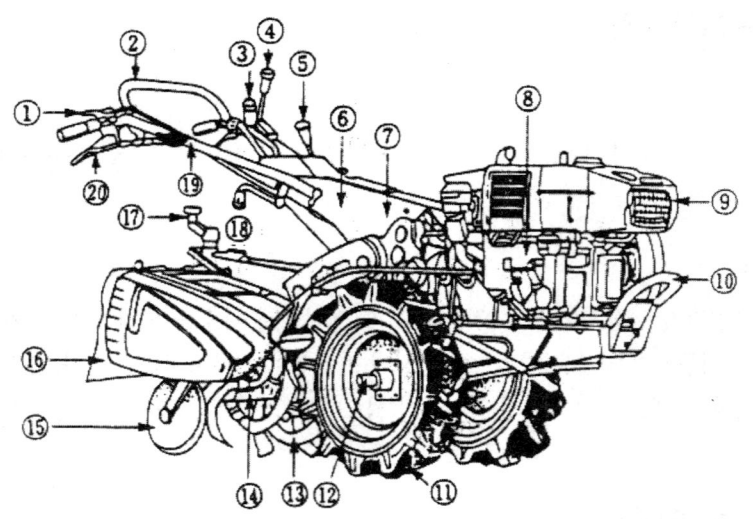

1. 속도조절 레버, 2. 보조 핸들, 3. 주변속 레버, 4. 주 클러치 레버, 5. 부변속 레버
6. 핸들프레임, 7. 변속기 케이스, 8. 기관, 9. 전조등, 10. 앞 범퍼
11. 타이어, 12. 차축, 13. 경운날, 14. 경운축, 15. 미륜
16. 흙받이, 17. 미륜 조절 레버, 18. 스탠드 레버, 19. 핸들, 20. 조향 클러치 레버

디젤 동력경운기 각부의 명칭

### 2) 동력전달장치(power train)

① 주 클러치 : 주행을 정지하거나 변속기어를 바꿀 때 사용한다.(유격 20~30mm이다.)

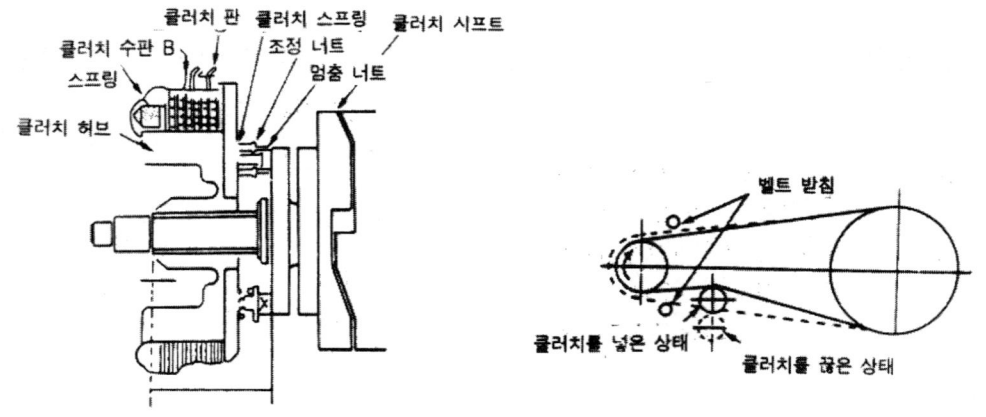

다판식 원판 마찰 클러치(동력경운기)   V벨트 텐션 클러치(관리기)

㉮ 원판형 마찰 클러치 : 마찰판을 스프링의 힘으로 압력판에 밀착시켜 동력을 전달

㉯ 원추형 마찰 클러치 : 원판형 마찰 클러치보다 동력의 단속이 신속하고 구조가 간단.
㉰ V벨트 텐션 클러치 : 벨트의 인장력으로 동력을 전달하며 구조가 아주 간단하여 소형 경운기에서 이용되고 있다.
㉱ 원심식 클러치 : 원심력으로 클러치 슈를 드럼 내부에 밀착시켜 자동으로 동력을 전달한다. 이는 클러치 레버의 작동이 불필요하여 발진, 정지에 편리하나 소형경운기 이외에는 사용하지 않는다.

**참고**

> 6PS 이상의 동력경운기에는 크기가 작고 동력전달 효율이 좋은 다판 원판식 마찰 클러치가 사용되고 있다.

② 변속장치 : 엔진의 회전속도를 변화시키지 않고 기체의 주행속도나 로터리 경운부의 회전속도를 변화시키는 장치이다. 현재 사용되고 있는 변속장치에는 주변속과 부변속이 있으며, 부변속은 고저 2단으로 되어 있고, 주변속은 전진 3단 후진1단으로 되어 이를 조합하면 전진 6단 후진 2단으로 된 것이 일반적이다.

변속기어 물림 방식에는 선택 미끄럼식과 상시 물림식의 변속장치가 이용되며, 안전을 도모하기 위해 주행시 최고 속도를 15km/h 이하가 되게 설계되어 있다.

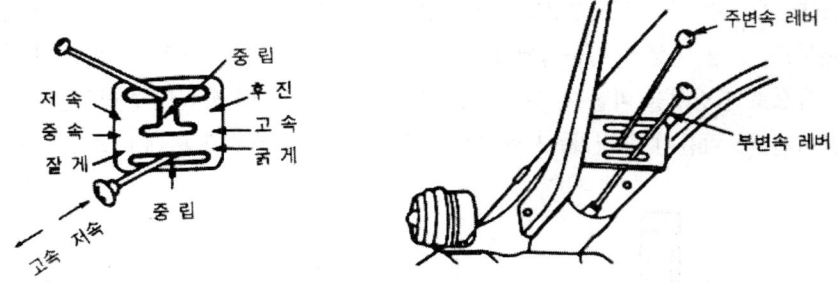

변속 표지판 및 변속 레버

③ 주행장치 : 동력경운기에 사용되는 바퀴에는 고무 바퀴와 쇠바퀴의 두 종류가 있다. 고무바퀴는 농로 주행과 건조한 농경지에서 사용되며, 쇠바퀴는 무논이나 습지에서 사용된다.
㉮ 타이어의 크기 표시가 6.00 - 12 - 4PR 라면 타이어의 너비가 6.00 인치이고, 림의 직경이 12인치이고 플라이 수는 4개라는 뜻이다. 일반적으로 동력경운기의 타이어 공기압은 $1.1 \sim 1.4 kg/cm^2$ (15.6~20psi)이며 작업에 따라 달라질 수 있다.

## 참고

플라이수는 타이어의 강도를 나타내는 치수이다.

㉯ 동력경운기는 작업의 종류에 따라 윤거를 조절할 수 있다. 윤거는 기종에 따라 차축 위에서 허브의 설치 위치를 옮기거나 림 디스크의 조립 위치를 허브의 안팎으로 변화시키든지, 림 디스크의 조립 방향을 내향 또는 외향으로 전환시켜 조절하도록 되어 있으며, 기종에 따라서는 림 디스크의 안쪽 또는 바깥쪽에 설치될 수 있는 간격통의 갯수를 변화시키기도 한다.

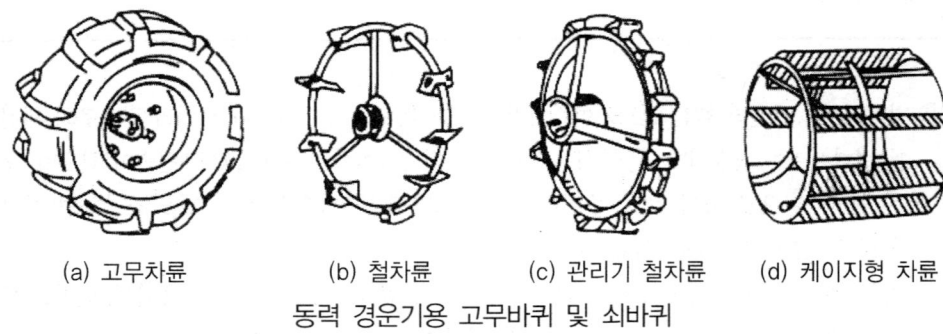

(a) 고무차륜  (b) 철차륜  (c) 관리기 철차륜  (d) 케이지형 차륜

**동력 경운기용 고무바퀴 및 쇠바퀴**

④ 조향장치 : 사이드 클러치라고도 하며 맞물림 클러치를 많이 사용하고 있다. 소형 경운기에서는 핸들로, 중형 이상의 경운기에서는 조향 클러치로서 좌우 차륜 중 어느 한 쪽의 동력을 끊음으로써 방향을 바꾼다. 고속으로 비탈길을 내려갈 때 사이드 클러치를 잡으면 동력이 끊어진 쪽 차륜이 중력가속도에 의해 더 빨리 돌기 때문에 반대로 회전하게 된다.

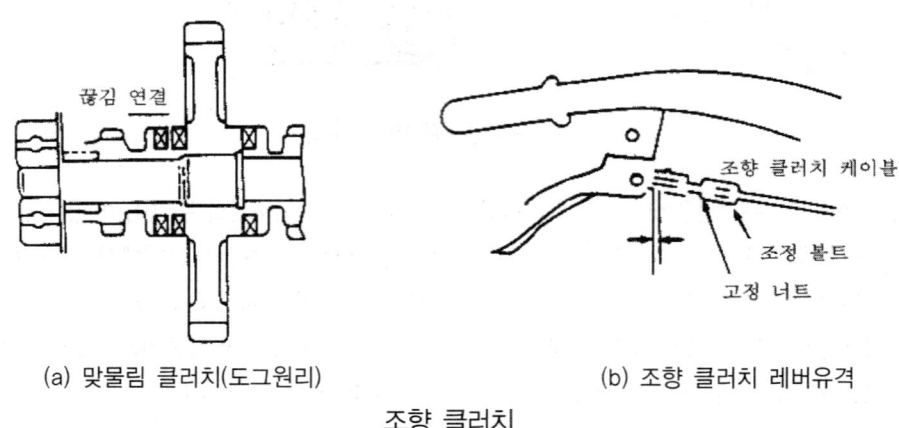

(a) 맞물림 클러치(도그원리)  (b) 조향 클러치 레버유격

**조향 클러치**

⑤ 제동장치 : 동력 경운기의 제동장치는 습식의 내부 확장 마찰식의 구조로 되어 있으며, 브레이크

드럼 속의 오일이 마찰열을 흡수하고 금속 마찰면이 녹스는 것을 방지한다.

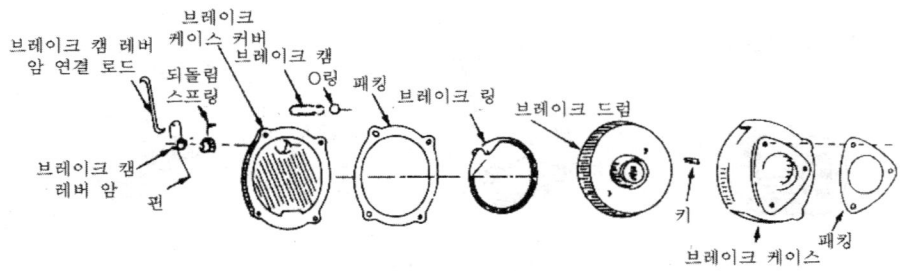

습식 브레이크 링 및 드럼 구조

⑥ 로터리 경운 장치 : 활 모양의 날을 로터리 축에 12~18개를 부착하여 200~400rpm으로 회전시킨다.
㉮ 장 점 : 로터리 자체가 구동륜과 같은 역할을 하여 습답이나 무 논에서 과도한 슬립과 침하 등의 문제가 생기지 않는다.
㉯ 단 점 : 동력이 많이 소요되며, 로터리날의 마모가 심해 자주 갈아주어야 한다.
㉰ 로터리 구동방식에는 측방 구동형과 중앙구동형이 있으며, 중형이상에서는 측방 구동형이, 소형에서는 구조가 간단하고 중량이 가벼운 중앙 구동형이 주로 사용된다.
⑦ 히치(견인장치) : 후방에 쟁기, 래크, 컬티베이터 및 트레일러 등을 장착하는 장치이다. 히치는 1개의 핀으로 연결하고 견인식과 2개의 핀으로 연결하는 고정식과 한 개의 핀으로 연결하고 양측에 2개의 볼트를 두어 조금만 요동되는 요동식이 있다.

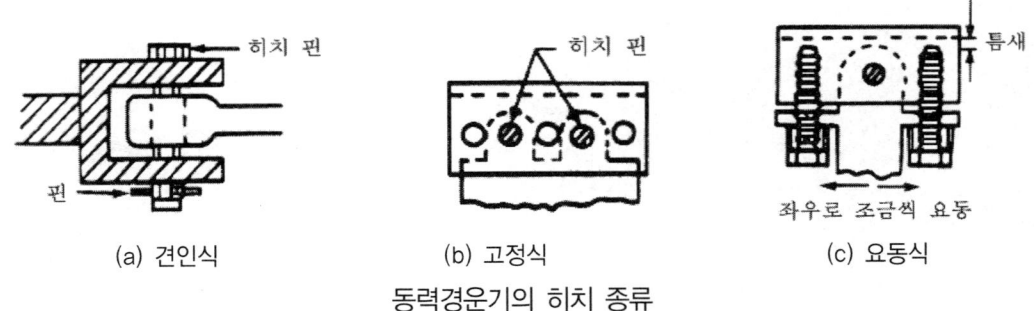

동력경운기의 히치 종류

⑧ 전기 장치 : 동력경운기는 냉각 팬 속에 있는 교류 발전기에서 발생한 전기로 야간 작업을 하거나, 도로를 주행할 때 작업등, 전조등을 켠다.
⑨ 구동작업 장치 : 로터리 경운, 양수, 탈곡 및 분무 작업 등은 기관의 동력으로 작업기를 구동시키지 않으면 안 된다. 로터리 경운에서는 변속기 케이스의 옆쪽에 있는 PTO 축에 로터리의 구동축을 맞물림 커플링으로 연결시켜 작업기를 구동한다.
동력 경운기의 경운 장치는 거의 로터리형을 사용하고 있다. 경운날의 모양은 보통형과

칼날형이 있다. 로터리 경심은 15cm 이하이다.

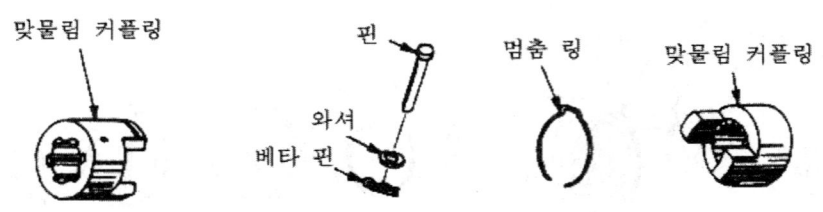

맞물림 커플링

# 제5편 농업동력학

1. 전기학에서 플레밍의 왼손법칙과 관계가 깊은 것은?
   - ㉮ 변압기
   - ㉯ 전류계
   - ㉰ 발전기
   - ㉱ 전동기

2. 플레밍의 왼손법칙에 적용되는 3가지 요인으로 이루어진 것은?
   - ㉮ 도체의 운동방향, 유도기전력, 전류의 방향
   - ㉯ 유도 기전력, 자속의 방향, 전류의 방향
   - ㉰ 도체의 운동방향, 유도기전력, 자속의 방향
   - ㉱ 도체의 운동방향, 자속의 방향, 전류의 방향

   **POINT**
   프레밍의 오른손 법칙에는 도체의 이동방향, 자속방향, 유도기전력이 적용된다.

3. 농용 전동기의 극수는 보통 몇 극으로 나누는가?
   - ㉮ 3~4
   - ㉯ 4~5
   - ㉰ 1~2
   - ㉱ 4~6

4. 농용 3상 유도 전동기에서 3상 교류를 받아 회전을 만드는 부분은?
   - ㉮ 고정자
   - ㉯ 단락
   - ㉰ 철심
   - ㉱ 회전자

5. 원판 모양의 전기철판을 여러 개 겹쳐 원통형의 철심을 만들고 골에 절연하지 않는 강봉을 한 개씩 끼고 고리모양을 엔드링한 것은?
   - ㉮ 콘덴서
   - ㉯ 회전자
   - ㉰ 탄소 브러시
   - ㉱ 고정자

6. 유도전동기는 일반적으로 농용으로 널리 사용되는 전동기다. 이것과 관계가 없는 것은?
   - ㉮ 고장이 적고 취급도 쉬우며 특성도 좋다.
   - ㉯ 구조가 간단하고 견고하고 정류자를 가지고 있다
   - ㉰ 성층철심 안에 만들어진 많은 홈에다 절연된 코일을 넣고 결선 시킨 고정자가 있다.
   - ㉱ 규소강판으로 성층한 원통철심 바깥쪽에 홈을 만들어 이것에 코일을 넣은 회전자가 있다.

7. 농용 3상 유도 전동기의 주요부가 아닌 것은?
   - ㉮ 기동 장치
   - ㉯ 고정자
   - ㉰ 회전자
   - ㉱ 냉각익근

8. 농용 3상 농형 유도전동기의 기동법이 아닌 것은?
   - ㉮ 기동 보상기법
   - ㉯ Y-△기동법
   - ㉰ 전 전압 기동법
   - ㉱ 2차 기동 저항법

   **POINT**
   3상 농형 유도 전동기의 종류 : 기동보상기법, Y-△기동법, 전 전압 기동법, 리액터 기동법

9. 농용 전동기의 특성으로 옳지 않는 것은?
   - ㉮ 1PS 이상은 3상의 동력선이 이용된다.
   - ㉯ 직류 전동기를 많이 쓴다.
   - ㉰ 유도 전동기를 많이 쓴다.
   - ㉱ 1PS 이하의 소형은 단상 유도 전동기가 많이 쓰인다.

정답  1.㉱  2.㉱  3.㉱  4.㉮  5.㉮  6.㉯  7.㉮  8.㉱  9.㉯

10. 다음은 농형 유도전동기의 장점을 기술한 것이다. 틀린 것은 ?
    ㉮ 운전 중의 성능이 좋다.
    ㉯ 회전자의 홈 속에 절연 안된 구리봉을 넣었다.
    ㉰ 구조가 간단하고 튼튼하다.
    ㉱ 기동시의 성능이 좋다.

11. 4극 고정자 홈수 36개, 3상 유도 전동기의 홈 간격은 전기 각으로 몇 도인가?
    ㉮ 10°     ㉯ 15°
    ㉰ 5°      ㉱ 20°

    **POINT**
    (P/2)×기하학적 가속도 = (4/2)×(360/36) =20°

12. 전자 유도현상에 의해서 코일에 생기는 유도 기전력의 방향을 설명하는 법칙은 ?
    ㉮ 플레밍의 왼손법칙
    ㉯ 플레밍의 오른손 법칙
    ㉰ 페러데이의 법칙
    ㉱ 렌츠의 법칙

13. 3상 유도 전동기의 특징 중 틀리는 것은?
    ㉮ 농업용에서는 1/2~10PS 이하를 사용한다.
    ㉯ 3선식 전력선에 의해 가동된다.
    ㉰ 기능이 우수하다.
    ㉱ 내부 구조가 복잡하다.

14. 농용 전동기의 장점에 해당되는 것은?
    ㉮ 전선으로 전기를 유도하므로 이동작업에 부적당하다.
    ㉯ 짧은 시간 동안 이용하는데 비경제적이다.
    ㉰ 고장이 적으며 과부에 대한 내구력이 크다.
    ㉱ 전원 및 배선시설이 필요하다.

15. 전동기의 장점 중 틀린 것은 ?
    ㉮ 음향과 진동이 적다.
    ㉯ 폐기류, 냉각수 등이 필요 없다.
    ㉰ 기동 및 운전이 용이하다.
    ㉱ 배선설비가 필요하다.

16. 개루 가스(gor gas)현상은 다음 어느 전동기에서 생기는 현상인가 ?
    ㉮ 동기 전동기
    ㉯ 권선형 유도 전동기
    ㉰ 직류 직전 전동기
    ㉱ 농용 유도 전동기

17. 7kW 이상의 대출력용으로 많이 쓰이는 유도 전동기는 ?
    ㉮ 단상 반발 기동형
    ㉯ 3상 농형
    ㉰ 단상 분상 기동형
    ㉱ 3상 권선형

18. 권선형 유도전동기의 기동법의 특징은 ?
    ㉮ 기동 토크는 크게, 기동전류는 작게 할 수 있다.
    ㉯ 기동 토크는 작게, 기동전류는 크게 할 수 있다.
    ㉰ 기동 토크, 기동 전류 모두를 크게 할 수 있다.
    ㉱ 기동 토크, 기동 전류 모두를 작게 할 수 있다.

    **POINT**
    기동 토크는 크게, 기동 전류는 전부하 전류의 100~150%까지 제한 할 수 있다.

19. 다음 중 전동기의 명판에 표시되어 있지 않은 것은 ?
    ㉮ 전동기의 절연 계급
    ㉯ 전동기의 극수
    ㉰ 전동기의 동기속도
    ㉱ 전동기의 정격 출력

정답  10. ㉱  11. ㉱  12. ㉱  13. ㉱  14. ㉰  15. ㉱  16. ㉯  17. ㉱  18. ㉮  19. ㉰

20. 3상 유도 전동기를 설치할 때 안전상 필요한 것은 ?
    - ㉮ 3선 중 하나는 기체에 접촉시킨다.
    - ㉯ 3선 중 한 선을 접지 시킨다.
    - ㉰ 기체부분을 접지 시키면 안전하다.
    - ㉱ 볼트는 구리로 된 것을 사용한다.

21. Y-△ 기동법을 설명한 것이다. 잘못 설명한 것은 ?
    - ㉮ 기동시는 고정자 결선을 Y결선 시킨다.
    - ㉯ Y측으로 하면 △측 전류의 1/3배가 흐른다.
    - ㉰ Y측에 하면 △측 전류의 3배 전류가 흐른다.
    - ㉱ 운전시 고정자 결선을 △결선 시킨다.

22. 2중 농형 회전자와 관계없는 것은 ?
    - ㉮ 바깥쪽 도체가 저항이 크다.
    - ㉯ 기동시 회전력이 크다.
    - ㉰ 회전자 도체가 안쪽, 바깥쪽의 2개로 되어 있다.
    - ㉱ 운전 중 효율이 나쁘다

23. 3상 유도 전동기의 결선 방법 중 2개를 서로 바꾸면 ?
    - ㉮ 회전이 빠르게 된다.
    - ㉯ 회전이 반대가 된다.
    - ㉰ 회전이 느리게 된다.
    - ㉱ 아무이상 없다.

24. 3상 유도 전동기의 회전 방향을 바꾸려면?
    - ㉮ 3선 중 2선만 서로 바꾸어 결선 한다.
    - ㉯ 3선이 모두 짝이 있어 번호대로 결선 한다.
    - ㉰ 스위치를 껐다가 다시 기동시킨다.
    - ㉱ 3선을 다 바꾸어 결선 한다.

**POINT**
3선 가운데 임의의 두 선을 서로 바꾸면 회전자계의 방향이 바뀌어 모터의 회전방향도 바뀌어진다.

25. 단상 유도 전동기를 잘 나타낸 것은 어느 것이냐 ?
    - ㉮ 비례추이를 하지 못한다.
    - ㉯ 기동장치가 필요하다.
    - ㉰ 유도기에서는 단상을 사용하지 못한다.
    - ㉱ 기동 토크가 크다.

**POINT**
단상에서는 회전자장이 생기지 않으면 여러 가지 방법으로 회전자장을 만들어 준다. 이 방법에 따라 단상 유도 전동기를 분류하면 분상 기동형, 콘덴서 기동형, 반발기동형, 세이딩 코일형 등이 있다.

26. 농용 전동기 5마력에 사용되는 퓨즈의 크기는 ?
    - ㉮ 30~35A
    - ㉯ 10~15A
    - ㉰ 20~25A
    - ㉱ 5A

27. 농용 전동기의 가동온도는 얼마가 적당한가?
    - ㉮ 100~120℃
    - ㉯ 40~50℃
    - ㉰ 10~20℃
    - ㉱ 90~100℃

28. 다음은 전동기 선택에 대한 설명 중 잘못된 것은 ?
    - ㉮ 전동기를 선택할 때 전동기의 기동 특성을 고려해야 한다.
    - ㉯ 전동기의 가격을 고려해야 한다.
    - ㉰ 전동기의 정격 회전수를 고려한다.
    - ㉱ 먼지가 많이 나는 농작업에서는 반폐형보다 완전 개방형이 많이 사용된다.

29. 전동기에 가장 큰 전류가 흐르는 때는 다음 중 언제인가 ?
    - ㉮ 가장 큰 토크가 걸릴 경우
    - ㉯ 역률이 가장 클 때
    - ㉰ 슬립이 0인 경우
    - ㉱ 시동되는 순간

정답  20. ㉰  21. ㉰  22. ㉱  23. ㉯  24. ㉮  25. ㉯  26. ㉰  27. ㉯  28. ㉰  29. ㉱

30. 3상 유도 전동기에서 속력이 저하되었을 때의 원인 중 틀린 것은 ?
   ㉮ 과부하 때 짐을 가볍게 한다.
   ㉯ 베어링의 기름이 과부족 현상이다.
   ㉰ 고정자 권선의 단락은 교환할 수 있다.
   ㉱ 3개의 퓨즈 중 1개가 끊어져 단상 운전일 때가 있다.

31. 전동기의 일상정비에 부적당한 것은 ?
   ㉮ 사용 후는 깨끗이 닦고 덮개를 덮어 습기 없는 장소에 보관한다.
   ㉯ 내부는 물을 뿌리고 공기 펌프로 소제한다.
   ㉰ 외부의 더럽혀진 부분을 깨끗이 닦는다.
   ㉱ 베어링 부분은 점검하고 주유 한다.

32. 전동기의 점검에 관한 관계 지식이다. 그릇된 것은 ?
   ㉮ 10초간 손을 대고 있을 수 없는 정도라면 과열된 상태이다.
   ㉯ 전동기의 온도는 일반적으로 40℃ 이하라야 한다.
   ㉰ 3상 유도 전동기에서 갑자기 속도가 떨어지고 전류가 과대해지는 경우는 3개의 퓨즈 중에서 1개가 끊어진 경우가 많다.
   ㉱ 과부하는 25%로 2시간 내외가 일반적으로 허용된다.

33. 단상 유도 전동기의 특징 중 틀린 것은 ?
   ㉮ 내구력은 3상보다 떨어진다.
   ㉯ 외부 구조가 간단하다.
   ㉰ 단상은 전등선에 이용된다.
   ㉱ 1-1/2PS의 소형이며, 적은 마력에 이용된다.

34. 부하가 가장 작은 경우에 사용되는 전동기는 ?
   ㉮ 단상 유도 전동기
   ㉯ 3상 권선형 유도전동기
   ㉰ 3상 유도 전동기
   ㉱ 3상 농형 유도전동기

**POINT**
단상유도 전동기 : 가정용, 농업용, 의료기계용과 같은 소형기계

35. 단상 유도 전동기에서 회전 토크와 관계되는 것은 ?
   ㉮ 전류          ㉯ 냉각팬
   ㉰ 베어링        ㉱ 정류자

36. 다음 중 단상 유도 전동기의 종류가 아닌 것은 ?
   ㉮ 축전기 기동형
   ㉯ 분상 기동형
   ㉰ 반발 기동형
   ㉱ 축전기 반발형

37. 단상 유도 전동기중 기동시 가장 회전력이 큰 것은 ?
   ㉮ 세이딩 코일형    ㉯ 분상 기동형
   ㉰ 반발 기동형      ㉱ 콘덴서 기동형

38. 단상 유도 전동기의 기동 방법에서 기동 토크가 가장 적은 방법은 ?
   ㉮ 반발 유도형      ㉯ 콘덴서 분상형
   ㉰ 분발 기동형      ㉱ 분상 기동형

39. 다음은 각종 단상 유도 전동기의 특징에 대한 설명이다. 잘못된 것은 ?
   ㉮ 세이딩 코일형은 구조가 간단하지만 효율이 낮다.
   ㉯ 콘덴서 기동형은 기동전류가 크고 기동 토크가 작다.
   ㉰ 반발 기동형은 기동 토크가 비교적 크다.
   ㉱ 분산 기동형은 기동 토크가 작다.

정답  30. ㉰  31. ㉯  32. ㉱  33. ㉯  34. ㉮  35. ㉮  36. ㉱  37. ㉰  38. ㉱  39. ㉯

40. 단상 유도 전동기에 관한 설명 중 틀린 것은?
    ㉮ 공장과 같이 큰 동력을 요할 경우에 사용된다.
    ㉯ 기동시 회전자계를 형성시켜 줄 기동장치가 필요하다.
    ㉰ 세이딩 코일형도 단상유도전동기의 일종이다.
    ㉱ 분상 기동형, 콘덴서 기동형, 반발 기동형 등으로 구분된다.

41. 유도 전동기의 구조에 대한 설명이다. 그릇된 것은?
    ㉮ 콘덴서 기동형 전동기는 기동 권선을 필요로 하지 않는다.
    ㉯ 권선형 전동기는 슬립 링, 브러시, 기동 저항기를 필요로 한다.
    ㉰ 3상 유도 전동기의 고정자에는 3조의 코일이 120°의 전기 각을 가지고 권선 되어 있다.
    ㉱ 분상 기동형 전동기는 원심 스위치를 가지고 있다.

42. 단상 유도 전동기에서 자기 기동은?
    ㉮ 유도기에서는 단상을 사용하지 못한다.
    ㉯ 기동장치가 필요하다.
    ㉰ 불가능하다.
    ㉱ 가능하다.

43. 기동 회전력이 강하고 농용 전동기로 가장 많이 사용되는 단상 전동기의 기동형은?
    ㉮ 축전기 분상 기동형
    ㉯ 분상 기동형
    ㉰ 보상 기동형
    ㉱ 반발 기동형

44. 정미기, 제분기에 많이 사용하는 것은?
    ㉮ 반발 기동형   ㉯ 분상 기동형
    ㉰ 단상유도 전동기   ㉱ 콘덴서형

45. 반발 기동형의 특징 중 맞는 것은?
    ㉮ 회전수를 일정하게 유지한다.
    ㉯ 기동 전류가 많이 필요하다.
    ㉰ 기동부하가 가벼워 탈곡기, 새끼틀 등에 사용된다.
    ㉱ 역률이 좋다.

46. 단상 유도 전동기에서 회전자 주권선이 정류자에 접속 2개의 탄소 브러시가 있는 형은?
    ㉮ 콘덴서 기동형   ㉯ 스킬 게이지형
    ㉰ 분상 기동형   ㉱ 반발 기동형

POINT
단상유도 전동기의 기동 방식으로 브러시를 필요로 하는 것이 반발기동형이다.

47. 단상 유도 전동기 중 콘덴서형에 해당되는 것은?
    ㉮ 보조 코일은 없다.
    ㉯ 회전자는 코일이 없고, 고정자는 주권선과 보조 권선으로 나눈다.
    ㉰ 회전자는 박스형이고, 고정자는 주 코일에 연결되어 있다.
    ㉱ 회전자는 주 코일이고, 고정자는 박스형이다.

48. 단상 유도 전동기 중 분상 기동형은?
    ㉮ 회전이 충분히 되면 원심력에 의해 자동적으로 단락 장치가 작동된다.
    ㉯ 단상 전류는 기동 때만 주권선만 보조 권선으로 나누어 흐르는데, 이두 코일은 전기적으로 90° 떨어진 곳에 감겨져 있다.
    ㉰ 정류자 양쪽에 브러시 2개 단락이 부착되어 있다.
    ㉱ 프레임 위에 부착된 콘덴서가 직렬로 접촉되어 통할 때 회전자력을 만든다.

정답  40. ㉮  41. ㉮  42. ㉯  43. ㉱  44. ㉮  45. ㉮  46. ㉱  47. ㉯  48. ㉱

49. 농촌에서 탈곡이나 정선등 옥내에서 행하는 농작업에 가장 많이 사용되는 전동기의 종류를 택하라.
   ㉮ 콘덴서 기동형 3상 유도 전동기
   ㉯ 반발 기동형 유도 전동기
   ㉰ 콘덴서 기동형 단상 유도 전동기
   ㉱ 분상 기동형 단상 유도 전동기

50. 단상 유도 전동기에서 회전방향을 바꿀 수 없는 전동기는 ?
   ㉮ 콘덴서 기동형
   ㉯ 반발코일형
   ㉰ 세이딩 코일형
   ㉱ 분상 기동형

51. 농작업에 이용되는 전동기를 선택할 경우에 반드시 고려할 사항은 ?
   ㉮ 전원의 주파수 및 슬립
   ㉯ 전동기의 효율 및 역률
   ㉰ 기동전류의 크기 및 시동 방법
   ㉱ 전동기의 외형 및 정격출력

52. 전동기 5마력에 사용되는 퓨즈의 크기는? (단 220V용)
   ㉮ 10~15A      ㉯ 30~50A
   ㉰ 20~25A      ㉱ 5A

53. 8ps동력 경운기를 이용하여 벼탈곡 작업을 하다가 고장이 나서 전동기로 대체하려고 한다. 몇 kw의 전동기를 교체하여야 되는가 ?
   ㉮ 8kW        ㉯ 6kW
   ㉰ 12kW       ㉱ 1kW

**P·O·I·N·T**
1ps = 736W   8ps×736 = 5888W = 5.9W

54. 10Ω와 15Ω의 저항을 병렬로 연결하여 50A의 전류를 통할 때 15Ω에 흐르는 전류는 ?

   ㉮ 30A        ㉯ 20A
   ㉰ 40A        ㉱ 10A

55. 단자 전압이 60V, 전류가 10A, 역률이 0.9일 때 압력 Pi는 ?
   ㉮ 600W       ㉯ 540W
   ㉰ 500W       ㉱ 666W

**P·O·I·N·T**
$PI = E \times I \times \cos\emptyset$

56. 유도 전동기에서 동기속도에 관한 설명 중 틀린 것은 ?
   ㉮ 자계의 회전 속도이다.
   ㉯ 2극일 경우 매 사이클마다 1화전 한다.
   ㉰ 실제 작업속도이다.
   ㉱ 슬립이 없을 경우 바로 회전자 속도가 된다.

57. 동기속도를 구하는 공식은 ?
   ㉮ 동기속도 = $\dfrac{60 \times 극수}{주파수}$
   ㉯ 동기속도 = $\dfrac{60 \times 주파수}{극수}$
   ㉰ 동기속도 = $\dfrac{2 \times 60 \times 주파수}{극수}$
   ㉱ 동기속도 = $\dfrac{2 \times 60 \times 극수}{주파수}$

**P·O·I·N·T**
$Ns = \dfrac{120 \times f}{p}$

58. 전동기의 극수가 4극이고 60HZ일 때 전동기의 회전수는 ?
   ㉮ 3200       ㉯ 1500
   ㉰ 1800       ㉱ 3600

**P·O·I·N·T**
$Ns = \dfrac{120 \times f}{p}$
$= \dfrac{120 \times 60}{4} = 1800 rpm$

정답  49. ㉰  50. ㉰  51. ㉱  52. ㉰  53. ㉯  54. ㉯  55. ㉯  56. ㉰  57. ㉰  58. ㉰

59. 우리나라에서 6극 3상 유도 전동기의 동기 속도는 ?

㉮ 1,200rpm
㉯ 2,400rpm
㉰ 3,000rpm
㉱ 1,800rpm

**POINT**

$N_s = \dfrac{120 \times f}{p}$

$= \dfrac{120 \times 60}{6} = 1200 \text{rpm}$

60. 4극, 50Hz의 3상 유도 전동기가 1410rpm 으로 회전할 때 회전자 전류의 주파수는 얼마인가 ?

㉮ 0.3  ㉯ 3.02
㉰ 3    ㉱ 30

**POINT**

$N_s = \dfrac{120 \times f}{p}$

$= \dfrac{120 \times 50}{4} = 1500 \text{rpm}$,

전동기 슬립 S%

$= \dfrac{N_s - N}{N_s}$

$= \dfrac{1500 - 1410}{1500} = 0.06$

회전자에 흐르는 전류의 주파수

$f_{2s} = sf_1 = 0.06 \times 50$

$= 3\text{Hz}$

61. 유도 전동기의 슬립율를 구하는 식은 ?

㉮ $S\% = \dfrac{N_s}{N} \times 100$
㉯ $S\% = \dfrac{N - N_s}{N} \times 100$
㉰ $S\% = \dfrac{N_s - N}{N_s} \times 100$
㉱ $S\% = \dfrac{N}{N_s} \times 100$

62. 유도 전동기의 동기속도를 Ns, 회전속도를 N이라 하면 슬립은 ?

㉮ $N_s - N/N_s$   ㉯ $N - N_s/N$
㉰ $N_s - N/N$    ㉱ $N - N_s/N$

63. 유도 전동기의 극수가 8극이고 60Hz 500kW이다. 전 부하 슬립이 2.5%일 때 회전수는 얼마인가 ?

㉮ 877    ㉯ 8.77
㉰ 8270   ㉱ 87.7

**POINT**

$N_s = \dfrac{120 \times f}{p} = \dfrac{120 \times 60}{8} = 900 \text{rpm}$

슬립률 $S = \dfrac{N_s - N}{N_s}$ 에서

$N = N_s(1 - S) = 900(1 - 0.025)$

$= 877 \text{rpm}$

64. 6극 60Hz 슬립 4%인 3상 유도 전동기의 전부하 회전수는 ?

㉮ 1600   ㉯ 1512
㉰ 1152   ㉱ 1800

**POINT**

$N = \dfrac{120 \times f}{p}(1 - \dfrac{S}{100})$ 에서

$= \dfrac{120 \times 60}{6}(1 - \dfrac{4}{100})$

$= 1152 \text{rpm}$

65. 역률이 가장 좋은 전동기는 ?

㉮ 콘덴서 전동기    ㉯ 반발 기동형
㉰ 세어링 코일      ㉱ 분상 기동형

66. 저항만이 있는 회로의 역률은 ?

㉮ $\cos\theta = 0$
㉯ $\cos\theta = 1/\sqrt{2}$
㉰ $\cos\theta = 1$
㉱ $\cos\theta = 1/2$

정답  59. ㉮  60. ㉰  61. ㉰  62. ㉮  63. ㉮  64. ㉰  65. ㉮  66. ㉰

67. 교류회로에 있어서 역률(COSθ)이라 함은?
   ㉮ 무효 전력과 피상 전력의 비이다.
   ㉯ 무효 전력과 유효 전력의 비이다.
   ㉰ 유효 전력과 피상 전력의 비이다.
   ㉱ 유효 전력과 무효 전력의 차이다.

**POINT**
$Pf = \cos\theta = \dfrac{P}{P_a} = \dfrac{유효전력}{피상전력}$

68. 단자 전압이 100V, 전류가 7A, 전력이 500W였을 때의 역률은 얼마인가?
   ㉮ 71.4%   ㉯ 92.5%
   ㉰ 62.6%   ㉱ 84.4%

69. 3상 유도 전동기의 출력은?
   ㉮ $\dfrac{\sqrt{3}}{1000} \times 전압 \times 저항 \times 역율 \times 효율$
   ㉯ $\dfrac{\sqrt{3}}{1000} \times 전압 \times 전류 \times 역율 \times 효율$
   ㉰ $\dfrac{\sqrt{3}}{1000} \times 전류 \times 전력 \times 역율 \times 효율$
   ㉱ $\dfrac{\sqrt{3}}{1000} \times 전류 \times 저항 \times 역율 \times 효율$

70. 1kg·m의 토크로 매분 1000회전하는 기동 출력은?
   ㉮ 2kW    ㉯ 1kW
   ㉰ 10kW   ㉱ 0.1kW

**POINT**
$H = \dfrac{2\pi NT}{75 \times 60}$
$= \dfrac{2\pi \times 1000 \times 2}{75 \times 60} \fallingdotseq 1.4PS$
1.4×735W = 1029W = 1.029kW

71. 3kW의 발전기를 기동하려면 최소한 몇PS의 출력을 내는 기관이 필요한가?(단, 기관의 효율은 100%로 한다)
   ㉮ 5.20PS   ㉯ 4.08PS
   ㉰ 6.20PS   ㉱ 3.20PS

**POINT**
1HP = 0.735W, 1KW = (1/0.735),
PS = (3/0.735) = 4.08PS

72. 유도 전동기의 속도특성 곡선에 나타나지 않는 것은?
   ㉮ 토크      ㉯ 1차 전압
   ㉰ 1차 전류  ㉱ 출력

**POINT**
속도 특성 곡선에는 출력, 1차 전류, 토크, 역률, 슬립(속도)등이 표시되어 있다.

73. 직류 전동기의 효율은?
   ㉮ $\dfrac{입력}{출력} \times 100(\%)$
   ㉯ $\dfrac{출력 + 손실}{입력} \times 100(\%)$
   ㉰ $\dfrac{입력 + 손실}{출력} \times 100(\%)$
   ㉱ $\dfrac{출력}{입력} \times 100(\%)$

74. 농형 전동기의 효율은 어느 정도인가?
   ㉮ 75~80%
   ㉯ 50~75%
   ㉰ 25~30%
   ㉱ 100%

75. 유도 전동기에서 전동 토크란 무엇인가?
   ㉮ 전동기의 평균 토크의 값
   ㉯ 슬립이 0일 때의 토크의 값
   ㉰ 최대 토크의 값
   ㉱ 전동기를 세우는데 필요한 토크의 값

76. 전 부하보다 큰 부하가 걸렸을 때 생기는 현상이 아닌 것은?
   ㉮ 토크가 감소한다.
   ㉯ 전류가 증가한다.
   ㉰ 효율이 감소한다.
   ㉱ 회전속도가 감소한다.

정답 67. ㉰  68. ㉮  69. ㉯  70. ㉯  71. ㉯  72. ㉯  73. ㉱  74. ㉮  75. ㉰  76. ㉮

77. 유동 전동기의 토크는 전압과 어떤 관계가 있는가?
   ㉮ 단자 전압에 비례한다.
   ㉯ 단자 전압의 1/2승에 비례한다.
   ㉰ 단잔 전압에 관계없다.
   ㉱ 단자 전압의 제곱에 비례한다.

78. 전동기의 출력특성 곡선에 나타나지 않는 것은?
   ㉮ 역률      ㉯ 효율
   ㉰ 소비전력   ㉱ 토크

79. 일정한 주파수 전원에서 운전 중 3상 유도 전동기의 전원 전압이 80%로 되며 부하의 토크는 대략 몇 %가 되는가? 단, 회전수는 일정한 것으로 한다.
   ㉮ 80      ㉯ 64
   ㉰ 90      ㉱ 55

   **POINT**
   회전수가 일정하면 토크는 전압의 제곱에 비례한다.
   $0.80 = (0.64 \times 100) = 64\%$

80. 200V의 3상 유도 전동기의 전류는 출력 kW에 대하여 약 몇 A 정도인가? (단, 효율 90%, 역률 90%이다)
   ㉮ 4A      ㉯ 3.6A
   ㉰ 5A      ㉱ 3A

   **POINT**
   $W = \dfrac{W_E \eta}{100}$
   $= \dfrac{\sqrt{3}\,VI\cos(1/100)}{100} \times \eta$
   $I = \dfrac{W \times 100 \times 100}{\sqrt{3}\,VI\cos\theta\eta}$
   $= \dfrac{1 \times 100 \times 100}{1.73 \times 200 \times 0.9 \times 0.9} \fallingdotseq 3.6A$

81. 직류 전동기는 무엇에 의하여 구분되어지는가?
   ㉮ 계자 권선의 수에 따라
   ㉯ 전기자 권선의 수에 따라
   ㉰ 기동장치의 종류에 따라
   ㉱ 계자 권선과 전기자 권선의 접속 방법에 의해

82. 직류 전동기의 구조가 아닌 것은?
   ㉮ 냉각핀    ㉯ 자계 권선
   ㉰ 전기자 철심  ㉱ 정류자

83. 직류 전동기가 아닌 것은?
   ㉮ 분권 전동기
   ㉯ 복권 전동기
   ㉰ 권선형 전동기
   ㉱ 직권 전동기

84. 다음은 열기관에 대한 정의이다. 다음 중 맞는 것은?
   ㉮ 열기관은 모두 상하 직선 왕복운동을 한다.
   ㉯ 열기관은 연료의 사용종류에 따라 가솔린, 디젤 등으로 분류한다.
   ㉰ 열기관은 모두 저속기관 뿐이다.
   ㉱ 열기관은 열에너지를 기계적 에너지로 바꾸는 일을 한다.

85. 열기관을 여러 가지 기준에 의해 분류한 것이다. 이중 서로 관계가 적은 것은?
   ㉮ 내연기관
   ㉯ 개방 사이클 기관
   ㉰ 분사 추진형 기관
   ㉱ 증기 사이클 기관

   **POINT**
   분사 추진형 열기관에 속하는 제트기관이나 로케트 기관은 연소 방법은 내연 기관에 속하고 작동 유체 종류로는 가스 사이클 기관에 속하며 배열 방법에는 개방 사이클 기관에 속한다.

86. 다음 중 가스터빈의 이상 사이클은?
   ㉮ 사바테 사이클   ㉯ 스티어링 사이클
   ㉰ 브레이톤 사이클  ㉱ 오토 사이클

   **POINT**
   사바테 사이클 : 고속디젤기관용, 오토 사이클 : 가솔린 기관용, 스티어링 사이클 : 스티어링 기관용

정답  77. ㉱  78. ㉰  79. ㉯  80. ㉯  81. ㉱  82. ㉮  83. ㉰  84. ㉱  85. ㉱  86. ㉰

87. 다음 중 내연기관에 속하지 않는 것은?
   - ㉮ 증기 터빈
   - ㉯ 가스 터빈
   - ㉰ 제트 기관
   - ㉱ 로터리 기관

88. 기관의 열역학적 분류에서 정적 사이클 기관이 아닌 것은?
   - ㉮ 가스기관
   - ㉯ 석유기관
   - ㉰ 가솔린 기관
   - ㉱ 저속디젤 기관

89. 다음 중 오토사이클(Otto Cycle)이라고 하는 것은 어느 것인가?
   - ㉮ 정적 사이클
   - ㉯ 정압 사이클
   - ㉰ 복합 사이클
   - ㉱ 사바테 사이클

90. 엔진의 성능곡선을 나타낼 때 관계되지 않는 것은 다음 중 어느 것인가?
   - ㉮ 연료소비율
   - ㉯ 평균유효압력
   - ㉰ 토크
   - ㉱ 기관회전수

91. 제동출력이 368kW이고 기관의 시간당 연료소비량이 108kg, 연료의 1kg당 저위발열량이 41900KJ라고 하면 이 기관의 열효율은?
   - ㉮ 27.2%
   - ㉯ 28.6%
   - ㉰ 33.2%
   - ㉱ 35%

**P·O·I·N·T**

$$\eta_c = \frac{kW \times 3600}{G \times H} = \frac{368kW \times 3600}{108kg/h \times 41900KJ/kg} = 0.286$$

92. 4사이클 4실린더 기관에서 피스톤링 1개당 장력이 15N이고 피스톤1개당 3개의 링이 있을 때 피스톤 평균속도가 10m/s 라면 손실동력은 얼마인가?
   - ㉮ 1.2kW
   - ㉯ 1.8kW
   - ㉰ 3.6kW
   - ㉱ 4.8kW

**P·O·I·N·T**

$$kW = \frac{\text{힘}(N) \times \text{속도}(m/s)}{1000}$$

$$= \frac{1.5 \times 3 \times 4 \times 10}{1000} = 1.8kW$$

93. 4사이클 가솔린 기관을 동력계에 의하여 측정한 결과 2,500rpm에서 회전력이 115N·m 였다. 이 기관의 축동력은?
   - ㉮ 21.2kW
   - ㉯ 32.4kW
   - ㉰ 41.2kW
   - ㉱ 45.8kW

**P·O·I·N·T**

축동력(kW)
$$= \frac{2\pi \times T \times R}{60} = \frac{2\pi \times 115 \times 2500}{60}$$
$$= 30.1 \times 10^3 W = 30.1kW$$

94. 비중이 0.72 발열량 10,000kJ/kg 인 연료를 사용하여 30분간 시험하는 동안 5L의 연료를 소비하였을 때 이 기관의 연료 마력은 얼마인가?
   - ㉮ 24kW
   - ㉯ 92kW
   - ㉰ 11.4kW
   - ㉱ 5kW

**P·O·I·N·T**

$$PHP = \frac{C \times W}{3600} \times \text{시간}$$

$$= \frac{10000 \times 5 \times 10^{-3} \times 1000 \times 0.72 \times \frac{1}{2}}{3600}$$

$$= \frac{10000 \times 5 \times 0.72 \times \frac{1}{2}}{3600} = 5kW$$

95. 실린더 안지름이 80mm이고 피스톤의 행정이 84mm인 4실린더 엔진에서 SAE 마력을 구하시오
   - ㉮ 1.59ps
   - ㉯ 15.9ps
   - ㉰ 3.5ps
   - ㉱ 35ps

**P·O·I·N·T**

$$SAE = \frac{M^2 \times N}{1613} = \frac{80^2 \times 4}{1613} = 15.9\text{마력}$$

정답 87. ㉮  88. ㉱  89. ㉮  90. ㉯  91. ㉯  92. ㉯  93. ㉰  94. ㉱  95. ㉯

96. 수동력계의 암의 길이가 716mm, 기관의 회전수가 3000rpm 동력계의 하중이 245N인 경우 이 기관의 제동 출력은 몇 kW인가?
   - ㉮ 12.54
   - ㉯ 50
   - ㉰ 55
   - ㉱ 100

   **POINT**
   $$kW = \frac{2\pi \times T \times R}{60 \times 1000}$$
   $$= \frac{2 \times \pi \times 245 \times 0.716 \times 3000}{60 \times 1000} \fallingdotseq 55kW$$

97. 기관을 성능 시험하였더니 70kW에서 1분간 130g의 가솔린을 소비하였다. 연료의 소비율은 몇 g/kW.h인가?
   - ㉮ 72.3
   - ㉯ 77.5
   - ㉰ 111.4
   - ㉱ 134.2

   **POINT**
   $$g/kW \cdot h = \frac{130 \times 60}{70} = 111.4 g/kW \cdot h$$

98. 디젤 엔진의 축에 T=62kgf.m의 토크를 주면서 1분당 2800rpm으로 회전할 때 이 축에 발생하는 출력은 몇 PS 인가?
   - ㉮ 235.7
   - ㉯ 230.5
   - ㉰ 177.9
   - ㉱ 160

   **POINT**
   $$kW = \frac{2\pi \times T \times R}{60 \times 1000} = \frac{2 \times 3.14 \times 607 \times 2800}{60 \times 1000} = 177.9kW$$

99. 다음 압력에 대한 설명 중 옳은 것은?
   - ㉮ 절대압력= 계기압력−대기압
   - ㉯ 계기압력= 절대압력−대기압
   - ㉰ 진공압력= 계기압+대기압
   - ㉱ 대기압= 계기압+진공압력

   **POINT**
   절대압력= 대기압+계기압= 대기압−진공압

100. 1PSH의 열의 일당량은 몇 kcal인가?
   - ㉮ 860
   - ㉯ 632.3
   - ㉰ 421
   - ㉱ 102

   **POINT**
   $$75 \times \frac{1}{427} \times 3600 = 632.3 kcal$$

101. 다음 설명 중 틀린 것은?
   - ㉮ 가솔린 기관의 열효율은 디젤 기관보다 낮다.
   - ㉯ 행정 길이는 크랭크 암 길이의 2배이다.
   - ㉰ 디젤 기관의 압축비는 15~20정도의 것이 많다.
   - ㉱ 압축비는 실린더 체적과 행정 체적의 비로 표시된다.

   **POINT**
   $$압축비\ \epsilon = \frac{V_c + V_s}{V_c} = 1 + \frac{V_s}{V_c}$$

102. 연소실 체적이 50cc, 압축비 6인 4실린더 가솔린 엔진을 보링하였더니 총 배기량이 8cc증가되었다. 압축비는 ?
   - ㉮ 5.04
   - ㉯ 6.04
   - ㉰ 6.4
   - ㉱ 7.04

   **POINT**
   $$\epsilon_1 = 1 + \frac{V_{S_1}}{V_C}$$
   $$\therefore V_S = (\epsilon - 1)V_C$$
   $$= (6-1)50 = 250cc$$
   $$\epsilon_1 = 1 + \frac{V_{S_2}}{V_C}$$
   $$= \frac{(1 + 250 + \frac{8}{4})}{50} = 6.04$$

정답  96. ㉰  97. ㉰  98. ㉰  99. ㉯  100. ㉯  101. ㉱  102. ㉯

103. 가솔린 기관의 총 배기량이 1536cc, 연소실 체적이 219cc라면 이 기관의 압축비는?

㉮ 2 ㉯ 4
㉰ 6 ㉱ 8

**POINT**

$\epsilon = \dfrac{\text{실린더 체적}(V)}{\text{연소실 체적}(V_c)}$

$= \dfrac{\text{연소실 체적}(V_c) + \text{행정 체적}(V_s)}{\text{연소실 체적}(V_c)}$

$= 1 + \dfrac{V_s}{V_c}$

$= 1 + \dfrac{1536}{219} \fallingdotseq 8\fallingdotseq1$

104. 행정 90mm, 실린더 직경 95mm인 4사이클 가솔린 엔진의 압축비가 7이다. 연소실 체적은?

㉮ 80.3cc ㉯ 90.3cc
㉰ 106.3cc ㉱ 110.3cc

**POINT**

$\epsilon = 1 + \dfrac{V_s}{V_c}$

$\therefore V_c = \dfrac{V_s}{(\epsilon - 1)}$

$= \dfrac{\frac{\pi}{4} \times 9.5^2 \times 9}{7 - 1} = 106.3 \text{cc}$

105. 압축비 8, 실린더 수 4, 총 배기량 1600 cc인 정행정 기관에서 실린더 직경(mm)은?

㉮ 75 ㉯ 80
㉰ 85 ㉱ 90

**POINT**

$V = \dfrac{\pi}{4}D^2SZ = \dfrac{\pi}{4}D^3Z$

$\therefore D^3 = \dfrac{1600}{\pi} = 509.6 \text{cm}^3$

$D = 79.7 \text{mm}$

106. 실린더 안지름 60mm, 행정 80mm인 8실린더 기관의 총 배기량은 몇 cm³인가?

㉮ 1809 ㉯ 2351
㉰ 2451 ㉱ 2542

**POINT**

$V = \dfrac{\pi}{4}D^2SZ$

$= \dfrac{\pi}{4}60^2 \times 80 \times 8 \fallingdotseq 1809 \text{cm}^3$

107. 정적 사이클의 열효율을 구하는 식은?

㉮ $\eta_{tho} = 1 - (\dfrac{1}{\epsilon - 1})^{k+1}$

㉯ $\eta_{tho} = 1 - \dfrac{1}{(\epsilon - 1)^{k-1}}$

㉰ $\eta_{tho} = 1 - (\dfrac{1}{\epsilon})^{k-1}$

㉱ $\eta_{tho} = 1 - (\dfrac{1}{\epsilon + 1})^{k-1}$

108. 오토 사이클 기관에서 압축비를 6에서 8로 올리면 열효율은 몇 배가되는가?(단 비열비 k = 1.4)

㉮ 1.0 ㉯ 1.1
㉰ 1.4 ㉱ 1.5

**POINT**

$\eta_{tho} = 1 - (\dfrac{1}{\epsilon})^{k-1}$

$\eta_6 = 1 - (\dfrac{1}{6})^{1.4-1} = 0.512$

$\eta_{tho} = \eta_8 = 1 - (\dfrac{1}{8})^{1.4-1} = 0.565$

$\therefore \dfrac{\eta_8}{\eta_6} = \dfrac{0.565}{0.512} = 1.1$

109. 압축비가 7인 가솔린 기관의 이론 열효율은? (단, k=1.4)

㉮ 35% ㉯ 45%
㉰ 50% ㉱ 54%

**POINT**

$\eta_{tho} = 1 - (\dfrac{1}{\epsilon})^{k-1}$

$= 1 - (\dfrac{1}{7})^{1.4-1} = 0.54\%$

정답 103.㉱ 104.㉰ 105.㉯ 106.㉮ 107.㉰ 108.㉯ 109.㉱

110. 사바테 사이클에서 압축비를 ε, 단절비(체절비)를 σa, 압력상승비(폭발비)를 ρ, 비열비를 k라 할 때 이론 열효율 $\eta_{ths}$은?

㉮ $\eta_{ths} = 1 - \dfrac{1}{\epsilon^{k-1}} \cdot \dfrac{\rho\sigma^k - 1}{(\rho-1) + k\rho(\sigma-1)}$

㉯ $\eta_{ths} = 1 - \dfrac{1}{\epsilon^{k-1}} \cdot \dfrac{\sigma\rho^k - 1}{(\rho-1) + k\sigma(\rho-1)}$

㉰ $\eta_{ths} = 1 - \dfrac{1}{\epsilon^{k-1}} \cdot \dfrac{\sigma\rho^k - 1}{(\sigma-1) + k\sigma(\sigma-1)}$

㉱ $\eta_{ths} = 1 - \dfrac{1}{\epsilon^{k-1}} \cdot \dfrac{\sigma\rho^k - 1}{(\sigma-1) + k\sigma(\rho-1)}$

111. 다음 사이클 중 차단비가 1에 접근 될 수록 열효율이 좋아지는 것은?

㉮ 브레이톤 사이클
㉯ 사바테 사이클
㉰ 디젤 사이클
㉱ 오토 사이클

**POINT**

복합 사이클(사바테 사이클)

$\eta_{ths} = 1 - \dfrac{1}{\epsilon^{k-1}} \dfrac{\rho\sigma^k - 1}{(\rho-1) + k\rho(\sigma-1)}$ 에서 차단비가

σ가 1에 가까워질수록 효율이 높아진다.

112. 디젤 사이클의 열효율을 바르게 설명한 것은?

㉮ 압축비가 작을수록 증가한다.
㉯ 압축비가 클수록 증가한다.
㉰ 체절비가 증가할수록 증가한다.
㉱ 압축비에 영향을 받으나 체절비에는 영향을 받지 않는다.

**POINT**

$\eta_{thd} = 1 - (\dfrac{1}{\epsilon})^{k-1} \dfrac{\sigma^k - 1}{(\rho-1) + k(\sigma-1)}$

에서 열효율은 압축비 ε에 비례하고 체절비 σ에 반비례.

113. 행정체적 14ℓ인 실린더에서 평균유효압력이 8.4kg/cm²일 때 사이클 일량은 몇 kg-m인가?

㉮ 11.76
㉯ 117.6
㉰ 1176
㉱ 11760

**POINT**

$V_s = 14 \ell = 14000cc$, $W = P \times V_s$
$= 8.4 \times 14000 = 117600 kg-cm$
$= 1176 kg-m$

114. 내연기관의 각 사이클에서 수열량, 최고압력, 최고온도를 일정하게 할 경우 열 효율이 가장 좋은 것은?

㉮ 브레이톤 사이클  ㉯ 오토 사이클
㉰ 디젤 사이클    ㉱ 사바테 사이클

**POINT**

수열량, 최고온도, 최고압력이 일정할 때 열효율은 $\eta_{thd} > \eta_{ths} > \eta_{tho}$ 의 순이다.

115. 수열량 및 압축비가 일정할 때 각 사이클 열 효율이 가장 높은 순서로 표시한 것은?

㉮ $\eta_{tho} > \eta_{ths} > \eta_{thd}$
㉯ $\eta_{thd} > \eta_{ths} > \eta_{tho}$
㉰ $\eta_{ths} > \eta_{thd} > \eta_{tho}$
㉱ $\eta_{tho} > \eta_{thd} > \eta_{ths}$

116. 이론 공기 사이클 엔진의 가정 사항이 아닌 것은?

㉮ 압축행정과 동력 행정은 폴리트로픽 변화를 한다.
㉯ 작동 유체의 비열은 일정하다.
㉰ 열 해리 현상이나 열 손실이 없다.
㉱ 작동 유체는 공기만으로 되어 있다.

117. 실제 사이클의 열효율을 증가시키는 방법이 아닌 것은?

㉮ 연료를 완전 연소시킨다.
㉯ 기계 마찰을 줄인다.
㉰ 연소시 시간적 지연 기간을 길게 한다.
㉱ 연소 가스에서 냉각수로 열이동을 줄인다.

정답 110. ㉮  111. ㉯  112. ㉰  113. ㉰  114. ㉰  115. ㉮  116. ㉮  117. ㉰

118. 다음 중 기계 손실에 해당하지 않은 것은?
   ㉮ 보기 구동에 의한 손실
   ㉯ 피스톤, 베어링 등의 마찰 손실
   ㉰ 펌프 손실
   ㉱ 불완전 연소에 의한 손실

   **POINT**
   ㉱는 연소 손실에 속한다.

119. 내연기관의 특성 중 틀린 것은?
   ㉮ 시동의 준비 기간이 짧고 역전도 가능하다.
   ㉯ 연료를 실린더 내에서 직접 연소시키므로 열 손실이 크다.
   ㉰ 소형 경량으로 할 수 있으며 마력당 중량이 적다.
   ㉱ 고체 연료를 사용하지 않으므로 재를 처리할 필요가 없다.

   **POINT**
   내연기관은 외연 기관보다 열 손실이 적다.

120. 가솔린 기관에서 기관 회전속도와 점화 진각의 관계가 옳은 것은?
   ㉮ 회전수 감소와 함께 점화 진각은 커진다.
   ㉯ 토크의 증가와 함께 점화 진각은 커진다.
   ㉰ 회전수와는 관계없이 점화 진각은 일정하다.
   ㉱ 회전수 증가와 함께 점화 진각은 커진다.

   **POINT**
   회전수가 증가되면 점화 진각도 앞당겨진다.

121. 가솔린 엔진에 대한 디젤 엔진의 장점이 아닌 것은?
   ㉮ 배기 가스가 가솔린 엔진에 비해 유독하지 않다.
   ㉯ 열효율이 높다.
   ㉰ 실린더 직경의 크기에 제한을 받지 않는다.
   ㉱ 운전이 정숙하며 소음도 적다.

122. LPG와 가솔린을 비교한 것이다. 맞는 것은?
   ㉮ 완전 연소가 가솔린 보다 힘든다.
   ㉯ 가솔린에 비해 옥탄가가 낮다.
   ㉰ 각부의 마멸이 크므로 엔진의 정비 작업 횟수가 많아진다.
   ㉱ 같은 거리를 주행할 때 가솔린 엔진보다 연료 소비가 적다.

123. 가솔린 엔진에 대한 디젤 엔진의 장점이 아닌 것은?
   ㉮ 엔진 출력당 중량이 적다.
   ㉯ 연료 소비율이 적고 열효율이 크다.
   ㉰ 대형 엔진의 제작이 가능하다.
   ㉱ 배기 가스의 유독성이 적다.

124. 가솔린 노크의 크기에 관한 것 중 맞는 것은?
   ㉮ 경제 혼합비 부근에서 노크의 강도가 가장 크다.
   ㉯ 화염 전파의 길이가 길수록 노크의 강도가 크다.
   ㉰ 흡기의 압력이 낮을수록 노크의 강도가 크다.
   ㉱ 냉각수 온도가 낮을수록 노크의 강도가 크다.

125. 엔진에 공급한 연료의 전열량을 100%로 하고 유효한 일을 한양과 각각의 손실을 백분율(%)로 나타낸 것을 무엇이라 하는가?
   ㉮ 열감정    ㉯ 열효율
   ㉰ 제동효율   ㉱ 열분해

126. 새로운 기체가 실린더 내로 유입되면서 배기를 몰아내는 작용을 무엇이라 하는가?
   ㉮ 소기작용   ㉯ 배출작용
   ㉰ 압출작용   ㉱ 배기 작용

127. 공기의 비열비 k의 값은?
   ㉮ 0.24     ㉯ 1.04
   ㉰ 1.75     ㉱ 1.40

정답  118. ㉱  119. ㉯  120. ㉱  121. ㉱  122. ㉱  123. ㉮  124. ㉯  125. ㉮  126. ㉮

**P·O·I·N·T**

비열비$k = \dfrac{정압\ 비열 C_p}{정적\ 비열 C_v}$

128. 정적비열, 정압 비열, 비열비의 관계가 옳은 것은?

㉮ $C_p = \dfrac{k}{k-1}R$

㉯ $C_p = \dfrac{kR}{k+1}$

㉰ $C_v = \dfrac{k}{k-1}R$

㉱ $C_v = \dfrac{kR}{k+1}$

**P·O·I·N·T**

정압 비열 $C_p = \dfrac{k}{k-1}R$

정적 비열 $C_v = \dfrac{1}{k-1}R$

129. 산소가 온도 27℃, 압력 19.6N/cm², 체적 4m³, 100℃, 78.4N/cm²로 상태 변화할 경우 체적은 얼마로 되겠는가? 단, 가스 정수 R= 244.9J/kg°K이다.

㉮ 1.24m³   ㉯ 1.75m³
㉰ 1.95m³   ㉱ 2.03m³

**P·O·I·N·T**

$\dfrac{P_1 V_1}{T_1} = \dfrac{P_2 V_2}{T_2}$에서

$V_2 = V_1 \dfrac{T_2}{T_1}\dfrac{P_1}{P_2}$

$= 4 \times \dfrac{273+100}{273+27} \times \dfrac{19.6 \times 10^4}{78.4 \times 10^4}$

$= 1.243$

130. 석유엔진의 압축비는 얼마인가?

㉮ 14 : 1      ㉯ 4.5~5.5 : 1
㉰ 5.5 : 1~8 : 1   ㉱ 18 : 1

**P·O·I·N·T**

가솔린 엔진 압축비(5.5 : 1~8 : 1)
디젤기관의 압축비(14:1~18:1)

131. 4행정 4기통 기관에서 엔진 실린더 내경이 100mm이고, 행정이 8mm 회전수가 2000일 때 1분간 총 배기량(cc)은?

㉮ 563000   ㉯ 251200
㉰ 361800   ㉱ 2500

**P·O·I·N·T**

$V = \dfrac{\pi D^2}{4} LN \dfrac{R}{2}$

$= \dfrac{3.14 \times 10^2}{4} \times 0.8 \times 4 \times \dfrac{2000}{2}$

$= 251200 cc$

∵ $1cm = 10mm,\ 1cm^3 = 1cc$

132. 기관의 이론 열효율 중 지압선도에 표시되는 넓이는 무엇을 표시하나?

㉮ 압력   ㉯ 힘
㉰ 일    ㉱ 배기량

133. 어떤 4기통 디젤기관의 점화순서가 1 − 3 − 4 − 2이다. 1번 실린더가 배기 행정을 할 때 3번 실린더는 어떤 행정을 하는가?

㉮ 압축 행정   ㉯ 배기 행정
㉰ 폭발 행정   ㉱ 흡입 행정

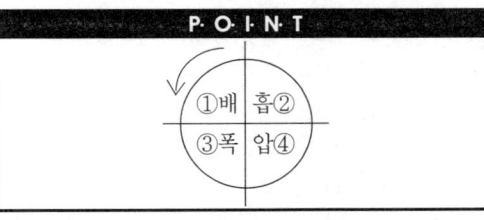

134. 4행정 사이클 엔진의 장점이 아닌 것은?

㉮ 저속에서 고속까지 속도변화의 범위가 크다.

㉯ 저속운전이 원활하다.

㉰ 연료 소비율이 적다.

㉱ 밸브기구가 복잡하여 기계적 소음이 크다.

**P·O·I·N·T**

2사이클 기관은 부품수가 적기대문에 고장도 적다.

135. 2행정 사이클 기관에 대한 4행정 사이클 기관의 장점을 든 것이다. 틀린 것은?
   ㉮ 저속에서 고속까지 넓은 범위의 속도 변화가 가능하다.
   ㉯ 각 행정의 작동이 확실하고 특히 흡기 행정의 냉각 효과로서 실린더 각 부분의 열적 부하가 적다.
   ㉰ 밸브 기구가 기계적으로 간단하고 구조가 간단하다.
   ㉱ 흡·배기를 위한 시간이 충분히 주어진다.

136. 2행정 기관과 4행정 기관을 비교 설명한 것 중 틀린 사항은?
   ㉮ 2행정 기관은 4행정 기관에 비하여 소형경량이다.
   ㉯ 4행정 기관은 흡기, 압축, 폭발, 배기 과정이 있지만 2행정 기관은 압축과정뿐이다.
   ㉰ 2행정 행정 사이클 기관이란 연료와 윤활유를 적당히 섞어 사용한다.
   ㉱ 2행정 기관에서는 기화기에서 나온 혼합가스는 크랭크 케이스 내로 먼저 들어간다.

137. 2사이클 기관의 소기작용을 설명한 것은?
   ㉮ 기화기로부터 혼합기를 크랭크 케이스로 흡입하는 작용
   ㉯ 크랭크 케이스 속의 혼합기를 실린더 내로 흡입시키는 작용
   ㉰ 연소가스를 실린더 밖으로 배출시키는 작용
   ㉱ 실린더 내의 혼합기를 압축하는 작용

   **POINT**
   소기공은 크랭크 케이스에 압축된 혼합기를 실린더로 흡입시키는 구멍이다.

138. 다음 중 디젤 기관에서 연소실 중에서 단실식으로 사용하는 연소실은?
   ㉮ 직접 분사식   ㉯ 예연소실식
   ㉰ 와류실식     ㉱ 공기실식

139. 밸브의 구비 조건이 아닌 것은?
   ㉮ 높은 온도에서도 견디어야 한다.
   ㉯ 가열이 반복되어도 물리적 성질이 변하지 말아야 한다.
   ㉰ 높은 온도에서 항장력과 충격에 대한 저항력이 커야 한다.
   ㉱ 높은 압축비에 견디어야 한다.

   **POINT**
   압축비에는 관계없으며 ㉮ ㉯ ㉰항 외에 열의 전도율이 좋아야 하고, 높은 온도, 가스에 의하여 부식되어서는 안되고, 단조와 열처리가 쉽게 이루어지도록 되어야 한다.

140. 다음 중 밸브의 재료로서 잘 사용되지 않는 것은?
   ㉮ 텅스텐 강    ㉯ 코발트 크롬 강
   ㉰ 니켈 크롬 강  ㉱ 망간 강

141. 다음 중 밸브 재료의 구비 조건으로 적당하지 않는 것은?
   ㉮ 내식, 내마멸성이 클 것.
   ㉯ 장시간 운전에 견딜 것.
   ㉰ 고온 강도 및 경도가 클 것.
   ㉱ 중량이 클 것.

   **POINT**
   밸브 재료의 구비 조건: 비중이 작을 것, 열팽창 계수가 작을 것, 내식, 내마멸성이 클 것, 피로 강도가 클 것, 고온 강도 경도가 클 것, 작동 온도에서 변질되지 않을 것,

142. 기관의 회전속도는 6000rpm이다. 연소 지연 시간이 1/800초라고 하면 연소 지연 시간 동안에 크랭크축의 회전 각도는?
   ㉮ 15°    ㉯ 30°
   ㉰ 45°    ㉱ 60°

   **POINT**
   ·1분간 크랭크축의 회전각도
   6000 × 360°= 2160000 :
   ·1초간 크랭크축의 회전각도
   2160000÷60 = 36000 :
   연소 지연 시간 동안에 크랭크축의 회전각도
   360000×(1/800) = 45°
   점화시기는 기관의 회전속도가 증가함에 따라 빠르게 진각시켜야 한다.

정답 135. ㉰  136. ㉯  137. ㉯  138. ㉮  139. ㉱  140. ㉱  141. ㉱  142. ㉰

**143. 알루미늄 합금 피스톤에 대한 설명 중 옳지 않은 것은?**
㉮ 열전도성과 내열성이 우수하다.
㉯ 규소계의 로우엑스(Lo-EX)합금 피스톤이 있다.
㉰ 구리계의 Y합금 피스톤이 있다.
㉱ 로우엑스는 Y합금에 비하여 비중과 열팽창계수가 큰 결점이 있다.

**144. 피스톤의 구비조건으로 적당하지 않는 것은?**
㉮ 열전도가 잘될 것
㉯ 고온 고압에 견딜 것
㉰ 중량이 무거울 것
㉱ 열팽창률이 적을 것

**145. 피스톤 링의 구비 조건과 관계없는 것은?**
㉮ 마멸이 적을 것
㉯ 열전도가 좋고 열팽창이 클 것
㉰ 고온에서 탄성을 유지할 것
㉱ 저온에서 열팽창이 클 것

**146. 피스톤 절개구 간극에 대한 설명 중 틀린 것은?**
㉮ 엔드 갭이 주는 이유는 피스톤 링의 열팽창 때문이다.
㉯ 엔드 갭이 규정보다 큰 것보다는 기준보다 작은 것이 좋다.
㉰ 피스톤을 조립할 때 링 엔드 캡이 측압을 받는 쪽으로 오지 않도록 주의한다.
㉱ 엔드 갭은 실린더 지름 최소부에서 측정한다.

**147. 피스톤 링에 대한 설명으로 틀린 것은?**
㉮ 조직이 세밀한 특수 주철이 주로 사용된다.
㉯ 특수강이 주로 사용되고 있다.
㉰ 이음의 모양은 종절형, 횡절형, 경사절형 등이 있다.
㉱ 링 면에는 페록스 코팅이나 파커 라이징이 되어 있다.

**148. 피스톤 링의 구비 조건으로 적당한 것은?**
㉮ 열전도가 잘될 것.
㉯ 중량이 무거울 것.
㉰ 열 팽창률이 클 것.
㉱ 탄성유지와 마모가 적을 것.

**149. 피스톤 링의 구비하여야 할 조건으로 옳지 않는 것은?**
㉮ 열 팽창률이 클 것.
㉯ 고온에서 탄성을 유지할 것.
㉰ 실린더 벽에 대하여 균일한 압력을 줄 것.
㉱ 실린더 벽을 지나치게 마멸시키지 않을 것.

**150. 기관 내부에 밸런스 웨이트(Balance weight)의 설치 목적은?**
㉮ 중량을 가볍게 하고 오일의 통로로 하기 위하여
㉯ 플라이휠이 동력을 전달하기 위하여
㉰ 베어링의 편중과 불균형에서 오는 진동을 방지하기 위해서
㉱ 연료 분사 시기를 원활하게 맞추기 위해서

정답  143. ㉱  144. ㉰  145. ㉱  146. ㉯  147. ㉯  148. ㉱  149. ㉮  150. ㉰

151. 플라이휠에 대한 설명 중 옳지 않은 것은?
   ㉮ 엔진의 회전력을 고르게 한다.
   ㉯ 4사이클 엔진용 보다 2사이클 엔진용이 작아도 된다.
   ㉰ 1기통 엔진은 2기통 엔진보다 작은 것을 사용한다.
   ㉱ 동력 행정이외의 행정에 힘을 공급하는 일을 한다.

152. 밸브가 갖추어야 할 조건과 관계가 먼 것은?
   ㉮ 고온에 충분히 견딜 수 있어야 한다.
   ㉯ 고온가스에 부식되어서는 안 된다.
   ㉰ 열전도율이 작아야 한다.
   ㉱ 장력과 충격에 충분히 견디어야 한다.

153. 농용 디젤 기관에서 감압장치의 설치목적에 적합하지 않은 것은?
   ㉮ 겨울철 오일의 점도가 높을 때 시동을 용이하게 하기 위하여
   ㉯ 기관의 점검 조정 등 고장 발견시 등에 작용시킨다.
   ㉰ 흡기 또는 배기 밸브에 작용 감압한다.
   ㉱ 흡입효율을 높여 압축압력을 크게 하는데 작용시킨다.

**POINT**
감압장치 : 디젤기관에서 캠축 운동에 관계없이 흡입 밸브 또는 배기 밸브를 열어 실린더내의 압축 압력을 없게 하여 기관 회전을 쉽게 하는 역할을 한다.

154. 윤활유의 기능이다 옳지 않는 것은?
   ㉮ 청정작용         ㉯ 기밀작용
   ㉰ 냉각작용         ㉱ 응력집중

**POINT**
윤활유의 기능은 윤활작용, 기밀작용, 냉각작용, 청정작용, 방식방청작용, 응력분산작용, 충격 완화작용 등이 있다.

155. 가솔린 엔진용 오일 펌프의 릴리프 밸브의 개폐압은 얼마인가?
   ㉮ 4~7kg/cm² ㉯ 10~12kg/cm²
   ㉰ 15~20kg/cm² ㉱ 1~3kg/cm²

156. 농용 기관에서 난기 운전을 하는 목적은?
   ㉮ 엔진의 내구 연한에 관계없다.
   ㉯ 엔진의 내구 연한이 짧아진다.
   ㉰ 엔진의 내구 연한을 연장할 수 있다.
   ㉱ 엔진의 고장이 많다.

157. 기관을 냉각시키는 방식이다. 적당하지 않은 것은?
   ㉮ 강제 통풍식은 냉각 팬을 설치, 강제로 다량의 냉각된 공기로 냉각시키는 방식이다.
   ㉯ 자연 순환식은 대형 기관에 쓰이며 물의 대류 작용을 이용한 것이다.
   ㉰ 강제 순환식은 냉각수를 물 펌프에 의하여 순환시키는 형식이다.
   ㉱ 자연 통풍식은 주행시 받는 냉각된 공기에 의하여 냉각시키는 방식이다.

158. 수랭식 기관의 운전중의 냉각수의 온도는 어느 정도가 적당한가?
   ㉮ 30~40℃  ㉯ 40~50℃
   ㉰ 50~60℃  ㉱ 70~80℃

159. 냉각장치의 냉각수의 비점을 올리기 위한 장치는 어느 것인가?
   ㉮ 라디에이터   ㉯ 압력캡식
   ㉰ 물 재킷      ㉱ 진공캡식

160. 가솔린 기관에서 점화 계통을 차단해도 기관의 점화가 계속되는 현상을 무엇이라 하는가?
   ㉮ 럼블 (rumble)
   ㉯ 조기점화(pre ignition)
   ㉰ 와일드 핑(wild ping)
   ㉱ 런온(run on)

정답 151. ㉰ 152. ㉰ 153. ㉱ 154. ㉱ 155. ㉱ 156. ㉰ 157. ㉯ 158. ㉱ 159. ㉯ 160. ㉱

161. 가솔린 기관 연료의 구비조건으로 부적당한 것은?
    ㉮ 안티노크성이 클 것
    ㉯ 발열량이 클 것
    ㉰ 적당한 휘발성이 있을 것
    ㉱ 연소 퇴적물의 생성이 좋을 것

162. 가솔린 연료의 중요한 성질로 알맞은 것은?
    ㉮ 세탄가가 높아야 한다.
    ㉯ 인화점에 높아야 한다.
    ㉰ 점도가 높아야 한다.
    ㉱ 옥탄가가 높아야 한다.

163. 가솔린의 옥탄가를 높이기 위한 첨가제는?
    ㉮ 세탄            ㉯ 4-에틸 납
    ㉰ 아초산 아밀     ㉱ $\alpha$-메틸 나프탈렌

164. 점화 플러그에서 중심 전극과 바깥 케이싱 사이에 쌓이는 탄소를 불태울 정도의 온도가 필요하다. 알맞는 값은?
    ㉮ 1000~1300℃    ㉯ 500~870℃
    ㉰ 1500~1800℃    ㉱ 100 ~ 300℃

165. 가솔린 기관의 노킹 방지법 중 틀린 것은?
    ㉮ 내폭성이 강한 연료를 쓴다.
    ㉯ 냉각수의 온도를 저하시킨다.
    ㉰ 화염속도를 느리게 한다.
    ㉱ 연소 후 가스온도를 저하시킨다.

166. 엔진의 압축비를 올릴 때 옥탄가는 어떻게 변화시켜야 정상운전을 할 수 있는가?
    ㉮ 내린다.
    ㉯ 올린다.
    ㉰ 그대로 둔다.
    ㉱ 압축비와 옥탄가는 무관하다.

**POINT**
압축비를 올리면 압축 행정시 실린더의 압력이 올라가므로 노킹을 일으키기 쉽다. 그러므로 노킹을 방지하기 위해 옥탄가가 높은 연료를 사용한다.

167. 밸브 스프링의 서징 현상에 관한 설명 중 옳지 않은 것은?
    ㉮ 스프링의 고유 진동수를 낮게 하여 방지시킬 수 있다.
    ㉯ 부등 피치의 스프링을 사용하여 방지할 수 있다.
    ㉰ 고유 진동수가 다른 두 개의 스프링으로 만든 2중 스프링으로 공진을 막을 수 있다.
    ㉱ 캠에 의한 밸브의 횟수가 밸브 스프링의 고유 진동수와 동일할 때 일어난다.

168. 태핏 간극이 표준 치수보다 훨씬 작을 때에는 어떤 일이 일어나는가?
    ㉮ 운전 온도에서 밸브가 완전히 개방되지 않는다.
    ㉯ 운전 온도에서 밸브가 확실하게 밀착되지 않는다.
    ㉰ 시동이 곤란하게 된다.
    ㉱ 푸시 로드가 굽어진다.

169. 밸브 장치에 관한 설명 중 옳은 것은?
    ㉮ OHC 엔진에서는 캠축이 필요 없다.
    ㉯ 밸브 스프링은 고유 진동수가 작아야 한다.
    ㉰ 유압 태핏을 사용하면 밸브 간극을 조정할 필요가 없다.
    ㉱ F헤드형 밸브 장치는 흡배기 밸브 모두 사이드 밸브이다.

170. 점성 마찰력에 관한 설명 중 틀린 것은?
    ㉮ 유막의 두께에 반비례한다.
    ㉯ 유막 전단 면적에 비례한다.
    ㉰ 서로 상대 운동하는 두 표면의 상대 속도에 비례한다.
    ㉱ 유막에 수직으로 작동하는 힘에 비례한다.

정답  161. ㉱  162. ㉱  163. ㉯  164. ㉰  165. ㉯  166. ㉯  167. ㉮  168. ㉯  169. ㉰  170. ㉱

171. 경계 윤활 영역 중 접촉면 최고 압력 부분에서 경계층이 항복을 일으켜 마찰 계수가 급격히 증가하는 영역을 무엇이라 하는가?
㉮ 천이영역
㉯ 제1영역
㉰ 제2영역
㉱ 부분적 접촉 영역

172. 배기관에서 배출되는 배기 가스의 색깔이 백색일 때 그 이유는 무엇인가?
㉮ 연소실 내에 공기가 많이 들어 있다.
㉯ 연소실 속에서 윤활유가 혼입 연소하고 있다.
㉰ 연소실 속에서 연료가 불완전 연소하고 있다.
㉱ 연소실 속에서 연료가 완전 연소하고 있다.

**POINT**
흑색 : 불완전연소    무색 : 정상

173. 엔진에서 커넥팅 로드 위쪽 부분에 오일 분출 구멍을 두는 이유는?
㉮ 실린더 벽을 잘 윤활하려고
㉯ 오일 압력을 낮게 하기 위하여
㉰ 오일 소비를 적게 하려고
㉱ 커넥팅 로드 베어링의 수명을 길게 하려고

174. 윤활유의 성질에서 요구되는 사항으로 틀린 것은?
㉮ 비중이 적당할 것.
㉯ 인화점 및 발화점이 낮을 것.
㉰ 점성과 온도와의 관계가 민감하지 않을 것.
㉱ 카본을 생성하지 말며 강인한 유막을 형성할 것.

175. 내연 기관의 급유법이 아닌 것은?
㉮ 혼기식      ㉯ 비산식
㉰ 비산 압송식  ㉱ 자연 순환식

176. 윤활유 청정기에서 나온 오일이 모두 윤활부로 가서 급유하는 여과 방식은?
㉮ 샨트식
㉯ 분류식
㉰ 전류식
㉱ 자력식

177. 다음 중 점도계가 아닌 것은?
㉮ 앵글러 점도계
㉯ 아이볼트 점도계
㉰ 레드우드 점도계
㉱ 세이볼트 점도계

178. 윤활유에 대한 설명 중 옳은 것은?
㉮ 윤활유의 점도는 온도가 오르면 높아진다.
㉯ 스핀들 유는 가장 점도가 낮다.
㉰ 윤활유가 열화하면 비중이 작아진다.
㉱ 그리스 윤활은 오일 윤활에 비하여 마찰 저항이 작다.

179. 윤활유의 첨가제로 부적당한 것은?
㉮ 소포제       ㉯ 부식 방지제
㉰ 유성 향상제   ㉱ 산화 촉진제

180. 노킹과 조기 점화에 관한 설명 중 틀린 것은?
㉮ 조기 점화는 연료의 종류로 억제한다.
㉯ 노킹과 조기 점화는 서로 인과 관계가 있으나 그 현상은 전혀 다르다.
㉰ 가솔린 엔진의 노킹은 혼합기의 자연 발화에 의해 일어난다.
㉱ 혼합기가 점화 플러그에 의해 점화되기 이전에 점화 플러그 이외의 방법에 의해 점화되는 것을 조기 점화라 한다.

정답  171. ㉮  172. ㉯  173. ㉮  174. ㉯  175. ㉱  176. ㉰  177. ㉯  178. ㉯  179. ㉱  180. ㉱

181. 윤활유의 SAE분류에서 SAE번호와 점도의 관계를 옳게 표시하고 있는 것은?
   ㉮ 윤활유의 점도가 높을수록 SAE번호는 작아진다.
   ㉯ SAE번호는 윤활유 점도 지수를 표시한다.
   ㉰ SAE번호와 점도와는 아무런 관계가 없다.
   ㉱ 윤활유의 점도가 높을수록 SAE번호는 커진다.

182. 냉각 목적에 적당하지 않는 것은?
   ㉮ 엔진의 폭발에 의해 생기는 열을 냉각시키기 위해서이다.
   ㉯ 과열로 인한 노킹이나 조기 점화 현상을 방지하기 위해서이다.
   ㉰ 윤활유의 점성을 유지하여 윤활 작용을 원활하게 하기 위해서이다.
   ㉱ 금속이 과열되지 않고 불균등하게 팽창하지 않게 하기 위해서이다.

183. 기관이 과열되었다. 그 원인이 아닌 것은?
   ㉮ 냉각수가 부족하다.
   ㉯ 연료가 부족하다.
   ㉰ 방열기의 코어가 막혔다.
   ㉱ 팬 벨트의 장력이 약하다.

184. 가압식 방열기 캡을 사용한 기관의 장점을 든 것이다 옳지 않는 것은?
   ㉮ 한랭시 냉각수의 동결을 방지할 수 있다.
   ㉯ 기관의 열효율을 높일 수 있다.
   ㉰ 냉각 효과를 올릴 수 있다.
   ㉱ 방열기를 작게 할 수 있다.

   **POINT**
   물의 비등점은 압력 증가에 따라 상승하므로 물의 온도와 냉각 외기 온도와의 온도차가 클수록 냉각 효과가 올라가고 방열기 면적은 작게 된다. 또한 방열량을 적게 함으로써 열효율을 높일 수가 있다. 부동액을 섞어 주므로서만이 동결을 방지할 수 있다.

185. 농용 디젤 기관의 과급기에 대한 설명 중 옳지 않는 것은?
   ㉮ 소기 펌프로 사용된다.
   ㉯ 배기 터빈식 과급기에는 물 재킷이 있다.
   ㉰ 구조상 체적형과 유동형으로 대분 된다.
   ㉱ 크랭크축에 직결하여 구동된다.

186. 배기 터빈 과급의 장점이 아닌 것은?
   ㉮ 구조는 복잡하지만 신뢰성이 높다.
   ㉯ 배기의 소음이 작아진다.
   ㉰ 배기 손실 에너지를 이용하므로 효율이 향상된다.
   ㉱ 소형 경량으로 만들 수 있다.
   ㉲ 배기 터빈 과급기는 구조가 간단하다.

187. 뜨개실 내의 유면을 일정하게 유지시켜주는 기화기 부품은?
   ㉮ 입구 및 출구밸브
   ㉯ 뜨개, 니침 밸브
   ㉰ 미터링 로드, 제트
   ㉱ 연료노즐, 벤투리

188. 혼합기가 농후해지는 원인은?
   ㉮ 공기 청정기의 막힘
   ㉯ 흡기 다기관의 조립시 밀착 불량
   ㉰ 기화기 뜨개실 유면이 낮음
   ㉱ 소음기의 막힘

189. 어떤 4행정 사이클 엔진의 점화순서가 1 - 2 - 4 - 3이다. 3번 실린더가 압축 행정을 할 때 1번 실린더는 어떤 행정을 하고 있는가?
   ㉮ 흡기 행정    ㉯ 압축 행정
   ㉰ 폭발 행정    ㉱ 배기 행정

   **POINT**
   그림에서와 같이 3번 실린더가 압축행정일 때 1번 실린더는 흡기행정, 2번 실린더는 배기 행정, 4번 실린더는 폭발행정이다.

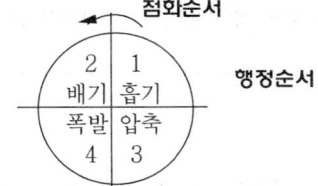

정답  181. ㉱  182. ㉰  183. ㉯  184. ㉮  185. ㉱  186. ㉮  187. ㉯  188. ㉮  189. ㉮

190. 점화시기를 정할 때 될 수 있는 한 인접한 실린더에 연이어 점화되는 것을 피한 그 이유는?
㉮ 연소가 같은 간격으로 일어나게 한다.
㉯ 크랭크축에 비틀림 진동이 일어나지 않게 한다.
㉰ 하나의 메인 베어링에 연속해서 큰 하중이 걸리지 않게 한다.
㉱ 혼합기가 각 실린더에 균일하게 분배되게 한다.

191. 점화 플러그에 관한 설명 중 틀린 것은?
㉮ 전극은 니켈 합금이 많이 사용된다.
㉯ 전극의 간극은 0.5~0.8mm 정도이며 간극이 클수록 방전 전압이 높다.
㉰ 점화 플러그의 냉형은 한대 지방에서 또는 저속 기관에 적합하다.
㉱ 점화 플러그는 전기 절연성이 좋아야 하며 가스가 새지 않아야 한다.

**POINT**
냉형은 열대 지방이나 고속 기관에 적합하다.

192. 점화 플러그 절연 재료의 구비 조건이 아닌 것은?
㉮ 기계적 강도가 클 것.
㉯ 내열성이 클 것.
㉰ 열팽창 계수가 강과 비슷할 것.
㉱ 열 전도율이 작을 것.

**POINT**
중앙전극의 열을 냉각시켜 주기 위하여 열전도율이 좋아야 한다.

193. 가솔린 기관의 노크를 경감시킬 수 있는 방법이 아닌 것은?
㉮ 화염 전파 거리를 짧게 한다.

㉯ 점화 플러그를 2개 설치한다.
㉰ 노킹 존(knocking zone)의 냉각을 좋게 한다.
㉱ 연소실을 난류가 일어나지 않도록 설계한다.

194. 옥탄가가 100이상인 경우 PN과 ON 사이의 관계를 옳게 나타내고 있는 것은?
㉮ $PN = \dfrac{1800}{128-ON}$
㉯ $PN = \dfrac{2800}{128-ON}$
㉰ $PN = \dfrac{2800}{280-ON}$
㉱ $PN = \dfrac{280}{128-ON}$

195. 조기 점화의 장해가 아닌 것은?
㉮ 연료 소비의 증대
㉯ 응력의 증대
㉰ 출력의 증대
㉱ 기관의 과열

196. 축전지식 점화장치에서 축전지의 연결은?
㉮ 1차 코일 사이에 연결
㉯ 2차 코일 사이에 연결
㉰ 단속기 접점과 직렬 연결
㉱ 단속기 접점과 병렬 연결

**POINT**
배전기 조합내의 축전기는 단속기 접점과 병렬로 연결한다.

정답 190. ㉰  191. ㉰  192. ㉱  193. ㉱  194. ㉯  195. ㉰  196. ㉱

197. 연료 파이프 속에서 가솔린이 증발하면 어떤 현상이 일어나는가?
㉮ 노크
㉯ 프리이그니션
㉰ 포스트 이그니션
㉱ 베이퍼록

**POINT**
베이퍼록은 연료관 속에서 기관의 더운 공기 등으로 인하여 가솔린이 증발되어 연료의 흐름을 차단하는 현상으로 증기 폐쇄(vapour lock)라 한다.

198. 일반적으로 시동할 때 가솔린과 공기의 혼합비는?
㉮ 1 : 3 ~ 8 ㉯ 1 : 8 ~ 12
㉰ 1 : 11 ~ 16 ㉱ 1 : 15 ~ 16

199. 기화기의 뜨개실에서 가솔린이 넘치는 이유가 아닌 것은 어느 것인가?
㉮ 니들 밸브가 파손되었다.
㉯ 연료 펌프가 고장이다.
㉰ 뜨개가 파손되었다.
㉱ 니들 밸브에 먼지가 끼었을 때

200. 엔진에 걸리는 부하의 대·소에 따라 자동적으로 연료의 량을 가감하여 엔진의 회전수를 조정하는 것은?
㉮ 조속기 ㉯ 단속기
㉰ 기화기 ㉱ 청정기

201. 다기통 기관의 점화순서를 실린더 배열 순서로 하지 않는 이유가 아닌 것은?
㉮ 기관의 발생 동력을 평등하게 한다.
㉯ 크랭크축 회전에 무리가 없도록 한다.
㉰ 원활한 회전을 하기 위함이다.
㉱ 발생 동력을 크게 하기 위함이다.

202. 원심식 진각장치의 작동범위는?
㉮ 45~55° ㉯ 15~20°
㉰ 10~15° ㉱ 20~40°

203. 점화 플러그를 선정할 때 고압축, 고속회전으로 전극의 소모가 심한 엔진에서는?
㉮ 보통형을 쓴다. ㉯ 온형을 쓴다.
㉰ 냉형을 쓴다. ㉱ 열형을 쓴다.

204. 엔진의 출력이 일정할 때에 다음에서 맞는 것은?
㉮ 실린더 내의 압력 × 체적 = 일정
㉯ 실린더 내의 압력 × (회전속도)$^2$ = 일정
㉰ 실린더 내의 압력 × 회전속도 = 일정
㉱ 실린더 내의 (압력)$^2$ × 회전속도 = 일정

205. 다음 사항 중 디젤 기관에서 필요치 않은 것은?
㉮ 연료분사펌프 ㉯ 예열 플러그
㉰ 축전지 ㉱ 배전기

206. 다음은 디젤 기관용 경유가 갖추어야 할 조건을 든 것이다. 맞지 않은 것은?
㉮ 적당한 점도를 가질 것
㉯ 착화성이 좋을 것
㉰ 협잡물이 없을 것
㉱ 유황분이 많을 것

207. 디젤 노크를 가장 잘 표현한 것은?
㉮ 다량의 연료가 분사와 동시에 연소되기 때문이다
㉯ 다량의 연료가 화염전파기간 중에 일시에 연소되기 때문이다
㉰ 다량의 연료가 그 양에 비해 느린 속도로 연소하기 때문이다
㉱ 다량의 연료가 직접연소기간 중에 연소되기 때문이다

정답 197. ㉱ 198. ㉯ 199. ㉯ 200. ㉮ 201. ㉱ 202. ㉱ 203. ㉰ 204. ㉮ 205. ㉰ 206. ㉱ 207. ㉯

208. 디젤 노크를 방지하는 대책에 알맞은 것은?
   ㉮ 압축 온도를 낮게 하여 기관의 온도를 떨어뜨린다
   ㉯ 착화 지연 기간 중에 연료의 분사량을 많게 한다
   ㉰ 압축비를 낮게 하여 기관의 온도를 떨어뜨린다
   ㉱ 발화성이 좋은 연료를 사용하여 착화지연기간을 단축시킨다

209. 포스트 이그니션(post ignition)의 발생 원인이 아닌 것은?
   ㉮ 자연 발화 온도가 높은 연료를 사용할 때
   ㉯ 점화 플러그의 방전 에너지가 클 때
   ㉰ 부적당한 혼합비일 때
   ㉱ 착화 지연 기간이 긴 연료를 사용할 때

210. 디젤 노크의 경감방법으로 옳은 것은?
   ㉮ 압축비를 높게 한다.
   ㉯ 연소실 벽의 온도를 낮게 한다.
   ㉰ 흡기 압력을 낮게 한다.
   ㉱ 착화 지연 시간을 길게 한다.

211. 디젤 노크의 방지와 관계되는 사항 중 맞지 않는 것은?
   ㉮ 연료의 분사 시기 및 분사 상태를 양호하게 유지할 것.
   ㉯ 흡입 공기의 압축 압력 및 온도를 높일 것.
   ㉰ 착화성이 좋은 연료를 사용할 것.
   ㉱ 엔진의 회전 속도를 높게 할 것.

212. 배기 가스 배출물에 관한 설명 중 틀린 것은?
   ㉮ CO, HC는 불완전 연소로 발생한다.
   ㉯ CO량은 공기 과잉률 λ가 1보다 점점 클수록 증가된다.
   ㉰ Pb량은 혼합비의 영향을 거의 받지 않는다.
   ㉱ NOx는 이론 공연비 부근에서 가장 많이 발생한다.

**P·O·I·N·T**
공기 과잉률이 클수록 완전 연소된다.

213. 배기 가스 중 유해 성분을 줄이기 위해 EGR 방법을 사용한다. 어느 성분을 줄이기 위한 방법인가?
   ㉮ 탄화수소
   ㉯ 일산화탄소
   ㉰ 아황산 가스
   ㉱ 질소 산화물

**P·O·I·N·T**
E.G.R방법(exhaust gas recircula-tion method)은 약자로 배기 가스 재순환 방법으로 NOx 질소 산화물 발생을 억제한다.

214. 디젤 기관의 압축비가 높은 이유를 바르게 설명한 것은?
   ㉮ 기관의 과열을 방지하기 위하여
   ㉯ 기관의 진동을 작게 하기 위하여
   ㉰ 연료의 분사를 용이하게 하기 위하여
   ㉱ 공기의 압축열로서 착화시키기 위하여

215. 4행정 디젤 사이클 성능에 영향을 미치는 인자로 가장 작은 것은?
   ㉮ 배압
   ㉯ 흡입과 압력
   ㉰ 부스트 압력
   ㉱ 배기관 온도

216. 디젤 기관의 NOx 가스 발생을 억제하려면 어떻게 해야 하는가?
   ㉮ 반응 시간을 길게 한다.
   ㉯ 흡기 온도를 높인다.
   ㉰ 연소 온도를 높인다.
   ㉱ $O_2$의 농도를 낮춘다.

정답 208. ㉱ 209. ㉯ 210. ㉯ 211. ㉱ 212. ㉯ 213. ㉱ 214. ㉱ 215. ㉱ 216. ㉱

217. 디젤 노크를 방지하기 위한 방법으로 부적당한 것은?
   ㉮ 세탄가가 낮은 연료를 사용한다.
   ㉯ 냉각수의 온도를 높인다.
   ㉰ 착화성이 좋은 연료를 사용한다.
   ㉱ 압축비를 높인다.

**POINT**
핀틀 노즐은 니들 밸브의 끝이 분구의 앞까지 돌출하고 있어 밸브가 열리면 분무는 그의 환상의 틈새로부터 중공 원추상의 분무가 분산되며 저압에서도 분무의 분포가 좋으며 분사 초의 양을 감소할 수 있으므로 같은 유압에서도 분무의 입자 직경이 작아진다.

218. 디젤 기관의 연료 분사의 3대 요건이 아닌 것은?
   ㉮ 무화   ㉯ 분포
   ㉰ 관통력   ㉱ 분배

219. 연료 분사 노즐에 요구되는 조건 중 맞지 않는 것은?
   ㉮ 후적이 일어나지 않게 할 것.
   ㉯ 분사량을 회전 속도에 알맞게 조정할 수 있을 것.
   ㉰ 분무가 연소실의 구석구석까지 분배되게 할 것.
   ㉱ 연료를 미세한 안개 모양으로 하여 쉽게 착화되게 할 것.

220. 연료장치의 공기 빼기 순서로 알맞은 것은?
   ㉮ 분사 펌프 – 연료 여과기 – 공급 펌프
   ㉯ 공급 펌프 – 분사 파이프 – 분사 펌프
   ㉰ 연료 여과기 – 분사 펌프 – 공급 펌프
   ㉱ 공급 펌프 – 연료 여과기 – 분사 펌프

221. 디젤 기관 연소실 가운데 디젤 노크를 일으키기 쉬운 연소실은?
   ㉮ 공기실식   ㉯ 예연소실
   ㉰ 와류실식   ㉱ 직접 분사식

222. 다음에서 초기 분사량이 적은 노즐은?
   ㉮ 스로틀 노즐   ㉯ 단공 노즐
   ㉰ 핀틀 노즐   ㉱ 다공 노즐

223. 직접 분사식 연소실의 장점이 아닌 것은?
   ㉮ 구조가 간단하기 때문에 열효율이 높다.
   ㉯ 연료의 분사 압력이 낮다.
   ㉰ 실린더 헤드의 구조가 간단하기 때문에 열변형이 적다.
   ㉱ 연소실 체적에 대한 표면적이 작기 때문에 냉각 손실이 적다.

224. 디젤 엔진에서 연료 분사 펌프의 조속기는 무슨 작용을 하는가?
   ㉮ 분사시기 조정
   ㉯ 분사 압력 조정
   ㉰ 연료 분사량 조정
   ㉱ 노즐에서 후적 방지

225. 소구 기관의 특징 아닌 것은?
   ㉮ 연료의 사용 범위가 넓다.
   ㉯ 연료 소비율이 낮고, 단위 마력당 중량이 크다.
   ㉰ 어선이나 소형 화물선 등에 많이 사용된다.
   ㉱ 구조가 간단하고 제작이 용이하다.

**POINT**
연료 소비율은 높고 일명 세미디젤 기관으로 불린다.

226. 일부 실린더의 마멸이 다른 것보다 큰 것을 발견했을 때 어떤 조치를 할 것인가?
   ㉮ 그대로 둔다.
   ㉯ 호닝 머신으로 거의 같은 치수로 수정한다.
   ㉰ 새 피스톤 링을 끼운다.
   ㉱ 동일 치수로 보링한다.

정답  217. ㉮  218. ㉱  219. ㉯  220. ㉱  221. ㉱  222. ㉰  223. ㉯  224. ㉰  225. ㉯  226. ㉱

227. 피스톤과 실린더의 간극이 클 때 일어나는 현상 중 틀린 것은?
   ㉮ 압축 압력이 저하된다.
   ㉯ 오일이 연소실로 올라온다.
   ㉰ 피스톤과 실린더가 소결된다.
   ㉱ 피스톤 슬랩 현상이 생긴다.

**POINT**
피스톤과 실린더의 간극이 작으면 피스톤의 열 팽창으로 소결이 일어난다.

228. 다음은 피스톤 링 이음에 관한 설명이다. 맞지 않는 것은?
   ㉮ 이음 간극은 제1링의 경우 피스톤 외경 25mm당 0.075mm 정도이다.
   ㉯ 이음 방향은 모든 링이 일직선상에 있게 한다.
   ㉰ 이음 간극이 작으면 열팽창으로 소결을 일으키기 쉽다.
   ㉱ 이음 간극은 톱 링에서 가장 크고 차례로 작게 되어 있다.

**POINT**
링 이음이 일직선상에 있으면 압축, 팽창행정에서 가스 샘이 일어나기 쉽고 오일이 연소실로 들어가기 쉽다.

229. 플라이휠을 설계할 때 고려해야 할 사항이 아닌 것은?
   ㉮ 부하 변동시의 조속 성능
   ㉯ 기관의 가속 성능
   ㉰ 시동시의 기동 성능
   ㉱ 기관 출력 성능

**POINT**
기관출력 성능에는 관계없다.

230. 베어링 메탈에 필요한 특성이 아닌 것은?
   ㉮ 윤활제에 대한 친유성이 커야 한다.
   ㉯ 열 전도율이 낮고 축에 잘 용착되지 않아야 한다.
   ㉰ 저널의 변형에 대한 추종 유동성이 있어야 한다.
   ㉱ 내피로성 및 내식성이 커야 한다.

**POINT**
베어링 메탈은 열 전도율이 커야 한다.

231. 다음 중 전기 점화에 의한 기관이 아닌 것은?
   ㉮ 석유기관   ㉯ 로터리 기관
   ㉰ 디젤 기관   ㉱ 가솔린 기관

**POINT**
디젤 기관 : 압축 착화기관, 소구기관 : 소구점화(표면점화)

232. 다음은 소구 기관의 특징이다. 관계가 없는 것은?
   ㉮ 연료의 사용 범위가 넓고 저질 연료 사용이 가능하다.
   ㉯ 어선이나 소형 화물선 등에 많이 사용된다.
   ㉰ 연료 소비율이 낮고 단위 마력당 중량이 크다.
   ㉱ 구조가 간단하고 제작이 용이하다.

**POINT**
소구기관 : 세미 디젤 기관이라고도 하며 시동을 하려면 소구라 하는 부분을 약 250~270℃ 정도 가열 후 시동을 해야 하며, 연료 소비율이 높고 단위 마력당 중량이 크다.

233. 디젤 기관에 경유가 쓰이는 이유 중 적당한 것은?
   ㉮ 가격이 싸다.   ㉯ 발열량이 높다.
   ㉰ 착화성이 좋다.   ㉱ 점도가 높다.

234. 연소에 영향을 미치는 요소가 아닌 것은?
   ㉮ 분사 시기   ㉯ 분무의 상태
   ㉰ 연료의 인화점   ㉱ 압축비

**POINT**
연소에 영향을 미치는 요소는 분사시기, 압축비, 분무의 영향, 분사율, 공기 운동의 영향, 기관속도의 영향

정답  227. ㉰  228. ㉯  229. ㉱  230. ㉯  231. ㉰  232. ㉰  233. ㉰  234. ㉰

235. 직접 분사실식에 알맞은 노즐은?
 ㉮ 개방노즐  ㉯ 분공형 노즐
 ㉰ 스로틀형 노즐  ㉱ 핀틀형 노즐

236. 분사 노즐의 기능이 아닌 것은?
 ㉮ 연료 공급 펌프로부터 연료를 분사펌프로 보내는 작용을 한다.
 ㉯ 연료 분사 시기를 조정한다.
 ㉰ 실린더 내에 분사하는 연료의 양을 조절한다.
 ㉱ 펌프로부터 보내어진 고압의 연료를 실린더 내에 분사한다.

237. 다음 중 보조 열원이 없이 냉 시동이 가능하며 연료 성질에 둔감한 연소실의 형식은?
 ㉮ 직접 분사실식  ㉯ 공기실식
 ㉰ 와류실식  ㉱ 예연소실

238. 디젤 기관의 연료로서 필요치 않는 것은?
 ㉮ 세탄가 높을 것.
 ㉯ 노크가 발생하지 말 것.
 ㉰ 불순물이 적을 것.
 ㉱ 자연 발화점이 높을 것.

239. 디젤 기관용 경유가 구비해야 할 조건으로 옳지 않는 것은?
 ㉮ 유황분이 많을 것.
 ㉯ 착화성이 좋을 것.
 ㉰ 점도가 적당할 것.
 ㉱ 불순물이 없을 것.

240. 디젤 노크를 설명한 것 중 틀린 것은?
 ㉮ 디젤 기관에서 기관의 온도가 낮고 또한 기관의 회전속도도 높을 때에는 디젤 노크를 일으키기 쉽다.
 ㉯ 착화 늦음이 크면 디젤 노크가 격렬해진다.
 ㉰ 압축비가 낮은 기관은 특히 낮은 세탄가의 연료를 사용하여야 디젤 노크를 방지할 수 있다.
 ㉱ 디젤 기관에서는 사용 연료의 착화온도가 높은 것일수록 노크를 일으키기 쉽다.

241. 세탄가(CN)를 설명한 것 중 틀린 것은?
 ㉮ 세탄가 $\alpha$-메틸 나프탈렌의 체적비로 나타낸다.
 ㉯ 세탄가=$\dfrac{\text{세탄}}{\text{세탄}+\alpha\text{메틸나프탈렌}}\times 100$ 이다.
 ㉰ 디젤 연료의 특성을 표시하는 수치이다.
 ㉱ 디젤 연료의 착화지연을 길게 하기 위하여 첨가제로 사용한다

> **POINT**
> 세탄가는 보통 40~50이 적당하며 세탄가가 높으면 노킹이 일어나지 않는다.

242. 고속 디젤 기관의 열역학 사이클은 다음 중 어느 것에 해당하는가?
 ㉮ 정적 사이클  ㉯ 오토 사이클
 ㉰ 디젤 사이클  ㉱ 복합 사이클

243. 직접 분사식 연소실의 특징을 잘못 설명한 것은?
 ㉮ 냉각 손실이 적다.
 ㉯ 구조가 간단하고 열효율이 높다.
 ㉰ 분사펌프와 노즐의 수명이 길다.
 ㉱ 분사 노즐의 상태가 기관 성능을 크게 좌우한다.

> **POINT**
> 시동성 우수, 연비저감, 출력증대가 특징이다.

정답  235. ㉯  236. ㉱  237. ㉯  238. ㉱  239. ㉮  240. ㉰  241. ㉱  242. ㉱  243. ㉰

244. 직접 분사실식의 장점은 ?
  ㉮ 연소 압력이 낮으므로 분사 압력도 낮게 하여도 된다.
  ㉯ 핀틀형 노즐을 사용하므로 고장이 적고 분사 압력도 낮다.
  ㉰ 실린더 헤드 구조가 간단하므로 열에 대한 변형이 적다.
  ㉱ 발화성이 낮은 연료도 사용하면 노크가 일어나지 않는다.

245. 직접 분사식 기관의 분사 노즐 압력은 ?
  ㉮ 300 ~ 500kg/cm$^2$
  ㉯ 50 ~ 80kg/cm$^2$
  ㉰ 200 ~ 250kg/cm$^2$
  ㉱ 100 ~ 129kg/cm$^2$

246. 연료 여과기 내의 연료 압력의 규정은 어느 정도인가 ?
  ㉮ 0.15kg/cm$^2$   ㉯ 15kg/cm$^2$
  ㉰ 1.5kg/cm$^2$   ㉱ 0.015kg/cm$^2$

247. 다음 중 디젤 기관의 연료 계통을 바르게 표시한 것은 ?
  ㉮ 연료 탱크 → 연료 필터 → 연료 분사 펌프 → 연료 분사 밸브
  ㉯ 연료 탱크 → 연료 분사 펌프 → 연료 필터 → 연료 분사 필터
  ㉰ 연료 탱크 → 연료 분사 밸브 → 연료 필터 → 연료 분사 펌프
  ㉱ 연료 탱크 → 연료 분사 펌프 → 연료 필터 → 연료 분사 밸브

248. 다음에서 연료 펌프 플런저의 유효행정을 크게 하였을 때에 일어나는 현상은 ?
  ㉮ 연료의 송출 압력이 작아진다.
  ㉯ 연료의 송출량이 많아진다.
  ㉰ 연료의 송출량이 적어진다.
  ㉱ 연료의 송출 압력이 커진다.

**P·O·I·N·T**
유효 행정을 실제로 연료가 송출되는 행정이다.

249. 다음은 분사 펌프의 분사량 조정에 대한 설명이다. 맞는 것은 ?
  ㉮ 제어 슬리브와 제어 피니언을 교환한다.
  ㉯ 플런저 스프링의 장력을 크게 한다.
  ㉰ 제어 래크와 제어 피니언의 물림을 변환한다.
  ㉱ 태핏 간극을 조정한다.

250. 다음 중 딜리버리 밸브의 기능을 바르게 설명한 것은 ?
  ㉮ 플런저에 들어오는 연료의 양을 조정한다.
  ㉯ 노즐의 분사 압력을 조정하여 노즐의 후적을 방지한다.
  ㉰ 분사 압력이 규정 이상으로 높아지는 것을 방지한다.
  ㉱ 플런저의 유효 행정이 끝났을 때의 연료의 역류를 방지하고, 또 분사 파이프 내의 압력을 저하시켜 노즐의 후적을 방지한다.

251. 연료 공급 펌프의 공급 압력은 ?
  ㉮ 1kg/cm$^2$   ㉯ 6kg/cm$^2$
  ㉰ 2kg/cm$^2$   ㉱ 0.2kg/cm$^2$

252. 분사 노즐의 압력 조정 시임 0.1mm짜리 1장이면 분사 압력은 얼마 정도가 증가되는가 ?
  ㉮ 10kg/cm$^2$   ㉯ 21kg/cm$^2$
  ㉰ 28kg/cm$^2$   ㉱ 14kg/cm$^2$

253. 디젤 기관에서 연료 분사 조건의 3대 요건에 들지 않는 것은 어느 것인가 ?
  ㉮ 분포   ㉯ 관통력
  ㉰ 무화   ㉱ 노크

254. 디젤 기관에서 노즐 분사 압력 조정 작업에

정답  244. ㉰  245. ㉰  246. ㉰  247. ㉮  248. ㉯  249. ㉰  250. ㉱  251. ㉰  252. ㉮  253. ㉱

알맞는 것은 ?
㉮ 분사량 측정은 1분간 분사량으로 측정한다.
㉯ 핀틀, 스로틀 노즐 분사 개시 압력은 80 ~ 100kg/cm²이다
㉰ 조정나사를 풀면 분사 압력이 높아진다.
㉱ 시험기 레버는 매분 25~50회 정도로 작동시킨다

**POINT**
시험 레버는 매분 5~6회 작동시키고 조정 나사를 죄면 분사압이 높아지고 분사량 측정은 분사 펌프 시험기로 한다.

### 255. 디젤 기관의 개방형 노즐의 장점이 아닌 것은 ?
㉮ 구조가 간단하여 제작비가 저렴하다.
㉯ 분사 파이프 내에 공기가 머물지 않는다.
㉰ 노즐 스프링, 니들 밸브등 운동 부분이 전혀 없기 때문에 이들에 위한 고장이 없다.
㉱ 분사 압력을 자유로이 조정할 수 있다.

### 256. 어느 가솔린 기관의 제동 연료소비율이 250(g/kW-h)이다. 제동 열효율은 몇(%)인가?(단, 연료의 저위 발열량은 44000 kJ/kg이다)
㉮ 12.5  ㉯ 32.7
㉰ 36.2  ㉱ 48.3

**POINT**
$$\eta = \frac{3600 \times 1\text{kW}}{\text{연료소비율} \times \text{발열량}}$$
$$= \frac{3600 \times 1\text{kW}}{0.25(\text{kg/kW·h}) \times 44000(\text{KJ/kg})} = 0.327$$

### 257. 도시출력이 89kW인 가솔린 엔진의 기계효율이 85%이다. 이 엔진의 마찰 동력(KW)은?
㉮ 10.35  ㉯ 11.35
㉰ 12.35  ㉱ 13.35

**POINT**
$$P_f = P_i - P_e = P_i(1 - \eta_m)$$
$$= 89(1 - 0.85) = 13.35\text{kW}$$

### 258. 행정 체적 1,000(cc), 제동출력 60(kW), 회전수 4,500(rpm)의 4사이클 기관이 있다. 기계효율이 85(%)일 때 도시평균 유효압력은 몇 (N/cm²)인가?
㉮ 120  ㉯ 188.24
㉰ 200.25  ㉱ 220.04

**POINT**
$$\text{지시출력} = \frac{\text{제동출력}}{\text{기계효율}} = \frac{60}{0.85} = 70.6\text{kW}$$
$$= \frac{P_e \times 1000\text{cm}^3 \times 4500 \times \frac{1}{2}}{100 \times 60 \times 1000} = 188.24\text{N/cm}^2$$

### 259. 정미 출력 80kW를 내는 엔진으로 9.8KN의 무게를 50m 올리는데 몇 초나 소요되는가?(단, 여기서 사용되는 기구의 마찰손실은 무시한다)
㉮ 4.8  ㉯ 5.3
㉰ 7.3  ㉱ 6.1

**POINT**
$$80000\text{W} = \frac{9800N \times 50m}{t(\text{sec})}$$
$$\therefore t = 6.13$$

정답  254. ㉯  255. ㉱  256. ㉯  257. ㉱  258. ㉮  259. ㉱

260. 제동 평균 유효 압력을 향상시키기 위한 방법이 아닌 것은?
   ㉮ 흡기관 내의 온도를 가능한 한 낮춘다.
   ㉯ 공기 과잉률이 0.9 정도의 과농한 혼합기를 사용한다.
   ㉰ 마찰 손실을 가능한 작게 한다.
   ㉱ 밸브 오버랩을 가능한 작게 한다.

**P·O·I·N·T**
밸브 오버랩이 너무 적으면 배기가 잘 안되어 충전효율이 나빠 평균 유효 압력이 낮아진다.

261. 소기 효율에 크게 영향을 미치지 않는 항은 어느 것인가?
   ㉮ 대기 압력  ㉯ 소기 압력
   ㉰ 행정 내경비  ㉱ 기관 회전 속도

262. 2행정 사이클에서 가스 교환율을 증가시키기 위한 방법이 아닌 것은?
   ㉮ 소배기 작용을 신속히 한다.
   ㉯ 소기 공급량을 최소로 하되 가장 효과적인 소기를 행한다.
   ㉰ 완전 혼합 소기를 행한다.
   ㉱ 소배기 유용을 신속히 한다.

263. 내연 기관에서 효율의 개선책이 아닌것은?
   ㉮ 연소시간을 단축시킨다.
   ㉯ 압축비를 높인다.
   ㉰ 연소가스 온도를 높인다.
   ㉱ 피스톤 행정을 짧게 한다.

264. 엔진의 출력 시험에서 크랭크축이 밴드 브레이크를 감은 다음 1m의 팔을 두고 그 끝의 힘을 측정하였더니 118N이었다. 이때 회전 지시계가 1000rpm을 나타내었다. 이 엔진의 제동 출력(kW)은 얼마인가?
   ㉮ 10  ㉯ 12.4
   ㉰ 33  ㉱ 41.4

**P·O·I·N·T**
$$제동출력 = \frac{2\pi \times T \times R}{60 \times 1000} kW$$
$$= \frac{2\pi \times 118 \times 1 \times 1000}{60 \times 1000} = 12.4 kW$$

265. 농용 기관에서 어떤 피스톤의 총 마찰력이 60N, 피스톤의 평균 속도가 15m/sec라 하면, 마찰로 인한 피스톤의 손실 동력은 몇(kW) 인가?
   ㉮ 0.9  ㉯ 2.2
   ㉰ 3.3  ㉱ 4.4

**P·O·I·N·T**
동력 = 힘 × 속도
$$= \frac{60N \times 15m/s}{1000} = 0.9 kW$$

266. 농용 기관의 행정 길이가 8cm 인 기관이 매분당 회전수가 3000이라면 피스톤의 속도는 몇 m/s인가?
   ㉮ 2  ㉯ 4
   ㉰ 6  ㉱ 8

**P·O·I·N·T**
$$V = \frac{2LN}{60}$$
$$= \frac{2 \times 0.08 \times 3000}{60}$$
$$= 8 m/s$$

267. 피스톤의 평균 속도가 10m/sec, 행정이 200mm인 4사이클 디젤 기관의 회전수(rpm)는?
   ㉮ 1500  ㉯ 2000
   ㉰ 2500  ㉱ 3000

**P·O·I·N·T**
$$v = \frac{2sn}{60} \text{에서} \quad n = \frac{60v}{2L}$$
$$= \frac{60 \times 10}{2 \times 0.2} = 1500 rpm$$

정답 260.㉱ 261.㉮ 262.㉮ 263.㉱ 264.㉯ 265.㉮ 266.㉱ 267.㉮

268. 윤활 이론에서 두 표면이 운동할 때 그 사이의 마찰력 F는 두 표면을 누르는 압력P에 비례한다. 이 때 마찰계수를 $\mu$ 라 하면 마찰로 인한 손실 마력은?(단, 마찰 손실 마력은 Psf라 하고 이때 물체의 속도는 V라 한다.)

㉮ $Psf = \dfrac{\mu PV}{75}$　㉯ $Psf = \dfrac{\pi PV}{75}$

㉰ $Psf = \dfrac{\mu PV}{427}$　㉱ $Psf = \mu PV$

269. 3기통 디젤 트랙터로 15(km) 떨어진 지점을 왕복하는데 40분 걸렸고, 연료 소비량은 1,850(cc)이었다. 평균 연료 소비량은?

㉮ 8.2km/l　㉯ 12.0km/l
㉰ 16.21km/l　㉱ 20.5km/l

**POINT**
평균연료 소비량 $= \dfrac{주행거리}{소비량}$
$= \dfrac{15 \times 2}{1.85}$
$= 16.21(km/l)$
1850cc를 $l$로 고치면 $1850 \div 1000 = 1.85l$가 된다.

270. 기관의 성능 시험시 연료 소비량 측정 방법으로 부적당한 것은?

㉮ 체적에 의한 측정법
㉯ 유량계에 의한 측정법
㉰ 중량에 의한 측정법
㉱ 기관의 회전수에 의한 측정법

271. 연료 소비율이 200g/kW·H인 8kW 디젤기관을 8시간 사용했을 때 연료 소비량은 약 몇 $l$ 인가?(단, 연료의 밀도는 840kg/m³이다)

㉮ 1600 $l$　㉯ 15.2 $l$
㉰ 1.6 $l$　㉱ 1800 $l$

**POINT**
사용연료량(kg) $= 0.2(kg/kW \cdot H) \times 8kW \times 8H = 12.8kg$
$\therefore$ 연료량 $= \dfrac{12.8kg}{840kg/m^3} = 0.0152m^3 = 15.2\ell$

272. 기관의 회전수가 2000rpm이고 착화 늦음 시간은 1/600초 일 때 연소지연시간 동안 크랭크 축이 회전한 각도는?

㉮ 36°　㉯ 20°
㉰ 45°　㉱ 25°

**POINT**
・1분간 크랭크축의 회전각도
　$=2000 \times 360° = 720000°$
・1초간 크랭크축의 회전각도
　$=720000° \div 60° = 1200°$
・연소지연시간 동안에 크랭크 축이 회전한 각도
　$=1200 \times (1/600) = 20°$

273. 우리나라에 많이 보급되어 있는 승용 트랙터는?

㉮ 정원용　㉯ 범용형
㉰ 과수원용　㉱ 표준형

274. 궤도형 트랙터의 장점이 아닌 것은?

㉮ 고속운전이 가능하다.
㉯ 누르는 면이 넓어서 땅 표면의 전압도가 작다.
㉰ 고르지 않고 무른 땅의 붕괴가 용이하다.
㉱ 견인력이 크고 잘 미끄러지지 않는다.

**POINT**
궤도형 트랙터는 접지면적이 넓기 때문에 단위면 압력이 낮아 연약한 지반에도 작업이 가능하다. 무게 중심이 낮아 경사지 작업이 용이하다. 회전반경이 작아 좁은 지역에서도 작업이 용이하다. 슬립이 작아 견인력을 크게 낼 수 있다.

275. 차륜형 트랙터의 장점이 아닌 것은?

㉮ 견인력이 크고 잘 미끄러지지 않는다.
㉯ 제작 가격이 싸다.
㉰ 고속도 운전이 가능하다.
㉱ 운전이 용이하다.

276. 바퀴형 트랙터의 장점이 아닌 것은 ?
   ㉮ 무게가 가볍고 고속주행이 가능하다.
   ㉯ 윤거의 변경이 가능하기 때문에 농작업에 유용하다.
   ㉰ 보통 자동차와 비슷하여 운전 및 정비가 쉽다.
   ㉱ 무게 중심이 낮아 경사지 작업이 가능하다.

   **POINT**
   바퀴형 트랙터의 장점은 기동성이 좋고, 정비가 용이하다. 필요에 따라 윤거의 조정이 가능하다. 무게가 가볍고 생산비가 저렴하여 경제적이다.

277. 바퀴형 트랙터에 비하여 장궤형 트랙터의 장점이 아닌 것은 ?
   ㉮ 접지면적이 넓기 때문에 정지되지 않은 땅 연약지 등에 용이하다.
   ㉯ 무게의 중심이 비교적 낮기 때문에 경사지 작업도 적용이 가능하다.
   ㉰ 견인력이 크다.
   ㉱ 휠 트레드의 변경이 가능하기 때문에 농작업에 유용하다.

   **POINT**
   크로울러를 사용하기 때문에 윤거의 변경은 불가능하다.

278. 트랙터 로터 베이터의 구동방식이 아닌 것은?
   ㉮ 사이드드라이브    ㉯ 센터드라이브
   ㉰ 분할구동          ㉱ 기어구동

279. 트랙터 한냉시 시동 예열 시간은 ?
   ㉮ 10~20초 정도    ㉯ 20~30초 정도
   ㉰ 40~50초 정도    ㉱ 30~40초 정도

280. 바퀴형 트랙터 주행장치의 동력전달 순서를 옳게 나타낸 것은 ?
   ㉮ 기관 - 변속기 - 주 클러치 - 구동륜 - 차동 기어
   ㉯ 기관 - 주 클러치 - 변속기 - 차동 기어 - 구동륜
   ㉰ 기관 - 주 클러치 - 차동 기어 - 변속기 - 구동륜
   ㉱ 기관 - 변속기 - 주 클러치 - 차동 기어 - 구동륜

281. 트랙터의 동력 전달 순서를 올바르게 표현한 것은 ?
   ㉮ 엔진 - 주 클러치 - 변속기 - 차동 장치 - 뒤차축 - 최종감속장치
   ㉯ 엔진 - 주 클러치 - 변속기 - 차동장치 - 최종감속장치 - 뒷차축
   ㉰ 엔진 - 변속기 - 주 클러치 - 차동장치 - 뒷차축 - 최종감속장치
   ㉱ 엔진 - 주 클러치 - 최종감속장치 - 차동장치 - 뒷차축

282. 차륜형 트랙터에서 많이 사용되고 있는 클러치의 종류는 ?
   ㉮ V벨트 클러치
   ㉯ 다판 마찰 클러치
   ㉰ 원추 클러치
   ㉱ 단판 원판 마찰 클러치

   **POINT**
   트랙터에서 주 클러치 종류는 : 단판클러치, 다판 클러치, 원판클러치, 유체클러치

283. 트랙터 크기는 무엇으로 표시하는가?
   ㉮ 마력수          ㉯ 실린더 수
   ㉰ 중량            ㉱ 축간 거리

284. 트랙터에서 클러치 페달에 자유간극을 두는 이유는 ?
   ㉮ 변속 조작을 쉽게 하기 위해 둔다.
   ㉯ 클러치 판의 소손 방지를 위해 둔다.
   ㉰ 운전 중 진동을 흡수하기 위해 둔다.
   ㉱ 클러치 스프링의 저항력을 생각해서 둔다.

정답  276. ㉱  277. ㉱  278. ㉱  279. ㉮  280. ㉯  281. ㉯  282. ㉱  283. ㉮  284. ㉯

285. 다음 중 클러치 페달 유격이 너무 클 때의 현상이다. 관계없는 것은?
㉮ 클러치가 잘 끊기지 않고 끌림 현상이 나타난다.
㉯ 변속 할 때 소음이 나고 변속 조작이 잘 안된다.
㉰ 클러치 끊김은 나쁘나 동력 전달이 양호하다.
㉱ 기관 브레이크 조작이 용이하다.

286. 농용 트랙터가 언덕을 올라갈 때 주 클러치가 미끄러질 경우의 원인을 설명한 것으로 틀린 것은?
㉮ 클러치 판의 심한 마모
㉯ 클러치 판의 오일 부착
㉰ 클러치 스프링의 쇠약
㉱ 클러치 유격 과대

287. 운전 중 아교 또는 벨트가 타는 냄새가 나면 당신은 우선 어느 부분의 고장을 예측하여야 하는가?
㉮ 배터리액의 부족
㉯ 클러치 디스크 및 브레이크 링의 타는 냄새
㉰ 연료가 타는 냄새
㉱ 엔진이 과냉각

288. 트랙터 클러치 판의 페이싱이 마모되면 페달의 자유 간극은?
㉮ 커진다.    ㉯ 2배로 커진다.
㉰ 변화 없다.  ㉱ 작아진다.

289. 유체 클러치는 몇 개의 구성품으로 되어 있는가?
㉮ 3개    ㉯ 2개
㉰ 4개    ㉱ 1개

290. 다음 기어 변속기 중에서 클러치를 끊고 즉시 변속이 가능하여 승용 트랙터에서도 점차 사용이 증대되고 있는 것은?
㉮ 상시 맞물림식    ㉯ 유성 기어식
㉰ 동기 맞물림식    ㉱ 선택 미끄럼식

**P·O·I·N·T**
상시 맞물림 기어식 기어 클러치의 기어가 상대방 기어의 회전속도와 동일하지 않으면 소음이 생기고 기어가 파손될 우려가 있다. 그러므로 두 개의 기어가 서로 같은 속도로 회전하도록 하기 위하여 원추 클러치에 의해 서로 회전속도를 비슷하게 하여 물리도록 하는 방식으로서 변속이 쉬울 뿐만 아니라 소음이 없으며 고속 주행 중에도 변속이 가능하다.

291. 싱크로 메시 기구는 어떤 작용을 하는가?
㉮ 감속작용    ㉯ 배력 작용
㉰ 동기작용    ㉱ 가속작용

292. 트랙터의 운행시 잘못된 사항은?
㉮ 초저속 회전으로 엔진을 사용하면 엔진오일의 과대한 소모와 피스톤 고착 등의 고장원인이 된다
㉯ 동기 물림식 변속기가 내장된 트랙터는 주행 중 변속레버의 전환이 가능하다
㉰ 고속회전으로 운행시 주행속도와 견인효율이 증가한다
㉱ 트랙터를 완전히 정지시키고 변속레버를 전환한다

293. 주행 중 변속기의 기어가 빠지는 원인이 되는 것은?
㉮ 기어 편 마모
㉯ 기어오일이 과다할 때
㉰ 고속 주행하므로
㉱ 기어오일이 부족할 때

294. 토크 컨버터는 무슨 작용을 하는 장치인가?
㉮ 자동 제동 작용을 한다.
㉯ 동력을 전달하는 작용을 한다.
㉰ 유압의 압축을 이용하여 펌프작용을 한다.
㉱ 에어 압축 작용을 한다

**P·O·I·N·T**
유체 변속기의 하나이다.

정답  285. ㉱ 286. ㉱ 287. ㉯ 288. ㉱ 289. ㉮ 290. ㉰ 291. ㉰ 292. ㉰ 293. ㉮ 294. ㉯

295. 주행 중 방향을 바꿀 필요가 있을 때 내측의 바퀴를 외측의 바퀴보다 느리게 회전시켜 바퀴가 미끄러지지 않고 선회할 수 있는 장치를 무엇이라 하는가?
   ㉮ 동력 추출 장치
   ㉯ 현가 장치
   ㉰ 차동장치
   ㉱ 변속장치

296. 트랙터가 커브를 돌 때 좌우 뒷바퀴의 회전속도가 서로 달라져도 무리가 없도록 장치된 부분은?
   ㉮ 파이널 드라이브
   ㉯ 디프렌셜 기어
   ㉰ 유니버설 조인트
   ㉱ 클러치

297. 디프렌셜 기어의 작용은 다음 중 어느 것인가?
   ㉮ 내리막길을 운전할 때 작용한다.
   ㉯ 브레이크를 작용시킬 때 작용한다.
   ㉰ 한쪽으로 회전할 때 작용한다.
   ㉱ 언덕길을 운전할 때 작용한다.

298. 차동장치의 역할 중 가장 적합한 것은?
   ㉮ 동력을 직각으로 전달하기 위해서
   ㉯ 클러치의 과격한 조작으로 인한 뒷차축의 부러짐을 막기 위하여
   ㉰ 양쪽바퀴의 회전속도가 달라도 구동에 지장이 없게 하기 위하여
   ㉱ 뒤 바퀴축의 어느 한쪽이 부러져도 주행할 수 있도록 한다

**P·O·I·N·T**
차동장치는 선회시 좌우 바퀴의 회전속도를 원활하게 한다.

299. 트랙터가 발진시 뒷바퀴 중 한쪽바퀴가 미끄러운 곳에 놓여 있으면 한쪽바퀴만 공회전하여 트랙터는 발진할 수 없게 된다. 이것은 어느 부분의 작용 때문인가?
   ㉮ 클러치
   ㉯ 트랜스미션
   ㉰ 디프렌셜 기어
   ㉱ 화이널 드라이브 기어

**P·O·I·N·T**
차동장치는 최종감속기와 차동기로 되어있다.

300. 트랙터의 운전 중 습지에 빠졌다. 무엇을 어떻게 하여야 가장 좋은가?
   ㉮ 차동장치를 그대로 두고 기관을 저속으로 하고 변속레버를 저속으로 출발한다.
   ㉯ 차동 정지 장치 페달을 밟으며 선회한다.
   ㉰ 차동 고정 장치 페달을 밟고 직진한다.
   ㉱ 그대로 변속 기어를 최상단으로 놓고 액셀러레이터를 최대로 높인다.

301. 구동륜의 회전력을 크게 하기 위해 마지막으로 감속하는 역할을 하는 것은?
   ㉮ 차동장치        ㉯ 클러치
   ㉰ 최종 감속장치   ㉱ 변속기

302. 구동 피니언 잇수가 6, 링 기어 잇수가 30이고, 추진축이 2000rpm일 때 왼쪽바퀴가 300rpm이였다. 이때 오른쪽 바퀴는 몇 rpm하겠는가?
   ㉮ 350        ㉯ 500
   ㉰ 150        ㉱ 600

**P·O·I·N·T**
종감속비 = (30/6) = 5, 직진상태에서 양쪽 바퀴의 회전 속도는 각각 2000/5 = 400rpm 그런데 왼쪽 바퀴가 300rpm이므로 오른쪽 바퀴의 공식은
$N_2 = 2N - N_1 = 2 \times 400 - 300 = 500$ rpm

---

정답  295. ㉰  296. ㉯  297. ㉰  298. ㉰  299. ㉰  300. ㉰  301. ㉰  302. ㉯

303. 트랙터가 1KN의 하중을 끌고 8km/hr의 속도로 움직이면 견인동력은 얼마인가?
   ㉮ 3.05kW   ㉯ 2.2kW
   ㉰ 3.313kW  ㉱ 2.83kW

**POINT**
동력=힘×속도(N·m/s)
$= 1000N \times \frac{8}{3.6} m/s = 2.22kW$

304. 트랙터에 웨이트 부착은?
   ㉮ 작업을 보기 좋게 하기 위하여
   ㉯ 견인력을 증대시키기 위하여
   ㉰ 위험을 방지하기 위하여
   ㉱ 속도를 높이기 위하여

305. 저압 타이어의 호칭 치수이다. 알맞는 것은?
   ㉮ 타이어의 폭, 타이어의 내경, 플라이 수
   ㉯ 타이어의 폭, 타이어의 외경, 플라이 수
   ㉰ 타이어의 외경, 타이어의 내경, 플라이 수
   ㉱ 타이어의 외경, 타이어의 폭, 플라이 수

306. 트랙터 고무 타이어에 쓰여진 6.00-12-4PR에서 12란 무엇을 표시하는가?
   ㉮ 플라이 수    ㉯ 림의 지름
   ㉰ 리그의 형상  ㉱ 타이어 폭

**POINT**
코드의 겹침 수를 플라이 수라하며, 프라이 수가 많으면 튼튼하다. 보통 트랙터용 타이어의 플라이 수가 2~6이며, 타이어의 규격표시는 인치 단위로 한 타이어의 폭과 림의 직경, 그리고 플라이 수로 표시한다.(예 : 4.00 - 12 - 4P)
※ 철 차륜의 구조: 러그, 림, 보스, 스포크

307. 트랙터 바퀴에 부동액이나 칼슘 크롤라이드 용액을 넣는 이유 중 알맞는 것은?
   ㉮ 트랙터 중량을 무겁게 하여 견인력을 증가시키려고
   ㉯ 타이어의 중량을 무겁게 하기 위해
   ㉰ 트랙터의 중량을 조정하기 위해
   ㉱ 타이어 튜브를 보호하기 위해

308. 바퀴형 트랙터의 견인 계수가 큰 곳은?
   ㉮ 사질토양
   ㉯ 건조한 점토
   ㉰ 건조한 가는 모래
   ㉱ 콘크리트

309. 무부하일 때의 바퀴 1회전에 의한 진행 거리를 $l\ s$, 부하일 때의 바퀴 1회전에 의한 진행거리를 $l\ d$라고 하면, 트랙터의 슬립률(S)은 다음 어느 식이 맞는가?
   ㉮ $S = \frac{l_d}{l_s} \times 100(\%)$
   ㉯ $S = \frac{1d - 1s}{1d} \times 100(\%)$
   ㉰ $S = \frac{1s}{1d} \times 100(\%)$
   ㉱ $S = \frac{1s - 1d}{1s} \times 100(\%)$

310. 앞바퀴의 정열은 주행의 안전을 도모하기 위하여 중요하다. 앞바퀴의 정열에서 캐스터가 불량하면 어떤 상태가 되는가?
   ㉮ 핸들의 유격이 많아진다.
   ㉯ 앞바퀴가 자동으로 트랙터의 진행방향으로 되돌아오지 않으려 한다.
   ㉰ 핸들이 한쪽으로 쏠린다.
   ㉱ 앞 타이어의 이상 마모 현상이 일어난다.

311. 트랙터의 앞차륜에서 차륜의 앞쪽거리와 뒤쪽거리의 차를 무엇이라 하는가?
   ㉮ 캐스터   ㉯ 스핀들
   ㉰ 토인     ㉱ 캠버

정답  303. ㉯  304. ㉯  305. ㉱  306. ㉯  307. ㉮  308. ㉱  309. ㉱  310. ㉯  311. ㉰

312. 다음 항목 중 가장 큰 값은 ?
   ㉮ 캐스터 각
   ㉯ 토인
   ㉰ 킹핀 경사각
   ㉱ 캠버각

313. 트랙터 앞바퀴 얼라이먼트의 3대 요소가 아닌 것은 ?
   ㉮ 캠버      ㉯ 회전반지름
   ㉰ 킹핀각    ㉱ 토인

314. 트랙터를 앞에서 보면 바퀴의 윗부분이 아래쪽보다 더 벌어져 있는데 이 벌어진 바퀴의 중심선과 수선사이의 각을 무엇이라 하는가?
   ㉮ 캐스터    ㉯ 캠버
   ㉰ 킹핀각    ㉱ 토인

315. 앞바퀴 얼라이먼트가 하는 역할이라고 할 수 없는 것은 ?
   ㉮ 조향 핸들에 복원성을 준다.
   ㉯ 조향 핸들의 조작을 작은 힘으로 할 수 있게 한다.
   ㉰ 타이어 마모를 최소로 한다.
   ㉱ 조향 장치의 수명을 길게 한다.

316. 트랙터의 킹핀각은 얼마인가 ?
   ㉮ 10~15°    ㉯ 5~10°
   ㉰ 20~30°    ㉱ 2~3°

317. 농용 트랙터의 캠버의 각도로 다음 중 가장 적당한 것은 ?
   ㉮ 5~7°      ㉯ 1~4°
   ㉰ 8~10°     ㉱ 0.5~1°

318. 앞에서 보았을 때 윗부분과 아랫부분의 경사진 각도를 무엇이라 하는가 ?
   ㉮ 캐스터    ㉯ 캠각
   ㉰ 토인      ㉱ 캠버각

319. 다음 중 일반적으로 가장 큰 각도는 ?
   ㉮ 캐스터    ㉯ 토인
   ㉰ 캠버      ㉱ 킹핀의 경사

320. 트랙터 유압회로에서 안전밸브는?
   ㉮ 릴리프 밸브    ㉯ 체크밸브
   ㉰ 언 로드 밸브   ㉱ 스풀밸브

321. 트랙터에서 사용되는 시동모터 형식은?
   ㉮ 직류 직권식    ㉯ 교류 직권식
   ㉰ 복권식         ㉱ 분권식

322. 유압펌프에서 가장 많이 쓰이는 펌프는?
   ㉮ 기어 펌프      ㉯ 로터리 펌프
   ㉰ 플런저 펌프    ㉱ 베인 펌프

정답  312.㉰  313.㉯  314.㉯  315.㉱  316.㉯  317.㉯  318.㉱  319.㉱  320.㉮  321.㉮  322.㉮

323. 앞바퀴 정열의 필요성이 아닌 것은 ?
 ㉮ 핸들의 복원성
 ㉯ 주행 중 점검
 ㉰ 조정의 용이성
 ㉱ 제동효과의 증가와 타이어의 과열방지

324. 앞바퀴의 사이드 슬립 조정은 ?
 ㉮ 캐스터로 조정한다.
 ㉯ 토인과 캠버로 조정한다.
 ㉰ 쇽업소버로 조정한다.
 ㉱ 토인만으로도 할 수 있다

325. 핸들에 적당한 유격을 두어야 하는 이유?
 ㉮ 우리 나라는 도로사정이 좋으므로
 ㉯ 앞바퀴를 보호하기 위하여
 ㉰ 핸들유격이 전혀 없으므로
 ㉱ 노면에 받는 충격이 직접 핸들에 전달되지 않게 하기 위하여

326. 트랙터의 조향 핸들을 1회전하여 피트먼 암이 20° 움직였다면 조향 기어는 몇 도 움직이겠는가 ?
 ㉮ 22°   ㉯ 20°
 ㉰ 24°   ㉱ 18°

327. 축간 거리가 2m인 트랙터의 바깥바퀴의 조향각이 30°이다. 최소 회전 반경은?(단, 바퀴의 접지면 중심과 킹핀과의 거리는 15cm이다.)
 ㉮ 2.25m   ㉯ 3.2m
 ㉰ 4.5m    ㉱ 5m

**POINT**

$$R = \frac{L}{\sin\alpha} + r$$

$$= \frac{2}{\sin 30} + 0.15$$

$$= 4.15m$$

328. 트랙터의 핸들이 1회전하였을 때 피트먼 암이 30° 움직였다. 조향 기어의 비는 얼마인가?
 ㉮ 12 : 1   ㉯ 6.5 : 1
 ㉰ 12.5 : 1  ㉱ 6 : 1

**POINT**

조향 기어비 = $\frac{\text{조향 핸들이 움직인량}}{\text{피트먼 암의 움직인량}}$

= $\frac{360}{30}$ = 12

329. 트랙터에서 가장 많이 사용되고 있는 브레이크는 ?
 ㉮ 가압식 브레이크
 ㉯ 유압식 브레이크
 ㉰ 진공식 브레이크
 ㉱ 전기식 브레이크

330. 유압식 브레이크는 누구의 원리를 이용한 것인가 ?
 ㉮ 베르누이의 원리
 ㉯ 보일 샤를의 원리
 ㉰ 아르키메데스의 원칙
 ㉱ 파스칼의 원리

331. 트랙터를 경사지에서 정차시킬 때 어떻게 해야 하는가 ?
 ㉮ 브레이크와 주 클러치만 사용한다.
 ㉯ RPM을 저속으로 하고 주 클러치와 브레이크 페달을 천천히 밟는다.
 ㉰ 저속으로 하고 브레이크만 사용한다.
 ㉱ RPM을 중속으로 하고 주 클러치를 밟는다.

332. 트랙터에서 독립 브레이크를 사용하는 이유는 ?
 ㉮ 회전반경을 넓게 하기 위하여
 ㉯ 정지가 잘 안되어서
 ㉰ 급정지 때문에
 ㉱ 회전반경을 좁히기 위하여

정답  323.㉱ 324.㉯ 325.㉱ 326. ㉯ 327. ㉰ 328. ㉮ 329. ㉯ 330. ㉱ 331. ㉯ 332. ㉱

333. 작은 힘으로 확실한 제동력을 가지는 브레이크는?
   ㉮ 원판식 브레이크
   ㉯ 외부 수축식 브레이크
   ㉰ 내부 수축식 브레이크
   ㉱ 내부 확장식 브레이크

334. 브레이크 페달의 적당한 유격은 ?
   ㉮ 35~50mm      ㉯ 25~35mm
   ㉰ 40~60mm 정도  ㉱ 20~25mm

335. 트랙터의 제동장치에 속하는 것은 ?
   ㉮ 에어 브레이크식
   ㉯ 내부 확장식
   ㉰ 압축식
   ㉱ 기어식

336. 트랙터에서 작업기에 동력을 공급하기 위한 부분은 ?
   ㉮ 차동장치
   ㉯ 클러치
   ㉰ 동력 취출 장치(P.T.O)
   ㉱ 유체변속장치

337. 트랙터 경사지 안전 각도는?
   ㉮ 15°    ㉯ 35°
   ㉰ 45°    ㉱ 60°

338. 2단 클러치를 사용하며, 기체를 정지하고서도 회전시킬 수 있는 PTO의 형식은 무엇인가 ?
   ㉮ 독립형 PTO
   ㉯ 속도 비례형 PTO
   ㉰ 라이브 PTO
   ㉱ 변속기 구동형 PTO

339. P.T.O축의 ISO표준 저속 RPM은 ?
   ㉮ 520±10 rpm
   ㉯ 530±10 rpm
   ㉰ 510±10 rpm
   ㉱ 540±10 rpm

340. 국제 표준 고속 P.T.O축의 회전수는 얼마인가 ?
   ㉮ 1100±25 rpm
   ㉯ 1000±25 rpm
   ㉰ 1200±25 rpm
   ㉱ 900±25 rpm

341. 동력 취출축의 표준 회전 속도는 ?
   ㉮ 450 rpm 또는 1000 rpm
   ㉯ 540 rpm 또는 900 rpm
   ㉰ 450 rpm 또는 900 rpm
   ㉱ 540 rpm 또는 1000 rpm

342. 국제적으로 표준화되어 있는 부속품은 ?
   ㉮ 엔진 RPM
   ㉯ 쟁기의 수
   ㉰ 변속 단수
   ㉱ PTO축(동력취출축)

정답  333. ㉮  334. ㉯  335. ㉯  336. ㉰  337. ㉯  338. ㉮  339. ㉱  340. ㉯  341. ㉱  342. ㉱

343. P.T.O란?
   - ㉮ 차동장치
   - ㉯ 동력취출장치
   - ㉰ 주 클러치 장치
   - ㉱ 변속장치

344. P.T.O축의 국제 표준 규격은?
   - ㉮ 1 1/8″
   - ㉯ 1 1/2″
   - ㉰ 1 3/8″
   - ㉱ 1 1/4″

345. 다음 설명 중 라이브 PTO의 설명으로서 가장 적당한 것은?
   - ㉮ 동력 취출축은 주 클러치를 밟아도 그대로 살아있고, 기관을 정지시켜야만 정지할 수 있다.
   - ㉯ 동력 취출축의 정지는 작업기에 있는 별도의 클러치는 작동해야만 가능하다.
   - ㉰ 동력 취출축은 주 클러치 페달을 1단만 밟으면 주행만 정지하고 2단에서만 끊어진다.
   - ㉱ 동력 취출축의 구동이 주 클러치와 같은 클러치도 작동된다.

**P·O·I·N·T**
라이브 PTO : 2단에서는 PTO의 구동이 단락 되도록 되어 있다.
상시형 PTO축은 주행부와 분리 동력 전달이 있다.

346. 다음은 트랙터의 PTO와 밀접한 관계를 가지고 있는 항목이다. 틀린 것은?
   - ㉮ 스핀들
   - ㉯ 유니버셜조인트
   - ㉰ 540rpm
   - ㉱ 스플라인

**P·O·I·N·T**
트랙터에서 PTO축은 국제규격이며 브로칭가공으로 제작한다.

347. 다음은 트랙터의 뒷바퀴의 공기압을 나타낸 것 중 옳은 것은?
   - ㉮ 0.3~0.9kg/cm$^2$
   - ㉯ 0.84~1.4kg/cm$^2$
   - ㉰ 1.5~3kg/cm$^2$
   - ㉱ 3~5kg/cm$^2$

**P·O·I·N·T**
앞바퀴의 공기압은 1.4~2.52kg/cm$^2$이다.

348. 3점 연결 작업기 순서는? (트랙터를 뒤에서 봤을 때)
   - ㉮ 톱 링크 - 오른쪽 로워 링크 - 왼쪽 로워 링크
   - ㉯ 톱 링크 - 왼쪽 로워 링크 - 오른쪽 로워 링크
   - ㉰ 왼쪽 로워 링크 - 오른쪽 로워 링크 - 톱 링크
   - ㉱ 왼쪽 로워 링크 - 톱 링크 - 오른쪽 로워 링크

349. 3점지지 장치에 작업기를 부착할 때 제일 먼저 부착하는 것은?
   - ㉮ 하부 링크
   - ㉯ 오른쪽 링크
   - ㉰ 톱 링크
   - ㉱ 왼쪽 링크

350. 트랙터의 3점지지 장치로 작업기를 부착할 때 마지막으로 부착시키는 링크는?
   - ㉮ 우측하부 링크
   - ㉯ 드롭바
   - ㉰ 톱 링크(상부링크)
   - ㉱ 좌측하부 링크

351. 트랙터의 3점 히치로 연결된 작업기는 다음 어느 형식에 속하는가?
   - ㉮ 완전 장착식
   - ㉯ 견인식
   - ㉰ 반장착식
   - ㉱ 자주식

352. 트랙터의 유압장치에서 피스톤의 단면적은 1cm$^2$이고 램 피스톤의 단면적은 20cm$^2$이다. 여기에서 작은 피스톤에 5kg의 힘을 작용시켰다면 램 피스톤은 얼마만큼의 힘을 받는 샘이 되는가?
   - ㉮ 20kg
   - ㉯ 50kg
   - ㉰ 5kg
   - ㉱ 100kg

**P·O·I·N·T**
작은 피스톤에 5kg의 힘을 작용시켰다면 램 피스톤에서 5kg의 힘을 받는다. 그러나 램 피스톤의 단면적이 20cm$^2$dlamfh 5×20= 100kg의 힘을 받는다.

정답  343. ㉯  344. ㉰  345. ㉯  346. ㉮  347. ㉯  348. ㉰  349. ㉱  350. ㉰  351. ㉮  352. ㉱

353. 위(352번) 문제에서 작은 피스톤이 20cm움직이면 큰 피스톤은 얼마만큼 움직이게 되나?
- ㉮ 1cm
- ㉯ 4cm
- ㉰ 20cm
- ㉱ 움직이지 않는다.

**P·O·I·N·T**
작은 피스톤의 이동의 비는 중량의 비와 같으므로 작은 피스톤이 20cm움직이면 큰 피스톤은 1cm움직인다.

354. 대형 트랙터의 유압선택에서 포지션 컨트롤과 드래프트 컨트롤이 있는데 드래프트 컨트롤의 위치에서는 어떤 작업을 할 때 선택하는가?
- ㉮ 로터리 작업
- ㉯ 쟁기 작업
- ㉰ 롤러 작업
- ㉱ 파종 작업

355. 트랙터로 쟁기 작업할 때 위치조정레버를 사용한다. 이때 견인 부하 조정레버는 어느 위치에 놓아야 하는가?
- ㉮ 중간
- ㉯ 위
- ㉰ 아래
- ㉱ 아무데나 상관없다.

356. 트랙터에서 전 중량을 트랙터 전체가 지지하는 방식은?
- ㉮ 견인식
- ㉯ 직장식
- ㉰ 반장착식
- ㉱ 유압식

357. 트랙터에 장치된 유압장치에 관한 설명 중 틀린 것은?
- ㉮ 견인력 제어에 쓰인다.
- ㉯ 작업기에 회전구동력을 전달한다.
- ㉰ 작업기를 끌어올리고 내리는데 쓰인다.
- ㉱ 위치 제어에 쓰인다.

358. 트랙터 견인부하 장치를 일정하게 하는 것은?
- ㉮ 차동 제어장치
- ㉯ 위치제어장치
- ㉰ 점화장치
- ㉱ 3점 지지 장치

359. 어느 트랙터가 2KN의 하중을 끌고 8km/h의 속도로 움직이면 견인출력은?
- ㉮ 3.13kW
- ㉯ 3.55kW
- ㉰ 2.96kW
- ㉱ 4.44kW

**P·O·I·N·T**
출력(동력) = 힘×속도
$= 2000N \times \frac{8}{3.6} m/s = 4.44kW$

360. 트랙터 견인력이 1470N이고 시속 45km/h로 주행할 때 구동출력은 얼마인가?
- ㉮ 30kW
- ㉯ 18.4kW
- ㉰ 40kW
- ㉱ 30kW

**P·O·I·N·T**
출력(동력)=힘×속도
$1470N \times \frac{45}{3.6} m/s = 18.4kW$

361. 바퀴형 트랙터 주행장치의 동력전달 순서를 옳게 나타낸 것은?
- ㉮ 기관 → 주 클러치 → 차동 기어 → 변속기 → 구동륜
- ㉯ 기관 → 주 클러치 → 변속기 → 차동 기어 → 구동륜
- ㉰ 기관 → 변속기 → 주 클러치 → 차동 기어 → 구동륜
- ㉱ 기관 → 변속기 → 주 클러치 → 구동륜 → 차동 기어

362. 우리나라에서 생산 제작되어 많이 쓰이는 동력경운기의 종류는?
- ㉮ 구동형 경운기
- ㉯ 견인형 동력 경운기
- ㉰ 견인·구동형 동력 경운기
- ㉱ 보통 경운기

정답 353. ㉮ 354. ㉯ 355. ㉰ 356. ㉯ 357. ㉯ 358. ㉯ 359. ㉱ 360. ㉯ 361. ㉯ 362. ㉰

363. 동력경운기에 대한 분류 중 작업기와 견인장치에 의한 분류로 옳지 않은 것은?
㉮ 견인형 동력 경운기
㉯ 구동형 동력 경운기
㉰ 견인구동 겸용형 동력 경운기
㉱ 보통 경운기

**POINT**
견인형 작업기(쟁기), 구동형 작업기(로터리), 견인구동겸용(쟁기+로터리)

364. 동력경운기의 사용 중 부적당한 것은?
㉮ 트레일러 주행시의 조향은 조향 클러치를 사용하지 않는다.
㉯ 시동 전 냉각수, 윤활유 등을 점검한다.
㉰ 시동한 즉시 운전하지 않으며 엔진 회전수를 고속으로 하지 않는다.
㉱ 빠른 조작을 위하여 가솔린을 기화기 고무판에 구멍을 뚫고 넣는다.

365. 동력경운기의 V벨트 유격 조절량 은?
㉮ 5~10mm  ㉯ 40~50mm
㉰ 20~30mm  ㉱ 10~15mm

366. 경운 클러치는 어디에 장치되어 있는가?
㉮ 주축에 장치되어 있다.
㉯ 주행축에 장치되어 있다.
㉰ 경운기에 장치되어 있다.
㉱ 부축에 장치되어 있다.

367. 다음 중 원판 클러치에 대한 설명으로 맞는 것은?
㉮ 단판 클러치는 모두 건식이다.
㉯ 다판 클러치는 모두 습식이다.
㉰ 단판 클러치는 습식이고 다만 클러치는 건식이다.
㉱ 다판 클러치에는 습식과 건식이 있다.

368. 동력 경운기에 사용되는 주 클러치의 종류는?
㉮ 맞물림 클러치
㉯ 단판식 마찰 클러치
㉰ 원뿔식 마찰 클러치
㉱ 다판식 마찰 클러치

**POINT**
클러치의 종류에는 원판, 원추, 원심, v벨트 텐션이 있다.

369. 클러치 미끄럼은 언제 현저하게 나타나는가?
㉮ 공전운전  ㉯ 저 속
㉰ 가 속  ㉱ 기관 기동

370. 동력 경운기의 주 클러치 스프링의 점검 사항이 아닌 것은?
㉮ 직각도  ㉯ 자유고
㉰ 인장 강도  ㉱ 장력

371. 주행 중 변속기의 기어가 빠지는 원인이 되는 것은?
㉮ 기어 오일이 과다할 때
㉯ 기어 오일이 부족할 때
㉰ 고속 주행이므로
㉱ 기어의 편 마모

정답  363. ㉱ 364. ㉱ 365. ㉰ 366. ㉮ 367. ㉮ 368. ㉱ 369. ㉰ 370. ㉰ 371. ㉱

372. 변속 장치의 감속비를 구하는 공식은?

㉮ $\dfrac{부축}{주축} \times \dfrac{주축}{부축}$

㉯ $\dfrac{부축}{주축} \times \dfrac{부축}{주축}$

㉰ $\dfrac{부축}{부축} \times \dfrac{주축}{주축}$

㉱ $\dfrac{주축}{부축} \times \dfrac{주축}{부축}$

373. 동력 경운기의 주 변속 레버 및 부 변속 레버가 변속 표지판의 변속 위치에 확실히 들어갔는데도 기체가 움직이지 않을 때에는?

㉮ 각 변속위치에서 중립위치로 변속레버를 이동시키면서 약간의 큰 저항을 받는 기점이 있나 확인한다.
㉯ 변속 레버 또는 변속갈고리의 변형이 심하다.
㉰ 미션 오일 주입구를 통해 주 변속레버의 작동 상태를 확인한다.
㉱ 미션 앞 덮개를 분해하여 부 변속 레버의 작동 상태를 확인한다.

374. 동력 경운기 타이어 규격이 6.00-12로 표시되었다면 림의 지름은 얼마인가?

㉮ 약 200mm  ㉯ 약 400mm
㉰ 약 300mm  ㉱ 약 100mm

**POINT**
2.54×12 = 30.48cm ≒ 300mm

375. 저압 타이어의 호칭이 6.00-12-4PR이다. 여기에서 6.00은 무엇을 뜻하나?

㉮ 타이어 외경  ㉯ 타이어 내경
㉰ 타이어 프라이스  ㉱ 타이어 폭

376. 동력경운기 운전 중 직진성이 나쁠 때의 원인은?

㉮ P.T.O축 고장
㉯ 부변속 기어 마모
㉰ 주변속 기어 마모
㉱ 좌우 타이어 압력이 차이가 있다.

377. 동력경운기 본체의 선회가 곤란할 때 정비하여 할 부분은?

㉮ 부변속 레버  ㉯ 조향 클러치
㉰ 브레이크  ㉱ 주변속 레버

378. 조향클러치 레버를 잡으면?

㉮ 잡은 쪽에 더 큰 회전력이 전달된다.
㉯ 잡은 쪽이 반대바퀴에 제동이 걸린다.
㉰ 잡은 쪽에 동력이 전달이 차단된다.
㉱ 잡은 쪽의 바퀴에 제동이 걸린다.

379. 동력경운기 조향클러치의 자유 움직임은 얼마 정도인가?

㉮ 1.0~2.0mm  ㉯ 3.0~4.0mm
㉰ 4.0~5.0mm  ㉱ 5.0~6.0mm

380. 동력경운기의 조향클러치 레버를 잡으면?

㉮ 클러치를 끊은 방향으로 회전한다.
㉯ 클러치를 잡은 반대쪽의 동력전달이 차단된다.
㉰ 클러치를 끊은 반대방향으로 회전한다.
㉱ 클러치를 잡은 쪽의 바퀴에 제동이 걸린다.

정답  372. ㉮  373. ㉮  374. ㉰  375. ㉱  376. ㉱  377. ㉯  378. ㉰  379. ㉮  380. ㉮

381. 동력경운기로 운전할 때 언덕을 내려오고 있다. 이때 왼쪽 클러치를 잡으면 어느 쪽으로 방향 전환하는가?
   ㉮ 오른쪽   ㉯ 변하지 않는다.
   ㉰ 정지     ㉱ 왼쪽으로 된다.

382. 동력경운기 로터리 날에 흙과 풀이 감겨져 있을 때 응급조치 방법은?
   ㉮ 속도를 줄인다.
   ㉯ 잠시 멈추었다 작업을 계속한다.
   ㉰ 브레이크 장치로 끊는다.
   ㉱ 작업기를 정지시킨 후 이물질을 제거한 후 작업을 계속한다.

383. 동력경운기의 로터리에 흙과 풀이 부착되었을 때 어떻게 하는 게 안전한가?
   ㉮ 브레이크를 잡는다.
   ㉯ 액셀러레이터를 저속으로
   ㉰ 주 클러치를 절(切)의 위치로
   ㉱ 엔진을 정지한 후에

384. 동력경운기 동력 전달순서가 옳은 것은?
   ㉮ 기관 → 벨트 → 주 클러치 → 전달 축 → 변속기 → 조향축 → 차축
   ㉯ 기관 → 벨트 → 주 클러치 → 변속기 → 전달축 → 조향축 → 차축
   ㉰ 기관 → 주 클러치 → 벨트 → 전달축 → 변속기 → 조향축 → 차축
   ㉱ 기관 → 벨트 → 주 클러치 → 전달축 → 조향축 → 변속기 → 차축

정답   381. ㉮   382. ㉱   383. ㉱   384. ㉮

# 제6편

## 농업기계 기사

농업기계 기사

# Chapter 6

## 최신 과년도 출제문제

제6편

# 제6편

## 농업기계 기사

# 2006년 과년도 출제문제

## 재료역학 제 1 과목

1. 그림과 같은 단순지지보에서 반력 $R_A$는 몇 kN 인가?

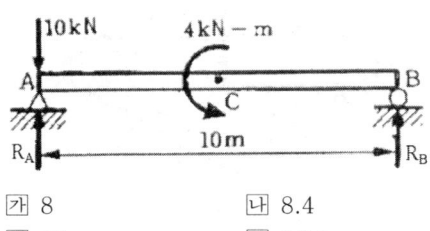

㉮ 8  ㉯ 8.4
㉰ 10  ㉱ 10.4

2. 그림과 같은 외팔보에 균일분포하중 w가 전길이에 걸쳐 작용할 때 자유단의 처짐 δ는 얼마인가?(단, E : 탄성계수, I : 단면2차 모멘트)

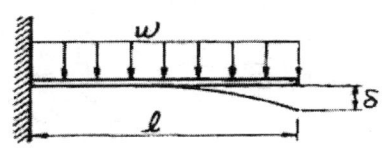

㉮ $\dfrac{w\ell^4}{3EI}$  ㉯ $\dfrac{w\ell^4}{6EI}$

㉰ $\dfrac{w\ell^4}{8EI}$  ㉱ $\dfrac{w\ell^4}{24EI}$

3. 지름 30mm, 길이 100cm의 단면이 둥근 축 양단을 수직벽에 고정하였다. 온도를 80℃만큼 높였을 때 벽을 미는 힘의 크기는 몇 kN인가? (단, 팽창계수 a=0.000012/℃, 탄성계수 E=210GPa이다.)

㉮ 47.5  ㉯ 14.25
㉰ 4.75  ㉱ 142.5

4. 그림에서 빗금친 부분의 도심(centroid)의 x좌표는?(단, 빗금친 부분에서 제외된 부분의 반지름 R=60mm)

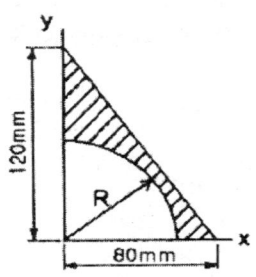

㉮ 22.8mm  ㉯ 24.2mm
㉰ 26.6mm  ㉱ 28.4mm

5. 연강 1cm³의 무게는 0.0785N이다. 길이 15m의 둥근봉을 매달 때 상단 고정부에 발생하는 인장응력은 몇 kPa인가?

㉮ 0.118  ㉯ 1177.5
㉰ 117.8  ㉱ 11890

6. 한 변의 길이가 2cm인 정사각형 단면을 갖는 길이 50cm의 외팔보의 자유단에 집중 모멘트 M을 작용시킬 때 최대 처짐량이 5cm가 되었다면 집중 모멘트 M은 얼마인가?(단, 탄성계수 E=200GPa이다.)

㉮ 1066.7N·m  ㉯ 1166.7N·m
㉰ 126.7N·m  ㉱ 136.7N·m

7. 바깥지름이 안지름의 두 배인 중공축은 동일 단면적을 갖는 중실축과 비교했을 때 몇 배의 토크를 견디는가?

㉮ 0.72  ㉯ 1.44
㉰ 1.72  ㉱ 2.89

정답 1.㉱ 2.㉰ 3.㉱ 4.㉱ 5.㉯ 6.㉮ 7.㉯

8. 최대 굽힘모멘트 $M_{max}=800kN\cdot m$를 받는 단면의 굽힘응력을 600MPa로 하려면 직경은 약 몇 cm로 하면 되는가?
   - 가 20
   - 나 24
   - 다 28
   - 라 32

9. 직사각형 (b×h)의 단면적 A를 갖는 보에 전단력 V가 작용할 때 최대 전단응력은?
   - 가 $T_{max}=0.5\dfrac{V}{A}$
   - 나 $T_{max}=\dfrac{V}{A}$
   - 다 $T_{max}=1.5\dfrac{V}{A}$
   - 라 $T_{max}=2\dfrac{V}{A}$

10. 그림과 같이 평면응력상태에 있는 어느 요소에서의 응력이 $\sigma_x=50MPa$, $\sigma_y=0$, $T_{xy}=30MPa$이다. 이 부분에 생기는 최대 주응력의 크기는 얼마인가?

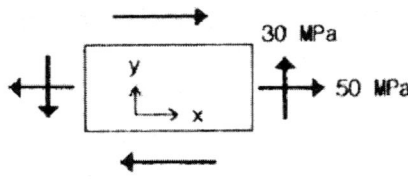

   - 가 25MPa
   - 나 39MPa
   - 다 64MPa
   - 라 74MPa

11. 그림과 같은 직사각형 단면에서 $Y_1=\dfrac{h}{2}$의 위쪽 면적(빗금부분)의 중립축에 대한 단면 1차 모멘트 Q는?

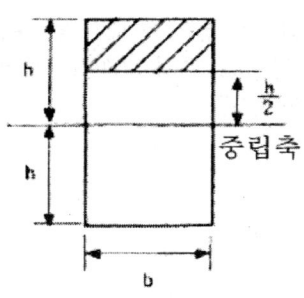

   - 가 $\dfrac{8}{3}bh^3$
   - 나 $\dfrac{8}{3}bh^2$
   - 다 $\dfrac{1}{2}bh^3$
   - 라 $\dfrac{1}{2}bh^2$

12. 마찰이 없는 매끈한 경사면에 강제보를 수평하게 놓고 힘 P를 가하여 보가 수평상태를 유지하기 위한 a, b, $a_1$, $a_2$의 관계는?

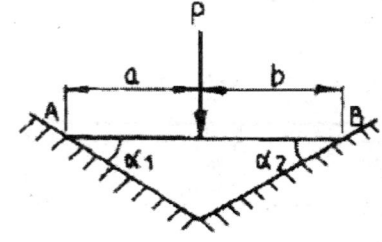

   - 가 $\dfrac{a}{b}=\dfrac{\tan a_2}{\tan a_1}$
   - 나 $\dfrac{a}{b}=\dfrac{\tan a_2}{\tan(a_1+a_2)}$
   - 다 $\dfrac{a}{b}=\dfrac{\tan a_1}{\tan(a_1+a_2)}$
   - 라 $\dfrac{a}{b}=\dfrac{\tan a_1}{\tan a_2}$

13. 비틀림 모멘트 $2kN\cdot m$가 지름 50mm인 축에 작용하고 있다. 축의 길이가 2m일 때 축의 비틀림각은 몇 rad인가?(단, 축의 전단 탄성계수 $G=85GN/m^2$이다.)
   - 가 0.019
   - 나 0.028
   - 다 0.054
   - 라 0.077

정답 8. 나 9. 다 10. 다 11. 나 12. 라 13. 라

14. 평면응력의 경우 훅의 법칙(Hook's law)을 바르게 나타낸 것은? (단, $\sigma_x$ : 수직응력, $\varepsilon_x$, $\varepsilon_y$ : 변형률, $\mu$ : 포아송 비, E : 탄성계수 이다.)

㉮ $\sigma_x = \dfrac{E}{1-\mu^2}(\varepsilon_x + \mu\varepsilon_y)$

㉯ $\sigma_x = \dfrac{E}{1-\mu^2}(\varepsilon_y + \mu\varepsilon_x)$

㉰ $\sigma_x = \dfrac{E}{1-2\mu}(\varepsilon_x + \mu\varepsilon_y)$

㉱ $\sigma_x = \dfrac{E}{1-2\mu}(\varepsilon_y + \mu\varepsilon_x)$

15. 그림과 같이 단순 지지보가 B점에서 반기계 방향의 모멘트를 받고 있다. 이 때 최대의 처짐이 발생하는 곳은 A점으로부터 얼마나 떨어진 거리인가?

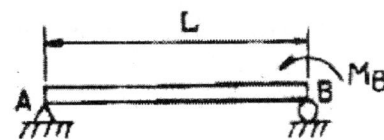

㉮ $\dfrac{L}{2}$  ㉯ $\dfrac{L}{\sqrt{2}}$

㉰ $L(1-\dfrac{1}{\sqrt{3}})$  ㉱ $\dfrac{L}{\sqrt{3}}$

16. 그림과 같이 원형단면을 갖는 연강봉이 100kN의 인장하중을 받을 때 이 봉의 신장량은? (단, 탄성계수 E=200GPa이다.)

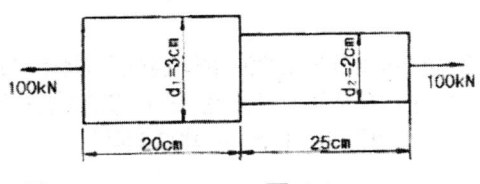

㉮ 0.054cm   ㉯ 0.1cm
㉰ 0.2cm     ㉱ 0.3cm

17. 직경 20mm인 구리합금봉에 30kN의 축방향 인장하중이 작용할 때 체적변형률은 대략 얼마 인가? (단, 탄성계수 E=100GPa, 포아송비 $\mu$=0.3)

㉮ 0.38      ㉯ 0.038
㉰ 0.0038    ㉱ 0.00038

18. 인장하중을 받고 있는 부재에서 전단응력 $\tau$가 수직응력 $\sigma$의 $\dfrac{1}{2}$이 되는 경사단면의 경사각은?

㉮ $\theta = \tan^{-1}(\dfrac{1}{2})$  ㉯ $\theta = \tan^{-1}(1)$

㉰ $\theta = \tan^{-1}(2)$  ㉱ $\theta = \tan^{-1}(4)$

19. 길이 2m인 원형단면 목재를 사용하여 기둥을 만들려고 한다. 이 경우 기둥의 양단은 핀으로 지지되고 25kN의 하중에 견디게 하려면 기둥의 최소지름은 몇 cm로 해야 하는가? (단, Euler의 좌굴공식을 적용하고 안전율은 5, 탄성계수 E = 10GPa이다.)

㉮ 10.08    ㉯ 8.08
㉰ 12.08    ㉱ 14.08

20. 그림과 같은 축지름 500mm의 축에 고정된 풀리에 1750rpm, 7.35kW의 모터를 벨트로 연결하여 전동하려고 한다. 기에 발생하는 전단응력($\tau$)과 압축응력($\sigma$)은 몇 MPa인가? (단, 키의 치수(mm)는 b×h×L = 8×4×60이다.)

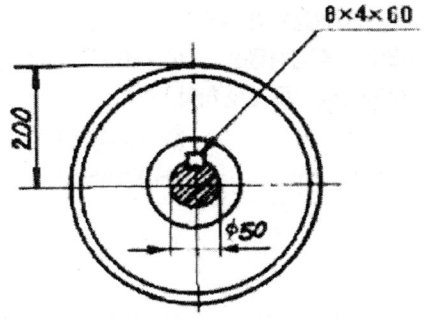

㉮ $\tau$=3.34, $\sigma$=6.68   ㉯ $\tau$=3.34, $\sigma$=13.37
㉰ $\tau$=4.34, $\sigma$=13.37  ㉱ $\tau$=4.34, $\sigma$=23.37

정답  14. ㉮  15. ㉱  16. ㉮  17. ㉱  18. ㉮  19. ㉮  20. ㉯

## 기계열역학
### 제 2 과목

**21.** 공기압축기의 입구 공기의 온도와 압력은 각각 27℃, 100kPa이고, 체적유량은 0.01m³/s이다. 출구에서 압력이 400kPa이고, 이 압축기의 단열효율이 0.8일 때, 압축기의 소요 동력은 약 얼마인가? (단, 공기의 정압비열과 기체상수는 각각 1KJ/kgk, 0.287KJ/kgk 이고, 비열비 K는 1.4이다)
- ㉮ 1.4kW
- ㉯ 1.7kW
- ㉰ 2.1kW
- ㉱ 4.0kW

**22.** 온도가 127℃, 압력이 0.5MPa, 비체적 0.4 m³/kg인 이상기체가 같은 압력하에서 비체적이 0.3m³/kg으로 되었다면 온도는 약 몇℃인가?
- ㉮ 95.25℃
- ㉯ 27℃
- ㉰ 100℃
- ㉱ 20℃

**23.** 공기 2kg이 300K, 600KPa 상태에서 500K, 400KPa상태로 가열된다. 이 과정동안의 엔트로피 변화량은 약 얼마인가? (단, 공기의 정적비열과 정압비열은 각각 0.717 KJ/kgk과 1.004KJ/kgk로 일정하다.)
- ㉮ 0.73KJ/K
- ㉯ 1.83KJ/K
- ㉰ 1.02KJ/K
- ㉱ 1.26KJ/K

**24.** 이상 오토사이클의 열효율이 56.5%이라면 압축비는 약 얼마인가? (단, 작동 유체의 비열비는 1.4로 일정하다.)
- ㉮ 7.5
- ㉯ 8.0
- ㉰ 9.0
- ㉱ 9.5

**25.** 이상기체에서 내부에너지에 대한 설명으로 옳은 것은?
- ㉮ 압력만의 함수이다.
- ㉯ 체적만의 함수이다.
- ㉰ 온도만의 함수이다.
- ㉱ 엔트로피만의 함수이다.

**26.** 임계점 및 삼중점에 대한 설명 중 맞는 것은?
- ㉮ 헬륨이 상온에서 기체로 존재하는 이유는 임계온도가 상온보다 훨씬 높기 때문이다.
- ㉯ 초임계 압력에서는 두 개의 상이 존재한다.
- ㉰ 물의 상중점 온도는 임계온도보다 높다.
- ㉱ 임계점에서는 포화액체와 포화증기의 상태가 동일하다.

**27.** 300K에서 400K 까지의 온도구간에서 공기의 평균 정적비열은 0.721KJ/Kgk 이다. 이 온도 범위에서 공기의 내부 에너지 변화량은?
- ㉮ 0.721 KJ/kg
- ㉯ 7.21 KJ/kg
- ㉰ 72.1 KJ/kg
- ㉱ 721 KJ/kg

**28.** 어른이 하루에 2200kcal의 음식을 섭취한다고 한다. 이 사람이 발생하는 평균 열량(W)은 약 얼마인가? (단, 1kcal 은 4180J이다.)
- ㉮ 63
- ㉯ 88
- ㉰ 98
- ㉱ 106

**29.** 그림과 같이 다수의 추를 올려놓은 피스톤이 끼워져있는 실린더에 들어있는 가스를 계로 생각한다. 최초압력이 300kPa이고, 초기 체적은 0.05m²이다. 열을 가하여 피스톤의 상승과 동

정답 21.㉰ 22.㉯ 23.㉱ 24.㉯ 25.㉰ 26.㉱ 27.㉰ 28.㉱

시에 계의 가스온도를 일정하게 유지하도록 피스톤의 무게를 감소시킬 수 있다고 하여 이상기체모델로 타당하다면 이 과정중에 계가 한 일은? (단, 상승 후의 체적은 $0.2m^3$이다.)

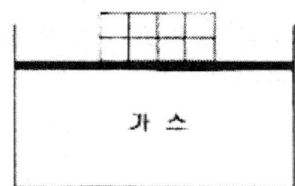

㉮ 10.79 KJ  ㉯ 15.79 KJ
㉰ 20.79 KJ  ㉱ 25.79 KJ

30. 열역학 과정을 비가역으로 만드는 인자가 아닌 것은?
   ㉮ 마찰
   ㉯ 열의 일당량
   ㉰ 유한한 온도차에 의한 열전달
   ㉱ 두 개의 서로 다른 물질의 혼합

31. 그림과 같은 증기압축 냉동사이클이 있다. 1, 2, 3, 상태의 엔탈피가 다음과 같을 때 냉매의 단위 질량당 소요 동력과 냉각량은 얼마인가? (단, h1=178, h2=210.38, h3=74.53, 단위 : KJ/kg)

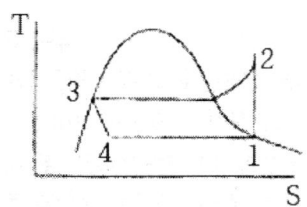

㉮ 33.22 KJ/kg, 103.63KJ/kg
㉯ 33.22 KJ/kg, 136.85KJ/kg
㉰ 103.63 KJ/kg, 33.22KJ/kg
㉱ 136.85 KJ/kg, 33.22KJ/kg

32. 시속 30km로 주행하는 질량 3060kg의 자동차가 브레이크를 밟고서 8.8m에서 정치하였다. 이 때 베어링 마찰 등을 무시하고 브레이크만으로 정지하였다고 하면, 브레이크장치에서 발생한 열량은 약 몇 KJ인가? (단, 타이어와 노면사이의 마찰계수는 0.4이다.)
   ㉮ 106
   ㉯ 0.69
   ㉰ 256
   ㉱ 0.82

33. 두께 1cm, 면적 $0.5m^2$의 석고판의 뒤에 가열 판이 부착되어 1000W의 열을 전달한다. 가열판의 뒤는 완전히 단열되어있고, 석고판 앞면의 온도는 100℃이다. 석고의 열전도율이 K=0.79W/mk일 때 가열 판에 접하는 석고 면의 온도는?
   ㉮ 110.2℃
   ㉯ 125.3℃
   ㉰ 150.8℃
   ㉱ 212.7℃

34. 다음 설명 중 틀린 것은?
   ㉮ 마찰은 대표적인 비가역 현상이다.
   ㉯ 자동차 엔진이 가역적으로 작동 될 때 출력이 가장 크다.
   ㉰ 엔진이 가역적으로 작동되면 열효율이 100%가 된다.
   ㉱ 80℃의 구리가 20℃의 물 속에서 온도가 내려가는 현상은 비가역 현상이다.

35. 랭킹 사이클로 작동하는 증기원동소의 각 점에서의 엔탈피가 다음과 같을 때 열효율은? (단, 보일러 입구 : 303KJ/kg)
   ㉮ 26.7%   ㉯ 30.8%
   ㉰ 32.5%   ㉱ 33.6%

정답  29. ㉰  30. ㉯  31. ㉮  32. ㉮  33. ㉯  34. ㉰  35. ㉮

36. 압력 1N/cm², 체적 0.5m³인 기체 1kg을 가역적으로 압축하여 압력이 2N/cm², 체적이 0.3m³로 변화되었다. 이 과정이 압력0체적(P-V)선도에서 직선적으로 나타났다면 필요한 일의 양은?
   ㉮ 2000N·m   ㉯ 3000N·m
   ㉰ 4000N·m   ㉱ 5000N·m

37. 이상기체의 열역학 과정을 일반적으로 $Pv^n = C$(C는 상수)로 표현할 때 n에 따른 과정을 설명한 것으로 맞는 것은?
   ㉮ n=0 이면 등온과정
   ㉯ n=1 이면 정압과정
   ㉰ n=1.5 이면 등온과정
   ㉱ n=∞ 이면 정압과정

38. 다음과 같은 온도범위에서 작동하는 카르노(Carnot)사이클 열기관이 있다. 이 중에서 효율이 가장 좋은 것은?
   ㉮ 0℃와 100℃   ㉯ 100℃와 200℃
   ㉰ 200℃와 300℃   ㉱ 300℃와 400℃

39. 견고한 밀폐용기안에 공기가 압력 100kPa, 체적 1m³, 온도 20℃상태로 있다. 이 용기를 가열하여 압력이 150kPa이 되었다. 공기는 이상기체로 취급하여, 정적비열은 0.717 KJ/kgk, 기체상수는 0.287KJ/kgk이다. 최종온도와 가열량은 약 얼마인가?
   ㉮ 303K, 98KJ   ㉯ 303K, 117KJ
   ㉰ 440K, 105KJ   ㉱ 440K, 125KJ

40. 완전 단열된 축전지를 전압 12V, 전류 3A로 1시간 동안 충전한다. 축전지를 시스템으로 삼아 1시간 동안 행한 일과 열은 약 얼마인가?
   ㉮ 일=36KJ, 열=0KJ
   ㉯ 일=0KJ, 열=36KJ
   ㉰ 일=129.6KJ, 열=0KJ
   ㉱ 일=0KJ, 열=129.6KJ

## 기계유체역학 제 3 과목

41. 비중이 S인 액체의 표면으로부터 h(m)깊이에 있는 점의 압력은 수은주로 몇m인가? (단, 수은의 비중은 13.6이다.)
   ㉮ 13.6 Sh   ㉯ $\dfrac{Sh}{13.6}$
   ㉰ $\dfrac{1000Sh}{13.6}$   ㉱ $\dfrac{13.6Sh}{1000}$

42. 매우 넓은 두 저수지 사이를 내경 300mm의 원관으로 연결했을 때, 자유수면 높이차가 3m인 그림과 같은 계(system)의 동력손실은 몇 W인가?

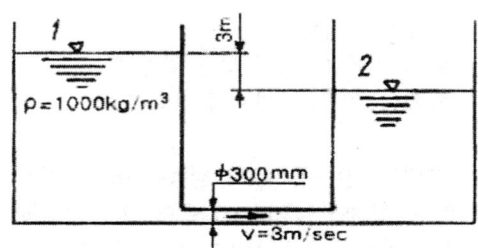

   ㉮ 636000   ㉯ 25364
   ㉰ 6234   ㉱ 0

43. 점성계수 $\mu$ 0.98N·s/m²인 뉴턴 유체가 수평벽면 위를 평행하게 흐른다. 벽면 (y=0) 근방에서의 속도분포가 $u=0.5-150(0.1-y)^2$이라고 할 때 벽면에서의 전단응력은 몇 N/m²인가? (단, y(m)는 벽면에 수직한 방향의 좌표를 나타내며, u는 벽면 근방에서의 접선속도(m/s)이다.)
   ㉮ 3   ㉯ 29.4
   ㉰ 0   ㉱ 0.306

정답  36. ㉯  37. ㉱  38. ㉮  39. ㉱  40. ㉰  41. ㉯  42. ㉰  43. ㉯

44. 그림과 같은 원관 벤드에 물이 흐르고 있다. 벤드의 출구에서는 물의 분류가 100m/s의 속도로 대기로 분출된다. 입구의 계기압력이 100KPa일 때, 원관 벤드를 지탱하는 수평방향의 힘 F는 몇 kN인가? (단, 물과 원관벤드의 무게는 무시한다.)

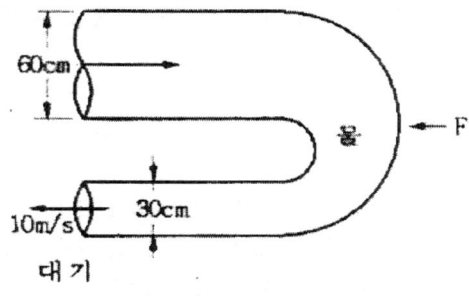

㉮ 19.5 ㉯ 1.7
㉰ 8.8 ㉱ 37.1

45. 어떤 탱크 속에 들어있는 산소의 밀도는 온도가 25℃일 때 2.0kg/$m^3$이다. 대기압이 97kPa이라면, 이 산소의 압력은 계기압력으로 약 몇 kPa인가? (단, 기체상수는 259.8 J/kg·K 이다.)

㉮ 58 ㉯ 91
㉰ 129 ㉱ 141

46. 주 날개의 평면도 면적이 21.6$m^2$이고 무게가 20kN인 경비행기의 이륙속도는 약 몇 km/hr 이상이어야 하는가? (단, 공기의 밀도는 1.2kg/$m^3$, 주 날개의 양력계수는 1.20이고, 항력은 무시한다.)

㉮ 58 ㉯ 62
㉰ 66 ㉱ 70

47. 그림과 같이 반경 2m, 폭 4m인 4분원 곡면에 작용하는물에 의한 힘의 수직성분의 크기는 몇 kN인가?

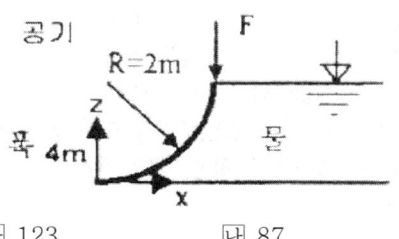

㉮ 123 ㉯ 87
㉰ 56 ㉱ 34

48. 주철관을 사용한 관로 유동에서 관 마찰계수가 0.038이고 안지름이 24cm 이다. 이 관의 입구에서 7.84MPa의 압력을 가하여 물을 평균 2m/s로 수송한다면 물을 수송할 수 있는 관로의 길이는 몇 m인가? (단, 이 관로에서는 입구 압력의 20%가 손실된다.)

㉮ 4392 ㉯ 4513
㉰ 4735 ㉱ 4952

49. 경사가 30°인 수로에 물이 흐르고 있다. 유속이 12m/s로서 흐름이 균일하다고 가정하면 연직으로 측정한수심이 60cm인 수로의 단위 폭 (1m)당 유량은 몇 $m^2$/s인가?

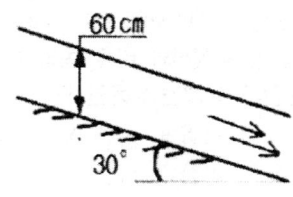

㉮ 5.87 ㉯ 6.24
㉰ 6.82 ㉱ 7.2

50. 수평으로 놓인 파이프에 면적이 10$cm^2$인 오리피스가 설치되어 있고 물이 5kg/s만큼 흐른다. 오리피스 전후의 압력차이가 8kPa이면 이 오리피스의 유량계수는?

㉮ 0.63 ㉯ 0.72
㉰ 0.88 ㉱ 1.25

정답 44. ㉱ 45. ㉮ 46. ㉰ 47. ㉮ 48. ㉱ 49. ㉯ 50. ㉱

51. 길이 100m인 배가 10m/s의 속도로 항해한다. 길이 2m인 모형배를 만들어 조파저항을 측정한 후 원형배의 조파저항을 구하고자 동일한 조건의 해수에서 실험을 하고자 한다. 모형배의 속도를 몇 m/s로 하면 되겠는가?
   ㉮ 500   ㉯ 70.7
   ㉰ 0.2   ㉱ 1.41

52. 유체의 점성계수의 단위인 1 Poise는?
   ㉮ $1 \dfrac{\text{dyne} \cdot \text{s}}{\text{cm}^2}$   ㉯ $1 \dfrac{\text{g} \cdot \text{s}^2}{\text{cm}}$
   ㉰ $1 \dfrac{\text{dyne} \cdot \text{cm}^2}{\text{s}}$   ㉱ $1 \dfrac{\text{g} \cdot \text{s}^2}{\text{cm}^3}$

53. 다음 중 비행기의 공기역학적 특성에 영향을 주는 인자와 가장 관련이 적은 것은?
   ㉮ 비행속도   ㉯ 날개의 형상
   ㉰ 엷각      ㉱ Weber 수

54. 태풍과 같이 강한 선회를 동반하는 열대성 저기압 대기의 유동은 중심부의 강제 와류(forced vortex)와 바깥 쪽의 자유 와류(free vortex)를 혼합한 혼합 와류(combined vortex)로 근사시킬 수 있다. 중심부와 바깥 쪽의 유동은 각각 회전유동인가, 비회전 유동인가?
   ㉮ 중심부 – 비회전, 바깥 쪽 – 비회전
   ㉯ 중심부 – 비회전, 바깥 쪽 – 회전
   ㉰ 중심부 – 회전, 바깥 쪽 – 비회전
   ㉱ 중심부 – 회전, 바깥 쪽 – 회전

55. 물의 체적탄성계수가 E=2GPa일 때 물의 체적을 0.4% 감소시키려면 얼마의 압력을 가하여야 하는가?
   ㉮ 8KPa   ㉯ 6KPa
   ㉰ 8MPa   ㉱ 6MPa

56. 수평면으로부터 $\theta=60°$ 위 방향으로 향한 노즐에서 물이 분출되고 있다. 노즐 출구에서 물의 속도가 20m/s라면 물의 최고 상승 위치의 수직 높이는 약 몇 m인가? (단, 공기와의 마찰 손실은 무시한다.)
   ㉮ 15.3   ㉯ 18.9
   ㉰ 20.5   ㉱ 24.3

57. 상온, 대기압의 공기(밀도는 1.23kg/$m^3$)가 레이놀즈 수 700인 상태에서 직경5mm인 원형관 내부로 흐르고 있다. 입구로부터 0.1m되는 위치까지의 압력강하는? (단, 동점성계수는 $1.46 \times 10^{-5} m^2/s$ 이다.)
   ㉮ 2.6 Pa   ㉯ 4.7 Pa
   ㉰ 6.4 Pa   ㉱ 10.2 Pa

58. 길이, 속도, 시간, 동점성계수를 각각 L, V, t, v로 표시할 때 함수 F(L, V, t, v)=0에서 $\pi$파라미터(독립무차원수)는 몇 개인가?
   ㉮ 1   ㉯ 2
   ㉰ 3   ㉱ 4

59. 그림과 같은 수조에서 파이르를 통하여 흐르는 유량(Q)은 몇 $m^3$/s인가? (단, 마찰손실은 무시)

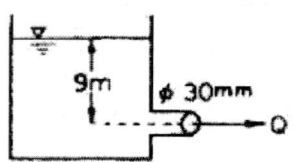

   ㉮ $9.39 \times 10^3$   ㉯ $1.25 \times 10^4$
   ㉰ 0.939              ㉱ 0.125

60. 단면이 원형인 직선관로 내의 층류 유동에서 관 양단에 일정한 압력차가 주어져 있는 경우 유량 Q와 지름 D와의 관계는?
   ㉮ Q는 D에 비례       ㉯ Q는 $D^2$에 비례
   ㉰ Q는 $D^3$에 비례   ㉱ Q는 $D^4$에 비례

정답 51.㉱ 52.㉮ 53.㉱ 54.㉰ 55.㉰ 56.㉮ 57.㉯ 58.㉯ 59.㉮ 60.㉱

## 농업동력학 제 4 과목

**61.** 기관의 냉각수 온도를 일정하게 유지하기 위하여 자동적으로 작동하는 밸브에 의해 수온을 자동조절하는 장치는?
- ㉮ 냉각 팬(cooling fan)
- ㉯ 물 펌프(water pump)
- ㉰ 서모스탯(thermostat)
- ㉱ 라디에이터 캡(radiator cap)

**62.** 트랙터의 견인계수에 관한 설명으로 틀린 것은?
- ㉮ 구동륜에 작용하는 수직하중에 대한 견인력과 운동저항의 비이다.
- ㉯ 구동축으로 전달된 동력에 대한 견인 동력의 비로도 정의된다.
- ㉰ 구동륜이 견인할 수 있는 견인하중의 크기를 나타낸다.
- ㉱ 견인성능을 표시하는 중요한 변수이다.

**63.** 다음 중 기관의 기계효율을 바르게 정의한 것은?
- ㉮ $\dfrac{제동출력}{도시출력} \times 100$
- ㉯ $\dfrac{도시출력}{제동출력} \times 100$
- ㉰ $\dfrac{제동출력}{최대출력} \times 100$
- ㉱ $\dfrac{제동출력}{정격출력} \times 100$

**64.** 다음은 디젤기관의 연소과정이다. 이에 속하지 않는 것은?
- ㉮ 착화지연기간
- ㉯ 제어연소기간
- ㉰ 연료분사지연기간
- ㉱ 급격연소기간

**65.** 축전지의 충전도는 비중을 측정하여 판단한다. 완전히 충전된 축전지 전해액의 비중은 약 얼마 정도인가?
- ㉮ 1.07
- ㉯ 1.17
- ㉰ 1.27
- ㉱ 1.37

**66.** 연소실 체적이 91cc이고 실린더 안지름이 90mm, 행정이 100mm인 기관의 압축비는 약 얼마인가?
- ㉮ 5
- ㉯ 6
- ㉰ 8
- ㉱ 9

**67.** 피스톤 속도 12m/sec이고, 4행정 기관의 회전수가 3600rpm인 경우 피스톤의 행정은 얼마인가?
- ㉮ 10cm
- ㉯ 20cm
- ㉰ 40cm
- ㉱ 100cm

**68.** 4행정 사이클 기관과 비교할 때 2행정 사이클 기관의 장점은?
- ㉮ 연료소비율이 적다.
- ㉯ 체적효율이 높다.
- ㉰ 기계적 소음이 적으며 고장이 적다.
- ㉱ 실린더를 과열시키는 일이 적다.

**69.** 트랙터 앞바퀴를 앞쪽에서 보면 수직선에 대하여 1.5~2.0°경사가 져 지면에 닿는 쪽이 좁게 되어있는데 이는 축의 비틀림을 적게하여 주행시 안정성을 유지하는데 중요한 역할을 한다. 이 각을 의미하는 용어는?
- ㉮ 토인
- ㉯ 캐스터각
- ㉰ 캠버각
- ㉱ 킹핀 경사각

**70.** 트랙터에 설치된 차동잠금장치(differential lock)에 대한 설명으로 가장 적합한 것은?
- ㉮ 습지와 같이 토양 추진력이 약한 곳에서는 사용할 수 없다.
- ㉯ 미끄러지기 쉬운 지면에는 사용하기 어렵다.
- ㉰ 회전 할 때만 사용한다.
- ㉱ 차륜의 슬립이 심할 경우 사용한다.

정답 61.㉰ 62.㉯ 63.㉮ 64.㉰ 65.㉰ 66.㉰ 67.㉮ 68.㉰ 69.㉰ 70.㉱

71. 트랙터의 주행장치용 공기타이어에서 타이어의 골조가 되는 중요부분으로 타이어가 받는 하중, 충격, 공기압에 견디는 역할을 하는 부분은?
   ㉮ 비드부  ㉯ 카커스부
   ㉰ 쿠션부  ㉱ 드레드부

72. 트랙터 작업기의 부착방식에서 견인석과 비교할 때 직접 장착식의 특징 중 틀린 것은?
   ㉮ 견인력이 감소한다.
   ㉯ 유압제어가 용이하다.
   ㉰ 작업기의 운반이 용이다.
   ㉱ 전장이 짧고 회전반경이 작다.

73. 보기와 같이 배열된 4기통 4사이클 직렬형 기관의 점화순서로 가장 적합한 것은?

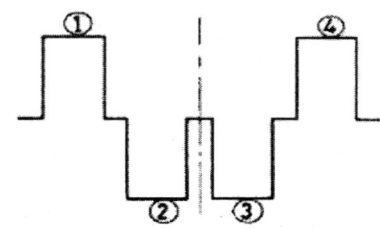

   ㉮ 1-2-3-4  ㉯ 1-3-2-4
   ㉰ 1-3-4-2  ㉱ 1-4-3-2

74. 보기는 직류전동기의 접속방법을 나타낸 회로도이다. 다음 중 어느 전동기의 회로도인가?

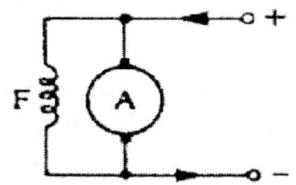

   ㉮ 분권 전동기    ㉯ 화동 복권 전동기
   ㉰ 직권 전동기    ㉱ 차동 복권 전동기

75. 다음 중 트랙터용 교류 발전기(allternator)의 주요 구성요소가 아닌 것은?
   ㉮ 정류자   ㉯ 다이오드
   ㉰ 회전자   ㉱ 고정자

76. 3점 링크 히치에 유압장치를 사용함으로써 발생되는 장점이 아닌 것은?
   ㉮ 3점 히치 상하 조작이 리프팅 암을 상하로 작동시킴으로써 이루어진다.
   ㉯ 유압조작레버의 위치에 관계없이 작업기의 상하조작은 항상 일정한 위치로 자동조정된다.
   ㉰ 플라우의 견인력 제어나 위치제어와 같은 제어가 가능하다.
   ㉱ 작업기의 무게가 트랙터 후차륜에 증가시킴으로써 큰 견인력을 얻을 수 있다.

77. 디젤기관에서 연료의 점도가 높을 때 나타나는 현상이 아닌 것은?
   ㉮ 연료소비량이 증가한다.
   ㉯ 연료의 분산성이 나빠진다.
   ㉰ 분사펌프와 분사노즐의 수명이 짧아진다.
   ㉱ 연료의 펌핑이나 분사가 어렵다.

78. 실린더 내경이 70mm, 행정이 82mm, 연소실 용적이 58cc인 4행정 사이클 4기통 기관의 총 배기량은 약 몇 cc인가?
   ㉮ 1262   ㉯ 1320
   ㉰ 632    ㉱ 373

79. 트랙터 유압장치의 구성요소가 아닌 것은?
   ㉮ 유압 펌프  ㉯ 제어 밸브
   ㉰ 축압기    ㉱ 너클 암

80. 다음 중 가솔린 엔진에 사용되는 기본사이클인 것은?
   ㉮ 디젤 사이클   ㉯ 사바테 사이클
   ㉰ 오토 사이클   ㉱ 카르노 사이클

정답  71. ㉯  72. ㉮  73. ㉰  74. ㉮  75. ㉮  76. ㉯  77. ㉰  78. ㉮  79. ㉱  80. ㉰

## 농 업 기 계 학
### 제 5 과목

81. 동력 분무기의 주요 구조와 관계가 없는 것은?
   - ㉮ 플런저 펌프
   - ㉯ 송풍기
   - ㉰ 공기실
   - ㉱ 압력조절장치

82. 정지 작업기인 로토리의 구동 방식이 아닌 것은?
   - ㉮ 측방구동식
   - ㉯ 복합구동식
   - ㉰ 중앙구동식
   - ㉱ 분할구동식

83. 농산물의 부유속도의 원리를 응용한 선별기는?
   - ㉮ 벨트 선별기
   - ㉯ 홈 선별기
   - ㉰ 요동 선별기
   - ㉱ 공기 선별기

84. 경운 작업의 일반적인 목적으로 틀린 것은?
   - ㉮ 뿌리내릴 자리와 파종할 자리에 알맞은 흙의 구조를 마련함
   - ㉯ 잡초를 제거하고 불필요하게 과밀한 작물을 제거함
   - ㉰ 흙과 비료 또는 농약 등을 잘 분리하는 효과가 있음
   - ㉱ 등고선 경운이나 지표의 피복물을 적절히 설치하여 토양의 침식을 방지함

85. 원판 플라우에 대한 설명으로 가장 적합한 것은?
   - ㉮ 몰드보드 플라우에 비하여 마찰이 크다.
   - ㉯ 원판각이 클수록 경폭이 증가된다.
   - ㉰ 원판앞에 부착된 콜터가 흙의 부착을 방지한다.
   - ㉱ 심경이 어렵다.

86. 마찰식과 연삭식 정미기에 대한 설명 중 올바른 것은?
   - ㉮ 마찰식 정미기는 높은 압력에서 강층을 제거하기 때문에 쇄미 발생률이 높다.
   - ㉯ 연삭식 정미기는 높은 압력에서 찰리 및 마찰 작용에 의하여 강층을 제거하나 쇄미 발생률은 높다.
   - ㉰ 마찰식 정미기에서 생산되는 백미의 표면은 매끄럽지 못하다.
   - ㉱ 연삭식 정미기에서 생산되는 백미의 표면은 매끈하다.

87. 일반적으로 소맥을 밀가루와 밀기울로 분리하는 공정의 순서로 가장 적합한 것은?
   - ㉮ 압쇄공정 → 파쇄공정 → 채별공정 → 정제공정
   - ㉯ 압쇄공정 → 채별공정 → 정제공정 → 파쇄공정
   - ㉰ 파쇄공정 → 채별공정 → 정제공정 → 압쇄공정
   - ㉱ 파쇄공정 → 압쇄공정 → 채별공정 → 정제공정

88. 고무롤 현미기의 구성 및 작동원리에 관한 설명으로 틀린 것은?
   - ㉮ 고정롤과 유동롤로 구성되어 있다.
   - ㉯ 고무롤 간격조절장치로 두 롤의 간격을 조절한다.
   - ㉰ 유동롤보다 고정롤의 회전속도가 빠르다.
   - ㉱ 고정롤과 유동롤의 회전방향은 동일하다.

89. 배토판 날개의 폭을 조절할 수 있는 배토판(培土板) 형식은?
   - ㉮ 고정식
   - ㉯ 개폐식
   - ㉰ 인출식
   - ㉱ 갱식

정답  81. ㉯  82. ㉯  83. ㉱  84. ㉰  85. ㉯  86. ㉮  87. ㉰  88. ㉱  89. ㉯

90. 로터리 모어의 특징을 잘못 설명한 것은?
   ㉮ 조밀한 목초나 쓰러진 목초는 예취가 불가능하다.
   ㉯ 구조가 간단하고 취급과 조작이 용이하다.
   ㉰ 지면이 평탄하지 않은 곳에서의 작업은 위험하다.
   ㉱ 왕복식 모어보다 소음이 크다.

91. 습량기준 함수율(m)이 20%인 100kg의 곡물을 습량기준 함수율(m)이 15%가 될 때 까지 건조시키면 이 때 제거된 수분의 양은?
   ㉮ 7.8kg
   ㉯ 6.5kg
   ㉰ 5.9kg
   ㉱ 4.8kg

92. 탈곡작용은 주로 급동의 운동 에너지에 의해 이루어진다. 급동의 무게가 일정하면 급동의 운동 에너지는?
   ㉮ 회전속도에 반비례한다.
   ㉯ 급동의 반지름에 비례한다.
   ㉰ 회전속도의 자승에 비례한다.
   ㉱ 급동의 지름에 반비례한다.

93. 일정한 간격의 줄에 종자를 한 알 또는 여러 알 씩 일정한 간격으로 뿌리는 파종기는?
   ㉮ 이식기
   ㉯ 산파기
   ㉰ 조파기
   ㉱ 점파기

94. 완전히 마르기 전의 무게가 100kg, 완전히 마른 후의 무게가 80kg인 벼의 건량기준 함수율(%, db)은?
   ㉮ 30
   ㉯ 25
   ㉰ 20
   ㉱ 15

95. 동력탈곡기에서 급치의 선단과 수망사이의 간격(틈새)이 커질 경우의 설명으로 맞는 것은?
   ㉮ 소요 동력과 곡립 손상이 증가한다.
   ㉯ 소요 동력과 곡립 손상이 감소한다.
   ㉰ 소요 동력은 증가하고 곡립 손상이 감소한다.
   ㉱ 소요 동력은 감소하고, 곡립 손상이 증가한다.

96. 채소 등 밭작물용 이식기의 설명으로 틀린 것은?
   ㉮ 파종기와 같이 구절기, 복토기, 진압률으로 구성되어 있으나 심는 깊이가 깊어 대형이다.
   ㉯ 식부기구에서 타이밍이 일치하지 않아도 묘는 손상되지 않고 똑바로 심어진다.
   ㉰ 묘판에서 생육한 묘를 한 포기씩 분리하여 수작업으로 식부부에 공급하는 반자동식이 있다.
   ㉱ 트랙터로 견인하며 심은 후에 물을 주는 장치를 갖춘것도 있다.

97. 착유기의 주요 구성요소가 아닌 것은?
   ㉮ 반크리너
   ㉯ 액동호스
   ㉰ 파지기(milk claw)
   ㉱ 유두컵

98. 쟁기구조 중 파 올린 흙을 받아서 옆으로 반전 파쇄하는 부분은?
   ㉮ 보습
   ㉯ 볏
   ㉰ 바닥쇠
   ㉱ 솔바닥

99. 다음 정맥기에 관한 설명 중 틀린 것은?
   ㉮ 맥류는 벼에 비하여 정맥작용이 어렵다.
   ㉯ 보리의 도정에는 물을 이용하는 가수도정법이 있다.
   ㉰ 연삭식 정맥기의 경우 금강사 롤러 표면의 경도는 정맥 효율에 큰 영향을 미친다.
   ㉱ 정맥실 내의 압력은 입구 유량으로 조절하나 정맥 점도와는 관계가 없다.

100. 벌류트(volute)펌프는 다음 중 어떤 펌프의 종류에 해당되는가?
   ㉮ 원심 펌프
   ㉯ 축류 펌프
   ㉰ 사류 펌프
   ㉱ 왕복 펌프

정답 90.㉮ 91.㉰ 92.㉰ 93.㉱ 94.㉯ 95.㉱ 96.㉯ 97.㉮ 98.㉯ 99.㉱ 100.㉮

# 2008년 과년도 출제문제

## 재료역학 제 1 과목

1. 동일한 전단력이 작용할 때 원형 단면보의 지름을 3배로 하면 최대 전단응력은 몇 배가 되는가?
   - ㉮ 9배
   - ㉯ 3배
   - ㉰ $\frac{1}{3}$배
   - ㉱ $\frac{1}{9}$배

2. 그림과 같이 외팔보의 끝에 집중하중 P가 작용할 때 자유단에서의 처짐각 $\theta$는? (단, EI는 보의 굽힘강성이다.)

   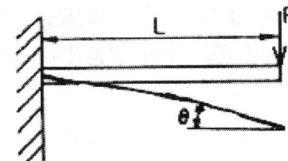

   - ㉮ $\frac{PL^3}{6EI}$
   - ㉯ $\frac{PL^2}{12EI}$
   - ㉰ $\frac{PL^2}{2EI}$
   - ㉱ $\frac{PL^2}{8EI}$

3. 평면 변형상태에서 변형률 $\varepsilon_x$, $\varepsilon_y$, 그리고 $\gamma_{xy}$가 주어졌다면 이 때 면내 최대 전단변형률 $\gamma_{max}$는?
   - ㉮ $\gamma_{max} = \sqrt{(\frac{\varepsilon_x - \varepsilon_y}{2})^2 + (\frac{\gamma_{xy}}{2})^2}$
   - ㉯ $\gamma_{max} = 2\sqrt{(\frac{\varepsilon_x - \varepsilon_y}{2})^2 + (\frac{\gamma_{xy}}{2})^2}$
   - ㉰ $\gamma_{max} = \sqrt{(\frac{\varepsilon_x - \varepsilon_y}{2})^2 + (\gamma_{xy})^2}$
   - ㉱ $\gamma_{max} = 2\sqrt{(\frac{\varepsilon_x - \varepsilon_y}{2})^2 + (\gamma_{xy})^2}$

4. 외경이 내경의 1.5배인 중공축과 재질과 길이가 같고 지름이 중공축의 외경과 같은 중실축이 동일 회전수에 동일 동력을 전달한다면, 이 때 중실축에 대한 중공축의 비틀림각의 비는 어느 것인가?
   - ㉮ 1.25
   - ㉯ 1.50
   - ㉰ 1.75
   - ㉱ 2.00

5. 지름 2cm, 길이 1m의 원형단면 외팔보의 자유단에 집중하중이 작용할 때, 최대 처짐량이 2cm가 되었다면, 최대 굽힘응력은 몇 MPa인가? (단, 탄성계수 E = 200GPa이다.)
   - ㉮ 100
   - ㉯ 120
   - ㉰ 200
   - ㉱ 220

6. 8cm×12cm인 직사각형 단면의 기둥 길이를 $L_1$, 지름 20cm인 원형 단면의 기둥 길이를 $L_2$라 하고 세장비가 같다면, 두 기둥의 길이의 비 $\frac{L_2}{L_1}$은 얼마인가?
   - ㉮ 1.44
   - ㉯ 2.16
   - ㉰ 2.5
   - ㉱ 3.2

정답  1.㉱  2.㉰  3.㉯  4.㉮  5.㉯  6.㉯

7. 그림과 같이 정삼각형 형태의 트러스가 길이 $\ell$인 두 개의 봉으로 조립되어 절점 A에서 수직하중 P를 받고 있다. 이 두 봉의 탄성 계수는 E, 단면적은 A로 일정하다면 A점의 수직변위 $\delta$는?

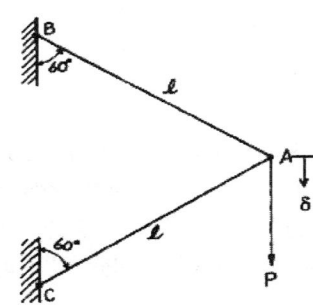

㉮ $\delta = \dfrac{p\ell}{2AE}$
㉯ $\delta = \dfrac{p\ell}{AE}$
㉰ $\delta = \dfrac{2p\ell}{AE}$
㉱ $\delta = \dfrac{3p\ell}{AE}$

8. 다음 중 주 응력에 대한 설명 중 틀린 것은?
 ㉮ 주응력 상태에서 전단응력은 0이다.
 ㉯ 주응력은 전단응력이다.
 ㉰ 주응력 상태에서 수직응력은 극대와 극소를 나타낸다.
 ㉱ 평면응력 상태의 경우 제3의 주응력은 0이다.

9. 지름 2cm, 길이 50cm 인 외팔보의 자유단에 수직하중 P=1.5kN이 작용할 때, 하중 P로 인해 생기는 최대 전단응력은 약 몇 MPa인가?

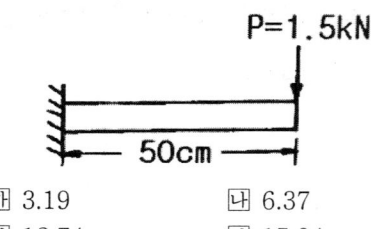

㉮ 3.19　㉯ 6.37
㉰ 12.74　㉱ 15.94

10. 비중량 $\gamma = 7.85 \times 10^4 \text{N/m}^3$인 강선을 연직으로 매달려고 할 때 자중에 의해서 견딜 수 있는 최대 길이는 약 몇 m인가? (단, 강선의 허용 인장응력 $\sigma_w$=12MPa이라고 한다.)

㉮ 152　㉯ 228
㉰ 305　㉱ 382

11. 길이가 $\ell + 2a$인 균일 단면 봉의 양단에 인장력 P가 작용하고, 양 단에서 길이 a인 단면에 Q의 축 하중이 가하여 인장될 때 봉에 일어나는 변형량은 약 몇 cm인가? (단, $\ell$=60cm, a=30cm, P=10kN, Q=5kN, 단면적 A=4cm$^2$, 탄성계수 E=210GPa이다.)

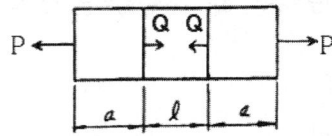

㉮ 0.0107　㉯ 0.0207
㉰ 0.0307　㉱ 0.0407

12. 강재중공 축이 25kN·m의 토크를 전달한다. 중공축의 길이가 3m이고 허용 전단응력이 90MPa이며, 축의 비틀림각이 2.5°를 넘지 않아야 할 때 축의 내경과 외경을 구하면 각각 몇 mm인가? (단, 전단 탄성계수 G=85GPa이다.)

㉮ 146, 124　㉯ 136, 114
㉰ 140, 130　㉱ 130, 110

13. 그림과 같은 단면을 가진 단순보 AB에 하중 P가 작용할 때 A에서 0.2m 떨어진 곳의 굽힘응력은 몇 MPa인가?

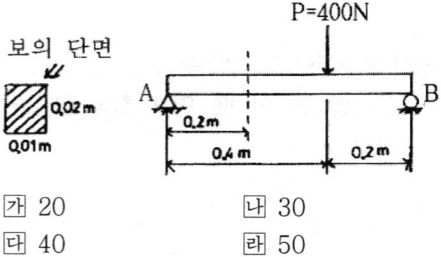

㉮ 20　㉯ 30
㉰ 40　㉱ 50

정답　7. ㉰　8. ㉯　9. ㉯　10. ㉮　11. ㉮　12. ㉮　13. ㉰

14. 직경 d인 원형단면의 원주에 접하는 축에 관한 단면 2차 모멘트는?

㉮ $\dfrac{3}{32}\pi d^4$   ㉯ $\dfrac{5}{32}\pi d^4$

㉰ $\dfrac{3}{64}\pi d^4$   ㉱ $\dfrac{5}{64}\pi d^4$

15. 그림과 같이 좌측이 벽으로 지지되고 반경이 r, 두께가 t인 원통형 박판 압력용기 내의 피스톤에 F의 하중이 작용하여 용기 내에 압력이 발생하였다면, 용기에 발생하는 수직 응력 $\sigma_1$ 및 $\sigma_2$는?

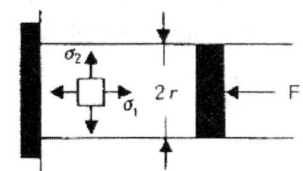

㉮ $\sigma_1 = \dfrac{F}{2\pi rt}$, $\sigma_2 = \dfrac{F}{\pi rt}$

㉯ $\sigma_1 = \dfrac{F}{2\pi rt}$, $\sigma_2 = 0$

㉰ $\sigma_1 = \dfrac{F}{\pi rt}$, $\sigma_2 = \dfrac{F}{2\pi rt}$

㉱ $\sigma_1 = 0$, $\sigma_2 = \dfrac{F}{\pi rt}$

16. 지름 50mm인 알루미늄 봉에 100kN의 인장하중이 작용할 때 300mm의 표점거리에서 0.219mm의 신장이 측정되고, 지름은 0.01215mm만큼 감소되었다. 이 재료의 전단탄성계수 G는 약 몇 GPa인가? (단, 재료는 탄성거동 범위 내에 있다.)

㉮ 21.2   ㉯ 26.2
㉰ 31.2   ㉱ 36.2

17. 무게가 100N의 강철 구가 그림과 같이 매끄러운 경사면과 유연한 케이블에 의해 매달려 있다. 케이블에 작용하는 응력은 몇 MPa인가? (단, 케이블의 단면적은 $2 \text{cm}^2$이다.)

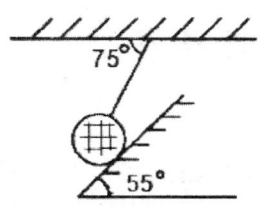

㉮ 0.436   ㉯ 4.36
㉰ 5        ㉱ 50

18. 균일한 알루미늄 봉과 강재 봉은 같은 단면적과 길이를 갖는다. 같은 크기의 축 하중이 작용할 때 저장되는 탄성 변형 에너지의 비 ($U_{Al}/U_{st}$)은? (단 $U_{Al}$ : 알루미늄봉의 탄성 변형 에너지, $U_{st}$ : 강재 봉의 탄성 변형 에너지, 각각의 탄성계수 $E_{Al}$=70GPa, $E_{st}$=210GPa)

㉮ $\dfrac{1}{9}$   ㉯ $\dfrac{1}{3}$
㉰ 3                ㉱ 9

19. 같은 재료로 만든 첫 번째 축 ($L_1$=2L, $d_1$=d)과 두 번째 축 ($L_2$=L, $d_2$=2d)을 같은 각도만큼 비트는데 필요한 비틀림 모멘트의 비 $\dfrac{T_1}{T_2}$의 값은?

㉮ $\dfrac{1}{4}$    ㉯ $\dfrac{1}{8}$
㉰ $\dfrac{1}{16}$  ㉱ $\dfrac{1}{32}$

20. 외팔보의 자유단에 모멘트 M이 작용한다. 자유단(C)에서의 처짐량은 중앙점(B)에서 처짐량의 몇 배인가?

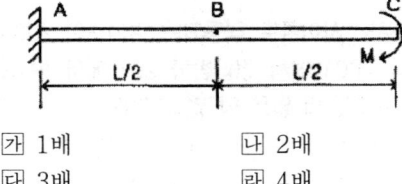

㉮ 1배   ㉯ 2배
㉰ 3배   ㉱ 4배

# 기계열역학 제 2 과목

**21.** 밀폐계 내에 있는 순수물질의 포화액체를 압력을 일정하게 유지하면서 열을 가하여 포화증기로 만들 경우 다음 사항 중 틀린 것은?
㉮ 온도가 증가한다.
㉯ 건도가 1이 된다.
㉰ 비체적이 증가한다.
㉱ 내부 에너지가 증가한다.

**22.** 다음 중 기체상수(R)가 제일 큰 것은?
㉮ 수소  ㉯ 질소
㉰ 산소  ㉱ 이산화탄소

**23.** 움직이고 있던 중량 5톤(ton)의 차에 브레이크를 걸었더니 42.7m 미끄러진 후에 완전히 정지하였다. 노면과 바퀴사이의 마찰계수를 0.2라 하면, 제동 중이 발생된 열량(KJ)은 약 얼마인가?
㉮ 49  ㉯ 419
㉰ 837  ㉱ 17800

**24.** 공기 1kg을 정적과정으로 40°C에서 120°C까지 가열하고 다음에 정압과정으로 120°C에서 220°C까지 가열한다면 전체 가열에 필요한 열량은 약 얼마인가? (단, Cp=1.00kj/kg°C, Cv=0.71KJ/kg°C이다.)
㉮ 156.8 KJ/kg  ㉯ 151.5 KJ/kg
㉰ 127.8 KJ/kg  ㉱ 180.5 KJ/kg

**25.** 카르노 사이클로 작동되는 열기관이 200KJ의 열을 200°C에서 공급받아 20°C에서 방출한다면 이 기관의 일은 약 얼마인가?
㉮ 20 KJ  ㉯ 76 KJ
㉰ 124 KJ  ㉱ 180 KJ

**26.** 폴리트로픽 변화의 관계식 "$PV^n$=일정"에 있어서 n이 무한대로 되면 다음 중 어느 과정이 되는가?
㉮ 정압과정  ㉯ 등온과정
㉰ 정적과정  ㉱ 단열과정

**27.** 물 1kg이 포화온도 120°C에서 증발할 때 증발잠열은 2203KJ이다. 증발하는 동안 물의 엔트로피 증가량은 약 얼마인가?
㉮ 4.3 KJ/kg·K  ㉯ 5.6 KJ/kg·K
㉰ 6.5 KJ/kg·K  ㉱ 7.4 KJ/kg·K

**28.** 온도 $T_1$의 고온열원으로부터 온도 $T_2$의 저온열원으로 열량 Q가 전달될 때 두 열원의 총 엔트로피 변화량을 바르게 표현한 것은?
㉮ $-\dfrac{Q}{T_1}+\dfrac{Q}{T_2}$  ㉯ $\dfrac{Q}{T_1}-\dfrac{Q}{T_2}$
㉰ $\dfrac{Q(T_1+T_2)}{T_1 \cdot T_2}$  ㉱ $\dfrac{Q(T_1+T_2)}{T_1 \cdot T_2}$

**29.** 압력이 287KPa일 때 1m³의 공기질량이 2kg이었다. 이 때 공기의 온도(°C)는? (단, 공기의 기체상수 R=287J/kg·K이다.)
㉮ 500  ㉯ 400
㉰ 770  ㉱ 227

**30.** 압축비가 7.5이고, 비열비 K=1.4인 오토(Otto) 사이클의 열효율은?
㉮ 48.7%  ㉯ 51.2%
㉰ 55.3%  ㉱ 57.6%

**31.** 랭킨(Rankine)사이클에서 5MPa, 500°C의 수증기가 터빈 안에서 5KPa까지 단열 팽창할 때, 이 사이클의 펌프 일은 약 몇(KJ/kg)인가? (단, 물의 비체적은 0.001m³이다.)
㉮ 3  ㉯ 5
㉰ 10  ㉱ 20

정답  21.㉯  22.㉮  23.㉯  24.㉮  25.㉯  26.㉰  27.㉯  28.㉮  29.㉱  30.㉰  31.㉯

32. 준평형 정적과정을 거치는 시스템에 대한 열전달량은? (단, 운동에너지와 위치에너지의 변화는 무시한다.)
   ㉮ 0이다.
   ㉯ 내부에너지 변화량과 같다.
   ㉰ 이루어진 일량과 같다.
   ㉱ 엔탈피 변화량과 같다.

33. 열역학 제 0법칙은?
   ㉮ 질량보존의 법칙이다.
   ㉯ 에너지 보존의 법칙이다.
   ㉰ 엔트로피 증가에 관한 법칙이다.
   ㉱ 열평형에 관한 법칙이다.

34. 천제연 폭포의 높이가 55m이고 주위와 열교환을 무시한다면 폭포수가 낙하한 후 수면에 도달할 때까지 온도 상승은 약 몇 ℃인가? (단, 폭포수의 정압비열은 4.2KJ/kg·℃이다.)
   ㉮ 0.87  ㉯ 0.31
   ㉰ 0.13  ㉱ 0.78

35. 다음 중 강도성(intensive)상태량이 아닌 것은?
   ㉮ 온도    ㉯ 내부에너지
   ㉰ 밀도    ㉱ 압력

36. 체적이 $0.1m^3$인 피스톤-실린더 장치안에 질량 0.5kg의 공기가 430.5KPa하에 있다. 정압과정으로 가열하여 온도가 400K가 되었다. 이 과정 동안의 일과 열 전달량은? (단, 공기는 이상기체이며, 기체상수는 0.287KJ/kg·K, 정압비열은 1.004KJ/kg·K이다.)
   ㉮ 14.35KJ, 35.85KJ
   ㉯ 14.35KJ, 50.20KJ
   ㉰ 43.05KJ, 78.90KJ
   ㉱ 43.05KJ, 64.55KJ

37. 다음 설명 중 옳은 것은?
   ㉮ 압력(P)과 체적(V)의 곱의 단위는 에너지의 단위와 같다.
   ㉯ 카르노 열기관의 효율은 비가역 열기관의 효율보다 항상 높다.
   ㉰ 열기관의 효율은 온도만의 함수이다.
   ㉱ 스로틀(throttling)과정 전·후로 이상 기체의 온도는 하강한다.

38. 피스톤-실린더 시스템에 100KPa의 압력을 갖는 1kg의 공기가 들어있다. 초기 체적은 $0.5m^3$이고 이 시스템에 온도가 일정한 상태에서 열을 가하여 부피가 $1.0m^3$이 되었다. 이 과정 중 전달된 열량(KJ)은 얼마인가?
   ㉮ 32.7  ㉯ 34.7
   ㉰ 44.8  ㉱ 50.0

39. 냉동시스템의 증발기(열교환기)에 냉매 R-134a가 온도 5℃, 엔탈피 380KJ/kg, 질량유량 0.1kg/s로 유입되어 포화 증기로 유출된다. 공기는 25℃로 유입되어 10℃로 나온다. 공기의 비열은 1.004 KJ/kg·℃이다. 증발기를 통화하는 공기의 질량 유량은?

   | 압력 (KPa) | 온도 (℃) | 엔탈피(KJ/kg) ||
   |---|---|---|---|
   | | | 포화액체 | 포화증기 |
   | 350.9 | 5 | 206.75 | 401.32 |

   ㉮ 0.142 kg/s  ㉯ 0.270 kg/s
   ㉰ 0.851 kg/s  ㉱ 1.15 kg/s

40. 냄비를 이용하여 요리할 때 다음 중 요리에 필요한 가열 시간에 대한 설명으로 옳은 것은?
   ㉮ 뚜껑이 없는 냄비가 가열시간이 가장 짧다.
   ㉯ 가벼운 뚜껑이 있는 냄비가 가열시간이 가장 짧다.
   ㉰ 무거운 뚜껑이 있는 냄비가 가열시간이 가장 짧다.
   ㉱ 가열시간은 뚜껑에 관계없이 항상 일정하다.

정답 32. ㉯  33. ㉱  34. ㉰  35. ㉯  36. ㉯  37. ㉮  38. ㉯  39. ㉮  40. ㉰

## 기계유체역학
### 제 3 과목

**41.** 그림과 같은 장치에서 A점의 계기압력(gauge pressure)이 −10.9KPa일 때, 액체 "나"의 비중은? (단, A에서 B까지는 비중 1.6의 액체 "가"가 들어있고, B에서 C까지는 공기가 차 있으며, C에서 D까지는 액체 "나"가 들어있다. D점은 대기에 노출되어있다. 임의의 수평기준선에서 A, B, C, D점들의 높이는 각각, 3.2m, 2.743m, 3.429m, 3.048m이다.)

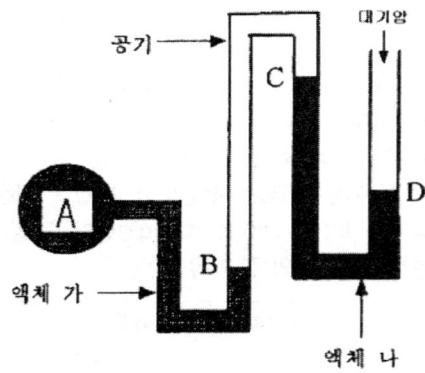

㉮ 0.3  ㉯ 0.5
㉰ 0.75  ㉱ 1.0

**42.** 관경이 10mm인 파이프의 엘보(elbow), 밸브(valve)등 부차적 손실(minor loss)계수들의 합이 20이고 파이프의 마찰계수가 0.02일 때 부차적 손실에 상당하는 관의 등가길이는 몇 m인가?

㉮ 0.4  ㉯ 1
㉰ 10  ㉱ 100

**43.** 유체역학에서 연속 방정식은?
㉮ 뉴튼의 제2운동 법칙이 유체중의 모든점에서 만족하여야 함을 요구한다.
㉯ 에너지와 일 사이의 관계를 나타낸 것이다.
㉰ 한 유선위에 두 점에 대한 단위 체적당의 운동량의 관계를 나타낸 것이다.
㉱ 검사체적에 대한 질량 보존을 나타내는 일반적인 표현식이다.

**44.** 동점성 계수가 $8.39 \times 10^{-6} m^2/s$인 원유가 안지름 1000mm인 관속을 평균유속 2.8m/s로 흐른다. 이것을 기하학적으로 상사인 안지름 100mm의 관으로 물을 사용하여 모형 실험을 할 때 적당한 물의 속도는 약 몇 m/s인가? (단, 물의 동점성계수는 $1.141 \times 10^{-6} m^2/s$이다.)

㉮ 3.39  ㉯ 3.81
㉰ 208.88  ㉱ 20.58

**45.** 안지름 10cm의 수평 관로에 의해 물을 유속 2m/s로 100m의 거리를 송수할 때 관마찰 손실에 의한 압력 강하는 약 몇 KPa인가? (단, 마찰계수는 0.03이고 물의 밀도는 $1000 kg/m^3$이다)

㉮ 60  ㉯ 6
㉰ 120  ㉱ 12

**46.** 지름이 10cm 인 원관에서 유체가 층류로 흐를 수 있는 임계 레이놀즈 수를 2100으로 할 때 층류로 흐를 수 있는 최대 평균 속도는 몇 m/s인가? (단, 흐르는 유체의 동점성계수는 $1.8 \times 10^{-6} m^2/s$이다.)

㉮ $3.78 \times 10^{-3}$  ㉯ $3.78 \times 10^{-2}$
㉰ 3.78  ㉱ 1.89

**47.** 비누방울의 안과 밖의 압력차 $\Delta P$를 표면장력 $\sigma$와 비누 방울의 지름 d로 펴시하면?

㉮ $\Delta P = \dfrac{8\sigma}{d}$  ㉯ $\Delta P = \dfrac{\sigma}{8d}$
㉰ $\Delta P = \dfrac{\sigma}{4d}$  ㉱ $\Delta P = \dfrac{4\sigma}{d}$

정답 41. ㉱  42. ㉰  43. ㉱  44. ㉯  45. ㉮  46. ㉯  47. ㉮

48. 그림과 같이 직각으로 된 유리관을 흐르는 물에 대해 놓았을 때 수면으로부터 올라온 높이가 10cm이다. 이 곳에서 흐르는 물의 속도는 약 몇 m/s인가?

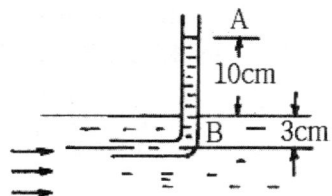

㉮ 0.7　　㉯ 1.4
㉰ 1.59　㉱ 2.52

49. 뉴턴 유체유동의 한 점에서 전단 응력이 300N/m² 이고 속도 구배가 6000(m/s)/m이다. 만일 액체의 비중이 0.95라면 동점성 계수는 몇 스토크스(stokes)인가?

㉮ $5.26 \times 10^{-1}$　㉯ $5.26 \times 10^{-2}$
㉰ $5.26 \times 10^{-5}$　㉱ $5.26 \times 10^{-10}$

50. 높이가 H인 용기속에 물을 가득넣고 자유낙하 시켰다. 물의 밀도를 p, 중력가속도를 g 라하고 공기의 마찰을 무시한다면 낙하 중 용기 바닥에서의 게이지 압력은?

㉮ 0　　㉯ H
㉰ pgH　㉱ 1000H

51. 2h떨어진 두 개의 평행 평판 사이에 뉴턴 유체의 속도 분포가 $u = u_0[1 - (y/h)^2]$와 같을 때 밑판에 작용하는 전단 응력은? (단, $\mu$는 점성계수이고, y=0은 두 평판의 중앙이다.)

㉮ $\dfrac{2\mu u_0}{h}$　㉯ $\dfrac{\mu u_0}{h}$
㉰ $2\mu u_0 h$　㉱ $\mu u_0 h$

52. 정지유체속에 잠겨있는 평면이 받는 힘에 관한 내용 중 틀린 것은?

㉮ 깊게 잠길수록 받는 힘이 커진다.
㉯ 크기는 도심에서의 압력에 면적을 곱한 것과 같다.
㉰ 수평으로 잠긴 경우, 압력 중심은 도심과 일치한다.
㉱ 수직으로 잠긴 경우, 압력 중심은 도심보다 약간 위쪽에 있다.

53. 파이프의 안지름이 70mm이고, 이 속에 공기가 0.02kg/s의 질량유량으로 흐르고 있다. 이 때 공기의 평균속도는 약 몇 m/s인가? (단, 공기의 압력은 100kPa abs, 온도 15℃, 공기의 기체상수 R=287 J/kg·K 이며 이상기체로 가정한다.)

㉮ 4.29　㉯ 0.15
㉰ 1.21　㉱ 0.61

54. 2차원 속도장이 다음과 같이 주어졌을 때 유선의 방정식은 어느 것인가? (단, 직각 좌표계에서 u, v는 x, y 방향의 속도 성분을 나타내며 C는 임의의 상수이다.)

u=x, v=-y

㉮ $x^2 y = C$　㉯ $xy^2 = C$
㉰ $xy = C$　㉱ $x/y = C$

55. 지름이 10cm인 공이 20m/s의 속도로 공기속을 날 때 공기 받는 항력은 약 몇 N인가? (단, 공의 항력계수는 0.2, 공기의 밀도는 1.2kg/m³ 이다.)

㉮ 0.38　㉯ 3.8
㉰ 38　　㉱ 0.038

56. 속도포텐셜이 $\phi = x^2 - y^2$인 2차원 정상유동에 대하여 점 (3, 4)에서 유체의 속력(speed)은?

㉮ 5　　㉯ 7
㉰ 7.07　㉱ 10

정답　48. ㉯　49. ㉮　50. ㉮　51. ㉮　52. ㉱　53. ㉮　54. ㉰　55. ㉮　56. ㉱

57. 그림과 같이 지름 0.1m인 구멍이 뚫린 철판을 지름 0.2m, 유속 10m/s인 분류가 완벽하게 균형이 잡힌 정지상태로 떠받치고 있다. 이 철판의 질량은 약 몇 kg인가?

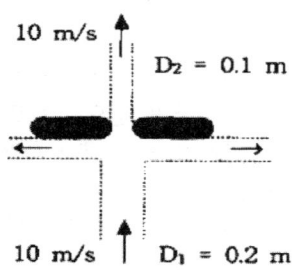

㉮ 240  ㉯ 320
㉰ 400  ㉱ 800

58. 물체의 자유낙하 거리는 초기속도, 중력가속도, 시간의 함수라고 알려져 있다. 이 문제를 버킹햄(Buckingham)의 $\pi$-정리를 사용하여 해석할 때 무차원 수는 몇 개를 구성할 수 있는가?

㉮ 1개  ㉯ 2개
㉰ 3개  ㉱ 4개

59. $0.002m^3/s$의 유량으로 지름 4cm, 길이 10m인 수평 원관속을 기름(비중 s=0.85, 점성계수 $\mu$=0.056N·s/$m^2$)이 흐르고 있다. 이 기름을 수송하는데 필요한 펌프의 압력은 약 몇 kPa인가?

㉮ 10.2  ㉯ 17.8
㉰ 19.1  ㉱ 20.6

60. 무게가 90kN인 비행기의 날개의 전체 평면적이 $35m^2$이고 양력계수는 1.5이다. 이 비행기가 이륙하기 위한 최저속도는 약 몇 km/hr인가?(단, 공기의 밀도는 1.2kg/$m^3$이다.)

㉮ 135  ㉯ 192
㉰ 210  ㉱ 270

## 농업동력학 제4과목

61. 차륜형 트랙터가 선회시 구동차륜의 외측은 빠르고 내측은 느리게 회전하도록 하는 장치는?

㉮ 감속 장치  ㉯ 변속 장치
㉰ 차동 장치  ㉱ 구동 장치

62. 승용 트랙터에서 시동걸 때 또는 기체의 주행을 정지시키거나 변속할 때 사용되는 것은?

㉮ 주클러치  ㉯ 변속기
㉰ PTO축  ㉱ 최종감속장치

63. 농용트랙터의 차동장치에서 큰 베벨기어(링기어)의 회전수를 매분 200회전이라 하면, 내측 차륜이 100회전할 때 외측 차륜은 몇 rpm인가?

㉮ 100  ㉯ 200
㉰ 300  ㉱ 400

64. 트랙터의 3점 링크 히치의 구성요소가 아닌 것은?

㉮ 마스터 실린더  ㉯ 리프팅 로드
㉰ 상부 링크  ㉱ 하부 링크

65. 가솔린 기관에서의 노킹에 관한 설명으로 틀린 것은?

㉮ 운전 중 이상연소 현상으로 충격파가 발생하여서 매우 높은 진동을 일으킨다.
㉯ 발생원인으로는 화염전파거리가 짧아질 때, 압축비가 너무 낮을 때, 엔진회전수가 높을 때 등이다.
㉰ 매우 강한 충격파는 실린더 벽에 강제진동을 주어 망치로 때리는 것과 같은 예리한 소리를 발생한다.
㉱ 노킹상태에서 장시간 운전하면 출력이 저하하고 피스톤 및 배기밸브가 파손되어 엔진고장을 초래하는 원인이 된다.

정답  57.㉮  58.㉯  59.㉰  60.㉰  61.㉰  62.㉮  63.㉰  64.㉮  65.㉯

66. 다음 중 견인 효율을 바르게 정의한 것은?
  ㉮ $\dfrac{견인 동력}{엔진 출력} \times 100$
  ㉯ $\dfrac{견인 동력}{구동 축에 전달된 동력} \times 100$
  ㉰ $\dfrac{견인력}{트랙터 총 중량} \times 100$
  ㉱ $\dfrac{구동 축에 전달된 동력}{견인 동력} \times 100$

67. 트랙터 유압 장치의 구성요소가 아닌 것은?
  ㉮ 유압펌프     ㉯ 제어밸브
  ㉰ 축압기       ㉱ 너클 암

68. 디젤기관 연소실에서 구조가 간단하고 연료 소비율이 다른 형식보다 작으며, 시동이 양호한 점이 특징인 것은?
  ㉮ 와류실식     ㉯ 직접분사식
  ㉰ 공기실식     ㉱ 예연소실식

69. 가솔린 기관 기화기의 주요 구성요소가 아닌 것은?
  ㉮ 단속기       ㉯ 초크 밸브
  ㉰ 벤튜리       ㉱ 스로틀 밸브

70. 피스톤 속도는 15m/s이고, 엔진 회전수가 3000rpm인 경우 피스톤 행정은 몇 m인가?
  ㉮ 0.15        ㉯ 0.20
  ㉰ 0.30        ㉱ 0.60

71. 연료관이나 기화기 등이 가열되어 연료에 기포가 발생하여 기관의 운전을 방해하는 현상은?
  ㉮ 노크(knock)
  ㉯ 착화지연
  ㉰ 런온(run-on)
  ㉱ 증기폐색(vapor lock)

72. 원판 마찰 클러치에서 내경이 150mm, 외경이 200mm, 회전수가 250rpm, 접촉면 압력이 200kPa, 마찰 계수가 0.3이라면 전달동력은 약 몇 kW인가?
  ㉮ 0.9         ㉯ 1.9
  ㉰ 2.8         ㉱ 3.8

73. 전동기가 60Hzwjsdnjs에서 작동하며 극수가 4이고, 슬립율이 7%일 때 실제의 회전자 회전수(rpm)는?
  ㉮ 1674        ㉯ 1800
  ㉰ 1926        ㉱ 2000

74. 일반적으로 내연기관의 전부하 성능곡선을 결정하는데 필요한 자료들로만 조합된 것은?
  ㉮ 기관의 토크, 회전속도, 출력, 연료 소비율
  ㉯ 기관의 토크, 소요공기량, 슬립, 연료 소비율
  ㉰ 기관의 토크, 소요공기량, 무게, 연료 소비율
  ㉱ 기관의 토크, 소요공기량, 배기량, 연료 소비율

75. 동력계의 암이 0.6m인 프로니 브레이크를 이용, 가솔린 기관을 시험했다. 기관속도가 300rpm일 때 저울의 눈금이 3000N이었다면 이 기관의 축동력은 약 몇 kW인가?
  ㉮ 27.77       ㉯ 37.77
  ㉰ 56.55       ㉱ 65.78

76. 내연기관의 효율에 관한 설명 중 틀린 것은?
  ㉮ 열효율과 기계효율이 있다.
  ㉯ 일반적인 농용 디젤기관의 열효율은 70%정도이다.
  ㉰ 기관의 마찰, 캠 축 및 펌프 같은 보조기구 구동 등에 동력이 소비되면서 기계 효율이 낮아진다.

라 기계 효율이란 연소가스가 피스톤에 한 일이 얼마만큼 유효한 일로 전환되었는가를 나타내는 척도이다.

77. 트랙터 앞 바퀴를 위에서 보면 앞 끝의 간격이 뒤 끝이 간격보다 약간 작게 되어 있다. 이 간격의 차이를 의미하는 용어는?
   가 캠버   나 킹핀
   다 캐스터   라 토인

78. 무거운 바퀴 형태로 팽창행정에서 에너지를 흡수하였다가 흡입, 압축, 배기행정에서 필요한 에너지를 공급하여 토크의 변동을 줄이고 기관이 원활히 회전하도록 하는 것은?
   가 조속기   나 크랭크축
   다 피스톤링   라 플라이휠

79. 트랙터 충전회로의 구성요소가 아닌 것은?
   가 축전지   나 교류발전기
   다 레귤레이터   라 솔레노이드

80. 축전지를 전원으로 이용하는 차량의 시동전동기로 다음 중 가장 적합한 전동기는?
   가 직권 직류전동기   나 분권 직류전동기
   다 단상 유도전동기   라 농형 유도전동기

## 농업기계학  제 5 과목

81. 쇄토기의 한 종류로서 뿔처럼 생긴 이빨을 4~6cm의 간격으로 크로스바에 수직으로 고정시켜 사용하는 작업기는?
   가 원판 해로   나 스프링 해로
   다 스파이크투스 해로   라 애크미 해로

82. 원판 플라우(disk plow)의 특성 설명으로 틀린 것은?
   가 몰드보드플라우가 쉽게 땅 속으로 침입하므로 단단한 땅에서는 경기작업이 불가능하다.

나 나무 뿌리나 돌멩이에 부딪쳐서 파손될 위험성이 적고, 특히 개간지 경기작업에 적합하다.
다 스크레이퍼(scraper)에 의하여 흙의 부착을 방지하므로 점착성이 강한 토양에서도 경기작업이 가능하다.
라 심경(深耕 : deep plowing)이 가능하다.

83. 조파기 종자배출장치의 일반적인 형식이 아닌 것은?
   가 구멍 롤러식   나 홈 롤러식
   다 경사 원판식   라 엘리베이터식

84. 승용형 이앙기에서 묘탑재대 하부에 설치하여 모의 식부깊이를 일정하게 유지하는 것은?
   가 미끄럼 판   나 플로트
   다 공기청정기   라 철차륜

85. 인력 분무기와는 달리 동력 분무기에서는 3연동 플런저 펌프를 많이 사용한다. 그 이유로서 가장 적합한 것은?
   가 배출량을 일정하게 유지시키기 위하여
   나 플런저의 파손에 대비하기 위하여
   다 약액이 새는 것을 방지하기 위하여
   라 높은 압력에 견디기 위하여

정답 76. 나  77. 라  78. 라  79. 라  80. 가  81. 다  82. 가  83. 라  84. 나  85. 가

86. 콤바인에서 탈곡부의 주요장치로 표면에는 일반적으로 3종류의 탈곡치가 배열되어 있는 것은?
   ㉮ 환원판   ㉯ 탈곡망
   ㉰ 탈곡통 축   ㉱ 탈곡통

87. 일반적인 자탈형 콤바인에서 작물의 키에 따라 공급깊이를 알맞게 조절하는 자동깊이 조절장치가 붙어있는 곳은?
   ㉮ 예취부   ㉯ 반송부
   ㉰ 탈곡부   ㉱ 곡물 이송부

88. 곡물건조에서 항률 건조와 감률 건조의 경계에 상당하는 함수율은?
   ㉮ 임계 함수율   ㉯ 평평 함수율
   ㉰ 자유 함수율   ㉱ 상태 함수율

89. 습량기준 함수율 23%인 벼 1000kgf를 함수율 15%까지 건조시켰다면 제거된 수분은 약 몇 kgf인가?
   ㉮ 65   ㉯ 94
   ㉰ 115   ㉱ 136

90. 마찰식 정미기의 정백수율을 구하는 식은?
   ㉮ $\dfrac{투입된\ 현미의\ 무게}{생산된\ 현미의\ 무게} \times 100$
   ㉯ $\dfrac{생산된\ 현미의\ 무게}{투입된\ 현미의\ 무게} \times 100$
   ㉰ $\dfrac{투입된\ 현미의\ 무게}{생산된\ 백미중의\ 완전미\ 무게} \times 100$
   ㉱ $\dfrac{생산된\ 백미중의\ 완전미\ 무게}{투입된\ 현미의\ 무게} \times 100$

91. 대규모 공장 분쇄의 경우 소맥 제분공정 중 원료 소맥입을 본쇄하기 좋은 연질 상태로 만들기 위해 가수(加水), 또는 건조를 하며, 혹은 적당히 가열을 하는 공정은?
   ㉮ 체별공정(grading system)
   ㉯ 정제공정(purification)
   ㉰ 압쇄공정(reduction)
   ㉱ 조질공정(conditioning)

92. 고무롤 현미기에서 고속 롤러의 회전속도는 1000rpm이고 회전차율이 20%이면 저속롤러의 회전속도는 몇 rpm인가? (단, 저속롤러와 고속 롤러의 지름은 동일하다.)
   ㉮ 165   ㉯ 230
   ㉰ 770   ㉱ 1000

93. 지면에서 40~80cm 아래의 굳어진 토양을 내부에서 파쇄시키는 작업기로서 겉흙은 같지 않고 단단한 경반만을 파쇄하는 경운용 작업기는?
   ㉮ 로터리   ㉯ 써레
   ㉰ 심토 파쇄기   ㉱ 스프링 해로

94. 입상 고체 비료를 살포하는 데 사용되는 원심식 살포기의 다른 이름은?
   ㉮ 비터(beater)   ㉯ 오거(auger)
   ㉰ 스피너(spinner)   ㉱ 펌프(pump)

95. 플라우의 이체와 트랙터의 링크를 연결하는 틀을 무엇이라고 하는가?
   ㉮ 빔(beam)   ㉯ 콜터(coulter)
   ㉰ 신(shin)   ㉱ 거널(gunnel)

96. 양수기 펌프가 양수되는 물에 준 이론 동력인 수동력과 펌프의 전 효율을 고려한 축 동력 및 소요 실동력의 크기 순서로 올바른 것은?
   ㉮ 수동력 < 축동력 < 소요실 동력
   ㉯ 수동력 < 축동력 > 소요실 동력
   ㉰ 수동력 > 축동력 > 소요실 동력
   ㉱ 수동력 > 축동력 < 소요실 동력

정답  86. ㉱  87. ㉯  88. ㉮  89. ㉯  90. ㉯  91. ㉱  92. ㉰  93. ㉰  94. ㉰  95. ㉮  96. ㉮

97. 구입가격이 1,200만원인 4각 베일러의 폐기가격은 200만원이며 내구 연한은 10년이다. 직선법에 의한 연간 감가상각비는 얼마인가?
   - ㉮ 100만원
   - ㉯ 120만원
   - ㉰ 122만원
   - ㉱ 140만원

98. 다음 선별기 중 곡립 길이의 차이를 이용하는 선별기는?
   - ㉮ 기류선별기
   - ㉯ 비중선별기
   - ㉰ 홈선별기
   - ㉱ 마찰선별기

99. 곡물을 빈(bin)에 채우고 송풍기 가열로 온도가 상승된 외부의 공기를 빈 내의 곡물층 사이를 통과시켜 건조를 하는 장치는?
   - ㉮ 평면식 건조기
   - ㉯ 순환식 건조기
   - ㉰ 원형 빈 건조저장장치
   - ㉱ 다회 연속통과식 건조장치

100. 경운 정지작업에 속하지 않는 것은?
   - ㉮ 쇄토작업
   - ㉯ 균평작업
   - ㉰ 복토작업
   - ㉱ 두둑 및 고랑만들기 작업

정답  97. ㉮  98. ㉰  99. ㉰  100. ㉰

# 2010년 과년도 출제문제

## 재료역학 제 1 과목

1. 그림과 같은 응력 상태를 모어(Mohr)의 응력원으로 도시하면 어느 것인가?(단, $\sigma_2 < \sigma_1$)

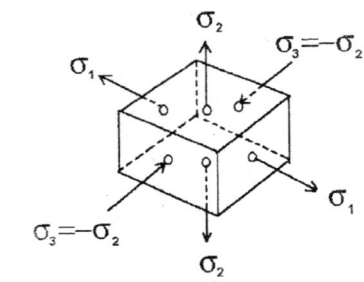

㉮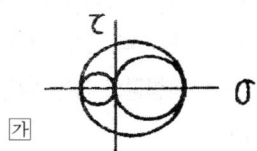

㉯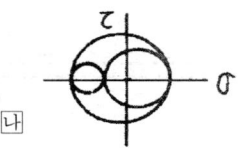

㉰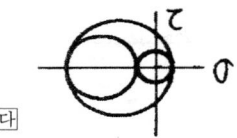

㉱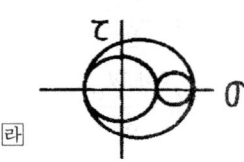

2. 다음과 같이 양단을 고정한 길이 L, 단면적 A의 막대를 $\Delta$1만큼 온도를 올렸을 때, 막대에 생기는 응력 $\sigma$는? (단, 막대의 탄성계수를 E 선팽창 계수를 a라 한다.)

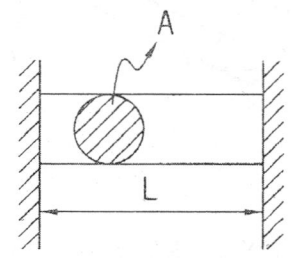

㉮ $\sigma = -E\, a\Delta T$   ㉯ $\sigma = -E\, a^2 \Delta TA$
㉰ $\sigma = -E\, a\Delta TL$   ㉱ $\sigma = -E\, a\Delta TL^2$

3. 양단이 핀으로 고정되어 있고, 정사각형의 단면 25mm×25mm, 길이 1.8m인 기둥에서 오일러식에 의한 임계 하중은 몇 kN인가? (단, 탄성계수 E=70GPa이다.)

㉮ 1.30   ㉯ 2.60
㉰ 3.47   ㉱ 6.94

4. 다음 단면에서 도심의 y축 좌표는 얼마인가?

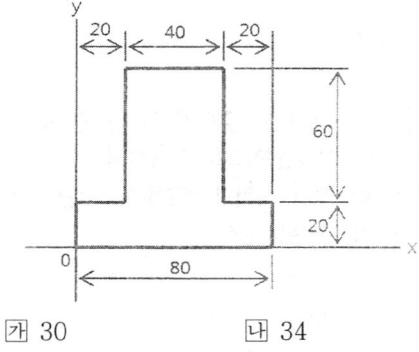

㉮ 30   ㉯ 34
㉰ 40   ㉱ 44

정답  1. ㉱  2. ㉮  3. ㉱  4. ㉯

5. 그림과 같은 트러스 구조물에서 B점에서 10kN의 수직 하중을 받으면 BC에 작용하는 힘은 몇 kN 인가?

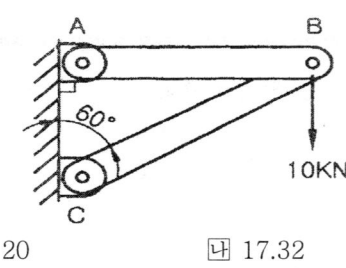

㉮ 20  ㉯ 17.32
㉰ 10  ㉱ 8.66

6. 그림과 같이 순수굽힘 상태에 있는 AB구간의 균일 단면보에서 굽힘에 의해 생긴 중립면의 곡률은? (단, 보의 굽힘강성 EI는 일정하고, 자중은 무시한다.)

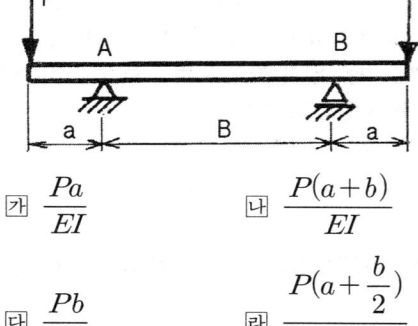

㉮ $\dfrac{Pa}{EI}$  ㉯ $\dfrac{P(a+b)}{EI}$

㉰ $\dfrac{Pb}{EI}$  ㉱ $\dfrac{P(a+\dfrac{b}{2})}{EI}$

7. 지름이 25mm이고 길이가 6m인 강봉의 양쪽 단에 100kN의 인장력이 작용하여 6mm가 늘어났다. 이 때의 응력과 변형률은? (단, 재료는 선형 탄성 거동을 한다.)

㉮ 203.7 MPa, 0.001
㉯ 203.7 kPa, 0.001
㉰ 203.7 MPa, 0.01
㉱ 203.7 kPa 0.01

8. 그림과 같은 볼트에 축 하중 Q가 작용할 때, 볼트 머리부의 높이 H는 볼트 지름의 몇 배가 되어야 하는가?(단, 볼트 머리부에서 축 하중 방향으로의 전단응력은 볼트 축에 작용하는 인장 응력의 1/2 배까지 허용한다.)

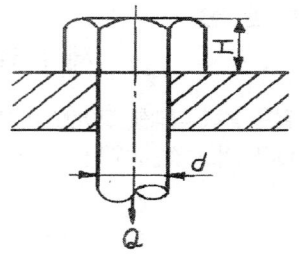

㉮ $\dfrac{1}{4}$  ㉯ $\dfrac{3}{5}$

㉰ $\dfrac{3}{8}$  ㉱ $\dfrac{1}{2}$

9. 그림과 같은 균일단면을 갖는 부정정보가 단순 지지단에서 모멘트 $M_0$를 받는다. 단순 지지단에서의 반력 $R_a$는? (단, 굽힘강성 EI는 일정하고, 자중은 무시한다.)

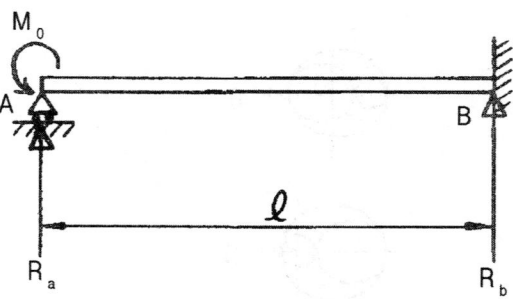

㉮ $\dfrac{3M_0}{4\ell}$  ㉯ $\dfrac{3M_0}{2\ell}$

㉰ $\dfrac{2M_0}{3\ell}$  ㉱ $\dfrac{4M_0}{3\ell}$

정답  5. ㉮  6. ㉮  7. ㉮  8. ㉱  9. ㉯

10. 길이 L의 균일 단면 막대기에 굽힘 모멘트 M이 그림과 같이 작용하고 있다. 이 막대에 저장된 탄성 변형 에너지는?(단, 막대기의 굽힘강성 EI 는 일정하고, 단면적은 A 이다.)

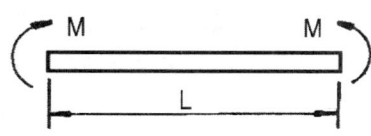

- 가 $\dfrac{M^2L}{2AE^2}$
- 나 $\dfrac{L^3}{4EI}$
- 다 $\dfrac{M^2L}{2AE}$
- 라 $\dfrac{M^2L}{2EI}$

11. 도심의 축에 대한 단면 2차모멘트가 가장 큰 보의 단면은?

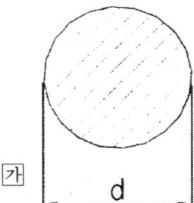
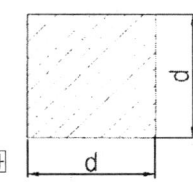
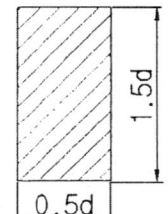
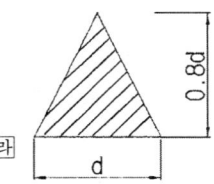

12. 그림과 같은 불균일 분포하중을 부분적으로 받는 균일 단면 보에서 A점의 반력은 몇 kN인가?(단, 보의 자중은 무시하고, 굽힘강성 EI 는 일정하다.)

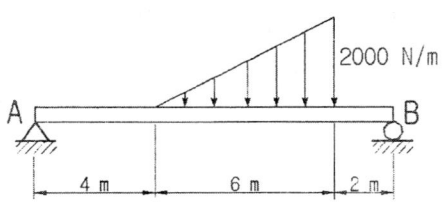

- 가 1
- 나 2
- 다 3
- 라 4

13. 다음과 같은 평면 응력 상태에서의 최대($\sigma_1$) 및 최소 ($\sigma_2$)주응력은 몇 MPa인가?

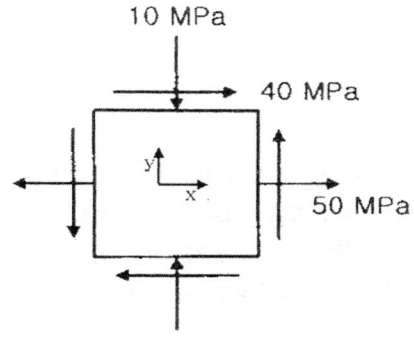

- 가 $\sigma_1 = 70, \sigma_2 = -30$
- 나 $\sigma_1 = 30, \sigma_2 = -70$
- 다 $\sigma_1 = 70, \sigma_2 = 30$
- 라 $\sigma_1 = -30, \sigma_2 = -70$

14. 반지름이 r인 중실축에 토크 T가 작용하고 있다. 작용 토크의 1/3을 지지하는 내부 코어(inner core)의 반지름(γ′)을 구하면? (단, 재질은 선형 탄성 균질재이다.)

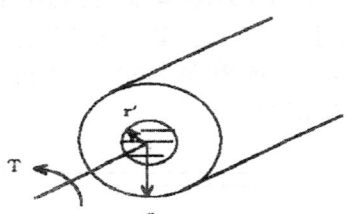

- 가 $\Upsilon' = \dfrac{\Upsilon}{4^{\frac{1}{4}}}$
- 나 $\Upsilon' = \dfrac{\Upsilon}{3^{\frac{1}{4}}}$
- 다 $\Upsilon' = \dfrac{\Upsilon}{4^{\frac{1}{3}}}$
- 라 $\Upsilon' = \dfrac{\Upsilon}{3^{\frac{1}{3}}}$

정답  10. 라  11. 다  12. 나  13. 가  14. 나

15. 비틀림 모멘트 T를 받고 봉의 길이 L인 부재에 발생하는 순수전단(pure shear) 상태에서의 비틀림 변형 에너지 U는?(단, 비틀림 강성은 GJ 이다.)

㉮ $\dfrac{TL}{2GJ}$   ㉯ $\dfrac{T^2L}{2GJ}$

㉰ $\dfrac{TL^2}{2GJ}$   ㉱ $\dfrac{T^2L^2}{2GJ}$

16. 그림과 같은 균일 단면 단순보의 일부에 균일 분포하중이 작용할 때 중앙점 C에서의 굽힘모멘트는 몇 kN·m 인가? (단, 굽힘 강성 EI는 일정하고, 보의 자중은 무시한다.)

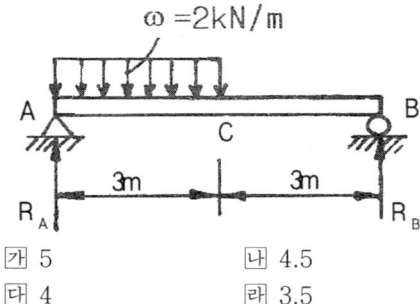

㉮ 5   ㉯ 4.5
㉰ 4   ㉱ 3.5

17. 집중 모멘트를 M을 받고 있는 길이(L) 1m인 외팔보의 최대 처짐량을 1cm로 제한하려면, 최대 집중 모멘트 M은 몇 N·m인가? (단, 단면은 한 변이 10cm 인 정사각형이고, 탄성계수(E)는 235 GPa이다.)

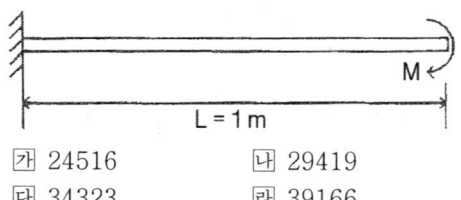

㉮ 24516   ㉯ 29419
㉰ 34323   ㉱ 39166

18. 균일 단면 외팔보의 자유단을 그림과 같이 스프링으로 지지한 후 100N의 하중을 B점에 작용시켰다. B점에서의 처짐량은 몇 mm 인가? (단, 스프링 상수 k = 5 N/mm, 단면은 b × h = 5mm × 10mm, 탄성계수 E=200 GPa 이고 굽힘강성 EI는 일정하다.)

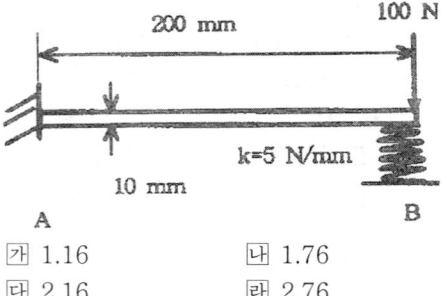

㉮ 1.16   ㉯ 1.76
㉰ 2.16   ㉱ 2.76

19. 그림과 같이 강체 판 BC가 두 개의 탄성 막대 AB 및 CD에 매달려 있다. 100 kN의 하중이 작용한 후 강체 판 BC의 방향은?(단, AB의 단면적은 2cm$^2$, CD의 단면적은 1cm$^2$ 이며, 두 막대의 탄성계수는 모두 200 GPa 이다.)

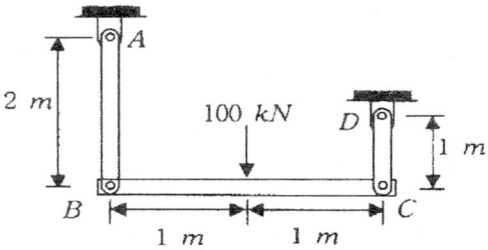

㉮ 수평을 유지한다.
㉯ 약 0.01°만큼 좌측으로 기운다.
㉰ 약 0.001°만큼 우측으로 기운다.
㉱ 약 0.001°만큼 좌측으로 기운다.

20. 바깥지름 8cm, 안지름 6cm의 속이 빈 축에 7 kN·m의 비틀림 모멘트가 작용하고 있다. 이때 발생하는 최대 비틀림 응력을 구하면 약 몇 MPa 인가?

㉮ 43.8   ㉯ 53.8
㉰ 63.8   ㉱ 101.9

정답 15. ㉯  16. ㉯  17. ㉱  18. ㉱  19. ㉮  20. ㉱

## 기계열역학
### 제 2 과목

**21.** 마찰이 없는 피스톤에 12℃, 150kPa의 공기 1.2kg이 들어있다. 이 공기가 600kPa로 압축되는 동안 외부로 열이 전달되어 온도는 일정하게 유지되었다. 이 과정에서 행해진 일은 약 얼마인가?(단, 공기의 기체 상수는 0.287 kJ/kg·K 이며, 이상기체로 가정한다.)

㉮ − 136 kJ    ㉯ − 100 kJ
㉰ − 13.6 k    ㉱ − 10 kJ

**22.** 비열비 k=Cp/Cv의 값은?
(단, Cp : 정압비열, Cv : 정적비열 이다.)

㉮ 1보다 작다.
㉯ 1보다 크다.
㉰ 1보다 클 수도 있고, 작을 수도 있다.
㉱ 1과 같다.

**23.** 보일러에 시간당 380000kg 의 물을 공급하여 수증기를 생산한다. 공급되는 물의 엔탈피는 830kJ/kg 이고, 생산되는 수증기의 엔탈피는 3230kJ/kg 이다. 발열량이 32000kJ/kg인 석탄을 시간당 34000kg 씩 보일러에 공급한다. 이 보일러의 효율은?

㉮ 22.6%    ㉯ 39.5%
㉰ 72.3%    ㉱ 83.8%

**24.** 시스템의 경계 안에 비가역성이 존재하지 않는 내적 가역 과정을 온도-엔트로피 선도 상에 표시하였을 때, 이 과정 아래의 면적은 무엇을 나타내는가?

㉮ 일량    ㉯ 내부에너지 변화량
㉰ 열전달량    ㉱ 엔탈피 변화량

**25.** 어떤 냉동기에서 0℃의 물로 0℃의 얼음 2 ton을 만드는데 50 kWh의 일이 소요된다면 이 냉동기의 성능계수는?(단, 얼음의 융해잠열은 334.94kJ/kg이다.)

㉮ 1.05    ㉯ 2.32
㉰ 2.67    ㉱ 3.72

**26.** 가역 과정으로 실린더 안의 공기를 50 kPa, 10℃상태에서 300 kPa 까지 압력과 체적의 관계가 "$PV^{1.3}$=일정" 인 과정으로 압축할 때 이상기체로 가정하고 단위질량당 방출되는 열 전달량은? (단, 이상기체 공기의 기체 상수는 0.287 KJ/kg·K이고, 정적비열은 0.7KJ/kg·K이다.)

㉮ 17.2 kJ/kg    ㉯ 37.2 kJ/kg
㉰ 57.2 kJ/kg    ㉱ 77.2 kJ/kg

**27.** 대기 압력이 0.099 MPa 일 때 용기 내 기체의 게이지 압력이 1 MPa이었다. 기체의 절대 압력은 몇 MPa 인가?

㉮ 0.901    ㉯ 1.099
㉰ 1.135    ㉱ 1.275

**28.** 이상기체의 비열비(k) 및 기체상수(R)을 정적비열(Cv)과 정압비열 (Cp)로 나타낸 것으로 옳은 것은?

㉮ Cp−Cv=K,   Cv/Cp=R
㉯ Cv−Cp=K,   Cv/Cp=R
㉰ Cp−Cv=R,   Cv/Cp=K
㉱ Cp−Cv=R,   Cp/Cv=K

**29.** 열(heat)과 일(work)에 대한 설명으로 틀린 것은?

㉮ 계의 상태변화 과정에서 나타날 수 있다.
㉯ 계의 경계에서 관찰된다.
㉰ 경로함수(path function)이다.
㉱ 전달된 일과 열의 합은 항상 일정하다.

정답  21.㉮  22.㉯  23.㉱  24.㉰  25.㉱  26.㉯  27.㉯  28.㉱  29.㉱

30. 실린더 내부에 기체가 채워져 있고 실린더에는 피스톤이 끼워져 있으며 피스톤 위치는 추가 놓여 있다. 초기 압력 100kPa, 초기 체적 0.1m³인 기체를 버너로 압력을 일정하게 유지하며 가열하여 기체 체적이 0.5m³이 되었다면 이 과정 동안 시스템이 한 일은?
㉮ 10 kJ  ㉯ 20 kJ
㉰ 30 kJ  ㉱ 40 kJ

31. 그림에서 $T_1$=561K, $T_2$=1010 K, $T_3$=690 K, $T_4$=383 K인 공기(Cp=1.00kJ/kg·℃)를 작동유체로 하는 브레이턴 사이클 (Brayton cycle)의 이론 열효율은?

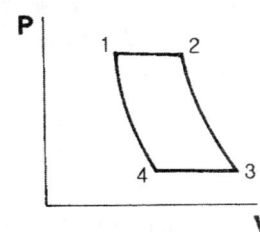

㉮ 0.388  ㉯ 0.444
㉰ 0.316  ㉱ 0.412

32. 그림과 같은 Rankine 사이클의 열효율은 얼마인가? (단, $h_1$=191.8 KJ/kg, $h_2$=193.8 KJ/kg, $h_3$=2799.5 KJ/kg, $h_4$=2007.5 KJ/kg 이다.)

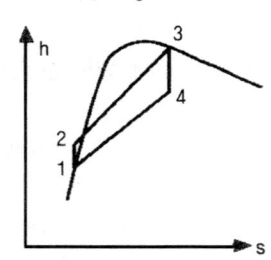

㉮ 30.3%  ㉯ 39.7%
㉰ 46.9%  ㉱ 93.1%

33. 카르노사이클로 작동되는 열기관이 200kJ의 열을 200℃에서 공급받아 20℃에서 방출한다면 이 기관의 일은 약 얼마인가?
㉮ 20 kJ  ㉯ 76 kJ
㉰ 124 kJ  ㉱ 180 kJ

34. 다음 중 이상 Rankine 사이클과 Carnot 사이클의 유사성이 가장 큰 두 과정은?
㉮ 등온가열, 등압방열
㉯ 단열팽창, 등온방열
㉰ 단열압축, 등온가열
㉱ 단열팽창, 등적가열

35. 600 kPa, 300K 상태의 아르곤(argon) 기체 1kmol 이 엔탈피가 일정한 과정을 거쳐 압력이 원래의 1/3 배가 되었다. 일반기체상수 $\bar{R}$=8.31451 KJ/Kmol·K이다. 이 과정동안 아르곤(이상기체)의 엔트로피 변화량은?
㉮ 0.782 kJ/K  ㉯ 8.31 kJ/K
㉰ 9.13 kJ/K  ㉱ 60.0 kJ/K

36. 압력이 287 kPa 일 때 1m³의 공기질량이 2kg이었다. 이때 공기의 온도(℃)는?(단, 공기의 기체상수 R=287 J/kg·K 이다.)
㉮ 773  ㉯ 500
㉰ 400  ㉱ 227

37. 비가역 과정의 요인이 아닌 것은?
㉮ 마찰
㉯ 유한한 온도차에 의한 열전달
㉰ 등온변환
㉱ 기체의 자유팽창

38. 질량 유량이 10kg/s인 터빈에서 수증기의 엔탈피가 800 kJ/kg 감소한다면 출력은 몇 kW인가?(단, 역학적 손실, 열손실은 무시한다.)
㉮ 2000  ㉯ 4000
㉰ 6000  ㉱ 8000

정답 30. ㉱ 31. ㉰ 32. ㉮ 33. ㉯ 34. ㉯ 35. ㉰ 36. ㉱ 37. ㉰ 38. ㉱

39. 실린더 내의 유체가 68 kJ/kg 의 일을 받고 주위에 36 kJ/kg의 열을 방출하였다. 내부에너지의 변화는?
   ㉮ 32 kJ/kg 증가
   ㉯ 32 kJ/kg 감소
   ㉰ 104 kJ/kg 증가
   ㉱ 104 kJ/kg 감소

40. 시스템의 열역학적 상태를 기술하는 데 열역학적 상태량(또는 성질)이 사용된다. 다음 중 열역학적 상태량으로 올바르고 짝지어진 것은?
   ㉮ 열, 일                ㉯ 엔탈피, 엔트로피
   ㉰ 열, 엔탈피            ㉱ 일, 엔트로피

## 기계유체역학   제 3 과목

41. 물의 체적을 1.5% 축소시키는데 필요한 압력은 약 몇 MPa인가? (단, 물의 압축률은 $4.75 \times 10^{-10} m^2/N$ 이다.)
   ㉮ 3.16                ㉯ 31.6
   ㉰ 316                 ㉱ 3157

42. 바람이 부는 날, 굴뚝에서 나오는 연기 모양을 셔터속도 1/125초로 하여 사진을 찍었다. 이 유동 가시화 사진에서 보이는 연기모양은 다음 중 무엇에 해당하는가?
   ㉮ 유선(streamline)
   ㉯ 유적선(pathline)
   ㉰ 유맥선(streakline)
   ㉱ 시간선(timeline)

43. 그림과 같은 펌프를 이용하여 $0.2 m^3/s$ 의 물을 퍼 올리고 있다. 흡입부(①)와 배출부(②)의 고도차이는 3m이고, ①에서의 압력은 -20kPa, ②에서의 압력은 150kPa이다. 펌프의 효율이 70%이면 펌프에 공급해야할 동력(kW)은? (단, 흡입관과 배출관의 직경은 같고 마찰손실은 무시한다.)

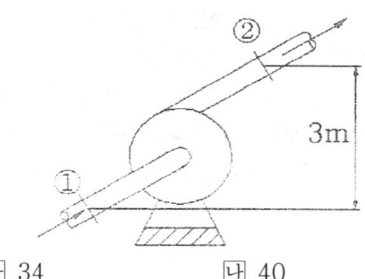

   ㉮ 34                  ㉯ 40
   ㉰ 49                  ㉱ 57

44. $(\Upsilon, \theta)$극좌표계에서 속도 포텐션 $\Phi = 2\theta$에 대응하는 원주방향속도 $(V_\theta)$는? (단, 속도포텐셜 $\Phi$는 $\vec{V} = \nabla \emptyset = grad \emptyset$ 로 정의된다.)
   ㉮ $\dfrac{4\pi}{r}$           ㉯ $\dfrac{2}{r}$
   ㉰ $2r$                 ㉱ $4\pi r$

45. 풍속이 40m/s인 공기(밀도 $1.2kg/m^3$)가 갖는 동압은?
   ㉮ 0.96 Pa            ㉯ 9.6 Pa
   ㉰ 96 Pa              ㉱ 960 Pa

46. 비중이 0.85 이고 동점성계수가 $3 \times 10^{-4} m^2/s$ 인 기름이 직경 10cm원관내를 20L/s로 흐른다. 이 원관 100m 길이에서의 수두손실은 약 몇 m인가?
   ㉮ 16.6               ㉯ 24.9
   ㉰ 49.8               ㉱ 82.1

47. 다음 중 기체상수가 가장 큰 기체는?
   ㉮ 산소                ㉯ 수소
   ㉰ 질소                ㉱ 공기

정답  39. ㉮  40. ㉯  41. ㉯  42. ㉰  43. ㉱  44. ㉯  45. ㉱  46. ㉰  47. ㉯

48. 물 위를 3m/s의 속도로 항진하는 길이 2m인 모형선에 작용하는 조파저항이 54N 이다. 길이 50m 인 실선을 이것과 상사한 조파상태인 해상에서 항진시킬 때 조파저항은 약 얼마가 발생하는가?(단, 해수의 비중량은 $\gamma_p$=10075N/m³이다.)
  - ㉮ 867 N
  - ㉯ 8825 N
  - ㉰ 86 kN
  - ㉱ 867 kN

49. 평판을 지나는 경계층 유동에서 속도 분포를 경계층 내에서는 $u = U\frac{y}{\delta}$, 경계층 밖에서는 u=U로 가정할 때, 운동량 두께(momentum thickness)는 경계층 두께 $\delta$의 몇 배인가? (단, U=자유흐름 속도, $y$=평판으로부터의 수직 거리)
  - ㉮ 1/6
  - ㉯ 1/3
  - ㉰ 1/2
  - ㉱ 7/6

50. 압력 항력과 가장 관련이 있는 것은?
  - ㉮ 표면 마찰
  - ㉯ 포텐셜 유동
  - ㉰ 유도 항력
  - ㉱ 후류의 발생

51. 그림과 같은 유동장에서 고정된 윗판이 받는 전단응력의 크기와 방향을 구하면? (단, 속도분포는 선형이라 가정한다.)

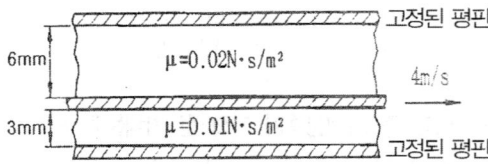

  - ㉮ 26.8 Pa, 좌 → 우
  - ㉯ 13.3 Pa, 좌 → 우
  - ㉰ 0.0268 Pa, 우 → 좌
  - ㉱ 26.8 Pa, 우 → 좌

52. 2m × 2m × 2m의 정육면체로 된 탱크 안에 비중이 0.8인 기름이 가득 차 있고, 위 뚜껑이 없을 때 탱크의 옆 한면에 작용하는 전체 압력에 의한 힘은 약 몇 kN 인가?
  - ㉮ 1.6
  - ㉯ 15.7
  - ㉰ 31.4
  - ㉱ 62.8

53. 밀도$\rho$, 평균 단면적 A인 $n$개의 액체 분무가 평균 V의 속도로 수직 평판에 충돌할 때 분무로 인하여 평판이 받는 충격력은?
  - ㉮ $nV^2A$
  - ㉯ $n\rho VA$
  - ㉰ $n\rho V^2A$
  - ㉱ $n^2\rho V^2A$

54. 벤투리 유량계(Venturi meter)에 적용되는 두 가지 원리와 가장 관련이 있는 것은?
  - ㉮ 연속 방정식, 베르누이 방정식
  - ㉯ 연속 방정식, 각운동량 방정식
  - ㉰ 운동량 방정식, 에너지 방정식
  - ㉱ 에너지 방정식, 각운동량 방정식

55. 직경 D인 수평 원관 내에 어떤 유체가 평균속도 1m/s로 흐를 때 마찰계수가 0.02이었다. 직경 2D 인 수평 원관내에 동일한 유체가 동일한 조건에서 평균속도 2m/s로 흐를 때 마찰계수가 0.01 이었다면, 다음 중 원관의 단위 길이당의 압력강하에 대한 설명으로 옳은 것은?
  - ㉮ 직경 D인 원관의 압력강하가 크다.
  - ㉯ 직경 2D인 원관의 압력강하가 크다.
  - ㉰ 두 경우 압력강하가 같다.
  - ㉱ 알 수 없다.

56. 직경 D인 구가 점성계수 $\mu$인 유체속에서, 관성을 무시할 수 있을 정도로 느린 속도 V로 움직일 때 받는 힘 F를 D, $\mu$, V의 함수로 가정하여 차원해석 하였을 때 얻는 식은?
  - ㉮ $\frac{F}{(D\mu V)^{\frac{1}{2}}} =$ 상수
  - ㉯ $\frac{F}{D\mu V} =$ 상수
  - ㉰ $\frac{F}{D\mu V^2} =$ 상수
  - ㉱ $\frac{F}{(D\mu V)^2} =$ 상수

정답 48.㉱ 49.㉮ 50.㉱ 51.㉯ 52.㉰ 53.㉰ 54.㉮ 55.㉰ 56.㉯

57. 다음 중 표준 대기압의 값이 아닌 것은?
   ㉮ 14.7 psi   ㉯ 760 mmHg
   ㉰ 1.033 mAq   ㉱ 1.013 bar

58. 지름이 10cm인 원 관에서 유체가 층류로 흐를 수 있는 임계 레이놀즈 수를 2100으로 할 때 층류로 흐를 수 있는 최대 평균속도는 몇 m/s 인가? (단, 흐르는 유체의 동점성계수는 $1.8 \times 10^{-6} m^2/s$이다.)
   ㉮ $3.78 \times 10^{-3}$   ㉯ $3.78 \times 10^{-2}$
   ㉰ 3.78   ㉱ 1.89

59. 안지름이 2m인 직관 내를 물이 6 m/s의 속도로 흐르고 있다. 여기에 재질이 같은 작은 직관을 흐름과 같은 방향으로 직접 연결하여 관 내의 유속을 24m/s로 하려면 작은 관의 안지름을 몇 m로 해야 하는가?
   ㉮ 0.25   ㉯ 0.5
   ㉰ 1   ㉱ 1.5

60. 그림과 같은 탱크에서 A점에 표준대기압이 작용하고 있을 때, B점의 절대 압력은 약 몇 kPa인가?(단, A점과 B점의 수직거리는 2.5m이고 기름의 비중은 0.92이다.)

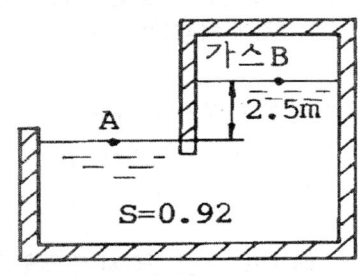

   ㉮ 78.8   ㉯ 788
   ㉰ 179.8   ㉱ 1798

## 농업동력학  제 4 과목

61. 4사이클 디젤기관의 실린더 지름이 430mm, 피스톤 행정은 650mm, 회전수가 270 rpm이고, 실린더수가 8일 때 피스톤의 평균 속도는?
   ㉮ 4.55m/s   ㉯ 5.00m/s
   ㉰ 5.85m/s   ㉱ 6.85m/s

62. 트랙터는 좌, 우 브레이크 페달에 의해 독립적으로 제동할 수 있게 되어 있다. 이와 같이 독립 브레이크를 사용하는 가장 주된 이유는?
   ㉮ 급정지를 하기 위해서
   ㉯ 제동력을 크게 하기 위해서
   ㉰ 제동 거리를 작게 하기 위해서
   ㉱ 회전 반경을 작게 하기 위해서

63. 다음 중 디젤 기관과 관계가 없는 장치는?
   ㉮ 냉각장치   ㉯ 윤활장치
   ㉰ 연료공급장치   ㉱ 전기점화장치

64. 실린더 지름이 100mm, 행정은 150mm, 도시 평균 유효압력은 700 kPa, 기관 회전수가 1500 rpm, 실린더 수가 4개인 4사이클 가솔린 기관의 도시출력은?
   ㉮ 10.3kW   ㉯ 41.2kW
   ㉰ 56.0kW   ㉱ 259.0kW

65. 농용 트랙터 축전지가 완전 방전되었다고 할 때 축전지 셀 하나의 전압은 약 몇 볼트(V) 이하를 말하는가?
   ㉮ 1.25   ㉯ 1.50
   ㉰ 1.75   ㉱ 2.00

66. 견인계수에 직접적인 영향을 미치는 요인이라고 볼 수 없는 것은?
   ㉮ 토양의 상태   ㉯ 주행장치의 형태
   ㉰ 엔진 출력   ㉱ 타이어의 공기압

정답 57.㉰ 58.㉯ 59.㉰ 60.㉮ 61.㉰ 62.㉱ 63.㉱ 64.㉯ 65.㉰ 66.㉰

67. 동력경운기를 운전하여 비탈길을 내려가며 조향 손잡이를 사용할 때 발생하는 현상에 관한 설명으로 틀린 것은?
  ㉮ 동력이 끊어진 쪽의 차륜이 중력가속도에 의하여 더 빨리 회전하므로 평지와는 다르게 선회한다.
  ㉯ 비탈길을 내려갈 때는 가능한 한 사이드 클러치를 사용 하지 않는 것이 안전하다.
  ㉰ 핸들의 조향 토크를 증대해서 차축에 전달한다.
  ㉱ 동력이 갑자기 끊어져 급선회할 위험이 있다.

68. 차륜형 트랙터의 크기를 표시하는 기준으로 다음 중 어느 것을 일반적으로 사용하는가?
  ㉮ 기체의 자중
  ㉯ 기관 출력
  ㉰ 기체의 전장과 전폭
  ㉱ 견인 출력

69. 디젤기관 연소실의 종류별 특징 설명을 올바른 것은?
  ㉮ 와류실식은 평균유효압력이 높고 연소속도가 빠르므로 고속기관에 적합하다.
  ㉯ 직접분사식은 최고압력이 낮고 노크도 적으나 효율이 낮고 고속기관에는 부적합하다.
  ㉰ 공기실식은 구조가 간단하고 효율이 낮으며 시동성이 좋으나 고장이 많고 수명이 짧다.
  ㉱ 예연소실식은 분사압력과 효율이 높으나 시동이 쉽고, 디젤 노크도 많이 일어난다.

70. 트랙터 유압장치의 유압펌프로 적당하지 않은 것은?
  ㉮ 기어펌프  ㉯ 베인펌프
  ㉰ 원심펌프  ㉱ 피스톤펌프

71. 자체하중이 15kN, 주행속도가 5.4km/h 인 트랙터의 주행에 소요되는 동력은 약 몇 kW 인가?(단, 구름 저항계수는 0.07이다.)
  ㉮ 1.58   ㉯ 2.10
  ㉰ 15.75  ㉱ 21.00

72. 실린더 1개인 내연기관에서 피스톤의 배기량의 주 결정요인은?
  ㉮ 피스톤 직경과 무게
  ㉯ 피스톤 직경과 행정
  ㉰ 피스톤 직경과 피스톤의 길이
  ㉱ 피스톤 직경과 피스톤 로드 길이

73. 트랙터의 변속기 중 유압 펌프와 유압 모터에 의해 변속하는 방식으로 부하 조건에 잘 적응하는 변속기는?
  ㉮ 기계식 변속기
  ㉯ 파워 시프트 변속기
  ㉰ 유압 구동식 변속기
  ㉱ 토크 컨터버식 변속기

74. 카르노사이클의 공급 열량을 $Q_1$, 방열량을 $Q_2$라 하면, 열효율 $\eta_c$는?
  ㉮ $\eta_c = 1 + \dfrac{Q_2}{Q_1}$   ㉯ $\eta_c = 1 - \dfrac{Q_2}{Q_1}$
  ㉰ $\eta_c = 1 + \dfrac{Q_1}{Q_2}$   ㉱ $\eta_c = 1 - \dfrac{Q_1}{Q_2}$

75. 트랙터의 PTO 성능 시험 중 부분 부하 시험에서 기준 부하에 해당되는 것은?
  ㉮ 최대 출력 시 부하의 90%
  ㉯ 최대 출력 시 부하의 85%
  ㉰ 최대 출력 시 부하의 80%
  ㉱ 최대 출력 시 부하의 75%

76. 기관의 배기가스 성분 중에서 인체에 직·간접적으로 영향을 미치는 공해물질이 아닌 것은?
  ㉮ $CO_2$   ㉯ $NOx$
  ㉰ $CO$    ㉱ $HC$

정답  67. ㉰  68. ㉯  69. ㉮  70. ㉰  71. ㉮  72. ㉯  73. ㉰  74. ㉯  75. ㉯  76. ㉮

77. 다음 중 수냉식 냉각장치 부동액의 구비조건이 아닌 것은?
    ㉮ 불연성이어야 한다
    ㉯ 빙점이 낮아야 한다
    ㉰ 팽창계수가 작아야 한다.
    ㉱ 열전도율이 낮아야 한다.

78. 농용 트랙터의 차동장치에서 입력축의 회전속도를 200rpm이라 하면, 내측 차륜의 회전속도가 100rpm 일 때 외측 차륜의 회전속도는 몇 rpm인가?(단, 최종 감속 기어의 감속비는 1:1로 가정한다.)
    ㉮ 100   ㉯ 200
    ㉰ 300   ㉱ 400

79. 트랙터의 킹핀을 측면에서 보았을 때 킹핀의 중심선과 연직선이 이루는 각은?
    ㉮ 캠버각   ㉯ 킹핀 경사각
    ㉰ 캐스터각  ㉱ 토인각

80. 총충량이 30kN되는 궤도형 트랙터로부터 얻을 수 있는 최대견인력은 약 몇 kN인가?(단, 트랙터의 궤도는 각각 폭이 30cm이고, 길이가 150cm, 토양의 점착응력 C=10kPa이고, 토양의 내부 마찰각 $\Phi$=30°이다.)
    ㉮ 13.1   ㉯ 26.3
    ㉰ 39.5   ㉱ 52.6

## 농업기계학 제5과목

81. 콤바인의 끌어올림 장치의 구동스프로켓의 피치직경이 8cm 이고 픽업러그의 길이가 8cm, 걷어 올림 속도비가 2, 작업속도가 1.2m/s라면 구동스프로켓의 회전수는?
    ㉮ 2292rpm   ㉯ 1146rpm
    ㉰ 573rpm    ㉱ 287rpm

82. 조파기가 수행하는 작업으로 맞는 것은?
    ㉮ 경운, 쇄토, 진압
    ㉯ 경운, 배종, 진압
    ㉰ 구절, 쇄토, 복토
    ㉱ 구절, 배종, 복토

83. 곡월을 빈(bin)에 채우고 송풍기 가열로 온도가 상승된 외부의 공기를 빈내의 곡물층 사이를 통과시켜 건조를 하는 장치는?
    ㉮ 평면식 건조기
    ㉯ 순환식 건조기
    ㉰ 원형 빈 건조저장장치
    ㉱ 다회 연속통과식 건조장치

84. 트랙터의 정지(整地) 작업용 작업기로 가장 적합한 것은?
    ㉮ 쟁기        ㉯ 로타리 경운기
    ㉰ 원판 플라우  ㉱ 원판 해로우

85. 정지 작업기인 로타리의 구동 방식이 아닌 것은?
    ㉮ 측방구동식   ㉯ 복합구동식
    ㉰ 중앙구동식   ㉱ 분할구동식

86. 다음 중 시설원예에서 사용하고 있는 일반적인 관수 방식이 아닌 것은?
    ㉮ 비산살포법   ㉯ 다공튜브법
    ㉰ 노즐법       ㉱ 점적관수법

87. 쟁기의 경폭이 25cm, 경심 10cm, 견인력 100kgf이고 경운속도가 0.5m/s 일 때 쟁기의 경운 비저항(kgf/cm$^2$)은?
    ㉮ 0.2   ㉯ 0.4
    ㉰ 0.6   ㉱ 0.8

정답  77. ㉱  78. ㉰  79. ㉯  80. ㉯  81. ㉰  82. ㉱  83. ㉰  84. ㉱  85. ㉯  86. ㉮  87. ㉯

88. 경폭이 750mm 인 유압 쟁기를 이용하여 5.5km/h의 속도로 경운작업을 하는 트랙터가 있다. 경심을 200mm로 하면 필요한 견인동력은 약 몇 kW인가?(단, 토양의 비저항은 3.0 N/cm$^2$이다.)
   - ㉮ 2.3
   - ㉯ 4.5
   - ㉰ 6.9
   - ㉱ 8.3

89. 동력 분무기를 무리 없이 사용하려면 여수량은 송출량의 몇 % 정도가 적당한가?
   - ㉮ 1 ~ 5%
   - ㉯ 15 ~ 20%
   - ㉰ 35 ~ 40%
   - ㉱ 45 ~ 50%

90. 종자를 한 알 또는 여러 알씩 일정한 간격으로 파종하는 경우에 알맞은 파종기는?
   - ㉮ 산파기
   - ㉯ 조파기
   - ㉰ 점파기
   - ㉱ 이앙기

91. 하루에 필요한 담수심이 20mm인 10ha의 논에 양수기를 이용하여 관개할 때 필요한 분당 양수량은 얼마인가?(단, 양수기의 하루 운전시간을 10시간, 수로에서의 손실계수를 0.2로 한다.)
   - ㉮ 1.0m$^3$/min
   - ㉯ 2.0m$^3$/min
   - ㉰ 3.0m$^3$/min
   - ㉱ 4.0m$^3$/min

92. 선과기에서 중량 선별기의 특성 중 틀린 것은?
   - ㉮ 일반적으로 정밀도가 높다.
   - ㉯ 상처가 나기 쉬운 과일의 선별에 적합하다.
   - ㉰ 능률이 형상 선별 방식에 비해 높다.
   - ㉱ 기계식과 전자식이 있다.

93. 탈곡기의 급치와 탈곡망 사이의 간격이 넓을 때 일어나는 현상으로 가장 적합한 설명은?
   - ㉮ 손상립이 증가된다.
   - ㉯ 소요 동력이 증가된다.
   - ㉰ 선별 효율이 증가된다.
   - ㉱ 미탈곡립과 수절립이 증가된다.

94. 양수기에 사용되는 원심펌프에 대한 설명 중 올바르지 않은 것은?
   - ㉮ 펌프내에 밸브가 있고 구조가 간단하다.
   - ㉯ 펌프의 설치면적을 작게 차지한다.
   - ㉰ 회전운동으로 양수작업을 한다.
   - ㉱ 진동이 작고 효율이 높다.

95. 곡물에 금이 가거나 파열이 생기는 등의 물리적 손상을 방지하기 위한 건조 방법이 아닌 것은?
   - ㉮ 건조 온도를 낮춘다.
   - ㉯ 가열된 곡물을 신속히 식힌다.
   - ㉰ 일정량의 수분을 서서히 제거한다.
   - ㉱ 건조 온도가 높은 때는 습도가 높은 공기를 사용한다.

96. 다음 소맥 제분공정의 설명 중에서 잘못된 것은?
   - ㉮ 압쇄공정에서는 압력과 전단작용을 이용하여 분말을 만들고 밀기울은 분쇄되지 않게 한다.
   - ㉯ 후처리 공정에서 과산화질소 등으로 표백하고 비타민을 첨가하며 살충처리도 한다.
   - ㉰ 분쇄를 용이하게 하기 위해 수분을 첨가하여 함수율 20~24%가 되도록 한다.
   - ㉱ 물속에 밀을 집어넣어 고속회전 시키므로 밀의 표면에 점착된 물질을 제거한다.

97. 채취된 시료의 무게가 20g, 완전히 마른 후의 무게가 18g이라면 건량기준 함수율은 얼마인가?
   - ㉮ 10.0%
   - ㉯ 11.1%
   - ㉰ 12.4%
   - ㉱ 13.3%

정답 88. ㉰ 89. ㉯ 90. ㉰ 91. ㉱ 92. ㉰ 93. ㉱ 94. ㉮ 95. ㉯ 96. ㉰ 97. ㉯

98. 동력 살분무기(미스트기)의 분무 입자의 평균 직경은 얼마정도인가?
   가 4 $\mu m$
   나 40 $\mu m$
   다 400 $\mu m$
   라 4000 $\mu m$

99. 나무뿌리, 돌 등의 장애물이 많고, 단단한 토양에 가장 적합한 쇄토기는?
   가 스파이크 해로우
   나 애크미 해로우
   다 스프링 해로우
   라 원판 해로우

100. 원판 플로우(disk plow)의 특성 설명으로 틀린 것은?
   가 심경(深耕 : deep plowing)이 가능하다.
   나 땅속으로 침입할 수 없는 마르고 단단한 땅에서는 경기 작업이 불가능하다.
   다 나무뿌리나 돌멩이에 부딪쳐서 파손될 위험성이 적고, 특히 개간지 경기작업에 적합하다.
   라 스크레이퍼(scraper)에 의하여 흙의 부착을 방지하므로 점착성이 강한 토양에서도 경기 작업이 가능하다.

정답  98. 나  99. 다  100. 나

# 2012년 과년도 출제문제

## 재료역학 — 제 1 과목

1. 단면적이 각각 $A_1$, $A_2$이고, 탄성계수가 각각 $E_1$, $E_2$인 길이 $\ell$인 재료가 강성판 사이에서 인장하중 P를 받아 탄성 변형을 했을 때, 각 재료 내부에 생기는 수직응력은? (단, 2개의 강성판은 항상 수평을 유지한다.)

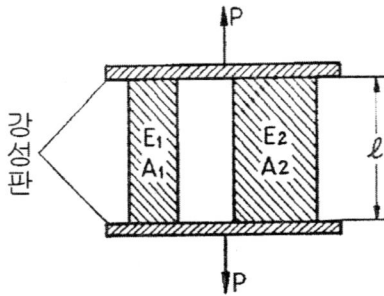

㉮ $\sigma_1 = \dfrac{PE_1}{A_1+A_2}$, $\sigma_2 = \dfrac{PE_2}{A_1+A_2}$

㉯ $\sigma_1 = \dfrac{P}{A_1+A_2\dfrac{E_2}{E_1}}$, $\sigma_2 = \dfrac{P}{A_2+A_1\dfrac{E_2}{E_1}}$

㉰ $\sigma_1 = \dfrac{PE_2}{A_1E_1+A_2E_2}$, $\sigma_2 = \dfrac{PE_1}{A_1E_1+A_2E_2}$

㉱ $\sigma_1 = \dfrac{PE_1}{A_1E_2+A_2E_1}$, $\sigma_2 = \dfrac{PE_2}{A_1E_2+A_2E_1}$

2. 강선의 지름이 6mm이고 코일의 반지름이 50mm인 10회 감긴 스프링이 있다. 이 스프링에 100N의 힘이 작용할 때 처짐량은 약 몇 mm인가? (단, 재료의 전단탄성계수 G = 82 GPa 이다.)

㉮ 55.3
㉯ 65.3
㉰ 75.3
㉱ 85.3

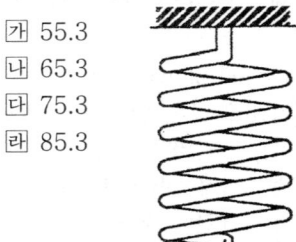

3. 단면적이 같은 정사각형과 원형단면의 보에서 정사각형 단면의 최대 전단응력은 원형단면의 최대 전단응력의 몇 배인가? (단, 두면에 작용하는 전단력의 크기는 같다.)

㉮ $\dfrac{8}{7}$ ㉯ $\dfrac{9}{8}$

㉰ $\dfrac{8}{9}$ ㉱ $\dfrac{7}{8}$

4. 폭 × 높이 = 300mm × 300mm의 단면을 가진 보가 굽힘을 받아 최대 굽힘 응력이 90 MPa이 되었다. 이 단면에 작용한 굽힘 모멘트는 몇 kN · m 인가?

㉮ 405   ㉯ 505
㉰ 605   ㉱ 705

정답  1. ㉯  2. ㉰  3. ㉯  4. ㉮

5. 그림과 같은 정사각형 단면을 가지는 짧은 기둥의 측면에 홈이 파여 있을 때 도심에 작용하는 축하중 W로 인해 단면 n − n′에 발생하는 최대 압축응력의 크기는?

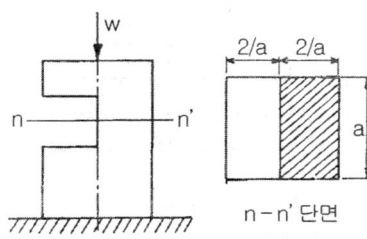

㉮ $\dfrac{8W}{a}$ ㉯ $\dfrac{8W}{a^2}$

㉰ $\dfrac{Wa^2}{8}$ ㉱ $\dfrac{8a^2}{W}$

6. 양단 고정보의 중앙에 집중 하중 P가 작용할 때 굽힘 모멘트 선도(BMD)는?

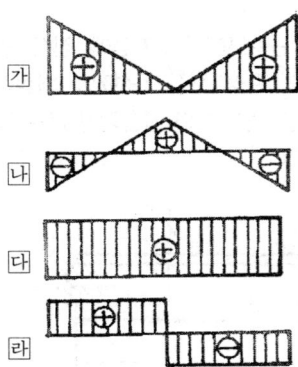

7. 45°각의 로제트 게이지로 측정한 결과 $\epsilon_x$ =400×10$^{-6}$, $\epsilon_y$=200×10$^{-6}$, $\gamma_{xy}$=200×10$^{-6}$일 때, 주응력은 약 몇 MPa인가? (단, 포아송 비 v=0.3, 탄성계수 E=206GPa이다.)

㉮ $\sigma_1$=100, $\sigma_2$=56
㉯ $\sigma_1$=110, $\sigma_2$=66
㉰ $\sigma_1$=120, $\sigma_2$=76
㉱ $\sigma_1$=130, $\sigma_2$=86

8. 원형 단면 기둥 A와 정사각형 단면 기둥 B가 동일한 세장비를 가질 때 기둥의 길이 비 $\dfrac{L_A}{L_B}$은?(단, 각 경우에서 원형 단면의 지름과 정사각형 단면에서 한 변의 길이는 20cm이다.)

㉮ $\dfrac{\sqrt{3}}{2}$ ㉯ $\sqrt{5}$

㉰ $\sqrt{3}$ ㉱ $\dfrac{\sqrt{5}}{2}$

9. 단면 치수가 8mm × 24mm 인 강대가 인장력 P = 15 kN을 받고 있다. 그림과 같이 30° 경사진 면에 작용하는 전단응력은 약 몇 MPa 인가?

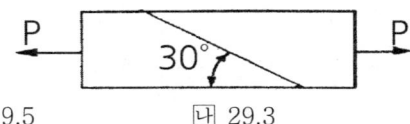

㉮ 19.5 ㉯ 29.3
㉰ 33.8 ㉱ 67.6

10. 탄성계수가 E이고 포아송 비가 v 인 재료의 전단탄성계수 G를 표현한 올바른 식은?

㉮ $G = \dfrac{E}{(1+2v)}$ ㉯ $G = \dfrac{E}{2(1+v)}$

㉰ $G = \dfrac{E}{(2+v)}$ ㉱ $G = \dfrac{2E}{(1+v)}$

11. 원형 단면축에 비틀림 모멘트를 받을 때 최대 전단응력 $\tau$에 대한 설명으로 틀린 것은?

㉮ 비틀림 모멘트에 비례한다.
㉯ 축 지름의 3제곱에 반비례한다.
㉰ 극단면계수에 비례한다.
㉱ 극단면 2차모멘트에 반비례한다.

정답 5. ㉯ 6. ㉯ 7. ㉯ 8. ㉮ 9. ㉰ 10. ㉰ 11. ㉰

12. 단면적이 2cm × 3cm 이고, 길이 1.5m 의 연강봉에 인장하중이 작용하여 0.1cm 늘어났다. 이때 축적된 탄성 에너지의 크기는 몇 N·m 인가? (단, 탄성계수 E=210GPa 이다.)
   ㉮ 42   ㉯ 420
   ㉰ 84   ㉱ 126

13. 자유단에 집중하중 P를 받는 외팔보의 최대 처짐 $\delta_1$과 P=$\omega$L이 되게 균일 분포하중 ($\omega$)이 작용하는 외팔보의 자유단 처짐 $\delta_2$의 처짐비 $\delta_2/\delta_1$는 얼마인가? (단, 보의 굽힘 강성은 EI로 일정하다.)
   ㉮ $\dfrac{8}{3}$   ㉯ $\dfrac{3}{8}$
   ㉰ $\dfrac{5}{8}$   ㉱ $\dfrac{8}{5}$

14. 그림에서 무게 39 N인 물체 W를 비탈위로 올리기 위한 최소한의 힘 P는 몇 N인가? (단, 마찰계수 1/3이다.)

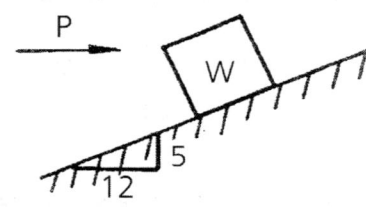

   ㉮ 22   ㉯ 30
   ㉰ 34   ㉱ 38

15. 400rpm 으로 회전하는 바깥지름 60mm, 안지름 40mm인 중공 단면축이 10kW의 동력을 전달할 때 비틀림 각도는 약 몇 도인가? (단, 전단 탄성계수 G = 80 GPa, 축 길이 L = 3m이다.)
   ㉮ 0.2°   ㉯ 0.5°
   ㉰ 0.7°   ㉱ 1°

16. 그림의 H형 단면의 도심축인 Z축에 관한 회전 반지름(radius of gyration)은 얼마인가?

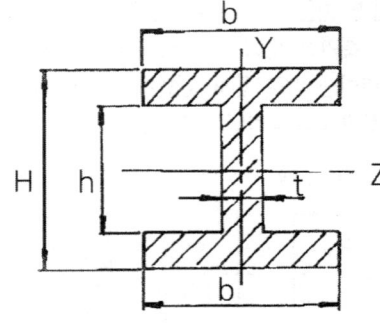

   ㉮ $\sqrt{\dfrac{bH^3-(b-t)h^3}{12[bH-(b-t)h]}}$

   ㉯ $\dfrac{bH^2}{6}-\dfrac{th^2}{6}$

   ㉰ $\dfrac{bH^3-(b-t)h^3}{12}/\dfrac{H}{2}$

   ㉱ $\sqrt{\dfrac{\dfrac{bH^3}{12}}{2b(H-h)+th}}$

17. 그림과 같은 단순보에서 C지점에 집중 하중 W가 작용할 때, 탄성 처짐 곡선에서 처짐각이 가장 큰 위치는? (단, 보의 굽힘강성 EI는 일정하고, a > b 이다.)

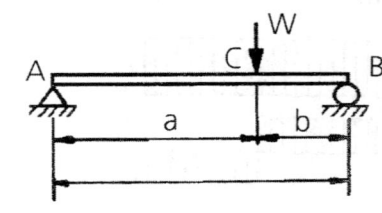

   ㉮ A점에서   ㉯ B점에서
   ㉰ C점에서   ㉱ AC점의 중간점에서

정답 12. ㉮  13. ㉯  14. ㉰  15. ㉯  16. ㉮  17. ㉯

18. 그림과 같이 등분포하중이 작용하는 보에서 최대 전단력의 크기는 몇 kN인가?

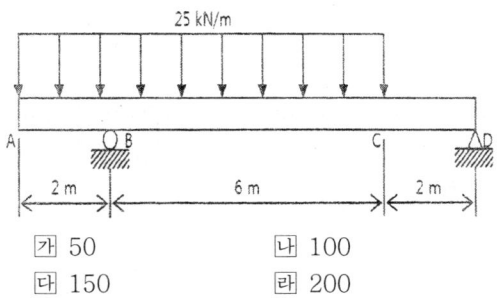

㉮ 50  ㉯ 100
㉰ 150  ㉱ 200

19. 그림과 같은 보에 하중 P가 작용하고 있을 때, 이 보에 발생하는 최대 굽힘응력은?

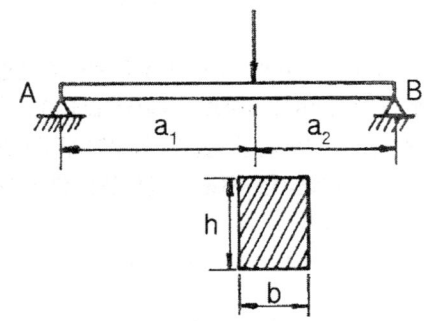

㉮ $\sigma_{max} = \dfrac{6a_1a_2}{bh^2(a_1+a_2)}P$

㉯ $\sigma_{max} = \dfrac{6a_1a_2}{bh^3(a_1+a_2)}P$

㉰ $\sigma_{max} = \dfrac{6a_1a_2}{b^2h(a_1+a_2)}P$

㉱ $\sigma_{max} = \dfrac{6a_1a_2}{b^3h(a_1+a_2)}P$

20. 막대의 한 끝이 고정되고 다른 끝에 집중 하중이 작용할 때, 막대의 양단에서 국부변형이 발생하고 양단에서 멀어질수록 그 효과가 감소된다는 사실과 관계있는 것은?

㉮ 카스틸리아노(Castigliano)의 정의
㉯ 상베낭(Saint-Venant)의 원리
㉰ 트레스카(Tresca)의 원리
㉱ 맥스웰(Maxwell)의 정리

# 기계열역학
## 제 2 과목

21. 보일러 입구의 압력이 9800 kN/m² 이고, 응축기의 압력이 4900 N/m² 일 때 펌프 일은 약 몇 kJ/kg 인가? (단, 물의 비체적은 0.001 m³/kg 이다.)

㉮ -9.79  ㉯ -15.17
㉰ -87.25  ㉱ -180.52

22. 피스톤-실린더 장치 내에 있는 공기가 0.3m³ 에서 0.1m³ 으로 압축되었다. 압축되는 동안 압력과 체적 사이에 P=aV⁻² 의 관계가 성립하며, 계수 a= 6kPa·m² 이다. 이 과정동안 공기가 한 일은 얼마인가?

㉮ -53.5 kJ  ㉯ -1.1 kJ
㉰ 253 kJ  ㉱ -40 kJ

23. 어떤 유체의 밀도가 741 kg/m³ 이다. 이 유체의 비체적은 약 몇 m³/kg 인가?

㉮ $0.78 \times 10^{-3}$  ㉯ $1.35 \times 10^{-3}$
㉰ $2.35 \times 10^{-3}$  ㉱ $2.98 \times 10^{-3}$

24. 1kg의 기체가 압력 50 KPa, 체적 2.5m³ 의 상태에서 압력 1.2 MPa, 체적 0.2 m³ 의 상태로 변하였다. 엔탈피의 변화량은 약 몇 kJ 인가? (단, 내부에너지의 증가 $U_2 - U_1 = 0$ 이다.)

㉮ 306  ㉯ 206
㉰ 155  ㉱ 115

25. 주위의 온도가 27℃ 일 때, -73℃에서 1kJ의 냉동효과를 얻으려 한다. 냉동 사이클을 구동하는데 필요한 최소일은 얼마인가?
   ㉮ 2 kJ   ㉯ 1.5 kJ
   ㉰ 1 kJ   ㉱ 0.5 kJ

26. 열교환기의 1차 측에서 100 kPa의 공기가 50℃로 들어가서 30℃로 나온다. 공기의 질량유량은 0.1 kg/s 이고, 정압비열은 1kJ/kg·K 로 가정한다. 2차 측에서 물은 10℃로 들어가서 20℃로 나온다. 물의 정압비열은 4 kJ/kg·K로 가정한다. 물의 질량유량은?
   ㉮ 0.005 kg/s   ㉯ 0.01 kg/s
   ㉰ 0.05 kg/s    ㉱ 0.10 kg/s

27. 다음 냉동사이클의 에너지 전달량으로 적절한 것은?

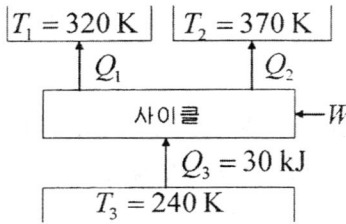

   ㉮ $Q_1$=20 kJ, $Q_2$=20kJ, W=20kJ
   ㉯ $Q_1$=20 kJ, $Q_2$=30kJ, W=20kJ
   ㉰ $Q_1$=20 kJ, $Q_2$=20kJ, W=10kJ
   ㉱ $Q_1$=20 kJ, $Q_2$=15kJ, W=5kJ

28. 실린더 지름이 7.5cm 이고, 피스톤 행정이 10cm 인 압축기의 지압선도로부터 구한 평균 유효압력이 200 kPa 일 때, 한 사이클당 압축일은 약 몇 J 인가?
   ㉮ 12.4    ㉯ 22.4
   ㉰ 88.4    ㉱ 128.4

29. 공기를 300 K에서 800 K 로 가열하면서 압력은 500 kPa에서 400 kPa로 떨어뜨린다. 단위질량당 엔트로피 변화량은 약 얼마인가?(단, 비열은 일정하다고 가정하며, 300K에서 공기비열 cp=1.004 kJ/kg·K 이다.)
   ㉮ 0.15 kJ/kg·K    ㉯ 1.5 kJ/kg·K
   ㉰ 1.05 kJ/kg·K    ㉱ 0.105 kJ/kg·K

30. 냉동용량이 35 kW인 어느 냉동기의 성능계수가 4.8 이라면 이 냉동기를 작동하는데 필요한 동력은?
   ㉮ 약 9.2 kW    ㉯ 약 8.3 kW
   ㉰ 약 7.3 kW    ㉱ 약 6.5 kW

31. 이상적인 냉동사이클의 기본 사이클은?
   ㉮ 브레이튼 사이클   ㉯ 사바테 사이클
   ㉰ 오토 사이클       ㉱ 역카르노 사이클

32. 밀폐계에서 기체의 압력이 500 kPa로 일정하게 유지 되면서 체적이 0.2m³에서 0.7m³로 팽창하였다. 이 과정 동안에 내부에너지의 증가가 60kJ 이였다면 계(系)가 한 일은 얼마인가?
   ㉮ 450 kJ    ㉯ 350 kJ
   ㉰ 250 kJ    ㉱ 150 kJ

33. 다음 중 이상기체의 정적비열(Cv)과 정압비열(Cp)에 관한 관계식으로 옳은 것은?(단, R은 기체상수이다.)
   ㉮ Cv − Cp = 0
   ㉯ Cv + Cp = R
   ㉰ Cp − Cv = R
   ㉱ Cv − Cp = R

34. 체적이 150m³인 방 안에 질량이 200 kg 이고 온도가 20℃인 공기(이상기체상수 = 0.287kJ/kg·K)가 들어 있을 때 이 공기의 압력은 약 몇 kPa 인가?
   ㉮ 112    ㉯ 124
   ㉰ 162    ㉱ 184

35. 상온의 실내에 있는 수은기압계의 수은주가 730mm 높이 있다면, 이때 대기압은 얼마인가? (단, 25℃ 기준, 수은 밀도 = 13534 kg/m³)
   ㉮ 9.68 kPa   ㉯ 96.8 kPa
   ㉰ 4.34 kPa   ㉱ 43.4 kPa

36. 증기압축식 냉동사이클용 냉매의 성질로 적당하지 않은 것은?
   ㉮ 증발잠열이 크다.
   ㉯ 임계온도가 상온보다 충분히 높다.
   ㉰ 증발압력이 대기압 이상이다.
   ㉱ 응고온도가 상온 이상이다.

37. 대류 열전달계수와 관계가 없는 것은?
   ㉮ 유체의 열전도율
   ㉯ 유체의 속도
   ㉰ 고체의 형상
   ㉱ 고체의 열전도율

38. 다음 중 엔트로피에 대한 설명으로 맞는 것은?
   ㉮ 엔트로피의 생성항은 열전달의 방향에 따라 양수 또는 음수일 수 있다.
   ㉯ 비가역성이 존재하면 동일한 압력 하에 동일한 체적의 변화를 갖는 가역과정에 비해 외부에 하는 일이 증가한다.
   ㉰ 열역학 과정에서 시스템과 주위를 포함한 전체에 대한 순 엔트로피는 절대 감소하지않는다.
   ㉱ 엔트로피는 가역과정에 대해서 경로함수이다.

39. 반데발스 (van der Waals)의 상태 방정식은 $(P+\frac{a}{v^2})(v-b)=RT$로 표시된다. 이 식에서 $\frac{a}{v^2}$, $b$는 각각 무엇을 고려하는 상수인가?
   ㉮ 분자간의 작용 인력, 분자간의 거리
   ㉯ 분자간의 작용 인력, 분자 자체의 부피
   ㉰ 분자 자체의 중량, 분자간의 거리
   ㉱ 분자 자체의 중량, 분자 자체의 부피

40. 최고온도 1300 K와 최저온도 300 K 사이에서 작동하는 공기표준 Brayton 사이클의 열효율은 약 얼마인가? (단, 압력비는 9, 공기의 비열비는 1.4 이다.)
   ㉮ 30 %   ㉯ 36 %
   ㉰ 42 %   ㉱ 47 %

## 기계유체역학  제 3 과목

41. 일반적인 유체의 유동에서 임계 레이놀즈 수는?
   ㉮ 1차 유동에서 2차 유동으로 바뀔 때의 레이놀즈 수
   ㉯ 직선 운동에서 회전 운동으로 바뀔 때의 레이놀즈 수
   ㉰ 저속에서 고속으로 바뀔 때의 레이놀즈 수
   ㉱ 난류 유동에서 층류 유동으로 바뀔 때의 레이놀즈 수

42. 그림과 같이 45° 꺾어진 관에 물이 평균속도 5m/s 로 흐른다. 유체의 분출에 의해 지지점 A가 받는 모멘트는 약 몇 N·m 인가? (단, 출구 단면적은 $10^{-3}m^2$ 이다.)

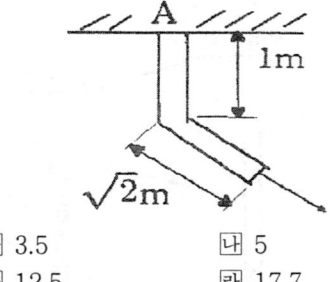

   ㉮ 3.5    ㉯ 5
   ㉰ 12.5   ㉱ 17.7

정답 35.㉯ 36.㉱ 37.㉱ 38.㉰ 39.㉯ 40.㉱ 41.㉱ 42.㉱

43. 안지름 240mm인 관속을 흐르고 있는 공기의 평균 풍속이 25m/s이면 공기는 매초 몇 kg이 흐르겠는가? (단, 관속의 정압은 $2.45 \times 10^5$ $Pa_{abs}$, 온도는 15℃, 공기의 기체상수 R=287 J/kg·K 이다.)
   ㉮ 2.48   ㉯ 3.35
   ㉰ 4.48   ㉱ 1.35

44. 다음 중 레이놀즈수를 표현하는 식이 아닌 것은? (단, V:속도, D:지름, p:밀도, $\mu$:점성계수, $\gamma$:비중량, v:동점성계수, g:중력가속도)
   ㉮ $\dfrac{pVD}{\mu}$   ㉯ $\dfrac{VD}{v}$
   ㉰ $\dfrac{\gamma VD}{g\mu}$   ㉱ $\dfrac{VD}{\mu}$

45. 마찰계수가 0.02 인 파이프(안지름 = 0.1m, 길이 = 50m) 중간에 손실계수가 5인 밸브가 부착되어 있다. 전체 손실수두 중 밸브에서 발생하는 손실수두는 몇 % 인가?
   ㉮ 20 %   ㉯ 25 %
   ㉰ 33 %   ㉱ 40 %

46. 그림과 같이 직경 10cm와 직경 5cm로 이루어진 관로에 액주계가 설치되어 있을 때 공기의 유량은? (단, 공기의 밀도는 $1.2kg/m^3$, 오일의 비중은 0.83, 정체점 압력 $p_1$=170kPa이다.)

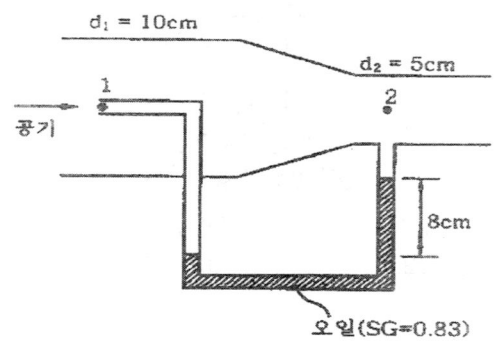

   ㉮ $0.032 \, m^3/s$   ㉯ $0.065 \, m^3/s$
   ㉰ $0.144 \, m^3/s$   ㉱ $0.25 \, m^3/s$

47. 그림과 같은 유동장에서 고정된 윗판이 받는 전단응력의 크기와 방향을 구하면? (단, 속도분포는 선형이라 가정한다.)

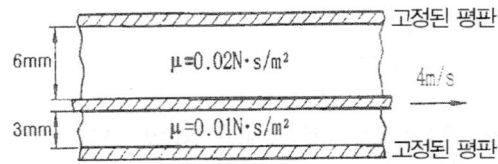

   ㉮ 26.8 Pa, 좌 → 우
   ㉯ 13.3 Pa, 좌 → 우
   ㉰ 0.0268 Pa, 우 → 좌
   ㉱ 26.8 Pa, 우 → 좌

48. 풍동 실험에서 모형과 원형 간에 서로 역학적 상사를 이루려면 다음 중 모형과 원형의 어떤 무차원수가 같아야 하는가?
   ㉮ 프루드수, 오일러수
   ㉯ 마하수, 프루드수
   ㉰ 레이놀즈수, 웨버수
   ㉱ 레이놀즈수, 마하수

49. 온도증가에 따른 물과 공기의 점성계수 변화에 대한 설명으로 맞는 것은?
   ㉮ 액체와 기체 모두 증가한다.
   ㉯ 액체와 기체 모두 감소한다.
   ㉰ 액체는 증가하고 기체는 감소한다.
   ㉱ 액체는 감소하고 기체는 증가한다.

50. 물체 주위의 유동에서 후류(wake)에 대한 설명으로 올바른 것은?
   ㉮ 항상 박리점 후방에서 일어난다.
   ㉯ 고속 영역이다.
   ㉰ 표면 마찰이 주된 원인이다.
   ㉱ 항상 변형 저항이 지배적일 때 일어난다.

정답  43. ㉯  44. ㉱  45. ㉰  46. ㉯  47. ㉯  48. ㉱  49. ㉱  50. ㉮

51. 1기압에서 수은으로 토리첼리의 실험을 하면 관에서의 수은의 높이는 760mm이다. 그렇다면 중력가속도가 2m/s² 이고, 기압이 5kPa인 어떤 행성에서 비중이 10인 액체로 토리첼리의 실험을 한다면 관에서의 이 액체의 높이는 몇 m인가?(단, 증기압은 무시한다.)
   - ㉮ 0.76
   - ㉯ 7.6
   - ㉰ 2.5
   - ㉱ 0.25

52. 지름이 305mm이고, 길이가 3048m인 주철관으로 기름이 초당 $44.4 \times 10^{-3} m^3$ 정도로 흐르고 있다면 주철관에서의 손실수두는 약 몇 m인가? (단, 레이놀즈수 Re=1580이다.)
   - ㉮ 10.53
   - ㉯ 7.63
   - ㉰ 5.53
   - ㉱ 4.63

53. 펌프의 입구 및 출구의 조건이 아래와 같고 펌프의 송출 유량이 $0.2 m^3/s$ 이면 펌프의 동력은 약 몇 kW인가? (단, 손실은 무시한다.)

   | 입구 : 계기 압력 -3kPa, 직경 0.2m, 기준면으로부터 높이 2m |
   | 출구 : 계기 압력 250kPa, 직경 0.15m, 기준면으로부터 높이 5m |

   - ㉮ 15.7
   - ㉯ 53.5
   - ㉰ 59.3
   - ㉱ 65.2

54. 강제 회전 운동(force vortex motion)에 대한 설명으로 옳은 것은?
   - ㉮ 자유 회전(free vortex) 운동과 반대 방향으로 회전한다.
   - ㉯ 유체가 강체(rigid Body)처럼 회전할 때 일어난다.
   - ㉰ 항상 자유 회전 운동과 함께 일어난다.
   - ㉱ 속도가 반지름의 증가에 따라서 감소한다.

55. 난류 유동의 특성을 설명한 것 중 틀린 것은?
   - ㉮ 혼합을 촉진시킨다.
   - ㉯ 마찰저항을 증가시킨다.
   - ㉰ 고체 벽쪽으로 갈수록 난류의 특징이 크게 나타난다.
   - ㉱ 대류 열전달을 촉진시킨다.

56. 다음 그림에서 벽 구멍을 통해 분사되는 물의 속도는?

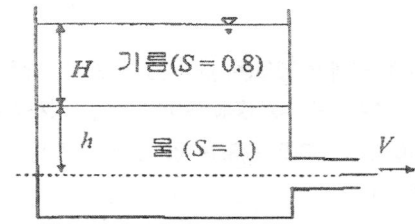

   - ㉮ $\sqrt{2gH}$
   - ㉯ $\sqrt{2g(H+h)}$
   - ㉰ $\sqrt{2g(0.8H+h)}$
   - ㉱ $\sqrt{2g(H+0.8h)}$

57. 그림과 같은 수문 AB가 받는 수평성분 $F_H$와 수직성분 $F_V$는 각각 몇 N인가?

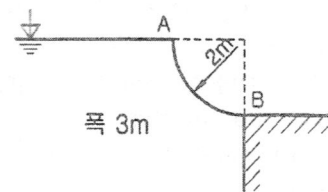

   - ㉮ $F_H$ = 24400, $F_V$ =46181
   - ㉯ $F_H$ = 58800, $F_V$ =46181
   - ㉰ $F_H$ = 58800, $F_V$ =92362
   - ㉱ $F_H$ = 24400, $F_V$ =92362

58. 어떤 물체의 공기중에서의 무게는 1.5N이고, 물 속에서의 무게는 1.1N이다. 이 물체의 비중은?
   - ㉮ 2.65
   - ㉯ 1.65
   - ㉰ 3.75
   - ㉱ 4.50

정답  51. ㉱  52. ㉯  53. ㉱  54. ㉯  55. ㉰  56. ㉰  57. ㉰  58. ㉰

59. 익폭 50m, 익현 10m 인 직사각형 익형이 밀도 0.4kg/m³인 공기중에서 양력 7000 kN을 받는다. 양력 계수를 0.78로 가정할 때 요구되는 속도는 약 몇 m/s 인가?
   ㉮ 176  ㉯ 210
   ㉰ 300  ㉱ 347

60. 어떤 액체의 밀도는 $\rho$=890 kg/m³, 체적 탄성계수는 $E_V$=2200MPa이다. 이 액체속에서 전파되는 소리의 속도는 약 몇 m/s인가?
   ㉮ 1483  ㉯ 1572
   ㉰ 980   ㉱ 340

## 농업동력학 제 4 과목

61. 다음 궤도형 트랙터의 특징에 관한 설명 중 틀린 것은?
   ㉮ 평탄하지 않은 곳에서 주행성 및 견인 성능이 우수하다.
   ㉯ 바퀴형 트랙터에 비하여 평균 접지압이 크기 때문에 안정성이 있다.
   ㉰ 바퀴형 트랙터에 비하여 신속한 선회나 고속 주행이 어렵다.
   ㉱ 구조가 복잡하고 가격이 비싸다.

62. 다음 중 교류 3상 유도 전동기는?
   ㉮ 농형 전동기    ㉯ 반발 기동형 전동기
   ㉰ 직권 전동기    ㉱ 분권 전동기

63. 기관운전 시 관성력을 증가시키기 위해, 팽창행정에서 에너지를 흡수하였다가 흡입, 압축, 배기행정에서 필요한 에너지를 공급하여 토크의 변동을 줄이고 기관이 원활히 회전하도록 하는 장치는?
   ㉮ 조속기       ㉯ 크랭크축
   ㉰ 피스톤링     ㉱ 플라이휠

64. 트랙터의 브레이크에 대한 설명 중 틀린 것은?
   ㉮ 최종구동축과 차동장치의 중간에 설치한다.
   ㉯ 좌우 브레이크 페달에 의해 독립적으로 제동할 수 있다.
   ㉰ 도로를 주행할 때는 좌우 브레이크 페달을 분리하여 사용한다.
   ㉱ 트랙터의 주행을 정지시키기 위해 사용한다.

65. 기관 출력이 30kW이고, 동력전달효율이 80%일 때, 주행 속도가 12km/h 이면 트랙터의 견인력은 약 몇 kN인가?
   ㉮ 5.4   ㉯ 7.2
   ㉰ 10.8  ㉱ 14.4

66. 내연기관의 노크 현상의 원인으로 가장 적합한 것은?
   ㉮ 전기점화 시 점화가 정상 시점보다 늦게 일어날 때
   ㉯ 전기점화기관에서 실린더 내 온도가 너무 낮을 때
   ㉰ 압축점화 시 점화가 정상 시점보다 늦게 일어날 때
   ㉱ 압축점화기관에서 실린더 내 온도가 너무 높을 때

67. 다음 중 내연기관에 있어서 과급기의 주요 역할은?
   ㉮ 흡입 공기량을 증가시킨다.
   ㉯ 행정 체적을 증가시킨다.
   ㉰ 회전수를 증가시킨다.
   ㉱ 냉각 효율을 높인다.

68. 일반적으로 타이어 규격에 포함되지 않는 것은?
   ㉮ 플라이 등급   ㉯ 림의 직경
   ㉰ 타이어 폭     ㉱ 디스크의 폭

정답 59.㉰ 60.㉮ 61.㉯ 62.㉮ 63.㉱ 64.㉰ 65.㉯ 66.㉰ 67.㉮ 68.㉱

69. 트랙터의 견인력이 9800N, 주행속도가 시속 6km일 때 견인동력은 약 몇 kW인가?
    ㉮ 16.3 kW  ㉯ 22.2 kW
    ㉰ 58.8 kW  ㉱ 80.0 kW

70. 겨울철에 기관 냉각계통의 동파를 방지하기 위한 부동액의 원료로 널리 사용되는 것은?
    ㉮ 에틸렌글리콜  ㉯ 글리세린
    ㉰ 에틸 알콜  ㉱ 메틸 알콜

71. 가솔린 기관의 연료 소비율이 210 g/kW·h이고, 기관 출력이 55 kW일 때 시간당 연료소비량은 몇 kg/h인가?
    ㉮ 11.55  ㉯ 8.55
    ㉰ 5.55  ㉱ 1.55

72. 4사이클 디젤기관의 지압선도에서 폭발과 배기가 이루어지는 상태는?
    ㉮ 등엔탈피 상태
    ㉯ 등엔트로피 상태
    ㉰ 정압상태와 정적상태
    ㉱ 정온상태와 정압상태

73. 내연기관의 전기 점화장치 중 점화 플러그의 자기청정온도 범위에 가장 적합한 것은?
    ㉮ 100℃ ~ 300℃
    ㉯ 500℃ ~ 850℃
    ㉰ 950℃ ~ 1100℃
    ㉱ 1100℃ ~ 1500℃

74. P.T.O 축과 연결되지 않는 작업기는?
    ㉮ 모워(mower)  ㉯ 로타리(rotary)
    ㉰ 베일러(baler)  ㉱ 쟁기(plow)

75. 릴리프 밸브는 다음 중 어느 것을 제어하는 것인가?
    ㉮ 유량  ㉯ 방향
    ㉰ 압력  ㉱ 유속

76. 차륜형 트랙터 동력전달 계통에서 구동륜 전까지의 순서가 올바르게 표시된 것은?
    ㉮ 기관 → 클러치 → 변속기 → 차동장치 → 최종감속장치
    ㉯ 기관 → 클러치 → 최종감속장치 → 변속기 → 차동장치
    ㉰ 기관 → 클러치 → 변속기 → 최종감속장치 → 차동장치
    ㉱ 기관 → 차동장치 → 최종감속장치 → 클러치 → 변속기

77. 내연기관에 사용되는 윤활유가 구비해야 할 일반적인 성질로 다음 중 가장 적합한 것은?
    ㉮ 유성이 낮아야 한다.
    ㉯ 육상용 디젤기관은 점도지수가 85 이상이어야 한다.
    ㉰ 온도에 따른 점도변화가 커야 한다.
    ㉱ 유황분 및 불포화 탄화수소가 많아야 한다.

78. 4사이클 단기통 기관에서 크랭크축이 4회전하는 동안 흡기밸브는 몇 번 열리는가?
    ㉮ 1번  ㉯ 2번
    ㉰ 4번  ㉱ 8번

79. 3상 교류의 주파수가 60Hz일 때, 6극 3상유도전동기의 동기속도(rpm)는?
    ㉮ 600 rpm  ㉯ 900 rpm
    ㉰ 1200 rpm  ㉱ 1800 rpm

80. 궤도형 트랙터에 일반적으로 가장 많이 채택되는 조향장치는?
    ㉮ 차동 클러치식
    ㉯ 차동 기어식
    ㉰ 클러치 브레이크식
    ㉱ 브레이크식

정답  69. ㉮  70. ㉮  71. ㉮  72. ㉰  73. ㉯  74. ㉱  75. ㉰  76. ㉮  77. ㉯  78. ㉯  79. ㉰  80. ㉰

## 농업기계학 제 5 과목

81. 포장기계의 부담 면적에 관한 설명으로 가장 적합한 것은?
   ㉮ 기계가 이론적으로 수행할 수 있는 시간당의 작업면적이다.
   ㉯ 기계가 실제로 수행할 수 있는 시간당의 작업면적이다.
   ㉰ 농작업을 수행하는 데의 작업적기·기상 등의 제약과 주어진 농장의 조건 하에서 기계의 능력을 충분히 활용 때 작업 할 수 있는 면적이다.
   ㉱ 일정한 기간 내에 기계가 수행해야 할 주어진 작업면적이다.

82. 자탈형 콤바인의 자동제어장치로 볼 수 없는 것은?
   ㉮ 예취부 수평제어장치
   ㉯ 공급 깊이 자동제어장치
   ㉰ 콤바인 중량제어장치
   ㉱ 공급유량 자동제어장치

83. 목초를 절단하는 로터리 모어의 특징을 잘못 설명한 것은?
   ㉮ 조밀한 목초나 쓰러진 목초는 예취가 불가능하다.
   ㉯ 왕복식 모어보다 구조가 간단하고 취급과 조작이 용이하다.
   ㉰ 지면이 평탄하지 않은 곳에서의 작업은 위험하다.
   ㉱ 왕복식 모어보다 소음이 크다.

84. 로터리 펌프(rotary pump)에 대한 설명으로 틀린 것은?
   ㉮ 프라이밍이 필요하다.
   ㉯ 로터의 회전에 의해 양수한다.
   ㉰ 구조가 간단하고 취급이 용이하다.
   ㉱ 회전수에 대한 실제 배출량은 배출압력의 증가에 비례한다.

85. 포장에서 채취한 토양 샘플의 무게가 1000g이고 부피는 640$cm^3$였다. 오븐에서 건조한 후의 무게는 800g 이었다. 비중이 2.65g/$cm^3$이라고 하면 공극률은 얼마인가?
   ㉮ 0.492   ㉯ 0.528
   ㉰ 0.534   ㉱ 0.560

86. 몰드 보드 플라우(mold board plow)의 이체(plow bottom)의 3요소가 아닌 것은?
   ㉮ 보습(shere)
   ㉯ 지측판(land side)
   ㉰ 결합판(frog)
   ㉱ 몰드 보드(mold board)

87. 수평식 사료혼합기의 설명 중 맞는 것은?
   ㉮ 교반기는 오거형이 주로 사용된다.
   ㉯ 수직식 혼합기에 비하여 작업속도가 빠르고 소요동력이 크다.
   ㉰ 축산 농가에서 주로 사용된다.
   ㉱ 원료를 분산시켜주는 분산날개가 있다.

88. 이식 작업에 대한 설명으로 틀린 것은?
   ㉮ 별도의 묘 생육이 필요하다.
   ㉯ 노동력 및 토지 이용도가 낮다.
   ㉰ 솎아내기, 제초 등의 관리 작업을 쉽게 할 수 있다.
   ㉱ 단위 면적당 수량이 최대가 되도록 묘를 배치할 수 있다.

89. 자탈형 콤바인의 특징이 아닌 것은?
   ㉮ 이삭부분만 탈곡부에 공급된다.
   ㉯ 곡립 손상이 적다.
   ㉰ 전처리부에 릴이 장착되어 있다.
   ㉱ 벼 수확에 적합하다.

정답  81. ㉰  82. ㉰  83. ㉮  84. ㉮  85. ㉯  86. ㉰  87. ㉮  88. ㉯  89. ㉰

90. 충격식 현미기의 특징이 아닌 것은?
   - 갸 이동 또는 운반이 간편하다.
   - 냐 탈부장치와 구동장치가 간단하다.
   - 댜 유지 관리비가 적게 든다.
   - 랴 동할미 발생 가능성이 낮다.

91. 유효지름이 60cm인 콤바인의 탈곡통이 600rpm 으로 회전할 때 원주속도는?
   - 갸 11.30 m/s
   - 냐 18.85 m/s
   - 댜 31.40 m/s
   - 랴 114.60 m/s

92. 파종기 중 조파기의 주요 기능이 아닌 것은?
   - 갸 구절
   - 냐 배토
   - 댜 종자배출
   - 랴 복토

93. 선별기의 종류 중 요동 선별기에 대한 가장 적합한 설명은?
   - 갸 마찰계수의 차를 이용하여 선별하는 마찰 선별기의 일종이다.
   - 냐 곡립의 공기 저항력을 이용하여 선별하는 공기 선별기의 일종이다.
   - 댜 체의 진동을 이용하여 선별하는 체 선별기이다.
   - 랴 곡물의 비중차를 이용한 중량 선별기이다.

94. 500kg 의 현미를 정미기에 투입하여 460 kg 의 정백미를 얻었다면, 정백 수율은?
   - 갸 90%
   - 냐 92%
   - 댜 95%
   - 랴 96%

95. 목초의 건조촉진을 위하여 롤러로 압쇄처리하는 기계는?
   - 갸 헤이 레이크
   - 냐 헤이 베일러
   - 댜 모어
   - 랴 헤이 컨디셔너

96. 쟁기의 경폭이 25cm, 경심 10cm, 견인력 100N 이고 경운속도가 0.5m/s일 때 쟁기의 경운 비저항(N/cm$^2$)은?
   - 갸 0.2
   - 냐 0.4
   - 댜 0.6
   - 랴 0.8

97. 동력 분무기에서 공기실의 주된 역할은?
   - 갸 흡입 압력을 일정하게 유지하여 준다.
   - 냐 약액은 흡입량을 일정하게 유지하여 준다.
   - 댜 약액의 분무압력을 일정하게 유지하여 준다.
   - 랴 약액 속에 공기를 혼입시킨다.

98. 농산물 선별작업은 상품가치를 향상시키는 중요한 작업이다. 농산물 선별작업을 기계화하기 위해 이용하는 농산물의 특징이 아닌 것은?
   - 갸 모양
   - 냐 비중
   - 댜 색깔
   - 랴 생산지

99. 함수율 20%(w.b)의 벼 80kg을 15%(w.b)까지 건조시켰다면 이때 곡물에서 제거된 수분의 량은 몇 kg인가?
   - 갸 약 4.7
   - 냐 약 5.7
   - 댜 약 12.7
   - 랴 약 13.7

100. 곡물의 저장에 영향을 미치는 요인과 관계 적은 것은?
   - 갸 해충
   - 냐 미생물
   - 댜 곡물의 호흡
   - 랴 곡물의 모양

정답  90. 랴  91. 냐  92. 댜  93. 갸  94. 냐  95. 랴  96. 냐  97. 댜  98. 랴  99. 갸  100. 랴

# 2017년 과년도 출제문제

## 재료역학 — 제 1 과목

1. 그림과 같은 구조물에 C점과 D점에 각각 20kN, 40kN의 하중이 아랫방향으로 작용할 때 상단의 반력 Ra는 약 몇 kN인가?

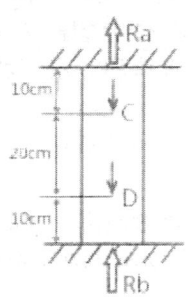

㉮ 25  ㉯ 30
㉰ 20  ㉱ 35

2. 그림과 같이 재료와 단면이 같고, 길이가 서로 다른 강봉에 지지되어 있는 강체 보에 하중을 가했을 때, A, B에서의 변위의 비 $\delta A/\delta B$는?

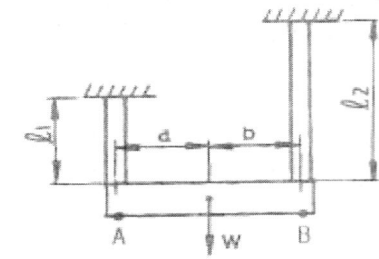

㉮ $\dfrac{b\ell_1}{a\ell_2}$  ㉯ $\dfrac{a\ell_1}{b\ell_2}$

㉰ $\dfrac{b\ell_2}{a\ell_1}$  ㉱ $\dfrac{a\ell_2}{b\ell_1}$

3. 철도용 레일의 양단을 고정한 후 온도가 20℃에서 5℃로 내려가면 발생하는 열응력은 약 몇 MPa인가? (단, 레일재료의 열팽창계수 a=0.000012/℃이고, 균일한 온도 변화를 가지며, 탄성계수 E=210GPa 이다)

㉮ 50.4  ㉯ 37.8
㉰ 31.2  ㉱ 28.0

4. 축에 발생하는 전단응력은 $\tau$, 축에 가해진 비틀림 모멘트는 T라 할 때 축 지름 d를 나타내는 식은?

㉮ $d=\sqrt[3]{\dfrac{32T}{\pi\tau}}$  ㉯ $d=\sqrt[3]{\dfrac{\pi\tau}{16T}}$

㉰ $d=\sqrt[3]{\dfrac{\pi\tau}{32T}}$  ㉱ $d=\sqrt[3]{\dfrac{16T}{\pi\tau}}$

5. 단면 지름이 3cm인 환봉이 25kN의 전단하중을 받아서 0.00075 rad의 전단변형률을 발생시켰다. 이 때 재료의 세로탄성계수는 약 몇 GPa인가? (단, 이 재료의 포아송 비는 0.30이다)

㉮ 75.5  ㉯ 94.4
㉰ 122.6  ㉱ 157.2

6. 그림과 같이 일단고정 타단자유단인 기둥의 좌굴에 대한 임계하중(buckling load)은 약 몇 kN인가? (단 기둥의 세로탄성계수는 300GPa이고 단면(폭×높이)은 2cm×2cm의 정사각형이다. 오일러의 좌굴하중을 적용한다)

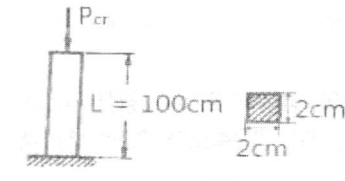

㉮ 34  ㉯ 20.2
㉰ 9.8  ㉱ 5.8

정답  1.㉮  2.㉮  3.㉯  4.㉱  5.㉰  6.㉰

7. 다음, 부정정보에서 B점에서의 반력은? (단, 보의 굽힘강성 EI는 일정하다.)

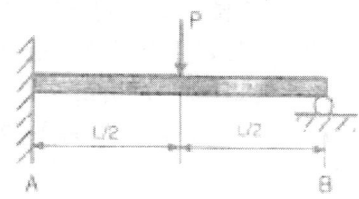

㉮ $\dfrac{5}{48}P$ ㉯ $\dfrac{5}{24}P$

㉰ $\dfrac{5}{16}P$ ㉱ $\dfrac{5}{12}P$

8. 그림과 같이 반지름이 5cm인 원형 단면을 갖는 ㄱ자 프레임의 A점 단면의 수직응력($\sigma$)은 약 몇 MPa인가?

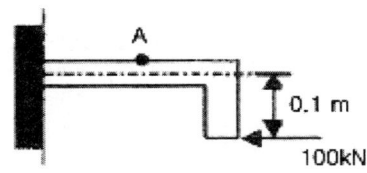

㉮ 79.1 ㉯ 89.1
㉰ 99.1 ㉱ 109.1

9. 그림과 같은 평면응력상태에서 $\sigma_x = 300$ MPa, $\sigma_y = 200$ MPa이 작용하고 있을 때 재료 내에 생기는 최대 전단응력 ($\tau_{max}$)의 크기와 그 방향($\theta$)은?

㉮ $\tau_{max} = 300$MPa, $\theta = 90°$
㉯ $\tau_{max} = 200$MPa, $\theta = 0°$
㉰ $\tau_{max} = 100$MPa, $\theta = 22.5°$
㉱ $\tau_{max} = 50$MPa, $\theta = 45°$

10. 그림과 같은 외팔보에서 허용굽힘응력은 50kN/cm$^2$이라 할 때, 최대 하중 P는 약 몇 kN인가? (단, 보의 단면은 10cm×10cm이다)

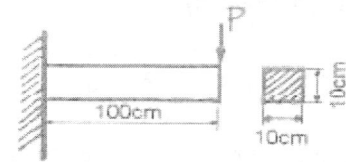

㉮ 110.5 ㉯ 100.0
㉰ 95.6 ㉱ 83.3

11. 안지름이 25mm, 바깥지름이 30mm인 중공 강철관에 10kN의 축인장 하중을 가할 때 인장응력은 몇 MPa인가?

㉮ 14.2
㉯ 20.3
㉰ 46.3
㉱ 145.5

12. 지름 50mm의 속이 찬 환봉축이 1228 N·m의 비틀림 모멘트를 받을 때 이 축에 생기는 최대 비틀림 응력은 약 몇 MPa인가?

㉮ 20 ㉯ 30
㉰ 40 ㉱ 50

13. 그림과 같은 외팔보의 C점에 100kN의 하중이 걸릴 때 B점의 처짐량은 약 몇 cm인가? (단, 이 보의 굽힘강성(EI)는 10kN·m$^2$이다)

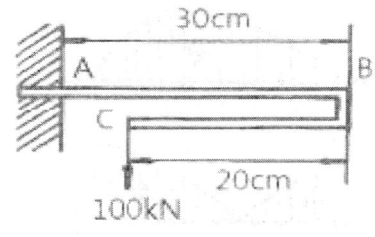

㉮ 0 ㉯ 0.09
㉰ 0.16 ㉱ 0.64

정답 7. ㉰ 8. ㉯ 9. ㉱ 10. ㉱ 11. ㉰ 12. ㉱ 13. ㉮

14. 비중량 $\gamma = 7.85 \times 10^4 N/m^3$ 강선을 연직으로 매달려고 할 때 자중에 의해서 견딜 수 있는 최대길이는 약 몇 m인가? (단, 강선의 허용인 장응력은 12MPa이다)
   - ㉮ 152
   - ㉯ 228
   - ㉰ 305
   - ㉱ 382

15. 지름 2cm, 길이 50cm인 원형단면의 외팔보 자유단에 수직하중 P=1.5kN이 작용할 때, 하중 P로 인해 생기는 보속의 최대전단응력은 약 몇 MPa인가?

   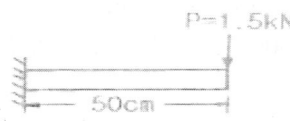

   - ㉮ 3.19
   - ㉯ 6.37
   - ㉰ 12.74
   - ㉱ 15.94

16. 그림과 같이 선형적으로 증가하는 불균일 분포 하중을 받고 있는 단순보의 전단력선도로 적합한 것은?

   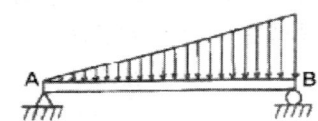

   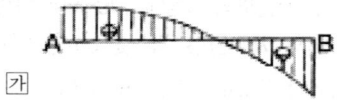
   ㉮

   ㉯

   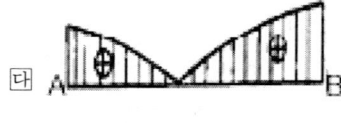
   ㉰

   ㉱

17. 다음 그림과 같이 2가지 재료로 이루어진 길이 L의 환봉이 있다. 이 봉에 비틀림 모멘트 T가 작용할 때 이 환봉은 몇 rad로 비틀림이 발생하는가? (단, 재질 a의 가로탄성계수는 $G_a$, 재질 a의 극관성모멘트는 $I_{pa}$이고, 재질 b의 가로탄성계수는 $G_b$, 재질 b의 극관성모멘트는 $I_{pb}$이다)

   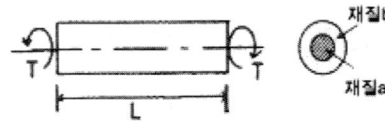

   - ㉮ $\dfrac{2TL}{G_a I_{pa}} + \dfrac{2TL}{G_b I_{pb}}$
   - ㉯ $\dfrac{2TL}{G_a I_{pa} + G_b I_{pb}}$
   - ㉰ $\dfrac{TL}{G_a I_{pa}} + \dfrac{TL}{G_b I_{pb}}$
   - ㉱ $\dfrac{TL}{G_a I_{pa} + G_b I_{pb}}$

18. 단면계수가 $0.01m^3$인 사각형 단면의 양단 고정보가 2m의 길이를 가지고 있다. 중앙에 최대 몇 kN의 집중하중을 가할 수 있는가? (단, 재료의 허용굽힘응력은 80MPa이다)
   - ㉮ 800
   - ㉯ 1600
   - ㉰ 2400
   - ㉱ 3200

19. 폭과 높이가 80mm인 정사각형 단면의 회전반지름(radius of gyration)은 약 몇 m인가?
   - ㉮ 0.034
   - ㉯ 0.046
   - ㉰ 0.023
   - ㉱ 0.017

정답  14. ㉮  15. ㉯  16. ㉮  17. ㉱  18. ㉱  19. ㉰

20. 길이 $\ell$의 외팔보의 전 길이에 걸쳐서 $\omega$의 등분포 하중이 작용할 때 최대 굽힘모멘트 ($M_{max}$)의 값은?

㉮ $\dfrac{\omega\ell^2}{8}$  ㉯ $\dfrac{\omega\ell^2}{4}$

㉰ $\dfrac{\omega\ell^2}{2}$  ㉱ $\dfrac{\omega\ell^2}{12}$

## 기계열역학 제 2 과목

21. 체적이 $0.1m^3$인 용기 안에 압력 1MPa, 온도 250℃의 공기가 들어 있다. 정적과정을 거쳐 압력이 0.35MPa로 될 때 이 용기에서 일어난 열전달 과정으로 옳은 것은? (단, 공기의 기체상수는 0.287kJ/(kg·K), 정압비열은 1.0035 kJ/(kg·K), 정적비열은 0.287kJ/(kg·K)이다)

㉮ 약 162kJ의 열이 용기에서 나간다.
㉯ 약 162kJ의 열이 용기로 들어간다.
㉰ 약 227kJ의 열이 용기에서 나간다.
㉱ 약 227kJ의 열이 용기로 들어간다.

22. 1kg의 기체로 구성되는 밀폐계가 50kJ의 열을 받아 15kJ의 일을 했을 때 내부에너지 변화량은 얼마인가? (단, 운동에너지의 변화는 무시한다)

㉮ 65 kJ  ㉯ 35 kJ
㉰ 26 kJ  ㉱ 15 kJ

23. 다음 중 이론적인 카르노 사이클 과정(순서)을 옳게 나타낸 것은? (단, 모든 사이클은 가역 사이클이다)

㉮ 단열압축→정적가열→단열팽창→정적방열
㉯ 단열압축→단열팽창→정적가열→정적방열
㉰ 등온팽창→등온압축→단열팽창→단열압축
㉱ 등온팽창→단열팽창→등온압축→단열압축

24. 3kg의 공기가 들어있는 실린더가 있다. 이 공기가 200kPa, 10℃인 상태에서 600kPa이 될 때까지 압축할 때 공기가 한 일은 약 몇 kJ인가? (단, 이 과정은 폴리트로프 변화로서 폴리트로프 지수는 1.3이다. 또한 공기의 기체상수는 0.287kJ/(kg·K)이다)

㉮ -285  ㉯ -235
㉰ 13     ㉱ 125

25. 어느 발명가가 바닷물로부터 매시간 1800kJ의 열량을 공급받아 0.5kW출력의 열기관을 만들었다고 주장한다면, 이 사실은 열역학 제 몇 법칙에 위반 되겠는가?

㉮ 제 0법칙  ㉯ 제 1법칙
㉰ 제 2법칙  ㉱ 제 3법칙

26. 그림과 같이 다수의 추를 올려놓은 피스톤이 설치된 실린더 안에 가스가 들어 있다. 이 대 가스의 최초압력이 300kPa이고, 초기 체적은 $0.05m^3$이다. 여기에 열을 가하여 피스톤을 상승시킴과 동시에 피스톤 추를 덜어내어 가스온도를 일정하게 유지하여 실린더 내부의 체적을 증가시킬 경우 이 과정에서 가스가 한 일은 약 몇 kJ인가? (단, 이상기체 모델로 간주하고, 상승 후의 체적은 $0.2m^3$이다)

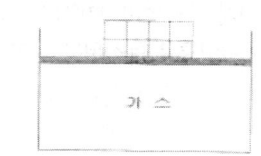

㉮ 10.79 kJ  ㉯ 15.79 kJ
㉰ 20.79 kJ  ㉱ 25.79 kJ

27. 이론적인 카르노 열기관의 효율($\eta$)을 구하는 식으로 옳은 것은? (단, 고열원의 절대온도는 $T_H$, 저열원의 절대온도는 $T_L$이다)

㉮ $\eta = 1 - \dfrac{T_H}{T_L}$  ㉯ $\eta = 1 + \dfrac{T_H}{T_L}$

㉰ $\eta = 1 - \dfrac{T_L}{T_H}$  ㉱ $\eta = 1 + \dfrac{T_L}{T_H}$

28. 가스터빈으로 구동되는 동력 발전소의 출력이 10MW이고 열효율이 25%라고 한다. 연료의 발열량이 45000kJ/kg이라면 시간당 공급해야 할 연료량은 약 몇 kg/h인가?

㉮ 3200  ㉯ 6400
㉰ 8320  ㉱ 12800

29. 체적이 0.5m³, 온도가 80℃인 밀폐 압력용기 속에 이상기체가 들어있다. 이 기체의 분자량이 24이고, 질량이 10kg이라면 용기속의 압력은 약 몇 kPa인가?

㉮ 1845.4  ㉯ 2446.9
㉰ 3169.2  ㉱ 3885.7

30. 어떤 냉장고의 소비전력이 2kW이고, 이 냉장고의 응축기에서 방열되는 열량이 5kW라면, 냉장고의 성적계수는 얼마인가? (단, 이론적인 증기압축 냉동사이클로 운전된다고 가정한다)

㉮ 0.4  ㉯ 1.0
㉰ 1.5  ㉱ 2.5

31. 랭킨 사이클로 작동되는 증기동력 발전소에서 20MPa, 45℃의 물이 보일러에 공급되고, 응축기 출구에서의 온도는 20℃, 압력은 2.339 단위질량당 일은 약 몇 kJ/kg인가? (단, 20℃에서 포화액 비체적은 0.01002m³/kg, 포화증기 비체적은 57.79m³/kg이며, 급수펌프에서는 등엔트로피 과정으로 변화한다고 가정한다)

㉮ 0.4681  ㉯ 20.04
㉰ 27.14  ㉱ 1020.6

32. 초기에 온도 T, 압력 P상태의 기체(질량 m)가 들어있는 견고한 용기에 같은 기체를 추가로 주입하여 최종적으로 질량 3m, 온도 2T상태가 되었다. 이 때 최종상태에서의 압력은? (단, 기체는 이상기체이고, 온도는 절대 온도를 나타낸다)

㉮ 6P  ㉯ 3P
㉰ 2P  ㉱ $\dfrac{3P}{2}$

33. 그림과 같이 A, B 두 종류의 기체가 한 용기 안에서 박막으로 분리되어 있다. A의 체적은 0.1m³, 질량은 2kg이고, B의 체적은 0.4m³, 밀도는 1kg/m³이다. 박막이 파열되고 난 후에 평형에 도달하였을 때 기차 혼합물의 밀도는 약 몇 kg/m³인가?

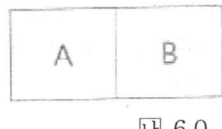

㉮ 4.8  ㉯ 6.0
㉰ 7.2  ㉱ 8.4

34. 오토사이클(Otto cycle)기관에서 헬륨(비열비=1.66)을 사용하는 경우의 효율($\eta_{He}$)과 공기(비열비=1.4)를 사용하는 경우의 효율($\eta_{air}$)을 비교하고자 한다. 이 때 $\eta_{He}/\eta_{air}$값은? (단, 오토사이클의 압축비는 10이다)

㉮ 0.681  ㉯ 0.770
㉰ 1.298  ㉱ 1.468

35. 출력 15kW의 디젤기관에서 마찰 손실이 그 출력의 15%일 때 그 마찰 손실에 의해서 시간당 발생하는 열량은 약 몇 kJ인가?

㉮ 2.25  ㉯ 25
㉰ 810  ㉱ 8100

정답 27. ㉰  28. ㉮  29. ㉯  30. ㉰  31. ㉯  32. ㉮  33. ㉮  34. ㉰  35. ㉱

36. 1kg의 이상기체가 압력 100kPa, 온도 20℃의 상태에서 압력 200kPa, 온도 100℃의 상태로 변화하였다면 체적은 어떻게 되는가? (단, 변화 전 체적을 V라고 한다.)
   - ㋮ 0.64V
   - ㋯ 1.57V
   - ㋰ 3.64V
   - ㋱ 4.57V

37. 어떤 물질 1kg이 20℃에서 30℃로 되기 위해 필요한 열량은 약 몇 kJ인가? (단, 비열(C, kJ/(kg·K)은 온도에 대한 함수로써, C = 3.594 + 0.0372T이며, 여기서 온도(T)의 단위는 K이다.)
   - ㋮ 4
   - ㋯ 24
   - ㋰ 45
   - ㋱ 147

38. 다음 중 냉매의 구비조건으로 틀린 것은?
   - ㋮ 증발 압력이 대기압보다 낮을 것
   - ㋯ 응축 압력이 높지 않을 것
   - ㋰ 비열비가 작을 것
   - ㋱ 증발열이 클 것

39. 물 2L를 1kW의 전열기를 사용하여 20℃로부터 100℃까지 가열하는데 소요되는 시간은 약 몇 분(min)인가? (단, 전열기 열량의 50%가 물을 가열하는데 유효하게 사용되고, 물은 증발하지 않는 것으로 가정한다. 물의 비열은 4.18kJ/(kg·K)이다.)
   - ㋮ 22.3
   - ㋯ 27.6
   - ㋰ 35.4
   - ㋱ 44.6

40. 다음 중 강도성 상태량(intensive property)에 속하는 것은?
   - ㋮ 온도
   - ㋯ 체적
   - ㋰ 질량
   - ㋱ 내부에너지

## 기계유체역학 제 3 과목

41. 다음 중 이상기체에 대한 음속(acoustic velocity)의 식으로 거리가 먼 것은? (단, $\rho$는 밀도, P는 압력, k는 비열비, R은 기체상수, T는 절대온도, s는 엔트로피이다)
   - ㋮ $\sqrt{\dfrac{PT}{\rho}}$
   - ㋯ $\sqrt{\left(\dfrac{aP}{a\rho}\right)s}$
   - ㋰ $\sqrt{\dfrac{kP}{\rho}}$
   - ㋱ $\sqrt{kPT}$

42. 밀도 890kg/m³, 점성계수 2.3kg/(m·s)인 오일이 지름 40cm, 길이 100m인 수평 원관내를 평균속도 0.5m/s 로 흐른다. 입구의 영향을 무시하고 압력강하를 이길 수 있는 펌프 소요동력은 약 몇 kW인가?
   - ㋮ 0.58
   - ㋯ 1.45
   - ㋰ 2.90
   - ㋱ 3.63

43. 공기 중에서 무게가 900N인 돌이 물에 완전히 잠겨있다. 물속에서의 무게가 400N이라면, 이 돌의 체적(V)과 비중(SG)은 약 얼마인가?
   - ㋮ V=0.051m³, SG=1.8
   - ㋯ V=0.51m³, SG=1.8
   - ㋰ V=0.051m³, SG=3.6
   - ㋱ V=0.51m³, SG=3.6

정답 36. ㋮  37. ㋱  38. ㋮  39. ㋮  40. ㋮  41. ㋮  42. ㋯  43. ㋮

44. 반지름 R인 하수도관의 절반이 비중량 (specific weight) $\gamma$인 물로 채워져 있을 때 하수도관의 1m 길이 당 받는 수직력의 크기는? (단, 하수도관은 수평으로 놓여있다)

㉮ $\gamma(2-\dfrac{\pi}{2})R^2$   ㉯ $\gamma(1+\dfrac{\pi}{2})R^2$

㉰ $\dfrac{\gamma\pi R^2}{2}$   ㉱ $\gamma(1+\dfrac{\pi}{4})R^2$

45. 지름이 5cm인 원형관에 비중이 0.7인 오일이 3m/s의 속도로 흐를 때, 체적유량(Q)과 질량유량(m)은 각각 얼마인가?

㉮ $Q = 0.59 m^3/s$, $m = 41.2 kg/s$
㉯ $Q = 0.0059 m^3/s$, $m = 41.2 kg/s$
㉰ $Q = 0.0059 m^3/s$, $m = 4.12 kg/s$
㉱ $Q = 0.59 m^3/s$, $m = 4.12 kg/s$

46. 다음 경계층에 관한 설명으로 옳지 않은 것은?

㉮ 경계층은 물체가 유체유동에서 받는 마찰저항에 관계한다.
㉯ 경계층은 얇은 층이지만 매우 큰 속도구배가 나타나는 곳이다.
㉰ 경계층은 오일러 방정식으로 취급할 수 있다.
㉱ 일반적으로 평판 위의 경계층 두께는 평판으로부터 상류속도의 99% 속도가 나타나는 곳까지의 수직거리로 한다.

47. 다음 중 밀도가 가장 큰 액체는?

㉮ $1 g/cm^3$   ㉯ 비중 1.5
㉰ $1200 kg/m^3$   ㉱ 비중량 $8000 N/m^3$

48. 그림과 같이 속도 V인 유체가 곡면에 부딪혀 $\theta$의 각도로 유동방향이 바뀌어 같은 속도로 분출된다. 이 때 유체가 곡면에 가하는 힘의 크기를 $\theta$에 대한 함수로 옳게 나타낸 것은? (단, 유동단면적은 일정하고, $\theta$의 각도는 $0° \leq \theta \leq 180°$이내에 있다고 가정한다. 또한 Q는 유량, $\rho$는 유체밀도이다.)

㉮ $F = \dfrac{1}{2}\rho Q V \sqrt{1-\cos\theta}$
㉯ $F = \dfrac{1}{2}\rho Q V \sqrt{2(1-\cos\theta)}$
㉰ $F = \rho Q V \sqrt{2(1-\cos\theta)}$
㉱ $F = \rho Q V \sqrt{2(1-\cos\theta)}$

49. 그림과 같은 밀폐된 탱크 용기에 압축공기와 물이 담겨있다. 비중 13.6인 수은을 사용한 마노미터가 대기 중에 노출되어 있으며 대기압이 100kPa이고, 압축공기의 절대압력이 114kPa이면 수은의 높이 h는 약 몇 cm인가?

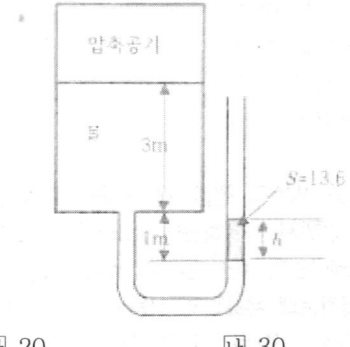

㉮ 20   ㉯ 30
㉰ 40   ㉱ 50

50. 항구의 모형을 400:1로 축소 제작하려고 한다. 조수 간만의 주기가 12시간이면 모형 항구의 조수 간만의 주기는 몇 시간이 되어야 하는가?

㉮ 0.05   ㉯ 0.1
㉰ 0.4   ㉱ 0.6

정답 44. ㉰  45. ㉰  46. ㉰  47. ㉯  48. ㉱  49. ㉰  50. ㉱

51. 비행기 이착륙 시 플랩(flap)을 주날개에서 내려 날개의 넓이를 늘리는 이유(목적)로 가장 옳게 설명한 것은?
    ㉮ 양력을 증가시켜 조정을 용이하게 하기 위해
    ㉯ 항력을 증가시켜 조정을 용이하게 하기 위해
    ㉰ 양력을 감소시켜 조정을 용이하게 하기 위해
    ㉱ 항력을 증가시켜 조정을 용이하게 하기 위해

52. 다음 중 수력 기울기선(Hydraulic Grade Line)이란?
    ㉮ 위치수두, 압력수두 및 속도수두의 합을 연결한 선
    ㉯ 위치수두와 속도수두의 합을 연결한 선
    ㉰ 압력수두와 속도수두의 합을 연결한 선
    ㉱ 압력수두와 위치수두의 합을 연결한 선

53. 수평 원관 속을 유체가 층류(laminar flow)로 흐르고 있을 때 유량에 대한 설명으로 옳은 것은?
    ㉮ 관 지름의 4제곱에 비례한다.
    ㉯ 점성계수에 비례한다.
    ㉰ 관의 길이에 비례한다.
    ㉱ 압력 강하에 반비례한다.

54. 그림과 같이 직각으로 된 유리관을 수면으로부터 3cm아래에 놓았을 때 수면으로부터 올라온 물의 높이가 10cm이다. 이 곳에서 흐르는 물의 평균 속도는 약 몇 m/s인가?

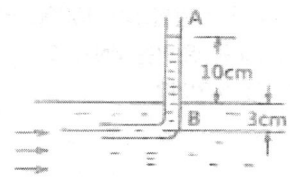

㉮ 0.72　　㉯ 1.40
㉰ 1.59　　㉱ 2.52

55. 바다 속에서 속도 9km/h로 운항하는 잠수함이 지름 280mm인 구형의 음파탐지기를 끌면서 움직일 때 음파탐지기에 작용하는 항력을 풍동실험을 통해 예측하려고 한다. 풍동실험에서 Reynolds 수는 얼마로 맞추어야 하는가? (단, 바닷물의 평균 밀도는 $1025kg/m^3$이며, 동점성 계수는 $1.4 \times 10^{-6} m^2/s$이다)
    ㉮ $5.0 \times 10^5$　　㉯ $5.8 \times 10^6$
    ㉰ $5.2 \times 10^8$　　㉱ $1.87 \times 10^9$

56. 비압축성, 비점성 유체가 그림과 같이 반지름 a인 구(sphere)주위를 일정하게 흐른다. 유동해석에 의해 유선 A-B상에서의 유체속도 (V)가 다음과 같이 주어질 때 유체입자가 이 유선 A-B를 따라 흐를 때의 $x$방향 가속도 ($a_x$)를 구하면? (단, $V_0$는 구로부터 먼 상류의 속도이다)

$$V = u(x)\vec{i} = V_0(1+\frac{a^3}{x^3})\vec{i}$$

㉮ $a_x = -(V_0^2/a)\dfrac{1+(a/x)^3}{(x/a)^4}$

㉯ $a_x = -3(V_0^2/a)\dfrac{1+(a/x)^3}{(x/a)^4}$

㉰ $a_x = -(V_0^2/a)\dfrac{1+(a/x)^2}{(x/a)^3}$

㉱ $a_x = -3(V_0^2/a)\dfrac{1+(a/x)^2}{(x/a)^4}$

57. 원통좌표계($\gamma$, $\theta$, z)에서 무차원 속도 포텐셜이 $\varnothing=2\gamma$일 때, $\gamma=2$에서의 반지름 방향($\gamma$방향)속도 성분의 크기는?
    ㉮ 0.5　　㉯ 1
    ㉰ 2　　㉱ 4

58. 피토관으로 가스의 유속을 측정하였는데 정체압과 정압의 차이가 100 Pa이었다. 가스의 밀도가 1kg/m³이라면 가스의 속도는 약 몇 m/s인가?
   ㉮ 0.45 m/s   ㉯ 0.9 m/s
   ㉰ 10 m/s     ㉱ 14 m/s

59. 안지름 1cm의 언관 내를 유동하는 0℃의 물의 층류 임계 레이놀즈 수가 2100일 때 임계 속도는 약 몇 cm/s인가? (단, 0℃물의 동점성 계수는 0.01787cm²/s이다)
   ㉮ 75.1   ㉯ 751
   ㉰ 37.5   ㉱ 375

60. 어떤 오일의 점성계수가 0.3kg/(m·s)이고 비중이 0.30이라면 동점성계수는 약 몇 m²/s 인가?
   ㉮ 0.1     ㉯ 0.5
   ㉰ 0.001   ㉱ 0.005

## 농업동력학  제 4 과목

61. 트랙터 유압 장치의 유압펌프로 적당하지 않은 것은?
   ㉮ 기어 펌프   ㉯ 베인 펌프
   ㉰ 원심 펌프   ㉱ 피스톤 펌프

62. 다음 중 직류 전동기가 아닌 것은?
   ㉮ 직권 전동기   ㉯ 분권 전동기
   ㉰ 복권 전동기   ㉱ 동형 전동기

63. 주행속도 1.5 m/s, 실측 견인력 5000N으로 작업하는 트랙터의 견인출력은 몇 kW인가?
   ㉮ 7.5   ㉯ 10
   ㉰ 15    ㉱ 20

64. 전동기에서 전원의 극수가 4이고, 주파수가 60Hz인 경우 회전자계의 동기속도는 몇 rpm인가?
   ㉮ 1600   ㉯ 1800
   ㉰ 2000   ㉱ 3600

65. 디젤기관에서 과급(supercharging)에 대한 다음 내용 중 틀린 것은?
   ㉮ 과급을 하면 최대출력이 증대된다.
   ㉯ 과급을 하면 평균유효압력이 증대된다.
   ㉰ 과급을 하면 노킹현상이 증대된다.
   ㉱ 과급을 하면 체적효율이 증대된다.

66. 직류 전동기로서 부하 증가에 따라 토크는 거의 비례하여 증가하고, 속도는 거의 반비례하여 감소하는 특성이 있기 때문에 농업용 차량의 시동 전동기로 주로 사용되는 전동기는?
   ㉮ 분권 전동기    ㉯ 직권 전동기
   ㉰ 권선형 전동기  ㉱ 복권 전동기

67. 고열원 600℃, 저열원 40℃인 범위에서 작동하는 카르노 사이클이 있다. 1사이클당 공급되는 일량이 100J일 때, 1 사이클당 일량은 약 몇 J인가?
   ㉮ 54   ㉯ 64
   ㉰ 74   ㉱ 84

68. 유출량이 1.0ℓ/sec, 입구와 출구의 압력차이가 300kPa인 유압펌프가 1000rpm으로 회전하는데 소요되는 토크는 4N·m이다. 이 펌프의 총 효율은 몇 %인가?
   ㉮ 68   ㉯ 72
   ㉰ 76   ㉱ 80

정답  58.㉱ 59.㉰ 60.㉰ 61.㉰ 62.㉱ 63.㉮ 64.㉯ 65.㉰ 66.㉯ 67.㉯ 68.㉯

69. 궤도형 트랙터에 대한 차륜형 트랙터의 특징으로 옳지 않은 것은?
   ㉮ 운전이 용이하며 궤도형에 비하여 작업속도가 빠르다.
   ㉯ 제작 단가가 저렴하다.
   ㉰ 견인력이 크며 접지압이 낮다.
   ㉱ 지상고(地上高)가 높다.

70. 트랙터 앞바퀴는 일반적으로 아래쪽이 좁고 윗쪽이 넓게 되도록 부착하여 수직하중이나 주행저항등에 의한 차축의 구부러짐이나 비틀림을 적게 한다. 주행의 안정성을 유지하기 위하여 두는 이 각의 명칭과 각도는?
   ㉮ 캠버 각, 1.5~2.0°
   ㉯ 캠버 각, 5~11°
   ㉰ 캐스터 각, 2~3°
   ㉱ 캐스터 각, 5~11°

71. 트랙터의 차동기어 장치에서 좌·우륜의 회전수의 합은?
   ㉮ 항상 큰 베벨기어 회전수의 2배이다.
   ㉯ 항상 큰 베벨기어 회전수와 똑같다.
   ㉰ 항상 큰 베벨기어 회전수의 1/2배이다.
   ㉱ 항상 큰 베벨기어 회전수의 1.5배이다.

72. 다음 중 가솔린 기관의 이상연소에 대한 설명으로 옳지 않은 것은?
   ㉮ 연소실 과열에 의하여 자연 발화되는 것을 조기점화(preignition)라고 한다.
   ㉯ 날카로운 금속성 음이 발생하는 것을 와일드 핑(wild ping)이라고 한다.
   ㉰ 표면점화가 여러곳에서 중복하여 발생하는 것을 럼블(rumble)이라고 한다.
   ㉱ 점화 스위치를 끊어도 기관이 정지되지 않는 현상을 오버 버닝(over burning)이라고 한다.

73. 다음 중 4륜 차륜형 트랙터에 사용되지 않는 클러치는?
   ㉮ 주 클러치   ㉯ 원판 클러치
   ㉰ 조향 클러치   ㉱ PTO 클러치

74. 다음 중 디젤기관에 대한 일반적인 설명으로 옳지 않은 것은?
   ㉮ 흡입 행정 시 사용되는 기체는 공기이다.
   ㉯ 가솔린 기관에 비하여 배기 효율이 높다.
   ㉰ 가솔린 기관에 비하여 열효율이 낮다.
   ㉱ 조속기는 연료 공급량을 제어한다.

75. 윤활유 10W-30에 대한 설명으로 옳지 않은 것은?
   ㉮ 10W는 0℃에서 구한 점도 번호이다.
   ㉯ 30은 99℃에서 구한 점도 번호이다.
   ㉰ 저온에서는 SAE 10W의 점도를, 고온에서는 SAE 30의 점도를 갖는다.
   ㉱ 4계절용 윤활유이다.

76. 실린더의 전체적이 $1200cm^3$, 행정체적이 $950cm^3$ 인 엔진의 압축비는 얼마인가?
   ㉮ 1.26   ㉯ 2.8
   ㉰ 4.8   ㉱ 7.9

77. 45kW출력을 내는 트랙터 엔진이 12시간 작업을 하여 150L의 연료를 소비하였다. 이 기관의 연료 소모율은 약 몇 kg/kW·h인가? (단, 연료의 비중은 0.80이다)
   ㉮ 0.22   ㉯ 0.28
   ㉰ 0.44   ㉱ 0.56

정답  69. ㉰  70. ㉮  71. ㉮  72. ㉱  73. ㉰  74. ㉰  75. ㉮  76. ㉰  77. ㉮

78. 어느 4행정 기관의 흡기 밸브가 상사점 전 11°에서 열리고, 하사점 후 45°에서 닫히며, 배기 밸브는 하사점 전 40°에서 열리고, 상사점 후 12°에서 닫힌다. 이 기관의 밸브 겹침(valve overlap)은 몇 도(°)인가?
   - ㉮ 23°
   - ㉯ 42°
   - ㉰ 47°
   - ㉱ 85°

79. 견인 성능을 향상시키기 위하여 구동륜에 추가하는 수직 하중은?
   - ㉮ 투양추진력
   - ㉯ 부가하중
   - ㉰ 하중전이
   - ㉱ 견인부하

80. 다음 중 차륜형 트랙터의 크기를 표시할 때, 가장 일반적으로 사용되는 것은?
   - ㉮ 트랙터 자중
   - ㉯ 작업기 규격
   - ㉰ 견인 출력
   - ㉱ 기관 출력

## 농업기계학 제 5 과목

81. 양수기를 용도에 맞게 선택하고, 최고의 효율을 유지할 수 있는 운전조건을 구하는 기본 자료가 되는 그래프를 무엇이라 하는가?
   - ㉮ 양수기의 동력곡선
   - ㉯ 양수기의 양정곡선
   - ㉰ 양수기의 특성곡선
   - ㉱ 양수기의 양수량곡선

82. 다음 중 충격식 현미기의 특징으로 가장 거리가 먼 것은?
   - ㉮ 탈부율이 높다.
   - ㉯ 이동 또는 운반이 간편하다.
   - ㉰ 탈부장치와 구동장치가 간단하다.
   - ㉱ 동할미 발생 가능성이 낮다.

83. 양수기에 사용되는 원심펌프에 대한 설명으로 옳지 않은 것은?
   - ㉮ 로터의 회전에 의하여 케이싱 내부의 압력을 저하시켜 양수작업을 한다.
   - ㉯ 물에 흙이나 모래가 섞여 있어도 운전에 지장이 없다.
   - ㉰ 양정과 양수량의 범위가 크다.
   - ㉱ 진동이 작고 효율이 높다.

84. 고온 건조가 곡물에 미치는 부정적인 영향으로 가장 알맞은 것은?
   - ㉮ 변질 촉진
   - ㉯ 곡물의 파쇄
   - ㉰ 품질 향상
   - ㉱ 저장성 감소

85. 씨앗의 크기가 작고 가벼운 목초 종자를 흩어뿌리기 할 때 가장 적합한 파종기는?
   - ㉮ 산파기
   - ㉯ 중력식 조파기
   - ㉰ 점파기
   - ㉱ 배출식 조파기

86. 다음 중 몰드보드플라우 작업에서 수직흡인의 역할로 가장 적절한 것은?
   - ㉮ 바닥쇠와 보습의 마모 방지
   - ㉯ 날 끝이 흙 속에 잘 들어가게 하고 경심을 안정시킴
   - ㉰ 지축판을 좌우로 이동시켜 경폭 조절
   - ㉱ 쟁기 동력의 회전을 일정하게 조절

87. 완전히 마르기 전의 무게가 100kg, 완전히 마른 후의 무게가 80kg인 벼의 건량기준 함수율(%, db)은?
   - ㉮ 30
   - ㉯ 25
   - ㉰ 20
   - ㉱ 15

88. 이론작업량이 0.6ha/h이고 포장효율이 60%일 때 시간당 실제 작업량은 몇 ha/h인가?
   - ㉮ 0.36
   - ㉯ 0.26
   - ㉰ 2.26
   - ㉱ 0.22

정답  78. ㉮  79. ㉯  80. ㉱  81. ㉰  82. ㉱  83. ㉮  84. ㉯  85. ㉮  86. ㉯  87. ㉯  88. ㉮

89. 승용형 이앙기에서 묘탑재대 하부에 설치되어 모의 식부깊이를 일정하게 유지하게 하는 것은?
   ㉮ 미끄럼 판   ㉯ 플로트
   ㉰ 공기 청정기   ㉱ 철차륜

90. 동력분무기 압력조절 장치의 기능에 대한 설명으로 옳은 것은?
   ㉮ 분무 압력과 분무량을 조절한다.
   ㉯ 여수량을 일정하게 유지한다.
   ㉰ 공기실의 압력을 일정하게 유지한다.
   ㉱ 펌프의 회전속도를 일정하게 유지한다.

91. 농산물을 건조할 때 건조속도에 영향을 주지 않는 요인은?
   ㉮ 풍량   ㉯ 건조용 공기습도
   ㉰ 재료의 초기 함수율   ㉱ 포와송의 비

92. 지면에서 40~80cm 아래의 굳어진 토양을 내부에서 파쇄시키는 작업기로서 겉 흙은 갈지 않고 단단한 경반만을 파쇄하는 경운용 작업기는?
   ㉮ 로터리   ㉯ 써레
   ㉰ 심토 파쇄기   ㉱ 스프링 해로우

93. 석발기(石拔機)는 물질의 어떤 성질을 이용한 선별기인가?
   ㉮ 크기와 모양   ㉯ 전기적 성질
   ㉰ 표면 색깔   ㉱ 비중

94. 물러 현미기의 고속 롤러 지름이 5.08cm, 회전수가 1200rpm이고, 저속 롤러의 지름이 4.95cm, 회전수가 900rpm일 때 회전차율은 약 몇 %인가?
   ㉮ 20.63   ㉯ 22.63
   ㉰ 24.92   ㉱ 26.92

95. 다음 중 경운정지 작업의 목적과 거리가 먼 것은?
   ㉮ 유기물의 부식화를 통하여 흙의 단립화를 촉진
   ㉯ 잡초를 제거하고 불필요하게 과밀한 작물을 제거
   ㉰ 작물의 뿌리가 흙속으로 뻗어 가는데 받는 저항력 증진
   ㉱ 등고선 경운이나 골 만들기 등에 의하여 토양의 유실을 방지

96. 다음 중 파종기의 대표적인 종류로 묶인 것은?
   ㉮ 원판형, 구형, 톱니형
   ㉯ 호우형, 복원판형, 단원판형
   ㉰ 산파기, 조파기, 점파기
   ㉱ 원심식, 낙하식, 압송식

97. 파종기 중 조파기의 주요 기능으로 옳지 않은 것은?
   ㉮ 구절   ㉯ 배토
   ㉰ 종자배출   ㉱ 복토

98. 다음 중 양배추 수확기를 구동하기에 가장 적합한 동력전달 방식은?
   ㉮ 속도비례형 PTO   ㉯ 상시회전형 PTO
   ㉰ 독립형 PTO   ㉱ 변속기 구동형 PTO

99. 다음 중 자탈형 콤바인의 특징으로 옳지 않은 것은?
   ㉮ 이삭부분만 탈곡부에 공급된다.
   ㉯ 곡립손상이 적다.
   ㉰ 전처리부에 릴이 장착되어 있다.
   ㉱ 벼 수확에 적합하다.

100. 다음 중 종류가 다른 사료를 혼합하는데 사용하는 것은?
   ㉮ 피드 믹서(feed mixer)
   ㉯ 해머 밀(hammer mill)
   ㉰ 버 밀(burr mill)
   ㉱ 피드 그라인더(feed grinder)

정답  89. ㉯  90. ㉮  91. ㉱  92. ㉰  93. ㉱  94. ㉱  95. ㉰  96. ㉰  97. ㉯  98. ㉮  99. ㉰  100. ㉮

# 2020년 과년도 출제문제

## 재료역학 제1과목

1. 지름 70mm인 환봉에 20MPa의 최대 전단응력이 생겼을 때 비틀림 모멘트는 약 몇 kN·m인가?
   - ㉮ 4.50
   - ㉯ 3.60
   - ㉰ 2.70
   - ㉱ 1.35

2. 다음 외팔보가 균일분포 하중을 받을 때, 굽힘에 의한 탄성변형 에너지는? (단, 굽힘강성 $EI$는 일정하다)

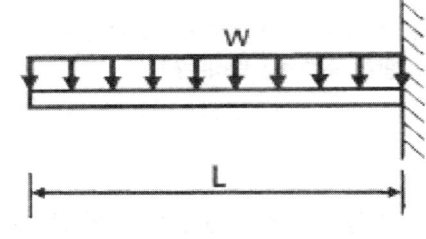

   - ㉮ $U=\dfrac{w^2L^5}{20EI}$
   - ㉯ $U=\dfrac{w^2L^5}{30EI}$
   - ㉰ $U=\dfrac{w^2L^5}{40EI}$
   - ㉱ $U=\dfrac{w^2L^5}{50EI}$

3. 그림과 같은 돌출보에서 $w$=120kN/m의 등분포 하중이 작용할 때, 중앙 부분에서의 최대 굽힘응력은 약 몇 MPa인가? (단, 단면은 표준 I형 보로 높이 h=60cm이고, 단면 2차 모멘트 I=98200cm$^4$이다)

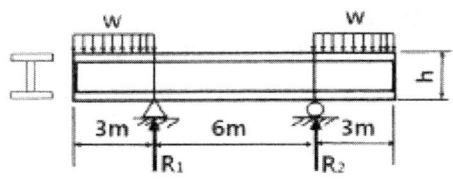

   - ㉮ 125
   - ㉯ 165
   - ㉰ 185
   - ㉱ 195

4. 비틀림 모멘트 2kN·m가 지름 50mm인 축에 작용하고 있다. 축의 길이가 2m일 때 축의 비틀림각은 약 몇 rad인가? (단, 축의 전단탄성계수는 85GPa이다)
   - ㉮ 0.019
   - ㉯ 0.028
   - ㉰ 0.054
   - ㉱ 0.077

5. 그림과 같은 단주에서 편심거리 e에 압축하중 P=80kN이 작용할 때 단면에 인장응력이 생기지 않기 위한 e의 한계는 몇 cm인가? (단, G는 편심 하중이 작용하는 단주 끝단의 평면상 위치를 의미한다.)

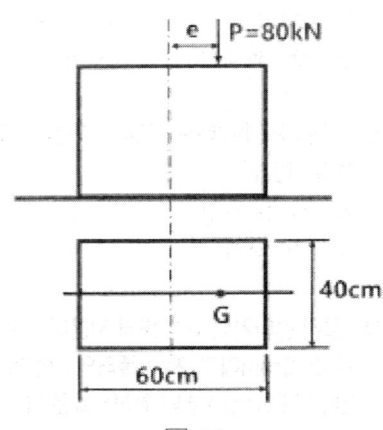

   - ㉮ 8
   - ㉯ 10
   - ㉰ 12
   - ㉱ 14

정답 1. ㉱  2. ㉰  3. ㉯  4. ㉱  5. ㉯

6. 그림과 같이 원형단면을 가진 보가 인장하중 P=90kN을 받는다. 이 보는 강(steel)으로 이루어져 있고, 세로탄성계수는 210GPa이며 포와송비 $\mu$=1/3이다. 이 보의 체적변화 $\triangle V$는 약 몇 $mm^3$인가? (단, 보의 직경 d=30mm, 길이 L=5m이다)

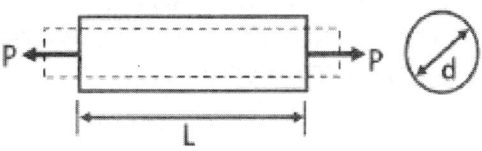

㉮ 114.28  ㉯ 314.28
㉰ 514.28  ㉱ 714.28

7. 판 두께 3mm를 사용하여 내압 $20kN/cm^2$을 받을 수 있는 구형(spherical) 내압용기를 만들려고 할 때, 이 용기의 최대 안전내경 d를 구하면 몇 cm인가? (단, 이 재료의 허용 인장응력을 $\sigma_w=800kN/cm^2$으로 한다)

㉮ 24   ㉯ 48
㉰ 72   ㉱ 96

8. 다음과 같은 평면응력 상태에서 최대 주응력 $\sigma_1$은?

$$\langle \sigma_x = \tau_1,\ \sigma_y = 0\ \tau_{xy} = -\tau \rangle$$

㉮ $1.414\tau$   ㉯ $1.80\tau$
㉰ $1.618\tau$   ㉱ $2.828\tau$

9. 길이 10m, 단면적 $2cm^2$인 철봉을 100℃에서 그림과 같이 양단을 고정했다. 이 봉의 온도가 20℃로 되었을 때 인장력은 약 몇 kN인가? (단, 세로 탄성계수는 200GPa, 선팽창계수 a=0.000012/℃이다)

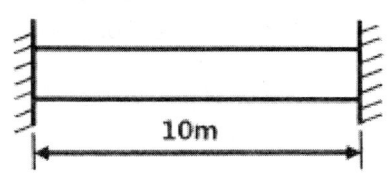

㉮ 19.2   ㉯ 25.5
㉰ 38.4   ㉱ 48.5

10. 다음과 같이 스팬(span)중앙에 힌지(hinge)를 가진 보의 최대 굽힘모멘트는 얼마인가?

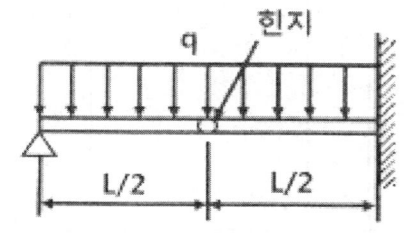

㉮ $\dfrac{qL^2}{4}$   ㉯ $\dfrac{qL^2}{6}$
㉰ $\dfrac{qL^2}{8}$   ㉱ $\dfrac{qL^2}{12}$

11. 그림과 같이 800N의 힘이 브래킷의 A에 작용하고 있다. 이 힘의 점 B에 대한 모멘트는 약 몇 N·m인가?

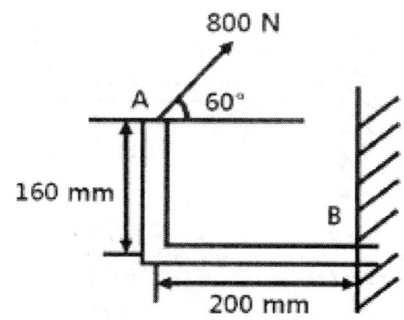

㉮ 160.6   ㉯ 202.6
㉰ 238.6   ㉱ 253.6

정답  6. ㉱  7. ㉯  8. ㉰  9. ㉰  10. ㉮  11. ㉯

12. 0.4m×0.4m인 정사각형 ABCD를 아래 그림에 나타내었다. 하중을 가한 후의 변형 상태는 점선으로 나타내었다. 이 때 A지점에서 전단변형률 성분의 평균값($\gamma xy$)는?

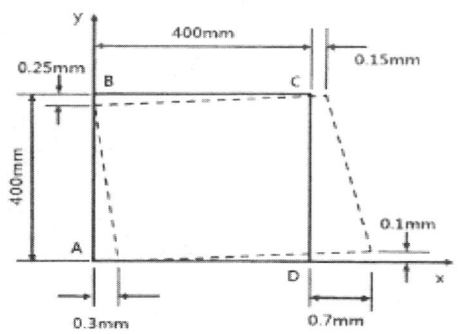

㉮ 0.001  ㉯ 0.000625
㉰ −0.0005  ㉱ −0.000625

13. 그림과 같이 외팔보의 끝에 집중하중 P가 작용할 때 자유단에서의 처짐각 $\theta$는? (단, 보의 굽힘강성 $EI$는 일정하다)

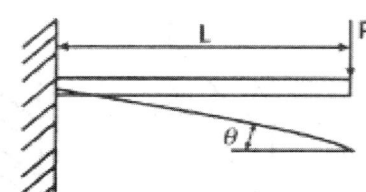

㉮ $\dfrac{PL^2}{2EI}$  ㉯ $\dfrac{PL^3}{6EI}$

㉰ $\dfrac{PL^2}{8EI}$  ㉱ $\dfrac{PL^2}{12EI}$

14. 다음 그림과 같은 부채꼴의 도심(centroid)의 위치 $\bar{x}$는?

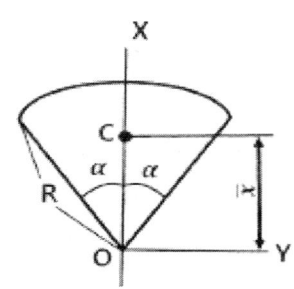

㉮ $\bar{x} = \dfrac{2}{3}R$  ㉯ $\bar{x} = \dfrac{3}{4}R$

㉰ $\bar{x} = \dfrac{3}{4}R\sin\alpha$  ㉱ $\bar{x} = \dfrac{2R}{3\alpha}\sin\alpha$

15. 길이가 5m이고 직경이 0.1m인 양단고정보 중앙에 200N의 집중하중이 작용할 경우 보의 중앙에서의 처짐은 약 몇 m인가? (단, 보의 세로탄성계수는 200 GPa 이다)

㉮ $2.36 \times 10^{-5}$  ㉯ $1.33 \times 10^{-4}$
㉰ $4.58 \times 10^{-4}$  ㉱ $1.06 \times 10^{-3}$

16. 그림과 같은 단순 지지보에 모멘트(M)와 균일분포하중($w$)이 작용할 때, A점의 반력은?

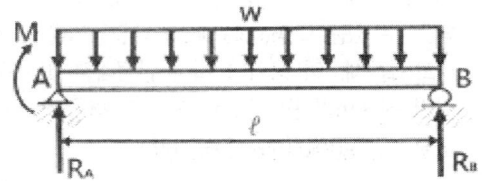

㉮ $\dfrac{w\ell}{2} - \dfrac{M}{\ell}$  ㉯ $\dfrac{w\ell}{2} - M$

㉰ $\dfrac{w\ell}{2} + M$  ㉱ $\dfrac{w\ell}{2} + \dfrac{M}{\ell}$

17. 다음 구조물에 하중 P=1kN이 작용할 때 연결핀에 걸리는 전단응력은 약 얼마인가? (단, 연결핀의 지름은 5mm이다)

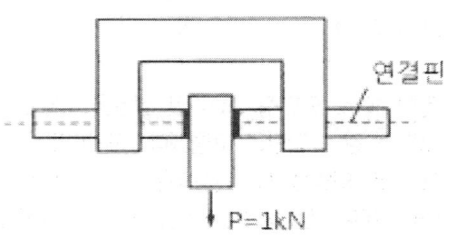

㉮ 25.46 kPa  ㉯ 50.92 kPa
㉰ 25.46 MPa  ㉱ 50.92 MPa

18. 100rpm으로 30kW를 전달시키는 길이 1m, 지름 7cm인 둥근 축단의 비틀림각은 약 몇 rad인가? (단, 전단탄성계수는 83GPa이다)

㉮ 0.26 ㉯ 0.30
㉰ 0.015 ㉱ 0.009

19. 길이 3m, 단면의 지름이 3cm인 균일 단면의 알루미늄 봉이 있다. 이 봉에 인장하중 20kN이 걸리면 봉은 약 몇 cm 늘어나는가? (단, 세로탄성계수는 72GPa이다)

㉮ 0.118 ㉯ 0.239
㉰ 1.18 ㉱ 2.39

20. 그림과 같이 균일단면을 가진 단순보에 균일하중 $\omega$ kN/m이 작용할 때, 이 보의 탄성곡선식은? (단, 보의 굽힘 강성 $EI$는 일정하고, 자중은 무시한다)

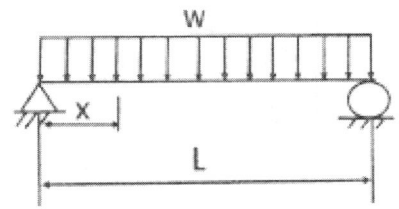

㉮ $y = \dfrac{\omega x}{24EI}(L^3 - 2Lx^2 + x^3)$

㉯ $y = \dfrac{\omega}{24EI}(L^3 - Lx^2 + x^3)$

㉰ $y = \dfrac{\omega}{24EI}(L^3 x - Lx^2 + x^3)$

㉱ $y = \dfrac{\omega x}{24EI}(L^3 - 2x^2 + x^3)$

## 기계열역학 제 2 과목

21. 압력이 0.2MPa, 온도가 20℃의 공기를 압력이 2MPa로 될 때까지 가역단열 압축했을 때 온도는 약 몇 ℃인가? (단, 공기는 비열비가 1.4인 이상기체로 간주한다)

㉮ 225.7 ㉯ 273.7
㉰ 292.7 ㉱ 358.7

22. 어떤 물질에서 기체상수(R)가 0.189kJ/(kg·K), 임계온도가 305K, 임계압력이 7380kPa이다. 이 기체의 압축성 인자(compressibility factor, Z)가 다음과 같은 관계식을 나타낸다고 할 때 이 물질의 20℃, 1000kPa상태에서의 비체적(v)은 약 몇 m³/kg인가? (단, P는 압력, T는 절대온도, $P_r$은 환산압력, $T_r$은 환산온도를 나타낸다)

$$\left\langle Z = \frac{Pv}{RT} = 1 - 0.8\frac{P_r}{T_r} \right\rangle$$

㉮ 0.0111 ㉯ 0.0303
㉰ 0.0491 ㉱ 0.0554

23. 100℃의 구리 10kg을 20℃의 물 2kg이 들어있는 단열용기에 넣었다. 물과 구리 사이의 열전달을 통한 평형 온도는 약 몇 ℃인가? (단, 구리 비열은 0.45kJ/(kg·K), 물 비열은 4.2kJ/(kg·K) 이다)

㉮ 48 ㉯ 54
㉰ 60 ㉱ 68

정답 18. ㉰ 19. ㉮ 20. ㉮ 21. ㉰ 22. ㉰ 23. ㉮

24. 어떤 습증기의 엔트로피가 6.78 kJ/(kg·K)라고 할 때 이 습증기의 엔탈피는 약 몇 kJ/kg인가? (단, 이 기체의 포화액 및 포화증기의 엔탈피와 엔트로피는 다음과 같다)

|  | 포화액체 | 포화증기 |
| --- | --- | --- |
| 엔탈피 (kJ/kg) | 384 | 2666 |
| 엔트로피 (kJ/(kg·K)) | 1.25 | 7.62 |

㉮ 2365  ㉯ 2402
㉰ 2473  ㉱ 2511

25. 기체가 0.3 MPa로 일정한 압력하에 8m³에서 4m³까지 마찰없이 압축되면서 동시에 500kJ의 열을 외부로 방출하였다면, 내부에너지의 변화는 약 몇 kJ인가?

㉮ 700   ㉯ 1700
㉰ 1200  ㉱ 1400

26. 냉매가 갖추어야 할 요건으로 틀린 것은?
㉮ 증발온도에서 높은 잠열을 가져야 한다.
㉯ 열전도율이 커야 한다.
㉰ 표면장력이 커야 한다.
㉱ 불활성이고 안전하며 비가연성이여야 한다.

27. 이상적인 랭킨사이클에서 터빈 입구 온도가 350℃이고, 75kPa과 3MPa의 압력범위에서 작동한다. 펌프 입구와 출구, 터빈 입구와 출구에서 엔탈피는 각각 384.4 kJ/kg, 387.5 kJ/kg, 3116 kJ/kg, 2403 kJ/이다. 펌프일을 고려한 사이클의 열효율과 펌프일을 무시한 사이클의 열효율 차이는 약 몇 %인가?

㉮ 0.0011  ㉯ 0.092
㉰ 0.11    ㉱ 0.18

28. 카르노사이클로 작동하는 열기관이 1000℃의 열원과 300K의 대기 사이에서 작동한다. 이 열기관이 사이클 당 100kJ의 일을 할 경우 사이클 당 1000℃의 열원으로부터 받은 열량은 약 몇 kJ인가?

㉮ 70.0   ㉯ 76.4
㉰ 130.8  ㉱ 142.9

29. 클라우지우스(clausius)의 부등식을 옳게 나타낸 것은? (단, T는 절대온도, Q는 시스템으로 공급된 전체 열량을 나타낸다)

㉮ $\oint T\delta Q \leq 0$  ㉯ $\oint T\delta Q \geq 0$
㉰ $\oint \dfrac{\delta Q}{T} \leq 0$  ㉱ $\oint \dfrac{\delta Q}{T} \geq 0$

30. 다음은 오토(Otto)사이클의 온도 – 엔트로피 (T – S)선도이다. 이 사이클의 열효율을 온도를 이용하여 나타낼 때 옳은 것은? (단, 공기의 비열은 일정한 것으로 본다)

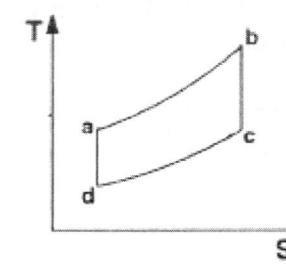

㉮ $1-\dfrac{T_c-T_d}{T_b-T_a}$  ㉯ $1-\dfrac{T_b-T_a}{T_c-T_d}$
㉰ $1-\dfrac{T_a-T_d}{T_b-T_c}$  ㉱ $1-\dfrac{T_b-T_c}{T_a-T_d}$

31. 이상기체로 작동하는 어떤 기관의 압축비가 17이다. 압축 전의 압력 및 온도는 112kPa, 25℃이고 압축후의 압력은 4350kPa이다. 압축 후의 온도는 약 몇 ℃인가?

㉮ 53.7   ㉯ 180.2
㉰ 236.4  ㉱ 407.8

32. 전류 25A, 전압 13V를 가하여 축전지를 충전하고 있다. 충전하는 동안 축전지로부터 15W의 열손실이 있다. 축전지의 내부에너지 변화율은 약 몇 W인가?
   - ㉮ 310
   - ㉯ 340
   - ㉰ 370
   - ㉱ 420

33. 다음 중 강도성 상태량(intensive property)이 아닌 것은?
   - ㉮ 온도
   - ㉯ 내부에너지
   - ㉰ 밀도
   - ㉱ 압력

34. 어떤 유체의 밀도가 741kg/m³이다. 이 유체의 비체적은 약 몇 m³/kg 인가?
   - ㉮ $0.78 \times 10^{-3}$
   - ㉯ $1.35 \times 10^{-3}$
   - ㉰ $2.35 \times 10^{-3}$
   - ㉱ $2.98 \times 10^{-3}$

35. 다음 중 스테판-볼츠만의 법칙과 관련이 있는 열전달은?
   - ㉮ 대류
   - ㉯ 복사
   - ㉰ 전도
   - ㉱ 응축

36. 단열된 노즐에 유체가 10m/s의 속도로 들어와서 200m/s의 속도로 가속되어 나간다. 출구에서의 엔탈피가 2770kJ/kg일 때 입구에서의 엔탈피는 약 몇 kJ/kg 인가?
   - ㉮ 4370
   - ㉯ 4210
   - ㉰ 2850
   - ㉱ 2790

37. 압력(P) - 부피(V) 선도에서 이상기체가 그림과 같은 사이클로 작동한다고 할 때 한 사이클 동안 행한 일은 어떻게 나타내는가?

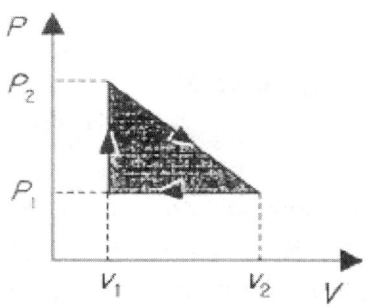

   - ㉮ $\dfrac{(P_2 + P_1)(V_2 + V_1)}{2}$
   - ㉯ $\dfrac{(P_2 - P_1)(V_2 + V_1)}{2}$
   - ㉰ $\dfrac{(P_2 + P_1)(V_2 - V_1)}{2}$
   - ㉱ $\dfrac{(P_2 - P_1)(V_2 - V_1)}{2}$

38. 이상적인 교축과정(throttling process)을 해석하는데 있어서 다음 설명 중 옳지 않은 것은?
   - ㉮ 엔트로피는 증가한다.
   - ㉯ 엔탈피의 변화가 없다고 본다.
   - ㉰ 정압과정으로 간주한다.
   - ㉱ 냉동기의 팽창밸브의 이론적인 해석에 적용될 수 있다.

39. 고온열원($T_1$)과 저온열원($T_2$)사이에서 작동하는 역카르노 사이클에 의한 열펌프(heat pump)의 성능계수는?
   - ㉮ $\dfrac{T_1 - T_2}{T_1}$
   - ㉯ $\dfrac{T_2}{T_1 - T_2}$
   - ㉰ $\dfrac{T_1}{T_1 - T_2}$
   - ㉱ $\dfrac{T_1 - T_2}{T_2}$

40. 이상기체 2kg이 압력 98kPa, 온도 25℃상태에서 체적이 0.5m³였다면 이 이상기체의 기체상수는 약 몇 J/(kg·K)인가?
   - ㉮ 79
   - ㉯ 82
   - ㉰ 97
   - ㉱ 102

## 기계유체역학 제 3 과목

**41.** 그림과 같이 원판 수문이 물속에 설치되어 있다. 그림 중 C는 압력의 중심이고, G는 원판의 도심이다. 원판의 지름을 d라 하면 작용점의 위치 $\eta$는?

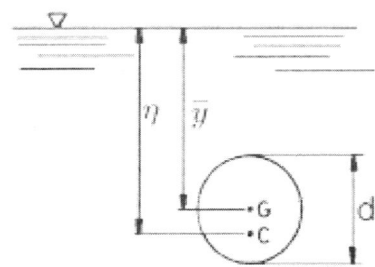

㉮ $\eta = \bar{y} + \dfrac{d^2}{8\bar{y}}$  ㉯ $\eta = \bar{y} + \dfrac{d^2}{16\bar{y}}$

㉰ $\eta = \bar{y} + \dfrac{d^2}{32\bar{y}}$  ㉱ $\eta = \bar{y} + \dfrac{d^2}{64\bar{y}}$

**42.** 밀도 $1.6 kg/m^3$인 기체가 흐르는 관에 설치한 피토 정압관(Pitot-static tube)의 두 단자 간 압력차가 $4cm\, H_2O$이었다면 기체의 속도(m/s)는 얼마인가?

㉮ 7  ㉯ 14
㉰ 22  ㉱ 28

**43.** 직경 1cm인 원형관 내의 물의 유동에 대한 천이 레이놀즈수는 2300이다. 천이가 일어날 때 물의 평균유속(m/s)은 얼마인가? (단, 물의 동점성 계수는 $10^{-6} m^2/s$ 이다)

㉮ 0.23  ㉯ 0.46
㉰ 2.3  ㉱ 4.6

**44.** 그림과 같이 유리관 A, B부분의 안지름은 각각 30cm, 10cm이다. 이 관에 물을 흐르게 하였더니 A에 세운 관에는 물이 60cm, B에 세운 관에는 물이 30cm 올라갔다. A와 B 각부분에서 물의 속도(m/s)는?

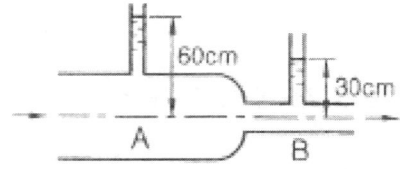

㉮ $V_A = 2.73$, $V_B = 24.5$
㉯ $V_A = 2.44$, $V_B = 22.0$
㉰ $V_A = 0.542$, $V_B = 4.88$
㉱ $V_A = 0.271$, $V_B = 2.44$

**45.** 어떤 물리적인 계(system)에서 물리량 F가 물리량 A, B, C, D의 함수 관계가 있다고 할 때, 차원해석을 한 결과 두 개의 무차원수, $\dfrac{F}{AB^2}$ 와 $\dfrac{B}{CD^2}$ 를 구할 수 있었다. 그리고, 모형실험을 하여 A=1, B=1, C=1, D=1일 때, F=$F_1$을 구할 수 있었다. 여기서 A=2, B=4, C=1, D=2인 원형의 F는 어떤 값을 가지는가? (단, 모든 값들은 SI단위를 가진다)

㉮ $F_1$
㉯ $16F_1$
㉰ $32F_1$
㉱ 위의 자료만으로는 예측할 수 없다.

정답 41. ㉯  42. ㉰  43. ㉮  44. ㉱  45. ㉰

46. 공기의 속도 24m/s인 풍동 내에서 익현길이 1m, 익의 폭 5m인 날개에 작용하는 양력 (N)은 얼마인가? (단, 공기의 밀도는 1.2kg/m³, 양력계수는 0.455이다)
   - ㉮ 1572
   - ㉯ 786
   - ㉰ 393
   - ㉱ 91

47. 체적이 30m³인 어느 기름의 무게가 247kN이었다면 비중은 얼마인가? (단, 물의 밀도는 1000 kg/m³이다)
   - ㉮ 0.80
   - ㉯ 0.82
   - ㉰ 0.84
   - ㉱ 0.86

48. 국소 대기압이 1atm이라고 할 때, 다음 중 가장 높은 압력은?
   - ㉮ 0.13 atm (gage pressure)
   - ㉯ 115 kPa (absolute pressure)
   - ㉰ 1.1 atm (absolute pressure)
   - ㉱ 11 mH₂O (absolute pressure)

49. 그림과 같은 두 개의 고정된 평판 사이에 얇은 판이 있다. 얇은 판 상부에는 점성계수가 $0.05\,N\cdot s/m^2$인 유체가 있고 하부에는 점성계수가 $0.1\,N\cdot s/m^2$인 유체가 있다. 이 판을 일정속도 0.5m/s로 끌 때, 끄는 힘이 최소가 되는 거리 y는? (단, 고정 평판사이의 폭은 h(m), 평판들 사이의 속도분포는 선형이라고 가정한다)

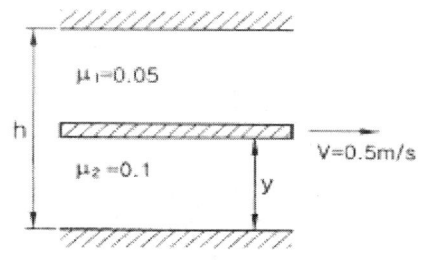

   - ㉮ 0.293h
   - ㉯ 0.482h
   - ㉰ 0.586h
   - ㉱ 0.879h

50. 3.6m³/min을 양수하는 펌프의 송출구의 안지름이 23cm일 때 평균 유속(m/s)은 얼마인가?
   - ㉮ 0.96
   - ㉯ 1.20
   - ㉰ 1.32
   - ㉱ 1.44

51. 수면의 차이가 H인 두 저수지 사이에 지름 d, 길이 $\ell$인 관로가 연결되어 있을 때 관로에서의 평균 유속(V)을 나타내는 식은? (단, f는 관마찰계수이고, g는 중력가속도이며, $K_1$, $K_2$는 관입구와 출구에서의 부차적 손실계수이다)

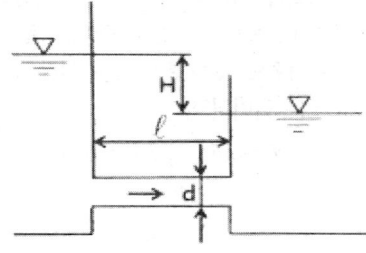

   - ㉮ $V = \sqrt{\dfrac{2gdH}{K_1 + f\ell + K_2}}$
   - ㉯ $V = \sqrt{\dfrac{2gH}{K_1 + f\ell + K_2}}$
   - ㉰ $V = \sqrt{\dfrac{2gdH}{K_1 + \dfrac{f}{\ell} + K_2}}$
   - ㉱ $V = \sqrt{\dfrac{2gH}{K_1 + f\dfrac{\ell}{d} + K_2}}$

52. 유체의 정의를 가장 올바르게 나타낸 것은?
   - ㉮ 아무리 작은 전단응력에도 저항할 수 없어 연속적으로 변형하는 물질
   - ㉯ 탄성계수가 0을 초과하는 물질
   - ㉰ 수직응력을 가해도 물체가 변하지 않는 물질
   - ㉱ 전단응력이 가해질 때 일정한 양의 변형이 유지되는 물질

정답 46. ㉯ 47. ㉰ 48. ㉯ 49. ㉰ 50. ㉱ 51. ㉱ 52. ㉮

53. 수평원관 속에 정상류의 층류흐름이 있을 때 전단응력에 대한 설명으로 옳은 것은?
   ㉮ 단면 전체에서 일정하다.
   ㉯ 벽면에서 0이고 관 중심까지 선형적으로 증가한다.
   ㉰ 관 중심에서 0이고 반지름방향으로 선형적으로 증가한다.
   ㉱ 관 중심에서 0이고 반지름방향으로 중심으로부터 거리의 제곱에 비례하여 증가한다.

54. 어떤 물리량 사이의 함수관계가 다음과 같이 주어졌을 때, 독립 무차원수 Pi항은 몇 개인가? (단, a는 가속도, V는 속도, t는 시간, v는 동점성계수, L은 길이이다)
   $$ F(a, V, v, L) = 0 $$
   ㉮ 1 ㉯ 2
   ㉰ 3 ㉱ 4

55. 프란틀의 혼합거리(mixing length)에 대한 설명으로 옳은 것은?
   ㉮ 전단응력과 무관하다.
   ㉯ 벽에서 0이다.
   ㉰ 항상 일정하다.
   ㉱ 층류 유동문제를 계산하는데 유용하다.

56. (x, y)평면에서의 유동함수(정상, 비압축성 유동)가 다음과 같이 정의된다면 x=4m, y=6m의 위치에서의 속도(m/s)는 얼마인가?
   $$ \psi = 3x^2 y - y^3 $$
   ㉮ 156 ㉯ 92
   ㉰ 52 ㉱ 38

57. 해수의 비중은 1.025이다. 바닷물 속 10m깊이에서 작업하는 해녀가 받는 계기압력(kPa)은 약 얼마인가?
   ㉮ 94.4 ㉯ 100.5
   ㉰ 105.6 ㉱ 112.7

58. 비압축성 유체가 그림과 같이 단면적 $A(\chi) = 1 - 0.04\chi [m^2]$로 변화하는 통로 내를 정상상태로 흐를 때 P점($\chi = 0$)에서의 가속도(m/s$^2$)는 얼마인가? (단, P점에서의 속도는 2m/s, 단면적은 1m$^2$이며, 각 단면에서 유속은 균일하다고 가정한다)

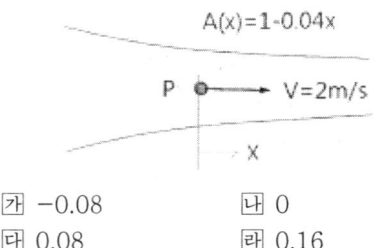

   ㉮ −0.08 ㉯ 0
   ㉰ 0.08 ㉱ 0.16

59. 낙차가 100m인 수력발전소에서 유량이 5m$^3$/s 이면 수력터빈에서 발생하는 동력(MW)은 얼마인가? (단, 유도관의 마찰손실은 10m이고, 터빈의 효율은 80%이다)
   ㉮ 3.53 ㉯ 3.92
   ㉰ 4.41 ㉱ 5.52

60. 그림과 같은 노즐을 통하여 유량 Q만큼의 유체가 대기로 분출될 때, 노즐에 미치는 유체의 힘 F는? (단, $A_1$, $A_2$는 노즐의 단면 1, 2에서의 단면적이고 $\rho$는 유체의 밀도이다.)

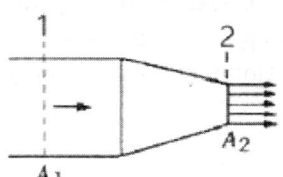

   ㉮ $F = \dfrac{\rho A_2 Q^2}{2} \left( \dfrac{A_2 - A_1}{A_1 A_2} \right)^2$
   ㉯ $F = \dfrac{\rho A_2 Q^2}{2} \left( \dfrac{A_1 + A_2}{A_1 A_2} \right)^2$
   ㉰ $F = \dfrac{\rho A_1 Q^2}{2} \left( \dfrac{A_1 + A_2}{A_1 A_2} \right)^2$
   ㉱ $F = \dfrac{\rho A_1 Q^2}{2} \left( \dfrac{A_1 - A_2}{A_1 A_2} \right)^2$

정답 53. ㉰ 54. ㉰ 55. ㉯ 56. ㉮ 57. ㉯ 58. ㉱ 59. ㉮ 60. ㉱

## 농업동력학 제 4 과목

61. 윤활유의 점도에 관한 설명으로 옳은 것은?
   - ㉮ 점도가 낮은 것이 고부하용으로 적당하다.
   - ㉯ 겨울철에는 SAE 번호가 큰 것을 사용한다.
   - ㉰ 여름철에는 높은 점도의 윤활유를 사용한다.
   - ㉱ 윤활유의 점도가 낮을수록 SAE번호가 크다.

62. 일반적인 윤활유의 기능이 아닌 것은?
   - ㉮ 기밀 작용
   - ㉯ 냉각 작용
   - ㉰ 마찰 감소
   - ㉱ 응력집중 작용

63. 실린더의 전체적이 1200cm³, 행정체적이 950cm³인 엔진의 압축비는 얼마인가?
   - ㉮ 1.26
   - ㉯ 2.8
   - ㉰ 4.8
   - ㉱ 7.9

64. 공기 과잉률에 대한 설명으로 옳은 것은?
   - ㉮ 공기량과 연료량의 비율이다.
   - ㉯ 이론 공연비에서 실제 공연비를 뺀 값이다.
   - ㉰ 이론 공연비를 이론적으로 필요한 공기량으로 나눈 값이다.
   - ㉱ 연소에 실제로 소요되는 공기량을 이론적으로 완전 연소에 필요한 공기량으로 나눈 값이다.

65. 토크가 15 N·m이고, 1000rpm으로 회전하는 전동기의 출력은 약 몇 kW인가?
   - ㉮ 1.11
   - ㉯ 1.57
   - ㉰ 2.22
   - ㉱ 3.04

66. 차륜이 직진할 때 외부로부터 받는 측면 하중이나 충격을 흡수하여 직진성을 좋게 하는 것으로 차륜의 진행 방향과 차륜 평면이 이루는 각은?
   - ㉮ 캠버각
   - ㉯ 토인각
   - ㉰ 캐스터각
   - ㉱ 킹핀 경사각

67. 습식 브레이크의 특징에 대한 설명으로 틀린 것은?
   - ㉮ 수명이 길어 반영구적이다.
   - ㉯ 큰 제동력을 얻을 수 없다.
   - ㉰ 견고한 하우징과 실링이 필요하다.
   - ㉱ 브레이크에서 발생하는 열을 냉각시킬 수 있다.

68. 구동륜에서 토양 추진력이 3.75kN이고 차륜의 구름반경이 500mm이면, 동적상태에서 차륜에 걸린 구름저항에 의한 토크는 몇 kN·m인가?
   - ㉮ 1.875
   - ㉯ 3.750
   - ㉰ 18.75
   - ㉱ 37.50

69. 내연기관의 냉각에 관한 다음 설명 중 틀린 것은?
   - ㉮ 부동액을 물과 함께 써서 냉각수의 빙결점을 낮출 수 있다.
   - ㉯ 과도한 냉각은 열효율을 오히려 떨어뜨린다.
   - ㉰ 공랭식이 수냉식보다 냉각효과가 커서 일반적으로 더 많이 쓰인다.
   - ㉱ 디젤기관의 과도한 냉각은 엔진의 노킹현상을 유발한다.

70. 다음 중 트랙터의 견인성능에 영향을 미치는 인자로 가장 거리가 먼 것은?
   - ㉮ 진동계수
   - ㉯ 토양상태
   - ㉰ 타이어 공기압
   - ㉱ 트랙터 총중량

정답 61. ㉰ 62. ㉱ 63. ㉰ 64. ㉱ 65. ㉯ 66. ㉯ 67. ㉯ 68. ㉮ 69. ㉰ 70. ㉮

71. 다음 중 내연기관의 전기 점화장치에서 점화플러그의 자기청정온도 범위로 가장 적합한 것은?
   ㉮ 100℃ ~ 300℃
   ㉯ 500℃ ~ 800℃
   ㉰ 1000℃ ~ 1200℃
   ㉱ 1300℃ ~ 1500℃

72. 가솔린 기관의 노크 방지방법으로 적절하지 않은 것은?
   ㉮ 옥탄가가 높은 연료를 사용한다.
   ㉯ 엔진이 과열되지 않게 운전한다.
   ㉰ 연소실 내의 퇴적된 카본을 제거한다.
   ㉱ 화염전파거리를 길게 하는 연소실 형상을 사용하고 연소속도가 느린 연료를 사용한다.

73. 트랙터의 PTO에 관한 설명으로 틀린 것은?
   ㉮ PTO는 작업기에 동력을 전달하는 장치이다.
   ㉯ PTO 방식에는 상시회전형, 속도 비례형 등이 있다.
   ㉰ PTO축과 작업기의 연결은 유니버설 조인트를 사용한다.
   ㉱ PTO는 작업기에 직선운동을 전달하는 장치이다.

74. 전동기의 일반적인 속도 특성곡선에서 종좌표의 변수가 시동 토크일 때 횡좌표의 변수는?
   ㉮ 전력      ㉯ 역률
   ㉰ 출력      ㉱ 슬립

75. 다음 중 트랙터에 부가하중을 추가하는 이유로 가장 적절한 것은?
   ㉮ 속도를 높이기 위하여
   ㉯ 견인력을 높이기 위하여
   ㉰ 조향성을 높이기 위하여
   ㉱ 토양 다짐을 감소시키기 위하여

76. 주행부의 슬립에 영향을 미치는 요인으로 가장 거리가 먼 것은?
   ㉮ 토양조건
   ㉯ 트랙터의 중량
   ㉰ 변속기의 종류
   ㉱ 주행부의 종류와 형상

77. 시간당 20kg만큼 가솔린을 소비하여 55kW의 출력을 내는 엔진의 열효율은? (단, 가솔린의 발열량은 51240kJ/kg이다)
   ㉮ 15.4%     ㉯ 19.3%
   ㉰ 25.7%     ㉱ 26.7%

78. 타이어 플라이 등급을 표시하는 목적으로 가장 적절한 것은?
   ㉮ 타이어 강도의 상대적 비교
   ㉯ 타이어 변형의 상대적 비교
   ㉰ 타이어 수명의 상대적 비교
   ㉱ 타이어 안정감의 상대적 비교

79. 트랙터의 주행 속도가 10m/s, 견인력이 1500KN일 때 견인 동력은 약 몇 kW인가?
   ㉮ 7.5       ㉯ 10
   ㉰ 15        ㉱ 30

80. 교류와 실효치에 대한 설명으로 틀린 것은?
   ㉮ 전류와 전압의 곱이다.
   ㉯ '실효치 = $\frac{1}{\sqrt{2}}$×최대값'으로 나타낸다.
   ㉰ 교류가 내는 효과와 같은 효과를 내는 직류의 수치이다.
   ㉱ 교류의 전압과 전류가 시간에 따라 정현파로 변하므로 이를 일정한 값으로 나타내는 방법이다.

정답 71. ㉯ 72. ㉱ 73. ㉱ 74. ㉱ 75. ㉯ 76. ㉰ 77. ㉯ 78. ㉮ 79. ㉰ 80. ㉮

## 농업기계학 제 5 과목

81. 선별 대상물을 떨어뜨리면서 수평 방향으로 바람을 일으켜주면 비중이 큰 것은 가깝게 떨어지고 비중이 작은 것은 멀리 떨어지는 성질을 이용한 선별기는?
   ㉮ 공기 선별기  ㉯ 중량 선별기
   ㉰ 자력 선별기  ㉱ 광학 선별기

82. 몰드보드 플라우의 절단각에 대한 설명으로 옳은 것은?
   ㉮ 측방 흡인선과 기선이 이루는 각
   ㉯ 보습의 날과 진행방향이 이루는 각
   ㉰ 정부의 상승 곡선의 접선과 기선이 이루는 각
   ㉱ 경심 85%에서 등고선의 수평투영과 기선이 이루는 각

83. 다음 중 충격식 현미기의 특징으로 가장 적절하지 않은 것은?
   ㉮ 탈부율이 높다.
   ㉯ 이동 또는 운반이 간편하다.
   ㉰ 탈부장치와 구동장치가 간단하다.
   ㉱ 동할미 발생 가능성이 낮다.

84. 곡립의 길이가 8.2mm, 폭이 5.4mm, 두께가 3.2mm이고 이 곡립의 체적이 114.5mm³일 때, 이 곡립의 구형률(sphericity)은 약 몇 %인가?
   ㉮ 39.0  ㉯ 59.3
   ㉰ 65.9  ㉱ 73.5

85. 고무 롤러 현미기에서 고속 롤러와 저속 롤러의 지름이 같고, 회전수가 각각 1000rpm, 800rpm이면 회전차율은 몇 %인가?
   ㉮ 20  ㉯ 45
   ㉰ 75  ㉱ 95

86. 동력분무기에서 액체의 농약을 최종적으로 미립화하는 부품은?
   ㉮ 노즐  ㉯ 송풍기
   ㉰ 임펠러  ㉱ 교반장치

87. 고무롤 현미기의 구성 및 작동원리에 관한 설명으로 틀린 것은?
   ㉮ 고정롤과 유동롤로 구성되어 있다.
   ㉯ 고정롤과 유동롤의 속도는 각각 다르다.
   ㉰ 고정롤과 유동롤의 회전방향은 동일하다.
   ㉱ 고무롤 간격조절장치로 두 롤의 간격을 조절한다.

88. 다음 중 곡물을 저장할 때 품질에 영향을 미치는 요소로 가장 거리가 먼 것은?
   ㉮ 해충  ㉯ 미생물
   ㉰ 곡물의 모양  ㉱ 곡물의 호흡

89. 이앙작업에 있어서 식부간격에 대한 설명으로 옳은 것은?
   ㉮ 주간, 조간 간격 모두 조정할 수 있다.
   ㉯ 주간, 조간 간격 모두 조정할 수 없다.
   ㉰ 조간 간격은 조정할 수 있으나 주간 간격은 조정할 수 없다.
   ㉱ 조간 간격은 조정할 수 없으나 주간 간격은 조정할 수 있다.

90. 로터리 경운기의 경운축 평균 회전력을 350N·m, 경운 폭을 150cm, 경심을 12cm라고 할 때, 경운축 비회전력은 약 몇 N·m/cm²인가?
   ㉮ 0.127  ㉯ 0.156
   ㉰ 0.194  ㉱ 0.257

정답  81. ㉮  82. ㉯  83. ㉱  84. ㉱  85. ㉮  86. ㉮  87. ㉰  88. ㉰  89. ㉱  90. ㉰

91. 평면식 건조기의 특징으로 가장 적절하지 않은 것은?
   ㋐ 비교적 가격이 저렴하고 취급이 용이하다.
   ㋑ 곡물 이외의 다른 농산물 건조도 가능하다.
   ㋒ 건조기 내의 바닥은 철재로 되어있어 자유롭게 분해, 조립할 수 있다.
   ㋓ 곡물의 퇴적층이 두꺼울 경우 상·하층간 함수율 차이가 작다.

92. 다음 중 일반적인 자동 탈곡기로 벼를 탈곡할 때에 탈곡치의 선단과 탈곡망 사이의 틈새는 약 몇mm가 되어야 하는가?
   ㋐ 1 이하　　㋑ 3~6
   ㋒ 10~13　　㋓ 17~20

93. 농산가공기계 중 사료 분해용으로 사용할 수 없는 것은?
   ㋐ 초퍼 밀　　㋑ 펠릿 밀
   ㋒ 디스크 밀　㋓ 피드 그라인더

94. 포장기계의 부담 면적에 관한 설명으로 가장 적절한 것은?
   ㋐ 기계가 이론적으로 수행할 수 있는 시간당 작업면적이다.
   ㋑ 기계의 실제로 수행할 수 있는 시간당 작업면적이다.
   ㋒ 일정한 기간 내에 기계가 수행해야 할 주어진 작업면적이다.
   ㋓ 농작업을 수행하는데 작업적기·기상 등의 제약과 주어진 농장의 조건하에서 기계의 능률을 충분히 활용할 때 작업할 수 있는 면적이다.

95. 양수기를 용도에 맞게 선택하고, 최고의 효율을 유지할 수 있는 운전조건을 구하는 기본 자료가 되는 그래프를 무엇이라 하는가?
   ㋐ 양수기의 동력곡선
   ㋑ 양수기의 양정곡선
   ㋒ 양수기의 특성곡선
   ㋓ 양수기의 양수량 곡선

96. 다음 중 조파기의 종자배출장치로서 사용되지 않는 것은?
   ㋐ 구멍 롤러식　㋑ 경사 원판식
   ㋒ 종자판식　　㋓ 벨트식

97. 피스톤과 같은 장치를 이용하여 왕복운동하는 펌프는?
   ㋐ 기어 펌프　　㋑ 베인 펌프
   ㋒ 나사 펌프　　㋓ 플런저 펌프

98. 고무를 현미기에서 벼의 입자로부터 왕겨를 분리시키기 위한 물리적 작용원리는?
   ㋐ 마찰　　㋑ 진동
   ㋒ 냉각　　㋓ 가열

99. 동력탈곡기에서 탈곡통의 주속도가 750m/min, 탈곡통 유효지름이 420mm일 때 탈곡통의 적당한 회전수는 약 몇 rpm인가?
   ㋐ 41.3　　㋑ 413
   ㋒ 56.8　　㋓ 568

100. 몰드보드플라우에서 이체의 성능을 결정하는 중요한 각이 아닌 것은?
   ㋐ 견인각　　㋑ 절단각
   ㋒ 반전각　　㋓ 경기각

정답 91. ㋓　92. ㋑　93. ㋑　94. ㋓　95. ㋒　96. ㋒　97. ㋓　98. ㋐　99. ㋓　100. ㋐

◆ 저자 약력

• 조 기 현(공학박사)
  · 현 경북도립대학 자동차·소방계열 교수
  · 전 교육경력(밀양대학교, 창원전문대학, 상주대학교, 안동대학교)강의
  · 전 국가기능올림픽대회 농기계수리직종(출제, 검토, 심사위원)
  · 주요저서 : 자동차전자제어, 건설기계공학, 열역학, 자동차기관공학 및 내연기관
  · 농업기계분야 : 기능사, 산업기사, 기사, 농업기계실기 외 다수
  · 2004년 12월 대한민국 정부 훈장 받음(기능인력 양성 공로)
  · 2004년 12월 한국 산업인력 관리 공단(이사장) 공로패 수상
  · 주요특허 : 농업기계분야(18종 발명특허 취득)

❖ 최신 농업기계 기사    정가 : 34,000 원

| 2010년 3월 15일 | 초판 인쇄 |
| 2010년 3월 25일 | 초판 발행 |
| 2014년 1월 10일 | 재판 발행 |
| 2019년 2월 20일 | 3판 발행 |
| 2021년 6월 10일 | 4판 발행 |

저 자      조 기 현
발 행 자    김 영 철
발 행 처    도서출판 **동 진**

저자와의 협의에
의하여 인지를
생략함

<교재구입문의>
㉾ 150-822    주 소 : 서울특별시 영등포구 시흥대로 181길 5-2(대림동)

TEL : 845 - 6525
FAX : 845 - 6527
Email : djpub@chol.com

등록일 : 1997년 4월 10일(제 03-00979 호)
Copyright ⓒ 1999 DONG JIN PUBLISHING CO.,

☢ 파본 및 낙장은 교환하여 드립니다.
☢ 무단복제 및 발췌시 저작권법에 저촉됩니다.

ISBN 978 - 89 - 87465 - 71 - 5 - 13550